⑦ Ausbildung der Schneiden-ecke							
Bei einstelligem Maß wird eine Null vorangestellt.							
Kennzahl	**Eckenradius** ε_r = 0,1 · Ziffer der 7. Stelle						
Kennbuch-stabe	Einstellwinkel κ_r der Haupt-schneide	**A**	**D**	**E**	**F**	**P**	**Z**
		45°	60°	75°	85°	90°	besondere Angabe
	Normal-Freiwinkel α'_n **an der Planschneide** Kennbuchstabe wie oben bei α_n, Ziffer 2						

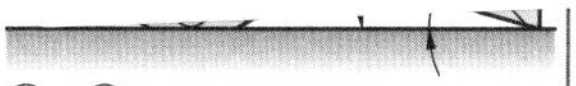

① + ② Nebenschneide
② Planschneide
③ Eckenfase
④ Hauptschneide

⑧ Schneide											
E	gerundet	**F**	scharf	**K**	doppelt gefast	**P**	doppelt gefast und gerundet	**S**	gerundet und gefast	**T**	gefast

⑨ Schneid-richtung					
L	linksschneidend	**R**	rechtsschneidend	**N**	links- und rechts-schneidend

⑩ Schneiden-größe

E	gerundet 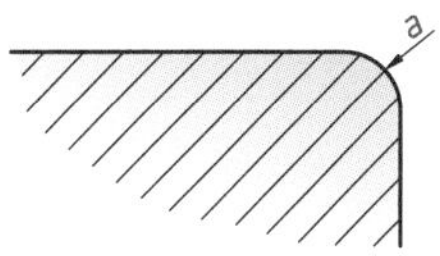	**T**	+5-stelliges Zahlensymbol gefast 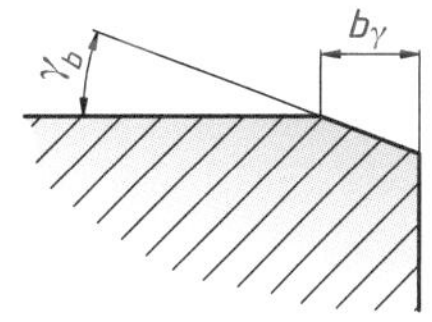	**S**	+5-stelliges Zahlensymbol gefast und gerundet 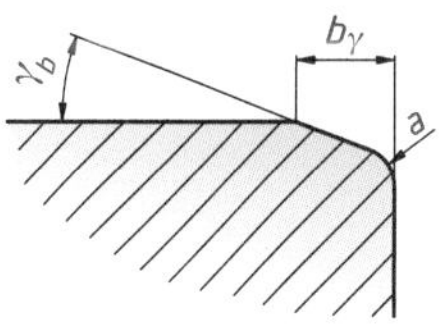
K	+5-stelliges Zahlensymbol doppelt gefast 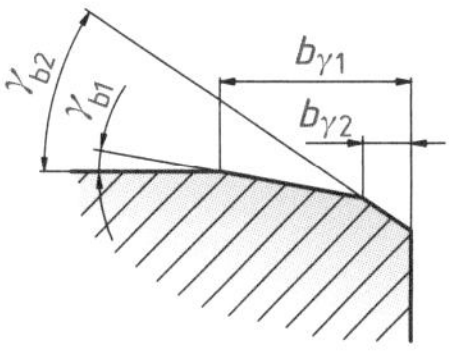	**P**	+5-stelliges Zahlensymbol doppelt gefast und gerundet 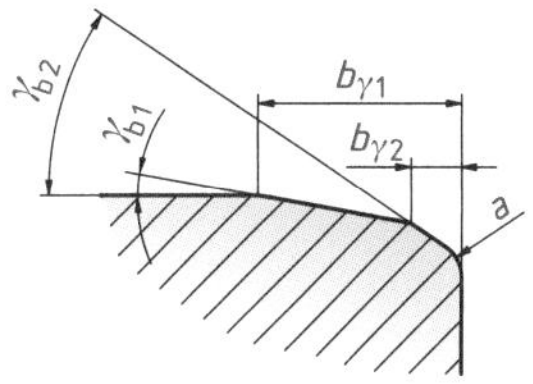		+5-stelliges Zahlensymbol gefast und gerundet 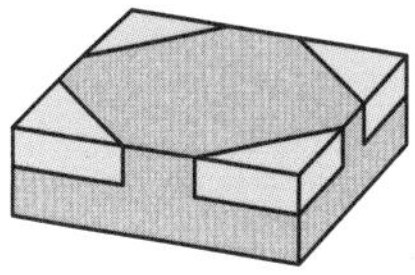

⑪ Eckenzahl

bestückt	Ecken	1	2	3	4	5	6	8
	eine Seite	**A**	**B**	**C**	**D**	**G**	**H**	**J**
	beide Seiten	**K**	**L**	**M**	**N**	**P**	**Q**	**R**
	ganze Ecke	**T**	**U**	**V**	**W**	**X**	**Y**	**Z**
	Seiten	1	2	massiv	Beispiel: bestückt – auf einer Seite – vier Ecken			
	ganze Fläche	**F**	**E**	**S**				

⑫ Schneiden-länge			
L	lang	**S**	kurz
oder 3-stelliges Zahlensymbol			

⑬ Schneid-stoff
Herstellersymbol oder Schneidstoff nach ISO 513

Diese Seiten sind ein Auszug aus **„Tabellenbuch für Metalltechnik" HT 3291**
von Dax, Drozd, Gläser, Itschner, Kotsch, Slaby, Weiß
Verlag Handwerk und Technik

Fachkenntnisse Zerspanungsmechaniker

Lernfelder 5 bis 13

1 Lehrjahr LF 1 - 4
2 Lehrjahr LF 5 - 8
3 Lehrjahr LF 9 - 11
4 Lehrjahr LF 12 - 13

von
Reiner Haffer
Angelika Becker-Kavan
Manfred Einloft
Elisabeth Schulz
Bruno Weihrauch

unter Mitarbeit von
Jeffrey Lloyd

2., durchgesehene Auflage

Handwerk und Technik – Hamburg

Die technischen und grafischen Zeichnungen wurden nach Vorlagen ausgeführt von Dipl.-Ing. Manfred Appel, A&I-Planungsgruppe, 23570 Lübeck, www.newVISION-design.de
und Artbox Grafik & Satz GmbH, 28203 Bremen
Die Normblattangaben werden wiedergegeben mit Erlaubnis des DIN Deutsches Institut für Normung e. V. Maßgebend für das Anwenden der Norm ist deren Fassung mit dem neuesten Ausgabedatum, die bei der Beuth GmbH, Burggrafenstraße 6, 10787 Berlin, erhältlich ist.

ISBN 978-3-582-0**3020**-7

Verlag Handwerk und Technik GmbH
Lademannbogen 135, 22339 Hamburg; Postfach 63 05 00, 22331 Hamburg – 2012
E-Mail: info@handwerk-technik.de – Internet: www.handwerk-technik.de

Layout, Satz und Lithos: Artbox Grafik & Satz GmbH, 28203 Bremen
Druck: Offizin Andersen Nexö, 04442 Zwickau

Vorwort

Das vorliegende Buch wendet sich an **Zerspanungsmechaniker** und **Zerspanungsmechanikerinnen** sowie **Feinwerkmechaniker** und **Feinwerkmechanikerinnen** mit dem Schwerpunkt Zerspanungstechnik im zweiten, dritten und vierten Ausbildungsjahr und beinhaltet daher die Lernfelder fünf bis dreizehn. Es setzt die Konzeption von „Grundkenntnisse industrielle Metallberufe nach Lernfeldern" HT3010 fort. Neben der beruflichen Erstausbildung eignet es sich auch für die Fort- und Weiterbildung im Bereich der Zerspanungstechnik.

Das Buch ist nach **Lernfeldern** gegliedert. Diese umfassen integrativ technologische, mathematische und zeichnerische bzw. kommunikative Informationen, die es den Schülern ermöglichen, Entscheidungszusammenhänge nachzuvollziehen, Querbezüge zu erkennen und begründete Entscheidungen zu treffen. Aus diesem Grunde sind die fachlichen Zusammenhänge – meist ausgehend von praktischen Beispielen bzw. Lernsituationen – schrittweise entwickelt und anschaulich dargestellt. Dabei ist es gelungen, die Fachsystematik nicht zu vernachlässigen, sodass das Nachschlagen und somit das Bearbeiten der jeweiligen Lernsituation gut möglich ist. Am Ende der Kapitel stehen Übungsaufgaben mit Projektvorschlägen, die als Lernsituationen für einen Lernfeld orientierten Unterricht dienen können.

Es ist das Anliegen von Autoren und Verlag, Schülern und Lehrern ein Unterrichts- und Nachschlagewerk zu bieten, das als Leitmedium für einen Lernfeldunterricht dient. Durch die Projektaufgaben bzw. Lernsituationen sowie die immer wieder begründeten Entscheidungen eignet sich das Buch besonders als fachliche Basis für das **selbstverantwortliche** bzw. **selbstorganisierte Lernen** der Schüler und Schülerinnen.

Dieses Buch thematisiert, aufbauend auf den Grundkenntnissen, alle Inhalte, die für die **Abschlussprüfung Teil 1** gefordert werden. Darüber hinaus beinhaltet es alle relevanten Themen für die **Abschlussprüfung Teil 2**. Im Lernfeld zwölf werden exemplarisch an einem Einzelfertigungsauftrag die Strukturen für einen betrieblichen Auftrag – wie er in der Abschlussprüfung Teil 2 vorkommen kann – dargestellt. Die Komplettbearbeitung von Drehteilen mit angetriebenen Werkzeugen und das 5-Achs-Fräsen – wie es bei der Abschlussprüfung Teil 2 (**PAL**) gefordert wird – ist im Lernfeld elf anhand von praktischen Beispielen dargestellt.

Bei dem vollkommen neuen Werk wurde großer Wert darauf gelegt, nicht nur die Standardthemen, sondern den aktuellen Stand der Technik abzubilden. Hier sollen nur einige Schlagworte genannt werden: Präzisions-Hartdrehen und -Fräsen, Glattwalzen, Product Lifecycle Management, CNC-Mehrspindeldrehautomaten, 5-Achs-Simultanfräsen, Flexible Fertigungszellen und -systeme, High Speed Cutting und High Performance Cutting, Optische 3D-Messtechniken, Qualitätsmanagement und Prozessqualität. Aber auch steuerungstechnische Systeme, werkstoffkundliche Grundlagen und die Wartung der Systeme sind aus der **Sicht der Zerspanungsfachkräfte** dargestellt, wodurch ein sehr hoher Praxisbezug gewährleistet ist.

Sehr großer Wert wurde auf eine gute und **fachgerechte Visualisierung** in Form von aktuellen Fotos, mehrfarbigen dreidimensionalen Abbildungen, Schaltplänen mit verschiedenen Schaltzuständen und verschiedenfarbigen Texten gelegt, um das Verständnis der dargebotenen Zusammenhänge zu erleichtern.

Das **Farb-Leitsystem** mit den verschiedenfarbigen Darstellungen auf der oberen äußeren Ecke der Seite ermöglicht eine rasche Orientierung innerhalb des Buches. Zahlreiche Querverweise am unteren Seitenrand teilen mit, wo im Buch weitere Informationen zu den dargestellten Themen zu finden sind.

Das **technische Englisch** wird im Buch in mehrfacher Hinsicht umgesetzt:

- Gängige oder wichtige Fachbegriffe sind im deutschen Text integriert *(blaue kursive Schrift)*.
- Am Ende der Kapitel sind die Übungen „**Work With Words**" eingefügt.
- An geeigneten Stellen sind Fachinhalte in englischer Sprache dargestellt.
- Am Ende des Buches befindet sich eine **englisch-deutsche Vokabelliste**.

Diesem Buch liegt eine **DVD** bei, die Zusatzmaterialien zu den Lernfeldern beinhaltet. Das können Simulationen, Videos, Auszüge aus Betriebsanleitungen und vieles andere mehr sein. Im Buch sind die Themen mit dem CD-Symbol und dem Dateinamen versehen, zu denen auf der DVD Zusatzinformationen vorhanden sind.

Für Anregungen und kritische Hinweise sei im Voraus herzlich gedankt.

Autoren und Verlag

Bildquellen

aba z&b Schleifmaschinen GmbH, Reutlingen, S. 340.1, 2; **ABB Automation GmbH**, Friedberg, S. 491.1; **ABUS Kransysteme GmbH**, Gummersbach, S. 510 Tabelle oben alle Bilder; **ACMOS CHEMIE KG**, Bremen, S. 200.3; **Hubert Aigner**, Landau, S. 492.3; **Alesa AG**, CH-Seengen, S. 62.2; S. 65.3 Mitte; **ALFOTEC GmbH**, Wermelskirchen, S. 479.4; **ALLGAIER WERKE GmbH**, Uhingen, S. 137 rechts; **ALZMETALL Werkzeugmaschinenfabrik und Giesserei Friedrich GmbH & Co. KG**, Altenmarkt, S. 160.3; S. 492.1; **Benz GmbH Werkzeugsysteme**, Haslach, S. 66.2; **BFW Nürnberg gemeinnützige GmbH**, Nürnberg, S. 1 oben rechts; **Blum-Novotest GmbH Ravensburg**, Grünkraut, S. 317.4; **Robert Bosch GmbH**, Stuttgart, S. 1 oben Mitte; S. 218.1; **Bosch-Rexroth AG**, Lohr am Main, S. 160.4; S. 225; S. 263.5; S. 264.1; S. 489.1; **Christof Braun**, Dortmund, S. 140.1 links, 2 links; **Brigel AG**, CH-Männedorf, S. 80.4; **CERATIZIT Austria**, A-Reutte, S. 7.2; S. 8.2; **CERATIZIT S.A.**, L-Mamer, S. 15.3; **CHIRON-WERKE GmbH & Co. KG**, Tuttlingen, S. 472.2; S. 475.2; **COMARME MARCHETTI F.A. S.p.A.**, I-Cusago, S. 479.3; **DELTA-THERM® Hirmer GmbH**, Much, S. 399.2; **DEMMELER Maschinenbau GmbH & Co. KG**, Heimertingen, S. 476.1; **Josef Demmelmaier**, Langenpettenbach, S. 133.1; **DESCAM 3D Technologies GmbH**, Oberhaching, S. 465.3; S. 466.2; **DE-STA-CO Europe GmbH**, Oberursel, S. 68.3; **Helmut Diebold GmbH & Co.**, Jungingen, S. 67.1; **Holger Döbert**, Radolfzell, S. 189.1; **Eckerle & Ertel GmbH**, Kinding-Haunstetten, S. 65.3 oben; **ECOROLL AG**, Celle, S. 364.1; S. 365.2; S. 366.2; **EDELSTAHL WITTEN-KREFELD**, Witten, S. 135.1, 3; **EFD Induction GmbH**, Freiburg, S. 398.4; **EMCO Maier Ges.m.b.H.**, A-Hallein, S. 1 unten Mitte; S. 34.1; S. 36.2 links; S. 56.2; S. 134.3; S. 196.1; S. 211.2; S. 213.1; S. 219 oben links; S. 220; S. 221 Tabelle; S. 253; S. 262.1; S. 374.1; S. 403.1; **EMCO-TEST Prüfmaschinen GmbH**, A-Kuchl, S. 150.2; **Roland Erdrich GmbH**, Oppenau-Ramsbach, S. 420.1 links oben, links Mitte, rechts oben, rechts Mitte; **ERHARD GmbH & Co. KG**, Heidenheim, S. 190 Tabelle Bild 5; **ESA Eppinger GmbH**, Denkendorf, S. 421.1, 2, 3; **Fachgebärdenlexikon der Berufsbildungswerke für Hörgeschädigte – Bereich Maler**, Husum, S. 196.2; **Festo AG & Co. KG**, Esslingen, S. 225; S. 489.2d; **Fette GmbH**, Schwarzenbek, S. 75.2 rechts; S. 76.1a, b; **A. Friedr. Flender AG**, Bocholt, S. 176.3; **FLP Microfinishing GmbH**, Zörbig, S. 327 unten links; S. 353.2, 3; **FONT Mess + Prüftechnik**, Grevenbroich, S. 149.2 unten; **FORKARDT DEUTSCHLAND GMBH**, Erkrath, S. 35.4; S. 36.1, 2 rechts; **Foto Heinzmann Meisterstudio für Industrie + Werbefotos**, Esslingen, S. 56.3; **Gehring Technologies GmbH**, Ostfildern, S. 348.1 rechts; **Gildemeister Aktiengesellschaft**, Bielefeld, S. 185 oben links; S. 208.1; S. 255 oben links, rechts Mitte, rechts unten; S. 257.2, 3; S. 261.4; S. 268.3; S. 282.1; S. 295.2; S. 299.3, 4; S. 303.2; S. 305.2; S. 306.1; S. 433.1; S. 447 Tabelle oben, Mitte, unten; S. 448 Tabelle oben, Mitte, unten; S. 469.2; S. 471.2, 3, 4; S. 473.4; S. 474.1a, b, 2; S. 475.3; **E. K. F. Gnirss GmbH u. Co. KG**, Sigmaringen, S. 46.1b; **GOM Gesellschaft für Optische Messtechnik mbH**, Braunschweig, S. 467.1; **Gries Schleiftechnik GmbH & Co. KG**, Remscheid, S. 342.1; **Reiner Haffer, Dautphetal**, Umschlag unten links; S. 23.4; S. 98.1 oben rechts, 2; S. 119.1, 2, 3, 5; S. 120.1, 3; S. 282.3; S. 293.1 bis 3; S. 294.1 bis 3; S. 295.1, 3; S. 297.1, 2, 3; S. 300.1; S. 303.1, 3; S. 304.3; S. 306 unten; S. 316.1, 2; S. 317.1; S. 318.2; S. 320.1 bis 8; S. 327 oben links; S. 328.1 oben; S. 414. 1 bis 3; S. 415.1; S. 416.1, 2; S. 420.1 links unten; S. 428.1 bis 12; S. 430.1; S. 431.1, 4; S. 432.1 bis 3; S. 434 a bis l; S. 435 m bis o; S. 450.2, 3; S. 458.1 bis 3; S. 459. 1 bis 3; S. 460.1, 2b; S. 461.1, 2, 3; S. 462.1, 2, 3; S. 463.1, 2, 3; S. 466.3; S. 467.2 bis 4; S. 500.1; **HAHN + KOLB Werkzeuge GmbH**, Stuttgart, S. 7.2; S. 8.1; S. 58.1 links; S. 62.3; S. 68.1, 4; S. 69.1, 2; S. 106 links oben; S. 137 links unten; S. 407.4; S. 505 Tabelle Bild 2; S. 506 Tabelle Mitte; **Harmonic Drive AG**, Limburg/Lahn, S. 175.3; **HegerGuss GmbH**, Enkenbach-Alsenborn, S. 140.1 rechts, 2 rechts; **DR. JOHANNES HEIDENHAIN GmbH**, Traunreuth, S. 189.3; S. 266.2, 4; S. 267.1, 2, 3; S. 268.1, 2; S. 436.3 bis 6; **Hexagon Metrology GmbH, Leitz Division**, Wetzlar, S. 121.1; **Hilma-Römheld GmbH**, Hilchenbach, S. 68.5; S. 451.1 unten; **Hommel + Keller Präzisionswerkzeuge GmbH**, Aldingen, S. 46.3; **Hommel GmbH**, Köln, S. 341.1, 2; **HOMMEL-ETAMIC GmbH**, VS-Schwenningen, S. 106.1; S. 109.2, 3; S. 112.3; S. 371 links unten; **ifm electronic gmbh**, Essen, S. 214.2; **INDEX-Werke GmbH & Co. KG, Hahn & Tessky**, Esslingen, S. 412 oben; S. 422.1; S. 429.2; S. 431.2; S. 435.1, 3; S. 436.1, 2; S. 437.1, 2; S. 439.2, 4; S. 440.1, 2; S. 441.1; S. 470.2, 3, 4; S. 494.1, 2, 3; S. 495.4, 5; **Institut für Werkstoffkunde und Angewandte Mathematik, Fachhochschule Köln**, Campus Gummersbach, S. 149.1 oben; **Institut für Werkzeugmaschinen und Fabrikbetrieb, Technische Universität Berlin**, Berlin, S. 379.2; S. 380.2 unten; S. 381.1, 2; S. 382.1, 2; **Erwin Junker Maschinenfabrik GmbH**, Nordrach, S. 341.4; S. 367; S. 368; **Kempf GmbH**, Reichenbach, S. 365.1 oben, 3 links; **FRANZ KESSLER GmbH**, Bad Buchau, S. 251 Mitte, unten; **HEINRICH KIPP WERK KG**, Sulz, S. 68.2; S. 449.3; S. 450.1; **Klingeisen Technologie GmbH**, Aldingen, S. 477.3; **KOMET GROUP GmbH**, Besigheim, S. 517 unten rechts; **A. Krüss Optronic GmbH**, Hamburg, S. 205.3a; **KTR Kupplungstechnik GmbH**, Rheine, S. 183.1; **KUKA Roboter GmbH**, Gersthofen, S. 484.1 unten; S. 487.3; S. 489.3; S. 490.1, 2; **Kunzmann Maschinenbau GmbH**, Remchingen, S. 55.1; S. 92 oben rechts; **LASERLINE Teschauer GmbH**, Chemnitz, S. 474.3 Mitte; **Lehmann Präzision GmbH**, Hardt, S. 299.1; **Licharz GmbH Deutschland**, Buchholz, S. 144.2, 3; **LIEBHERR-VERZAHNTECHNIK GMBH**, Kempten, S. 11.5; S. 75.1; **Volker Lindner**, Haltern, S. 190 Tabelle Bild 2; S. 197.2; **LISSMAC Maschinenbau und Diamantwerkzeuge GmbH**, Bad Wurzach, S. 510 Tabelle unten rechts; **Dietmar Lober**, Ennepetal, S. 398.1; **MAG Boehringer Werkzeugmaschinen GmbH**, Göppingen, S. 143.3; **Mahr GmbH**, Esslingen, S. 96.2; S. 101.4, 5; S. 102.1; S. 103.1; S. 121.2; S. 124; **Maschinenfabrik Berthold Hermle AG**, Gosheim, S. 187 oben; S. 262.2; S. 371 rechts unten; S. 405.1, 2; S. 473.3; **Miele & Cie. KG**, Gütersloh, S. 371 Mitte; **Mitutoyo Europe GmbH**, Neuss, S. 97.4; S. 98.1 oben links, unten, 3; S. 352.1; **MORI SEIKI GmbH**, Wernau, S. 404.1; **MRL System GmbH**, Ludwigsburg, S. 480.2; S. 481; **Dr. Müller DIAMANTMETALL AG**, Weilheim, S. 332.4; **NC Gesellschaft e.V., Anwendung neuer Technologien**, Ulm, S. 217.1; **Nordmann GmbH & Co. KG**, Hürth, S. 384.1; S. 385.1, 2; **OBI Bau- und Heimwerkermärkte GmbH & Co. Franchise Center KG**, Wermelskirchen, S. 137 links oben; **Oerlikon Bal-**

zers Coating Germany GmbH, Bingen, S. 190 Tabelle Bild 3, 6; S. 191.1 oben, 1 unten; **Oest Gruppe**, Freudenstadt, S. 185 oben rechts; S. 205.3 b; S. 207.1; **OKS Spezialschmierstoffe GmbH**, München, S. 198.1; **OPEN MIND Technologies AG**, Wessling, S. 412 unten; S. 446.3; S. 464.1, 2, 3, 4; S. 465.1, 2; **Benjamin Pessl**, A-Graz, S. 149.1 unten; **PFL Antralux SA**, CH-Le Landeron, S. 99.3; **Promot Automation GmbH**, A-Roitham, S. 472.1; S. 479.1, 2; S. 480.1; **RENISHAW GmbH**, Pliezhausen, S. 215.2; S. 318.1; S. 319.1; **Röhm GmbH**, Sontheim, S. 34 oben; S. 35.1, 2; S. 246.2, 3; **Rösler Oberflächentechnik GmbH**, Bad Staffelstein, S. 356.1 rechts; **Sandvik Tooling Deutschland GmbH, GB Coromant**, Düsseldorf, S. 4.3; S. 5.2 unten; S. 7.2; S. 9.1, 3; S. 10..1, 2; S. 29.2 rechts; S. 39.1, 2; S. 40.3, 4; S. 41.4; S. 42.1; S. 43.1, 3; S. 44.2; S. 45.4 unten, 6; S. 63.4; S. 73.1, 2 unten; S. 357.2; S. 360.1; S. 371 links Mitte; S. 379.1; S. 404.2; **Sauter-Feinmechanik GmbH**, Metzingen, S. 283.1; **Schaeffler KG**, Herzogenaurach, S. 159.5; S. 160.2; S. 190 Tabelle Bild 1, 4; S. 191.1 Mitte; **Elisabeth Schulz**, Sarzbüttel, S. 205.1, 2; **SCHUNK GmbH & Co. KG, Spann- und Greiftechnik**, Lauffen/Neckar, S. 67.2; S. 238.1; S. 239.2; S. 241.2, 3; S. 375.1; S. 376.1; S. 450.4; S. 451.1 oben, 2; S. 473.2; S: 489.2a, b, c; **Schweiger GmbH & Co. KG, Werkzeug- und Formenbau**, Uffing am Staffelsee, S. 327 oben rechts; S. 377.3; **Seco Tools GmbH**, Erkrath, S. 7.2; S. 37.3; **Ing. Th. Sedlak GmbH, Werkzeug- und Formenbau**, A-Wien, S. 141.3; **Sick AG**, Waldkirch, S. 491.2; S. 492.4; **Siemens AG**, München, S. 1 oben links; S. 225; S. 250.1, 2 rechts, 3; S. 251 oben rechts; S. 252.1; S. 264.3; S. 474.3 rechts; S. 493.1; **Spaleck Oberflächentechnik GmbH & Co. KG**, Bocholt, S. 355.2 rechts; **Starrag Heckert GmbH**, Chemnitz, S. 470.1; **Steidle GmbH**, Leverkusen, S. 15.1; **Sumitomo (SHI) Cyclo Drive Germany GmbH**, Markt Indersdorf, S. 176.2; **Supfina Grieshaber GmbH & Co. KG**, Wolfach, S. 350.1 unten; S. 351.1 unten; S. 369 Mitte links, Mitte rechts; **SWAROVSKI OPTIK VERTRIEBS GMBH**, A-Absam, S. 47.1, 2; **Härterei Tandler GmbH & Co. KG**, Bremen, S. 398.3; **TESA SA**, CH-Renens, S. 99.5; S. 100.1; S. 101.1, 3; S. 103.3; S. 104.1; S. 118.2; **Timmer-Pneumatik GmbH**, Neuenkirchen, S. 225; **TRAUB Drehmaschinen GmbH & Co. KG**, Reichenbach, S. 204.1; S. 420.4; **Tyrolit – Schleifmittelwerke Swarovski K.G.**, A-Schwaz, S. 328.3; S. 332.5; **Tyrolit GmbH**, Meisach, S. 329.2; **ULTRA PRÄZISIONS MESSZEUGE GMBH**, Aschaffenburg, S. 105.2; **VETTER Fördertechnik GmbH**, Siegen, S. 510 Tabelle unten Mitte; **Willy Vogel AG, SKF Lubrication Solutions**, Berlin, S. 200.2; **Volz Maschinenhandel GmbH & Co. KG**, Witten-Annen, S. 185 unten; **Walter AG**, Tübingen, S. 9.2; S. 58.1 rechts; S. 71.4; S. 72.1, 2, 4; S. 73.2 oben; S. 223 oben links; S. 360.2, 3; S. 361.2, 3, 4; S. 362.2; S. 363.1; **wbk Institut für Produktionstechnik**, Karlsruhe, S. 188.2 Mitte; **Bruno Weihrauch**, Limburg-Dietkirchen, S. 382.3; S. 498.2; S. 504.4, 5; S. 507.1 bis 9; S. 508.1; **Weiler Werkzeugmaschinen GmbH**, Emskirchen, S. 28.1, 2, 3; S. 29.1; S. 153.1; S. 164.2; S. 169.2; **Wieland-Werke AG**, Ulm, S. 154.2; **Achim Wiemann**, Warstein, S. 97.1, 2; S. 102.4; S. 111.2; S. 113.2; S. 115.2; S. 118.3; S. 526.2; S. 527.1; **Wittenstein AG**, Igersheim, S. 176.1; **Wolfensberger AG**, CH-Bauma, S. 141.2; **Wolters AG, Rendsburg**, S. 349.1; S. 354.2; **WTZ Roßlau GmbH**, Roßlau, S. 399.1; **Wunschmann GmbH**, Rottenburg-Hailfingen, S. 406.1; **E. ZOLLER GMBH & CO. KG**, Pleidelsheim, S. 477.1; **Zwick GmbH & Co. KG**, Ulm, S. 146.1, 2; S. 149.2 oben

Für die besonders tatkräftige Unterstützung bei der Erstellung dieses Buches sei folgenden Firmen herzlich gedankt:
Aleit GmbH, Steffenberg
Bernd Manthei Zerspanungstechnik GmbH & Co. KG, Dautphetal
CFS Holding GmbH Convenience Food System, Biedenkopf-Wallau
GILDEMEISTER Aktiengesellschaft, Bielefeld
Harmonic Drive AG, Limburg
HeTec GmbH CNC-Bearbeitung, Breidenbach
Keller GmbH, Wuppertal
Krämer + Grebe GmbH & Co KG Modellbau, Biedenkopf-Wallau
MTS Mathematisch Technische Software-Entwicklung GmbH, Berlin
Schneider GmbH & Co. KG, Steffenberg
SL-Automatisierungstechnik GmbH, Iserlohn
Q-DAS GmbH & Co. KG, Weinheim

Inhalt

9 Lernfeld 9: Herstellen von Bauelementen durch Feinbearbeitungsverfahren 327

Inhalt der DVD

Lernfeld 5:

Lernfeld 6:

Lernfeld 7:

Lernfeld 8:

Lernfeld 9:

Lernfeld 10:

Lernfeld 11:

455_2.wmv Simulation des CNC-Programms „Getriebebox 1. Aufspannung auf einer B-C-45°-Maschine"
456_1.wmv Simulation des CNC-Programms „Getriebebox 2. Aufspannung auf einer A-C-Maschine"
456_2.wmv Simulation des CNC-Programms „Getriebebox 2. Aufspannung auf einer B-C-Maschine"
456_3.wmv Simulation des CNC-Programms „Getriebebox 2. Aufspannung auf einer B-C-45°-Maschine"
464_1.wmv 5-Achs-Fräsen im Simultanbetrieb
464_2.wmv 5-Achs-Fräsen im Simultanbetrieb – Motorradhelm
466_1.mov Laserscannen mit Streifenprojektion
471_1.wmv Werkstückhandhabung mit Drehgelenkroboter
474_1.wmv Palettenhandhabung mit Linearroboter
476_1.wmv Werkzeugverwaltung mit Drehgelenkroboter
479_1.wmv Simulation Transportsystem mit Portalroboter
480_1.wmv Fahrerloses Flurförderzeug entlang einer realen Leitlinie
480_2.wmv Fahrerloser Hubtischwagen
480_3.wmv Simulation eines fahrerlosen Transport- und Lagerhaltungssystems
589_1.wmv Fräsen mit einem Industrieroboter
490_1.wmv On-Line-Programmierung eines Industrieroboters
490_2.wmv Simulation einer CAD-basierten Off-Line-Programmierung eines Industrieroboters
492_1.wmv Simulation einer Roboterzelle

Lernfeld 12:

510_1.wmv Vakuum-Hebegerät – Handling mit Kettenzug
510_2.wmv Simulation einer Brückenkrananlage
510_3.wmv Vakuum-Schlauchheber am Schwenkkran
510_4.wmv Portalkran

Lernfeld 13:

528_1.xls Excel-Tabelle zum Erstellen von Histogramm und Gaußkurve aus einer Urwertliste
541_1.pdf Wahrscheinlichkeitsnetzpapier
541_2 ME 7_Q-DAS DEMO- & FREEWARE Version
Diese Software wurde freundlicherweise von Q-DAS GmbH & Co. KG zur Verfügung gestellt. Der Verlag übernimmt keine Haftung und keinen Support für diese Software. Bitte wenden Sie sich direkt an den Hersteller:
Q-DAS GmbH & Co. KG.
Eisleber Straße 2
69469 Weinheim
Tel.: .... +49/06201/3941-0
Fax: .... +49/06201/3941-24
E-Mail: .... q-das@q-das.de
Die jeweils aktuelle Version der Software können Sie von folgender Internetseite herunterladen: www.q-das.de
554_1.pdf Urwert- und Qualitätsregelkarte

Lernfeld 5: Herstellen von Bauelementen durch spanende Fertigung

In den Lernfeldern 1 und 2 haben Sie grundlegende Kenntnisse zum Fertigen von Bauelementen mit handgeführten Werkzeugen und mit Maschinen erworben.
Darauf aufbauend befassen Sie sich nun damit, auftragsbezogen unter Berücksichtigung des Arbeits- und Umweltschutzes Werkstücke aus verschiedenen Werkstoffen durch spanende Fertigungsverfahren herzustellen. Hierzu bestimmen Sie die mechanischen und technologischen Eigenschaften des zu zerspanenden Werkstoffs, bestimmen dessen Eignung für die Zerspanung und leiten daraus Werkzeuggeometrien und Schneidstoffe ab. Sie wählen die geeigneten Fertigungsverfahren, Werkzeugmaschinen, Werkzeuge und Kühlschmierstoffe aus und planen das Einrichten der Maschine. Ferner wählen Sie für die Qualitätssicherung während der Fertigung geeignete Prüfverfahren und Prüfmittel aus.

Rohteil
- Werkstoff
- Abmessungen

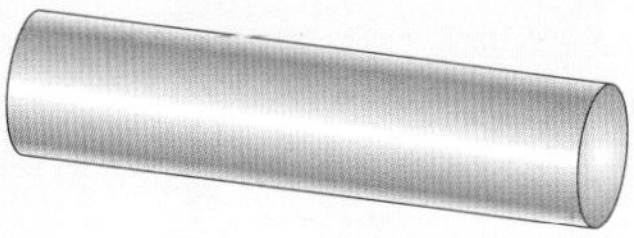

Anforderungen
- Fertigteil
  - Formen
  - Maßtoleranzen
  - Oberflächenqualitäten
  - Form- und Lagetoleranzen
- Kostengünstige Fertigung
- Arbeitssicherheit
- Umweltschutz

Fertigteil
- Formen
- Maßtoleranzen
- Oberflächenqualitäten
- Form- und Lagetoleranzen

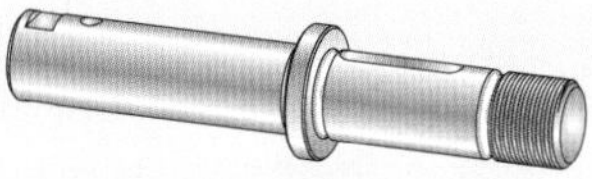

Informationsfluss

Stofffluss

Zerspanungsprozess

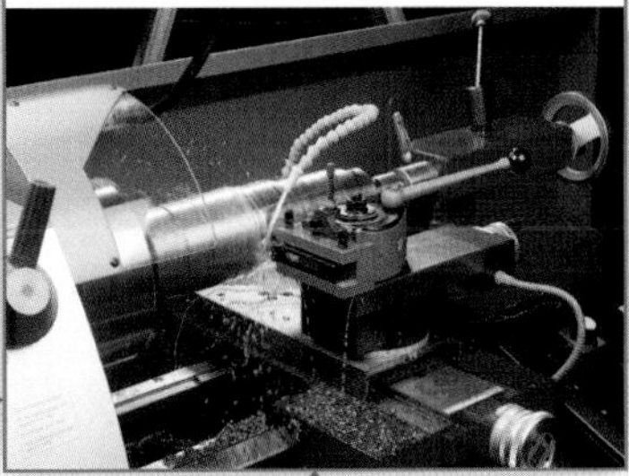

Stofffluss

Späne
- Möglichst kurze Fließspäne

Mechanische Energie → Energiefluss → Zerspanungsprozess → Energiefluss → **Wärmeenergie**

Informationsfluss

Einflussmöglichkeiten der Fachkraft durch Wahl von

technologischen Daten:
- Schnittgeschwindigkeit
- Vorschub
- Schnitttiefe

Werkzeug:
- Schneidengeometrie
- Schneidstoff

Werkzeugmaschine:
- Typ
- Genauigkeit
- Antriebsleistung

Spannmitteln:
- Werkstück
- Werkzeug

Kühlschmiermittel:
- Kühlung
- Schmierung
- Trockenbearbeitung
- Minimalschmierung

1 Einflussgrößen beim maschinellen Zerspanen mit geometrisch bestimmter Schneide

Mithilfe von Werkzeugmaschinen wird aus einem Rohteil ein funktionsfähiges Fertigteil *(finished part)* hergestellt. Dabei ist es die Aufgabe der Fachkraft, den Zerspanungsprozess *(machining operation)* entsprechend zu gestalten. Um begründete Entscheidungen treffen zu können, muss sie die Auswirkungen kennen, die durch das Verändern der Prozesskenngrößen entstehen.

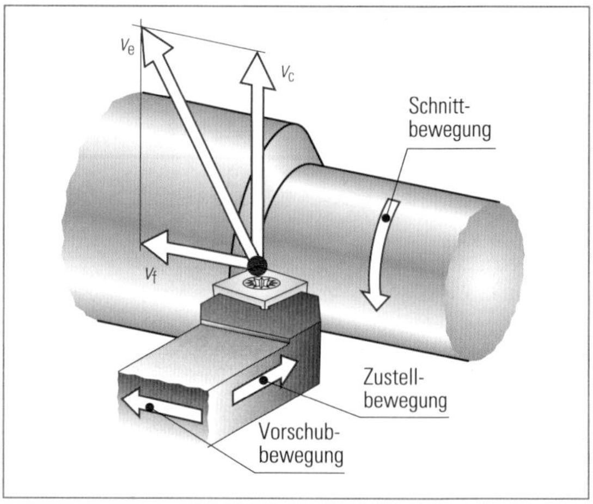

1 *Bewegungen beim Drehen*

1.1 Technologische Daten und deren Auswirkungen

1.1.1 Bewegungen und Geschwindigkeiten

Meistens sind drei Bewegungen zur Zerspanung erforderlich:

- Schnittbewegung
- Vorschubbewegung und
- Zustellbewegung (Bilder 1 und 2)

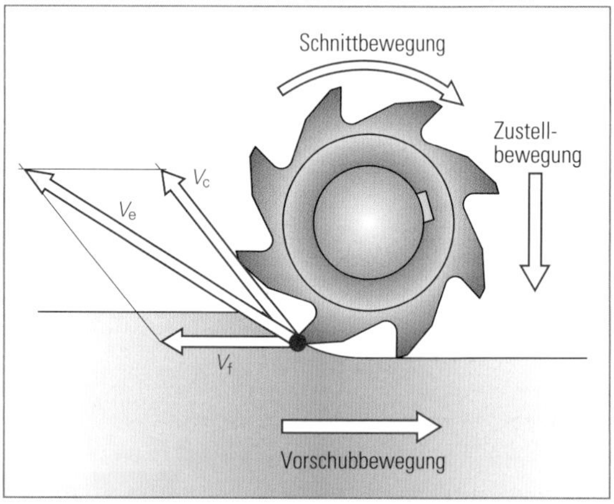

2 *Bewegungen beim Fräsen*

Schnittgeschwindigkeit

Die Wahl der Schnittgeschwindigkeit *(cutting speed)* v_c richtet sich vorrangig nach

- dem **Werkstoff des Werkzeugs** (Schneidstoff): je härter, desto höher v_c
- dem **Werkstoff des Werkstücks**: je härter, desto niedriger v_c
- der **Art der Zerspanung**: bei Grobbearbeitung ist v_c niedriger als bei Feinbearbeitung
- der **Kühlschmierung**: mit Kühlschmierung kann v_c höher als ohne gewählt werden

Optimale Schnittgeschwindigkeiten können Tabellen der Schneidstoffhersteller oder dem Tabellenbuch entnommen werden. Aufgrund der Formel für die Schnittgeschwindigkeit v_c kann die erforderliche **Umdrehungsfrequenz** n bestimmt werden.

$$v_c = d \cdot \pi \cdot n$$

$$n = \frac{v_c}{d \cdot \pi}$$

v_c: Schnittgeschwindigkeit
d: Durchmesser
n: Umdrehungsfrequenz

Vorschub und Vorschubgeschwindigkeit

Der **Vorschub** *(feed)* **je Umdrehung** f bzw. **je Zahn** f_z ist in erster Linie abhängig von

- der **gewünschten Oberflächenqualität** *(surface quality)*: je kleiner der Vorschub, desto besser die Oberflächenqualität (Bilder 3 und 4)
- der **Art der Zerspanung**: bei Grobbearbeitung *(rough working)* wird der Vorschub größer gewählt. Dadurch nimmt die Vorschubgeschwindigkeit zu und die Fertigungszeit ab
- dem **Werkstoff des Werkstücks** *(material of workpiece)*: je härter, desto niedriger f bzw. f_z
- dem **Werkstoff des Schneidstoffs** *(cutting material)*: je härter, desto höher f bzw. f_z

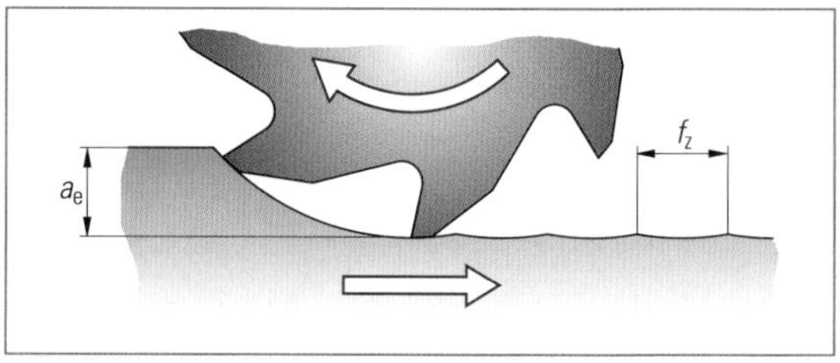

3 *Vorschub f_z je Zahn und Arbeitseingriff a_e beim Fräsen*

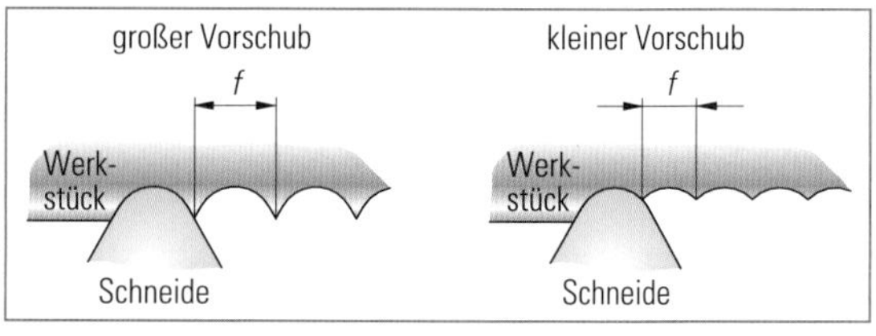

4 *Vorschub und Oberflächenqualität*

Übungen zur Berechnung von Schnittgeschwindigkeit und Umdrehungsfrequenz finden Sie auf den Seiten 48 und 49.

Günstige Vorschübe sind in Tabellen der Schneidstoffhersteller zu finden.

Die **Vorschubgeschwindigkeit** *(feed speed)* v_f ist der pro Minute zurückgelegte Weg. Sie ist mit folgenden Formeln zu berechnen.

- Beim **Drehen**:

$$v_f = f \cdot n$$

- Beim **Fräsen**:

$$v_f = f_z \cdot z \cdot n$$

v_f: Vorschubgeschwindigkeit
f: Vorschub je Umdrehung
f_z: Vorschub je Zahn
n: Umdrehungsfrequenz

Die **Wirkgeschwindigkeit** v_e (Bilder 1 und 2 auf Seite 2) ist die resultierende Geschwindigkeit aus **Schnittgeschwindigkeit** v_c und **Vorschubgeschwindigkeit** v_f. Meist ist das Verhältnis von Schnittgeschwindigkeit zu Vorschubgeschwindigkeit sehr groß, dann gilt $v_e \approx v_c$.

Zustellbewegungen

Zustellbewegungen *(infeed motions)* legen beim Drehen die **Schnitttiefe** a_p und beim Fräsen den **Arbeitseingriff** a_e fest (Bilder 1 und 2 und Seite 2 Bild 3). Beide bestimmen die Dicke der zu zerspanenden Schicht.

Überlegen Sie!

1. *Welche Auswirkungen entstehen, wenn nur Schnitt- und Zustellbewegung beim Spanen vorhanden sind?*
2. *Von welchen Faktoren hängt die Wahl der Schnittgeschwindigkeit ab?*
3. *Wie groß ist die Vorschubgeschwindigkeit beim Fräsen, wenn der Fräser mit 6 Zähnen eine Umdrehungsfrequenz von 2500/min besitzt und ein Vorschub je Zahn von 0,08 mm gewählt wird?*

1.1.2 Winkel an der Werkzeugschneide

Die **Zerspankraft** (Bild 3) bewirkt gemeinsam mit der Schnittbewegung, dass die Werkzeugschneide in das Werkstück eindringt und einen Span abtrennt.

Die Schneidengeometrie der Werkzeugschneide beeinflusst den Zerspanungsprozess maßgeblich:

MERKE

- Mit steigendem **Keilwinkel** *(wedge angle)* β nimmt die Stabilität der Werkzeugschneide zu: Je härter der Werkstoff des Werkstücks, desto größer ist β zu wählen.
- Der **Freiwinkel** *(clearance angle)* α vermindert die Reibung zwischen der Freifläche des Werkzeugs und dem Werkstück. Mit steigendem Freiwinkel α verbessert sich die Qualität der Werkstückoberfläche und vermindert sich die Wärmeaufnahme des Werkzeugs. Dabei nimmt jedoch gleichzeitig der Keilwinkel β ab.
- Der **Spanwinkel** *(rake angle)* γ wirkt sich auf die Spanbildung aus. Mit zunehmendem Spanwinkel γ wird die erforderliche Zerspankraft kleiner.
- $\alpha + \beta + \gamma = 90°$

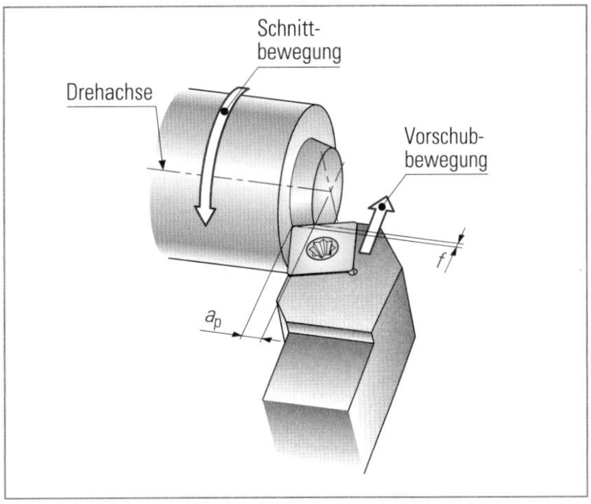

1 *Vorschub f je Umdrehung und Schnitttiefe a_p beim Plandrehen*

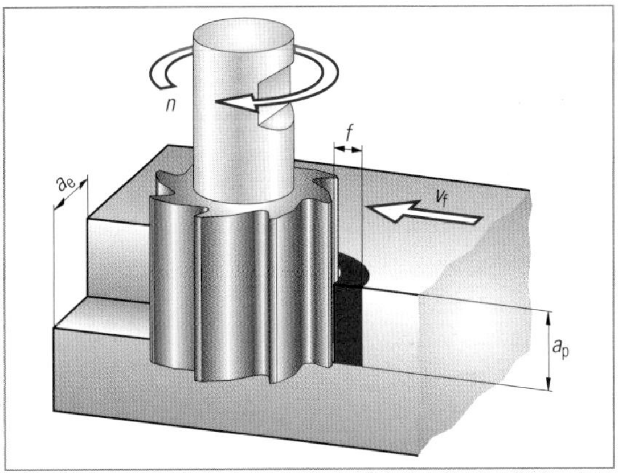

2 *Schnitttiefe a_p und Arbeitseingriff a_e beim Fräsen*

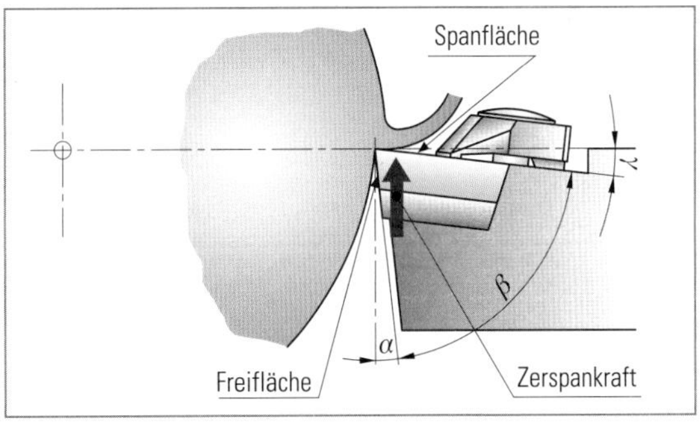

3 *Zerspanungsvorgang*

1.1.3 Spanarten und Spanformen

Selbst bei gleichem zu zerspanendem Werkstoff können durch Verändern der Prozesskenngrößen unterschiedliche Spanarten entstehen (Seite 4 Bild 1).

MERKE

Aufgrund der Spanentstehung werden drei typische Spanarten *(kinds of chips)* unterschieden: Reißspan, Scherspan und Fließspan.

Übungen zur Berechnung von Vorschub und Vorschubgeschwindigkeit finden Sie auf den Seiten 48 und 49.

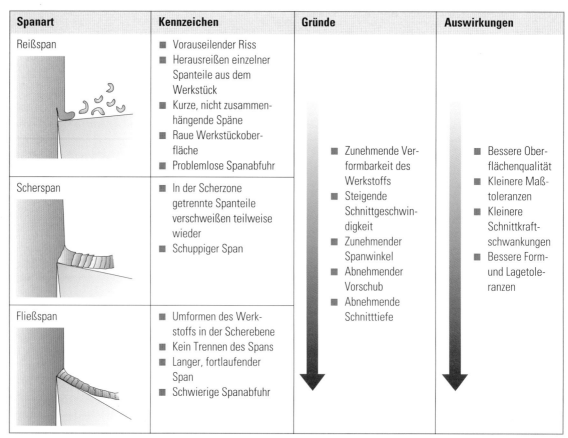

Spanart	Kennzeichen	Gründe	Auswirkungen
Reißspan 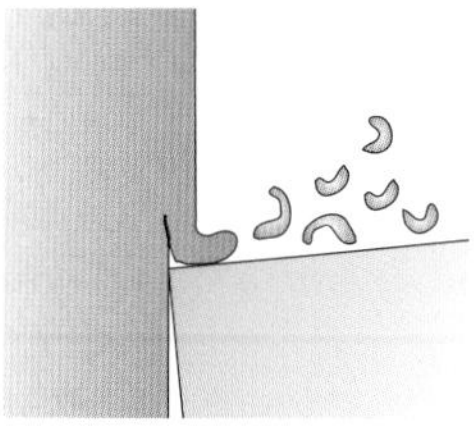	■ Vorauseilender Riss ■ Herausreißen einzelner Spanteile aus dem Werkstück ■ Kurze, nicht zusammenhängende Späne ■ Raue Werkstückoberfläche ■ Problemlose Spanabfuhr	■ Zunehmende Verformbarkeit des Werkstoffs ■ Steigende Schnittgeschwindigkeit ■ Zunehmender Spanwinkel ■ Abnehmender Vorschub ■ Abnehmende Schnitttiefe	■ Bessere Oberflächenqualität ■ Kleinere Maßtoleranzen ■ Kleinere Schnittkraftschwankungen ■ Bessere Form- und Lagetoleranzen
Scherspan 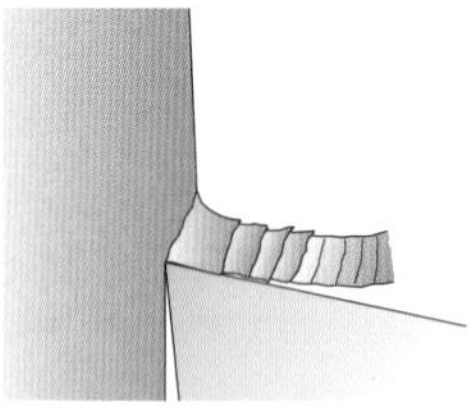	■ In der Scherzone getrennte Spanteile verschweißen teilweise wieder ■ Schuppiger Span		
Fließspan 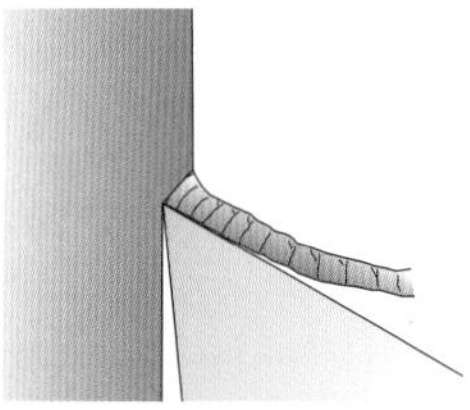	■ Umformen des Werkstoffs in der Scherebene ■ Kein Trennen des Spans ■ Langer, fortlaufender Span ■ Schwierige Spanabfuhr		

1 *Spanarten*

Bröckelspäne	Spiralspäne	Kurze Wendelspäne	Spiralwendelspäne
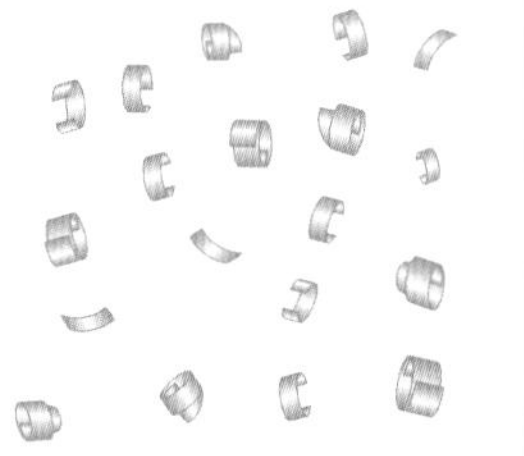	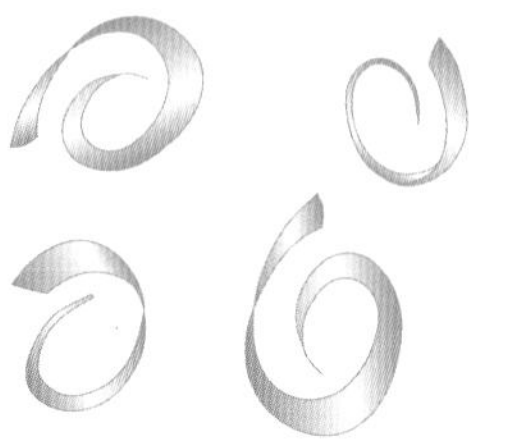	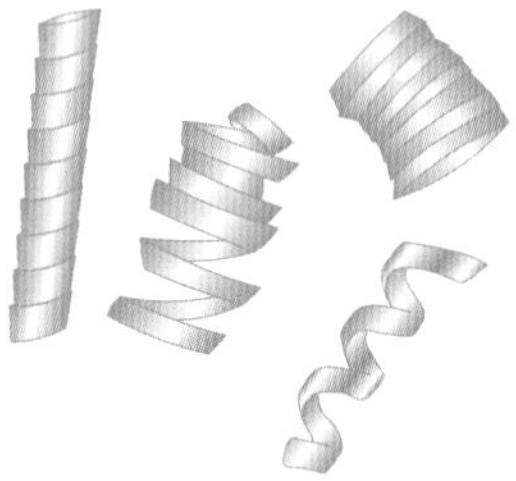	

2 *Erwünschte Spanformen*

Die Einstellwerte und die Schneidengeometrie beeinflussen die Spanform.

MERKE

Erwünscht sind kurze Spanformen *(shapes of chips)* (Bild 2), die gut von der Werkzeugschneide abgeführt werden können und nicht sperrig sind.

Optimal ist ein Span, der die Vorteile der Fließspanbildung besitzt und gleichzeitig in kurzen Stücken vorliegt. Da durch die Fließspanbildung normalerweise eine lange, unerwünschte Spanform entsteht, muss der Span noch gebrochen werden. Den **Spanbruch** übernehmen **Spanformer** bzw. **Spanleit-**

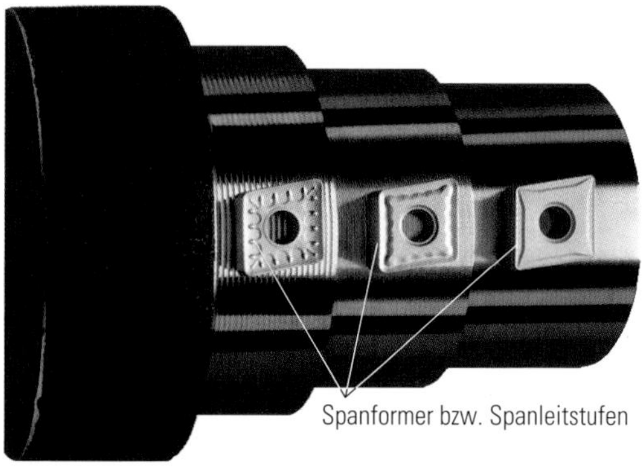

3 *Spanformer bzw. Spanleitstufen bei Wendeschneidplatten*

stufen, die sich auf der Spanfläche befinden (Seite 4 Bild 3). In **Spanbruchdiagrammen** (Bild 1) geben die Schneidstoffhersteller den Bereich an, in dem der Spanbruch sichergestellt ist. Innerhalb des dargestellten Bereichs entsteht eine günstige Spanform.

Für die verschiedenen Bearbeitungsarten (Schruppen/Schlichten) bieten die Schneidstoffhersteller unterschiedliche Schneidengeometrien an (Bild 3 auf Seite 4 und Bild 2).

Die Schneidengeometrie richtet sich nach

- der Bearbeitungsart und
- dem zu bearbeitenden Werkstoff

MERKE

Mit entsprechend gestalteter Schneidengeometrie und den richtigen Einstellwerten werden optimale kommaförmige oder kurze wendelförmige Späne erzeugt.

Überlegen Sie!

1. *Begründen Sie, weshalb bestimmte Spanformen erwünscht sind.*
2. *Beschreiben Sie die Aufgaben von Spanformern.*

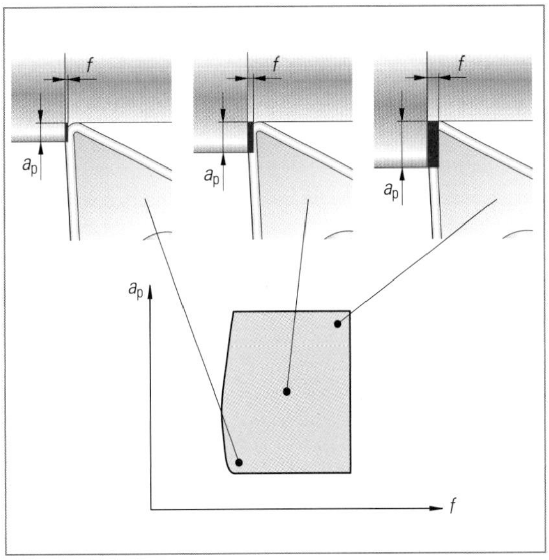

1 *Spanbruchdiagramm*

1.1.4 Schrupp- und Schlichtbearbeitung

Die Zerspanung vom Rohteil zum Fertigteil beinhaltet meist zwei unterschiedliche Bearbeitungsaufgaben:

- Schruppen *(roughing)* und
- Schlichten *(smoothing)*

MERKE

Ziel des Schruppens ist es, das gewünschte Spanvolumen in möglichst kurzer Zeit abzunehmen.

Als **Einstellwerte** werden gewählt:

- große Schnitttiefe a_p bzw. großer Arbeitseingriff a_e
- großer Vorschub je Umdrehung f bzw. großer Vorschub je Zahn f_z
- geringere Schnittgeschwindigkeit v_c

Die Werkzeugschneide erfordert eine stabile Schneidengeometrie.

Die Anforderungen an die Maßtoleranz, die Oberflächenqualität und die Form- und Lagetoleranzen sind beim Schruppen äußerst gering, da für das Schlichten noch eine Zugabe (Aufmaß) auf dem Werkstück verbleibt.

MERKE

Ziel des Schlichtens ist es, die geforderten Maßtoleranzen, Oberflächenqualitäten und Form- und Lagetoleranzen zu erzielen.

Als **Einstellwerte** werden gewählt:

- kleine Schnitttiefe a_p bzw. kleiner Arbeitseingriff a_e
- kleiner Vorschub je Umdrehung f bzw. kleiner Vorschub je Zahn f_z
- höhere Schnittgeschwindigkeit v_c

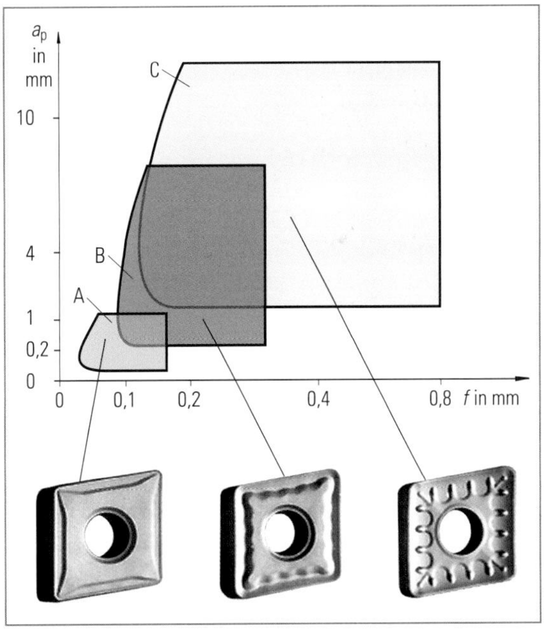

2 *Spanbruchdiagramm (Beispiel) von Schlichtbearbeitung (A) über Schruppbearbeitung (B) bis schwere Schruppbearbeitung (C)*

Überlegen Sie!

1. *Welche Ziele werden beim Schruppen und welche beim Schlichten verfolgt?*
2. *Wie müssen die Einstellwerte gewählt werden, um besonders gute Oberflächenqualitäten zu erreichen?*

1.1.5 Schneidenradius

Eine Werkzeugschneide ohne Schneidenradius *(edge radius)* würde sehr schnell verschleißen. Deshalb sind die Schneidenecken abgerundet.
Beim **Schruppen** werden Schneidenradien möglichst groß gewählt, wodurch eine stabile Schneidkante erreicht wird. Beim Schruppdrehen liegen sie oft zwischen 1,2 mm und 1,6 mm, wobei der **Vorschub** *f* oft bei der **Hälfte des Schneidenradius** liegt.
Beim Schlichten hat der Schneidenradius maßgeblichen Einfluss auf die Oberflächenqualität (Bild 1):

MERKE
Je größer der Schneidenradius, desto besser die Oberflächenqualität.

Beim Schlichten können die erreichbare **Rautiefe** *(surface roughness)* R_t (vgl. Kap. 7.5.4) bzw. der erforderliche Vorschub *f* angenähert nach folgenden Formeln bestimmt werden (Bild 1):

$$R_t = \frac{f^2 \cdot 1000}{8 \cdot R}$$

$$f = \sqrt{\frac{R_t \cdot 8 \cdot R}{1000}}$$

R_t: Rautiefe in µm
f: Vorschub in mm
R: Schneidenradius in mm

Beim **Schlichtdrehen** liegt der Vorschub oft bei einem **Drittel des Schneidenradius**.

Überlegen Sie!

1. *Welche Rautiefe wird bei einem Vorschub von 0,25 mm bei einem Schneidenradius von 0,8 mm erreicht?*
2. *Welcher Vorschub ist einzustellen, wenn eine Rautiefe von 6,3 µm bei einem Schneidenradius von 1,2 mm erzielt werden soll?*

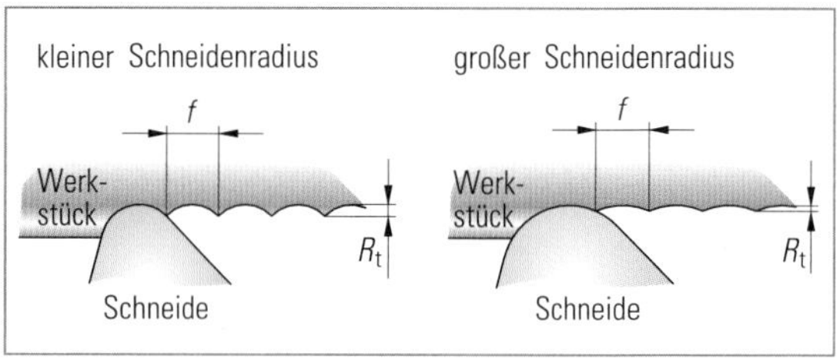

1 *Schneidenradius und Oberflächenqualität*

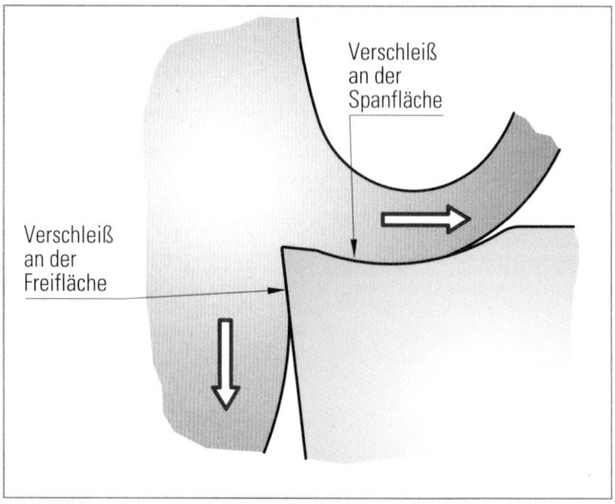

2 *Verschleiß an Frei- und Spanfläche*

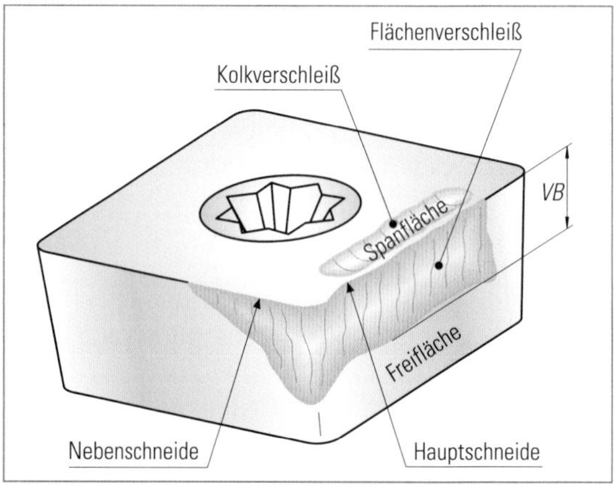

3 *Freiflächenverschleiß und Kolkverschleiß an der Spanfläche*

1.1.6 Verschleiß, Standzeit, Aufbauschneide

Während der Span bei der Spanabnahme über die Spanfläche gleitet, kommt auch die Freifläche mit dem Werkstück in Kontakt (Bild 2). An beiden Stellen entsteht Reibung, die zur Abnutzung der Schneide, d. h. zum Verschleiß *(abrasion)* führt. Wird der Verschleiß zu groß, kann das Werkzeug seine Aufgabe nicht mehr erfüllen. Zwei wichtige Verschleißarten sind in Bild 3 dargestellt.
Beim **Schlichten** gilt eine Schneide als verschlissen, wenn die geforderte Oberflächengüte nicht mehr erreicht wird. Dabei ist der **Freiflächenverschleiß** oft die entscheidende Größe. Wenn die Verschleißbreite *VB* ein bestimmtes Maß (z. B. 0,2 mm) erreicht hat, ist das Werkzeug zu wechseln.
Beim **Schruppen** muss das Werkzeug z. B. dann gewechselt werden, wenn der Span nicht mehr richtig bricht. Übermäßiger **Kolkverschleiß** führt zur Schwächung der Schneidkante, sodass die Gefahr des Schneidenbruchs entsteht.

MERKE
Die Zeit, die eine Schneide ununterbrochen im Einsatz ist, heißt Standzeit.

Oft liegt den Angaben für die optimalen Einstellwerte eine **Standzeit** *(endurance)* von 15 Minuten zugrunde. Die Vergrößerung der Schnittgeschwindigkeit um 10 % senkt z. B. die Standzeit von 15 auf ca. 10 Minuten. Eine Senkung auf 70 % der angegebenen Schnittgeschwindigkeit erhöht z. B. die Standzeit auf 60 Minuten. Es ist meist wirtschaftlicher, die Schnittgeschwindigkeit bei abnehmender Standzeit zu steigern, weil damit Fertigungszeiten sinken.

Weitere Informationen zu den Themen „Verschleiß" und „Standzeit" finden Sie in Lernfeld 10 in Kap. 2

Beim Zerspanen von weichen und zähen Werkstoffen verschweißen Spanteilchen auf der Spanfläche. Es entsteht eine **Aufbauschneide** *(built-up edge)*. Einerseits wird dadurch die Schneidengeometrie verändert, andererseits wird die Qualität der Werkstückoberfläche schlechter, wenn abgebrochene Teile der Aufbauschneide an ihr hängen bleiben.
Die Gefahr der Aufbauschneidenbildung ist bei kleiner Schnittgeschwindigkeit und geringen bzw. negativen Spanwinkeln am größten.

MERKE

Durch Vergrößern der Schnittgeschwindigkeit und die Wahl eines positiven Spanwinkels kann die Bildung einer Aufbauschneide verhindert werden.

Überlegen Sie!

1. *Wie wirkt sich ein zu großer Freiflächenverschleiß aus?*
2. *An welcher Fläche des Schneidkeils entsteht Kolkverschleiß?*
3. *Informieren Sie sich über die Standzeiten, die Ihr Betrieb wählt.*
4. *Wie kann das Entstehen von Aufbauschneiden verhindert werden?*

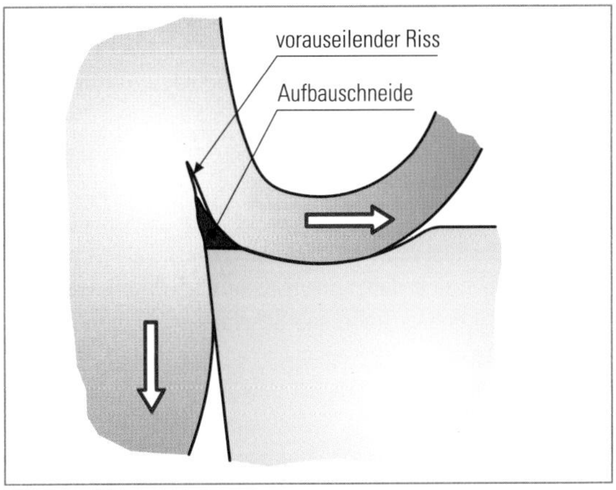

1 *Aufbauschneide*

1.2 Schneidstoffe und Wendeschneidplatten

Als Schneidstoff *(cutting material)* wird der Werkstoff des Schneidkeils bezeichnet. Er ist während seines Einsatzes hohen mechanischen und thermischen Belastungen ausgesetzt. Damit Schneidstoffe diesen Belastungen standhalten, sollten sie über folgende Eigenschaften verfügen:

- **große Härte** *(hardness)*:
  Widerstand gegen das Eindringen eines andern Körpers
- **hohe Warmhärte** *(hot hardness)*:
  bei höheren Temperaturen Härte behalten
- **große Druckfestigkeit** *(compressive strength)*:
  dem Druck des auftreffenden Spans standhalten
- **entsprechende Zähigkeit** *(toughness)*:
  Stöße auffangen ohne zu reißen
- **ausreichende Biegefestigkeit** *(bending strength)*:
  Biegespannungen an der Schneide aushalten
- **hohe Verschleißfestigkeit** *(wear resistance)*:
  möglichst geringer Verschleiß durch Reibung
- **gute Temperaturwechselbeständigkeit** *(thermal shock resistance)*: wechselnden Temperaturen standhalten

In der Praxis wird eine Vielzahl von Schneidstoffen eingesetzt, wobei jedoch die Mehrzahl der Werkzeugschneiden aus hochlegiertem Werkzeugstahl und Hartmetall bestehen (Bild 2).

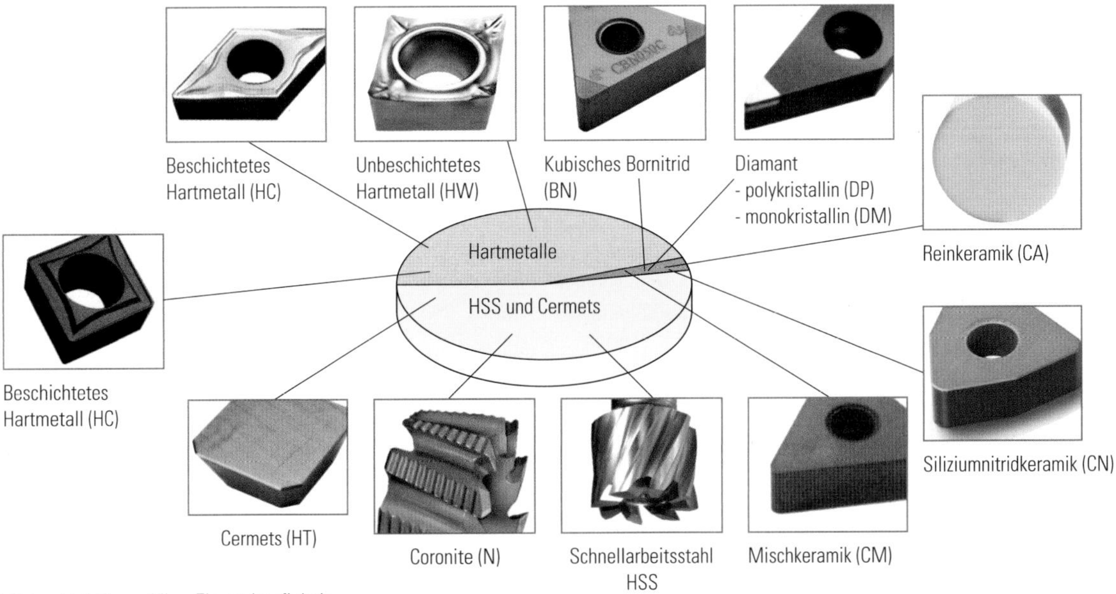

2 *Schneidstoffe und ihre Einsatzhäufigkeit*

Die Eigenschaften der Schneidstoffe sind sehr unterschiedlich, sodass es nicht einen Schneidstoff gibt, der für alle Fälle geeignet ist. Abhängig von der jeweiligen Zerspanungsaufgabe ist der bestmögliche Schneidstoff auszuwählen.

1.2.1 Schnellarbeitsstahl (HSS)

Schnellarbeitsstahl (legierter Werkzeugstahl) *(high-speed steel)* ist im Vergleich zu anderen Schneidstoffen sehr zäh und damit unempfindlich gegen Stöße und Schwankungen der Zerspankraft. Er besitzt eine hohe Biege- und Kantenfestigkeit. HSS wird daher für Zerspanungsaufgaben gewählt, bei denen scharfe Schneiden und/oder große Spanwinkel wichtig sind und die Warmhärte (ca. 600 °C) eine untergeordnete Rolle spielt. Gewindeschneidwerkzeuge, Spiralbohrer, Senker, Reibahlen, Profilfräser (Bild 1), die z. B. aufgrund ihrer Form den Einsatz von Wendeschneidplatten nur schwer ermöglichen, werden aus HSS hergestellt.
Aluminium und thermoplastische Kunststoffe, bei denen große Spanwinkel zum Einsatz kommen, werden ebenfalls mit hochlegiertem Werkzeugstahl bearbeitet. HSS-Schneidstoffe lassen sich gut nachschleifen und sind relativ preisgünstig.

1 *Werkzeuge aus hochlegiertem Werkzeugstahl (HSS)*

2 *Unbeschichtete Schneidplatte und Werkzeuge aus Hartmetall*

1.2.2 Hartmetalle

Hartmetalle werden durch Sintern von Metallpulvern hergestellt. Aus Hartmetall *(cemented carbide)* sind z. B. Wendeschneidplatten und Teile von Werkzeugen hergestellt (Bild 2).

MERKE

Hartmetalle bestehen aus verschiedenen sehr harten Metallkarbiden und meist Kobalt als Bindemittel.

Die wichtigsten Karbide (Metall-Kohlenstoff-Verbindungen) sind Wolframkarbid (WC), Titankarbid (TiC), Tantalkarbid (TaC) und Niobkarbid (NbC).

Überlegen Sie!

1. *Welche Eigenschaften hat ein Hartmetall, das über einen sehr hohen Karbidanteil verfügt (Bild 3)?*
2. *Für welche Zerspanungsbedingungen wird ein Hartmetall gewählt, das einen hohen Bindemittelanteil besitzt?*

Die Hartmetalle sind gegenüber HSS verschleißfester und besitzen eine höhere **Warmhärte** (ca. 900 °C). Dadurch können die Schnittgeschwindigkeiten auf das Fünf- bis Zehnfache gegenüber HSS gesteigert werden.
Hartmetalle sind nach DIN ISO 513:2005-11 in sechs Hauptanwendungsgruppen (siehe Tabellenbuch) eingeteilt, die sich auf verschiedene Zerspanungswerkstoffe beziehen:

P	**für Stahl:** Alle Sorten von Stahl und Stahlguss, ausgenommen nichtrostender Stahl mit austenitischem Gefüge.
M	**für nichtrostenden Stahl** Nichtrostender austenitischer und austenitisch-ferritischer Stahl und Stahlguss.
K	**für Gusseisen** Gusseisen mit Lamellengraphit, Gusseisen mit Kugelgraphit, Temperguss.
N	**für Nichteisenmetalle:** Aluminium und andere Nichteisenmetalle, Nichtmetallwerkstoffe.
S	**für Speziallegierungen und Titan:** Hochwarmfeste Speziallegierungen auf der Basis von Eisen, Nickel und Kobalt, Titan und Titanlegierungen.
H	**für harte Werkstoffe:** Gehärteter Stahl, gehärtete Gusseisenwerkstoffe, Gusseisen für Kokillenguss.

Cermets

Der Name kommt von CERamic und METall, also harte keramische Stoffe in einem metallischen Binder (Seite 9 Bild 1).

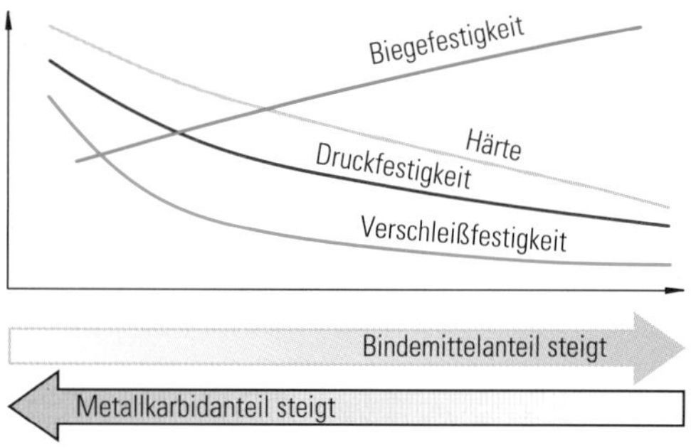

3 *Einfluss der Hartmetallmischung auf ausgewählte Eigenschaften*

MERKE

Cermets sind Hartmetalle, die Titankarbide bzw. -nitride statt Wolframkarbiden besitzen.

Hohe Verschleißfestigkeit, Warmhärte und chemische Stabilität, gutes Reibverhalten und eine geringe Neigung zur Aufbauschneidenbildung zeichnen Cermets *(cermets, ceramic metals)* aus. Es können scharfkantige Schneiden mit positiven Spanwinkeln hergestellt werden. Daher eignet sich dieser Schneidstoff besonders zum Schlichten von Stahl und Gusseisen beim Drehen und Fräsen. Zum Schruppen sind Cermets nicht geeignet, weil Zähigkeit und Biegefestigkeit zu gering sind.

Überlegen Sie!

1. *Welche Hartmetallsorte wählen Sie beim*
   - *schweren Schruppdrehen von 34 CrMo4*
   - *Schlichten von gehärtetem Stahl*
   - *Schruppen von hochwarmfestem Stahl?*
2. *Nennen Sie einen Zerspanungsfall, bei dem Cermets wirtschaftlich eingesetzt werden und begründen Sie Ihre Entscheidung.*

1.2.3 Beschichtete Schneidstoffe

Beschichtete Schneidstoffe *(coated cutting materials)* wurden entwickelt, um die gegenläufigen Eigenschaften – hohe Zähigkeit und hohe Verschleißfestigkeit – miteinander zu kombinieren. Durch die Beschichtung *(coating)* (ca. 2...12 μm) der Hartmetalle und hochlegierten Werkzeugstähle wird die Härte und Verschleißfestigkeit der Schneidstoffoberfläche erhöht. Gleichzeitig sinkt die Reibung auf Span- und Freifläche.

MERKE

Schneidstoffe werden mit verschleißfestem Titankarbid (TiC), Titannitrid (TiN), Aluminiumoxid (Al_2O_3) und Titankarbonitrid (TiCN) beschichtet (Bild 2).

Durch das Auftragen von einer oder mehreren verschiedenen Beschichtungen kann die Schnittgeschwindigkeit auf das Drei- bis Vierfache gesteigert werden. Die damit verbundenen kürzeren Fertigungszeiten und die höheren Standzeiten rechtfertigen den Einsatz der teureren beschichteten Schneidstoffe. Um die Beschichtung gleichmäßig aufdampfen zu können, ist eine **Rundung der Schneidkante erforderlich**. Der Radius am Keilwinkel hat bei den meisten Zerspanungsaufgaben keine negativen Auswirkungen. Lediglich beim Bearbeiten mit sehr kleinen Vorschüben und für weiche Werkstoffe ist er ungünstig.

Überlegen Sie!

1. *Welche entscheidenden Vorteile besitzen beschichtete Schneidstoffe gegenüber unbeschichteten?*
2. *Aus welchen Gründen sind die beschichteten Schneiden nicht scharfkantig?*

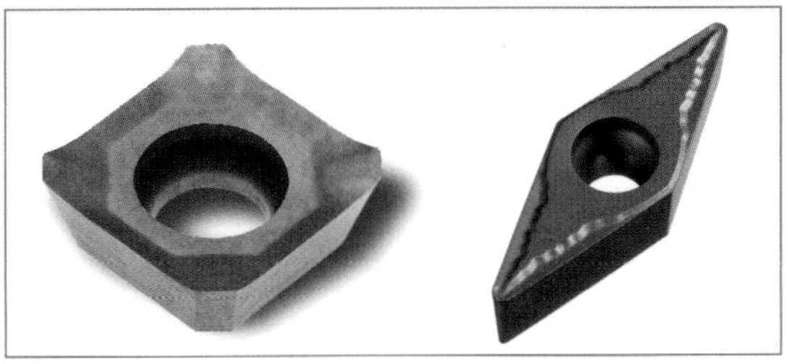

1 Wendeschneidplatten zum Fräsen und Drehen aus Cermet

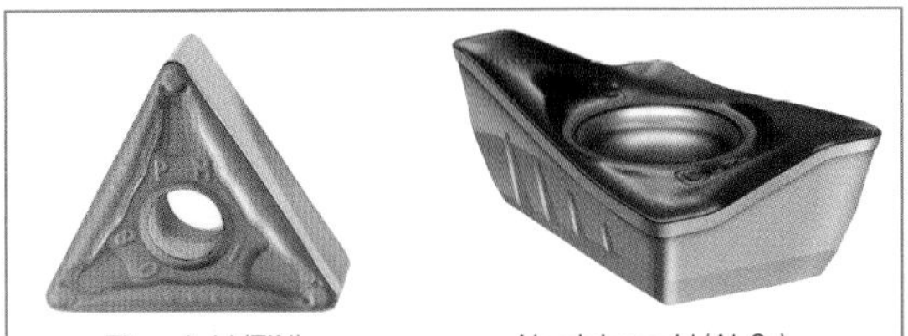

2 Beschichtete Schneidstoffe

1.2.4 Schneidkeramik

Keramikschneidwerkstoffe sind noch härter, warmhärter (ca. 1200 °C) und verschleißfester als Hartmetalle. Daher können sehr hohe Schnittgeschwindigkeiten gewählt werden. Schneidkeramik *(cutting ceramics)* reagiert nicht mit dem Werkstoff des Werkstücks.

MERKE

Reine Keramikschneidstoffe (Bild 3) bestehen aus Aluminiumoxiden (Al_2O_3) oder Siliziumnitriden (Si_3N_4).

3 Wendeschneidplatten aus Schneidkeramik

Oxidkeramik (Al_2O_3)

Wegen der sehr geringen Zähigkeit und Biegefestigkeit ist der Schneidstoff sehr stoßempfindlich, wodurch die Gefahr des Kantenbruchs sehr groß ist. Beim Zerspanen wird nicht gekühlt, weil Schneidkeramik sehr empfindlich gegenüber Temperaturschwankungen ist. Der Anwendungsschwerpunkt liegt beim Drehen (Schruppen und Schlichten) von Grauguss, Einsatz- und Vergütungsstählen im ununterbrochenen Schnitt.

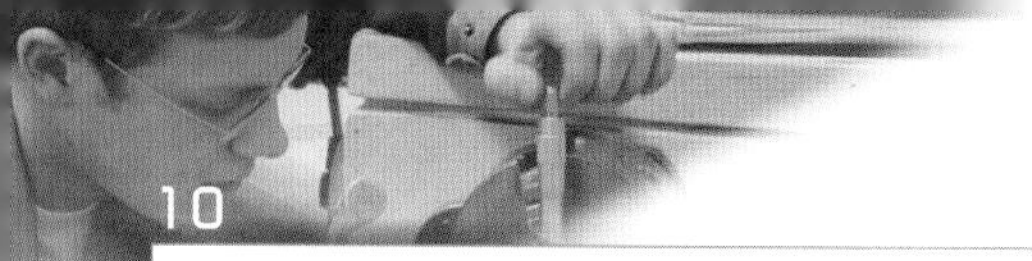

Siliziumnitridkeramik (Si_3N_4)
Im Vergleich zu Oxidkeramik ist der Schneidstoff zäher und unempfindlicher gegenüber Temperaturschwankungen. Es kann mit Kühlschmierstoff gearbeitet werden. Siliziumnitridkeramik eignet sich zum Drehen und Fräsen von Grauguss auch bei unterbrochenen Schnitten und zur Hochgeschwindigkeitsbearbeitung von Grauguss. Allerdings ist der Schneidstoff teurer als Oxidkeramik.

Überlegen Sie!
Beschreiben Sie zwei Vorteile und einen Nachteil von Siliziumnitrid- gegenüber Oxidkeramik.

Kubisches Bornitrid (CBN)
Die Warmhärte von CBN (Bild 1) liegt bei ca. 2000 °C. Er ist relativ spröde, allerdings härter und zäher als Keramik. CBN ist ein vergleichsweise teurer Schneidstoff, der zur Bearbeitung von gehärtetem Stahl, HSS und hochwarmfesten Legierungen eingesetzt wird. Unter optimalen Bedingungen können beim Drehen ohne Kühlschmiermittel Oberflächenqualitäten von R_a = 0,3 µm bei sehr engen Toleranzen erreicht werden.

***1** Wendeschneidplatte aus CBN*

MERKE
Kubisches Bornitrid ist ein besonders harter Schneidstoff, dessen Härte nur noch von Diamant übertroffen wird.

Polykristalliner Diamant PD (auch PKD genannt)
Feine Diamantkristalle sintern bei hohen Temperaturen und Drücken zu kleinen polykristallinen Diamantschneiden. Diese PKD-Schneiden werden in Hartmetallwendeschneidplatten eingebettet (Bild 2).

MERKE
Aufgrund der enormen Härte ist die Standzeit von polykristallinem Diamant bis zu hundertmal höher als die von Hartmetall. Wegen seiner großen Sprödigkeit verlangt polykristalliner Diamant nach stabilen Schnittbedingungen und hohen Schnittgeschwindigkeiten (bis zu 5000 m/min).

Allerdings kann polykristalliner Diamant nicht zur Zerpanung von Eisenmetallen genutzt werden, weil er mit ihnen chemisch reagiert. Haupteinsatzgebiete des teueren Schneidstoffs sind die Bearbeitung von AlSi-Legierungen, bei denen es auf besondere Oberflächenqualität und enge Toleranzen ankommt.

Monokristalliner Diamant DM (auch MKD genannt)
Der monokristalline Diamant ist das härteste bekannte Mineral. Hartmetallplatten nehmen Naturdiamanten oder monokristalline Kunstdiamanten auf. Die Homogenität und die extreme Härte erlauben die Herstellung von scharfen Schneiden, deren Radius kleiner als 1 µm ist. Damit lassen sich beim Glanzdrehen und -fräsen spiegelnde Oberflächen von Nichteisenmetallen und Kunststoffen herstellen.

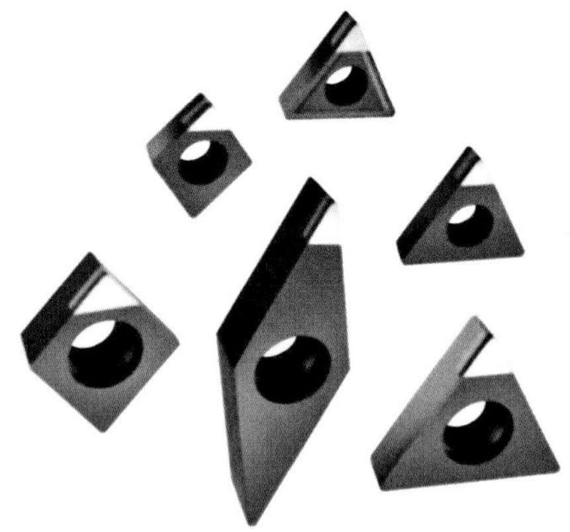

***2** Schneiden aus polykristallinem Diamant*

MERKE
Monokristalliner Diamant ist härter, verschleißfester und spröder als polykristalliner Diamant. Bei der Feinbearbeitung lassen sich damit engste Toleranzen einhalten.

1.2.5 Wendeschneidplatten

Wendeschneidplatten *(throwaway inserts)* werden auf den Drehmeißel und Fräser geschraubt oder geklemmt (Bild 3). Sie müssen so sicher gespannt sein, dass sie sowohl den Zerspankräften als auch den Fliehkräften bei rotierenden Werkzeugen standhalten, ohne sich auf dem Grundkörper zu verschieben. In der Praxis werden die verschiedensten Befestigungssysteme eingesetzt. Die exakte Positionierung der Wendeschneidplatte auf dem Werkzeug hängt auch von ihrer Befestigungsart ab.
Eine Wendeschneidplatte besitzt mehrere Schneiden. Wenn eine Schneide verschlissen ist, wird die Platte gedreht oder gewendet. Je kürzer die Zeit zum Wechseln der Platte ist, desto geringer sind die Maschinenstillstandszeiten, wodurch sich die Wirtschaftlichkeit erhöht.

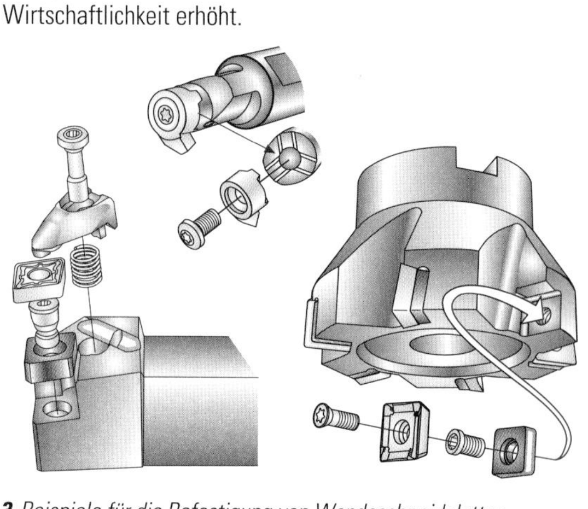

***3** Beispiele für die Befestigung von Wendeschneidplatten*

Die Wendeschneidplatten sind nach ihrer Grundform, dem Freiwinkel, der Toleranzklasse, dem Spanformer, der Befestigungsart, der Plattengröße und -dicke, der Schneidenausbildung und dem Schneidstoff genormt (siehe Tabellenbuch).
Wendeschneidplatten, deren Freiwinkel 0° beträgt, sind **Negativplatten**, weil sie so auf den Halter gespannt werden müssen, dass ein Freiwinkel entsteht, wodurch es zu einem negativen Spanwinkel kommt.
Bild 1 beschreibt den Einfluss des Eckenwinkels (vgl. Seite 29) von Wendeschneidplatten auf den Zerspanungsprozess.

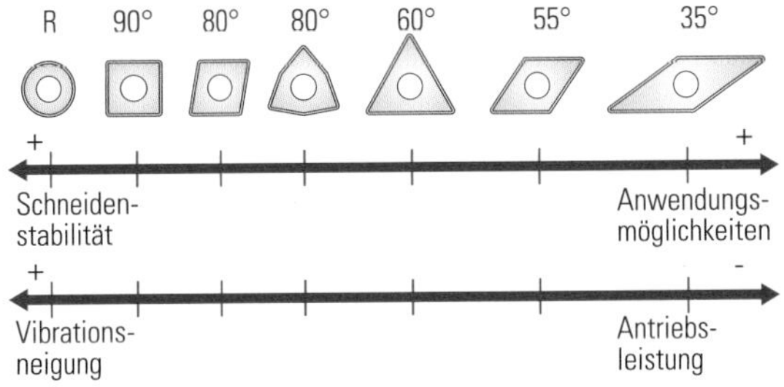

1 *Einfluss des Eckenwinkels von Wendeschneidplatten*

Überlegen Sie!

Erklären und skizzieren Sie die Bezeichnung der folgenden Wendeschneidplatte CNMM 12 04 12-P10 mithilfe des Tabellenbuchs.

1.3 Kühlschmierstoffe

1.3.1 Aufgaben der Kühlschmierstoffe

Beim Zerspanen wird mechanische Energie durch das Trennen und Verformen des Spanes in Wärmeenergie umgewandelt. Die Wärme verteilt sich zu rund 70 % auf die Späne, 20 % auf das Werkzeug und der Rest auf das Werkstück (Bild 2).
Kühlschmierstoffe *(solid cooling lubricants)* transportieren Wärmeenergie von der Wirkstelle (Bild 3). Die **Kühlung** *(cooling)* soll verhindern, dass die Warmhärte des Schneidstoffs überschritten wird, d.h., die Temperatur, bei der der Schneidstoff seine Härte verliert, darf nicht erreicht werden[1]. Das Kühlen des Werkstücks erhöht die Bearbeitungsgenauigkeit, verhindert mögliche Gefügeveränderungen und verringert seine Wärmedehnung.
Die **Reibung** (Bild 4), die zwischen Span und Werkzeug sowie zwischen Werkstück und Werkzeug entsteht, kann durch **Schmierung** *(lubrication)* vermindert werden.
Ob die Schmier- oder Kühlwirkung im Vordergrund steht, hängt von der jeweiligen Zerspanungsart ab. Bei niedrigen Schnittgeschwindigkeiten sind die entstehenden Temperaturen relativ gering. Deshalb ist hier besonders die **Schmierwirkung** gefragt. Gute Schmierung erleichtert das Erzielen hoher Oberflächenqualitäten (Bild 5). Die **Kühlwirkung** ist besonders wichtig, wenn die Schnittgeschwindigkeiten hoch und die Warmhärten der Schneidstoffe relativ niedrig sind (HSS und unbeschichtetes Hartmetall).

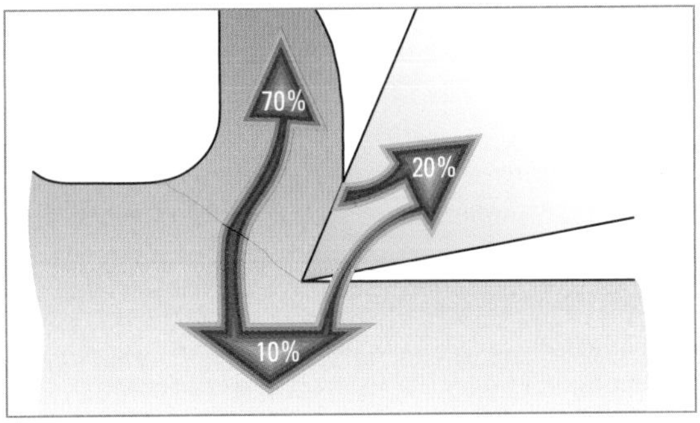

2 *Wärmeübertragung beim Schlichten von Stahl*

3 *Kühlschmierung bei der spanenden Bearbeitung*

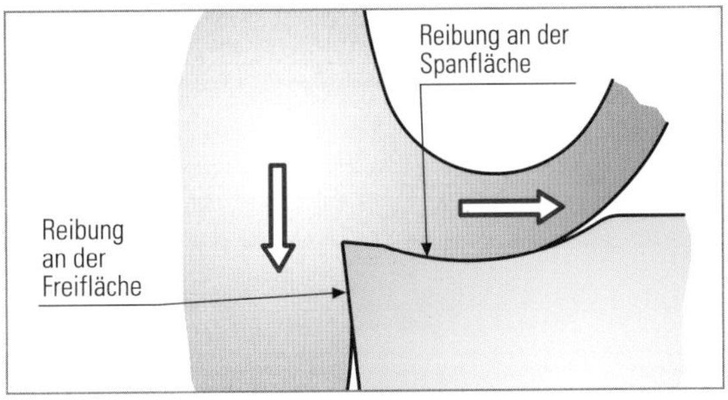

4 *Reibung an Span- und Freifläche*

5 *Schmierung beim Abwälzfräsen von Zahnrädern*

1) siehe Lernfeld 10 Kap. 2.2.1.2

In den Fällen, in denen der **Spantransport** *(chip conveying)* von der Wirkstelle problematisch ist, muss er vom Kühlschmiermittel übernommen werden. Ein Beispiel dafür ist das Tieflochbohren. Dabei erfolgt die Kühlschmierung durch das Werkzeug (Bild 1). Beim Schleifen werden die Späne bei großer Kühlmittelmenge weggeschwemmt.

MERKE

Kühlschmierstoffe sollen
- die Wärme von der Wirkstelle transportieren (kühlen)
- die Reibung auf Span- und Freifläche vermindern (schmieren)
- den Werkzeugverschleiß reduzieren (schmieren)
- die Oberflächenqualität des Werkstücks verbessern (schmieren)
- das Spanvolumen pro Minute beim Schruppen erhöhen (kühlen und schmieren)
- die Späne von der Wirkstelle entfernen (transportieren).

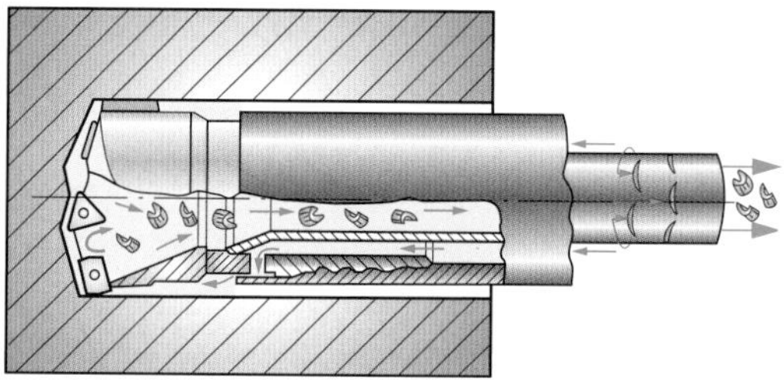

1 *Spantransport beim Tieflochbohren*

Wassermischbare Kühlschmierstoffe (SE)

Bei den wassermischbaren Kühlschmierstoffen *(water miscible cooling lubricants)* handelt es sich um Konzentrate, die mit Wasser gemischt werden. Dabei kann der Wasseranteil bis zu 98 % betragen. Die Konzentrate haben die Aufgabe, die Schmier- und Benetzungsfähigkeit der Mischung zu verbessern und Korrosion zu verhindern. Der hohe Wasseranteil garantiert eine gute Kühlwirkung. Die wassermischbaren Kühlschmierstoffe werden bei Zerspanungsaufgaben eingesetzt, bei denen die Kühlung wichtiger ist als die Schmierung.

Emulgierbare Kühlschmierstoffe (SEM) sind die gebräuchlichste Form der wassermischbaren Kühlschmierstoffe. Eine Emulsion ist eine Mischung von Flüssigkeiten, die ineinander nicht löslich sind. Dabei ermöglichen Emulgatoren die Bildung von z. B. Öltröpfchen, die im Wasser schweben.

Wasserlösliche Kühlschmierstoffe (SES) bestehen im Wesentlichen aus in Wasser gelösten Chemikalien. Sie enthalten kein Mineralöl und werden hauptsächlich beim Schleifen verwendet, weil hier die Kühleigenschaft des Kühlschmiermittels vorrangig ist.

Nichtwassermischbare Kühlschmierstoffe (SN)

Nichtwassermischbare Kühlschmierstoffe *(water immiscible cooling lubricants)* sind Mineralöle, die entsprechende Zusätze

1.3.2 Kühlschmierstoffarten und -auswahl

Eine Einteilung der Kühlschmierstoffe zeigt folgende Übersicht:

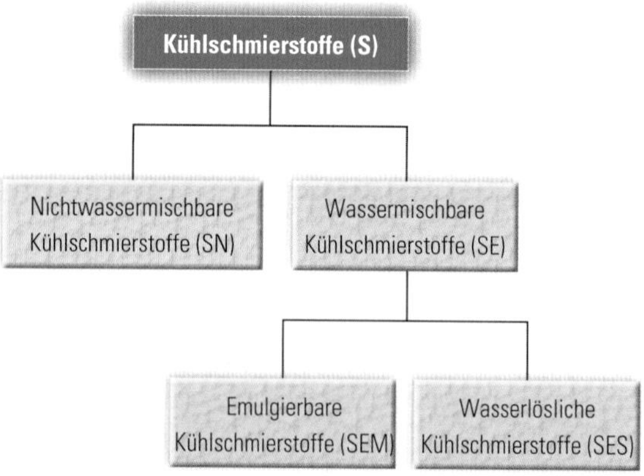

Werk-Stoff / Fertigungsverfahren	Stahl	Gusseisen[1] Temperguss	Nichteisenmetalle und deren Legierung	Leichtmetalle und deren Legierung
Drehen	SE	SE	SE	SE
Bohren	SE	SE	SE	SE
Tieflochbohren	SN	SN	SN	SN
Fräsen	SE	SE	SEM	SE
Sägen	SE	SE	SEM	SE
Räumen	SN	SE	SN	SN
Schleifen	SE	SE	SE	SE
Honen, Läppen	SN	SN		
Gewindeschneiden	SN	SE	SN	SN
Gewindefräsen	SN	SN	SN	SN
Zahnradfräsen	SN	SN	SN	SN

1) wenn keine Trockenbearbeitung vorliegt

2 *Auswahl der Kühlschmierstoffe*

zur Verbesserung der Schmierfähigkeit, des Korrosionsschutzes, der Alterungsbeständigkeit und des Schaumverhaltens beinhalten. Sie werden als gebrauchsfähige Produkte angeliefert (Seite 11 Bild 5). Im Vergleich zu den wassermischbaren Kühlschmierstoffen zeichnen sich diese „Schneidöle" durch besseres **Schmierverhalten** und Druckaufnahmefähigkeit aus.

MERKE

Nichtwassermischbare Kühlschmierstoffe haben eine größere Schmierfähigkeit, aber eine wesentlich geringere Wärmeleitfähigkeit und Wärmekapazität als wassermischbare Kühlschmierstoffe.

Bei der Auswahl und Wartung der Kühlschmierstoffe sind in jedem Fall die Angaben und Empfehlungen des Herstellers zu beachten. Eine erste Empfehlung zeigt Tab. Bild 2 von Seite 12.

MERKE

Ständige Wartung des Kühlschmierstoffs[1] gewährleistet seine lange Nutzungszeit. Die innerbetriebliche Wiederaufbereitung des Kühlschmierstoffs reduziert Kosten.

1.3.3 Umgang mit Kühlschmierstoffen

Kühlschmierstoffe bergen Gefahren für Haut (Bild 1) und Atemwege. Über ein Drittel aller anerkannten Haut-Berufskrankheiten entstehen durch Kühlschmierstoffe. Ursachen dafür sind **Zusätze** in den Kühlschmierstoffen sowie der Befall der Kühlschmierstoffe durch **Mikroorganismen** (Bakterien und Pilze). Beides kann zu Hautreizungen führen, wenn

- sehr häufiger Hautkontakt mit dem Kühlschmierstoff
- fehlender oder ungenügender Hautschutz
- Mikroverletzungen der Haut
- ungenügende Hautpflege und -reinigung vor und nach Kühlschmiermittelkontakt

vorliegen.

Bei der spanenden Serienfertigung betragen die Kosten für die Kühlschmierstoffe bis zum Vierfachen der Werkzeugkosten (Bild 2). Kühlschmierstoffe müssen als Sonderabfall entsorgt werden. Um die Kosten zu dämpfen, den Umweltschutz zu fördern und die Mitarbeiter weniger zu gefährden, können folgende **Maßnahmen** ergriffen werden:

- Verwendung von Kühlschmierstoffen, in denen sich Mikroorganismen schwer ausbreiten können
- Verhindern, dass Fremdstoffe in das Kühlschmiermittel eindringen
- Ständige Kontrolle, Wartung und Pflege des Kühlschmierstoffs führt zur Verlängerung der Nutzungszeit
- Hautschutz, -reinigung und -pflege mit geeigneten Mitteln immer gewissenhaft betreiben
- Innerbetriebliche Wiederaufbereitung des Kühlschmierstoffs.

Nähere Angaben sind den Betriebsanweisungen für die Kühlschmiermittel zu entnehmen (Seite 14 Bild 1).

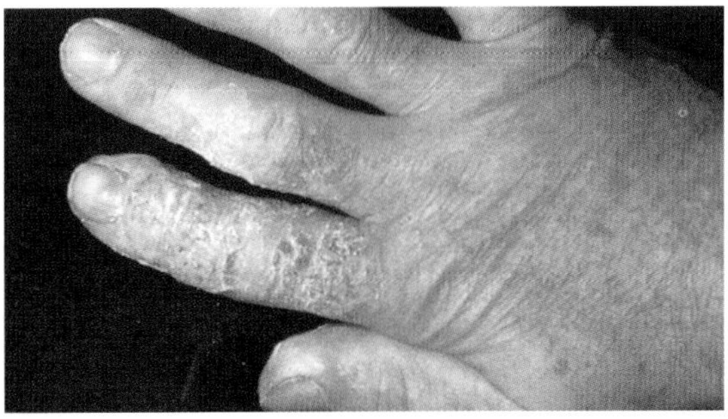

1 Hautekzem

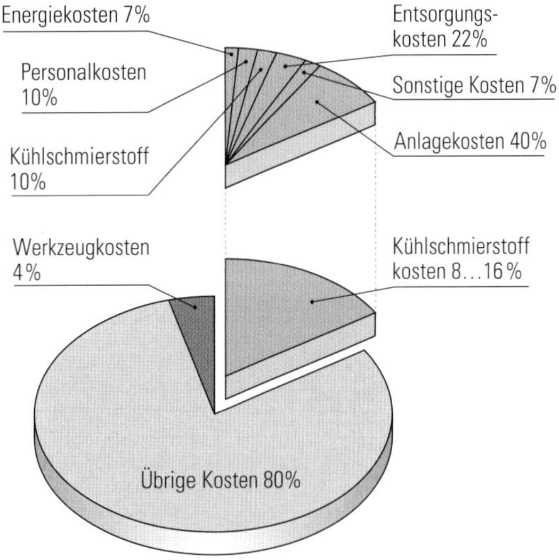

2 Anteil der Kühlschmierstoffkosten

1.3.4 Alternativen zur konventionellen Kühlschmierung

Um die Kosten zu senken, die Umwelt zu schützen und die Gefahren für die Fachkräfte zu mindern, werden zunehmend Minimalmengen-Kühlschmierung und Trockenbearbeitung angewendet.

Minimalmengen-Kühlschmierung

Bei der Minimalmengen-Kühlschmierung (MMKS) *(minimum quantity lubrication)* werden der Wirkstelle weniger als 50 ml Kühlschmiermittel pro Stunde zugeführt. Die Kühlwirkung ist nicht erforderlich, wenn der Schneidstoff den auftretenden Temperaturen standhält. Ein Aggregat (Seite 15 Bild 1) stellt ein Luft-Kühlschmierstoff-Gemisch zur Verfügung, das entweder extern oder intern (Seite 15 Bild 2) zugeführt wird.

Bei der **externen Zuführung** mittels Düsen sind die Investitionskosten gering und keine speziellen Werkzeuge erforderlich. Nachteilig sind die begrenzten Einstellmöglichkeiten der Düsen

1) siehe Lernfeld 6 Kap. 4

Firma :

Betriebsanweisung

Nr.:

gem. GefStoffV § 14 und TRGS 555
und § 12 BioStoffV

1. Anwendungsbereich

Arbeitsbereich:
Arbeitsplatz:
Tätigkeit:

2. Gefahrstoffbezeichnung

wassergemischter Kühlschmierstoff (KSS)
Handelsname:

3. Gefahren für Mensch und Umwelt

- Hautkontakt beeinträchtigt die Schutzfunktion der Haut; langfristige Einwirkung kann zu Hauterkrankungen führen
- schon geringfügige Hautverletzungen, z.B. durch Späne oder Abrieb, erhöhen das Risiko einer KSS-bedingten Hauterkrankung,
- das Abblasen KSS-benetzter Haut und Kleidung mit Druckluft kann Hautschäden verursachen,
- das Einatmen von KSS-Dampf und -Aerosolen kann zu Schleimhaut- und/oder Atemwegsreizungen führen,
- Mikroorganismen können zu Infektionen, z.B. bei Wunden oder vorgeschädigter Haut, oder zu allergischen Erkrankungen, z.B. beim Einatmen, führen
- verschütteter oder ausgelaufener KSS kann Erdreich und Gewässer verunreinigen.

4. Schutzmaßnahmen und Verhaltensregeln

- Hautkontakt auf ein Minimum beschränken, dazu gehören:
  - Haut nie mit KSS reinigen, Hände nur mit sauberen Textil- oder Papiertüchern abtrocknen (keine Putzlappen verwenden)
  - gebrauchte Textil- oder Papiertücher nicht in die Kleidung stecken
  - Werkstücke, Maschinen und Haut nicht mit Druckluft abblasen,
  - Schutzeinrichtungen verwenden,
  - KSS-durchtränkte Kleidung sofort wechseln,
- Vor Arbeitsbeginn, vor Pausen und nach Arbeitsende Schutzmaßnahmen nach Hautschutzplan durchführen.
- Am Arbeitsplatz nicht essen, trinken oder rauchen, keine Lebensmittel aufbewahren.
- Keine Abfälle, z.B. Zigarettenkippen, Lebensmittel, Taschentücher, in den KSS-Kreislauf gelangen lassen,
- KSS nicht in die Kanalisation entsorgen.

5. Verhalten bei Störungen und im Gefahrfall Notruf :

- Bei Störungen, z.B. Ausfall der Absaugung, oder auffälligen Veränderungen des KSS (z.B. Aussehen, Geruch, Fremdöl) den Aufsichtführenden informieren,
- verschüttete/ausgelaufene KSS mit Bindemittel Typ ... aufnehmen, Schutzhandschuhe Typ ..... tragen, Aufsichtführenden informieren.

6. Verhalten bei Unfällen – Erste Hilfe Notruf :

- Bei Hautveränderungen, z.B. raue Haut, Juckreiz, Brennen, Bläschen, Schuppen, Schrunden, den Aufsichtführenden und den Betriebsarzt informieren
- Hautverletzungen fachgerecht versorgen lassen,
- nach Augenkontakt sofort mit fließendem Wasser spülen, Arzt aufsuchen,
- Ersthelfer: .....

7. Instandhaltung, Entsorgung

- Zu entsorgende KSS dürfen nur in gekennzeichneten Behältern gesammelt werden,
- benutzte Einwegtücher in mit ... gekennzeichneten Behältern sammeln ,
- wieder verwendbare Putztücher getrennt sammeln,
- verwendete Bindemittel in mit ..... gekennzeichneten Behälter geben.

Datum : Unterschrift :

1 *Muster einer Betriebsanweisung für wassergemischte Kühlschmierstoffe*

bei unterschiedlichen Werkzeuglängen und -durchmessern sowie mögliche Streuverluste.
Die **interne Zuführung** durch die Werkzeuge gewährleistet eine optimale Schmierung der Wirkstelle und verhindert Streu- und Sprühverluste. Allerdings sind spezielle Werkzeuge, höhere Investitionskosten und geeignete Maschinen erforderlich.

Trockenbearbeitung

5_1 Bei der Trockenbearbeitung *(dry machining)* erfolgt das Zerspanen ohne Kühlschmierung (Bild 3). Dabei werden verschiedene Anforderungen an den Zerspanungsprozess gestellt:

- Möglichst geringe Energie-, d.h. Wärmeentwicklung, beim Zerspanen und Umformen
- Wärmeabfuhr über Späne
- Sichere und schnelle Späneabfuhr von der Bearbeitungsstelle und aus der Maschine
- Geeignete Werkzeuge und Maschinen

Erfüllt werden diese Anforderungen durch:

- Geeignete Werkzeuge, deren Werkzeuggeometrie so ausgelegt ist, dass die Umform- und Reibenergie reduziert wird
- Hohe Schnittgeschwindigkeiten und kurze Spanformen, die den Wärmeübergang in das Werkstück vermindern und die Wärme hauptsächlich in den Span leiten
- Schneidstoffe und Schneidstoffbeschichtungen, die kein Schmieren erfordern (CBN, Keramik, warmverschleißfeste Hartmetalle)
- Kühlung durch Druckluft
- Abfuhr der Späne von der Bearbeitungsstelle z.B. durch Schwerkraft in Schrägbettmaschinen oder Druckluft beim Fräsen und entsprechende Späneförderer

Für die Trockenbearbeitung eignen sich daher insbesondere:

- Bearbeitungsverfahren mit geometrisch bestimmter Schneide (Fräsen, Sägen, Bohren usw.)
- Bearbeitungsverfahren, bei denen die Kühlfunktion nicht im Vordergrund steht

Die in der Metallverarbeitung gebräuchlichen Werkstoffe eignen sich unterschiedlich für die Trockenbearbeitung. Eine erste Einschätzung gibt Bild 4 von Seite 15.

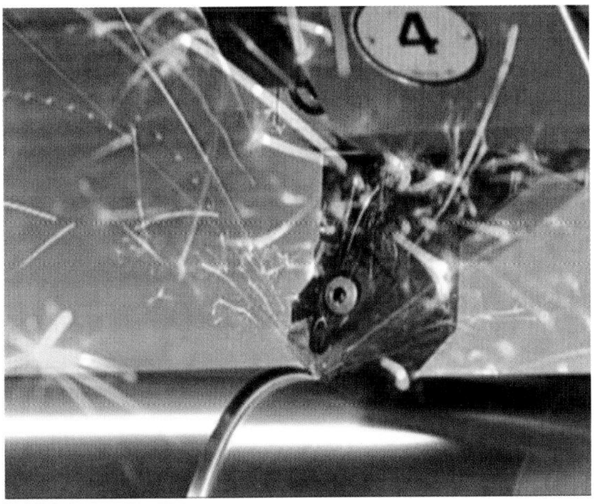

3 *Trockenbearbeitung*

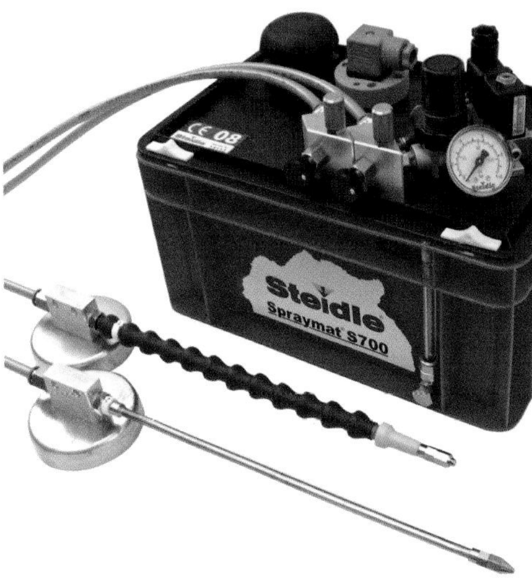

1 *Aggregat zur Bereitstellung der Minimalmengen-Kühlschmierung*

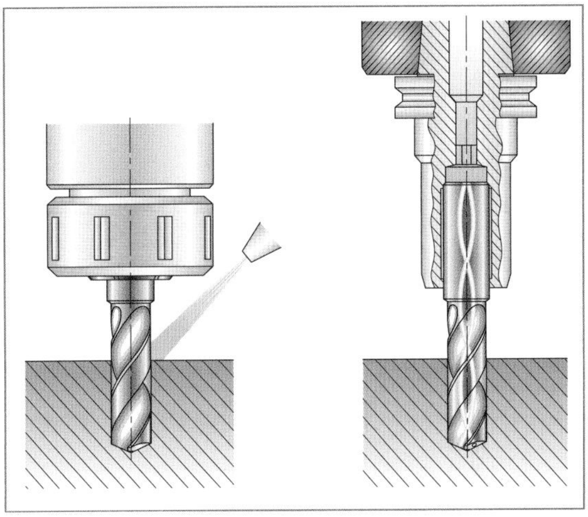

2 *Zuführung der Minimalmengen-Kühlschmierung a) extern b) intern*

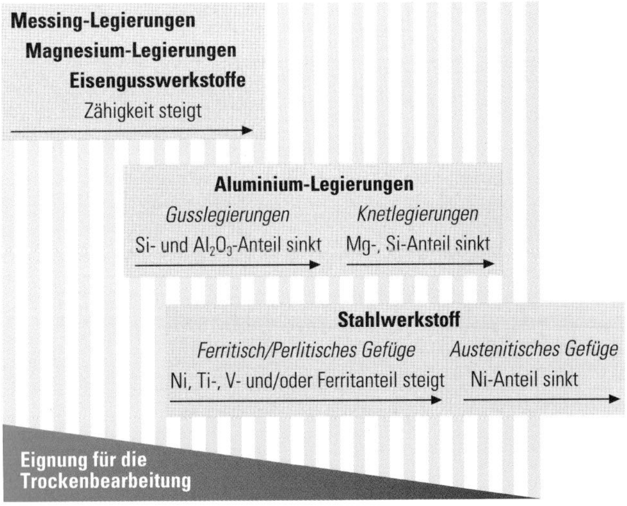

4 *Werkstoffeignung für Trockenbearbeitung*

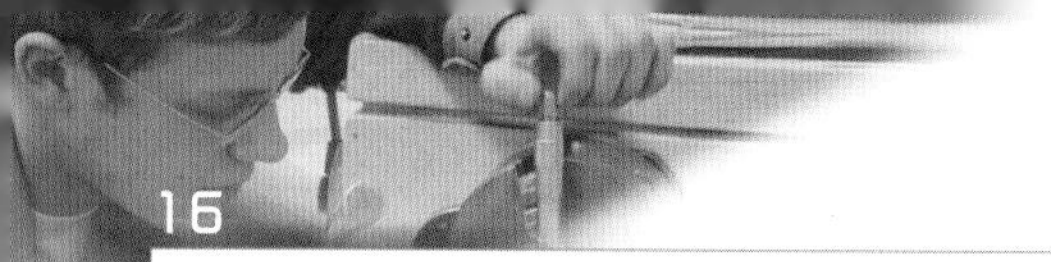

Vor- und Nachteile

Durch den Verzicht auf den Kühlschmierstoff entstehen keine Kosten für dessen Einkauf, Wartung und Entsorgung. Die Späne und das Werkstück sind frei von Öl und der Anteil ölhaltiger Abfälle verringert sich enorm. Das Ölunfallrisiko ist erheblich reduziert und es verbessern sich die Arbeits- und Umweltbedingungen.

Nachteilig ist, dass bei der Trockenbearbeitung teure Werkzeuge und geeignete Maschinen benötigt werden, die Gefahr der Aufbauschneidenbildung besteht und nicht alle Werkstoffe trocken bearbeitet werden können.

ÜBUNGEN

1. Von welchen Größen hängt die Schnittgeschwindigkeit beim Drehen ab (je ... desto)?
2. Welche Einflussgrößen bestimmen die Wahl des Vorschubs beim Drehen?
3. Welche Spanformen sind beim Drehen erwünscht und durch welche Maßnahmen werden sie erreicht?
4. Stellen Sie die Ziele des Schruppens und Schlichtens gegenüber und geben sie an, durch welche Parameter die Ziele erreicht werden.
5. Warum werden Werkzeugschneiden mit einem Schneidenradius versehen?
6. Beschreiben Sie zwei Verschleißarten und ihre Auswirkungen.
7. Erläutern Sie den Begriff „Standzeit" und geben Sie dafür gebräuchliche Zeiten an.
8. Beschreiben Sie Anforderungen, die an Schneidstoffe gestellt werden.
9. Stellen Sie Vor- und Nachteile von HSS und Hartmetall vergleichend gegenüber.
10. Unterscheiden Sie die sechs Hauptgruppen der Hartmetalle.
11. Nennen Sie Einsatzbereiche für Cermets.
12. Warum werden Schneidstoffe beschichtet?
13. Welche Vorteile besitzt Schneidkeramik gegenüber Hartmetallen?
14. Nennen Sie je einen Vor- und Nachteil von Siliziumnitridkeramik gegenüber Oxidkeramik.
15. Wo liegt die Warmhärte von kubischem Bornitrid und wozu wird dieser Schneidstoff eingesetzt?
16. Welche Vorteile hat polykristalliner Diamant und welche Werkstoffe werden damit hauptsächlich bearbeitet?
17. Erstellen Sie eine Mind-Map zu Schneidstoffen, die die Eigenschaften der einzelnen darstellt.
18. Warum ist der Einsatz von Wendeschneidplatten wirtschaftlich?
19. Erkunden Sie in Ihrem Betrieb unterschiedliche Spannsysteme für Wendeschneidplatten und dokumentieren Sie diese, um sie den Mitschülern präsentieren zu können.
20. Erstellen Sie eine Mind-Map zu Kühlschmiermitteln mit den Hauptästen „Aufgaben", „Arten" und „Umgang".
21. Was sind die Gründe, die für das Kühlen bei der Zerspanung sprechen?
22. Vergleichen Sie die Wärmeleitfähigkeit und -kapazität von Wasser und Maschinenöl (Tabellenbuch) und bewerten Sie diese im Hinblick auf die verschiedenen Kühlschmiermittel.
23. Welchen Einfluss hat die Schmierung auf Werkzeug und Werkstück beim Zerspanen?
24. Wählen Sie mithilfe Ihres Tabellenbuchs Kühlschmierstoffe für folgende Zerspanungsaufgaben:
    a) Bohren von Aluminiumlegierungen
    b) Gewindeschneiden von schwer zerspanbarem Stahl
25. Nennen Sie Ursachen für das Entstehen von Hautreizungen und Hautekzemen beim Umgang mit Kühlschmierstoffen.
26. Durch welche Maßnahmen können Hautkrankheiten durch Kühlschmiermittel verhindert werden?
27. Analysieren Sie die Betriebsanweisung für wassermischbare Kühlschmierstoffe (Seite 14) und notieren Sie die Punkte, die Sie bislang nicht beachtet haben.
28. Wie erfolgt die Minimalmengen-Kühlschmierung und aus welchen Gründen wird sie eingesetzt?
29. Beschreiben Sie die Vor- und Nachteile der Trockenbearbeitung.

2 Drehen

2.1 Drehverfahren

Die Einteilung der Drehverfahren *(turning methods)* erfolgt nach

- der Art der Fläche
- der Bewegung des Zerspanvorganges und
- der Werkzeugform

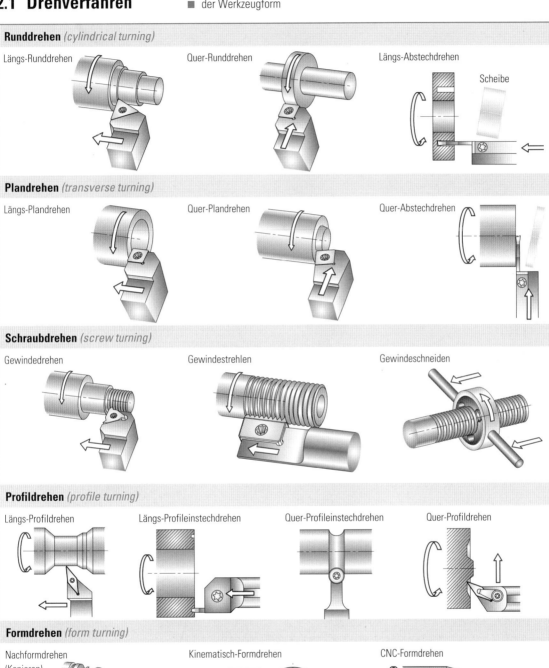

Runddrehen *(cylindrical turning)*

Längs-Runddrehen

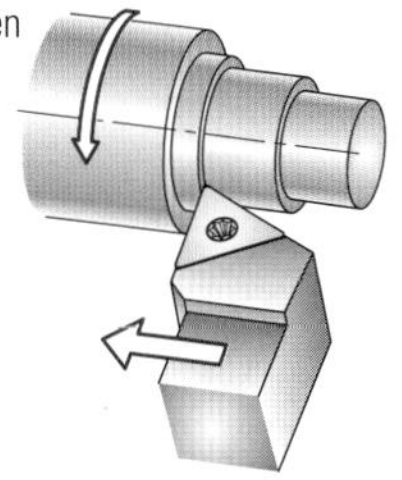

Quer-Runddrehen

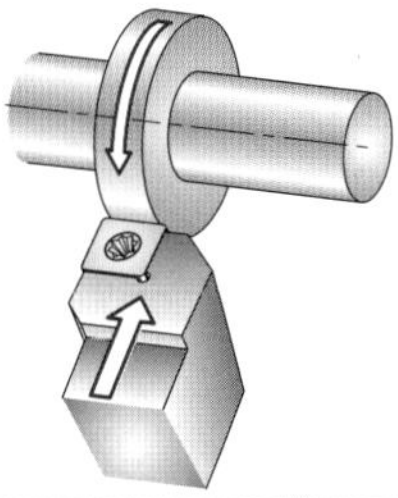

Längs-Abstechdrehen

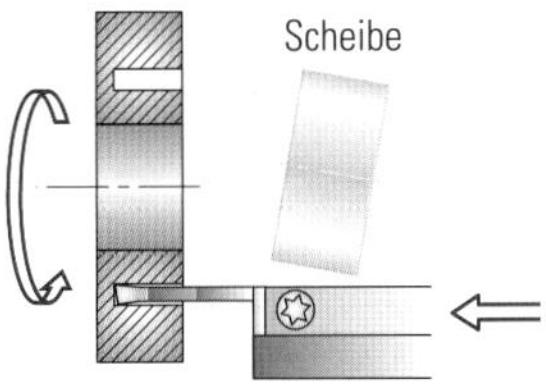

Plandrehen *(transverse turning)*

Längs-Plandrehen

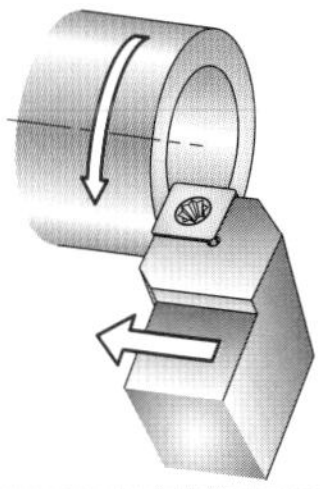

Quer-Plandrehen

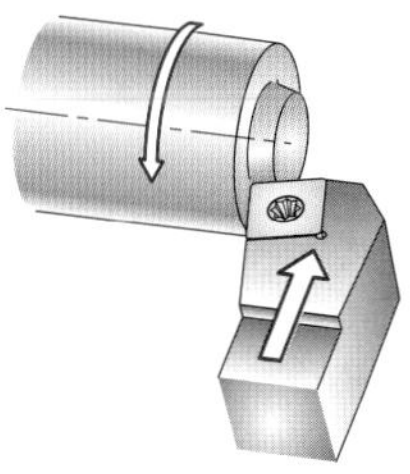

Quer-Abstechdrehen

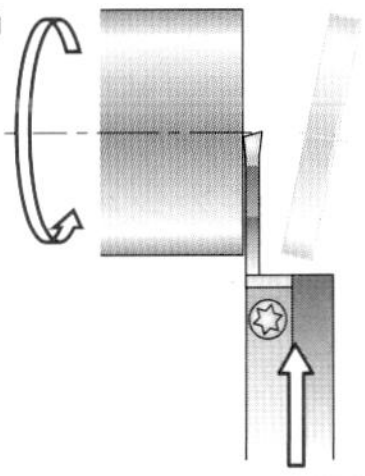

Schraubdrehen *(screw turning)*

Gewindedrehen

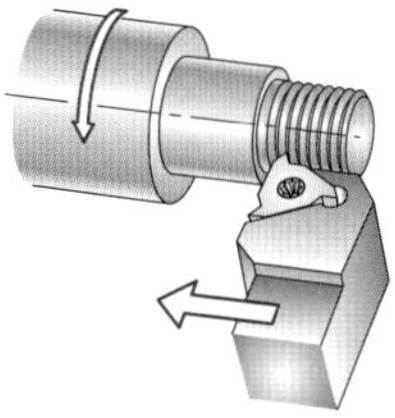

Gewindestrehlen

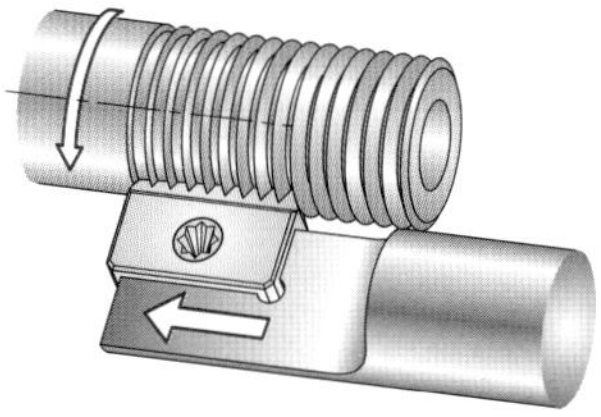

Gewindeschneiden

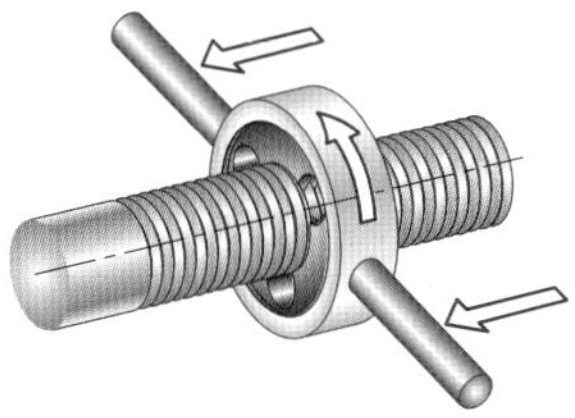

Profildrehen *(profile turning)*

Längs-Profildrehen

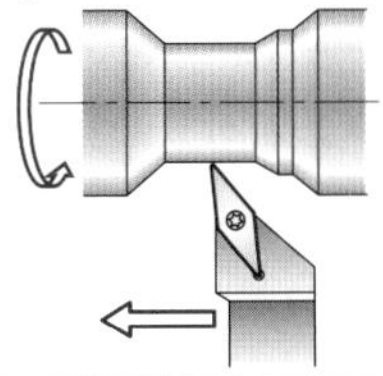

Längs-Profileinstechdrehen

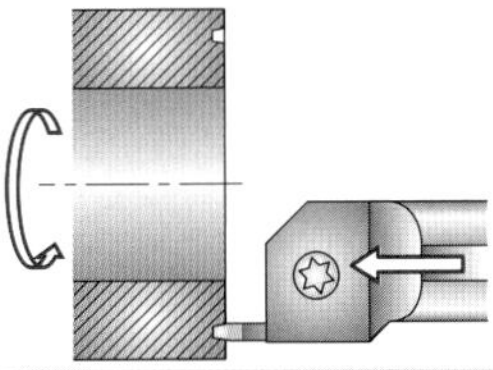

Quer-Profileinstechdrehen

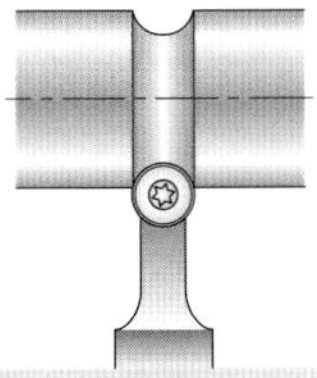

Quer-Profildrehen

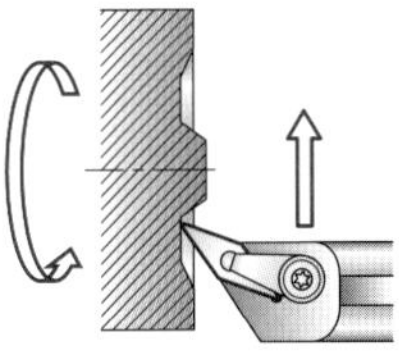

Formdrehen *(form turning)*

Nachformdrehen (Kopieren)

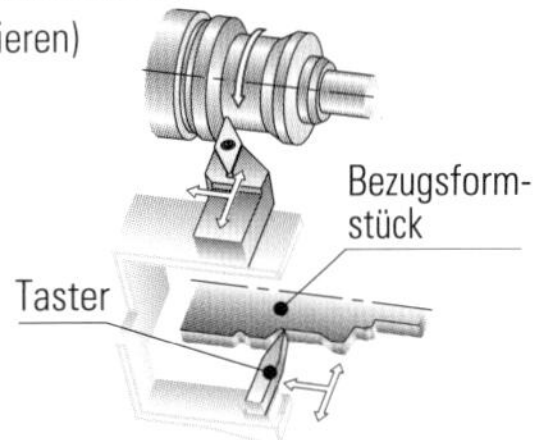

Kinematisch-Formdrehen

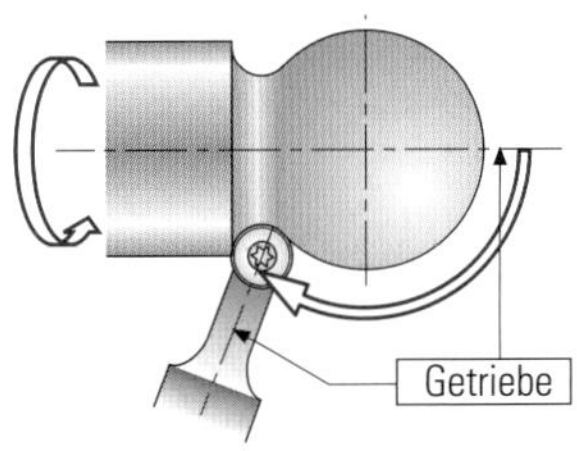

CNC-Formdrehen

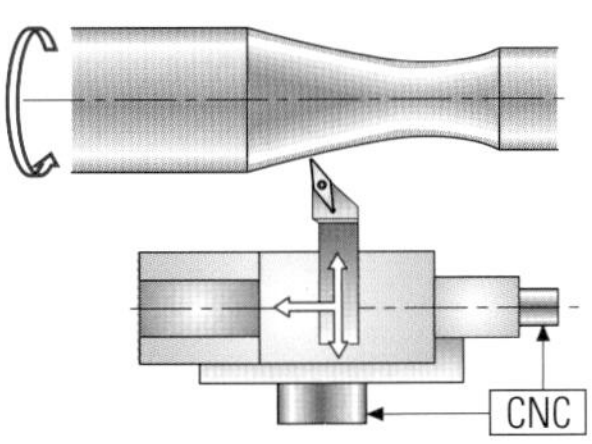

2.2 Arbeitsauftrag

Aus einem Rohling von 75 × 202 ist die Kegelradwelle aus 20MoCr4 als Ersatzteil herzustellen.

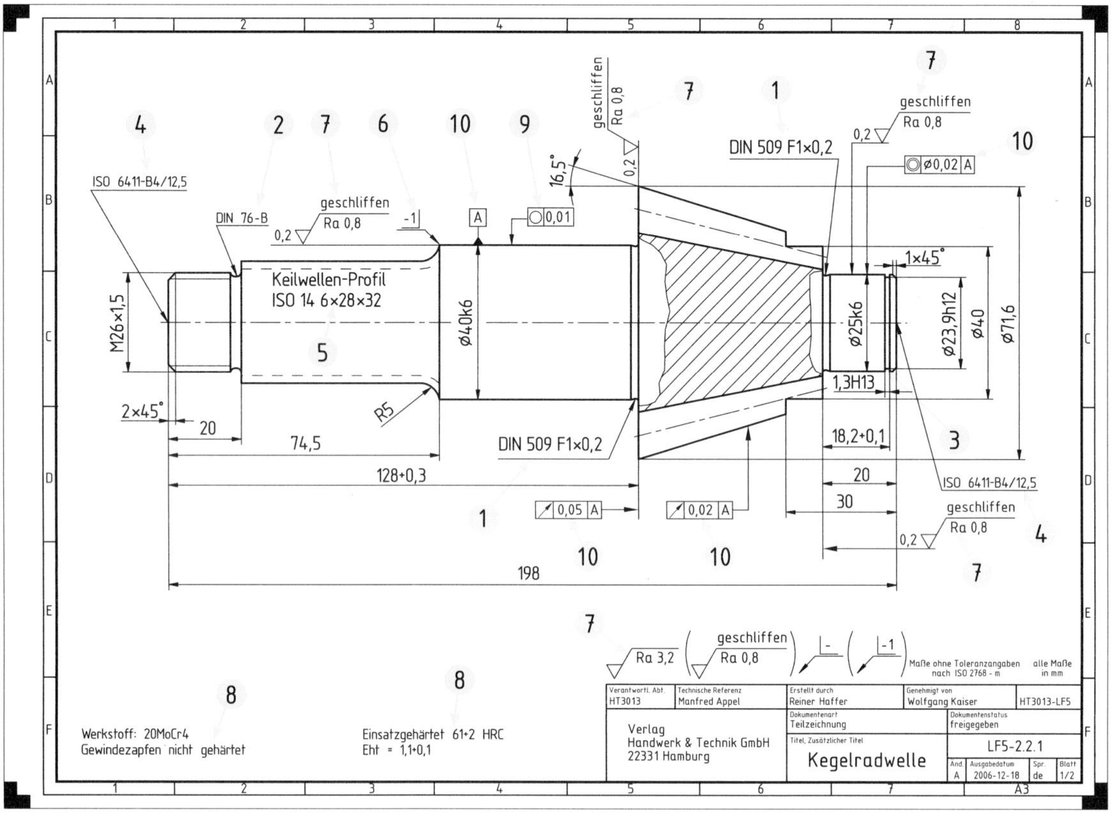

1 *Kegelradwelle*

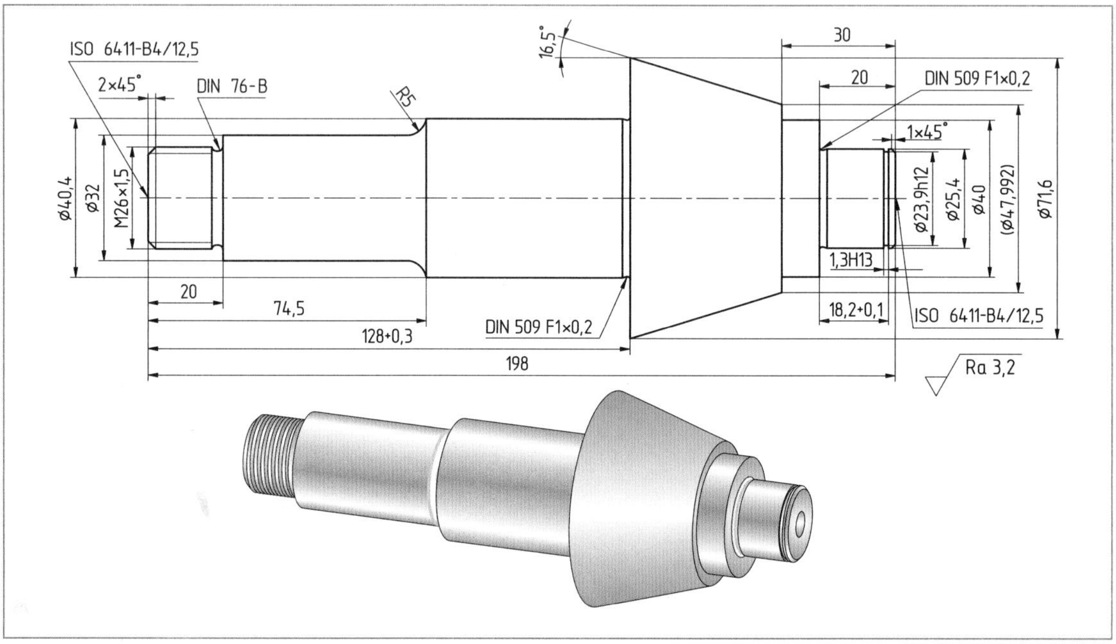

2 *Drehteil Kegelradwelle*

Abwicklung des Arbeitsauftrags
(processing of a work order)

Bei der Abwicklung eines Arbeitsauftrags handelt es sich um eine **vollständige Handlung**, die verschiedene Phasen durchläuft (Bild 1). Diese Phasen sind für die unterschiedlichsten Arbeitsaufträge gleich bzw. ähnlich.

Am Beispiel der Kegelradwelle werden die Phasen der Auftragsabwicklung und die sich jeweils ergebenden Fragestellungen beschrieben.

Informieren *(informing)*

In der Informationsphase müssen viele Informationen beschafft werden, um das Ziel und den Umfang des Auftrags zu analysieren. Es stellen sich z. B. folgende Fragen:

- Welche Form hat das Werkstück?
- Aus welchem Werkstoff besteht das Werkstück?
- Wie sieht der Rohling aus?
- Wie viele Werkstücke sind herzustellen?
- Wann muss die Fertigung beendet sein?
- Welche Werkzeuge und Maschinen stehen zur Verfügung?
- Welche Maß- und Formtoleranzen sind einzuhalten?
- Welche Oberflächenqualitäten sind gefordert?
- usw.

Planen *(planning)*

In der Planungsphase werden Fertigungsalternativen durchdacht, mögliche Arbeitsschritte und deren Reihenfolge verglichen. Es stellen sich z. B. folgende Fragen:

- Welche weiteren Informationen werden benötigt und wo sind sie zu erhalten?
- Mit welchen Fertigungsverfahren lässt sich das Werkstück herstellen?
- Wie wirtschaftlich sind konkurrierende Fertigungsverfahren?
- In welcher Reihenfolge könnten die Fertigungsschritte durchgeführt werden?
- Mit welchen Werkzeugen und Maschinen könnten die Maß- und Formtoleranzen erzielt werden?
- Mit welchen Spannsystemen könnte das Werkstück gespannt werden?
- Welche Prozessparameter wären zu wählen, damit die an das Werkstück gestellten Forderungen möglichst wirtschaftlich erreicht werden?
- Wie könnten die Maße und Oberflächen geprüft werden?
- Wird weitergehende Unterstützung benötigt und wer kann sie bereitstellen?
- usw.

Entscheiden *(deciding)*

In der Entscheidungsphase werden Fertigungsverfahren ausgewählt, Arbeitsschritte und deren Reihenfolge sowie die Prozessparameter bestimmt. Es werden z. B. folgende Entscheidungen getroffen:

- Festlegung der Fertigungsverfahren.
- Bestimmen der Reihenfolge der Fertigungsschritte.

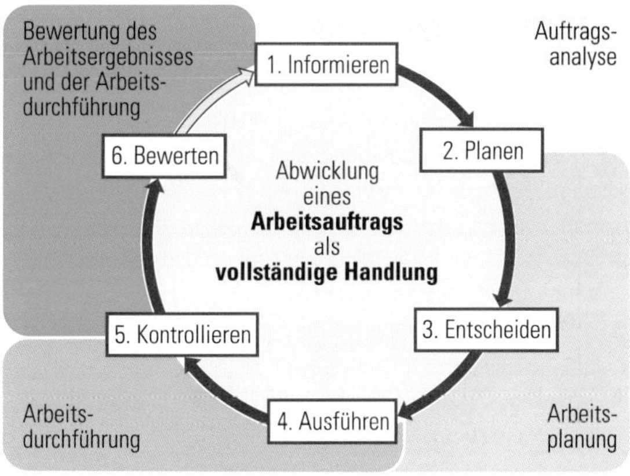

***1** Prinzip der vollständigen Handlung*

- Auswählen der Werkzeuge und Maschinen.
- Festlegung der Werkstückspannung.
- Definieren der Prozessparameter.
- Bestimmen der Prüfoperationen für Maßtoleranzen und Oberflächen während und nach der Fertigung.
- usw.

Ausführen *(executing)*

In der Ausführungsphase werden die geplanten Arbeitsschritte durchgeführt. Hierbei sind die Auswirkungen der getroffenen Entscheidungen kritisch zu beobachten und zu hinterfragen. Gegebenenfalls müssen Entscheidungen korrigiert werden. Es stellen sich z. B. folgende Fragen:

- Welcher Arbeitsschritt ist als nächster durchzuführen?
- Sind die geplanten Prozessparameter richtig gewählt?
- Wann ist die nächste Maß- bzw. Oberflächenkontrolle durchzuführen?
- Wird mit dem derzeitigen Arbeitsschritt das gewünschte Ergebnis erzielt?
- Was muss wie verändert werden, wenn das gewünschte Ergebnis nicht erreicht wurde?
- Ist die eingesetzte Werkzeugmaschine ausgelastet?
- Kann der momentane Arbeitsschritt schneller bzw. wirtschaftlicher durchgeführt werden?
- usw.

Kontrollieren *(controlling)*

In der Kontrollphase, die teilweise auch schon während der Ausführung, aber spätestens nach Beendigung der Ausführung erfolgt, werden die Arbeitsergebnisse mit den geforderten verglichen Dabei stellen sich z. B. folgende Fragen:

- Wie gut wurden die geforderten Maß- und Formtoleranzen eingehalten?
- Wie gut wurden die geforderten Oberflächen erzielt?
- Wie lange dauerte die Fertigung?
- Wie groß ist der Werkzeugverschleiß (siehe Lernfeld 10 Kap. 2)?
- usw.

Bewerten

In der Bewertungsphase werden sowohl das Arbeitsergebnis als auch die gesamte Auftragsdurchführung kritisch reflektiert. Es ist zu klären, was gut gelungen oder zu verbessern ist. In dieser Phase sollen die gewonnenen Erkenntnisse so formuliert werden, dass sie für zukünftige Aufgabenstellungen genutzt werden können. Dabei stellen sich z. B. folgende Fragen:

- Was ist zu tun, wenn die entstandenen Oberflächenqualitäten zu schlecht oder zu gut sind?
- Welche Prozessparameter können noch verändert werden, um die Fertigung wirtschaftlicher zu gestalten?
- Was kann verändert werden, um die Maß- und Formtoleranzen besser einzuhalten?
- Wie kann der Werkzeugverschleiß verringert werden?
- Durch welche Maßnahmen kann die Durchführung des Arbeitsauftrages verbessert werden?
- usw.

Das Prinzip der vollständigen Handlung bezieht sich auf alle Arbeitsaufträge. Es gilt nicht nur für die Fertigung von Bauteilen, sondern auch z. B. für Wartungs- und Instandsetzungsarbeiten. Immer sind die gleichen Phasen mehr oder weniger ausgeprägt zu durchlaufen. Nach der Auftragsanalyse erfolgt die Arbeitsplanung und -durchführung. Der Prozess schließt mit der Bewertung von Arbeitsergebnis und Auftragsdurchführung ab (Seite 19 Bild 1). Die Übergänge der einzelnen Phasen sind fließend und oft sind auch noch Schleifen und Rücksprünge erforderlich, um an das definierte Ziel zu gelangen.

2.2.1 Analyse der Einzelteilzeichnung

Bevor die Fachkraft mit der Herstellung der Kegelradwelle beginnt, muss sie die Einzelteilzeichnung genau analysieren. Neben der geometrischen Form des Bauteils, den Maß- und Toleranzangaben enthält die Zeichnung weitere Informationen, die als Symbole, Textangaben oder deren Kombinationen vorliegen. Diese Zusatzinformationen weisen hin auf

- genormte Formelemente
- Oberflächenbeschaffenheiten
- Form- und Lagetoleranzen

Genormte Formelemente

Die Formen und Abmessungen der Formelemente können den Normen bzw. dem Tabellenbuch entnommen werden.

- **Freistiche** ① *(undercuts)*

  Die Kegelradwelle weist zwei Freistiche an den Absätzen auf. Die Freistiche ermöglichen, dass die Wälzlager (Bild 1) einwandfrei an den Stirnflächen anliegen. Weiterhin reduzieren sie die **Kerbwirkung**, die an einem scharfkantigen Absatz entstehen würde. Freistiche sind nach DIN 509 genormt. Ihre Größe richtet sich nach der Größe der Wellen- oder Bohrungsdurchmesser und der Beanspruchung des Bauteils.

  Meist werden Freistiche nach Form E oder F eingesetzt (Seite 21 Bild 1).

  DIN 509 – E 0,6 × 0,2

  Norm — DIN 509
  Form — E
  Radius (r_1) — 0,6
  Einstechtiefe (t_1) — 0,2

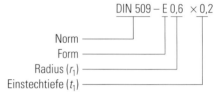

  Freistiche können vereinfacht oder vollständig dargestellt sein (Seite 21 Bild 2).

Überlegen Sie!

1. *Skizzieren Sie einen Freistich der Kegelradwelle im Maßstab 5:1 und legen Sie alle Maße dafür fest.*
2. *Ermitteln Sie die Art der Beanspruchung, die den Maßen der Freistiche an der Kegelradwelle zugrunde liegen.*
3. *Aus welchem Grund wurde bei der Kegelradwelle die Form F gewählt?*

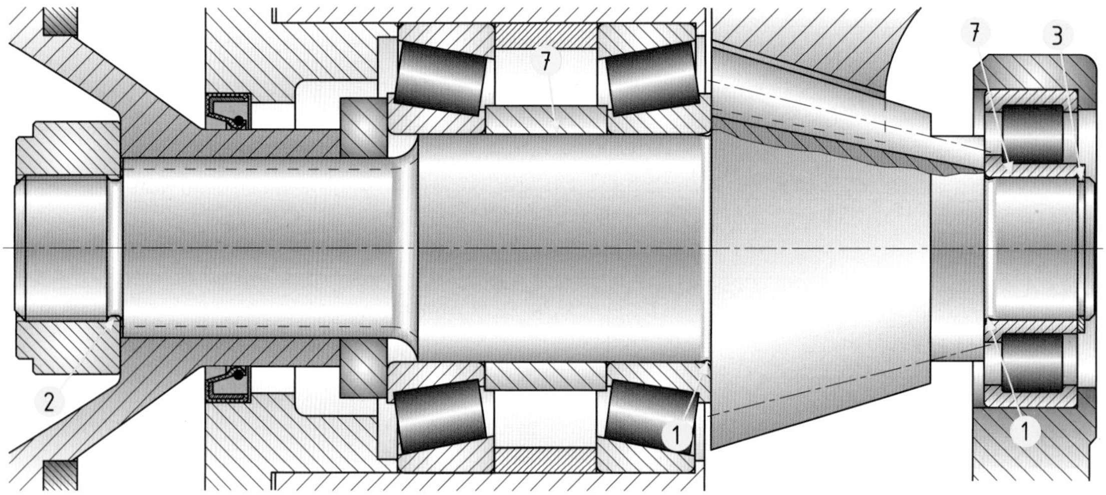

1 *Kegelradwelle mit angrenzenden Bauteilen*

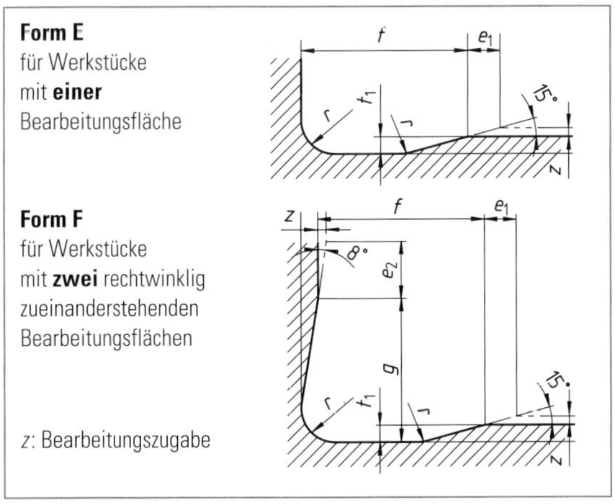

1 Freistichformen

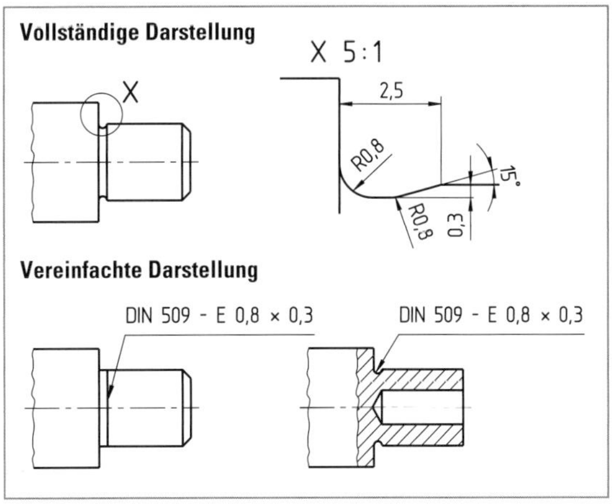

2 Darstellungsformen von Freistichen

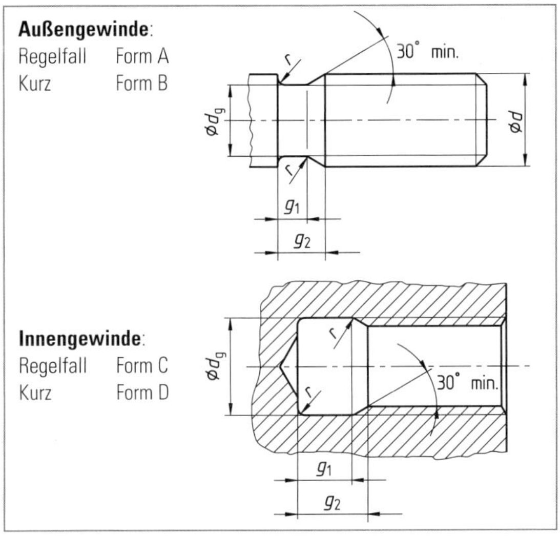

3 Formen von Gewindefreistichen

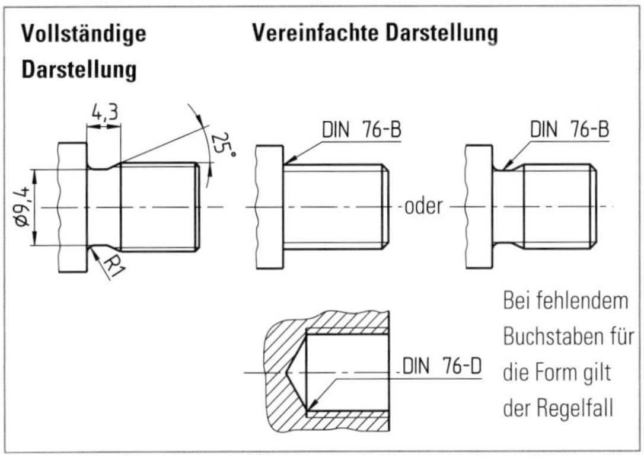

4 Darstellungsformen von Gewindefreistichen

■ **Gewindefreistiche** ② *(screw thread undercuts)*
Zwischen dem Gewinde M26 × 1,5 und dem Absatz der Kegelradwelle liegt ein Gewindefreistich. Gewindefreistiche ermöglichen beim Gewindeschneiden auf der Drehmaschine den Auslauf des Drehmeißels.
Freistiche für Außen- und Innengewinde sind nach DIN 76 genormt (Bild 3). Die Abmessungen sind der Norm bzw. dem Tabellenbuch zu entnehmen.

DIN 76 – B
Norm
Form (Außengewinde, kurze Form)

Gewindefreistiche können ebenfalls vollständig oder vereinfacht dargestellt werden (Bild 4).

■ **Einstiche für Sicherungsringe** ③
Sicherungsringe *(circlips, retaining rings)* (Bild 5) verhindern das axiale Verschieben von Wälzlagern (Seite 20 Bild 1) und anderen Maschinenelementen auf Wellen. Die Größe des Sicherungsrings wird durch den Wellendurchmesser bestimmt. Ein **Einstich** *(recess)* nimmt den Sicherungsring auf. Die Maße für den Einstich sind nach DIN 471 genormt und können der Norm und dem Tabellenbuch entnommen werden. Die Toleranz für die Einstichbreite *m* ist H13 und die für den Einstichdurchmesser d_2 ist h12 bzw. H12.

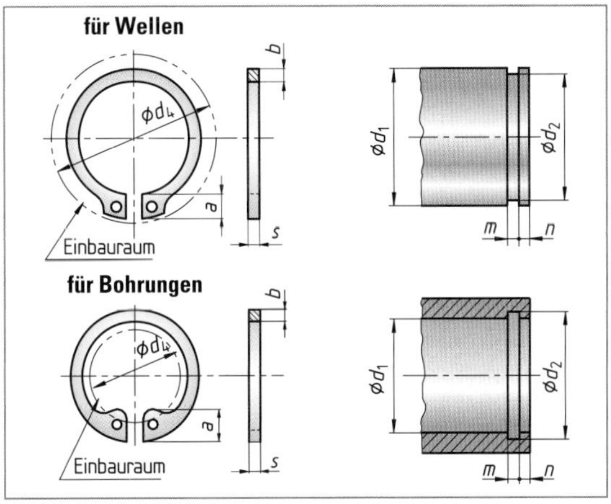

5 Sicherungsringe und Einstiche für Sicherungsringe

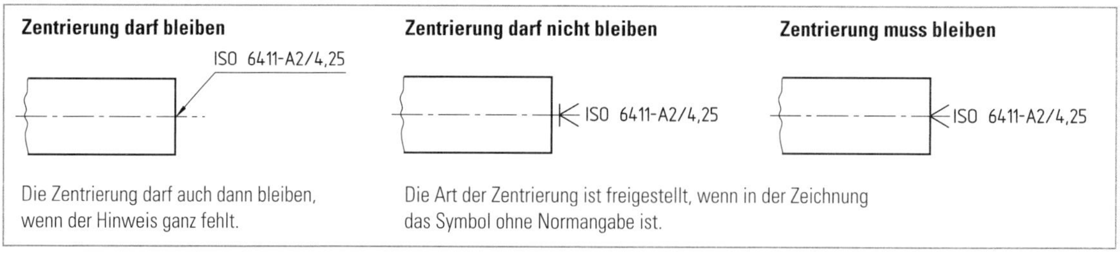

Zentrierung darf bleiben
ISO 6411-A2/4,25
Die Zentrierung darf auch dann bleiben, wenn der Hinweis ganz fehlt.
Zentrierung darf nicht bleiben
ISO 6411-A2/4,25
Die Art der Zentrierung ist freigestellt, wenn in der Zeichnung das Symbol ohne Normangabe ist.
Zentrierung muss bleiben
ISO 6411-A2/4,25

1 Vereinfachte Darstellung von Zentrierbohrungen

Zentrierbohrungen *(centre bores)* 4

Zentrierbohrungen (Bilder 1 und 2) sind erforderlich, wenn Drehteile mit der Reitstockspitze gegengelagert (Kap. 2.3.5) oder zwischen den Spitzen gespannt (Kap. 2.5.4) werden. Beim Spannen zwischen den Spitzen definieren die Zentrierbohrungen die Lage der Drehachse.

Die Größe der jeweiligen Zentrierbohrung ist abhängig von

- den Zerspanungskräften
- dem Werkstückgewicht und
- dem Werkstückdurchmesser

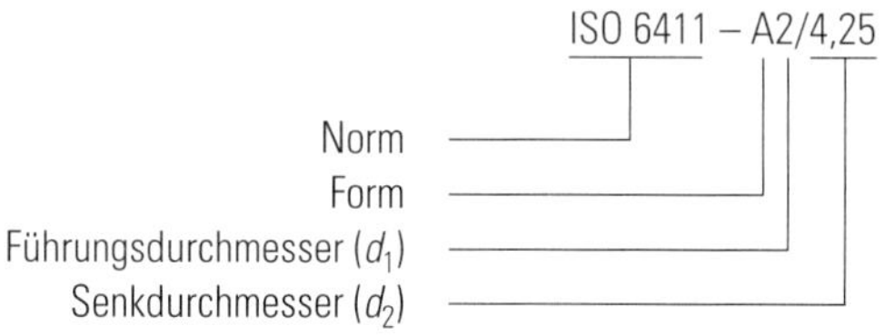

Die Zentrierungen werden vereinfacht nach ISO 6411 (Bild 1) oder ausführlich nach DIN 332-1 (Bild 2) dargestellt.

Die Zentrierbohrung nach ISO 6411 gibt nicht nur die Geometrie und Maße der Zentrierbohrung an, sondern legt durch ein zusätzliches Symbol noch fest, ob sie am Fertigteil bleiben darf, nicht bleiben darf oder bleiben muss (Bild 1).

Für die Herstellung ist die Tiefe t der Zentrierbohrung wichtig, weil über sie der Senkdurchmesser d_2 definiert wird.

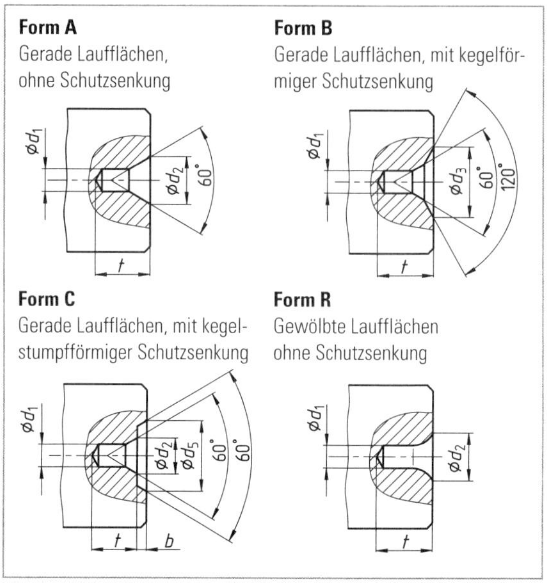

2 Ausführliche Darstellung und Formen von Zentrierbohrungen

Überlegen Sie!

1. *Skizzieren Sie eine Zentrierbohrung der Kegelradwelle im Maßstab 5:1 und legen Sie alle Maße dafür fest.*
2. *Welche Vorteile hat nach Ihrer Meinung die Form B gegenüber der Form A?*
3. *Entscheiden Sie, wie die fertige Kegelradwelle im Hinblick auf die Zentrierbohrungen aussehen wird.*

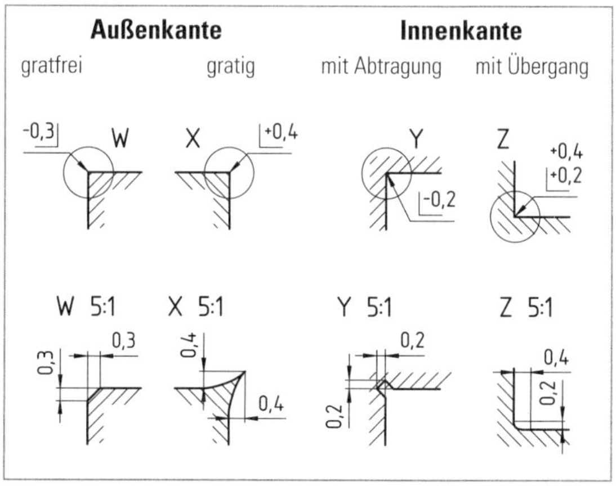

3 Ausführungen von Werkstückkanten

Werkstückkanten *(work piece edges)* 6

Bei der Herstellung von Werkstücken entstehen Werkstückkanten, die auf Grund ihrer Funktion unterschiedliche Ausführungsformen haben dürfen (Bilder 3 und Seite 23 Bild 1).

Oft sollen die Werkstücke gratfrei sein, damit

- die Montage erleichtert,
- die Verletzungsgefahr verringert,
- Werkstückspannungen genauer und
- Messfehler vermieden werden.

Überlegen Sie!

1. *Wie sind die meisten Außenkanten der Kegelradwelle auszuführen?*
2. *Warum ist die eine Außenkante der Kegelradwelle besonders groß abzutragen?*

Weiter Informationen zum Thema „Zentrierbohrung" finden Sie auf Seite 35.

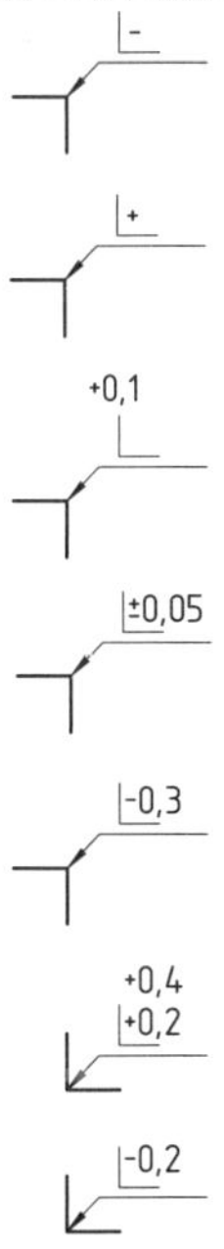

- Außenkante ohne Grat. Größe und Richtung beliebig.
- Außenkante mit zugelassenem Grat. Größe und Richtung beliebig.
- Grat an Außenkante *a* bis 1 mm. Gratrichtung nach oben.

- Außenkante mit zugelassenem Grat von 0,05 mm oder zugelassener Abtragung bis 0,05 mm. (Scharfkantig)
- Außenkante ohne Grat. Abtragung von 0 ... 0,3 mm.
- Innenkante mit zugelassenem Übergang von 0,2 ... 0,4 mm.
- Innenkante mit zugelassener Abtragung von 0 ... 0,2 mm.

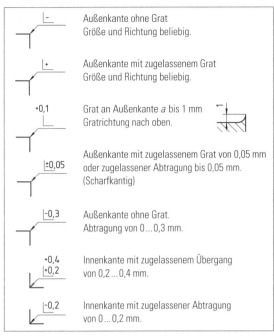

***1** Beispiele von Kantenangaben nach ISO 13715*

Oberflächenbeschaffenheit *(surface finish)*

■ **Oberflächensymbole** *(surface symbols)* und **-messwerte** 7

In der Teilzeichnung der Kegelradwelle ist u.a. die in Bild 2 dargestellte Angabe für die Oberflächenbeschaffenheit zu finden. Mithilfe des Bildes 3 kann das Symbol aufgeschlüsselt werden, wobei noch die Frage zu klären ist, was sich hinter der Angabe Ra 0,8 verbirgt.

***2** Oberflächenangabe*

Mit Oberflächenmessgeräten (Kap. 9.6.5) können verschiedene Messgrößen ermittelt werden. Der **Mittenrauwert Ra** *(mean roughness value)* und die **gemittelte Rautiefe Rz** *(mean roughness depth)* sind die gebräuchlichsten Angaben in Teilzeichnungen.

Für die verschiedenen Fertigungsverfahren gibt es Oberflächenvergleichsmuster (Bild 4). Durch den Vergleich der gefertigten Oberfläche mit dem Muster kann sowohl die Rautiefe als auch der Mittenrauwert am Werkstück abgeschätzt werden.

Grafisches Symbol

Materialabtrag unzulässig	jedes Fertigungsverfahren zulässig	Materialabtrag gefordert	gleiche Oberflächenbeschaffenheit auf allen Oberflächen des Werkstücks

Angabe zusätzlicher Anforderungen

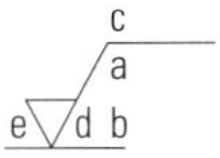

- a Einzelanforderung, z.B. Rz-Wert als obere Grenze
- b Einzelanforderung, z.B. Rz-Wert als untere Grenze
- c Fertigungsverfahren, z.B. gefräst
- d Oberflächenrillen
- e Bearbeitungszugabe in mm

***3** Oberflächensymbole nach DIN EN ISO 1302*

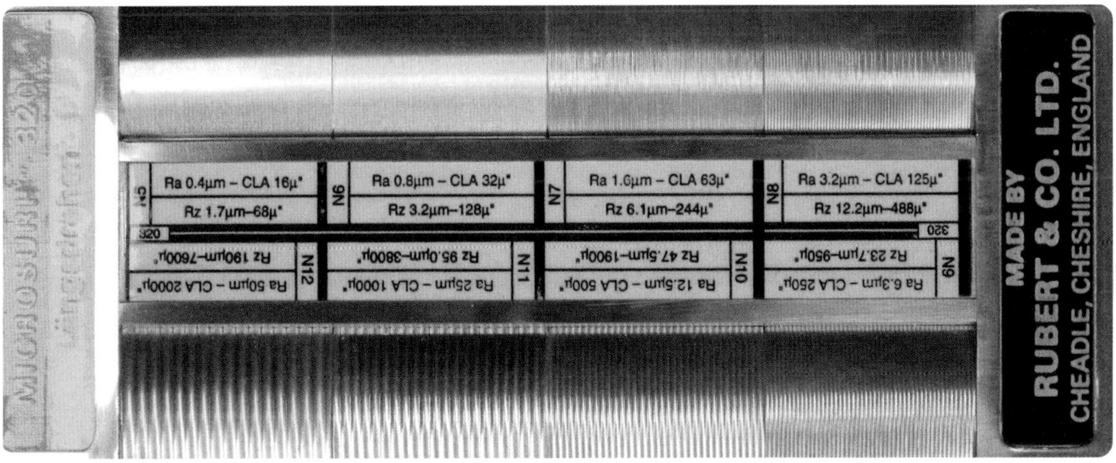

***4** Oberflächenvergleichsmuster für Längsrunddrehen*

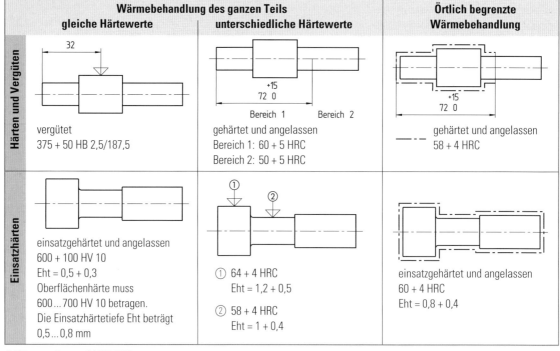

	Wärmebehandlung des ganzen Teils: gleiche Härtewerte	Wärmebehandlung des ganzen Teils: unterschiedliche Härtewerte	Örtlich begrenzte Wärmebehandlung
Härten und Vergüten	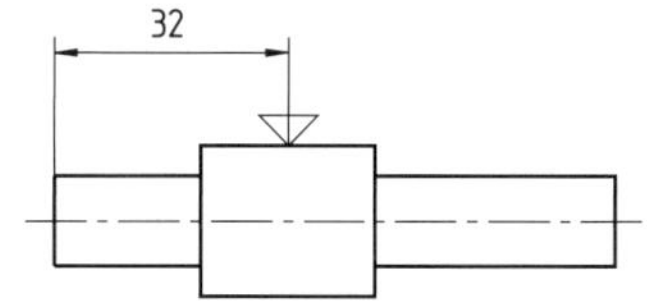 vergütet 375 + 50 HB 2,5/187,5	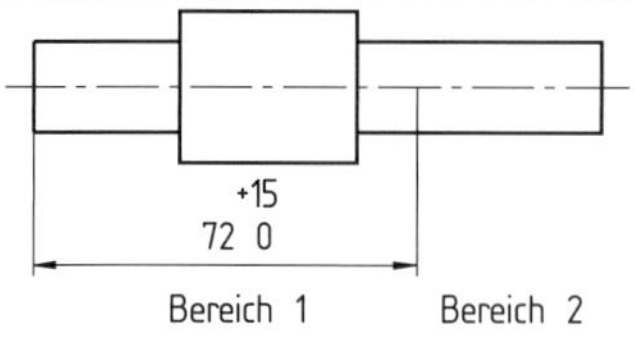 gehärtet und angelassen Bereich 1: 60 + 5 HRC Bereich 2: 50 + 5 HRC	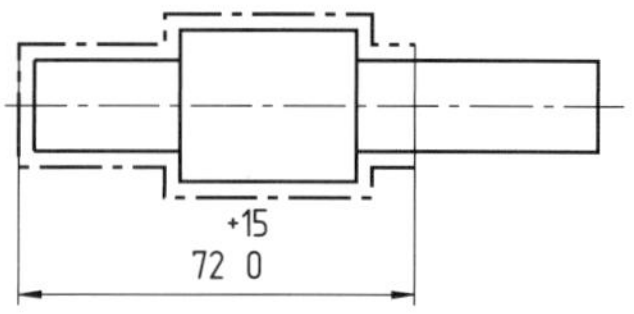 —·— gehärtet und angelassen 58 + 4 HRC
Einsatzhärten	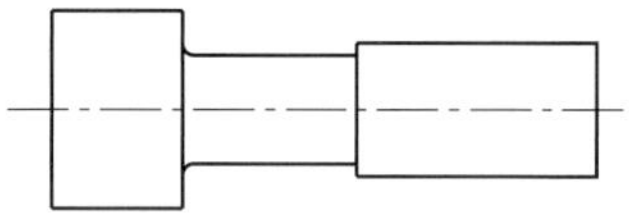 einsatzgehärtet und angelassen 600 + 100 HV 10 Eht = 0,5 + 0,3 Oberflächenhärte muss 600 ... 700 HV 10 betragen. Die Einsatzhärtetiefe Eht beträgt 0,5 ... 0,8 mm	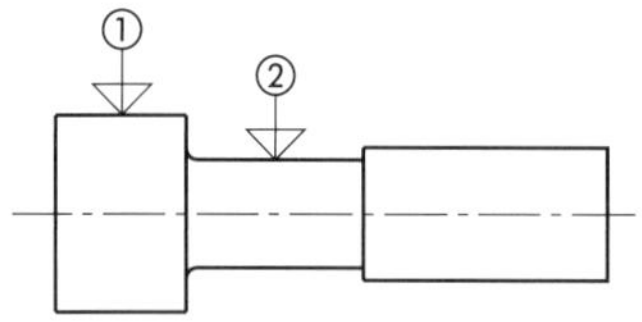 ① 64 + 4 HRC Eht = 1,2 + 0,5 ② 58 + 4 HRC Eht = 1 + 0,4	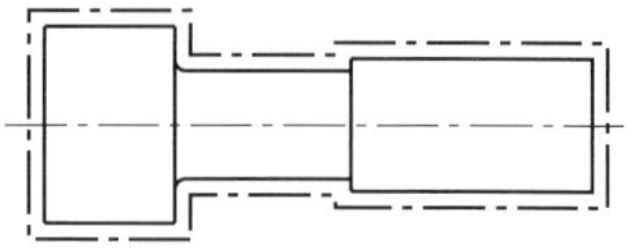 einsatzgehärtet und angelassen 60 + 4 HRC Eht = 0,8 + 0,4

***1** Härteangaben nach DIN 6773*

- **Härteangaben** *(hardness numbers)* 8

  Die Kegelradwelle wird laut Zeichnung mit Ausnahme des linken Gewindezapfens 1,1 mm tief auf 61 + 2 HRC einsatzgehärtet (vgl. Kap. 10.2.6). Die Härteangaben sind nach DIN 6773 genormt (Bild 1). Weitere Einzelheiten können der Norm oder dem Tabellenbuch entnommen werden.
  - Die Eintragung der Wärmebehandlung erfolgt zweckmäßigerweise in der Nähe des Schriftfeldes.
  - Die Messstelle wird – falls erforderlich – durch ein Symbol gekennzeichnet.
  - Allen Härtewerten ist eine größtmögliche funktionsbezogene Plus-Toleranz zuzuordnen.
  - Wärmebehandlungsbilder (vereinfachte und verkleinerte Darstellung des Bauteils) stehen in der Nähe des Schriftfeldes.

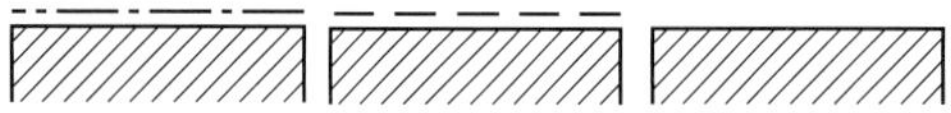

Bereiche, die wärmebehandelt werden müssen	Bereiche, die mitbehandelt werden dürfen	Bereiche, die nicht oder wenn Angaben vorhanden, ganz behandelt werden

Damit die Lagersitze (∅40k6 und ∅25k6) und die angrenzenden Stirnflächen **nach dem Drehen und Einsatzhärten** geschliffen werden können, ist beim Drehen ein Aufmaß von 0,2 mm einzuhalten.

Form- und Lagetoleranzen

Damit die Kegelradwelle sicher ihre Funktion erfüllt, ist es erforderlich,

- Werkstückformen (z. B. die Rundheit der Lagersitze) und
- Lagen von Werkstückformen zueinander (z. B. Koaxialität der beiden Lagersitze)

zu tolerieren.

- **Formtoleranzen** *(tolerances of form)* 9

MERKE

Formtoleranzen (Bild 2 und Seite 21 Bild 1) begrenzen die zulässige Abweichung eines Werkstückelements von seiner geometrischen Idealform.

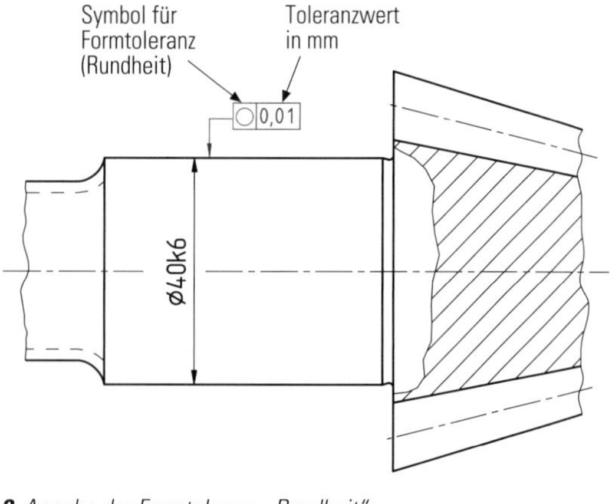

***2** Angabe der Formtoleranz „Rundheit"*

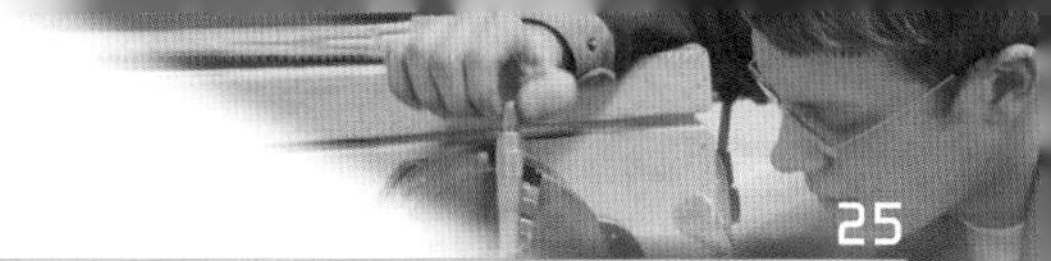

Symbol Eigenschaft	Zeichnungseintragung	Toleranzzone	Erklärung
Ebenheit 	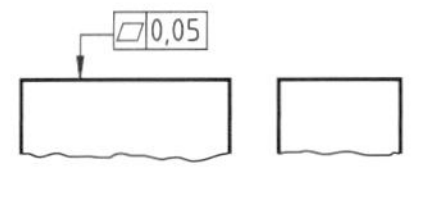	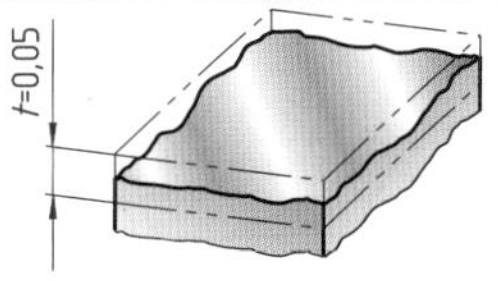	Die Ist-Fläche muss zwischen zwei parallelen Ebenen im Abstand $t = 0{,}05$ mm liegen.
Rundheit (Kreisform) 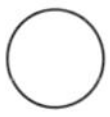	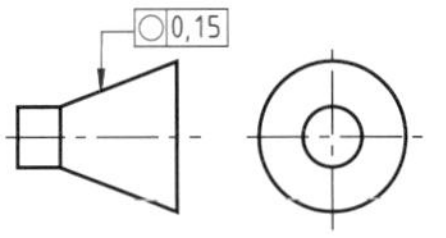	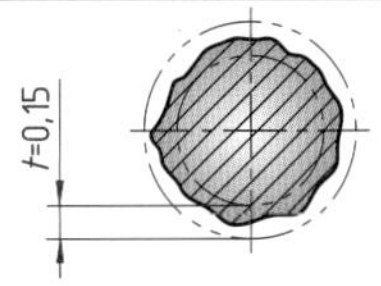	Der Ist-Umfang jedes Querschnitts muss zwischen den konzentrischen Kreisen mit dem Abstand $t = 0{,}15$ mm liegen.
Zylinderform 	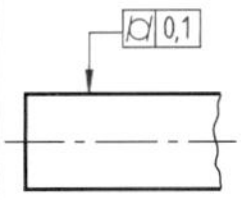	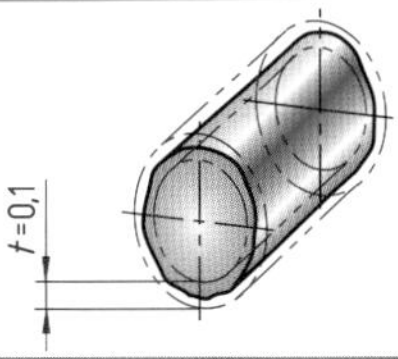	Die Ist-Zylindermantelfläche muss zwischen zwei koaxialen Zylindern mit dem Abstand $t = 0{,}1$ mm liegen.

***1** Beispiele von Formtoleranzen nach DIN EN ISO 1101*

In einem **zweiteiligen Toleranzrahmen** sind die Toleranzen festgelegt (Seite 24 Bild 2).
Damit die auf der Kegelradwelle montierten Wälzlager langfristig funktionsfähig bleiben, muss die Rundheit des Lagersitzes eng toleriert sein.

Überlegen Sie!

Informieren Sie sich im Tabellenbuch über die verschiedenen Formtoleranzen und überlegen Sie, welche Formtoleranzangabe für den Wellenabschnitt in Bild 2 auf Seite 24 auch noch sinnvoll ist.

Lagetoleranzen *(tolerances of position)* 10

MERKE

Lagetoleranzen (Bild 2 und Seite 26 Bild 1) begrenzen die zulässige Abweichung zweier oder mehrerer Werkstückelemente von einer idealen Lage zueinander.

In **dreiteiligen Toleranzrahmen** sind meist die Lagetoleranzen definiert (Bild 2). Da sich Lagetoleranzen auf andere Werkstückelemente beziehen, ist dieser Bezug im dritten Feld angegeben. Das Bezugselement, auf das sich die Lagetoleranz bezieht, ist durch einen Großbuchstaben in einem Bezugsrahmen, der mit einem Dreieck verbunden ist, gekennzeichnet (Bild 2 und Seite 26 Bild 1). Das Bezugselement kann eine Fläche oder Achse sein (Bild 3). Es bezieht sich auf die Achse, wenn es in der Verlängerung der Maßlinie steht, ansonsten auf eine Fläche oder Linie.

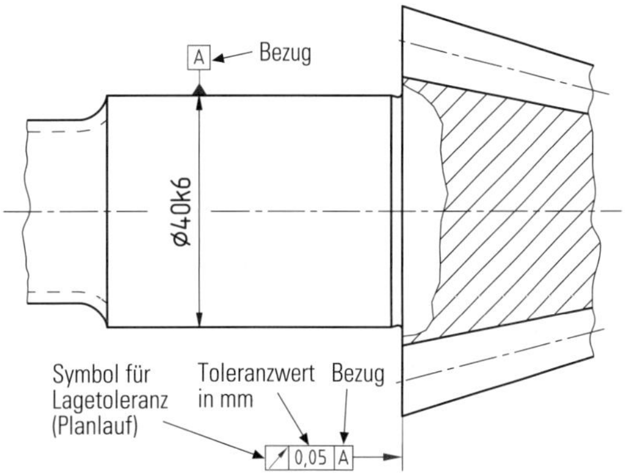

***2** Angabe der Lagetoleranz „Planlauf"*

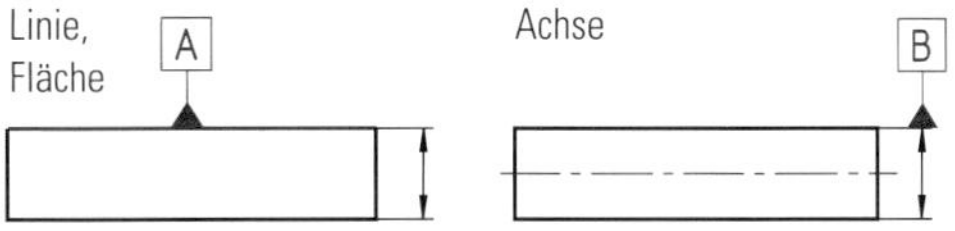

***3** Definition der Bezugselemente*

Überlegen Sie!

1. *Informieren Sie sich im Tabellenbuch über die verschiedenen Lagetoleranzen und Bezugselementangaben.*
2. *Welche weiteren Lagetoleranzen sind in der Zeichnung der Kegelradwelle definiert?*
3. *Welches Bezugselement gilt für alle Lagetoleranzen?*
4. *Erklären Sie die einzelnen Lagetoleranzen für die Kegelradwelle.*
5. *Stellen Sie in einer Mind-Map die möglichen Gründe für die Wahl der Lagetoleranzen und des Bezugsobjekts dar.*

Weitere Informationen zu Form- und Lagetoleranzen finden Sie im Kap. 7.6

Symbol Eigenschaft	Zeichnungseintragung	Toleranzzone	Erklärung
Kreisförmige Lauftoleranz – radial (Rundlauf) 	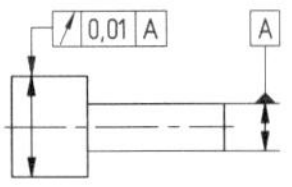	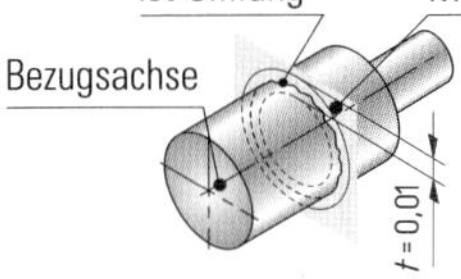	Bei Drehung um die Bezugsachse A darf die Rundlaufabweichung in jeder achssenkrechten Messebene die Toleranz t = 0,01 mm nicht überschreiten.
Kreisförmige Lauftoleranz – axial (Planlauf) 	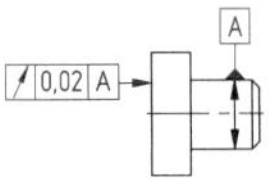	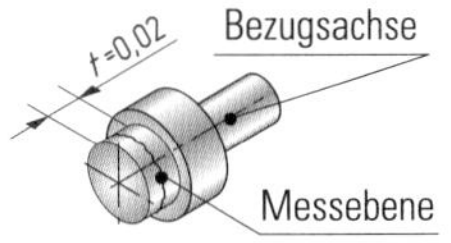	Bei einer Umdrehung um die Bezugsachse A darf bei beliebigem r die Planlaufabweichung nicht größer als t = 0,02 mm sein.
Koaxialität 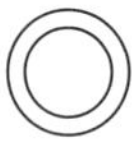	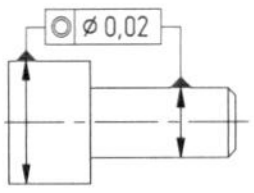	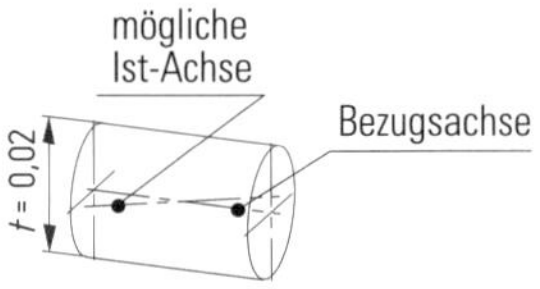	Die Ist-Achse des großen Durchmessers muss in einem Zylinder vom Durchmesser t = 0,02 mm liegen. Der Toleranzzylinder liegt koaxial zur Bezugsachse.

1 *Beispiele von Lagetoleranzen nach DIN EN ISO 1101*

2.2.2 Arbeitsplanung

Die Angaben auf der Teilzeichnung führen zu folgender **Grobplanung** für die Kegelradwelle (Seite 18 Bild 2):

- Zentrieren und Drehen
- Fräsen der Verzahnung und des Keilwellenprofils
- Härten der Oberflächen
- Schleifen der Lagersitze mit den Durchmessern 40 mm und 25 mm sowie der Verzahnung

Vor dem **Drehen** der Kegelradwelle ist eine entsprechende Arbeitsplanung *(work scheduling)* (siehe unten und die Folgeseite) vorzunehmen.

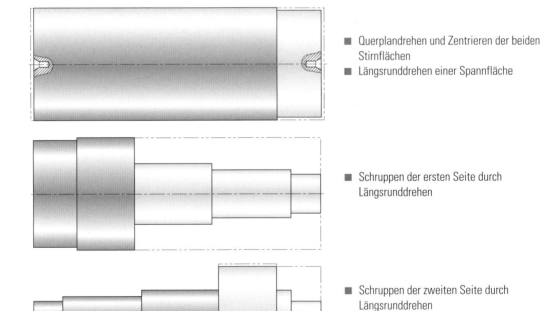

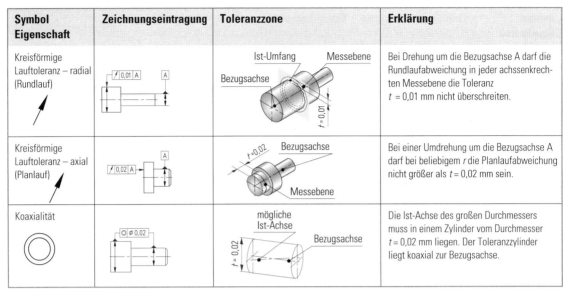

- Querplandrehen und Zentrieren der beiden Stirnflächen
- Längsrunddrehen einer Spannfläche

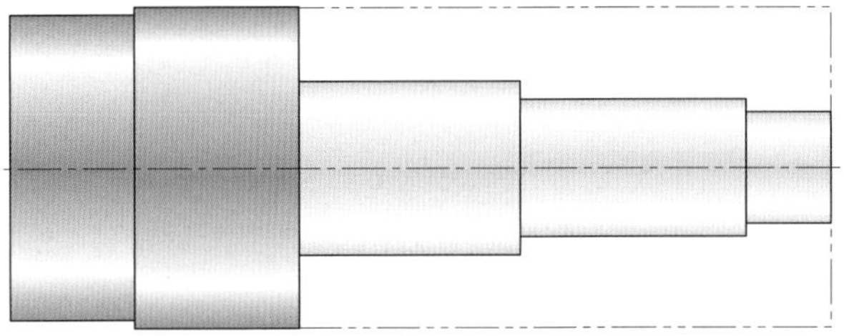

- Schruppen der ersten Seite durch Längsrunddrehen

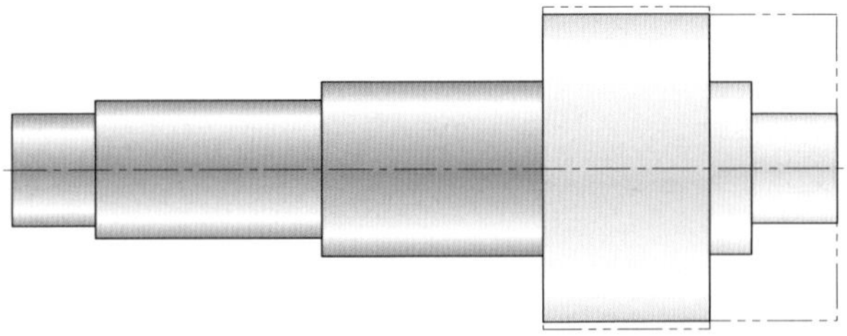

- Schruppen der zweiten Seite durch Längsrunddrehen

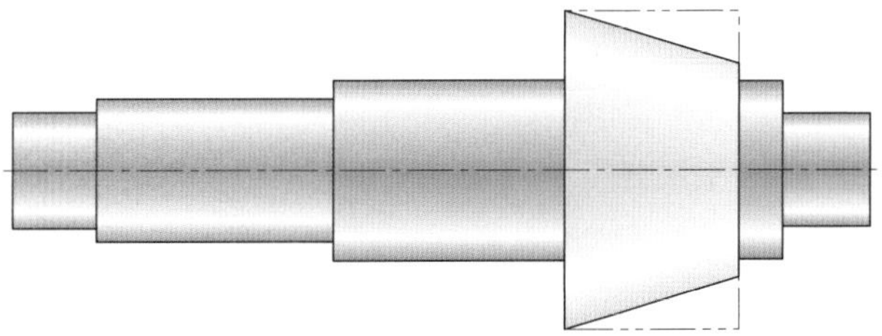

- Schruppen des Kegelrads durch Kegeldrehen

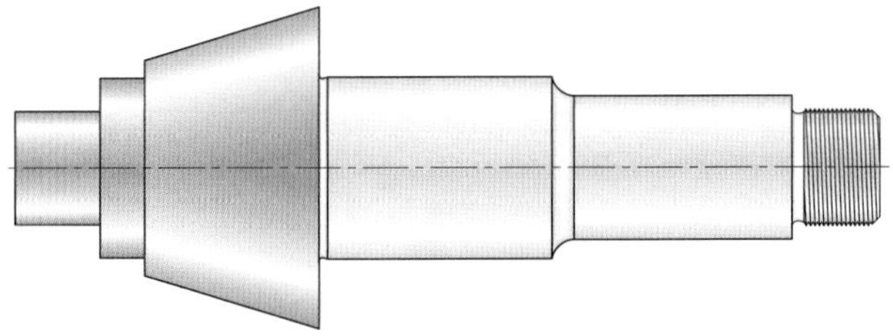

- Schlichten der ersten Seite durch Längsrund- und Querplandrehen
- Querprofileinstechen des Radius R5
- Profileinstechen des Freistichs
- Querprofileinstechen des Gewindefreistichs
- Gewindedrehen

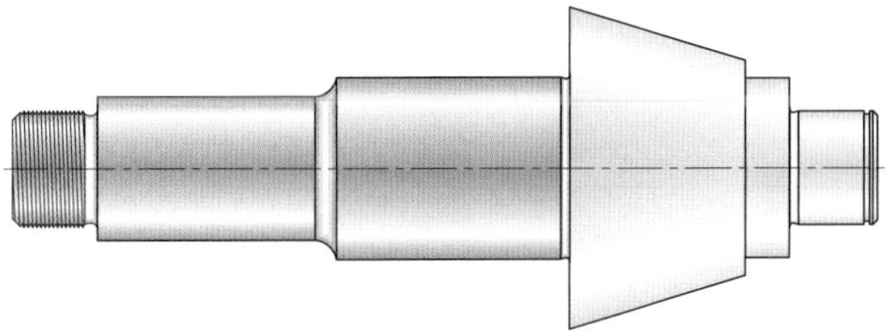

- Schlichten der zweiten Seite durch Längsrund- und Querplandrehen
- Schlichten des Kegelrads
- Querprofileinstechen des Einstichs
- Profileinstechen des Freistichs

2.3 Drehmaschinen

Drehmaschinen *(lathes, turning machines)* (Seite 28 Bild 1) dienen zur Herstellung von rotationssymmetrischen Werkstücken wie z. B. der Kegelradwelle. Sie bestehen aus einzelnen Baugruppen.

2.3.1 Stütz- und Trageinheit (Maschinenbett)

Das Maschinenbett *(machine foundation)* nimmt als Stütz- und Trageinheit den Spindelstock, den Werkzeugschlitten und den Reitstock auf. Der Elektromotor und die Antriebe für Schnitt- und Vorschubbewegungen sind entweder im Maschinenbett untergebracht oder daran befestigt. Zur präzisen Führung und Positionierung von Werkzeugschlitten und Reitstock besitzt das Maschinenbett Führungsbahnen[1].

MERKE

Die Qualität der Führungen ist sehr wichtig für die Arbeitsgenauigkeit der Drehmaschine. Schlechte Führungen können zu Schwingungen (Rattern) führen. Außerdem treten Formfehler beim Drehteil auf.

2.3.2 Spindelstock mit Hauptgetriebe und Arbeitsspindel

Bei konventionellen Drehmaschinen ist das **Hauptgetriebe** *(headstock gearing)* meist im Spindelstock *(headstock)* untergebracht. Es ist ein Schaltgetriebe, das die unterschiedlichen Umdrehungsfrequenzen und Drehmomente an die Arbeitsspindel abgibt.

Die **Arbeitsspindel** *(workspindle)* erfüllt eine Doppelfunktion:

- Als **Trageinheit** *(support unit)* nimmt sie die Spannvorrichtung für das Werkstück auf.
- Als **Antriebselement** *(drive unit)* leitet sie die Energie für den Zerspanungsprozess an die Wirkstelle von Werkstück und Werkzeug.

MERKE

Die genaue und möglichst spielfreie Lagerung der Arbeitsspindel ist für die erreichbaren Maß-, Form- und Lagetoleranzen sowie die Oberflächenqualität des Werkstücks sehr wichtig.

2.3.3 Vorschubgetriebe mit Leit- und Zugspindel

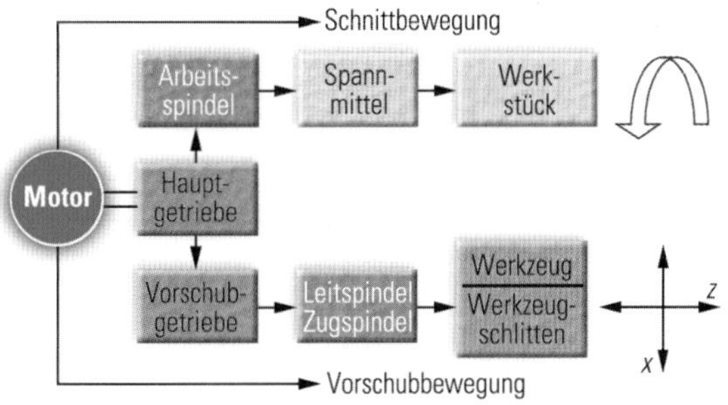

1 *Schnitt- und Vorschubbewegung an konventionellen Drehmaschinen*

1) siehe Kap. 9.1.2

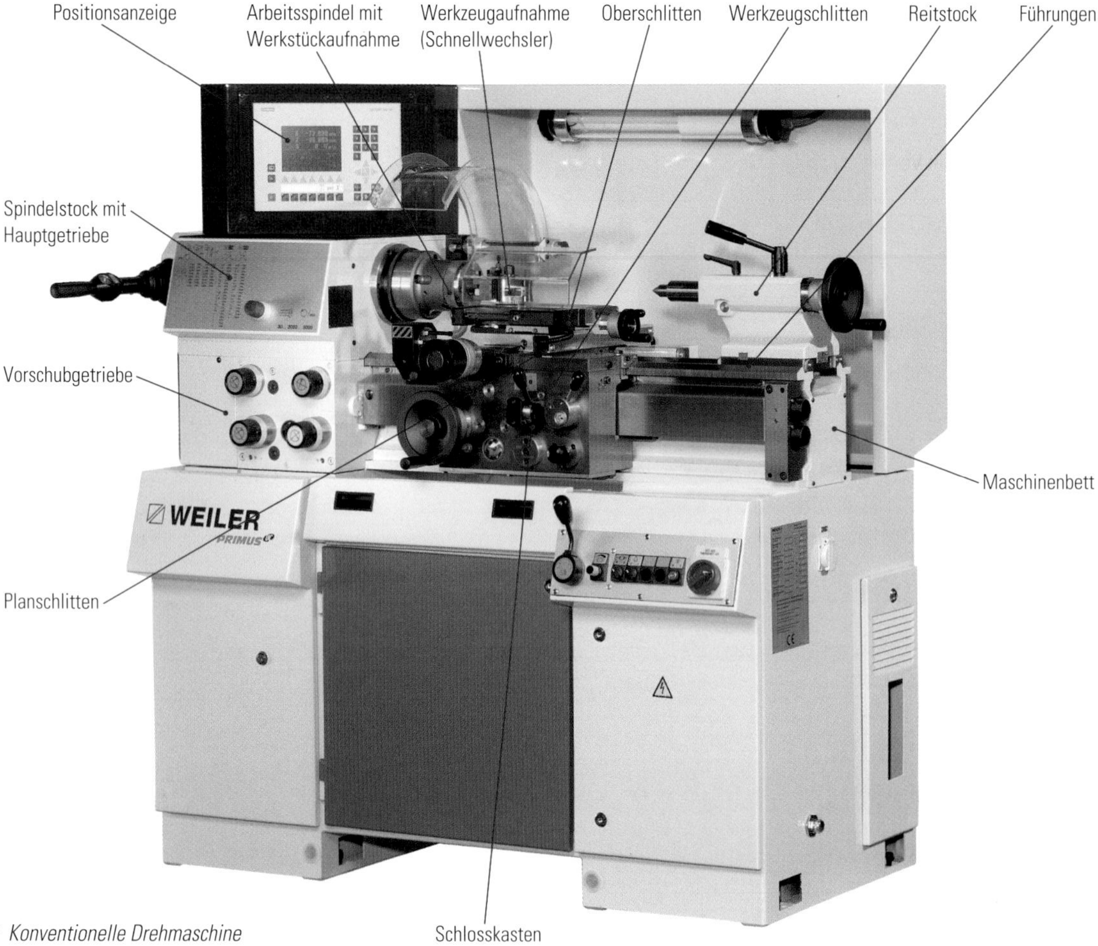

1 Konventionelle Drehmaschine

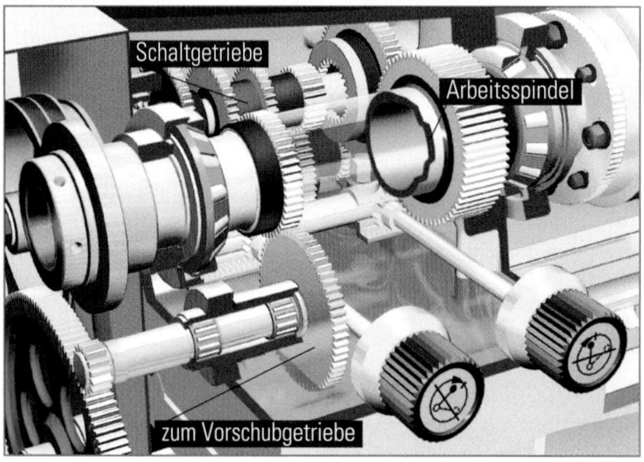

2 Spindelstock mit Hauptgetriebe und Arbeitsspindel

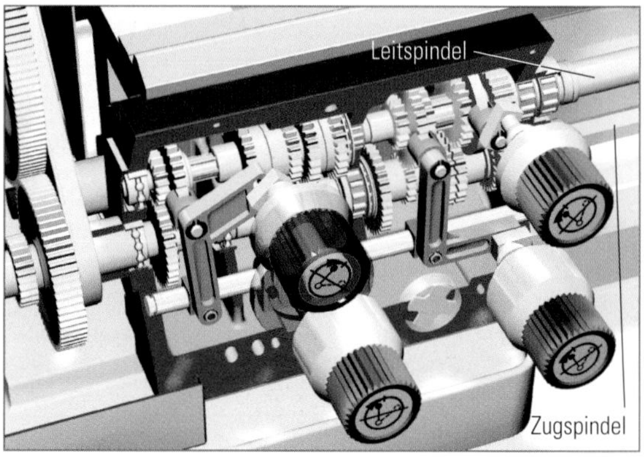

3 Vorschubgetriebe

An der konventionellen Drehmaschine wird nicht nur die Schnittbewegung vom Hauptgetriebe abgeleitet, sondern auch die Vorschubbewegung des Werkzeugschlittens (Bild 2 und Seite 27 Bild 1). Beim Drehen wird der Vorschub in Millimeter pro Umdrehung angegeben.

MERKE

Wenn sich die Umdrehungsfrequenz der Arbeitsspindel ändert, verändert sich im gleichen Maß die Vorschubgeschwindigkeit. Der Vorschub je Umdrehung bleibt gleich (vgl. Kapitel 1.1.1).

Die Vorschubbewegung wird vom Hauptantrieb zum **Vorschubgetriebe** *(feed train)* (Seite 28 Bild 3) geleitet. Es ermöglicht das Ändern des Vorschubs oder das Einstellen verschiedener Gewindesteigungen.
Die **Zugspindel** *(feed rod)* überträgt beim Längsrund- und Querplandrehen die Vorschubbewegung vom Vorschubgetriebe zum Werkzeugschlitten.
Die **Leitspindel** *(lead screw)* kommt beim Gewindedrehen zum Einsatz (vgl. Kap. 2.6.2).

2.3.4 Werkzeugschlitten

Im Werkzeugschlitten ist das **Schlosskastengetriebe** *(lock box gear drive)* untergebracht.
Planschlitten *(cross slide)* und **Oberschlitten** *(top slide)* besitzen nachstellbare Schwalbenschwanzführungen. Beide werden über Gewindespindeln bewegt. Der Oberschlitten ist um 360 ° schwenkbar. Dadurch ermöglicht er z. B. auch das Kegeldrehen.
Viele konventionelle Werkzeugmaschinen besitzen elektronische Wegmesssysteme. Das Ablesen der digitalen Anzeigen ist sicherer als das der Rundskalen.
Die Werkzeughalter sind meist als Schnellwechsler ausgeführt.

2.3.5 Reitstock

Der Reitstock *(tailstock)* (Bild 1) übernimmt unterschiedlichste Aufgaben:
- Beim Drehen langer Werkstücke nimmt er eine Zentrierspitze auf, die das Werkstück auf der zweiten Stirnseite zentriert und abstützt.
- Die Pinole des Reitstocks nimmt Werkzeuge (z. B. Bohrer, Senker, Gewindebohrer usw.) für die stirnseitige Bearbeitung des Drehteils auf.

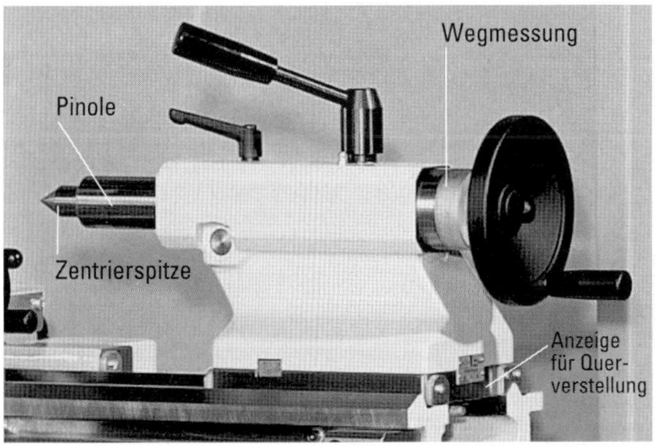

1 *Reitstock*

Überlegen Sie!
Vergleichen Sie die Aufgaben von Zug- und Leitspindel

2.4 Drehwerkzeuge und deren Auswahl

Das Drehwerkzeug *(lathe tool)* in Bild 2 besitzt zwei Schneiden: die **Hauptschneide** *(major cutting edge)*, die in Vorschubrichtung zeigt, und die **Nebenschneide** *(minor cutting edge)*. Die Hauptschneide trennt im Wesentlichen den Span vom Werkstück.

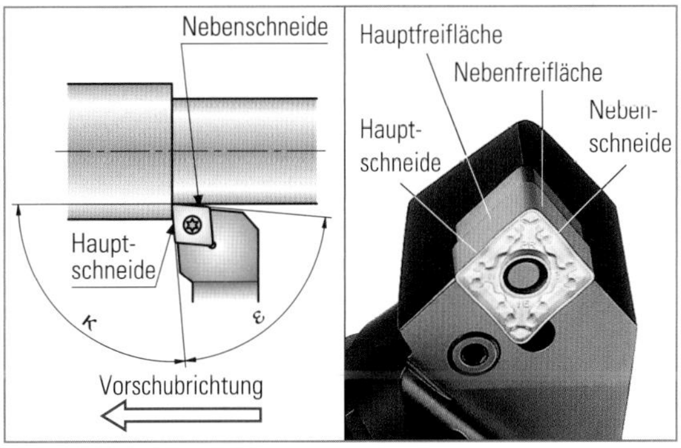

2 *Haupt- und Nebenschneide, Ecken- und Einstellwinkel*

2.4.1 Ecken-, Einstell- und Neigunswinkel

Haupt- und Nebenschneide bilden den **Eckenwinkel** ε *(included angle)*. Je größer der Eckenwinkel, desto stabiler ist die Werkzeugspitze und umso geringer ist die Gefahr des Werkzeugbruchs.

MERKE
Große Eckenwinkel kommen beim Schruppen zum Einsatz.

Hauptschneide und Werkstückachse begrenzen den **Einstellwinkel** κ *(tool cutting edge angle)* (Bild 3). Bei einem Einstellwinkel von 90 ° entspricht die **Spanungsbreite** b *(undeformed chip width)* der **Schnitttiefe** a_p. Mit abnehmendem Einstellwinkel vergrößert sich die Spanungsbreite b bei gleicher Schnitttiefe a_p. Dadurch verlängert sich die im Eingriff stehende Haupt-

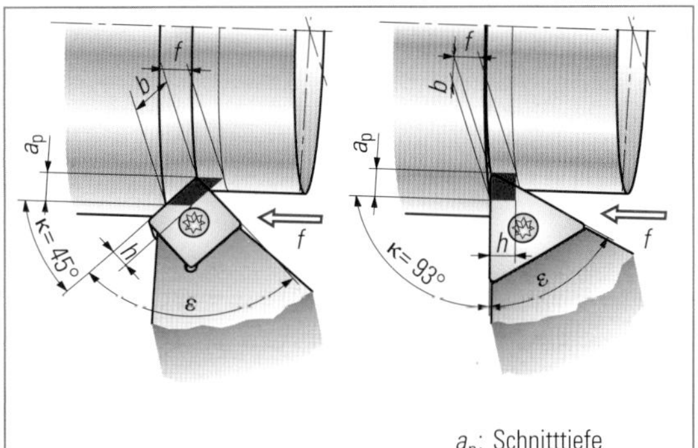

$h = \sin\kappa \cdot f$

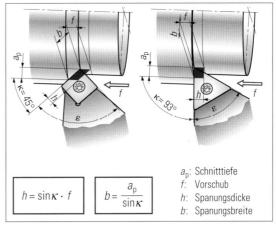

$b = \frac{a_p}{\sin\kappa}$

a_p: Schnitttiefe
f: Vorschub
h: Spanungsdicke
b: Spanungsbreite

3 *Einfluss des Einstellwinkels auf die Spandicke und Spanbreite* schneide. Gleichzeitig verteilt sich die zum Zerspanen erforderliche Schnittkraft auf die längere Hauptschneide, wodurch sich deren Verschleiß vermindert.

Bei einem Einstellwinkel von 90° entspricht die **Spanungsdicke** h *(rise per tooth)* dem Vorschub f. Die Spanungsdicke h verringert sich mit abnehmendem Einstellwinkel κ. Dadurch wird bei zu geringem Vorschub f der Bereich des kontrollierten Spanbruchs verlassen (siehe Kapitel 1.1.3) und es kommt zu unerwünschten Spanformen.

Die Hauptschneide und die horizontale Ebene grenzen den **Neigungswinkel** λ *(inclination angle)* ein (Bild 1). Er ist positiv, wenn die Hauptschneide zur Spitze hin ansteigt. Das ist nur möglich, wenn die Wendeschneidplatten über einen entsprechend großen Freiwinkel verfügen (Bild 2).

Bei negativem Neigungswinkel erfolgt der Anschnitt nicht mit der Schneidenspitze. Dadurch wird diese entlastet und die Bruchgefahr ist geringer. Beim Schlichten ist ein positiver Neigungswinkel von Vorteil, weil der Span nicht über die bearbeitete Fläche kratzt.

Überlegen Sie!

1. *Unter welchen Bedingungen wird beim gleichen Drehmeißel die Hauptschneide zur Nebenschneide und umgekehrt?*
2. *Vergleichen Sie die Ecken- und Einstellwinkel beim Querplanen einer Stirnfläche mit denen beim Profildrehen eines Freistiches der Form E.*

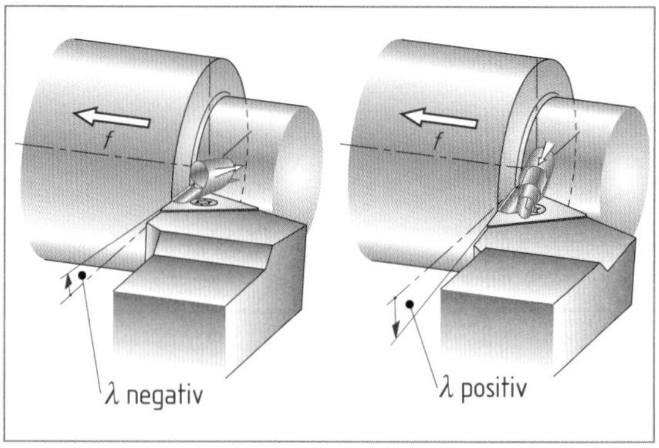

1 *Einfluss des Neigungswinkels auf den Spanfluss*
Bei λ positiv wird der Span vom Werkstück weg gelenkt.
Bei λ negativ wird der Span zum Werkstück hin gelenkt.

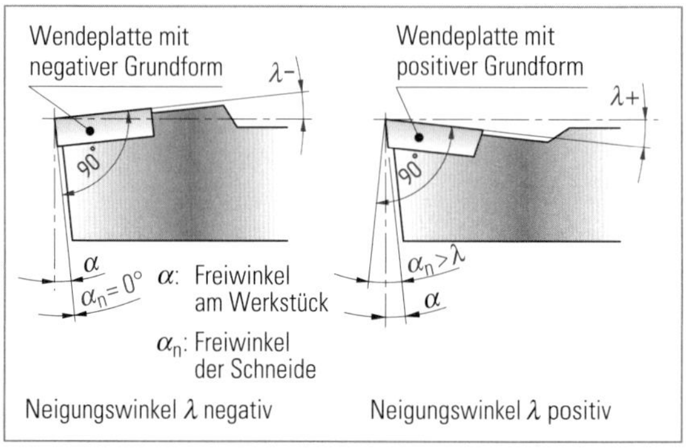

2 *Neigungswinkel und Freiwinkel*

Beim Drehen gibt es für die Außen- und Innenbearbeitung unterschiedliche Werkzeuge (Bild 3 und Seite 31 Bild 1).

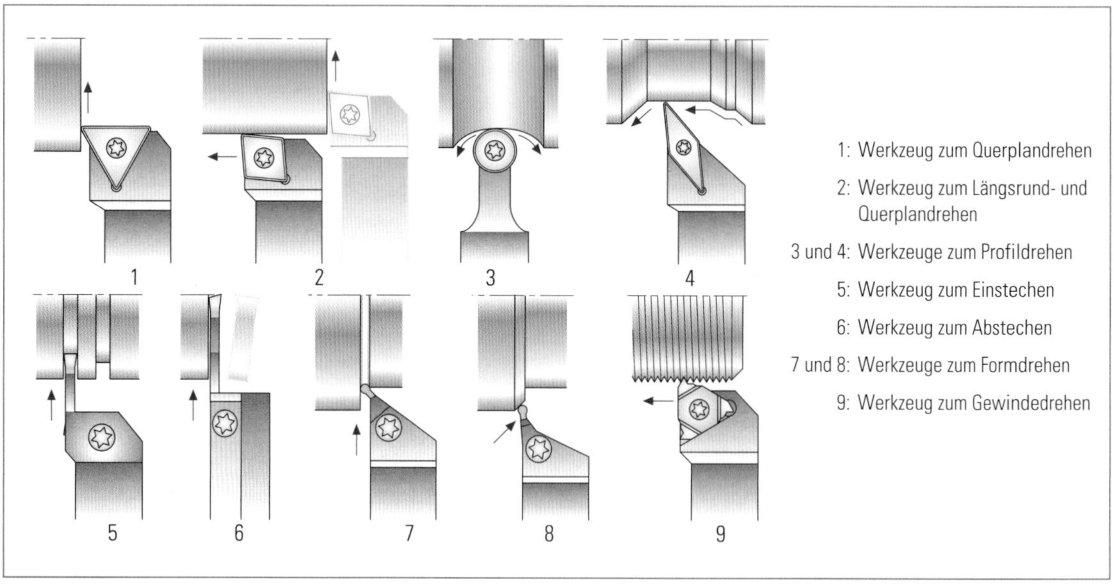

3 *Ausgewählte Werkzeuge zum Außendrehen*

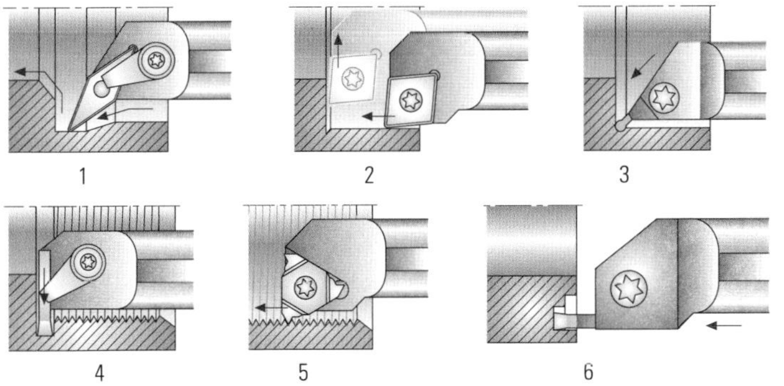

1: Werkzeug zum Profildrehen
2: Werkzeug zum Längsrund- und Querplandrehen
3: Werkzeug zum Formdrehen
4: Werkzeug zum Nutendrehen
5: Werkzeug zum Gewindedrehen
6: Werkzeug zum Einstechen

1 *Ausgewählte Werkzeuge zum Innendrehen*

2.4.2 Werkzeugauswahl und technologische Daten

Für das Schruppen beim Längsrund- und Querplandrehen wird gewählt:

- Ein Klemmhalter mit Kniehebel, weil dieser die erforderliche Stabilität für das Schruppen gewährleistet.
- Wendeschneidplattenform C ist mit einem Eckenwinkel von 80° stabil und bei einem Einstellwinkel von 95° lassen sich rechtwinklige Absätze drehen. Die Schneidplatte ist so auf dem Halter befestigt, dass ein Freiwinkel von 7° vorliegt. Der Eckenradius von 1,2 mm eignet sich gut zum Schruppen
- Als Schneidstoff wird P20 mit TiN-Beschichtung gewählt.
- Die Schneidenlänge der Schneidplatte beträgt 12 mm.
- Bei einer Schnitttiefe von 5 mm und einem Vorschub von 0,6 mm ist der Spanbruch sichergestellt.
- Die Schnittgeschwindigkeit wird mit 250 m/min festgelegt.

Überlegen Sie!

1. *Von wem und wie können Sie weitere Informationen zur Werkzeugwahl erhalten?*
2. *Legen Sie für das Schlichten der Kegelradwelle das Werkzeug und die technologischen Daten fest.*

Festlegen der Drehwerkzeuge

1. Klemmsystem wählen

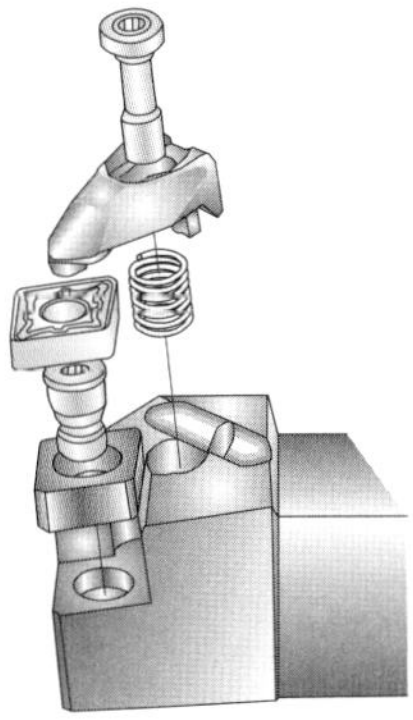

Hebelklemmung

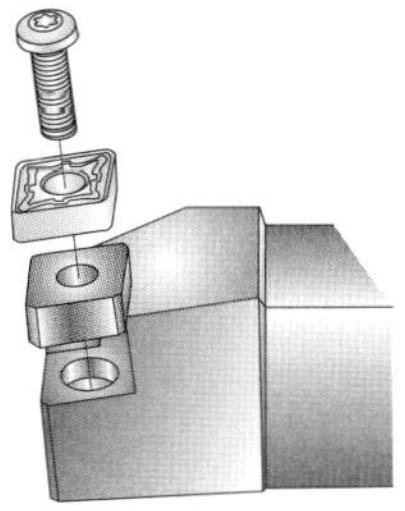

Schraubenklemmung

- Die Hebelklemmung drückt die Schneidplatte sicher und fest in die Ecke. Es ist eine sehr stabile Spannung, die eine Schneidplatte mit großem Eckenwinkel voraussetzt. Diese oder eine ähnliche Art, z. B. über Spannfinger, ist nach Möglichkeit zu bevorzugen.
- Die Schraubenklemmung wird bei kleineren Schneidplatten und beim Schlichten gewählt.

2. Haltertyp und Plattenform festlegen

Der Haltertyp wird zusammen mit der Plattenform gewählt. Die Plattenform kann nach folgender Tabelle bestimmt werden:

Einflussfaktoren bei der Wahl der Wendeplattenformen	R	90°	80°	80°	60°	55°	35°
Schruppen (Stabilität)	○	○	○	●	●		
Leichtes Schruppen/ Vorschlichten (Anzahl Schneiden)		●	○	○	○	○	
Schlichten (Anzahl Schneiden)			●	●	○	○	○
Längs- u. Plandrehen (Vorschubrichtung)			○	●	●	○	○
Profildrehen (Zugänglichkeit)			●	●	●	○	○
Flexibilität der Bearbeitung	●		○	●	●	○	●
Begrenzte Antriebsleistung			●	●	○	○	○
Weniger Neigung zu Vibrationen				●	○	○	○
Harter Werkstoff	○	○					
Bearbeitung mit unterbrochenem Schnitt	○	○	●	●	●		
Großer Einstellwinkel			○	○	○	○	○
Kleiner Einstellwinkel	○	○			○		

○ Alternative ● Empfehlung

Der Haltertyp hängt ab von:
- dem Drehverfahren (z. B. Längsrunddrehen, Einwärts- und Auswärtsdrehen)
- der Stabilität des Werkzeugs und
- seiner vielseitigen Verwendung

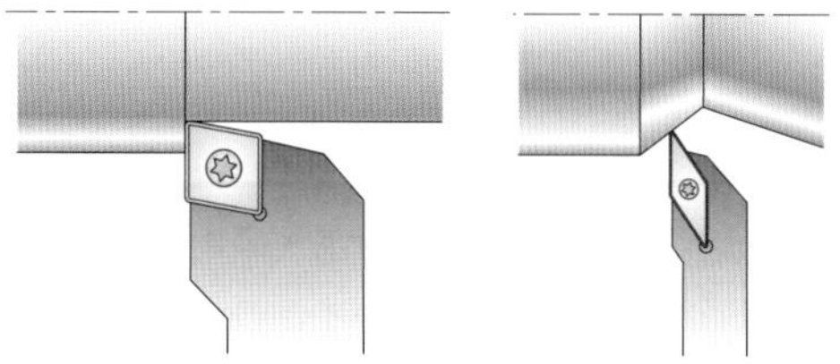

3. **Wendeschneidplattensorte und -geometrie bestimmen**
   - Der zu bearbeitende Werkstoff bestimmt z. B. bei Hartmetallen die Wahl der Schneidstoffsorte P, M, K, N, S oder H (vgl. Kap. 1.2.2).
   - Das jeweilige Bearbeitungsverfahren wie z.B. Schruppen oder Schlichten legt im Zusammenhang mit dem zu bearbeitenden Werkstoff die Schneidengeometrie und den Schneidenradius fest. Hierbei muss ein kontrollierter Spanbruch und Verschleiß gewährleistet sein.

Hartmetall Hauptgruppen						**Eigenschaften und Schnittdaten**
P01	M01	K01	N01	S01	H01	Zähigkeit, Verschleißfestigkeit, Vorschub, Schnittgeschwindigkeit
P10	M10	K10	N10	S10	H10	
P20	M20	K20	N20	S20	H20	
P30	M30	K30	N30	S30	H30	
P40	M40	K40				
P50						

4. **Wendeschneidplattengröße festlegen**
   - Die Größe der Wendeschneidplatte richtet sich nach der größtmöglichen Schnitttiefe a_p.

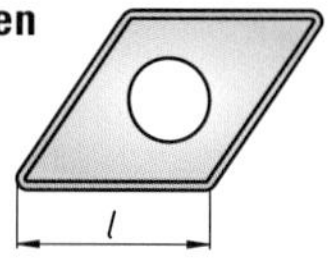

5. **Wahl der Schnittdaten v_c, f, a_p**

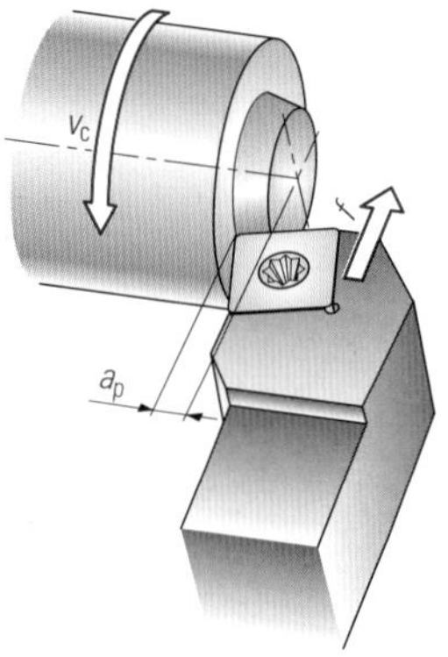

Die Schnittdaten (vgl. Kap. 1.1) richten sich nach
- dem Werkstoff des Werkstücks
- dem Schneidstoff und der Geometrie der Wendeschneidplatte
- der Standzeit
- der Werkzeugmaschine (z. B. Leistung, Steifigkeit und Genauigkeit)
- den Schnittbedingungen (z. B. unterbrochener Schnitt)
- den Bearbeitungsverfahren (Schruppen, Schlichten)

2.5 Spannmittel

2.5.1 Kräfte an Werkzeug und Werkstück

Die beim Drehen entstehende **Zerspankraft** F muss sowohl vom Werkzeug als auch vom Werkstück aufgenommen werden (Bild 1). Sie setzt sich aus den drei Einzelkräften
- Schnittkraft F_c
- Vorschubkraft F_f und
- Passivkraft F_p zusammen.

Schnittkraft

Die Schnittkraft F_c *(cutting force)* wird im Wesentlichen vom Spanungsquerschnitt A (Seite 29 Bild 1) und dem Werkstoff des Werkstückes beeinflusst.

$$A = f \cdot a_p$$
$$A = b \cdot h$$

A: Spanungsquerschnitt in mm²
f: Vorschub in mm
a_p: Schnitttiefe in mm
b: Spanungsbreite in mm
h: Spanungshöhe in mm

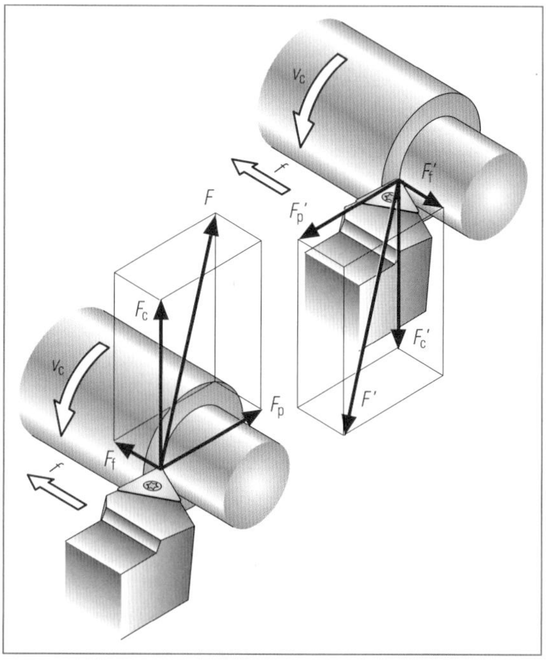

1 Kräfte auf das Werkstück (links) und auf das Werkzeug (rechts)

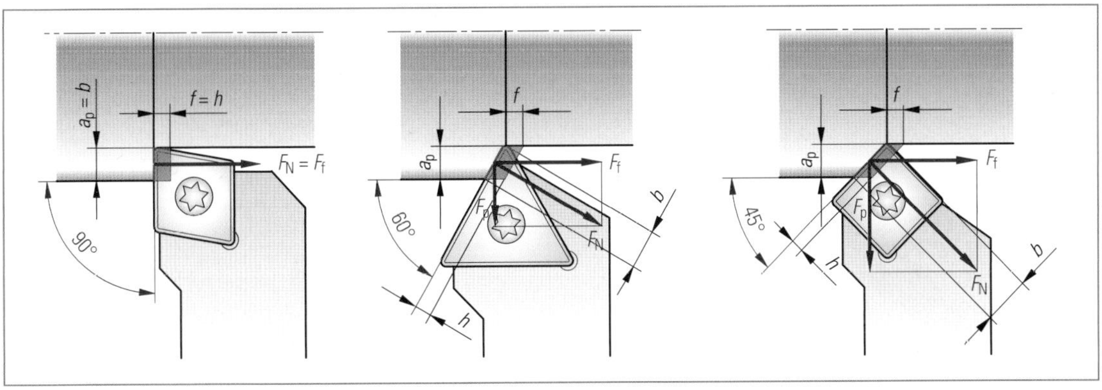

1 *Spanungsquerschnitt und Vorschub- und Passivkraft in Abhängigkeit vom Einstellwinkel* κ

Die **spezifische Schnittkraft** k_c ist die Kraft, die je Quadratmillimeter des Spanungsquerschnitts benötigt wird. Sie wird vom Werkstoff des Werkstücks und der Spanungsdicke bestimmt.[1)]

$$F_c = A \cdot k_c$$

F_c: Schnittkraft in N
A: Spanungsquerschnitt in mm²
k_c: spezifische Schnittkraft in N/mm²

MERKE

Je größer der Spanungsquerschnitt und die Festigkeit des Werkstoffs, desto größer wird die erforderliche Schnittkraft.

Die Schnittkraft versucht, das Werkstück im Spannmittel zu verdrehen. Sie bestimmt daher maßgeblich die erforderliche Spannkraft. Da sie beim Schruppen besonders groß ist, muss auch unter diesen Bedingungen das Werkstück sicher gespannt sein.

Die Schnittkraft beansprucht den Drehmeißel auf Biegung. Damit der Meißel sich durch die Biegespannung möglichst wenig verformt, wird er so kurz wie möglich eingespannt. Dadurch werden gleichzeitig die Vibrationen, die bei schwankenden Schnittkräften auftreten, klein gehalten.

Vorschubkraft

Die Vorschubkraft F_f *(feed force)* wirkt in Vorschubrichtung. Sie ist meist wesentlich kleiner als die Schnittkraft. Da viele Drehwerkzeuge in Vorschubrichtung kraftschlüssig befestigt sind, müssen sie fest gespannt sein, damit die Vorschubkraft sie nicht aus der Halterung drückt.

Passivkraft

Die Passivkraft F_p *(passive force)* vergrößert sich bei sonst gleichen Bedingungen mit abnehmendem Einstellwinkel κ (Bild 1). Sie versucht beim Längsrunddrehen das Werkstück aus der Mitte zu verdrängen. Beim Drehen von langen dünnen Werkstücken ist die Gefahr besonders groß, dass Vibrationen und Formfehler auftreten. Daher sollen beim Schlichten Einstellwinkel über 90 ° und zusätzliche Spannmitteln (siehe Kapitel 2.5.5) verwendet werden.

Überlegen Sie!

1. *Welche Auswirkungen hat die Schnittkraft auf das Spannen von Werkstück und Werkzeug?*
2. *Warum ist besonders beim Schlichten die Passivkraft zu beachten?*

2.5.2 Backenfutter

Bei den handbetätigten Spannfuttern gibt es zwei Ausführungsarten: **Planspiralfutter** *(plane spiral chuck)* und **Keilstangenfutter** *(vee rod chuck)*. Die wichtigsten Merkmale sind auf Seite 34 aufgeführt.
Zu einem Spannfutter gehören harte und meist mehrere weiche Spannbackensätze.

Harte Backen	Weiche Backen
■ sind verschleißfest und besitzen verzahnte Spannflächen ■ eignen sich für große Spannkräfte ■ beschädigen die Oberfläche	■ können in Durchmesser und Tiefe an das Werkstück angepasst werden ■ beschädigen die Oberfläche nicht ■ besitzen eine hohe Wiederholspanngenauigkeit

Das **Dreibackenfutter** *(three-jawed chuck)* spannt Werkstücke und gleichmäßige vieleckige Profile, die durch drei teilbar sind. Das Backenfutter mit Hartbacken ist meist das geeignete Spannmittel beim Schruppen, während weiche Backen oft beim Schlichten eingesetzt werden.
Vierbackenfutter *(four-jawed chuck)* dienen zum Spannen von z. B. Vier- oder Achtkantprofilen.

1) Siehe Lernfeld 10 Kap. 4

Planspirale	Keilstange
Die Verschiebung der Backen erfolgt über	
eine **Spirale**	**schräge Keilstangen**
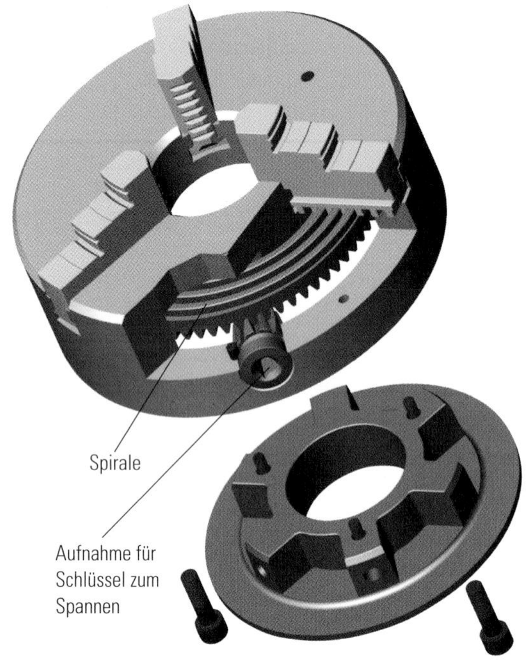	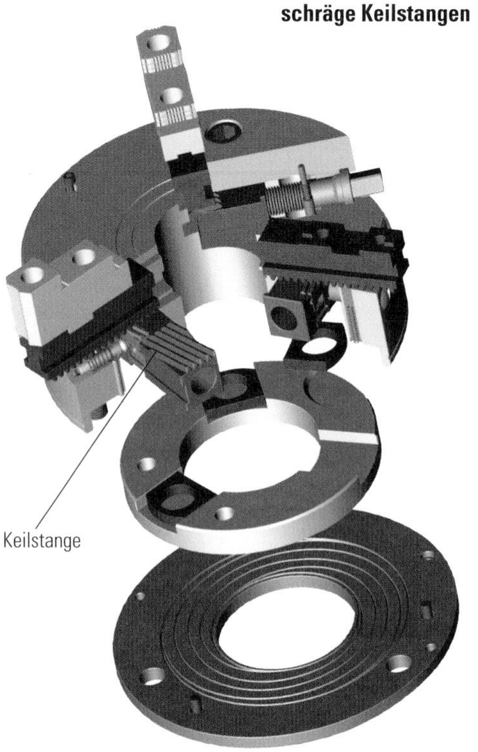
■ Kürzere Bauweise möglich ■ Kleinere Massen ■ Geringere Beanspruchung der Hauptspindel ■ Kostengünstiger	■ Größere Anlagefläche zwischen Backen und Keilstange ■ Höhere Rundlaufgenauigkeit ■ Größere Spannkraft ■ Bessere Dauer- und Wiederholgenauigkeit ■ Schnellerer Backenwechsel

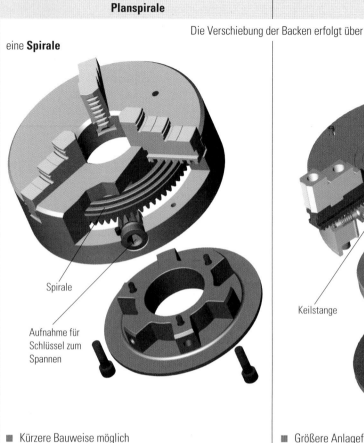

Die **Planscheibe** *(faceplate)* (Bild 1) dient zum Spannen unregelmäßig geformter Werkstücke. Bei ungleichen Massenverteilungen ist das Auswuchten mit Ausgleichsmassen erforderlich.

Unfallverhütung

- Werkstück und Werkzeug fest einspannen.
- Schlüssel vor dem Einschalten der Umdrehungsfrequenz aus dem Backenfutter entfernen.
- Bei Dreharbeiten eng anliegende Kleidung tragen.
- Bei langen Haaren Haarnetz oder Mütze tragen.

1 *Spannen auf der Planscheibe*

2.5.3 Spannen zwischen den Spitzen

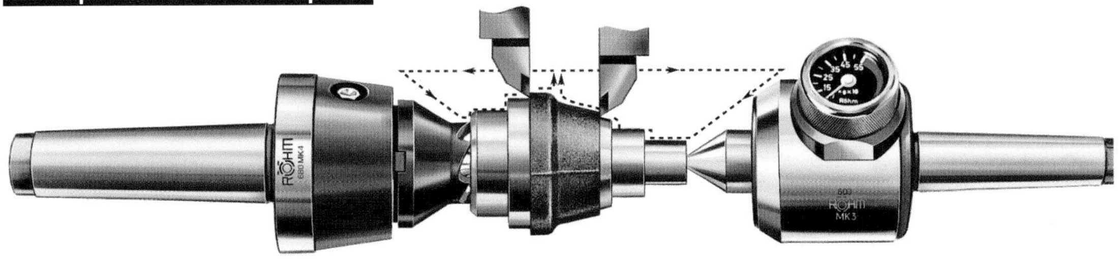

1 Spannen mit dem Stirnseitenaufnehmer

Beim Spannen mit dem **Stirnseitenmitnehmer** *(frontal area catch)* (Bild 1) wird das Drehmoment mit keilförmigen Mitnehmern an der Stirnseite übertragen. Das Werkstück wird radial und axial von Zentrierspitzen geführt. Die Zentrierspitzen sitzen in **Zentrierbohrungen** *(centre bores)* (vgl. Seite 22), die vorher am Rohteil angebracht werden.

Form und Oberflächenqualität der Zentrierbohrung müssen der Zentrierspitze angepasst sein. Die Qualität der Zentrierbohrungen beeinflusst maßgeblich die zu erreichenden Form- und Lagetoleranzen des Drehteils. Bei der Herstellung der Zentrierbohrungen sind folgende Regeln zu beachten:

- scharfes Werkzeug
- hohe Umdrehungsfrequenz
- niedriger Vorschub und
- reichliche Kühlschmierung

Zum Spannen ist lediglich der Reitstock zu betätigen, wodurch die Spannzeiten niedrig bleiben. Die Spannkraft ist allerdings begrenzt, außerdem bleiben an der Stirnseite des Drehteils Spannmarken zurück. Diese Art der Werkstückspannung ermöglicht gegenüber den anderen Spannungen das Außendrehen über die gesamte Werkstücklänge.

In der Reitstockaufnahme befindet sich meist eine mitlaufende **Körnerspitze** (Bild 2). Um die Längenänderung des Drehteils durch Erwärmung auszugleichen, ist die Körnerspitze oft in Grenzen axial verschiebbar. Häufig übernehmen Tellerfedern diese Funktion.

Mit dieser Spannmethode sind bei fachgerechter Arbeitsweise sehr kleine Rundlauftoleranzen (0,01 mm im Dauerbetrieb) zu erreichen (Bild 3).

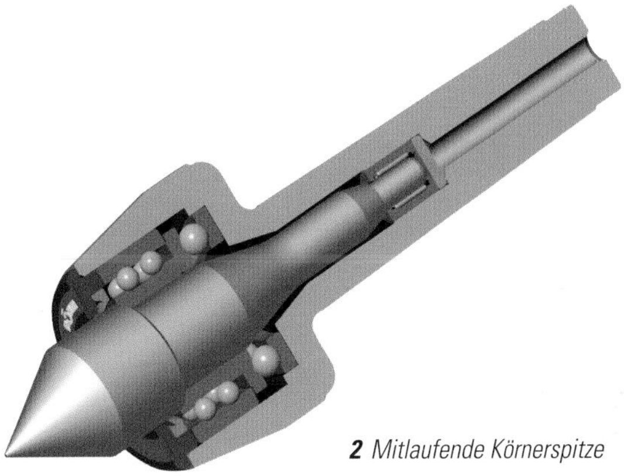

2 Mitlaufende Körnerspitze

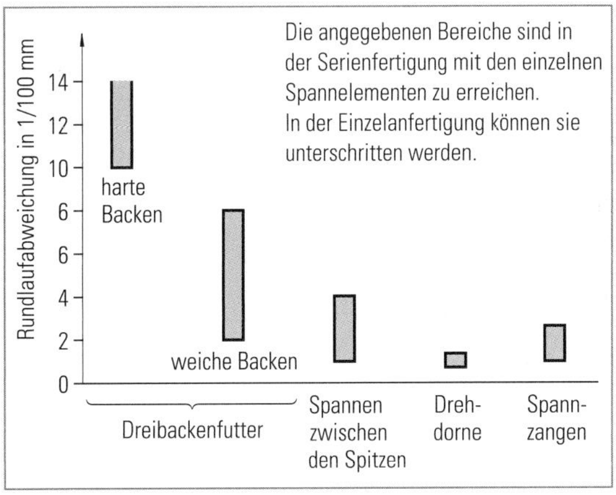

3 Rundlaufabweichungen verschiedener Spannmittel

2.5.4 Spanndorn und Spannzange

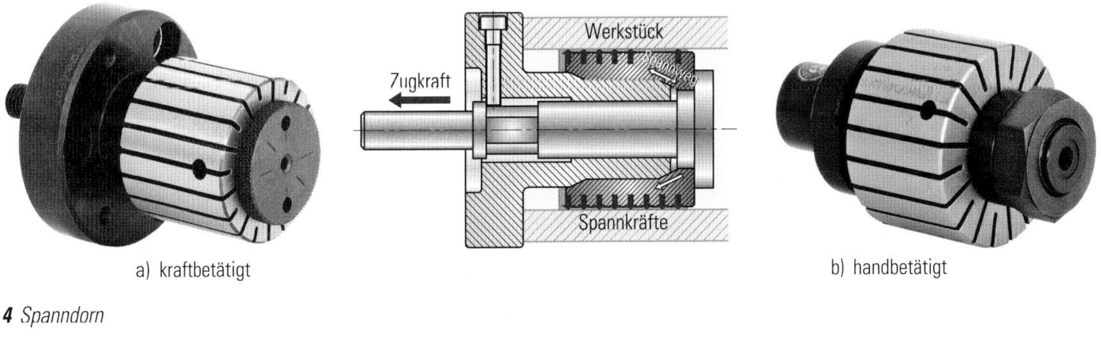

a) kraftbetätigt

b) handbetätigt

4 Spanndorn

Informationen zur zeichnerischen Darstellung und zu den verschiedenen Formen von Zentrierbohrungen finden Sie auf Seite 22.

Werkstücke mit Bohrungen werden auf einem **Spanndorn** *(mandrel)* (Seite 35 Bild 4) gespannt, wenn die Mantelflächen von Außenzylindern und Bohrung in engen Toleranzen koaxial sein müssen (siehe Kapitel 7.6.2). Über Innenkegel wird der Spanndorn gespreizt, damit die Reibkraft zwischen Dorn und Bohrungswandung die Drehmomentübertragung gewährleistet. Der Spanndorn wird meist zwischen den Spitzen gespannt.

Mit der **Spannzange** *(collet chuck)* (Bild 1) werden blanke, bearbeitete runde oder dünnwandige Teile genau und fest gespannt.

Spanndorn und Spannzange besitzen kleine Schwungmassen und sind daher für hohe Umdrehungsfrequenzen geeignet. Bei beiden verteilt sich die Spannkraft gleichmäßig am Umfang, was zu hohen Rundlaufgenauigkeiten führt (Seite 35 Bild 3).

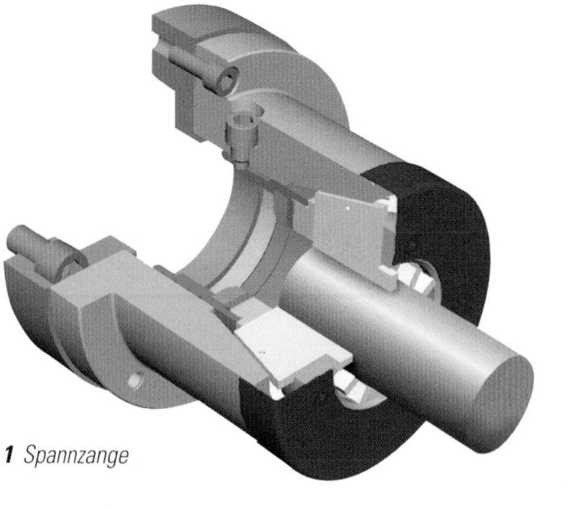

1 *Spannzange*

2.5.5 Setzstock (Lünette)

Setzstöcke *(rests)* (Bild 2) dienen zum Abstützen langer Drehteile. **Feststehende Setzstöcke** *(steady rests)* werden auf dem Maschinenbett festgeklemmt. Drei Rollbacken, die sich hydraulisch oder pneumatisch auf unterschiedliche Werkstückdurchmesser einstellen lassen, führen das Werkstück. **Mitlaufende Setzstöcke** *(follower rests)* sind auf dem Werkzeugschlitten befestigt und stützen das Werkstück in unmittelbarer Nähe der Wirkstelle ab.

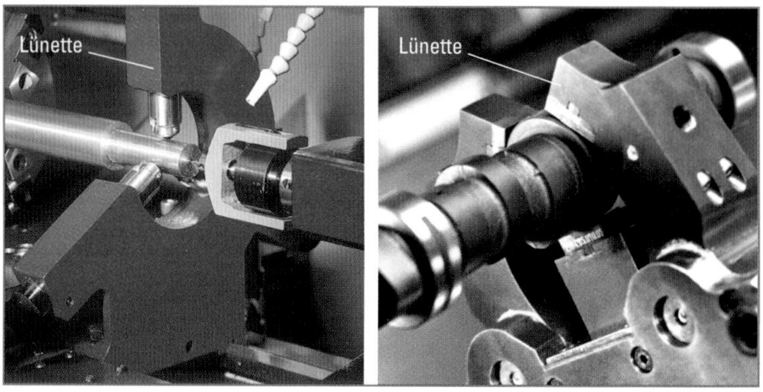

2 *Setzstöcke (Lünetten)*

Überlegen Sie!

1. *Welches Backenfutter würden Sie beim Schlichten bevorzugen?*
2. *Was sind die Gründe dafür, dass beim Schlichten oft weiche Backen eingesetzt werden?*
3. *Welche Vor- und Nachteile bringt das Spannen zwischen den Spitzen?*
4. *Unter welchen Bedingungen setzen Sie einen Stirnseitenmitnehmer ein?*
5. *Stellen Sie ein Beispiel dar, bei dem Sie einen Spanndorn einsetzen.*
6. *Wann und aus welchen Gründen entscheiden Sie sich für den Einsatz eines Setzstocks?*

2.6 Spezielle Drehverfahren

036_1

2.6.1 Kegeldrehen

An der konventionellen Drehmaschine werden Kegel vorrangig durch Schwenken des Oberschlittens hergestellt (Bild 3). Es sind beliebige Kegelwinkel herzustellen und der Vorschub erfolgt meist von Hand, wodurch die erreichbare Oberflächenqualität begrenzt ist.

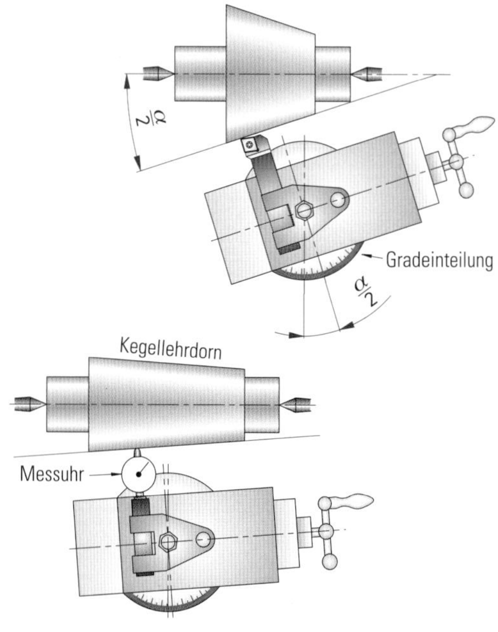

3 *Kegeldrehen (taper turning) mit Oberschlittenverstellung*

Beispielrechnungen

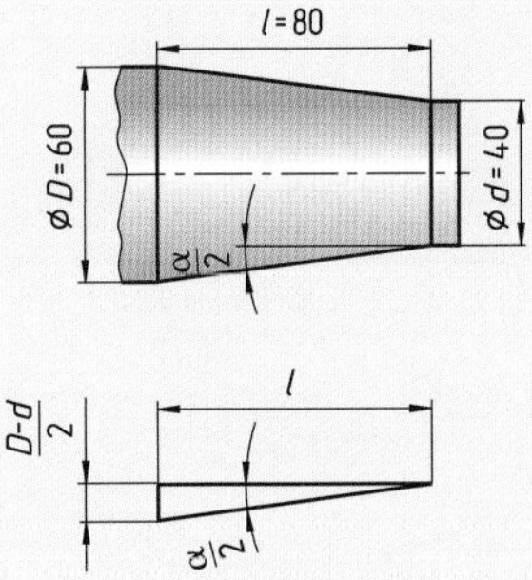

$$\tan\frac{\alpha}{2} = \frac{D-d}{2\cdot l}$$

$\frac{\alpha}{2}$: Einstellwinkel
D: großer Durchmesser
d: kleiner Durchmesser
L: Kegellänge

$$\tan\frac{\alpha}{2} = \frac{\text{Gegenkathete } G}{\text{Ankathete } A}$$

$$G = \frac{D-d}{2}$$

$$A = l$$

$$\tan\frac{\alpha}{2} = \frac{60\text{ mm} - 40\text{ mm}}{2\cdot 80\text{ mm}}$$

$$\tan\frac{\alpha}{2} = 0{,}125$$

$$\frac{\alpha}{2} = 7{,}125° = 7°7'30''$$

1 Berechnung des Einstellwinkels

Beispielrechnungen

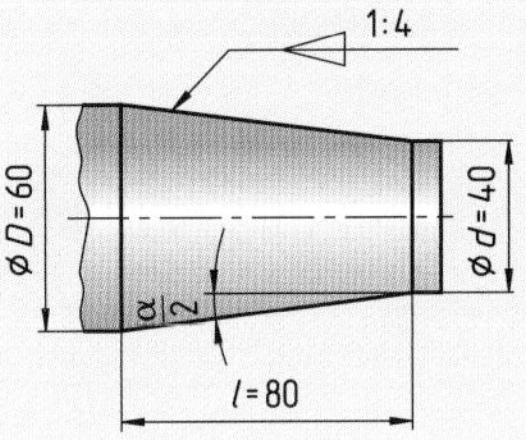

$$C = \frac{D-d}{l}$$

$$C = \frac{60\text{ mm} - 40\text{ mm}}{80\text{ mm}} = \frac{20\text{ mm}}{80\text{ mm}}$$

Im Zähler muss eine 1 stehen:

$$C = \frac{20\text{ mm} : 20}{80\text{ mm} : 20} = 1:4$$

$$C = \frac{1}{4} = 1:4$$

weiter gilt:

$$\frac{C}{2} = \frac{D-d}{2\cdot l}$$

$$\tan\frac{\alpha}{2} = \frac{C}{2}$$

C: Kegelverjüngung
$\frac{C}{2}$: Neigungsverhältnis

$$\tan\frac{\alpha}{2} = \frac{1}{8}$$

$$\frac{\alpha}{2} = 7{,}125° = 7°7'30''$$

2 Einstellwinkel und Kegelverjüngung

Beim Schruppen der Kegelradwelle wird der Oberschlitten um den halben Kegelwinkel, den **Einstellwinkel** $\alpha/2$ *(tool cutting edge angle)* geschwenkt. Die Genauigkeit der Gradeinteilung ist dabei ausreichend. Beim Schlichten ist eine genauere Einstellung mithilfe eines Lehrdorns (Seite 36 Bild 3) möglich.
Wenn der Zeichnung weder der **Kegelwinkel** α *(taper angle)* noch der Einstellwinkel $\alpha/2$ zu entnehmen sind, muss er berechnet werden (Bild 1).
Bei Passkegeln ist oft die **Kegelverjüngung** C *(taper ratio)* angegeben. Kegelverjüngung 1 : 4 bedeutet, dass der Durchmesser des Kegels auf 4 mm Länge um 1 mm abnimmt. Der Zusammenhang von Einstellwinkel und Kegelverjüngung ist im Bild 2 dargestellt.

2.6.2 Gewindedrehen

37_1 An vielen Drehteilen wie z. B. an der Kegelradwelle auf Seite 18 sind Gewinde vorhanden, die meist in mehreren Schnitten hergestellt werden (Bild 3). Obwohl die meisten heute an CNC-Drehmaschinen erstellt werden (siehe Lernfeld 8), sind im Folgenden auch die Besonderheiten beim Gewindedrehen auf konventionellen Drehmaschinen dargestellt.

- Zum Gewindedrehen werden fast ausschließlich Wendeschneidplatten eingesetzt, wobei drei Typen zur Auswahl stehen (Seite 38 Bild 1).
- Der Gewindedrehmeißel muss genau auf Mitte und rechtwinklig zur Drehachse stehen, ansonsten kommt es zu Profilverzerrungen.
- Die Schnitttiefe je Schnitt beträgt ca. 0,1 bis 0,15 mm. Sie nimmt mit tieferem Eindringen ab, damit die Schneidenbelastung nicht zu groß wird. Im Wesentlichen gibt es zwei Zustellungsverfahren (Bild 4).

3 Gewindedrehen (thread turning)

Radialzustellung | **Flankenzustellung**

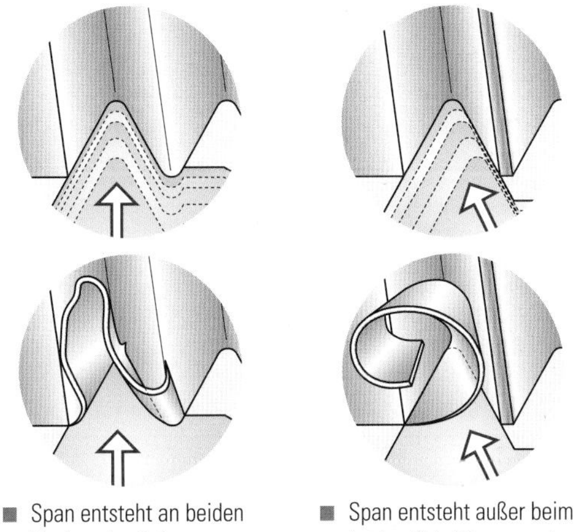

Radialzustellung:
- Span entsteht an beiden Flanken der Spitze: ungünstige Schnittbedingung.
- Gleichmäßiger Verschleiß der Werkzeugschneide

Flankenzustellung:
- Span entsteht außer beim letzten Schnitt nur an einer Flanke der Spitze: günstige Schnittbedingung.
- Ungleichmäßiger Verschleiß der Werkzeugschneide

4 Zustellmöglichkeiten beim Gewindedrehen

Übungsaufgaben zu Berechnungen beim Kegeldrehen finden Sie auf Seite 49.

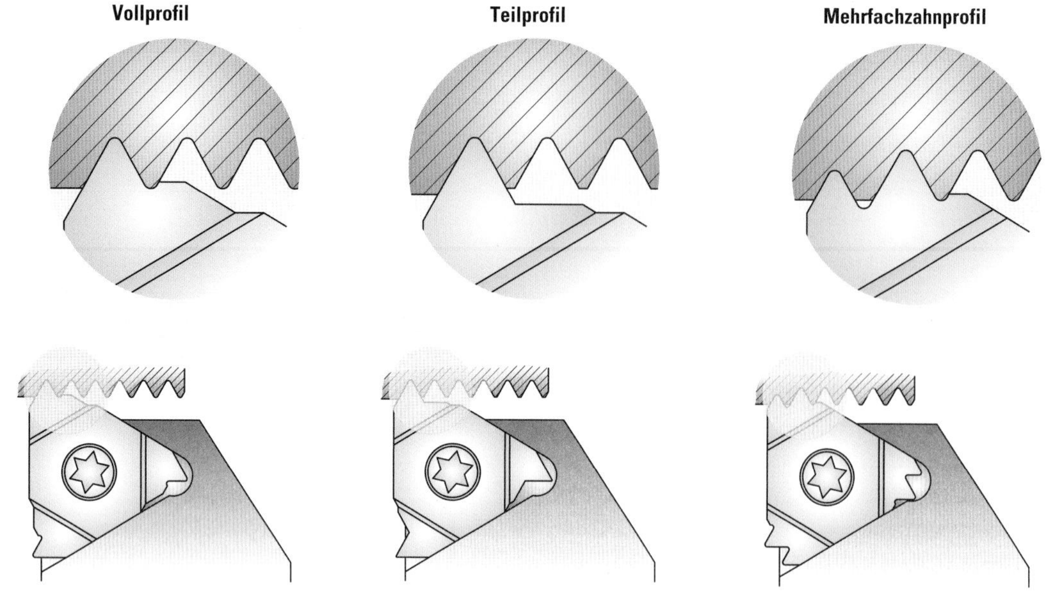

Vollprofil
- Vom Gewindegrund bis zur Gewindespitze wird ein vollständiges, genaues Profil geschnitten.
- Für jede Gewindesteigung ist eine besondere Schneidplatte erforderlich.

Teilprofil
- Die Gewindespitze wird nicht mitgeschnitten.
- In Grenzen können unterschiedliche Steigungen mit der gleichen Schneidplatte erstellt werden.

Mehrfachzahnprofil
- Es werden vollständige Gewinde geschnitten.
- Weniger Schnitte bei größeren An- und Überläufen möglich.

1 *Wendeschneidplatten zum Gewindedrehen*

- Bei konventionellen Drehmaschinen kommt die **Leitspindel** *(lead screw)* als Vorschubantrieb zum Einsatz und es ist die geforderte Gewindesteigung am Vorschubgetriebe einzustellen. Bei CNC-Drehmaschinen ist die Gewindesteigung zu programmieren.
- Bei konventionellen Drehmaschinen muss der Bediener am Ende des Gewindes das Werkzeug bei gleichzeitiger Änderung der Spindeldrehrichtung zurückziehen. Das ist nur bei geringen Umdrehungsfrequenzen möglich, d.h., es sind nur kleine Schnittgeschwindigkeiten möglich. Bei CNC-Drehmaschinen ist eine Umkehr der Drehrichtung nicht erforderlich. Die Bewegungen werden automatisiert bei konstanter Umdrehungsfrequenz mit höheren Schnittgeschwindigkeiten durchgeführt[1].

Überlegen Sie!

1. *In welchen Punkten unterscheidet sich Gewindedrehen an konventionellen von dem an CNC-Drehmaschinen?*
2. *Begründen Sie, warum der Drehmeißel auf Mitte und rechtwinklig zur Drehachse stehen muss.*

2.6.3 Ab- und Einstechen

Das **Abstechen** *(cut off)* (Bild 2a) trennt einen Teil des Werkstücks vom anderen ab. Das **Einstechen** *(cut in)* (Bild 2b) dient zur Herstellung von Nuten.

MERKE
Die Schnittgeschwindigkeiten liegen beim Ab- und Einstechen etwa halb so hoch wie beim Längsrunddrehen.

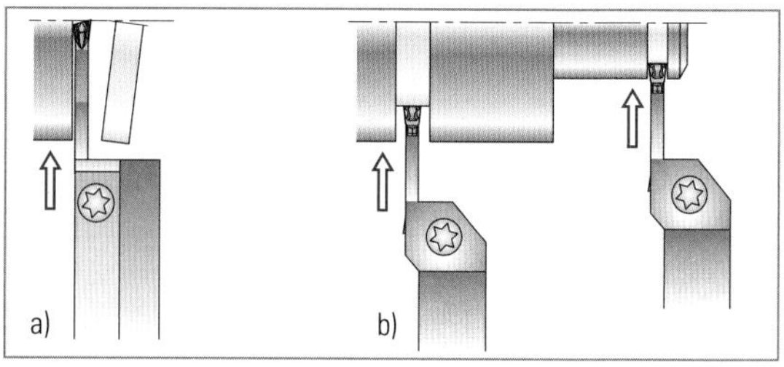

2 *a) Abstechen und b) Einstechen*

2.6.3.1 Abstechen

038

Beim Abstechen von großen Werkstückdurchmessern zerspant eine dünne Klinge (Seite 39 Bild 1a) das Drehteil, wobei sich der Werkstoff an beiden Seiten der Schneidplatte befindet. Dabei ist es das Ziel, mit möglichst geringem Werkstoffverlust, d.h.

1) siehe Lernfeld 8 Kap. 3.2.8

möglichst schmaler Nut, die beiden Teile möglichst schnell voneinander zu trennen.

Dieses Ziel stellt hohe Anforderungen an

- die Stabilität des Werkzeugs und
- die Spanformung sowie den Spanbruch

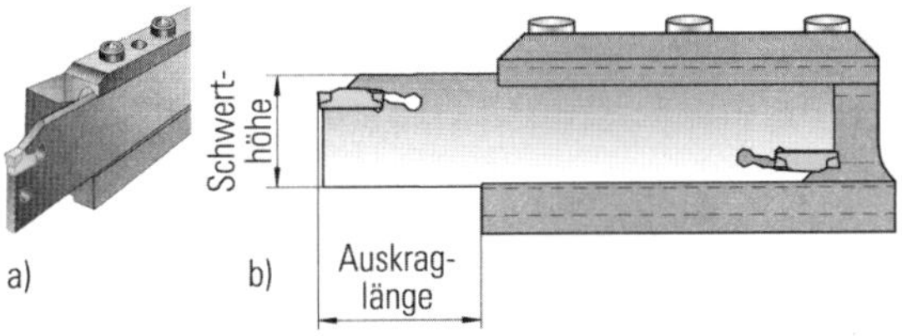

1 *a) Abstechschwert*
b) Auskraglänge aus Werkzeughalter

Stabilität des Werkzeugs

Die Stabilität des Werkzeugs erhöht sich bei Abstechschwertern mit zunehmender Schwerthöhe und abnehmender Auskraglänge (Bild 1b) des Schwerts. Der Vorteil des Abstechschwerts liegt in der flexiblen Anpassung an den jeweiligen Drehteildurchmesser.

> **MERKE**
> Abstechschwert etwa 5 mm länger als den Abstechradius aus dem Werkzeughalter kragen lassen.

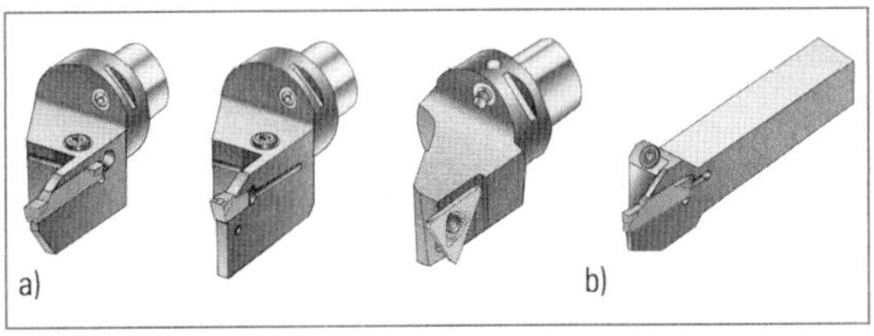

2 *a) Schneidköpfe*
b) Schneidwerkzeug zum Abstechen kleinerer Durchmesser

Schneidköpfe *(die heads)* und **Schaftwerkzeuge** (Bild 2) sind wesentlich stabiler als das Abstechschwert und eignen sich somit besser zum Abstechen kleinerer Durchmesser. Die Stabilität der Schaftwerkzeuge nimmt mit größer werdendem Schaftquerschnitt und kleiner werdender Auskraglänge zu.

Spanformung, Spanbruch und Vorschub

Die Schneidstoffhersteller haben spezielle **Schneidengeometrien** (Bild 3) entwickelt, um die Späne sicher aus der tiefen Nut **abzuführen** und gleichzeitig auch den **Spanbruch** zu gewährleisten. Entsprechende Spanbruchdiagramme (Bild 3) enthalten Empfehlungen für die axialen Vorschübe in Abhängigkeit von der Schneidenbreite. Bei Nichtbeachtung der Empfehlungen besteht die Gefahr von Wirrspänen, mangelnder Oberflächenqualität und Schneidenbruch.

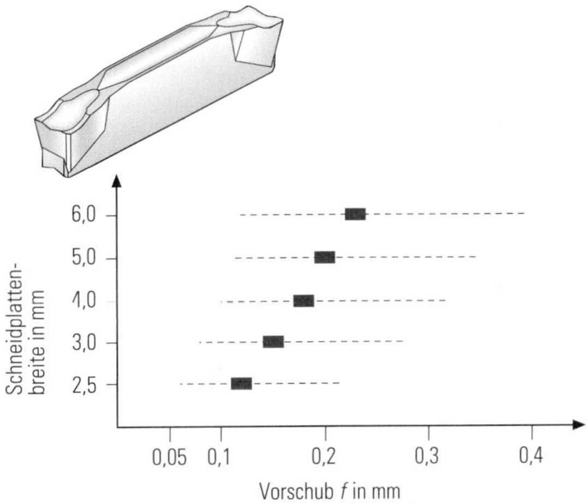

3 *Axiale Vorschübe für dargestellte Schneidengeometrie mit unterschiedlichen Breiten zum Abstechen*

> **MERKE**
> Je kleiner die Schneidenbreite, desto kleiner ist der Vorschub zu wählen.

Wenn sich die Werkzeugschneide der Drehmitte nähert, nimmt die Schnittgeschwindigkeit immer mehr ab. Dadurch verschlechtern sich die Schnittbedingungen, die spezifische Schnittkraft und die Vorschubkraft steigen. Um die Schneidenbelastung zu reduzieren, wird auf den letzen Millimetern der **Vorschub** bis auf ein Viertel des ursprünglichen Werts **reduziert**. Dadurch wird gleichzeitig der Butzen (Bild 4 und Seite 40 Bild 1) verkleinert.

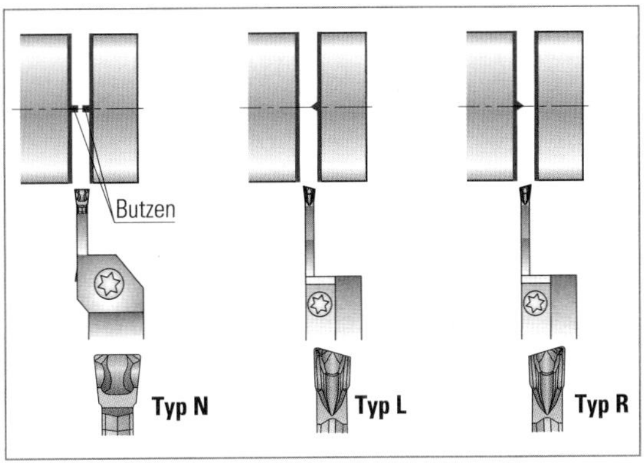

4 *Schneidplattentypen und deren Folgen beim Abstechen*

Auswahl und Einrichten

Die zu wählende Schneidenbreite ist immer ein Kompromiss zwischen der gewünschten hohen Stabilität und geringem Verschnitt.

> **MERKE**
> Der abzustechende Durchmesser soll nicht größer als das Sechzehnfache der Schneidenbreite sein.

Für das Abstechen stehen drei verschiedene Schneidplattentypen zu Verfügung (Bild 4).

Beim **Typ N** wirkt nur eine Kraft in radialer Richtung auf die Schneide. Das bringt folgende **Vorteile** gegenüber den anderen Typen:

- stabile Schneide
- absolut rechtwinklige Stirnflächen
- enge Toleranzen sind möglich
- lange Standzeiten
- gute Spanbildung

Nachteilig ist, dass am abgestochenen Teil ein **Butzen** *(pip)* verbleibt. Der Butzen ist ein Werkstoffrest, der im Zentrum an der Stirnfläche des Drehteils verbleibt. In Zeichnungen (Bild 1) kann die Größe des verbleibenden Butzens angegeben sein:

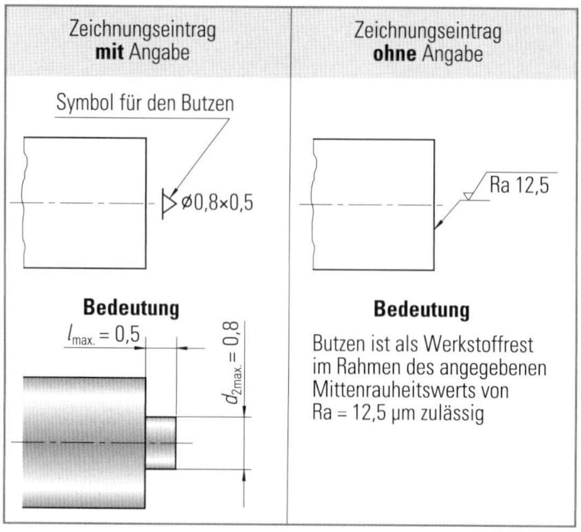

***1** Angabe von zulässigen Butzen in Zeichnungen*

Die **Typen L** und **R** vermeiden den Butzen entweder am eingespannten oder abgestochenen Teil.

Abstech- und Einstechwerkzeuge sind **exakt rechtwinklig zur Drehachse** (Bild 2a) zu spannen. Sonst besteht die Gefahr, dass

- zusätzliche Belastungen des Werkzeugs auftreten.
- die Arbeitsflächen nicht eben und rechtwinklig sind.
- Vibrationen entstehen und
- schlechtere Spanbildung erfolgt.

Für die Werkzeuge sind **maximale Mittenabweichungen von ±0,1 mm** (Bild 2b) zulässig.

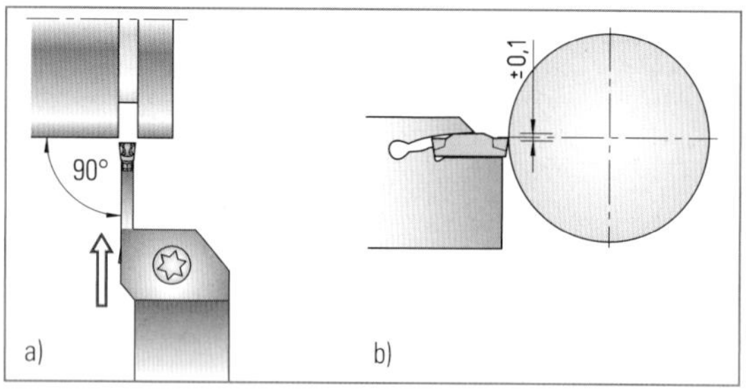

***2** Einrichten des Abstechwerkzeugs*
a) rechtwinklig zur Drehachse
b) auf Drehmitte

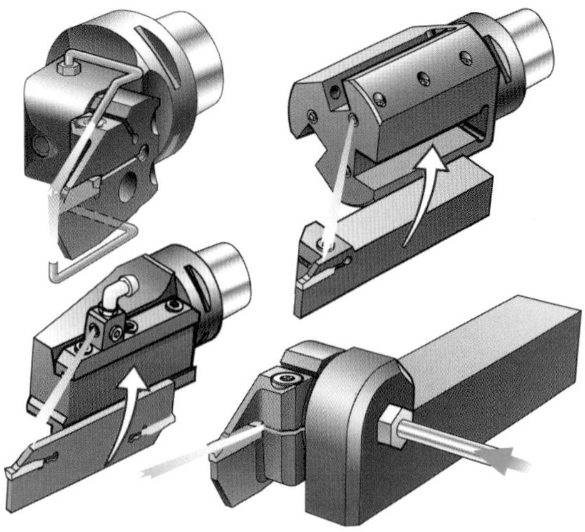

***3** Kühlmittelzufuhr direkt auf die Schneide*

Abweichungen, die darüber hinausgehen, bewirken

- Verschlechterung der Schnittverhältnisse
- höhere Reibung
- niedrigere Standzeiten
- Vergrößerung der Butzen

Die Kühlschmiermittelzufuhr erfolgt möglichst direkt und ununterbrochen auf die Schneide (Bild 3).

2.6.3.2 Einstechen und Nutendrehen

Das Einstechen ist in vielen Fällen unproblematischer als das Abstechen, weil der Schnitt nicht bis zur Drehmitte erfolgt und somit meist bessere Schnittbedingungen vorliegen. An die relativ flachen Nuten werden jedoch meist höhere Anforderungen gestellt im Hinblick auf

- Maßgenauigkeit
- Form und
- Oberflächenqualität

Mit den Einstechwerkzeugen (Bild 4) lassen sich wie beim Abstechen Einstiche erstellen, deren Breiten den Schneidenbreiten entsprechen. Gleichzeitig ermöglichen sie außen, innen und an den Stirnseiten des Werkstücks das Drehen von Nuten *(grooves)* in beliebigen Breiten (Seite 41 Bild 1).

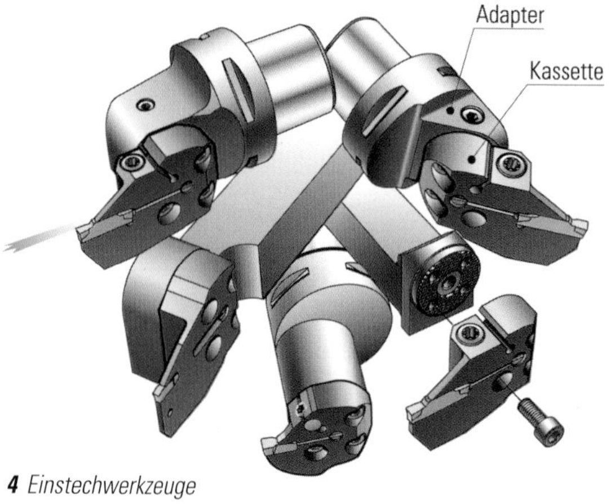

***4** Einstechwerkzeuge*

Außen- und Innennuten

41_1 Beim **Schruppen** von breiten Außen- und Innennuten *(outer and inner grooves)* wird zunächst eine **möglichst breite Einstechplatte** gewählt. Dann stehen zwei unterschiedliche Strategien zur Verfügung:

- Wenn die Breite der Nut **kleiner** als deren Tiefe ist, wird zunächst mehrfach eingestochen, sodass Stege stehen bleiben. Die Breite der Stege soll 60 % ... 80 % der Einstichbreite betragen (Bild 2a). Abschließend werden die Stege mit dem gleichen Werkzeug entfernt. Auf diese Weise liegen sowohl beim ersten Einstechen als auch beim Entfernen der Stege günstige Schnittbedingungen vor.
- Wenn die Breite der Nut **größer** als deren Tiefe ist, wird zunächst eingestochen. Die Einstichtiefe darf höchstens dreiviertel der Schneidplattenbreite betragen, damit noch stabile Schnittverhältnisse vorliegen (Bild 2b). Anschließend erfolgt das Längsdrehen mit dem gleichen Werkzeug. Sollten beim Längsdrehen Vibrationen auftreten, ist der Vorschub zu reduzieren.

Für das **Schlichten von breiten Nuten** beträgt das Aufmaß 0,5 mm ... 1 mm. Es erfolgt in folgenden Schritten (Bild 3):

- Am Ende des Radiusauslaufs zunächst einstechen.
- Anschließend die Schulter von außen nach innen bearbeiten, in deren Nähe eingestochen wurde.

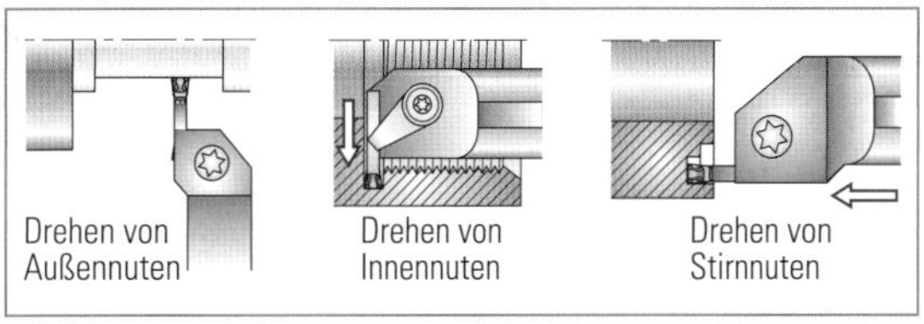

1 *Verfahren zum Nutendrehen (grooving)*

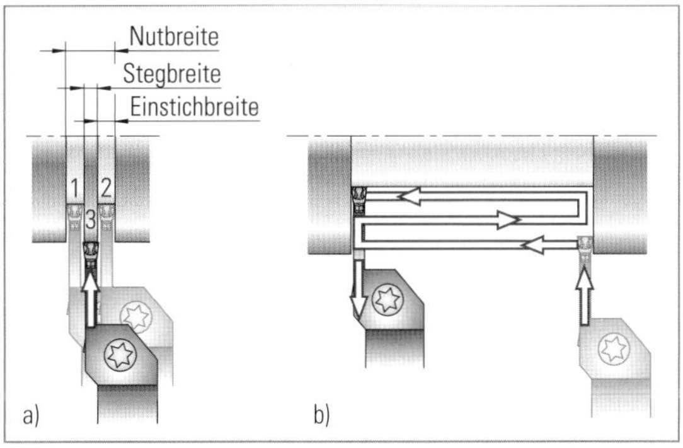

2 *Schruppen von breiten Nuten*
a) Einstechen
b) Einstechen und Längsdrehen

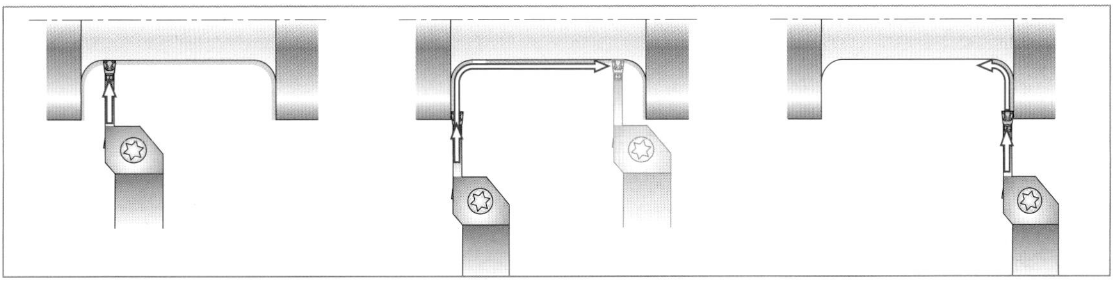

3 *Schlichten von breiten Nuten*

- Es folgt die Bearbeitung des Radius und des Nutgrundes.
- Die verbleibende Schulter von außen nach innen mit dem zweiten Radius schlichten.

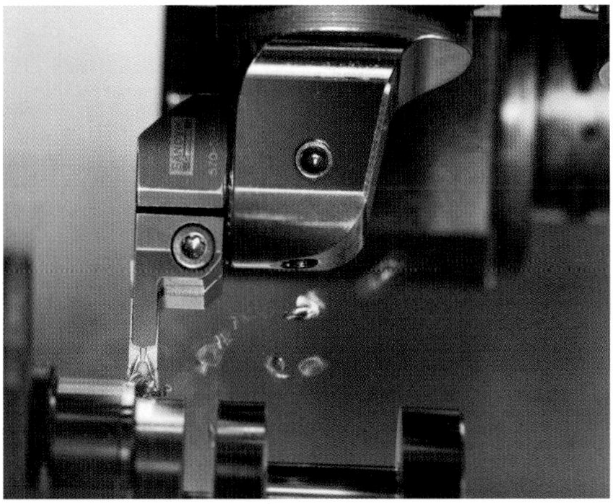

4 *Drehen einer Außennut*

Für Sicherungsringeinstiche gibt es die passenden Wendeschneidplatten und Halter (Bild 5).

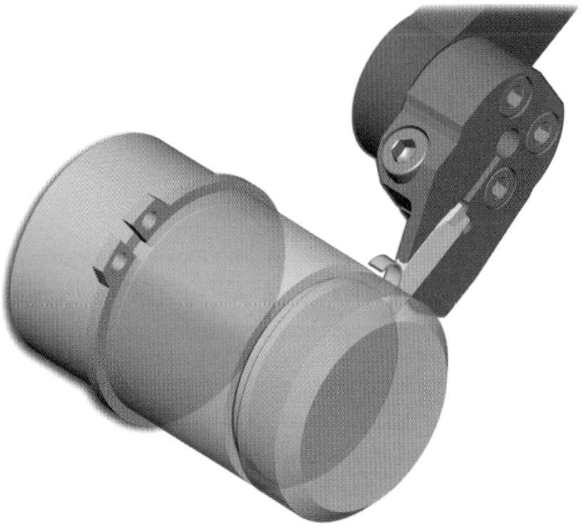

5 *Halter und Wendeschneidplatten für Sicherungsringeinstiche*

Stirnnuten

Beim Drehen von Stirnnuten *(front grooves)* (Bild 1) muss der Werkzeughalter auf den Nutdurchmesser (Bild 2) abgestimmt sein. Anderenfalls berührt der Halter das Werkstück und beschädigt es. Die Schneidstoffhersteller bieten – ausgehend von einem minimalen Durchmesser – für die jeweilige Aufgabe die entsprechenden Halter an.

Da die Unterstützung der Schneidplatte durch den Halter nicht so stabil wie bei den anderen Einstechoperationen ist, wird mit reduzierten Schnittgeschwindigkeiten gearbeitet.

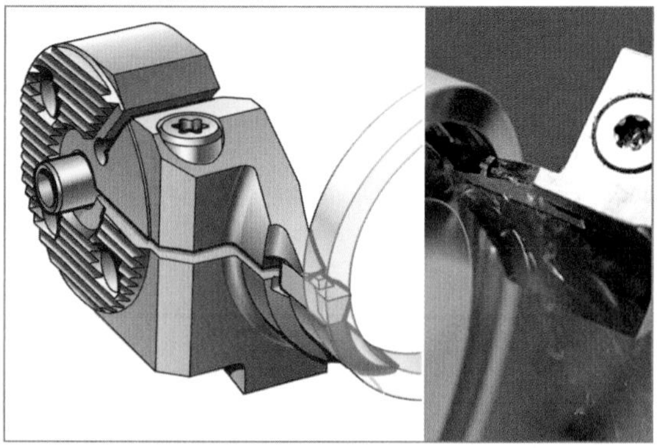

1 *Drehen von Stirnnuten*

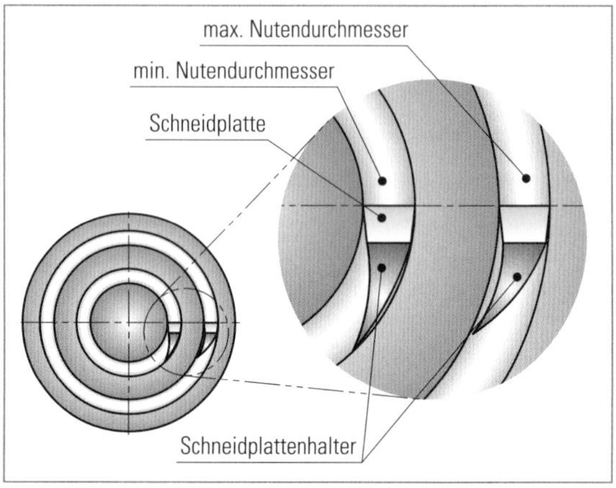

2 *Halterauswahl in Abhängigkeit vom Nutdurchmesser*

Überlegen Sie!

1. *Vergleichen Sie die Schnittgeschwindigkeiten beim Abstechen mit denen des Längsrunddrehens.*
2. *Formulieren Sie die Ziele des Abstechens.*
3. *Wie groß ist die Auskraglänge des Stechschwerts zu wählen?*
4. *Wodurch werden die abgenommenen Späne schmaler als die Breite der Einstichnut?*
5. *Warum soll auf den letzten Millimetern beim Abstechen der Vorschub reduziert werden?*
6. *Unterscheiden Sie die Schneidplattentypen N, L und R beim Abstechen.*
7. *Beschreiben Sie das Einspannen des Abstechmeißels.*
8. *Unterscheiden Sie zwei Strategien für das Einstechen von breiteren Nuten.*
9. *Beschreiben Sie das Schlichten einer breiten Außennut.*

2.6.4 Profildrehen

Durch Profildrehen *(profile turning)* werden Drehteile mit beliebigen Konturen hergestellt.

2.6.4.1 Profildrehen mit profilierten Drehmeißeln

Beim Drehen mit profilierten Drehmeißeln (Bild 3) wird die komplexe Werkstückkontur durch die Form des Drehmeißels verkörpert. Es sind nur einfache, geradlinige Vorschubbewegungen erforderlich.

Der Profildrehmeißel (Bild 4) hat einen Spanwinkel von 0° und ist genau auf Drehmitte auszurichten, damit keine Profilverzerrungen auftreten. Die Schwierigkeit der Konturherstellung liegt somit nicht beim Drehen, sondern beim Schleifen des Drehmeißels, der mit entsprechendem Freiwinkel zu versehen ist.

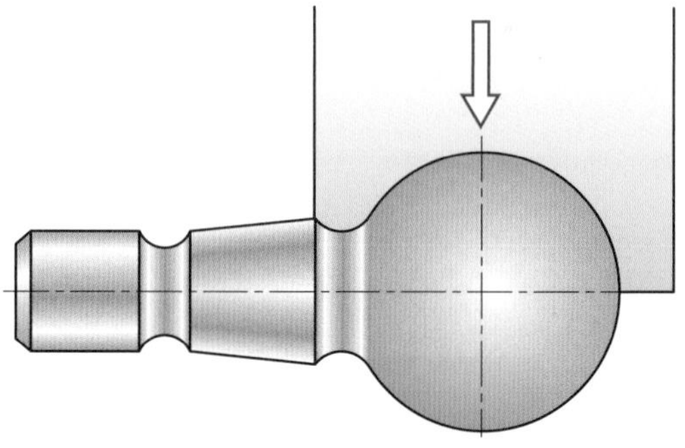

3 *Profildrehen durch radiale Vorschubbewegung*

4 *Profildrehmeißel*

042_1

2.6.4.2 Profildrehen mit radienförmigen Schneidplatten

Das Profildrehen (Seite 43 Bild 1) geschieht mit radienförmigen Schneidplatten, die auf dem Halter meist formschlüssig fixiert sind. Die komplexe Kontur des Werkstücks wird mit einfachem Schneidplattenprofil durch Vorschubbewegungen in beliebigen Richtungen erzeugt. Dazu werden vorrangig CNC-Drehmaschinen (siehe Lernfeld 8 Kap. 1.4.3) eingesetzt.

Der Schneidenradius soll kleiner als der Werkstückradius sein (Seite 43 Bild 2). Anderenfalls entstehen zu große Schnitttiefen a_p, die zu hohe Schneidenbelastungen bewirken und zu Vibrationen führen. Im Radienbereich ist wegen der großen Schnitttiefen immer der Vorschub auf etwa die Hälfte zu reduzieren.

2.6.5 Innenbearbeitung

2.6.5.1 Bohren

Bevor die Innenkontur des Drehteils mit den entsprechenden Werkzeugen gefertigt wird (Seite 31 Bild 1), muss bei Rohlingen aus Vollmaterial gebohrt werden. Die dabei zu wählenden Schnittgeschwindigkeiten und Vorschübe sind zunächst den Richtwerten der Schneidstoffhersteller zu entnehmen und gegebenenfalls zu optimieren.

Ab ca. 12 mm Durchmesser können **Bohrer mit Wendeschneidplatten** (Bild 3) zur Herstellung der Bohrungen gewählt werden. Dabei wird ohne vorheriges Zentrieren oder Vorbohren ins Volle gebohrt. Bohrungstiefen L bis zum 3- bis 4-Fachen des Bohrungsdurchmessers d sind herstellbar. Je kleiner das Verhältnis $L : d$, desto günstiger sind die Bearbeitungsbedingungen. Da die Steifigkeit von langen, dünnen Bohrern nicht sehr groß ist, kann dies zu Problemen bei der Geradheit der Bohrungen, deren Oberflächenqualität und der Spanabfuhr führen. **Tieflochbohrzyklen**[1)] erleichtern das Spanbrechen und die Spanabfuhr.

3_1
3_2

Oft übernehmen zwei unterschiedliche Schneidplatten verschiedene Aufgaben. Die innere, stufenförmige Platte zerspant vorrangig den inneren Bereich, während die äußere Platte die Bohrungswand bearbeitet und aufgrund ihrer Schneidengeometrie eine gute Oberflächenqualität erzeugt. Kühlmittelkanäle im Bohrer leiten das Kühlschmiermittel dicht an die Schneide. Das unter Druck zugeführte Kühlschmiermittel unterstützt die Spanabfuhr. Im Gegensatz zu Drehspänen sollen die Bohrspäne keine hohen Temperaturen aufweisen. Deshalb muss die entstehende Wärme vorrangig über das Kühlschmiermittel abgeführt werden, sodass die Späne keine Verfärbungen durch Erwärmung aufweisen. Das bedeutet, dass die Menge des Kühlschmiermittels auf die jeweiligen Verhältnisse abzustimmen ist. Als Faustregel kann gelten:

MERKE

Je Millimeter Bohrungsdurchmesser ein Liter Kühlschmiermittel pro Minute.

Kleinere Bohrungsdurchmesser benötigen höhere Drücke des Kühlschmiermittels als größere. Bild 4 gibt eine erste Orientierung für die einzustellenden Drücke.

Die Bohrer mit Wendeschneidplatten können neben dem Bohren *(boring)* verschiedene Drehoperationen ausführen (Seite 44 Bild 1). Es ist möglich, Innenkonturen zu drehen (A). Bohrungen lassen sich beim Eintauchen (B) und beim Rückzug (C) vergrößern. Dabei lassen sich Toleranzen von ±0,08 mm bei Oberflächenqualitäten von Ra 4 µm bis 2 µm erzielen.

Verschiedene Werkzeugaufnahmen (Seite 44 Bild 2) ermöglichen die Aufnahme der Bohrer und die Kühlschmiermittelzufuhr. Dabei ist die sichere und stabile Werkzeugaufnahme die Grundvoraussetzung für Maßhaltigkeit und Oberflächengüte.

MERKE

Bohrer mit Wendeschneidplatten bohren ins Volle und bearbeiten Innenkonturen.

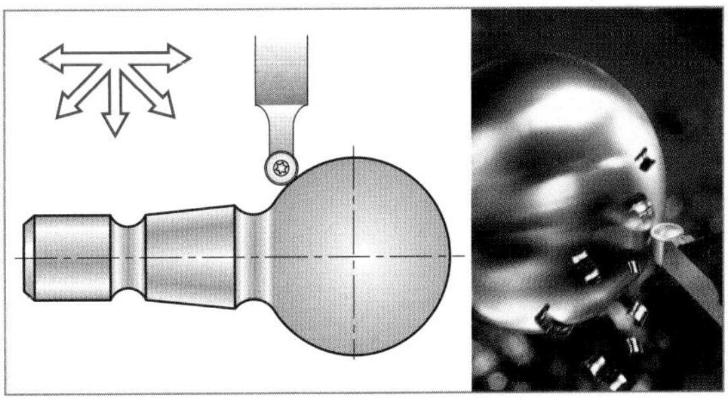

1 *Profildrehen*

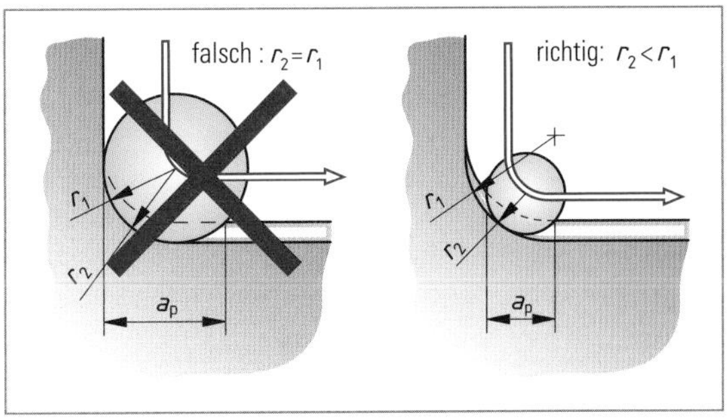

2 *Werkstück- und Werkzeugradien beim Profildrehen*

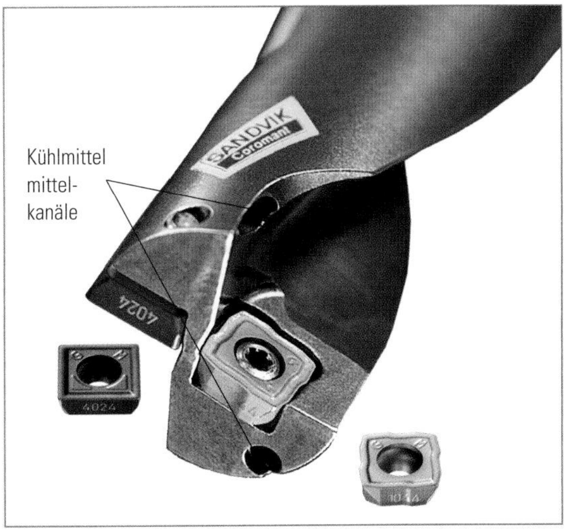

3 *Bohrer mit unterschiedlichen Wendeschneidplatten*

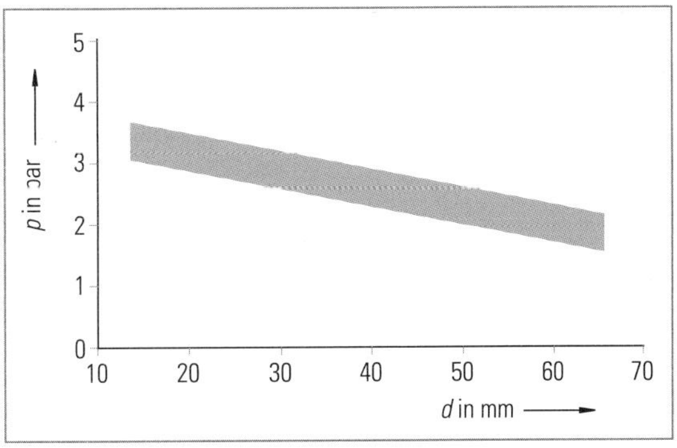

4 *Kühlschmiermitteldruck in Abhängigkeit vom Bohrungsdurchmesser*

1) siehe Lernfeld 8 Kap. 4.2.7

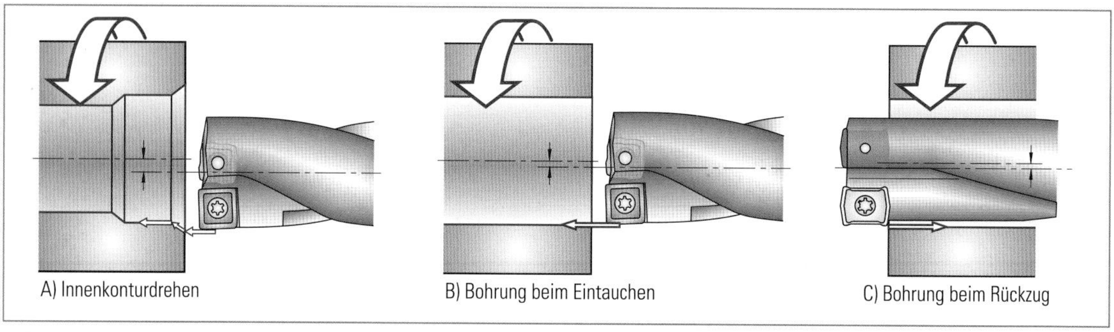

1 Drehoperationen mit dem Bohrer mit verschiedenen Wendeschneidplatten

044_1
044_2

2.6.5.2 Innendrehen

Beim Innendrehen *(internal turning)* wird der Durchmesser der Bohrstange vom Innendurchmesser des Werkstücks bestimmt. Die Länge der Bohrstange richtet sich nach der Tiefe der Innenkontur. Das Verhältnis von Bohrstangenlänge zu Bohrstangendurchmesser heißt **Überhang**.

Die Schnittkraft F_c bewirkt eine tangentiale Durchbiegung der Bohrstange (Bild 3). Die Passivkraft F_p lenkt die Bohrstange in radialer Richtung ab.

MERKE
- Je größer die Schnittkraft und je größer der Überhang, desto größer ist die tangentiale Durchbiegung.
- Je größer die Passivkraft und je größer der Überhang, desto größer ist die radiale Ablenkung.

Die **tangentiale Durchbiegung** führt dazu, dass die Schneidplatte unter der Drehmitte steht. Dadurch verkleinert sich der Freiwinkel, die Reibung an der Freifläche vergrößert sich, der Verschleiß nimmt zu und die Oberflächenqualität nimmt ab. Die **radiale Ablenkung** kann zu Problemen bei der Einhaltung der Maß-, Form- und Lagetoleranzen führen. Die Verformungen der Bohrstange sind die Ursache für Vibrationen, die schlechte Oberflächenqualitäten bewirken.

Verringerung der Verformungen und Vibrationen

Die Verformungen und Vibrationen werden beeinflusst durch:
- Überhang
- Schnitt- und Passivkraft
- Schwingungs- und Dämpfungseigenschaften sowie
- die Spannbedingungen der Bohrstange

Zur Verminderung der Verformungen und Vibrationsgefahr sind beim Innendrehen folgende Regeln zu beachten:
- Schaftquerschnitt so groß wie möglich wählen, um hohe Stabilität zu erzielen.
- Einstellwinkel κ so nahe wie möglich an 90° und nicht unter 75° wählen (Bild 4), damit die Passivkraft F_p möglichst klein wird.
- Beim Schlichten positive Wendeschneidplatten (Seite 45 Bild 1) wählen, um die Schnittkraft F_c zu mindern.

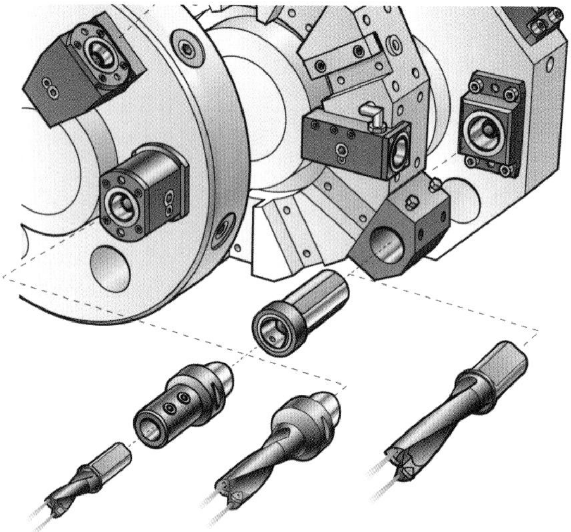

2 Werkzeugaufnahmen für Bohrer mit Wendeschneidplatten

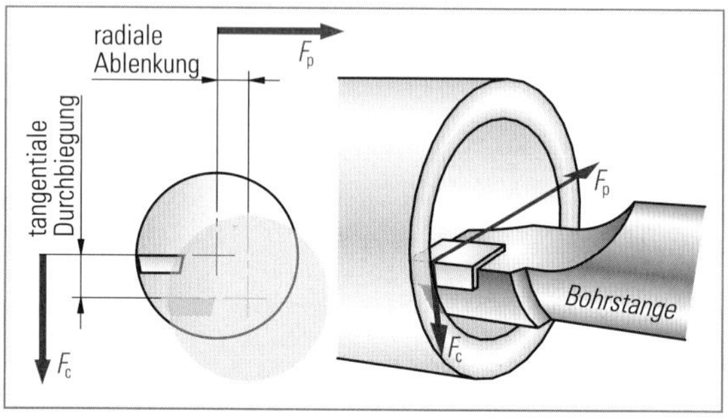

3 Kräfte beim Innendrehen

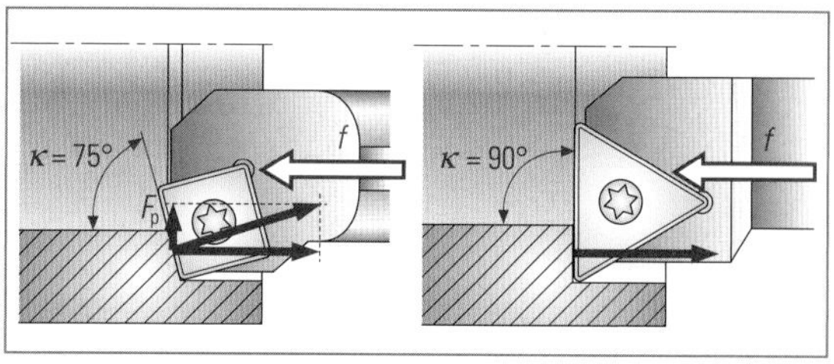

4 Auswirkung des Einstellwinkels auf die Passivkraft

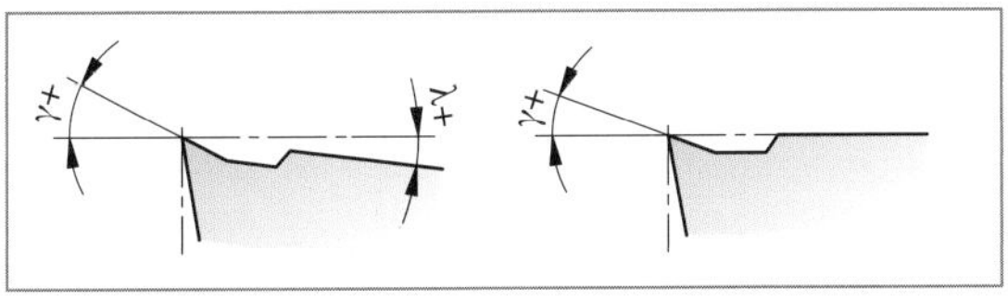

1 Positive Wendeschneidplatten

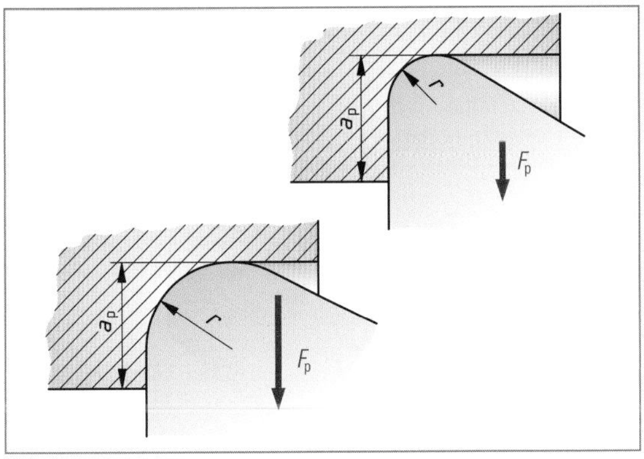

2 Schneidenradius und Passivkraft

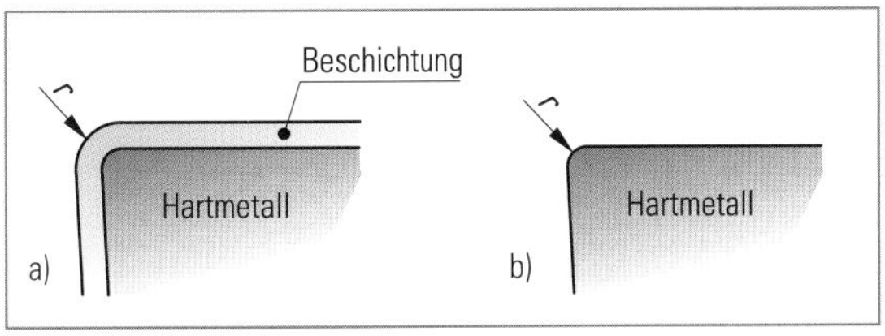

3 Radius zwischen Frei- und Spanfläche bei
a) beschichteten
b) unbeschichteten Wendeschneidplatten

- Bei geringen Schnitttiefen a_p den Schneidenradius möglichst klein wählen (Bild 2), um die Passivkraft F_p zu verringern.
- Bei schwingungsempfindlichen Bearbeitungen unbeschichtete Wendeschneidplatten (Bild 3) verwenden, weil der Radius zwischen Frei- und Spanfläche wesentlich kleiner ist. Dadurch wird die Passivkraft F_p geringer.
- Überhang so klein wie möglich wählen, damit große dynamische Steifigkeit erreicht wird. Die erforderliche Ausführung der Bohrstange ist Bild 4 zu entnehmen. Schwingungsgedämpfte Bohrstangen (Bild 4) sind mit Spezialöl gefüllt. Sie dämpfen die auftretenden Vibrationen und ermöglichen so das Innendrehen mit hoher Oberflächengüte.
- Um maximale Stabilität zu gewährleisten, sollte die Einspannlänge mindestens das Dreifache des Durchmessers betragen (Bild 5). Optimale Einspannungen ermöglichen die in Bild 6 dargestellten Bohrstangen, die auf die Werkzeugaufnahmen der Drehmaschine angepasst sind.

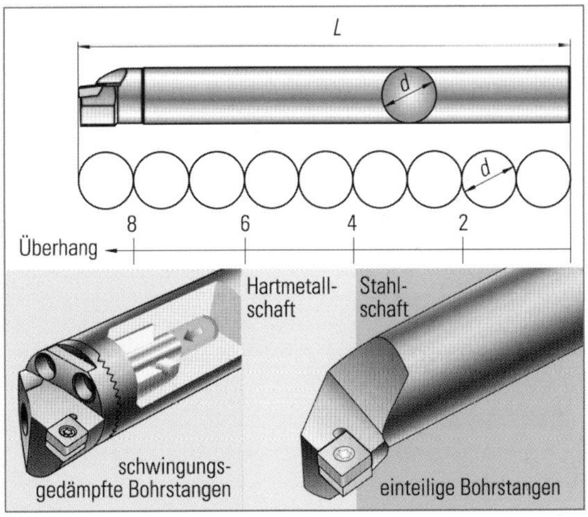

4 Bohrstangenausführung in Abhängigkeit vom Überhang

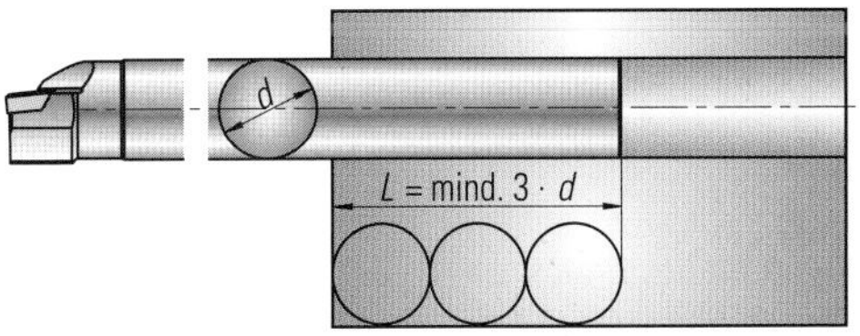

5 Einspannen der Bohrstange

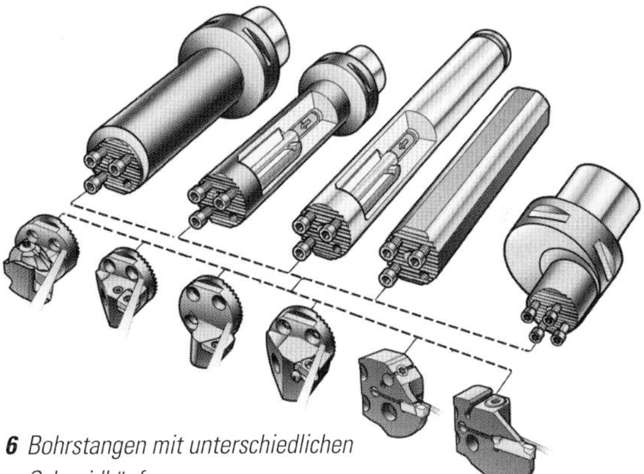

6 Bohrstangen mit unterschiedlichen Schneidköpfen

Überlegen Sie!

1. *Welche Aufgaben hat das Kühlschmiermittel beim Bohren und wovon ist die Kühlschmiermittelmenge abhängig?*
2. *Welche Bearbeitungsoperationen können von Bohrern mit Wendeschneidplatten durchgeführt werden?*
3. *Was wird bei Bohrstangen unter dem Begriff „Überhang" verstanden?*
4. *Durch welche Kräfte wird die Bohrstange beim Innendrehen abgelenkt und welche Folgen entstehen dadurch?*
5. *Durch welche Maßnahmen können Verformungen und Vibrationen gemindert werden?*

2.6.6 Rändeln

In der Zeichnung für die Rändelmutter (Bild 1a) ist die Form der Rändelung angegeben, die auf dem Foto zu erkennen ist. Kurzbezeichnungen geben Auskunft über das zu verwendende Rändelprofil (Bild 2).

2 Rändelprofile nach DIN 82

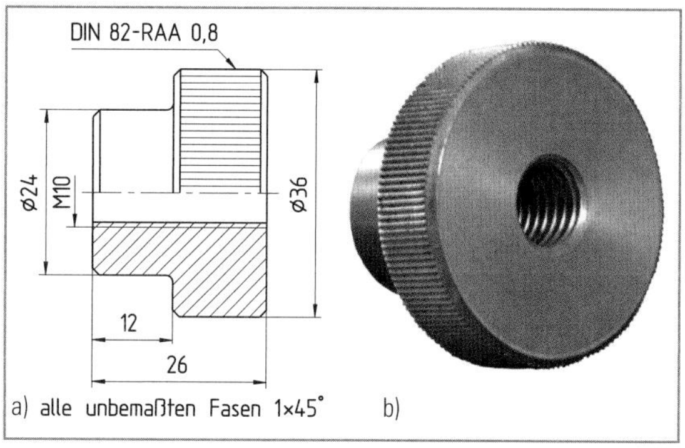

1 Rändelmutter

Überlegen Sie!

Entschlüsseln Sie mithilfe Ihres Tabellenbuches die Angabe „DIN 82 RGE 1,2".

Durch Rändeln *(knurling)* erhalten zunächst glatte Drehteile eine griffige Oberfläche. Die Rändelungen können hergestellt werden durch

- Umformen oder
- Spanen

2.6.6.1 Rändeln durch Umformen

Das Rändelwerkzeug (Bild 3) besteht aus einem Halter, der ein oder zwei Rändelräder drehbar lagert. Oft sind zwei Rändelräder pendelnd gelagert, damit sie sich gleichmäßig an das Drehteil pressen. Wenn die Rändelräder durch Verstellen des Querschlittens gegen die Oberfläche des Drehteils drücken, verformt diese sich dadurch spanlos (Bild 4). Auf diese Weise lassen sich nur Werkstoffe rändeln, die kalt umformbar sind. Beim Rändelformen drücken sich die Spitzen des Rändelwerkzeugs in das Drehteil, wobei sich gleichzeitig der Werkstoff in die Rillen des Rändelrades verformt. Dabei vergrößert sich der Außendurchmesser und es kommt zu einer Oberflächenverdichtung.

3 Rändelwerkzeug zum Umformen

Überlegen Sie!

Ermitteln Sie mithilfe Ihres Tabellenbuchs den Ausgangsdurchmesser für die Rändelschraube (Bild 1a).

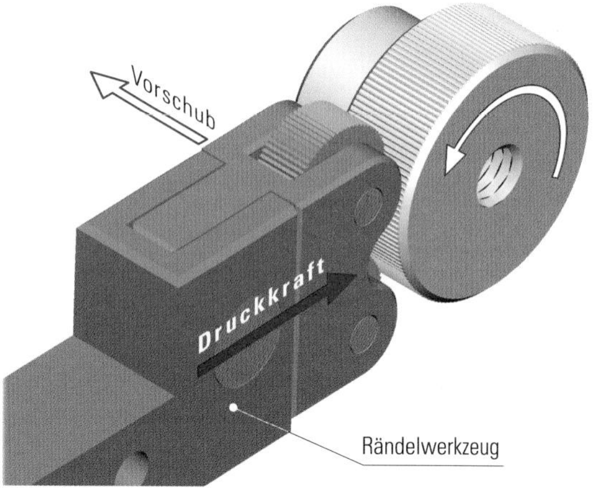

4 Rändeln durch Umformen

Wenn die Breite der Rändelung größer als das Rändelrad ist, wird das Rändelwerkzeug mithilfe des Längsvorschubs über das Drehteil bewegt (Bild 4).

Beim Rändeln durch Umformen beträgt die Umfangsgeschwindigkeit ca. 20 … 60 m/min, die radiale Zustellung ca. 0,05 … 0,1 mm pro Umdrehung und der Längsvorschub ca. 0,05 … 0,5 mm pro Umdrehung. Die Werte sind vom Werkstoff des Drehteils und dessen Durchmesser abhängig. Die Angaben der Werkzeughersteller sind zu berücksichtigen.

Um die Umformvorgänge zu erleichtern, die Reibung zu vermindern und die Standzeit des Werkzeuges zu erhöhen, wird mit Schneidöl geschmiert.

Vorteile des Verfahrens:

- Alle Rändelprofile lassen sich herstellen
- Für Außen-, Innen- und Stirnrändelungen geeignet
- Das Werkzeug kann an jeder Stelle des Werkstücks angesetzt werden
- Rändelungen sind bis zum Bund möglich

Nachteile des Verfahrens:

- Hohe radiale Belastung des Drehteils
- Dünnwandige Werkstücke lassen sich wegen der radialen Belastung nicht durch Umformen rändeln

2.6.6.2 Rändeln durch Spanen

Beim Rändelfräsen wird das Werkzeug im Längsvorschub entlang des Drehteils bewegt (Seite 47 Bild 1). Dabei nehmen die scharfkantigen Spitzen der dre-

046_1

henden Rändelräder Späne ab. Deshalb bleibt der Ausgangsdurchmesser auch nach dem Rändeln erhalten. Es lassen sich somit auch Werkstoffe rändeln, die schwer oder nicht umformbar sind.
Im Gegensatz zum Rändelformen ist die radiale Belastung des Werkstücks gering. Präzise Vorbereitung des Werkstücks und exakte Werkzeugeinstellung sind für das Rändelfräsen erforderlich. Wegen der geringeren radialen Belastung können größere Umfangsgeschwindigkeiten als beim Rändelfräsen gewählt werden.

Vorteile des Verfahrens:
- Bearbeitung von fast allen Werkstoffen möglich
- Dünnwandige Werkstücke lassen sich rändeln
- Kleine Durchmesser lassen sich einfach bearbeiten
- Hohe Präzision und Oberflächengüte

Nachteile des Verfahrens:
- Nicht alle Rändelprofile lassen sich herstellen
- Nur zylindrische Werkstücke lassen sich rändeln
- Zum Ansetzen des Werkzeugs im mittleren Bereich des Werkstücks ist ein Einstich erforderlich
- Rändelung bis an einen Bund nicht möglich

Überlegen Sie!
Skizzieren Sie je ein Werkstück, das
a) nur mittels Rändeln durch Umformen
b) nur mittels Rändeln durch Spanen
hergestellt werden kann und tragen Sie die normmäßigen Bezeichnungen ein.

1 *Rändelfräsen durch Spanen*

2 *Rändelfräser*

ÜBUNGEN

Zeichnungsanalyse

1. Der folgende Ausschnitt ist auf einer Teilzeichnung zu finden:

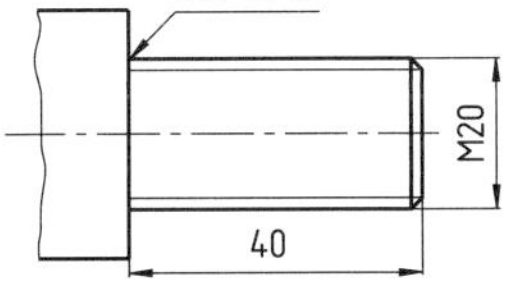

a) Erklären Sie die Zeichnungsangabe DIN 76-B.
b) Unterscheiden Sie die Formen A und B.
c) Welche Größe bestimmt maßgeblich die einzelnen Maße für den Gewindefreistich?

2. Die Zeichnung eines Drehteils enthält folgende Angabe:

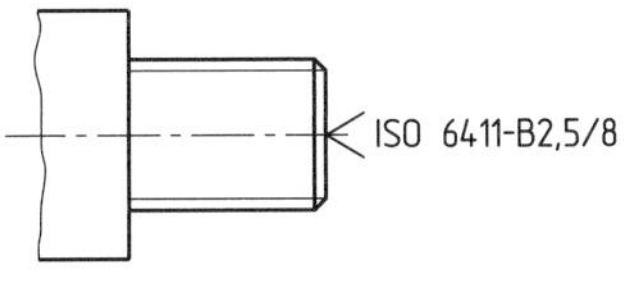

a) Erklären Sie die Zeichnungsangabe und skizzieren Sie die Einzelheit im Maßstab 5:1.
b) Wie tief ist zu bohren?

3. Auf das Wellenende soll ein Zahnrad von 55 mm Breite, ein Sicherungsring DIN 471 – 30 × 1,5 und eine Passfeder DIN 6885 – A8 × 7 × 40 montiert werden.

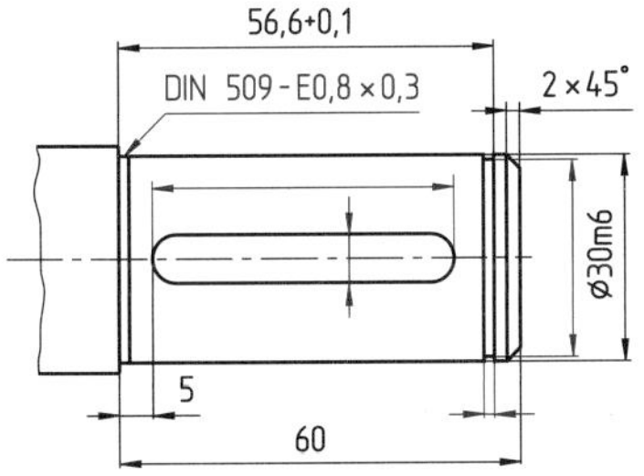

a) Skizzieren Sie das Wellenende und tragen Sie die fehlenden Maße ein.
b) Skizzieren Sie den Freistich im Maßstab 10 : 1 als Detail.
c) Skizzieren Sie den Zusammenbau der Einzelteile im Schnitt.

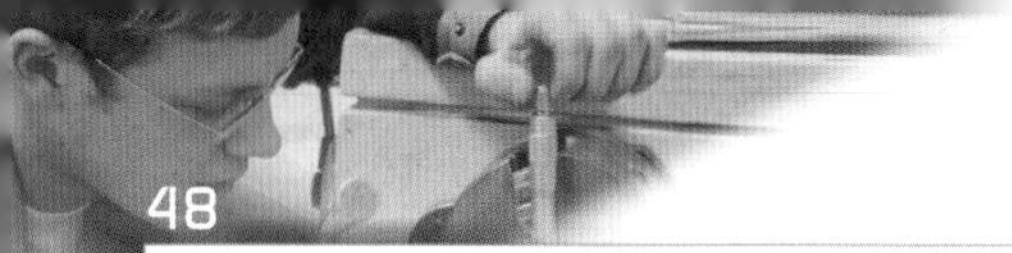

4. Die Bundbohrbuchse ISO 4247 – 12 × 20 enthält zwei Lagetoleranzen.

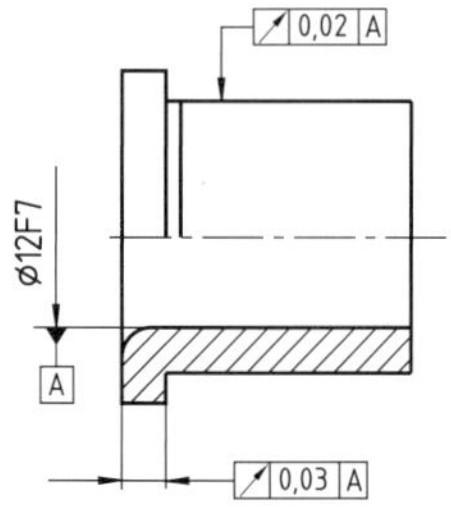

a) Welches ist das Bezugselement?
b) Erklären Sie die geforderten Eigenschaften
c) Entscheiden Sie, in welcher Reihenfolge die Bohrbuchse gedreht wird und geben Sie die dazu erforderlichen Spannmittel an.

Drehen

1. Welche Auswirkungen haben die Führungen einer Werkzeugmaschine auf das Werkstück und was können Sie dazu beitragen, dass die Führungsqualität hoch bleibt?

2. Nennen Sie zwei Funktionen, die die Arbeitsspindel einer Drehmaschine erfüllt.

3. Unterscheiden Sie Zug- und Leitspindel.

4. Welche Aufgaben kann der Reitstock erfüllen?

5. Beschreiben Sie je einen Vor- und Nachteil, den große Eckenwinkel gegenüber kleinen besitzen.

6. Wie verändern sich die Spanungsdicke *h* und die Spanungsbreite *b* bei gleichbleibendem Vorschub f, wenn der Einstellwinkel von 90° auf 60° abnimmt? Formulieren Sie eine Beziehung *„Je ... desto"*.

7. Legen Sie für das Drehen der Getriebewelle aus 34CrMo4 (siehe unten) die Arbeitsschritte und die Werkzeuge fest.

8. Unter welchen Bedingungen sind im Dreibackenfutter weiche Backen harten vorzuziehen?

9. Legen Sie die Spannmittel für das Drehen der Getriebewelle von Übung 7 fest.

10. Unterscheiden Sie Spanndorn und Spannzange.

11. Welche Probleme können beim Drehen von langen Wellen auftreten und wie können sie gelöst werden?

12. Ein Drehteil aus Vergütungsstahl (25CrMo4) wird mit einer Hartmetallschneide von ∅60 auf ∅52 bei einem Vorschub von 0,6 mm abgedreht.
a) Welche Schnittgeschwindigkeit ist zu wählen?
b) Wie groß wird die Umdrehungsfrequenz?

13. Ein Bolzen aus C60 wird mit einer beschichteten Hartmetallschneidplatte von ∅62 auf ∅60 abgedreht. Dabei ist der Vorschub 0,25 mm und die Umdrehungsfrequenz 3000/min. Ist die Umdrehungsfrequenz richtig eingestellt?

14. Wie verändert sich die Schnittgeschwindigkeit, wenn mit konstanter Umdrehungsfrequenz von 1000/min eine Welle von 50 mm auf 10 mm Durchmesser querplangedreht wird?

15. Wie müsste sich die Umdrehungsfrequenz an einer CNC-Drehmaschine ändern, wenn bei den gleichen Bedingungen wie in Übung 14 mit einer konstanten Schnittgeschwindigkeit von 150 m/min gespant werden soll?

16. Wie groß würde theoretisch die Umdrehungsfrequenz an einer CNC Drehmaschine bei 0 mm Durchmesser (Abstechen), wenn mit konstanter Schnittgeschwindigkeit gearbeitet wird?

zu Übung 7

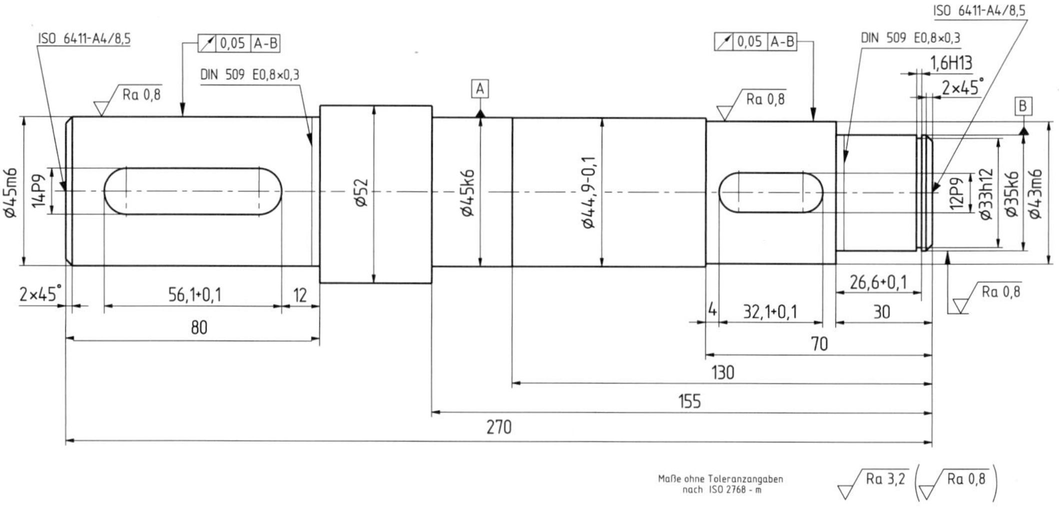

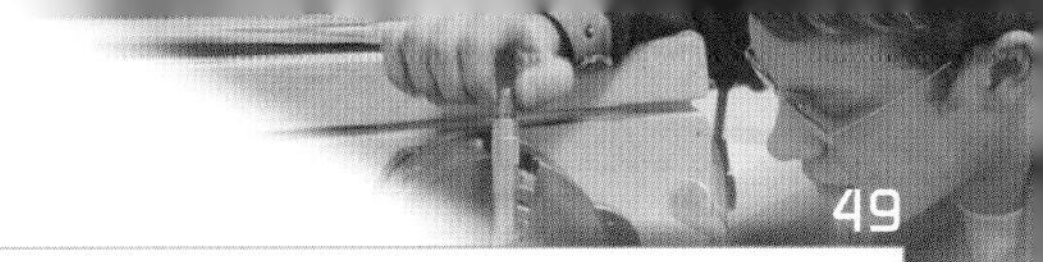

17. Das dargestellte Wellenende soll mit einer Schnittgeschwindigkeit von 240 m/min durch Längsrunddrehen geschlichtet werden. Welche Umdrehungsfrequenzen sind bei den beiden Durchmessern zu wählen?

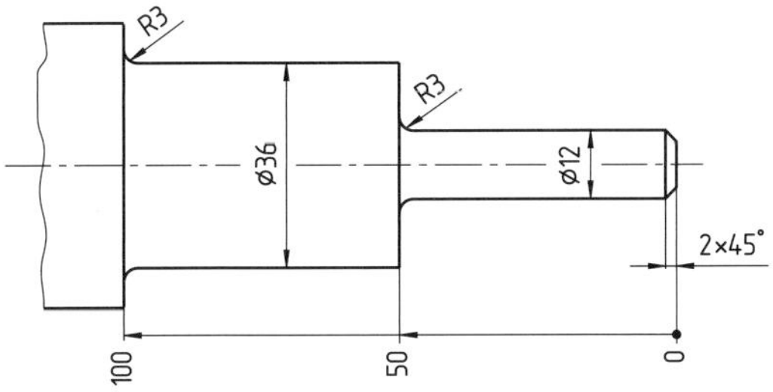

18. Erstellen Sie mit einer Tabellenkalkulation ein Programm, mit dem Sie Schnittgeschwindigkeit und Umdrehungsfrequenz bestimmen können.

19. Mit einem Bohrer von ∅12 mm soll auf einer CNC-Drehmaschine bei einem Vorschub von 0,2 mm eine Schnittgeschwindigkeit von 20 m/min erzielt werden. Welche Vorschubgeschwindigkeit in mm/min ist zu programmieren?

20. Beim Drehen wird mit einer Vorschubgeschwindigkeit von 200 mm/min gearbeitet. Wie groß ist der Vorschub je Umdrehung, wenn mit einer Umdrehungsfrequenz von 800/min gedreht wird?

21. Eine Welle von 40 mm Durchmesser wird auf 30 mm Durchmesser längsrundgedreht. Welche Vorschubgeschwindigkeit ist nötig, damit bei einer Schnittgeschwindigkeit von 150 m/min ein Vorschub von 0,5 mm erzielt wird?

22. Eine Welle aus C60 wird von ∅60 auf ∅52 geschruppt. Der Vorschub beträgt 0,4 mm, die Schnittgeschwindigkeit 240 m/min und der Einstellwinkel 90°.
a) Welche Umdrehungsfrequenz ist zu wählen?
b) Wie groß sind die Schnitttiefe und die Spanungsdicke?
c) Welcher Spanungsquerschnitt ergibt sich?
d) Welche Schnittkraft ist erforderlich?

23. Eine Trommel aus 34CrMo4 mit 550 mm Durchmesser wird mit einer Umdrehungsfrequenz von 50/min längsrundgedreht. Bei einer Spanungsdicke von 0,8 mm und einer Spanungsbreite von 10 mm beträgt die spezifische Schnittkraft 1 733 N/mm^2.
a) Wie groß ist der Spanungsquerschnitt?
b) Welche Schnittkraft wird gebraucht?

24. Erstellen Sie mit einer Tabellenkalkulation ein Programm zur Berechnung der Schnittkraft beim Drehen und Bohren.

25. Ein Kegel hat eine Kegelverjüngung von 1 : 40. Wie groß ist seine Neigung?

26. Ein genormter Kegelstift hat ein Kegelverhältnis von 1 : 50.
a) Wie groß ist der große Durchmesser für einen Kegelstift mit den Maßen 8 × 60?
b) Wie groß ist der Einstellwinkel?

27. Wie groß sind die fehlenden Werte?

	a)	b)	c)	d)	e)	f)	g)	h)	i)	j)
C	1:10	?	?	?	1:50	?	?	?	?	1:0,7
$C/2$	?	?	1:80	?	?	?	?	?	1:100	?
D in mm	?	?	100	60	85	80	150	?	55	115
d in mm	30	0	?	?	62,5	60	120	22,5	?	0
L in mm	200	50	200	80	?	120	?	65	220	?
$\alpha/2$ in °	?	45	?	5,71	?	?	2,86	30	?	?

28. Morsekegel haben eine Kegelverjüngung von ca. 1 : 20: Wie groß ist beim Morsekegel 3 der große Durchmesser und der Einstellwinkel, wenn der kleine Durchmesser 19,8 mm und die Kegellänge 81 mm beträgt? Vergleichen Sie die ausgerechneten Werte mit denen des Tabellenbuches.

29. Steilkegel besitzen eine Kegelverjüngung von 7:24.
a) Wie groß ist der kleine Durchmesser, wenn der große Durchmesser 44,45 mm bei einer Kegellänge von 64,4 mm beträgt?
b) Welcher Einstellwinkel wird bei der Fertigung benötigt?

30. Erstellen Sie mit einer Tabellenkalkulation ein Programm zur Berechnung von Kegelverjüngung, Kegelneigung, Einstellwinkel, großem und kleinem Kegeldurchmesser.

31. Unterscheiden die Verfahren Abstechen und Einstechen.

32. Geben Sie je Vor- und Nachteil für Abstechschwerte und Schneidköpfe beim Ein- und Abstechen an.

33. Wovon ist die Auswahl des Werkzeuges für das Drehen von Stirnnuten abhängig?

34. Unterscheiden und beschreiben Sie zwei Verfahren zum Profildrehen.

35. Welchen Einfluss hat das Einspannen von Bohrstangen auf deren Durchbiegung und welche Konsequenzen ergeben sich daraus?

36. Stellen Sie Vor- und Nachteile des Rändelns durch Umformen und Spanen gegenüber.

Projektaufgabe Ritzelwelle

1. Erstellen Sie die Grobplanung für das Drehen der Ritzelwelle, wobei das Rohteil ∅60 × 200 groß ist.
2. Legen Sie die erforderlichen Schneidstoffe, Wendeschneidplatten und Werkzeughalter fest.
3. Bestimmen Sie die Spannwerkzeuge für die verschiedenen Arbeitsschritte.
4. Legen Sie die Schnittgeschwindigkeiten, Vorschübe und Schnitttiefen fest.

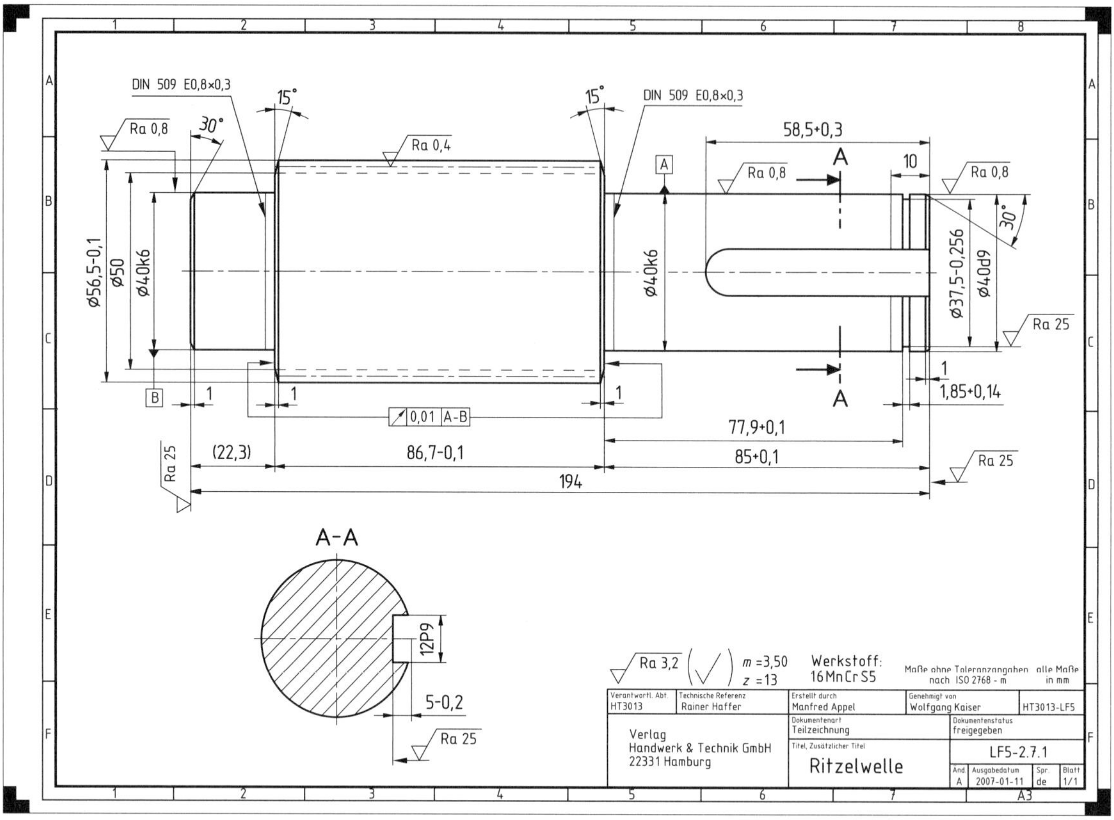

Projektaufgabe Lagerdeckel (siehe Seite 51 oben)

1. Erstellen Sie die Grobplanung für das Drehen und Bohren des Lagerdeckels, der bis auf die Senkbohrungen vorgegossen ist und eine Bearbeitungszugabe von 3 mm auf allen anderen Flächen besitzt.
2. Legen Sie die erforderlichen Schneidstoffe, Wendeschneidplatten, Werkzeughalter und Bohrwerkzeuge fest.
3. Bestimmen Sie die Spannwerkzeuge für die verschiedenen Arbeitsschritte.
4. Legen Sie die Schnittgeschwindigkeiten, Vorschübe, Umdrehungsfrequenzen und Schnitttiefen fest.
5. Wird Kühlmittel benötigt?

Projektaufgabe Zylinderkopf (siehe Seite 51 unten)

1. Erstellen Sie die Grobplanung für das Drehen und Bohren des Zylinderkopfs, dessen Rohling eine Länge von 98 mm hat.
2. Legen Sie die erforderlichen Schneidstoffe, Wendeschneidplatten, Werkzeughalter und Bohrwerkzeuge fest.
3. Bestimmen Sie die Spannwerkzeuge für die verschiedenen Arbeitsschritte.
4. Legen Sie die Schnittgeschwindigkeiten, Vorschübe, Umdrehungsfrequenzen und Schnitttiefen fest.
5. Welches Kühlschmiermittel setzen Sie ein?

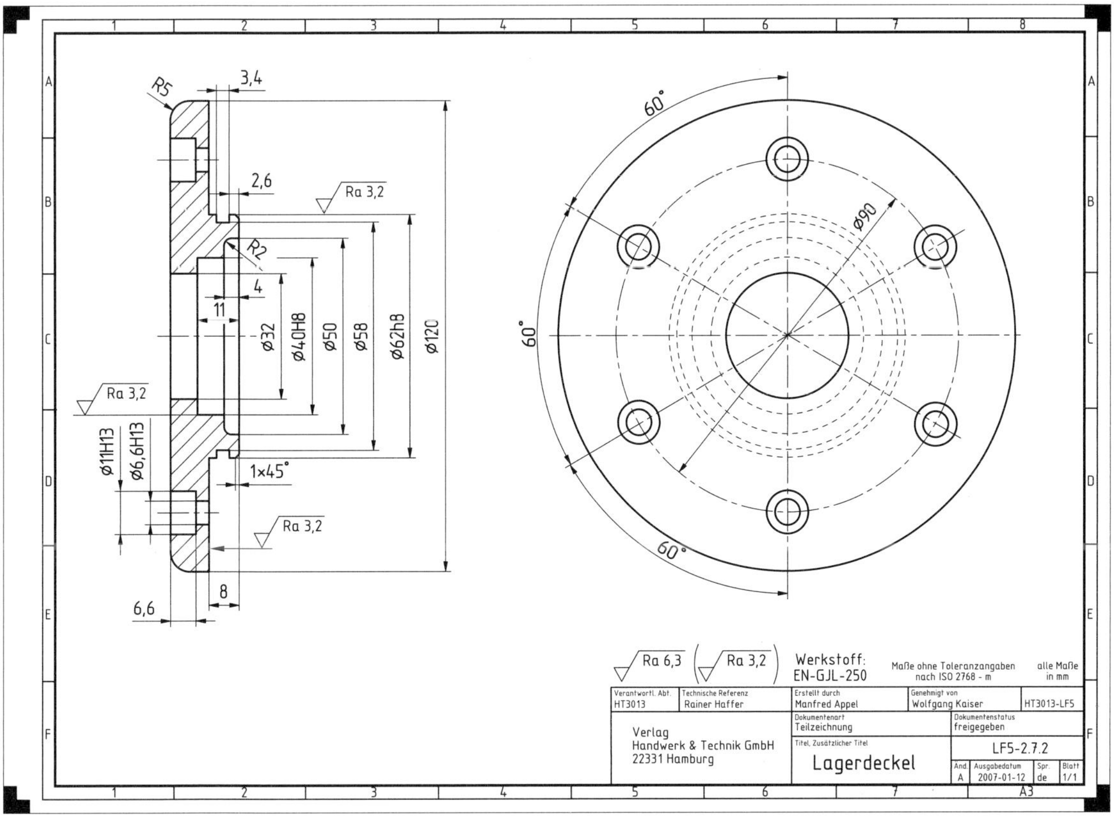
R5
3,4
2,6
Ra 3,2
R2
4
11
Ø32
Ø40H8
Ø50
Ø58
Ø62h8
Ø120
Ø11H13
Ø6,6H13
1×45°
8
6,6
60°
Ø90
Ra 6,3
Werkstoff:
EN-GJL-250
Maße ohne Toleranzangaben nach ISO 2768 - m
alle Maße in mm
Verantwortl. Abt.
HT3013
Technische Referenz
Rainer Haffer
Erstellt durch
Manfred Appel
Genehmigt von
Wolfgang Kaiser
HT3013-LF5
Dokumentenart
Teilzeichnung
Dokumentenstatus
freigegeben
Verlag
Handwerk & Technik GmbH
22331 Hamburg
Titel, Zusätzlicher Titel
Lagerdeckel
LF5-2.7.2
Änd.
A
Ausgabedatum
2007-01-12
Spr.
de
Blatt
1/1
A3

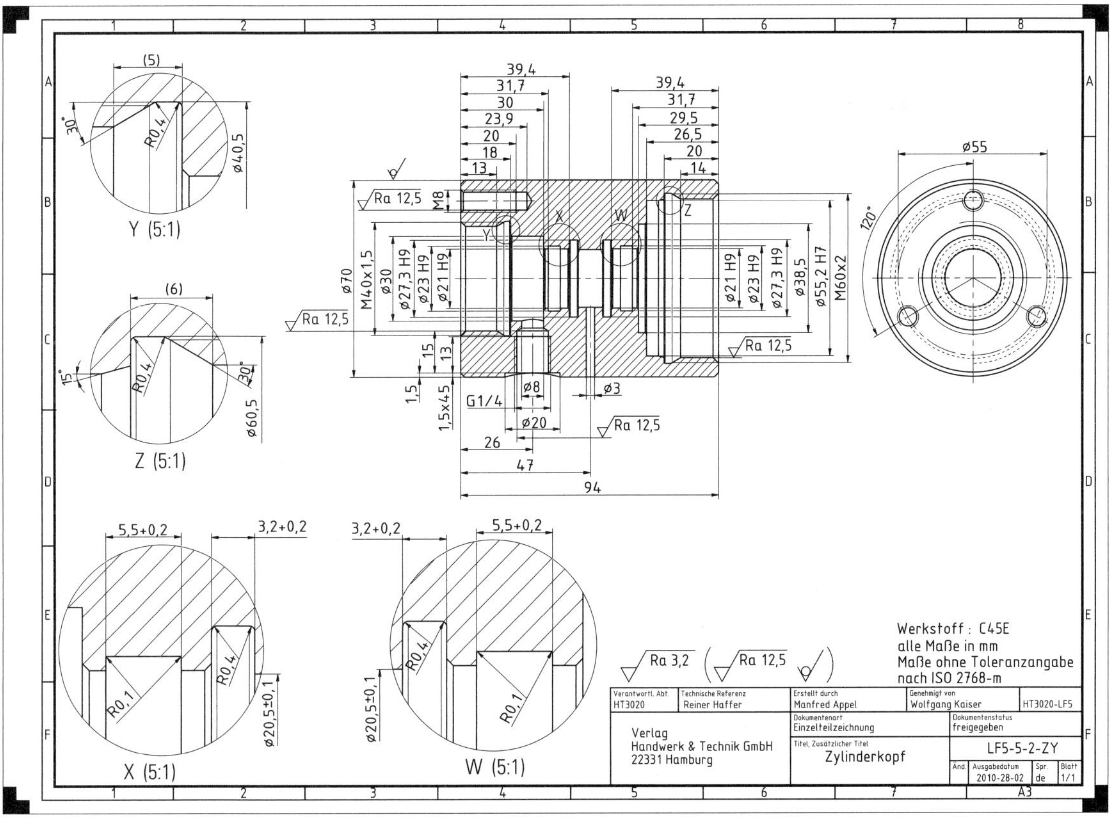
(5)
30°
R0,4
Ø40,5
Y (5:1)
(6)
15°
R0,4
30°
Ø60,5
Z (5:1)
39,4
31,7
30
23,9
20
18
13
29,5
26,5
14
Ra 12,5
M8
Ø70
M40×1,5
Ø30
Ø27,3 H9
Ø23 H9
Ø21 H9
Ø38,5
Ø55,2 H7
M60×2
15
13
1,5
1,5×45
G1/4
Ø8
Ø3
Ø20
26
47
94
Ø55
120°
5,5+0,2
3,2+0,2
R0,1
Ø20,5±0,1
X (5:1)
W (5:1)
Werkstoff: C45E
alle Maße in mm
Maße ohne Toleranzangabe nach ISO 2768-m
Ra 3,2
Verantwortl. Abt.
HT3020
Technische Referenz
Rainer Haffer
Erstellt durch
Manfred Appel
Genehmigt von
Wolfgang Kaiser
HT3020-LF5
Dokumentenart
Einzelteilzeichnung
Dokumentenstatus
freigegeben
Verlag
Handwerk & Technik GmbH
22331 Hamburg
Titel, Zusätzlicher Titel
Zylinderkopf
LF5-5-2-ZY
Änd.
Ausgabedatum
2010-28-02
Spr.
de
Blatt
1/1
A3

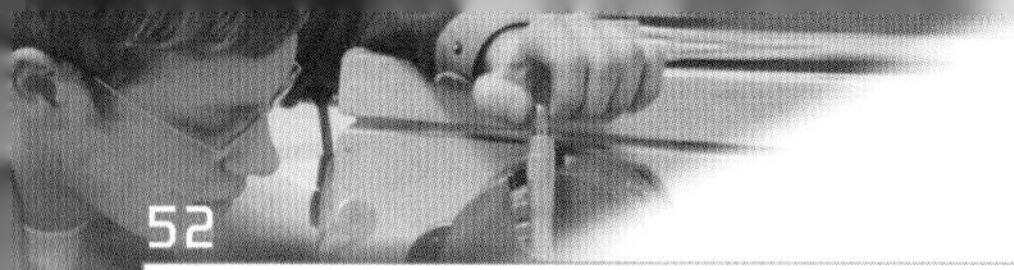

3 Fräsen

3.1 Fräsverfahren

Die Einteilung der Fräsverfahren *(milling methods)* erfolgt nach
- der Art der Fläche
- der Bewegung beim Zerspanvorgang und
- der Werkzeugform

Überlegen Sie!

Ordnen Sie den Pfeilen bei den dargestellten Fräsverfahren die Begriffe „Schnittbewegung", „geradlinige Vorschubbewegung" und „kreisförmige Vorschubbewegung" zu (vgl. Seite 2).

Planfräsen *(transverse milling)*

Umfangsfräsen

Stirnfräsen

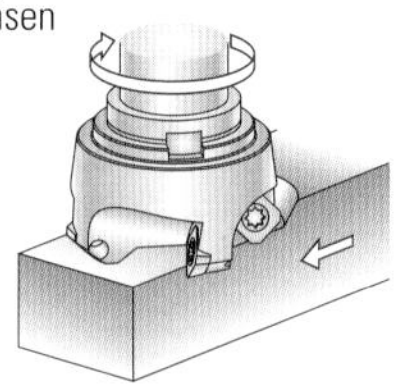

Stirn-Umfangsfräsen

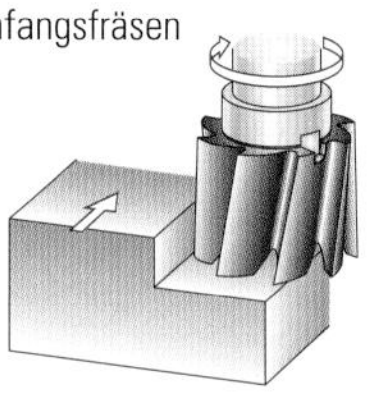

Rundfräsen *(cylindrical milling)*

Außen-Rundfräsen

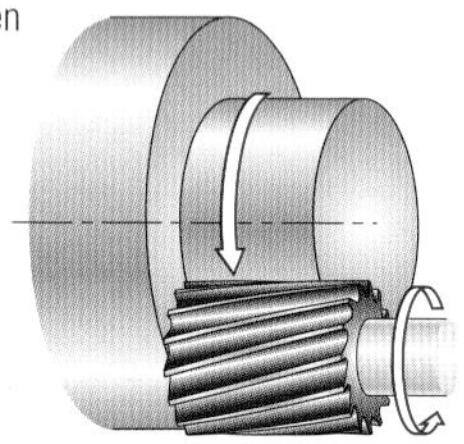

Innen-Rundfräsen

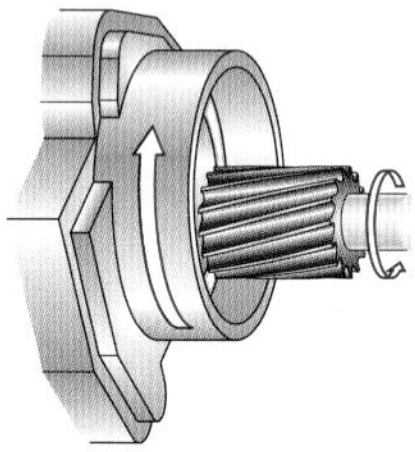

Schraubfräsen *(screw milling)*

Langgewindefräsen

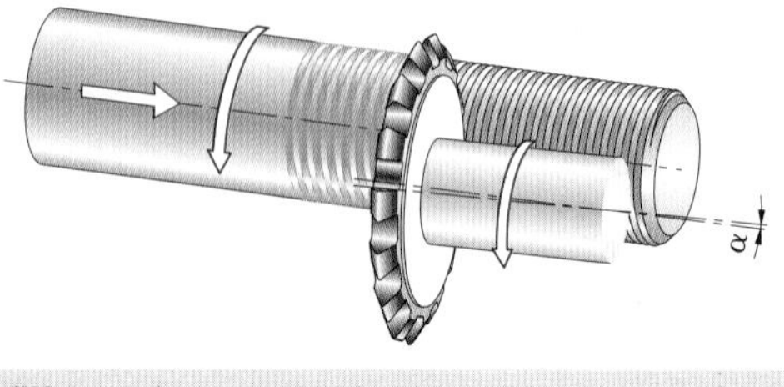

Kurzgewindefräsen

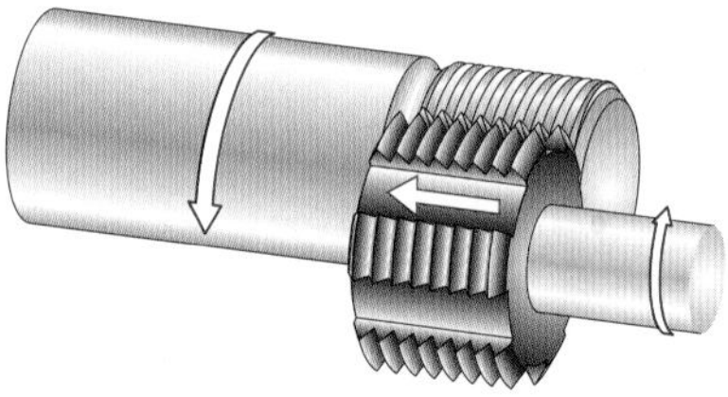

Profilfräsen *(profile milling)*

Längs-Profilfräsen

Form-Profilfräsen

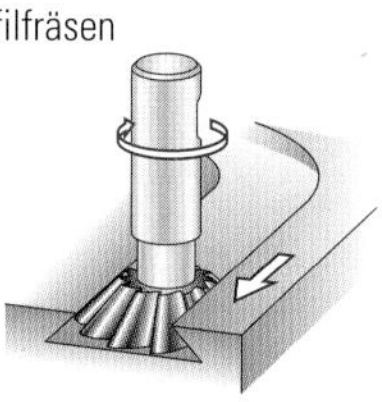

Rund-Profilfräsen

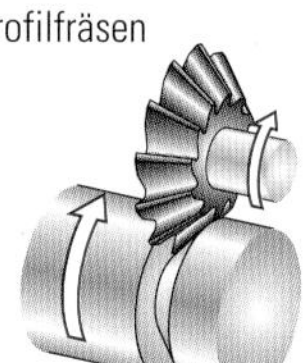

Wälzfräsen *(hobbing)*

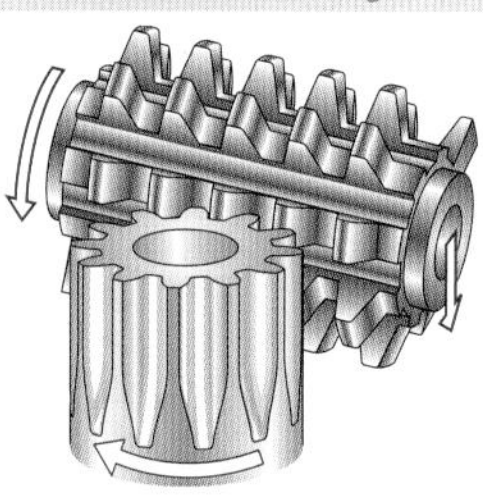

CNC-Formfräsen *(CNC-external milling)*

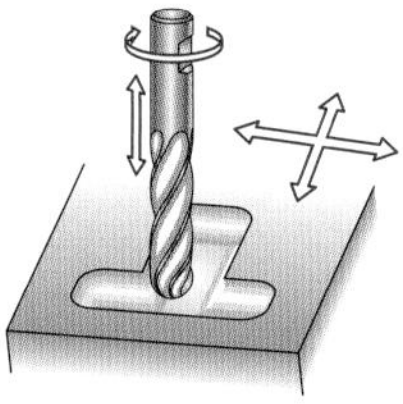

3.2 Arbeitsauftrag

Aus Rohlingen von je 120 mm × 80 mm × 102 mm sind zwei Lagerteile aus 16MnCr5 (Bild 1) zu fertigen.

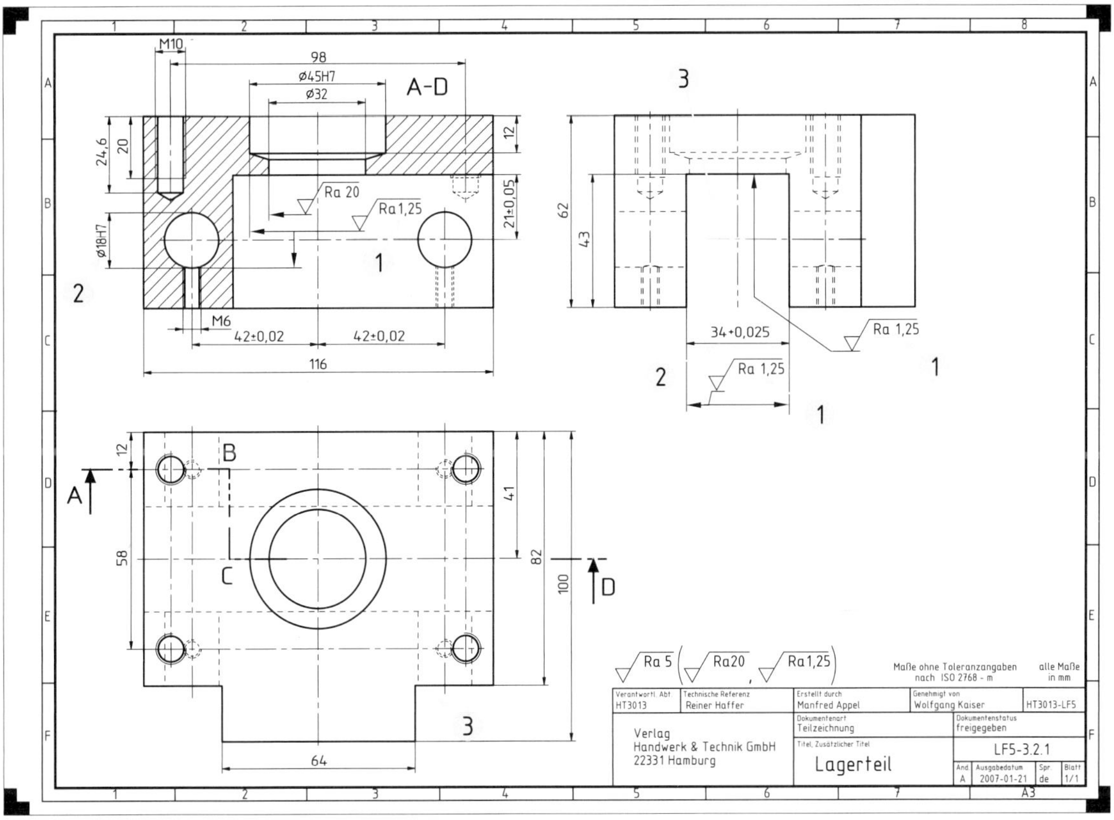

1 *Lagerteil*

3.2.1 Analyse der Einzelteilzeichnung

Wegen der geforderten Oberflächenqualitäten ①, den angegebenen Toleranzen ② und der Werkstückform ③ sind eine Schrupp- und Schlichtbearbeitung erforderlich.

Überlegen Sie!

1. *Zu welcher Stahlsorte gehört der Werkstoff des Lagerteils?*
2. *Schlüsseln Sie mit Hilfe des Tabellenbuchs den Werkstoff für das Lagerteil auf.*
3. *Beschreiben Sie die Ziele für das Schruppen bzw. Schlichten.*
4. *Stellen Sie mithilfe des Tabellenbuches die Einstellwerte für das Schrupp- und Schlichtfräsen vergleichend gegenüber.*
5. *Die beiden Rohlinge für die Lagerteile werden von einem Stabstahl 120 mm × 80 mm auf eine Länge von 102 mm abgesägt. Daher sind die Schruppzugaben für die Flächen der Außenkontur unterschiedlich groß. Von welchen Außenflächen ist besonders viel Material abzutragen?*
6. *Welche Schlichtzugaben würden Sie für die zu fräsenden Flächen wählen?*
7. *Geben Sie für die Maße 116, 34+0,025 und ∅ 18H7 die Höchst- und Mindestmaße sowie die Toleranz an.*
8. *Welche Oberflächenqualität sollen die Außenflächen des Lagerteils haben?*
9. *Interpretieren Sie die Oberflächenangabe auf dem Zeichenblattbereich C6.*

3.2.2 Arbeitsplanung

Die Angaben auf der Teilzeichnung führen zu der dargestellten Grobplanung für die Lagerteile.

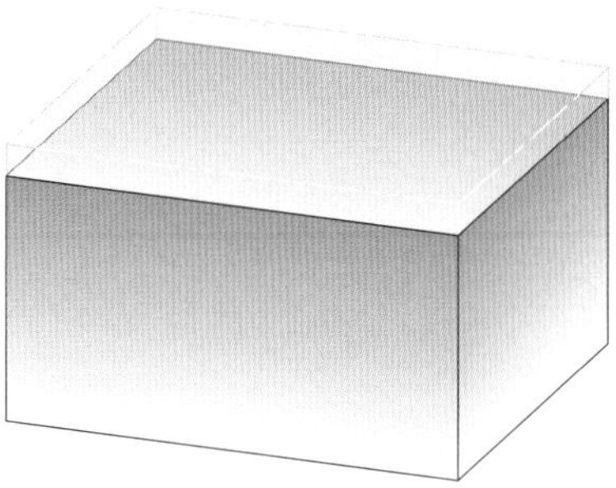

- Schruppfräsen der Oberseite

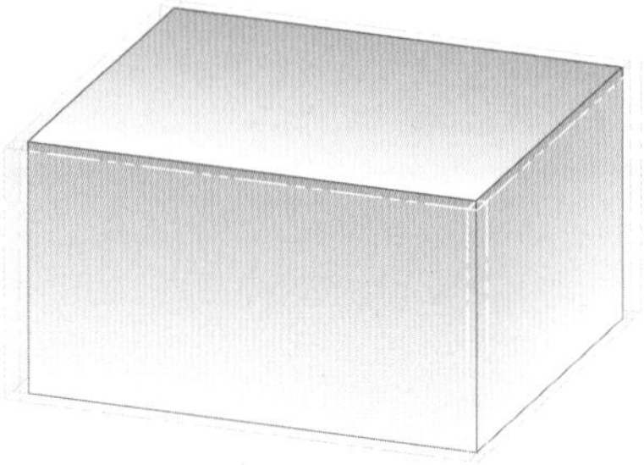

- Schruppfräsen Unterseite und der vier Seitenflächen

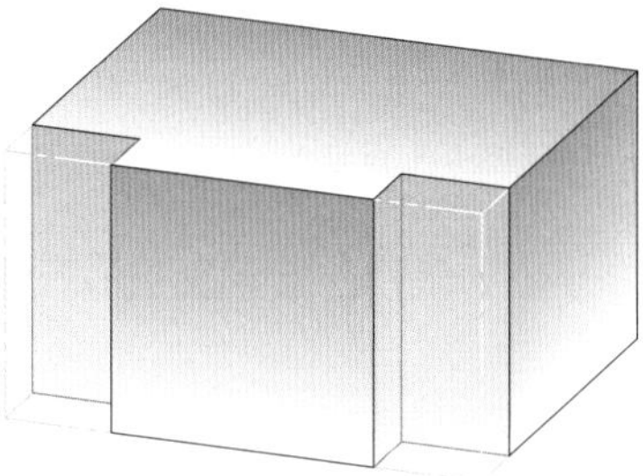

- Schruppfräsen der Ecken

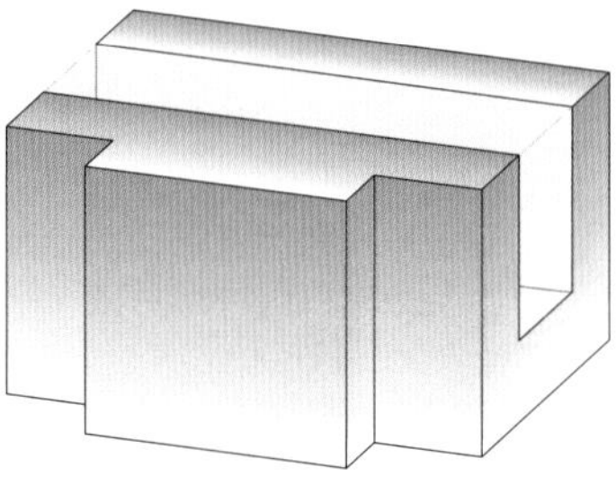

- Schruppfräsen der Nut

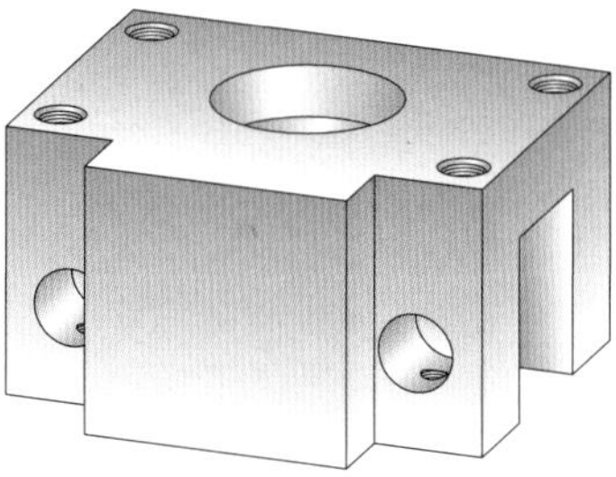

- Schlichtfräsen der Nut
- Schlichtfräsen der Ecken
- Vorbohren der Durchgangslöcher ∅18H7
- Reiben von ∅18H7
- Schlichtfräsen der vier Seitenflächen
- Schlichtfräsen der Unterseite
- Zentrieren der Gewindebohrungen auf der Unterseite
- Schlichtfräsen der Oberseite
- Zentrieren der Bohrungen auf der Oberseite
- Restbearbeitung mit der Bohrmaschine

1 *Grobplanung für das Fräsen der Lagerteile*

3.3 Fräsmaschinen

Für die Bearbeitung des Lagerteils wird eine Universal-Fräsmaschine mit digitaler Anzeige gewählt (Bild 1).

Antriebe von Fräsmaschinen

Da Fräser mehrschneidige Werkzeuge sind, hängt die Vorschubgeschwindigkeit v_f beim Fräsen *(milling)* vom Vorschub je Fräserzahn f_z, der Schneidenanzahl z und der Umdrehungsfrequenz n des Fräsers ab (vgl. Kapitel 1.1.1). Wegen der unterschiedlichen Zähnezahlen kann beim Fräsen der Vorschub nicht direkt von der Arbeitsspindel abgenommen werden, wie das bei der Drehmaschine der Fall ist. Daher ist ein besonderer Motorantrieb für die Vorschubbewegung erforderlich (Bild 2).

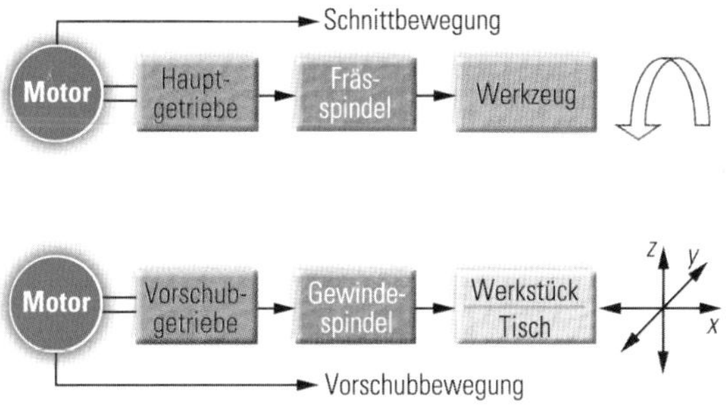

2 *Antrieb einer Fräsmaschine*

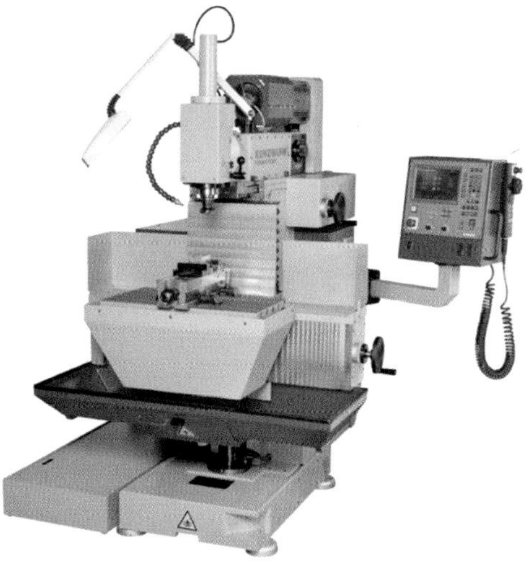

1 *Universal-Fräsmaschine*

- *Horizontal- oder Vertikalspindel können genutzt werden.*
- *Der Fräskopf mit der Vertikalspindel kann abgenommen oder aus dem Arbeitsbereich geschwenkt werden, sodass die Horizontalspindel freigelegt wird.*

3.4 Fräsverfahren im Vergleich

3.4.1 Stirn-Planfräsen und Umfangs-Planfräsen

Zum **Planfräsen** *(horizontal face milling)* (Schruppen der Oberseite des Lagerteils) sind zwei Verfahren möglich:

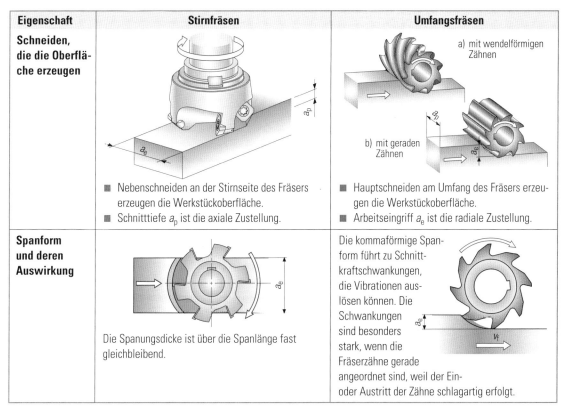

Eigenschaft	Stirnfräsen	Umfangsfräsen
Schneiden, die die Oberfläche erzeugen	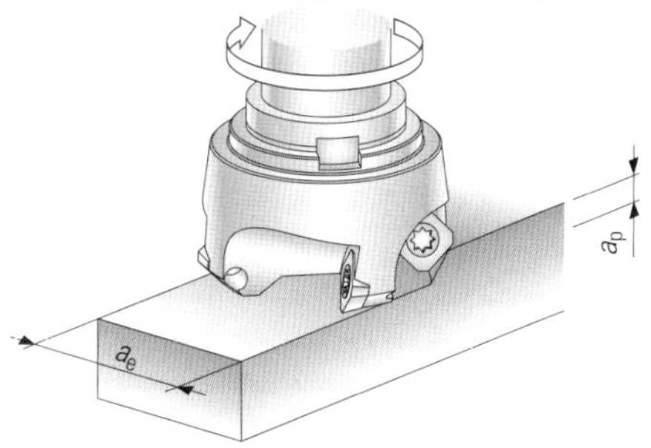 ■ Nebenschneiden an der Stirnseite des Fräsers erzeugen die Werkstückoberfläche. ■ Schnitttiefe a_p ist die axiale Zustellung.	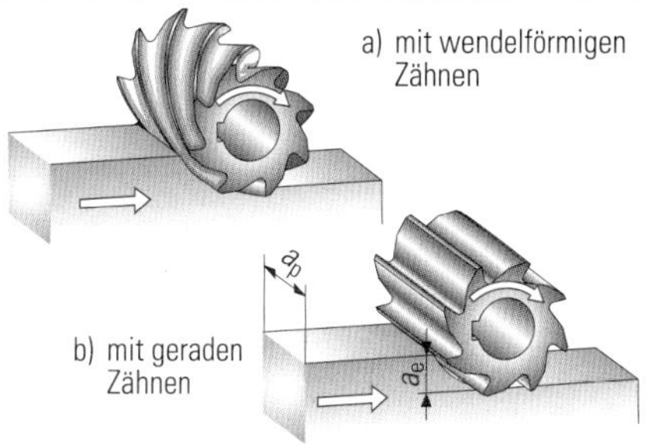 ■ Hauptschneiden am Umfang des Fräsers erzeugen die Werkstückoberfläche. ■ Arbeitseingriff a_e ist die radiale Zustellung.
Spanform und deren Auswirkung	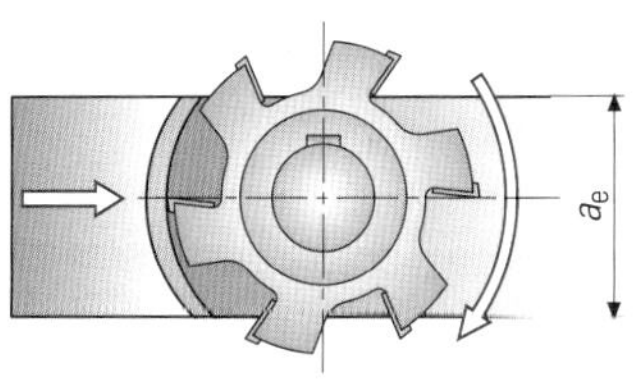 Die Spanungsdicke ist über die Spanlänge fast gleichbleibend.	Die kommaförmige Spanform führt zu Schnittkraftschwankungen, die Vibrationen auslösen können. Die Schwankungen sind besonders stark, wenn die Fräserzähne gerade angeordnet sind, weil der Ein- oder Austritt der Zähne schlagartig erfolgt. 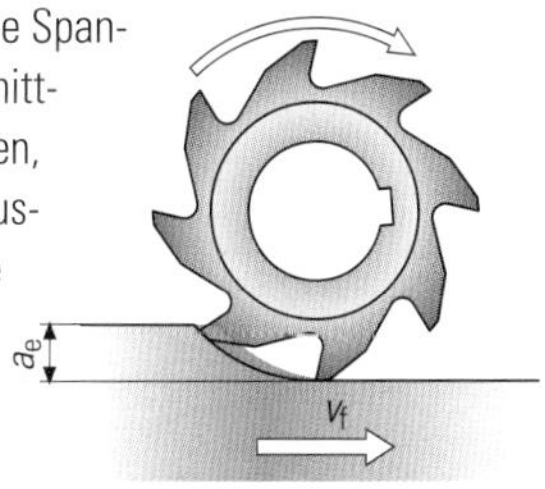

Eigenschaft	Stirnfräsen	Umfangsfräsen
Anzahl der Schneiden im Eingriff	Es sind meist mehrere Schneiden im Eingriff, wodurch die Schnittkraftschwankungen zusätzlich geringer ausfallen.	Wenige Schneiden sind im Eingriff. Die Schnittkraftschwankungen erhöhen sich dadurch. Bei Fräsern mit wendelförmigen Zähnen wird das gemindert, weil dadurch mehrere Zähne zum Einsatz kommen.
Zeitspanungsvolumen	Das pro Zeiteinheit (z. B. in einer Minute) abgetrennte Spanvolumen Q ist größer als beim Umfangsfräsen. $Q = a_p \cdot a_e \cdot v_f$	Das Zeitspanungsvolumen ist in erster Linie wegen der geringeren Vorschubgeschwindigkeiten kleiner als beim Stirnfräsen.
Werkzeugwechsel	Einfacher Werkzeugwechsel.	Wenn ein Gegenlager für die Arbeitsspindel genutzt wird (Bild 2), ist der Werkzeugwechsel aufwendiger als beim Stirnfräsen.
Fräsweg	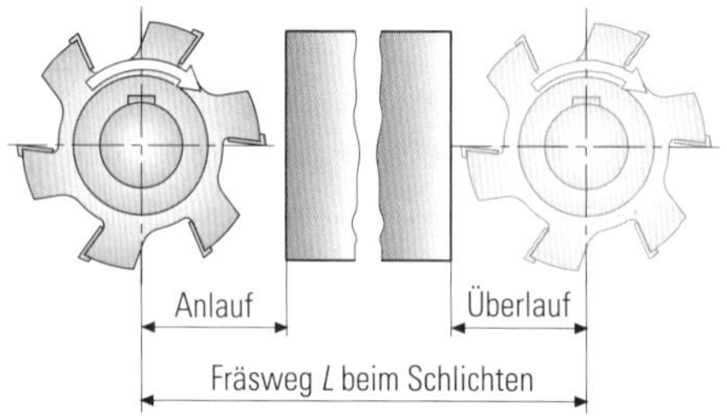 Der Fräsweg setzt sich aus der Werkstücklänge sowie dem An- und Überlauf zusammen. Er beeinflusst die Fertigungszeit. Der Anlauf ist etwas größer als der Fräserradius. Beim Schruppen ist der Fräsweg beendet, wenn die gesamte Fläche bearbeitet ist. Beim Schlichten muss der Fräser die Fläche meistens vollständig verlassen haben.	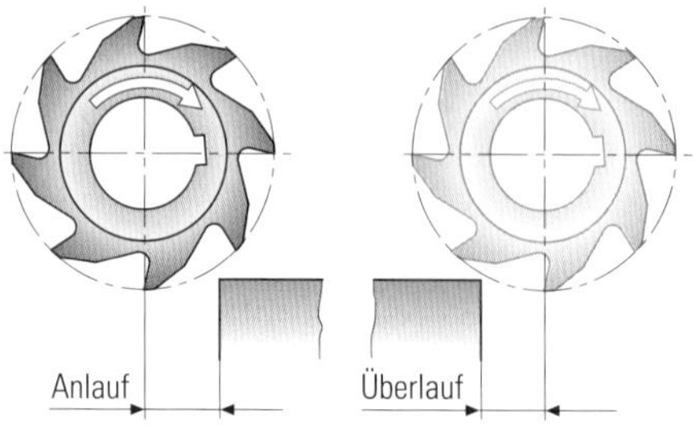 Der Anlauf ist kleiner als der Werkzeugradius, ebenso der Überlauf. Somit ist der Fräsweg beim Umfangsfräsen sowohl beim Schlichten als auch beim Schruppen kleiner als beim Stirnfräsen.

***1** Vergleich von Stirn- und Umfangsfräsen*

MERKE

Beim Planfräsen (z. B. Oberseite des Lagerteils) ist das Stirnfräsen wegen seiner Vorteile gegenüber dem Umfangsfräsen möglichst zu bevorzugen.

Nicht immer ist das **Stirnfräsen** *(vertical face milling)* wirtschaftlicher als das Umfangsfräsen. Es gibt Bedingungen, wie z. B. das Fräsen von Führungen an Werkzeugmaschinen, wo gleichzeitig mehrere Flächen durch **Umfangsfräsen** *(plain milling)* mit einem Satzfräser in kurzer Fertigungszeit bearbeitet werden.

***2** Umfangsfräsen mit Satzfräser*

3.4.2 Gleichlauf- und Gegenlauffräsen

Sehr häufig wird das **Stirn-Umfangsfräsen** eingesetzt (Bild 3). In diesen Fällen werden zwei Flächen gleichzeitig bearbeitet. Am Umfang spanen Hauptschneiden und an der Stirn die Nebenschneiden. Immer dann, wenn das Umfangsfräsen eingesetzt wird, stehen dafür zwei Möglichkeiten zur Verfügung:
Gleich- und Gegenlauffräsen.

***3** Stirn-Umfangsfräsen*

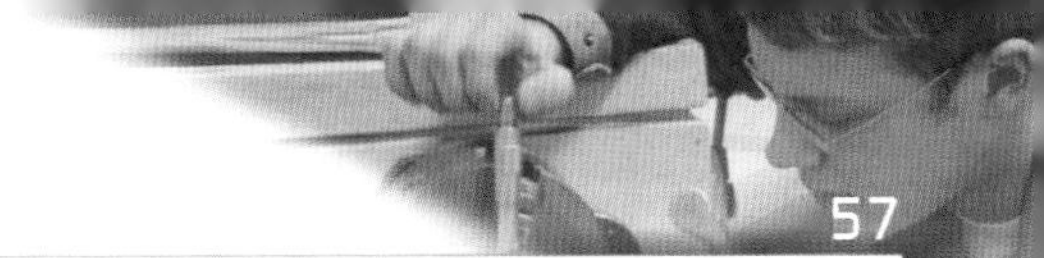

Eigenschaft	Gegenlauffräsen	Gleichlauffräsen
Schnitt- und Vorschubbewegung	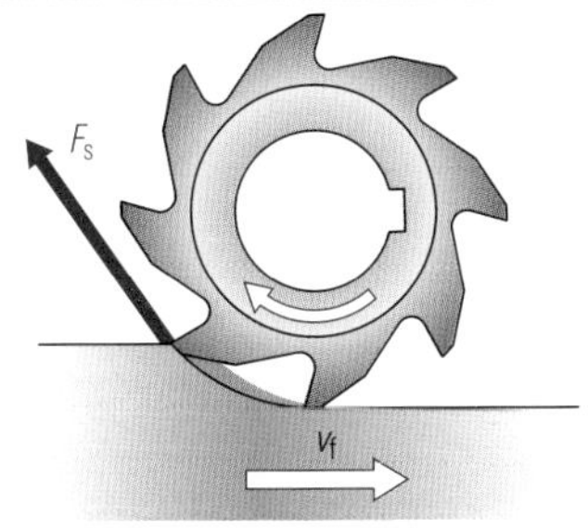 Schnittbewegung des Fräsers und Vorschubbewegung des Werkstücks verlaufen in entgegengesetzten Richtungen.	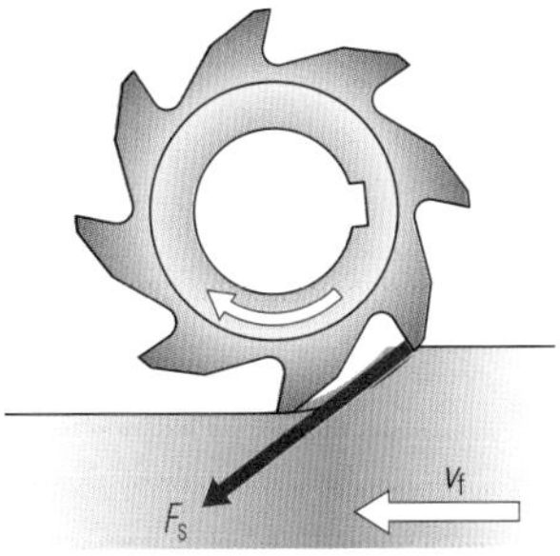 Schnittbewegung des Fräsers und Vorschubbewegung des Werkstücks verlaufen in gleicher Richtung.
Anschnitt	Die Anschnittbedingungen sind ungünstig, weil die Spanungsdicke zu Beginn kleiner ist als der Schneidenradius. 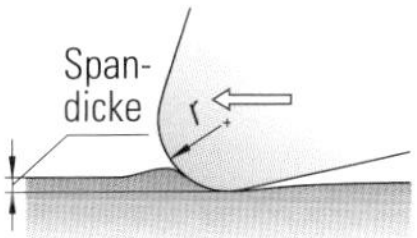 Eine Spanabnahme ist unter diesen Bedingungen schlecht möglich, weil der Werkstoff aufgrund seiner Elastizität ausweicht. An der Freifläche entsteht somit eine große Reibung. Die Folge ist eine hohe Wärmeentwicklung, verbunden mit hohem Verschleiß des Werkzeugs und einer schlechten Oberfläche des Werkstücks.	Die Spanabnahme beginnt mit der größten Spandicke und sofort wird ein Span vom Werkstück getrennt. Das „Anfangsgleiten" über die Arbeitsfläche entfällt, wodurch unter sonst gleichen Bedingungen bessere Oberflächenqualitäten als beim Gegenlauffräsen entstehen. Schlägt der Fräserzahn jedoch auf eine harte und spröde Oberfläche (z. B. Guss- oder Schmiedehaut), kann dies bei sehr starker Belastung zu Schneidenausbrüchen führen. Unter diesen Bedingungen kann es daher günstiger sein, im Gegenlauf zu fräsen.
Richtung der Schnittkraft	Die Schnittkraft F_S drängt das Werkstück in eine Richtung weg vom Maschinentisch nach oben. Besonders dünnwandige Werkstücke können sich dadurch während des Fräsens elastisch nach oben verformen, sodass nach dem Fräsen die geforderte Wandstärke evtl. nicht mehr vorhanden ist.	Die Schnittkraft F_S drückt das Werkstück auf den Maschinentisch, der die auftretenden Kräfte sicher aufnehmen kann.
Spindelspiel	Die horizontale Komponente der Schnittkraft F_{sx} wirkt der Vorschubbewegung v_f. entgegen. Dadurch liegen die Flanken der Gewindespindel 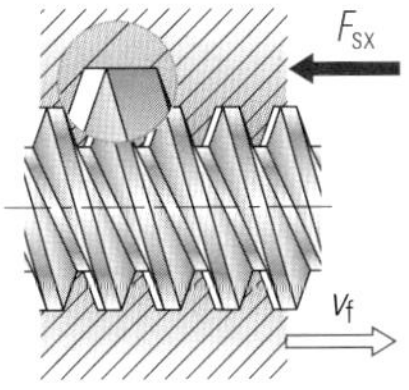 stets an den gleichen Flanken der Gewindemutter, die am Frästisch befestigt ist.	Die horizontale Komponente der Schnittkraft F_{sx} wirkt in die gleiche Richtung wie Vorschubbewegung v_f. Wird diese Kraft zu groß, wird der Tisch um den Betrag 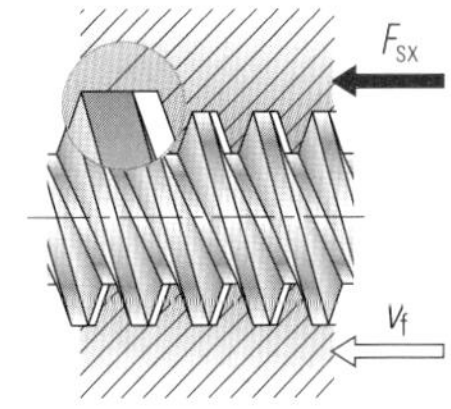 des Gewindespiels verschoben. Das kann zum Rattern und im Extremfall zum Schneidenbruch führen. Gleichlauffräsen ist daher nur bei spielfreiem Vorschubantrieb möglich.

1 Vergleich von Gleich- und Gegenlauffräsen

MERKE

Das **Gleichlauffräsen** *(downcut milling)* ist wegen der besseren Oberflächenqualität dem **Gegenlauffräsen** *(upcut milling)* vorzuziehen, wenn ein spielfreier Vorschubantrieb vorhanden ist. Ausnahmen bilden Werkstücke mit sehr harten, das Werkzeug verschleißenden Oberflächen.

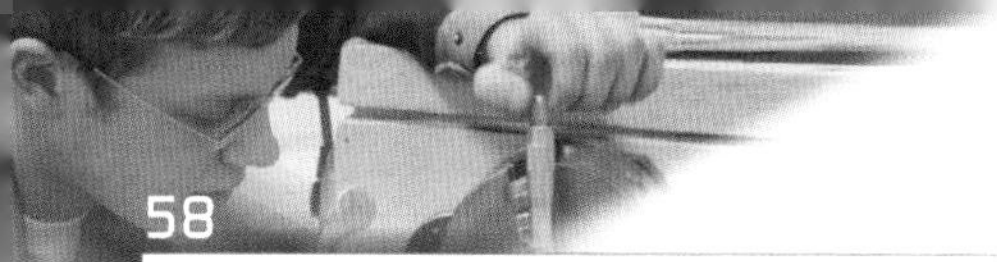

3.5 Werkzeugauswahl und Werkzeugeinsatz

3.5.1 Planfräsen

058_1 Zum Planfräsen ebener Flächen (z. B. Seitenflächen des Lagerteils) stehen Walzenstirnfräser aus HSS und Fräsköpfe mit Wendeschneidplatten zur Auswahl (Bild 1).

058_2 Aufgrund der Vorteile, die der Fräskopf gegenüber dem Walzenstirnfräser hat, wird die Außenbearbeitung des Lagerteils mit einem Fräskopf vorgenommen, der im Folgenden ausgewählt wird.

3.5.1.1 Fräserauswahl *(choice of cutters)*

Fräser müssen der jeweiligen Aufgabe entsprechend ausgewählt werden. Zu berücksichtigen sind z. B. der Schneidstoff, der Fräserdurchmesser, die Anzahl der Schneiden sowie Frei-, Keil- und Spanwinkel (α, β und γ).

Schneidstoff *(cutting material)*

Als Schneidstoff kommt eine TiNi-beschichtete Hartmetallsorte der Zerspanungshauptgruppe P in Betracht (vgl. Kap. 1.2.2). Bei der Wahl sind der zu zerspanende Werkstoff sowie die wegen des unterbrochenen Schnitts erforderliche Zähigkeit des Schneidstoffs zu berücksichtigen.

Spanwinkel *(rake angle)*

Große Spanwinkel fördern die Spanbildung und senken die erforderliche Zerspankraft (vgl. Kap. 1.1.2), schwächen allerdings den Keilwinkel. Da beim Fräsen ein unterbrochener Schnitt vorliegt, wird der Schneidkeil an Haupt- und Nebenschneide (Bild 2) schlagartig be- und entlastet. Daher ist eine stabile Schneide erforderlich.

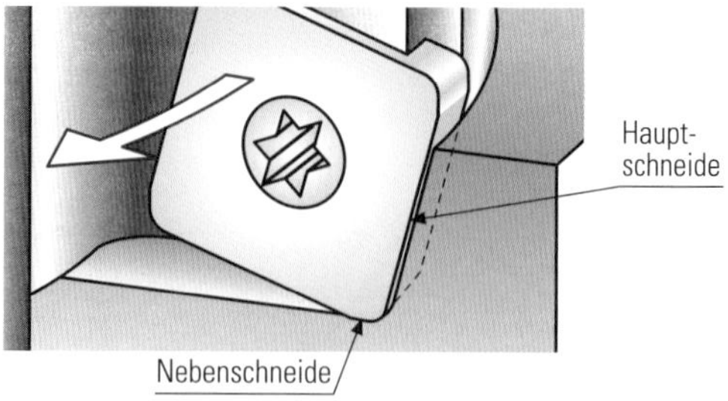

2 Haupt- und Nebenschneide an der Schneidplatte eines Fräsers

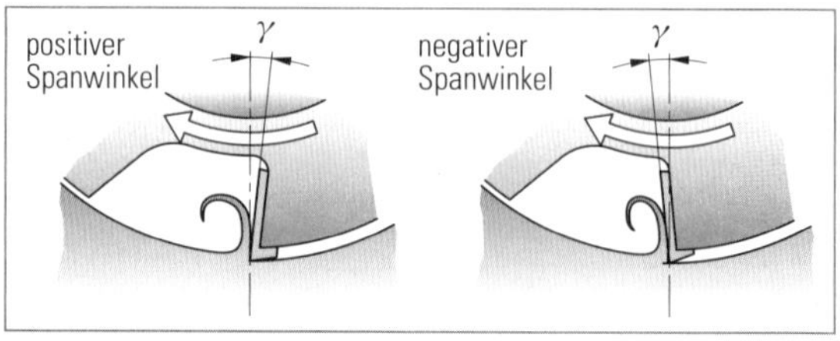

3 Spanwinkel an der Hauptschneide (radialer Spanwinkel)

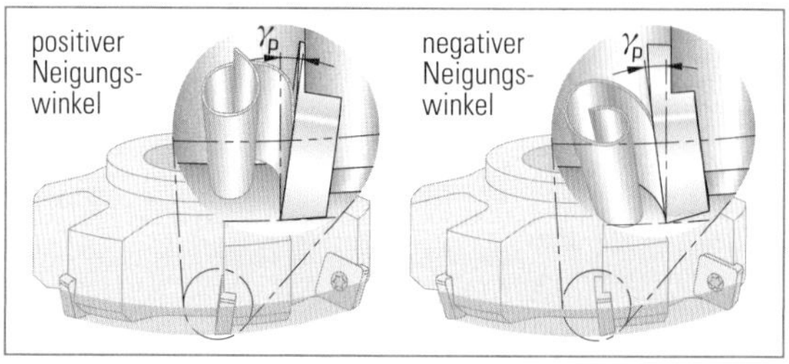

4 Neigungswinkel λ ist der Spanwinkel der Nebenschneide

Die Stabilität der Schneide hängt nicht nur von den Winkeln an der Hauptschneide (Bild 3) und der Form der Schneidenecke (Größe des Schneidenradius) ab. Auch an der Nebenschneide (Bild 4) sind die Winkel von Bedeutung.

Walzenstirnfräser aus HSS	Fräsköpfe mit Wendeschneidplatten
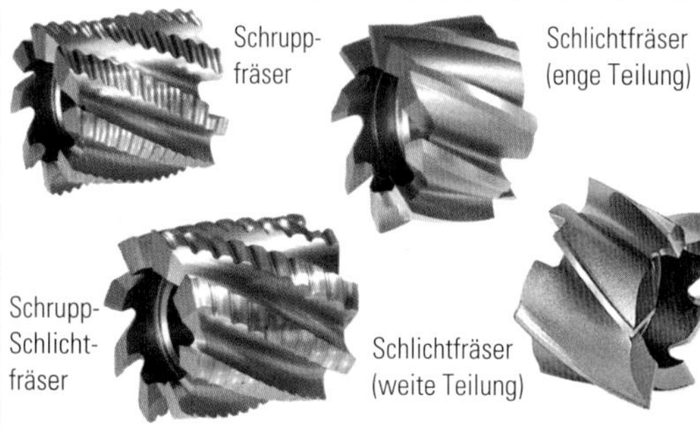	
■ Große Spanwinkel und scharfe Schneiden sind möglich. ■ Kleine Zerspankräfte durch kleine Keilwinkel, wodurch die Vibrationen bei dünnwandigen Werkstücken gering bleiben. ■ Schrupp- und Schlichtfräser sind unterschiedlich profiliert, wodurch ein zusätzlicher Spanbruch erzielt wird.	■ Meist wesentlich höheres Zeitspanungsvolumen als bei HSS-Fräsern möglich. ■ Wendeschneidplatten sind austauschbar und relativ preisgünstig. ■ Keine maximalen Durchmesserbegrenzungen. ■ Ein großes Sortiment standardmäßig angebotener Fräsköpfe löst die unterschiedlichsten Fräsprobleme.

1 Vergleich von Walzenstirnfräsern mit Fräsköpfen mit Wendeschneidplatten

MERKE

Spanwinkel der Hauptschneide γ und Neigungswinkel λ (Spanwinkel der Nebenschneide) beeinflussen die Zerspanung.

Die **stabilste Schneide** stellt sich bei einer **doppelt-negativen** Schneidengeometrie (Bild 1) ein, d. h., wenn beide Spanwinkel negativ sind. Es kommen Negativwendeschneidplatten (siehe Kap. 1.2.6) zum Einsatz, wobei sich die Anzahl der Schneiden durch beidseitige Nutzung verdoppelt. Bei sehr harten Werkstoffen oder verschleißfesten Werkstückoberflächen ist der Einsatz einer doppelt-negativen Schneidengeometrie vorteilhaft.

Die **günstigsten Schnittbedingungen** liegen bei **doppelt-positive**r Schneidengeometrie (Bild 2) vor. Sie ist nach Möglichkeit zu bevorzugen. Dabei ist allerdings der Keilwinkel kleiner und die Schneidenecke weniger stabil. Es entstehen kleinere Schnittkräfte. Die Späne werden gut nach oben abgeführt.

Für das Lagerteil aus 16MnCr5 (vgl. Seite 53) ist für die Hartmetallsorte P20 nach Angaben des Schneidstoffherstellers eine doppelt-positive Schneidengeometrie möglich (radialer Spanwinkel $\gamma = 2°$, Neigungswinkel $\lambda = 7°$).

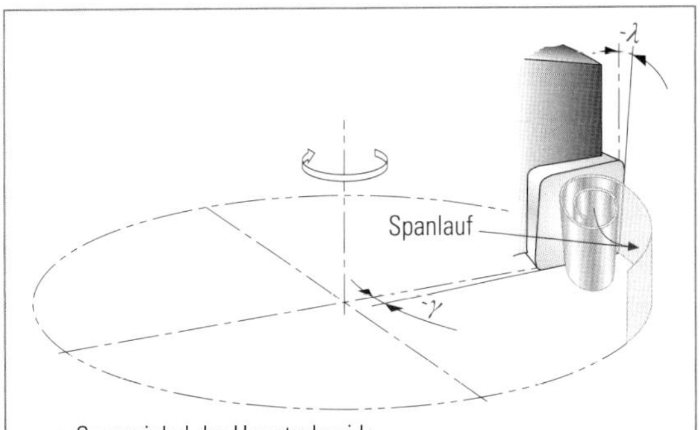

1 Doppelt-negative Schneidengeometrie

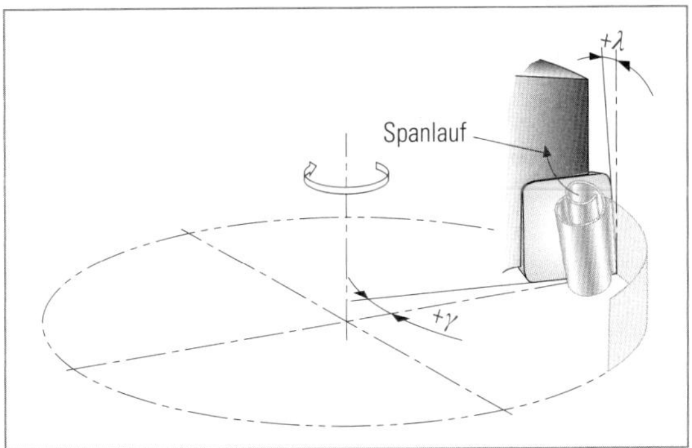

2 Doppelt-positive Schneidengeometrie

Fräskopfdurchmesser *(cutter diameter)*

Für die Festlegung des Fräskopfdurchmessers gilt folgende Regel (Bild 3):

$$D \approx 1{,}3 \cdot a_e$$

D: Fräserdurchmesser
a_e: Arbeitseingriff

Hinter dieser Faustregel stehen folgende Überlegungen:

- Bei kleineren Durchmessern (Extremfall: Fräserdurchmesser = Arbeitseingriff) liegen Anschnittbedingungen wie beim Gegenlauffräsen vor. Der damit verbundene „Gleiteffekt" wird durch größere Durchmesser vermieden.
- Größere Fräser bringen für die Zerspanung keine Vorteile, sind nur merklich teurer und das erforderliche Drehmoment ist größer.

Für das Lagerteil, dessen Breite 120 mm beträgt, ergibt sich folgender Fräserdurchmesser:

$D = 1{,}3 \cdot 120$ mm;

$D = 156$ mm

Gewählt wird ein Fräskopf mit 160 mm Durchmesser.

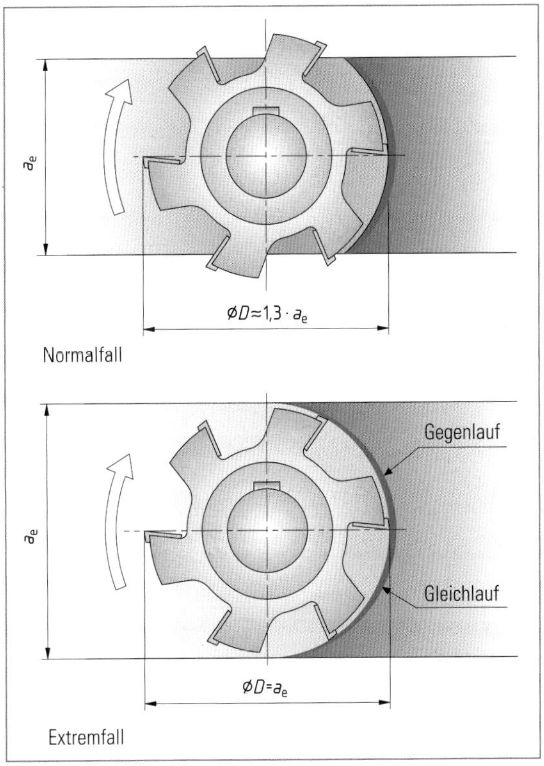

3 Zusammenhang zwischen Fräserdurchmesser und Arbeitseingriff

059_1

Fräserteilung *(space between teeth of milling cutter)*

Leistungsfähige Fräsköpfe benötigen große Spankammern für die Aufnahme und den Transport der Späne. Durch die großen Spanräume vergrößert sich der Abstand von Zahn zu Zahn, d. h., die Zähnezahl nimmt ab.

Eng geteilte Fräser sind im unteren Durchmesserbereich die beste Wahl. Sie genügen den meisten Anforderungen.

Wenn der Fräserdurchmesser größer als ca. 125 mm ist und langspanende Werkstoffe zu bearbeiten sind, entsteht ein größerer Wendelspan. Um diesen abzuführen, ist eine größere Spankammer erforderlich, d. h.; ein **weit geteilter Fräser** ist zu wählen.

Extra eng geteilte Fräser sind zu bevorzugen, wenn stabile Werkstücke aus kurzspanenden Werksstoffen auf Maschinen mit hoher Leistung bei großen Vorschubgeschwindigkeiten bearbeitet werden.
Vielfach besitzen Fräsköpfe eine ungleiche Teilung (wie Reibahlen), um die Neigung zur Vibration zu mindern.
Für das Lagerteil wird ein Fräskopf mit weiter Teilung (acht Schneiden) gewählt.

Einstellwinkel *(tool cutting edge angle)*
Für die weitere Festlegung des Fräsers und seiner Schneidplatten ist der Einstellwinkel (Bild 2) wichtig. Gleichzeitig hat er Einfluss auf die radialen und axialen Kräfte, die auf den Fräser wirken.

MERKE
Eine Verkleinerung des Einstellwinkels κ
- verlängert die aktive Schneidkante bzw. die Spanungsbreite b und
- verringert die Spanungsdicke h.
- Dadurch nimmt die Schneidenbelastung ab und die Standzeit erhöht sich.
- Die Passivkraft F_p nimmt gegenüber der Vorschubkraft F_f zu.

Ein **Einstellwinkel von 90°** erzeugt wegen der geringen Passivkraft F_p nur einen geringen Druck auf die Werkstückoberfläche.
Beim **Einstellwinkel von 45°** sind die Vorschub- und Passivkraft etwa gleich groß. Die Schneidenecke ist mit 90° sehr stabil.
Runde Platten eignen sich nicht nur zum Zerspanen anspruchsvoller Werkstoffe wie z. B. Titan. Sie werden wegen ihrer stabilen Schneide häufig als Schruppfräser eingesetzt.
Für das Fräsen des Lagerteils wird ein Einstellwinkel von 75° bei einer quadratischen Plattenform (S) (siehe Tabellenbuch) gewählt (Bild 1).

Auswahl der Wendeschneidplatte *(indexable insert)*
Die **Plattengröße** *(insert size)* richtet sich nach der maximalen Schnitttiefe. Sie darf höchstens $^2/_3$ der Schneidkantenlänge betragen. Bei einer Schnitttiefe von 8,5 mm beim Lagerteil wäre zunächst eine Plattengröße von 12,8 mm erforderlich. Durch den Einstellwinkel von 75° vergrößert sich der Wert auf 13,3 mm. Gewählt wird eine Platte mit 15 mm Länge und 4,76 mm Dicke.

Überlegen Sie!
Bestimmen Sie die normgerechte Bezeichnung (siehe Tabellenbuch) für die gewählte Wendeschneidplatte.

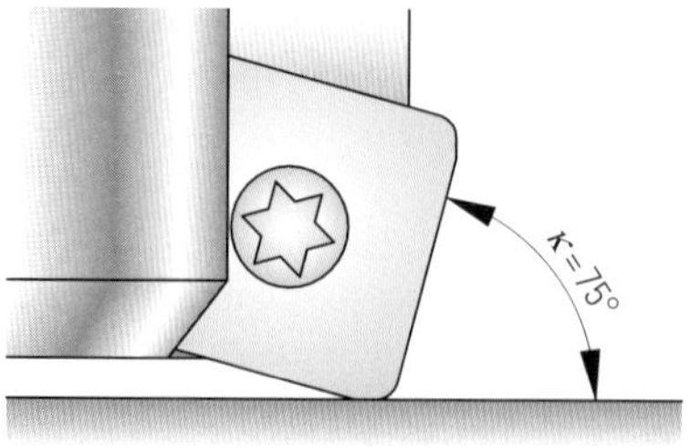

1 *Quadratische Plattenform (S) mit κ = 75°*

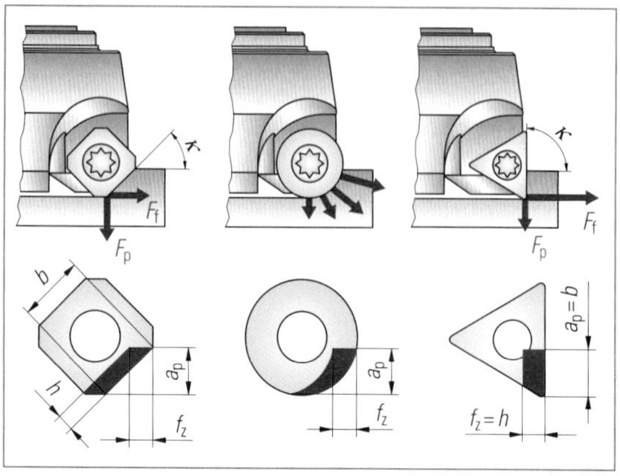

2 *Auswirkungen des Einstellwinkels κ*

3.5.1.2 Festlegen der Prozessparameter

Schnittgeschwindigkeiten *(cutting speeds)*
Für das Planfräsen des Lagerteils werden vom Schneidstoffhersteller folgende Schnittgeschwindigkeiten vorgeschlagen:
Schruppen: $v_c = 250$ m/min
Schlichten: $v_c = 360$ m/min

Überlegen Sie!
Welche Umdrehungsfrequenzen sind für die beiden Verfahren für den Fräser mit 160 mm Durchmesser zu wählen (siehe Kap. 1.1.1)?

Vorschübe *(feeds)*
Bei Fräsern mit Wendeschneidplatten soll laut Herstellerangaben der Vorschub pro Zahn f_z zwischen 0,1 mm und 0,4 mm liegen. Wenn bei zu kleinem Vorschub pro Zahn der Span zu dünn wird, entsteht an der leicht gerundeten Keilschneide eine Mischung aus Reiben und Zerspanen mit großer Wärmeentwicklung, wodurch ein extrem hoher Freiflächenverschleiß eintritt.

MERKE
- Große Härte des Werkstückwerkstoffs und hohe Oberflächenqualität verlangen nach kleinem Vorschub pro Zahn.
- Bei starkem Werkzeugverschleiß und bei Vibrationsneigungen soll der Vorschub pro Zahn erhöht werden.

Beim Fräsen kommen meistens Wendeschneidplatten mit **Planfasen** (Bild 1) und nicht wie beim Drehen mit einem Schneidenradius zum Einsatz. Der Schneidenradius würde sich an der Werkstückoberfläche abbilden und es entstünden je nach Vorschub Rillen (Bild 2). Mithilfe der Planfase (im Beispiel 1,4 mm) und durch die richtige Wahl des Vorschubs je Umdrehung *f* lassen sich die Rillen beim Schlichten vermeiden (Bild 3).

MERKE
- Beim Schlichten muss die Nebenschneide der tiefsten Schneidplatte die Werkstückoberfläche erzeugen.
- Der Vorschub pro Umdrehung muss kleiner als die Planfase gewählt werden, damit eine „Überdeckung" vorliegt.

Für das Schruppen des Lagerteils wird ein Vorschub pro Zahn f_z von 0,3 mm gewählt. Beim Schlichten beträgt der Vorschub je Zahn 0,125 mm. Der Fräser hat acht Wendeschneidplatten, wodurch sich ein Vorschub pro Umdrehung *f* von 8 · 0,125 mm = 1 mm ergibt.
In den meisten Fällen ist es günstig, wenn zum Schruppen und Schlichten zwei unterschiedliche Fräser zum Einsatz kommen. Das gilt auch für das Schruppen des Lagerteils. Bei einer größeren Serie wird beim Schruppen ein Einstellwinkel κ von 45° und ein negativer Spanwinkel an der Hauptschneide bevorzugt. Da aber nur zwei Lagerteile zu fertigen sind, wird mit dem gleichen Werkzeug das Schruppen und Schlichten vorgenommen.

Überlegen Sie!
1. *Wie groß ist der Vorschub pro Umdrehung beim Schruppen?*
2. *Bestimmen Sie den Vorschub pro Zahn beim Schlichten.*
3. *Liegen die Vorschübe pro Zahn in den beschriebenen Grenzen?*
4. *Berechnen Sie für das Schruppen und Schlichten die Vorschubgeschwindigkeiten v_f in mm/min (siehe Kap. 1.1.1).*
5. *Welcher Grund spricht beim Schruppen für einen negativen radialen Spanwinkel?*

Positionierung des Fräsers

Die Positionierung des Fräsers *(position of milling cutter)* beeinflusst die Laufruhe und die Standzeit des Fräsers.

MERKE
Bei ausreichend großem Fräser soll die Positionierung leicht außermittig (Bild 4, links) erfolgen.

Das bringt folgende Vorteile:
- Kurze Eingriffsstrecke der Schneidplatte ergibt lange Standzeit.
- Gleich- und Gegenlauf rechts und links des Fräsers stehen nicht im Gleichgewicht. Die Radialkräfte F_r auf den Fräser sind von beiden Seiten im Gegensatz zur mittigen Position unterschiedlich, wodurch keine Vibrationen entstehen.

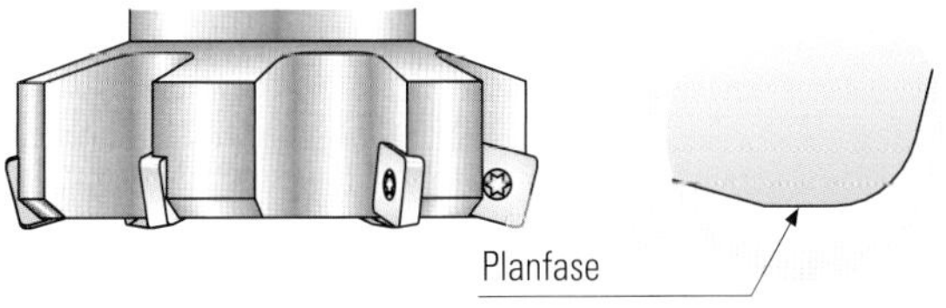

1 Wendeschneidplatte mit Planfase bei κ = 75°

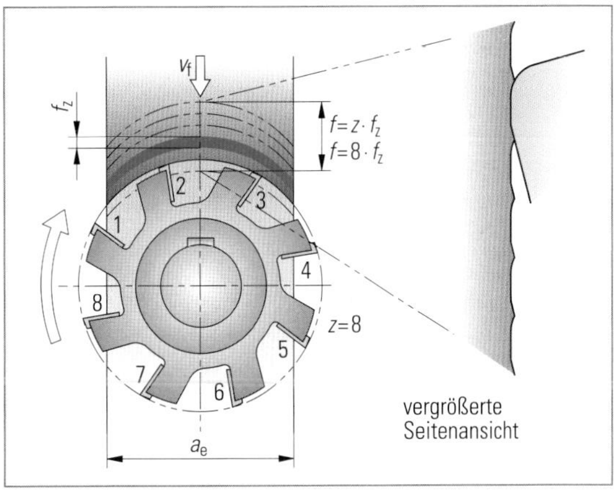

2 Vorschübe und Oberflächen

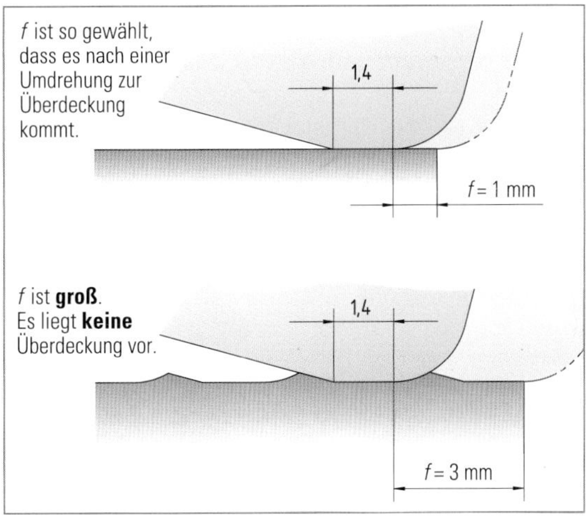

3 Überdeckung beim Schlichten

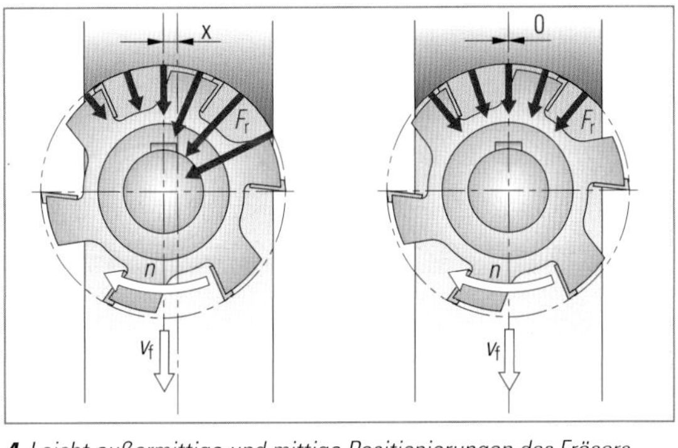

4 Leicht außermittige und mittige Positionierungen des Fräsers beim Planfräsen

3.5.2 Stirn-Umfangsfräsen

Am Lagerteil sind Ecken zu fräsen (Bild 1), dazu wird das Stirn-Umfangsfräsen *(conventional plain milling)* gewählt.

MERKE

Beim Stirn-Umfangsfräsen (Seite 56 Bild 3) entsteht sowohl durch die Hauptschneide (am Umfang) als auch durch die Nebenschneide (an der Stirnseite) eine Werkstückoberfläche.

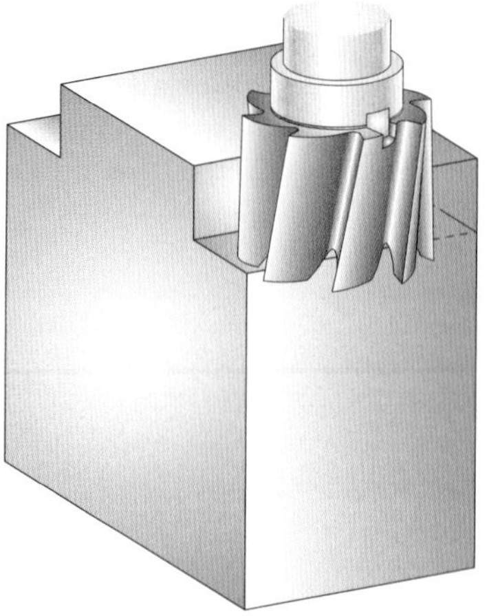

1 *Stirn-Umfangsfräsen am Lagerteil*

Walzenstirnfräser *(shell end mills)* mit Schneidplatten (Bild 2) sowie Walzenstirnfräser aus HSS (Bild 3) können zum Eckenfräsen genutzt werden.

Für das Schruppfräsen der Ecken am Lagerteil stehen folgende Fräser zur Auswahl:

- HSS-Walzenstirnfräser titannitridbeschichtet, $d = 63$ mm
- Walzenstirnfräser mit Hartmetallschneiden, $d = 50$ mm.

Bevor die Entscheidung für einen der Fräser getroffen wird, sind noch einige Überlegungen für das Eckfräsen mit Schneidplatten anzustellen (Seite 63 Bild 1). Diesem Bild ist zu entnehmen, dass sich der Austrittswinkel von 0° ($a_e = d/2$) äußerst ungünstig auf die Standzeit auswirkt. Die Schneiden treten bei der größten Spanungsdicke aus dem Werkstück. Die schockartige Entlastung der Schneide mindert die Standzeit erheblich. Diese Schnittbedingungen sind zu vermeiden.

Da der Arbeitseingriff für den Hartmetall bestückten Walzenstirnfräser bei 50 % des Fräserdurchmessers liegt, wird für das Eckenfräsen der titannitridbeschichtete Walzenstirnfräser aus HSS gewählt.

2 *Walzenstirnfräser mit Schneidplatten*

Schruppfräser: Durch das Profil an den Hauptschneiden werden die Späne geteilt.

Schrupp-Schlichtfräser: Durch das Profil an den Hauptschneiden werden die Späne geteilt und die Oberfläche wird geglättet.

Schlichtfräser (eng geteilt): Geeignet für Werkstoffe mit höherer Festigkeit wie z. B. Stähle.

Schlichtfräser (weit geteilt): Geeignet für Werkstoffe mit geringerer Festigkeit wie z. B. Aluminium.

3 *Walzenstirnfräser aus HSS*

Überlegen Sie!

1. *Welche Walzenstirnfräserform (Bild 3) wählen Sie für*
   a) das Schruppen und
   b) das Schlichten der Ecken am Lagerteil (Bild 1)?
2. *Legen Sie die Zähnezahlen, die Vorschübe pro Zahn und die Schnittgeschwindigkeiten mithilfe des Tabellenbuchs oder Werkzeugherstellerangaben für Schruppen und Schlichten des Lagerteils fest.*
3. *Berechnen Sie die erforderlichen Umdrehungsfrequenzen für Schruppen und Schichten (siehe Kap. 1.1.1).*
4. *Berechnen Sie für das Schruppen und Schlichten die Vorschubgeschwindigkeiten v_f in mm/min.*

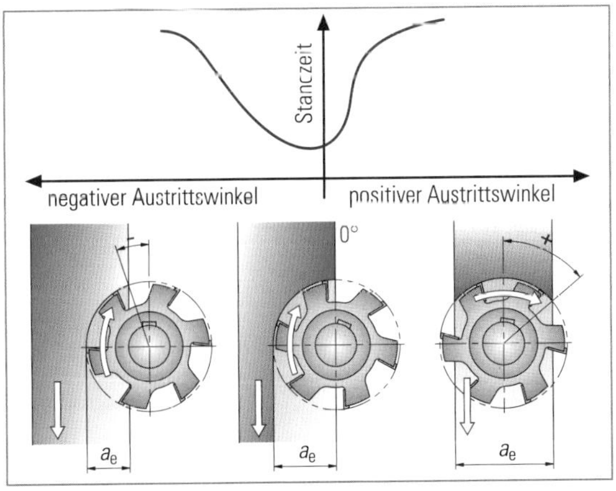

1 *Schneidplatteneingriff beim Eckfräsen*

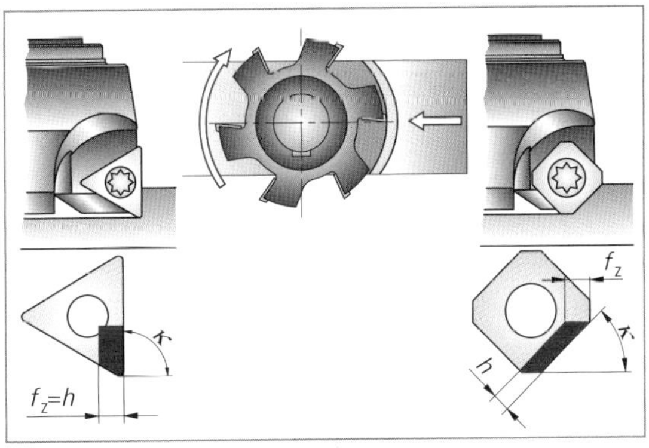

2 *Spanungsdicke h und Vorschub pro Zahn f_Z beim Umfangsfräsen*

Einfluss der Spanungsdicke

Beim Stirnfräsen verringert sich die Spanungsdicke h mit abnehmendem Einstellwinkel κ (Bild 2). Dabei ergibt sich folgender Zusammenhang:

$$h = \sin \kappa \cdot f_z$$

$$f_z = \frac{h}{\sin \kappa}$$

h: Spanungsdicke
κ: Einstellwinkel
f_Z: Vorschub je Zahn

Beim Stirn-Umfangsfräsen bzw. Eckfräsen entsteht die **maximale Spanungsdicke** h_{max}, wenn der Arbeitseingriff a_e mindestens halb so groß ist wie der Fräserdurchmesser d (Bild 3a). Nimmt bei gleicher Vorschubgeschwindigkeit und gleichem Fräserdurchmesser der Arbeitseingriff a_e ab, verringert sich die maximale Spanungsdicke h_{max} (Bild 3b) erheblich.

Beim Fräsen soll die maximale Spanungsdicke h_{max} einen **Höchstwert nicht überschreiten**, weil sonst die Werkzeugschneide bzw. Schneidplatte überlastet wird. Das kann dann z. B. zu einem Schneidenbruch[1)] führen.

Andererseits darf die maximale Spanungsdicke einen **Mindestwert** aus folgenden Gründen **nicht unterschreiten**:

- **Spanbildung**
  Fräserschneiden haben einen kleinen Radius, der sich nach kurzer Zeit durch Verschleiß ergibt[2)]. Die Schneidkante von Hartmetallschneidplatten lässt sich nur beschichten, wenn sie nicht ganz scharfkantig ist, sondern einen kleinen Radius besitzt. Durch die Beschichtung wird der Radius an der Schneidkante um die Dicke der Beschichtung zusätzlich vergrößert (Bild 4). Der vorhandene Schneidkantenradius erschwert bei kleinenSpanungsdicken die Spanbildung (Bild 1 Seite 64). Am Radius liegt teilweise ein negativer Spanwinkel vor, der den Span quetscht, sodass Werkstoff unter die Freifläche gedrückt wird. Das beeinflusst die Oberflächenqualität negativ. Weiterhin entstehen dünne Wirrspäne, die unerwünscht sind[3)].

4 *Radius an der Schneidkante beschichteter Schneidplatten*

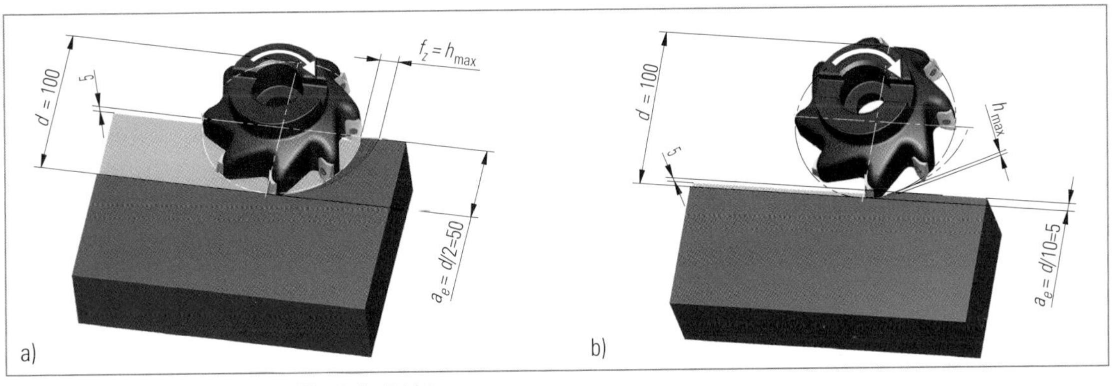

3 *Spanungsdicke h und Arbeitseingriff a_e beim Eckfräsen*

1) siehe Lernfeld 10 Kap. 2.4 2) siehe Lernfeld 10 Kap. 2.2.3 3) siehe Kap. 1.1.3

- **Wärmentwicklung**
  Durch die ungünstigen Reibverhältnisse wird nicht das gewünschte Maß an Wärme über die Späne abgeführt. Ein zu großer Teil der Wärme muss von Werkstück und Werkzeug aufgenommen werden. Das führt zu unnötigem Werkzeugverschleiß sowie Erwärmung von Werkstück und Werkzeugmaschine.
- **Vibrationen**
  Um Vibrationen beim Fräsen zu vermeiden, müssen die Fräserschneiden mit angepassten Schnittkräften belastet werden. Das ist bei zu kleinen Spanungsdicken nicht mehr so. Es entstehen Vibrationen, die sich wiederum negativ auf das Werkstück, die Werkzeugmaschine und die Standzeit des Werkzeugs auswirken.
- **Wirtschaftlichkeit**
  Zu dünne Spanungsdicken entstehen bei zu kleinen Vorschubgeschwindigkeiten. Zu kleinen Vorschubgeschwindigkeiten führen zu verlängerten Fertigungszeiten. Das ist unwirtschaftlich und vermindert die Konkurrenzfähigkeit des Unternehmens.
  Aus den genannten Gründen ist es erforderlich, die Vorschubgeschwindigkeit beim Fräsen den jeweils gegebenen Verhältnissen anzupassen.
  Für das Stirnfräsen wird die Vorschubgeschwindigkeit folgendermaßen oder mithilfe der Tabelle (Bild 2) berechnet:

$$v_f = f_z \cdot z \cdot n$$

$$v_f = \frac{h_{max}}{\sin \kappa} \cdot z \cdot n$$

v_f: Vorschubgeschwindigkeit
h_{max}: maximaleSpanungsdicke
κ: Einstellwinkel
z: Zähnezahl
f_z: Vorschub je Zahn
n: UmdrehungspREQUENZ

Einstellwinkel κ	Vorschub pro Zahn f_z
90°	$1{,}0 \cdot h_{max}$
75°	$1{,}04 \cdot h_{max}$
60°	$1{,}15 \cdot h_{max}$
45°	$1{,}41 \cdot h_{max}$
10°	$5{,}76 \cdot h_{max}$

2 Vorschub pro Zahn f_z in Abhängigkeit vom Einstellwinkel κ

Beim Eckfräsen wird mithilfe von **Korrekturfaktoren** f_1 (Bild 3) der korrigierte Vorschub je Zahn f_z festgelegt, um die die Vorschubgeschwindigkeit zu berechnen:

$$v_f = f_z \cdot z \cdot n$$

$$v_f = f_1 \cdot h_{max} \cdot z \cdot n$$

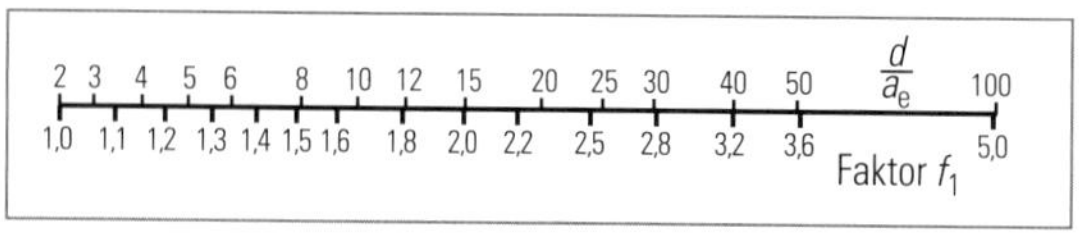

3 Korrekturfaktor f_1 für das Eckfräsen in Abhängigkeit vom Verhältnis d/a_e

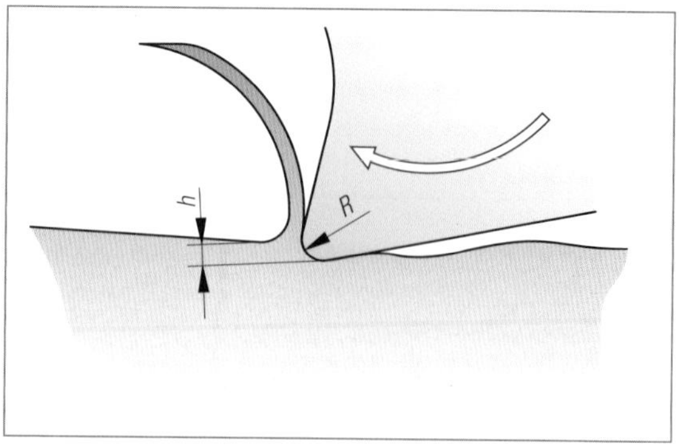

1 Schneidenradius und Spanbildung bei kleinen Spanungsdicken

Beispiel

Fräserdurchmesser	$d = 63$ mm
Zähnezahl	$z = 5$
Arbeitseingriff	$a_e = 5$ mm
Schnittgeschwindigkeit	$v_c = 300$ m/min
max. Spanungsdicke	$h_{max} = 0{,}15$ mm

$$v_f = f_1 \cdot h_{max} \cdot z \cdot n$$

$$n = \frac{v_c}{d \cdot \pi}$$

$$n = \frac{300\,\text{mm} \cdot 1000}{\text{min} \cdot 63\,\text{mm} \cdot \pi \cdot 1\,\text{m}}$$

$$\underline{n = 1515\,/\,\text{min}}$$

$$\frac{d}{a_e} = \frac{63\,\text{mm}}{5\,\text{mm}}$$

$$\frac{d}{a_e} = 12{,}6$$

$$f_1 = 1{,}82 \text{ (aus Tab. Bild 3)}$$

$$v_f = \frac{1{,}82 \cdot 0{,}15\,\text{mm} \cdot 5 \cdot 1515}{\text{min}}$$

$$\underline{\underline{v_f = 2068 \frac{\text{mm}}{\text{min}}}}$$

Ergebnisbewertung:
Aufgrund der gegebenen Bedingungen ist die Vorschubgeschwindigkeit um 82 %, d.h. von 1136 mm/min auf 2068 mm/min zu erhöhen. Bild 1 Seite 65 stellt die korrigierten Verhältnisse im Vergleich zu Bild 3b von Seite 63 dar.

MERKE

Die Vorschubgeschwindigkeit bzw. der Vorschub je Zahn muss den gegebenen Verhältnissen angepasst werden[1], um
- die Wirtschaftlichkeit zu erhöhen
- die Spanbildung zu verbessern
- die Wärme vorrangig in die Späne zu leiten und
- Vibrationen zu vermeiden

1) Herstellerangaben sind zu beachten

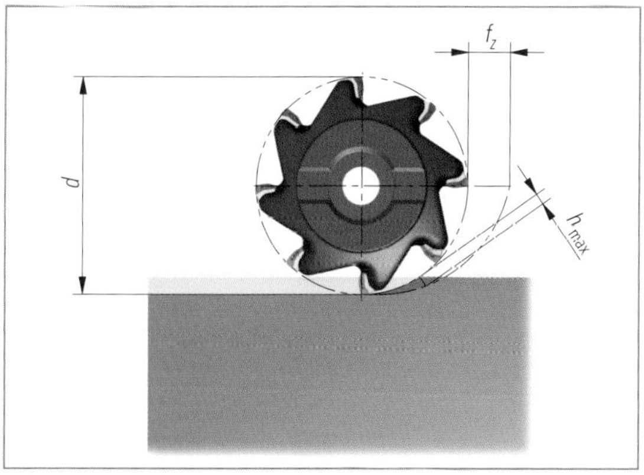

1 Auswirkungen der Erhöhung der Vorschubgeschwindigkeit im Vergleich zu Seite 63 Bild 3b

3.5.3 Nutenfräsen

Nutenfräsen *(groove milling)* ist entweder mit Schaft- oder mit
65_1 Scheibenfräsern *(side milling cutters)* möglich (Bild 2), wobei drei typische Werkzeuge eingesetzt werden können:

- Schaft- oder Langlochfräser aus HSS (Bild 3 oben)
- Schaftfräser mit Hartmetallschneiden (Bild 3 mitte) oder
- hartmetallbestückte Scheibenfräser (Bild 3 unten)

Bei den Verfahren sind die Prozessparameter sehr unterschiedlich (Seite 64 Bild 1):

Die Zeit, die zum Spanen benötigt wird, ist ein Kriterium zur Beurteilung der Wirtschaftlichkeit der Fräsverfahren (vgl. Lernfeld 10).

Die Berechnung der **Hauptnutzungszeit** t_h (vgl. Kap. 5.2) ergibt für die drei Verfahren folgende Ergebnisse:

- Schaftfräser aus HSS: 2,5 min
- Schaftfräser mit Hartmetallschneiden: 1,4 min
- Scheibenfräser 2,3 min

Der **Schaftfräser** *(end mill)* mit Hartmetallschneiden kommt zum Schruppen der Nut zum Einsatz. Dieses Ergebnis sollte nicht verallgemeinert, sondern auf den jeweils vorliegenden Fall abgestimmt werden. Der HSS-Fräser schlichtet jede Nutseite in einem Schnitt, es kommt zu keinen Absätzen wie beim Schruppen.

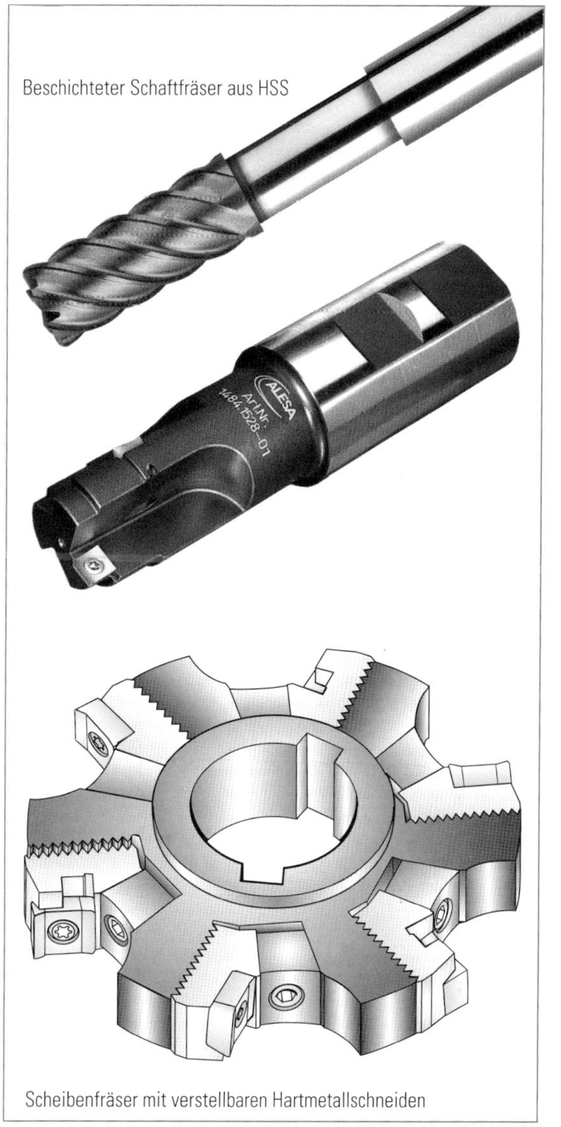

3 Fräser zum Nutenfräsen

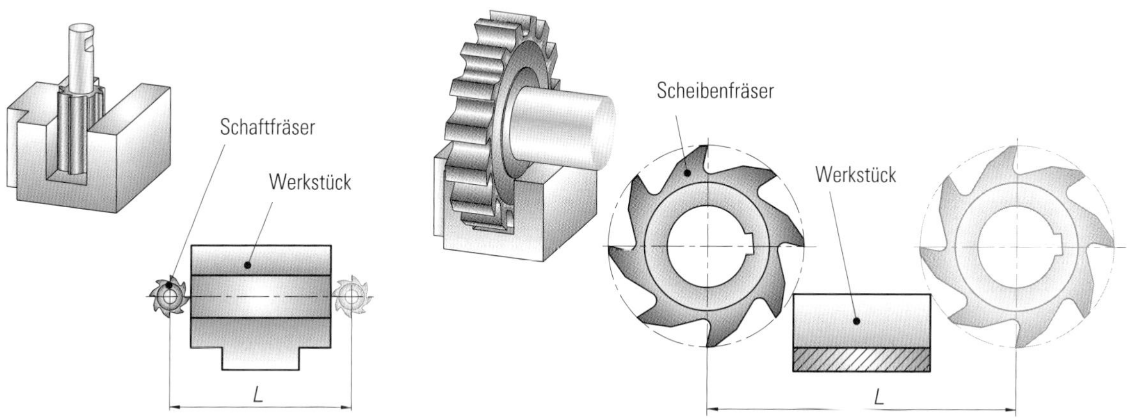

2 Nutenfräsen mit Schaftfräser und Scheibenfräser

Prozessparameter	Schaft- oder Langlochfräser HSS (beschichtet)	Schaft- oder Langlochfräser Hartmetall	Scheibenfräser
Anzahl der Schnitte	1	4	2
Vorschub je Zahn f_z in mm	0,036	0,2	0,07
Schnittgeschwindigkeit v_c in m/min	25	100	100
Zähnezahl	6	2	12
Durchmesser des Fräsers d in mm	32	32	162
An- und Überlauf in mm	20	20	75
Umdrehungsfrequenz in 1/min	250	100	200

1 Prozessparameter beim Nutenfräsen

Überlegen Sie!

1. *Bestimmen Sie die Hauptnutzungszeit für das Schlichten der beiden Nutseiten. Legen Sie dafür die Prozessparameter selbst fest.*
2. *Entwickeln Sie mithilfe einer Tabellenkalkulation die Berechnungen von Umdrehungsfrequenz, Vorschubgeschwindigkeit und Hauptnutzungszeit.*

3.6 Spannen von Werkzeug und Werkstück

3.6.1 Spannen der Werkzeuge

MERKE

Die Fräser müssen so gespannt sein, dass
- sehr gute Plan- und Rundlaufgenauigkeit vorliegt
- hohe Wiederholgenauigkeit in der Positionierung beim Werkzeugwechsel gewährleistet ist
- gute Biege- und Verdrehsteifigkeit besteht und
- sehr hohe Umdrehungsfrequenzen möglich sind

Die Verbindung zwischen Fräser und Frässpindel wird meist über einen Kegelschaft hergestellt. **Der Steilkegel** *(steep taper)* (Bild 2) besitzt eine Verjüngung von 7 : 24. Durch den relativ großen Kegelwinkel zentriert er sich beim Werkzeugwechsel gut und ist leicht lösbar. Zur sicheren Drehmomentübertragung besitzt der Steilkegel Nuten, in die die Nutensteine an der Arbeitsspindel greifen, wodurch ein Formschluss gewährleistet ist.

Der **Hohlschaftkegel** *(drilled shank taper)* besitzt einen kleineren Kegelwinkel als der Steilkegel und liegt nach dem Anziehen an der Stirnfläche der Arbeitsspindel an (Bild 3). Dadurch werden eine hohe Steifigkeit und eine hervorragende Wechselgenauigkeit in axialer Richtung erzielt. Der Hohlschaftkegel ist für hohe Umdrehungsfrequenzen (HSC-Fräsen) besonders geeignet, weil sich dabei die Spindel durch die Zentrifugalkraft aufweitet. Dabei könnte ein Steilkegel tiefer in die Spindel eingezogen werden und sich verklemmen. Durch die Plananlage wird das verhindert. Zusätzlich werden die Spannelemente durch die Zentrifugalkraft nach außen gedrückt, was eine Spannkraftverstärkung bewirkt.

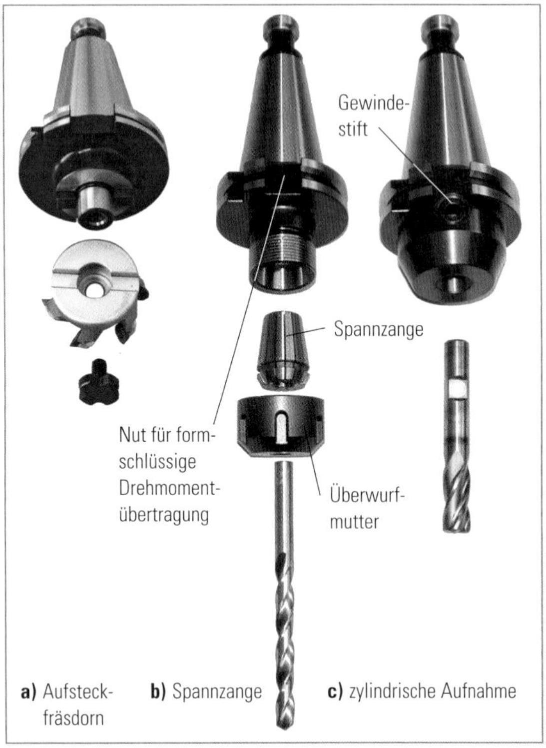

2 Werkzeugaufnahmen am Steilkegel

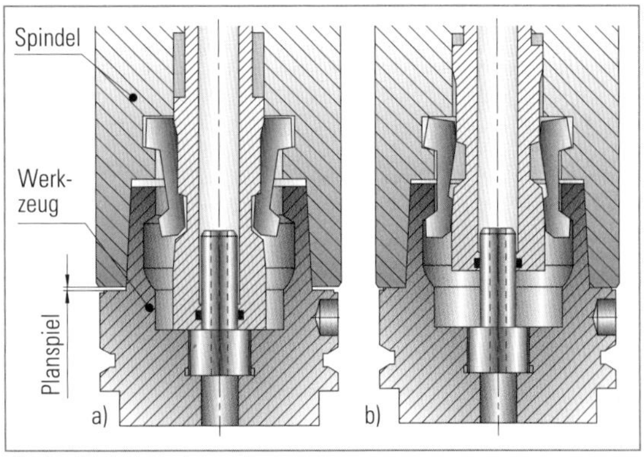

3 Hohlschaftkegel a) vor und b) nach dem Spannen

Überlegen Sie!

Berechnen Sie den Kegelwinkel für einen Steilkegel und einen Morsekegel und erläutern Sie, welche Auswirkungen der Kegelwinkel auf die kraftschlüssige Drehmomentübertragung hat.

Am Steil- bzw. Hohlschaftkegel kann das Werkzeug unterschiedlich gespannt werden.

- **Aufsteckfräsdorne** *(shell end mill arbors)* (Seite 66 Bild 2a) nehmen z. B. Walzenstirnfräser mit zylindrischen Bohrungen mit Längs- und Quernut auf.
- **Spannzangen** *(collet chucks)* (Seite 66 Bild 2b) werden durch das Anziehen der Überwurfmutter zusammengedrückt. Daher ist es mit einer Spannzange möglich, einen Durchmesserbereich von z. B. 2 mm zu spannen.
- **Zylindrische Aufnahmen** *(cylindrical retainers)* (Seite 66 Bild 2c) sind im Durchmesser sehr eng toleriert. Der Werkzeugschaft, der ebenfalls eng toleriert ist und eine Abflachung besitzt, wird über einen Gewindestift gegen Verdrehen gesichert. Der Rundlauf des Werkzeugs ist besser als bei der Spannzange, weil weniger Bauteile beteiligt sind.
- **Schrumpffutter** *(shrink chucks)* (Bild 1) werden kontrolliert erwärmt, wodurch sich der Innendurchmesser weitet. Nach dem Einsetzen des Werkzeugs kühlt die Werkzeugaufnahme in wenigen Sekunden ab und schrumpft auf den Werkzeugschaft. Die Verbindung garantiert die höchste Rundlaufgenauigkeit, weil keine weiteren Verbindungselemente eingesetzt sind. Ebenso entstehen fast keine Unwuchten, wodurch diese Spannmöglichkeit beim Hochgeschwindigkeitsfräsen vorteilhaft eingesetzt wird.
- **Hydro-Dehnspannfutter** *(hydraulic expansion toolholder)* (Bild 2): Mit einem Sechskantschlüssel wird die Spannschraube (1) bis zum Anschlag eingedreht. Der Spannkolben (2) drückt über ein Dichtelement (3) das Öl in die Dehnkammer (4) und bewirkt einen Druckanstieg. Die dünnwandige Dehnbuchse (5) spannt den Werkzeugschaft (6) sicher und

MERKE

Bei jedem Spannverfahren ist darauf zu achten, dass die Spannflächen von Werkzeug und Werkzeugaufnahme sowie von Arbeitsspindel und Werkzeugaufnahme sauber und gratfrei sind.

Überlegen Sie!

Vergleichen Sie die Werkzeugspannungen im Hinblick auf die Schlussart und die Rundlaufgenauigkeit.

3.6.2 Spannen der Werkstücke

Ist das Werkstück nicht sicher gespannt, wird es im Extremfall aus der Spannvorrichtung gerissen. Schwere Unfälle, Werkzeugbruch und Werkstückbeschädigungen bzw. -bruch können die Folgen sein. Bei unsachgemäßer Spannung *(clamping)*

1 *Temperaturen am Schrumpffutter*

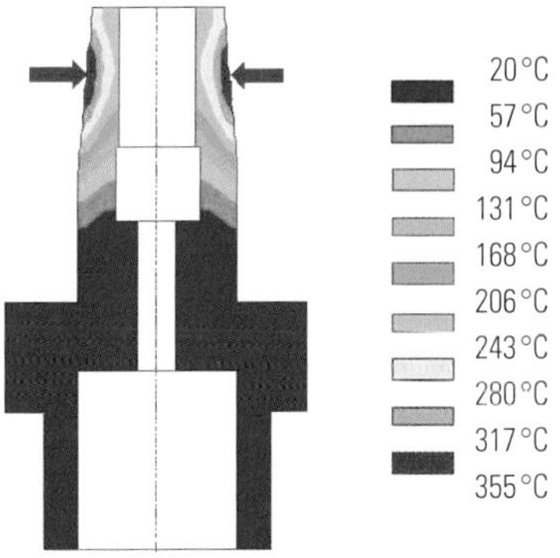

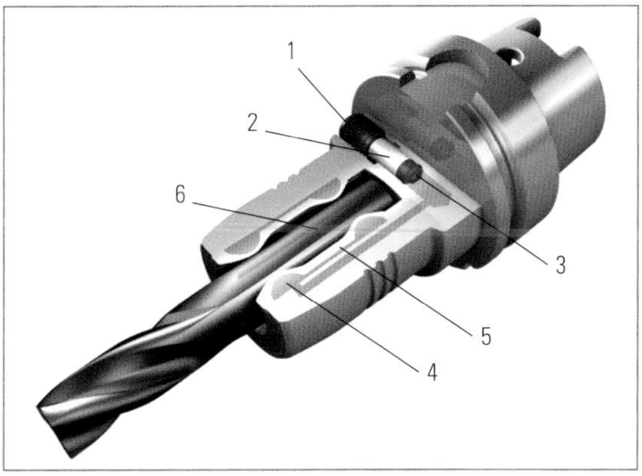

2 *Hydro-Dehnspannfutter mit Hohlschaftkegel*

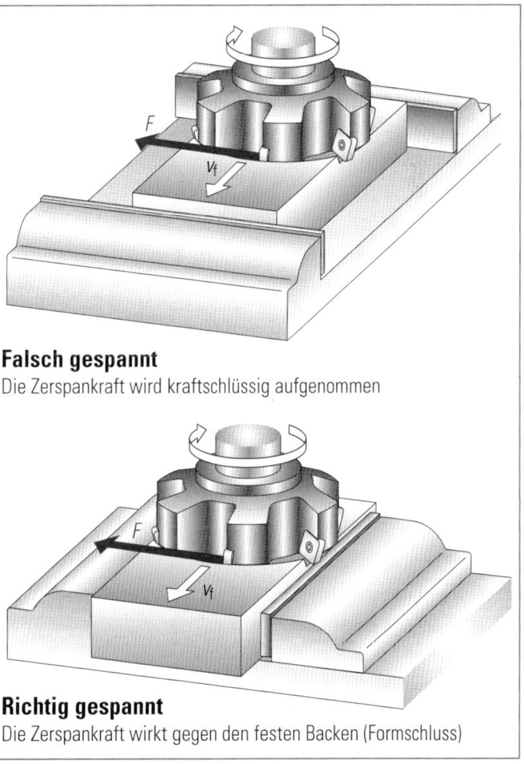

3 *Falsches und richtiges Spannen des Werkstücks im Maschinenschraubstock*

treten Vibrationen und Schwingungen auf, wodurch schlechte Oberflächenqualitäten und erhöhte Belastungen für Werkzeug und Maschine entstehen.

MERKE

Das Spannmittel muss das Werkstück so aufnehmen, dass die Zerspankraft es nicht verschieben kann. Gleichzeitig darf das Werkstück durch die Spannkräfte nicht beschädigt werden.

Zur sicheren Spannung des Werkstücks ist die Größe und Richtung der auf das Werkstück resultierenden Kraft zu beachten. Diese Kraft sollte möglichst formschlüssig aufgenommen werden (Seite 67 Bild 3)

Eine Übersicht von Spannelementen ist im Folgenden dargestellt:

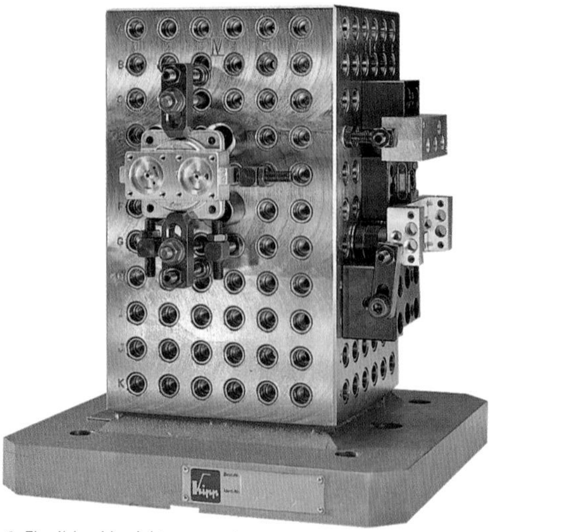

1 Flexibles Vorrichtungssystem

2 Stufenpratze

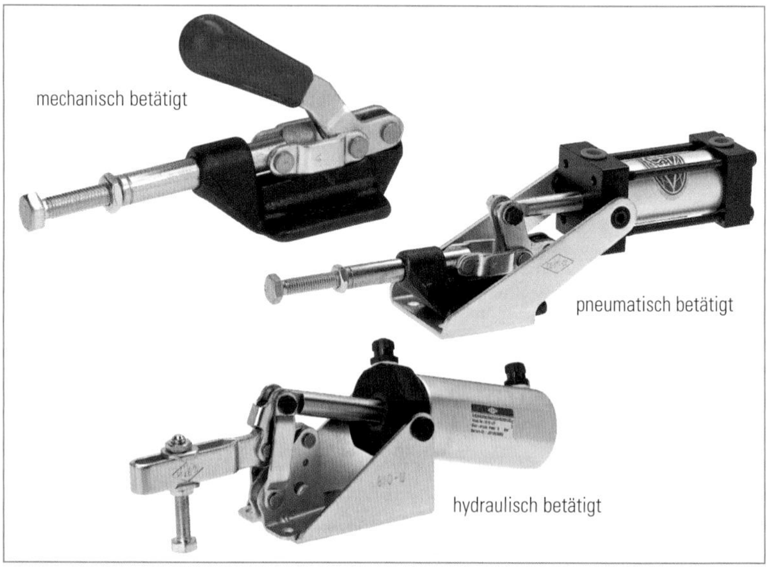

3 Kniehebelspanner

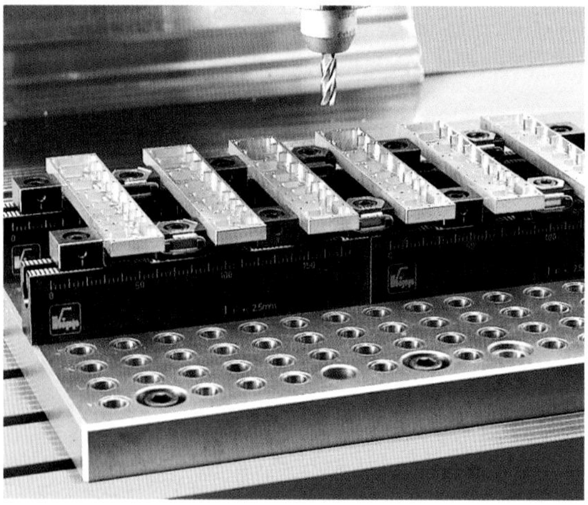

4 Mechanisches Mehrfachspannsystem

5 Hydraulisches Mehrfachspannsystem

1 Elektromagnetisches Spannsystem

2 Vakuumspannsystem

Überlegen Sie!

1. *Beschreiben Sie jeweils die Wirkung der einzelnen Spannsysteme.*
2. *Wofür sind die verschiedenen Spannsysteme geeignet bzw. welche Vorteile besitzen sie?*

3.7 Spezielle Fräsverfahren

3.7.1 Teilen

Beim Umfangsfräsen eines Keilwellenprofils mit sechs Keilen (Bild 3) muss gewährleistet sein, dass die Keile gleichen Abstand (gleiche Teilung) besitzen. Bei einer konventionellen Fräsmaschine wird neben dem Formfräser mit der Nutform ein **Teilapparat** *(indexing head)* (Bild 4) benötigt.

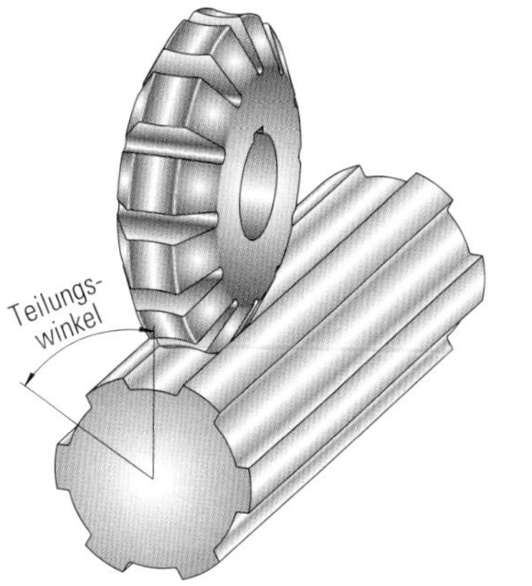

3 Umfangsfräsen eines Keilwellenprofils

MERKE

Mit Teilapparaten werden Werkstücke im Backenfutter oder zwischen den Spitzen sicher gespannt und um den gewünschten Teilungswinkel gedreht.

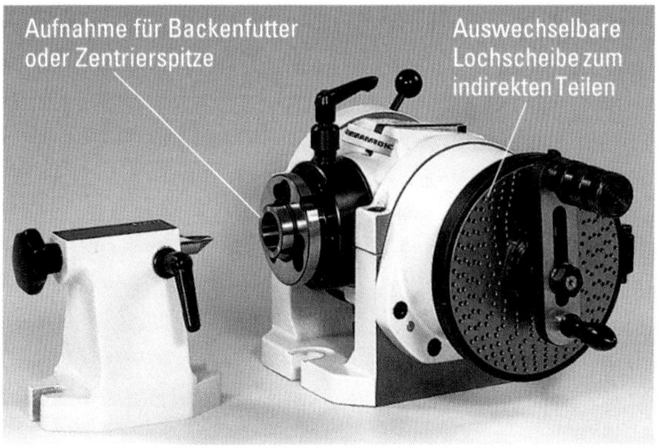

4 Teilapparat

3.7.1.1 Direktes Teilen *(direct indexing)*

Für einfache Teilungen wie z. B. 2, 3, 4, 6 ,8 oder 12 wird die Teilscheibe mit 24 Bohrungen genutzt. Dabei rastet ein Stift (Pos. 10 in Bild 1 auf Seite 70) in eine der Bohrungen ein, wodurch die Teilspindel (Pos. 2) fixiert wird.

Überlegen Sie!

1. *Welche Teilung ergibt sich, wenn jede zweite Bohrung der 24-er Teilscheibe genutzt wird und wie groß ist dabei der Teilungswinkel?*
2. *Um wie viele Bohrungen muss die Teilscheibe für das Keilwellenprofil mit 6 Keilen weitergedreht werden?*
3. *Welche Teilungen und Teilungswinkel sind beim direkten Teilen möglich?*

3.7.1.2 Indirektes Teilen *(indirect indexing)*

Ein Keilwellenprofil mit 10 Keilen ist nicht mit der 24-er Teilscheibe zu fertigen, weil sich 24 nicht ganzzahlig durch 10 teilen lässt. Deshalb kommt das indirekte Teilen (Seite 70 Bild 1) zum Einsatz. Zwischen Kurbel und Teilspindel leitet ein Schneckengetriebe die Drehbewegung weiter. Die eingängige Schnecke treibt das Schneckenrad mit 40 Zähnen an, sodass ein Übersetzungsverhältnis von $i = 40:1$ vorliegt. Bei 40 Kurbelumdrehungen dreht sich das Werkstück einmal.

Die Anzahl der Kurbelumdrehungen n_K für die Keilwelle mit 10 Keilen ergibt sich folgendermaßen:

1 Kurbelumdrehung ergibt $^1/_{40}$ Umdrehung der Teilspindel = 40-er-Teilung

2 Kurbelumdrehungen entsprechen 20-er-Teilung

4 Kurbelumdrehungen entsprechen 10-er-Teilung

$$n_K = \frac{i}{T}$$

n_K: Umdrehungen der Kurbel
T: Teilung
i: Übersetzungsverhältnis (40:1)

$$n_K = \frac{40}{T}$$

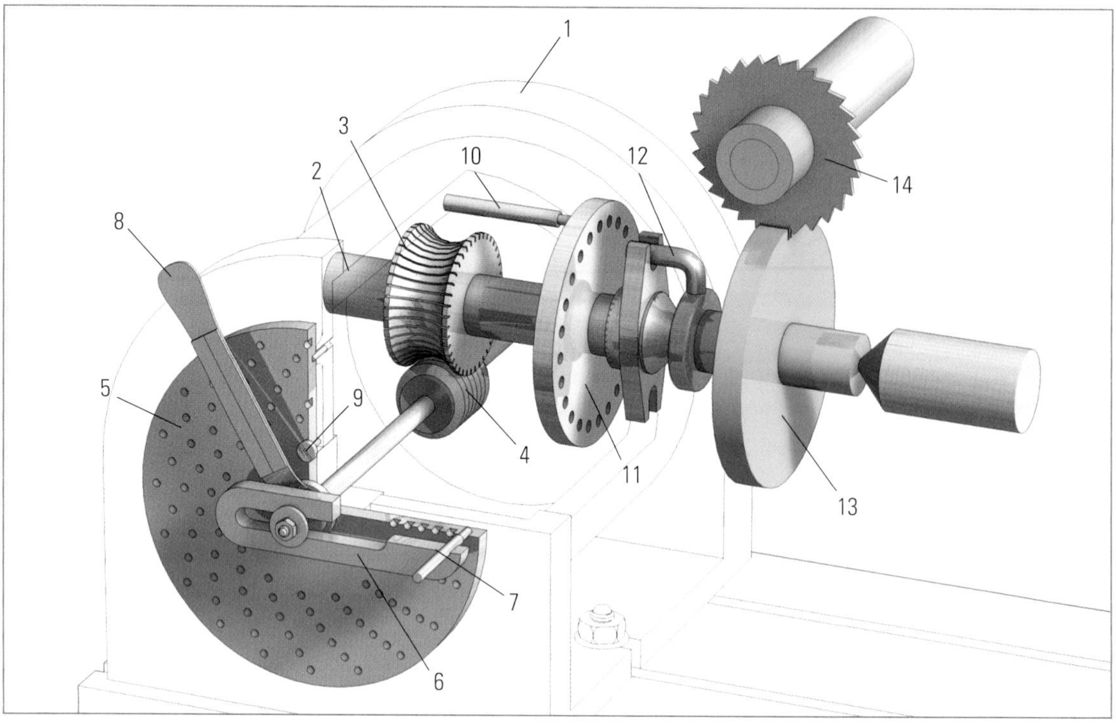

1 *Universalteilkopf (vereinfacht dargestellt)*
1 Gehäuse, 2 Teilspindel, 3 Schneckenrad mit 40 Zähnen, 4 Schnecke eingängig, 5 Lochscheibe auswechselbar, 6 Kurbel, 7 Indexstift, 8 Schere, 9 Raststift zum Festhalten der Lochscheibe, 10 Indexstift zum direkten Teilen, 11 Teilscheibe zum direkten Teilen, 12 Mitnehmer, 13 Werkstück, 14 Fräser

$\frac{1}{3}$ Umdrehungen = 5 Lochabstände am 15-er Lochkreis
oder
$\frac{1}{3}$ Umdrehungen = 6 Lochabstände am 18-er Lochkreis

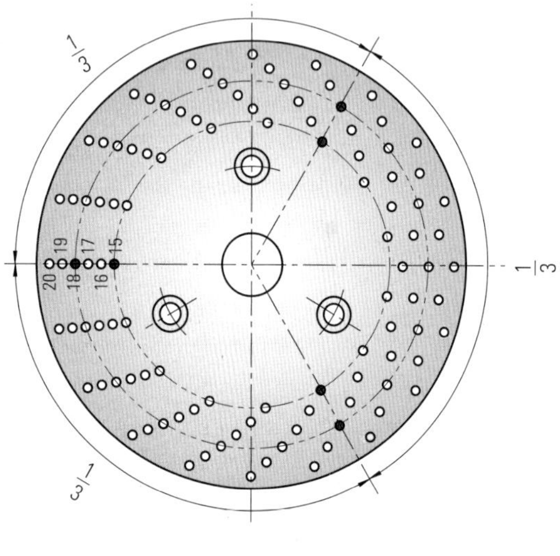

Lochscheibe I: 15 – 16 – 17 – 18 – 19 – 20 Löcher
Lochscheibe II: 21 – 23 – 27 – 29 – 31 – 33 Löcher
Lochscheibe III: 37 – 39 – 41 – 43 – 47 – 49 Löcher

2 *Lochscheibe (Möglichkeiten für 1/3 Kurbelumdrehungen)*

Um z. B. eine 120-er Teilung zu erzielen, ist eine Kurbeldrehung von $^1/_3$ erforderlich. Zum genauen Einhalten einer Drittelumdrehung können unterschiedliche Lochscheiben (Bild 2) verwendet werden, in deren Löcher der Indexstift der Kurbel einrastet. Um nicht immer die Lochabstände auf der Lochscheibe abzählen zu müssen, wird die Schere so eingestellt, dass sie die Löcher einschließt, die die Drittelumdrehung begrenzen.

Beispielrechnung

Wie groß ist die Kurbelumdrehung für eine Kerbverzahnung mit 56 Kerben und wie viel Lochabstände sind auf welcher Lochscheibe zu wählen?

gesucht: n_K
gegeben: $T = 56$; $i = 40:1$

$$n_K = \frac{i}{T} = \frac{40}{T} =$$

$$n_K = \frac{40}{56} = \frac{5}{7} = \frac{5 \cdot 3}{7 \cdot 3} = \frac{15}{21}$$

n_K: 15 Lochabstände auf einer 21-er Lochscheibe

Überlegen Sie!

Es ist ein Zahnrad mit 28 Zähnen herzustellen.
Wie viele Kurbelumdrehungen sind erforderlich und welche Lochscheibe ist dabei zu wählen?

3.7.2 Hochgeschwindigkeits- und Hochleistungsfräsen

Beim **Hochgeschwindigkeitsfräsen** *(High-Speed-Cutting: HSC)* werden je nach bearbeitetem Werkstoff meist Schnittgeschwindigkeiten zwischen 1000 und 7000 m/min (Bild 1) bei Spindelumdrehungsfrequenzen bis zu 100000/min und Vorschubgeschwindigkeiten bis zu 30 m/min umgesetzt. Dies ist durch die Weiterentwicklung von Schneidstoffen und Werkzeugmaschinen möglich geworden. Es werden folgende Ziele angestrebt:

- Verringerung der Zerspankräfte (Bild 2) durch kleine Vorschübe pro Zahn und kleine Schnitttiefen bei hohen Umdrehungsfrequenzen.
- Verbesserung der Oberflächenqualität beim Schlichten[1] durch die höheren Schnittgeschwindigkeiten und die damit verbundene bessere Spanbildung.
- Verkürzung der Bearbeitungszeit.
- Abnahme der Werkstückerwärmung (Bild 3) durch vorrangige Wärmeabfuhr über die Späne sowie Kühlung mittels Pressluft.

MERKE

Ziel des Hochgeschwindigkeitsfräsens ist eine hohe Oberflächenqualität und Formgenauigkeit des Werkstücks.

Beim **Hochleistungsfräsen**[2] *(High Performance Cutting: HPC)* wird ein sehr viel größeres Zerspanungsvolumen pro Minute (Zeitspanungsvolumen) als beim herkömmlichen Fräsen erreicht. Dabei wird auch mit hohen Schnittgeschwindigkeiten gearbeitet. Im Gegensatz zum Hochgeschwindigkeitsfräsen sind die Schnittgeschwindigkeiten niedriger, die Vorschübe pro Zahn und die Schnitttiefen größer.

Damit die Fräswerkzeuge die beim Schruppen auftretenden großen Schnittkräfte aufnehmen, sind sie mit stabilen Schneidkanten und vergrößerten Spanräumen versehen (Bild 4). Aufgrund der hohen Drehzahlen und der Beschleunigungen ist es erforderlich, steifere und zugleich leichtere sowie rundlaufgenaue Werkzeuge einzusetzen. Sie bestehen oft aus Vollhartmetall, das häufig beschichtet ist, um die Verschleißfestigkeit zu erhöhen. Cermets oder kubisches Bornitrid (CBN) sind alternative Schneidstoffe.

MERKE

Ziel des Hochleistungsfräsens ist ein großes Zeitspanungsvolumen – erreicht durch hohe Schnittgeschwindigkeiten, Vorschübe und Schnitttiefen.

Überlegen Sie!

1. *Wie unterscheiden sich die Ziele von Hochgeschwindigkeits- und und Hochleistungsfräsen?*
2. *Wie unterscheiden sich die Zerspanungsparameter bei Hochgeschwindigkeits- und Hochleistungsfräsen?*

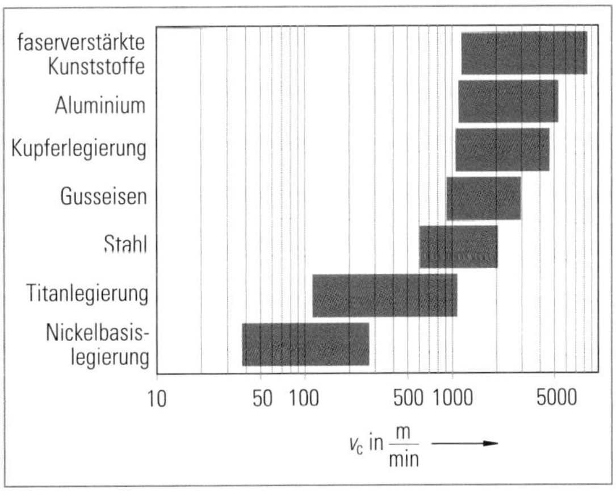

1 *Schnittgeschwindigkeiten beim Hochgeschwindigkeitsfräsen*

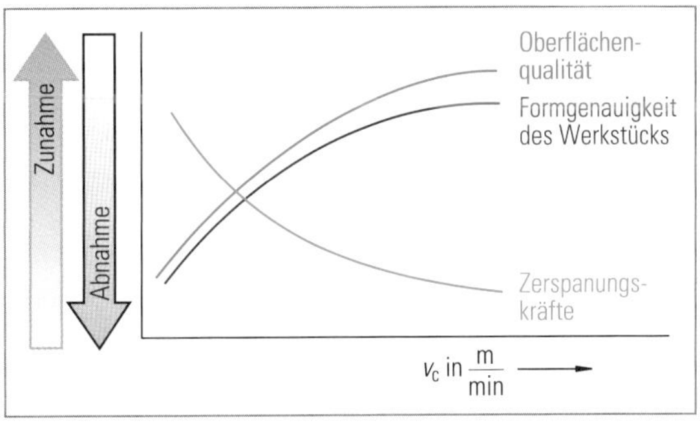

2 *Einfluss der Schnittgeschwindigkeit beim Hochgeschwindigkeitsfräsen*

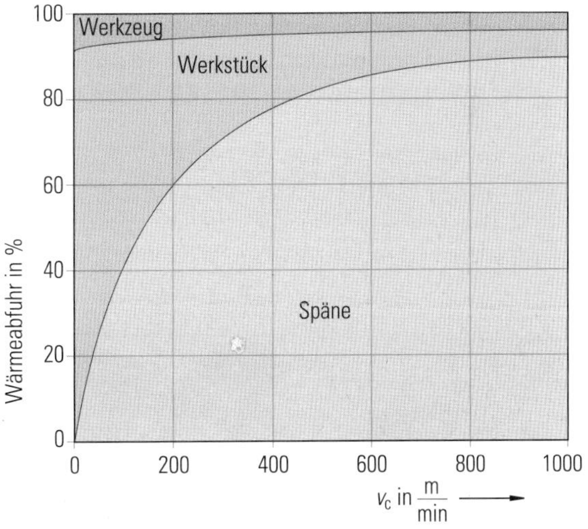

3 *Wärmeabfuhr in Abhängigkeit von der Schnittgeschwindigkeit*

4 *Hochleistungsfräser*

1) siehe auch Lernfeld 9 Präzisions-Hartfräsen (Kap. 6.2) 2) siehe Lernfeld 10 Kap. 7.1

3.7.3 Aufbohren und Stufenbohren

072_1

3.7.3.1 Aufbohren

Vorhandene Löcher in Gussteilen (Bild 1) oder Schweißkonstruktionen müssen meist aufgebohrt werden, damit sie ihre Funktion erfüllen können. Bei engen Bohrungstoleranzen und hohen Oberflächenqualitäten erfolgt das Aufbohren *(boring out)* meist in zwei Schritten:

- Schruppen und
- Schlichten

Um das beim **Schruppen** *(roughing)* gewünschte hohe Zeitspanvolumen zu erreichen, werden meist Werkzeuge mit mehreren Schneiden (Bild 2) eingesetzt.

Eine hohe Zerspanleistung lässt sich durch mehrere Schneidplatten realisieren, die auf die **gleiche radiale und axiale Position** eingestellt sind (Bild 3a). Durch das Einhalten des empfohlenen Vorschubs pro Zahn entsteht ein hoher Vorschub pro Umdrehung.

Das **stufenförmige Positionieren** der Schneidplatten (Bild 3b) verkleinert die Schnitttiefen und verbessert die Spankontrolle. Um die Belastung der Schneiden möglichst gleich zu halten, ist die höchste Schneidplatte auf kleinsten Durchmesser und die niedrigste auf den größten Durchmesser einzustellen.

Die Schruppwerkzeuge zum Aufbohren können manuell eingestellt werden, wobei darauf zu achten ist, dass die radiale Schnitttiefe a_p die halbe Schneidenlänge nicht überschreitet.

Beim Aufbohren erfolgt das **Schlichten** *(smoothing)* meist mit Einschneidern (Bild 4). Der Durchmesser des Werkzeugs ist im Mikrometerbereich einstellbar (Seite 73 Bild 1). Das ist feinfühlig auf Messmaschinen oder Werkzeugvoreinstellgeräten[1)] möglich. Da nur eine Schneide im Eingriff ist, kann das Schlichtwerkzeug geringfügig elastisch radial verformt werden. Deshalb ist oft ein Probeschnitt mit anschließender Werkzeugkorrektur erforderlich.

Beim Aufbohren können Toleranzen von IT6 und Oberflächenqualitäten bis Ra 1 erreicht werden, wenn die Schnittbedingungen stimmen und keine Vibrationen auftreten. Bezüglich der Schnittbedingungen und der Vibrationsgefahr sind die gleichen Aspekte wie beim Innendrehen zu berücksichtigen[2)].

1 Gussteil mit aufgebohrten Löchern

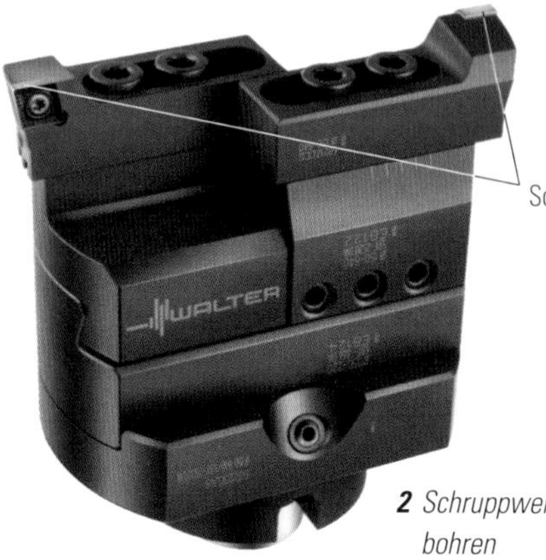

2 Schruppwerkzeug zum Aufbohren

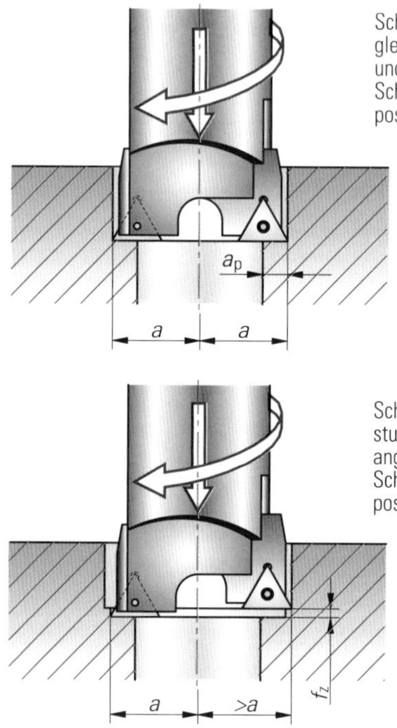

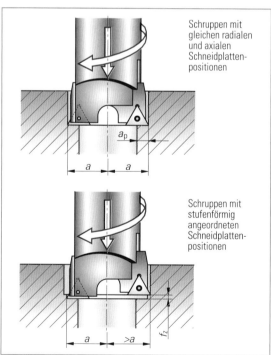

3 a) Schruppen mit gleichen radialen und axialen Schneidplattenpositionen
b) Schruppen mit stufenförmig angebrachten Schneidplatten

4 Schlichtwerkzeug zum Aufbohren

1) siehe Lernfeld 8 Kap. 3.5.1 2) siehe Kap. 2.6.5.2

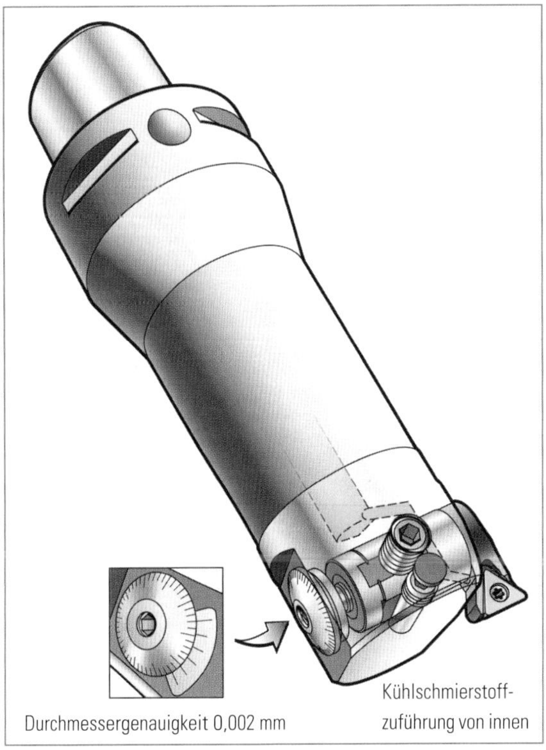

1 *Verstellung des Einschneiders*

2 *Stufenbohrer*

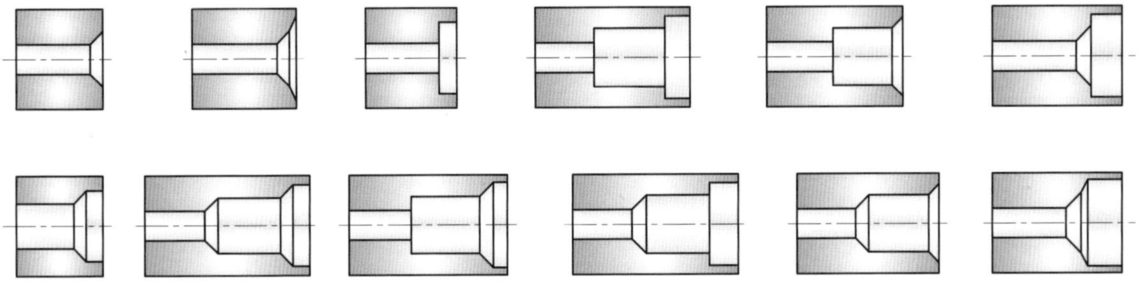

3 *Stufenbohrungen*

3.7.3.2 Stufenbohren

Für die Bearbeitung von gestuften Bohrungen (Bild 3) sind normalerweise mehrere Werkzeuge erforderlich. Somit müssen die verschiedenen Werkzeuge innerhalb der Stufenbohrung *(step drill)* die gleichen Vorschubwege zurücklegen.

Mit Stufenbohrern *(subland twist drills)* (Bild 2), die auf die jeweiligen Bohrungsverhältnisse angepasst sind, lässt sich die gesamte Stufenbohrung in einem Bearbeitungsschritt herstellen. Die Schneidstoffe der Stufenbohrer reichen von HSS über unbeschichtetes und beschichtetes Vollhartmetall bis zu unterschiedlichen Schneidplattenwerkstoffen. Die höheren Werkzeugkosten rechnen sich vor allem in der Serienfertigung bzw. bei immer wiederkehrenden Stufenbohrungstypen.

3.7.4 Gewindefräsen

Kurze Innen- und Außengewinde *(internal and external threads)* (Seite 74 Bild 1) werden wirtschaftlich durch Fräsen hergestellt. Dazu stehen unterschiedliche Gewindefräser (Seite 74 Bild 2) zur Verfügung. Gewindefräsen *(thread milling)* geschieht wegen der bekannten Vorteile im Gleichlauf[1].

Das Fräsen eines Innengewindes – Rechtsgewinde – geschieht in mehreren Schritten (Seite 74 Bild 3):

1. Positionierung oberhalb der Gewindebohrung
2. Axiale Zustellung auf die Gewindetiefe
3. Tangentiales Anfahren der Gewindekontur im Halbkreis (180 °), wobei sich der Gewindefräser in axialer Richtung um den Betrag der halben Steigung bewegt.

1) siehe Kap. 3.4.2

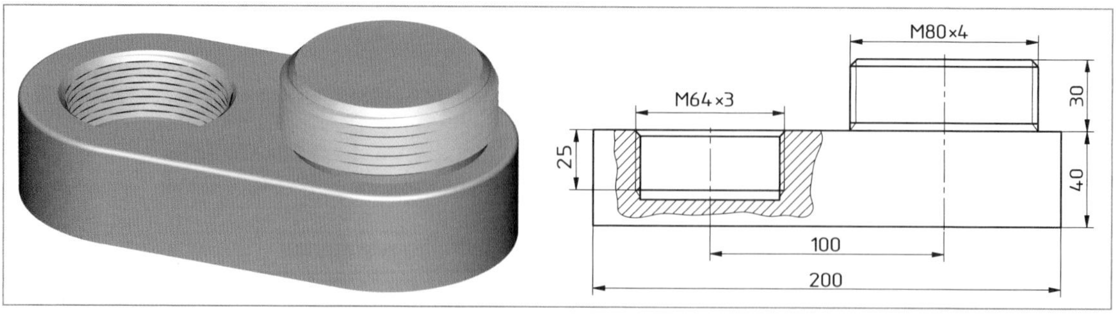

1 Frästeil mit Innen- und Außengewinde

4. Fräsen des Gewindes mittels kreisförmiger Werkzeugbahn (360 °), wobei sich der Gewindefräser in axialer Richtung um den Betrag der Gewindesteigung bewegt.
5. Tangentiales Abfahren von der Gewindekontur im Halbkreis (180 °), wobei sich der Gewindefräser in axialer Richtung um den Betrag der halben Steigung bewegt.
6. Rückzug auf die Startposition.

Mit dem selben Gewindefräser *(thread milling cutter)* können beliebige Rechts- und Linksgewinde *(right and left hand thread)* mit gleicher Gewindesteigung gefräst werden. Bei Linksgewinden ist die axiale Bewegung entgegengesetzt zu den Rechtsgewinden (Bild 4). Aus diesem Grund soll die Zustellung um den zweifachen Betrag der Gewindesteigung oberhalb der Gewindetiefe erfolgen.

Gewindefräsen bietet gegenüber dem Gewindebohren *(tapping)* folgende Vorteile:

- Keine Obergrenze für Innengewindedurchmesser
- Sehr kleine kontrollierbare Späne erleichtern die Spanabfuhr und sorgen für Prozesssicherheit
- Die beste Methode zur Gewindeherstellung in harten Teilen und langspanenden Werkstückstoffen, weil die Schnittparameter dem Werkstoff angepasst werden können
- Das gesamte Profil des Gewindes (Vollprofil) wird gefräst
- Das Vollprofil liegt über die gesamte Gewindelänge vor
- Beim Werkzeugbruch lässt sich das Werkzeug ohne Beschädigung des Werkstücks entfernen

Das Fräsen von Außengewinden geschieht in ähnlicher Weise wie bei Innengewinden, wobei es mehr Möglichkeiten des tangentialen Anfahrens der Gewindekontur gibt.

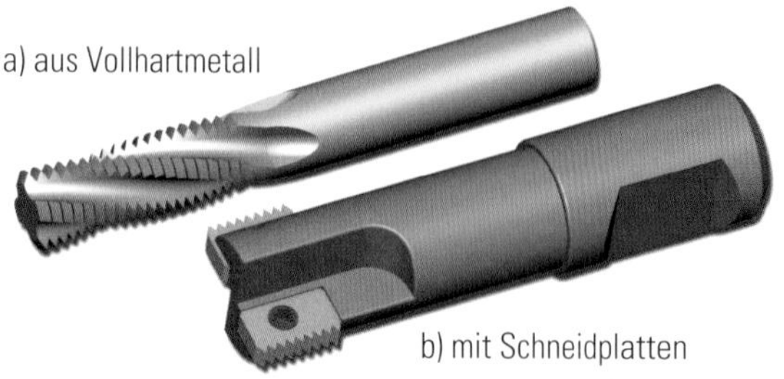

2 Gewindefräser

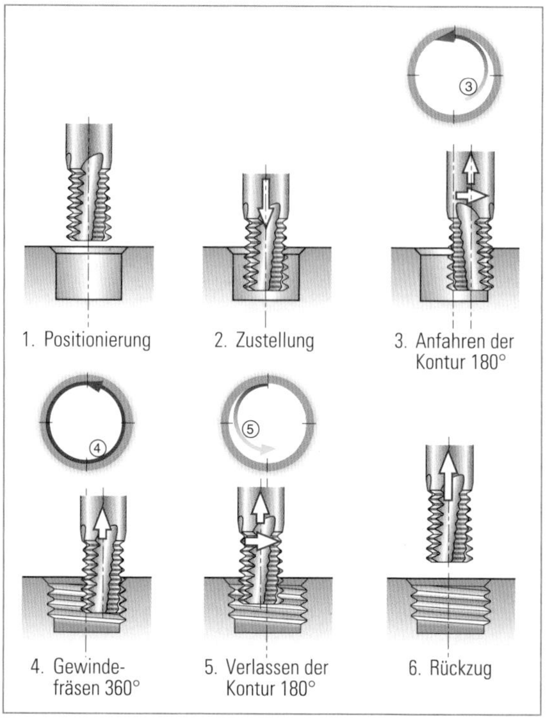

3 Fräsen eines Innengewindes

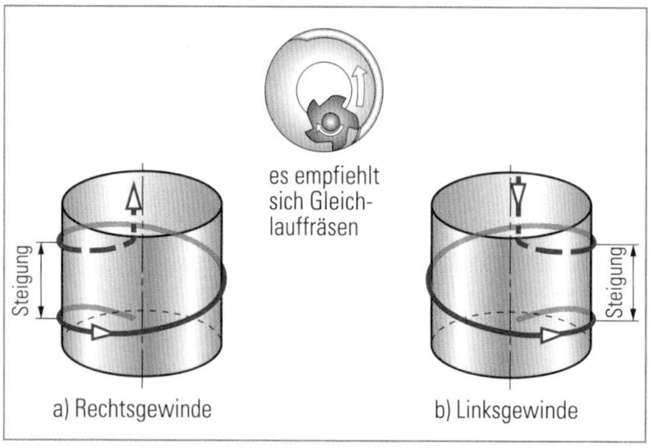

4 Fräsen eines Innengewindes

Überlegen Sie!

1. *Beschreiben Sie zwei Möglichkeiten zum tangentialen Anfahren der Außengewindekontur.*
2. *Wie sind die Bewegungsabläufe beim Gleichlauffräsen eines Außengewindes a) Linksgewinde b) Rechtsgewinde.*

3.7.5 Zahnradfräsen

Zahnräder[1] *(gear wheels)* sind oft einsatzgehärtet[2], damit sie einen zähen Kern und eine verschleißfeste Oberfläche besitzen. Die Herstellung das Zahnrads erfolgt somit in mehreren Schritten:

- Fräsen des ungehärteten Zahnrads (Weichbearbeitung)
- Wärmebehandlung, z. B. Einsatzhärten des Zahnrads
- Feinbearbeitung der Zahnflanken[3] (Hartbearbeitung)

Zahnradfräsen *(tooth cutting)* kann durch die im Folgenden aufgeführten Verfahren geschehen.

3.7.5.1 Formfräsen

5_1 Beim Formfräsen *(form milling)* (Bild 2) besitzt der Scheiben- *(side milling cutter)* oder Schaftfräser *(end milling cutter)* das Profil der zu fräsenden Zahnlücke. Nach dem Fräsen einer Zahnlücke wird das Zahnrad um den Winkel der Zahnteilung gedreht, bevor die nächste gefräst werden kann.

Da die Form der Zahnflanken sowohl vom Modul (Kap. 9.2.3) als auch von der Zähnezahl des Zahnrades abhängt, werden bei gleichem Modul für verschiedene Zähnezahlen unterschiedliche Fräser benötigt. Ein Fräser kann mit hinreichender Genauigkeit die Zahnlücken von Zahnrädern mit unterschiedlichen Zähnezahlen in einem engen Zähnebereich abbilden.

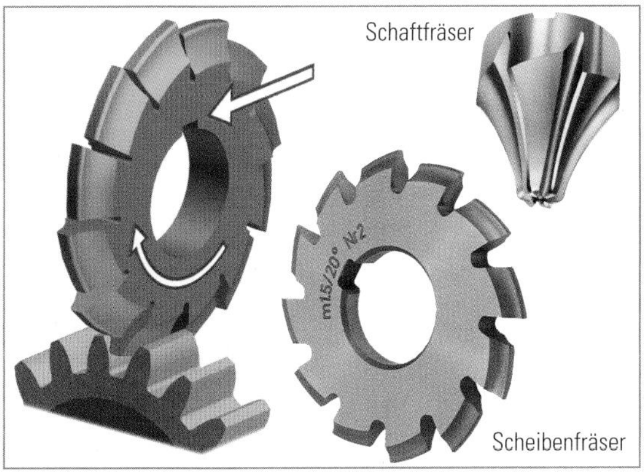

2 *Formfräsen von Zahnrädern*

MERKE

Das Formfräsen dient zur Ersatzteil- oder Einzelteilfertigung, und ist auf einfachen Fräsmaschinen mit Teilapparat durchzuführen.

3.7.5.2 Wälzfräsen

5_2 Beim Wälzverfahren *(hobbing)* führen Werkstück und Werkzeug eine Wälzbewegung aus (Bild 3). Der wendelförmige Wälzfräser *(hob)* (Seite 76 Bild 1) hat ein gerades Bezugsprofil mit entsprechenden Spannuten. Die Fräserachse ist bei einem geradverzahnten Zahnrad um den Steigungswinkel α des Wälzfräsers zu kippen.

$$\tan \alpha = \frac{\textit{Steigung des Wälzfräsers}}{\textit{Flankendurchmesser} \cdot \pi}$$

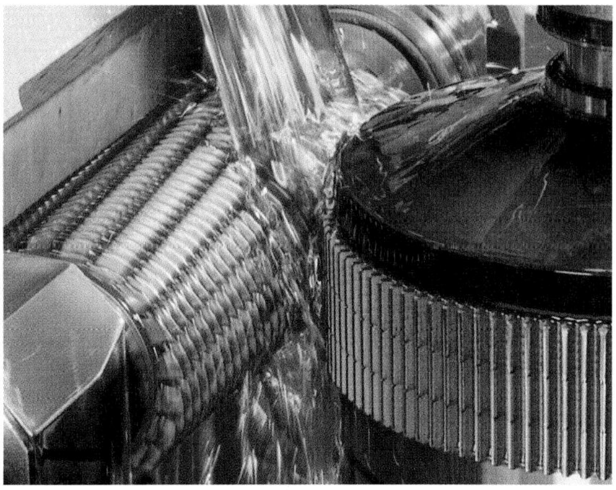

1 *Zahnradfräsen*

Bei schrägverzahnten Zahnrädern[3] ist beim Kippen der Fräserachse der Schrägungswinkel des Zahnrads zusätzlich zu berücksichtigen.

Bevor die Zerspanung beginnt, wird der Fräser um den Betrag der Zahntiefe zugestellt und in axialer Richtung dicht an das herzustellende Zahnrad positioniert. Während der Zerspanung drehen sich Werkzeug und Werkstück. Wenn sich der eingängigen

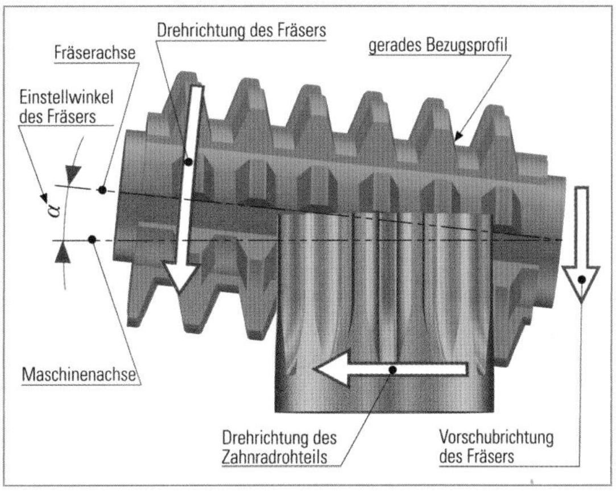

3 *Wälzfräsen von Zahnrädern*

Fräser einmal dreht, muss sich das geradverzahnte Zahnrad um einen Zahn weiter drehen; d. h., bei einer Umdrehung des Zahnrads mit z. B. 18 Zähnen muss sich der eingängige Wälzfräser 18 mal drehen. Bei konventionellen Wälzfräsmaschinen erfolgt die Koordination dieser Bewegungen durch ein Wechselradgetriebe. Bei CNC-Wälzfräsmaschinen übernimmt die Steuerung diese Aufgabe.

Neben den beiden Drehbewegungen muss der Fräser noch eine kontinuierliche, geradlinige Vorschubbewegung in axialer Richtung des Zahnrads durchführen. Dadurch erfolgt die Zerspanung über die gesamte Breite des Zahnrads.

Im Gegensatz zum Formfräsen ist es beim Wälzfräsen möglich, Zahnräder des gleichen Moduls mit unterschiedlichsten Zähnezahlen herzustellen.

1) siehe Kap. 9.2.3 2) siehe Lernfeld 10 Kap. 5.4.3.2 3) siehe Kap. 9.2.3.4

MERKE

Durch Wälzfräsen auf konventionellen und CNC-Wälzfräsmaschinen werden Zahnräder in der Serienfertigung hergestellt.

3.7.5.3 CAD-CAM-Fräsen

Für große, kompliziertere Zahnräder, die als Einzelteile oder in kleinen Stückzahlen herzustellen sind, ist das CAD-CAM-Fräsen *(CAD-CAM milling)* geeignet. Dabei erfolgt die Herstellung in mehreren Schritten:

1. Mithilfe einer speziellen CAD-Software wird das Zahnrad konstruiert, sodass die Oberflächen der Zahnflanken exakt beschrieben sind.
2. Mithilfe einer CAM-Software werden die CNC-Programme erstellt und die Verfahrwege simuliert (Bild 2).
3. Die Bearbeitung des Zahnrades erfolgt auf einem CNC-Bearbeitungszentrum *(CNC-machining centre)* mit fünf simultan ansteuerbaren Achsen[1] *(axles)* (Bild 3).

Vorteile des Verfahrens:

- Keine speziellen Verzahnungsmaschinen nötig.
- Keine Form- oder Wälzfräser erforderlich, Standardfräser werden eingesetzt.
- Hartbearbeitung von Stählen bis über 60HRC möglich[2].

a) HSS

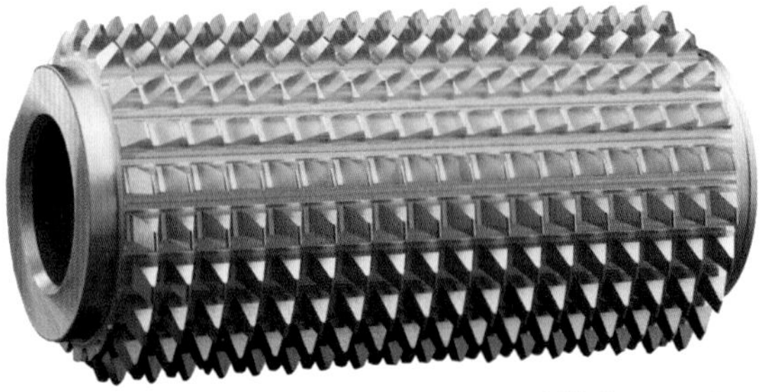

b) Vollhartmetall

1 *Wälzfräser*

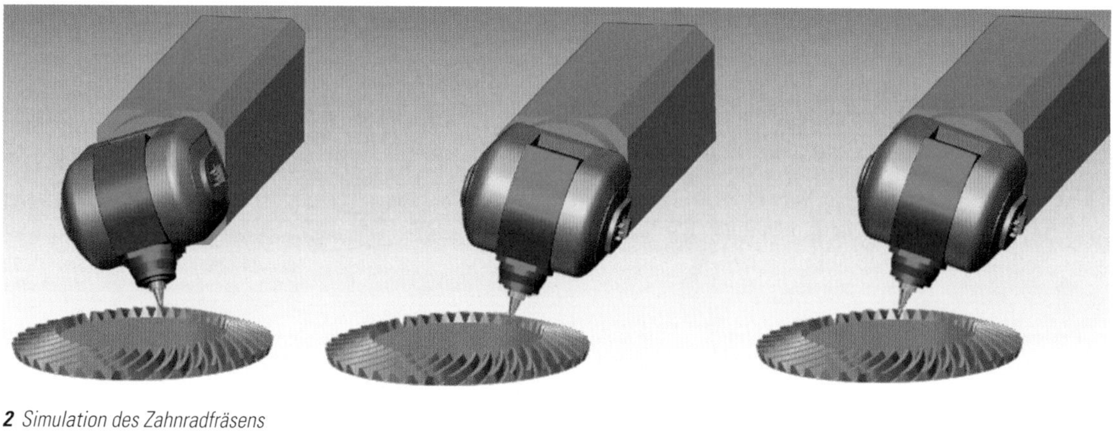

2 *Simulation des Zahnradfräsens*

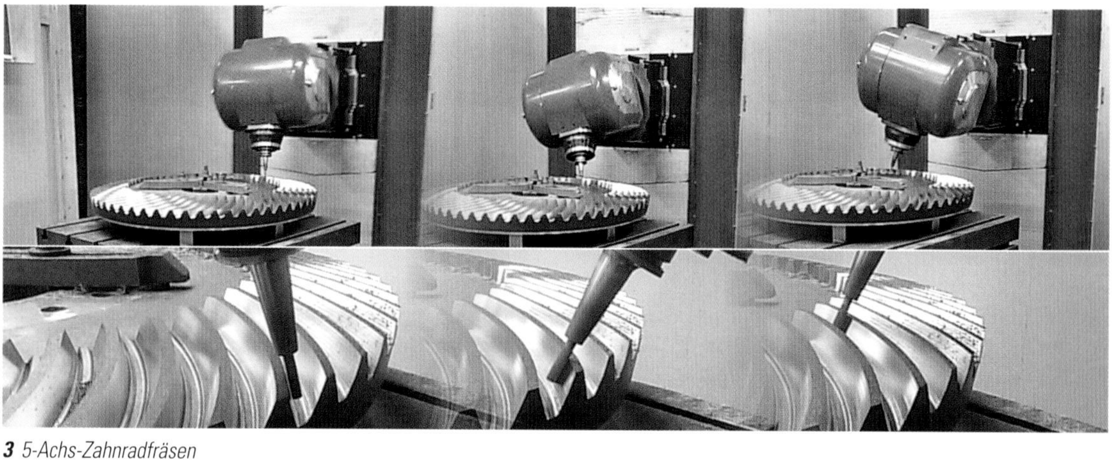

3 *5-Achs-Zahnradfräsen*

1) siehe Lernfeld 11 Kap. 3   2) siehe Kap. 8.3.2.3

ÜBUNGEN

1. Stellen Sie in einer Mind-Map die Besonderheiten von Stirn- und Umfangsfräsen sowie Gleich- und Gegenlauffräsen dar.

2. Was wird unter einer doppelt-positiven Schneidengeometrie bei einem Fräskopf mit Hartmetallschneiden verstanden und unter welchen Bedingungen kommt sie zum Einsatz?

3. Welche Zerspanungsbedingungen fordern extra eng geteilte Fräser?

4. Wie wirkt sich die Abnahme des Einstellwinkels beim Fräsen auf die Spanungsbreite und -dicke, Schneidenbelastung und Standzeit sowie die Vorschub- und Passivkraft aus?

5. Wonach richtet sich die Größe der zu wählenden Wendeschneidplatte?

6. Welche Vorteile bietet das Hochgeschwindigkeitsfräsen?

7. Stellen Sie Steil- und Hohlschaftkegel vergleichend gegenüber.

8. Beschreiben Sie das Spannen eines Fräsers in einem Schrumpffutter.

9. Informieren Sie sich in Ihrem Betrieb über die verschiedenen Spannmittel zum Fixieren der Werkstücke.

10. Mit einem Walzenfräser aus HSS mit ∅80 mm wird C45 gespant. Die Schnittgeschwindigkeit soll 28 m/min betragen. Wie groß muss die Umdrehungsfrequenz sein?

11. Ein Schaftfräser aus Hartmetall mit ∅20 mm wird mit einer Umdrehungsfrequenz von 3200/min betrieben. Welche Schnittgeschwindigkeit wird dabei erzielt?

12. Mit einem hartmetallbestückten Messerkopf von 120 mm Durchmesser soll EN-GJL 250 mit 120 m/min Schnittgeschwindigkeit bearbeitet werden. Wie groß ist die erforderliche Umdrehungsfrequenz?

13. Mit einem Schaftfräser von ∅30 aus HSS mit 4 Zähnen soll 24CrMo5 mit 0,1 mm Vorschub je Zahn zerspant werden.
    a) Welche Schnittgeschwindigkeit ist zu wählen?
    b) Wie groß muss die Umdrehungsfrequenz sein?
    c) Welche Vorschubgeschwindigkeit ist einzustellen?

14. Auf einer CNC Fräsmaschine wird in eine Platte aus E295 mit einem Scheibenfräser ∅250 mm und 30 Hartmetallschneiden eine Nut von 20 mm Breite und 30 mm Tiefe mit einem Vorschub je Zahn von 0,2 mm gefräst. Welche Umdrehungsfrequenz und welche Vorschubgeschwindigkeit sind zu programmieren?

15. Der Werkstoff 24CrMo5 wird mit einem Fräskopf mit ∅60 mm und 8 Hartmetallschneiden bei einem Vorschub je Zahn von 0,1 mm plangefräst. Welche Umdrehungsfrequenz und welche Vorschubgeschwindigkeit sind einzustellen?

16. Wie groß ist der Vorschub je Zahn, wenn bei einem Schaftfräser mit 4 Zähnen bei einer Umdrehungsfrequenz von 1600/min mit einer Vorschubgeschwindigkeit von 240 mm/min gespant wird?

17. Beim Planfräsen von C22 mit einem Fräskopf ∅120 mm soll eine Schnittgeschwindigkeit von 200 m/min erzielt werden.
    a) Welche Umdrehungsfrequenz ist einzustellen?
    b) Wie groß muss die Vorschubgeschwindigkeit sein, wenn der Fräser 8 Zähne hat und der Vorschub je Zahn 0,3 mm betragen soll?

18. Beim Schlichtfräsen mit einem Messerkopf wird eine Wendeschneidplatte mit 2 mm Planfase eingesetzt. Der Vorschub je Umdrehung soll 80 % der Planfasenlänge betragen. Welche Vorschubgeschwindigkeit ist bei einer Umdrehungsfrequenz von 800/min zu wählen?

19. Erstellen Sie mit einer Tabellenkalkulation ein Programm, mit dem Sie Schnittgeschwindigkeit, Umdrehungsfrequenz und Vorschubgeschwindigkeit bestimmen können.

20. Um wie viele Löcher muss beim direkten Teilen mit einer 24-er Teilscheibe weitergeschaltet werden, um folgende Teilungen zu erhalten a) 12, b) 6, c) 4, d) 3 und e) 24?

21. Welche direkten Teilungen sind mit Teilscheiben von a) 36, b) 42 und c) 60 Löchern möglich?

22. Bei einer Reibahle ist eine unterschiedliche Teilung von 62°, 60° und 58° vorhanden. Um wie viele Löcher muss die Kurbel auf welcher Lochscheibe gedreht werden?

23. Ein Stirnrad mit 42 Zähnen ist mit Hilfe des Teilverfahrens zu fräsen. Welche Teilscheibe und welcher Teilschritt n_K ist einzusetzen?

24. Welche Lochscheibe und welcher Teilschritt werden benötigt, um eine Kerbverzahnung mit 76 Zähnen zu fertigen?

25. Ein Fräser mit 7 Zähnen wird gefräst. Zu bestimmen sind Lochscheibe und Teilschritt.

26. Wie groß sind die fehlenden Werte für das indirekte Teilen?

	a)	b)	c)	d)	e)	f)	g)	h)	i)	j)
T	7	9	11	13	78	–	?	–	?	–
i	40:1	40:1	60:1	40:1	40:1	40:1	40:1	60:1	60:1	40:1
α in °	?	?	100	?	?	14	12	3	3	27,5
n_K	?	?	?	?	?	?	?	?	?	?

27. Welchen Einfluss hat die Schnittgeschwindigkeit beim Hochgeschwindigkeitsfräsen auf die Oberflächenqualität, die Formgenauigkeit und die Schnittkraft?

28. Treffen Sie eine Aussage im Hinblick auf die Wärmeabfuhr beim Hochgeschwindigkeitsfräsen in Abhängigkeit von der Schnittgeschwindigkeit.

29. Welche Anforderungen werden beim Hochleistungsfräsen an die Fräser gestellt und durch welche Maßnahmen werden die Anforderungen erfüllt?

30. Wie unterscheiden sich beim Aufbohren die Werkzeuge für das Schruppen und Schlichten?

31. Vergleichen Sie beim Aufbohren (Schruppen) die Auswirkungen von Werkzeugen mit gleichen und stufenförmig angeordneten Schneidplatten.

32. Welche Vor- und Nachteile hat die Verwendung von Stufenbohrern und unter welchen Bedingungen ist ihr Einsatz sinnvoll?

33. Nennen Sie Vorteile, die das Gewindefräsen gegenüber dem Gewindebohren besitzt.

34. Welche Vorteile hat das Profilfräsen von Zahnrädern und wann ist das Verfahren wirtschaftlich?

35. Welche Vorteile hat das Wälzfräsen von Zahnrädern und wann ist das Verfahren wirtschaftlich?

36. Beschreiben Sie stichpunktartig das CAD-CAM-Fräsen von Zahnrädern, welche Vorteile besitzt es und wann ist das Verfahren wirtschaftlich?

Projektaufgabe Halter

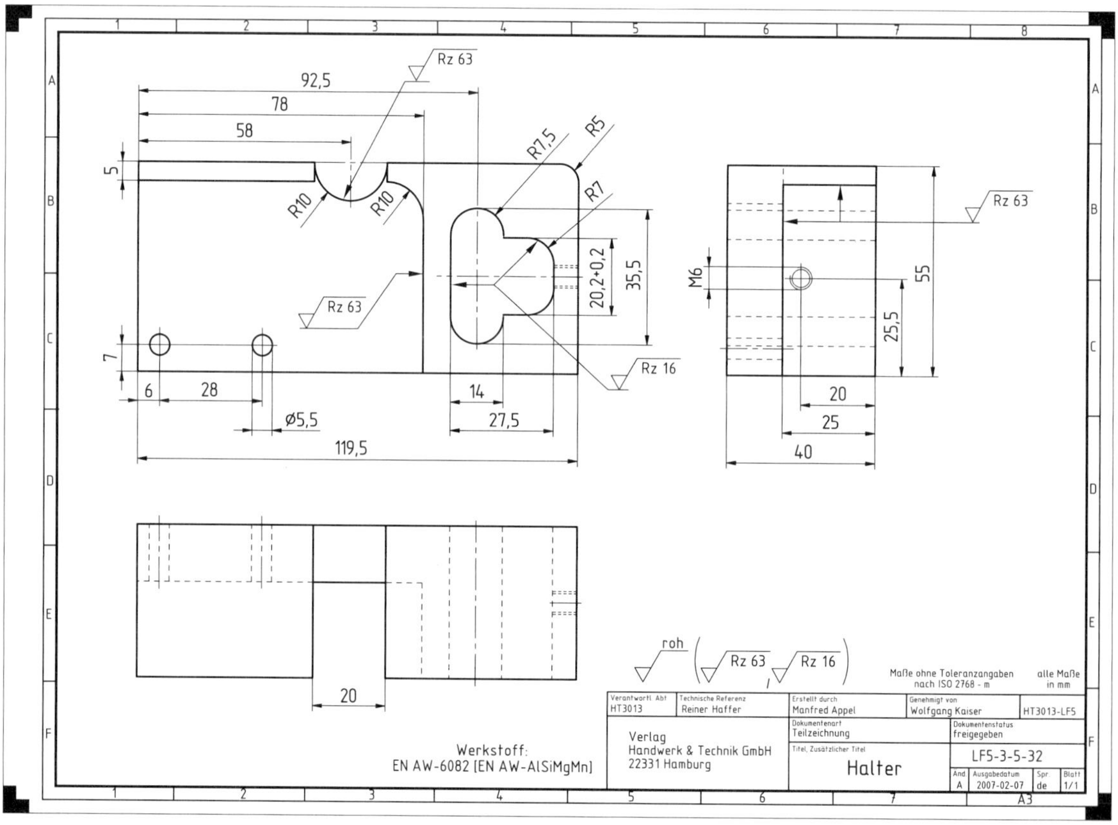

1. Erstellen Sie die Grobplanung für das Fräsen und Bohren des Halters, wobei das Rohteil 125 × 60 × 50 groß ist.

2. Bestimmen Sie die erforderlichen Fräsverfahren.

3. Legen Sie die erforderlichen Werkzeuge und Werkzeughalter fest.

4. Bestimmen Sie die Spannwerkzeuge für die verschiedenen Arbeitsschritte.

5. Welche Schnittgeschwindigkeiten, Umdrehungsfrequenzen und Vorschubgeschwindigkeiten sind für die einzelnen Bearbeitungsschritte zu wählen?

4 Räumen

9_1 Von dem im Bild 1 dargestellten Distanzstück aus 34CrMo4 sollen 5000 Stück hergestellt werden. Dazu wird zunächst eine Scheibe mit einem Außendurchmesser von ∅ 100h9 und einem Innendurchmesser von ∅ 50H7 gedreht.

Das Innenvierkant wird durch Räumen *(broaching)* hergestellt. Dabei wird eine **Räumnadel** *(pull broach)*, ein stangenförmiges, mehrzahniges Werkzeug, durch die Bohrung des Werkstücks gezogen (Bild 2). Das Zahnprofil der Räumnadel verändert sich vom runden auf den quadratischen Querschnitt (Bild 3).

Der Schaft der Räumnadel nimmt die Bohrung des Werkstücks auf, bevor er in den Ziehschlitten der Maschine eingesetzt wird. Der Führungsbereich des Werkzeugs hat die Aufgabe, das Werkstück zu zentrieren und beim Anschneiden zu führen.

Wenn die Mitten von Innen- und Außenkontur dicht beieinander liegen, muss das Spiel zwischen dem Innendurchmesser der Scheibe und der Führung der Räumnadel möglichst klein sein. Daher ist es meist erforderlich, die Führungsbohrung im Werkstück eng zu tolerieren (H7).

Der Schneidenteil dient zum Schruppen und Schlichten. Der Kalibrierteil zerspant nicht, seine Zähne gehen beim Nachschleifen der Räumnadel in den Schneidenteil über.

Das Werkzeug wird nur in Längsrichtung bewegt (Schnittbewegung). Da die Zähne immer weiter nach außen vorstehen, liegt eine ständige Zerspanung vor. Es ist keine Vorschubbewegung erforderlich. Die Schnitttiefe (Seite 80 Bild 1) ist auf den zu zerspanenden Werkstoff abgestimmt. Sie muss beim Nachschleifen der Räumnadel eingehalten werden. Ist sie zu groß, wird das Werkzeug überlastet und kann brechen. Ist sie zu klein, wird das Werkzeug unnötig lang. Rechtzeitiges Nachschleifen ist die Voraussetzung für eine gute Oberflächenqualität und eine niedrige Zugkraft.

Räumwerkzeuge werden überwiegend aus HSS hergestellt. Bei den mit Hartmetall bestückten Räumwerkzeugen besteht der Grundkörper aus Werkzeugstahl, in den dann die Hartmetallschneiden eingesetzt werden. Für die Befestigung der Hartmetallschneiden gibt es, ähnlich wie bei Dreh- und Fräswerkzeugen, mehrere Möglichkeiten. Entweder werden die Schneiden hart aufgelötet oder aber durch Klemmverbindungen fest im Grundkörper verankert.

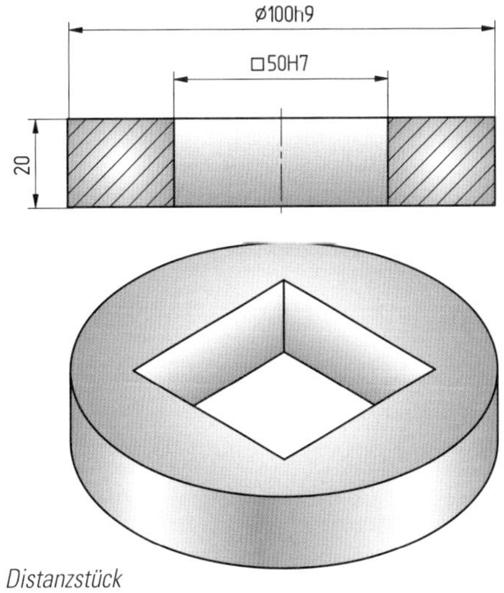

1 Distanzstück

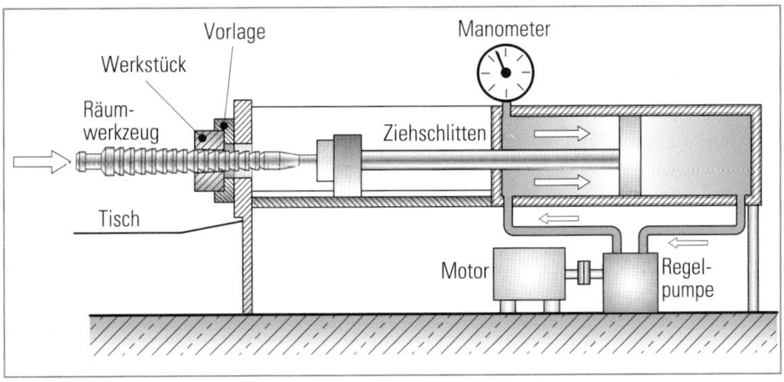

2 Hydraulische Waagrechträummaschine (schematisch)

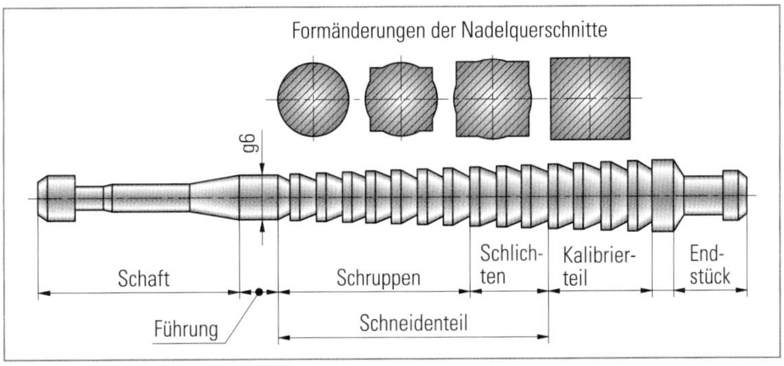

3 Räumnadel zum Innenräumen

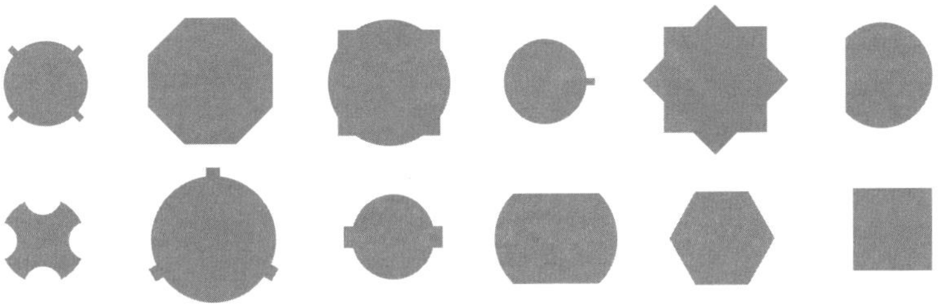

4 Durch Räumen herstellbare Innenprofile

MERKE

Das Räumen wird dort angewendet, wo schwierig herzustellende Profile (Seite 79 Bild 4) mit hoher Oberflächengüte und Formgenauigkeit in Serie gefertigt werden sollen. Es ist nur bei großen Stückzahlen wirtschaftlich, da das für den Einzelfall benötigte Räumwerkzeug sehr teuer ist.

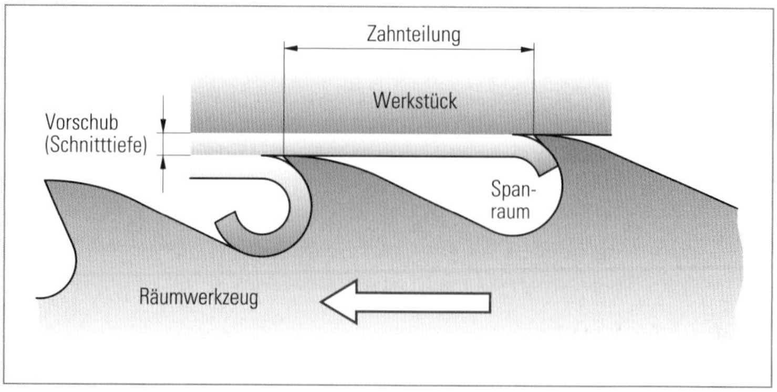

1 *Spanbildung beim Räumen*

Hydraulische Antriebe der Räummaschinen (Seite 79 Bild 2) gewährleisten eine stoßfreie, ratterfreie Schnittbewegung bei stufenlos einstellbarer Ziehgeschwindigkeit. Um gute Oberflächen am Werkstück zu erzielen, wird mit reichlich Kühlschmiermittel gearbeitet.

Beim Räumen können problemlos die Grundtoleranzen IT 7 bis IT 8 erreicht werden[1]. Mit erhöhtem Aufwand ist es möglich, IT 6 zu erreichen.

Passfedernuten (Bild 3) in Naben werden ebenfalls durch Räumen hergestellt. Dabei ist es nötig, dass die Räumnadel in einer besonderen Führungsbuchse (Bild 4) geführt und abgestützt wird. Die Führungsbuchse zentriert sich in der Bohrung, sodass die Nut in einem Durchgang geräumt werden kann.

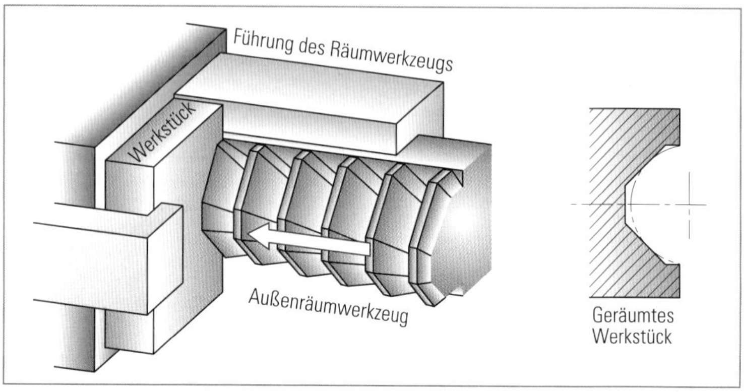

2 *Außenräumen*

MERKE

Beim **Innenräumen** *(internal broaching)* wird ein stangenförmiges, mehrzahniges Werkzeug (Räumnadel; Seite 79 Bild 3) durch eine Bohrung im Werkstück gezogen, wodurch sich die Bohrung auf den Endquerschnitt der Räumnadel verändert.

Beim **Außenräumen** *(external broaching)* (Bild 2) wird die Räumnadel außen am Werkstück entlang gezogen.

Da für jede zu räumende Form ein teures Werkzeug benötigt wird, eignet sich das Räumen nur für Großserien.

Überlegen Sie!

1. *Warum ist beim Räumen keine Vorschubbewegung erforderlich?*
2. *Wann und warum wird das Räumen zu einem wirtschaftlichen Fertigungsverfahren?*
3. *Unterscheiden Sie die verschiedenen Bereiche einer Räumnadel und ordnen Sie ihnen die jeweilige Aufgabe zu.*

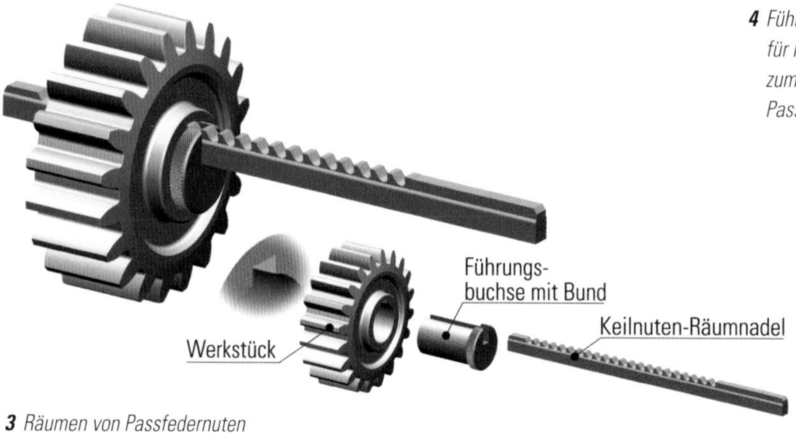

3 *Räumen von Passfedernuten*

4 *Führungsbuchse für Räumnadel zum Räumen von Passfedernuten*

1) siehe Tabellenbuch

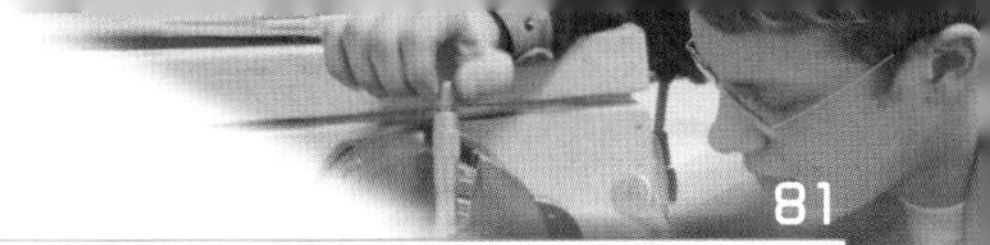

5 Kosten im Betrieb

5.1 Kostenarten und Zeiten in der Fertigung

Ziel der Unternehmen ist es, ihre Produkte mit Gewinn zu verkaufen. Der Preis, den das Unternehmen für das Produkt erhält (Reinerlös) ist der **Barverkaufspreis** (netto), der die Selbstkosten und den Gewinn beinhaltet (Bild 1).

Die **Selbstkosten** (Bild 2) ergeben sich aus den **Herstellungskosten** und den **Verwaltungs-** und **Betriebskosten**, die nicht direkt während der Herstellung des Produkts anfallen.

Die Herstellkosten (Bild 3) enthalten die **Material-** und die **Fertigungskosten**. In die **Fertigungseinzelkosten** gehen sowohl die **Lohn-** als auch die **Maschinenkosten** ein, die ihrerseits auch von der **Auftragszeit** abhängen.

Barverkaufspreis (netto) für ein Produkt
Selbstkosten
Gewinn

1 Barverkaufspreis

Selbstkosten
Herstellkosten
Verwaltungs- und Vertriebskosten

2 Selbstkosten

5.2 Betriebsmittelhauptnutzungszeit

Von den Zeiten, die zusammen die **Auftragszeit** (Seite 82 Bild 1) ergeben, sind nur wenige berechenbar. Viele der Zeiten werden vor Ort gemessen oder aufgrund von Erfahrungswerten festgelegt. Zu berechnen ist die Betriebsmittelhauptnutzungszeit als ein Teil der **unbeeinflussbaren Tätigkeiten**. Sie hängt von den eingestellten Prozessparametern ab, die bei einer Werkstückbearbeitung mit automatischem Vorschub eingestellt sind.

Die Betriebmittelhauptnutzungszeit – auch **Hauptnutzungszeit** t_h genannt – ist durch Umstellen der Geschwindigkeitsformel zu bestimmen.

$$v = \frac{s}{t}$$

$$t = \frac{s}{v}$$

$$\boxed{t_h = \frac{L}{v_f}}$$

Bei mehreren Schnitten i:

$$\boxed{t_h = \frac{L \cdot i}{v_f}}$$

t_h: Hauptnutzungszeit in min
v_f: Vorschubgeschwindigkeit in mm/min
L: Arbeitsweg in mm
i: Anzahl der Schnitte

Die Bearbeitungswege L für verschiedene Fertigungsverfahren sind auf den folgenden Seiten dargestellt. Für weitere Verfahren sind sie im Tabellenbuch zu finden.

Herstellkosten
Materialkosten
Alle Kosten, die für die Beschaffung, Lagerung und Bereitstellung des Rohteils entstehen.
Fertigungskosten
Alle Kosten, die bei der Herstellung des Produkts entstehen.
Materialeinzelkosten
Materialkosten, die dem Produkt direkt zugeteilt werden können: z. B. Rohteilkosten
Fertigungseinzelkosten
Fertigungskosten, die direkt dem Produkt zugeordnet werden können: z. B. Lohn für die Fachkraft oder Maschinenkosten bei der direkten Herstellung des Produkts
Materialgemeinkosten
Materialkosten, die dem Produkt nicht direkt zugeteilt werden können: z. B. Frachtkosten, Lagerkosten usw.
Fertigungsgemeinkosten
Fertigungskosten, die nicht direkt dem Produkt zugeordnet werden können: z. B. Lohn für die Wartung der Drehmaschine oder Kosten für Kühlschmierstoffe

3 Herstellkosten

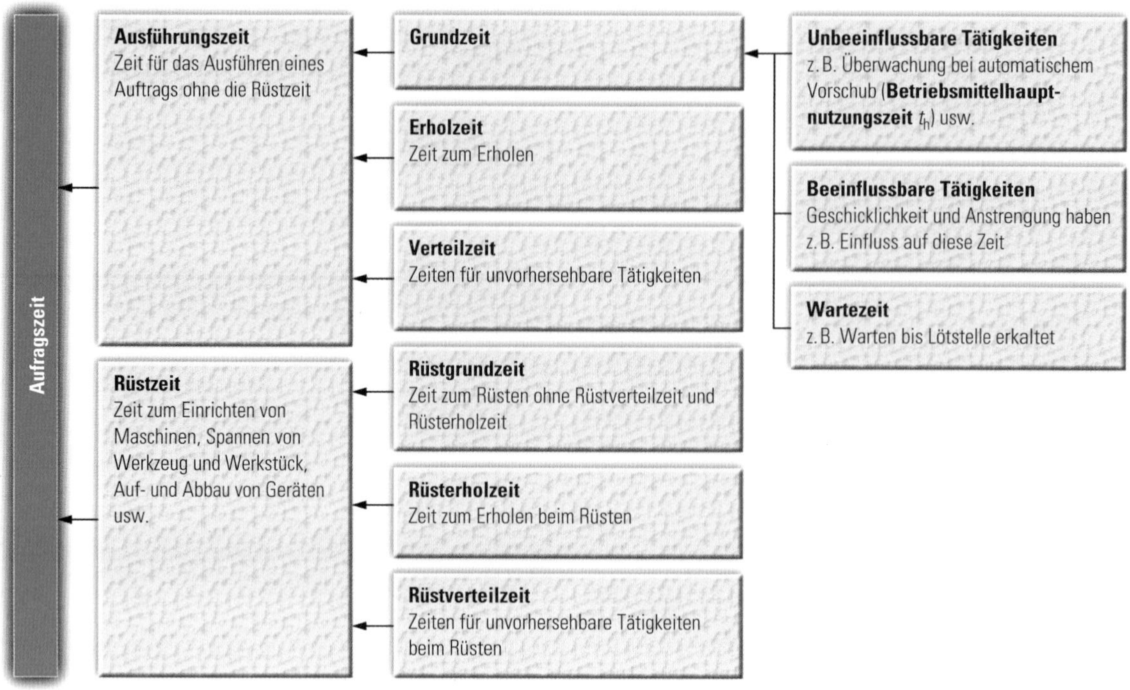
Auftragszeit
Ausführungszeit Zeit für das Ausführen eines Auftrags ohne die Rüstzeit
Rüstzeit Zeit zum Einrichten von Maschinen, Spannen von Werkzeug und Werkstück, Auf- und Abbau von Geräten usw.
Grundzeit
Erholzeit Zeit zum Erholen
Verteilzeit Zeiten für unvorhersehbare Tätigkeiten
Rüstgrundzeit Zeit zum Rüsten ohne Rüstverteilzeit und Rüsterholzeit
Rüsterholzeit Zeit zum Erholen beim Rüsten
Rüstverteilzeit Zeiten für unvorhersehbare Tätigkeiten beim Rüsten
Unbeeinflussbare Tätigkeiten z. B. Überwachung bei automatischem Vorschub (**Betriebsmittelhauptnutzungszeit** t_h) usw.
Beeinflussbare Tätigkeiten Geschicklichkeit und Anstrengung haben z. B. Einfluss auf diese Zeit
Wartezeit z. B. Warten bis Lötstelle erkaltet

1 Auftragszeit

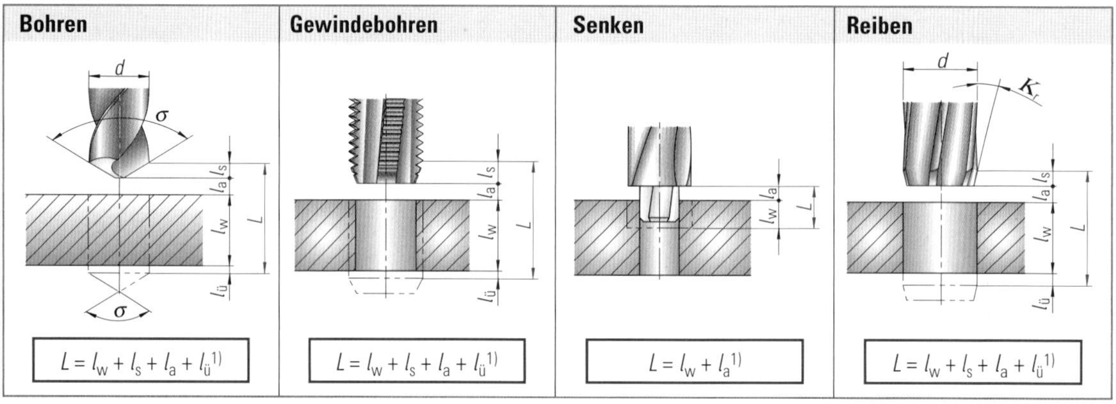
Bohren
Gewindebohren
Senken
Reiben
$L = l_w + l_s + l_a + l_ü$ 1)
$L = l_w + l_s + l_a + l_ü$ 1)
$L = l_w + l_a$ 1)
$L = l_w + l_s + l_a + l_ü$ 1)

Grundloch: $l_ü = 0$ 1) ohne weitere Angabe: $l_a = l_ü = 2$ mm

Bohren					**Gewindebohren**
Spitzenwinkwel σ	80°	118°	130°	140°	$l_s = (2...3) \cdot P$
l_s	$0{,}6 \cdot d$	$0{,}3 \cdot d$	$0{,}2 \cdot d$	$0{,}18 \cdot d$	gültig für eingängiges Gewinde

2 Arbeitswege beim Bohren, Gewindebohren, Senken und Reiben

Quer-Plandrehen: Vollzylinder – ohne Zapfen

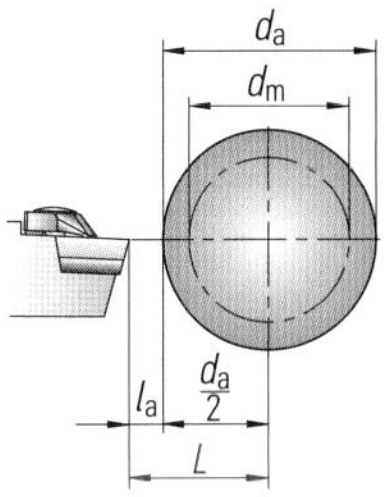

$$L = \frac{d_a}{2} + l_a$$

Quer-Plandrehen: Vollzylinder – mit Zapfen

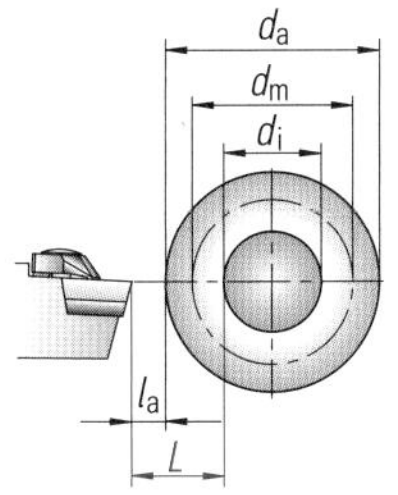

$$L = \frac{d_a - d_i}{2} + l_a$$

Quer-Plandrehen: Hohlzylinder

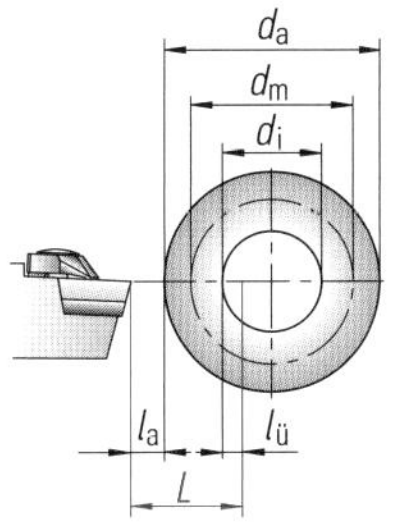

$$L = \frac{d_a - d_i}{2} + l_a + l_{\ddot{u}}$$

Längs-Runddrehen – ohne Zapfen

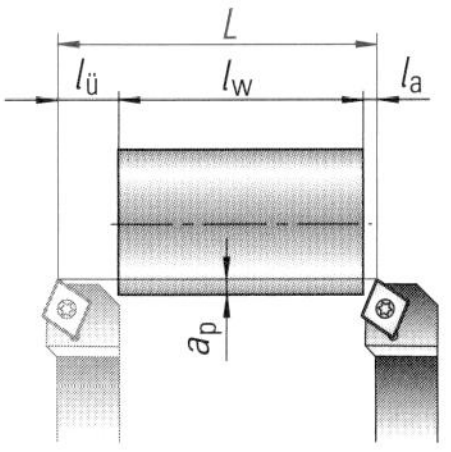

$$L = l_w + l_a + l_{\ddot{u}}$$

Längs-Runddrehen – mit Zapfen

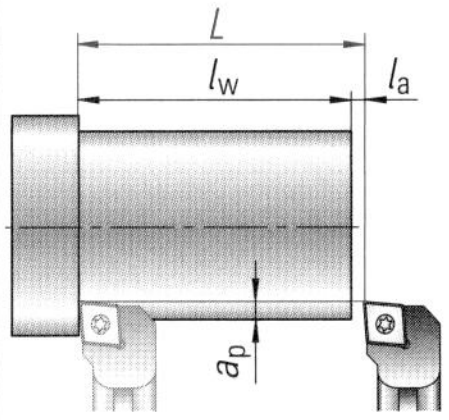

$$L = l_w + l_a$$

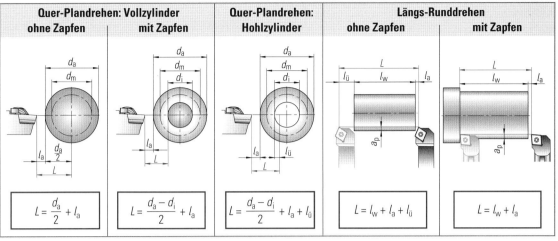

***1** Arbeitswege beim Drehen*

Umfangs-Planfräsen (Walzenfräser)

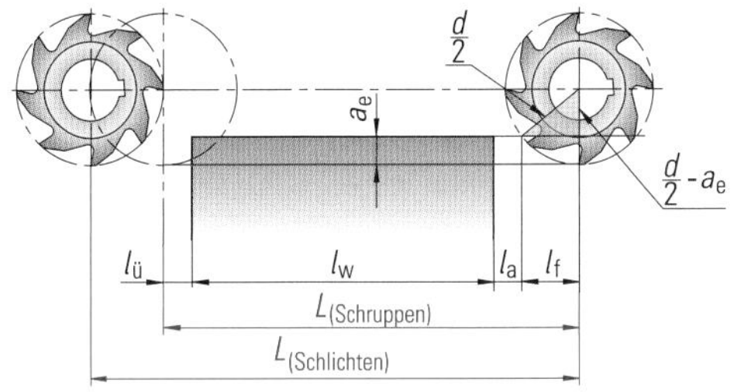

$$L = l_w + l_a + l_{\ddot{u}} + l_f$$

$$l_f = \sqrt{a_e \cdot (d - a_e)}$$

Stirn-Umfangs-Planfräsen (Scheiben-, Walzenstirnfräser)

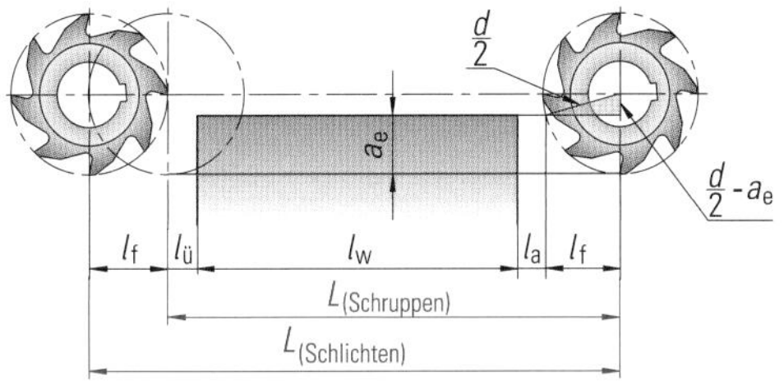

Schruppen $L = l_w + l_a + l_{\ddot{u}} + l_f$

Schlichten $L = l_w + l_a + l_{\ddot{u}} + 2 \cdot l_f$ $L \approx l_w + 3\,\text{mm} + d$

$$l_f = \sqrt{a_e \cdot (d - a_e)}$$

Stirn-Planfräsen – außermittig (Walzenstirnfräser)

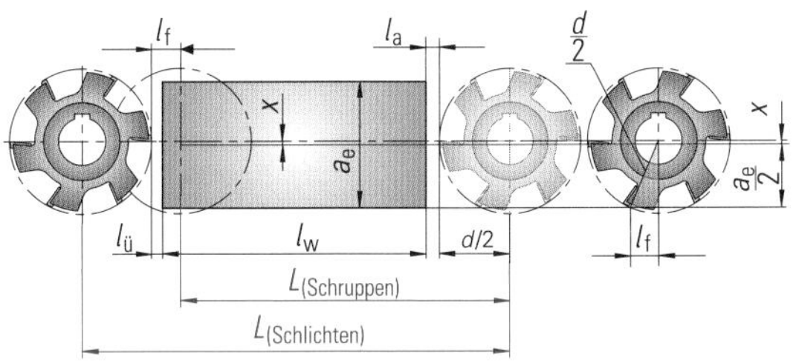

Schruppen $L = l_w + l_a + l_{\ddot{u}} + \frac{d}{2} + l_f$

Schlichten $L = l_w + l_a + l_{\ddot{u}} + d$

außermittig $l_f = \sqrt{\frac{d^2}{4} - \left(\frac{a_e}{2} + x\right)^2}$ mittig $l_f = \frac{1}{2}\sqrt{d^2 - a_e^2}$

Nutenfräsen (Nutenfräser)

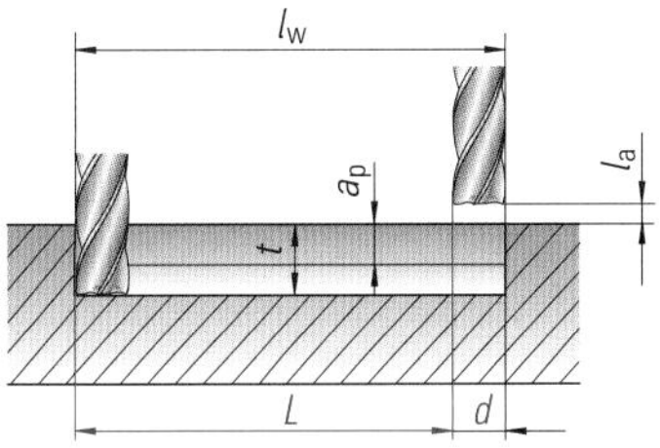

geschlossene Nut $L = l_w - d$

einseitig offene Nut $L = l_w - \frac{d}{2} + l_f$

Zahl der Zustellungen $L = \frac{t + l_a}{a_p}$

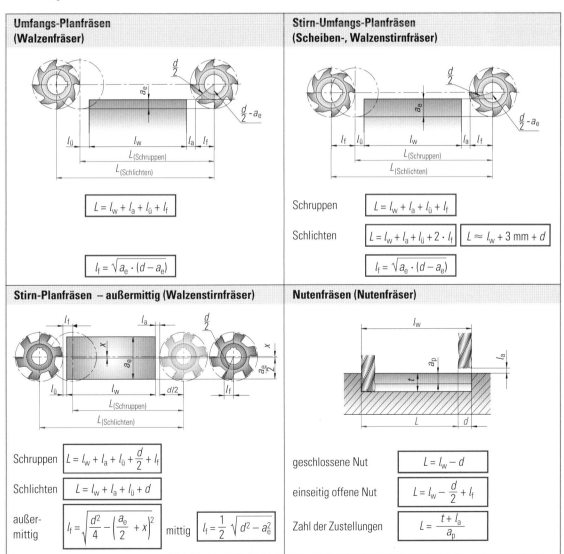

***2** Arbeitswege beim Fräsen*

5.2.1 Bearbeitung mit konstanter Umdrehungsfrequenz

Bohren, Senken, Reiben, Längs-Runddrehen

Die Vorschubgeschwindigkeit v_f beträgt beim Bohren, Senken, Reiben und Drehen (Bild 1):

$$v_f = f \cdot n$$

v_f: Vorschubgeschwindigkeit in mm/min
f: Vorschub pro Umdrehung in mm
n: Umdrehungsfrequenz in min^{-1}

Somit ergibt sich durch Einsetzen:

$$t_h = \frac{L \cdot i}{f \cdot n}$$

t_h: Hauptnutzungszeit
L: Anfahrtsweg in mm
i: Anzahl der Schnitte

Beispielrechnung

Berechnen Sie die Hauptnutzungszeit beim Längs-Runddrehen mit konstanter Umdrehungsfrequenz für Bild 1.

gesucht: t_h
gegeben: v_c = 200 m/min; d = 70 mm; l_w = 120 mm; l_a = 2 mm; f = 0,25 mm

$$t_h = \frac{L \cdot i}{n \cdot f}$$

$$n = \frac{v_c}{d \cdot \pi}$$

$$n = \frac{200\ \text{m} \cdot 1000\ \text{m}}{\text{min} \cdot 70\ \text{mm} \cdot \pi \cdot 1\ \text{m}}$$

$$\underline{n = 909/\text{min}}$$

gewählt: n = 900/min

$$L = l_w + l_a$$

$$L = 120\ \text{mm} + 2\ \text{mm}$$

$$\underline{L = 122\ \text{mm}}$$

$$t_h = \frac{122\ \text{mm} \cdot \text{min}}{900 \cdot 0{,}25\ \text{mm}}$$

$$t_h = 0{,}54\ \text{min}$$

$$\underline{\underline{t_h = 32{,}5\ \text{s}}}$$

Wenn die Umdrehungsfrequenz **stufenlos** einstellbar ist, kann für

$$n = \frac{v_c}{d \cdot \pi}$$

eingesetzt werden und für die Hauptnutzungszeit ergibt sich damit:

$$t_h = \frac{d \cdot \pi \cdot L \cdot i}{v_c \cdot f}$$

t_h: Hauptnutzungszeit
d: Durchmesser in mm
L: Anfahrtsweg in mm
i: Anzahl der Schnitte
v_c: Schnittgeschwindigkeit in m/min
f: Vorschub in mm

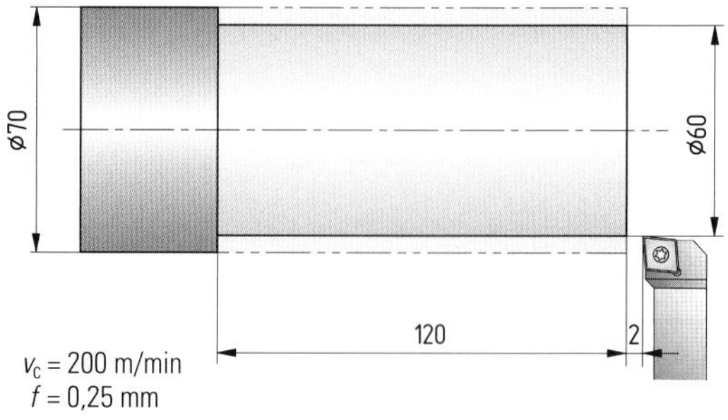

***1** Längs-Runddrehen mit konstanter Umdrehungsfrequenz*

Für die Beispielrechnung ergibt sich damit:

Beispielrechnung

$$t_h = \frac{d \cdot \pi \cdot L \cdot i}{v_c \cdot f}$$

$$t_h = \frac{70\ \text{mm} \cdot \pi \cdot 122\ \text{mm} \cdot \text{min} \cdot 1\ \text{m}}{200\ \text{m} \cdot 0{,}25\ \text{mm} \cdot 1000\ \text{m}}$$

$$t_h = 0{,}54\ \text{min}$$

$$\underline{\underline{t_h = 32{,}2\ \text{s}}}$$

Quer-Plandrehen

Beim Querplandrehen mit konstanter Umdrehungsfrequenz (Bild 2) nimmt die Schnittgeschwindigkeit mit dem Drehdurchmesser ab. Aus diesem Grunde wird die Umdrehungsfrequenz n für den mittleren Durchmesser d_m berechnet:

$$n = \frac{v_c}{d_m \cdot \pi}$$

$$d_m = \frac{d_a + d_i}{2}$$

d_m: mittlerer Durchmesser in mm
d_a: Außendurchmesser des Werkstücks
d_i: Innendurchmesser des Werkstücks

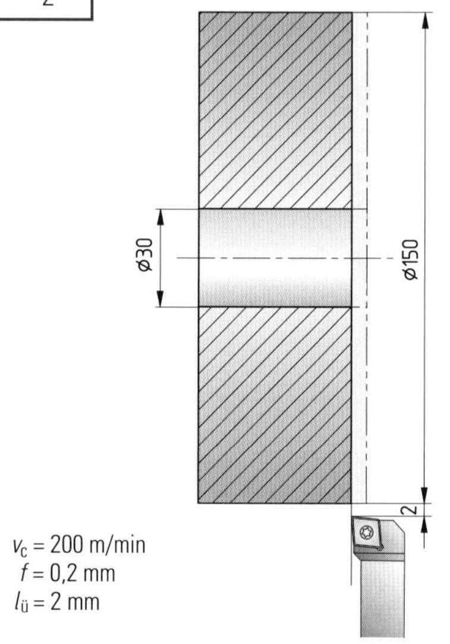

***2** Querplandrehen mit konstanter Umdrehungsfrequenz*

Beispielrechnung

Berechnen Sie die Hauptnutzungszeit beim Quer-Plan-Drehen mit konstanter Umdrehungsfrequenz in Bild 2 von Seite 84.

gesucht: t_h
gegeben: $v_c = 200$ m/min; $d_a = 150$ mm; $d_i = 30$ mm;
$l_a = l_ü = 2$ mm
$f = 0{,}25$ mm

$$t_h = \frac{L \cdot i}{f \cdot n}$$

$$n = \frac{v_c}{d_m \cdot \pi}$$

$$d_m = \frac{d_a + d_i}{2}$$

$$d_m = \frac{150\text{ mm} + 30\text{ mm}}{2}$$

$$d_m = 90\text{ mm}$$

$$n = \frac{200\text{ m} \cdot 1000\text{ mm}}{\text{min} \cdot 90\text{ mm} \cdot \pi \cdot 1\text{ m}}$$

$$n = 707/\text{min}$$

gewählt: $n = 710$/min

$$L = \frac{d_a - d_i}{2} + l_a + l_ü$$

$$L = \frac{150\text{ mm} - 30\text{ mm}}{2} + 2\text{ mm} + 2\text{ mm}$$

$$L = 64\text{ mm}$$

$$t_h = \frac{64\text{ mm} \cdot \text{min}}{710 \cdot 0{,}2\text{ mm}}$$

$$t_h = 0{,}45\text{ min}$$

$$t_h = 27\text{ s}$$

Wenn die Umdrehungsfrequenz **stufenlos** einstellbar ist, kann für

$$n = \frac{2 \cdot v_c}{(d_a + d_i) \cdot \pi}$$

eingesetzt werden und für die Hauptnutzungszeit ergibt sich damit:

$$t_h = \frac{(d_a + d_i) \cdot \pi \cdot L \cdot i}{2 \cdot v_c \cdot f}$$

d_a: Außendurchmesser
d_i: Innendurchmesser
f: Vorschub mm
v_c: Schnittgeschwindigkeit in m/min

Fräsen

Die Vorschubgeschwindigkeit

$v_f = n \cdot f_z \cdot z$

in die Grundformel für die Hauptnutzungszeit eingesetzt, ergibt:

$$t_h = \frac{L}{n \cdot f_z \cdot z}$$

n: Umdrehungsfrequenz in min^{-1}
f_z: Vorschub pro Zahn in mm
z: Zähnezahl des Fräsers

5.2.2 Drehen mit konstanter Schnittgeschwindigkeit

Bei CNC-Drehmaschinen wird oft mit konstanter Schnittgeschwindigkeit[1)] gedreht, wodurch beim Quer-Plan-Drehen (Bild 1) die Umdrehungsfrequenz mit abnehmendem Drehdurchmesser zunimmt. Beim **Grenzdurchmesser** d_g ist dann die maximale Drehzahl n_{max} erreicht.

$$d_g = \frac{v_c}{\pi \cdot n_{max}}$$

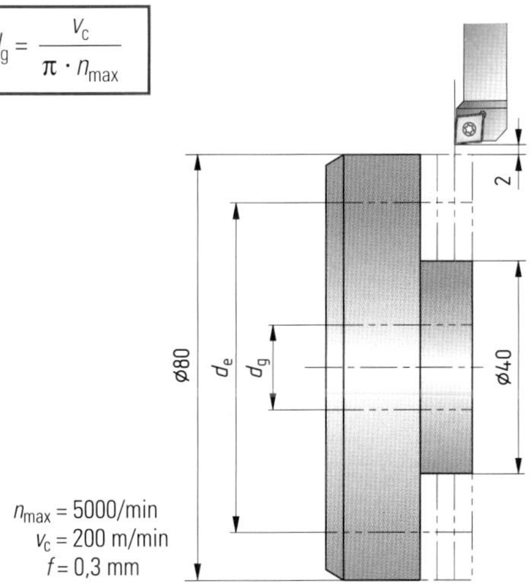

1 *Quer-Plan-Drehen mit konstanter Schnittgeschwindigkeit*

Beispielrechnung

$$d_g = \frac{250\text{ m} \cdot \text{min} \cdot 1000\text{ mm}}{\text{min} \cdot \pi \cdot 5000 \cdot 1\text{ m}}$$

$$d_g = 15{,}9\text{ mm} < d_i = 40\text{ mm}$$

Ist der Zieldurchmesser d_i größer als der Grenzdurchmesser d_g, nimmt die Umdrehungsfrequenz vom Startdurchmesser bis zum Zieldurchmesser kontinuierlich zu.
Die mittlere Vorschubgeschwindigkeit v_{fm} liegt bei der mittleren Drehzahl n_m bzw. beim **Ersatzdurchmesser** d_e vor.

$$d_e = \frac{d_a + d_i}{2} + l_a$$ Quer-Plan-Drehen mit Zapfen

$$d_e = \frac{d_a + d_i}{2} + l_a + l_ü$$ Quer-Plan-Drehen von Hohlzylindern

Beispielrechnung

$$d_e = \frac{80\text{ mm} + 40\text{ mm}}{2} + 2\text{ mm}$$

$$d_e = 62\text{ mm}$$

Die mittlere Drehzahl n_m ergibt sich aus:

$$n_m = \frac{v_c}{\pi \cdot d_e}$$

n_m: Mittlere Drehzahl in min^{-1}
v_c: Schnittgeschwindigkeit in m/min
d_e: Ersatzdurchmesser in mm

1) siehe Lernfeld 8, Kap. 3.2.5 CNC-Programm Satz N190

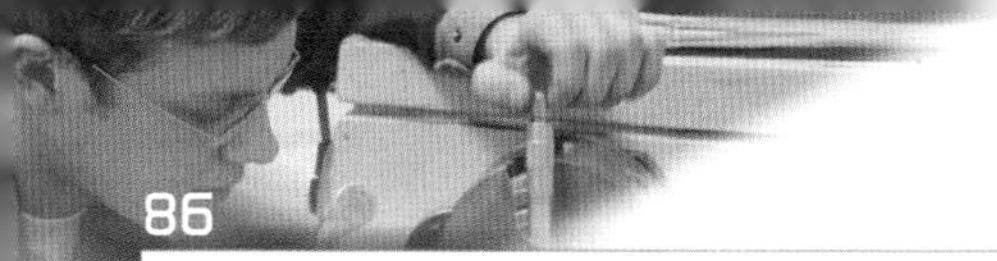

Beispielrechnung

$$n_m = \frac{250 \text{ m} \cdot 1000 \text{ mm}}{\text{min} \cdot 62 \text{ mm} \cdot \pi}$$

$$\underline{\underline{n_m = 1283{,}5/\text{min}}}$$

Um die Formel zur Berechnung der Hauptnutzungszeit beim Drehen mit konstanter Schnittgeschwindigkeit zu erhalten, wird in die Grundformel von Seite 84 die mittlere Umdrehungsfrequenz n_m eingesetzt:

$$\boxed{t_h = \frac{L \cdot i}{f \cdot n_m}}$$

$$\boxed{t_h = \frac{d_e \cdot \pi \cdot L \cdot i}{v_c \cdot f}}$$

t_h: Hauptnutzungszeit
L: Anfahrtsweg in mm
i: Anzahl der Schnitte
n_m: Mittlere Umdrehungsfrequenz in min^{-1}
d_e: Ersatzdurchmesser in mm
v_c: Schnittgeschwindigkeit in m/min
f: Vorschub in mm

Beispielrechnung

Berechnen Sie die Hauptnutzungszeit beim Querplan-Drehen mit konstanter Schnittgeschwindigkeit von Seite 85 Bild 1.

gesucht: t_h
gegeben: $i = 3$; $d = 70$ mm; $l_w = 120$ mm; $l_a = 2$ mm; $f = 0{,}3$ mm

$$t_h = \frac{L \cdot i}{n_m \cdot f}$$

$$t_h = \frac{22 \text{ mm} \cdot 3 \cdot \text{min}}{1283{,}5 \cdot 0{,}3 \text{ mm}}$$

$$t_h = 0{,}1714 \text{ min}$$

$$\underline{\underline{t_h = 10{,}3 \text{ s}}}$$

ÜBUNGEN

1. Eine 500 mm lange, zwischen den Spitzen gespannte Spindelwelle von 160 mm Durchmesser soll längsrund geschruppt werden. Dabei werden eine Schnittgeschwindigkeit von 300 m/min und ein Vorschub von 0,6 mm gewählt. Wie groß ist dafür die Hauptnutzungszeit, wenn An- und Überlauf jeweils 3 mm betragen?

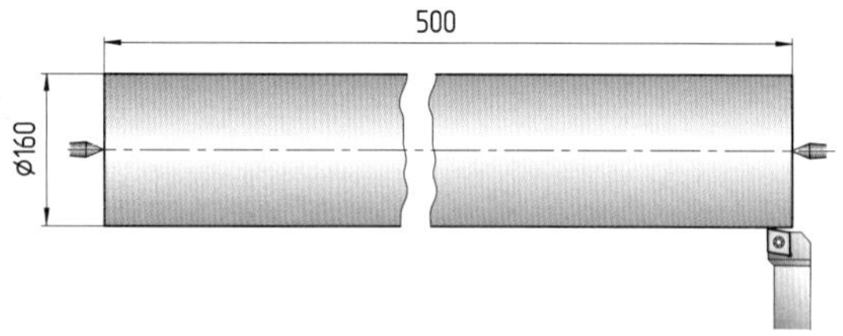

2. Zum Schruppen eines Absatzes der Kegelradwelle werden vier Schnitte ($a_p = 5$ mm) benötigt. Die Schnittgeschwindigkeit beträgt 250 m/min, der Vorschub 0,6 mm. Die Drehmaschine arbeitet mit konstanter Schnittgeschwindigkeit. Wie lange dauern die Hauptnutzungszeiten für die einzelnen Schnitte?

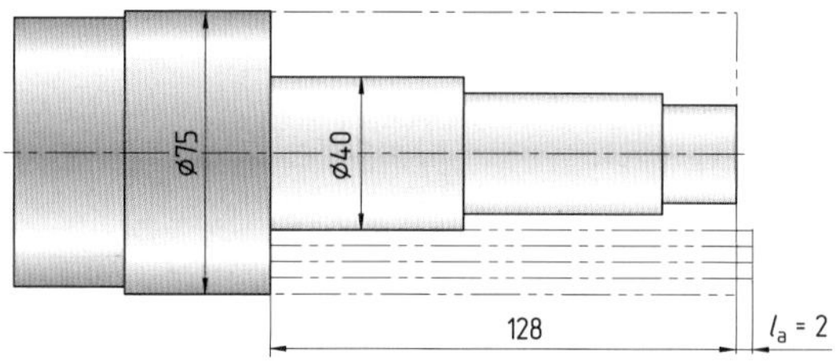

3. Bestimmen Sie die Hauptnutzungszeiten für das Längs-Rundschruppen der anderen Absätze der Kegelradwelle (Bild oben und Seite 18 Bild 2).

4. Die Nut im Lagerteil soll mit einem Hartmetallschaftfräser von 32 mm Durchmesser mit zwei Schneiden in 4 Schnitten mit einer Schnittgeschwindigkeit von 100 m/min bei einem Vorschub pro Zahn von 0,1 mm bearbeitet werden. Die Länge des Werkstücks beträgt 116 mm, die Summe aus An- und Überlauf 20 mm. Wie groß ist die Hauptnutzungszeit für das Schruppen der Nut?

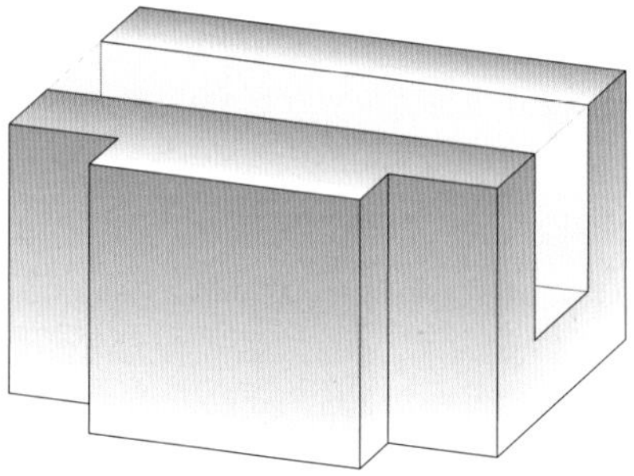

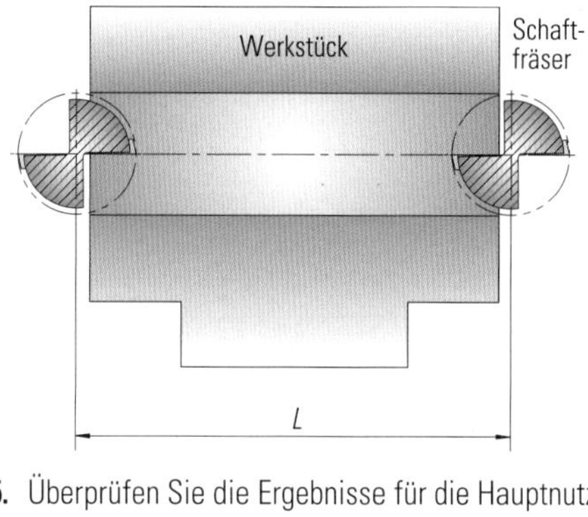

5. Überprüfen Sie die Ergebnisse für die Hauptnutzungszeiten im Kapitel 3.5.3 Nutenfräsen.

6. Eine Achse wird an der Stirnseite mit einer Umdrehungsfrequenz von 660/min und einem Vorschub von 0,15 mm querplangedreht. Wie lange dauert der Vorgang, wenn ein Anlaufweg von 2 mm und ein Überlaufweg von 1 mm eingehalten werden?

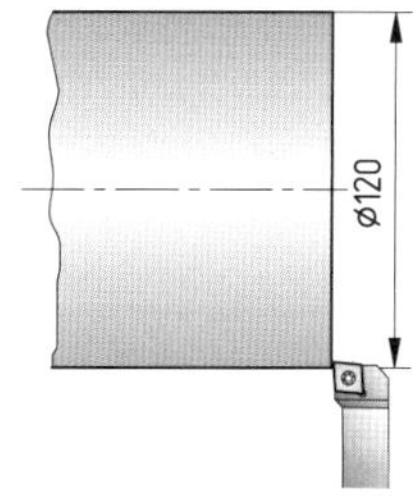

7. Die Stirnseite einer Hohlwelle wird mit konstanter Schnittgeschwindigkeit von 250 m/min bei einem Vorschub von 0,1 mm geschlichtet. Wie lange dauert dies bei einem An- und Überlauf von jeweils 2 mm?

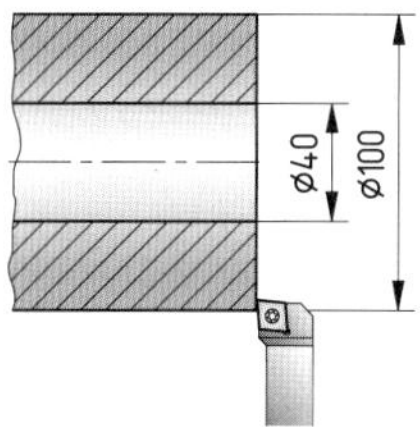

8. Eine Stahlplatte mit 400 mm × 100 mm soll mit einem Messerkopf ⌀160 geschlichtet werden. Der An- und Überlauf beträgt jeweils 5 mm. Als Schnittdaten werden gewählt:
Schnittgeschwindigkeit: 150 m/min
Vorschub je Schneide: 0,25 mm
Schneidenzahl: 8
Wie groß ist die Hauptnutzungszeit für diese Bearbeitung?

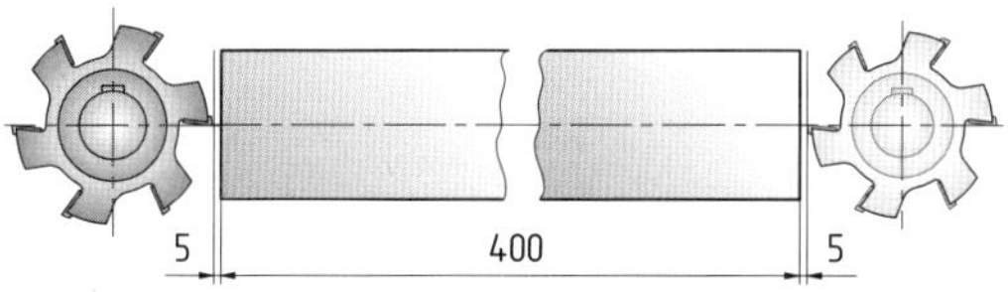

9. Die Kontur der oben rechts dargestellten Tasche wird geschlichtet, wobei eine Vorschubgeschwindigkeit an der Kontur von 400 mm/min vorliegt. Wie lange dauert der Schlichtvorgang?

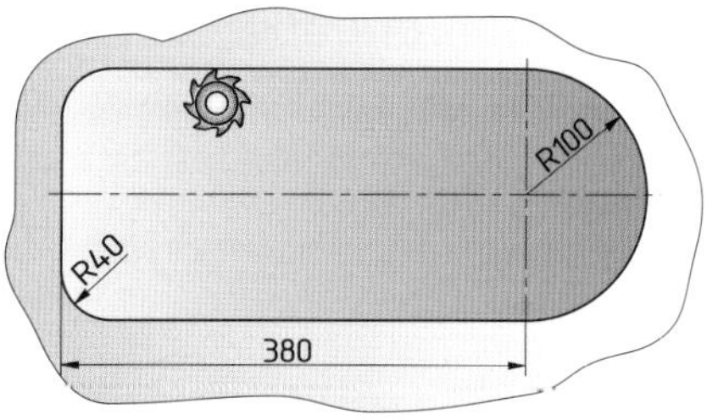

10. Die Führungsleiste wird mit einem hartmetallbestückten Schaftfräser in jeweils einem Schnitt geschruppt und geschlichtet. Dabei sind folgende Parameter eingestellt:

Parameter	Schruppen	Schlichten
Schnittgeschwindigkeit	100 m/min	120 m/min
Vorschub je Schneide	0,15 mm	0,08 mm
Schneidenzahl	8	8

Bestimmen Sie folgende Größen:
a) Umdrehungsfrequenzen
b) Vorschubgeschwindigkeiten
c) Vorschubwege
d) Hauptnutzungszeiten

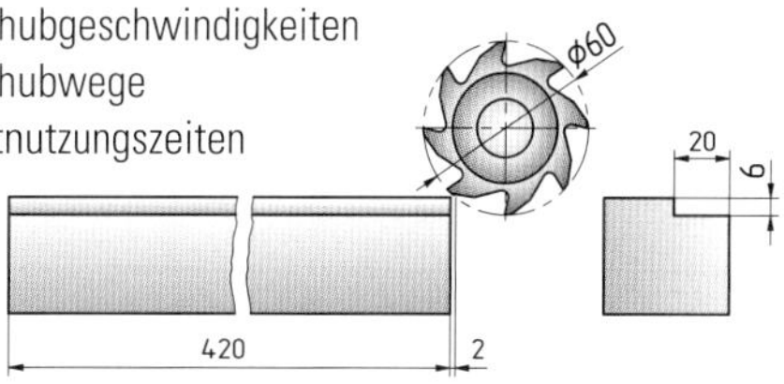

11. Entwickeln Sie mit Hilfe einer Tabellenkalkulation die Berechnungen für Umdrehungsfrequenzen, Vorschubgeschwindigkeiten und Hauptnutzungszeiten für das Fräsen

12. Die Achse für eine Umlenkrolle aus E295 ist zu fertigen.
a) Erstellen Sie einen Arbeitsplan für die Achse.
b) Legen Sie alle fertigungstechnischen Daten fest.
c) Bestimmen Sie die Bearbeitungswege.
d) Berechnen Sie die Hauptnutzungszeiten zum Drehen, Fräsen und Bohren.

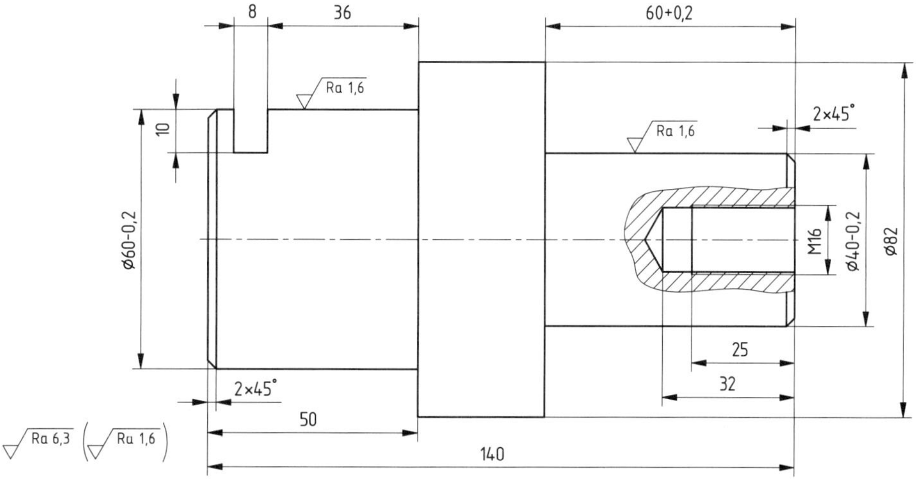

5.3 Kostenberechnung

Zur Kalkulation eines angemessenen Preises für ein Produkt sind alle anfallenden Kosten im Betrieb zu erfassen und auf die gefertigten Produkte zu verteilen.

5.3.1 Lohnkosten

Die Kosten, die direkt bei der Fertigung eines Produkts anfallen, sind die **Fertigungslohnkosten (*FLK*)**. Sie werden nach folgender Formel berechnet:

$$FLK = T \cdot LK$$

FLK: Fertigungslohnkosten für den Auftrag in €
T: Auftragszeit in h
LK: Lohnkosten in €/h ≈ 170 % ... 200 % des Stundenlohns

Beispielrechnung

Für einen Auftrag benötigt eine Fachkraft 35 Stunden. Ihr Stundenlohn beträgt 18,00 €/h. Die Personalzusatzkosten betragen 80 % des Stundenlohns. Wie groß sind die Fertigungslohnkosten?

$$FLK = T \cdot LK$$

$$FLK = \frac{35\,\text{h} \cdot 18{,}00\,€ \cdot 180\,\%}{100\,\% \cdot \text{h}}$$

$$\underline{\underline{FLK = 1.134{,}00\,€}}$$

Stundenlohn (Bruttolohn pro Stunde)
=
Nettolohn + Sozialabgaben + Steuern

\+

Personalzusatzkosten
=
gesetzliche Zusatzkosten
(z. B. Sozialversicherungsbeiträge des Arbeitgebers, bezahlte Feiertage, Lohnfortzahlung bei Krankheit)
\+
tarifliche und betriebliche Zusatzkosten
(z. B. Urlaub, Vermögensbildung, betriebliche Altersvorsorge)

=

Lohnkosten

Die **Fertigungsgemeinkosten (*FGK*)** beinhalten z. B. Gehälter für Konstrukteure, Meister und innerbetriebliche Transporteure. Dazu zählen ebenso die Kosten für z. B. Transportmittel und Maschinen, die unregelmäßig genutzt werden. Diese Kosten sind meist einem Produkt nicht eindeutig zuzuordnen. Fertigungsgemeinkosten werden deshalb durch prozentuale Zuschläge auf die Fertigungslohnkosten berücksichtigt.

5.3.2 Materialkosten

Die **Materialeinzelkosten (*MEK*)** lassen sich aus den Angaben in der Stückliste oder den Stückkosten und der Auftragsgröße berechnen.

$$MEK = Masse \cdot \frac{Kosten}{Kilogramm}$$

$$MEK = m \cdot \frac{K}{kg}$$

Beispielrechnung

Bei einem Auftrag sind 200 Spannbolzen aus 46S20 (Bild 1) zu fertigen. Bestimmen Sie die Materialeinzelkosten, wenn der Preis pro kg 1,52 € beträgt.

$$MEK = m \cdot \frac{K}{kg}$$

$$MEK = V \cdot \rho \cdot \frac{K}{kg}$$

$$MEK = \frac{d^2 \cdot \pi}{4} \cdot l \cdot \rho \cdot \frac{K}{kg}$$ für *d* und *l* sind die Rohmaße zu wählen

$$MEK = \frac{2{,}6^2\,\text{cm}^2 \cdot \pi}{4} \cdot 9{,}5\,\text{cm} \cdot \frac{7{,}85\,\text{g}}{\text{cm}^3} \cdot \frac{1{,}52\,€}{\text{kg}} \cdot \frac{1\,\text{kg}}{1000\,\text{g}}$$

$$\underline{\underline{MEK = 0{,}60\,€}}$$

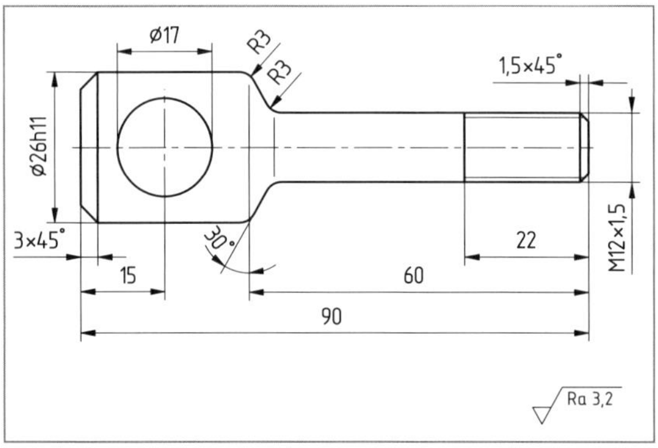

1 *Spannbolzen*

Materialgemeinkosten (*MGK*) sind z. B. Kosten für Kühlschmiermittel, Reinigungsmittel und Lagerung sowie Löhne und Gehälter für Beschäftigte im Lager. Da sie nicht direkt dem benötigten Material zuzuordnen sind, werden sie als prozentuale Zuschläge auf die Materialeinzelkosten berechnet.

5.3.3 Verwaltungs- und Vertriebsgemeinkosten

Sie umfassen z. B. Löhne und Gehälter sowie Kosten für Ausstattung und Material in den Abteilungen Verwaltung und Vertrieb.

5.3.4 Zuschlagskalkulation

Die Zuschlagskalkulation wird in Industrie, Handel und Handwerk am häufigsten angewandt, um einen Angebotspreis zu bestimmen.
Die Zuschlagssätze ergeben sich aus der Kostensituation des Betriebes. Die Genauigkeit der Kalkulation hängt somit unter anderem auch davon ab, wie sorgfältig von den Fachkräften die Material- und Zeiterfassung durchgeführt wird.

Fertigungslohnkosten	*FLK*	400,00 €		
Fertigungsgemeinkosten	+ *FGK*	+ 120 % · *FLK* 480,00 €		
Fertigungskosten			= *FK*	880,00 €
Materialeinzelkosten	*MEK*	200,00 €		
Materialgemeinkosten	+ *MGK*	+ 60 % · *MEK* 120,00 €		
Materialkosten			= *MK*	+ 320,00 €
Herstellkosten			*HK*	= 1.200,00 €
Verwaltungs- und Vertriebsgemeinkosten			*VVGK*	+ 40 % · *HK* 480,00 €
Selbstkosten			*SK*	= 1.680,00 €
Gewinn			*G*	+ 15 % · *SK* 252,00 €
Barverkaufspreis, netto			*BVP*	= 1.932,00 €

Bewertung der Zuschlagskalkulation
Teure Maschinen und Anlagen (z. B. CNC-Bearbeitungszentren, Beschichtungsanlagen) verursachen besonders hohe Fertigungsgemeinkosten. Bei der Zuschlagskalkulation werden diese dann mit gleichem Prozentsatz auf die Fertigungskosten aller Produkte verrechnet. Das führt dazu, dass Produkte, die nicht auf den teueren Maschinen und Anlagen hergestellt wurden, zu hoch kalkuliert sind. Die Produkte, die auf den teueren Maschinen und Anlagen erstellt wurden, sind demnach zu niedrig kalkuliert.
Um das zu vermeiden, werden die Gemeinkosten an den Stellen ermittelt, an denen sie entstehen. An jeder Kostenstelle z. B. CNC-Bearbeitungszentrum, Beschichtungsanlage usw. werden die Fertigungsgemeinkosten den Lohnkosten gegenübergestellt, sodass der spezifische Fertigungsgemeinkostenzuschlag ermittelt werden kann. Dieser wird dann auch nur auf die Produkte aufgeschlagen, die dort gefertigt wurden.

5.3.5 Maschinenstundensatz

Beim Einsatz unterschiedlicher Maschinen ist es sinnvoll, die Fertigungsgemeinkosten zu präzisieren. Die Kalkulation wird genauer, wenn die Kosten für die unterschiedlich teuren Maschinen einzeln erfasst werden. Dazu wird der Maschinenstundensatz *(MSS)* berechnet.

$$MSS = \frac{K_A + K_Z + K_I + K_R + K_E}{T_N}$$

MSS: Maschinenstundensatz in €/h
K_A: Kalkulatorische Abschreibung im Jahr in € pro Jahr
K_Z: Kalkulatorische Zinsen im Jahr in € pro Jahr
K_I: Instandhaltungs- und Wartungskosten im Jahr in € pro Jahr
K_R: Raumkosten im Jahr in € pro Jahr
K_E: Energiekosten im Jahr in € pro Jahr
T_N: Nutzungszeit im Jahr in Stunden pro Jahr

Beispielrechnungen

Aufgrund der guten Auftragslage investiert ein Betrieb in eine CNC-Fräsmaschine zum Preis von 200.000,00 €. Für die Kalkulation ist der Maschinenstundensatz für Ein- und Zweischichtbetrieb zu bestimmen.

Abschreibung K_A

$$K_A = \frac{\text{Wiederbeschaffungspreis}}{\text{Nutzungsdauer}}$$

$$K_A = \frac{230.000{,}00\ €}{5\ \text{Jahre}}$$

$$K_A = 46.000{,}00\ \frac{€}{\text{Jahr}}$$

Der Wiederbeschaffungspreis in fünf Jahren wird wegen der zu erwartenden Preissteigerungen um ca. 15 % höher als der Neupreis geschätzt.

Zinsen K_Z Es ist der banküblich Zinssatz einzusetzen.

$$K_Z = \frac{\text{Wiederbeschaffungspreis} \cdot \text{Zinssatz}}{2 \cdot 100\,\%}$$

$$K_Z = \frac{230.000{,}00\ € \cdot 6\,\%}{2 \cdot 100\,\%}$$

$$K_Z = 6.900{,}00\ \frac{€}{\text{Jahr}}$$

Instandhaltungkosten K_I

$$K_I = 7.000{,}00\ \frac{€}{\text{Jahr}}$$

Erfahrungswert oder Herstellerangaben oder prozentuale Wiederbeschaffungskosten.

Raumkosten K_R

K_R = Flächenbedarf · Monatsmiete pro m^2

$$K_R = \frac{20\ m^2 \cdot 6{,}00\ € \cdot 12}{m^2}$$

$$K_R = 1.440{,}00\ \frac{€}{\text{Jahr}}$$

Flächenbedarf für Fräsmaschine multipliziert mit der Monatsmiete pro m^2 und 12 Monaten.

Energiekosten K_E

$$K_E = 3.000{,}00\ \frac{€}{\text{Jahr}}$$

Antriebsleistung, durchschnittliche Leistungsausnutzung, Preis pro Kilowattstunde und jährliche Nutzung bestimmen die Energiekosten.

Nutzungszeit T_N

T_N = 1200 h bei Einschichtbetrieb

T_N = 2000 h bei Zweischichtbetrieb

Anhaltswerte: Abhängig von den jeweiligen Arbeitszeitmodellen und den Störungs-, Instandhaltungs- und Wartungszeiten.

Maschinenstundensatz *MSS*

$$MSS = \frac{46.000\ € + 6.900\ € + 7.000\ € + 1.440\ € + 3.000\ €}{1200\ h}$$

$$MSS = 53{,}61\ \frac{€}{h} \text{ bei Einschichtbetrieb}$$

$$MSS = \frac{46.000\ € + 6.900\ € + 7.000\ € + 1.440\ € + 3.000\ €}{2000\ h}$$

$$MSS = 32{,}17\ \frac{€}{h} \text{ bei Zweischichtbetrieb}$$

ÜBUNGEN

1. Aus der Lohn- und Materialkarte ergeben sich für die Produktion eines Werkstücks folgende Einzelkosten:
Fertigungslohnkosten 92,00 €
Materialeinzelkosten 28,00 €

Der Betrieb rechnet mit folgenden Zuschlagssätzen:

Fertigungsgemeinkosten	160 %
Materialgemeinkosten	70 %
Verwaltungs- und Vertriebsgemeinkosten	45 %

Berechnen Sie:
a) die Herstellkosten
b) die Selbstkosten
c) den Barverkaufspreis bei 18 % Gewinn

2. Bei der Herstellung eines Werkstücks ergeben sich folgende Einzelkosten:
Fertigungslohnkosten 125,00 €
Materialeinzelkosten 45,00 €

Der Betrieb rechnet mit folgenden Zuschlagssätzen:
Fertigungsgemeinkosten 170 %
Materialgemeinkosten 80 %
Verwaltungs- und Vertriebsgemeinkosten 42 %

Berechnen Sie:
a) die Herstellkosten
b) die Selbstkosten
c) den Barverkaufspreis bei 15 % Gewinn

3. Entwickeln Sie mit Hilfe einer Tabellenkalkulation ein Berechnungsschema für die Zuschlagskalkulation.

4. Für die Kalkulation des Maschinenstundensatzes einer CNC-Drehmaschine liegen folgende Daten vor:
Preis der Fräsmaschine 200.000,00 €
Nutzungsdauer 6 Jahre

Geschätzte Preissteigerung während der Nutzungszeit 18 %

Zinssatz für Kredit 5 %

Instandhaltungs- und Wartungskosten	8.000,00 €/Jahr
Raumkosten	3.000,00 €/Jahr
Energiekosten	3.500,00 €/Jahr

a) Berechnen Sie den Maschinenstundensatz für Einschichtbetrieb (1600 h).

Bei Zweischichtbetrieb (3000 h) ändern sich folgende Daten:
Nutzungsdauer 4 Jahre

Geschätzte Preissteigerung 12 %
Instandhaltungs- und Wartungskosten 12.000,00 €/Jahr

b) Wie hoch sind jetzt die Energiekosten?
c) Bestimmen Sie den Maschinenstundensatz beim Zweischichtbetrieb.
d) Beurteilen Sie die Ergebnisse aus den Sichten von Arbeitnehmer und Arbeitgeber.

5. Entwickeln Sie mit Hilfe einer Tabellenkalkulation ein Berechnungsschema für die Kalkulation des Maschinenstundensatzes.

6. Für eine Maschine sind folgende Daten bekannt:

Anschaffungspreis	350.000,00 €
Wiederbeschaffungspreis	+ 20 %
Nutzungsdauer	6 bzw. 4 Jahre
■ bei Einschichtbetrieb	1700 h/Jahr
■ bei Zweischichtbetrieb	3200 h/Jahr
kalkulatorischer Zinssatz	6,5 %
Raumbedarf	20 m^2
Miete pro m^2:	6,00 €
durchschnittlicher Energiebedarf	8 kW
Energiekosten	0,18 €/kWh
Instandhaltungskosten	
■ bei Einschichtbetrieb	6 % des Anschaffungspreises pro Jahr
■ bei Zweischichtbetrieb	9 % des Anschaffungspreises pro Jahr

Berechnen Sie den Maschinenstundensatz für:
a) Einschichtbetrieb und
b) Zweischichtbetrieb

6 Milling Machine and Shell End Mill Arbor

6.1 Milling Machine

A milling machine is a machine tool used for the shaping of metal and other solid materials. In milling, it is the tool which describes the rotary cutting motion. The secondary motions depend upon the nature of the workpiece or the type of tool used.
In this type of machine the milling cutter and driving spindle are mounted vertically and they rotate to produce the cutting process. On a horizontal table, underneath the cutter, the work piece is clamped into position. This machine can cut complex shapes because the cutter can be moved horizontally and vertically by hand. Driven by a motor the table can be moved horizontally.

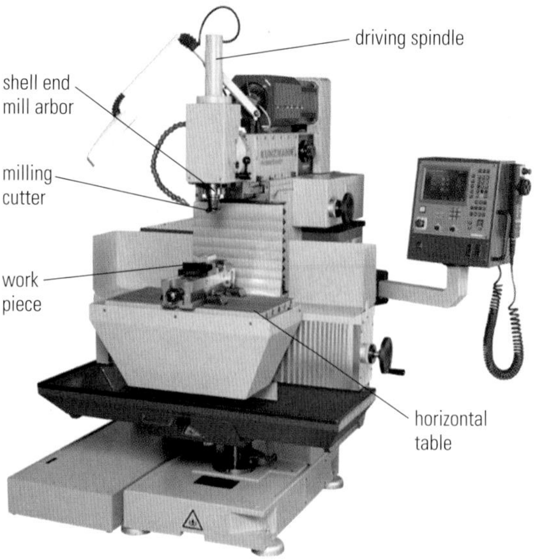

Assignments on the text:

1. Translate the text above by using your English-German vocabulary list.
2. Which kind of material can be shaped?
3. Which part describes the rotary cutting motion?
4. How are the milling cutter and driving spindle mounted?
5. Where can the operator clamp the work pieces?
6. How can the cutter and the table be moved?

The manufacturer's information about working range and major characteristics

Working range:

X-axis (longitudinal)	mm	400
Y-axis (cross)	mm	350
Z-axis (vertical)	mm	400
Main spindle drive	kW	5.5*
Feed rate	mm/min	2,000
Rapid traverse	mm/min	5,000
Weight	kg	approx. 1,700

Some major characteristics:

1. Stable multi-ribbed cast iron construction with horizontal/vertical spindle
2. Hardened and ground flat guide ways in all axes for highest accuracy
3. Backlash-free ball screws for up-and- down milling
4. Automatic axis clamping for operational safety
5. Stepless feed rate and spindle speed rate
6. High-torque main spindle drive with 5.5 kW
7. Hydraulic tool clamping
8. Mechanical hand wheels in all axes
9. Coolant fluid tank, free-standing, capacity 70 litres
10. Overall ergonomic and user-friendly machine design
11. Simple-to-use positioning controls

Assignments on the working range and major characteristics:

1. Match the original German translations of the manufacturer's homepage in the box below concerning the working range and write the result into your exercise-book.

Hauptantrieb	Gewicht	Quer	Arbeitsbereich
Längs	Vorschubbereich	Eilgang	Vertikal

2. The producer also gives the German translations for the phrases about the major characteristics. Match the numbers and the letters, because the range of translations is mixed.
   Besondere Merkmale:
   a) Drehmomentstarker Hauptantrieb mit 5,5 kW
   b) Einfach zu bedienende Streckensteuerung
   c) Stabile, vielfach verrippte Gusskonstruktion mit Horizontal-/Vertikalspindel
   d) Ergonomisches und bedienfreundliches Gesamtkonzept
   e) Gehärtete und geschliffene Flachausführungen in allen Achsen für hohe Genauigkeiten
   f) Freistehender Kühlmittelbehälter 70 l
   g) Automatische Achsklemmung für die Bediensicherheit
   h) Hydraulische Werkzeugklemmung
   i) Spielfreie Kugelrollspindeln für Gleich- und Gegenlauffräsen
   j) Stufenlose Vorschub- und Drehzahlregelung
   k) Mechanische Handräder in allen Achsen
3. Why does the construction material have to be cast iron?
4. Why do the flat guide ways have to be hardened and ground?

***Beachten Sie**: Im Englischen werden Dezimalzahlen mit einem Punkt geschrieben, also 5.5 kW statt 5,5 kW. Zahlen mit mehr als 3 Dezimalzahlen werden durch Kommas gegliedert, also 2,000 statt 2.000.

6.2 Shell End Mill Arbor

As a cutting machine operator you may meet a situation abroad when you need to read and use original operating instructions like the tool holder description shown on this page.

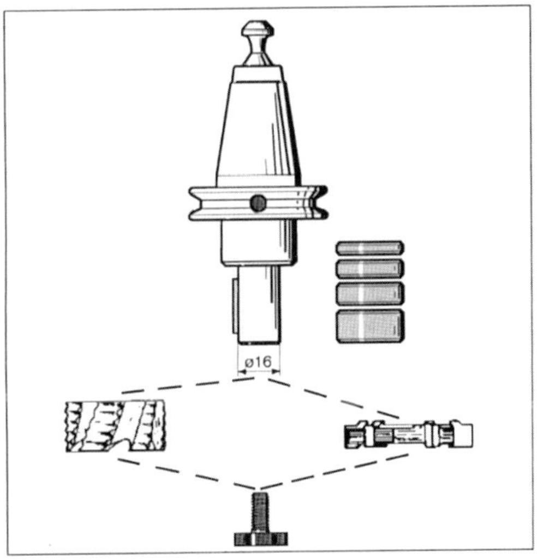

Shell end mill arbor

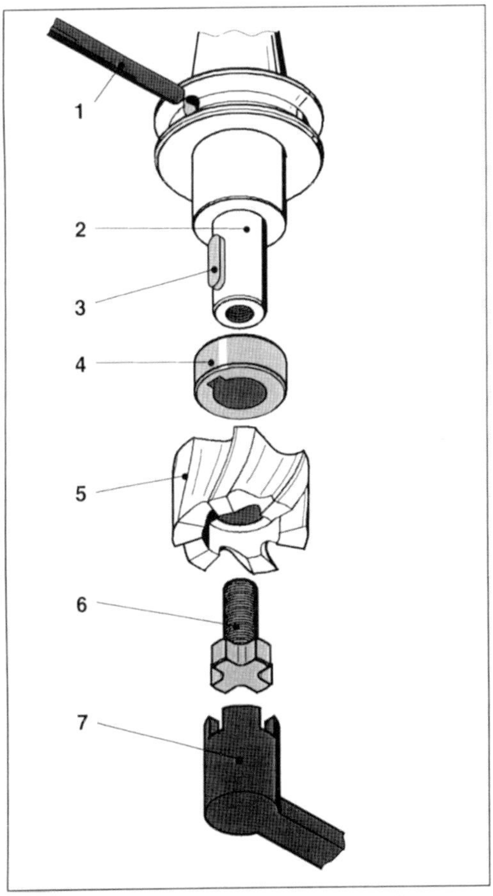

Clamping the tools into the shell end mill arbor

Assignments on the drawing and text about 'Shell end mill arbor':

1. Translate the text by using your English-German vocabulary list.
2. Which tools can be clamped in the shell end mill arbor?
3. What is the function of the collars?
4. What is the diameter of the collar shaft?

Assignments on the drawing and text about 'Clamping the tools in the shell end mill arbor':

5. What does the text below the drawing mean?
6. Translate the sentences in the box 'Danger' as well as the ones below.
7. Why should the clamping of tools only be carried out during machine still stand?
8. Why does the clamping screw (6) has to be unscrewed?
9. What is it important about the position of the square key?
10. Why is it important to counter tighten the shell end mill arbor?

Shell end mill arbor

In the shell end mill arbor shell end mills and disk milling cutters are clamped.
Collars are supplied with the milling spindle for compensating the milling cutter width and a wrench for tightening the clamping screw.

Order no. F1Z 110
Tool support shaft .... ø16 mm

Clamping the tools in the shell end mill arbor

Danger:
- With clamped shell end mill arbor in the tool drum, clamping and unclamping the tool may only be carried out during machine standstill.
- Only tools with a bore of ø16 mm and square key groove may be clamped.

- Unscrew clamping screw (6).
- If necessary, mount adequate collar (4) onto the collar shaft (2).
- Mount tool (5) onto the shaft (square key).
- Screw clamping screw (6) into the shaft and tighten with the wrench (7).
  Countertighten the shell end mill arbor (1).
  The clamping screw must lean on the tool (5) and not on the end face of the shell end mill arbor.

6.3 Work With Words

In future you will come into the situation to talk, listen or read technical English. Very often it will happen that you either **do not understand** a word or **do not know the translation**.

In this case here is some help for you!!!

Below you will find a few possibilities to describe or explain a word you don't know or use synonyms[1] or opposites[2].
Write the results into your exercise book.

1. **Add as many examples** to the following terms as you can find for manufacturing methods or tools.

manufacturing methods:	broaching milling	*tools:*	lathe tool collet tool

2. **Explain the two terms in the box:**
Use the words below to form correct sentences. Be careful the order is mixed!

lathe:	which is used for shaping metal/ It's a machine/continually against a tool/ and works by turning the material /which cuts it	*milling:*	which describes/it is the tool/ In milling,/the rotary cutting motion

3. **Find the opposites**[2]**:**

water miscible cooling lubricant: *steady rest:*	*upcut milling:* *direct indexing:*

4. **Find synonyms**[1]:
You can find one or two synonyms to each term in the box below.

turning machine: *clamping:* fastening/lathe/fixing	*material:* *work piece:* part/substance/component/stuff

5. In each group there is a word which is the **odd man**[3]. Which one is it?

a) wedge angle, smoothing, clearance angle, rake angle
b) hardness, toughness, bending strength, cooling
c) abrasion, undercut, recess, centre bore, work piece edge
d) transverse milling, tapping, cylindrical milling, screw milling, profile milling, hobbing

6. Please translate the information below. Use your English-German Vocabulary List if necessary.

When no further change needs to be made to a work piece it is called a finished piece or finished part. This part related to technical drawings is an object which is ready for operation or installation.

1) *synonyme:* Synonym, ähnliches Wort, Ergänzung 2) *opposite:* Gegenteil 3) *odd man:* Außenseiter, überzähliges Wort, fünftes Rad am Wagen

7 Prüftechnik

7.1 Prüfen von Bauteilen

Während der Fertigung eines Produkts wird jeder einzelne Bearbeitungsschritt überwacht und oft auch dokumentiert. Dabei spielt das Messen von physikalischen Größen eine wichtige Rolle. Die Fachkraft, die eine Messung durchführt, muss die **Messwerkzeuge** *(measuring tools)* effizient und fehlerfrei einsetzen, damit die Messwerte exakt und möglichst schnell erfasst werden.

Im Rahmen dieses Kapitels zur Prüftechnik *(testing technology)* wird von den Anforderungen ausgegangen, die sich in der Praxis stellen. Dabei ist zu klären:

- **wann** (zu welchem Zeitpunkt bzw. nach welchem Fertigungsschritt)
- **was** (z. B. Länge, Form, Oberfläche)
- **wie oft** (z. B. jedes zehnte Teil)
- **womit** (Prüfverfahren) zu prüfen ist

7.1.1 Zeitpunkt des Prüfens und Prüfumfang

Auf einen abgeschlossenen Fertigungsschritt folgt oft ein **Prüfvorgang** *(testing operation)*.

- Für die **Serienfertigung** *(serial production)* erstellt die Arbeitsvorbereitung bzw. die Qualitätssicherung einen Prüfplan *(check plan)*, der oft auf den Kundenanforderungen basiert.
- Bei der **Einzelfertigung** *(individual manufacturing)* bestimmt meist die Fachkraft an der Maschine den Prüfzeitpunkt.

Jede Unterbrechung des Fertigungsablaufs erhöht die Fertigungskosten, durch **Zwischenmessungen** *(intermediate measurements)* wird jedoch vermieden, dass Fehler erst bei der **Endkontrolle** *(final inspection)* festgestellt werden. Fehlerhafte Teile würden sonst unnötigerweise weiter bearbeitet. Je eher eine unzulässige Abweichung festgestellt wird, desto weniger Kosten fallen bei deren Korrektur an. Bild 1 zeigt diesen Zusammenhang beispielhaft. Wird z. B. während der Planung ein „falscher" Werkstoff gewählt, der im späteren Einsatz zu erheblichen Problemen führt, so sind die Änderungskosten hoch. Fehlervermeidungsstrategien[1], die bereits in der Planungsphase ansetzen, helfen Kosten zu sparen.

MERKE

Je früher festgestellt wird, dass ein Werkstück Ausschuss ist, desto geringer sind die anfallenden Kosten für die Korrektur.

Bei Zulieferbetrieben gibt der Auftraggeber oft vor, wann und wo geprüft werden muss. Die zuliefernden Betriebe sind selbstverständlich an die Vorgaben der Kunden gebunden. Zum **Umfang des Prüfens** gilt Ähnliches[2]. Auf Kundenwunsch wird auch jedes Bauteil geprüft, d. h., es erfolgt eine **100-%-Prüfung**.

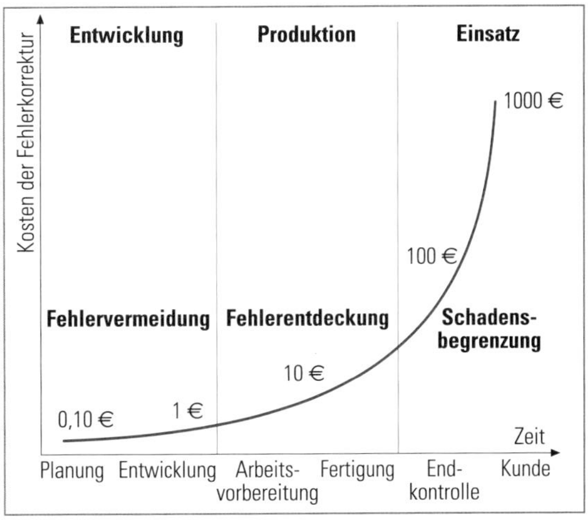

1 Entwicklung der Kosten für die Korrektur eines Fehlers in Anlehnung an die „Zehnerregel" nach Daimler AG

Bei der Produktion von Massenteilen wie z. B. Schrauben oder Stiften genügt meist die **stichprobenhafte Prüfung**. Bei der Herstellung von Profilen oder Bändern genügt eine Prüfung z. B. alle 100 m.

In der chemischen Industrie oder im Kraftwerksbau birgt der Ausfall eines Bauteils unter Umständen erhebliche **Sicherheitsrisiken**. Für Bauteile, die in sicherheitsrelevanten Bereichen eingesetzt werden, gelten oft besondere Vorschriften für die Durchführung von Prüfungen.

MERKE

Hersteller oder Kunden entscheiden, wann und wie oft geprüft wird. Grundlage für diese Entscheidung ist eine Kosten-Nutzen-Abschätzung verbunden mit einer Risikoabwägung.

Überlegen Sie!

Welche Prüfzeitpunkte kennen Sie aus Ihrem Betrieb?

7.1.2 Prüfen am Fertigteil

Am Beispiel der Kegelradwelle aus Kap. 2.2 (Seite 18) soll dargestellt werden, was während der Fertigung geprüft werden kann und muss.

Es werden die durch Drehen und Schleifen erzeugten Konturen ohne Verzahnung und Keilwellenprofil betrachtet.

Aus der Grundstufe ist das **Prüfprotokoll** *(inspection sheet)* (Seite 96 Bild 1) bekannt, das hier wieder zum Einsatz kommen soll.

MERKE

Der Prüfplan legt den Prüfzeitpunkt (**wann**) für alle Prüfstellen (**was**) und die zu verwendenden Prüfmittel (**womit**) fest. Bei der Serienfertigung wird zusätzlich der Prüfumfang (**wie oft**) festgelegt.

1) Weitere Informationen hierzu finden Sie im Lernfeld 13 2) Weitere Informationen hierzu finden Sie im Lernfeld 13

	Firma: HAFRITEC	**Bauteil** Kegelradwelle				**Entscheidung**				
	Prüfung	Prüfmittel	Mindestmaß	Höchstmaß	Istmaß	Gut	Ausschuss	Nacharbeit	Prüfer	Datum
	Teil nach Zeichnung	Sichtkontrolle				X			Haffer	01.03.2010
①	∅40k6 ∅25k6	Feinzeiger-Messschraube	40,002 25,002	40,018 25,015	40,008 25,017	X		 X	Haffer	01.03.2010
②	M26 × 1,5	Gewindelehre	–	–	–	X			Haffer	01.03.2010
③	Kegel 16,5°	Sinuslineal und Feinzeiger	16,0°	17,0°	16,475°	X			Einloft	03.03.2010
④	geschliffen Ra 0,8, 0,2 am ∅40k6	Tastschnittgerät		Ra0,8	Ra0,43	X			Schulz	15.03.2010
⑤	○ 0,01 ◎ ∅0,02 A ↗ 0,02 A	Lasermessgerät, Koordinatenmessmaschine			0,008 0,010 0,015	X			Weihrauch	16.03.2010

1 Prüfplan zur Kegelradwelle (Ausschnitt)

Im Folgenden werden die Punkte ① bis ⑤ (siehe Prüfplan) unter prüftechnischen Gesichtspunkten genauer betrachtet.

7.2 Prüfen von Längen ①

7.2.1 Mechanische Längenmessung

Für die beiden Lagerstellen ∅40k6 und ∅25k6 stehen mehrere Prüfmöglichkeiten zur Auswahl.
Nach DIN ISO 286-1[1)] ergeben sich für die Toleranzklasse k6 beim ∅40 mm die Grenzabmaße

$es = +\ 18\ \mu m$ und $ei = +\ 2\ \mu m$

sowie beim ∅25 mm die Grenzabmaße

$es = +\ 15\ \mu m$ und $ei = +\ 2\ \mu m$.

Grundsätzlich sind das **Lehren** *(gauging)* z. B. mit einer **Grenzrachenlehre** *(external limit gauge)* und das **Messen** *(measuring)* z. B. mit einer **Feinzeiger-Messschraube** *(micrometer with dial gauge)* (Bild 2) möglich.
Der Vorteil des **Lehrens** ist, dass es schnell und günstig durchführbar ist. Es lässt aber nur die Aussagen „Gut", „Ausschuss" oder „Nacharbeit" zu. Für die „Nacharbeit" liefert das Lehren jedoch nicht die Information, um welchen Betrag nachgearbeitet werden muss, um die Toleranzmitte am Werkstück zu erreichen. Aus diesem Grunde wird in der Fertigung zunehmend das Lehren durch das Messen ersetzt. Damit liegen Messwerte vor, die schon rechtzeitig erkennen lassen, ob Maschineneinstellungen geändert werden müssen. Diese Entscheidungen können bereits vor dem Über- oder Unterschreiten zulässiger Grenzwerte gefällt werden.
Beim Einsatz von Messwerkzeugen wird häufig die „Eins-zu-Zehn"-Regel angewandt. Die Skalenteilung des Messwerkzeugs sollte ≤ 1/10 der Toleranz sein. Im vorliegenden Beispiel

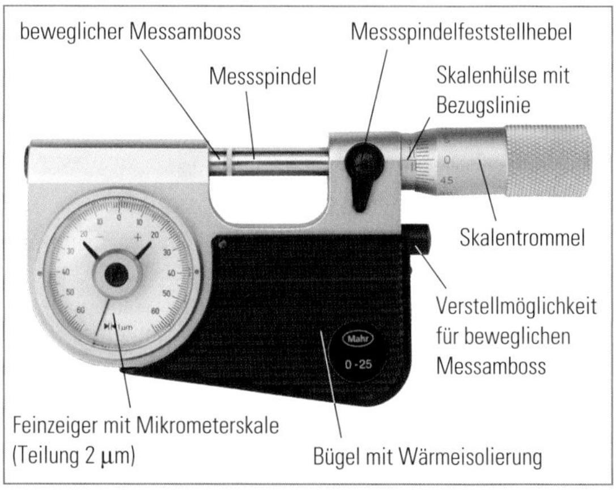

2 Feinzeiger-Messschraube

liegen die Toleranzen bei 16 µm bzw. 13 µm. Folglich sollte die Skalenteilung ≤ 1,3 µm, d. h. bei 1 µm liegen. Damit entfallen sowohl der Messschieber als auch die meisten Bügelmessschrauben.
Eine Feinzeiger-Messschraube (Bild 2) bietet hinreichende **Messgenauigkeiten** *(measuring accuracies)* im µm-Bereich. Dieses Werkzeug kombiniert eine Bügelmessschraube und einen Feinzeiger. Der Feinzeiger ist hierbei am beweglichen **Messamboss** befestigt. Dieser lässt sich über einen Hebel in Längsrichtung vor- und zurück bewegen. Die Messkraft ist auf einen konstanten Wert begrenzt. Zum Justieren wird das zu messende Nennmaß an der Bügelmessschraube eingestellt und dann mit einem Klemmhebel fixiert. Der bewegliche Amboss dient jetzt als Taster. Er wird zurückgezogen, das Endmaß wird eingelegt und der Taster wieder vorgefahren. Nun kann die Nullstellung ggf. justiert werden (Seite 97 Bild 1).

1) siehe Tabellenbuch

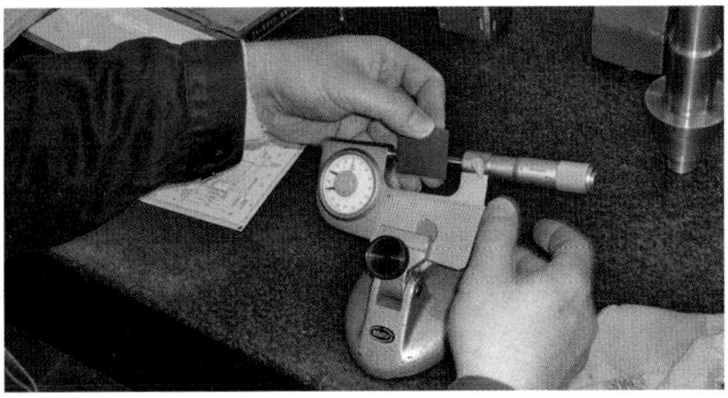

1 *Feinzeiger-Messschraube mit Endmaßen auf das Nennmaß einstellen und ggf. justieren, anschließend die Bügelmessschraube mit Feststellhebel fixieren.*
Beweglichen Messamboss mit Verstellmöglichkeit lösen und Endmaße entnehmen.

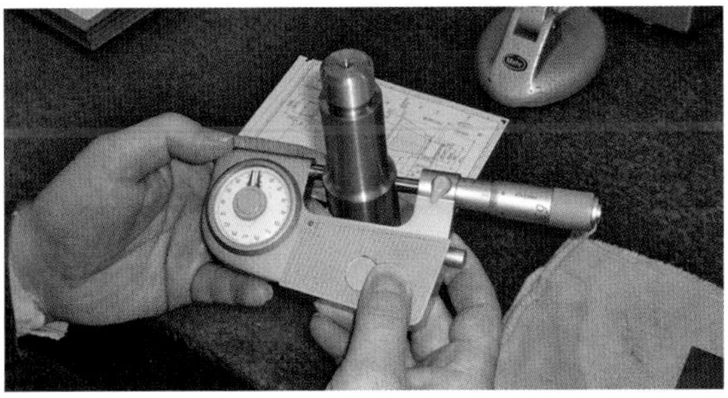

2 *Messen der Kegelradwelle am Lagersitz ∅40k6*

Zur Messung des Wellendurchmessers wird der Messtaster zurückgezogen, die Welle eingelegt und der Taster vorgefahren. Der Feinzeiger zeigt jetzt die µm-genaue Abweichung vom eingestellten Nennmaß (Bild 2). Um **Messfehlern** *(errors of measurement)* vorzubeugen, sollte – wie beim Lehren auch – mehrmals in verschiedenen Winkellagen gemessen werden (Bild 3).

Überlegen Sie!

1. *Beim Wellenabsatz des Lagersitzes ∅40k6 wurde in 5 Winkellagen gemessen. Dabei wurden folgende Messwerte aufgenommen:*
   d_1 = 40,010 mm; d_2 = 40,009 mm; d_3 = 40,011 mm;
   d_4 = 40,012 mm; d_5 = 40,013 mm
   Damit das Werkstück als „Gut" bewertet werden kann, muss jeder Einzelmesswert gut sein!
   a) *Bestimmen Sie Maximal- und Minimalwert der Messung.*
   b) *Bestimmen Sie Mindestmaß G_{uW} und Höchstmaß G_{oW} mithilfe Ihres Tabellenbuchs.*
   c) *Berechnen Sie den Mittelwert $\overline{x}$ (siehe auch Tabellenbuch).*
2. *Welcher Zusammenhang sollte zwischen dem Skalenteilungswert eines Messgeräts und der Maßtoleranz liegen?*

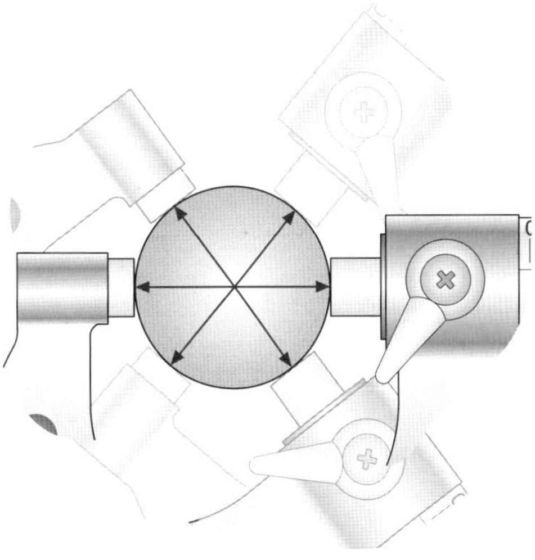

3 *Mehrmaliges Messen in unterschiedlichen Winkellagen*

Messen von eng tolerierten Bohrungen

An vielen Werkstücken sind eng tolerierte Bohrungen zu überprüfen. Dafür stehen verschiedene Innenmessgeräte zur Verfügung.

Um **kleinere bis mittlere Bohrungen** sicher zu messen, eignen sich **Dreipunkt-Innen-Feinmessgeräte** (Bild 4). Die Geräte berühren in drei Linien die Wandung der zu messenden Bohrung. Das erleichtert die Handhabung der Messgeräte. Die drei unter dem Winkel von 120° angebrachten Messbolzen

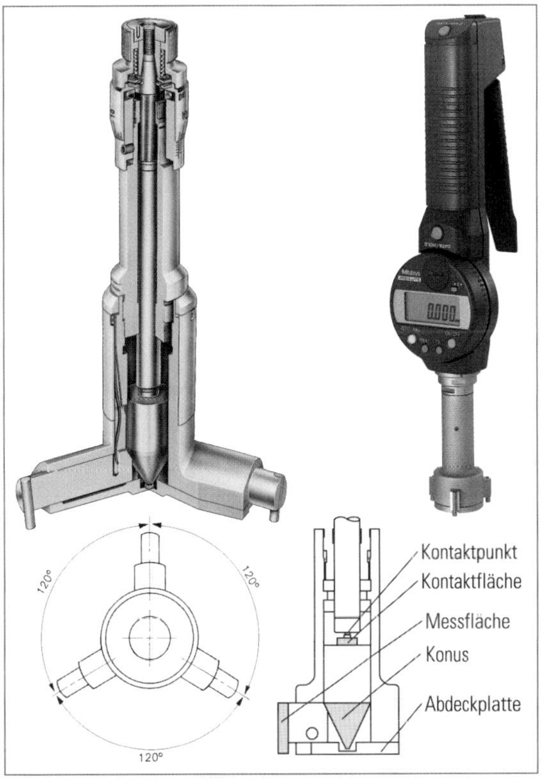

4 *Dreipunkt-Innen-Feinmessgerät*

1) Siehe Tabellenbuch

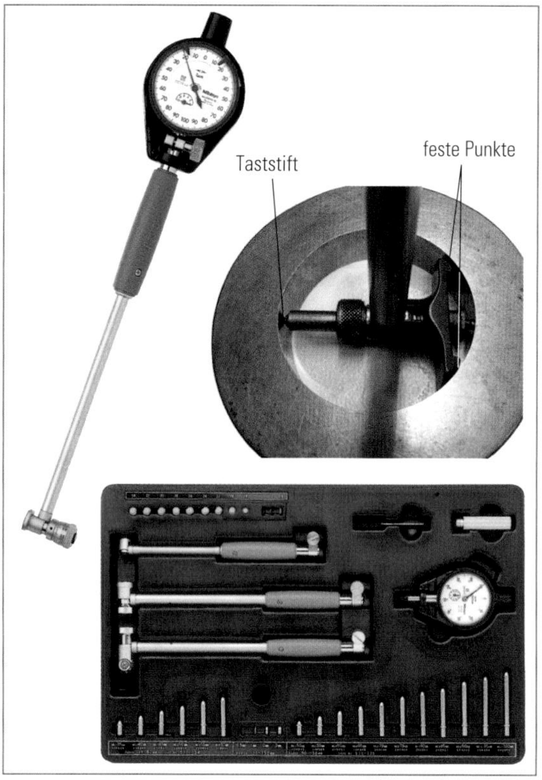

1 Satz Innenmessgeräte mit Messuhr bzw. Feinzeiger

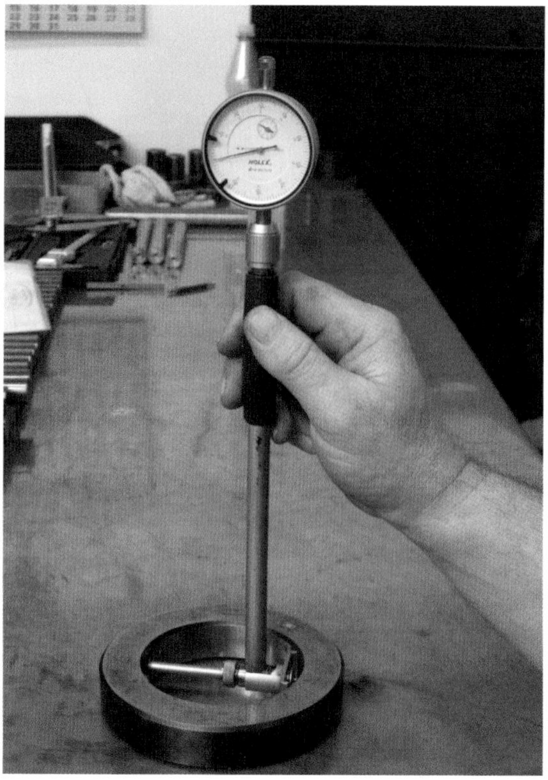

2 Justieren des Innenmessgeräts

erhöhen die Messgenauigkeit gegenüber den traditionellen Zweipunkt-Innen-Messschrauben[1]. Das Drehen der Ratsche bewirkt selbsttätiges Zentrieren des Messgeräts in der Bohrung. Für **größere Bohrungen** eignen sich Innenmessgeräte mit Messuhren oder Feinzeigern (Bild 1). Dabei liegen die zwei festen Punkte des Messgeräts an der Bohrungswand, während der Taststift mit der Hartmetallkugel gegenüber an die Bohrungswand drückt. Vor dem eigentlichen Messen ist das Messgerät zu justieren (Bild 2). Mithilfe eines Kalibrierrings, der das Sollmaß der Bohrung besitzt, wird der Feinzeiger oder die Messuhr justiert. Die Dreipunktauflage wirkt selbstzentrierend. Durch leichtes Pendeln mit dem Halter verändert sich die Anzeige der Messuhr bzw. des Feinzeigers. Der Istwert ist der kleinste angezeigte Wert.

Prüfen von Stirnrädern[2]

Mithilfe von Zahnweitenmessschrauben (Bild 3) lässt sich bei der Fertigung des Zahnrades indirekt auf seine Zahnbreite[3] schließen. Das im Bild 4 über drei Zähne ermittelte Maß *W* wird mit einem Sollmaß verglichen, das Tabellen entnommen oder berechnet wird. Das Sollmaß ist abhängig von den gemessenen Zähnen, dem Modul und der Zähnezahl. Solange das gemessene Maß *W* größer als das Sollmaß ist, muss beim Zahnradfräsen[4] und -schleifen[5] das Werkzeug zugestellt werden.

Bei der Fertigung von Einzelteilen oder bei geringen Stückzahlen ist das Messen mit Messschrauben und Feinzeigern eine kostengünstige Alternative. In der Serien- bzw. Massenfertigung ist es üblich, die Messwerterfassung weiter zu rationalisieren. Dazu eignen sich besonders

- pneumatische und
- elektronische Messwerterfassung

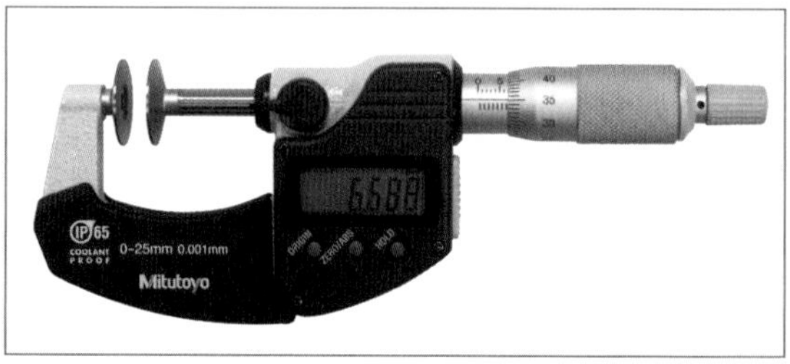

3 Zahnweitenmessschraube

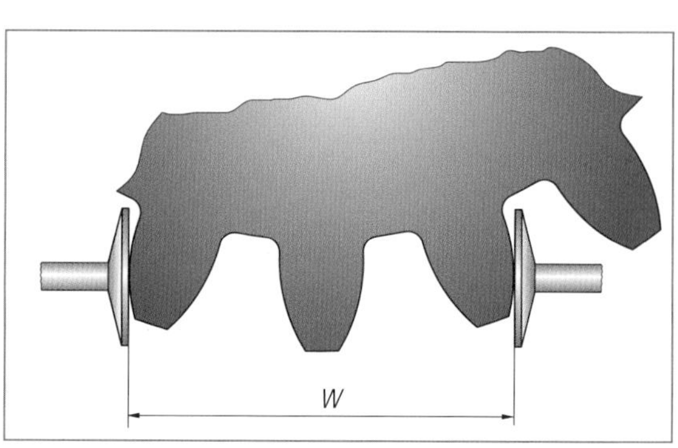

4 Messen über die Zähne

1) siehe Grundkenntnisse
2) genaue Prüfungen von Zahnrädern erfolgen mithilfe von Messmaschinen, wie in Kap. 7.6.3.2 beschrieben wird
3) siehe Kap. 9.2.3.1
4) siehe Kap. 3.7.5
5) siehe Lernfeld 9, Kap. 1.6.8

7.2.2 Pneumatische Längenmessung

Das pneumatische Messen *(air gauging)* ist ein berührungsloses *(non-contact)* Messverfahren. Dabei strömt Luft mit einem Überdruck von 1 bis 4 bar in das Gerät zur Messwerterfassung (Bild 1). Je kleiner der Spalt *s* vor der Düse ist, desto größer ist der gemessene Überdruck.

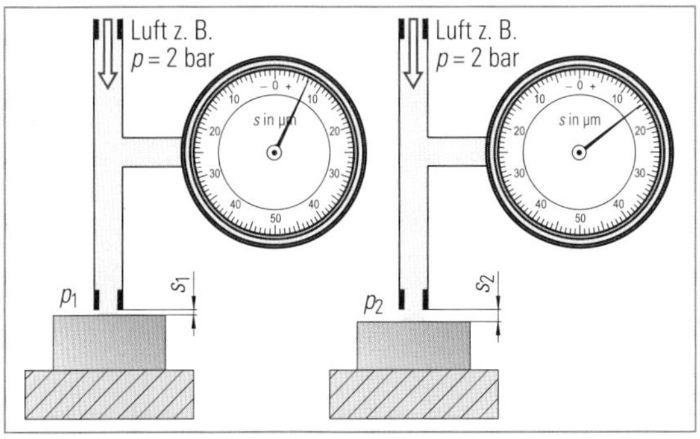

***1** Prinzip des pneumatischen Messens*

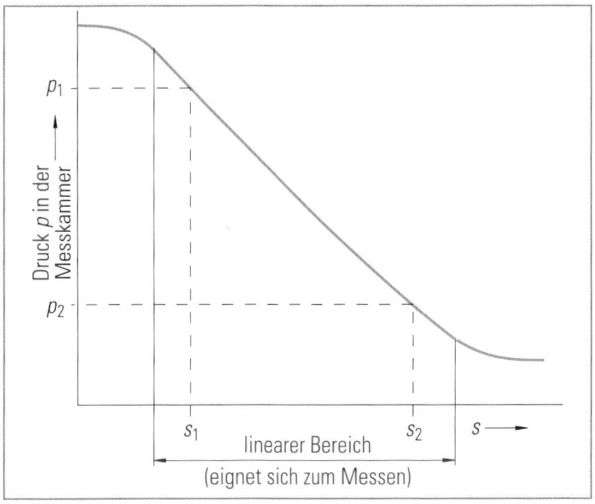

***2** Druckverlauf in Abhängigkeit von der Spaltbreite*

***3** Pneumatische Messdorne für Innenmessungen sowie Messringe für Außenmessungen*

In einem bestimmten Bereich stehen die Veränderungen in einem linearen Verhältnis (Bild 2). Dieser Bereich eignet sich zum Messen. Nachteilig ist, dass der lineare Teil recht klein ist (maximal 0,2 mm).

Für die jeweilige Messaufgabc sind ein spezieller Messwertaufnehmer *(pickup for measuring data)* wie z. B. ein Messdorn *(plug gauge)* oder ein Messring *(ring gauge)* (Bilder 3 und 4) und eine entsprechende Einstelllehre erforderlich. Beim Werkstück in Bild 5 ist der Innendurchmesser zu prüfen. Auf dem Messdorn befindet sich der Kalibrierring für das Höchstmaß. Nach der Justierung des Messgerätes kann der Innendurchmesser des Werkstücks erfasst werden. Dazu steckt die Fachkraft das Werkstück auf den Messdorn. Die aus dem Messdorn ausströmende Luft zentriert das Werkstück, sodass die Messwerterfassung schnell und sicher erfolgt. Die Messwerte können als Zahlenwert (Bild 5) oder grafisch (Seite 100 Bild 1) angezeigt werden. Die grafische Anzeige kann farblich darstellen, wie mit dem Bauteil weiter zu verfahren ist (grün ≙ Gut, gelb ≙ Nacharbeit, rot ≙ Ausschuss). Die Istwerte können über entsprechendeSchnittstellen zur statistischen Qualitätskontrolle[1] weitergeleitet werden.

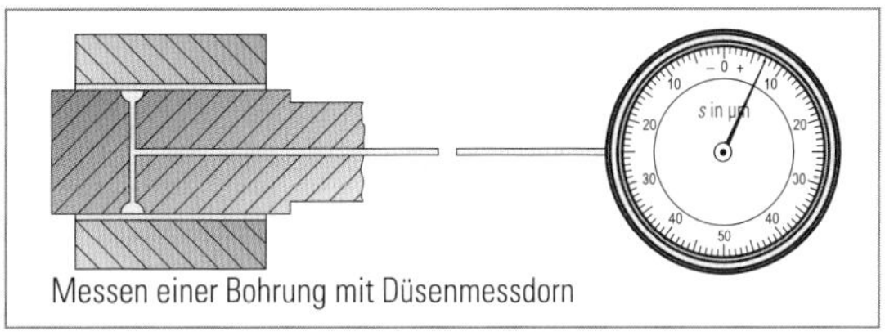

***4** Pneumatisches Messen einer Bohrung*

***5** Pneumatische Messung mit Zahlenwertanzeige*

1) Weitere Informationen zur statistischen Qualitätskontrolle finden Sie im Lernfeld 13

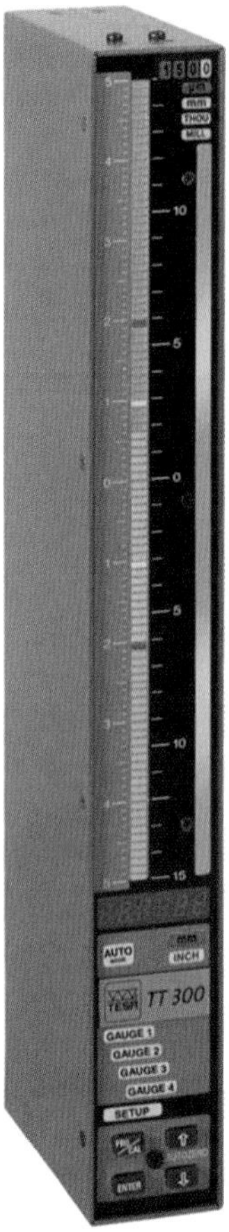

1 Grafische Anzeige für pneumatisches Messen

Das pneumatische Messen eignet sich auch zur Ermittlung von bestimmten Form- und Lageabweichungen (z. B. Rundheit oder Zylinderform), zum Messen von Bohrungsabständen oder zur Vergleichs- bzw. Paarungsmessung einer Welle und einer Bohrung (Bild 2). Für diese Messverfahren sind spezielle Messwertaufnehmer und eine auf die Aufgabe abgestimmte Schaltung der Luftzufuhr zu den Düsen erforderlich.

Das pneumatische Messen hat mehrere **Vorteile**:

- es arbeitet berührungslos
- die Druckluft reinigt die Messstelle
- verformungsempfindliche Teile sind leicht messbar
- Einsatz in verschmutzten Umgebungen möglich
- die Wiederholgenauigkeit (0,2 μm bis 1 μm) ist gut
- das Messen sehr kleiner Maße (z. B. Bohrungsdurchmesser ab 2 mm) ist möglich
- Die Messwertaufnehmer benötigen nur wenig Platz, sie können in geringen Abständen angeordnet werden
- einfache Handhabung

Nachteilig ist, dass

- für jede Messaufgabe ein entsprechender spezieller Messaufnehmer benötigt wird
- das Verfahren nur in der Serien- und Massenfertigung wirtschaftlich ist

Untersysteme an Messgeräten

Am Beispiel des pneumatischen Messens ist zu erkennen, dass das gesamte Messsystem *(measuring unit)* aus verschiedenen Untersystemen (Bild 3) besteht.

Die Länge am Werkstück wird mit dem Messdorn erfasst. Die gemessene Länge ist proportional zum angezeigten Druck, d. h., es ist eine Wandlung der Länge in Druck erfolgt. Da z. B. eine Längenänderung von 0,2 mm einer Druckänderung von 0,8 bar entspricht, ist mit der Wandlung auch eine Verstärkung verbunden, um möglichst kleine Skalenteilungswerte zu erreichen. Der Druck wird entweder in eine elektrische Spannung oder elektrische Stromstärke gewandelt, die dem analogen oder digitalen Anzeigegerät zugeführt wird. Bei der Messwertanzeige erfolgt möglicherweise eine weitere Wandlung, wenn z. B. eine elektrische Spannung zugeführt und eine Länge angezeigt wird.

MERKE

Messsysteme sind in Untersysteme untergliedert.

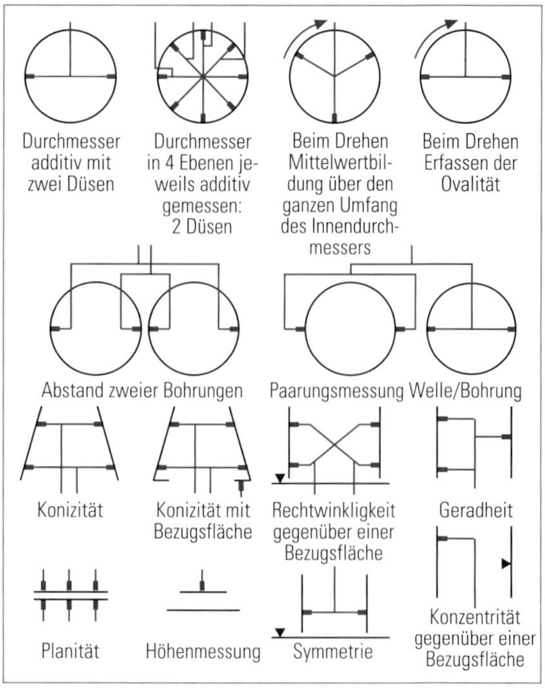

2 Typische Messmöglichkeiten beim pneumatischen Messen

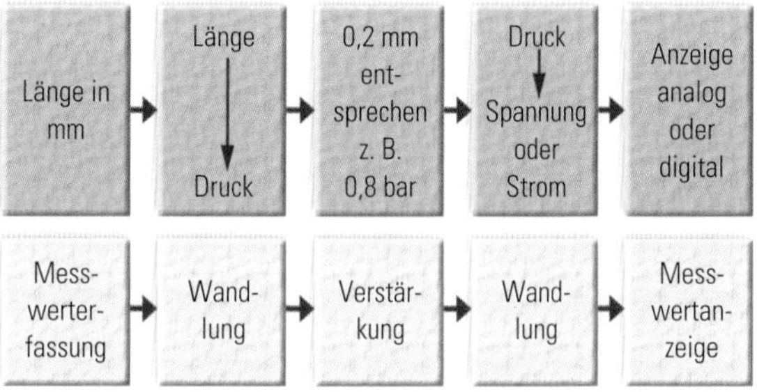

3 Untersysteme beim pneumatischen Messen

Nicht bei jedem Messsystem sind alle oben genannten Untersysteme wiederzufinden bzw. erforderlich.

Überlegen Sie!

Untergliedern Sie das Messsystem „analoge Messschraube" in Untersysteme.

7.2.3 Elektronische Längenmessung

Messgeräte, die eine unmittelbare Umwandlung einer Längenänderung in eine elektrische Größe wie z. B. Strom, Spannung oder Widerstand liefern, sind mit **Messwertaufnehmern** bestückt. In den meisten Fällen müssen die aufgenommenen Signale verstärkt werden.

Die Messwertaufnehmer, die auch **Sensoren**[1)] *(sensors)* oder Fühler genannt werden, erzeugen die Signale, die in Messwerterfassungsprogrammen weiter verarbeitet werden. Oft eingesetzte Sensoren sind der induktive und der kapazitive Taster. Beide Sensoren erreichen eine hohe Genauigkeit. Die

1) Weitere Informationen zu Sensoren finden Sie im Lernfeld 7 Kap. 2

anliegende Spannung wird im Anzeigegerät gewandelt und als Längenänderung ausgegeben (Bild 1).

Je nach Bauform sind Messbereiche von $\pm 10\ \mu m$ bis zu $\pm$ 500 mm möglich. Für Längen über 500 mm muss auf ein **fotoelektronisches Abtastsystem**[1)] zurückgegriffen werden.

MERKE

Elektronische Messwertaufnehmer stellen elektrische Signale zur unmittelbaren Weiterverarbeitung mit Messwertprogrammen zur Verügung.

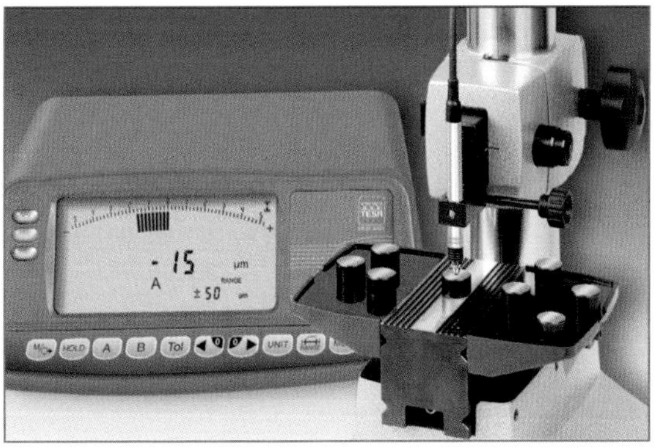

1 *Induktive Messwerterfassung und Anzeige der Längenänderung*

Überlegen Sie!

1. *Nennen Sie elektronische Messwertaufnehmer.*
2. *Wo werden in Ihrem Betrieb elektronische Messwertaufnehmer eingesetzt?*
3. *Unterteilen Sie ein elektronisches Messsystem in seine Untersysteme.*

7.3 Prüfen von Gewinden

Gewinde werden durch die in Bild 2 dargestellten Größen bestimmt. Dabei durchschneidet der Flankendurchmesser das Gewindeprofil an der Stelle, wo „Profiltal" und „Profilberg" gleich breit sind und der halben Gewindesteigung entsprcchen.

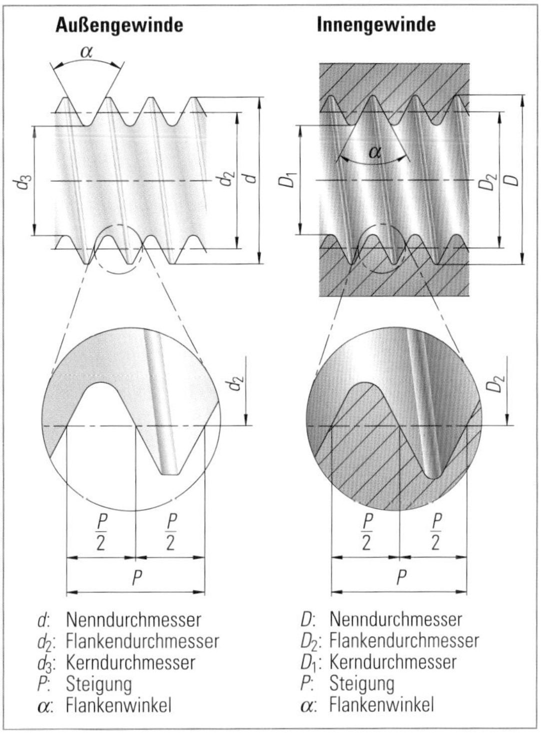

2 *Abmessungen an Außen- und Innengewinden*

Überlegen Sie!

Überprüfen Sie mithilfe Ihres Tabellenbuchs, ob der Flankendurchmesser in der Mitte zwischen Nenn- und Kerndurchmesser liegt.

Eine einfache Methode der Gewindeprüfung *(testing of threads)* ist die **Lichtspaltprüfung mit Gewindekämmen** *(light gap testing with thread ridges)* bzw. mit **Gewindeschablonen** *(screw pitch gauges)* (Bild 3). Mit diesen Lehren können die Steigung, die Gewindetiefe und der Flankenwinkel zusammen geprüft werden. Dabei ist jedoch keine exakte Aussage zu den Gewindegrößen möglich.

Ob sich das Innen- oder Außengewinde *(internal thread/external thread)* verschrauben lässt, kann mit **Gewindelehrdornen**

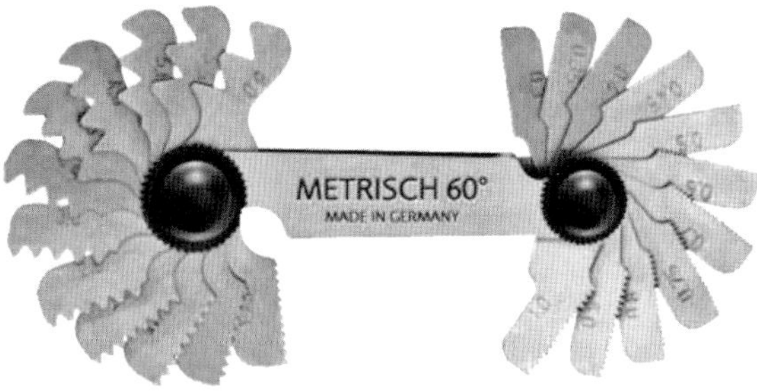

3 *Gewindeschablone*

4 *Gewindelehrdorn*

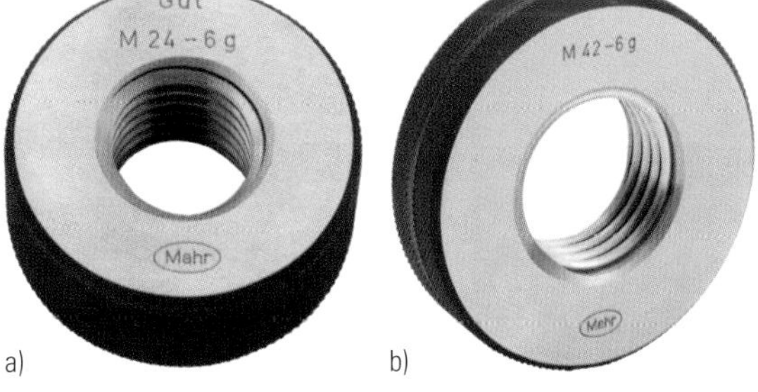

5 *Gewindelehrringe: a) „Gut" b) „Ausschuss"*

1) Weitere Informationen hierzu finden Sie im Lernfeld 8 im Kapitel 1.5.4

(thread gauges) (Seite 101 Bild 4) oder **Gewindelehrringen** *(thread ring gauges)* (Seite 101 Bild 5) festgestellt werden.
Das Außengewinde M26 × 1,5 der Kegelradwelle kann mit **Gutlehrring** *(go screw ring gauge)* und **Ausschusslehrring** *(not go ring gauge)* geprüft werden. Beim Einschrauben der Gutlehrringe verschleißen diese im Laufe der Zeit, weshalb Gewindelehren überwiegend bei kurzen Gewinden benutzt werden. Die weniger verschleißanfälligen Grenzrollenlehren oder **Gewindegrenzrachenlehren** *(thread external limit gauges)* werden bei längeren Außengewinden eingesetzt (Bild 1).
Statt Prüfbacken sind Rollenpaare im Einsatz, mit denen sowohl Rechts-, als auch Linksgewinde geprüft werden können. Bei der Prüfung mit **Gewindegrenzrachenlehren** ist zu beachten, dass nur das Eigengewicht der Lehre als Prüfkraft ausreichen muss.

MERKE

Mit Gewindelehrdornen und Gewindelehrringen kann die Verschraubbarkeit eines Gewindes geprüft werden.

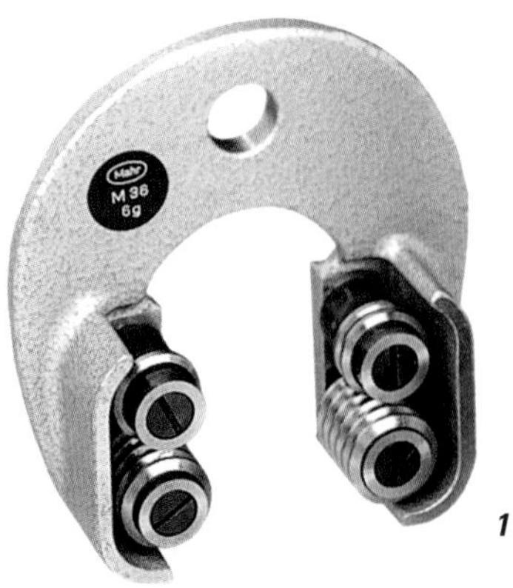

1 *Gewindegrenzrachenlehre*

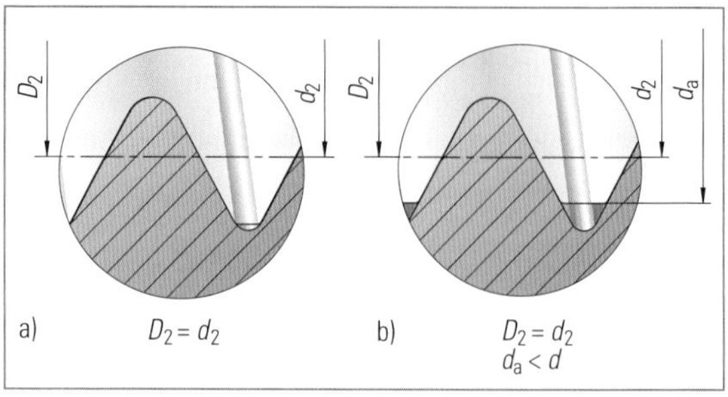

2 *Flankendurchmesser von Außen- und Innengewinde sind gleich*

Zur Beurteilung von Vorschub- oder Messspindeln genügt das Lehren nicht den Anforderungen. Derartige Präzisionsgewinde müssen gemessen werden. Auch hier ist, außer auf den **Flankenwinkel** *(thread angle)* und die **Steigung** *(pitch)*, besonders auf den **Flankendurchmesser** *(basic pitch diameter)* zu achten.
Selbst wenn bei Außen- und Innengewinde Flankenwinkel und Steigung gleich sind, ist deren Funktion bei der Schraubverbindung nur dann gewährleistet, wenn ihre Flankendurchmesser gleich sind (Bild 2a). Selbst wenn der Außendurchmesser des Bolzengewindes kleiner als sein Nenndurchmesser ist (Bild 2b), liegen beide Gewindeflanken an. Dadurch ist allerdings die Tragfähigkeit des Gewindes gemindert.
Ist jedoch der Flankendurchmesser des Innengewindes größer als der des Außengewindes (Bild 3a) liegen beide Gewindeflanken nicht an. Unter Belastung liegt dann lediglich eine Gewindeflanke an (Bild 3b) und die Schraubverbindung hat ein zu großes Spiel.

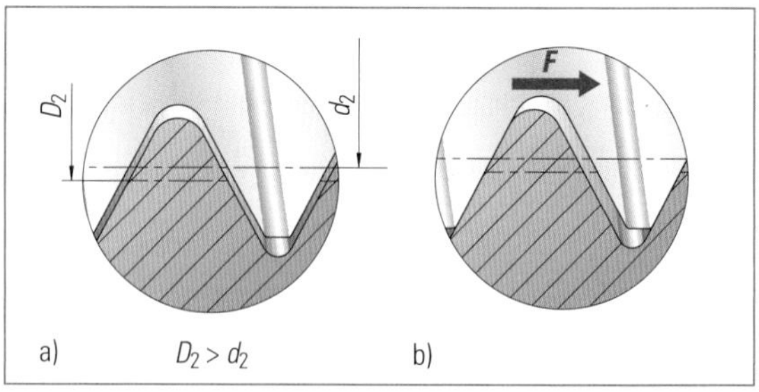

3 *Flankendurchmesser von Außen- und Innengewinde sind ungleich*

Überlegen Sie!

Welche Auswirkung ergibt sich für eine Verschraubung, wenn der Flankendurchmesser des Außengewindes größer als der des Innengewindes ist?

Sowohl bei Innen- als auch bei Außengewinden wird der Flankendurchmesser in vielen Fällen mit einer Messschraube gemessen. Gewindemessschrauben *(screw thread micrometers)* besitzen besondere Einsätze (Bild 4), die als Kegel und Kimme bezeichnet werden. Diese sind der jeweiligen Gewindesteigung anzupassen. Nach jedem Austausch der Einsätze wird die Anzeige der Gewindemessschraube mit einem Normal überprüft.

4 *Gewindemessschraube*

MERKE

Das Kegel-Kimme-Verfahren *(cone notch method)* ist ein wirtschaftliches Messverfahren zur Bestimmung des Flankendurchmessers bei Präzisionsgewinden.

Eine andere Möglichkeit zur Prüfung von Präzisionsgewinden ist die **Dreidrahtmethode** *(three-wire method)*. Auch bei dieser Messmethode wird eine Bügelmessschraube mit speziellen Messeinsätzen versehen. Auf diesen Einsätzen sind Messdrähte bzw. Gewindeprüfstifte befestigt (Seite 103 Bild 1). Der entsprechende Flankendurchmesser kann mithilfe von Tabellen bestimmt oder mit dem Drahtdurchmesser berechnet werden.

Die jeweils drei gleich dicken Messdrähte sind der Gewindesteigung und dem Flankenwinkel anzupassen. Nach jedem Wechsel der Einsätze ist das Messwerkzeug neu einzustellen.

MERKE

Das genaueste mechanische Verfahren zum Messen des Flankendurchmessers ist die Dreidrahtmethode.

Überlegen Sie!

1. *Nennen Sie drei Verfahren der Gewindeprüfung.*
2. *Wie wird die Funktion von Gewinden geprüft?*

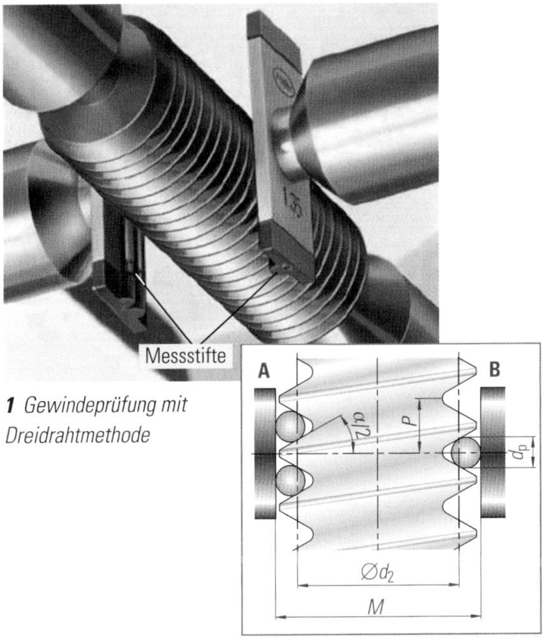

***1** Gewindeprüfung mit Dreidrahtmethode*

Optische Form- und Längenprüfung

(optical form and longitudinal testing)

Für besonders hohe Ansprüche an die Messgenauigkeit muss auf optische Messverfahren zurückgegriffen werden.

Gewinde können optisch geprüft werden (Bild 2). Bei der optischen Messung wird das zu prüfende Werkstück oder Werkzeug mit Licht angestrahlt. Um auch kleine Längen genau messen zu können, wird mit Linsen bzw. Linsensystemen eine Vergrößerung erreicht. Der Einsatz von **Messmikroskopen** *(measuring microscopes)* (Bild 3) ermöglicht die Darstellung des Prüfgegenstands als wirkliches, wenngleich vergrößertes Bild. Dieses Bild wird sichtbar im Okular oder mithilfe einer Kamera auch auf einem Bildschirm. Treffen die Lichtstrahlen von unten auf das Prüfobjekt (**Durchlichtverfahren**) *(transmitted light procedure)*, so entsteht ein **Schattenbild**, das punktweise vermessen werden kann. Der Messtisch kann in x- und y- Richtung verfahren werden (Kreuztisch). Neben dem **Schattenbildverfahren** *(silhouette procedure)* kommt auch das **Achsenschnittverfahren** *(meridional section procedure)* zum Einsatz. Hierbei wird das Prüfobjekt von oben angestrahlt (**Auflichtverfahren**/*triangulation*). Gemessen wird mit Messschneiden, die in der Achsenebene z. B. an die Messfläche eines Gewindes angelegt werden (Bild 2).

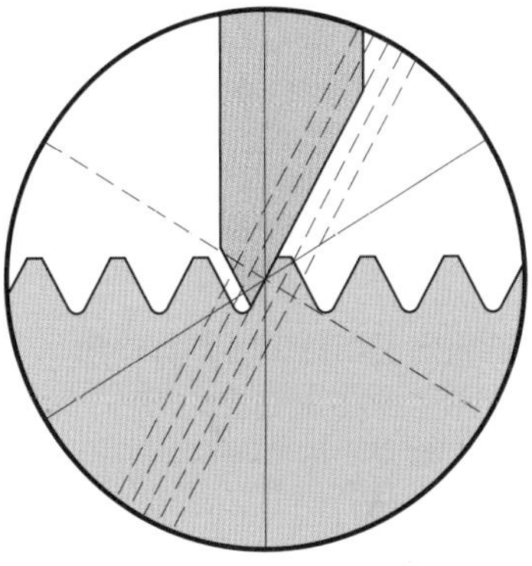

***2** Optische Gewindeprüfung mit Achsenschnittverfahren (Auflichtverfahren)*

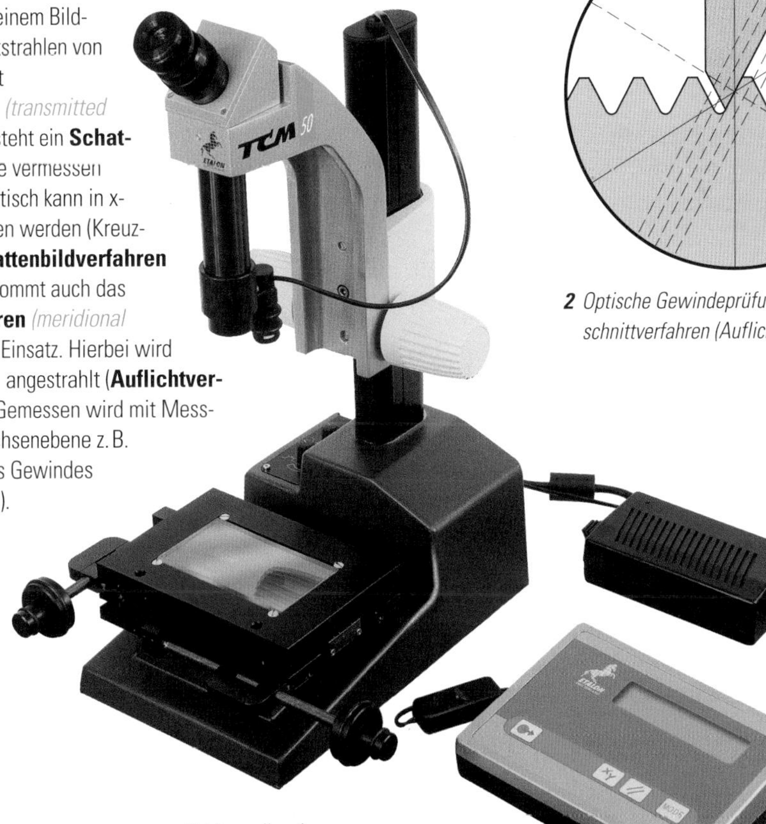

***3** Messmikroskop*

Profilprojektoren *(profile projectors)* (Bild 1), die auch **Messprojektoren** *(measuring projectors)* genannt werden, funktionieren nach demselben Prinzip. Übliche Vergrößerungen reichen vom 5-Fachen bis zum 100-Fachen der Originalgröße. Das projizierte Bild kann mit der Sollform verglichen werden. Dazu wird eine entsprechend vergrößerte Folie auf die Projektionsfläche gelegt. Wie beim Messmikroskop kann mithilfe des Kreuztischs das Original verschoben und somit vermessen werden.

MERKE

Mithilfe optischer Verfahren können Prüfstellen vergrößert und mit einem Vergleichsnormal geprüft werden.

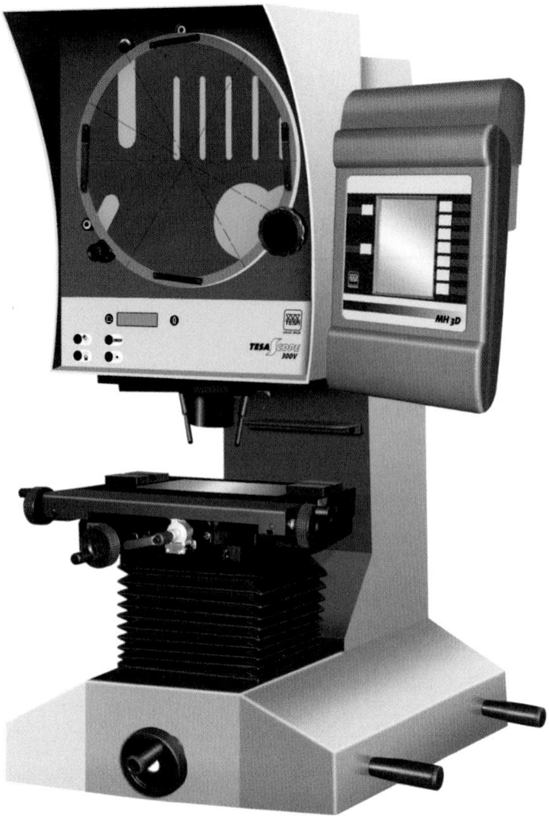

1 Profilprojektor

7.4 Prüfen von Kegeln ③

Die Kegelradwelle wird mit einer Verzahnung gefertigt. Bevor die Kegelverzahnung *(taper gear tooth forming)* gefräst wird, muss der Kegel gemäß Prüfplan geprüft werden.
Dabei müssen die wichtigen Prüfgrößen eines Kegels, also die Durchmesser D und d, die Kegellänge L und der Kegelwinkel α, geprüft werden (Bild 2). Die Kegelradwelle wird z. B. auf der Drehmaschine zwischen den Spitzen gespannt. Mithilfe der Messuhr wird an mindestens zwei Stellen die Differenz der Kegeldurchmesser bestimmt. Über die gemessene Differenz a und den Abstand zwischen den Messstellen L kann der Kegelwinkel α berechnet werden. Im Beispiel der Kegelradwelle (Bild 3) beträgt der große Durchmesser D = 71,6 mm, die Differenz der Radien a = 11,8 mm und die Länge L = 39,9 mm.

Beispielrechnung

$$\tan\frac{\alpha}{2} = \frac{a}{L}$$

$$\tan\frac{\alpha}{2} = \frac{11{,}8\,\text{mm}}{39{,}9\,\text{mm}}$$

$$\tan\frac{\alpha}{2} = 0{,}2957$$

$$\frac{\alpha}{2} = 16{,}475°$$

$$\underline{\underline{\alpha = 32{,}950°}}$$

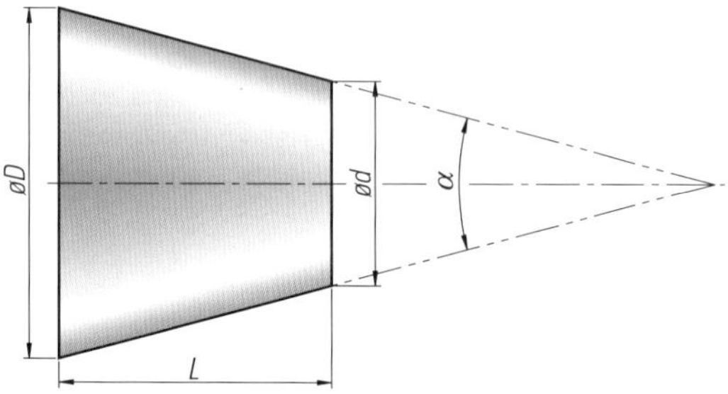

2 Maße am Kegelstumpf

Eine andere Möglichkeit der Kegelprüfung zeigt das Bild 1 auf Seite 105. Hierbei wird ein **Sinuslineal** *(sine bar rule)* mit **Endmaßen** *(end blocks)* auf die erforderliche Höhendifferenz gebracht. Entsprechend Bild 1 auf Seite 105 soll bei einem Kegelwinkel von 33° der Winkel α = 16,5° eingestellt werden. Es gilt die Sinusfunktion:

$$\sin\alpha = \frac{H}{l}$$

Die Einstellhöhe H ist mit einer Endmaßkombination einzustellen, die Hypotenusenlänge l des Sinuslineals beträgt 200 mm. H muss berechnet werden:

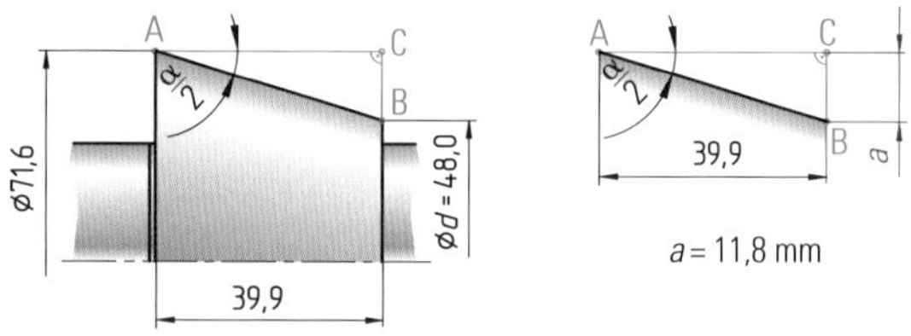

3 Maße am Kegel der Kegelradwelle

Beispielrechnung

$$\sin \alpha = \frac{H}{l}$$

$H = l \cdot \sin \alpha$
$H = 200\ \text{mm} \cdot \sin 33°$
$\underline{\underline{H = 108{,}927807\ \text{mm}}}$

Mit Endmaßen kann µm genau auf den gerundeten Wert von 108,928 mm eingestellt werden.

1. Endmaß (Maßbildungsreihe 1)	1,008 mm
2. Endmaß (Maßbildungsreihe 2)	1,020 mm
3. Endmaß (Maßbildungsreihe 3)	1,900 mm
4. Endmaß (Maßbildungsreihe 4)	5,000 mm
5. Endmaß (Maßbildungsreihe 5)	10,000 mm
6. Endmaß (Maßbildungsreihe 5)	90,000 mm

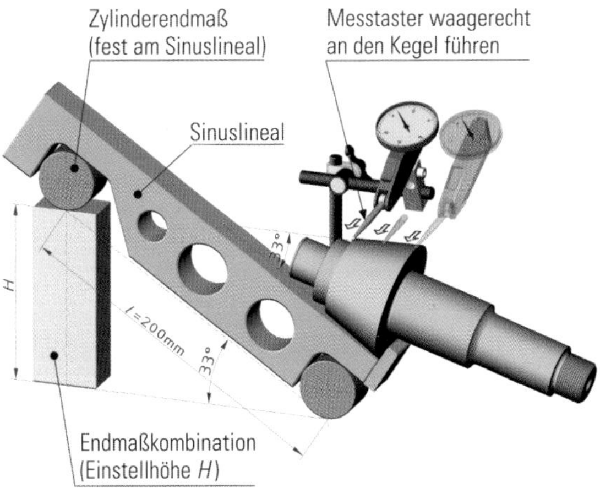

1 Kegelmessung mit Sinuslineal

Auch hier kann mit einer Messuhr *(dial gauge)* am Stativ auf Höhenänderungen hin geprüft werden, die für eine Winkelabweichung stehen. Das Maß 33° unterliegt den Allgemeintoleranzen für Winkelmaße nach DIN ISO 2768-1 mittel. Gemäß Tabellenbuch liegen die Allgemeintoleranzen für diese Kegelgröße bei einem kurzen Schenkel von rund 40 mm bei ±30'.

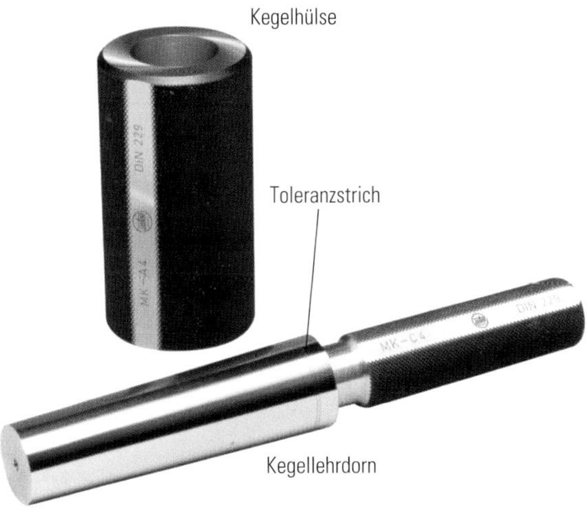

2 Kegellehren

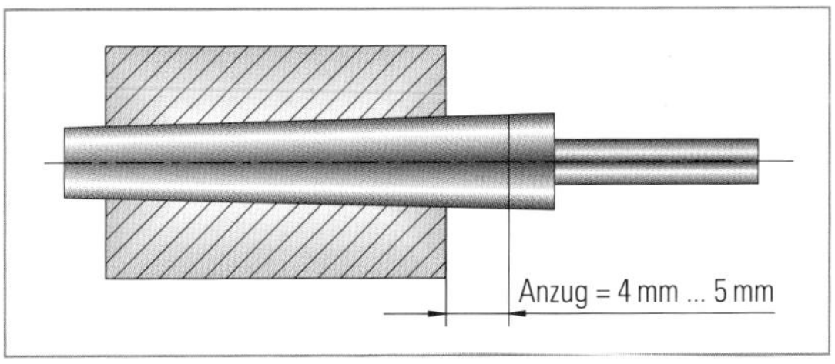

3 Anzug beim Kegellehren

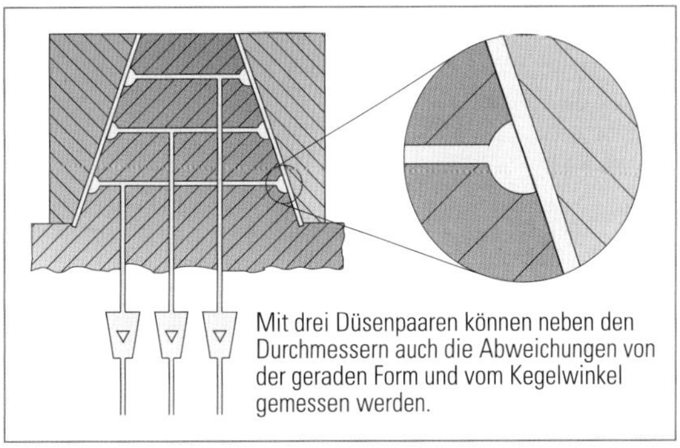

Mit drei Düsenpaaren können neben den Durchmessern auch die Abweichungen von der geraden Form und vom Kegelwinkel gemessen werden.

4 Pneumatisches Messen von Innenkegeln

Passkegel wie z. B. Morsekegel oder Steilkegel können mit **Kegellehren** *(taper gauges)* (Bild 2) überprüft werden. **Kegelhülsen** *(conical sockets)* für Außenkegel und **Kegellehrdorne** *(taper plug gauges)* für Innenkegel besitzen Anschläge oder Toleranzstriche, mit deren Hilfe festgestellt wird, ob die Durchmesser innerhalb der geforderten Toleranz liegen. Dazu wird der „Anzug" gemessen, der z. B. zwischen 4 mm und 5 mm liegen soll (Bild 3). Die Kegellehren dienen beim Drehen oder Schleifen von Passkegeln auch zur Überprüfung des Kegelwinkels. Dazu wird ein Tuschiermittel linienförmig unter 90° versetzt sehr dünn auf die Lehre aufgetragen. Die Kegellehre wird auf bzw. in den Passkegel gesteckt und leicht gedreht. Nach dem Entfernen der Lehre ist aufgrund des Tragbildes zu erkennen, ob der Kegel auf der ganzen Mantelfläche anliegt oder ob Kegelabweichungen vorliegen, die zu korrigieren sind.

Eine weitere Möglichkeit zur Kegelprüfung ist das pneumatische Messen von Kegeln (Bild 4). Dabei werden sowohl die Durchmesser als auch die Kegelform gleichzeitig überprüft.

Überlegen Sie!

1. Nennen Sie ein einfaches Verfahren der Kegelprüfung.
2. Das folgende Bild zeigt einen alternativen Aufbau für eine Kegelmessung. Dort liegt nicht der Kegel auf dem Sinuslineal sondern das zylindrische Wellenstück. Das Sinuslineal hat wieder eine Hypotenusenlänge von 200 mm.

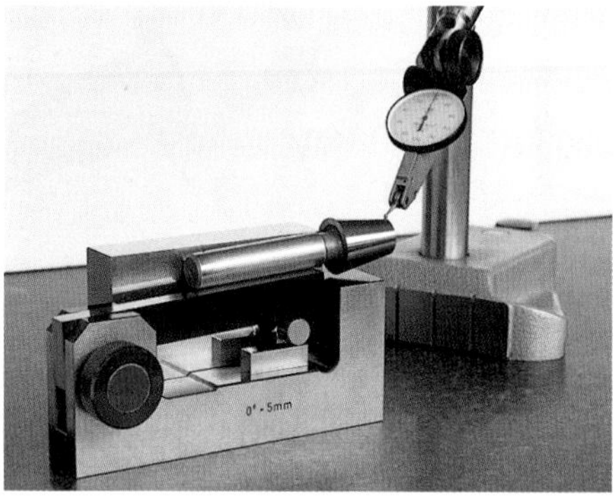

   a) Skizzieren Sie den Aufbau vereinfacht und tragen Sie die bekannten und die gesuchten Größen ein.
   b) Berechnen Sie die Einstellhöhe H für einen Kegelwinkel von $\alpha = 20°$ und notieren Sie die entsprechenden Endmaße.
   c) Welcher Kegelwinkel α ergibt sich für eine Einstellhöhe von H = 25,000 mm?
3. Um welchen Betrag muss der Durchmesser beim Kegeldrehen eines Morsekegels MK3 zugestellt werden, wenn beim Kegellehren ein Anzug von 6 mm vorliegt, jedoch einer von 4,5 mm angestrebt wird.
4. Skizzieren Sie das pneumatische Messprinzip für die Überprüfung eines Außenkegels.

7.5 Prüfen von Oberflächen ④

7.5.1 Oberflächen

In einer technischen Zeichnung wird die Werkstückoberfläche *(surface)* als gerade oder gekrümmte Linie dargestellt. Bei genauerer Betrachtung wird schnell deutlich, wie sehr die tatsächliche **Oberflächenbeschaffenheit** *(surface finish)* von der idealen Oberfläche abweicht. Bild 1 zeigt die elektronenmikroskopische Aufnahme eines gewalzten Stahlblechs, die eher an die Oberfläche eines Meeres erinnert, als an die optisch glatte Blechoberfläche.

7.5.2 Oberflächenqualität

Je nach geforderter Oberflächenqualität *(surface quality)* muss ein geeignetes Fertigungsverfahren *(manufacturing process)* gewählt werden. Eine geometrisch ideale Oberfläche ist nicht herstellbar. Die erforderliche Oberflächenqualität bestimmt der Konstrukteur **in Abhängigkeit von der Funktion** eines Bauteils.

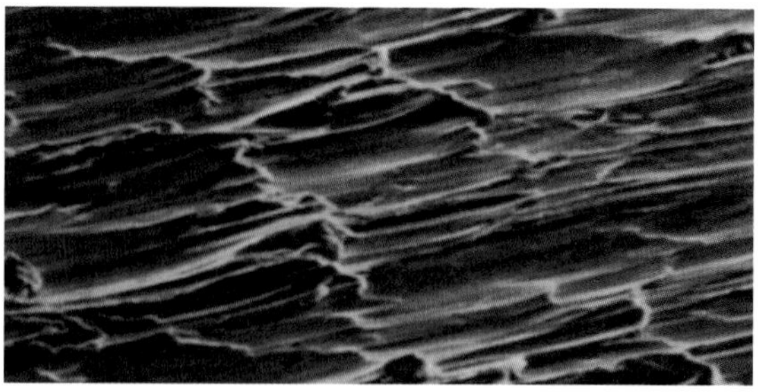

***1** Oberfläche eines gewalzten Stahlblechs*

Die Einzelteilzeichnung der Kegelradwelle von Seite 18 enthält z.B. für den Lagersitz ∅40k6 folgende Angabe:

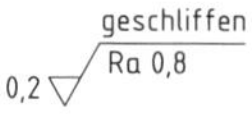

Mit zunehmend feinerer Oberfläche steigen die Fertigungskosten *(production costs)* in erheblichem Maße an, wie das Bild 2 verdeutlicht. Im Diagramm werden die Kosten des Bohrens als 100 % angesetzt. Unabhängig vom Kostenaspekt steht jedoch die geforderte Funktion der Oberfläche an erster Stelle, wenn es darum geht, die zulässige „Rauheit" *(roughness)* der Werkstückoberfläche festzulegen. Angaben zur Rauheit werden in die technischen Zeichnungen eingetragen.

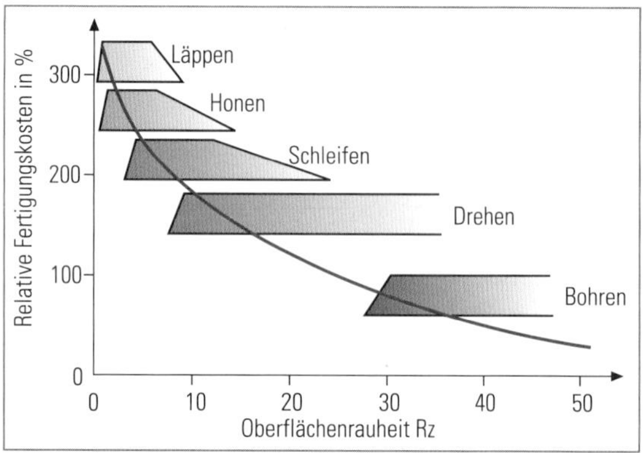

***2** Relative Fertigungskosten in Abhängigkeit von der Oberflächenqualität*

Die Tabelle Bild 3 zeigt Beispiele für den Zusammenhang zwischen den jeweiligen Qualitätskriterien und der geforderten Funktion einer Oberfläche.

Gewünschte Funktion	Qualitätskriterium
kraftschlüssige Verbindung	große Reibung
Gleitlagerung	geringe Reibung
Sichtfläche/gute Optik	gleichmäßige Lichtreflexion
elektrische und thermische Leitfähigkeit	große Kontaktfläche
Dichtung	große Auflagefläche, geringer Abrieb

***3** Zusammenhang zwischen Funktion und Qualitätskriterium von Oberflächen*

1) Informationen zur Angabe von Oberflächenbeschaffenheiten in Technischen Zeichnungen finden Sie auf Seite 23.

MERKE

Eine optimale Oberfläche ist nicht immer eine möglichst feine, glatte Oberfläche, sondern eine, die den gestellten Anforderungen gerecht wird.

Überlegen Sie!

1. *Eingelagerte Werkstücke sind oft eingeölt. Nennen Sie den Grund für diese Oberflächenbehandlung.*
2. *Begründen Sie anhand von Beispielen , warum bestimmte Werkstückoberflächen relativ rau sind.*

7.5.3 Gestaltabweichungen

Die wirkliche Oberfläche weicht von der gezeichneten geometrischen Oberfläche ab. Diese Gestaltabweichungen *(form deviations)* sind nach der Feinheit in 6 Stufen unterteilt, vom Groben zum Feinen (Tabelle Bild 1).

Alle Gestaltabweichungen kommen nicht getrennt voneinander vor, sondern überlagern sich. Die Unterscheidung zwischen **Welligkeit** *(waviness)* und **Rauheit** *(roughness)* ist nicht eindeutig festgelegt. Für den zerspanungstechnischen Bereich ist die Rauheit eine entscheidende Größe.

7.5.4 Kenngrößen für Gestaltabweichungen

Maximale Rautiefe Rt *(total peak-to-valley height)*

Rt ist der Abstand zwischen der höchsten Spitze und der tiefsten Riefe auf der betrachteten Bezugsstrecke l_m (Bild 2).

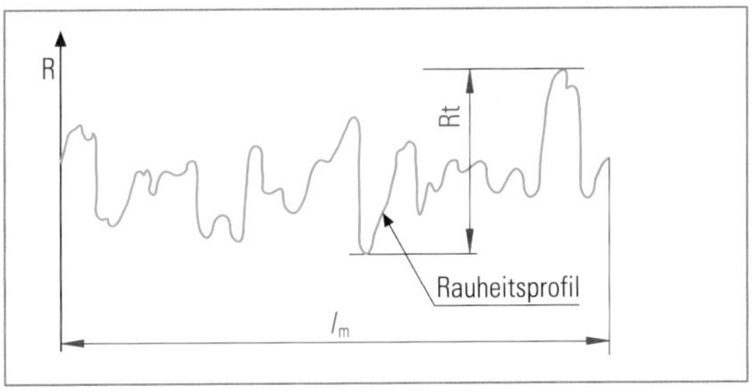

***2** Maximale Rautiefe Rt*

Gemittelte Rautiefe Rz *(average peak-to valley height)*

Zur Bestimmung der gemittelten Rautiefe *Rz* wird die Messstrecke in fünf gleiche Teilstücke unterteilt (Bild 3). Für jedes

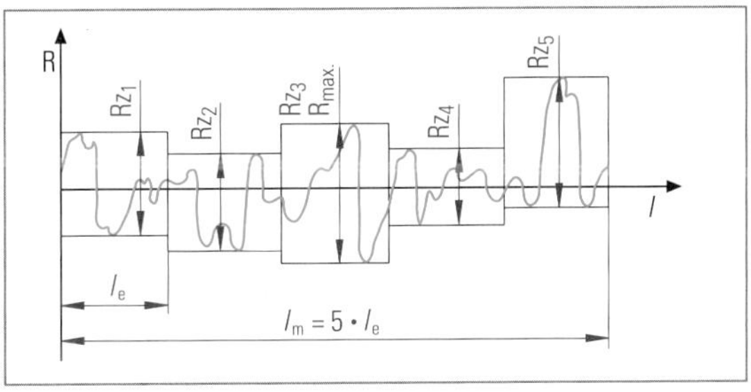

***3** Gemittelte Rautiefe Rz*

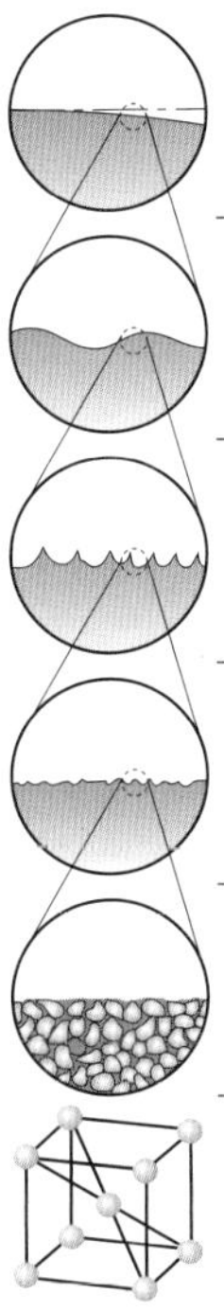

Gestaltabweichung (als Profilschnitt überhöht dargestellt)	Beispiele für die Entstehungsursache
1. Ordnung: Formabweichung 	Fehler in den Führungen der Werkzeugmaschinen, Durchbiegung der Maschine oder des Werkstücks, falsche Einspannung des Werkstücks, Härteverzug, Verschleiß
2. Ordnung: Welligkeit 	Außermittige Einspannung, Form- oder Laufabweichungen eines Fräsers, Schwingen der Werkzeugmaschine oder des Werkzeugs
3. Ordnung: Rauheit (Rillen) 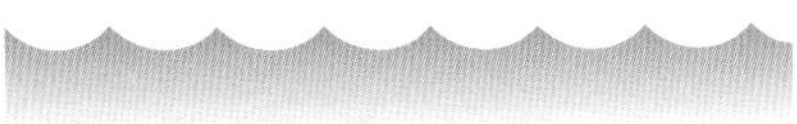	Form der Werkzeugschneide, Vorschub oder Schnitttiefe des Werkzeugs
4. Ordnung: Rauheit (Riefen) 	Vorgang der Spanbildung (Reißspan, Scherspan, Aufbauschneide), Werkstoffverformung beim Strahlen, Knospenbildung bei galvanischer Behandlung
5. Ordnung: Rauheit (Gefüge) Anmerkung: vereinfacht dargestellt	Kristallisationsvorgänge, Veränderung der Oberfläche durch chemische Einwirkung (z. B. Beizen), Korrosionsvorgänge
6. Ordnung: Gitteraufbau Anmerkung: Gittermodell dargestellt	—

***1** Ordnungssystem für Gestaltabweichungen*

Teilstück wird der Abstand zwischen dem jeweils größten und kleinsten Messwert berechnet. Anschließend wird der Mittelwert für die Gesamtmessstrecke bestimmt. Die Formel dazu lautet:

$$Rz = \frac{Rz_1 + Rz_2 + Rz_3 + Rz_4 + Rz_5}{5}$$

Rz sollte bei Profil-„Ausreißern" (einzelne Extremwerte) nicht hinzugezogen werden, wenn dies zu Störungen im Betrieb führen kann. Problematisch sind Dichtflächen und Bauteile, die dynamisch belastet werden. Tiefe Riefen schwächen das Bauteil. Hohe Spannungen im Kerbgrund können zur Rissbildung bis hin zur Zerstörung des Bauteils führen. Tiefe Kerben führen auch zu Undichtigkeiten.

Glättungstiefe Rp *(smoothing depth)* und **gemittelte Glättungstiefe Rp_m** *(average smoothing depth)*

Die Bestimmung der **„mittleren Linie"** erfolgt durch die Berechnung der Flächen der Profil-„Berge" und der Profil-„Täler" (Bild 1). Die „mittlere Linie" teilt die Flächenanteile so auf, dass die oberhalb liegenden Anteile – im Bild gelb – gleich den untenliegenden Flächen – im Bild grün – sind. Eine Aussage bezüglich der Profilspitzen und der Profilform lässt sich mithilfe der Glättungstiefe Rp treffen. Rp ist der Wert für den Abstand von der größten Spitzenhöhe bis zur „mittleren Linie".

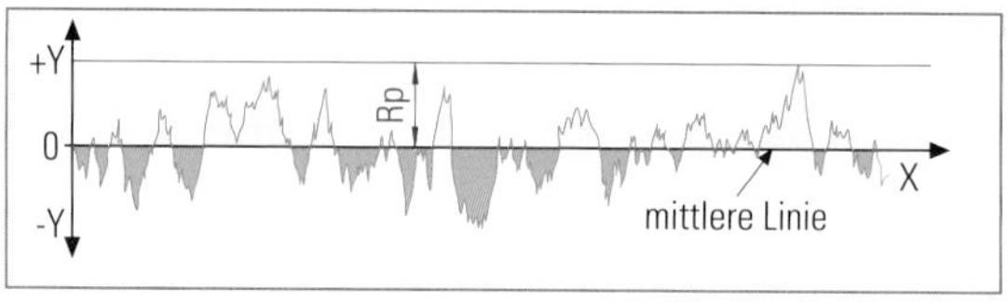

1 *Glättungstiefe Rp*

Die Aussagekraft wird verbessert, wenn die Messstrecke in fünf gleiche Abschnitte aufgeteilt wird und für jeden Abschnitt eine Glättungstiefe ($Rp_1 \ldots Rp_5$) ermittelt wird (Bild 2). Der Mittelwert dieser Messwerte ergibt die **gemittelte Glättungstiefe** Rp_m. Sie wird mit der folgenden Formel berechnet:

$$Rp_m = \frac{Rp_1 + Rp_2 + Rp_3 + Rp_4 + Rp_5}{5}$$

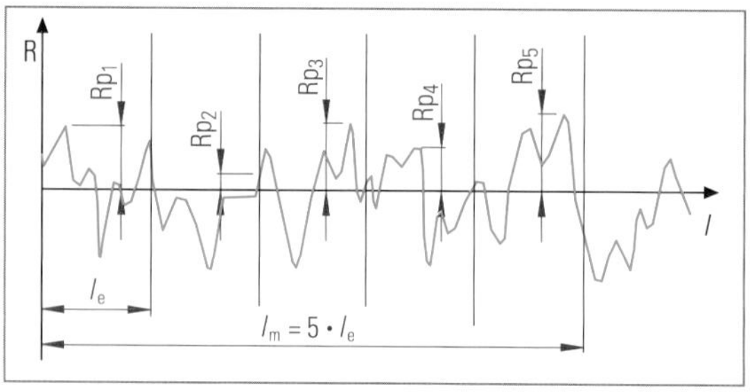

2 *Gemittelte Glättungstiefe Rp_m*

Häufig wird die Bezeichnung Rp_1, Rp_2, ... verkürzt zu p_1, p_2, ... („p" steht hier für das englische Wort *peak*: „Bergspitze"). Eine idealisierte Annahme geht davon aus, dass die Profil-„Berge" durch plastische Umformung im Betriebszustand in die Profil-„Täler" umgelagert werden. Folglich ist Rp_m bedeutsam für die Beurteilung von Lager- und Gleitflächen.

Anwendung: Lagerflächen sollten keine Profilspitzen vorweisen, einzelne Riefen sind jedoch erwünscht, Presssitze sollen eine große Berührungsfläche haben, was mit einem rundkämmigen Profil gut gelingt. Eine Aussage über die Profilform macht das Verhältnis Rp_m/Rz. Grob lässt sich sagen, dass für $Rp_m/Rz < 0{,}5$ ein rundkämmiges Profil (Bild 3 unten) vorliegt. Werte für $Rp_m/Rz > 0{,}5$ weisen auf spitze Profilformen hin (Bild 3 oben).

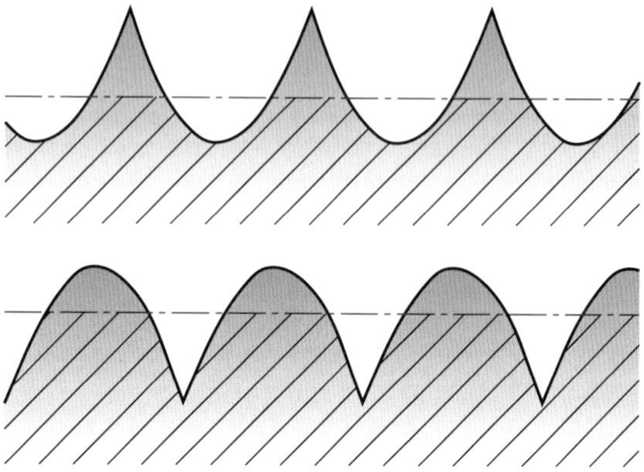

3 *Profile mit unterschiedlichen Glättungstiefen Rp*

Arithmetischer Mittenrauwert Ra *(average roughness)*

Der Mittenrauwert Ra stellt die mittlere Abweichung des Profils von der „mittleren Linie" dar.

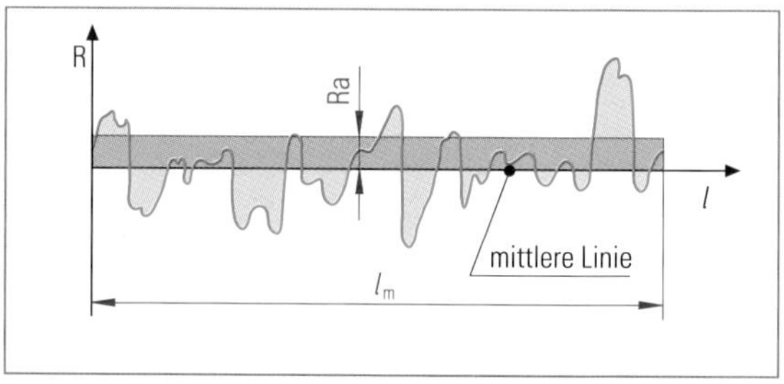

4 *Mittenrauwert Ra*

Zur Bestimmung von Ra wird zuerst die Summe aller Flächen ermittelt. Diese Gesamtfläche wird in eine Rechteckfläche umgewandelt (rote Fläche in Bild 4), wobei die Rechteckslänge der Messstrecke l_m und die Rechteckhöhe dem Mittenrauwert Ra entspricht.

Der Wert von Ra macht keine Aussage über die Spitzen oder Riefen. Auch die Profilform ist nicht erkennbar. Das Bild 1 auf Seite 109 zeigt sehr unterschiedliche Profile mit fast gleichen Ra-Werten. In der Praxis hat sich die Angabe von Ra-Werten trotzdem bewährt, weil die extremen Profile beim gleichen Bearbeitungsverfahren nicht vorkommen.

MERKE

Wichtige Oberflächenkennwerte sind die gemittelte Rautiefe *Rz*, der arithmetische Mittenrauwert *Ra* und die Glättungstiefe *Rp*.

Überlegen Sie!

1. *Bild 1 zeigt zwei Profile mit unterschiedlichen Glättungstiefen Rp. Machen Sie eine Aussage bezüglich des Ra-Wertes. Begründen Sie Ihre Aussage.*
2. *Erläutern Sie den arithmetischen Mittenrauwert Ra.*
3. *Erläutern Sie die gemittelte Rautiefe Rz. Berechnen Sie die gemittelte Rautiefe Rz.*

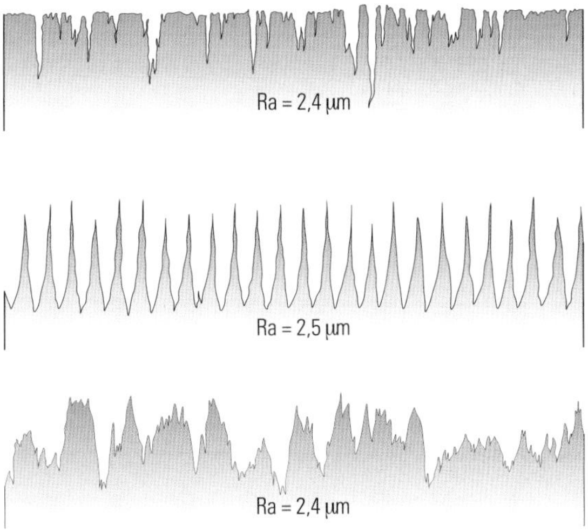

1 *Unterschiedliche Profile mit fast gleichen Ra-Werten*

7.5.5 Oberflächenqualitäten und Fertigungsverfahren

Durch die verschiedenen Fertigungsverfahren entstehen unterschiedliche Oberflächenprofile. Allgemein wird unterschieden in **regelmäßige Profile** *(regular profiles)*, wie sie Bild 2 für das **Drehen** zeigt, und **unregelmäßige Profile** *(irregular profiles)*, wie Bild 3 für das **Gießen** *(casting)* zeigt.

Durch Versuche ist der Zusammenhang zwischen dem Fertigungsverfahren und der erzielbaren Oberflächenqualität bestimmt worden. Die Tabelle auf Seite 110 gibt diesbezüglich einen Überblick aus den Hauptgruppen Urformen, Umformen und Trennen.

Durch Längsdrehen lassen sich Werkstücke herstellen, deren gemittelte Rautiefe Rz in einem Bereich von 1 µm... 250 µm bzw. deren Mittenrauwert Ra in einem Bereich von 0,2 µm ...50 µm liegt. Gefräste Teile liegen bei $0{,}4\ \mu m \leq Ra \leq 25\ \mu m$. Die Größe dieser Spannen (die Werte liegen zwischen geschruppt und feingeschlichtet) macht deutlich, dass in jedem Fall eine Überprüfung der tatsächlichen Rauigkeit erfolgen muss.

Im Rahmen der Optimierung[1)] von Anlagen und Fertigungsverfahren ist zu erwarten, dass die erzielbaren Qualitäten eher besser werden. Insofern ist die Tabelle nur als Orientierung zu verstehen.

MERKE

Bei der Fertigung von Bauteilen ist die geforderte Oberflächenqualität zu gewährleisten. Es ist unwirtschaftlich, bessere Oberflächenqualitäten als gefordert herzustellen.

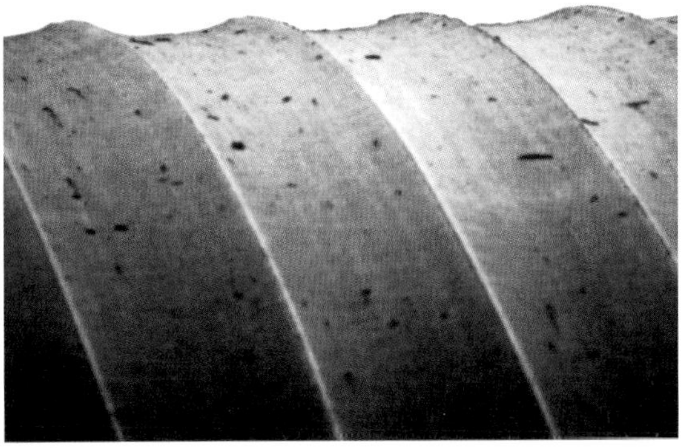

2 *Regelmäßiges Profil (Drehen)*

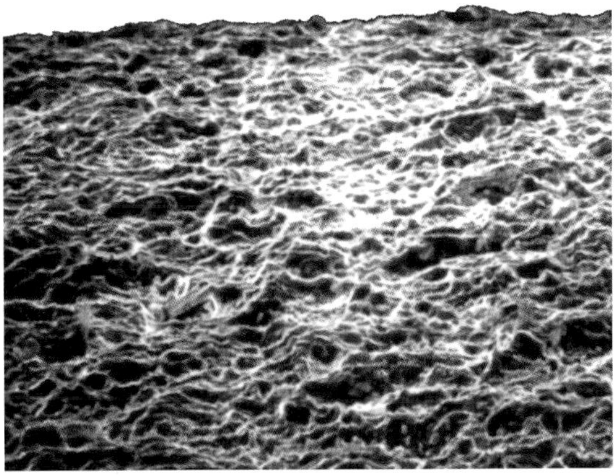

3 *Unregelmäßiges Profil (Kokillenguss)*

1) siehe Lernfeld 10

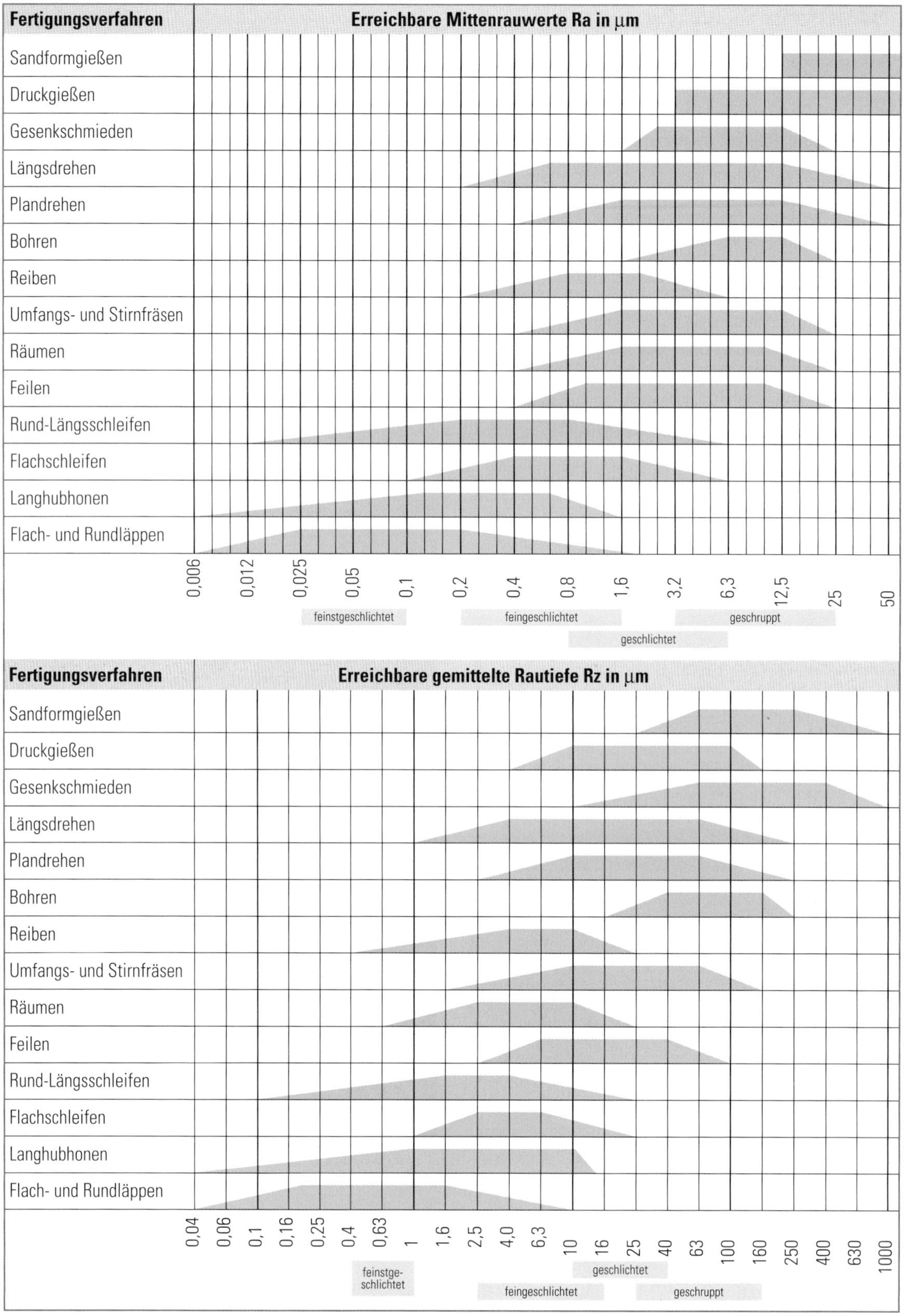
Fertigungsverfahren
Erreichbare Mittenrauwerte Ra in µm
Sandformgießen
Druckgießen
Gesenkschmieden
Längsdrehen
Plandrehen
Bohren
Reiben
Umfangs- und Stirnfräsen
Räumen
Feilen
Rund-Längsschleifen
Flachschleifen
Langhubhonen
Flach- und Rundläppen
0,006
0,012
0,025
0,05
0,1
0,2
0,4
0,8
1,6
3,2
6,3
12,5
25
50
feinstgeschlichtet
feingeschlichtet
geschruppt
geschlichtet
Fertigungsverfahren
Erreichbare gemittelte Rautiefe Rz in µm
Sandformgießen
Druckgießen
Gesenkschmieden
Längsdrehen
Plandrehen
Bohren
Reiben
Umfangs- und Stirnfräsen
Räumen
Feilen
Rund-Längsschleifen
Flachschleifen
Langhubhonen
Flach- und Rundläppen
0,04
0,06
0,1
0,16
0,25
0,4
0,63
1
1,6
2,5
4,0
6,3
10
16
25
40
63
100
160
250
400
630
1000
feinstge-
schlichtet
geschlichtet
feingeschlichtet
geschruppt

1 *Herstellverfahren und damit erreichbare Oberflächenqualitäten (Anhaltswerte)*

7.5.6 Prüfen von Oberflächen

7.5.6.1 Subjektives Prüfen *(subjective testing)*

Es gibt viele Möglichkeiten, Oberflächen zu prüfen. Die einfachste Methode ist die **Sichtprüfung** *(visual testing)*. Auf diese Weise sind Risse, Krater, Rillen sowie andere Oberflächenfehler und die Richtung von Riefen und Rillen schnell erkennbar. Das Erkennen von Ausschussstellen durch eine Sichtprüfung kann Folgekosten ersparen. Neben dieser rein visuellen Kontrolle kommen **Oberflächenvergleichsmuster** *(standard test surface)* (Seite 23 Bild 4) zum Einsatz. Zusätzlich zum rein optischen Vergleich zwischen Prüfling und Muster kann der Prüfer beispielsweise mit seinem Fingernagel oder einem Plättchen die Oberflächen abtasten. Zusätzlichen Einfluss auf das Ergebnis haben der Werkstoff, der Rillenabstand und der Oberflächenglanz, der unmittelbar mit den Lichtverhältnissen zusammenhängt. Nachteilig ist, dass jedes Fertigungsverfahren ein eigenes Oberflächenvergleichsmuster erfordert. Trotz der genannten Unwägbarkeiten kommen diese häufig zum Einsatz, weil dadurch die Subjektivität des Prüfenden eingeschränkt wird.

7.5.6.2 Objektives Prüfen *(objective testing)*

Sind besondere Ansprüche an die Werkstückoberfläche gestellt, so reicht eine subjektive Prüfung nicht aus. Übliche Messverfahren zur Bestimmung der Gestaltabweichungen, hauptsächlich der Welligkeit und Rauheit, sind das

- Lichtschnittverfahren und
- Tastschnittverfahren.

Bezogen auf die Kegelradwelle ist das Prüfen mit einem Oberflächenvergleichsmuster nicht sinnvoll, da die bemaßten Flächen später Lagersitze sind. Eine von den Vorgaben abweichende Oberflächenqualität kann zur Verringerung der Lebenszeit der eingesetzten Wälzlager führen. Um dies auszuschließen, muss die Oberflächenqualität gemessen werden.

Lichtschnittverfahren *(light-section procedure)*

Bei diesem **optischen Verfahren** (Bild 1) wird ein schmaler Lichtstreifen (Laser) unter einem Winkel von 45° zur Werkstückoberfläche projiziert. Das einfallende Licht wird von der Oberfläche des Werkstücks reflektiert. Die Lichtquelle und die Betrachtungsrichtung müssen im rechten Winkel zueinander stehen.

Der besondere Vorteil dieses Verfahrens ist die **berührungslose Messung** *(contactless testing)*. Deshalb wird dieses Verfahren häufig bei weichen Werkstücken eingesetzt. Es eignet sich z. B. auch zum Messen von Speicherplatten für Computer, da das Lichtschnittverfahren auf der Oberfläche keine Riefen erzeugt und somit auch nicht zu späteren Funktionsbeeinträchtigungen der Speicherplatten führt. Auch optische Beeinträchtigungen, z. B. bei Aluminium- oder Goldoberflächen, entstehen durch diesen Messvorgang nicht. Messbare Rautiefen mit dem Lichtschnittverfahren liegen zwischen 1 µm und 20 µm.

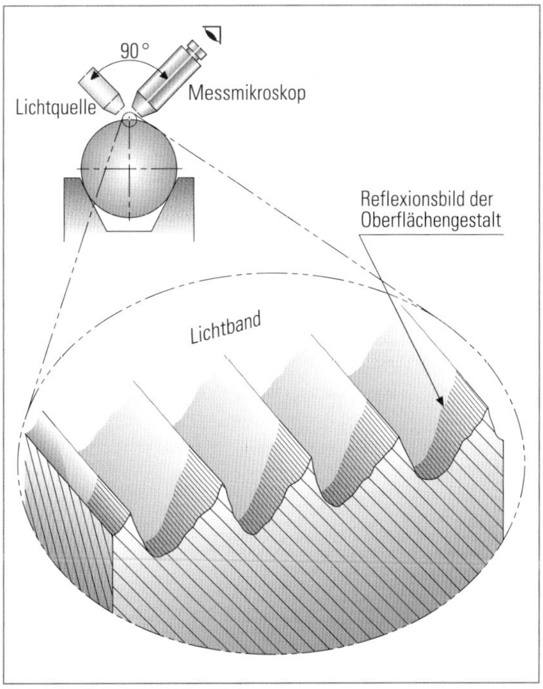

***1** Prinzip des Lichtschnittverfahrens*

MERKE

Das Lichtschnittverfahren ist erforderlich, wenn die Oberfläche durch den Messvorgang nicht beschädigt werden darf.

Tastschnittverfahren *(stylus-type testing)*

Wesentlich häufiger, weil kostengünstiger, ist das **mechanische Abtasten der Oberfläche** *(mechanical gauging of a surface)* mit einer Diamantspitze. Gemessen werden die horizontale und die vertikale Bewegung der Tastspitze, die Messstrecke (Vorschubweg) und die Höhenunterschiede der Messstrecke (Hub). Bild 2 zeigt den Aufbau zur Rauheitsmessung an der Kegelradwelle mit einem **tragbaren Oberflächenmessgerät** *(portable surface-measurimg instrument)*.

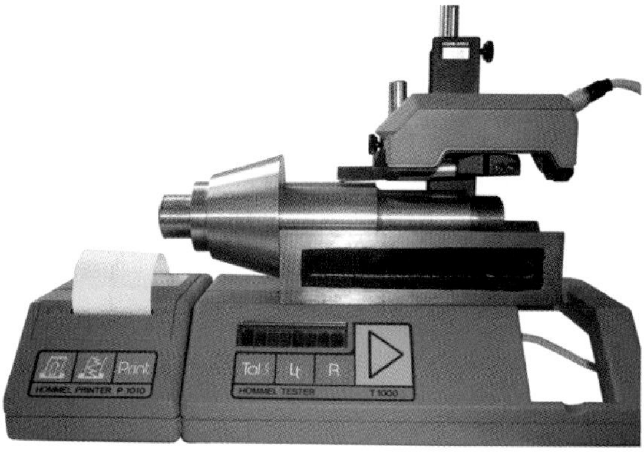

***2** Rauheitsmessung an der Kegelradwelle*

Die digitalisierten und verstärkten elektrischen Signale werden von einem Messprogramm erfasst, ausgewertet und die Ergebnisse werden auf einem Display oder einem Bildschirm ausgegeben und bei Bedarf digital gespeichert. Bild 1 zeigt ein **Profildiagramm** *(profile diagram)*, das die Summe aller ertasteten Erhöhungen und Vertiefungen wiedergibt. Das abgebildete Oberflächenprofil entspricht nicht genau der realen Oberfläche,

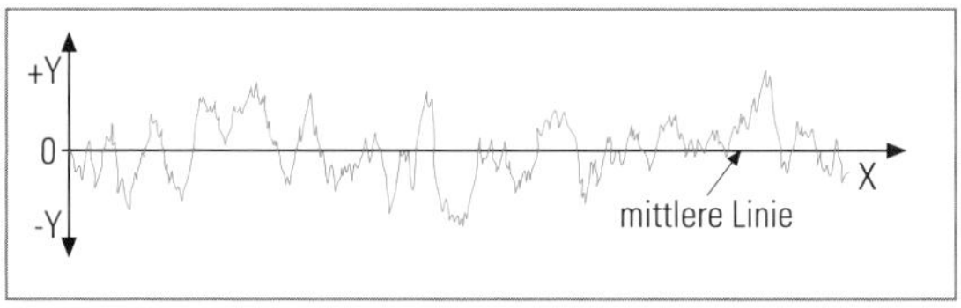

1 Profildiagramm

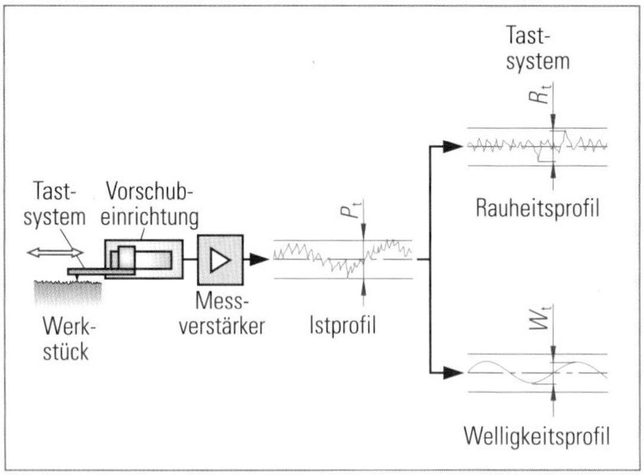

2 Prinzip eines Tastschrittgeräts

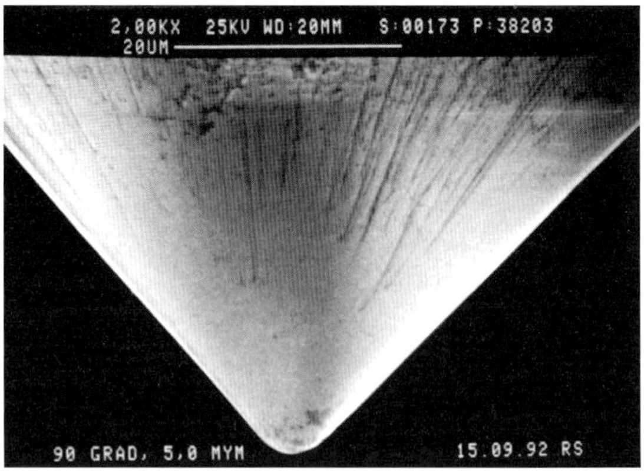

3 Aufnahme einer Tastspitze mit dem Elektronenmikroskop
R = 5 µm

da die Tastspitze nicht in alle Vertiefungen vordringen kann. Die „mittlere Linie" im Diagramm ist eine vom **Messprogramm** *(measuring programme)* erstellte Linie, die so berechnet ist, dass die Flächenanteile darüber und darunter jeweils gleich sind. Sie ist nicht identisch mit dem Nennmaß.

Ein **Oberflächenmesssystem** *(surface measuring system)* (Seite 111 Bild 2) besteht aus dem **Tastsystem** *(stylus-type system)* mit der Tastspitze, einem **Vorschubgerät** *(feed device)*, einem Messverstärker und einer Verrechungseinheit (Computer) mit Speicher und/oder Ausgabeeinheit (Bildschirm, Anzeige, Drucker), wie in Bild 2 schematisch darstellt.

Im Tastsystem befindet sich die **Tastspitze** *(stylus)* (Bild 3), die hochpräzise gelagert ist. Die Vertikalbewegung der Spitze wird in ein elektrisches Signal umgewandelt. Die Standardspitze hat einen Spitzenwinkel von 90° und einen Spitzenradius von 5 µm. Die empfindliche Tastspitze sollte regelmäßig kontrolliert werden. Mit diesem System werden Rauigkeit und Welligkeit erfasst.

Gleitkufentastsysteme (Bild 4) erfassen nur die Rauheit. Die Vertikalbewegung der Tastspitze wird gegenüber der Gleitkufe gemessen. Aufgabe des Vorschubapparates ist es, die gleichförmige Bewegung des Tasters zu gewährleisten.

Das verstärkte Analogsignal wird in ein digitales Signal umgewandelt, um es dann mithilfe eines Computers auszuwerten. Neben der Ausgabemöglichkeit auf einen Bildschirm, ist die Ausgabe auf einen Streifenschreiber *(strip chart recorder)* noch häufig zu finden. Für die leichtere Auswertung des Profildiagramms gemäß Bild 1 von Seite 113 ist der Vertikalmaßstab stärker vergrößert (2000-fach) als der Horizontalmaßstab (40-fach).

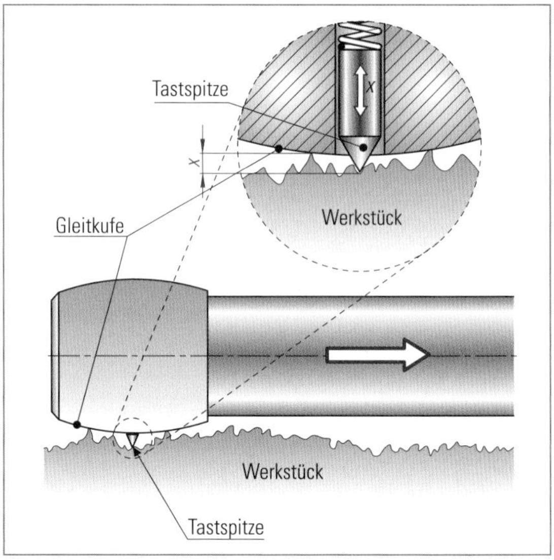

4 Gleitkufentastsystem

Bei einer maßstäblichen Darstellung ohne die Überhöhung des Vertikalmaßstabes sind die Erhöhungen kaum erkennbar.

MERKE

Die Form (Spitzenwinkel) und Größe (Spitzenradius) der Tastspitze bestimmen, wie genau eine Oberfläche abgebildet und damit geprüft werden kann.

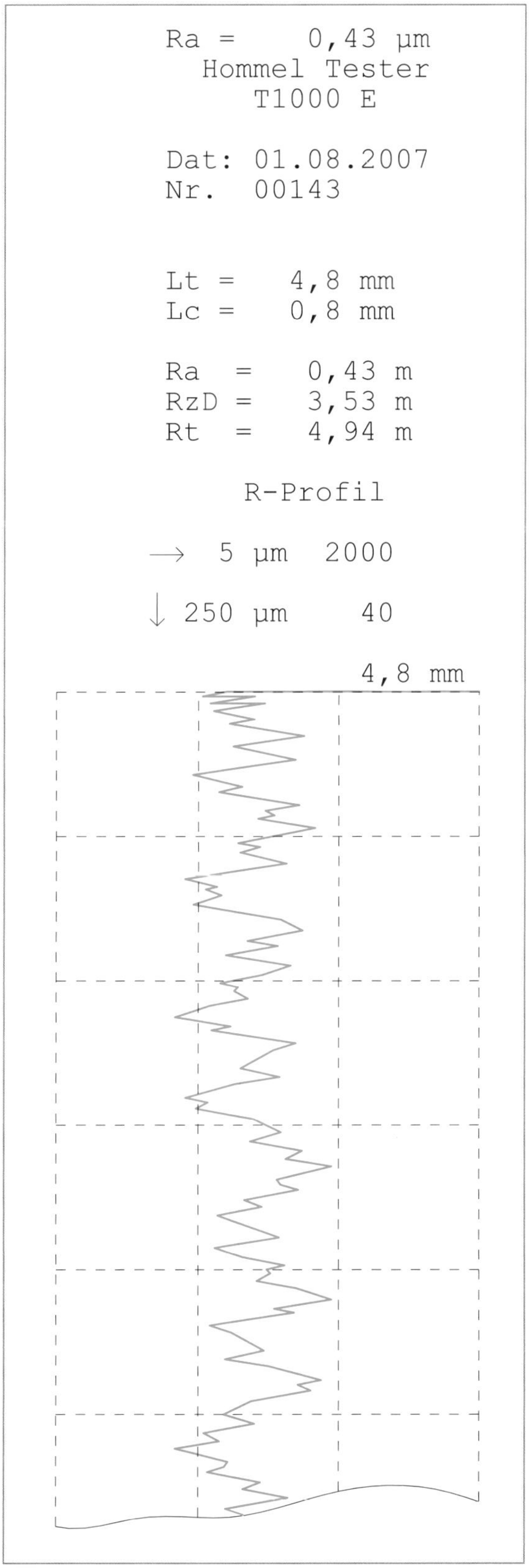

1 Messprotokoll-Profildiagramm mit Ergebnisstreifen (Ausschnitt)

Bild 2 zeigt ein **Perthometer**, mit dem berührungslos die Oberflächenrauigkeit gemessen wird, hier am Beispiel einer Kopiertrommel. Dabei fährt ein Laserstrahl entlang der Oberfläche. Der Lichtreflex wird ausgewertet und in das Oberflächenprofil übersetzt.

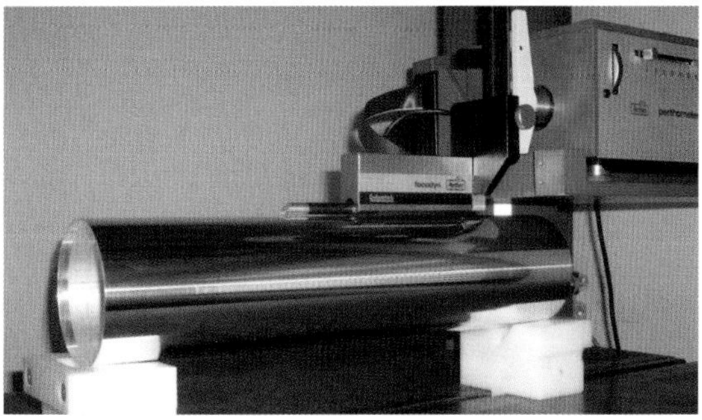

2 Perthometer zur berührungslosen Rauheitsmessung

Überlegen Sie!

Welche Funktion hat die Gleitkufe eines Gleitkufentasters?

7.5.7 Zusammenhang zwischen Maßtoleranz und Oberflächenbeschaffenheit

Auf den ersten Blick haben Maßtoleranzen *(dimensional tolerances)* und Oberflächenangaben *(specifications for surfaces)* nichts miteinander zu tun. Die Einhaltung der Maßtoleranzen wird mit Lehren oder Messgeräten geprüft. Die Oberflächen werden mithilfe von Oberflächen-Messgeräten geprüft. Bild 3 zeigt die Prüfung eines Bauteils mit einer **Grenzrachenlehre** *(external limit gauge)*. Diese wird über die Werkstückoberfläche, z. B. einer Welle, in unterschiedliche Winkellagen geschoben. Dabei berühren die Prüfflächen nur die äußersten Spitzen des Oberflächenprofils.

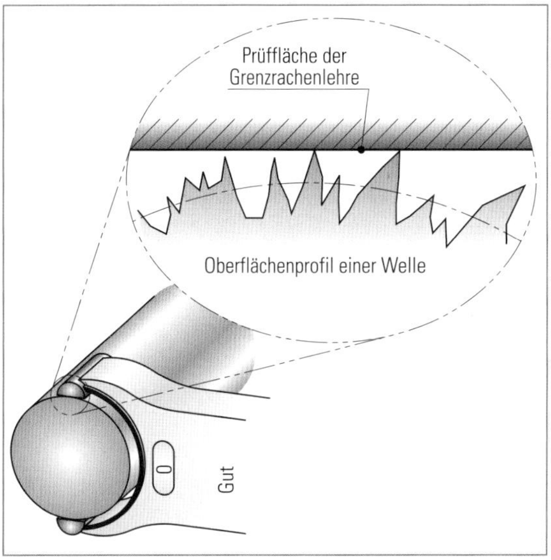

3 Prüfen der Maßtoleranz mit einer Grenzrachenlehre

Die Ausschnittvergrößerung zeigt die Prüffläche und das Oberflächenprofil. Im Beispiel der ISO Toleranz ∅25h6 1) beträgt die Toleranz 13 µm. Bei der Oberflächenrauigkeit von Rz 6,3 liegt das Oberflächenprofil komplett im tolerierten Bereich:

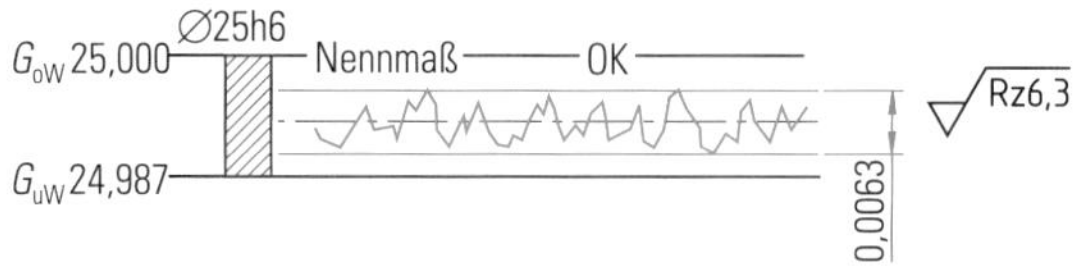

Wird beim gleichen Toleranzfeld jedoch eine Rauheit von Rz 25 vorgegeben, ragen die **Profilspitzen** oben und unten aus dem **Toleranzfeld** *(tolerance zone)* heraus.

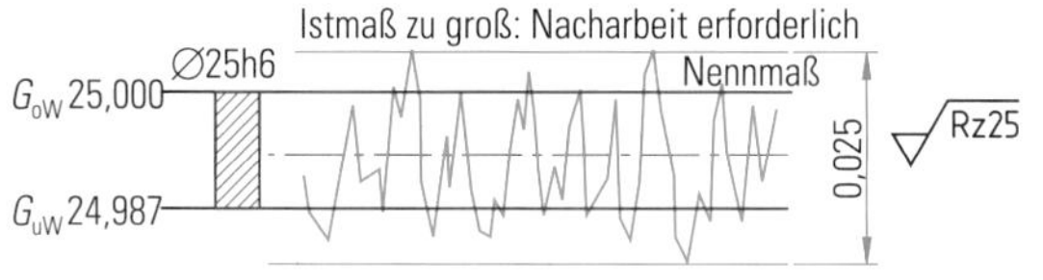

Liegt die „mittlere Linie" des Oberflächenprofils weiter in Richtung der Wellenmitte, so kann auch eine Rauheit von Rz 25 nach der Prüfung mit einer Grenzrachenlehre als „Gut" eingestuft werden. Hierfür müssen die äußeren Spitzen des Profils sich lediglich unterhalb des Höchstmaßes G_{oW} der Welle befinden. Bei einem stark zerklüfteten Profil wird folglich der Materialanteil im Toleranzbereich sehr klein ausfallen. Die Folge wird ein schneller Verschleiß mit entsprechendem Qualitätsverlust sein.

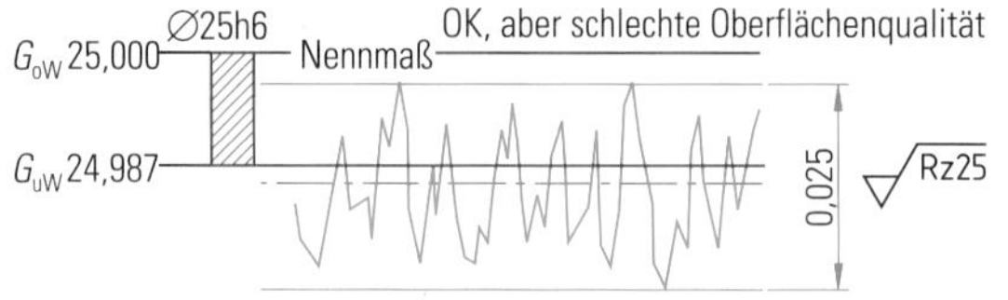

Um derartige Probleme auszuschließen, sollen Toleranzen und Oberflächenqualitäten aufeinander abgestimmt sein. Zu groß gewählte Vorgaben für die Rauheit können zu Qualitätsverschlechterungen führen, zu feine Oberflächen verteuern die Herstellung, ohne eine Qualitätsverbesserung zu erzielen. Die Rauheit sollte innerhalb der vorgegebenen Toleranz liegen. In der Praxis hat sich ein Verhältnis von Rauheit zu Toleranzfeldgröße von 1:3 bis 1:2 bewährt.

MERKE

Oberflächenangaben und Toleranzen müssen aufeinander abgestimmt sein. Die Rauheit soll höchstens halb so groß sein wie die Toleranz.

7.6 Prüfen von Form- und Lagetoleranzen 5

Die technische Zeichnung der Kegelradwelle auf Seite 18 gibt den Sollzustand des Bauteils wieder. Damit ist die theoretische ideale Gestalt gemeint. Die Abweichungen von dieser Gestalt *(surface deviations)* können

- die Maße *(dimensions)*
- die Form *(shape)*
- die Lage *(position)*
- die Oberfläche *(surface)*

betreffen.

Maßabweichungen entstehen meistens durch Fehler bei der Bedienung oder beim Einrichten der Maschine.

Form- und **Lageabweichungen**2) werden häufig von der Werkzeugmaschine und dem Fertigungsprozess verursacht.

7.6.1 Formtoleranzen

Die Form eines Zylinders, im Beispiel die des Lagersitzes ∅40k6 der Kegelradwelle, kann gekrümmt sein, obwohl das Maß der jeweils gegenüberliegenden Punkte den Vorgaben entspricht (Bild 1a). Lässt die Form aber z. B. einen konischen Verlauf erkennen (Bild 1b), wird ein Zusammenhang zwischen Maß und Form deutlich. Eine Rundheitsabweichung einer Welle kann von der Lagerung der Maschinenspindel abhängen, eine Geradheitsabweichung, wie im Bild 1a dargestellt, kann auf der elastischen Verformung des Werkstücks beim Zerspanen beruhen.

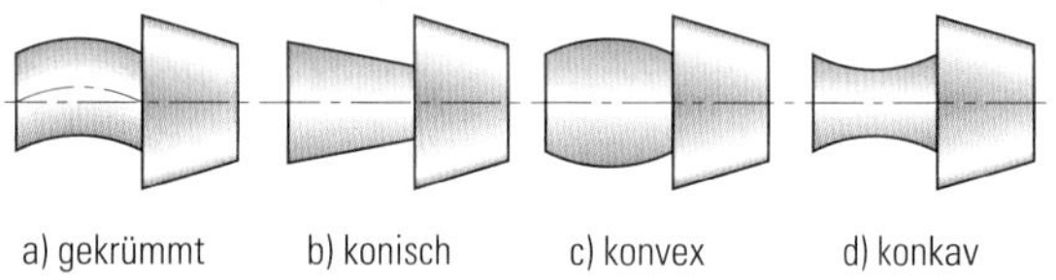

1 Formabweichungen (übertrieben dargestellt)

Die Formtoleranzen *(tolerances of form)* beziehen sich auf Geraden, Ebenen, Kreise und Zylinder, also auf einfache geometrische Elemente. Diese werden für sich alleine betrachtet. Sie stehen folglich nicht im Zusammenhang mit anderen Elementen. Die Wälzlagersitze der Kegelradwelle sollen hinreichend zylindrisch sein. Zur Kennzeichnung wird von einem **zweiteiligen Toleranzrahmen** an beliebiger Stelle ein **Bezugspfeil** an die Kontur gezeichnet. Der Bezugspfeil, auch Toleranzpfeil genannt, muss senkrecht auf der Oberfläche stehen. In dem Toleranzrahmen wird im ersten Feld das Symbol für die **Toleranzart** gesetzt. Im zweiten Feld steht die **zulässige Abweichung** in Millimetern (Bild 2).

2 Toleranzrahmen Rundheit

Zum Messen der **Rundheitstoleranz** *(tolerance of circularity)* eines Wellenabsatzes wird die Welle häufig noch in der Drehmaschine in mehreren Winkellagen mit einer Messschraube abgegriffen. Die Differenz zwischen dem größten und dem kleinsten Wert muss in der vorgegebenen Toleranz liegen. Dieser Vorgang wird an mehreren Stellen auf der Messlänge wiederholt. Bild 1 auf Seite 115 zeigt mögliche Rundheitsabweichungen.

1) siehe DIN ISO 276-2 und Kap. 9.1.3 2) Weitere Informationen zur Angabe von Form- und Lagetoleranzen in Technischen Zeichnungen finden Sie auf Seite 24.

Natürlich ist auch eine völlig unregelmäßige Abweichung möglich und auch zulässig, solange nur alle Punkte innerhalb der vorgegebenen Toleranz liegen. Die Mittellinien der aufgezeigten Profile müssen nicht identisch mit der idealen Mittellinie der Gesamtwelle sein.

In der **Serienfertigung** wird der Prüfvorgang oft in einen Prüfraum verlegt, der auf 20 °C temperiert ist. Das Bild 2 zeigt die Rundheitsmessung für die Kegelradwelle mit einem Formmessgerät. Vor Beginn der Messung wird der Taster mithilfe eines Normals justiert. Anschließend muss das Werkstück ausgerichtet werden. Die Abweichungen der **Winkeligkeit** *(angularity)* und der **Exzentrizität**[1] *(excentricity)* werden mit Unterstützung der Software minimiert. Von Hand werden die oberste und die unterste Messstelle angefahren. Nach dem Start des Messzyklus regelt das Messprogramm das Drehen der Kegelradwelle um jeweils 360°. Dabei wird die Oberfläche erfasst. Je nach Voreinstellung wird dieser Vorgang in anderen Höhen (Z-Positionen) wiederholt. Das Ergebnis kann als **Prüfprotokoll** ausgedruckt werden. Bild 1 auf Seite 116 zeigt ein Prüfprotokoll für die insgesamt 6 Messstellen. Die größte Abweichung beträgt 4,033 µm. Sie liegt also deutlich unter den geforderten 10 µm. Die Rundheit der gemessenen Kegelradwelle ist im zulässigen Toleranzbereich.

Da jeder Wellenabsatz für sich betrachtet wird, macht die Rundheitsabweichung keine Aussage über Exzentrizitäten der einzelnen Wellenabschnitte. Die Rundheit bezieht sich immer auf die Mantellinie einer Welle. Folglich ist beim Zeichnen darauf zu achten, dass der Toleranzpfeil nicht auf den Maßpfeil der Durchmesserbemaßung trifft. Ein Versatz von mindestens 4 mm ist durch die Norm vorgeschrieben (Bild 3).

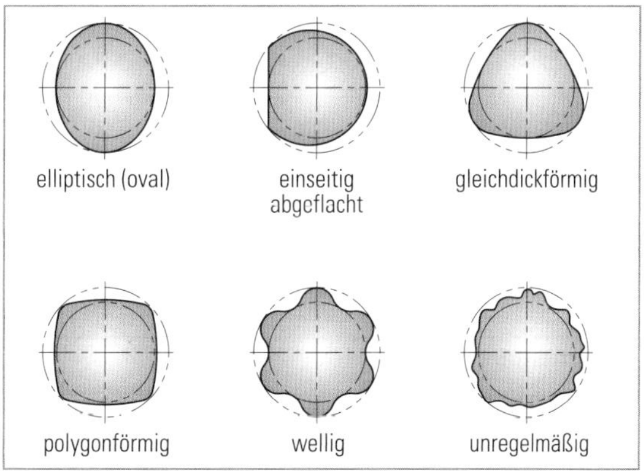

***1** Rundheitsabweichungen*

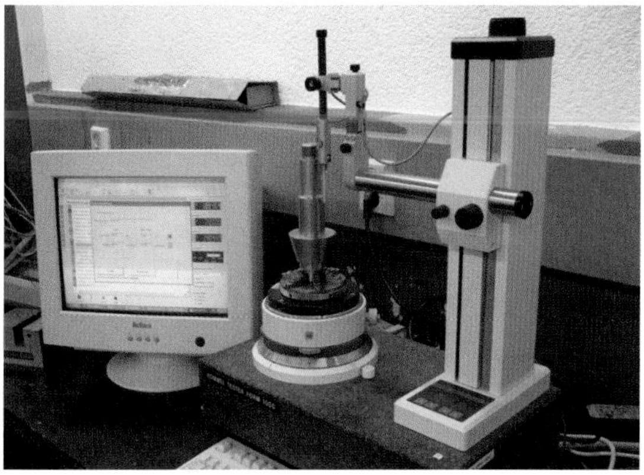

***2** Rundheitsmessung mit einem Formmessgerät*

7.6.2 Lagetoleranz

Die Lage zweier Bauteile oder auch zweier Bauteilabschnitte zueinander wird z. B. durch Ungenauigkeiten im Spannfutter negativ beeinflusst. Dies kann zu einer Abweichung bei der **Koaxialität** (die gleiche Achse besitzend) führen. Letztlich muss die Fertigung funktionsfähige Bauteile produzieren, die eine vorgeschriebene Lebensdauer erreichen. Bezogen auf die Kegelradwelle bedeutet dies, dass z. B. auf die Lagersitze Wälzlager montiert werden. Die Lebensdauer der Lager ist unmittelbar abhängig von der Qualität der Lagersitze.

Zu jeder Lagetoleranz *(positional tolerance)* werden ein **Bezugselement** und ein **toleriertes Element** benötigt. Ein Bezugsdreieck und ein Großbruchstabe in einem quadratischen Rahmen kennzeichnen das Bezugselement.

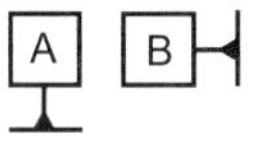

***4** Symbole für Bezüge*

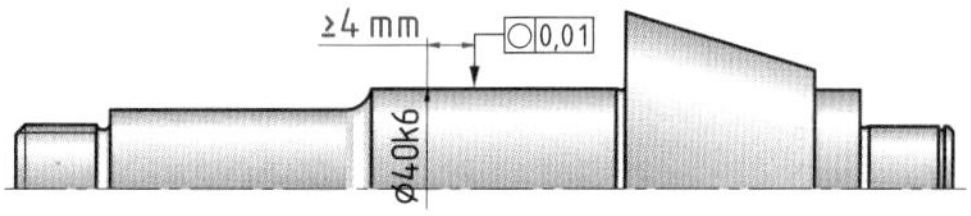

***3** Eintragen der Rundheit*

Bei der Kegelradwelle ist die Mittellinie des Lagersitzes Ø40k6 als **Bezugselement** A definiert. Weil das Bezugsdreieck auf dem Maßpfeil der Durchmesserangabe steht, ist die Mittellinie das Bezugselement. Bild 5 zeigt eine vereinfachte Technische Zeichnung der Kegelradwelle, die nur die Bemaßung für Form- und Lagetoleranzen enthält.

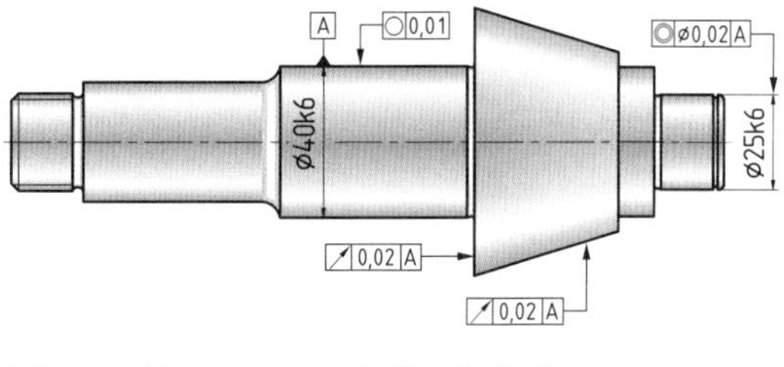

***5** Form- und Lagetoleranzen der Kegelradwelle*

1) Exzentrizität: Abstand vom Mittelpunkt, Außermittigkeit

Lieferant/Kunde	Prüfplan	HOMMEL WERKE
Auftrag	Normalbezeichnung **Kegelradwelle**	
Gerät **Hommel Tester Form 1000**	Normalnummer	
Seriennummer	Prüfer **Hr.Schönsee**	SW-Version V6.00.0210
Kommentar		Datum 17.04.2010
		Uhrzeit 12:59:25

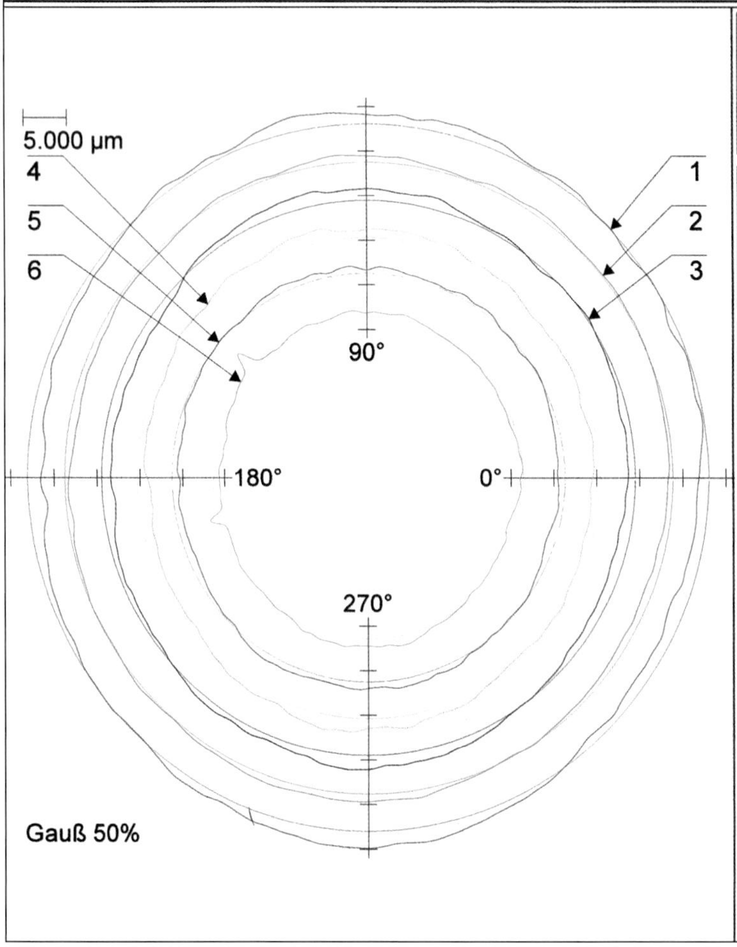

Rundheit Ausrichten oben
Wert: 4.033 µm
Toleranz: 0.000 µm
Verfahren:LSCI
Filter: 0 - 50 W/U
1 Ausrichten oben
Geschw.: 6.0 U/min
Pos. Z: 188.09 mm

Rundheit Ausrichten unten
Wert: 1.933 µm
Toleranz: 0.000 µm
Verfahren:LSCI
Filter: 0 - 50 W/U
2 Ausrichten unten
Geschw.: 6.0 U/min
Pos. Z: 141.24 mm

Rundheit 1
Wert: 3.197 µm
Toleranz: 0.000 µm
Verfahren:LSCI
Filter: 0 - 50 W/U
3 Rundheit 1
Geschw.: 6.0 U/min
Pos. Z: 180.26 mm

Rundheit 2
Wert: 3.288 µm
Toleranz: 0.000 µm
Verfahren:LSCI
Filter: 0 - 50 W/U
4 Rundheit 2
Geschw.: 6.0 U/min
Pos. Z: 168.05 mm

Rundheit 3
Wert: 1.971 µm
Toleranz: 0.000 µm
Verfahren:LSCI
Filter: 0 - 50 W/U
5 Rundheit 3
Geschw.: 6.0 U/min
Pos. Z: 155.94 mm

Rundheit 4
Wert: 3.512 µm
Toleranz: 0.000 µm
Verfahren:LSCI
Filter: 0 - 50 W/U
6 Rundheit 4
Geschw.: 6.0 U/min
Pos. Z: 146.03 mm

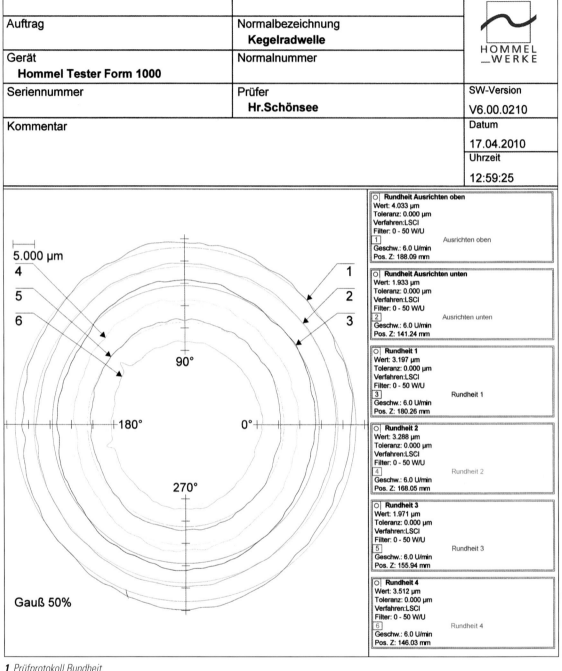

1 *Prüfprotokoll Rundheit*

Um beide Wälzlagersitze zueinander auszurichten, wird eine **Koaxialität** *(concentricity)* (Fluchten von Drehachsen einzelner Wellenabsätze) für beide Achsen definiert. Die Achse des tolerierten Zylinders mit ∅25k6 muss sich in einem kleinen Zylinder mit ∅0,02 mm befinden, dessen Achse das Bezugselement ist (Bild 2, Seite 120). Die Koaxialitätstoleranz ist immer zylindrisch, was durch das Durchmesserzeichen angedeutet wird und liegt koaxial zur Bezugsachse.

Die direkte mechanische Koaxialitätsmessung ist nicht möglich, weil die zu vermessenden Achsen nicht direkt abgetastet werden können. **Formprüfgeräte** *(form testing instruments)* ermitteln die Koaxialitätsabweichung über eine Rundlaufmessung, die auf der nächsten Seite erläutert wird. Besser ist es, die Prüfung der Koaxialität auf der Koordinatenmessmaschine durchzuführen[1].

1) siehe Kap. 7.6.3.1

Die **Koaxialität** bestimmt den Ort, an dem die Achse eines Wellenabsatzes liegt und gehört somit zu den **Ortstoleranzen** *(position tolerances)*. Hierzu gehören auch die Symmetrie- und die Positionstoleranz. Ortstoleranzen, Richtungstoleranzen (Parallelität, Rechtwinkligkeit und Neigung) und Lauftoleranzen (Rundlauf, Planlauf, Gesamtrundlauf, Gesamtplanlauf) sind unter dem Oberbegriff **Lagetoleranzen** *(positional tolerances)* zusammengefasst. Eine Übersicht zeigt das Tabellenbuch.

Gemäß Prüfplan von Seite 96 bleibt noch eine weitere Lagetoleranz zu prüfen. Das Symbol (Bild 1) beschreibt eine **Lauftoleranz**.

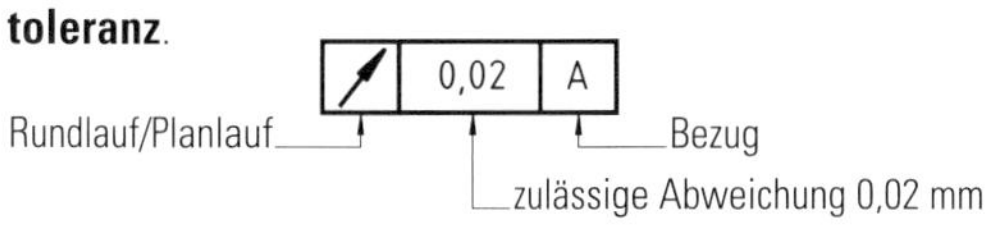

1 *Toleranzrahmen für Lauftoleranz*

2 *Prüfen des Planlaufs*

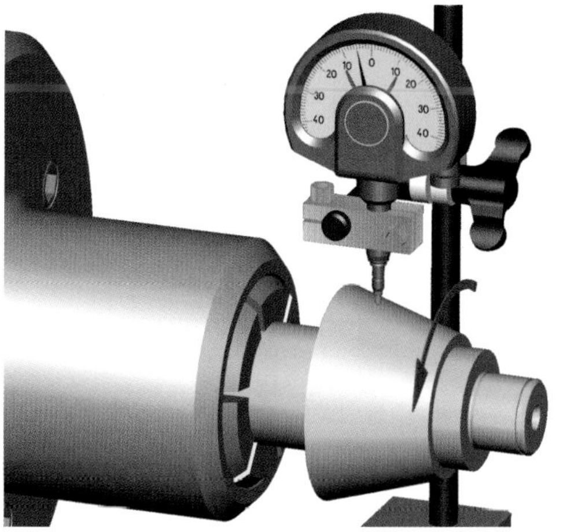

3 *Prüfen des Rundlaufs des Kegels*

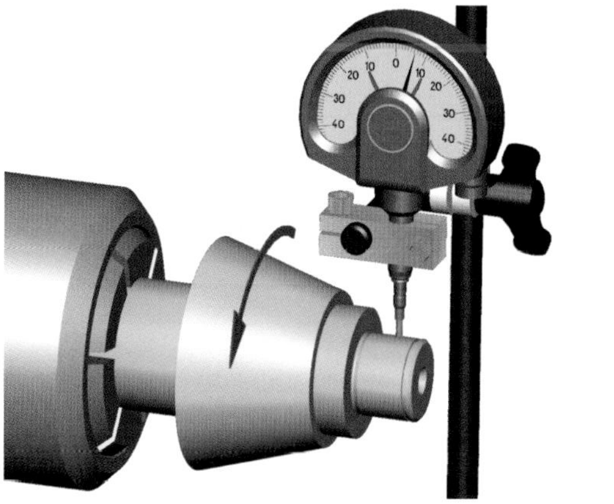

4 *Prüfen des Rundlaufs des Lagersitzes ⌀25k6*

Die Lauftoleranz ist nur auf **rotationssymmetrische** Werkstücke anwendbar. Als Bezug dient immer eine Achse. Um diese rotiert das Werkstück, während z. B. eine Messuhr, ein Feinzeiger oder ein Fühlhebelmessgerät die zu prüfende Fläche abtastet. Bei der Kegelradwelle ist das Bezugselement die Achse des Zylinders mit ⌀40k6. Deshalb spannt die Spannzange diesen Zylinder, sodass seine Achse mit der Drehachse übereinstimmt. Mit einem Fühlhebelmessgerät wird der **Planlauf** *(circular run-out lateral)* (Bild 2) während einer Werkstückumdrehung überprüft. Im Bild 3 wird der **Rundlauf** *(circular run-out radial)* des Kegels und im Bild 4 der des Zylinders (⌀25k6) mit einem Feinzeiger überprüft.

Der einfache Pfeil in Bild 1 als Toleranzsymbol steht stellvertretend für den Zeiger einer Messuhr und zeigt den **einfachen Lauf** *(circular run-out)*, d. h. die Lauftoleranz an. Eine Prüfung findet an einer Stelle des tolerierten Elements statt, die frei gewählt werden kann. Ein Doppelpfeil (Bild 5) schreibt eine Messung über das gesamte tolerierte Element vor, weshalb vom **Gesamtlauf** (Gesamtrundlauf oder Gesamtplanlauf) gesprochen wird.

Beim Rundlauf summieren sich die Abweichungen von der Rundheit und der Koaxialität (Bild 6).

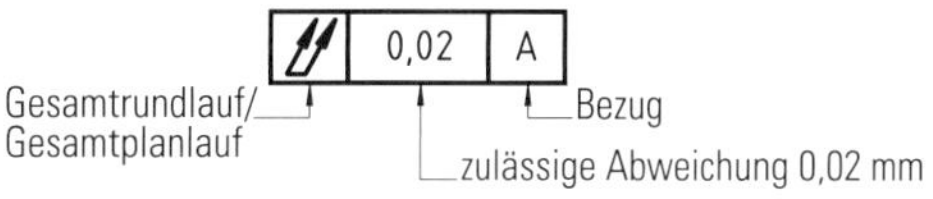

5 *Toleranzrahmen für Gesamtlauftoleranz*

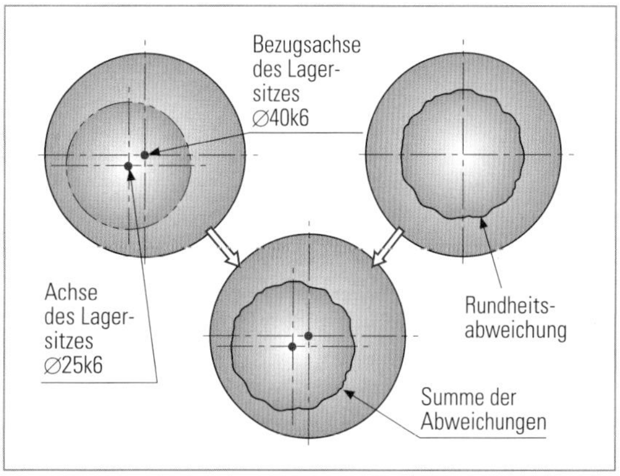

6 *Summe der Abweichungen von Rundheit und Koaxialität (zur Verdeutlichung unmaßstäblich dargestellt)*

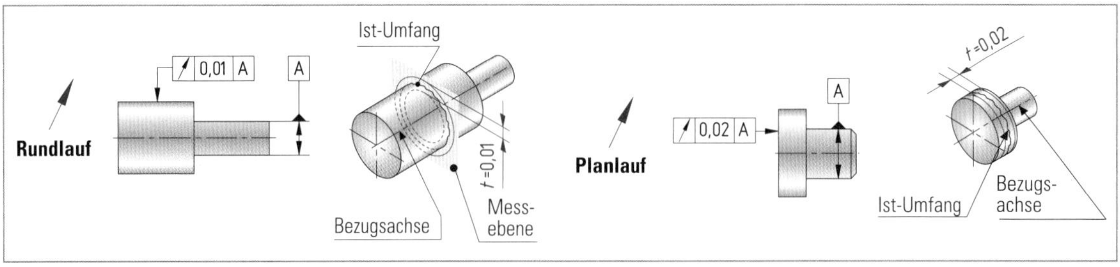

1 *Rund- und Planlauf*

Da Lauftoleranzen ringförmige Toleranzzonen haben, sind sie mit der Rundheits- und der Zylinderformtoleranz (Zylindrizität) verwandt. Die größte während der Messung auftretende Toleranz, die **Grenzabweichung**, ist gleich der Lauftoleranz. Die Messrichtung wird nur durch die Richtung des Toleranzpfeils vorgegeben (Bild 1), der vom Toleranzrahmen bis an die Werkstückkontur heran gezeichnet wird.

MERKE
Lagetoleranzen sind immer auf ein Bezugselement wie z. B. eine Drehachse bezogen.

7.6.3 Messen mit der Koordinatenmessmaschine

Koordinaten-Messung *(coordinate measurement)*
Aufgrund der Komplexität der Form- und Lagetoleranzen wird häufig die Koordinaten-Messung eingesetzt. Bei der Messung **komplizierter Werkstückgeometrien** mit vielen zu prüfenden Toleranzen sind einfache Messgeräte oft nicht mehr einsetzbar. In diesen Fällen werden rechnerunterstützte **Koordinatenmessmaschinen** *(coordinate measuring machines)* (Bild 2) eingesetzt. Sie ähneln in ihrem Aufbau stark einer CNC-Fräsmaschine. Das Werkstück ist auf dem Messtisch fixiert. Die Messeinrichtung ist an einem Portal bzw. einem Ausleger befestigt. Messtaster werden in der Tasteraufnahme befestigt und können in x-, y- und z-Richtung bewegt werden. Auf diese Weise ist es möglich, den Taster entweder manuell an das Werkstück heranzufahren (Teach-In-Verfahren) oder mithilfe eines Messprogrammes in kurzer Zeit viele Messpunkte anzufahren und aufzunehmen. Die Auswertung der Messwerte erfolgt beinahe ausnahmslos durch das Messprogramm. Messprogramme werden auf der Grundlage einer CAD-Zeichnung erstellt.
Die Vielfältigkeit der zu prüfenden Geometrien hat auch **Messtaster** *(callipers)* in vielerlei Formen erforderlich gemacht. Einige Beispiele zeigt Bild 3.
Voraussetzung für hochgenaue Messungen ist ein **justierter Taster**. Dazu wird der jeweilige Taster, häufig eine Kugel aus Rubin, mit einem hochgenauen **Kugelnormal** auf eventuelle Abweichungen hin überprüft (Seite 119 Bild 1). Eine Verrechnung der festgestellten Abweichungen erfolgt durch das Messprogramm. Analog zum Werkzeugkorrekturspeicher verfügen CNC-Messmaschinen über Korrekturspeicher für Abweichungen. Auch Magazine mit unterschiedlichen Tastern gewinnen zunehmend an Bedeutung.

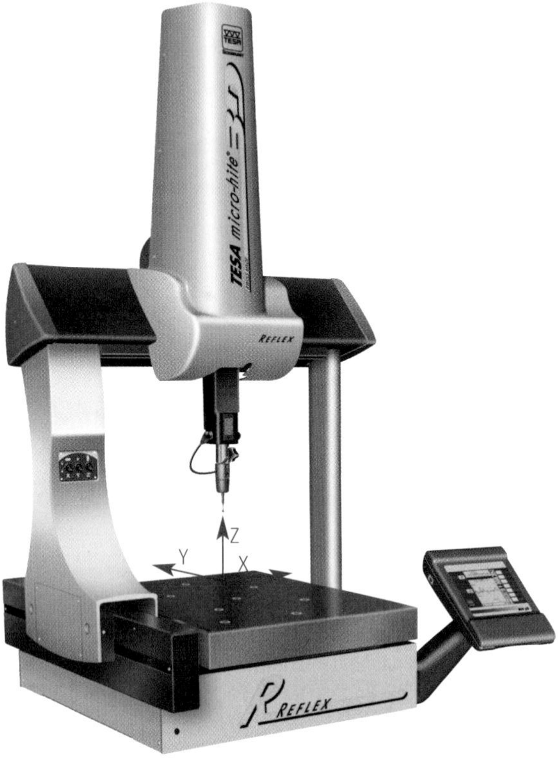

2 *Koordinatenmessmaschine*

3 *Messtaster*

Grundlage für diese genaue Messwerterfassung ist ein **optoelektronisches Messsystem** *(opto-electronic measuring system)*, mit dem die oft großen Verfahrwege der Messtaster gemessen werden können. In Analogie zu den Wegmesssys-

Weitere Informationen zur Festlegung von Achsen an CNC-Maschinen finden Sie im Lernfeld 8 im Kap. 1.1 Koordinatensysteme temen bei den CNC-Werkzeugmaschinen werden meist **fotoelektronische Maßverkörperungen** *(photo-electronic material measures)* eingesetzt. Die Maßverkörperung ist fest am Messtisch montiert. Die Abtasteinheit ist fest am beweglichen Portal verschraubt. CNC-Koordinatenmessmaschinen haben eine Genauigkeit von 1 µm.

MERKE

Rechnerunterstützte Koordinatenmessmaschinen werden zur Messung vieler eng tolerierter Maße und bei Bauteilen mit komplizierten Werkstückgeometrien eingesetzt.

Überlegen Sie!

1. *Mit welchem Normal wird ein Messtaster justiert?*
2. *Wovon hängt die Form des Messtasters ab?*
3. *Wie viele Punkte müssen zur Bestimmung einer Zylinderachse mindestens angefahren werden?*

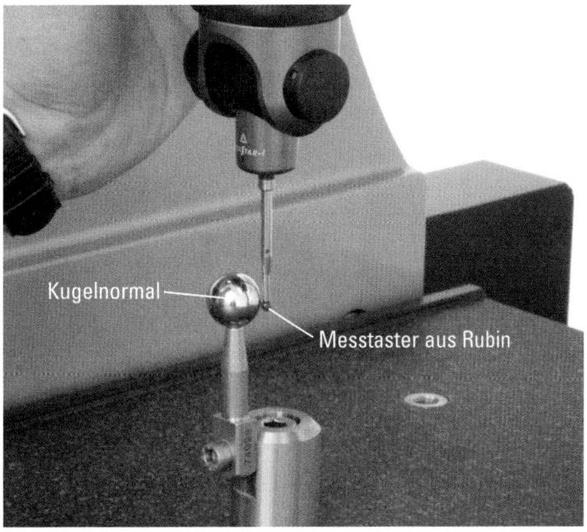

***1** Justieren des Messtasters*

7.6.3.1 Messen von Form- und Lagetoleranzen

Am Beispiel einer **Kegelradwelle** (Seite 18 Bild 1) wird gezeigt, wie die Koaxialität und der Planlauf gemessen werden können. Die Kegelradwelle (ohne Verzahnung) wird sicher auf der Platte der Messmaschine fixiert (Bild 2). Die Stirnfläche wird angetastet (Bild 3) und anschließend der Nullpunkt für das Werkstück definiert (Bild 4).

***2** Kegelradwelle auf der Messmaschine*

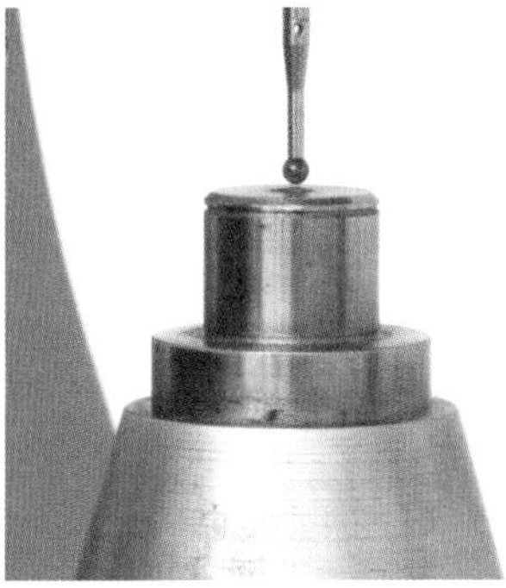

***3** Antasten der Stirnfläche*

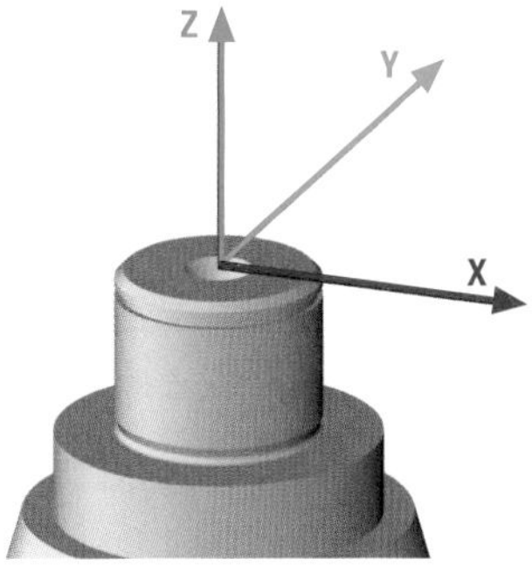

***4** Definition des Werkstücknullpunkts*

Da das **Bezugselement** A die Achse des Zylinders mit ∅40k6 ist, wird zunächst diese Achse durch mehrmaliges Antasten des Zylindermantels bestimmt (Bild 5). Dazu werden mit 12 Messpunkten (1.1 bis 3.4) drei Kreise und deren Mittelpunkte (M1 bis M3) bestimmt. Aufgrund der drei Kreismittelpunkte berechnet die Software der Messmaschine die Lage der Zylinderachse (Bild 6).

***5** Abtasten des Zylindermantels ∅40k6 zur Bestimmung der Zylinderachse*

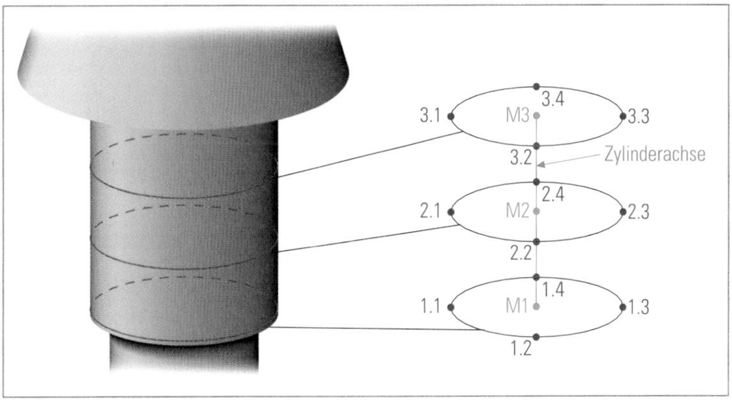

***6** Abtasten der Zylindermantelpunkte auf ∅40k6 zur Bestimmung der Zylinderachse*

Um die **Koaxialität** der Achse des Zylinders mit ∅25k6 zum Bezugselement A zu ermitteln, wird dessen Achse auf die gleiche Weise wie beim ∅40k6 bestimmt (Bilder 1 und 2). Die Software verlängert zur Bestimmung der Koaxialität die Achse bis zum Ende des gemessenen Zylinders. Anschließend berechnet sie den minimalen Durchmesser des Zylinders, in dem das verlängerte Bezugselement und Achse liegen. Der errechnete Zylinderdurchmesser (im Bild 0,01mm) gibt die Koaxialität an.

1 *Abtasten des Zylindermantels ∅25k6 zur Bestimmung der Zylinderachse*

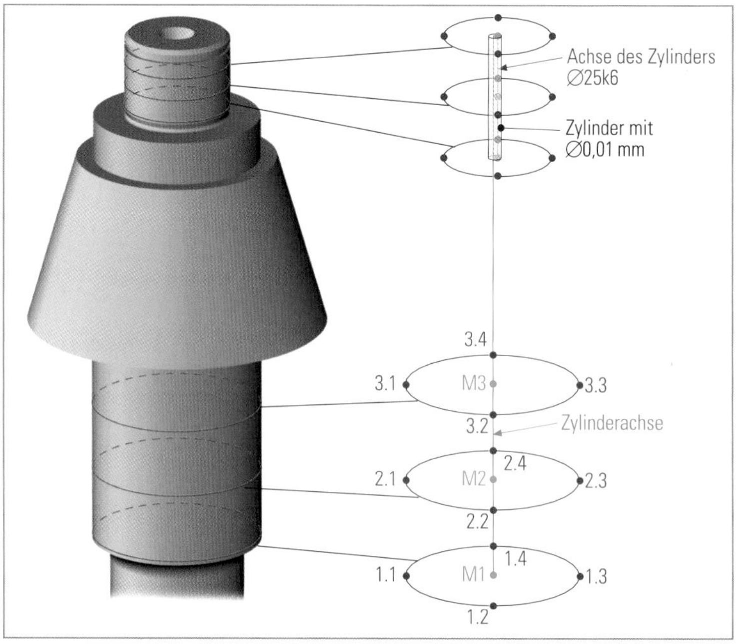

2 *Abtasten des Zylindermantels ∅25k6 zur Bestimmung der Zylinderachse und der Koaxialität*

Zur Bestimmung des **Planlaufs** *(circular run-out – axial)* wird die Bundfläche am Kegel mehrfach angetastet (Bild 3). Das Messprogramm berechnet aus diesen Tastpunkten den Planlauf (Bild 4). Da das Bezugselement A bereits festliegt, ist es möglich, den Abstand der zwei Ebenen zu bestimmen, innerhalb derer alle Tastpunkte liegen, wenn eine Rotation um die Bezugsachse A erfolgen würde. Der Abstand der beiden Ebenen entspricht dem von Messprogramm ausgegebenen Planlauf.

3 *Abtasten der Bundfläche zur Bestimmung des Planlaufs*

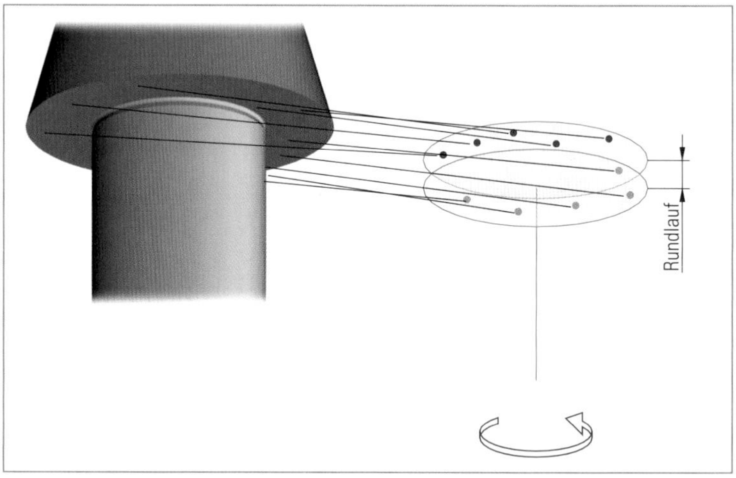

4 *Tastpunkte und Berechnung des Planlaufs*

7.6.3.2 Prüfen von Zahnrädern

Koordinatenmessmaschinen (Bild 1) und spezielle Zahnradmessmaschinen (Bild 2) werden zur Prüfung von Verzahnungen und Verzahnungswerkzeugen genutzt. Sie verfügen dabei über eine besondere Messsoftware, die es ermöglicht, die Abmessungen und Profile der Zahnräder schnell und genau zu erfassen. Gleichzeitig lassen sich die Maß-, Form- und Lageabweichungen der Bauteile bestimmen. Die Software nimmt einen Soll-Istwert-Vergleich vor, sodass sich die Qualität der Verzahnung einfach beurteilen lässt.

In der Serienfertigung überprüfen computergesteuerte Messmaschinen vollautomatisch die Maß-, Form-, Lage- und Profiltoleranzen. Die gewonnenen Messdaten können z. B. den Zerspanungsmaschinen für das Zahnradfräsen oder -schleifen zurückgeführt werden, damit dort entsprechende Korrekturen erfolgen.

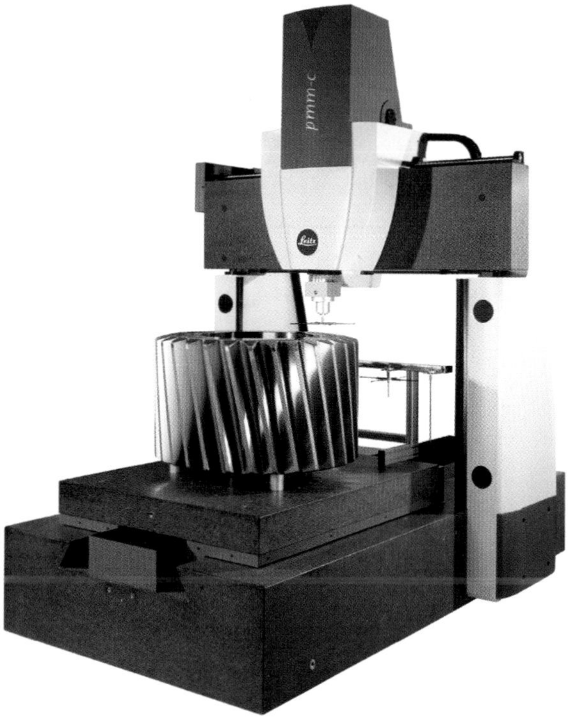

1 *Koordinatenmessmaschine*

2 *Zahnradmessmaschine*

ÜBUNGEN

1. Welche Bedeutung hat die Wahl des Prüfzeitpunkts auf die Wirtschaftlichkeit der Fertigung?

2. Unterscheiden Sie 100%-Prozent- und Stichprobenprüfung.

3. Welche Informationen enthält ein Prüfplan?

4. Begründen Sie, warum in der Serienfertigung das Messen gegenüber dem Lehren bevorzugt wird.

5. Erläutern Sie die 1:10-Regel.

6. Welche Messgenauigkeiten sind mit einer Feinzeiger Messschraube zu gewährleisten? Recherchieren Sie dazu auch im Internet bei entsprechenden Messgeräteherstellern.

7. Mit welchem Messgerät würden Sie den Nutdurchmesser im dargestellten Drehteil ermitteln?

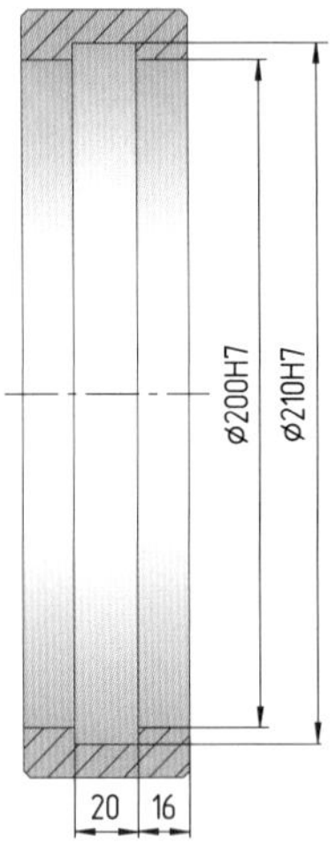

8. Begründen Sie vier Vorteile und zwei Nachteile des pneumatischen Messens und geben Sie an, unter welchen Bedingungen es ein wirtschaftliches Prüfverfahren ist.

9. Beschreiben Sie die Untersysteme der elektronischen Messsysteme.

10. Erläutern Sie die Funktionsweise und das Anwendungsfeld von Messprojektoren.

11. Unterscheiden Sie das Lehren und Messen von Gewinden und geben Sie zu jedem Verfahren ein Prüfgerät an.

12. Die Kegelradwelle hat für den Kegel die Maße $D = 71{,}6$ mm und $\alpha/2 = 16{,}5°$ vorgegeben. Berechnen Sie das theoretische Maß d auf drei Nachkommastellen genau; L wurde mit 39,85 mm gemessen.

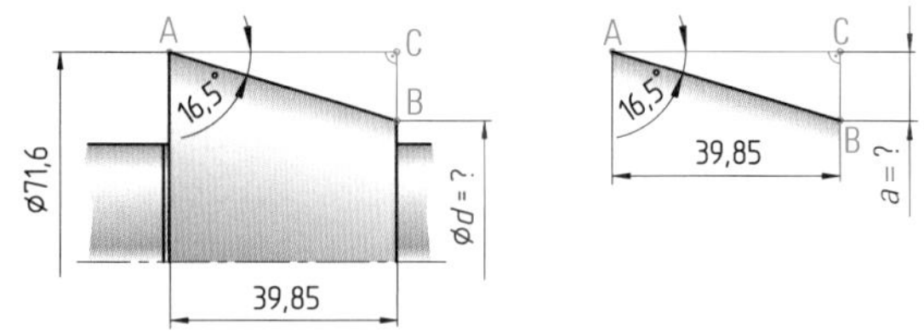

13. Skizzieren Sie den Prüfaufbau mit einem Sinuslineal für einen Pyramidenstumpf, der eine Neigung von 1:16 hat und bestimmen Sie die dafür erforderliche Endmaßkombination.

14. Ermitteln Sie für das Profil die maximale Rautiefe Rt und die gemittelte Rautiefe Rz.

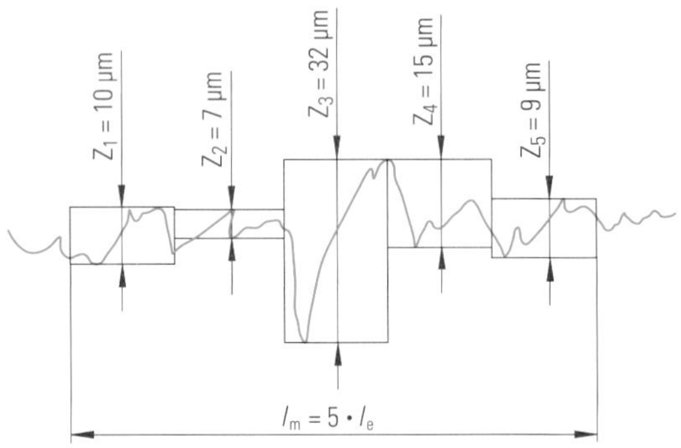

15. Unterscheiden Sie Rautiefe Rt, Glättungstiefe Rp und arithmetischen Mittenrauwert Ra.

16. Was spricht dagegen, Oberflächen besser als gefordert herzustellen?

17. Unterscheiden Sie subjektives und objektives Prüfen von Oberflächen.

18. Welcher Zusammenhang besteht zwischen Maßtoleranz und Oberflächenqualität?

19. Welcher grundlegende Unterschied besteht zwischen Form- und Lagetoleranzen?

20. Beschreiben Sie den Messvorgang mit einer Koordinatenmessmaschine.

21. Wie werden in Ihrem Betrieb Form- und Lagetoleranzen geprüft?

Projektaufgaben

1. Erstellen Sie einen Prüfplan nach dem Muster von Seite 96 für das Lagerteil von Seite 53.

2. Erstellen Sie einen Prüfplan nach dem Muster von Seite 96 für die Kolbenstange von Seite 344.

7.7 Accessories for Micrometers

The tools used for testing work pieces are measuring instruments and gauges.

Measuring instruments are material measures such as measuring screws, callipers or end blocks.

Gauges are used to test the dimensions as well as the shape of work pieces e.g. profile gauges, measuring gauges, limit gauges.

Auxiliary components such as holding and transmission devices are useful aids when using testing instruments. Some examples of these are measuring stands, levers, prisms and stops.

Next to callipers, micrometers are the most frequently used hand measuring instruments by fitters. When working abroad a fitter may have to order auxiliary components or accessories for measuring instruments, like a micrometer, by using a catalogue or an online-catalogue (see p. 124). Have a look at this original page and answer the assignments.

Assignments:

1. What different types of accessories are offered by the company? Draw a mind-map as shown below.

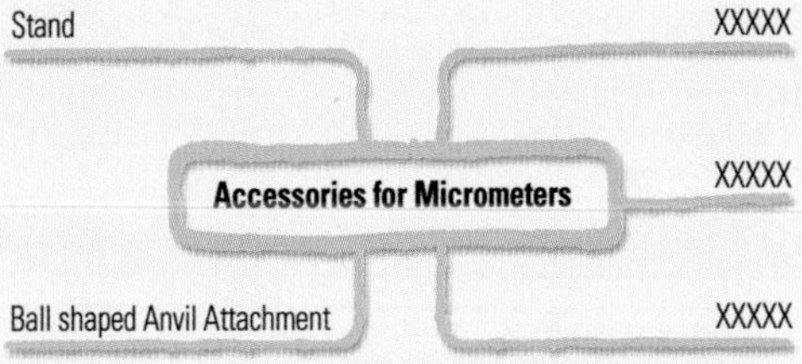

2. Match the German and English terms for the different accessories.
   - **A** Kugelaufsatz
   - **B** Gewinde-Prüfstift
   - **C** Holzkästen für Bügelmessschrauben
   - **D** Einstellmaße
   - **E** Halter

3. **Assignments on '41 H'**
   a) The following statements are the original German translations you can find in the German online-catalogue, but the order is mixed. Read the English statements first and after that find the correct order of the German text.
   - **A** Schwenkbare Spannbacken, mit Gummiauflagen zum Schutz der Messschrauben
   - **B** Zur Aufnahme von Bügelmessschrauben
   - **C** Kräftiger, standfester Gussfuß, hammerschlaglackiert
   - **D** Spannbacken und Gelenk mit einer Schraube klemmbar
   - **E** Hände bleiben frei zum Betätigen der Messschraube und zum Einführen des Werkstücks

   b) What is the function of this stand? Explain in your own words.
   c) What is the order number?
   d) Have a look at the dimensions. Explain what the letters D, W, H are for?

4. **Assignments on '40 k'**
   a) Read the information given for 'Ball shaped Anvil Attachment'. What is this part used for?
   b) Translate the statements with the help of your English-German vocabulary list.
   c) Why is a carbide ball necessary?
   d) What is the diameter of this ball?

5. **Assignments on '43 A'**
   You may need the following words to understand the information given below the title 'Setting Standards':

testing	überprüfen
basic setting	Grundeinstellung
heat insulated	wärmedämmend
handle	Griff
manufacturing tolerance	Herstelltoleranz

   a) What function does 'Setting Standards' have?
   b) Why is the handle heat insulated?
   c) What is the manufacturing tolerance? Explain what this means.
   d) How many inches length does the setting standard order no. 4159943 have? How much is it in mm?

6. **Assignments on '426 M'**
   a) Have a look at the photos and the drawing and explain in your own words what can be done with this accessory. You may need your English-German vocabulary list.
   b) In the drawing you can find the dimensions d, dp, d2, M. Describe what they mean.
   c) Imagine that you do not understand or cannot read the information given below the titles 'Pin gage dia.', 'Manufacturing tol.' and 'Mounting hole'. Ask for these dimensions and use question words like: what …, which…, etc.

7. **Assignments on 'Wooden Cases for Micrometer'**
   a) What are wooden cases used for? Explain in your own words.
   b) Form five questions and ask for the information given in the table.

8. Have you ever used any accessories for micrometers? If so, which ones?

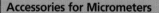

Accessories for Micrometers

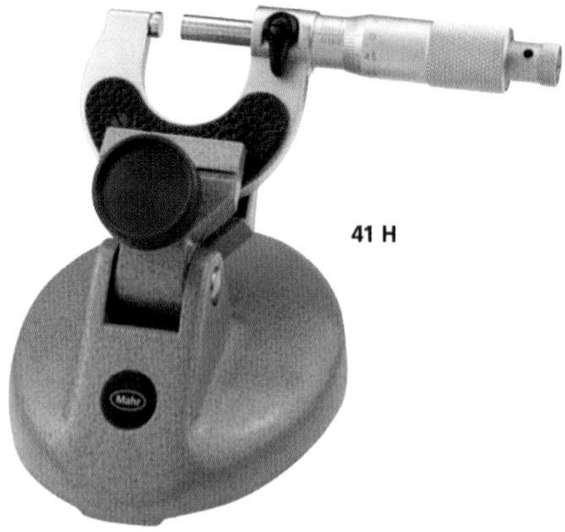

Stand 41 H

- For mounting a micrometer
- Enables the user to use both hands to operate the micrometer and/or to insert a work piece
- Sturdy, heavy-duty base, hammer-dimple enamel
- Clamping jaws are rubber lined to protect micrometer, the clamping jaws can be tilted
- Both the clamping jaws and hinge are fixed in place with one screw

Dimensions (D x W x H)	Order no.
130 x 100 x 90 mm	**4158000**

Ball shaped Anvil Attachment 40 k

- For measuring the thickness, for example: of pipe walls
- Slips over every anvil or the spindle with a dia. 7.5 mm
- Carbide ball, Ball dia. 5 ± 0.002 mm

Order no. 4130099

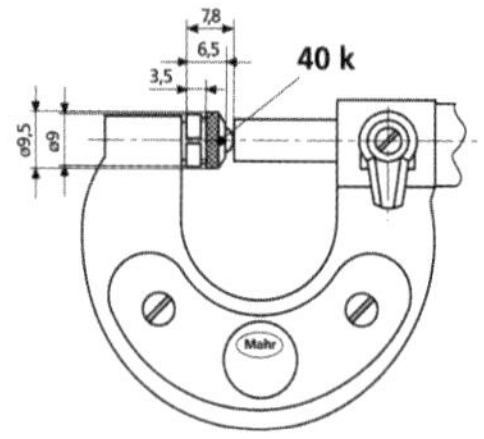

Setting Standards 43 A

- For testing the basic setting of a micrometer
- Heat insulated handle
- Manufacturing tolerance js 2

Length mm	Order no.	Length inch	Order no.
25	**4159400**	*1"*	**4159940**
50	**4159401**	*2"*	**4159941**
75	**4159402**	*3"*	**4159942**
100	**4159403**	*4"*	**4159943**
125	**4159404**	*5"*	**4159944**
150	**4159405**	*6"*	**4159945**
175	**4159406**	*7"*	**4159946**

Thread Pin Gage 426 M in holder

- For determining the pitch diameter of external threads according to the three wire method
- Slips over every anvil or the spindle
- Pin gages are hardened and lapped

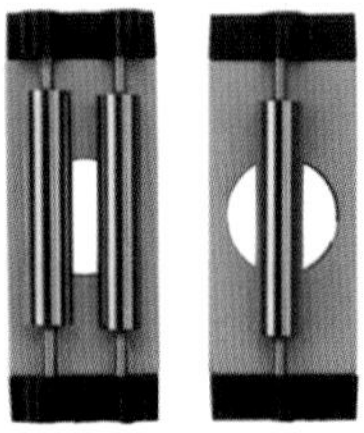

426 M

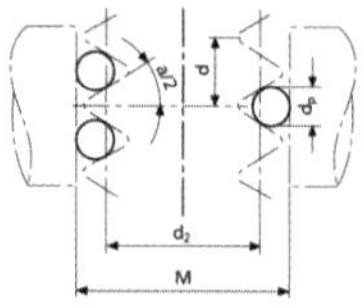

Pin gage dia.	Manufacturing tol.	Mounting hole
0.17 - 5.05 mm	± 0.5 µm	ø 7.5 mm*

**ø6.35/6.5/8 mm are available on request*

Order no. and further details see page 13-18

Wooden Cases for Micrometer

For measuring ranges over 100 mm the following wooden cases are available:

	40 SH	40 SM	Order no.
Meas. range mm	100-125	95-120	**4130064**
	125-150	120-145	**4130065**
	150-175	145-170	**4130066**
	175-200	170-195	**4130067**

Work With Words

In future you will come into the situation to talk, listen or read technical English. Very often it will happen that you either **do not understand** a word or **do not know the translation**.

In this case here is some help for you!!!

Below you will find a few possibilities to describe or explain a word you don't know or use opposites[1] or synonyms[2].
Write the results into your exercise book.

1. Add as many examples to the following terms as you can find for systems of measurement and measuring of tolerances of form and positional tolerances.

systems of measurement:	*two-point measurement*	*measuring of tolerances:*	*laser measurement*
	measurement of lengths	*and positional tolerances:*	*pneumatic measurement*

2. Explain the two terms in the box:
Use the words below to form correct sentences. Be careful the order is mixed!

material measure:	Material measures/like end blocks or weights/are measuring instruments	*testing:*	e.g. the test piece or instrument/ establishing whether the test object/ meets one or more given conditions/Testing means

3. Find the opposites[1]:

serial production:		*go screw ring gauge:*	
internal thread:		*regular profiles:*	

4. Find synonyms[2]:
You can find one or two synonyms to each term in the box below.

measuring instrument:		*final inspection:*	
check plan		*end block:*	
inspection plan/measuring device/measuring tool/ quality control plan		stop measure/final check/gauge block	

5. In each group there is a word which is the **odd man**[3]. Which one is it?

a) coordinate measurement/opto-electrical measuring system/photo-electronic material measures/thread gauge
b) screw thread micrometer/contactless measuring/ thread angle/pitch/basic pitch diameter
c) sine bar rule/transmitted light procedure/ silhouette procedure/meridional section procedure/ triangulation
d) dimensions/photoelectric cell/shape/position/ surface

6. Please translate the information below. Use your English-German Vocabulary List if necessary.

Gauging is a special form of testing. Gauges are used to establish whether given lengths, angles or shapes of a workpiece (test object) do not exceed, or if so, in which direction they exceed, the limits defined by the material measures, the gauges.

1) *opposite:* Gegenteil 2) *synonyme:* Synonym, ähnliches Wort, Ergänzung 3) *odd man:* Außenseiter, überzähliges Wort, fünftes Rad am Wagen

8 Werkstofftechnik

8.1 Auswirkungen der Werkstoffeigenschaften auf die Zerspanbarkeit

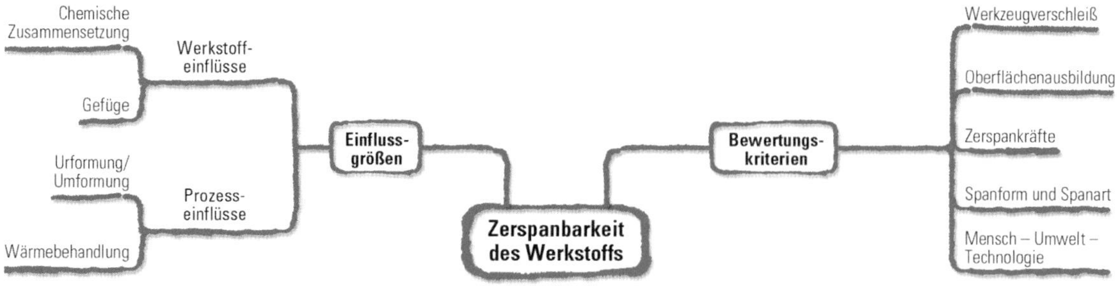

1 Einflussgrößen und Bewertungskriterien der Zerspanbarkeit

Um ein Werkstück entsprechend den Kundenanforderungen durch spanende Bearbeitungsverfahren herstellen zu können, muss die Fachkraft die Zerspanbarkeit eines Werkstoffs beurteilen.

Die Zerspanbarkeit wird im Wesentlichen durch den **Werkstoff** und dessen **Herstellungsprozess** beeinflusst (Bild 1).

Wesentliche **Werkstoffeinflüsse** sind die **chemische Zusammensetzung** und das **Gefüge**.

Wichtige **Prozesseinflüsse** sind **Urformungs- und Umformungsverfahren** sowie durchgeführte **Wärmebehandlungsverfahren**[1].

Zerspanbarkeit *(machinability)* ist definiert als die Eigenschaft eines Werkstoffs, sich unter gegebenen Bedingungen spanend bearbeiten zu lassen[2].

Um grundlegend die Zerspanbarkeit eines Werkstoffes beurteilen zu können, werden generell folgende Kriterien (Bild 1) berücksichtigt:

- **Zerspankraft** (vgl. Kap. 2.5.1):
  Die Größe der Zerspankraft *(cutting force)* ist abhängig von der Festigkeit des Werkstoffs, den Schnittparametern (Vorschub f und Schnitttiefe a_p), der Schnittgeschwindigkeit v_c und der Schneidengeometrie (Bild 2).
- **Standzeit** *(service life)* bzw. **Werkzeugverschleiß** *(tool wear)* (vgl. Kap. 1.1.6 und Lernfeld 10 Kap. 2):
  Die Standzeit bzw. der Werkzeugverschleiß werden z. B. beeinflusst durch die Schnittgeschwindigkeit v_c, die Schnitttemperatur, den Schneidstoff und die Härte des Werkstoffs.
- **Spanbildung** *(chip formation)* (vgl. Kap. 1.1.3):
  Die Spanarten und Spanformen werden durch den Werkstoff, die Schneidengeometrie sowie durch Zerspanungsparameter (Vorschub f und Schnitttiefe a_p) beeinflusst. Mit steigender Zähigkeit nimmt z. B. die Bruchdehnung eines Werkstoffs zu. Spröde Werkstoffe haben eine niedrige Bruchdehnung und erzeugen meist Reißspäne. Zähere Werkstoffe erzeugen Scher- bzw. Fließspäne.
  Erwünschte Spanformen werden durch die entsprechenden Einstellwerte und eine geeignete Schneidengeometrie erzielt.
- Erzielte **Oberflächengüte** *(surface finish)* (vgl. Seite 23):
  Die Oberflächengüte hängt ab vom Werkstoff, von den Bearbeitungsverfahren, dem Schneidenradius, dem Vorschub f, der Schneidengeometrie, der Schnittgeschwindigkeit v_c und der Schnitttiefe a_p (Seite 127 Bilder 1 und 2).

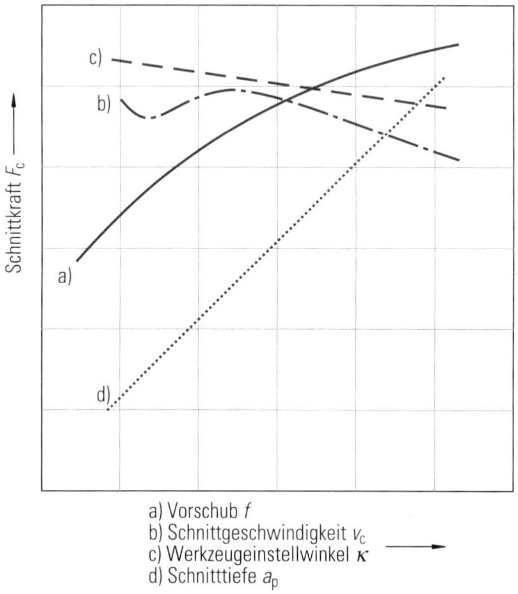

2 Einflussgrößen auf die Schnittkraft F_c

Die genauen Zerspanbarkeitskennwerte werden mithilfe genormter Zerspanbarkeitsuntersuchungen[3] ermittelt.

MERKE

Ein Werkstoff wird als gut zerspanbar (Seite 127 Bild 3) bezeichnet, wenn

- die erforderliche Zerspankraft gering ist
- der Werkzeugverschleiß gering bzw. die Standzeit hoch ist
- die Spanbildung günstig ist
- eine gute Oberfläche leicht zu erzielen ist

1) siehe Lernfeld 10 Kap. 5 2) DIN 6583 3) ISO 3685, VDI 3324

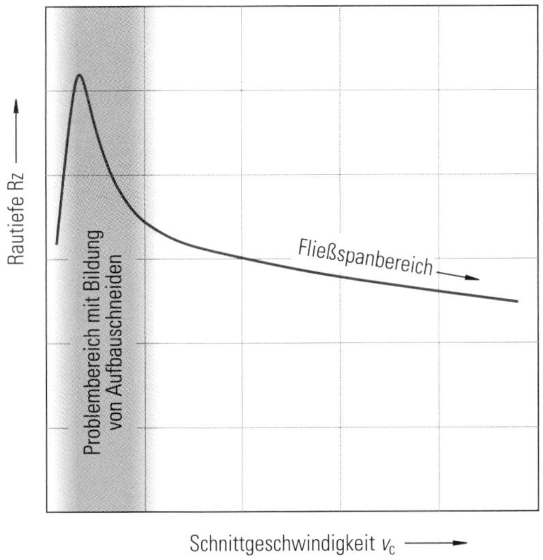

1 Einfluss der Schnittgeschwindigkeit auf die Oberflächengüte

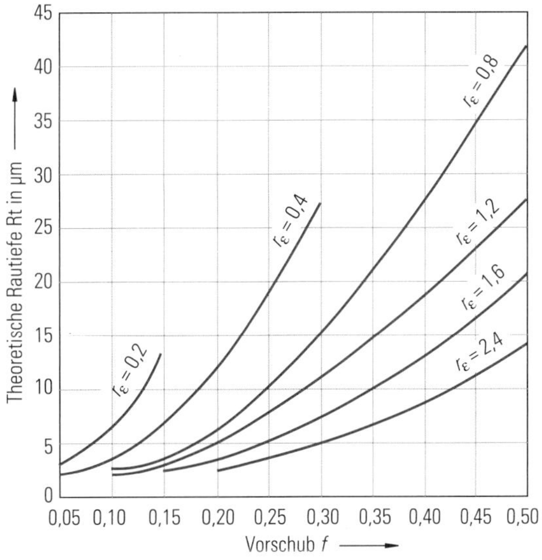

2 Einfluss des Eckenradius und des Vorschubs auf die Oberflächengüte

Dabei ist zu berücksichtigen, dass die genannten Kriterien nicht in gleicher Weise erfüllt werden können und sich teilweise gegenseitig beeinflussen. Die Zerspanbarkeit muss also in Abhängigkeit vom jeweiligen Anwendungsfall beurteilt werden (Bild 4).

Beim Schruppen spielt die Oberflächengüte beispielsweise eine untergeordnete Rolle. Bei der Fertigung ist besonders die Spanbildung zu beachten, da ungünstige Spanformen den Arbeitsprozess nachhaltig stören können.

MERKE

Die Zerspanbarkeitskriterien sind meist nicht gleichzeitig optimal zu erfüllen.

Überlegen Sie!

Beurteilen Sie nach folgendem Muster qualitativ den Einfluss der Werkstoffeigenschaften Festigkeit, Härte, Zähigkeit, Sprödigkeit, Bruchdehnung auf die Zerspanbarkeitskriterien.

„Je niedriger die spezifische Schnittkraft, desto niedriger die Zerspankraft. Die Zerspanbarkeit steigt."

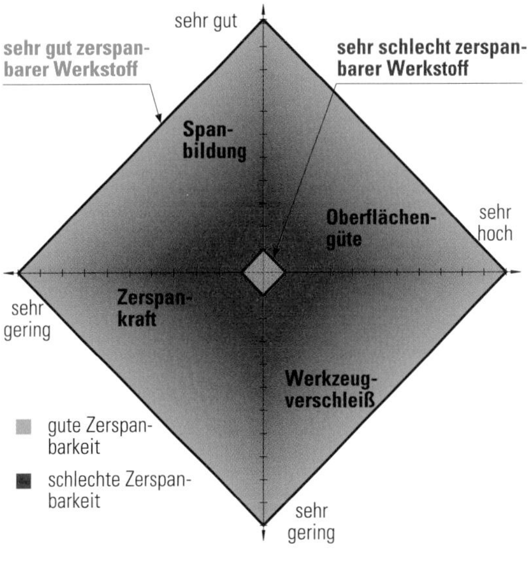

3 Eigenschaftsprofil eines sehr gut und eines sehr schlecht zerspanbaren Werkstoffs

Anwendungsfall	Ziele	Zerspanbarkeitskriterien	Einflussparamerer
Schruppen	großes Zeitspanungsvolumen	Spanbildung, Zerspankraft, Standzeit Technologie/Umwelt	a_p, f, v_c, ... Schneidengeometrie, Schneidstoff, Kühlschmierung
Schlichten	hohe Oberflächengüte, hohe Form- und Maßgenauigkeit	Oberflächengüte, Standzeit, Spanbildung Technologie/Umwelt	a_p, f, v_c, ... Schneidengeometrie, Schneidstoff Kühlschmierung

4 Ziele und Zerspanbarkeitskriterien in Abhängigkeit vom Anwendungsfall

1) siehe Lernfeld 10

8.2 Werkstoffarten

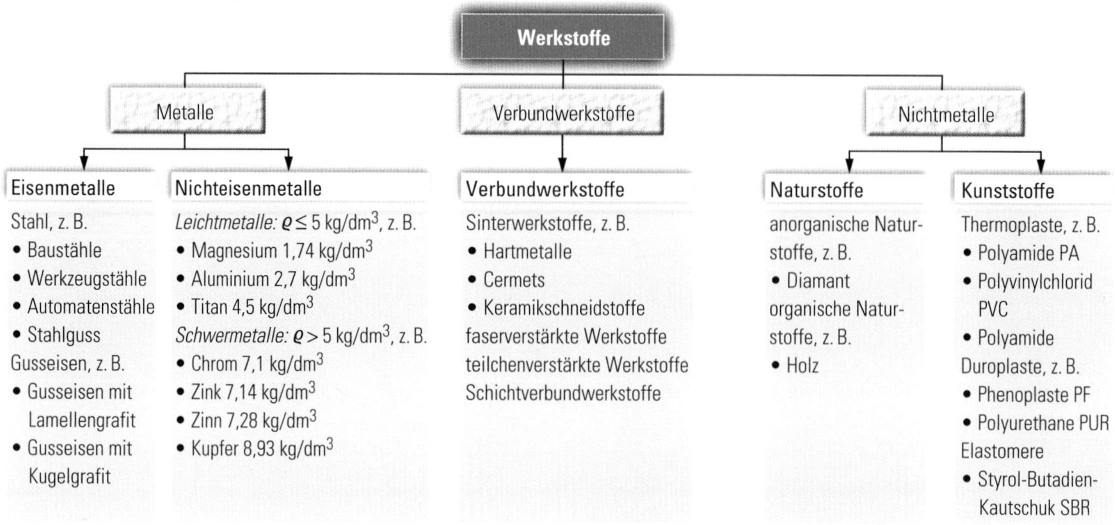

Zerspanungsfachkräfte bearbeiten überwiegend Eisenwerkstoffe *(ferrous materials)*, Nichteisenmetalle *(non-ferrous metals)* und Kunststoffe *(plastics)*.

Um die Zerspanung optimal zu gestalten, müssen auch die mechanischen und technologischen Eigenschaften der zu zerspanenden Werkstoffe berücksichtigt werden. Diese Eigenschaften werden wesentlich durch die chemische Zusammensetzung, angewandte Wärmebehandlungsverfahren sowie Kaltumformen beeinflusst.

Bei der **Kaltumformung** wird das Gefüge verdichtet. Dadurch entstehen im Gefüge Spannungen, wodurch die Festigkeit des Werkstoffs steigt. Die Zähigkeit und die Bruchdehnung sinken.

8.2.1 Eisenwerkstoffe

Zu den Eisenwerkstoffen gehören Stähle, Stahlguss und Gusseisenwerkstoffe (vgl. Grundstufe).

8.2.1.1 Stahlsorten

Ein sehr häufig zu bearbeitender Werkstoff ist **Stahl** *(steel)*. Stahl ist ein Eisenwerkstoff mit höchstens 2,06 % Kohlenstoff. Eine erste Übersicht über verschiedene Stahlsorten zeigt die Auswahl in Bild 1 mit Angabe der zugehörigen **Normen** *(standards)*.

Weitergehende Angaben zu den einzelnen Stahlsorten sowie deren Einsatzbereiche finden Sie im folgenden Text, in den Normen und in Ihrem Tabellenbuch.

MERKE

Die Eigenschaften von Stählen sind durch Legieren[1)], Kaltumformen und Wärmebehandeln[2)] veränderbar.

Stahlsorte	Norm
Unlegierte Baustähle für warmgewalzte Erzeugnisse	DIN EN 10025-2
Schweißgeeignete Feinkornbaustähle	DIN EN 10025-3, 4
Warmgewalzte Baustähle mit höherer Streckgrenze für Flacherzeugnisse im vergüteten Zustand	DIN EN 10025-6
Werkzeugstähle	DIN EN ISO 4957
Automatenstähle	DIN EN 10087 DIN EN 10277-3
Wälzlagerstähle	DIN EN ISO 683-17
Nichtrostende Stähle	DIN EN 10088-2
Vergütungsstähle	DIN EN 10083-1, 2, 3
Einsatzstähle	DIN EN 10084
Nitrierstähle	DIN EN 10085

1 *Stahlsorten*

8.2.1.1.1 Einteilung der Stähle in Hauptgütegruppen nach DIN EN 10020

Unlegierte Stähle

Unlegierte Stähle *(unalloyed steels)* sind Eisenkohlenstoffverbindungen, bei denen weitere Stoffelemente wie Mangan, Schwefel, Chrom, Nickel einen bestimmten Grenzwert nicht überschreiten dürfen (vgl. Tabellenbuch). In der Norm werden diese Stähle weiter in Qualitäts- und Edelstähle unterteilt.

Unlegierte Qualitätsstähle:

- Kein gleichmäßiges Ansprechen auf eine Wärmebehandlung
- Keine Anforderung an den Reinheitsgrad
- Zusätzliche Anforderungen z. B. an die Korngröße, Verformbarkeit, Sprödbruchempfindlichkeit

1) siehe Kap. 8.2.1.1.1   2) siehe Lernfeld 10 Kap 5

Unlegierte Edelstähle:

- Anforderungen an einen höheren Reinheitsgrad
- Gleichmäßiges Ansprechen auf eine Wärmebehandlung
- Hohe Anforderungen z. B. an Verformbarkeit, Zähigkeit, Schweißbarkeit

MERKE

Mit steigendem Kohlenstoffgehalt eines Stahls steigen die Härte, die Festigkeit, die Verschleißfestigkeit und die Härtbarkeit.
Mit steigendem Kohlenstoffgehalt vermindert sich die Zähigkeit.

Eisenwerkstoffe sind kristallin aufgebaut. Die zufällig oder geplant zulegierten Fremdstoffe müssen sich entweder in die Metallkristalle einordnen oder eigene Kristalle bilden (Mischkristallbildung, Kristallgemischbildung siehe Grundstufe).
Bei den folgenden Überlegungen wird von einem **unlegierten Stahl** ausgegangen, d. h., außer Kohlenstoff sind kaum weitere Fremdstoffe enthalten. Bild 1 zeigt die **Kristallgitter** *(crystal lattices)* einiger Gefügearten.
Bei den meisten unlegierten Stählen entsteht eine weitere Gefügeart, wenn sie auf eine Temperatur über 723 °C erwärmt werden.

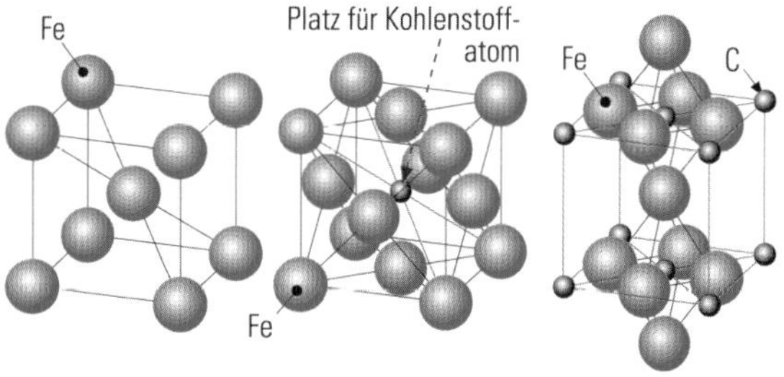

a) Kubisch-raumzentriertes (krz) **Ferritgitter** oder α-Eisen b) Kubisch-flächenzentriertes (kfz) **Austenitgitter** oder γ-Eisen c) Eisenkarbid (Fe_3C) oder **Zementit**

1 *Gitterformen*

Dieses Gefüge wird als **Austenit** *(austenite)* oder **γ-Eisen** *(iron)* bezeichnet.
Austenit hat ein **k**ubisch-**f**lächen**z**entriertes Gitter (kfz-Gitter, Bild 1b). Es besteht an den Ecken und Flächenmitten des Gitterwürfels aus Eisenionen. In der Würfelmitte hat sich ein Kohlenstoffatom eingelagert.

MERKE

Austenit ist zäh, leicht umformbar und nicht magnetisierbar.

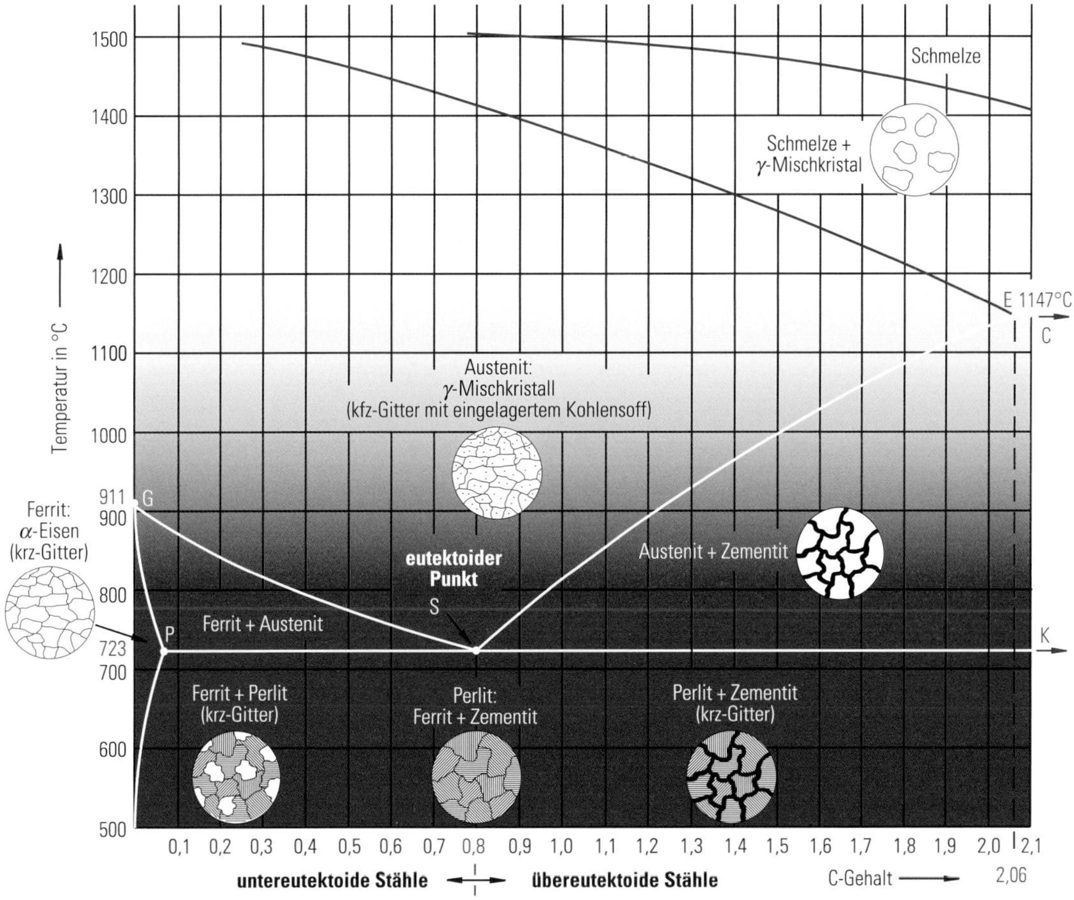

2 *Zustandsdiagramm Eisen-Kohlenstoff (Ausschnitt)*

Die verschiedenen Gefügearten und die unterschiedlichen Kristallgitter haben einen großen Einfluss auf die Eigenschaften des Stahls. Durch **Wärmebehandlungsverfahren**[1] können die Gefügearten und Kristallgitter erzeugt und verändert werden. Dadurch werden die Eigenschaften eines Stahls beeinflussbar. Das Zustandsdiagramm/Eisenkohlenstoffdiagramm (Seite 129 Bild 2) erläutert den Zusammenhang.

Beispiele:

- Reines Eisen hat bei Raumtemperatur ein Ferrit-Gefüge
- Ein Stahl mit 0,5 % Kohlenstoff hat bei Raumtemperatur ein Ferrit-Perlit-Gefüge.
- Ein Stahl mit 0,8 % Kohlenstoff hat bei Raumtemperatur ein Perlit-Gefüge.
- Ein Stahl mit 0,8 % Kohlenstoff hat bei 800°C ein Austenit-Gefüge.
- Ein Stahl mit 1,2 % Kohlenstoff hat bei Raumtemperatur ein Perlit-Zementit-Gefüge.

Der Punkt S im Zustandsdiagramm wird als **eutektoider Punkt** *(eutectic point)* bezeichnet. Er stellt die Temperatur dar, bei der Austenit vollständig und schlagartig in krz-Gitter umgewandelt wird. Dieser eutektoide Punkt wird bei unlegierten Stählen mit einem Kohlenstoffgehalt von 0,8 % erreicht.
Kennzeichen ist das feinstreifige Perlitgefüge, das deshalb auch als **Eutektoid** *(eutectic composition)* bezeichnet wird.
Stähle mit weniger als 0,8 % Kohlenstoff sind **untereutektoid** *(hypoeutectoid)*.
Stähle mit mehr als 0,8 % Kohlenstoff sind **übereutektoid** *(hypereutectoid)*.

MERKE

Das Eisenkohlenstoffdiagramm gilt nur für das langsame Abkühlen bzw. Erwärmen unlegierter Stähle.

Überlegen Sie!

1. *Welche Gefüge haben folgende Stähle?*
   a) *Ein Stahl mit 0,2 % Kohlenstoff bei Raumtemperatur.*
   b) *Ein Stahl mit 1,5 % Kohlenstoff bei Raumtemperatur.*
   c) *Ein Stahl mit 0,3 % Kohlenstoff bei 900 °C.*
   d) *Ein Stahl mit 0,3 % Kohlenstoff bei 800 °C.*
   e) *Ein Stahl mit 1,3 % Kohlenstoff bei 800 °C.*
   f) *Ein Stahl mit 1,3 % Kohlenstoff bei 1100 °C.*
2. *Erläutern Sie die Werkstoffkurzbezeichnungen der folgenden Stähle: S185, E360, C80 und C120U*
3. *Welche Gefügeart haben diese Stähle bei Raumtemperatur?*

Beim langsamen Abkühlen der Stahlschmelze kristallisiert zunächst das **Austenitgefüge** *(austenite structure)*. Im Austenitkristall (oberhalb der Linie G-S-K) können durch die kubisch-flächenzentrierte Gitterstruktur bis 2,06 % Kohlenstoff gelöst werden, d. h., der Kohlenstoff ist im Gitter mit eingebaut (Seite 129 Bild 1b).

In Abhängigkeit vom Kohlenstoffgehalt bilden sich beim weiteren langsamen Abkühlen unterhalb der G-S- und S-E-Linie zusätzlich Ferritkristalle bzw. Korngrenzenzementit. Der Kohlenstoffgehalt des Restaustenits steigt auf 0,8 %. Unterhalb von 723 °C bilden sich entsprechend des Kohlenstoffgehaltes die Gefügearten aus Bild 2 von Seite 129.
Bei langsamer Erwärmung laufen die gleichen Vorgänge in umgekehrter Reihenfolge ab.

MERKE

Unlegierter Stahl hat bei unterschiedlichen Temperaturen in Abhängigkeit von seinem C-Gehalt unterschiedliche Gefügearten.

Überlegen Sie!

1. *Beschreiben Sie die langsame Abkühlung eines Stahls mit 2 % C von 1100 °C bis auf Raumtemperatur.*
2. *Beschreiben Sie die Erwärmung eines Stahls mit 0,8 % C auf 1200 °C.*
3. *Nennen Sie die Gefügearten beim Abkühlen und Erwärmen eines Stahls mit 0,2 % C.*

In Bild 1 auf Seite 131 sind die **Gefügearten eines unlegierten Stahls** *(kinds of structures of an unalloyed steel)* und deren Eigenschaften dargestellt, die bei Raumtemperatur existieren können.
Die unterschiedlichen Gefügearten haben verschiedene Eigenschaften (vgl. Kap. 8.2.1.1.2).
Daher ist es möglich, durch Wärmebehandlungen die Werkstoffeigenschaften gezielt zu verändern. Insbesondere können Eigenschaften wie Festigkeit, Härte und Zerspanbarkeit verbessert werden.

MERKE

Durch Wärmebehandlungsverfahren können gewünschte Eigenschaften durch planmäßige Änderung des Gefüges erreicht werden.

Legierte Stähle

Legierte Stähle *(alloyed steels)* sind Eisenkohlenstoffverbindungen, bei denen mindestens der Grenzwert eines weiteren Elements wie Mangan, Schwefel, Chrom, Nickel überschritten wird (vgl. Tabellenbuch).
Auch legierte Stähle werden in Qualitäts- und Edelstähle weiter unterteilt.

Legierte Qualitätsstähle:

- Für ähnliche Verwendungszwecke wie unlegierte Qualitätsstähle vorgesehen
- Für besondere Anforderungen haben sie entsprechend hohe Anteile von Legierungselementen
- Sind im Allgemeinen nicht zum Vergüten und Oberflächenhärten bestimmt

1) siehe Lernfeld 10 Kap. 5

Reines Eisen Fe *(pure iron)* oder **Ferrit** *(ferrite)* besitzt keinen Kohlenstoff. Es hat eine niedrige Festigkeit und Härte (ca. 100 HV[1]), ist leicht umformbar, magnetisierbar und hat eine **k**ubisch-**r**aum**z**entrierte (krz) Gitterstruktur.

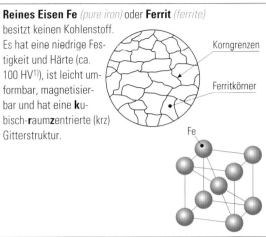

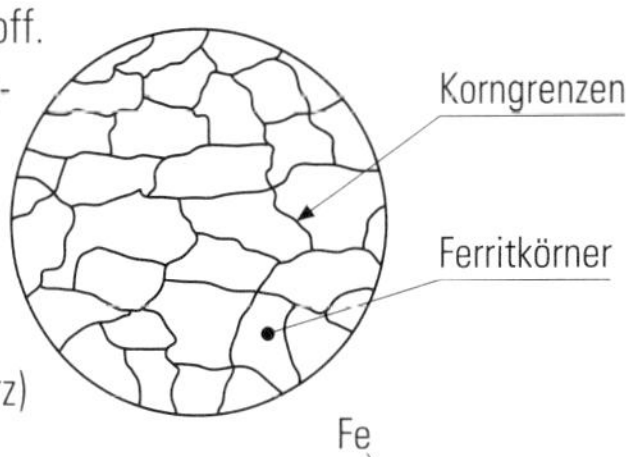

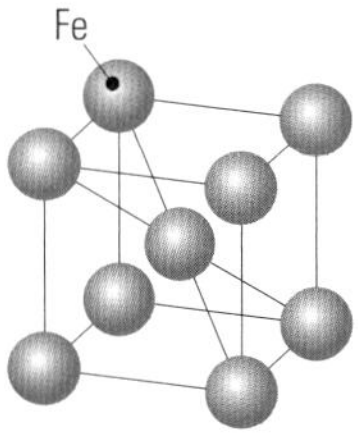

Eisenkarbid (Fe_3C) oder **Zementit** *(cementite)* ist eine chemische Verbindung zwischen **Eisen** und **Kohlenstoff**. Der Kohlenstoffgehalt beträgt 6,68 % Massenanteile. Zementit ist sehr hart (ca. 1100 HV), verschleißfest, spröde, schlecht umformbar und lässt sich magnetisieren.

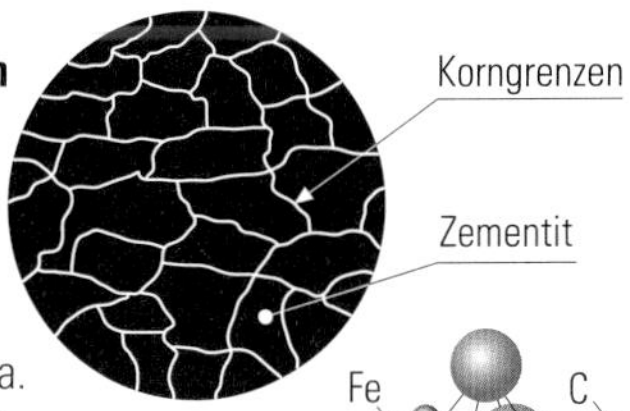

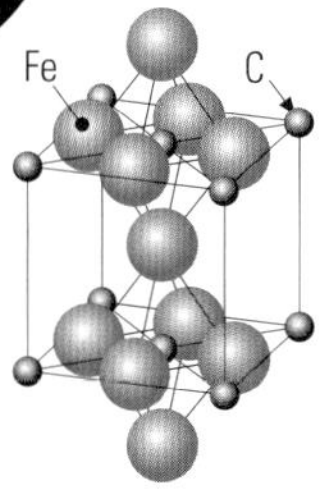

Stahl mit 0,8 % Kohlenstoff *(steel with 0.8 % carbon)* besteht aus **Perlit** *(pearlite)*. Perlit ist schichtenförmig aus **Ferrit** und **Zementit** angeordnet. Aufgrund des gleichmäßig aufgebauten Gefüges ist der Werkstoff zäh und fest.

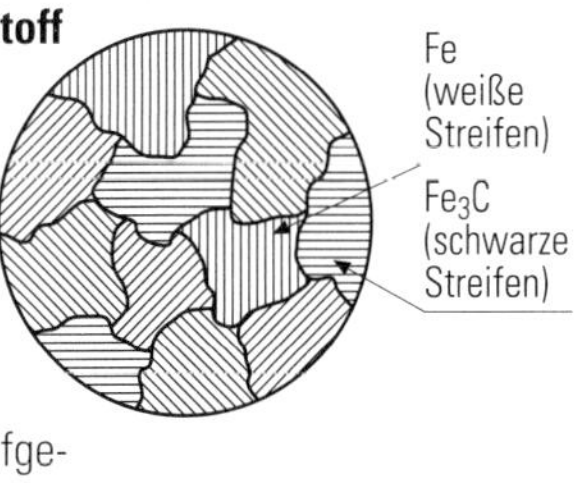

Stahl mit weniger als 0,8 % Kohlenstoff *(steel with less than 0.8 % carbon)* besteht aus **Ferrit + Perlit**. Er enthält zu wenig Kohlenstoff, um ein reines Perlitgefüge bilden zu können. Somit entstehen Ferrit- und Perlitkörner.

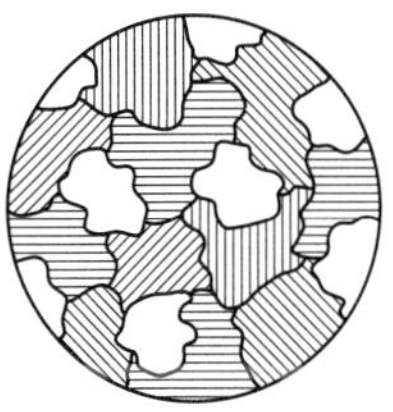

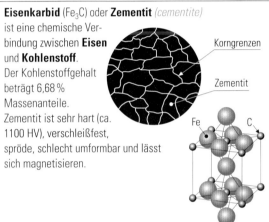

Stahl mit mehr als 0,8 % Kohlenstoff *(steel with more than 0.8 % carbon)* besteht aus **Perlit + Zementit.** Er enthält so viel Kohlenstoff, dass sich an den Korngrenzen des Perlitgefüges noch zusätzlich Zementit bildet. Dieses Zementit wird auch als Korngrenzenzementit oder Sekundärzementit bezeichnet.

***1** Gefügearten der Stähle bei Raumtemperatur*

Legierte Edelstähle *(alloyed superrefined steels)*:

- Sehr hohe Anforderung an die chemische Zusammensetzung. So muss z. B. bei nichtrostenden Stählen der C-Gehalt unter 1,2 % und der Cr-Gehalt über 10,5 % liegen.
- Sehr hohe Anforderungen an den Reinheitsgrad
- Hohe Anforderungen an die Herstellungs- und Prüfungsbedingungen

Zu den legierten Edelstählen zählen zum Beispiel:

- Hitzebeständige Stähle
- Warmfeste Stähle
- Wälzlagerstähle
- Nichtrostende Stähle
- Werkzeugstähle

Die Tabellen 1 und 2 auf Seite 132 zeigen die Veränderungen von Werkstoffeigenschaften durch ausgewählte Legierungselemente.

MERKE

Beim Zulegieren mehrerer Legierungselemente können die Einzeleinflüsse nicht einfach addiert werden.

Legierte Stähle können bei Raumtemperatur weitere Gefügearten aufweisen.
Austenit ist zäh, leicht umformbar, aber nicht magnetisierbar.
Martensit ist hart und spröde.

MERKE

Bei unlegierten Stählen existiert Austenit nur oberhalb von 723°C und Martensit entsteht nur durch die Wärmebehandlung Härten (vgl. Lernfeld 10).

MERKE

Die Zerspanbarkeit von Stählen wird in entscheidendem Maße von der Gefügeausbildung beeinflusst.

Überlegen Sie!

1. *Welche Gefügearten können unlegierte Stähle bei Raumtemperatur haben?*
2. *Benennen Sie mithilfe IhresTabellenbuchs jeweils drei legierte Qualitäts- und Edelstähle.*

[1] siehe Kap. 8.3.2.3

Element	erhöht	vermindert	Beispiel
Aluminium Al	Zunderwiderstand, Eindringen von Stickstoff		34CrAlMo5-10 Nitrierstahl
Chrom Cr	Zugfestigkeit, Härte, Warm-, Verschleißfestigkeit, Korrosionsbeständigkeit	Dehnung (in geringem Maße)	X5CrNi18-10 Nichtrostender Stahl
Cobalt Co	Härte, Schneidhaltigkeit, Warmfestigkeit	Kornwachstum bei höheren Temperaturen	HS10-4-3-10 Schnellarbeitsstahl mit 10% Co, z.B. für Drehmeißel
Mangan Mn	Zugfestigkeit, Durchhärtbarkeit, Zähigkeit (bei wenig Mn)	Kaltverformbarkeit, Grafitausscheidung bei Grauguss	16MnCr5 Einsatzstahl, z.B. für Teile mit wechselnder Beanspruching wie Zahnräder, Wellen
Molybdän Mo	Zugfestigkeit, Warmfestigkeit, Schneidhaltigkeit, Durchhärtung	Anlasssprödigkeit	56NiCrMoV7 Warmarbeitsstahl, z. B. für Strangpressdorne
Nickel Ni	Festigkeit, Zähigkeit, Durchhärtbarkeit, Korrosionsbeständigkeit	Wärmedehnung	EN-GJLA-XNiCuCr15-6-2 Austenitisches Gusseisen mit Kugelgrafit
Vanadium V	Dauerfestigkeit, Härte, Warmfestigkeit	Empfindlichkeit gegen Überhitzung	90MnCrV8 Kaltarbeitsstahl, z. .B. für Gewindeschneidringe, Reibahlen
Wolfram W	Zugfestigkeit, Härte, Warmfestigkeit, Schneidhaltigkeit	Dehnung (in geringem Maße), Zerspanbarkeit	HS6-5-2 Schnellarbeitsstahl mit 6% W, z.B. für Räumnadeln
Blei Pb	Spanbrüchigkeit	Härte	11SMnPb30 Automatenstahl, z. B. für Griffe, Stifte

1 *Metallische Legierungselemente*

Element	erhöht	vermindert	Beispiel
Kohlenstoff C	Festigkeit und Härte (Maximum bei 0,9%), Härtbarkeit, Rissbildung (Flocken)	Schmelzpunkt	C60 Vergütungsstahl mit $R_m \approx 800$ N/mm^2
Stickstoff N	Versprödung, Austenitbildung	Alterungsbeständigkeit, Tiefziehfähigkeit	X2CrNiN18-10 Nichtrostender Stahl (austenitischer Chrom-Nickel-Stahl N = 0,12...0,22%), schlecht zerspanbar
Phosphor P	Zugfestigkeit, Warmfestigkeit, Korrosionswiderstand	Kerbschlagzähigkeit	Macht die Schmelze von Stahlguss und Gusseisen dünnflüssig
Schwefel S	Warmbrüchigkeit	Kerbschlagzähigkeit Ausscheidung bei Grauguss	10SPb20 Automatenstahl
Silizium Si	Zugfestigkeit, Dehnungsgrenze Korrosionsbeständigkeit	Bruchdehnung	60SiCr7 Federstahl mit einer Zugfestigkeit $R_m \approx 1600$ N/mm^2

2 *Nichtmetallische Legierungselemente*

8.2.1.1.2 Einteilung der Stähle in verschiedene Stahlsorten

Neben der Einteilung der Stähle nach ihren Legierungsgehalten werden sie praxisgerecht nach ihrem Einsatz- und Anwendungsgebiet klassifiziert. Wichtige Stahlsorten sind in dieser Gliederung unlegierte Baustähle, Automatenstähle, Werkzeugstähle, Nichtrostende Stähle, Einsatz-, Nitrier- und Vergütungsstähle.

Unlegierte Baustähle

Unlegierte Baustähle[1)] *(unalloyed structural steels)* sind durch Warmwalzen vorgeformte Qualitätsstähle. Sie lassen sich als Halbzeuge in unterschiedlichen Abmessungen beziehen (Seite 133 Bild 1). Bei derZusammensetzung macht die Norm außer bei den Gehalten an Kohlenstoff, Phosphor und Schwefel keine Vorgaben. Beim Stahl mit der Kurzbezeichnung S185 gibt es auch selbst dafür keine Vorschriften (vgl. Tabellenbuch).

1) DIN EN 10025

MERKE

Unlegierte Baustähle sind für eine Wärmebehandlung (vgl. Lernfeld 10) nicht vorgesehen.

Unlegierte Stähle variieren z. B. hinsichtlich ihres Kohlenstoffgehaltes und ihrer Legierungselemente. Sie unterscheiden sich daher hauptsächlich in den Werkstoffkennwerten Zugfestigkeit, Streckgrenze und Bruchdehnung.

Beispiele:

- S185 für geringe Beanspruchungen wie z. B. Geländer, Schutzgitter
- S235JR für mittlere Beanspruchungen wie z. B. Achsen, Bolzen
- S355JR für höhere Beanspruchungen wie z. B. Bleche im Fahrzeugbau, Brücken, Kräne
- E335 für höchste Beanspruchungen wie z. B. Führungsteile

Die Zerspanbarkeit unlegierter Stähle wird stark von den Eigenschaften des jeweiligen Gefüges (vgl. Seite 129 Bild 2), d. h., dem Kohlenstoffgehalt beeinflusst. So neigt zum Beispiel das weiche, leicht plastisch verformbare **Ferrit-Gefüge** (Seite 129 Bild 1a) beim Zerspanen zum Schmieren und damit zur Bildung von Aufbauschneiden. Beim Schlichten kann daher oftmals die gewünschte Oberflächengüte nur schwer erreicht werden. Darüber hinaus hat ein hoher Ferritanteil aufgrund seiner Verformungsfähigkeit negativen Einflussauf die Spanbildung. Es ist mit Band- und Wirrspänen zu rechnen. Positiv zu bewerten sind der geringe Werkzeugverschleiß und damit die relativ hohe Standzeit der Werkzeuge sowie die geringe Zerspankraft (Bild 2).

MERKE

Stähle mit sehr hohem Ferritanteil (C-Gehalt kleiner 0,2 %) sind hinsichtlich der Zerspanbarkeitskriterien Spanbildung und Oberflächengüte schlecht zerspanbar.
Aufbauschneiden erhöhen den Werkzeugverschleiß.

Um den Zerspanungsprozess zu optimieren, sollte die Schnittgeschwindigkeit oberhalb 100 m/min liegen und die Werkzeuge sollten einen positiven Spanwinkel aufweisen. Daher sind unbeschichtete Schneidstoffe mit möglichst scharfkantigen Schneiden zu verwenden. Zur Verminderung der Klebneigung und zur Verbesserung der Oberflächenqualität werden Kühlschmiermittel mit hoher Schmierwirkung eingesetzt.

Das **Perlitgefüge** ist eine Mischung aus Ferrit- und Zementitgefüge. Bei steigendem Kohlenstoffanteil eines unlegierten Stahls steigt der Anteil des Perlitgefüges und damit der Zementitanteil. Je höher der Zementitanteil, desto schwerer ist das Gefüge zu zerspanen, da Zementit hart und spröde ist (erforderliche Zerspankraft steigt). Daher ist eine stabile Schneidengeometrie zu wählen.

Bereits bei niedrigen Schnittgeschwindigkeiten entstehen hohe Schneidentemperaturen. Dies bedingt einen hohen Werkzeugverschleiß und damit eine niedrige Standzeit. Um den raschen Werkzeugverschleiß zu vermindern, könnten z. B. härtere Schneidstoffe bzw. beschichtete Werkzeuge eingesetzt werden.

Andererseits begünstigt ein höherer Zementitanteil die Spanbildung und verbessert die Oberflächenqualität (Seite 134 Bild 1).

MERKE

Unlegierte Baustähle haben einen C-Gehalt bis ca. 0,5 %.

1 Unlegierte Baustähle für warmgewalzte Erzeugnisse

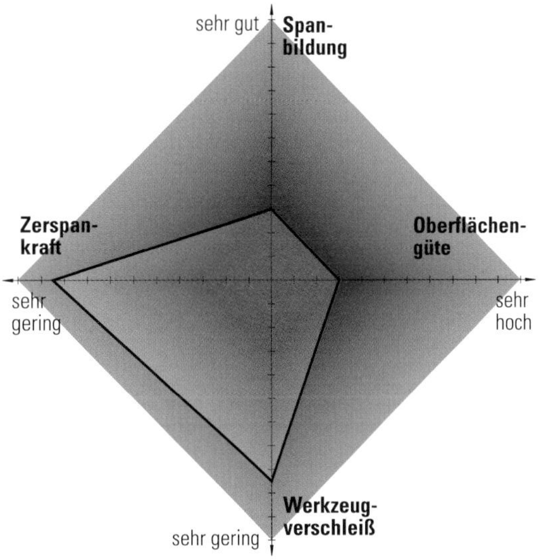

2 Eigenschaftsprofil eines unlegierten Stahls mit hohem Ferritanteil

MERKE
Eine gute Zerspanbarkeit besitzen Stähle mit einem Kohlenstoffgehalt zwischen 0,3 % und 0,5 % (Bild 2).

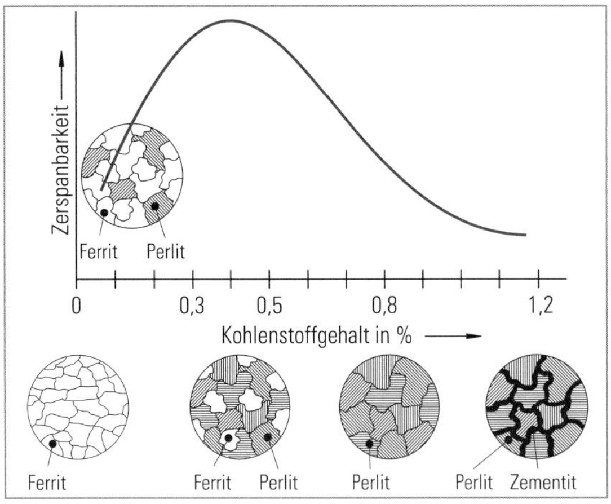

2 Zerspanbarkeit in Abhängigkeit von der Gefügeart/vom Kohlenstoffgehalt

Um die Zerspanbarkeit eines Werkstoffes beurteilen zu können, kann mithilfe des Tabellenbuchs, Herstellerangaben und eigener Versuche ein **Eigenschaftsprofil** wie z. B. in Bild 1 erstellt werden.
Gegebenenfalls können Optimierungsmaßnahmen[1] abgeleitet werden.

Überlegen Sie!

1. *Ermitteln Sie für die folgenden Stähle die chemische Zusammensetzung (Kohlenstoff-, Phosphor- und Schwefelgehalt) und die Werkstoffkennwerte Zugfestigkeit, Streckgrenze und Dehnung:*
   a) S185
   b) E360
   c) S355JR
2. *Welches Gefüge haben diese Stähle bei Raumtemperatur?*
3. *Beurteilen Sie anhand des Kohlenstoffgehalts die Zerspanbarkeit der Stähle E360 und S355JR.*
4. *Nennen Sie Möglichkeiten, den Zerspanungsprozess zu optimieren.*
5. *Welche unlegierten Baustähle verarbeiten Sie in Ihrem Betrieb?*
6. *Erstellen Sie ein Eigenschaftsprofil für einen Stahl mit Zementitgefüge.*

Automatenstähle

Automatenstähle[2] *(free-cutting steels)* (Bild 3) enthalten als Hauptlegierungselemente Schwefel S, Blei Pb, Phosphor P und Mangan Mn.
Da die Grenzwerte der Legierungselemente nicht überschritten werden, gelten Automatenstähle als unlegierte Stähle.
Gebräuchliche Automatenstähle sind z. B.:
35S20, 46S20, 11SMn30, 11SMnPb30.

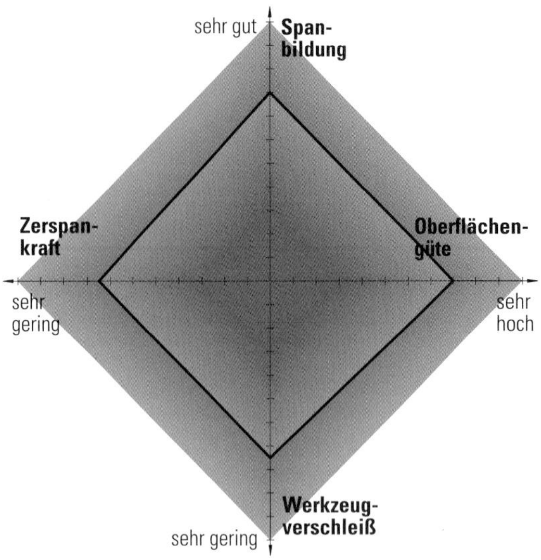

1 Eigenschaftsprofil eines unlegierten Stahls mit Perlit-Gefüge (Kohlenstoffgehalt zwischen 0,3 % und 0,5 %)

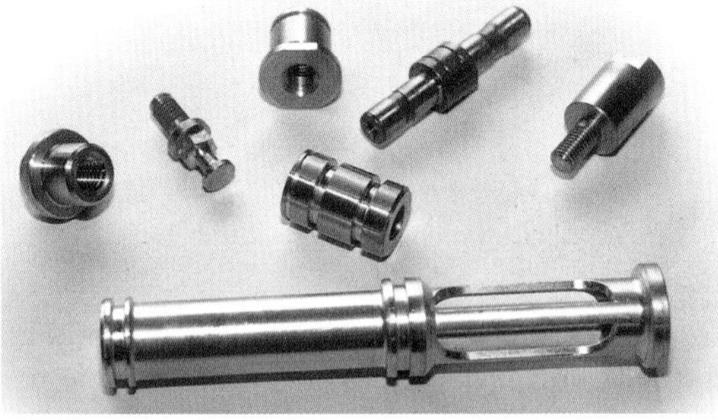

3 Drehteile aus Automatenstahl

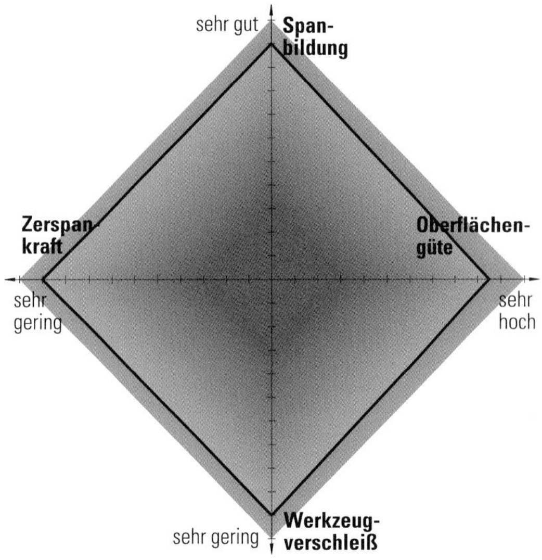

4 Eigenschaftsprofil von Automatenstahl

1) siehe Lernfeld 10 2) DIN EN 10087

Der niedrige Kohlenstoffgehalt (Ferritgefüge) würde niedrige Zerspankräfte, eine ungünstige Spanbildung und schlechte Oberflächenqualität verursachen (vgl. Seite 133).
Durch geeignete Legierungselemente wird die Zerspanbarkeit wesentlich verbessert.
Schwefel lässt den Werkstoff **warmbrüchig** werden und setzt den Werkzeugverschleiß herab. Daher können durch den gezielten Zusatz von bis zu 0,3 % Schwefel und Anteilen von Mangan kurzbrüchige Fließspäne erzeugt werden.
Bleizugaben wirken schmierend. Dadurch lässt sich eine gute Oberfläche erreichen. Aufgrund ihrer guten Zerspanbarkeit (Seite 134 Bild 4) eignen sich Automatenstähle besonders für die Fertigung.
Andererseits ist das Einsatzgebiet der Automatenstähle aufgrund oftmals unzureichender mechanischer Kennwerte stark eingeschränkt.

Überlegen Sie!

1. *Begründen Sie die Stahlsortenbezeichnung „Automatenstahl".*
2. *Erläutern Sie die Werkstoffkurzbezeichnungen der im Text genannten Automatenstähle.*
3. *Bestimmen Sie mithilfe Ihres Tabellenbuchs den Kohlenstoff-, Schwefel-, Mangan- und Bleigehalt dieser Stähle.*
4. *Begründen Sie die guten Zerspanbarkeitseigenschaften der Automatenstähle.*

Vergütungsstähle

Vergütungsstähle[1] *(tempering steels)* haben einen Kohlenstoffgehalt zwischen 0,2 % und 0,6 %. Es wird zwischen unlegierten und legierten Vergütungsstählen unterschieden.
Durch das Vergüten[2] werden Werkstücke mit hoher Festigkeit und relativ hoher Zähigkeit erzeugt.
Die Hauptlegierungselemente sind Mangan, Chrom, Molybdän, Nickel und Vanadium.
Zur Verbesserung der Zerspanbarkeit sollte vor dem Vergüten auf niedrige Festigkeit und relativ geringe Zähigkeit wärmebehandelt werden.
In vielen Fällen erfolgt das Vergüten zwischen der Schrupp- und Schlicht- bzw. Feinbearbeitung.

Beispiele:

C45: Unlegierter Vergütungsstahl für kleine Querschnitte ohne hohe Beanspruchungen wie z. B. Bolzen und Schrauben

25CrMo4: Legierter Vergütungsstahl für höher beanspruchte Teile mit größeren Querschnitten wie z. B. Zahnräder, Wellen (Bild 1), Turbinenschaufeln.

1 *Kurbelwelle aus Vergütungsstahl*

MERKE

Die Zerspanbarkeit der Vergütungsstähle hängt vorwiegend vom Gefüge der jeweiligen Wärmebehandlung ab und kann daher stark variieren (Bild 2).

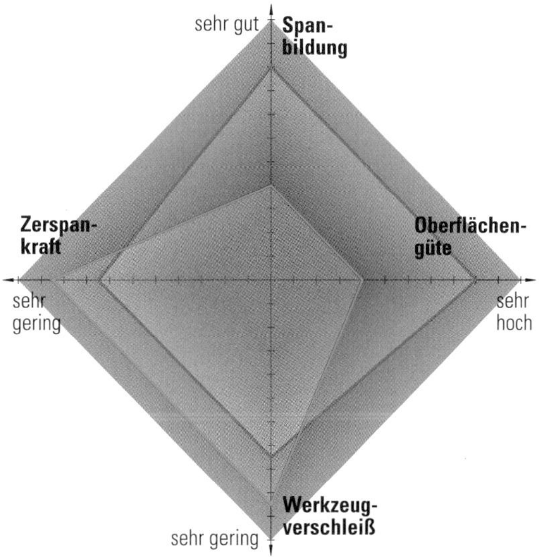

2 *Eigenschaftsprofil eines Vergütungsstahls*
blau: wärmebehandelt (noch nicht vergütet)
orange: hoch vergütet

Überlegen Sie!

Beurteilen Sie anhand der Eigenschaftsprofile
a) weshalb die Schruppbearbeitung vor dem Vergüten
b) weshalb die Schlichtbearbeitung nach dem Vergüten erfolgt.

Einsatzstähle

Zu den Einsatzstählen[3] *(case hardening steels)* zählen unlegierte Qualitäts- und Edelstähle sowie legierte Edelstähle, die einen Kohlenstoffgehalt ≤ 0,2 % aufweisen. Einsatzstähle werden üblicherweise zuerst im weichen (ungehärteten) Zustand zerspant (Weichbearbeitung) und dann einsatzgehärtet[4].
Nach dem Einsatzhärten erfolgt die Feinbearbeitung.

Beispiele:

C15E: Unlegierter Einsatzstahl für Kleinteile mit mittlerer Beanspruchung wie Hebel, Zapfen, Bolzen

20MoCrS4: Legierter Einsatzstahl für höchst beanspruchte Teile wie Tellerräder, Kegelräder, Wellen (Bild 3)

3 *Getriebeteile aus Einsatzstahl*

1) DIN EN 10083 2) siehe Lernfeld 10 Kap. 5.3.3 3) DIN EN 10084 4) siehe Lernfeld 10 Kap. 5.4.3.2

Das Gefüge von Einsatzstählen enthält vorwiegend Ferrit und wenig Perlit. Dementsprechend sind die Zerspankraft und der Werkzeugverschleiß gering. Allerdings besteht die Gefahr der Aufbauschneidenbildung.
Einsatzstähle neigen aufgrund ihrer hohen Zähigkeit und des geringen Kohlenstoffgehalts zur Bildung langer Späne und schlechter Oberflächenqualität.
Die Spanbildung kann durch Zulegieren von Schwefel und Blei verbessert werden.

MERKE

Die Aufbauschneidenbildung kann durch Erhöhung der Schnittgeschwindigkeit vermindert bzw. verhindert werden. Der Spanbruch kann durch die richtige Wahl der Schneidengeometrie gewährleistet werden.

Nach dem Einsatzhärten hat der Werkstoff eine harte Randschicht. Während der Feinbearbeitung[1] ist also mit hohen Zerspankräften, gutem Spanbruch, hohem Werkzeugverschleiß und sehr guter Oberfläche zu rechnen (Bild 1).

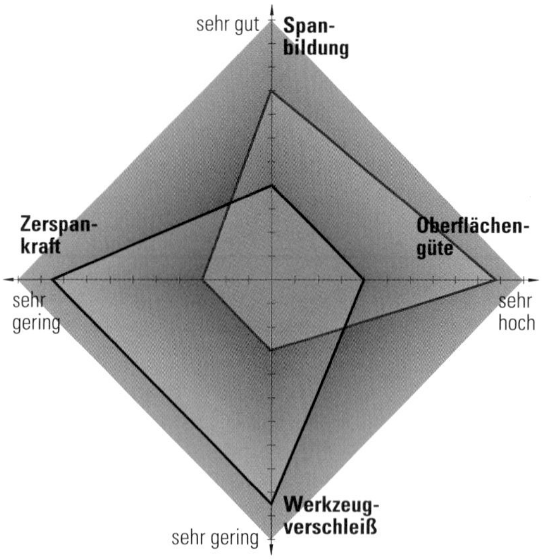

1 Eigenschaftsprofil eines Einsatzstahls
schwarz: vor dem Einsatzhärten
rot: nach dem Einsatzhärten

Überlegen Sie!

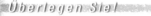

Erstellen Sie das Eigenschaftsprofil für den Einsatzstahl 16MnCrS5 vor dem Einsatzhärten.

Nitrierstähle[2]

Legierte Stähle insbesondere mit einem Chromanteil bis zu 3,3 % und einem Aluminiumanteil bis zu 1,2 % eignen sich zum Nitrieren[3].
Nach dem Nitrieren haben die Werkstücke eine harte, verschleißfeste Randschicht.
Da durch das Nitrieren praktisch kein Verzug auftritt, kann die spanabhebende Bearbeitung der Nitrierstähle *(nitriding steels)* vor dem Nitrieren im meist vergüteten Zustand erfolgen.

Beispiel:

34CrAlMo5-10: Nitrierstahl für warm- und verschleißfeste Teile mit gleichzeitiger hoher Zähigkeit wie z. B. Nockenwellen, Kolbenbolzen, Heißdampfarmaturen.

MERKE

Die Zerspanbarkeit von Nitrierstählen ist wegen höherer Anteile an Kohlenstoff und Legierungselementen schlechter als die von Einsatzstählen (Bild 2).

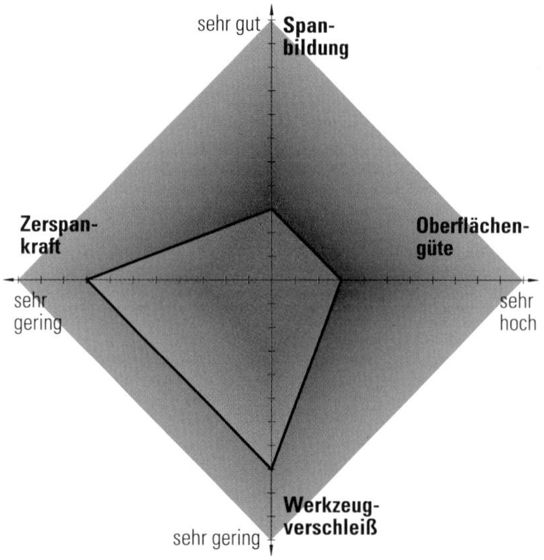

2 Eigenschaftsprofil eines Nitrierstahls vor dem Nitrieren, nicht wärmebehandelt

Überlegen Sie!

Ordnen Sie die folgenden Stähle anhand der chemischen Zusammensetzung der entsprechenden Stahlsorte (Einsatzstahl, Vergütungsstahl oder Nitrierstahl) zu:
a) 41CrALMo7-10
b) 51CrV4
c) C60
d) C10E
e) 16MnCr5

Nichtrostende Stähle

Nichtrostende Stähle[4] *(stainless steels)* haben einen Chromgehalt von mindestens 10,5 % und einen Kohlenstoffgehalt von weniger als 1,2 %. Nichtrostende Stähle zählen dementsprechend zu den legierten Edelstählen. Neben **Chrom** ist **Nickel** ein weiteres Hauptlegierungselement.
Hinsichtlich ihrer Gefügebestandteile können nichtrostende Stähle unterteilt werden in

1) siehe Lernfeld 9 Kap. 6 2) DIN EN 10085 3) siehe Lernfeld 10 Kap. 5.3.4.3 4) DIN EN 10088

1 Werkstücke aus nichtrostendem Stahl

- **Austenitische Chrom-Nickelstähle** mit einem Cr-Gehalt von 17 bis 26 %, einem Ni-Gehalt von 7 bis 26 % und einem C-Gehalt unter 0,12 % wie z. B. X2CrNiMo17-12-2
- **Martensitische Chromstähle** mit einem Cr-Gehalt von 12-18 % und einem C-Gehalt von 0,1 bis 1,2 % wie z. B. X12Cr13 oder X50CrMoV15
- **Ferritische Chromstähle** mit einem Cr-Gehalt zwischen 12,5 und 18 % und einem C-Gehalt unter 0,1 % wie z. B. X2CrNi12 oder X6CrMo17-1

Die Gefügebestandteile erlauben Rückschlüsse auf die Zerspanbarkeit (Bild 2).

Überlegen Sie!

Beurteilen Sie die Zerspanbarkeit folgender nichtrostender Stähle:
a) austenitisch
b) martensitisch
c) ferritisch

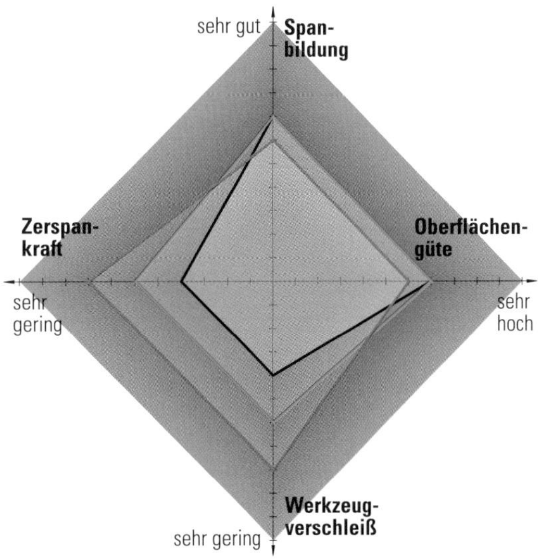

2 Eigenschaftsprofile nichtrostender Stähle
blau: austenitisch
schwarz: martensitisch
orange: ferritisch

Werkzeugstähle

Werkzeugstähle[1] *(tool steels)* (Bild 3) sind unlegierte oder legierte Edelstähle, die zum Bearbeiten von Werkstoffen geeignet sind.

Edelstähle *(superrefinded steels)* zeichnen sich z. B. durch einen geringen Schwefel- und Phosphorgehalt aus.

Werkzeugstähle werden häufig nach ihrer Arbeitstemperatur eingeteilt in (Seite 138 Bild 1):

- **Kaltarbeitsstähle** *(cold worked steels)*
- **Warmarbeitsstähle** *(hot worked steels)* und
- **Schnellarbeitsstähle** *(high speed steels)*

MERKE

Die Zerspanbarkeit von unlegierten Werkzeugstählen (unlegierte Kaltarbeitsstähle) kann über das Gefüge beurteilt werden (Seite 139 Bild 2).

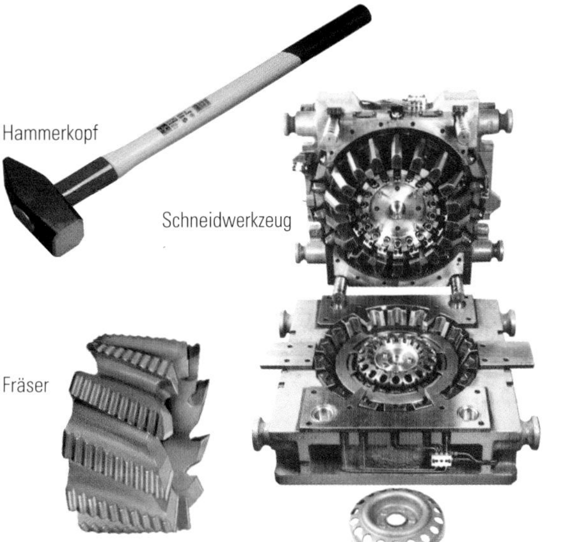

3 Werkzeugstähle

Mit steigendem Kohlenstoffgehalt steigt der Anteil des Zementitgefüges im unlegierten Stahl. Zementit ist hart und spröde. Stähle mit höherem Zementitanteil sollten daher **vor** der Zerspanung wärmebehandelt werden, um ein weicheres Gefüge zu erreichen. Bei Stählen unter 0,8 % Kohlenstoff wird weichgeglüht. Stähle mit mehr als 0,8 % Kohlenstoff erhalten durch das Pendelglühen ein weicheres Gefüge[2].

Nach erfolgter Zerspanung werden diese Stähle wiederum wärmebehandelt, z. B. durch Härten und anschließendes Anlassen, um die geforderte Härte, Festigkeit und Zähigkeit zu erhalten.

Bei legierten Werkzeugstählen kann die Zerspanbarkeit grundlegend über die chemische Zusammensetzung beurteilt werden (vgl. Tabellen 1 und 2 auf Seite 132).

Bild 3 auf Seite 139 zeigt exemplarisch das Eigenschaftsprofil eines legierten Werkzeugstahls.

1) DIN EN ISO 4975 2) siehe Lernfeld 10 Kap. 5.2.3

Stahlwerkstoff	Besonderheiten	Zerspanbarkeit	Effekte
Automatenstahl z. B. 11SMn30 11SMnPb30 35S20	Hauptlegierungselemente: Pb, P, S, Mn	Schnittgeschwindigkeitsabhängige Standzeitgewinne insbesondere durch Pb-Zusätze möglich (50...70 %). Verringerung der Schnittkräfte um bis zu 50% möglich.	Kurzbrüchige Späne Saubere Werkstückoberflächen Geringe Neigung zur Aufbauschneidenbildung Geringer Werkzeugverschleiß
Werkzeugstahl z. B. C45U X210CrW12 55NiCrMoV7	Bei unlegierten Werkzeugstählen ist der C-Gehalt < 0,9 %	Verwendung von titan- und titanbeschichteten Hartmetallschneidstoffen (P20).	Erhöhte Klebneigung, deshalb Aufbauschneidenbildung, daher relativ schlechte Zerspanbarkeit Schlechte und raue Oberflächen
		Vergüten der Werkzeugstähle	Verbesserung der Zerspanbarkeit
Einsatzstahl z. B. C15E 16MnCr5 20MoCr4 18CrNiMo7-6	Qualitäts- und Edelstähle sowie legierte Edelstähle mit einem Kohlenstoffgehalt C < 0,2 %	Hohe Schnittgeschwindigkeiten zur Verringerung der Aufbauschneidenbildung vorzugsweise mit Hartmetallschneidstoffen. Herabsetzen des Vorschubs. Angepasste Werkzeuggeometrie (positiver Spanwinkel)	Gute Oberflächenqualitäten
	Einsatzhärte: Aufkohlen der Randzone auf 0,6...0,9 % C (Härte bis 60HRC)	Hartfertigbearbeitung mit Feinstkornhartmetallen, Mischkeramiken, CBN-Schneidstoffen	Guter Spanbruch Sehr gute Oberflächenqualitäten
Vergütungsstahl z. B. C45R 42CrMo4 34CrNiMo6 51CrV4	Kohlenstoffgehalt C = 0,2...0,6 % Hauptlegierungselemente: Cr, Ni,V, Mo, Si, Mn	Zerspanbarkeit ist sehr stark von entsprechenden Legierungselementen und der Wärmebehandlung abhängig. Vergüten meist nach Schrupp- und vor Schlicht- bzw. Feinbearbeitung. Niedrigere Schnittgeschwindigkeiten mit zunehmendem Kohlenstoffgehalt (Perlitanteil).	
		Schruppbearbeitung wegen der hohen Zerspanraten meist im normalgeglühten Zustand des Werkstoffs.	Sehr gute Zerspanbarkeit Geringer Werkzeugverschleiß
		Feinbearbeitung mit niedrigen Schnittgeschwindigkeiten vorwiegend mit Hartmetallwerkzeugen der Gruppe P (HSS nur zum Bohren oder Gewindeschneiden). Keramik- und CBN-Schneidstoffe nur bei Härten größer 45 HRC	Geringer Werkzeugverschleiß
Nitrierstahl z. B. 34CrAlMo5-10 31CrMo12 34CrAlNi7-10 31CrMoV9	Kohlenstoffgehalt C = 0,2...0,45 % Hauptlegierungselemente: Cr, Mo,Al, V Hohe Werkstoffoberflächenhärte durch spröde Metallnitride	Zerspanung erfolgt wegen sehr hoher Werkstoffoberflächenhärte vor dem Nitrieren.	
		Vergüteter Ausgangswerkstoff: Niedrige Schnittgeschwindigkeiten	Vertretbarer Werkzeugverschleiß
		Unvergüteter Ausgangswerkstoff	Schlechte Spanbildung Gratbildung
		Ni-Gehalt > 1 %	Schlecht zerspanbar
		Zusatz von Schwefel	Gut zerspanbar
Nichtrostender Stahl z. B. X2CrNiMo17-12-2	Chromgehalt 16,5 %...18,5 % Zusätzlicher Nickel-Anteil 10 %...13 %	Überwiegend ferritische Stähle	Gut zerspanbar
		Austenitische Stähle: Niedrige Schnittgeschwindigkeiten Verringerung der Anzahl der Schnitte durch relativ große Vorschübe	Schlecht zerspanbar Hohe Klebneigung Aufbauschneidenbildung Kaltverfestigung

Werkzeugstahlgruppe	**Kaltarbeitsstahl**		**Warmarbeitsstahl**	**Schnellarbeitsstahl**
Legierungszustand	unlegiert	legiert	legiert	legiert
Arbeitstemperatur	kaum Erwärmung	untcr 200 °C	200 ... 400 °C	bis 600 °C
Kohlenstoffgehalt	0,4 % ... 1,2 %	0,18 % ... ca. 2 %	0,3 % ... 0,6 %	ca. 0,9 %
Anwendung	Hämmer, Scheren, Körner	Schnitt-, Stanzwerkzeuge	Gesenke	Bohrer, Fräser, Drehmeißel
Werkstoffbeispiele	C80U	X153CrMoV12	X38CrMoV5-3	HS6-5-2-5

***1** Einteilung der Werkzeugstähle*

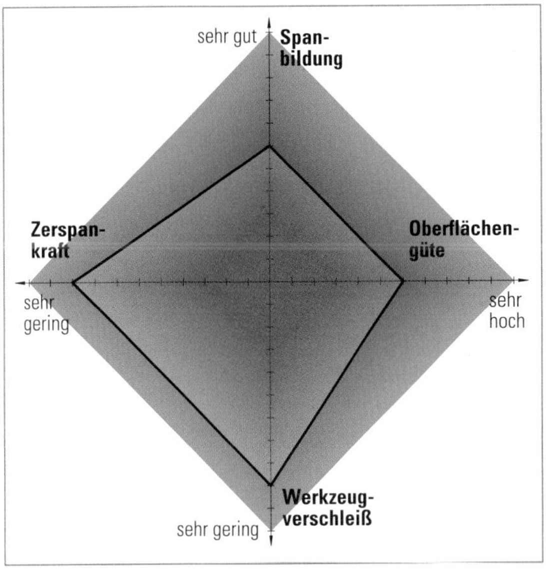

***2** Eigenschaftsprofil eines unlegierten Kaltarbeitsstahls (C90U), pendelgeglüht*

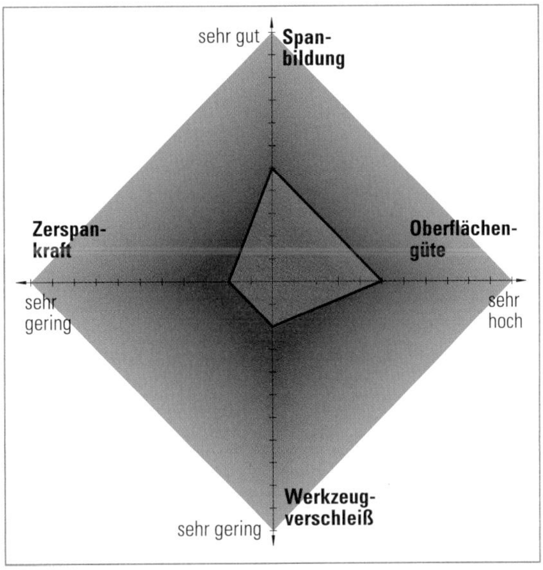

***3** Eigenschaftsprofil von legierten Werkzeugstählen*

Überlegen Sie!

1. *Welche Legierungselemente enthalten die Werkzeugstähle in der Tabelle Bild 1?*
2. *Welchen Einfluss haben diese Legierungselemente auf die Zerspanbarkeit?*
3. *Begründen und erstellen Sie einEigenschaftsprofil für den Werkzeugstahl C45U im weichgeglühten Zustand.*

8.2.1.2 Gusseisenwerkstoffe

Als Gusseisen *(cast iron)* (Bild 4) werden Eisenwerkstoffe bezeichnet, die einen Kohlenstoffgehalt zwischen 2,06 % und 6,67 % besitzen. Der Kohlenstoff senkt die Schmelztemperatur. Deshalb lassen sich diese Werkstoffe gut gießen.

Beim **langsamen Abkühlen** *(slow cooling)* lagert sich der Kohlenstoff in Abhängigkeit vom Reinheitsgrad in Form von Kugeln oder Lamellen ab.

Verunreinigungen verhindern die Ausbildung von Kugelgrafit. Der Kohlenstoff wird dann lamellenförmig abgelagert.

MERKE

Magnesium bindet Verunreinigungen.
Durch Zugabe von Magnesium kann kugelförmiges Grafit auch bei vorhandenen Verunreinigungen erzeugt werden.

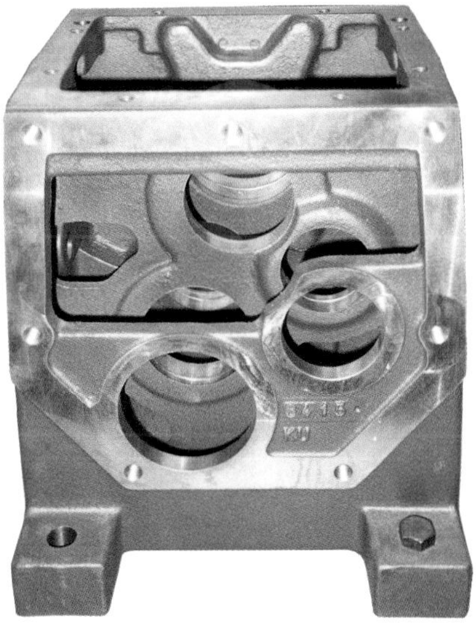

***4** Getriebegehäuse aus Gusseisen*

Die Zerspanbarkeitseigenschaften der Gusseisenwerkstoffe (Seite 141 Bild 1) werden neben dem Grundgefüge[1)] stark von der Art des eingelagerten Grafits beeinflusst.

1) Das Grundgefüge hängt von der chemischen Zusammensetzung sowie von der durchgeführten Wärmebehandlung ab.

Lamellen (Bild 1) sind aufgrund ihrer Form scharfe innere Kerben. Bei der Zerspanung erzeugen sie kurze Späne. Gleichzeitig wirkt der freie Grafit als Trockenschmierstoff (geringer Werkzeugverschleiß/hohe Standzeit). Eine weitere Schmierung ist damit nicht erforderlich. Die mechanische Belastung ist relativ gering, was zu niedrigen Zerspankräften führt. Die erreichbare Oberflächengüte variiert stark, weil sie z. B. vom Bearbeitungsverfahren, von den Schnittbedingungen sowie von der Gleichmäßigkeit des Gefüges abhängt.

Beispiele:
- EN-GJL-200 für Gussteile ohne besondere Güte wie z. B. Zylinder, Zylinderdeckel, Gehäuse
- EN-GJL-300 für hoch beanspruchte Teile wie z. B. Maschinenbett
- EN-GJLA-XNiCuCr15-6-2 z. B. für Pumpen, Ventile, nicht magnetisierbare Gussstücke

Kugeln (Bild 2) haben eine geringere Kerbwirkung. Dadurch haben Gusseisenwerkstoffe mit Kugelgrafit eine vergleichsweise höhere Festigkeit und Zähigkeit und sind besonders hinsichtlich der Oberflächengüte gut zerspanbar. Die geringere Kerbwirkung ermöglicht auch die Anwendung von Wärmebehandlungsverfahren.

Beispiele:
- EN-GJS-400-15 für Gussteile mit höherer Festigkeit und Zähigkeit wie z. B. Zahnräder, Pleuel, Kolben
- EN-GJSA-XNiCr20-2 z. B. für Pumpen, Ventile, Laufbüchsen, Turboladergehäuse, nicht magnetisierbare Gussstücke

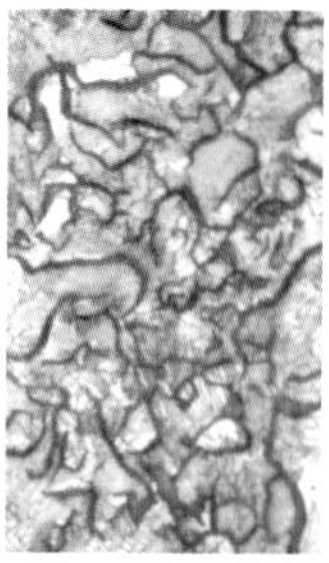

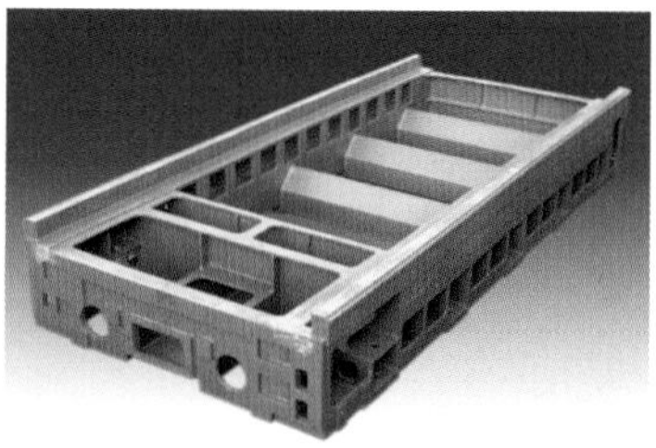

EN-GJL-300: Maschinenbett

1 *Gusseisen mit Lamellengrafit*

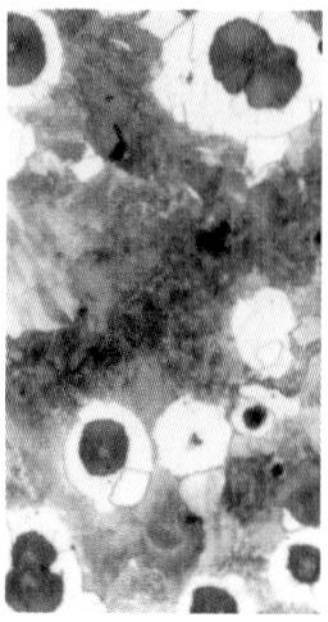

EN-GJS-400-18U: Druckstück für Zement-, Keramik- oder Kalksteinmühle

2 *Gusseisen mit Kugelgrafit*

Überlegen Sie!

Entschlüsseln Sie mithilfe Ihres Tabellenbuchs die Werkstoffkurzbezeichnungen der genannten Gusseisensorten.

Werkstoff	Verfahren	Werkzeug/Schneidstoff	Vorschub pro Zahn f_z in mm	Schnittgeschwindigkeit v_c in m/min
EN-GJMB 550-4	Drehen	Hartmetall, unbeschichtet	0,3...0,6	50...150
EN-GJMB-700-2		Hartmetall, beschichtet	0,3...0,6	75...170
EN-GJMW-450-7	Drehen	Hartmetall, unbeschichtet	0,1...0,6	45...150
		Hartmetall, beschichtet	0,1...0,6	80...240
EN-GJL-250 bis	Drehen	Hartmetall, unbeschichtet	0,1...0,4	50...200
EN-GJL-350		Hartmetall, beschichtet	0,4	80...200
	Fräsen	Planfräser/HM, unbeschichtet	0,2...0,4	70...130
		Planfräser/HM, beschichtet	0,2...0,4	90...190
		Planfräser/CBN	0,15	1500...2000
	Bohren	∅10 mm/< 5 × ∅/Hartmetall	0,1...0,14	25...40
		∅10 mm/> 5 × ∅/Hartmetall	0,12	30...90
EN-GJS-400-15 bis	Drehen	Hartmetall, unbeschichtet	0,1...0,6	40...230
EN-GJS-700-2		Hartmetall, beschichtet	0,15...0,6	60...200
	Bohren	∅10 mm/bis 2,5 × ∅/ Vollhartmetall, beschichtet	0,3...0,4	40...85
	Ausbohren/ Feindrehen	Ausbohrwerkzeug/Hartmetall	0,10...0,15	200...400

3 *Schnittdaten für Gusswerkstoffe (Auswahl)*

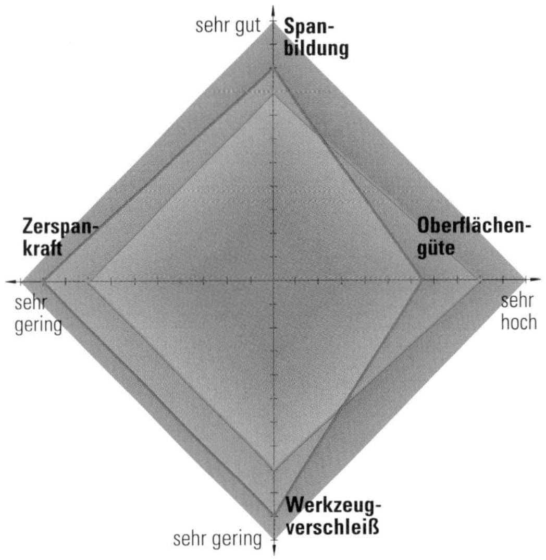

1 *Eigenschaftsprofil von Gusseisen*
orange: mit Lamellengrafit
blau: mit Kugelgrafit

8.2.1.3 Stahlguss *(cast steel)*

Als Stahlguss werden in Formen gegossene Stähle bezeichnet (Bild 2). Werkstücke mit komplizierten Formen können so verhältnismäßig schnell hergestellt werden.
Die Eigenschaften und damit auch die Zerspanbarkeit von Stahlguss entsprechen etwa der verwendeten Stahlsorte.

Antriebsnabe Mahlkegel

2 *Bauteile aus Stahlguss*

8.2.2 Nichteisenmetalle

Zu den Nichteisenmetallen *(non-ferrous metals)* werden die reinen Metalle und deren Legierungen gezählt, die keinen nennenswerten Eisengehalt haben. Die Zerspanbarkeit einiger NE-Metalle wird im Folgenden beschrieben:

Kupfer und Kupferlegierungen *(copper and copper alloys)*

Die Zerspanbarkeit von Kupfer und Kupferlegierungen (Bild 3) wird hauptsächlich durch folgende Kriterien beeinflusst:

- die chemische Zusammensetzung der Legierung
- das Fertigungsverfahren zur Herstellung der Halbzeuge wie z. B. Urformen (Kupfergusslegierungen) oder Umformen (Kupferknetlegierungen)
- die Wärmebehandlung

Kupfer und Kupferlegierungen lassen sich nach der chemischen Zusammensetzung in folgende Gruppen einteilen:

- **Kupfer** ist weich und zäh. Es entstehen lange Bandspäne bzw. Wirrspäne.
  Je nach Zusammensetzung ist Aufbauschneidenbildung möglich, die zu einem höheren Werkzeugverschleiß sowie zu einer schlechteren Oberflächenqualität führt.

3 *Fräsen einer Kupferelektrode*

- **Kupfer-Zink-Legierungen (Messing)** haben wie Kupfer eine hohe Zähigkeit und ein hohes Formänderungsvermögen. **Automatenmessing** wie z. B. CW614N [CuZn39Pb3] enthält Bleizugaben bis zu 3,5 % und besitzt sehr gute Zerspanungseigenschaften.
- **Kupfer-Aluminium-** und **Kupfer-Nickel-Legierungen** sind härter als die anderen beiden Legierungsgruppen. Das Formänderungsvermögen ist geringer. Die Zerspanbarkeitskriterien Spanbildung und Oberflächengüte sind wesentlich besser als bei reinem Kupfer und Messing ohne Bleizugaben (Bild 4)[1)].

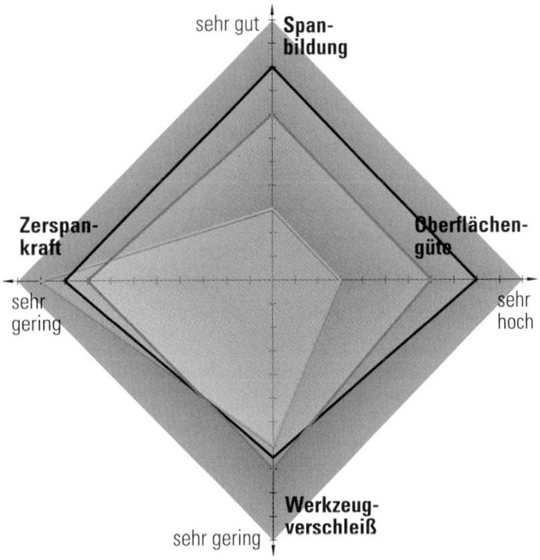

4 *Eigenschaftsprofil von*
blau: Kupfer (mit Aufbauschneidenbildung)
schwarz: Automatenmessing
orange: Kupfer-Nickel-Legierung

1) Die Eigenschaftsprofile sind im Vergleich zu den Eisenwerkstoffen dargestellt. Weitere Eigenschaften wie z. B. physikalische Eigenschaften können dem Tabellenbuch entnommen werden.

Geringe Blei- und/oder Schwefelzugaben verbessern die Zerspanungseigenschaften (Spanbruch).
Die Oberflächenqualität lässt sich durch den Einsatz von Kühlschmiermitteln verbessern. Durch Erhöhen der Schnittgeschwindigkeit ist eine Verringerung der Schnittkraft möglich. Eine geeignete Wahl des Schneidstoffs reduziert den Werkzeugverschleiß. Dabei sind die Herstellerangaben zu berücksichtigen.
Die Randzone gegossener Kupferlegierungen verfügt über eine Gusshaut, die sich im Vergleich zum Kerngefüge durch größere Härte und höhere Festigkeit auszeichnet. Das führt zu einem erhöhten Werkzeugverschleiß. Das Kerngefüge gegossener Kupferlegierungen ist im Allgemeinen besser zu zerspanen als das von Knetlegierungen.
Kaltumformungen steigern die Härte und Festigkeit. Gegenüber nicht kaltumgeformten Werkstoffen verbessert sich der Spanbruch.

1 Innendrehen von Aluminium

Aluminium und Aluminiumlegierungen

(aluminium and aluminum alloys)

Wie bei Kupfer und dessen Legierungen wird die Zerspanbarkeit von Aluminium und Aluminiumlegierungen (Bild 1) beeinflusst durch

- die chemische Zusammensetzung der Legierung
- das Fertigungsverfahren zur Herstellung der Halbzeuge wie z. B. Urformen (Aluminiumgusslegierungen) oder Umformen (Aluminiumknetlegierungen)
- die Wärmebehandlung

Aluminium und dessen Legierungen erzeugen im Vergleich zu Stahlwerkstoffen geringe Schnittkräfte. Die Standzeiten und die Oberflächengüte sind relativ hoch, wenn die Aufbauschneidenbildung vermieden werden kann. Siliziumzugaben bis zu 12 % verbessern den Spanbruch, erhöhen aber gleichzeitig den Werkzeugverschleiß.

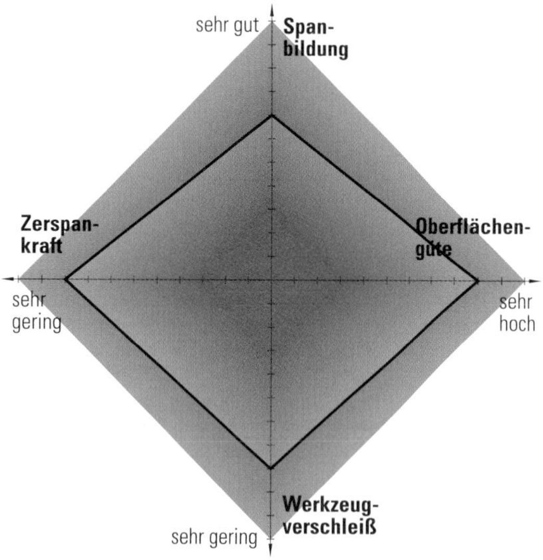

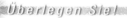

2 Eigenschaftsprofil einer Aluminiumlegierung mit Siliziumanteilen

Überlegen Sie!

1. *Welche Legierungselemente können die Festigkeit steigern?*
2. *Welche weiteren Möglichkeiten gibt es, die Festigkeit zu steigern?*

Aluminium und dessen Legierungen sind daher meist gut spanend bearbeitbar (Bild 2). Es können hohe Schnittgeschwindigkeiten gewählt werden (Seite 143 Bild 1).

Magnesium und Magnesiumlegierungen

(magnesium and magnesium alloys)

Ein erheblicher Anteil der zurzeit in Deutschland hergestellten Gussteile (Bild 3) besteht aus Magnesiumlegierungen z. B. als Getriebegehäuse oder Laptopgehäuse.

- Magnesium erzeugt geringe Schnittkräfte, kurze Späne, geringen Werkzeugverschleiß und hohe Oberflächengüten.
- Magnesium und seine Legierungen sind daher auch bei hohen Schnittgeschwindigkeiten gut zerspanbar.
- Allerdings ist Magnesium leicht brennbar. **Vorsicht beim Zerspanen!**

3 Spanende Bearbeitung eines Gussteils aus einer Magnesiumlegierung

Werkzeug	Schneidplatte	Spannmittel	Schnittwerte
90° Messerkopf HPC	BGHX	Kurzer Aufsteckdorn SK 40 D22	v_c = 1260 m/min n = 8000/min f_Z = 0,25 mm v_f = 6000 mm/min a_e = 50 mm a_p = 5,5 mm
Tauchfräser mit Innenkühlung ∅42	VCTG 22	Kurzer Aufsteckdorn SK 40 D22	v_c = 790 m/min n = 6000/min f_Z = 0,18 mm v_f = 3400 mm/min a_e = 35 mm a_p = 3 mm
Al-VHM-Schrupp-fräser ∅16		Flächenspannfutter	v_c = 400 m/min n = 8000/min f_Z = 0,298 mm v_f = 7000 mm/min a_e = 16 mm a_p = 15 mm
VHM-Schrupp-schlichtfräser ∅16		Flächenspannfutter	v_c = 390 m/min n = 8000/min f_Z = 0,1 mm v_f = 3200 mm/min a_e = 0,2 mm a_p = 20 mm
VHM-Fräser-HSC ∅16		HG-Futter	v_c = 400 m/min n = 8000/min f_Z = 0,45 mm v_f = 7200 mm/min a_e = 15 mm a_p = 1 mm

1 *Technologiewerte zum Fräsen von EN AW-5754 [Al Mg3]*[1)]

Titan und Titanlegierungen *(titanium and titanium alloys)*

143_1

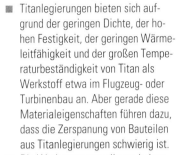

- Titanlegierungen bieten sich aufgrund der geringen Dichte, der hohen Festigkeit, der geringen Wärmeleitfähigkeit und der großen Temperaturbeständigkeit von Titan als Werkstoff etwa im Flugzeug- oder Turbinenbau an. Aber gerade diese Materialeigenschaften führen dazu, dass die Zerspanung von Bauteilen aus Titanlegierungen schwierig ist.
- Die Werkzeuge unterliegen hohen mechanischen und thermischen Belastungen. Daraus resultiert ein hoher Werkzeugverschleiß.

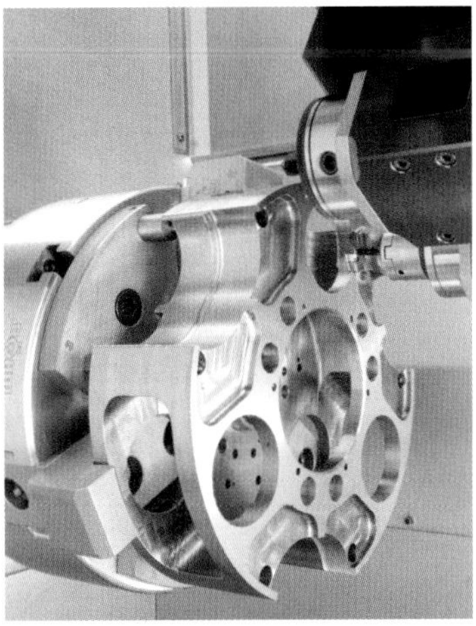

3 *Titanbearbeitung*

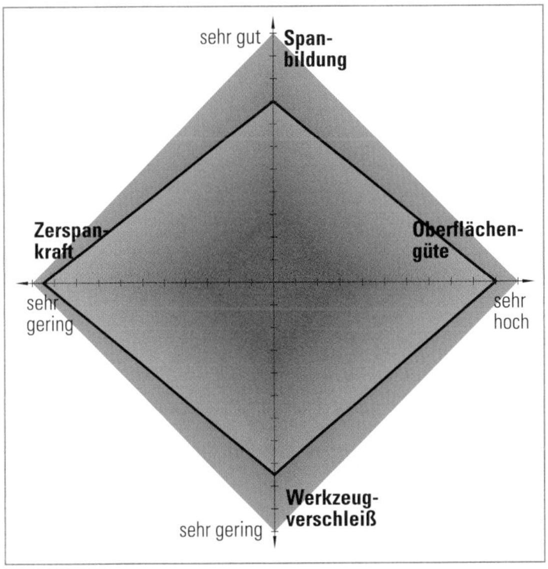

2 *Eigenschaftsprofil einer Magnesiumlegierung*

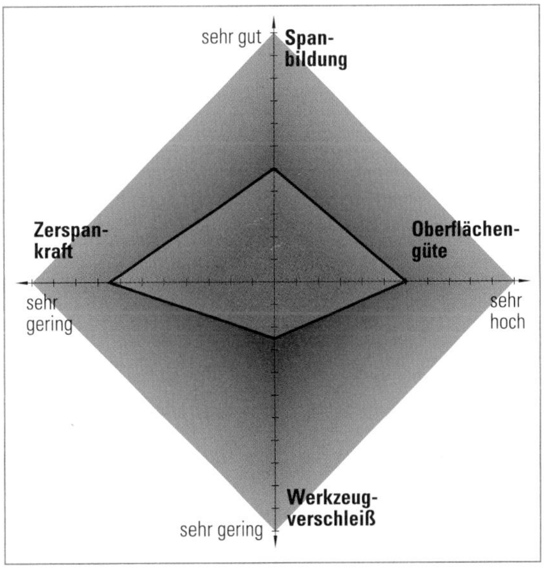

4 *Eigenschaftsprofil einer Titanlegierung*

1) Dieses Beispiel gilt für konventionelle NC-Maschinen mit Spindeldrehzahlen bis max. 8000/min.

- Daher dürfen Titan und Titanlegierungen nur mit geringen Schnittgeschwindigkeiten bearbeitet werden, es müssen spezielle Schneidstoffe eingesetzt werden. Kühlschmierstoffe müssen verwendet werden.
- Die Zerspanbarkeit muss in Abhängigkeit vom Bearbeitungsverfahren, von den Schnittparametern sowie vom Schneid- und Kühlschmierstoff geprüft werden. Herstellerangaben sind dabei unbedingt zu berücksichtigen.

Überlegen Sie!

1. *Informieren Sie sich in Ihrem Betrieb, welche Nichteisenmetalle dort spanend bearbeitet werden.*
2. *Diskutieren Sie in der Berufsschule die unterschiedlichen Erfahrungen der Betriebe hinsichtlich der Bearbeitung.*

2.2.3 Kunststoffe

Die Einteilung der Kunststoffe *(plastics)* erfolgt oft nach ihrem mechanisch-thermischen Verhalten (vgl. Grundstufe) in

- **Duroplaste** *(thermosetting plastics)*
- **Thermoplaste** *(thermoplastics)*
- **Elastoplaste** *(elastomers)*

Bei der spanenden Bearbeitung von Kunststoffen (Bilder 1 bis 3) sind einige spezielle Eigenschaften zu beachten wie:

- schlechte Wärmeleitfähigkeit
- geringe Temperaturbeständigkeit
- geringe Festigkeit

Deshalb muss die Temperatur an der Wirkstelle gering und die Spanabfuhr gewährleistet sein.

Daher werden generell hohe Schnittgeschwindigkeiten bei relativ kleinem Vorschub und kleiner Schnitttiefe gewählt. Der Vorschub muss dem jeweiligen Kunststoff angepasst werden. Ein zu hoher Vorschub führt zu starker Erwärmung, ein zu niedriger Vorschub behindert die Spanabfuhr. Der Freiwinkel sollte wegen der hohen elastischen Verformung möglichst groß sein, um die Reibung zwischen Werkstück und Werkzeug gering zu halten (Seite 145 Bild 1). Als Schneidstoffe werden oft HSS oder Hartmetall mit scharfen Schneiden gewählt. Eine gute Kühlung der Bearbeitungsstelle ist meistens erforderlich. Die Beständigkeit der Kunststoffe gegen Kühlschmiermittel muss vor der Zerspanung geprüft werden. Oft wird mit Pressluft gekühlt. Dadurch können gleichzeitig die Späne gut abtransportiert werden. Unter Berücksichtigung oben genannter Aspekte gelten Kunststoffe im Vergleich zu Eisenwerkstoffen als sehr gut zerspanbar (Seite 145 Bild 2).

MERKE

Manche Kunststoffe erzeugen bei der Zerspanung gesundheitsschädigende Stäube. In diesen Fällen müssen Absaugvorrichtungen verwendet werden.

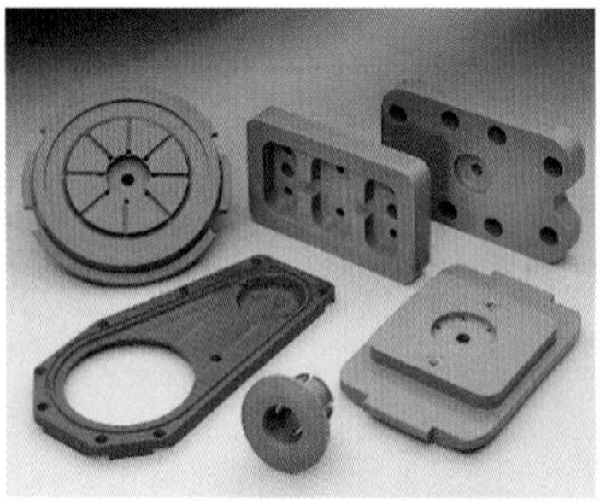

1 *Spanend bearbeitete Kunststoffteile*

2 *Fräsen von Kunststoff*

3 *Drehen von Kunststoff*

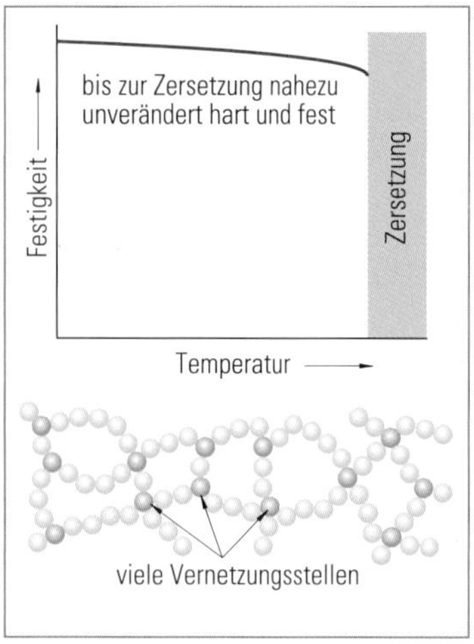

4 *Duroplast*

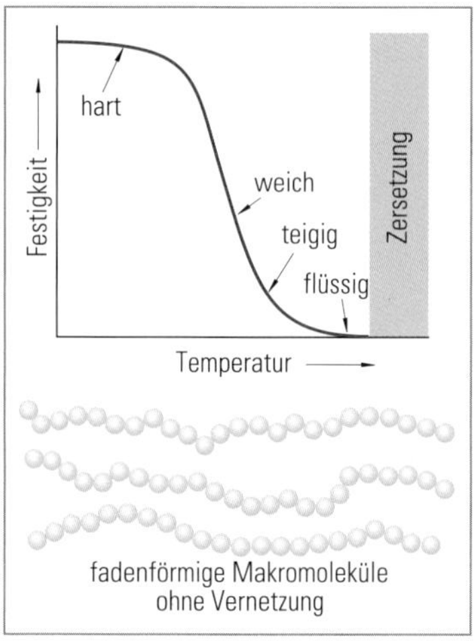

5 *Thermoplast*

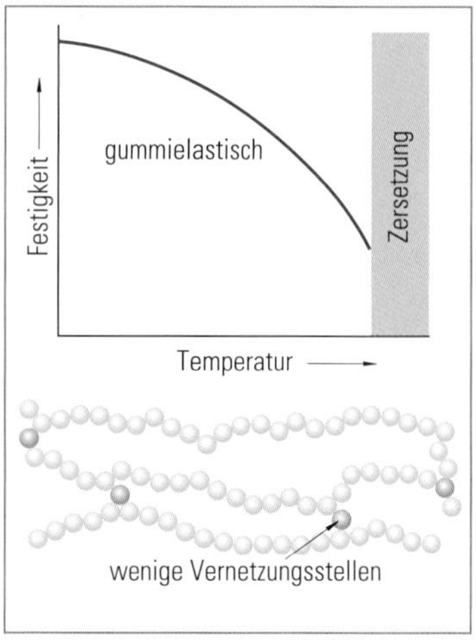

6 *Elastoplast*

	Drehen	Fräsen	Bohren
Schneidstoff	HSS	HSS	HSS
Freiwinkel α in °	5...15	5...15	3...10
Spanwinkel γ in °	0...10	10...15	3...5
Einstellwinkel κ in °	45...60		
Spitzenwinkel σ in °			60...90
Schnittgeschwindigkeit v_c in m/min	200...500	400...800	50...100
Vorschub f in mm	0,1...0,5[1)]	0,05[2)]	0,1...5

1) Schnitttiefe a_p bis 6 mm 2) Vorschub f_z je Zahn

***1** Werkzeuggeometrie, Schnittgeschwindigkeiten und Vorschübe für die Kunststoffbearbeitung*

Überlegen Sie!

1. *Bestimmen Sie mithilfe Ihres Tabellenbuches jeweils zwei Duroplaste, Thermoplaste und Elastoplaste.*
2. *Nennen Sie jeweils die Anwendungsgebiete.*
3. *Beschreiben Sie mithilfe der Bilder 4 bis 6 von Seite 144 den Aufbau und das thermische Verhalten der unterschiedlichen Kunststoffarten.*
4. *Beschreiben Sie Ihre Erfahrungen bei der Zerspanung von Kunststoffen.*

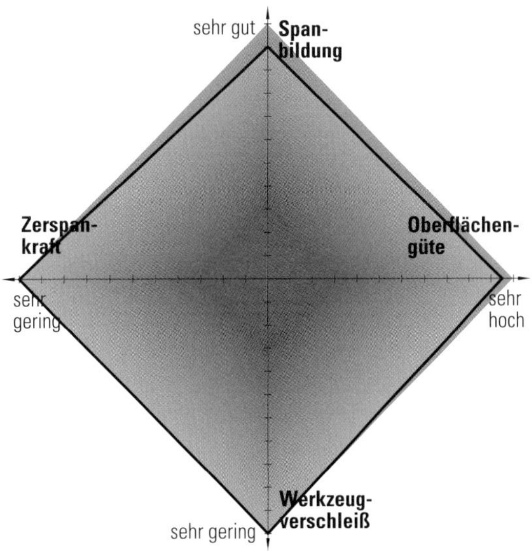

***2** Eigenschaftsprofil von Kunststoffen*

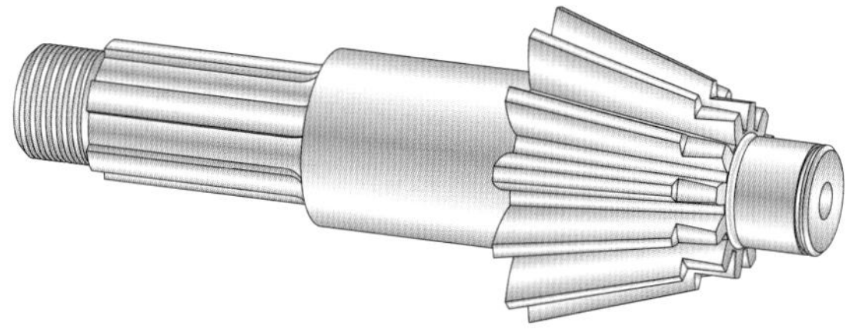

***3** Kegelradwelle*

8.3 Bestimmung von mechanischen und technologischen Werkstoffkennwerten

Die Kegelradwelle (Bild 2) ist Bauteil eines Winkelgetriebes. Damit sie ihre Funktion einwandfrei erfüllen kann, muss sie verschiedenen Anforderungen genügen. So müssen z. B. die jeweils geforderte Oberflächengüte *(surface quality)* (vgl. Seite 23) sowie die Maß-, Form- und Lagetoleranzen *(dimensional tolerances, tolerances of form, tolerances of position)* (vgl. Seiten 24 bis 26) eingehalten werden.

MERKE

Die Einhaltung der Maß-, Form- und Lagetoleranz sowie der Oberflächengüte hängt im Wesentlichen von der Wahl des Fertigungsverfahrens und der Reihenfolge der Bearbeitungsschritte ab.

Die Kegelradwelle soll durch Drehen, Fräsen und Schleifen wirtschaftlich hergestellt werden. Das bedeutet, der verwendete Werkstoff muss zerspanbar und kostengünstig sein.
Um den mechanischen Beanspruchungen standhalten zu können, muss der Kern der Kegelradwelle eine entsprechende Zähigkeit aufweisen. Gleichzeitig muss die Oberfläche der Verzahnung der Kegelradwelle verhältnismäßig hart und verschleißfest sein. Sonst würde sie im Zusammenwirken mit anderen Bauteilen frühzeitig verschleißen.

Prüfverfahren	Werkstoffkennwerte
Zugversuch *(tensile test)*	Streckgrenze/Dehngrenze, Zugfestigkeit, Bruchdehnung, Elastizitätsmodul
Druckversuch *(compression test)*	Druckfestigkeit, Quetschgrenze, Stauchung
Biegeversuch *(bending test)*	Biegefestigkeit
Scherversuch *(shear test)*	Scherfestigkeit
Kerbschlagbiegeversuch *(impact test)*	Kerbschlagarbeit
Härteprüfung *(hardness testing)* nach Brinell, Vickers oder Rockwell	Brinellhärte, Vickershärte, Rockwellhärte

***3** Prüfverfahren und Kennwerte*

MERKE

Anforderungen an die Zähigkeit, Härte, Verschleißfestigkeit und Zerspanbarkeit können durch geeignete Werkstoffauswahl *(choice of material)* sowie durch Wärmebehandlungsverfahren *(heat treatment processes)* beeinflusst werden.

Um Werkstoffe entsprechend ihres Einsatzbereiches auswählen zu können, müssen sie vergleichbar sein.
Damit eine einheitliche Beurteilung von Eigenschaften möglich ist, sind die **Prüfverfahren** *(methods of testing)* genormt (Bild 2).
Dabei werden z. B. die **Werkstoffkennwerte** *(characteristics of material)* der Tabelle Bild 3 von Seite 145 ermittelt.
Einige davon werden in den folgenden Abschnitten erläutert; weitere sind dem Tabellenbuch zu entnehmen wie z. B.:

- Dichte ϱ *(density)*
- Schmelzpunkt ϑ *(melting point)*/Schmelzbereich
- Siedepunkt ϑ *(boiling point)*
- spezifischer elektrischer Widerstand ϱ *(electrical resistance)*
- Wärmeleitfähigkeit λ *(thermal conductivity)*
- thermischer Längenausdehnungskoeffizient α *(thermal linear expansion coefficient)*

8.3.1 Kennwerte aus den Festigkeitsprüfungen

146_1

Im **Zugversuch** *(tensile test)* können die für die Beurteilung der Zerspanbarkeit relevanten Festigkeits- und Verformungskennwerte ermittelt werden:

- Streckgrenze R_e *(yield point)*
- Dehngrenze R_p *(tensile yield strength)*
- Zugfestigkeit R_m *(tensile strength)*
- Bruchdehnung A *(ultimate strain)*

Im Zugversuch nach DIN EN ISO 6892-1:2009 wird bei Raumtemperatur eine genormte Werkstoffprobe (Bild 3) bei möglichst **konstanter Ziehgeschwindigkeit** mit der zunächst stetig anwachsenden Zugkraft F belastet.
Im Streckgrenzenbereich erfolgt eine deutliche plastische (bleibende) Verlängerung ohne Kraftzunahme: Die Zugprobe wird „gestreckt".
Die Zugkraft steigt weiter, bis sie die **Höchstkraft** F_m erreicht. Anschließend verringert sich die Zugkraft wieder, bis es schließlich zum **Bruch** kommt (Seite 147 Bild 1).
Der Zugversuch wird auf rechnerunterstützten **Universalprüfmaschinen** (Bild 1) *(universal testing machines)* z. B. mithilfe von Sensoren (Extensometer) (Bild 2) durchgeführt, die kontinuierlich Längen- und Dehnungsänderungen aufzeichnen.
Um werkstoffspezifische, bauteilunabhängige Kennwerte nutzen zu können, liefert das Prüfprotokoll ein **Spannungs-Dehnungs-Diagramm** (Seite 147 Bild 1). Aus diesem kann der Zusammenhang zwischen vorhandener Spannung R bzw. σ und entsprechender Dehnung e bzw. ε abgelesen werden.
Die Spannung R bzw. σ ergibt sich aus

$$R = \frac{F}{S_0} \quad \text{bzw.} \quad \sigma = \frac{F}{S_0}$$

Bezogen auf den grundlegenden Verlauf der Spannungs-Dehnungs-Kurve werden zwei Werkstofftypen unterschieden:

- Werkstoffe **mit ausgeprägter Streckgrenze** (unlegierte Baustähle) (Seite 147 Bild 1)
- Werkstoffe **ohne ausgeprägte Streckgrenze** (z. B. gehärteter Stahl, Aluminium- und Kupferlegierungen) (Seite 147 Bild 2)

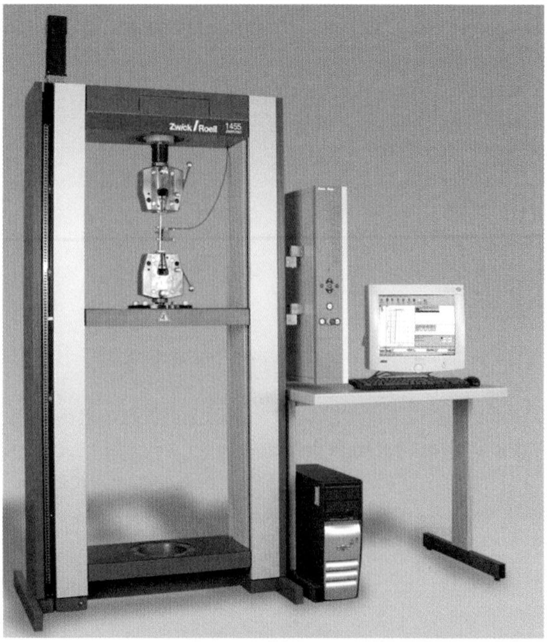

1 *Zugversuch an der rechnerunterstützten Universalprüfmaschine*

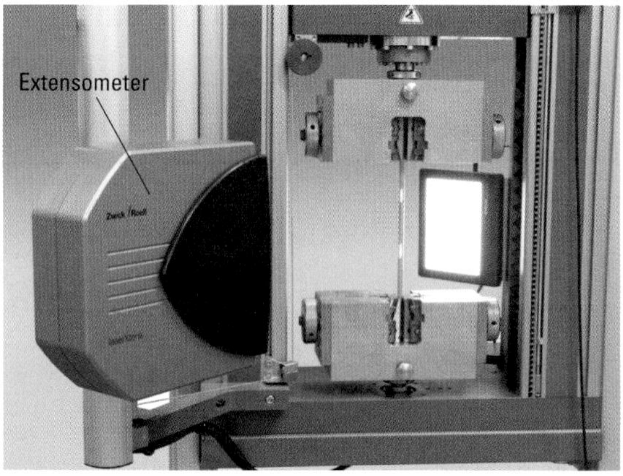

2 *Extensometer*

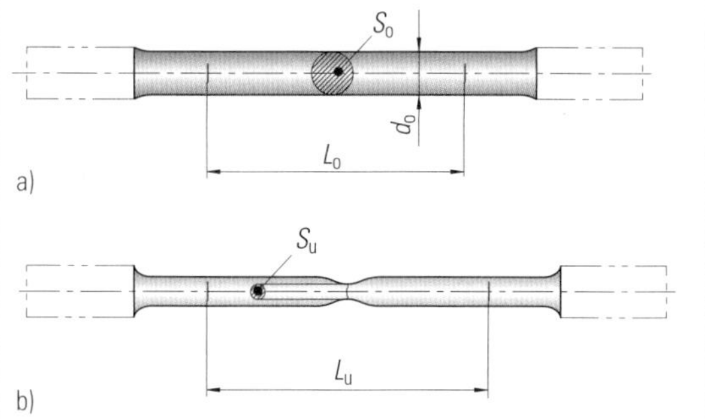

d_0: Anfangsprobendurchmesser
L_0: Anfangsmesslänge
L_u: Messlänge nach Bruch
S_0: Anfangsquerschnitt
S_u: Kleinster Querschnitt nach Bruch

3 *Zugprobe a) vor dem Bruch und b) nach dem Bruch*

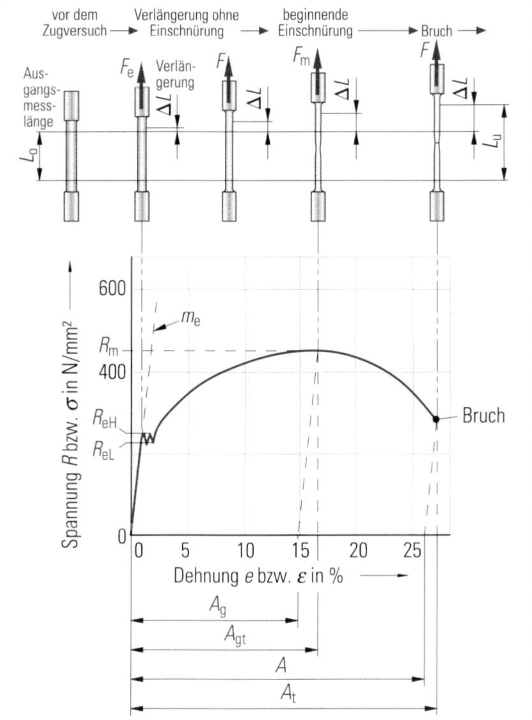

R bzw. σ: Spannung
R_m: Zugfestigkeit, entspricht der Höchstkraft F_m
R_{eH}: Obere Streckgrenze
R_{eL}: Untere Streckgrenze
m_e: Steigung des elastischen Teils der Spannungs-Dehnungs-Kurve

e bzw. ε: Extensometer-Dehnung
A_g: Plastische Extensometer-Dehnung bei Höchstkraft
A_{gt}: Gesamte Extensometer-Dehnung bei Höchstkraft
A: Bruchdehnung
A_t: Gesamte Extensometer-Dehnung beim Bruch

***1** Spannungs-Dehnungs-Diagramm für einen Werkstoff mit ausgeprägter Streckgrenze*

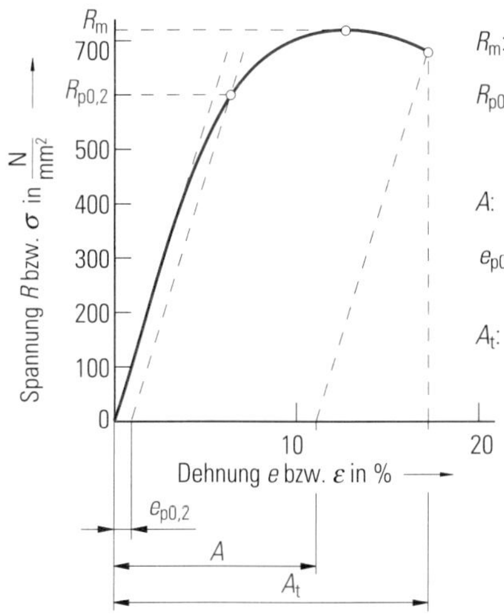

R_m: Zugfestigkeit
$R_{p0,2}$: Dehngrenze bei 0,2% bleibender Verformung
A: Bruchdehnung
$e_{p0,2}$: 0,2% bleibende Dehnung
A_t: max. Dehnung beim Bruch

***2** Spannungs-Dehnungs-Diagramm mit nicht ausgeprägter Streckgrenze*

Bei Werkstoffen **mit ausgeprägter Streckgrenze** werden die obere und untere Streckgrenze unterschieden.
Bei der **oberen Streckgrenze** R_{eH} tritt der erste deutliche Kraftabfall ein.
Die **untere Streckgrenze** R_{eL} ist der niedrigste Wert der Spannung (nach dem Einschwingverhalten) während des plastischen Fließens des Werkstoffs.
Die meisten Werkstoffe weisen ein Spannungs-Dehnungs-Diagramm **ohne ausgeprägte Streckgrenze** (Bild 2) auf. An die Stelle der Streckgrenze tritt die **Dehngrenze $R_{p0,2}$** *(yield strength)*.
Dies ist die Spannung, bei der die Zugprobe nach Entlastung eine plastische Dehnung von 0,2 % aufweist. Die Dehngrenze wird mithilfe einer Parallelen zur Anfangsgeraden, die durch $e_{p0,2}$ verläuft, ermittelt.

MERKE

Bauteile, die sich nicht plastisch verformen sollen, dürfen nicht über die Streck- bzw. Dehngrenze beansprucht werden.

Nach dem Streckbereich steigt unter Zunahme der Zugkraft die Spannung bis zum Höchstwert, der **Zugfestigkeit R_m** *(tensile strength)*.

MERKE

Je höher die Zugfestigkeit eines Werkstoffes, desto größer sind die erforderlichen Zerspankräfte und der Werkzeugverschleiß.

Kennwert des **elastischen Verhaltens** eines Werkstoffs ist sein **Elastizitätsmodul *E*** *(elastic modulus)*.
Der Elastizitätsmodul E entspricht der Steigung des elastischen Teils m_e der Spannungs-Dehnungs-Kurve (Bild 1).

$$E = \frac{R}{e} \quad \text{bzw.} \quad E = \frac{\sigma}{\varepsilon}$$

MERKE

Je kleiner der Elastizitätsmodul ist, desto größer ist die elastische Verformung bei gleicher Spannung.

Beispiele:

- Stahl hat einen Elastizitätsmodul von 210 000 N/mm²
- Gusseisen mit Kugelgrafit hat einen Elastizitätsmodul von 170 000 N/mm²
- Aluminiumlegierungen haben einen Elastizitätsmodul zwischen 68 000 N/mm² und 75 000 N/mm²

Überlegen Sie!

Ordnen Sie die drei Werkstoffe nach ihrem elastischen Verhalten. Beginnen Sie mit dem Werkstoff, der die geringste Steifigkeit besitzt.

Ein wichtiger Kennwert für die Umformbarkeit eines Werkstoffs ist die **Bruchdehnung *A*** *(ductile yield)*. Sie entspricht der gesamten Extensometer-Dehnung beim Bruch A_t vermindert um den Wert der elastischen Dehnung.
Die Bruchdehnung gibt an, um wie viel Prozent sich das Material kalt und ohne Zwischenglühen umformen lässt, bis es zu Bruch geht.

MERKE

Je größer die Bruchdehnung eines Werkstoffs, desto besser ist er plastisch verformbar. Hohe Verformbarkeit verursacht Aufbauschneiden und wirkt sich negativ auf die Spanbildung und Oberflächengüte aus.

Kerbschlagarbeit *(impact work)*

148_1

Maschinenelemente wie z. B. Bolzen und Zahnräder werden häufig schlag- und stoßartig auf Biegung beansprucht. Im **Kerbschlagbiegeversuch nach Charpy**[1)] kann die mechanische Belastbarkeit bei dieser Beanspruchung quantitativ beurteilt werden. Im Versuch wird ermittelt, wie viel **Energie** *(energy)* bzw. **Arbeit** *(work)* benötigt wird, um eine gekerbte Materialprobe zu durchschlagen.
Ein Pendelhammer mit genau festgelegter Masse wird aus einer bestimmten Höhe ausgelöst (Bild 1). Das **Arbeitsvermögen** *(work capacity)*, die potenzielle Energie des Pendelhammers in der Ausgangsposition ist wie folgt zu bestimmen:

$$E_p = m \cdot g \cdot h$$

E_p: Arbeitsvermögen bzw. potenzielle Energie des Pendelhammers
m: Masse des Pendelhammers
g: Erdbeschleunigung
h: senkrechter Abstand des Schwerpunkts des Pendelhammers von der Probe

Das Pendel schwingt nach dem Durchschlagen der Probe nur bis auf die Höhe h' durch. Es hat damit nun nur noch die potenzielle Energie:
$E_p' = m \cdot g \cdot h'$
Die Kerbschlagarbeit entspricht der Differenz aus potenzieller Anfangs- und Endenergie:
$K = E_p - E_p' = m \cdot g \cdot (h - h')$

MERKE

Ein Kennwert für die Zähigkeit metallischer Werkstoffe ist die Kerbschlagarbeit.
Je zäher ein Werkstoff, desto größer ist die Kerbschlagarbeit.
Zähe Werkstoffe gelten als gut zerspanbar, sofern die Aufbauschneidenbildung verhindert werden kann.

Überlegen Sie!

1. *Die Hammermasse beträgt 25 kg, die Anfangshöhe beträgt 1,5 m. Der Pendelhammer schwingt bis auf eine Höhe von 122 cm durch. Wie groß ist die Kerbschlagarbeit?*
2. *Beurteilen Sie qualitativ die Kerbschlagarbeit bei einem spröden Werkstoff.*

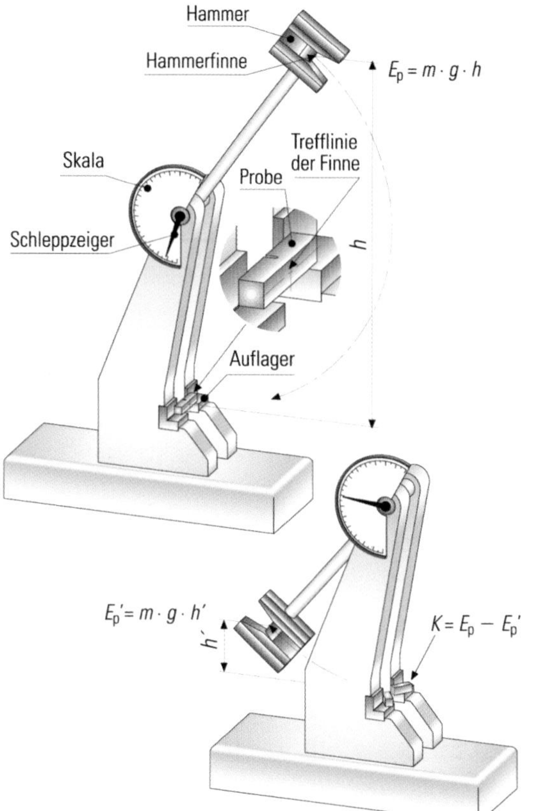

***1** Pendelschlagwerk*

Die Zähigkeit und damit die Kerbschlagarbeit ist abhängig von
- den Probenabmessungen
- der Kerbform (genormt sind U- und V-Kerben) und
- der Temperatur der Probe

Bei Baustählen nach DIN EN 10025 geht der Werkstoffkennwert Kerbschlagarbeit sogar bei einigen Stählen in das Kurzzeichen ein.

Beispiele:
- S235JR: Kerbschlagarbeit bei Raumtemperatur (20°C) mindestens 27 J
- S275J0: Kerbschlagarbeit bei 0°C mindestens 27 J
- S355K2: Kerbschlagarbeit bei -20°C mindestens 40 J

Überlegen Sie!

Bestimmen Sie mithilfe Ihres Tabellenbuchs die Kerbschlagarbeit folgender Werkstoffe:
S235J2, S275KR, S255L6

8.3.2 Härtekennwerte

Neben Festigkeit und Zähigkeit ist zur Beurteilung der Zerspanbarkeit die **Härte** *(hardness)* der Oberfläche ein weiterer wichtiger Werkstoffkennwert. Dies gilt vor allem für Materialien, die einer Wärmebehandlung unterzogen wurden.

1) Der Kerbschlagbiegeversuch nach Charpy ist genormt nach DIN EN ISO 148-1

MERKE

Härte ist der Widerstand *(resistance)*, den die Oberfläche dem Eindringen eines anderen Körpers entgegenbringt.

Je nach Beschaffenheit des Materials und des verwendeten Prüfkörpers sind drei unterschiedliche Prüfverfahren (vgl. Tabellenbuch) in der Praxis üblich:

- Prüfverfahren nach Brinell
- Prüfverfahren nach Vickers
- Prüfverfahren nach Rockwell

8.3.2.1 Härteprüfung nach Brinell

Das Prüfverfahren nach Brinell (DIN EN ISO 6506-1:2006) *(Brinell test)* (Bild 1) eignet sich für ungehärtete Stähle, Gusseisen und NE-Metalle. Die Oberfläche des zu prüfenden Werkstücks muss geschliffen sein. 9_1

Die **Brinellhärte HBW**[1)] wird aus der Prüfkraft *F*, dem Kugeldurchmesser *D* und dem Mittelwert *d* der Kugeleindruckdurchmesser d_1 und d_2 bestimmt:

$$HBW = 0{,}102\frac{F}{A} = 0{,}102 \cdot \frac{F \cdot 2}{D \cdot \pi \cdot (D^2 - \sqrt{D^2 - d^2})} \qquad d = \frac{d_1 + d_2}{2}$$

D: Durchmesser der Prüfkugel
d: Durchmesser des Kugeleindrucks

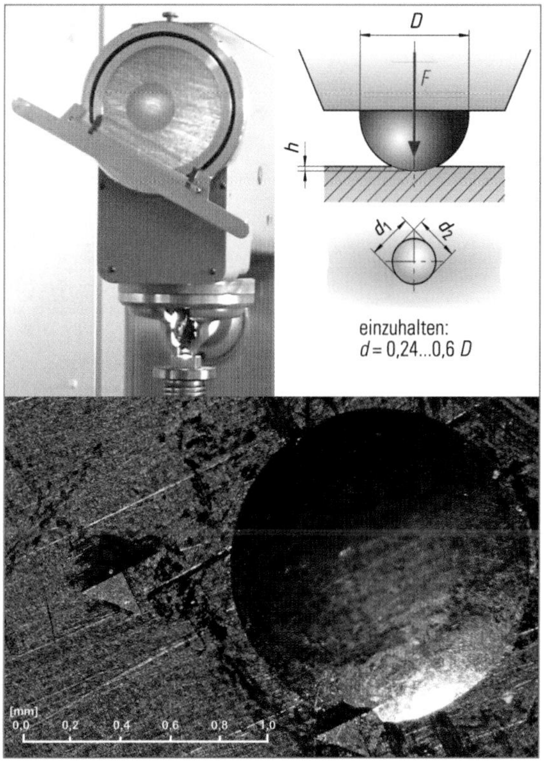

1 *Härteprüfung nach Brinell*

MERKE

Je weniger ein Prüfkörper in das Werkstück eindringt, desto härter ist der Werkstoff.

8.3.2.2 Härteprüfung nach Vickers

Das Prüfverfahren nach Vickers (DIN EN ISO 6507-1:2006) *(Vickers test)* (Bild 2) eignet sich für dünne Werkstücke, die für die Härteprüfung geschliffen sein müssen. Die **Vickershärte HV** wird aus der Prüfkraft *F* und dem Mittelwert der Pyramideneindruckdiagonalen bestimmt: 9_2

$$HV = 0{,}189\frac{F}{d^2} \qquad d = \frac{d_1 + d_2}{2}$$

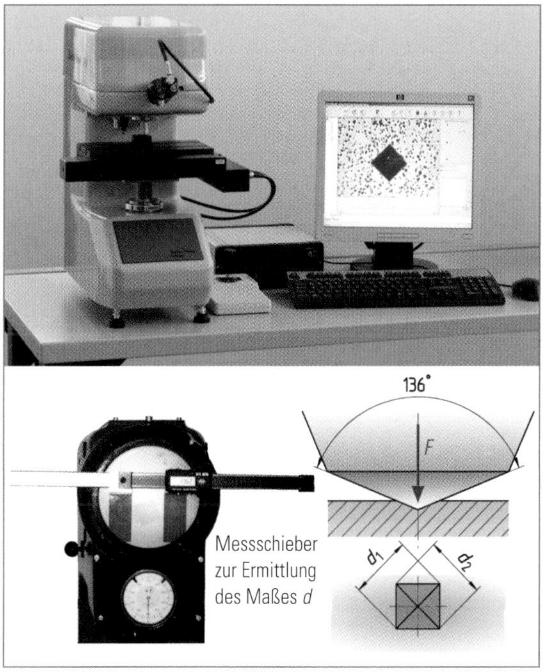

2 *Härteprüfung nach Vickers*

8.3.2.3 Härteprüfung nach Rockwell

Das Prüfverfahren nach **Rockwell** (DIN EN ISO 6508-1:2006) *(Rockwell test)* (Seite 150 Bild 1) wie z. B. **HRC** (Härteprüfung nach Rockwell mit einem kegelförmigen *(conical)* Prüfkörper) eignet sich für harte Werkstoffe, **HRB** (Härteprüfung nach Rockwell mit einem kugelförmigen *(ball-shaped)* Prüfkörper) für weiche Werkstoffe. Eine Vorbehandlung der Oberfläche ist nicht erforderlich. 9_3

1) Laut DIN EN ISO 6506-1:2006-03 ist zum Prüfen der Brinellhärte nur noch eine **Hartmetallkugel** zulässig, daher wird die Brinallhärte in HBW angegeben. Häufig wird sie jedoch nach wie vor in HB angegeben.

2 Universalhärteprüfmaschine

Bei den **Rockwellhärteprüfungen** wird die Eindringtiefe des Prüfkörpers gemessen. Dazu wird der Prüfkörper zunächst vorbelastet, dann mit der eigentlichen Prüfkraft belastet und nach kurzer Zeit entlastet. Die Rockwellhärte ist die verbleibende Eindringtiefe und kann an der Prüfmaschine direkt abgelesen werden.

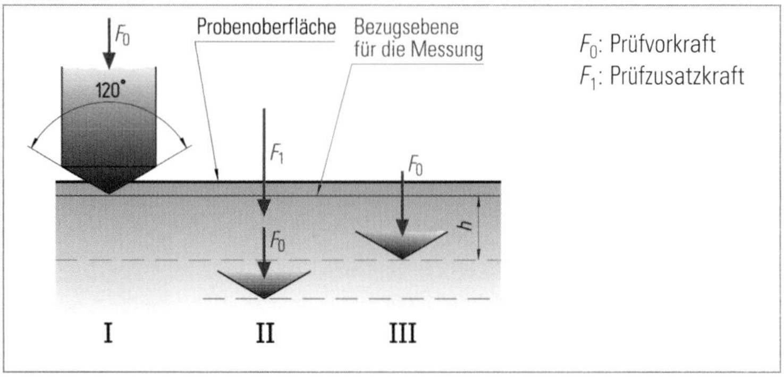

***1** Härteprüfung nach Rockwell*

MERKE

Gegenüber der Brinell- und Vickershärteprüfung hat die Rockwellhärteprüfung den Vorteil, dass der Härtekennwert direkt ablesbar und eine Vorbehandlung der Oberfläche nicht notwendig ist.

Zwischen den einzelnen Härtekennwerten besteht teilweise ein rechnerischer Zusammenhang:

$$\text{HBW} \approx 0{,}95\ \text{HV}$$

$$\text{HRC} \approx 116 - \frac{1500}{\sqrt{\text{HV}}}$$

Universalhärteprüfmaschinen *(universal hardness testing machines)* (Bild 2) sind für die meisten Härteprüfungen einsetzbar.

8.3.2.4 Härteprüfung von Kunststoffen

Die Härteprüfung von Kunststoffen (DIN EN ISO 2039-1:2003) *(hardness tests of plastics)* wird auch als **Kugeleindruckversuch** *(ball-thrust test)* bezeichnet.

Mit einer gehärteten Stahlkugel wird die **Kugeleindruckhärte HB** *(hardness of ball indentation)* von Kunststoffen ermittelt. Nach dem Aufbringen der Vorkraft F_0 wird die Prüfkraft F_m für 2 bis 3 s aufgebracht und nach 30 s wird die Eindringtiefe h gemessen (Bild 3). Die Prüfkraft F_m ist so zuwählen, dass die Eindringtiefe h zwischen 0,15 mm und 0,35 mm liegt (Bild 4).

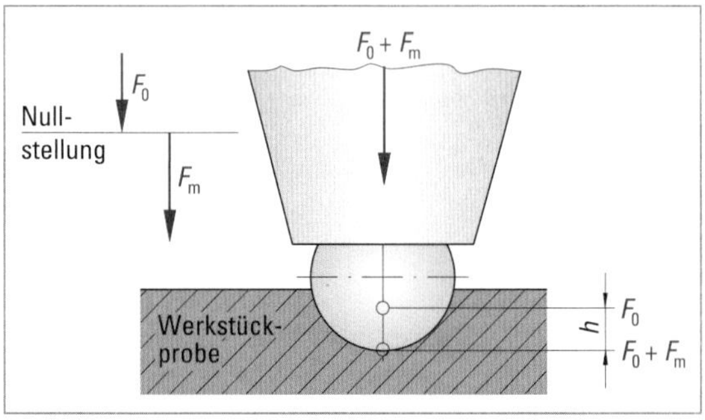

***3** Härteprüfung von Kunststoffen*

Prüf-kraft in N	Kugeleindruckhärte HB in N/mm² bei Eindrucktiefe *h* in mm																				
	0,15	**0,16**	**0,17**	**0,18**	**0,19**	**0,20**	**0,21**	**0,22**	**0,23**	**0,24**	**0,25**	**0,26**	**0,27**	**0,28**	**0,29**	**0,30**	**0,31**	**0,32**	**0,33**	**0,34**	**0,35**
49	23,8	21,8	20,2	18,7	17,5	16,4	15,4	14,6	13,8	13,1	12,5	11,9	11,4	10,9	10,5	10,1	9,7	9,4	9,0	8,7	8,5
132	64	59	54	51	47	44	42	39	37	35	34	32	31	30	28	27	26	25	24	24	23
358	174	160	147	137	128	120	113	106	101	96	91	87	83	80	77	74	71	68	66	64	62
961	467	428	395	367	343	321	302	286	271	257	245	234	223	214	206	198	190	184	177	171	166

***4** Prüfkraft bei der Härteprüfung von Kunststoffen*

8.4 Handbook – Charpy Impact Test

Handbooks are used world wide and if a cutting machine operator, or, technician works abroad he or she should be able to read and understand handbooks written in English, especially if a operator is concerned with materials testing.
Materials testing usually consists of finding its mechanical strength properties and determining the effects of external influences upon them.
Charpy Impact Tests are carried out to evaluate the toughness and deformability of steel and cast steel, to find evidence of ageing and to control heat treatment processes. Tough materials have higher notch-impact strengths than brittle ones.
This page describes the Charpy Impact Test.
Read the information and answer the questions on this area of materials testing.

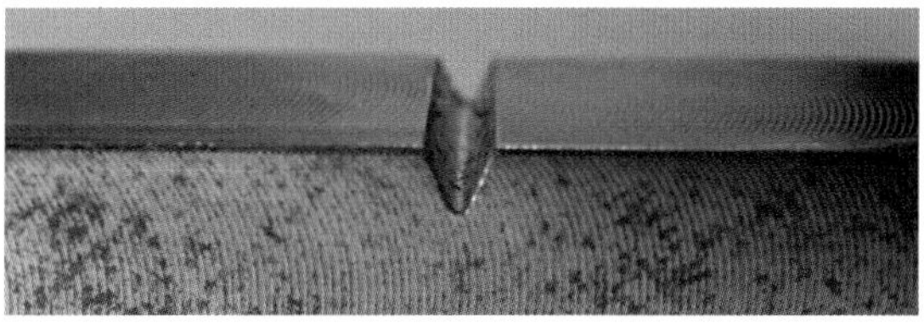

1 V-notch

2 U-notch

Material Testing

Metallic materials. **BS EN ISO 148-1 : 2010-11-30**
Charpy pendulum impact test. Test method.

Each notch in a component, for example in the case of threads, shrink holes, stress cracks etc. can cause stress peaks as a result of mechanical strain. Therefore, it is important to know the toughness of a material.

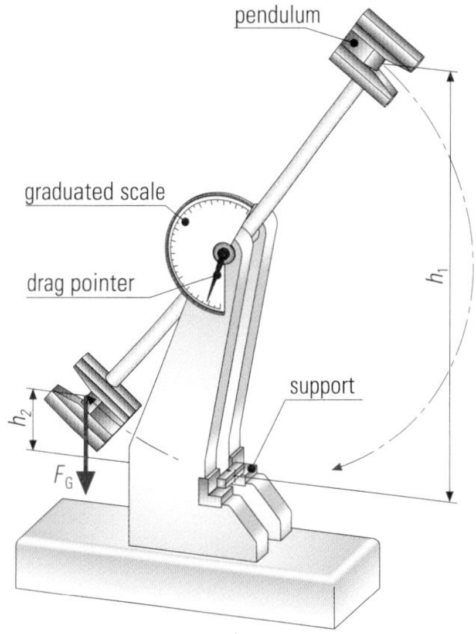

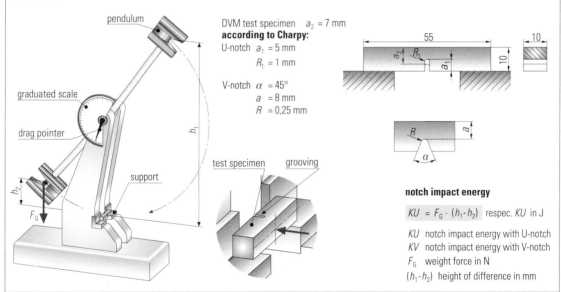

DVM test specimen a_2 = 7 mm
according to Charpy:
U-notch a_1 = 5 mm
R_1 = 1 mm

V-notch α = 45°
a = 8 mm
R = 0,25 mm

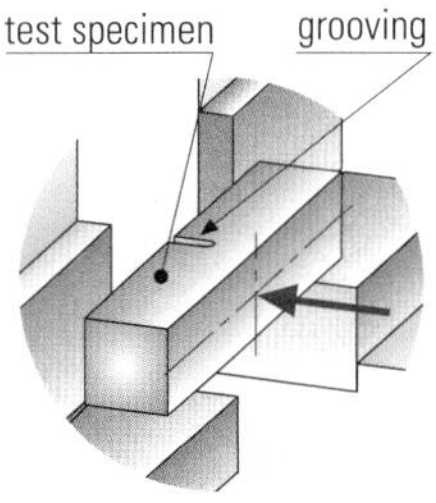

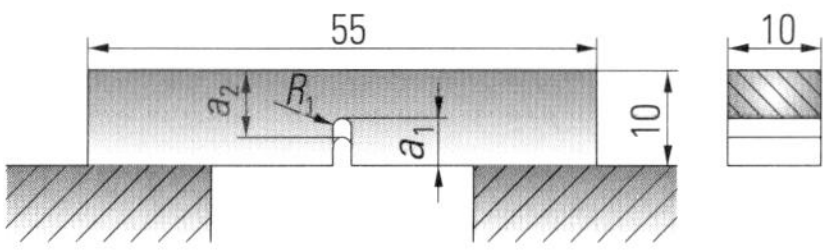

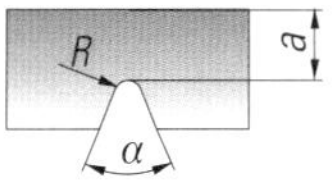

notch impact energy

$KU = F_G \cdot (h_1 - h_2)$ respec. KU in J

KU notch impact energy with U-notch
KV notch impact energy with V-notch
F_G weight force in N
$(h_1 - h_2)$ height of difference in mm

Assignments:

Questions on the text:

1. Translate the text given above by using your English-German vocabulary list.
2. What are the usual objectives of materials testing? Give examples and write them down in your own words.
3. Which property of materials can be determined by using the Charpy Impact Test?

Questions on the information and figures given in the handbook:

4. What are the numbers given in the top right hand corner? Find out what the abbreviations mean by using your handbook. Describe the differences.
5. Translate the text given below the title by using your English-German vocabulary list.
6. Look at the figure on the left and translate the terms given.

8.5 Work With Words

In future you may have to talk, listen or read technical English. Very often it will happen that you either **do not understand** a word or **do not know the translation**.

In this case here is some help for you!!!

Below you will find a few possibilities to describe or explain a word you don't know or use synonyms[1] or opposites[2]. Write the results into your exercise book.

1. **Add as many examples** to the following terms as you can find for methods of testing or characteristics of material.

methods of testing:	tensile test	*characteristics of material:*	density
	shear test		boiling point

2. **Explain the two terms in the box:**
Use the words below to form correct sentences. Be careful the order is mixed!

steel:	which is made mainly/Steel is a very strong metal/but also contains carbon and other elements/from iron	*cast iron:*	therefore it is hard,/which contains a small amount of carbon,/but breaks easily and so it has to be made into objects by casting/It is iron

3. **Find the opposites**[1]**:**

alloyed steel:		*ferrous material :*	
tensile strength:		*melting point:*	

4. **Find synonyms**[2]:
You can find two synonyms to each term in the box below.

iron:		*energy:*	
work:		*hardness:*	
labour/metal/activity/material		grade/power/force/durability	

5. In each group there is a word which is the **odd man**[3]. Which one is it?

a) Brinell test, Rockwell test, ductile yield, Vickers test
b) yield point, yield strength, standard, tensile strength, ultimate strain
c) thermoplastics, boiling point, thermosetting plastics, elastomers
d) Titan, dimensional tolerances, tolerances of form, tolerances of position

6. Please translate the information below. Use your English-German Vocabulary List if necessary.

A standard is a technical specification or other document available to the public.

1) *opposite*: Gegenteil 2) *synonym*: Synonym, ähnliches Wort, Ergänzung 3) *odd man*: Außenseiter, überzähliges Wort, fünftes Rad am Wagen

9 Baugruppen und Bauelemente an Werkzeugmaschinen

9.1 Lagerungen und Führungen

Bewegte Teile und Baugruppen an Werkzeugmaschinen (Bild 1) müssen sicher und genau gelagert und geführt werden.

MERKE

Die Genauigkeit von Lagerungen und Führungen für die Werkzeug- und Werkstückbewegungen sind ausschlaggebend für die Qualität der spanend hergestellten Werkstücke.

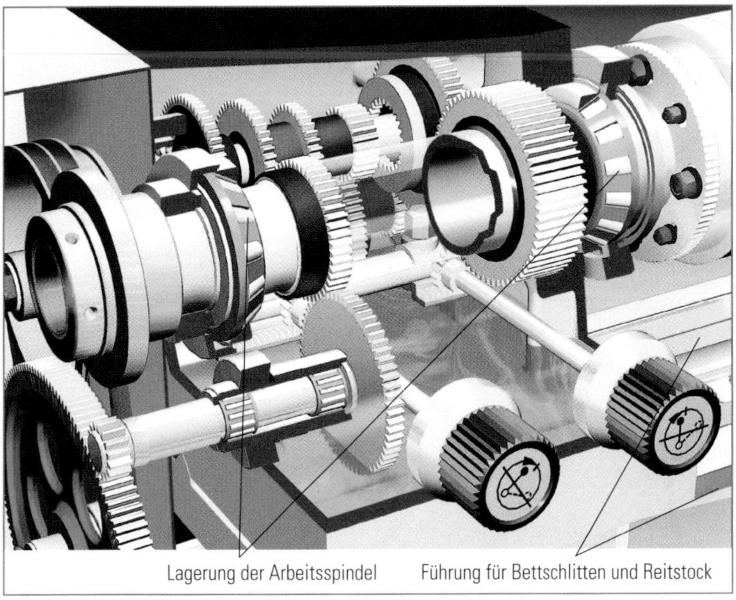

1 Lagerungen und Führungen an einer konventionellen Drehmaschine

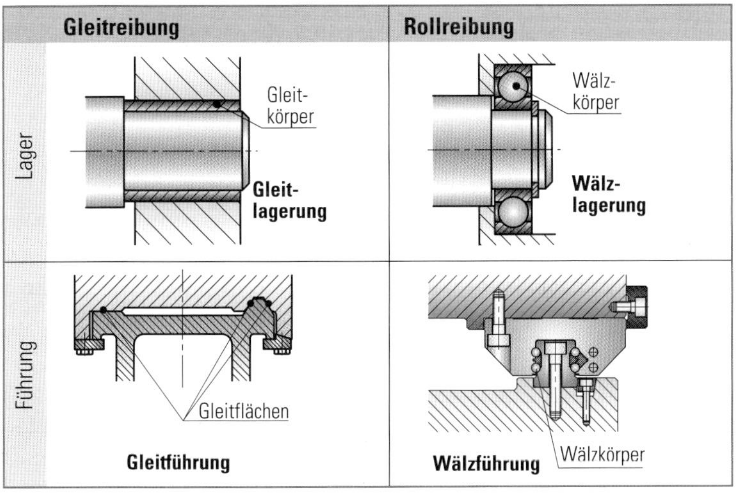

2 Gleitlager und -führungen sowie Wälzlager und -führungen

Aufgrund der Reibverhältnisse (Gleit- oder Rollreibung) in den Lagern *(bearings)* und Führungen *(guiding devices)* wird zwischen Gleitlagern bzw. Gleitführungen und Wälzlagern bzw. Wälzführungen unterschieden (Bild 2).

9.1.1 Lagerungen

Lager führen Achsen und Wellen, ermöglichen Drehbewegungen, nehmen deren Kräfte auf und übertragen diese z. B. auf das Gehäuse (Seite 154 Bild 1).

MERKE

Radiallager *(radial bearings)* nehmen Kräfte in radialer Richtung (senkrecht zur Rotationsachse) auf.
Axiallager *(axial bearings)* übertragen die Kräfte in axialer Richtung (Richtung der Rotationsachse).

9.1.1.1 Gleitlager

Gleitlager *(slide bearings)* gibt es aus verschiedenen Werkstoffen und Bauformen (Seite 154 Bild 2), um die an sie gestellten Anforderungen zu erfüllen. Damit die Gleitflächen wenig verschleißen, muss die Reibung zwischen den Laufflächen möglichst gering sein. Das wird durch entsprechende Gleitlagerwerkstoffe und Schmierung erreicht, wobei verschiedene Schmierungsarten zur Verfügung stehen.

Hydrodynamische Schmierung

Die hydrodynamische Schmierung *(hydrodynamic lubrication)* liegt vor, wenn keine direkte Berührung von Welle und Lager besteht. Dazu muss die Bewegung (Dynamik) zwischen den Gleitflächen schnell genug erfolgen. Beim Anlaufen der Welle werden drei Reibungszustände unterschieden:

- **Trockenreibung** *(dry friction)* (Seite 154 Bild 3a) liegt vor, wenn sich im Ruhezustand Welle und Gleitlager berühren. Zwischen beiden ist kein Schmierfilm vorhanden. Die Wellenachse liegt unterhalb der Lagerachse (Abstand e). Beim Anlauf aus dem Ruhezustand liegt die größte Reibung und damit auch der größte Verschleiß vor.
- **Mischreibung** *(mixed friction)* (Seite 154 Bild 3b) entsteht mit zunehmender Umdrehungsfrequenz der Welle. An der sich drehenden Welle haftet Öl, das durch die Drehung mitgenommen wird. Durch die Verengung des Spalts (Schmierkeil) baut sich im Öl ein Druck auf. Dieser

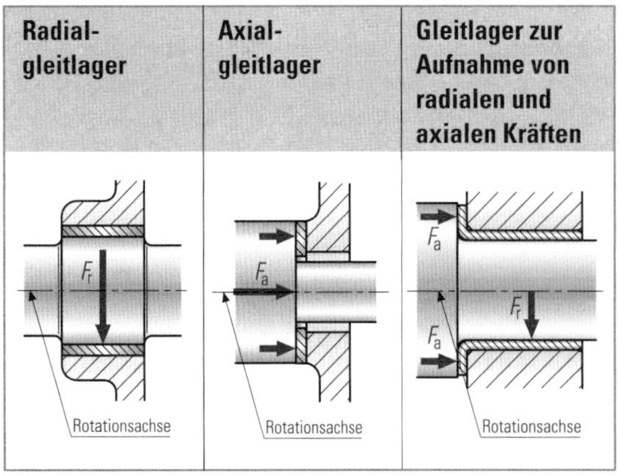

1 Gleitlagerarten

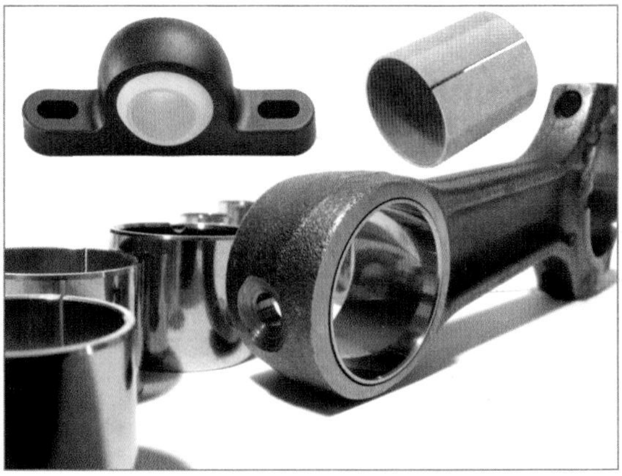

2 Gleitlager in verschiedenen Werkstoffen und Formen

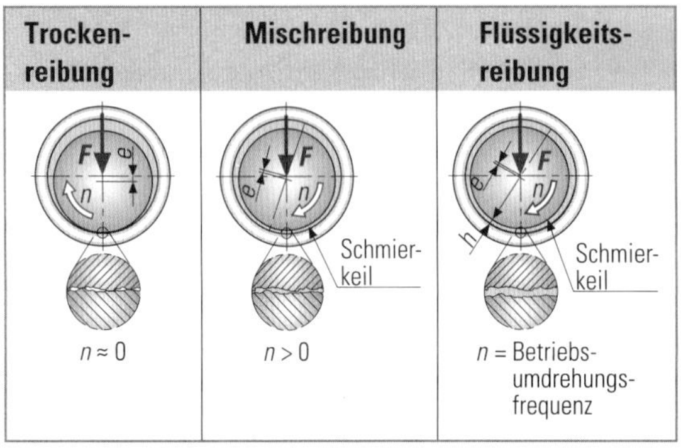

3 Reibzustände bei hydrodynamisch geschmierten Gleitlagern

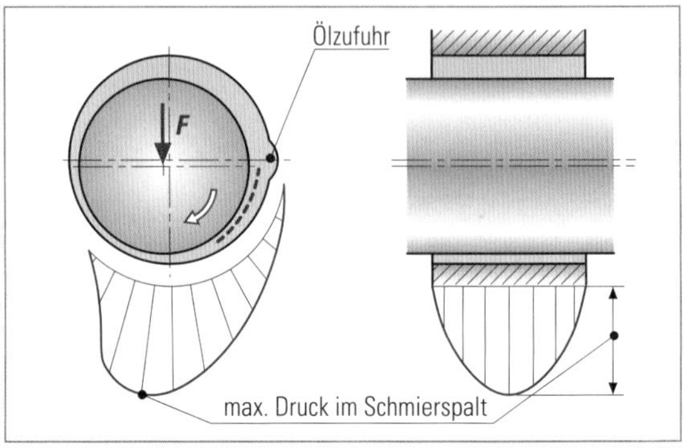

4 Druckaufbau im hydrodynamisch geschmierten Gleitlager

Druck hebt die Welle an, sodass sich die Wellenachse in Richtung der Lagermitte bewegt. Die direkte Berührung von Welle und Gleitlager sowie der Verschleiß nehmen immer mehr ab.

- **Flüssigkeitsreibung** *(fluid friction)* (Bild 3c) ist dann erreicht, wenn bei entsprechend hoher Umdrehungsfrequenz ein tragfähiger Schmierfilm die Welle vom Gleitlager trennt. Dann berühren sich Welle und Lagerschale nicht mehr (Abstand h) und es entsteht kein Verschleiß an Welle oder Lager. Gleitlager müssen so ausgelegt werden, dass sie bei Betriebsumdrehungsfrequenz sicher den Zustand der Flüssigkeitsreibung, d. h. der hydrodynamischen Schmierung, erreicht haben. Das ist nur möglich bei entsprechendem hydrodynamischem Druck im Schmierspalt (Bild 4).

Das Erreichen der Flüssigkeitsreibung ist wesentlich abhängig von folgenden Faktoren:

- **Größere Umfangsgeschwindigkeiten** und **höhere Viskositäten** (Zähflüssigkeiten) des Schmiermittels **erleichtern** das Entstehen der Flüssigkeitsreibung.
- **Größere Lagerkräfte erschweren** das Entstehen der Flüssigkeitsreibung.

Die **Stribeck-Kurve** (Bild 5) zeigt die Abhängigkeit der Reibzahl μ von der Umdrehungsfrequenz *n*.

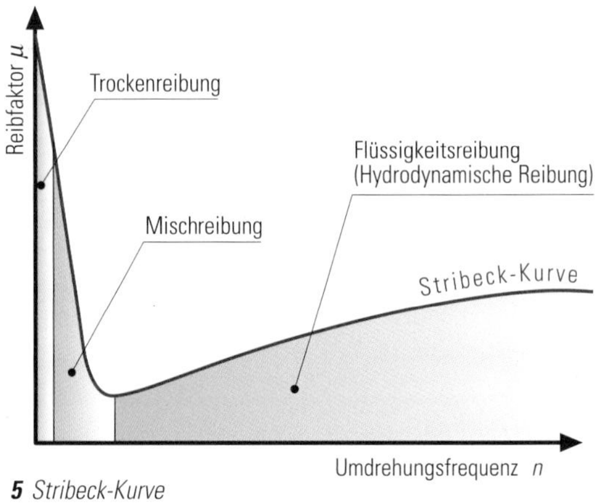

5 Stribeck-Kurve

MERKE

Mithilfe von entsprechenden Schmiersystemen[1)] muss die Fachkraft im Rahmen der Werkzeugmaschinenwartung dafür sorgen, dass den Lagerstellen ausreichend Schmiermittel – meist Öl oder Fett – zugeführt werden. Es dürfen nur die Schmiermittel eingesetzt werden, die der Maschinenhersteller verlangt.

1) siehe Lernfeld 6 Kap. 3.5

Überlegen Sie!

1. Interpretieren Sie die Stribeck-Kurve.
2. An welcher Stelle der Stribeck-Kurve liegen die günstigsten Bedingungen vor?
3. In welchem Umdrehungsfrequenzbereich sollte die Lagerung betrieben werden?
4. Welche Viskosität des Schmiermittels ist
   a) bei sehr hohen Umdrehungsfrequenzen und geringen Lagerbelastungen
   b) bei niedrigen Umdrehungsfrequenzen und hohen Lagerbelastungen zu wählen?

Lagerwerkstoffe *(bearing materials)*

Die **Wellen** *(shafts)* bestehen normalerweise aus Stahl, weil dieser über hohe Festigkeit und Härte bei einem relativ günstigen Preis verfügt. Die Wellenoberflächen sind meist geschliffen (z. B. Ra 0,6 µm) und entsprechend hart (z. B. > 50 HRC), damit ihr Verschleiß möglichst gering ist.

Die **Lagerschalen** *(bearing shells)* müssen im Bereich der Trocken- und Mischreibung über gute **Notlaufeigenschaften** *(emergency running properties)* verfügen, d. h., auch in diesen Phasen darf nur ein äußerst geringer Verschleiß der Lagerschalen auftreten. Lagerwerkstoffe, die diese Ansprüche erfüllen, sind vorrangig Sintermetalle, Cu-Sn-Legierungen, Kunststoffe und Gusseisen. Der Grafit im Gusseisen wirkt selbstschmierend. Den Gleitlagervorteilen stehen entsprechende Nachteile gegenüber:

Vorteile	Nachteile
■ geringer radialer Platzbedarf ■ einfacher Einbau ■ schwingungsdämpfend ■ geräuscharm ■ stoßunempfindlich ■ teilbar ■ kostengünstig	■ meist hohe Reibung beim Anlauf ■ Lagerspiel ist erforderlich ■ Gefahr des Fressens bei mangelnder Schmierung ■ empfindlich gegen Verkanten

Hydrostatische Schmierung *(hydrostatic lubrication)*

Bei hydrostatischen Gleitlagern wird das Öl von einer Pumpe unter hohem Druck über mehrere Bohrungen zwischen die Gleitflächen gepumpt (Bild 1). Vor Beginn der Drehbewegung wird dadurch die Welle vollständig angehoben, sodass Flüssigkeitsreibung vorliegt. Es liegen ideale Schmierbedingungen bei jeder beliebigen Umdrehungsfrequenz – auch im Stillstand – vor, wodurch praktisch kein Verschleiß entsteht (Bild 2). Das gilt sowohl für Radiallager wie für Axiallager. Nachteilig ist die aufwendige und teure Konstruktion mit besonderen Dichtungen, Ölbehälter, Pumpe, Ölzu- und Ölrückführung.

MERKE

Bei hydrostatischen Lagern muss der erforderliche Öldruck erreicht sein, bevor die Welle in Bewegung gesetzt wird.

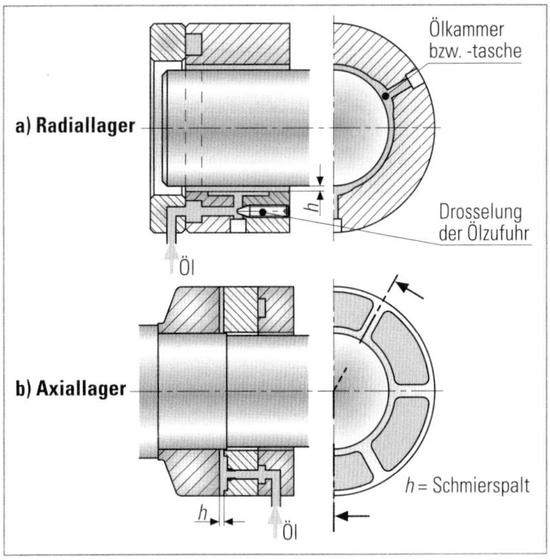

1 *Hydrostatisches Gleitlager ohne Dichtung*

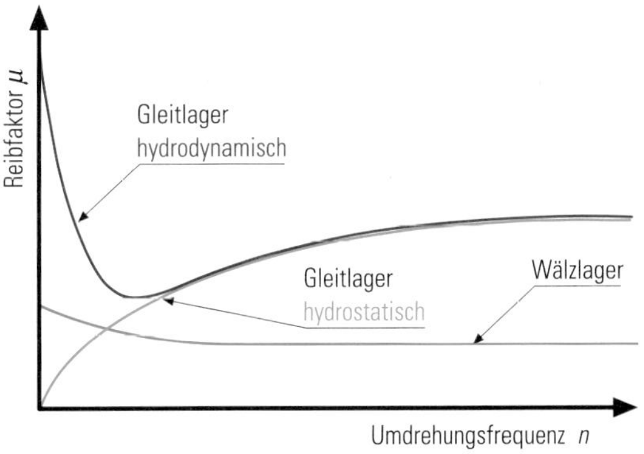

2 *Vergleich der Reibkräfte von Gleit- und Wälzlagern*

9.1.1.2 Wälzlager

Die Reibung ist bei Wälzlagern *(rolling bearings)* wesentlich geringer als bei vergleichbaren hydrodynamisch geschmierten Gleitlagern (Bild 2). Der Wirkungsgrad der Wälzlager ist durch die geringe Rollreibung ($\mu_R \approx 0{,}005$) hoch und es entsteht eine deutlich geringere Erwärmung als bei Gleitlagern.

Am Beispiel des Rillenkugellagers ist der prinzipielle Aufbau eines Wälzlagers im Bild 3 zu erkennen.

- **Innen- und Außenring** *(inner and outer ring)* stellen die Verbindung zu Welle und Gehäuse her.

3 *Einzelteile eines Wälzlagers*

- Gehärtete **Wälzkörper** *(rolling elements)* rollen in den gehärteten Laufflächen von Innen- und Außenring ab. Die Form der Wälzkörper (Bild 1) bestimmt oft die Wälzlagerbezeichnung: **Kugel**lager, **Zylinderrollen**lager usw.
- Der **Käfig** *(cage)* führt die Wälzkörper und hält sie auf Abstand, damit sie nicht aneinander reiben.
- Eventuell vorhandene **Dichtungen** *(packings)* verhindern das Ausdringen des Schmiermittels und das Eindringen von Schmutz.

Bei **Kugellagern** *(ball bearings)* liegen punktförmige Berührungsflächen zwischen den Wälzkörpern und den Laufflächen vor (Bild 2a), über die die Kraftübertragung erfolgt. Bei den **Rollenlagern** *(roller bearings)* (Bild 2b) sind es linienförmige Berührungsflächen. Deshalb werden Rollenlager dort eingesetzt, wo sehr große Kräfte zu übertragen sind.

MERKE
Radialwälzlager *(radial rolling bearings)* nehmen vorrangig Kräfte in radialer Richtung auf (Bild 3a).
Axialwälzlager *(axial rolling bearings)* übertragen in erster Linie Kräfte in axialer Richtung (Bild 3b).

Aufgrund ihres konstruktiven Aufbaus können viele Lagerarten sowohl axiale als auch radiale Kräfte in unterschiedlicher Größe übertragen (Bild 4).

MERKE
Die Auswahl der Wälzlager richtet sich nach den Anforderungen, die an die gesamte Lagerung gestellt werden.

Lagerungsarten an Werkzeugmaschinen

Lagerungen an Werkzeugmaschinen müssen hohe Anforderungen erfüllen:

- exakter Rundlauf und Spielfreiheit der Arbeitsspindel
- hohe Umdrehungsfrequenzen und großer Drehzahlbereich
- sehr geringe Reibung, Erwärmung und Verschleiß
- geringe axiale Ausdehnung bei Erwärmung

Um diesen Anforderungen gerecht zu werden, werden ausschließlich Wälzlager mit erhöhter Genauigkeit verwendet. Dabei ist das Spiel innerhalb des Lagers besonders gering oder einstellbar.

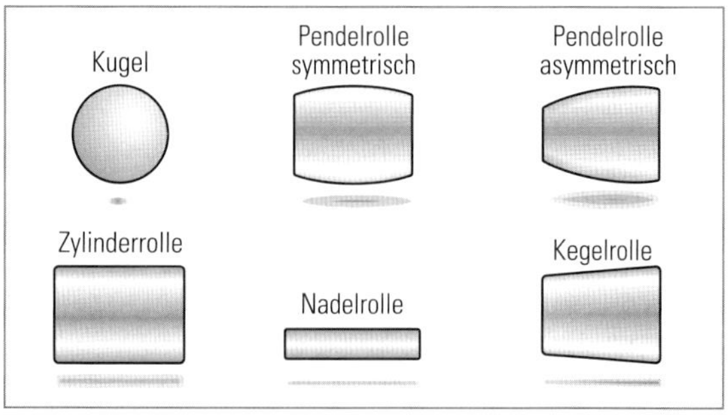

1 *Wälzkörperformen*

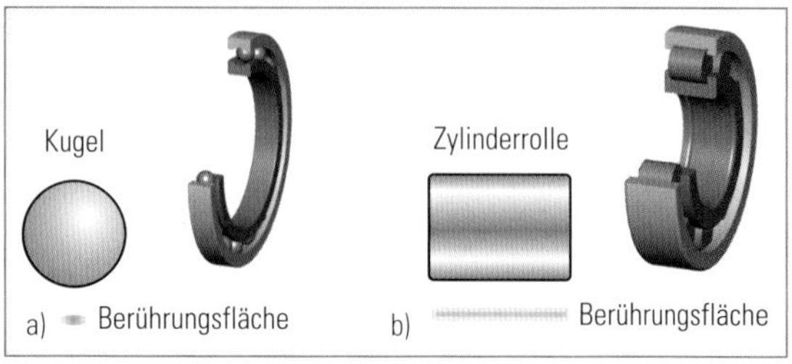

2 *Kugel- und Rollenlager*

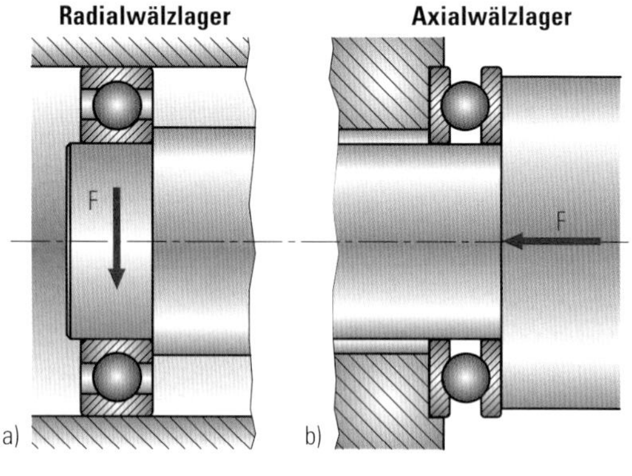

3 *Radial- und Axialwälzlager*

Fest-Loslagerung

Bei Werkzeugmaschinen ist es sehr wichtig, dass die Arbeitsspindel in axialer Richtung exakt fixiert ist. Daher wird möglichst in der Nähe der Wirkstelle (Zerspanung) ein **Festlager** *(fixed*

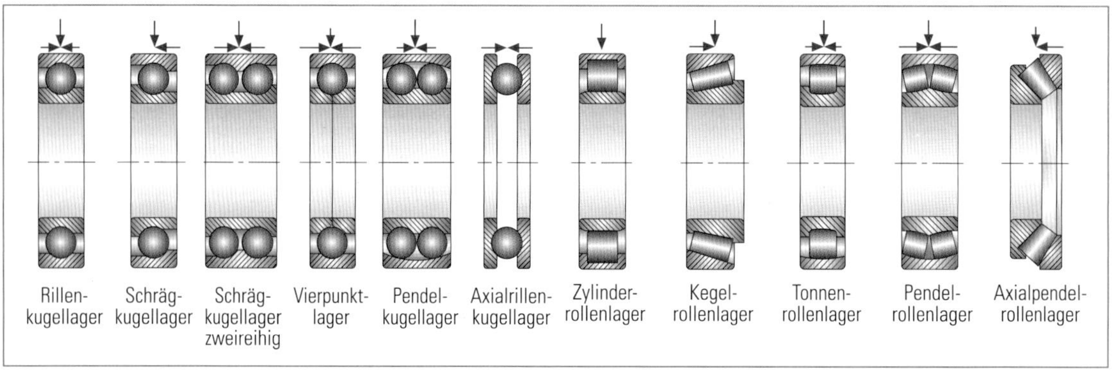

4 *Kraftübertragungsmöglichkeiten von Kugel- und Rollenlagern*

bearing) (Bild 1, links) gewählt, das eine Verschiebung der Welle gegenüber dem Gehäuse **verhindert**. Dazu ist es nötig, dass in axialer Richtung

- der Außenring im Gehäuse fixiert ist
- der Innenring auf der Welle fixiert ist und
- im Lager keine Verschiebung möglich ist

MERKE

Festlager übertragen Kräfte in radialer und axialer Richtung.

Das zweite Lager wird als **Loslager** *(floating bearing)* (Bild 1, rechts) ausgeführt, das Fertigungstoleranzen von Welle und Gehäuse, Wärmedehnungen und elastische Verformungen in axialer Richtung ausgleichen kann. Der axiale Ausgleich kann erfolgen durch

- Verschiebung des Außenringes im Gehäuse oder
- Verschiebung des Innenringes auf der Welle oder
- Verschiebung des Innenringes gegenüber dem Außenring innerhalb des Lagers

MERKE

Loslager übertragen Kräfte nur in radialer Richtung.

Angestellte Lagerung

Eine angestellte Lagerung *(arranged mounting)* besteht meist aus zwei spiegelbildlich angeordneten Kegelrollen- oder Schrägkugellagern (Bild 2). Das Lagerspiel wird z. B. über eine Nutmutter mit Feingewinde feinfühlig ein- oder nachgestellt.

Arbeitsspindel einer CNC-Drehmaschine

Bei der Lagerung der Arbeitsspindel *(working spindle)* einer CNC-Drehmaschine *(CNC lathe)* (Bild 3) bilden drei angestellte Spindellager (besonders genaue Schrägkugellager) das Festlager. Sie sind axial und radial belastbar. Ihre maximalen Umdrehungsfrequenzen betragen das Mehrfache von z. B. Kegelrollenlagern. Mithilfe der Distanzringe A und B ist das Lagerspiel so eingestellt, dass eine definierte Vorspannung der Spindellager vorliegt. Das Loslager bildet ein Zylinderrollenlager. Der konische Innenring des Lagers wird so auf die Welle gepresst, dass das Lager spielfrei ist.

MERKE

Arbeitsspindeln dürfen nicht stoß- oder schlagartig belastet werden, damit die empfindlichen Lager keinen Schaden nehmen.

Schmierung *(lubrication)*

Wälzlager müssen geschmiert sein, um Verschleiß und vorzeitige Ermüdung zu vermeiden und eine möglichst lange Gebrauchsdauer zu gewährleisten. Es kommen je nach Anwendungsfall Fett- und Ölschmierung in unterschiedlichen Ausführungsformen zur Anwendung[1].

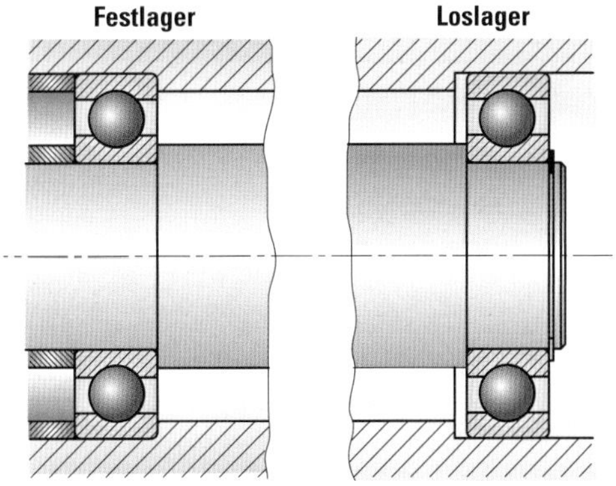

1 *Fest- /Loslager*

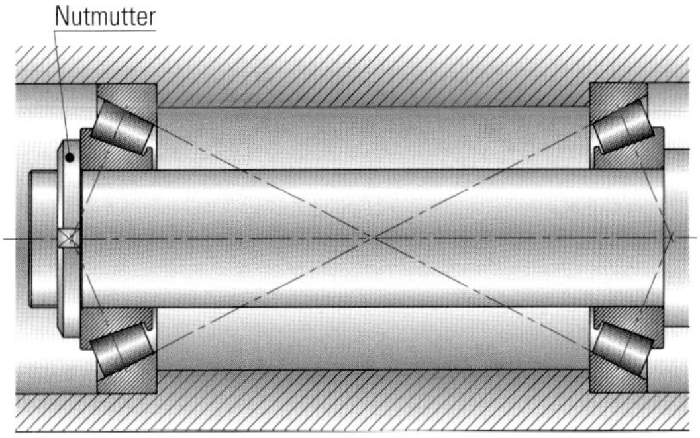

2 *Angestellte Lagerung*

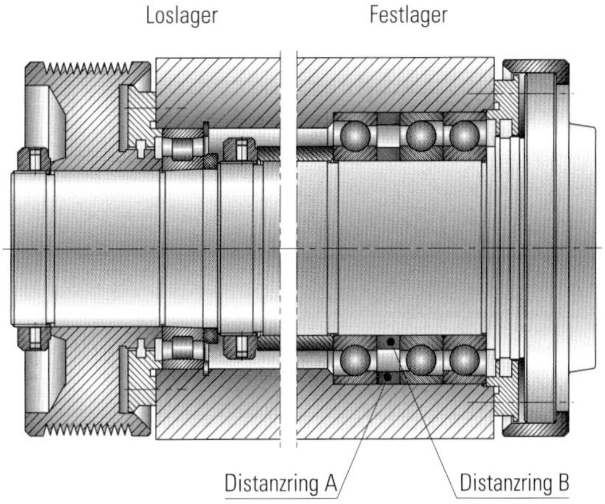

3 *Arbeitsspindel einer CNC-Drehmaschine*

1) siehe Lernfeld 6 Kap. 3

Überlegen Sie!

Die mitlaufende Körnerspitze im Reitstock einer konventionellen Drehmaschine nimmt axiale und radiale Kräfte auf.

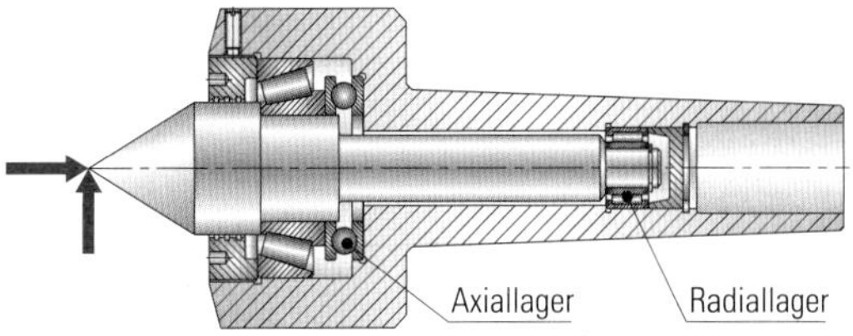

1. *Benennen Sie die dargestellten Lager.*
2. *In welchen Richtungen können die drei Lager Kräfte aufnehmen?*
3. *Bei welchem Lager ist eine Verschiebung des Innenrings gegenüber dem Außenring innerhalb des Lagers möglich? Begründen Sie Ihre Antwort.*
4. *Welche Lagerungsarten liegen vor?*
5. *Erläutern Sie die Funktionen des linken und des mittleren Lagers.*
6. *Kann das Lagerspiel nachgestellt werden und wenn ja, wie geschieht das?*
9. *Wie werden die Lager geschmiert?*

Im Bild 1 auf Seite 153 ist die Lagerung der Antriebsspindel einer Drehmaschine dargestellt.

1. *Welche Lager werden verwendet?*
2. *Welche Kräfte nehmen das linke und rechte Lager auf?*
3. *Beschreiben Sie die Lagerungsart.*

9.1.2 Führungen

Führungen *(guiding devices)* gewährleisten an Werkzeugmaschinen z. B. das Bewegen und genaue Positionieren von Werkzeugschlitten und Arbeitstischen. Wichtige Anforderungen an Führungen sind:

- **Genaue Lagebestimmung** *(exact attitude measurement)*: Die geführten Teile dürfen auch unter Krafteinwirkung nicht kippen, verkanten, abheben oder entgleisen
- **Geringer Verschleiß** *(low abrasion)*: Auch bei gleitender Bewegung darf nur wenig Verschleiß auftreten bzw. bei unvermeidbarem Verschleiß soll ein Nachstellen an den bewegten Teilen möglichst einfach sein.
- **Hohe Steifigkeit** *(high rigidity)*: Die elastische Verformung soll unter dem Einfluss der aufgenommenen Kräfte möglichst gering sein.
- **Kleine Kräfte zum Bewegen** *(small forces to move)*: Die Reibung zwischen den bewegten Teilen soll möglichst gering sein.

9.1.2.1 Geradführungen

Schlitten an Werkzeugmaschinen führen oft geradlinige (translatorische) Vorschub- und Zustellbewegungen durch. Die dazu erforderlichen Geradführungen *(straight ways)* können aufgrund der vorliegenden Reibverhältnisse unterteilt werden in

- Gleitführungen *(sliding ways)* und
- Wälzführungen *(rolling ways)*

Gleitführungen

Die wichtigsten Ausführungsformen bei den translatorischen Gleitführungen sind

- Flachführung
- Prismenführung
- Schwalbenschwanzführung

Flachführungen *(flat ways)* (Bild 1) nehmen hauptsächlich senkrechte Kräfte F_y auf. Dafür stehen große Flächen senkrecht zur Kraftrichtung zur Verfügung. Bei entsprechender konstruktiver Ausführung können auch kleinere seitliche Kräfte F_x aufgenommen werden. Schließleisten wirken Kräften und Momenten entgegen, die ein Abheben oder Kippen bewirken. Stellleisten ermöglichen das Einstellen des Spiels und das Nachstellen bei Verschleiß.

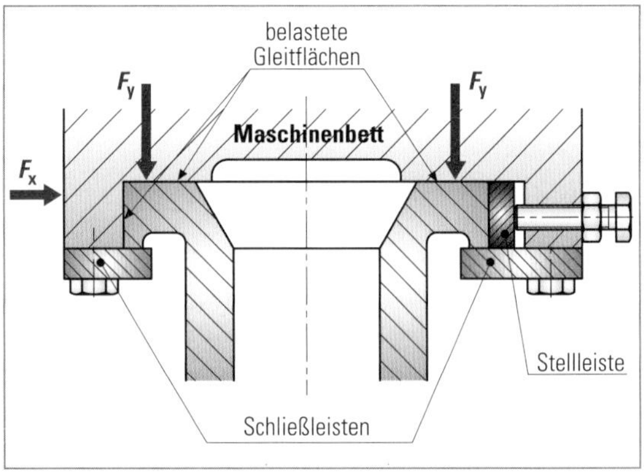

1 *Flachführung*

MERKE

Flachführungen zeichnen sich durch eine gute Kraftaufnahme, geringen Verschleiß und geringe Herstellungskosten aus. Eine genaue Richtungsbestimmung ist schwieriger zu erzielen.

Prismenführungen *(prism ways)* wie die V-Führung oder Dachführung (Seite 159 Bild 1) nehmen sowohl senkrechte Kräfte F_y als auch waagrechte Kräfte F_x auf. Bei einer unsymmetrischen Dachführung (Seite 159 Bild 2) übernimmt die steile Gleitfläche vorrangig die waagrechten Kräfte F_x, während die flache Dachfläche in erster Linie die senkrechten Kräfte F_y überträgt. Prismenführungen sind bei Verschleiß **selbstnachstellend**, d. h., an den Gleitflächen entsteht kein Spiel. Lediglich die Schließleisten sind nachzugestellen (Bild 3), damit die Gleitflächen beim Auftreten ungünstiger Momente nicht abheben.

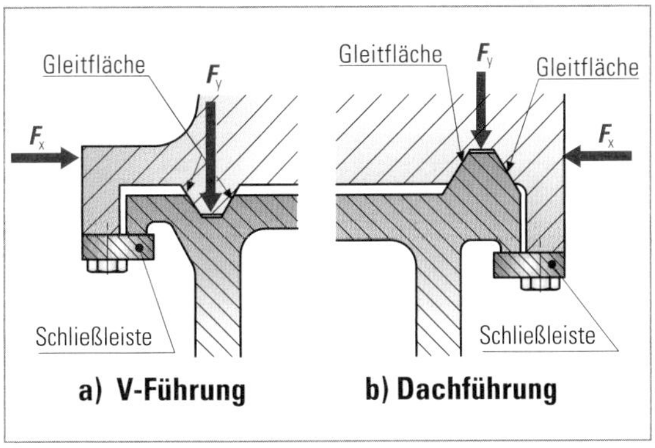

1 Prismenführungen

MERKE

Prismenführungen können Kräfte aus zwei Richtungen aufnehmen, sind selbstnachstellend und gewährleisten eine genaue Richtungsbestimmung. Ihre Herstellung ist teurer als die von Flachführungen.

Schwalbenschwanzführungen *(dove tail ways)*
Schwalbenschwanzführungen (Bild 4) benötigen wegen ihrer geneigten Flächen keine Schließleisten. Sie zeichnen sich daher durch geringe Bauhöhe aus. Unterschiedliche Stellleistenausführungen ermöglichen das Ein- und Nachstellen des Spiels. Der Herstellungsaufwand für die Schwalbenschwanzführung ist höher als bei den Prismenführungen.
Die Schmierung der Gleitführungen erfolgt – wie bei den Gleitlagern – oft **hydrodynamisch**. Dabei liegt wegen der relativ langsamen Bewegungen meist Mischreibung vor, was zu einem Ruckgleiten (**Stick-Slip-Effekt**[1]) führen kann. Bei diesem Effekt liegt ein Wechselspiel von Haften und Gleiten vor. Hat die von der Gewindespindel auf den Schlitten ausgeübte Kraft die Haftreibkraft erreicht, beginnt das Gleiten. Da die zum Gleiten benötigte Kraft kleiner als die zuvor wirkende Haftreibkraft ist, wird der Schlitten beschleunigt. Er gleitet ruckartig um den Betrag des Gewindespiels voraus. Der Schlitten bleibt kurz stehen, bis durch die Drehung der Spindel das Spiel überwunden ist und der Zyklus neu beginnt. Um den Stick-Sip-Effekt zu vermeiden, ist somit ein spielfreier Antrieb des Schlittens erforderlich.
Es werden aber auch **hydrostatische** und **aerostatische** Gleitführungen genutzt. Bei diesen Führungen berühren sich die aufeinander gleitenden Flächen während des Arbeitsvorgangs nicht. Öl bzw. Luft wird unter hohem Druck in den Druckraum gepresst und hebt das bewegliche Teil an, bis es auf dem Polster von Öl oder Luft schwimmt und dann mit relativ kleinen Kräften bewegt werden kann.
Ein Beispiel für eine hydrostatische Längs- bzw. Linearführung zeigt Bild 5. Sie verfügt über sehr gute Dämpfungseigenschaften in Verbindung mit hoher dynamischer Steifigkeit wie sie z. B. bei der **Hochleistungszerspanung**[2] *(high performance cutting)* und insbesondere bei genauen Schleifbearbeitungen[3] benötigt werden. Dadurch werden höhere Schnittleistungen, bessere Oberflächengüten und längere Werkzeugstandzeiten ermöglicht.

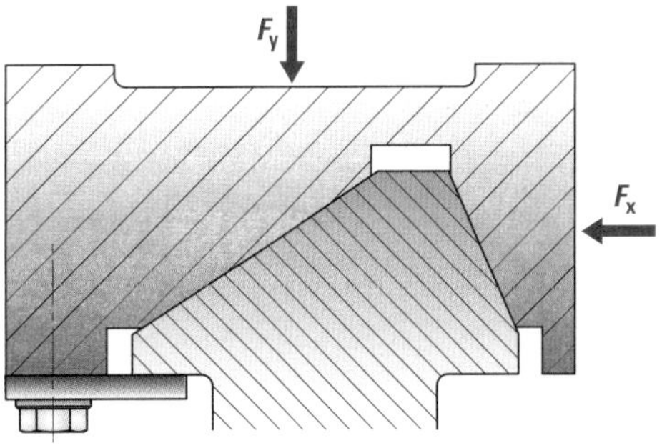

2 Unsymmetrische Dachführung

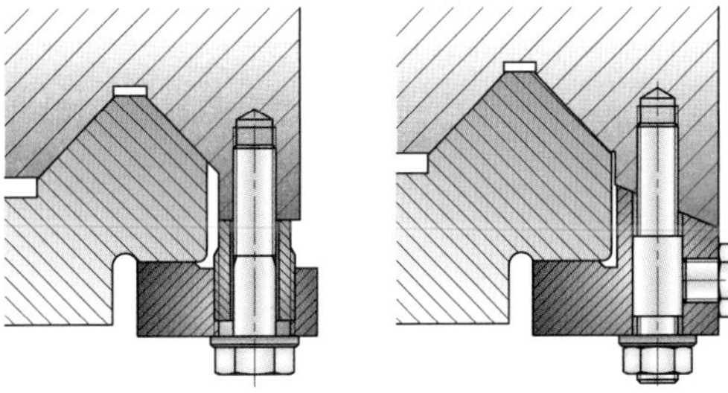

3 Schließleistenführungen

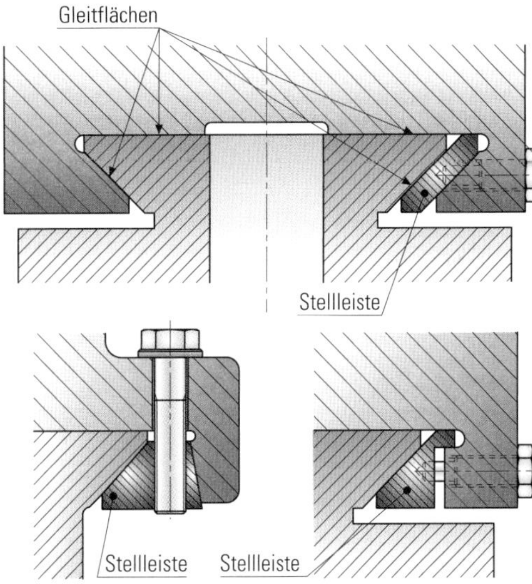

4 Schwalbenschwanzführungen mit verschiedenen Stellleisten

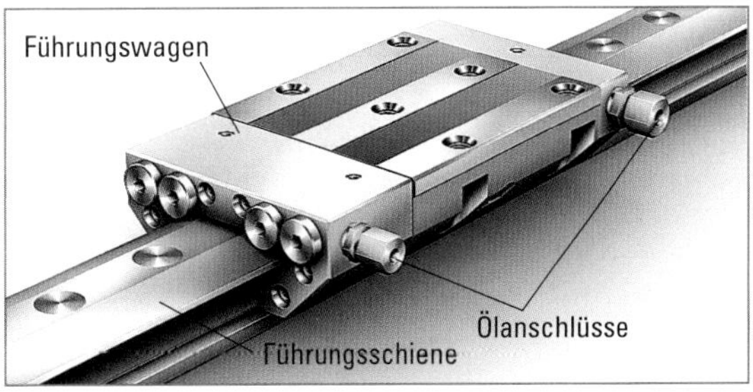

5 Hydrostatische Linearführung

1) siehe Lernfeld 7 Kap. 5.1.1.1 2) siehe Lernfeld 10 Kap. 7.1 3) siehe Lernfeld 9 Kap. 1

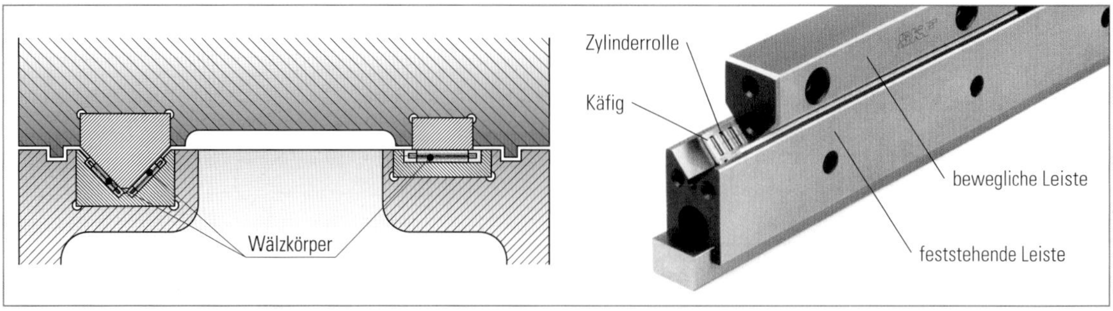

***1** Wälzführung mit begrenztem Schiebeweg*

Wälzführungen *(rolling ways)*
Die Vorteile von Führungen mit Wälzlagerungen (Bild 1) sind:

- niedriger Reibbeiwert bei rollender Reibung, sodass nur geringe Verschiebekräfte erforderlich sind
- auch bei sehr niedrigen Vorschubgeschwindigkeiten kein Ruckgleiten (Stick-Slip-Effekt)
- Spielfreiheit durch Vorspannung der Wälzführungen
- wenig Verschleiß
- geringer Schmiermittelaufwand

Führungen für **begrenzte Schiebewege** (Bild 1) bestehen aus einem Schienensystem mit dazwischen angeordneten Nadel-, Zylinderrollen- oder Kugel-Flachkäfigen. Dadurch entsteht ein Führungssystem mit maximaler Tragfähigkeit und Steifigkeit bei minimalem Raumbedarf. Da die Rollenkörper nicht zurückgeführt werden, sind nur begrenzte Wege möglich.
Wälzführungen mit **unbegrenzten Schiebewegen** (Bild 2) leiten innerhalb des Führungswagens die Wälzkörper in einer Endlosschleife zurück. Der Verschiebeweg ist nur von der Länge der Schiene begrenzt. Nachteilig ist die begrenzte Laufgeschwindigkeit. Denn bei zu hohen Geschwindigkeiten werden die Massenkräfte in den Umlenkungen so groß, dass vermehrt Reibung und Wärmeentwicklung und somit Verschleiß auftritt.

9.1.2.2 Rundführungen

Rundführungen *(circular ways)* können als Gleit- und Wälzführungen ausgeführt werden. Bei Gleitführungen (Bild 3) ist die Führungsgenauigkeit gut und die Herstellung der zylindrischen Innen- und Außenteile relativ einfach. Bei den Wälzführungen wie z. B. der Kugelbuchse (Bild 4) muss die Oberfläche der Stange hochwertig ($Ra \leq 0{,}4\ \mu m$) und gehärtet (≥ 60 HRC) sein, um eine entsprechende Lebensdauer zu gewährleisten. Aufgrund von Herstellerangaben wählt der Anwender die ISO-Toleranz für den Stangendurchmesser. Damit legt er fest, ob die Führung z. B. Spiel oder Vorspannung erhält.

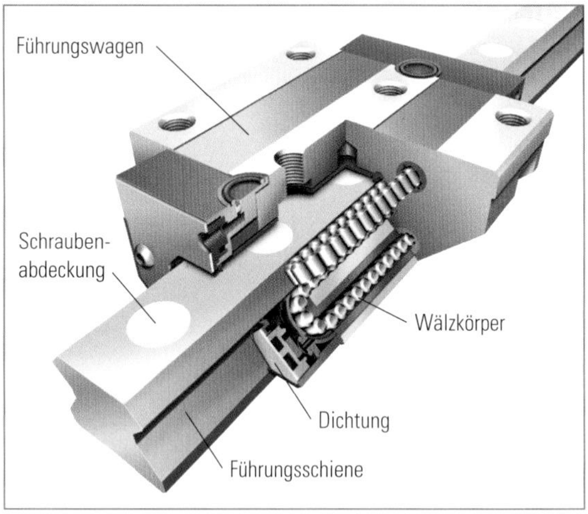

***2** Wälzführung mit unbegrenztem Schiebeweg*

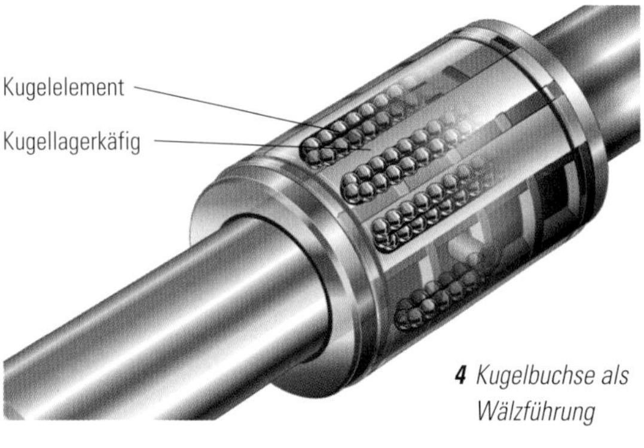

***4** Kugelbuchse als Wälzführung*

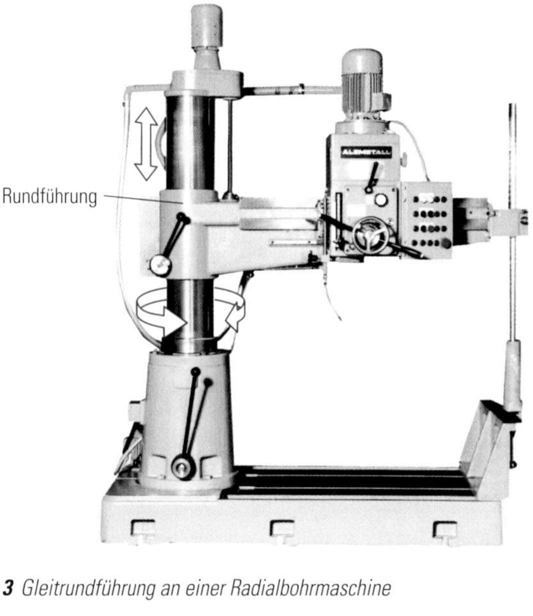

***3** Gleitrundführung an einer Radialbohrmaschine*

9.1.3 Passungen und Passungssysteme

Die Gleitlagerbuchse der Schubstangenführung (Bild 1) – wie sie z. B. bei Pneumatikzylindern eingesetzt ist – muss u. a. folgende Funktionen erfüllen:

- Die Schubstange muss leicht in der Gleitlagerbuchse verschiebbar sein
- Der Außendurchmesser der Gleitlagerbuchse muss fest im Gehäuse sitzen

Um diese Funktionen zu gewährleisten, müssen die Toleranzen der gefügten Teile entsprechend gewählt werden.

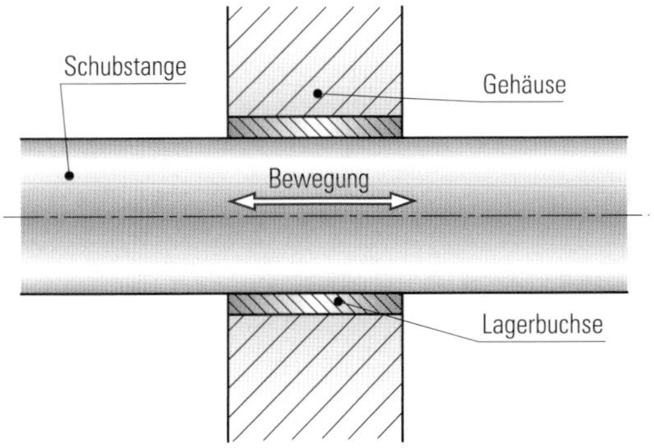

1 *Schubstangenführung*

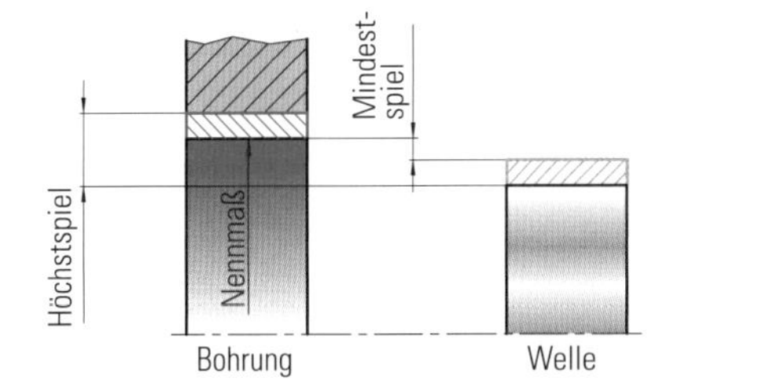

Höchstspiel = Höchstmaß der Bohrung - Mindestmaß der Welle
Mindestspiel = Mindestmaß der Bohrung - Höchstmaß der Welle
Passtoleranz = Höchstspiel - Mindestspiel

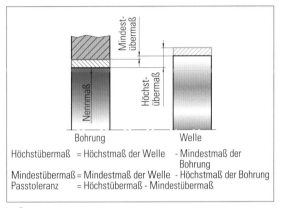

2 *Spielpassung*

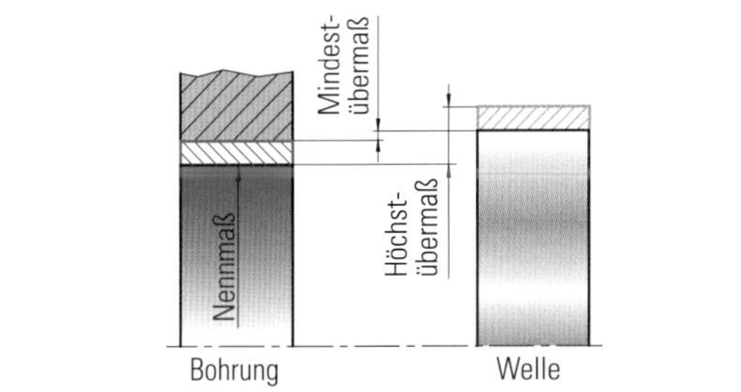

Höchstübermaß = Höchstmaß der Welle - Mindestmaß der Bohrung
Mindestübermaß = Mindestmaß der Welle - Höchstmaß der Bohrung
Passtoleranz = Höchstübermaß - Mindestübermaß

3 *Übermaßpassung*

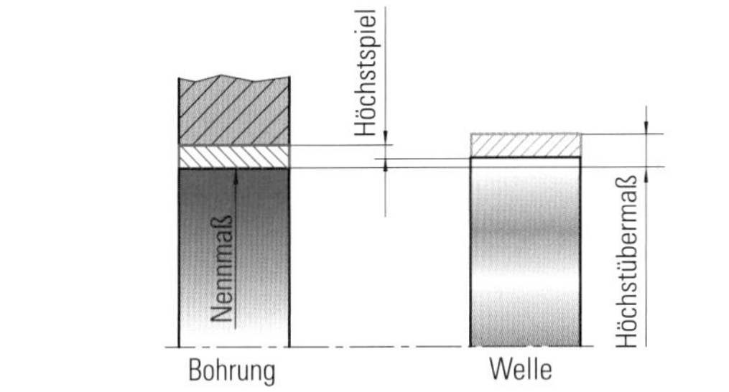

Höchstspiel = Höchstmaß der Bohrung - Mindestmaß der Welle
Höchstübermaß = Höchstmaß der Welle - Mindestmaß der Bohrung
Passtoleranz = Höchstübermaß + Höchstspiel

4 *Übergangspassung*

9.1.3.1 Passungsarten

Spielpassung *(clearance fit)*

Damit die Schubstange leicht in der Gleitlagerbuchse verschiebbar ist, muss das Höchstmaß der Schubstange kleiner als das Mindestmaß des Buchseninnendurchmessers sein (Bild 2). Die Toleranz der Passung (Passtoleranz) liegt zwischen dem Mindest- und Höchstspiel.

MERKE

Bei Spielpassungen liegt zwischen Innen- und Außenteil immer ein Spiel vor.

Übermaßpassung *(interference fit)*

Damit die Gleitlagerbuchse fest im Gehäuse sitzt, muss das Mindestmaß des Buchsenaußendurchmessers größer als das Höchstmaß der Gehäusebohrung sein (Bild 3). Die Passtoleranz liegt zwischen dem Mindest- und Höchstübermaß.

MERKE

Bei Übermaßpassungen liegt zwischen Innen- und Außenteil immer ein Übermaß vor.

Übergangspassung *(transition fit)*

Bei Übergangspassungen kann je nach Lage der Istmaße von Innen- und Außenteil Spiel oder Übermaß entstehen (Bild 4). Die Passtoleranz liegt zwischen dem Höchstübermaß und dem Höchstspiel.

Im Bild 1 auf Seite 162 sind die Passtoleranzen für verschiedene Passungen dargestellt. Aus fertigungstechnischen und aus funktionalen Gründen wird bei der Herstellung der Bauteile die Toleranzmitte angestrebt[1]. Wenn die Istmaße der Bauteile im mittleren Drittel der Maßtoleranz liegen, reduziert sich auch die Passtoleranz auf ein Drittel der theoretischen Passtoleranz (roter Bereich). Somit ist bei der Übergangspassung 40H7/j6 ein Spiel und bei der Übergangspassung 40H7/m6 eher ein geringes Übermaß zu erwarten.

MERKE

Bei Übergangspassungen kann zwischen Innen- und Außenteil entweder ein Spiel oder ein Übermaß vorliegen.

1) Weitere Informationen hierzu finden Sie in den Lernfelder 10 und 13

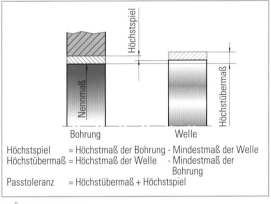

9.1.3.2 Passungssysteme

Würden in einem Betrieb z. B. für Bohrungen alle zur Verfügung stehenden ISO-Toleranzen genutzt, müsste für jeden Nenndurchmesser eine Vielzahl von unterschiedlichen Reibahlen und Lehren vorhanden sein. Selbst bei einer Begrenzung von ausgewählten ISO-Toleranzen tritt noch ein beträchtlicher Kostenfaktor für Werk- und Prüfzeuge auf. Durch die Nutzung von Passungssystemen werden die Kosten gesenkt und die Übersichtlichkeit der Passungsarten erhöht.

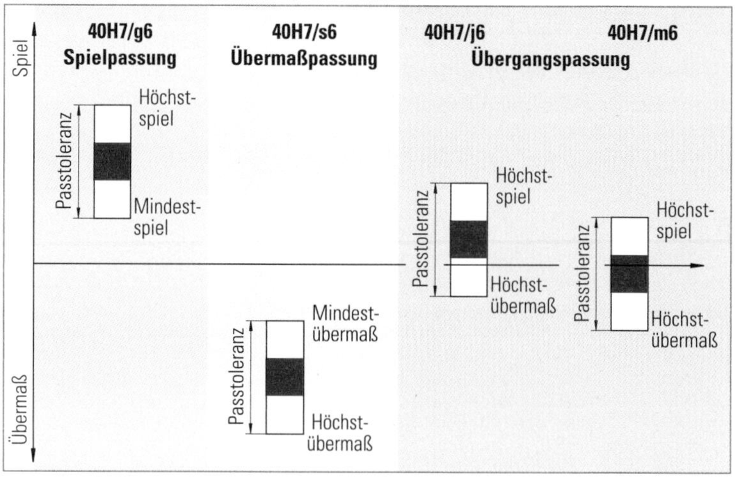

1 Passtoleranzen

Einheitsbohrung

- Bei dem System der Einheitsbohrung *(basic hole system)* werden alle Bohrungen bzw. Außenteile mit dem **Toleranzfeld H** *(tolerance zone)* gefertigt (Bild 2).
- Die Toleranzen der Wellen bzw. Innenteile werden aufgrund der Funktion der gefügten Bauteile festgelegt.

MERKE

Beim System Einheitsbohrung ist das untere Abmaß der Bohrung bzw. des Außenteils immer Null.
Das Mindestmaß der Bohrung entspricht dem Nennmaß.
Das obere Abmaß des Außenteils ist immer positiv.

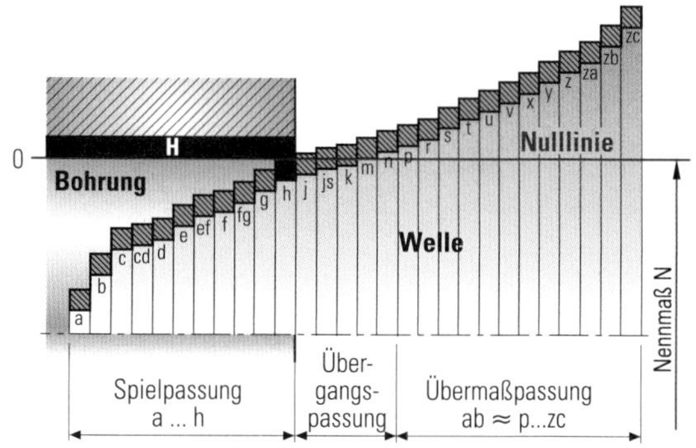

2 System Einheitsbohrung

Beim Drehen oder Rundschleifen ist es meist einfacher und kostengünstiger, das Innenteil (Welle) mit unterschiedlichen Toleranzen zu versehen als das Außenteil. Deshalb wird das System Einheitsbohrung bevorzugt.

Überlegen Sie!

Viele Kaufteile wie z. B. Zahnräder haben einen Bohrungsdurchmesser mit dem Toleranzfeld H9. Je nach Funktion des Zahnrads ist die Welle zu fertigen.

1. *Mit welchem Toleranzfeld ist die Welle für ein Zahnrad zu fertigen, wenn eine Übermaßpassung benötigt wird?*
2. *Welches Toleranzfeld muss die Welle erhalten, wenn das Zahnrad auf der Welle leicht verschiebbar sein soll?*

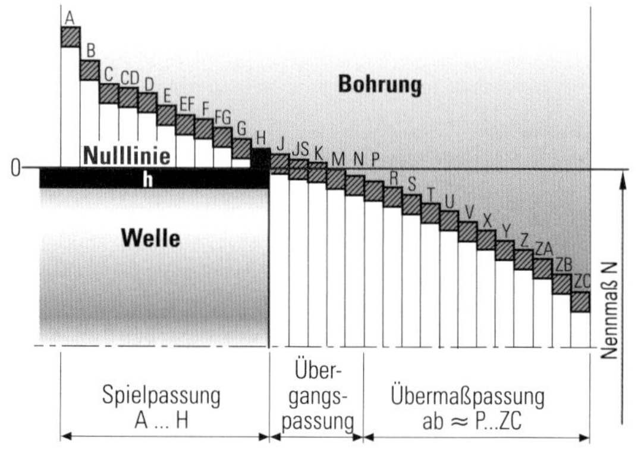

3 System Einheitswelle

Einheitswelle

- Bei dem System der Einheitswelle werden alle Wellen bzw. Innenteile mit dem **Toleranzfeld h** gefertigt (Bild 3).
- Die Toleranzen der Bohrungen bzw. Außenteile werden aufgrund der Funktion der gefügten Bauteile festgelegt.

Ein Beispiel für das System der Einheitswelle sind die Passungen, die beim Einbau von Passfedern zum Tragen kommen. Passfedern werden als Normteile mit dem Toleranzfeld h9 geliefert. Die angestrebte Passung für Passfeder und -nut richtet sich nach der Funktion der Passfeder.

MERKE

Beim System Einheitswelle ist das obere Abmaß der Welle bzw. des Innenteils immer Null.
Das Höchstmaß der Welle entspricht dem Nennmaß.
Das untere Abmaß des Innenteils ist immer negativ.

Überlegen Sie!

1. *Informieren Sie sich über das Aussehen der Passfedern mithilfe Ihres Tabellenbuchs.*
2. *Welches Toleranzfeld muss die Passfedernut bei einem festen Sitz der Passfeder (h9) in der Wellennut haben?*
3. *Mit welchem Toleranzfeld ist die Passfedernut zu versehen, wenn die Passfeder in der Nut verschiebbar sein soll?*

Auswahlreihen

In Auswahlreihen beschränken sich die Fertigungsbetriebe auf bestimmte Passungen aus den Systemen „Einheitsbohrung" und „Einheitswelle". Dadurch werden zusätzlich die benötigten Werk- und Prüfzeuge reduziert. Innerhalb dieser Auswahlreihen ist sichergestellt, dass die unterschiedlichen Funktionen an die Passungen abgedeckt sind (siehe Tabellenbuch).

ÜBUNGEN

1. Welche Auswirkungen hat die Qualität der Lagerungen und Führungen von Werkzeugmaschinen auf die Qualität der hergestellten Werkstücke?

2. Skizzieren Sie jeweils ein Radial- und Axialgleitlager und markieren Sie die Lagerflächen farbig, die Kräfte aufnehmen können.

3. Unter welchen Umständen tritt bei der hydrodynamischen Schmierung a) der größte und b) der kleinste Verschleiß auf?

4. Beschreiben Sie für die folgenden Faktoren mit „je … desto", wie sie sich auf das Entstehen der hydrodynamischen Schmierung auswirken:
- Viskosität des Schmiermittels
- Umfangsgeschwindigkeit der Welle
- Größe der Lagerkraft

5. Welche Eigenschaften müssen die Werkstoffe für Gleitlager haben?

6. Nennen Sie je einen Vor- und Nachteil von hydrostatischer Schmierung.

9. Begründen Sie, wann Rollenlager gegenüber Kugellagern bevorzugt eingesetzt werden.

8. Aus welchen Gründen sollte eine Welle nicht mit zwei Festlagern gelagert sein?

9. Aus welchem Grund werden angestellte Lagerungen eingesetzt?

10. Erstellen Sie eine Mindmap zu Lagerungen.

11. Nennen Sie die Anforderungen, die an Führungen von Werkzeugmaschinen gestellt werden und begründen Sie diese.

12. Nennen Sie jeweils einen Vor- und Nachteil zu
- Flachführungen
- Prismenführungen
- Schwalbenschwanzführungen

13. Begründen Sie die Vorteile von Wälzführungen gegenüber Gleitführungen

14. Beschreiben Sie mithilfe von Skizzen mit konkreten Maß- und Toleranzangaben unter Angabe der Abmaße
- Spielpassung
- Übermaßpassung
- Übergangspassung

und bestimmen Sie Höchst- und Mindestspiel sowie Höchst- und Mindestübermaß.

15. Unterscheiden Sie die Systeme Einheitsbohrung und Einheitswelle.

16. Füllen Sie für die Passungen (40H7/g6, 12H7/m6, 20H8/d9, 12ZC9/h9, 50H8/u8, 36F8/h6, 100H7/s6) die Tabelle nach folgendem Muster aus:

Höchstmaß Welle	Mindestmaß Welle	Höchstmaß Bohrung	Mindestmaß Bohrung	Höchstspiel	Mindestspiel	Höchstübermaß	Mindestübermaß	Passungssystem	Passungsart	Passtoleranz

9.2 Elemente und Baugruppen zur Drehmomentübertragung

9.2.1 Drehmoment und Drehmomentübertragung

Sowohl beim Drehen als auch beim Fräsen (Bild 1) wirkt die Schnittkraft F_c an einem Hebelarm l. Das Produkt aus Kraft F und Hebelarmlänge l heißt **Drehmoment** M *(static torque)*.

Drehmoment = Kraft · Hebelarm	$M = F \cdot l$

Beispielrechnung

Welches Drehmoment ist erforderlich, wenn beim Drehen eine Schnittkraft von 6000 N an einem Wirkdurchmesser von a) 50mm und b) 100 mm angreift?

gesucht: M
gegeben: $F_c = 6000$ N; $l_1 = 50$ mm; $l_2 = 100$ mm

$$M = F \cdot l$$

$$M = \frac{F \cdot d}{2}$$

a) $$M = \frac{6000\,\text{N} \cdot 50\,\text{mm} \cdot 1 \cdot \text{m}}{2 \cdot 1000\,\text{mm}}$$

$$\underline{\underline{M = 150\,\text{Nm}}}$$

b) $$M = \frac{6000\,\text{N} \cdot 100\,\text{mm} \cdot 1 \cdot \text{m}}{2 \cdot 1000\,\text{mm}}$$

$$\underline{\underline{M = 300\,\text{Nm}}}$$

Beim Schruppen entstehen oft große Schnittkräfte. Wirken diese beim Drehen an großen Drehteildurchmessern oder beim Fräsen an großen Fräserdurchmessern, werden die erforderlichen Drehmomente hoch.

MERKE

Werkzeugmaschinen müssen das benötigte Drehmoment zur Zerspanung bereitstellen, um eine wirtschaftliche Fertigung zu gewährleisten. Das von der Maschine bereitgestellte Drehmoment darf nicht erreicht werden.

Das Drehmoment wird vom Antriebsmotor zur Wirkstelle geleitet (vgl. Lernfeld 10). Beim Drehen geschieht das dadurch, dass der **Antriebsmotor** *(drive motor)* bei einer bestimmten Umdrehungsfrequenz ein Drehmoment abgibt. Ein **Riementrieb** *(belt drive)* (Bilder 2 und 3) überträgt das Drehmoment vom Motor zum Eingang des **Zahnradgetriebes** *(gear drive)* oder direkt vom regelbaren Motor auf die Antriebsspindel. Innerhalb des Schaltgetriebes wird das Drehmoment über **Wellen** *(shafts)*, **Verbindungselemente** *(fasteners)* und **Zahnräder** *(gear wheels)* zu der Arbeitsspindel übertragen. Diese leitet das Drehmoment an das Drehfutter weiter, in dem das Drehteil eingespannt ist. Mit der Drehmomentübertragung ist fast immer eine Drehmomentwandlung verbunden (Kap. 9.2.2.1).

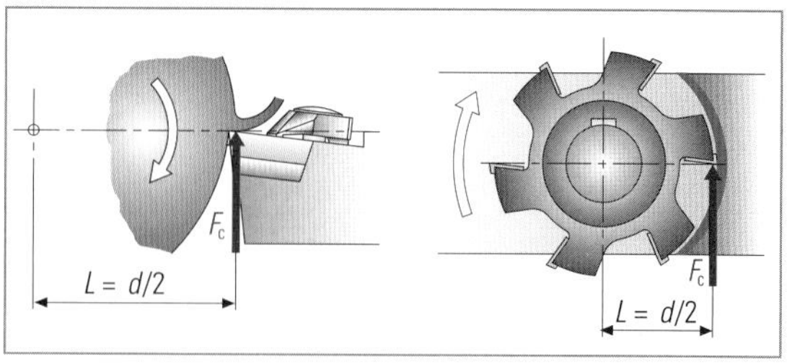

1 Benötigte Drehmomente beim Drehen und Fräsen

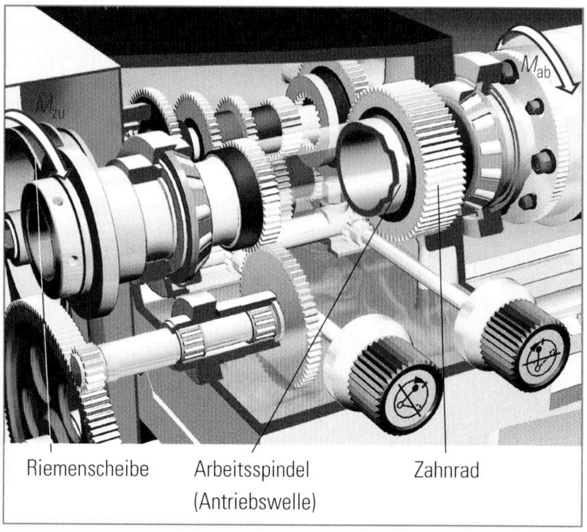

2 Drehmomentübertragung am Beispiel einer Drehmaschine

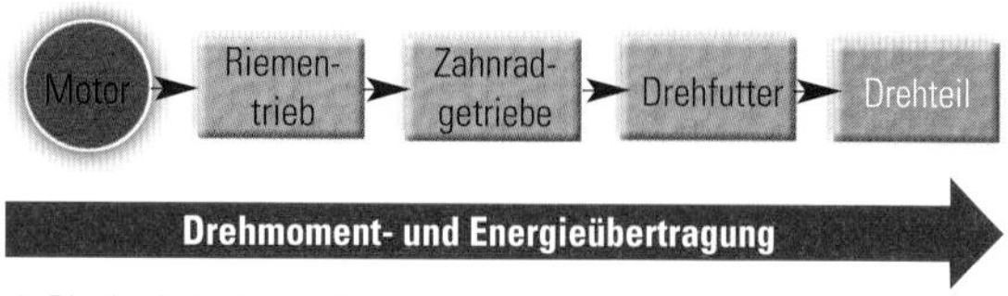

3 Blockschaltbild zur Drehmoment- und Energieübertragung beim Drehen

9.2.2 Riementriebe

An Werkzeugmaschinen (Bild 4) können verschiedene Arten von Riementrieben *(belt drives)* zum Einsatz kommen. Elastische Riemen übertragen Drehmomente und Umdrehungsfrequenzen von einer auf die andere Welle. Beide Wellen haben die gleiche Drehrichtung.

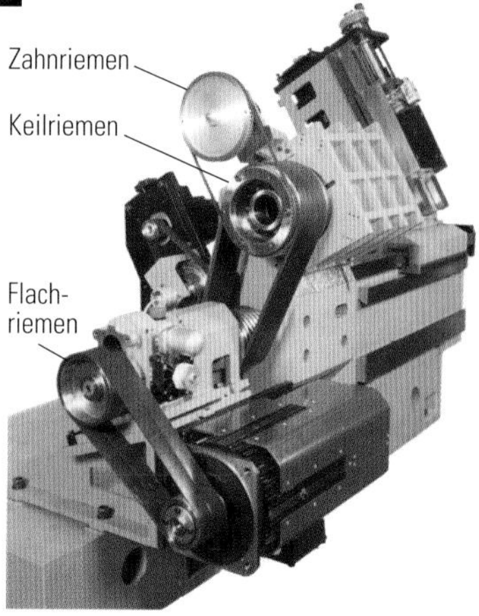

4 Riementriebe an einer Werkzeugmaschine

Riementriebe können
- größere Achsabstände überwinden und
- stoßartige Belastungen sowie Schwingungen dämpfen.

9.2.2.1 Flachriementrieb *(flat belt drive)*

Die **Reibkraft**[1] *(friction)* zwischen Riemenscheibe und Riemen ist die Grundlage für die Übertragung von Umdrehungsfrequenzen und Drehmomenten von Riemenscheibe auf Riemen und umgekehrt (Bild 1).

Die Riemenscheibe 1 treibt den Riemen an, der die Drehenergie an die Riemenscheibe 2 überträgt. Die übertragbare Reibkraft

$F_R = F_N \cdot \mu$

vergrößert sich mit
- Vergrößerung der Normalkraft F_N bzw. der Vorspannung des Riementriebs
- Verbesserung der Reibverhältnisse bzw. Zunahme der Reibzahl μ
- Vergrößerung des Umschlingungswinkels α

Spannrollen *(tension pulleys)* (Bild 2) verhindern, dass der Umschlingungswinkel bei großen Übersetzungen an der kleinen Riemenscheibe zu klein wird. Sie sichern in vielen Anwendungen die Vorspannkraft im Riementrieb und sind im Leertrum angeordnet.

Unterschiedliche Werkstoffe werden den verschiedenen Anforderungen an Reib-, Deck- und Zugschicht gerecht (Bild 3).

Flachriemen sind
- dünn und flexibel und benötigen deshalb nur geringe Verformungsenergie
- sehr schwingungsdämpfend
- für sehr hohe Riemengeschwindigkeiten und
- für große Achsabstände geeignet

Übersetzungsverhältnis

Der Riemen (Bild 4) legt den Weg s mit der Geschwindigkeit v zurück. Die Riemenscheibe 1 legt am Umfang den gleichen Weg s_1 mit der gleichen Geschwindigkeit v_1 zurück. Gleiches gilt für die Riemenscheibe 2. Daher gilt:

$$v_1 = v_2$$

$$d_1 \cdot \pi \cdot n_1 = d_2 \cdot \pi \cdot n_2$$

$$\frac{n_1}{n_2} = \frac{d_2 \cdot \pi}{d_1 \cdot \pi}$$

$$\frac{n_1}{n_2} = \frac{d_2}{d_1}$$

MERKE

Die Umdrehungsfrequenzen verhalten sich umgekehrt proportional zu den Durchmessern der Riemenscheiben.

Durch die höheren Spannungen im Zugtrum gegenüber dem Leertrum entsteht ein geringfügiges Gleiten des Riemens auf den Riemenscheiben, das als **Schlupf** bezeichnet wird. Um den Verschleiß des Riemens gering zu halten, müssen die Berührungsflächen an der Riemenscheibe möglichst glatt sein. Der entstehende Schlupf kann jedoch bei den Berechnungen meist vernachlässigt werden.

Als **Übersetzungsverhältnis** i *(gear transmission ratio)* wird das Verhältnis von Antriebsdrehzahl n_1 zu Abtriebsdrehzahl n_2 bezeichnet.

$$i = \frac{n_1}{n_2}$$

$i > 1$: Übersetzung ins Langsame

$i < 1$: Übersetzung ins Schnelle

$$i = \frac{d_2}{d_1}$$

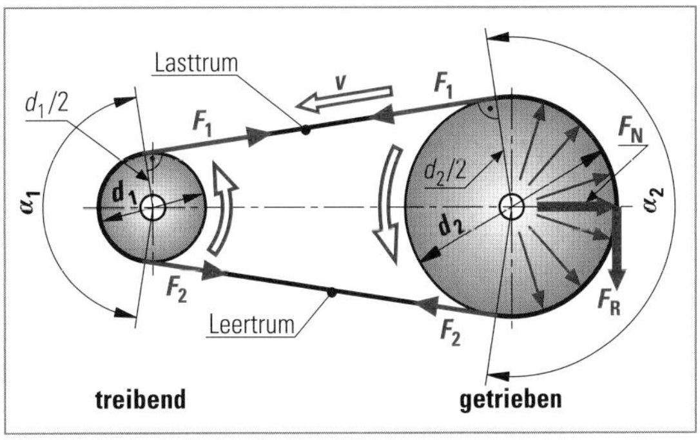

1 Kräfte und Drehmomente am Riementrieb

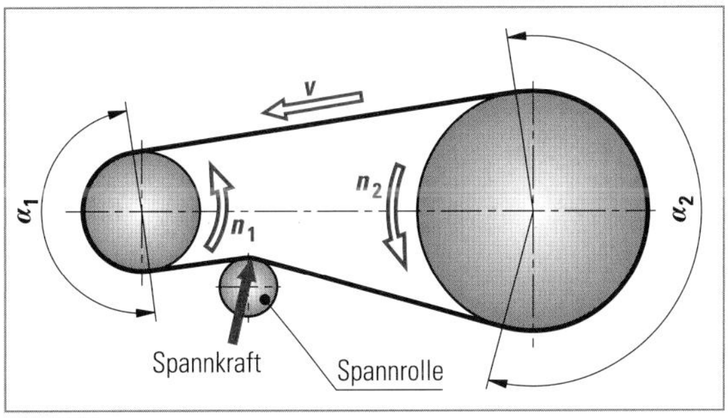

2 Anordnung und Funktion der Spannrolle

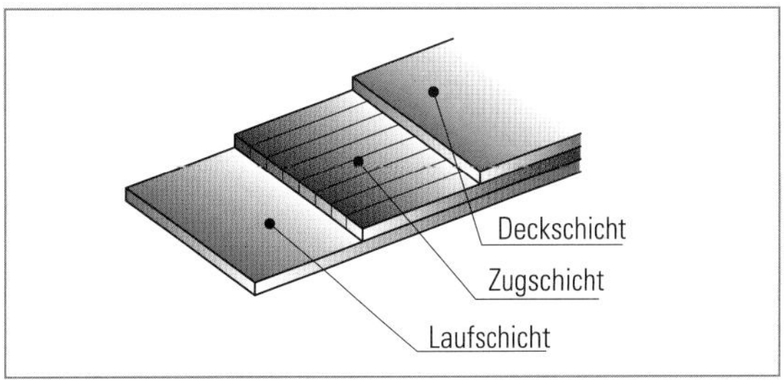

3 Aufbau eines Flachriemens

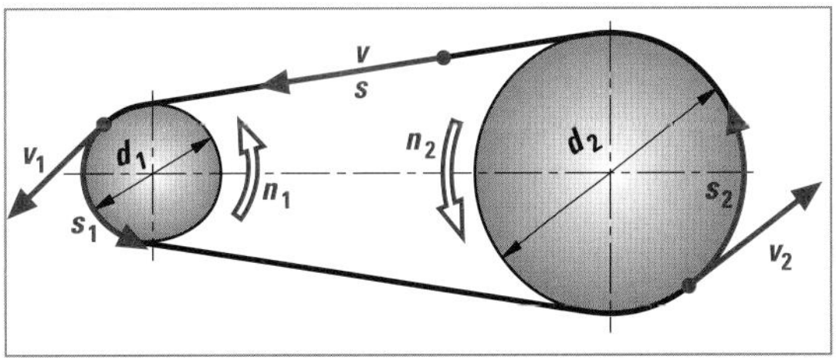

4 Umdrehungsfrequenzen und Geschwindigkeiten am Riementrieb

1) siehe Lernfeld 6

Drehmomente

Im Stillstand sind die Zugtrumkraft F_1 und die Leertrumkraft F_2, die auf die Riemenscheibe wirken, gleich groß. Es gilt:

$F_1 = F_2$

Während des Betriebes nimmt F_1 zu und F_2 ab. Es gilt:

$F_1 > F_2$

Als Umfangskraft wirkt an jeder Scheibe die resultierende Kraft $F_1 - F_2$. Damit ergeben sich folgende Drehmomente:

an Scheibe 1:

$$M_1 = (F_1 - F_2) \cdot \frac{d_1}{2}$$

an Scheibe 2:

$$M_2 = (F_1 - F_2) \cdot \frac{d_2}{2}$$

$$\frac{M_1}{M_2} = \frac{(F_1 - F_2) \cdot \frac{d_1}{2}}{(F_1 - F_2) \cdot \frac{d_2}{2}}$$

$$\frac{M_1}{M_2} = \frac{d_1}{d_2}$$

MERKE

Die Drehmomente verhalten sich proportional zu den Durchmessern der Riemenscheiben.

$$i = \frac{n_1}{n_2} = \frac{M_2}{M_1}$$

MERKE

Die Drehmomente verhalten sich umgekehrt proportional zu den Umdrehungsfrequenzen.

Leistung und Drehmoment

Der Riementrieb überträgt nicht nur Drehmomente sondern auch eine Leistung vom Antrieb auf den Abtrieb.

Leistung P *(power)* ist der Quotient aus Arbeit W und Zeit t.

$$P = \frac{W}{t}$$

P: Leistung
W: Arbeit
t: Zeit

Arbeit W *(work)* ist das Produkt aus Kraft F und Weg s.

$$W = F \cdot s$$

$$P = \frac{F \cdot s}{t}$$

W: Arbeit
F: Kraft
s: Weg

Da die **Geschwindigkeit** v *(speed)* der Quotient aus Weg s und Zeit t ist, ergibt sich

$$P = F \cdot v$$

Bei der **kreisförmigen Bewegung** ist die **Umfangsgeschwindigkeit** v *(rim speed)*:

$$v = d \cdot \pi \cdot n$$

Somit ergibt sich für die Leistungsübertragung an der Riemenscheibe (Bild 1) mit einer resultierenden Umfangskraft F_u:

$$P = F_u \cdot d \cdot \pi \cdot n$$

$$P = 2 \cdot F_u \cdot \frac{d}{2} \cdot \pi \cdot n \qquad M = F_u \cdot \frac{d}{2}$$

$$P = 2 \cdot M \cdot \pi \cdot n$$

$$M = \frac{P}{2 \cdot \pi \cdot n}$$

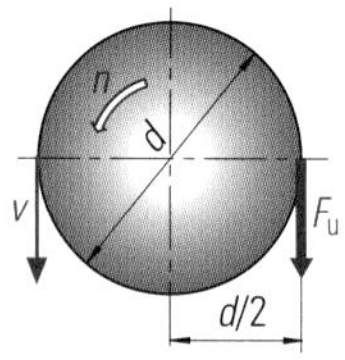

1 *Leistung und Drehmoment*

Beispielrechnung

Die Antriebsriemenscheibe (Seite 165 Bild 4) besitzt eine Umdrehungsfrequenz von 1450/min, einen Durchmesser von 160 mm und ein Drehmoment von 32 Nm. Die Abtriebsscheibe hat einen Durchmesser von 240 mm.

- Bestimmen Sie das Übersetzungsverhältnis.
- Wie groß sind am Abtrieb die Umdrehungsfrequenz und das Drehmoment.

gesucht: i, n_2, M_2
gegeben: $n_1 = 1450/\text{min}$; $d_1 = 160$ mm; $d_2 = 240$ mm
$M_1 = 32$ Nm

$$i = \frac{d_2}{d_1}$$

$$i = \frac{240 \text{ mm}}{160 \text{ mm}}$$

$$\underline{\underline{i = 1{,}5 : 1}}$$

$$\frac{n_1}{n_2} = \frac{d_2}{d_1}$$

$$n_2 = \frac{n_1 \cdot d_1}{d_2}$$

$$n_2 = \frac{1450 \cdot 160 \text{ mm}}{\text{min} \cdot 240 \text{ mm}}$$

$$\underline{\underline{n_2 = 967/\text{min}}}$$

$$i = \frac{M_2}{M_1}$$

$$M_2 = i \cdot M_1$$

$$M_2 = 1{,}5 \cdot 32 \text{ Nm}$$

$$\underline{\underline{M_2 = 48 \text{ Nm}}}$$

MERKE

Je kleiner die Umdrehungsfrequenz, desto größer wird bei konstanter Leistung das zu übertragende Drehmoment.

Beispielrechnung

Die Antriebsscheibe eines Riementriebs mit 120 mm Durchmesser wird von einem Motor mit 2 kW Antriebsleistung bei 1450/min angetrieben. Die Riemenscheibe am Abtrieb hat 200 mm Durchmesser. Welche Drehmomente wirken am An- und Abtrieb?

gesucht: M_1, M_2
gegeben: $P = 2$ kW; $n = 1450$/min;
$d_1 = 120$ mm; $d_2 = 200$ mm

$$M_1 = \frac{P}{2 \cdot \pi \cdot n}$$

$$M_1 = \frac{2\ \text{kW} \cdot \text{min}}{2 \cdot \pi \cdot 1450} \cdot \frac{1000\ \text{W}}{1\ \text{kW}} \cdot \frac{60\ \text{s}}{1\ \text{min}} \cdot \frac{1\ \text{Nm}}{1\ \text{W} \cdot \text{s}}$$

$$\underline{\underline{M_1 = 13{,}2\ \text{Nm}}}$$

$$i = \frac{d_2}{d_1}$$

$$i = \frac{200\ \text{mm}}{120\ \text{mm}}$$

$$\underline{i = 1{,}67 : 1}$$

$$M_2 = i \cdot M_1$$

$$M_2 = 1{,}67 \cdot 13{,}2\ \text{Nm}$$

$$\underline{\underline{M_2 = 22\ \text{Nm}}}$$

Überlegen Sie!

Im Bild 1 sind die Leistungen und Drehmomente für einen geregelten Drehstrom-Hauptantrieb in Abhängigkeit von der Drehzahl dargestellt.

1. *Überprüfen Sie im Diagramm die Antriebsleistung bei einer Umdrehungsfrequenz von 500/min und einem Drehmoment von 508 Nm.*
2. *Welches Drehmoment steht bei einer Antriebsleistung von 23,7 kW bei einer Drehzahl von 2000/min zur Verfügung?*

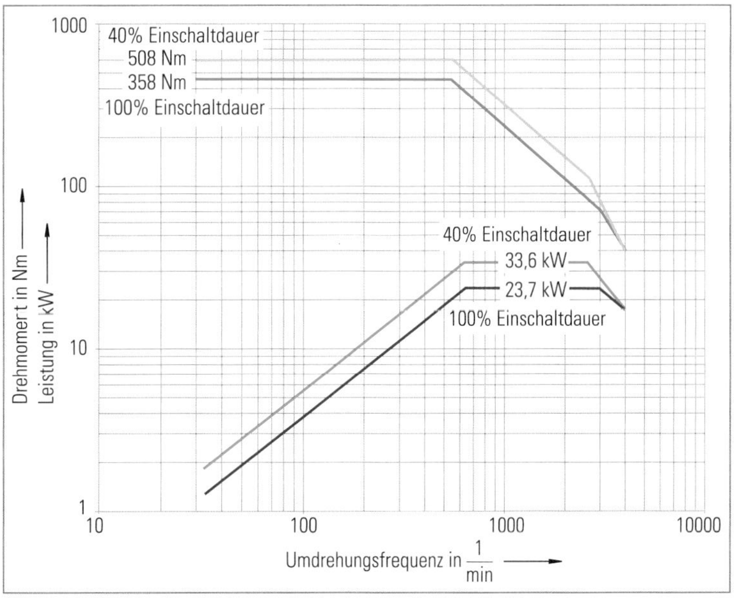

***1** Leistungs- und Drehmomentdiagramm*

9.2.2.2 Keilriementrieb *(V-belt drive)*

An Werkzeugmaschinen übertragen meist Keilriemen *(V-belts)* das Motordrehmoment auf eine Getriebewelle oder Arbeitsspindel. Sie unterscheiden sich vom Flachriemen durch ihren trapezförmigen (keilförmigen) Querschnitt (Bild 2).

Beim Keilriemen ist die übertragbare Umfangskraft ebenfalls von der vorhandenen Reibkraft und somit auch von der Normalkraft zwischen Riemen und Riemenscheibe abhängig. Der Keilriemen ist auf das Riemenscheibenprofil abgestimmt und darf nicht auf dessen Grund aufliegen Die von der Vorspannkraft abhängige Kraft F wird in zwei Normalkräfte $F_N/2$ zerlegt, die senkrecht zu den Berührungsflächen wirken. Die auf diese Weise entstehende gesamte Normalkraft $F_N = 2 \cdot F_N/2$ ist wesentlich größer als die Vorspannkraft.

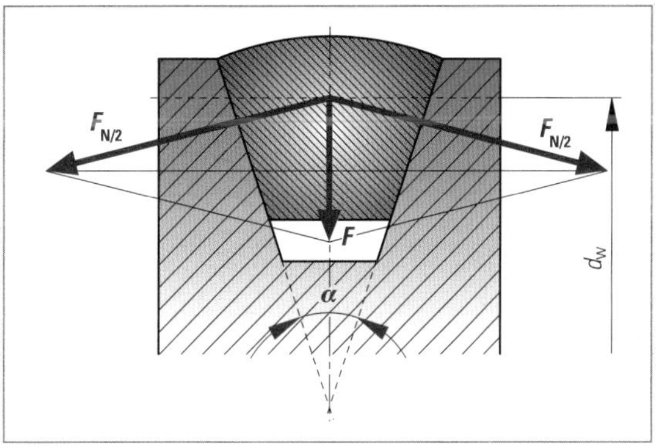

***2** Kräfte am Keilriemen*

Überlegen Sie!

1. *Vollenden Sie den Satz: „Die Normalkraft wird umso größer, je ...“*
2. *Entwickeln Sie einen mathematischen Zusammenhang zwischen F_N, F und α.*

Für unterschiedliche Anwendungen stehen verschiedene Keilriemenarten zur Verfügung (Bild 1).

Die **Vorteile** der Keil- gegenüber dem Flachriementrieb sind:

- größere Reibkräfte bei geringerer Vorspannung
- geringerer Schlupf
- kleinere Umschlingungswinkel und somit größere Übersetzungen sind möglich
- Zwangsführung durch Keilform

Nachteilig gegenüber dem Flachriemen sind:

- geringere Riemengeschwindigkeiten
- geringerer Wirkungsgrad und höhere Erwärmung wegen größerer Verformung und Reibung

Für die Ermittlung der **Drehmomente** *(static torques)*, **Umdrehungsfrequenzen** *(rotational speeds)* und der übertragbaren **Leistung** *(power)* gelten die gleichen Gesetzmäßigkeiten wie beim Flachriementrieb. Bei der Berechnung muss lediglich der **Wirkdurchmesser** d_W *(effective diameter)* (Seite 167 Bild 2) berücksichtigt werden, der Herstellerangaben zu entnehmen ist.

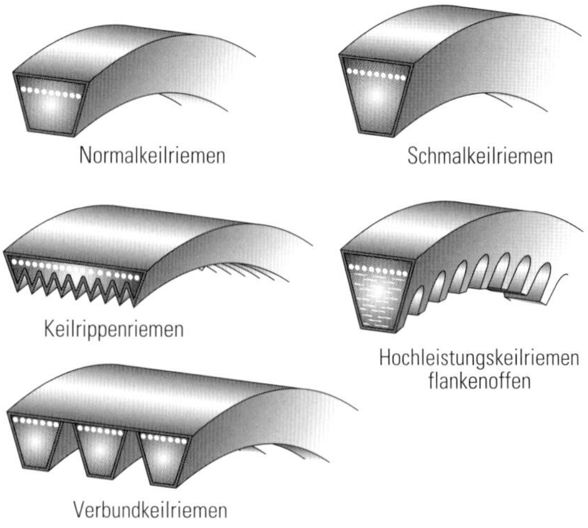

1 *Keilriemenarten*

MERKE
Flachriemen und Keilriemen wirken reib- bzw. kraftschlüssig.

Wenn ein Keilriemen die gewünschte Leistung nicht übertragen kann, werden mehrere Riemen eingesetzt, die mehrrillige Keilriemenscheiben (Bild 2) miteinander verbinden.

2 *Mehrrillige Keilriemenscheibe*

9.2.2.3 Zahnriementrieb

Beim Zahnriementrieb *(synchronous belt drive)* (Bild 3) greift der mit Zähnen versehene elastische Riemen in die entsprechenden Lücken der Zahnscheiben. Der Riemen kann nicht durchrutschen, somit entsteht kein Schlupf. Zahnriemen müssen gegen seitliches Ablaufen geführt werden. Die Führung erfolgt meist durch Bordscheiben. Diese können entweder auf einer Zahnriemenscheibe oder auf der Spannrolle befestigt sein.

Zahnriemen *(synchronous belts)* sind aus verschiedenen Werkstoffen aufgebaut (Bild 4), damit sie hohe Kräfte bei großen Geschwindigkeiten möglichst verschleißfrei übertragen.

MERKE
Der Zahnriemen überträgt das Drehmoment formschlüssig und hält das Übersetzungsverhältnis exakt ein.

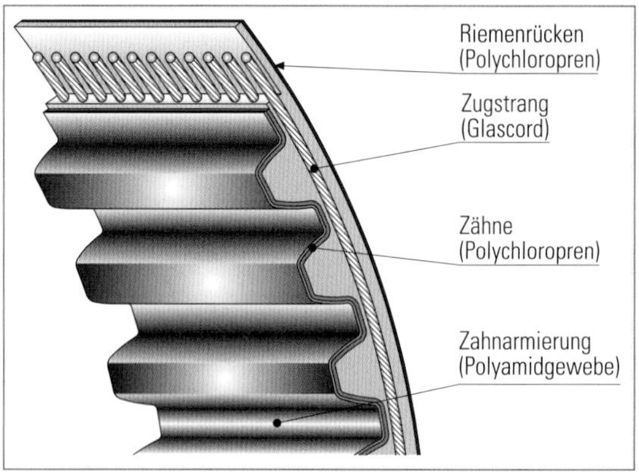

4 *Beispiel für den Aufbau eines Zahnriemens*

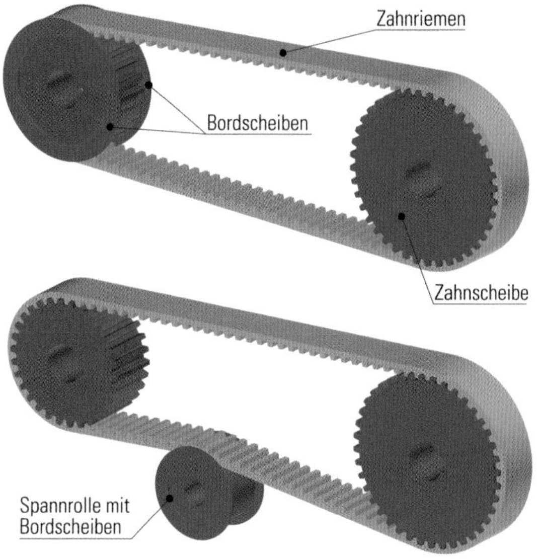

3 *Zahnriementrieb a) ohne und b) mit Spannrolle*

Wegen der Formschlüssigkeit benötigt der Zahnriementrieb nur eine geringe Vorspannung, wodurch die Lagerbelastung ebenfalls niedriger ist als bei vergleichbaren kraftschlüssigen Riementrieben. Ebenfalls sind größere Übersetzungsverhältnisse und Mehrfachantriebe (Bild 1) möglich.
Zur Bestimmung des Übersetzungsverhältnises werden die Wirkdurchmesser der Zahnscheiben[1] oder deren Zähnezahlen[2] genutzt.

Überlegen Sie!

Informieren Sie in Ihrem Ausbildungsbetrieb mithilfe von Herstellerunterlagen, wo und warum an Werkzeugmaschinen Zahnriementriebe eingesetzt sind.

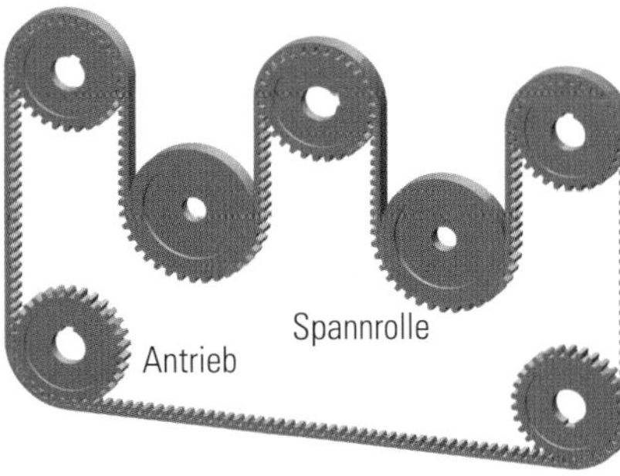

1 *Mehrere von einem Antrieb angetriebene Zahnscheiben*

9.2.3 Zahnradtriebe

9_1 Zahnradgetriebe *(gear drives)* wie z. B. das Vorschubgetriebe einer Drehmaschine (Bild 2) können folgende Aufgaben übernehmen[3]:

- Wandeln der Umdrehungsfrequenz
- Verändern der Drehrichtung und
- Wandeln des Drehmomentes

Bei Zahnradtrieben greifen die Zähne der beiden Zahnräder ineinander, sie kämmen (Bild 3). Dadurch werden die Umdrehungsfrequenzen und die Drehmomente **formschlüssig** *(positive locking)* und somit **schlupffrei** *(non-slip)* übertragen. Die beiden Zahnräder drehen entgegengesetzt. Die Zähne übertragen Stöße und Schwingungen ungedämpft von der Antriebs- auf die Abtriebswelle.

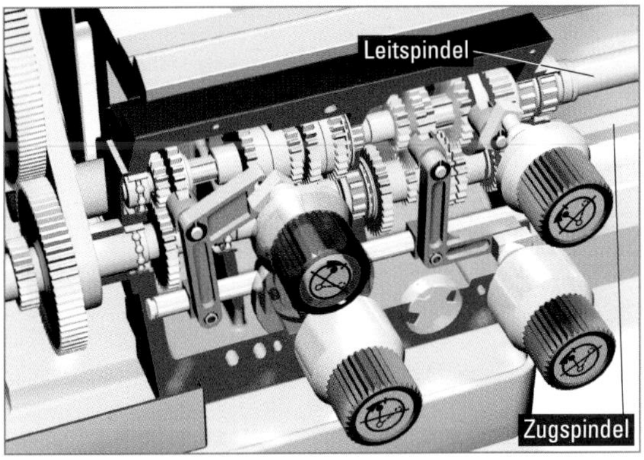

2 *Vorschubgetriebe einer Drehmaschine*

9.2.3.1 Zahnradmaße *(dimensions for gear wheels)*

Bild 1 auf Seite 170 stellt die wesentlichen Abmessungen am Zahnrad dar.
Auf dem **Teilkreisdurchmesser** *d* *(pitch diameter)* erfolgt rechnerisch die Kraftübertragung der im Eingriff befindlichen Zähne. Auf ihn sind auch die errechneten Geschwindigkeiten bezogen.
Jedes Zahnrad *(gear wheel)* besitzt eine ganzzahlige Anzahl von Zähnen *z*. Diese unterteilen den Umfang des Teilkreises in die gleiche Anzahl von Bogenteilen, in die **Teilung** *p* *(pitch)*. Somit gilt für den Teilkreisumfang:

$$U = d \cdot \pi$$
$$U = z \cdot p$$
$$d \cdot \pi = z \cdot p$$
$$\frac{d}{z} = \frac{p}{\pi} = m$$

Das Verhältnis von $d:z$ bzw. $p:\pi$ ist als **Modul** *m* *(module)* definiert. Damit ist der Modul eine Größe, in der π nicht mehr zahlenmäßig enthalten ist ($m = d/z$). Module für Zahnräder sind genormt:

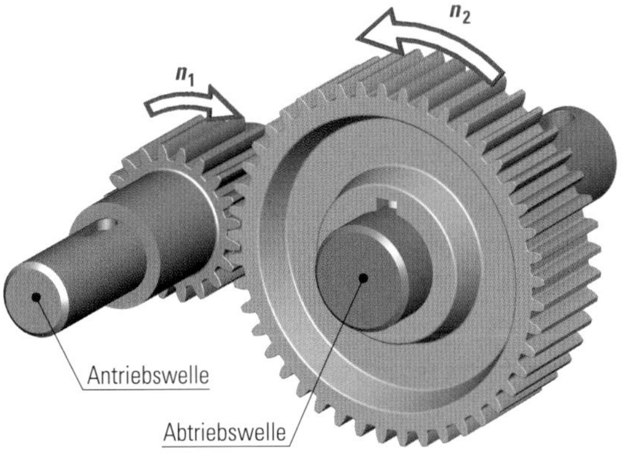

3 *Zahnradtrieb*

Auszug aus Modulreihe 1:

m in mm: ...; 0,8; 0,9; 1; 1,25; 1,5; 2; 2,5; 3; 4; 5; ...

Je größer der Modul, desto größer sind die Zahnteilung und das Zahnprofil. Sie verändern sich proportional mit dem Modul.

MERKE

Zahnräder können nur miteinander kämmen, wenn deren Module gleich groß sind.

1) siehe Kap. 9.2.2.2 2) siehe Kap. 9.2.3.2 3) siehe Kap. 9.2.2

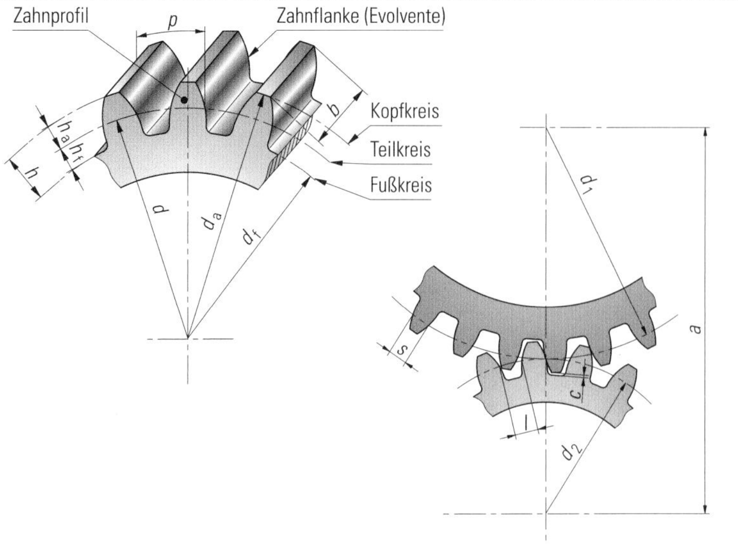

Berechnungen:

Zähnezahl:	z
Modul:	m
Teilung:	$p = \pi \cdot m$
Teilkreisdurchmesser:	$d = z \cdot m$
Zahnkopfhöhe:	$h_a = m$
Kopfkreisdurchmesser:	$d_a = d + 2 \cdot m$ $d_a = m \cdot (z + 2)$
Zahnfußhöhe:	$h_f = m + c$
Fußkreisdurchmesser:	$d_f = d - 2 \cdot (m + c)$
Zahnhöhe:	$h = h_a + h_f$
Kopfspiel:	$c = (0{,}1 \ldots 0{,}3) \cdot m$
Achsabstand:	$a = \frac{d_1}{2} + \frac{d_2}{2}$
Zahnbreite:	$b = (6 \ldots 30) \cdot m$
Zahndicke:	$s = \frac{p}{2}$
Zahnlücke:	$l = \frac{p}{2}$

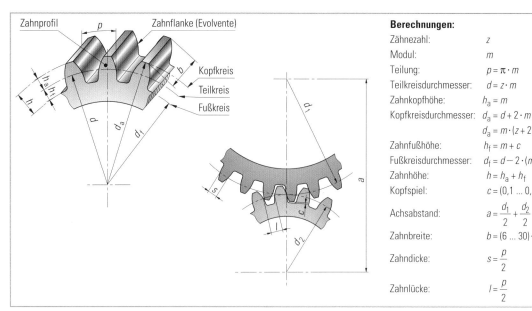

***1** Zahnradbestimmungsgrößen*

Beispielrechnung

Für ein Zahnrad, das 32 Zähne mit einem Modul von 3 mm besitzt, sind die für die Zerspanung erforderlichen Maße d, d_a, d_f und p zu bestimmen, wenn das Zahnspiel $c = 0{,}2 \cdot m$ beträgt.

gesucht: d, d_a, d_f und p
gegeben: $z = 32$; $m = 3$ mm; $c = 0{,}2 \cdot 3$ mm

$$d = m \cdot z$$
$$d = 3\text{ mm} \cdot 32$$
$$\underline{\underline{d = 96\text{ mm}}}$$

$$p = m \cdot \pi$$
$$p = 3\text{ mm} \cdot \pi$$
$$\underline{\underline{p = 9{,}424\text{ mm}}}$$

$$d_a = m \cdot (z + 2)$$
$$d_a = 3\text{ mm}\,(32 + 2)$$
$$\underline{\underline{d_a = 102\text{ mm}}}$$

$$d_f = d - 2 \cdot (m + c)$$
$$d_f = 96\text{ mm} - 2 \cdot (3\text{ mm} + 0{,}2 \cdot 3\text{ mm})$$
$$\underline{\underline{d_f = 88{,}8\text{ mm}}}$$

9.2.3.2 Übersetzungsverhältnis

Einfache Übersetzung

Die Teilkreisdurchmesser der beiden Zahnräder (Bild 2) besitzen die gleiche Umfangsgeschwindigkeit ($v_1 = v_2$):

$$v_1 = v_2$$
$$d_1 \cdot \pi \cdot n_1 = d_2 \cdot \pi \cdot n_2$$
$$d_1 \cdot n_1 = d_2 \cdot n_2$$
$$\frac{n_1}{n_2} = \frac{d_2}{d_1}$$

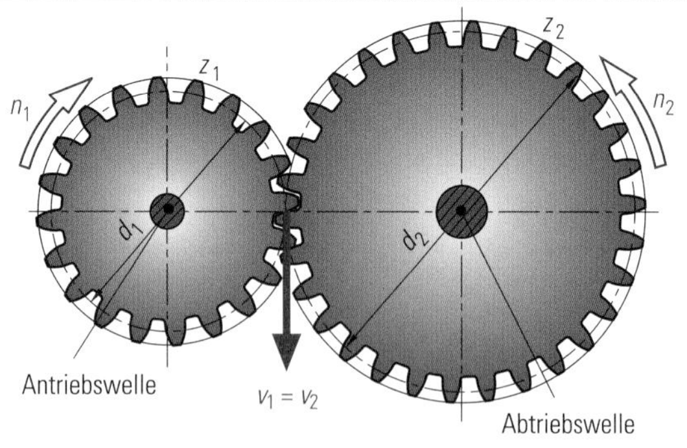

Die Nummerierung der Indizes erfolgt in Richtung des Energieflusses, d. h., vom Antrieb zum Abtrieb. Daher erhalten die **treibenden** Räder meist **ungerade** und die **getriebenen** Räder **gerade** Indizes.
Für das Antriebsrad gilt: d_1, n_1, z_1
Für das Abtriebsrad gilt: d_2, n_2, z_2

***2** Einfache Übersetzung*

Das Verhältnis von **Antriebs**umdrehungsfrequenz n_1 zu **Abtriebs**umdrehungsfrequenz n_2 ist das **Übersetzungsverhältnis** i *(gear transmission ratio)*:

$$\boxed{i = \frac{n_1}{n_2}} \qquad \boxed{i = \frac{d_2}{d_1}}$$

Da beim Zahnrad $d = m \cdot z$ ist, ergibt sich:

$$i = \frac{m \cdot z_2}{m \cdot z_1}$$

$$\boxed{i = \frac{z_2}{z_1}}$$

Beispielrechnung

Mit einer einfachen Zahnradübersetzung soll die Umdrehungsfrequenz vom 1250/min auf 850/min gewandelt werden. Welche Zähnezahl muss das Abtriebsrad erhalten, wenn das Antriebsrad 17 Zähne besitzt?

gesucht: z_2
gegeben: $z_1 = 1$; $n_1 = 1250/\text{min}$; $n_2 = 850/\text{min}$

$$i = \frac{n_1}{n_2} = \frac{z_2}{z_1}$$

$$\frac{n_1}{n_2} = \frac{z_2}{z_1}$$

$$z_2 = \frac{1250 \cdot 17 \cdot \text{min}}{\text{min} \cdot 850}$$

$$\underline{\underline{z_2 = 25}}$$

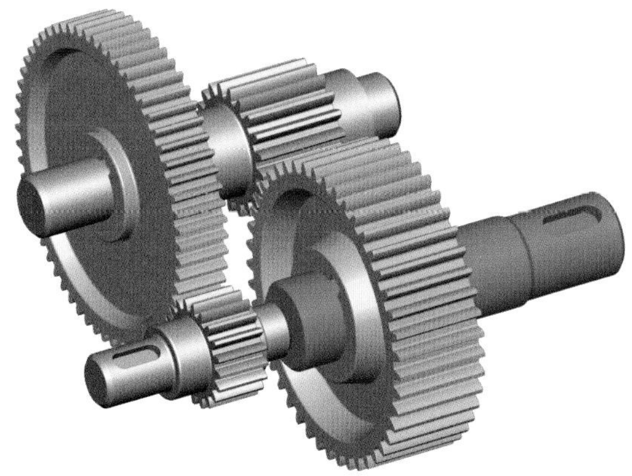

1 Mehrfache Zahnradübersetzung

Mehrfache Übersetzung

1_1 Oft sind mehrere Teilübersetzungen (z. B. i_1 und i_2) erforderlich (Bilder 1 und 2), um eine große **Gesamtübersetzung** i zu realisieren. Die Gesamtübersetzung i ist das Verhältnis von Anfangsumdrehungsfrequenz n_A zu Endumdrehungsfrequenz n_E.

$$i = \frac{n_A}{n_E}$$

$$i_1 = \frac{n_1}{n_2} \qquad n_2 = \frac{n_1}{i_1}$$

$$i_2 = \frac{n_3}{n_4} \qquad n_3 = i_2 \cdot n_4$$

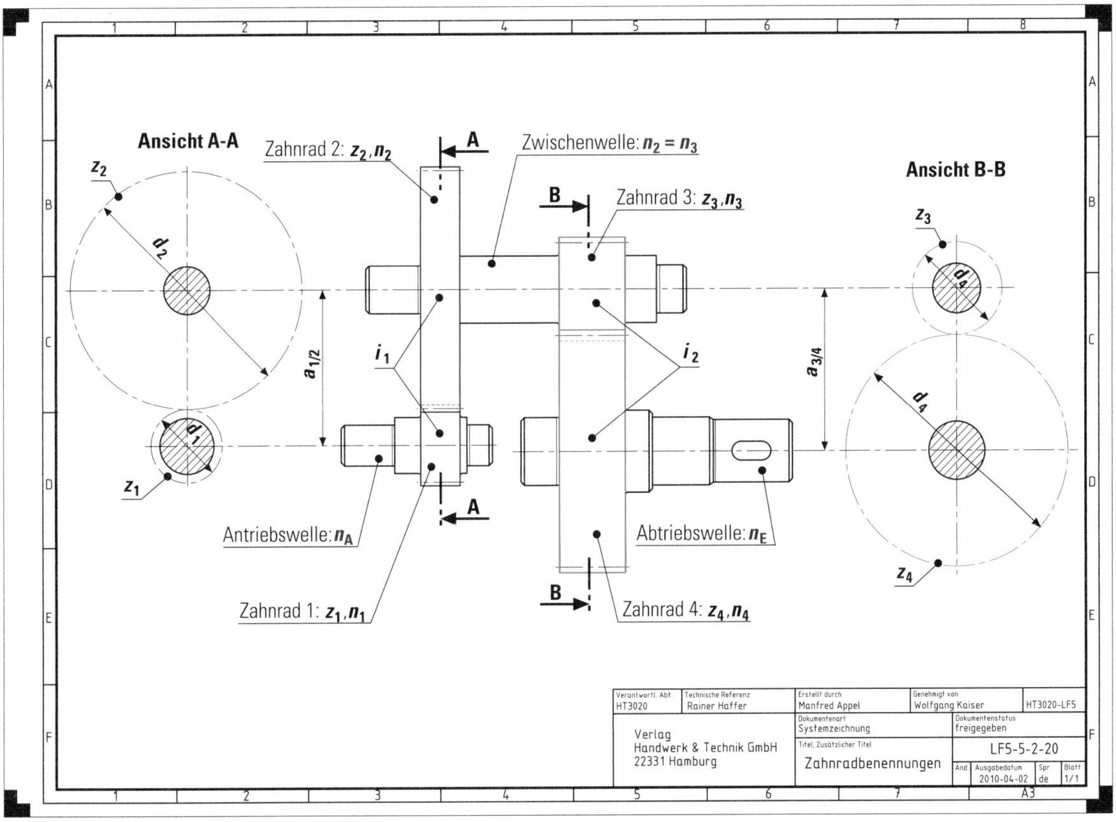

2 Benennungen bei mehrfacher Zahnradübersetzung

Die beiden Zahnräder auf der Zwischenwelle haben die gleiche Umdrehungsfrequenz:

$$n_2 = n_3$$

$$\frac{n_1}{i_1} = i_2 \cdot n_4$$

$$\frac{n_1}{n_2} = i_1 \cdot i_2$$

$$\boxed{i = i_1 \cdot i_2}$$

$$\boxed{i = \frac{z_2 \cdot z_4}{z_1 \cdot z_3}} \qquad \boxed{i = \frac{d_2 \cdot d_4}{d_1 \cdot d_3}}$$

MERKE

Bei mehrstufigen Übersetzungen ist die Gesamtübersetzung das Produkt aus den Teilübersetzungen.

Beispielrechnung

Mit einer doppelten Zahnradübersetzung soll die Umdrehungsfrequenz vom 1450/min auf 400/min gewandelt werden.

a) Welche Zähnezahl muss das dritte Zahnrad haben, wenn $z_1 = 20$, $z_2 = 50$ und $z_4 = 29$ betragen?
b) Welche Außendurchmesser müssen die Zahnräder erhalten, wenn der Modul für die erste Übersetzung 2 mm und der Modul für die zweite Übersetzung 3 mm beträgt?
c) Wie groß sind die beiden Achsabstände?

gesucht: a) z_3; b) d_{a1}; d_{a2}; d_{a3}; d_{a4}; c) $a_{1/2}$; $a_{3/4}$
gegeben: $z_1 = 20$; $z_2 = 50$; $z_4 = 29$
$n_A = 1450/\text{min}$; $n_E = 850/\text{min}$

a)
$$\frac{n_A}{n_E} = \frac{z_2 \cdot z_4}{z_1 \cdot z_3}$$
$$z_3 = \frac{z_2 \cdot z_4 \cdot n_E}{z_1 \cdot n_A}$$
$$z_3 = \frac{50 \cdot 29 \cdot 400 \cdot \text{min}}{20 \cdot 1450 \cdot \text{min}}$$
$$\underline{\underline{z_3 = 20}}$$

$$d_{a3} = m_{3/4} \cdot (z_1 + 2)$$
$$d_{a3} = 3\,\text{mm} \cdot (20 + 2)$$
$$\underline{\underline{d_{a3} = 66\,\text{mm}}}$$
$$d_{a4} = 3\,\text{mm} \cdot (29 + 2)$$
$$\underline{\underline{d_{a4} = 93\,\text{mm}}}$$

b)
$$d_a = m \cdot (z + 2)$$
$$d_{a1} = m_{1/2} \cdot (z_1 + 2)$$
$$d_{a1} = 2\,\text{mm} \cdot (20 + 2)$$
$$\underline{\underline{d_{a1} = 44\,\text{mm}}}$$
$$d_{a2} = 2\,\text{mm} \cdot (50 + 2)$$
$$\underline{\underline{d_{a2} = 104\,\text{mm}}}$$

c)
$$a_{1/2} = \frac{d_1 + d_2}{2}$$
$$a_{1/2} = m_{1/2} \cdot \frac{z_1 + z_2}{2}$$
$$a_{1/2} = 2\,\text{mm} \cdot \frac{20 + 50}{2}$$
$$\underline{\underline{a_{1/2} = 70\,\text{mm}}}$$
$$a_{3/4} = 3\,\text{mm} \cdot \frac{20 + 29}{2}$$
$$\underline{\underline{a_{3/4} = 73{,}5\,\text{mm}}}$$

9.2.3.3 Drehmomentwandlung

Beim Zahnradtrieb (Bild 1) findet immer eine Wandlung des Drehmomentes *(continuously variable transmission)* statt, sofern das Übersetzungsverhältnis nicht 1 ist ($i \neq 1$).

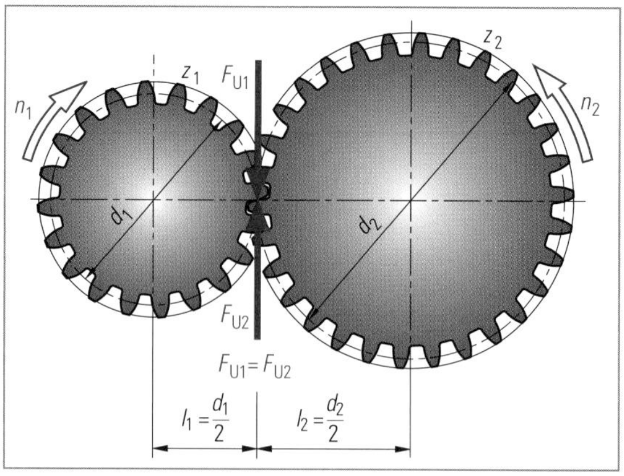

***1** Drehmomentwandlung beim Zahnradtrieb*

Bei konstanten Umdrehungsfrequenzen sind die Umfangskräfte an beiden Zahnrädern gleich groß ($F_{u1} = F_{u2} = F_u$). Damit ergeben sich für die beiden Zahnräder folgende Drehmomente:

Zahnrad 1:
$$M_1 = F_{U1} = l_1$$
$$M_1 = \frac{F_U \cdot d_1}{2}$$
$$F_U = \frac{2 \cdot M_1}{d_1}$$

Zahnrad 2:
$$M_2 = F_{U2} \cdot l_2$$
$$M_2 = \frac{F_U \cdot d_2}{2}$$
$$F_U = \frac{2 \cdot M_2}{d_2}$$

$$\frac{2 \cdot M_1}{d_1} = \frac{2 \cdot M_2}{d_2}$$

$$\frac{M_1}{d_1} = \frac{M_2}{d_2}$$

$$\frac{M_2}{M_1} = \frac{d_2}{d_1} = i = \frac{z_2}{z_1} = \frac{n_1}{n_2}$$

$$\boxed{M_2 = M_1 \cdot i}$$

MERKE

Die Drehmomente verhalten sich proportional zu den Zähnezahlen und umgekehrt proportional zu den Umdrehungsfrequenzen der Zahnräder.

Beispielrechnung

Bei einer dreifachen Zahnradübersetzung ($i_1 = 2:1$, $i_2 = 1{,}5:1$ und $i_3 = 1{,}6:1$) liegt ein Eingangsdrehmoment von 50 Nm vor (Seite 173 Bild 1). Welche Drehmomente wirken an den zwei Zwischenwellen und der Abgangswelle?

gesucht: M_2; M_3; M_4
gegeben: $i_1 = 2:1$; $i_2 = 1{,}5:1$; $i_3 = 1{,}6:1$; $M_1 = 50$ Nm

$$M_2 = M_1 \cdot i \qquad M_3 = M_1 \cdot i_1 \cdot i_2 \qquad M_4 = M_1 \cdot i_1 \cdot i_2 \cdot i_3$$
$$M_2 = 50\,\text{Nm} \cdot 2 \qquad M_3 = 50\,\text{Nm} \cdot 2 \cdot 1{,}5 \qquad M_4 = 50\,\text{Nm} \cdot 2 \cdot 1{,}5 \cdot 1{,}6$$
$$\underline{\underline{M_2 = 100\,\text{Nm}}} \qquad \underline{\underline{M_3 = 150\,\text{Nm}}} \qquad \underline{\underline{M_4 = 240\,\text{Nm}}}$$

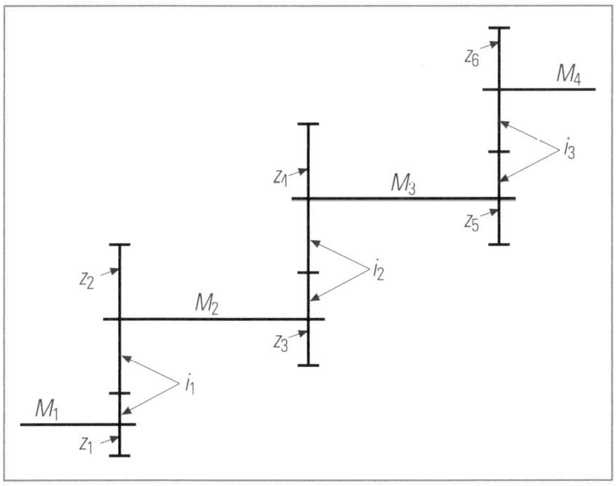

1 *Symbolische Darstellung einer dreifachen Zahnradübersetzung*

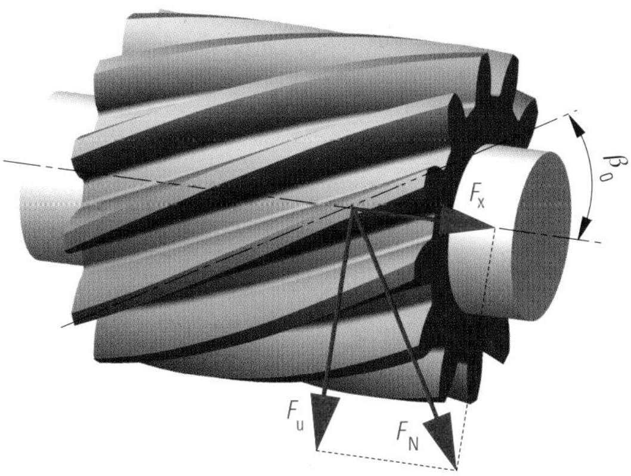

2 *Normalkraft, axiale Kraft und Umfangskraft am schrägverzahnten Stirnrad*

9.2.3.4 Zahnradformen und -darstellung

Schrägverzahnung *(helical gearing)*

Zahnräder können sowohl geradverzahnt (Seite 171 Bild 1) als auch schrägverzahnt sein (Bild 2). Die schrägverzahnten Zahnräder besitzen gegenüber den geradverzahnten folgende **Vorteile**:

- bessere Laufruhe und geringere Geräuschentwicklung, weil mehrere Zähne gleichzeitig im Eingriff sind und jeder Zahn allmählich eingreift
- deshalb sind größere Umfangskräfte und höhere Umdrehungsfrequenzen möglich

Nachteilig sind

- die entstehenden Axialkräfte und
- die höheren Fertigungskosten

Innenverzahnung *(internal gearing)*

Am Hohlrad (Bild 3) sind die Zähne innen angebracht. Der Achsabstand von innenverzahntem Hohlrad und außenverzahntem Ritzel ist kleiner als bei vergleichbaren Außenverzahnungen. Es sind mehr Zähne im Eingriff, wodurch größere Drehmomente übertragbar sind. Hohlrad und Ritzel besitzen die gleiche Drehrichtung.

Zahnflankenform *(shape of tooth profiles)*

Während des Betriebs wälzen sich die Zahnflanken aufeinander ab. Das Wälzen ist eine gleichzeitige Roll- und Gleitbewegung. Damit die Verschleiß fördernde Gleitbewegung möglichst gering wird und die Drehbewegung von einem auf das andere Zahnrad gleichmäßig erfolgt, muss die Zahnflanke entsprechend gestaltet sein. Die Evolventenform (Seite 170 Bild 1) entspricht diesen Anforderungen.

MERKE

Im Maschinenbau werden hauptsächlich Evolventenverzahnungen eingesetzt.

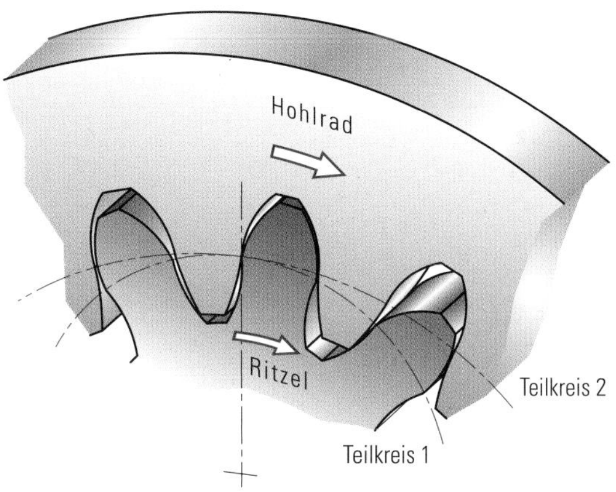

3 *Innenverzahnung mit Hohlrad, Außenverzahnung mit Ritzel*

Die Gründe dafür sind, dass sie

- unempfindlich gegenüber geringen Achsabstandsveränderungen sind und
- mit geradflankigen Werkzeugen wie z. B. beim Abwälzfräsen (siehe Kap. 3.7.5.2) hergestellt werden können

Bei der Interpretation von Zahnradzeichnungen (Seite 174 Bild 1) muss auf einige Besonderheiten geachtet werden:

1. Der Teilkreis ist als Strich-Punkt-Linie dargestellt
2. Die Zahnlücken werden geschnitten und daher auch nicht schraffiert
3. Der Zahnfußdurchmesser wird möglichst nur im Schnitt dargestellt.
4. Die Flankenrichtung der Verzahnung wird durch drei dünne Volllinien angegeben.

9.2.3.5 Getriebearten

Die Lage der Zahnradachsen und die gewünschten Funktionen bestimmen die jeweilige Getriebeart *(kind of gears)* (Seite 174 Bild 2).

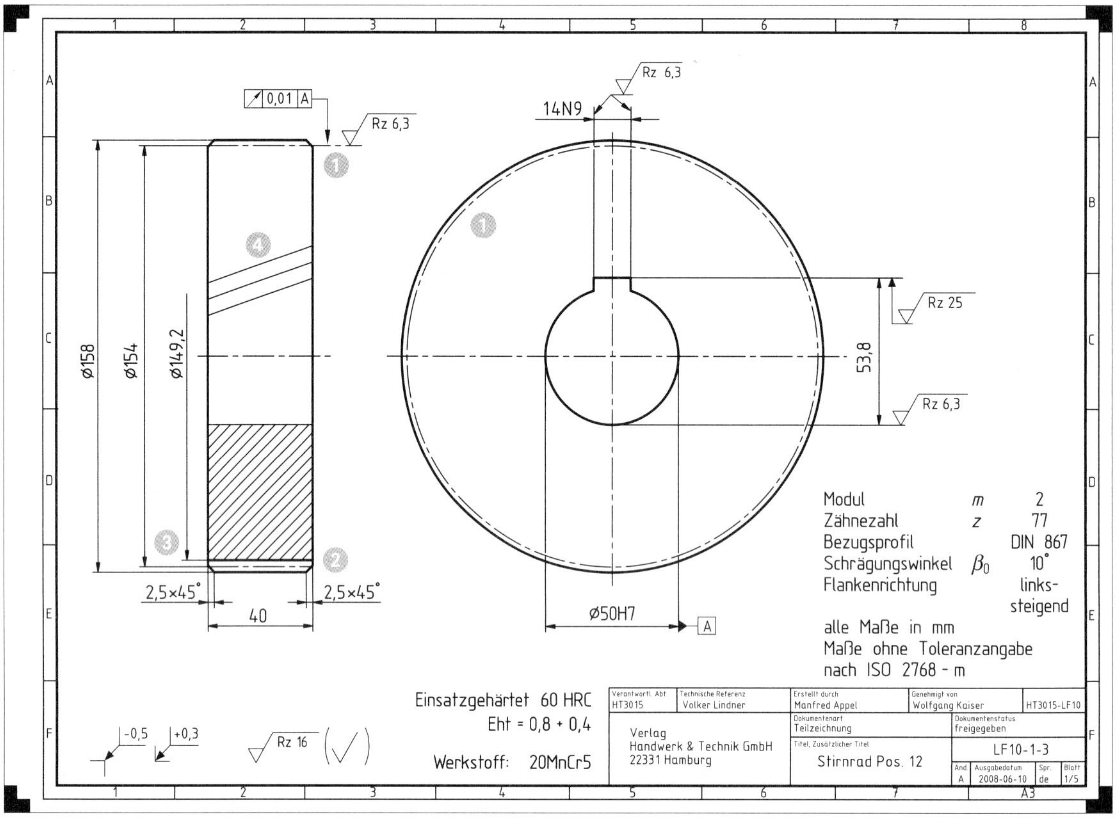

1 Einzelteilzeichnung eines Stirnrads

Stirnräder	**Zahnrad und Zahnstange**	**Kegelräder**	**Schnecke und Schneckenrad**
		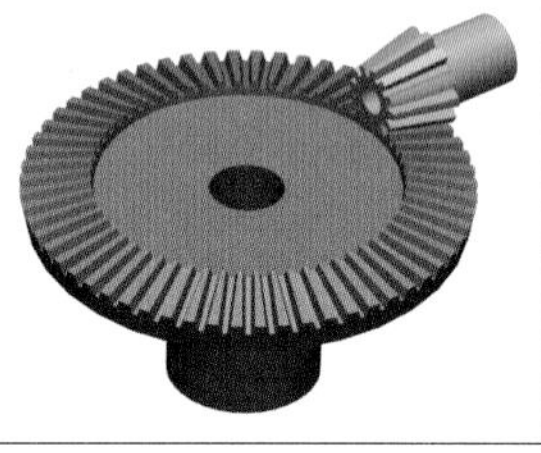	
Achsen liegen parallel	Achsen liegen parallel	Achsen schneiden sich	Achsen kreuzen sich
Verschiedene Drehrichtungen von Antriebs- und Abtriebsrad	Wandlung der Drehbewegung in eine geradlinige und umgekehrt	Achsen können sich unter beliebigen Winkeln schneiden	Sehr große Übersetzungen ins Langsame möglich

2 Getriebearten (Überblick)

174_1

Stirnradgetriebe

Stirnradgetriebe *(spur gears)* können über eine oder mehrere Übersetzungen verfügen (Seite 171 Bild 1). Schieberäder (Seite 175 Bild 1) oder Kupplungen[1)] bewirken durch verschiedene Schaltstellungen unterschiedliche Übersetzungen. Auf diese Weise entstehen bei gleicher Umdrehungsfrequenz am Getriebeeingang unterschiedliche Umdrehungsfrequenzen am Getriebeausgang.

Überlegen Sie!

1. *Wie viele Abtriebsumdrehungsfrequenzen sind mit dem Getriebe auf Seite 175 in Bild 1 schaltbar?*
2. *Geben Sie bei den Schaltstellungen der beiden Schalthebel die an der Drehmomentübertragung beteiligten Zahnräder an.*

1) siehe Kap. 9.2.4.2

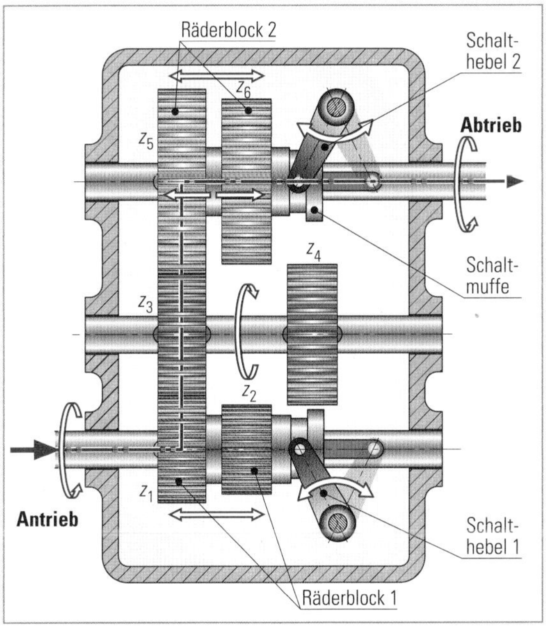

1 *Schieberadgetriebe*

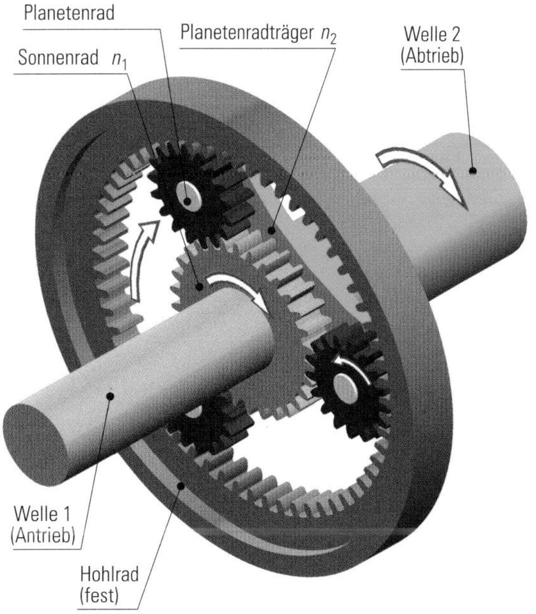

2 *Funktionsweise des Planetengetriebes*

Planetengetriebe

Die Wandlung von Drehmoment und Umdrehungsfrequenz erfolgt beim Planetengetriebe *(epicyclic gears)* (Bild 2) durch

175_1

- das zentrale, außenverzahnte **Sonnenrad**
- den **Planetenträger** mit den außenverzahnten **Planetenrädern** und
- das innenverzahnte **Hohlrad**

Wird z. B. das Sonnenrad bei feststehendem Hohlrad angetrieben, dreht der Planetenradträger mit verminderter Umdrehungsfrequenz. Die Drehrichtung ist die gleiche wie beim Sonnenrad. Planetengetriebe haben eine Platz sparende Bauart. Da An- und Abtrieb auf einer Achse liegen, reduziert sich der Lagerungsaufwand.

Harmonic-Drive-Getriebe

Harmonic-Drive-Getriebe *(harmonic-drive gears)* (Bild 3) erzielen in einer Stufe mit wenigen Bauteilen Übersetzungen von 30:1 bis 320:1. Sie sind wesentlich kompakter und leichter als konventionelle Getriebe mit gleich großen Übersetzungen.

175_2

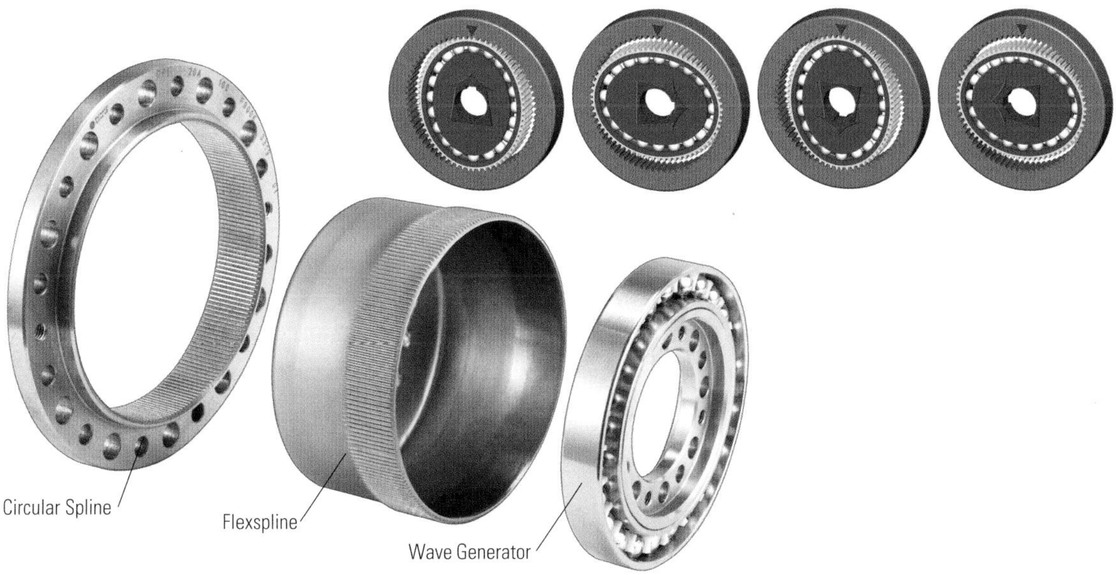

3 *Funktionsweise des Harmonic-Drive-Getriebes*

Der antreibende elliptische **Wave Generator** verformt über das Kugellager den verformbaren **Flexspline**, der sich in den gegenüberliegenden Bereichen der großen Ellipsenachse mit dem innenverzahnten, feststehenden **Circular Spline** im Eingriff befindet. Mit dem Drehen des Wave Generators verlagert sich die große Ellipsenachse und damit der Zahneingriffsbereich. Da der Flexspline zwei Zähne weniger als der Circular Spline besitzt, vollzieht sich nach einer halben Umdrehung des Wave Generators eine Relativbewegung zwischen Flexspline und Circular Spline um einen Zahn und nach einer ganzen Umdrehung um zwei Zähne. Der Flexspline dreht sich als Abtriebselement entgegengesetzt zum Antrieb.

Zahnstangengetriebe

176_1

Zahnstangengetriebe *(rack gears)* (Bild 1) wandeln die Drehbewegung des Zahnrads in eine Längsbewegung der Zahnstange und umgekehrt. Ein Beispiel dafür ist der Längsvorschub an einer Drehmaschine (siehe Kap. 2.3.4).

Kegelradgetriebe

Bei Kegelradgetrieben *(bevel gears)* (Bild 2) schneiden sich die Achsen von An- und Abtrieb meist unter 90°. Es können aber auch beliebige Achswinkel verwirklicht werden.

Schneckengetriebe

176_2

Beim Schneckengetriebe *(worm drives)* (Bild 3) treibt die Schnecke das Schneckenrad an. Die Achsen von beiden liegen in verschiedenen Ebenen, sie kreuzen sich. Es sind große Übersetzungen ins Langsame auf kleinem Raum möglich. So beträgt z. B. bei einer eingängigen Schnecke und einem Schneckenrad mit 40 Zähnen das Übersetzungsverhältnis 40:1. Die Gleitreibung ist wesentlich größer als bei den anderen Getrieben und der Wirkungsgrad daher kleiner.

Schlosskastengetriebe an der Drehmaschine

Das Schlosskastengetriebe an einer Drehmaschine *(plate drives of a lathe)* (Seite 177 Bild 1) beinhaltet verschiedene Getriebearten.

Für den **Längs-** und **Planvorschub** wird die Drehbewegung von der Zugspindel über die Zahnräder 1 und 2 auf die Schnecke (3) und das Schneckenrad (4) übertragen. Das Zahnrad 5 ist über eine Welle fest mit dem Schneckenrad verbunden und treibt das Zwischenrad 6 an. Kämmt das Zwischenrad mit dem Zahnrad 7, das auf der Spindel des Planschlittens sitzt, ist der Planvorschub aktiviert. Durch Schwenken des Zwischenrads kämmt es mit dem Zahnrad 8, das fest mit dem Zahnrad 9 verbunden ist. Zahnrad 9 wälzt sich auf der Zahnstange ab und führt zum Längsvorschub. Der Hebel A senkt die Schnecke (Fallschnecke) ab, sodass der Energiefluss für Plan- und Längsvorschub unterbrochen wird.

Zum Gewindeschneiden erfolgt der Vorschub über Leitspindel und Schlossmutter. Dazu wird die geteilte Schlossmutter geschlossen, wobei allerdings die Fallschnecke abgesenkt sein muss.

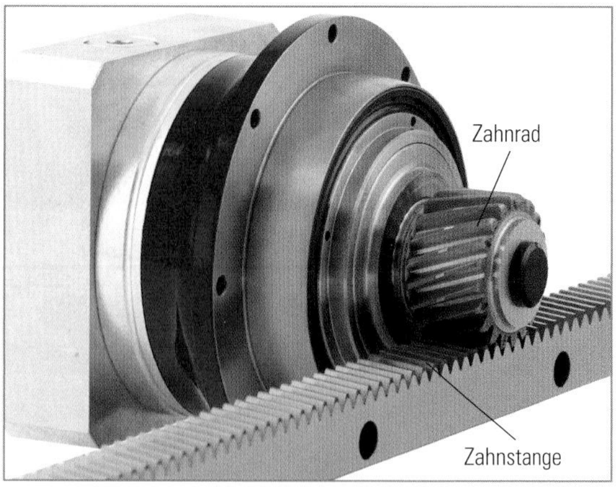

1 *Zahnstangengetriebe*

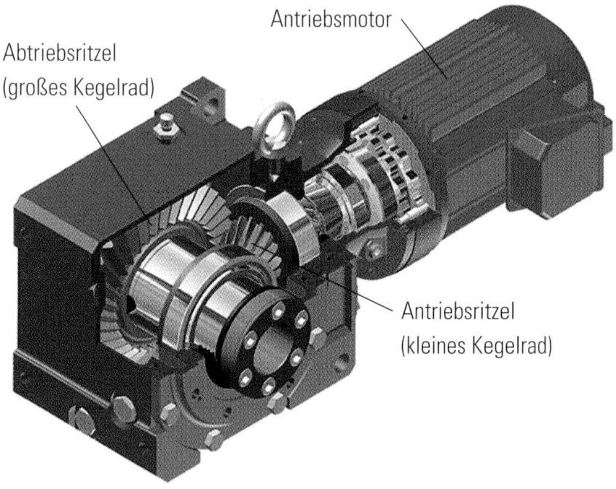

2 *Kegelradgetriebe*

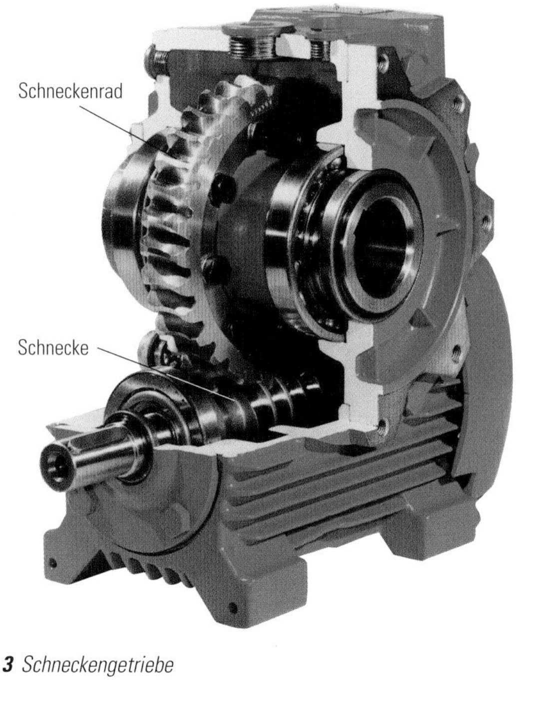

3 *Schneckengetriebe*

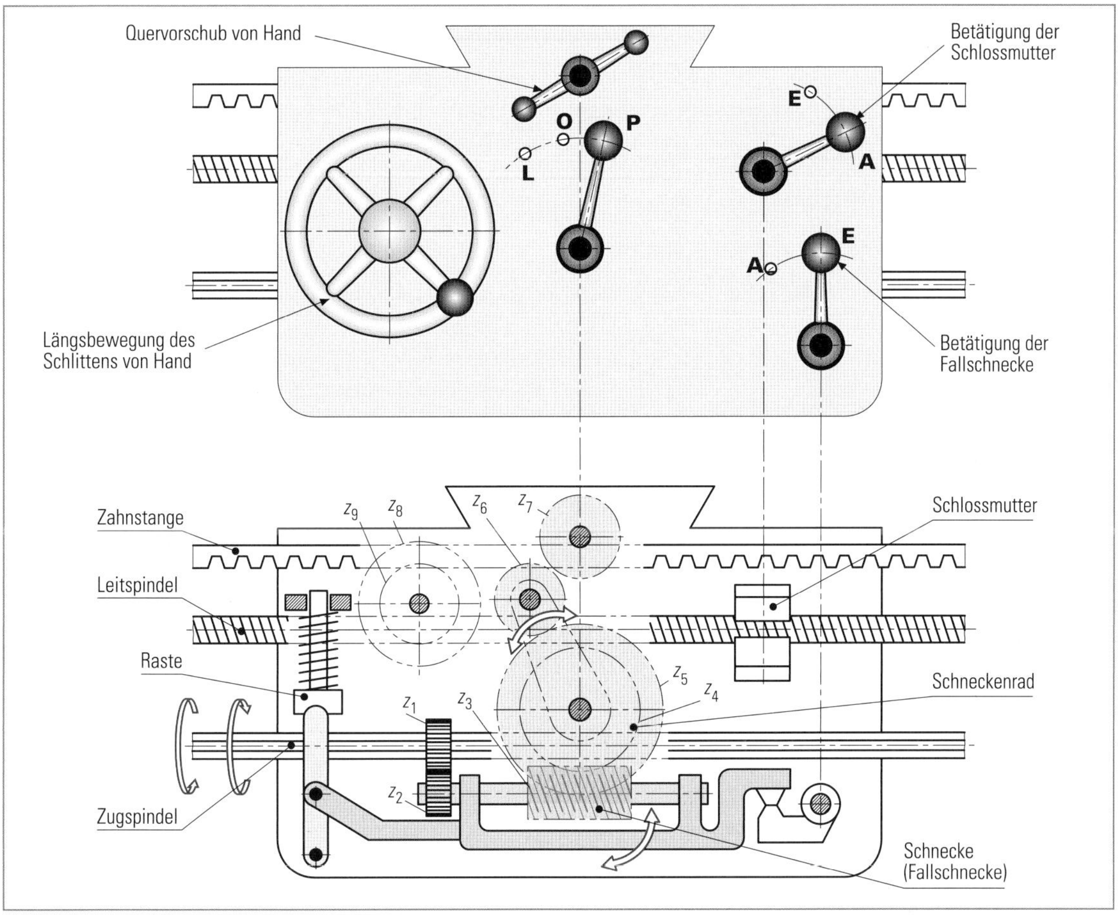

1 Schlosskastengetriebe mit Planvorschub

Überlegen Sie!

Durch welche Maßnahme wird sowohl der Längs- als auch der Planvorschub ausgeschaltet?

9.2.4 Kupplungen

Die Hauptaufgabe von Kupplungen *(couplings)* besteht in der Übertragung von Drehmomenten von einer auf die andere Welle. Die Übertragung kann auf zwei Arten erfolgen (Bild 2):

- Bei **kraftschlüssigen** Kupplungen *(non-positive locking couplings)* entsteht die Umfangskraft F_U durch Reibkräfte F_R, die am Hebelarm l wirken.
- Bei **formschlüssigen** Kupplungen *(positive locking couplings)* entsteht die Umfangskraft F_U durch den Widerstand der Verbindungselemente, die am Hebelarm l wirken.

MERKE

Das von der Kupplung übertragbare Drehmoment ist abhängig von der Umfangskraft F_U und dem wirksamen Hebelarm l.

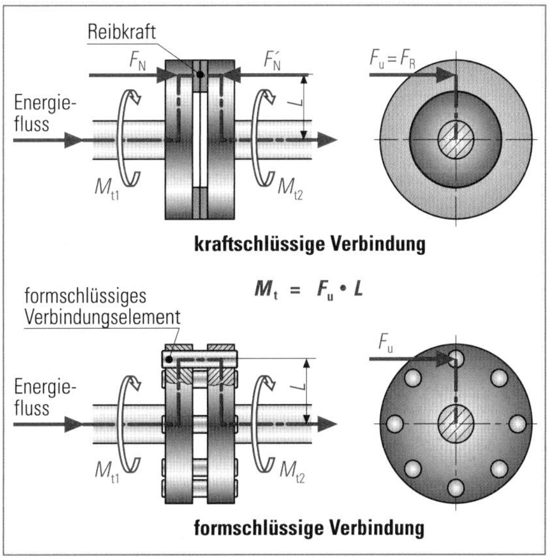

2 Funktionsprinzip von kraft- und formschlüssigen Kupplungen

Neben der Drehmomentübertragung können Kupplungen

- den Wellenversatz (Seite 178 Bild 1) ausgleichen
- auftretende Stöße dämpfen
- schaltbar sein und
- bei Überlast den Energiefluss unterbrechen

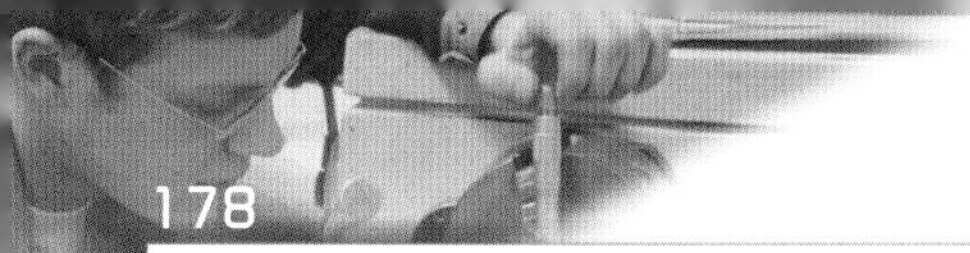

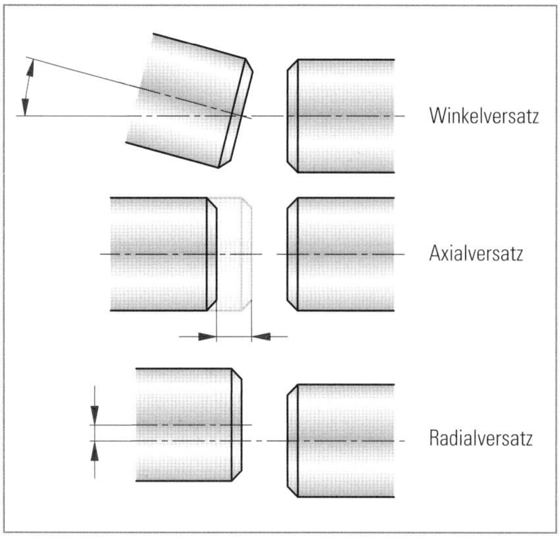

1 *Arten des Wellenversatzes*

9.2.4.1 Nicht schaltbare Kupplungen

Starre Kupplungen *(rigid couplings)*
Nicht schaltbare, starre Kupplungen können keinen Wellenversatz ausgleichen und geben Stöße ungemindert weiter. Beispiele dafür sind die **Schalenkupplung** *(split coupling)* (Bild 2) und **Scheibenkupplung** *(disc coupling)* (Bild 3).

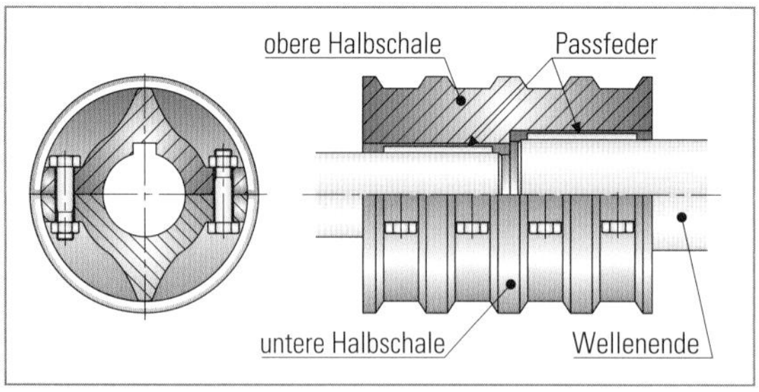

2 *Schalenkupplung*

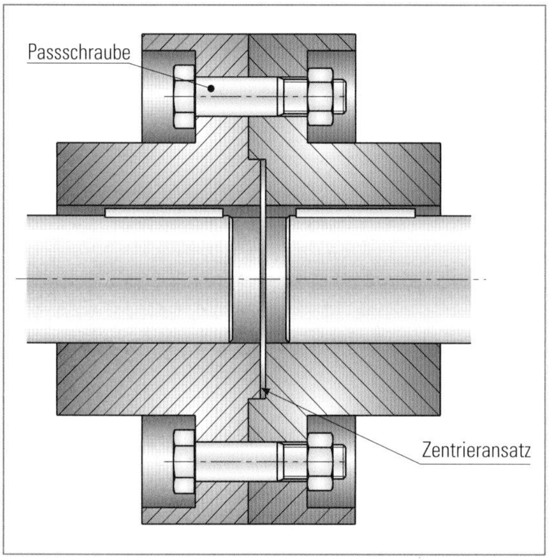

3 *Scheibenkupplung*

Überlegen Sie!

1. *Benennen Sie bei beiden Kupplungen,die an der Drehmomentübertragung beteiligten Elemente.*
2. *Durch welche Maßnahme könnte die Schalenkupplung zu einer kraftschlüssigen Kupplung werden?*

Ausgleichende Kupplungen *(compensative couplings)*
Diese Kupplungen können die auftretenden Wellenverlagerungen auf zwei Arten ausgleichen:

- **Drehstarre Kupplungen** *(torsionally stiff couplings)* geben die auftretenden Stöße ungemindert weiter.
- **Drehelastische Kupplungen** *(torsionally flexible couplings)* besitzen elastische Formelemente, die die Stöße gedämpft weiterleiten.

Zu den **drehstarren** Kupplungen gehören z. B. **Bogenzahnkupplung** *(curved tooth coupling)* (Bild 4) und **Kreuzscheibenkupplung** *(Oldham coupling)* (Bild 5).
Beispiele für **drehelastische Kupplungen** sind die **elastische Nockenkupplung** *(elastic cam coupling)* (Seite 179 Bild 1) und die **elastische Bolzenkupplung** *(elastic pin coupling)*

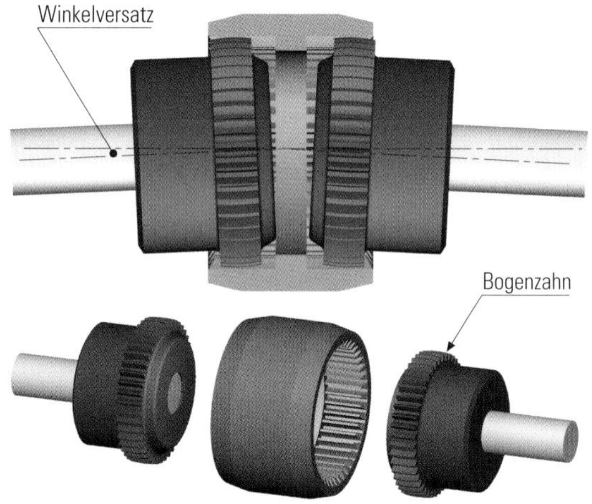

4 *Bogenzahnkupplung gleicht Winkelversatz aus*

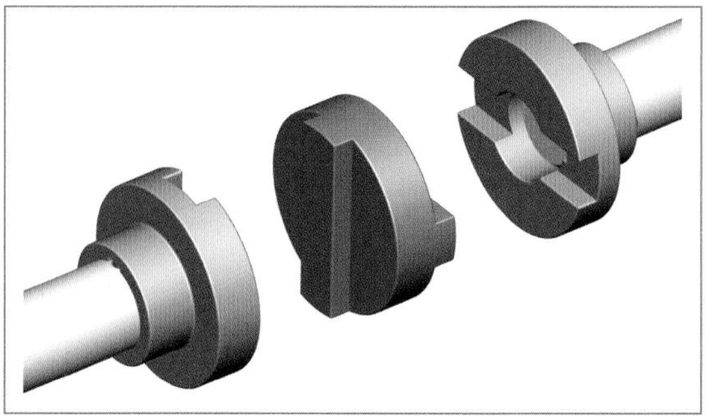

5 *Kreuzscheibenkupplung gleicht Axial-, Radial- und Winkelversatz aus*

(Bild 2). Durch die Stoßdämpfung innerhalb der Kupplung werden die nachfolgenden Maschinenelemente und Baugruppen geschont.

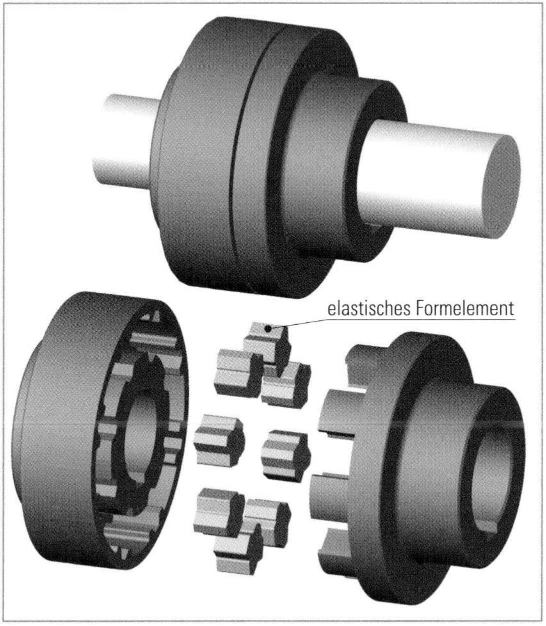

1 Elastische Nockenkupplung dämpft Stöße und gleicht Axial- und Winkelversatz aus

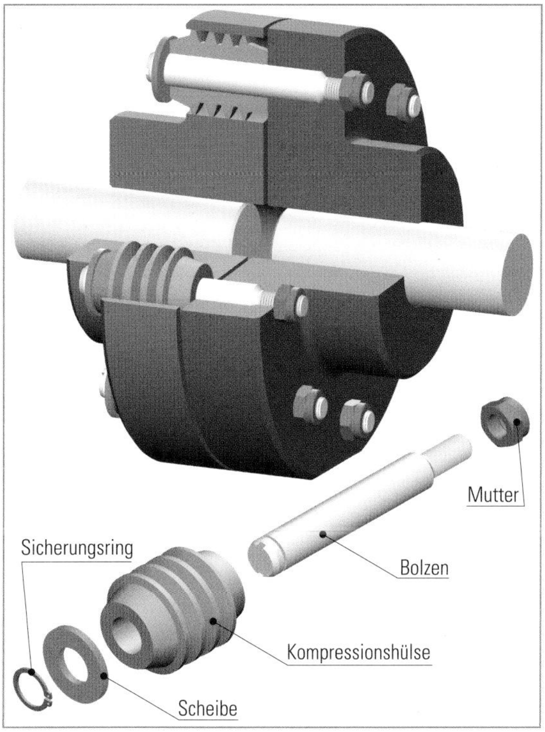

2 Elastische Bolzenkupplung dämpft Stöße und gleicht Axial- und Winkelversatz aus

9.2.4.2 Schaltbare Kupplungen

Schaltbare Kupplungen *(clutches)* unterbrechen oder schließen die Drehmomentübertragung innerhalb einer Maschine. Ihre Funktionsweise entscheidet darüber, wann sie geschaltet werden können:

- **formschlüssige Schaltkupplungen** *(positive locking clutches)* sind nur im Stillstand oder sehr niedrigen Umdrehungsfrequenzen schaltbar
- **kraftschlüssige Schaltkupplungen** *(non-positive locking clutches)* sind unabhängig von der Umdrehungsfrequenz schaltbar

Formschlüssige Schaltkupplungen

Bei formschlüssigen Kupplungen wie z. B. die Klauenkupplung (Bild 3) ist eine Kupplungshälfte axial verschiebbar, damit die Drehmomentübertragung geschlossen oder unterbrochen werden kann.

Kraftschlüssige Schaltkupplungen

Meist werden elektromagnetisch betätigte Lamellenkupplungen (Seite 180 Bild 1) im Werkzeugmaschinenbau eingesetzt. Die von Elektromagneten beim Schalten erzeugte Kraft (Normalkraft) zieht die Gegenscheibe an, die die Außen- und Innenlamellen aneinander presst. Wird geschaltet, wenn eine Kupplungshälfte rotiert und die andere stillsteht, gleiten zunächst die Lamellen aufeinander. Es herrscht Gleitreibung. Mit zunehmender Normalkraft nimmt das Gleiten ab, bis beide Kupplungshälften die gleiche Umdrehungsfrequenz haben. Dann liegt Haftreibung mit

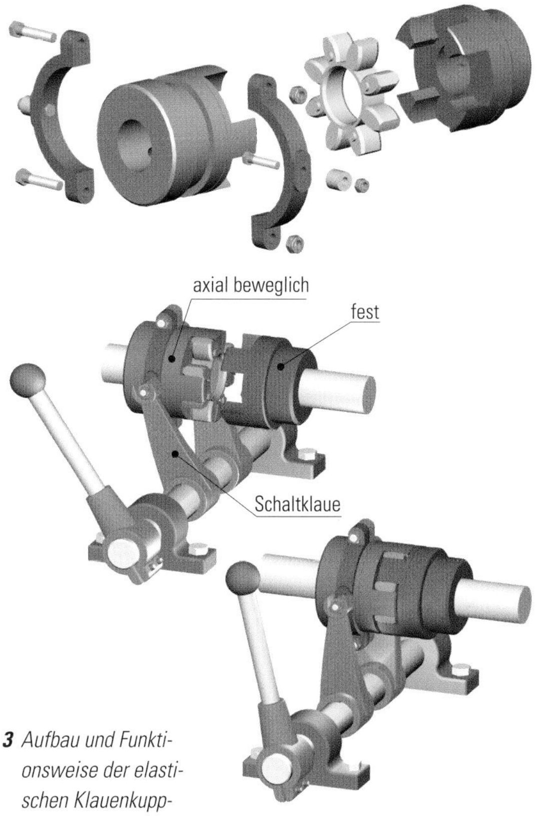

3 Aufbau und Funktionsweise der elastischen Klauenkupplung

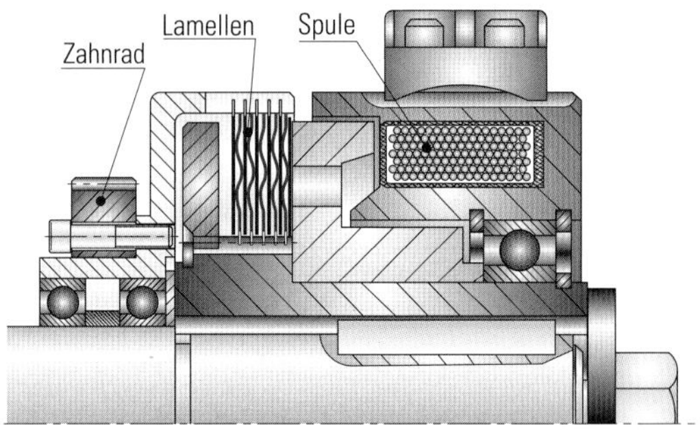

1 Elektromagnetisch betätigte Lamellenkupplung

maximalen Reibkräften vor. Dadurch dreht das linke Zahnrad, das mit der Außenlamellen-Kupplungshälfte verbunden ist, mit der gleichen Umdrehungsfrequenz wie die Welle.

Das übertragbare Drehmoment wird umso größer, je

- mehr Reibflächen vorhanden sind,
- größer der wirksame Radius (Hebelarm) für die Reibkräfte ist
- höher der Reibfaktor (Reibzahl) für die Reibflächen ist
- höher die vom Elektromagneten aufgebrachte Normalkraft ist.

9.2.4.3 Sicherheitskupplungen

In Werkzeugmaschinen ist es die Aufgabe von Sicherheitskupplungen, Baugruppen und Maschinenelemente vor Überlastungen zu schützen, wie sie z. B. bei Kollisionen auftreten könnten. In einem solchen Fall wird bei einem definierten Drehmoment dessen Übertragung innerhalb der Sicherheitskupplung unterbrochen.

Die **Abscherkupplung** *(shear pin clutch)* (Bild 2) verbindet z. B. bei der konventionellen Drehmaschine die Abtriebswelle des Vorschubgetriebes mit der Leitspindel. Bevor die Leitspindel oder Schlossmutter überlastet werden, schert der Stift bei bestimmten Abscherkräften bzw. Drehmomenten ab. Die Abscherkräfte sind von den Scherflächen und dem Werkstoff des Stifts abhängig. Der Abscherstift ist deshalb durch einen gleichen zu ersetzten. Dann ist das System wieder funktionsfähig.

Drehmomentbegrenzer *(torque limiter)* werden bei CNC-Maschinen an jedem Achsantrieb (Bild 3) eingesetzt. Sie trennen bei Überlast die Verbindung von Vorschubmotor und Spindel des Kugelgewindetriebs. Spannelemente (z. B. Federn) drücken die Kugeln in Kerben, sodass eine formschlüssige Kraftübertragung zwischen den beiden Kupplungsscheiben erfolgt (Seite 181 Bild 1). Bei Überlast drehen sich die Kugeln aus den Kerben und drücken die beiden Kupplungsscheiben auseinander. Ein Näherungssensor erfasst die veränderte Lage der beweglichen Kupplungsscheibe und löst NOT-AUS aus. Alle Antriebe und die Arbeitsspindel werden ausgeschaltet. Dadurch werden größere Schäden, wie sie beispielsweise bei einer Kollision entstehen könnten, vermieden. Der Maschinenbediener muss dann manuell die Kugelgewindespindel so weit weiterdrehen, dass die Kugeln in die nächsten Kerben einrasten.

MERKE

Sicherheitskupplungen unterbrechen die Drehmomentübertragung bei einem unzulässig hohen Drehmoment.

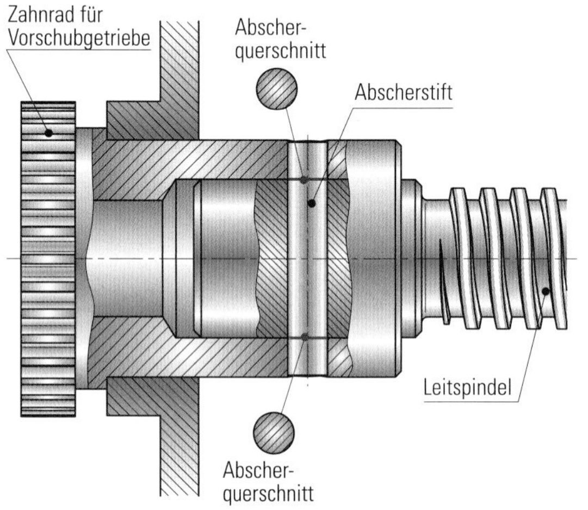

2 Abscherkupplung: Abscherstift als Verbindungselement zwischen Leitspindel und Vorschubgetriebe

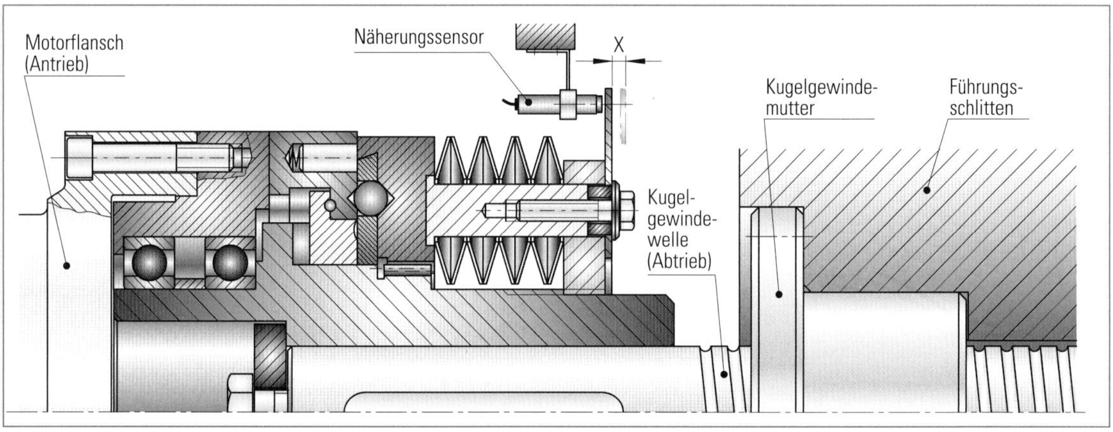

3 Drehmomentbegrenzer in Antriebsstrang einer CNC-Achse

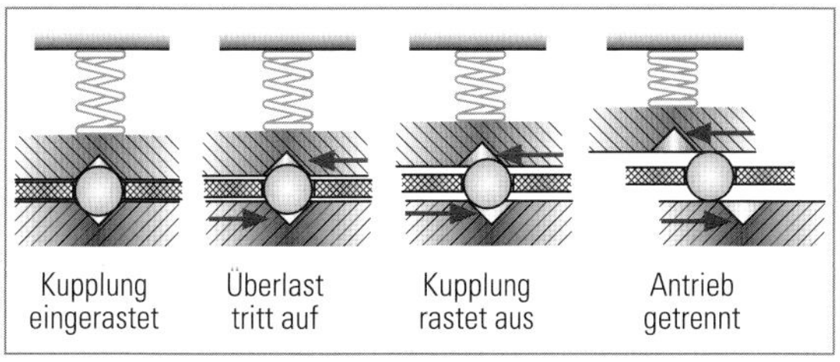

1 *Prinzip der Drehmomenttrennung*

9.2.5 Welle-Nabe-Verbindungen

Damit die Drehmomentübertragung z. B. von einer Welle auf ein Zahnrad (Bild 2) erfolgt, ist eine Verbindung zwischen Welle (Innenteil) und Zahnrad (Außenteil = Nabe) nötig. Diese Verbindung muss auf jeden Fall das Verdrehen der Nabe auf der Welle in radialer Richtung verhindern. Je nach gewünschter Funktion muss die Nabe noch in axialer Richtung

- feststehend oder
- verschiebbar sein

Bei Werkzeugmaschinen funktionieren Welle-Nabe-Verbindungen *(key-hub joints)*

- formschlüssig oder
- kraftschlüssig

9.2.5.1 Formschlüssige Welle-Nabe-Verbindungen

Passfederverbindung *(key joint)*

Die Passfeder (Bild 3), berührt mit ihren Flanken sowohl die Wellen- als auch die Nabennut. In radialer Richtung hat sie in der Nabennut Spiel. Dadurch erfährt die Passfeder an den Flanken eine Flächenpressung (Bild 4). Gleichzeitig wird sie auf Abscherung beansprucht. Der Größe des Passfederquerschnitts richtet sich nach dem Wellendurchmesser.

Wenn sich die Nabe nicht auf der Welle verschieben darf, muss sie in axialer Richtung gesichert werden. Soll hingegen die Nabe auf der Welle verschiebbar sein, muss sowohl zwischen Welle und Nabe als auch zwischen Passfeder und Nabennut ein Spiel vorhanden sein

Überlegen Sie!

Eine Keilriemenscheibe soll an einem Wellenende von 50 mm Durchmesser mittels einer Passfeder so verbunden werden, dass sie sowohl radial als auch axial nicht verschiebbar ist.

1. *Legen Sie mithilfe Ihres Tabellenbuches den Passfederquerschnitt fest.*
2. *Skizzieren Sie die Passfederverbindung von Keilriemenscheibe und Welle im Schnitt.*
3. *Legen Sie die Toleranzen für die Passfedernuten in Welle und Nabe fest.*
4. *Bestimmen Sie die Oberflächenangaben für Welle, Bohrung, und Nuten.*
5. *Beschreiben Sie die Herstellung von Wellen- und Nabennut.*

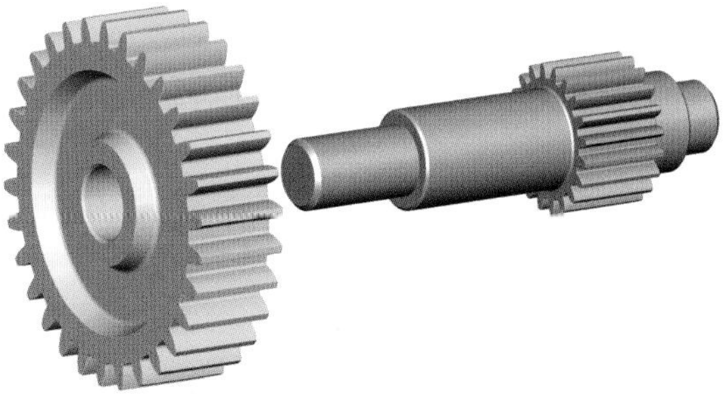

2 *Verbindung von Welle und Zahnrad*

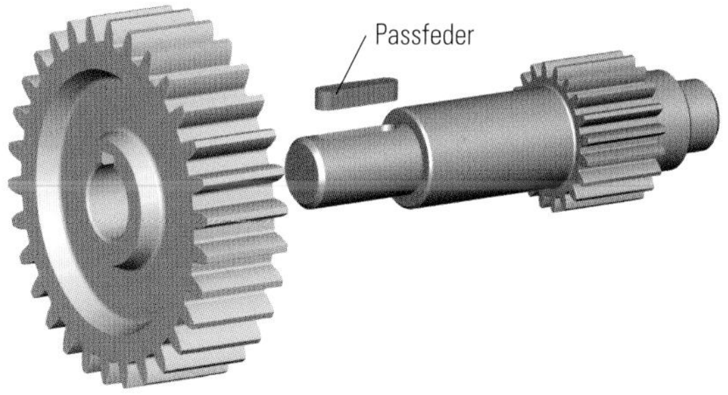

3 *Passfeder als Verbindungselement*

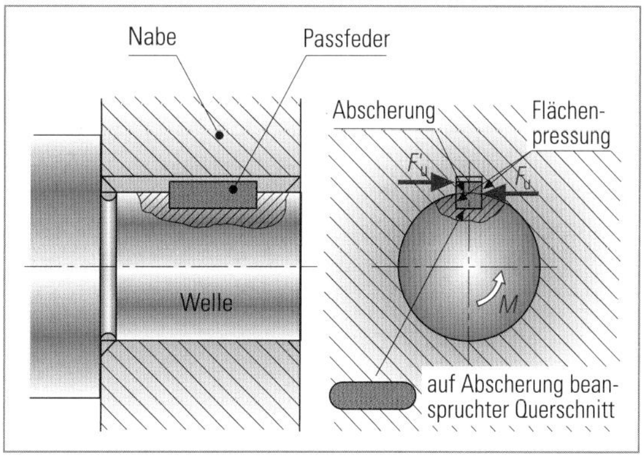

4 *Passfederverbindung*

Keilwellenverbindung *(spline shaft joint)*

Bei der Keilwellenverbindung (Seite 182 Bild 1) verteilt sich das zu übertragende Drehmoment auf mehrere „Passfedern" am Umfang. Sie wird eingesetzt, wenn

- große Drehmomente zu übertragen sind
- hohe Rundlaufgenauigkeit gefordert ist
- wechselnder Drehsinn vorliegt
- gute axiale Verschiebbarkeit verlangt wird oder
- möglichst geringe Unwuchten entstehen dürfen

Nachteilig sind die aufwendige und teure Herstellung der Keilwelle und des Keilwellenprofils in der Nabe.

Überlegen Sie!

1. *Informieren Sie sich mithilfe des Tabellenbuches über die Profile von Keilwelle und Keilwellenprofil in der Nabe.*
2. *Ermitteln Sie auch mithilfe des Internets Fertigungsverfahren, mit denen die Keilwelle und das Keilwellenprofil in der Nabe hergestellt werden können.*

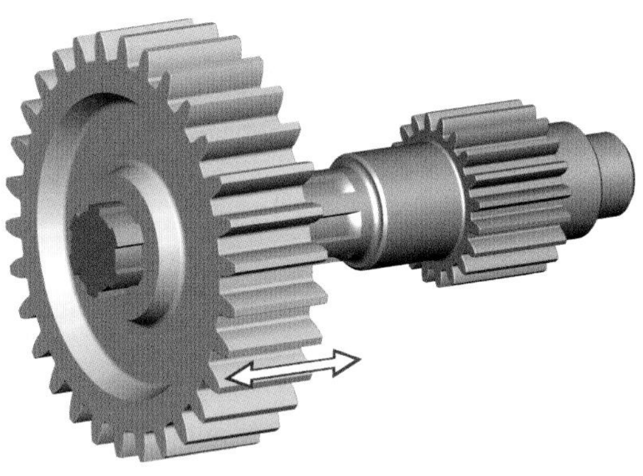

***1** Keilwellenverbindung*

Polygonprofilverbindung *(polygon profile joint)*
Polygonprofilverbindungen (Bild 2) haben ähnliche Eigenschaften wie Keilwellenverbindungen. Sie haben aber im Gegensatz zu diesen keine Einkerbungen. Dadurch entsteht keine Kerbwirkung und die Polygonprofile können bei gleichem Durchmesser höhere Drehmomente als Keilwellen übertragen. Polygonprofile sind selbstzentrierend, sodass ein vorhandenes Spiel symmetrisch ausgeglichen wird. Die Herstellung der Polygonprofile ist im Vergleich zu Keilwellen kostengünstiger.

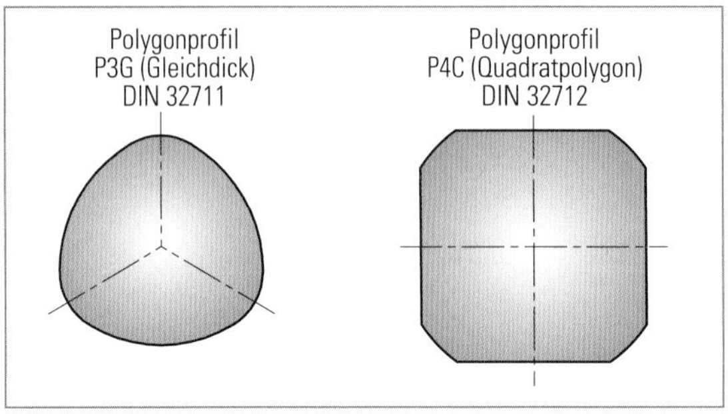

***2** Polygonprofile*

MERKE

Bei formschlüssigen Welle-Nabe-Verbindungen gewährleisten verschiedene Profilformen in Welle und Nabe die Drehmomentübertragung.

9.2.5.2 Kraftschlüssige Welle-Nabe-Verbindungen

Pressverbindungen *(press fit joints)*
Pressverbindungen entstehen dadurch, dass eine größere Welle mit einer kleineren Nabe gefügt wird.
Bei einer **Längspressverbindung** *(longitudinal compression joint)* (Bild 3) wirken die Fügekräfte in Achs- bzw. Längsrichtung der Verbindung. Die Welle wird beim Einpressen elastisch gestaucht und die Nabe elastisch gedehnt. Nach dem Fügen (möglichst mit Presse) sorgen die vorhanden Normalkräfte F_N für die erforderliche Haftreibung.
Bei **Querpressverbindungen** *(transverse compression joints)* (Bild 4) wird die Nabe erwärmt oder/und die Welle unterkühlt. Durch die Wärmedehnung vergrößert sich beim Erwärmen der Nabe deren Innendurchmesser. Der Welldurchmesser verkleinert sich beim Abkühlen der Welle. Für das Fügen ist keine Kraft

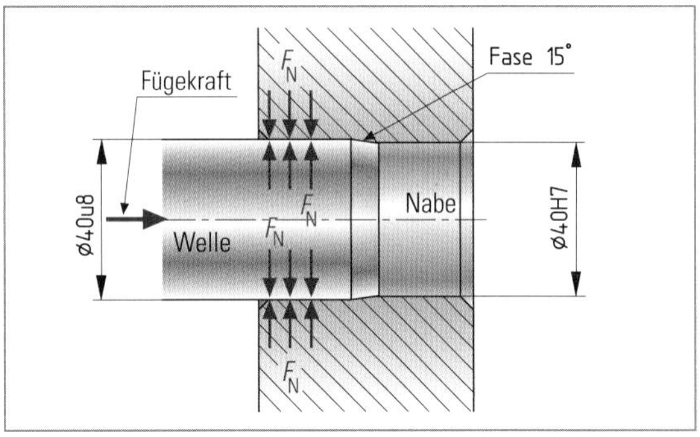

***3** Längspressverbindung*

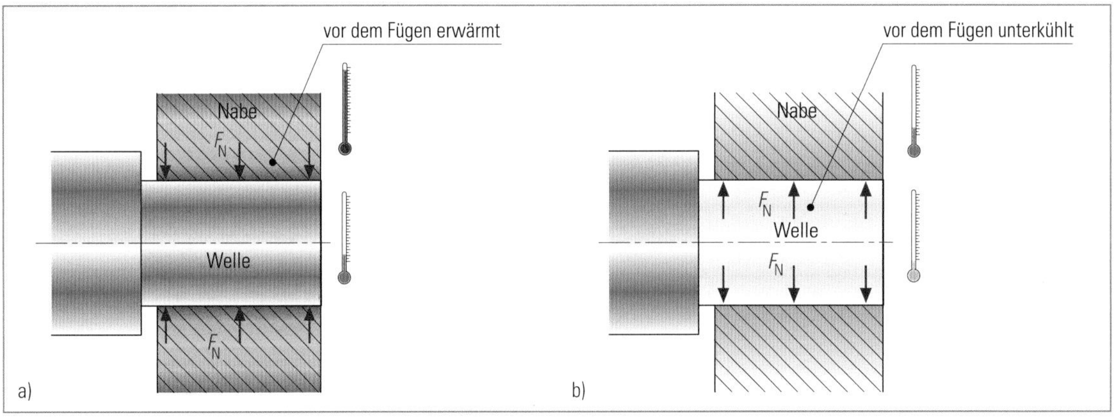

***4** Querpressverbindungen a) Schrumpfverbindung b) Dehnverbindung*

in Längsrichtung erforderlich, denn es kann der größere Nabendurchmesser mit Spiel über den kleineren Wellendurchmesser geschoben werden.

Eine **Schrumpfverbindung** *(shrink joint)* entsteht nach dem Fügen durch das Schrumpfen der Nabe auf die Welle, eine **Dehnverbindung** *(expanding joint)* durch das Dehnen der Welle in der Nabe.

Die beim Schrumpfen bzw. Dehnen entstehenden Querkräfte, die diesen Pressverbindungen den Namen geben, sorgen für notwendige Haftreibung zwischen Welle und Nabe.

Spannelementverbindungen *(clamping element joints)*

Spannelementverbindungen gibt es in den verschiedensten Ausführungen. Ein Beispiel dafür sind Spannsätze (Bild 1). Beim Anziehen der Zylinderschraube wirken die axialen Kräfte F_a und F_a' auf den vorderen und hinteren Druckring (Bild 2). Der Abstand zwischen beiden nimmt ab. Dadurch wird der Außenring geweitet und der Innenring gestaucht. Es entstehen die Normalkräfte F_N und F_N' zwischen Außenring und Nabe sowie zwischen Innenring und Welle. Mit zunehmenden Normalkräften steigen auch die Reibkräfte zwischen Welle und Innenring sowie Nabe und Außenring und damit das übertragbare Drehmoment.

Spannelementverbindungen bieten folgende Vorteile:

- Zylinderformen von Nabe und Welle lassen sich einfach und kostengünstig herstellen
- Wellen- und Nabendurchmesser dürfen im Vergleich mit den anderen Welle-Nabe-Verbindungen mit größeren Toleranzen gefertigt werden
- Die Nabe ist nicht nur gegen Verdrehung, sondern auch gegen axiales Verschieben gesichert

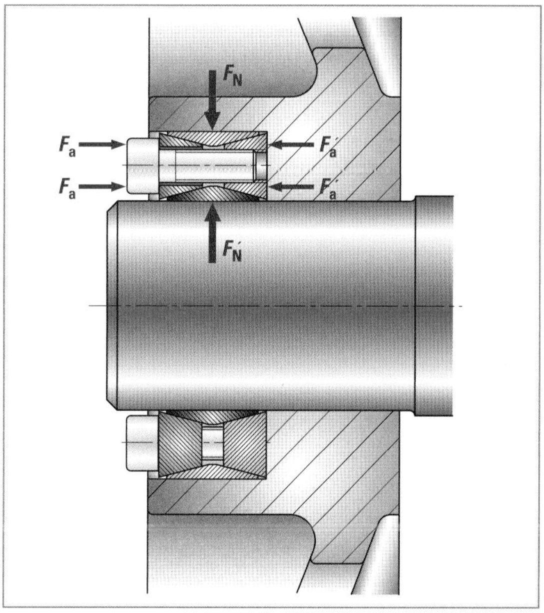

2 *Wirkprinzip einer Spannelementverbindung*

MERKE

Kraftschlüssige Welle-Nabe-Verbindungen übertragen Drehmomente durch elastisches Verformen oder Verspannen der Bauteile.

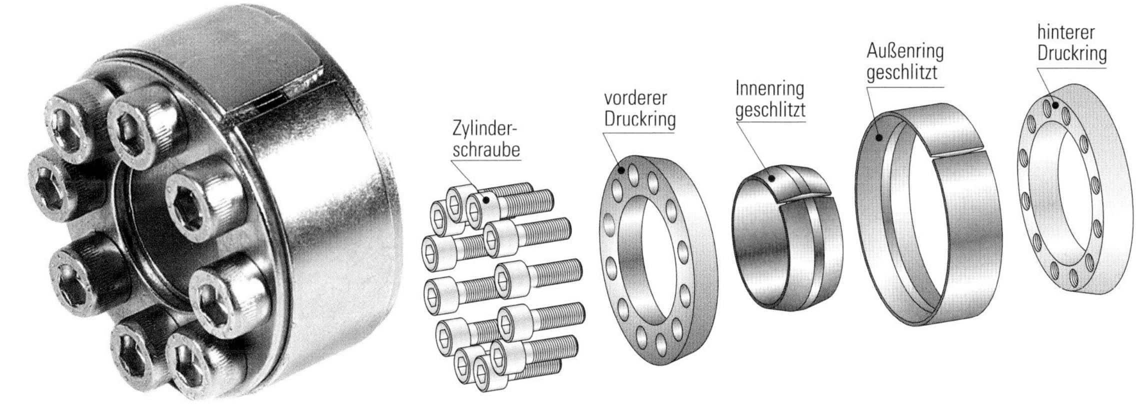

1 *Spannsatz*

ÜBUNGEN

1. Beschreiben Sie mit „je ... desto", wie sich Normalkraft, Reibzahl und Umschlingungswinkel auf die übertragbare Reibkraft beim Flachriementrieb auswirken.

2. Bei einem Flachriementrieb hat die Antriebsscheibe einen Durchmesser von 60 mm und die Abtriebsscheibe von 150 mm.
a) An welcher Scheibe wirkt das größere Drehmoment?
b) Wie groß ist das Übersetzungsverhältnis?

3. Bei einem Riementrieb liegen folgende Bedingungen vor: Antriebsscheibendurchmesser 100 mm, Abtriebsscheibendurchmesser 220 mm, Antriebsdrehmoment 50 Nm, Antriebsumdrehungsfrequenz 2880/min.
a) Wie groß ist das Übersetzungsverhältnis?
b) Wie groß sind am Abtrieb die Umdrehungsfrequenz, das Drehmoment, die Riemengeschwindigkeit und die Leistung?

4. Welche Vor- und Nachteile haben Keilriemen gegenüber Flachriemen?

5. Vergleichen Sie Keil- und Zahnriemen hinsichtlich des entstehenden Schlupfs und der erforderlichen Vorspannkraft.

6. Bestimmen Sie die für die Fertigung notwendigen Maße für ein Zahnrad mit 36 Zähnen und Modul 2,5mm.

7. Bei einem einfachen Zahnradtrieb hat das treibende Rad 20 Zähne und einen Modul von 2 mm. Der Achsabstand beträgt 80 mm. Bestimmen Sie die Zähnezahl des getriebenen Rades und das Übersetzungsverhältnis.

8. Eine doppelte Zahnradübersetzung hat ein Gesamtübersetzungsverhältnis von 6:1. Die erste Teilübersetzung ist 2:1. Skizzieren Sie die Übersetzung und bestimmen Sie die fehlenden Zähnezahlen sowie alle für die Fertigung erforderlichen Zahnradabmessungen, wenn $z_1 = 20$, $m_1 = 2$ mm, $z_4 = 48$ und $m_4 = 3$ mm betragen.

9. Bestimmen Sie für die zweite und dritte Welle aus der vorhergehenden Aufgabe die Drehmomente, wenn die erste Welle eine Leistung von 8 kW bei einer Umdrehungsfrequenz von 2880/min überträgt.

10. Stellen Sie die Eigenschaften von gerad- und schrägverzahnten Zahnrädern vergleichend gegenüber.

11. Aus welchen Gründen werden
a) Zahnstangen-
b) Schnecken- und
c) Kegelradgetriebe eingesetzt?

12. Beschreiben Sie die Wirkprinzipien von kraft- und formschlüssigen Kupplungen.

13. Erläutern Sie die verschiedenen Funktionen von ausgleichenden Kupplungen.

14. Beschreiben Sie die Funktionsweise einer Lamellenkupplung und stellen Sie dar, von welchen Faktoren das von der Kupplung übertragbare Drehmoment abhängig ist.

15. Was sind die Ursachen für das Abscheren des Stifts einer Abscherkupplung und was muss der Maschinenbediener danach tun?

16. Wie funktioniert ein Drehmomentbegrenzer im Vorschubantrieb einer CNC-Achse?

17. Welche Vor- und Nachteile hat eine Keilwellenverbindung gegenüber einer Passfederverbindung?

18. Stellen Sie Längspress- und Querpressverbindungen vergleichend gegenüber.

19. Zeigen Sie die Vorteile von Spannelementverbindungen auf.

Lernfeld 6: Warten und Inspizieren von Werkzeugmaschinen

Im Lernfeld 4 des 1. Ausbildungsjahres haben Sie einen Überblick über die **Instandhaltungsmaßnahmen** erhalten:

- Wartung
- Inspektion
- Instandsetzung
- Verbesserung

In diesem Lernfeld vertiefen und erweitern Sie diese Kenntnisse im Hinblick auf Werkzeugmaschinen, deren sicherheitstechnische Einrichtungen und periphere Systeme zur Aufrechterhaltung einer störungsfreien Produktion.

Hierzu nutzen Sie Betriebs- und Wartungsanleitungen und weitere Informationsquellen wie z. B. einschlägige Vorschriften der Hersteller von Kühlschmierstoffen oder gesetzliche Vorgaben.

Sie legen die in Ihrem Verantwortungsbereich liegenden Wartungs- und Inspektionsmaßnahmen fest, führen Sie unter Beachtung der Vorschriften des Arbeits- und Umweltschutzes durch und dokumentieren sie.

Dabei berücksichtigen Sie mögliche wirtschaftliche und rechtliche Folgen Ihrer Tätigkeiten wie z. B. Beeinträchtigung der Produktion durch Ausfall der Maschine oder Verlust von Gewährleistungsansprüchen gegenüber dem Hersteller durch unsachgemäße oder nicht autorisierte Maßnahmen.

Im Störfall grenzen Sie systematisch die Fehler-, Verschleiß- und Ausfallursachen ein, analysieren sie und beseitigen die Störung je nach Sachlage selbst oder veranlassen, dass dies z. B. durch eine geeignete Fachkraft des Herstellers oder einer damit beauftragten Firma geschieht.

1 Bedeutung der Instandhaltung

In der industriellen Fertigung ist der **Produktionsfaktor** *(production factor)* Werkzeugmaschine unverzichtbar. Aufgrund der steigenden Komplexität und Verkettung von Werkzeugmaschinen *(machine tools)* sowie verschärfter Arbeits- und Umweltschutzvorschriften wird die **Instandhaltung** *(maintenance)* immer wichtiger:

- Komplexe Werkzeugmaschinen erhöhen oft die Dauer der Fehlersuche sowie die Instandhaltungszeit.
- Bei verketteten Anlagen kann durch die Störung an nur einer Maschine die Produktion an mehreren Maschinen ausfallen.
- Mehrschichtbetrieb erhöht den Nutzungszeitraum der Anlagen. Damit werden Stillstandszeiten, die für Instandhaltungsmaßnahmen genutzt werden könnten, immer kürzer.
- Das Nichteinhalten von Arbeits- und Umweltschutzvorschriften kann im Extremfall zum Produktionsverbot führen.
- Die Maschinen sind aufgrund der vielen Bauteile störanfälliger und müssen daher häufiger instandgesetzt werden.

Die angeführten Fakten führen zu zahlreichen Zielen und Aufgaben der Instandhaltung.

Wichtige **Hauptziele** sind z. B.:

- Wenige Maschinenstillstände während der Fertigungszeit
- Kurze Instandsetzungszeiten
- Geringe Auswirkungen von Maschinenstillständen auf den Produktionsfluss

Wichtige **Unterziele** sind z. B.:

- Erhöhung der Arbeitssicherheit
- Reduzierung der Umweltbelastungen

Überlegen Sie!

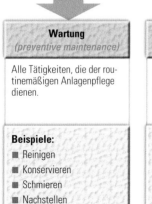

Nennen Sie mindestens drei weitere Ziele der Instandhaltung.

MERKE

Das Instandhaltungswesen sichert die störungsfreie Produktion auf den Werkzeugmaschinen und die Funktionsfähigkeit der Sicherheitseinrichtungen sowie der peripheren Systeme.

Das Instandhaltungswesen unterscheidet zwischen vier **Instandhaltungsmaßnahmen** *(maintenance tasks)* (siehe Übersicht unten).

Obwohl das Instandhaltungswesen strikt zwischen den einzelnen Instandhaltungsmaßnahmen unterscheidet, werden in der Praxis Wartungs- und Inspektionstätigkeiten häufig gleichgesetzt, da die Instandhaltungstätigkeiten eng miteinander verknüpft sind.

Innerhalb der Instandhaltung übernimmt die **Zerspanungsfachkraft Wartungs- und Inspektionsaufgaben**.

Instandsetzungs- und Verbesserungsmaßnahmen übernehmen der Hersteller oder speziell geschultes und autorisiertes Personal.

Überlegen Sie!

Beachten Sie die untenstehende Übersicht und Lernfeld 4.

1. *Nennen Sie drei Wartungstätigkeiten.*
2. *Welche Maßnahmen gehören zu den Vorbereitungen jeder Wartungstätigkeit?*
3. *Was ist bei der Reinigung von Werkzeugmaschinen zu beachten?*
4. *Warum dürfen Späne nicht mit der Hand entfernt werden?*
5. *Erklären Sie den Unterschied zwischen „Wartung" und „Inspektion".*
6. *Aus welchen Schritten besteht die Instandhaltungsmaßnahme „Inspektion"?*

Instandhaltungsmaßnahmen

Alle Maßnahmen zur Erhaltung, Wiederherstellung oder Verbesserung des funktionsfähigen Zustands eines technischen Systems

Wartung *(preventive maintenance)*	**Inspektion** *(inspection)*	**Instandsetzung** *(corrective maintenance)*	**Verbesserung** *(improvement)*
Alle Tätigkeiten, die der routinemäßigen Anlagenpflege dienen.	Alle Tätigkeiten, die zur Beurteilung des Zustands eines technischen Systems gehören.	Alle Tätigkeiten, die dazu dienen, die Funktionsfähigkeit eines technischen Systems nach einem Defekt wieder herzustellen.	Alle Tätigkeiten, die ein technisches System verbessern.
Beispiele: ■ Reinigen ■ Konservieren ■ Schmieren ■ Nachstellen ■ Kontrollieren	**Beispiele:** ■ Messen ■ Werte vergleichen	**Beispiele:** ■ Reparatur ■ Austausch von Teilen	**Beispiele:** ■ Technische Verbesserungen ■ Erstellen von Arbeitsplänen

2 Aufbau von Werkzeugmaschinen

Werkzeugmaschinen sind technische Systeme, deren Hauptfunktion der Stoffumsatz ist. Sie zählen daher zu den **Arbeitsmaschinen** *(machines)*.

Kenntnisse über den inneren Aufbau einer Werkzeugmaschine sind für das Instandhaltungspersonal (Bediener und besonders geschultes, autorisiertes Personal) unerlässlich.

Je nach Komplexität der Werkzeugmaschine besteht diese aus einer Vielzahl von Maschinenelementen und Baugruppen. Wesentliche Hauptkomponenten einer Werkzeugmaschine können Sie dem folgenden Beispiel entnehmen.

Im Betrieb sind Werkzeugmaschinen und damit die einzelnen Maschinenelemente z. B. zahlreichen Kräften und thermischen

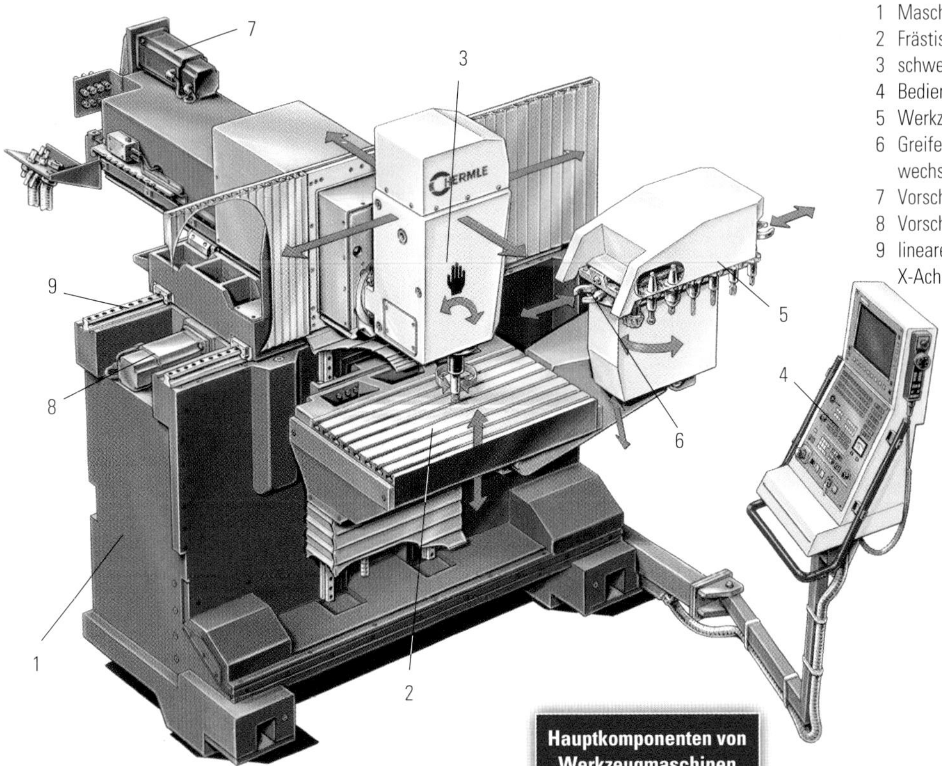

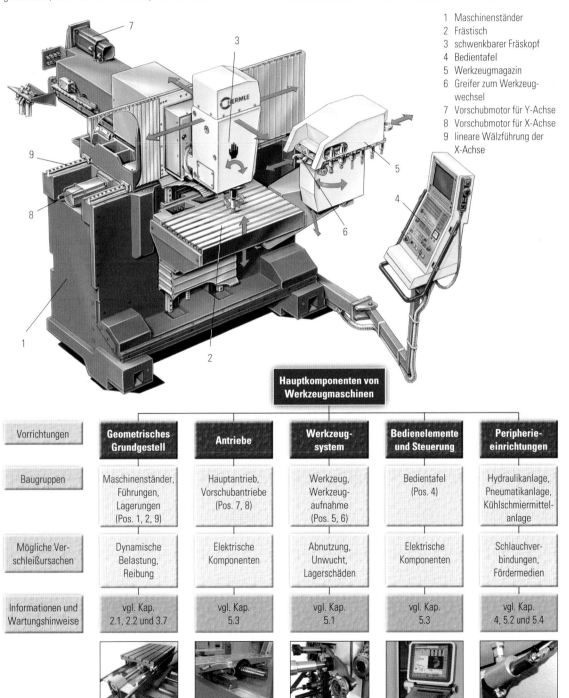

1 Maschinenständer
2 Frästisch
3 schwenkbarer Fräskopf
4 Bedientafel
5 Werkzeugmagazin
6 Greifer zum Werkzeugwechsel
7 Vorschubmotor für Y-Achse
8 Vorschubmotor für X-Achse
9 lineare Wälzführung der X-Achse

Hauptkomponenten von Werkzeugmaschinen

Vorrichtungen	**Geometrisches Grundgestell**	**Antriebe**	**Werkzeugsystem**	**Bedienelemente und Steuerung**	**Peripherieeinrichtungen**
Baugruppen	Maschinenständer, Führungen, Lagerungen (Pos. 1, 2, 9)	Hauptantrieb, Vorschubantriebe (Pos. 7, 8)	Werkzeug, Werkzeugaufnahme (Pos. 5, 6)	Bedientafel (Pos. 4)	Hydraulikanlage, Pneumatikanlage, Kühlschmiermittelanlage
Mögliche Verschleißursachen	Dynamische Belastung, Reibung	Elektrische Komponenten	Abnutzung, Unwucht, Lagerschäden	Elektrische Komponenten	Schlauchverbindungen, Fördermedien
Informationen und Wartungshinweise	vgl. Kap. 2.1, 2.2 und 3.7	vgl. Kap. 5.3	vgl. Kap. 5.1	vgl. Kap. 5.3	vgl. Kap. 4, 5.2 und 5.4
	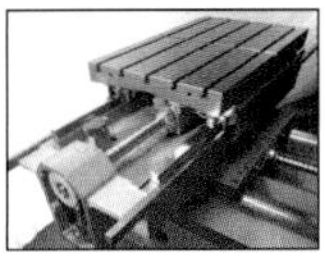			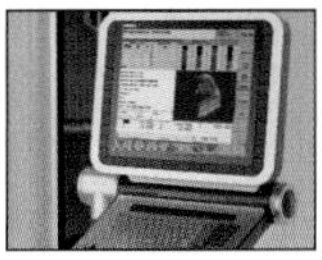	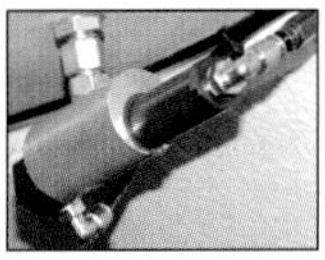

Einflüssen ausgesetzt, die zur Abnutzung führen und die Fertigungsgenauigkeit bzw. die einwandfreie Funktion der Werkzeugmaschine beeinflussen.

MERKE

Das Instandhaltungspersonal versucht durch geeignete Maßnahmen eine möglichst hohe Verfügbarkeit (vgl. Lernfeld 4) bei hinreichender Fertigungsgenauigkeit der Werkzeugmaschine zu erreichen.

2.1 Beanspruchungen und Belastungen von Bauteilen

Anlagen, Maschinenelemente und Gebrauchsgegenstände werden durch einwirkende Kräfte unterschiedlich beansprucht. Es gibt verschiedene **Beanspruchungsarten** *(kinds of stressing)* (Bild 1).

MERKE

Die meisten beweglichen Maschinenbauteile werden gleichzeitig auf mehrere Arten beansprucht.

Die Beanspruchung erzeugt im Werkstück eine mechanische Spannung. Diese hängt von der Größe der einwirkenden Kraft und vom Querschnitt sowie bei Biegung, Torsion und Knickung auch von der Form des Querschnitts ab.

MERKE

Die maximale Spannung, die ein Werkstoff aushalten kann, wird als Festigkeit *(strength)* bezeichnet.

Beanspruchungsarten werden meist entsprechende Festigkeiten zugeordnet. Beispielsweise wird der Zugbeanspruchung die **Zugfestigkeit** *(tensile strength)* und der Abscherung die **Scherfestigkeit** *(shearing strength)* zugeordnet. Die Werte für einzelne Werkstoffe können dem Tabellenbuch entnommen werden.

Die mechanischen Spannungswerte können im zeitlichen Verlauf im Bauteil unterschiedliche Größen annehmen. Die Bauteile werden unterschiedlich belastet (Bild 2).

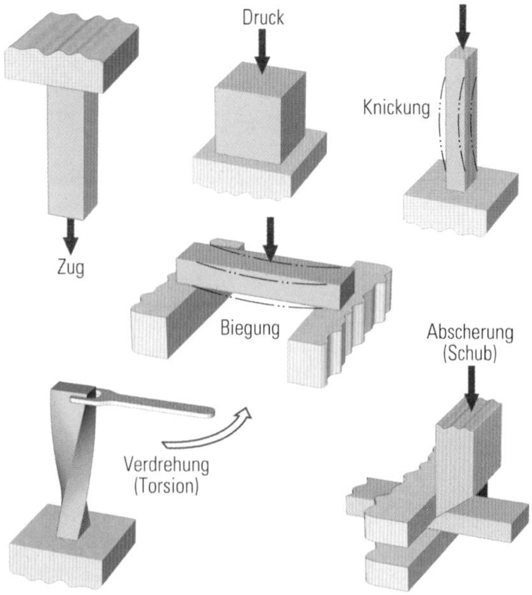

Beanspruchung	Bauteile
Zug	Seile, Ketten, Gestänge
Druck	Säulen, Fundamente
Biegung	Achsen, Wellen
Abscherung	Bolzen, Stifte, Passfedern
Torsion	Wellen, Spindeln
Knickung	Schlanke lange Stäbe
Flächenpressung	Lagerschalen, Bolzen, Stifte

1 *Mechanische Beanspruchungsarten*

Statische Belastung

Die an einem Bauteil angreifende Kraft bleibt über den Betrachtungszeitraum konstant; z. B. wird das Fundament einer Werkzeugmaschine statisch *(statically)* belastet. Im Beispiel (Bild 2a) bleibt die Druckspannung über die Zeit hinweg konstant.

Statische Verformungen an einer Werkzeugmaschine werden

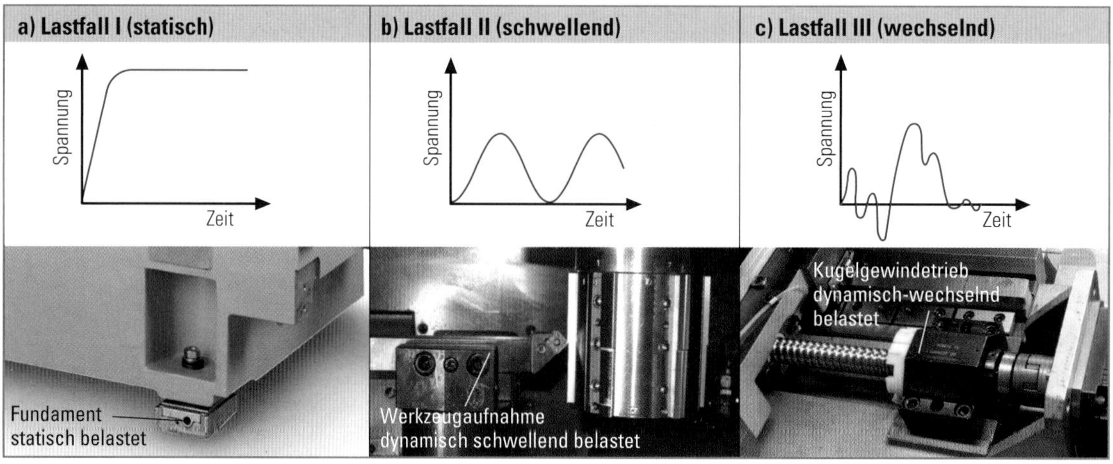

2 *Belastungsfälle verschiedener Bauteile*

meist durch Gewichtskräfte verursacht und wirken sich häufig als konstante Fertigungsfehler aus, die relativ einfach zu kompensieren sind.

Dynamisch-schwellende Belastung

Schwankt ein Spannungswert zwischen Null (keine Beanspruchung) und einem Maximalwert (maximal auftretende Beanspruchung) wird von einer dynamisch-schwellenden Belastung *(dynamic-pulsating loading)* gesprochen.

Beim unterbrochenen Schnitt werden z. B. die Werkzeugaufnahme und der Werkzeugschlitten dynamisch-schwellend belastet (Seite 188 Bild 2b).

Dynamisch-wechselnde Belastung

Wirken an einem Bauteil nacheinander unterschiedliche Beanspruchungsrichtungen, so wird von dynamisch-wechselnden Belastungen *(dynamic-alternating loadings)* gesprochen.

Kugelgewindetriebe[1)] werden dynamisch-wechslend belastet, da sie in axialer Richtung abwechselnd auf Zug und Druck beansprucht werden (Seite 188 Bild 2c).

Ermüdung *(fatigue)*

Maschinenelemente wie z. B. Schrauben, Bolzen, Achsen, Wellen werden unterschiedlichen Beanspruchungen und Belastungen ausgesetzt. Werden die Bauteile über einen längeren Zeitraum dynamisch belastet, können sie auch dann zu Bruch gehen, wenn z. B. die Zugfestigkeit bei weitem nicht überschritten wurde.

Diese Bruchart wird als **Ermüdungsbruch** *(fatigue fracture)* oder **Dauerbruch** *(fatigue failure)* bezeichnet. Bild 1 zeigt die typische Bruchfläche eines Ermüdungsbruchs. Sie besteht aus einem Anriss, einer Dauerbruchfläche mit Rastlinien und Gewaltbruchfläche.

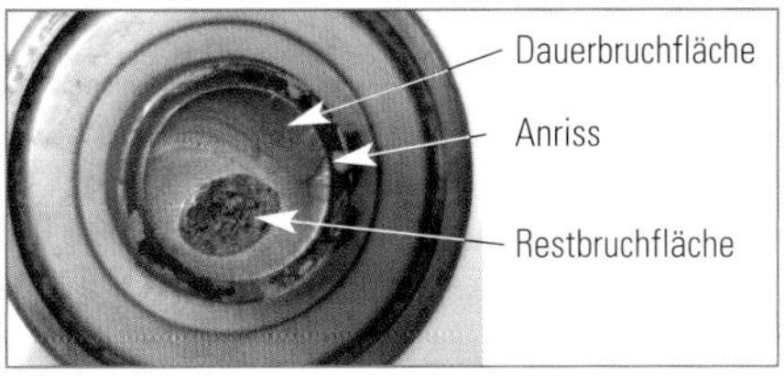

***1** Bruchfläche eines Ermüdungsbruchs*

Thermische Belastung *(thermal load)*

Neben den mechanischen Belastungen werden Maschinenbauteile sowie Werkzeuge auch thermisch belastet (Bild 2).

Hohe Erwärmung von Bauteilen sowie von Werkzeugen führt zu Ausdehnungen und damit zu Verformungen. Verschleißprozesse werden dadurch begünstigt.

Mithilfe von Wärmebildkameras können kritische Stellen überwacht werden (Bild 3).

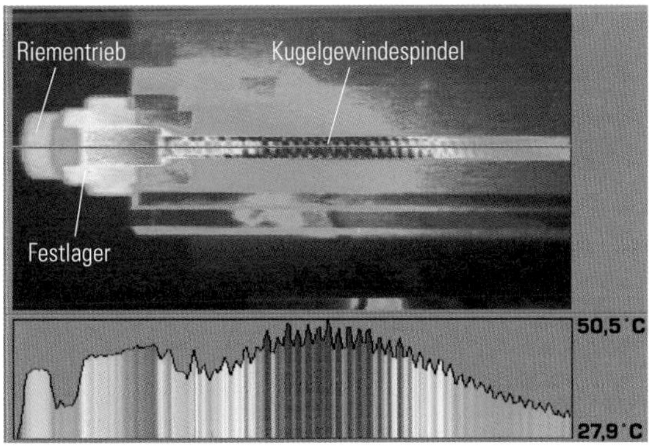

***3** Lokale Erwärmung einer Kugelgewindespindel im Verfahrbereich der Kugelgewindemutter. Zu erkennen sind der Riemenantrieb, das Festlager und die Kugelgewindespindel*

Thermische Belastung

Externe Einflüsse	Interne Einflüsse: Antriebsverluste	Interne Einflüsse: Zerspanungswärme ⑤
Hallenklima ■ vertikale/horizontale Temperaturverteilung ■ Temperaturschwankungen (Tag/Nacht, Klimaanlage) ■ Luftströmungen (Gebläse) **Direkter Strahleneinfluss** ■ Sonne ■ Heizkörper ■ benachbarte Anlagen **Wärmesenken** ■ Fundamente ■ geöffnete Hallentore, Fenster	Lager ① Getriebe ②, Kupplungen Motoren ③, Pumpen Führungen ④ Hydrauliksystem	Werkzeug, Werkstück, Späne, Kühlschmierstoffe

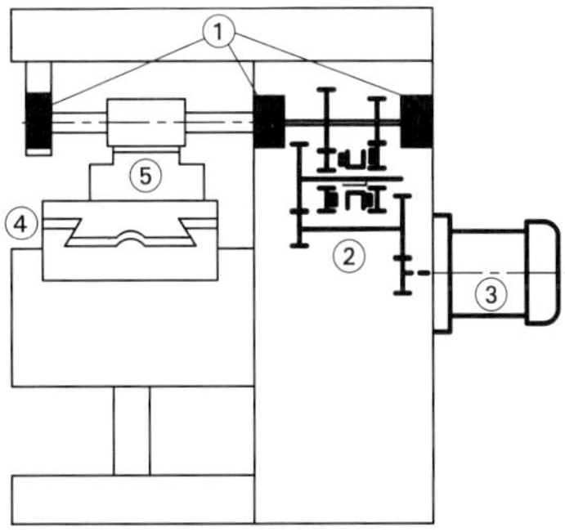

***2** Thermische Belastungen*

1) siehe Lernfeld 8 Kap. 1.5.2.1

2.2 Verschleiß, Reibung, Schmierung (Tribologie)

Der Zusammenhang zwischen Verschleiß, Reibung und Schmierung wird als **Tribologie** *(tribology)* bezeichnet.
Reibungsprozesse erzeugen **Verschleiß** *(abrasion)* (Seite 190/191 Bilder 1 und 2)

Reibung *(friction)* entsteht an Bauteilen, die sich unter Belastung gegeneinander bewegen. Unerwünschte Reibung kann durch fachgerechte **Schmierung** reduziert werden (vgl. Kap. 3).

MERKE

Verschleiß ist nicht vermeidbar. Durch Instandhaltungsmaßnahmen können Schäden und Schadensfolgen nur reduziert werden.

Beispiel	Verschleiß-mechanismus	Erscheinungsform	Mögliche Ursachen	Abhilfe durch Fachkraft
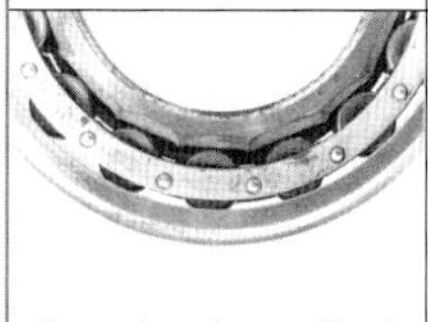 Ausgebrochener Bord eines Tonnenlagers	Oberflächenzerrüttung *(surface disruption)*	Bruch	Der Innenring wurde mit einem Hammer auf die Welle getrieben (Montagefehler)	Fachgerechte Montage von Wälzlagern
 Deformierte Zahnwelle	Oberflächenzerrüttung	Verformung	Der Hebel für die Verstellung der Umdrehungsfrequenz wurde im Stillstand betätigt (Bedienerfehler)	Fachgerechte Bedienung
 Beschädigtes Zahnrad	Oberflächenzerrüttung	Grübchen	Wiederholte mechanische Überbeanspruchung	Evtl. geeigneteren Werkstoff auswählen
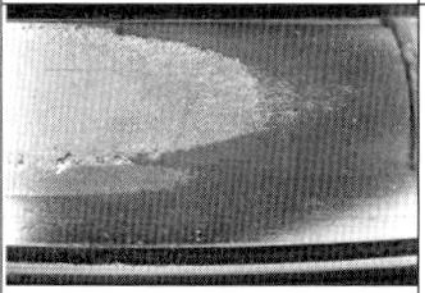 Verschleiß an einem Wälzlager	Oberflächenzerrüttung	Mikropitting[1)]	Unzureichende Schmierstoffzufuhr, zu hohe Betriebstemperatur	Fachgerechte Schmierung, Betriebstemperatur prüfen
 Kavitationsschaden an einem Absperrventil	Kavitation *(cavitation)*	Oberflächenzerstörung	Implodierende Gasbläschen z. B. in Rohrleitungen und Pumpen, die von flüssigen oder gasförmigen Medien durchströmt werden	Druckverhältnisse verändern
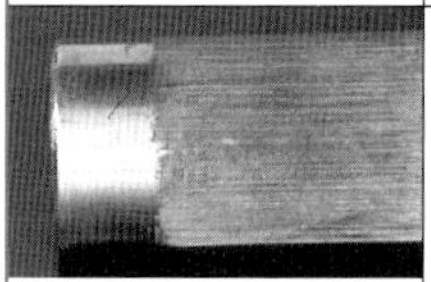 Materialabtrag	Abrasion	Kratzer Riefen Mikrospäne	Verschmutzungen zwischen den Reibpartnern	Fachgerechte Reinigung und Schmierung

1) Pitting: Grübchenbildung; Mikropitting: Graufleckigkeit

Beispiel	Verschleiß-mechanismus	Erscheinungsform	Mögliche Ursachen	Abhilfe durch Fachkraft
 Beschädigtes Zylinderrollenlager	Adhäsion	Riefen Löcher Fressen	Ungünstige Schmierverhältnisse	Fachgerechte Schmierung
	Tribochemische Reaktion *(tribochemical reaction)*	Passungsrost	Formstörung der Passflächen	Fachgerechte Montage von Wälzlagern
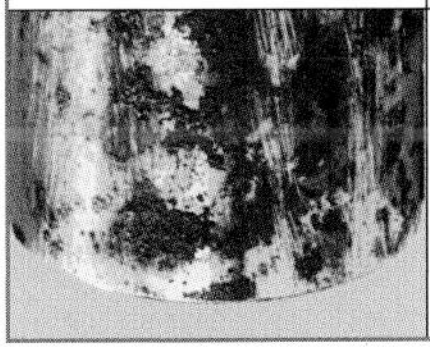	Tribochemische Reaktion	Passungsrost	Chemische Reaktion der Reibpartner mit der Umgebung	Kenntnisse der elektrochemischen Korrosion in der Praxis anwenden (siehe Lernfeld 4)

1 *Verschleißerscheinungen durch Reibung an ausgewählten metallischen Maschinenelementen*

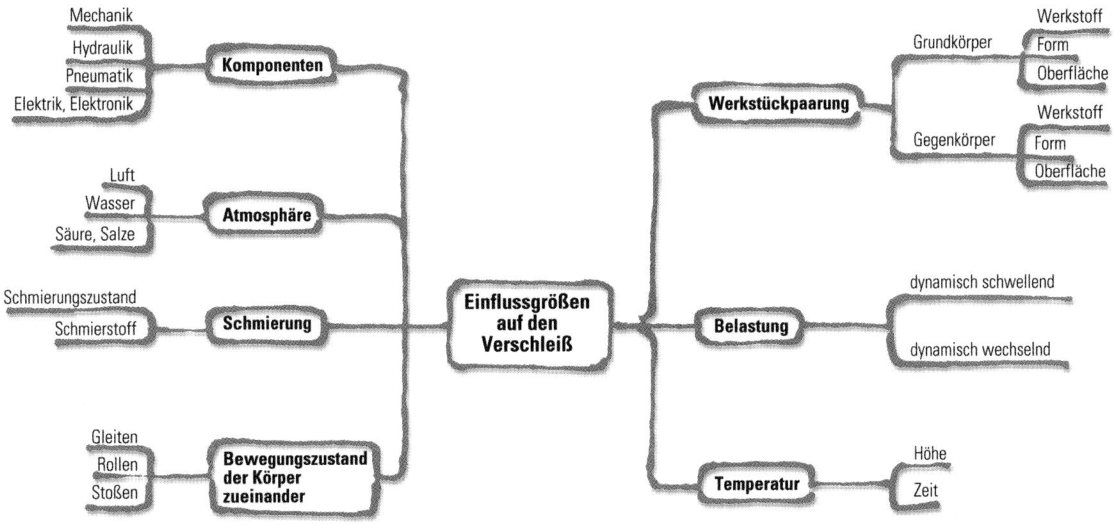

2 *Einflussgrößen auf den Verschleiß*

Verschleiß wird auch vom Grad der thermischen und dynamischen Belastung der Werkzeugmaschine bzw. der Maschinenbauteile beeinflusst.

Beispielsweise führen dynamische Belastungen des Werkzeugmaschinengestells zu Schwingungen in der gesamten Werkzeugmaschine.

Um den Verschleiß von Bauteilen möglichst gering zu halten, ist die Werkzeugmaschine aufgrund der zu erwartenden Beanspruchungen und Belastungen konstruiert. Der Werkstoff des Gestells muss dynamisch steif sein und schwingungsdämpfende Eigenschaften besitzen.

Um den Anforderungen zu genügen, sind Werkzeugmaschinen und Maschinenbauteile entsprechend zu dimensionieren. Dazu müssen verschiedene physikalische Größen ermittelt werden.

Im folgenden Kapitel werden exemplarisch Lagerkräfte und Flächenpressung rechnerisch ermittelt.

2.3 Berechnung von Lagerkräften und Flächenpressung

2.3.1 Berechnung von Lagerkräften

Achsen, Bolzen, Wellen, Spindeln und Schlittenführungen müssen gelagert werden, damit sie ihre Aufgabe erfüllen können. Ebenso müssen Werkzeuge und Werkstücke gelagert bzw. gespannt werden. Um eine fachgerechte Lagerung vornehmen zu können, sind die auftretenden Lagerkräfte zu berechnen.
Bild 1 zeigt eine Wälzführung.
Für die Bestimmung der auftretenden Lagerkräfte *(bearing forces)* ist die Kenntnis der Geometrien der beteiligten Bauteile notwendig. Es müssen die Lagerabstände und die Größen der einwirkenden Kräfte bekannt sein.

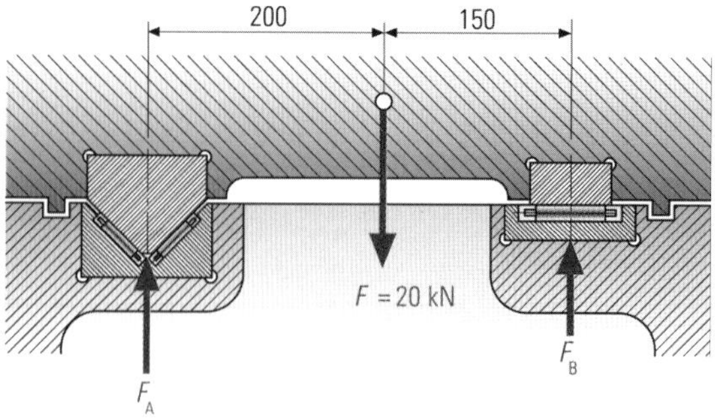

1 Wälzführung

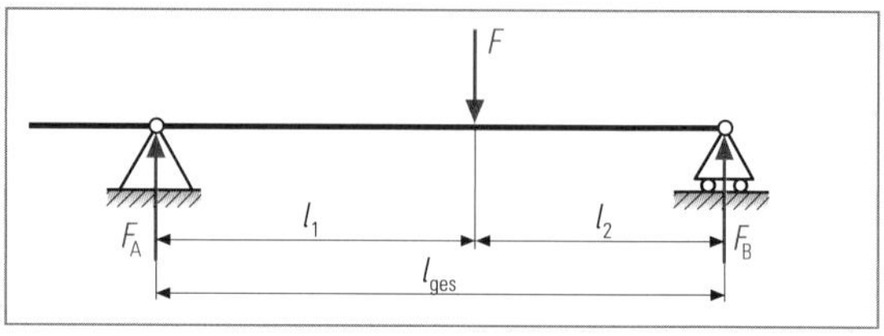

2 Vereinfachte Darstellung von Bild 1

Bestimmung der Lagerkräfte

1. Schritt: Freimachen des Systems
Das Bauteil oder die technische Zeichnung liefern die für die Berechnung notwendigen geometrischen Daten (Bild 1). Diese müssen ausgewertet werden. Die Größe der angreifenden Kraft *F* ist aus der Zeichnung ersichtlich. Im vorliegenden Fall handelt es sich um die Gewichtskraft des Werkzeugschlittens.
Der Lagerabstand beträgt l_{ges} = 350 mm, der Abstand des Schwerpunkts vom Festlager l_1 = 200 mm. Der Abstand des Schwerpunktes zum Loslager beträgt l_2 = 150 mm.

2. Schritt: Vereinfachen des Systems
Eine zeichnerische Vereinfachung erleichtert die weitere Betrachtung des Systems. Dazu werden die angreifende Kraft, die beiden Auflagerkräfte sowie die einzelnen Abstände gezeichnet (Bild 2).
Die Lager sind in Fest-/Loslageranordnung eingebaut. Hierfür werden folgende Symbole verwendet:

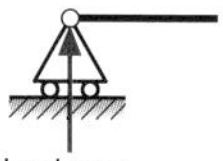

Loslager

Loslager *(movable bearing)*
Das Lager kann in **waagerechter Richtung** verschoben werden und nimmt dabei nur senkrecht wirkende Kräfte auf.

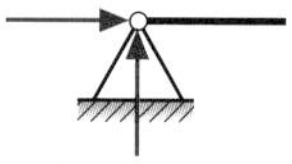

Festlager

Festlager *(fixed bearing)*
Das Lager kann **nicht** verschoben werden. Es nimmt die wirkenden Kräfte in waagerechter **und** senkrechter Richtung auf.

Da im dargestellten Beispiel nur eine senkrecht wirkende Kraft vorhanden ist, kann auch das Festlager nur in senkrechter Richtung reagieren, d. h., in diesem Fall nimmt es nur senkrechte Kräfte auf. Dies führt zur vereinfachten Darstellung der Schlittenführung (Bild 2).

3. Schritt: Anwenden der Momentengleichung
Die Hebelarme, die für eine Momentenberechnung erforderlich sind, haben ihren Ausgangspunkt in einem der beiden Lager. Für ein Momentengleichgewicht an der Welle gilt:

Summe der linksdrehenden Momente	=	Summe der rechtsdrehenden Momente

$$\sum M_{\circlearrowleft} = \sum M_{\circlearrowright}$$

Zunächst wird der Drehpunkt in das **Festlager** F_A gelegt.
F wirkt mit dem Hebel l_1, das Drehmoment ist rechtsdrehend.
F_B wirkt mit dem Hebel l_{ges}, das Drehmoment ist linksdrehend.

Beispielrechnung

$$F_B \cdot l_{ges} = F \cdot l_1$$

$$F_B = \frac{F \cdot l_1}{l_{ges}}$$

$$F_B = \frac{20000\,N \cdot 200\,mm}{350\,mm}$$

$$\underline{\underline{F_B = 11428{,}6\,N = 11{,}429\,kN}}$$

Jetzt wird der Drehpunkt gedanklich in das **Loslager** F_B gelegt. *F* wirkt nun mit dem Hebelarm l_2, das Drehmoment ist linksdrehend.
F_A wirkt mit dem Hebel l_{ges}. Das Drehmoment ist rechtsdrehend.

Beispielrechnung

$$F_A \cdot l_{ges} = F \cdot l_2$$

$$F_A = \frac{F \cdot l_2}{l_{ges}}$$

$$F_A = \frac{20000\,N \cdot 150\,mm}{350\,mm}$$

$$\underline{\underline{F_A = 8571{,}4\,N = 8{,}571\,kN}}$$

4. Schritt: Probe mithilfe der Kräftegleichung

Um Rechenfehler auszuschließen, ist eine **Probe** sinnvoll. Diese erfolgt mithilfe der Kräftegleichung:

Summe der nach oben wirkenden Kräfte	=	Summe der nach unten wirkenden Kräfte

$$\Sigma F\uparrow = \Sigma F\downarrow$$

Beispielrechnung

$F_A + F_B = F$

8,571 kN + 11,429 kN = 20 kN

20 kN = 20 kN (wahre Aussage)

2.3.2 Berechnung von Flächenpressungen

Passfedern haben die Aufgabe, Drehmomente zwischen Wellen und Naben zu übertragen[1]. Dabei werden die Passfedern auf **Abscherung** *(shearing)* (Bild 1) und **Druck** *(pressure)* (Bild 2) beansprucht.

An den Berührflächen zweier Bauteile, die auf Druck beansprucht werden, entsteht **Flächenpressung** *(surface pressure)*.

MERKE

Wenn die zulässige Flächenpressung eingehalten wird, wird die zulässige Scherfestigkeit nicht überschritten. Sie muss bei Passfederverbindungen daher nicht überprüft werden.

Die Größe der Passfeder hängt einerseits vom Wellendurchmesser und andererseits von dem zu übertragenden Drehmoment ab.

Dabei wird der Passfederquerschnitt (Breite × Höhe) vom Wellendurchmesser bestimmt. Der zu wählende Passfederquerschnitt ist genormt[2] und kann z. B. dem Tabellenbuch entnommen werden. Demnach ist z. B. für eine Welle mit dem Durchmesser $d = 40$ mm eine Passfeder mit der Breite $b = 12$ mm und der Höhe $h = 8$ mm zu wählen.

Das zu übertragene Drehmoment bestimmt die Länge der Passfeder. Berechnungsgrundlage ist hierbei die **zulässige Flächenpressung** zwischen den Seitenflächen der Passfeder und der Nabe.

$$p = \frac{F_U}{A} \leq p_{zul}$$

p: Flächenpressung in N/mm²
F_u: Umfangskraft in N
A: wirksame Fläche in mm²
p_{zul}: zulässige Flächenpressung in N/mm²

MERKE

Die zulässige Flächenpressung wird überwiegend von den beteiligten Werkstoffen und dem vorhandenen Belastungsfall beeinflusst.

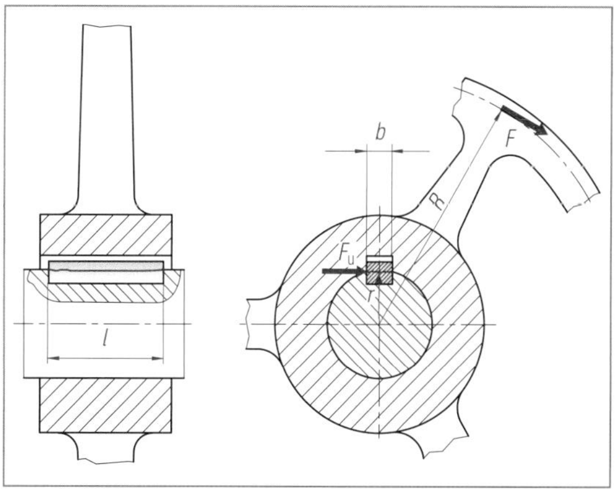

1 *Abscherung einer Passfeder*

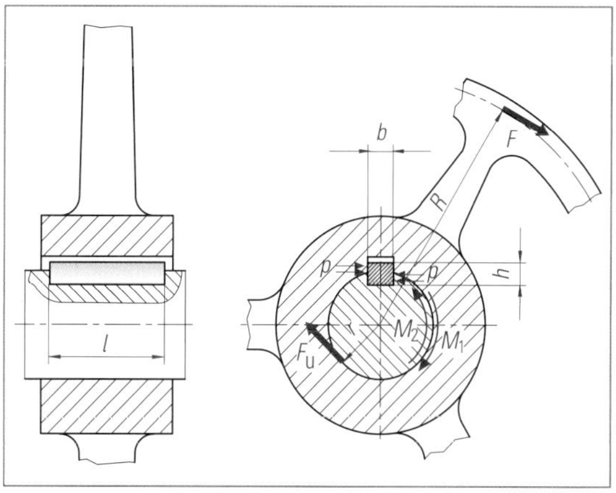

2 *Flächenpressung einer Passfeder*

Die **Umfangskraft** F_u ergibt sich aus dem zu übertragenden Drehmoment M und dem Wellendurchmesser d:

$$M = F_u \cdot \frac{d}{2}$$

$$F_U = \frac{2 \cdot M}{d}$$

M: Drehmoment in Nm
F_u: Umfangskraft in N
d: Wellendurchmesser in m

Die **tragende Passfederhöhe** in der Nabe kann vereinfacht mit $h/2$ angenommen werden. Deshalb gilt:

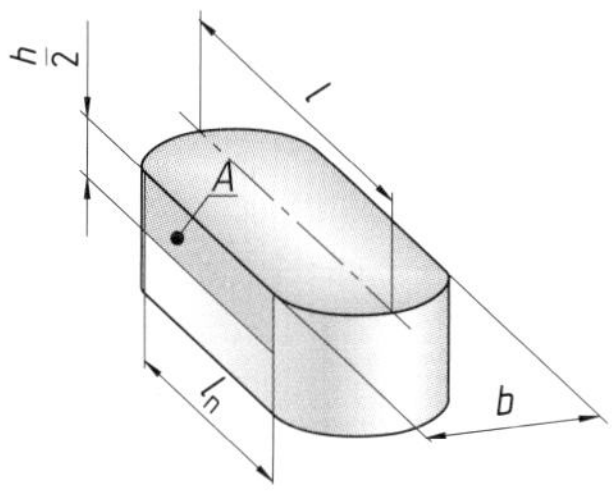

$$A_{erf} = \frac{h}{2} \cdot l_n$$

A_{erf}: erforderliche Fläche in mm²
h: Höhe der Passfeder in mm
l_n: wirksame Länge der Passfeder in mm

Die **wirksame Länge** der Passfeder ergibt sich bei der Berührung in der Nabennut aus

$l_n = l - b$

1) siehe Lernfeld 5 Kap. 9.2.5   2) DIN 6885-1

Beispielrechnung

Eine Welle mit dem Durchmesser $d = 40$ mm soll ein Drehmoment $M = 200$ Nm übertragen. Die zulässige Flächenpressung beträgt $p_{zul} = 120$ N/mm². Welche Passfeder (Form A) ist zu wählen (siehe Tabellenbuch)?

Lösung:

Bestimmung von Breite und Höhe

Der Wellendurchmesser bestimmt die Breite und Höhe der Passfeder. Nach DIN 6885-1 beträgt $b = 12$ mm und $h = 8$ mm.

Berechnung der erforderlichen Länge:

Die Berechnung der erforderlichen Länge erfolgt über die Formel für die Flächenpressung:

$$A_{erf} = \frac{F_u}{p_{zul}}$$

$$F_u = \frac{2 \cdot M}{d}$$

$$F_u = \frac{2 \cdot 200\ \text{Nm}}{0{,}04\ \text{m}}$$

$$\underline{F_u = 10000\ \text{N}}$$

$$A_{erf} = \frac{10000\ \text{N} \cdot \text{mm}^2}{120\ \text{N}}$$

$$\underline{A_{erf} = 83{,}3\ \text{mm}^2}$$

$$l_n = \frac{2 \cdot A_{erf}}{h}$$

$$l_n = \frac{2 \cdot 83{,}3\ \text{mm}^2}{8\ \text{mm}}$$

$$\underline{l_n = 20{,}8\ \text{mm}}$$

$$l = l_n + b$$

$$l = 20{,}8\ \text{mm} + 12\ \text{mm}$$

$$\underline{\underline{l = 32{,}8\ \text{mm}}}$$

Gewählt:

Passfeder DIN 6885 – A 12 × 8 × 36 – St

Probe:

Mit den Maßen der ausgewählten Passfeder wird überprüft, ob die vorhandene Flächenpressung unter der zulässigen Flächenpressung liegt.

$$p = \frac{F_u}{\frac{h}{2} \cdot (l - b)} \le p_{zul}$$

$$p = \frac{10000\ \text{N}}{4\ \text{mm} \cdot (36\ \text{mm} - 12\ \text{mm})} \le 120 \frac{\text{N}}{\text{mm}^2}$$

$$\underline{\underline{p = 104{,}2\ \frac{\text{N}}{\text{mm}^2} \le 120 \frac{\text{N}}{\text{mm}^2} = p_{zul}}}$$

Flächenpressung entsteht auch zwischen Gleitlager und Wellenzapfen.

MERKE

Die Tragfähigkeit von Gleitlagern ist nur gewährleistet, wenn die zulässige Flächenpressung nicht überschritten wird.

Die Fläche A ist die in Kraftrichtung projizierte Berührfläche (Bild 1).

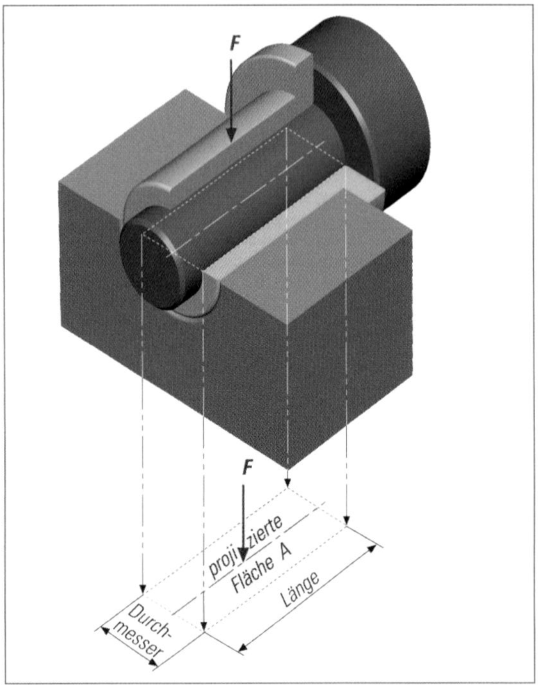

1 Flächenpressung zwischen Gleitlager und Wellenzapfen

Beispielrechnung

Ein Gleitlager ($d = 25$ mm, $l = 30$ mm) mit einer zulässigen Flächenpressung von 20 N/mm² wird mit einer Radialkraft von 12 kN belastet. Ist das Gleitlager für die Belastung geeignet?

1. Bestimmung der projizierten Fläche

$$A = d \cdot l$$

$$A = 25\ \text{mm} \cdot 30\ \text{mm}$$

$$\underline{\underline{A = 750\ \text{mm}^2}}$$

2. Bestimmung der Flächenpressung des Gleitlagers

$$p = \frac{F_N}{A} \le 20 \frac{\text{N}}{\text{mm}^2}$$

$$p = \frac{12000\ \text{N}}{750\ \text{mm}^2} \le 20 \frac{\text{N}}{\text{mm}^2}$$

$$\underline{\underline{p = 16 \frac{\text{N}}{\text{mm}^2} \le 20 \frac{\text{N}}{\text{mm}^2}}}$$

Das Lager ist für die Belastung geeignet.

Beispielrechnung

In eine Lagerstelle wird nebenstehendes Gleitlager eingebaut:
Buchse DIN 1850 – P30×20.
Der Hersteller gibt eine zulässige dynamische Flächenpressung bei Bewegung des Lagerzapfens von maximal $p_{max,\,dyn} = 10\ N/mm^2$ an.
Es wirkt eine Kraft von maximal 5 kN auf das Lager ein.
a) Wie hoch ist die tatsächliche Flächenpressung?
b) Darf das Lager mit dieser Lagerkraft betrieben werden?

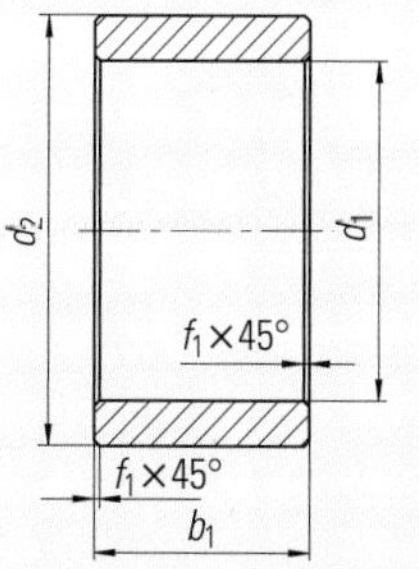

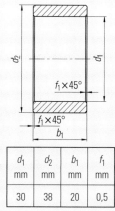

d_1 mm	d_2 mm	b_1 mm	f_1 mm
30	38	20	0,5

Lösung
zu a)

$$p = \frac{F_N}{A}$$

$$p_{vorh} = \frac{F_N}{d_1 \cdot l} \leq p_{max,\,dyn}$$

$$p_{vorh} = \frac{F_N}{d_1 \cdot (b_1 - 2 \cdot f_1)} \leq p_{max,\,dyn}$$

$$p_{vorh} = \frac{5000\ N}{30\ mm \cdot (20\ mm - 2 \cdot 0{,}5\ mm)} \leq 10 \frac{N}{mm^2}$$

$$p_{vorh} = \frac{5000\ N}{570\ mm^2} \leq 10 \frac{N}{mm^2}$$

$$\underline{\underline{p_{vorh} = 8{,}8 \frac{N}{mm^2} \leq 10 \frac{N}{mm^2}}}$$

p_{vorh}: tatsächliche Flächenpressung in N/mm²
F_N: Normalkraft in N
d_1: Gleitlagerinnendurchmesser in mm
b_1: Gleitlagerbreite in mm
f_1: Gleitlagerfase in mm

zu b)
Das Lager darf betrieben werden.

ÜBUNGEN

Die ersten vier Übungen dienen zur Wiederholung dessen, was Sie im Lernfeld 4 bereits über Reibung gelernt haben.

1. Nennen Sie jeweils ein Beispiel für erwünschte bzw. unerwünschte Reibung.

2. Von welchen Faktoren hängt die Reibzahl ab? Erläutern Sie den Zusammenhang.

3. Unterscheiden Sie die Reibungsarten in Abhängigkeit vom Bewegungszustand.

4. Durch welche Maßnahmen können Haft- und Gleitreibung minimiert werden?

5. Nennen Sie die mechanischen Beanspruchungsarten und jeweils ein Bauteil, in dem die jeweilige Beanspruchung hauptsächlich auftritt.

6. a) Nennen Sie mindestens drei Verschleißmechanismen und die dazugehörigen Erscheinungsformen.
b) Nennen Sie mindestens vier Faktoren, die den Verschleiß beeinflussen.

7. Was versteht man unter dynamischer Belastung?

8. a) Welchen Einfluss hat die thermische Belastung auf Maschinenbauteile?
b) Beschreiben Sie, wie thermisch kritische Bauteile überwacht werden können.
c) Recherchieren Sie, ob in Ihrem Betrieb Wärmebildkameras eingesetzt werden und benennen Sie ggf., welche Bauteile überprüft werden.

9. Berechnen Sie die Auflagerkräfte F_A und F_B des folgenden bereits vereinfachten Systems:

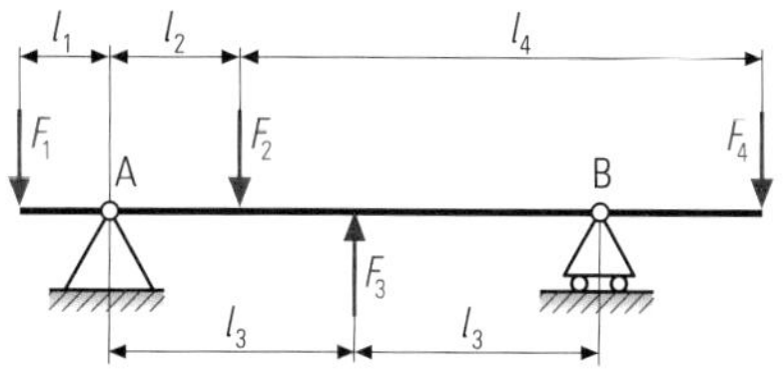

	F_1 in kN	F_2 in kN	F_3 in kN	F_4 in m	l_1 in m	l_2 in m	l_3 in m	l_4 in m
a)	–	50	–	40	0,1	0,2	0,3	0,6
b)	0,5	–	3	3,5	0,15	0,3	0,9	0,2
c)	–	350	400	260	–	0,5	0,25	0,9

10. Eine Welle mit dem Durchmesser $d = 60$ mm soll ein Drehmoment $M = 250$ Nm übertragen. Die zulässige Flächenpressung beträgt $p_{zul} = 50\ N/mm^2$. Welche Passfeder (Form A) ist zu wählen?

11. Ein Stirnzapfen ($d = 80$ mm) soll in einem Lager aus einer CuSn-Legierung ($p_{zul} = 25\ N/mm^2$) aufgenommen werden. Die zu stützende Lagerkraft beträgt 85 kN.
Welche Lagerlänge ist mindestens erforderlich?

12. Ein Gleitlager aus Polyamid ($p_{zul} = 15\ N/mm^2$) wird mit 4,8 kN belastet. Wie groß müssen der Durchmesser und die Länge des Gleitlagers gewählt werden, wenn das Bauteilverhältnis $l = 0{,}8d$ betragen soll?

3 Schmierstoffe

196_1

Um Verschleißerscheinungen an Bauteilen möglichst gering zu halten, werden unterschiedliche Schmierstoffarten *(kinds of lubricants)* eingesetzt (Bild 1).
Dabei wird hauptsächlich unterschieden zwischen

- Schmierölen *(lubricating oils)*
- Schmierfetten *(lubricating greases)*
- Festschmierstoffen *(solid lubricants)*
- Schmierpasten *(lubricating pastes)* und
- Kühlschmierstoffen[1] *(coolants)*

Die Kurzbezeichnungen der verschiedenen Schmierstoffe können Sie Kap. 3.7 Seite 201 oder Ihrem Tabellenbuch entnehmen[2].

1 Verschiedene Schmierstoffarten an einer Drehmaschine

3.1 Schmieröle

Schmieröle können weiter unterteilt werden, z. B. in Gleitbahnöle, Getriebeöle und Hydrauliköle. Diese Einteilung basiert auf den unterschiedlichen Eigenschaften der Schmieröle. Um die Eigenschaften beschreiben zu können, werden die folgenden Kennwerte verwendet (Seite 197 Bild 1).

Viskosität *(viscosity)*
Die Viskosität beschreibt das Fließverhalten (die Zähigkeit) von Flüssigkeiten (Bild 2). Öle mit einer niedrigen Viskosität sind dünnflüssig. Sie sind durch eine niedrige **Viskositätsklasse VG** gekennzeichnet.
Die Viskosität beeinflusst insbesondere den Schmierfilm. Ist die Viskosität zu gering, kann ein Schmierfilm gar nicht erst entstehen oder er reißt auf. Ist die Viskosität zu hoch, gelangt das Schmieröl nicht an die erforderlichen Schmierstellen.
Bei Mineralölen hängt die Viskosität von der Temperatur ab (Bild 3). Daher ist das Viskositäts-Temperatur-Verhalten besonders bei technischen Systemen mit unterschiedlichen Betriebstemperaturen bedeutsam. Ein Mineralöl wird demnach so ausgewählt:

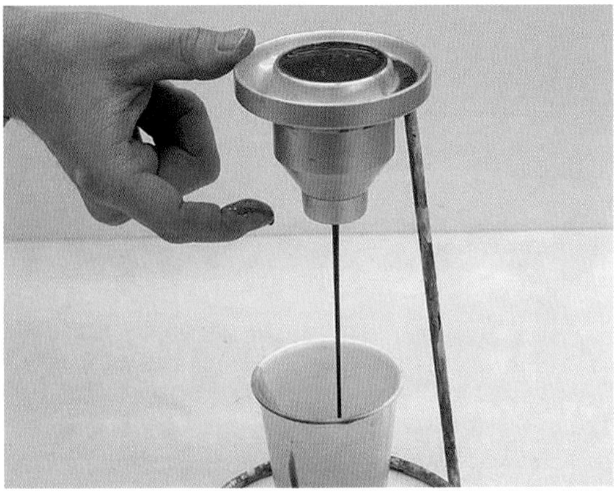

2 Werkstatttest zur Viskositätsbeurteilung. Die Durchlaufzeit wird mit einer Stoppuhr gemessen

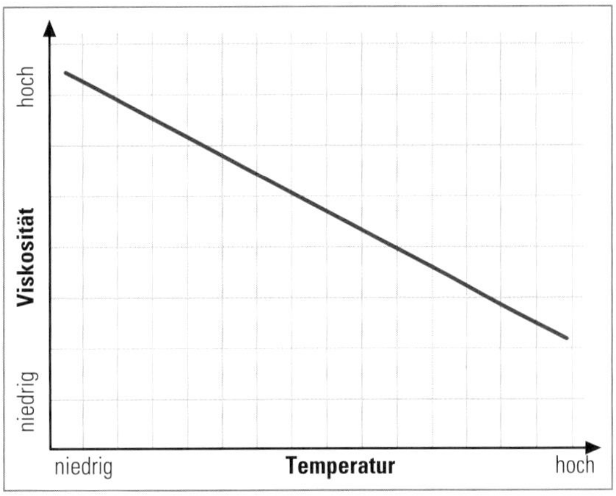

3 Viskositäts-Temperatur-Verhalten von Mineralölen

1) siehe Lernfeld 5 Kap. 1.3 2) siehe auch Kap. 3.7

- Bei niedrigen Temperaturen muss es hinreichend dünnflüssig sein.
  Dadurch wird ein einwandfreies Anfahren der Maschine ermöglicht.
- Bei hohen Temperaturen muss das Schmieröl noch genügend Viskosität haben, damit der Schmierfilm nicht abreißt.

Die Abhängigkeit der Viskosität von der Temperatur führte zur Entwicklung **synthetischer Schmieröle**.
Sie haben ein gleichmäßigeres Viskositäts-Temperatur-Verhalten, d. h., dass die Viskosität von synthetischen Schmierölen in einem größeren Temperaturbereich konstant ist. Sie werden daher besonders bei extrem schwankenden Betriebstemperaturen eingesetzt. Im Vergleich zu Mineralölen sind synthetische Schmieröle teurer.

MERKE

Bei Mineralölen gilt: Die Viskosität verringert sich bei steigenden Temperaturen.
Bei synthetischen Schmierölen gilt: Die Viskosität bleibt auch bei schwankenden Temperaturen nahezu konstant.

Pourpoint *(pour point)*
Der Pourpoint ist die Temperatur, bei der ein Schmieröl eben noch fließt.

Flammpunkt *(flashpoint)*
Der Flammpunkt ist die Temperatur, bei der sich an der Schmieröloberfläche entzündbare Gase bilden. Die Schmieröle werden entsprechend ihres Flammpunktes in Gefahrenklassen eingeteilt.

3.2 Schmierfette

Bei Wälzlagern werden oft Schmierfette anstelle von Schmierölen verwendet (Bild 2). Diese haben den Vorteil, dass sie nicht

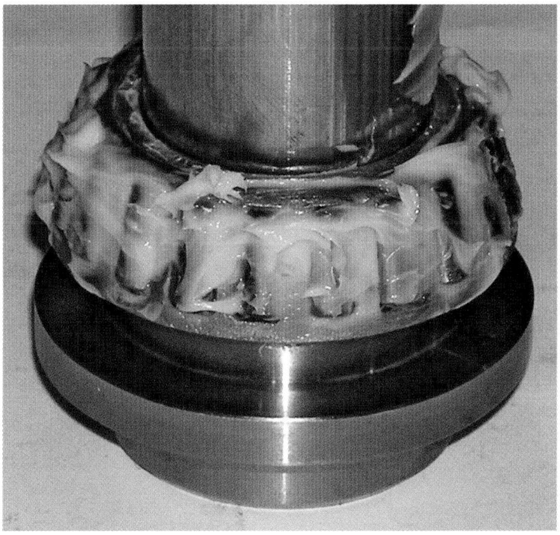

2 *Eingefettetes Wälzlager*

Schmieröl nach DIN 51502	CLP 68	CLP 220	CLP 1000
Viskositätsklasse	ISO VG 68	ISO VG 220	ISO VG 1000
Minimale kinematische Viskosität bei 40 °C	61,2 mm²/s	198 mm²/s	900 mm²/s
Maximale kinematische Viskosität bei 40 °C	74,8 mm²/s	242 mm²/s	1100 mm²/s
Pourpoint	−12 °C	−9 °C	−3 °C
Flammpunkt	180 °C	200 °C	200 °C
Anwendungsbeispiele	Getriebe	Gleitbahnen	Bei Schneckengetrieben mit sehr hoher Umdrehungsfrequenz

1 *Kennwerte von Schmierölen*

Konsistenzklasse nach DIN 51818	Walkpenetration nach DIN ISO 2137 in 1/10 mm	Konsistenz	Anwendung
000	445 … 475	ähnlich sehr dickem Öl (fließend)	Getriebe
00	400 … 430	fast fließend	Getriebe
0	355 … 385	extrem weich	Getriebe
1	310 … 340	sehr weich	Wälz- und Gleitlager
2	265 … 295	weich	Wälz- und Gleitlager
3	220 … 250	mittel	Wälz- und Gleitlager
4	175 … 205	fest	Dichtfette für Armaturen, Labyrinthe
5	130 … 160	sehr fest	Dichtfette für Armaturen, Labyrinthe
6	85 … 115	extrem fest	Dichtfette für Armaturen, Labyrinthe

3 *Konsistenzklassen und Walkpenetrationen von Schmierfetten*

von der Lagerstelle wegfließen. Zusätzlich haften Schmierfette an der Schmierstelle und verhindern so das Eindringen von Wasser oder Verunreinigungen. Schmierfette werden in 9 **Konsistenzklassen** *(consistency classes)* eingeteilt (Bild 3).
Kennwert für die Konsistenz *(consistency)* und damit wichtigster Kennwert für Schmierfette ist die **Walkpenetration** *(worked penetration)*.
Bei der Walkpenetration wird das Schmierfett vor der Messung „gewalkt", d. h., vorher kräftig durchgeknetet. Dadurch werden

die mechanischen Belastungen an der Schmierstelle simuliert. Für die Bestimmung der Walkpenetration[1] (Bild 1) wird das Fett bei einer Temperatur von 25°C in einen genormten Becher gefüllt. Die Spitze eines genormten Kegels berührt die Oberfläche. Nach dem Lösen einer Haltevorrichtung hat der Kegel 5 Sekunden Zeit in das Fett einzudringen. Die Eindringtiefe wird gemessen und in $\frac{1}{10}$ mm angegeben.
So bedeutet ein Wert von 400, dass der Kegel nach 5 Sekunden 40 mm tief in das Fett eingedrungen ist.

MERKE

Je größer der Wert der Walkpenetration, desto mehr fließt das Fett.
Je größer der Wert der Konsistenz, desto weniger fließt das Fett.

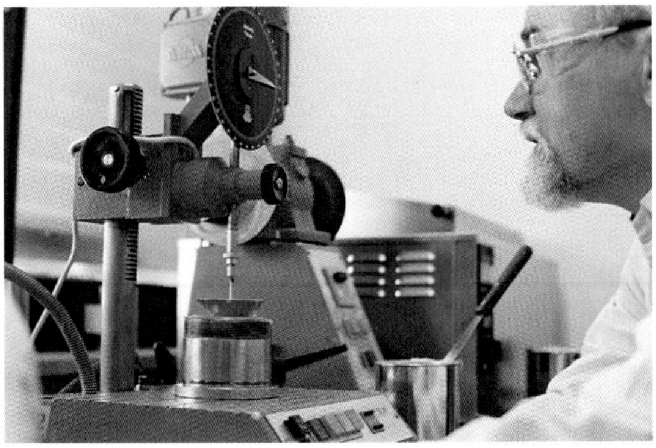

1 Bestimmung der Walkpenetration

3.3 Festschmierstoffe (Trockenschmierstoffe)

Als Festschmierstoffe *(solid lubricants)* werden oft MoS_2 (Molybdändisulfid), Grafit, PTFE (Polytetrafluorethylen), Kupfer und Kupferlegierungen verwendet. Für Festschmierstoffe gibt es keinen einheitlichen genormten Kennwert. Die Anwendungsgebiete hängen von den Eigenschaften dieser Stoffe ab.
Festschmierstoffe sind druckstabiler als Schmieröle und Schmierfette und daher in der Lage, auch bei höheren Kontaktdrücken sowie bei höheren Temperaturen Werkstück und Werkzeug zuverlässig zu trennen.

MERKE

Festschmierstoffe kommen bei sehr hohen Drücken, bei niedriger Geschwindigkeit und extrem niedrigen oder hohen Temperaturen zum Einsatz wie z. B. als Bestandsteil von wartungsfreien Gleitlagerbuchsen.

3.4 Schmierpasten

Schmierpasten *(lubricating pastes)* sind Fette, die mit Festschmierstoffen versetzt sind. Schmierpasten kombinieren somit die Eigenschaften der Schmierfette und Festschmierstoffe.
Hauptanwendungsgebiete von Schmierpasten sind:

- Montieren und Einpressen von Übermaßpassungen an Gleitlagern, Wälzlagern oder zum Aufpressen von Zahnrädern. Die Demontage wird erleichtert und ein „Festfressen" wird verhindert.
- Schmierung von Schraubverbindungen. Die Demontage wird erleichtert und ein „Festfressen" wird verhindert.
- Schmierung bei extremen Drücken, hohen Temperaturen und/oder Vibrationen.
- Gewährleistung der Notlaufschmierung.
- Verbesserung von Einlaufbedingungen.

Bild 2 zeigt Empfehlungen eines Schmierstoffherstellers für Schmierpasten bei Schrauben- und Bolzenverbindungen in unterschiedlichen Temperaturbereichen.

Temperaturbereich in °C	**Hauptwirkstoff**	**Schmierfähigkeit, Verschleißschutz, Reibverhalten im Vergleich zu MoS_2**	**Einsatz**	**Anwendung, Vorteile, Nachteile**
0 ... 400	MoS_2	sehr gut	Standard	Mehrzweckfette, Tieftemperaturfette, Schmierung von Aluminium
400 ... 600	Grafit	gut	Grafit, weil MoS_2 sich ab 400 °C zersetzt!	Tieftemperaturfette, Hochtemperaturfette, Hochgeschwindigkeitsfette, Kunststofffette
600 ... 700	Aluminium	mäßig	Aluminium, weil Grafit sich zersetzen würde	Hochtemperaturfette
700 ... 1200	Kupfer	mäßig	Kupfer, weil Aluminium jetzt schmilzt	Biologisch abbaubare Schmierfette
> 1200	Keramik	schlecht	Keramikpasten haben eine minimale Schmierwirkung, die Trennwirkung überwiegt	Hochtemperaturfette, säure- und lösemittelbeständige Fette

2 Auswahl von Schmierpasten bei Schrauben- und Bolzenverbindungen

1) DIN ISO 2137

3.5 Schmierverfahren

Schmierverfahren *(lubrication techniques)* werden angewendet, um den richtigen Schmierstoff zur richtigen Zeit in der geeigneten Menge an der vorgesehenen Reibstelle zur Verfügung zu stellen.

3.5.1 Schmierintervalle

Verbrauchsschmierung *(consumption lubrication)*
In Abhängigkeit vom Verbrauch wird Schmierstoff zugeführt wie z. B. beim Einölen von Bohrmaschinensäulen, Führungsbahnen von Drehmaschinen oder beim Einfetten der Spannbacken am Drehmaschinenfutter (Bild 1).

Lebensdauerschmierung *(service life lubrication)*
Das einmalige Schmieren einer Reibstelle wird als Lebensdauerschmierung bezeichnet. Bis zum Benutzungsende wird der Schmierstoff weder ausgetauscht noch aufgefüllt. Dieses Schmierverfahren wird oft bei Wälzlagern angewandt (Seite 197 Bild 2).

3.5.2 Ausführungsarten

Umlaufschmierung *(circular lubrication)*
Umlaufschmierung bezeichnet einen Schmierstoffkreislauf (Bild 2). Von einem Ölbehälter führen zur Schmierstelle Hin- und Rückleitungen. Dazwischen können auch Filter geschaltet sein. Der geschlossene Kreislauf ermöglicht eine Wiederverwendung des Schmieröls. Dadurch wird insgesamt weniger Schmieröl verbraucht. Umlaufschmierungen werden z. B. bei hydraulischen Anlagen verwendet.

Nach der Anzahl der Schmierstellen können Schmierverfahren in Einzelschmierung und Zentralschmierung unterteilt werden.

Einzelschmierung *(individual lubrication)*
Einzelschmierung wird angewendet, wenn nur eine Schmierstelle vorliegt, eine Zentralschmieranlage zu aufwändig ist oder die Schmierstellen von einer Zentralschmieranlage nicht erreicht werden können. Eine Einzelschmierung wird als Verbrauchsschmierung realisiert. Bei der manuellen Einzelschmierung stehen Hilfsmittel wie Pinsel, Tücher, Ölkanne, Schmiernippel, Fettpresse usw. zur Verfügung (Bild 3).
Mithilfe z. B. eines Tropfölers/Schmierstoffgebers (Bild 4) kann eine **halbautomatische** Einzelschmierung erfolgen.

3 *Einzelschmierung über Schmiernippel*

1 *Schmieren eines Drehmaschinenfutters*

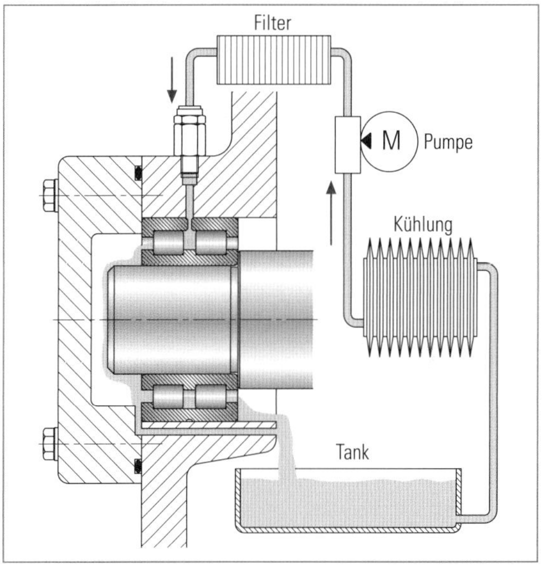

2 *Umlaufschmierung*

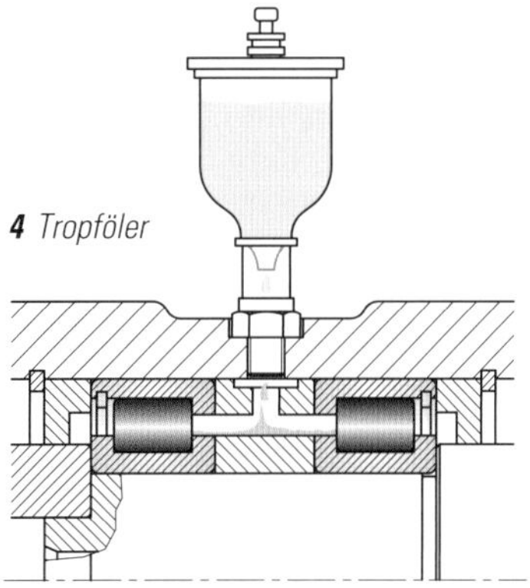

4 *Tropföler*

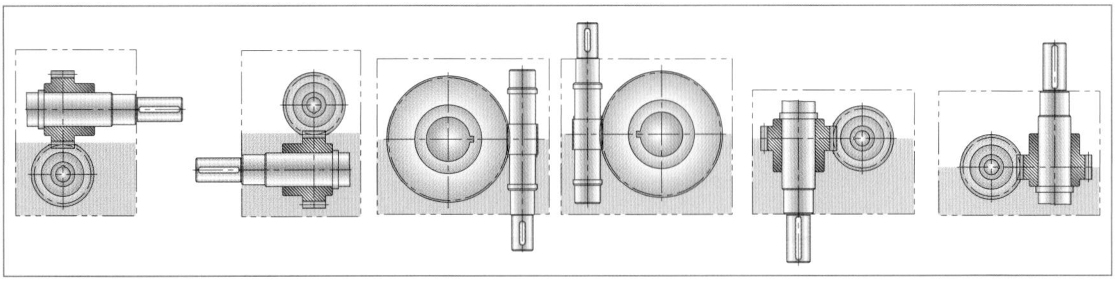

1 Erforderliche Ölmenge bei einem Schneckengetriebe in unterschiedlichen Betriebslagen

Eine **automatische** Einzelschmierung erfolgt z. B. durch eine Tauchschmierung. Ein typischer Anwendungsfall sind z. B. Getriebe (Bild 1).

Zentralschmieranlagen *(central lubrication units)*
Zentralschmierungen (Bild 2) bieten sich an, wenn mehrere Schmierstellen versorgt werden müssen.
Zentralschmieranlagen bieten folgende Vorteile:

- Keine angeschlossene Schmierstelle kann vergessen werden
- Die Schmierung erfolgt auch an schwer zugänglichen Stellen
- Der Lagerverschleiß wird verringert
- Die geschmierten Lager sind ausfallsicher
- Die Reparatur- und Wartungskosten der Lager verringern sich deutlich
- Die Ausfallzeiten der Produktion werden gesenkt
- Automatische Steuerung der Schmieranlage meldet Fehler im Vorfeld

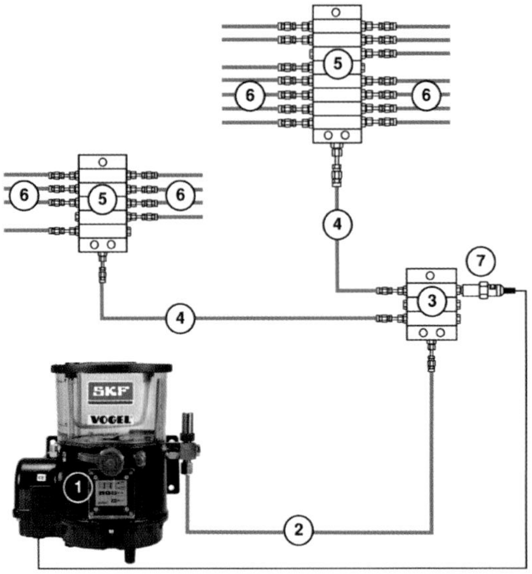

2 Aufbau eines Zentralschmiersystems

Überlegen Sie!

1. *Gliedern Sie die Schmierverfahren in Abhängigkeit*
   a) von den Schmierintervallen
   b) von der Ausführungsart
2. *Erläutern Sie die Vorteile von Zentralschmieranlagen gegenüber der Einzelschmierung.*

3.6 Beurteilung von Schmierstoffen

Schmierstoffe können verunreinigen oder altern (Bild 3). Sie müssen daher regelmäßig inspiziert, gepflegt und gegebenenfalls ausgetauscht werden. Die Fachkraft erkennt oft durch eine Geruchs- und /oder Sichtprobe, ob der Schmierstoff noch einwandfrei ist. Bild 4 zeigt mögliche Beschaffenheiten von **Schmierölen** *(lubricating oils)*.
Mithilfe einer Filterprobe kann ein Prüfer anhand der Rückstände oft wertvolle Hinweise auf die Abriebstelle geben.
Gealterte **Schmierfette** *(lubricating greases)* zeigen gegenüber Neufetten eine deutliche Dunkelfärbung auf. Sie verharzen, werden also härter. Wasserenthaltende Schmierfette (bis zu 5 %) trocknen regelrecht aus. Eine ausreichende Schmierung ist dann nicht mehr möglich.

1. Monat 2. Monat 3. Monat 4. Monat 5. Monat

3 Alterung von Kühlschmierstoffen

Zustand des Schmieröls	Ursache
Trübung	Feuchtigkeit, feinste Schmutzteile
Verfärbung	Alterungserscheinungen
Dunkelfärbung	Fremdstoffe
Absetzendes Wasser (Kondensat)	Eindringen von Wasser
Fremdkörper	Abrieb von Bauteilen, Verschmutzung von außen

4 Beschaffenheit von Schmierölen und der Ursachen

3.7 Auswahl von Schmierstoffen

Aufgrund der umfangreichen Instandhaltungstätigkeiten an modernen Werkzeugmaschinen differenzieren Hersteller zwischen Schmierplänen (Seite 202 Bild 1 und Seite 203 Bild 1) und weiteren Wartungstätigkeiten (vgl. Kap. 5).

In Abhängigkeit von dem jeweiligen Einsatzbereich und den damit erforderlichen Eigenschaften der Schmierstoffe sowie dem angewandten Schmierverfahren empfiehlt der Hersteller von Werkzeugmaschinen entsprechende Schmierstoffe. Diese können z. B. den Bedienungsanleitungen entnommen werden (Seite 202 Bild 2).

Aufgrund möglicher **Gewährleistungsansprüche** *(warranty claims)* muss die Zerspanungsfachkraft diese Vorgaben unbedingt einhalten.

Der Hersteller ist u. a. verpflichtet, eine Werkzeugmaschine frei von Sachmängeln zu liefern. Liegt ein Sachmangel vor, kann der Käufer nach §437 BGB auf Beseitigung des Mangels oder Minderung des Kaufpreises bestehen oder sogar vom Kaufvertrag zurücktreten.

Diese gesetzlich geregelten Mängelgewährleistungsansprüche gelten jedoch nur, wenn die Werkzeugmaschine entsprechend den Herstellervorgaben bedient und gewartet wird. Dazu gehört auch die Verwendung der empfohlenen Schmierstoffe.

So werden z. B. in Getrieben **Umlaufschmieröle** *(circulating lubricating oils)* eingesetzt.

Bei Führungsbahnen werden **Gleitbahnöle** *(slideway oils)* verwendet.

Wälzlager werden mit einem speziellen **Wälzlagerfett** *(roller bearing grease)* geschmiert.

In hydraulischen Anlagen werden **Hydrauliköle** *(hydraulic fluids)* verwendet, um den notwendigen Druck zu erzeugen.

Kühlschmierstoffe *(solid cooling lubricants)* werden zur Kühlung und zur Schmierung von Werkstücken und Werkzeugen sowie zum Transport von Spänen bei der Zerspanung eingesetzt.

Diese Voreinteilung basiert üblicherweise auf den Kennwerten[1)]
- Viskosität
- Entflammbarkeit
- Pourpoint

Weitere Eigenschaften der Schmierstoffe wie z. B.
- Alterungsneigung
- Korrosionsbeständigkeit

entscheiden über den konkreten Einsatz.

Kennzeichnung von Schmierstoffen

Schmierfette auf Mineralölbasis

GP: Fließfett
000: Walkpenetration 445...475
K: obere Gebrauchstemperarur +120°C
20: untere Gebrauchstemperatur –20°C

Schmierfette auf Syntheseölbasis

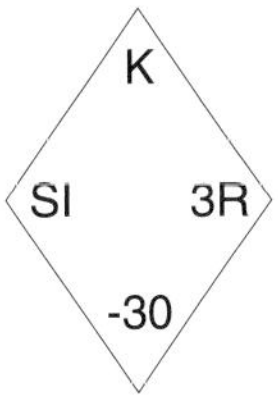

K: Schmierfett für Wälzlager
SI: Silikonöl
3: Walkpenetration 220...250
R: obere Gebrauchstemperarur +180°C
-30: untere Gebrauchstemperatur –30°C

Schmieröle und Hydrauliköle

HLP: Hydrauliköl mit Wirkstoffen zum Erhöhen des Korrosionsschutzes, der Alterungsbeständigkeit sowie zur Verminderung des Verschleißes im Mischreibungsgebiet
D: Detergierender[2)] Zusatz
46: Viskositätsklasse ISO VG 46

Überlegen Sie!

Entschlüsseln Sie weitere Angaben zur Kennzeichnung von Schmierstoffen mithilfe Ihres Tabellenbuchs.

Kennbuchstabe(n)	Anwendung
C	Umlaufschmierung
CG	Gleitbahnöl
D	Druckluftöl
G	Schmierfett für geschlossene Getriebe
GP	Fließfett
H	Hydrauliköl
K	Schmierfett für Wälzlager, Gleitlager und Gleitflächen
L	Wirkstoff zum Erhöhen des Korrosionsschutzes und der Alterungsbeständigkeit
P	Wirkstoff zum Herabsetzen der Reibung und des Verschleißes im Mischreibungsgebiet
SE	Wassermischbarer Kühlschmierstoff
SES	Wassermischbarer Kühlschmierstoff auf synthetischer Basis
SN	Nichtwassermischbarer Kühlschmierstoff
SI	Siliconöl

***1** Kennbuchstaben für Schmieröle, Schmierfette und Hydrauliköle*

1) siehe Kap. 3.1 2) Detergens: Reinigendes Mittel, es bewirkt, dass Verunreinigungen gelöst werden und Wasser bis ca. 5% aufgenommen werden kann

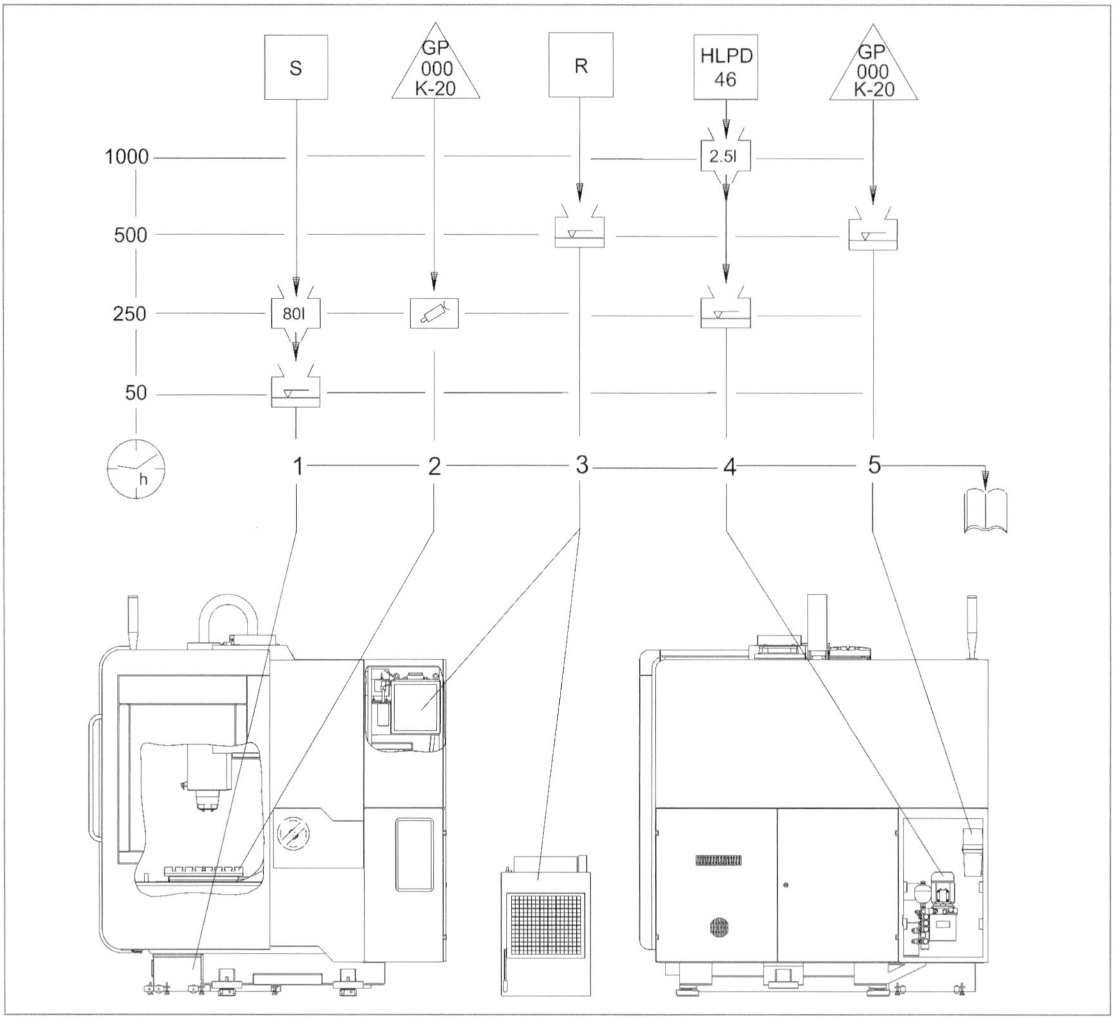

1 *Schmierplan einer Fräsmaschine*

Medium	Hersteller	Viskositätsbereich	Eingriffstelle	Pos.	Symbol
Hydrauliköl HLP/HLP-D 46	BP	41,4...50,5	Hydraulikaggregat	4	HLP HLP-D 46
Fließfett	Zeller Gmein	90	Zentralschmieraggregat Rundtisch (manuell)	3 2	GP 000-K-20
Kühlschmierstoff			Kühlschmierstoffbehälter	1	S

2 *Auszug aus der Schmierstoffempfehlung*

		Pos.	Eingriffstelle	Tätigkeit	Symbol
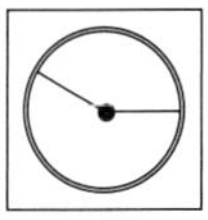	**50**	1	Kühlschmierstoffbehälter	Füllstand kontrollieren (möglichst voll halten)	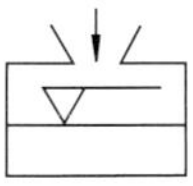
		–	Nebelöler (falls vorhanden)	Füllstand kontrollieren, nachfüllen (ca. 0,2 l)	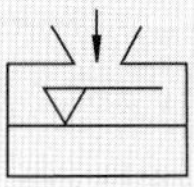
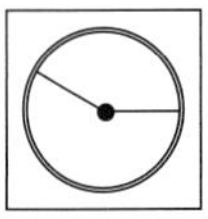	**250**	4	Hydraulikaggregat	Füllstand kontrollieren, nachfüllen (ca. 2,5 l)	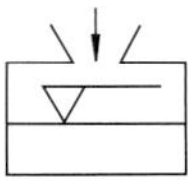
		1	Kühlschmierstoffbehälter	Bei Bedarf; Entleeren, reinigen, neu füllen (ca. 80 l)	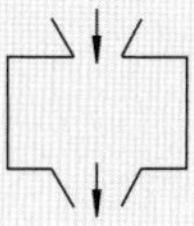
		2	Rundtisch (manuell)	Mit Fett abschmieren	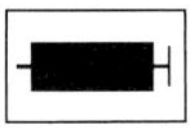
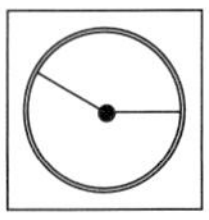	**500**	3	Zentralschmieraggregat	Füllstand kontrollieren, nachfüllen	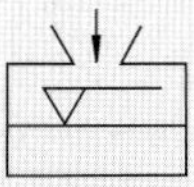
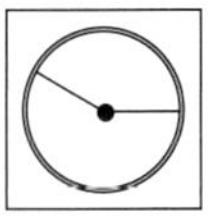	**1000**	4	Hydraulikaggregat	Entleeren, reinigen, neu füllen (ca. 2,5 l)	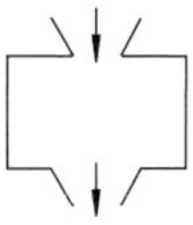

1 *Erklärung von Schmierstoffsymbolen*

3.8 Lagerung und Entsorgung von Schmierstoffen, Gesundheitsschutz

Schmierstoffe sind in der Regel **Sondermüll** *(hazardous waste)*. Um die Gesundheit von Personen (Seite 13 Bild 1) sowie die Umwelt nicht zu gefährden, sind entsprechende Vorschriften beim Transport, bei der Lagerung und der Entsorgung einzuhalten.
Diese Vorschriften sind den jeweiligen **Sicherheitsdatenblättern** *(safety data sheets)* der Hersteller zu entnehmen.
Darüber hinaus sind verschiedene **Gesetze** und **Vorschriften** einzuhalten (siehe nebenstehende Auswahl).
Einige Kühlschmierstoffe, insbesondere die wassermischbaren, können vor der Entsorgung noch aufbereitet werden. Dabei werden die Öl- und Wasseranteile getrennt. Nach einer Weiterbehandlung des Wassers kann dieses im Betrieb weiter verwendet werden. Der Ölanteil ist vorschriftsmäßig zu entsorgen.

- EU-Richtlinien (ECCGuide-Lines)
- Chemikaliengesetz (ChemG) als Rahmengesetz
- Bundes-Immisionsschutzgesetz (BImSchG)
- Kreislaufwirtschafts- und Abfallgesetz (KrW-/AbfG)
- Wasserhaushaltsgesetz (WHG)
- Gefahrstoffverordnung (GefStoffV)
- Altölverordnung (AltölV)
- BG-Richtlinie ZH 1/248
- Technische Recheln für Gefahrstoffe (TRGS)
- Technische Anleitung zur Reinhaltung der Luft – TA Luft
- Deponieverordnung (DepV)

MERKE

Unterschiedliche Schmierstoffarten müssen getrennt gelagert werden.

Brand- und Explosionsschutz an Werkzeugmaschinen

Beim Einsatz nichtwassermischbarer brennbarer Kühlschmierstoffe muss der Brand- und Explosionsschutz an Werkzeugmaschinen gewährleistet sein.

Je nach Bearbeitung können durch die Zündung des Kühlschmierstoff-Luftgemischs heftige Flammenaustritte auftreten (Bild 1).

1 Brand einer Werkzeugmaschine

ÜBUNGEN

1. Nennen Sie nach folgendem Muster einige Anwendungsbereiche für Schmierstoffe sowie den zu verwendenden Schmierstoff:

Anwendungsbeispiel	Schmierstoffart	Schmierstoffbeispiel
Getriebe	Umlaufschmieröl	CL 68, CPL 100
Hydraulische Anlage	Hydrauliköl	HLP 68

2. Nennen Sie drei Anforderungen, die an Schmierstoffe gestellt werden können.
3. Nennen Sie mindestens drei Schmierstoffkennwerte.
4. Beschreiben Sie das Fließverhalten von Schmierölen mit hoher Viskosität.
5. Welcher Zusammenhang besteht zwischen der Viskosität und der Temperatur eines Schmieröls?
6. Erläutern Sie die Bedeutsamkeit des Viskosität-Temperatur-Verhaltens von Schmierölen bei Maschinen, die mit unterschiedlichen Betriebstemperaturen gefahren werden.
7. Erklären Sie den Begriff „Pourpoint".
8. Was ist unter dem Flammpunkt eines Schmieröles zu verstehen?
9. Nach welchem Kennwert werden Schmierfette klassifiziert?
10. Welche Vorteile haben Schmierfette gegenüber Schmierölen?
11. Wie viele Millimeter ist bei der Walkpenetrationprüfung ein Normkegel in ein Schmierfett eingedrungen, wenn der Wert der Walkpenetration mit
    a) 365
    b) 150
    c) 85
    angegeben ist?
12. Welche Konsistenzkennzahl müsste jeweils in den Kurzsymbolen für die Schmierfette angegeben werden?
13. Nennen Sie drei Festschmierstoffe.
14. Nennen Sie mindestens vier Anwendungsgebiete von Schmierpasten.
15. Wie können Schmieröle beurteilt werden?
16. Wodurch kann ein neues Schmierfett von einem gealterten unterschieden werden?
17. Nennen Sie drei Prüfverfahren für die Beurteilung von Kühlschmierstoffen.

4 Wartung und Inspektion von Kühlschmierstoffen

Die richtige Pflege und Wartung von Kühlschmierstoffen *(coolants)* ist wichtig, um der Bildung von Mikroorganismen vorzubeugen und die Langlebigkeit der Kühlschmierstoffe zu erhöhen. Besonders bei Kühlschmierstoffen, die einen hohen Anteil an Wasser enthalten, wird mikrobakterieller Befall begünstigt. Aber auch in nichtwassermischbaren Kühlschmierstoffen können sich durch ungewollten Wassereintrag (z. B. Kondenswasser) Mikrooraganismen bilden.

Folgen, die durch Bakterienbildung entstehen:

- Lebensdauer und Funktionen von KSS wird verringert
- Geruchsbelästigung
- Schaumbildung, Verfärbung
- Korrosion
- Gesundheitliche Beeinträchtigung der Mitarbeiter
- Verstopfung von Filtern, Leitungen und Pumpen

4.1 Kennwerte von Kühlschmierstoffen

Kühlschmierstoffe müssen entsprechend den BG-Vorschriften regelmäßig geprüft und gewartet werden (Seite 206 Bild 1). Einfach zu prüfen ist z. B. der Säuregehalt (**pH-Wert**). Dies erfolgt mit einem Teststreifen (Bild 1). Er verfärbt sich entsprechend des pH-Werts. Wassermischbare Emulsionen sollten einen pH-Wert zwischen 8 und 9 haben (Herstellerangaben sind zu berücksichtigen).

Der Teststreifen weist dann eine bestimmte Blaufärbung auf. Der pH-Wert sollte **wöchentlich** geprüft werden.

Ebenso erfolgt die wöchentliche **Nitritmessung** *(nitrite measurement)* mit einem Teststäbchen (Bild 2). Zeigt das Ergebnis einen zu großen Nitritgehalt (über 20 mg/l), so ist ein Nitritminderer der Emulsion beizufügen.

Die tägliche **Konzentrationsmessung** *(solvent concentration measurement)* kann mit einem Handmessgerät (Handrefraktometer) durchgeführt werden (Bild 3). Konzentrationsveränderungen sind auszugleichen. Bei einer zu hohen Konzentration ist eine stark verdünnte Emulsion, kein reines Wasser, zuzugeben. Bei einer zu geringen Konzentration muss stark konzentrierte Emulsion, kein reines Konzentrat, zugeführt werden.

Weitere zu prüfende Kennwerte sind z. B. Bild 2 auf Seite 206 zu entnehmen.

Bei auftretenden Problemen mit Kühlschmierstoffen sind die einschlägigen Empfehlungen der Kühlschmierstoffhersteller zu beachten.

MERKE

Keine Chemikalien, Abfälle oder Fremdstoffe in den Kühlschmierstoff einbringen. Jede Verunreinigung führt zu einem vorzeitigen Umkippen der Emulsion!

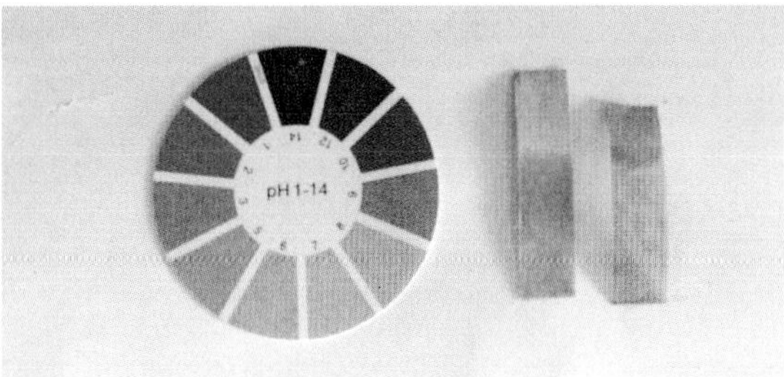

1 pH-Wert-Messung

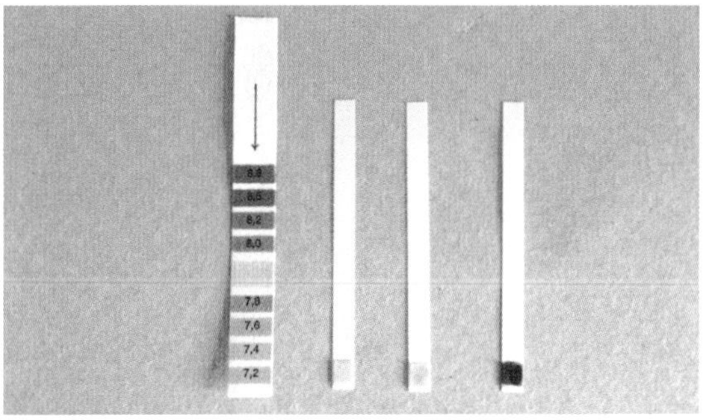

2 Nitritmessung

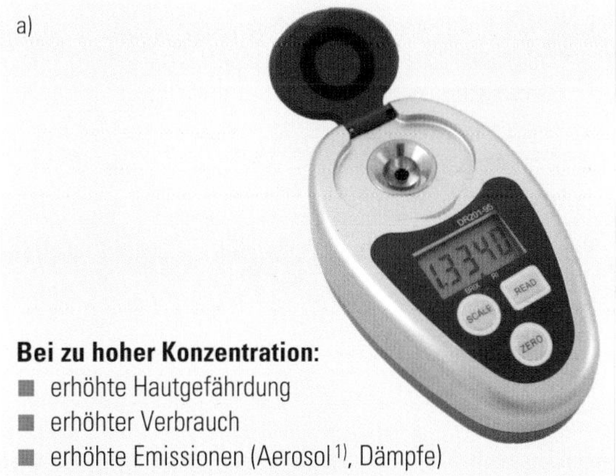

Bei zu hoher Konzentration:

- erhöhte Hautgefährdung
- erhöhter Verbrauch
- erhöhte Emissionen (Aerosol[1]), Dämpfe)

Bei zu niedriger Konzentration:

- instabile Emulsion
- erhöhter mikrobakterieller Befall, Geruch
- Bearbeitungsprobleme

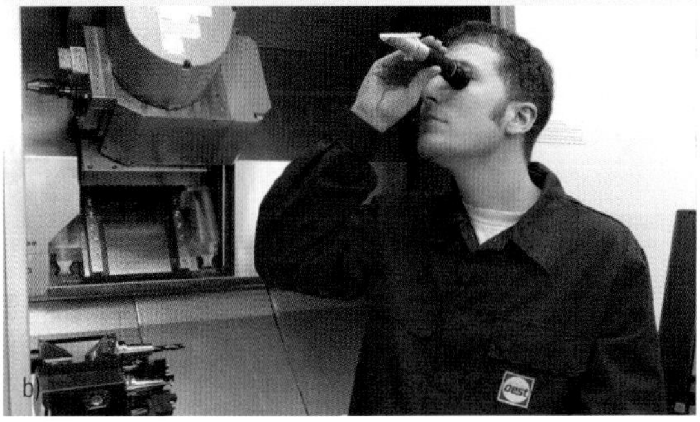

3 Konzentrationsmessung mit a) digitalem und b) optischem Handrefraktometer

1) Stoffgemisch aus einem gasförmigen Stoff und flüssigen oder festen feinverteilten Bestandteilen, die man als Schwebstoffe bezeichnet

Firma:		**Prüfplan** -für wassergemischte KSS-		Nr.: Datum
Zu prüfende Größe		**Prüfmethode**	**Prüfintervalle**	**Maßnahmen**
1	Wahrnehmbare Veränderungen	Aussehen, Geruch	täglich	Ursachen suchen und beseitigen, z. B. Öl abskimmen, Filter überprüfen, KSS belüften
2	pH-Wert	elektrometrisch nach DIN 51369 (pH-Wert) oder mit pH-Papier in vergleichbarer Genauigkeit	wöchentlich[1)]	bei pH-Wert-Abfall: > 0,5 bezüglich Erstbefüllung: Maßnahmen gemäß Herstellerempfehlung > 1,0 bezüglich Erstbefüllung: KSS austauschen, KSS-Kreislauf reinigen
3	Gebrauchs-Konzentration	Handrefraktometer oder Titrationsmethode gemäß Herstellerempfehlung	wöchentlich	
4	Nitritgehalt	Teststäbchen oder Labormethode	wöchentlich[1)]	> 20 mg/l Nitrit: KSS-Austausch oder Teilaustausch oder inhibierende[1)] Zusätze; sonst muss NDELA im KSS und in der Luft bestimmt werden. > 5 mg/l NDELA im KSS: Austausch, KSS-Kreislauf reinigen und desinfizieren, Nitrit-Quelle suchen
5	Nitrat-/Nitritgehalt des Ansetzwassers, wenn dieses nicht dem öffenlichen Netz entnommen wird	Teststäbchen oder Labormethode	nach Bedarf	Wasser aus öffentlichem Netz benutzen. Falls Wasser aus öffentlichem Netz > 50 mg/l Nitrat: Wasserwerk verständigen.
1) Die angegebenen Prüfintervalle (Häufigkeit) beziehen sich auf den Dauerbetrieb. Andere Betriebsverhältnisse können zu anderen Prüfintervallen führen; Ausnahmen nach den Abschnitten 4.4 und 4.10 der TRGS 611 sind möglich				
Bearbeiter:			Unterschrift:	

1 *Prüfplan für wassergemischte Kühlschmierstoffe*

Nr.	Parameter	Messmethode/Messmittel	Intervall	Soll/Ist-Vorgaben
1	Konzentration	Refraktometer	arbeitstäglich	Herstellerangaben
2	pH-Wert	Kombi-Teststäbchen mit 0,2-er Schritten im wichtigen Bereich	wöchentlich	vom KSS-Hersteller empfohlener pH-Bereich
3	Nitrit	Kombi-Teststäbchen – 80 ppm	wöchentlich	max. 20 ppm
4	Gesamthärte	Kombi-Teststäbchen – 30°dH	wöchentlich	min 7°dH...max. 30°dh
5	Pilzbelastung	visuell	wöchentlich	keine Keime
6	Keimbelastung	Eintauchnährböden (Dip-Slides)	monatlich	keine Keime
7	Temperatur	Thermometer	bei Auslegung des KSS-Systems berücksichtigen	max. 35°C
8	Leitfähigkeit	Messelektrode	monatlich	max. 5000 µS

2 *Zu prüfende Kennwerte von Kühlschmierstoffen*

1) inhibieren: blockieren, hemmen

7_1

4.2 Austausch von Kühlschmierstoffen

Sollten die anwendungstechnischen Eigenschaften eines Kühlschmierstoffs mit wirtschaftlich vertretbaren Mitteln nicht mehr aufrechterhalten werden können (z. B. durch Verschmutzung, Geruch, geringe Werkzeugstandzeiten, Korrosion usw.), muss der Kühlschmierstoff ausgetauscht werden.
Ein Wechsel *(change)* des Kühlschmierstoffs kann auch durch allgemeine Änderungen des Produktionsablaufs (z. B. Wechsel von Kühlschmierstoff, da in Produktion von Grauguss-/Stahlbearbeitung auf Aluminiumzerspanung gewechselt wurde) erforderlich werden, da nicht sämtliche Kühlschmierstoffe für alle Bearbeitungsarten und Zerspanungsverfahren geeignet sind.

MERKE

Bei einem Wechsel bzw. beim Nachfüllen *(re-filling)* des Kühlschmierstoffs ist eine entsprechende Dokumentation der Messwerte für Ansetzwasser und Emulsion unerlässlich.

Reinigung *(cleaning)* **des Kühlschmiermittelsystems**

Vor dem Wechsel des Kühlschmierstoffs ist das System zu reinigen. Dazu wird dem verbrauchten Kühlschmierstoff rechtzeitig (z. B. 24 h) vor dem geplanten Wechsel Systemreiniger zugegeben.
Um sicherzustellen, dass alle verschmutzen und verkeimten Bereiche gereinigt werden, muss dabei die Kühlschmierstoff-Anlage die höchstzulässige Füllmenge enthalten.
Um eine gute Verteilung zu erreichen, ist anschließend die Maschine, falls an ihr nicht produziert wird, im Umwälzbetrieb laufenzulassen.
Nach ca. 24 Stunden die mit Systemreiniger versetzte Emulsion ablassen und Späne, Schlamm und sonstige Schmutzablagerungen gründlich aus Arbeitsraum, Späneförderer und Kühlschmierstoff-Anlage entfernen (z. B. mit Bürste und Hochdruck-/Dampfreiniger).

1 Befüllen des Kühlschmierstoffbehälters

MERKE

Eine nicht gründlich gereinigte Maschine verringert die Standzeit des neuen Kühlschmierstoffs (z. B. durch Verschmutzung oder Verkeimung).

ÜBUNGEN

1. Erläutern Sie einzuhaltende Sicherheitsvorschriften beim Umgang mit Kühlschmierstoffen.
2. Begründen Sie, weshalb Kühlschmierstoffe zu pflegen und warten sind.
3. Beschreiben Sie, welche Einflüsse die Bildung von Bakterien auf den Kühlschmierstoff haben können.
4. Nennen Sie die Kennwerte, mit denen Kühlschmierstoffe auf „Funktionsfähigkeit" überprüft werden.
5. Erläutern Sie, was sie unter Konzentration (bezogen auf Kühlschmierstoffe) verstehen.
6. Welche Maßnahmen sind bei
   a) zu hoher Konzentration
   b) zu niedriger Konzentration einzuleiten?
7. Recherchieren Sie in Ihrem Ausbildungsbetrieb, wie Kühlschmierstoffe gepflegt, gewartet und entsorgt werden.
8. Durch welche Maßnahmen können Sie sich vor gesundheitsschädigenden Einflüssen schützen, die durch Kühlschmierstoffe verursacht werden können?
9. Welchen Einfluss hat die Reinigung der Werkzeugmaschine bzw. die Reinigung der Kühlschmieranlage auf den Kühlschmierstoff?

5 Wartung und Inspektion von Baugruppen

Die Fräsmaschine in Bild 1 ist entsprechend der Herstellerangaben in regelmäßigen Abständen an mechanischen, pneumatischen, hydraulischen und elektrischen Komponenten zu warten und zu inspizieren.
Wartungshinweise *(service notes)* und dabei einzuhaltende Sicherheitsvorschriften *(safety regulations)* sind der Bedienungsanleitung *(operating instruction)* zu entnehmen. Diese ist an der Werkzeugmaschine frei zugänglich auszuhängen.

MERKE

Nicht alle Wartungstätigkeiten dürfen von der Zerspanungsfachkraft ausgeführt werden.

Wartungstätigkeiten, die von besonders – oftmals durch den Hersteller – geschultes und autorisiertes Instandhaltungspersonal durchzuführen sind, sind in der Bedienungsanleitung gekennzeichnet.

Überlegen Sie!

*Recherchieren Sie in der Bedienungsanleitung der Werkzeugmaschine, an der Sie momentan im Betrieb eingesetzt sind, welche Wartungstätigkeiten Sie **nicht** durchführen dürfen.*

5.1 Wartung und Inspektion mechanischer Komponenten

Neben den Schmiertätigkeiten sind in der Bedienungsanleitung der Fräsmaschine weitere erforderliche Wartungstätigkeiten aufgeführt.

Vorbereitende Maßnahmen

- Schalten Sie für alle Reinigungs- und Wartungsarbeiten die Maschine zuerst mit dem Hauptschalter ab und sichern Sie den Schalter. So verhindern Sie, dass Kollegen die Maschine während der Wartungsarbeiten versehentlich einschalten.
- Instandhaltungsbereiche, soweit erforderlich, weiträumig absichern!
- Maschine und hier insbesondere Anschlüsse und Verschraubungen zu Beginn der Wartung oder Reparatur von Verschmutzung reinigen! Keine Druckluft verwenden! Keine aggressiven Reinigungsmittel verwenden! Faserfreie Putztücher benutzen!
- Entfernen Sie für die Wartung und Reparaturen Werkzeug und Werkstück. Dadurch vermeiden Sie die Kollisions- und Verletzungsgefahren. Durch die maximal ausfahrbaren Arbeitswege werden Sie bei Wartungsarbeiten nicht unnötig behindert.

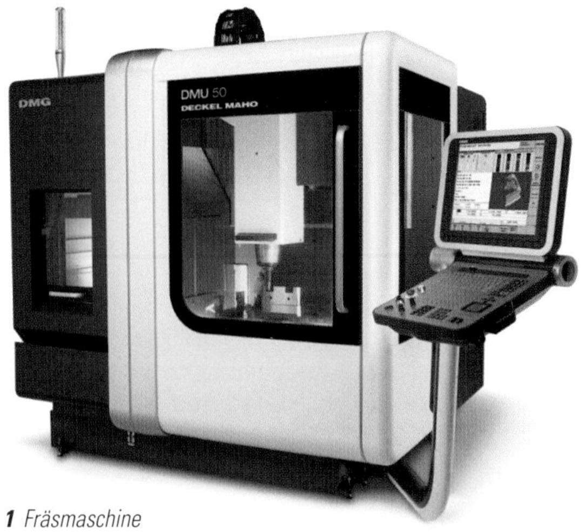

1 Fräsmaschine

Wartungstätigkeiten

Bild 1 auf Seite 209 zeigt den ergänzenden Wartungsplan der Fräsmaschine.
Bild 1 auf Seite 210 zeigt als Beispiel eine dieser Wartungstätigkeiten am Werkzeugmagazin.

Pos.	Benennung
1	Sichtscheiben Arbeitsraum
2, 3	X-, Y-, Z-Achse
4	NOT-HALT-Taster
5	Bedienpult
6	Lüfter Schaltschrank
7	Anschlüsse und Verbindungen Schaltschrank
8	Kühlaggregat Motorspindel
9	Spindelstock
10	Drehdurchführung
11	Werkzeugmagazin
12	Späneförderer
13	Kühlschmierstoffbehälter
14	Arbeitsraumtür
15	Spindelkonus und Werkzeugspannsystem
16	Arbeitsraum
17	Pneumatikeinheit
18	Sperrluft für Linearmesssystem (Option)
19	Wartungseinheit Laservermessung
20	Öler Drehdurchführung
21	Nebelöler Teilapparat
22	Hydraulikaggregat
23	Zentralschmierung

2 Stückliste zum Wartungsplan von Bild 1 Seite 209

Nachbereitende Maßnahmen

Überprüfen Sie nach Beendigung aller Wartungs- und Reparaturarbeiten die einwandfreie Funktionsfähigkeit der Maschine und aller Sicherheitseinrichtungen.
Werkzeugmaschinen dürfen nur in einwandfreiem Zustand wieder in Betrieb genommen werden.

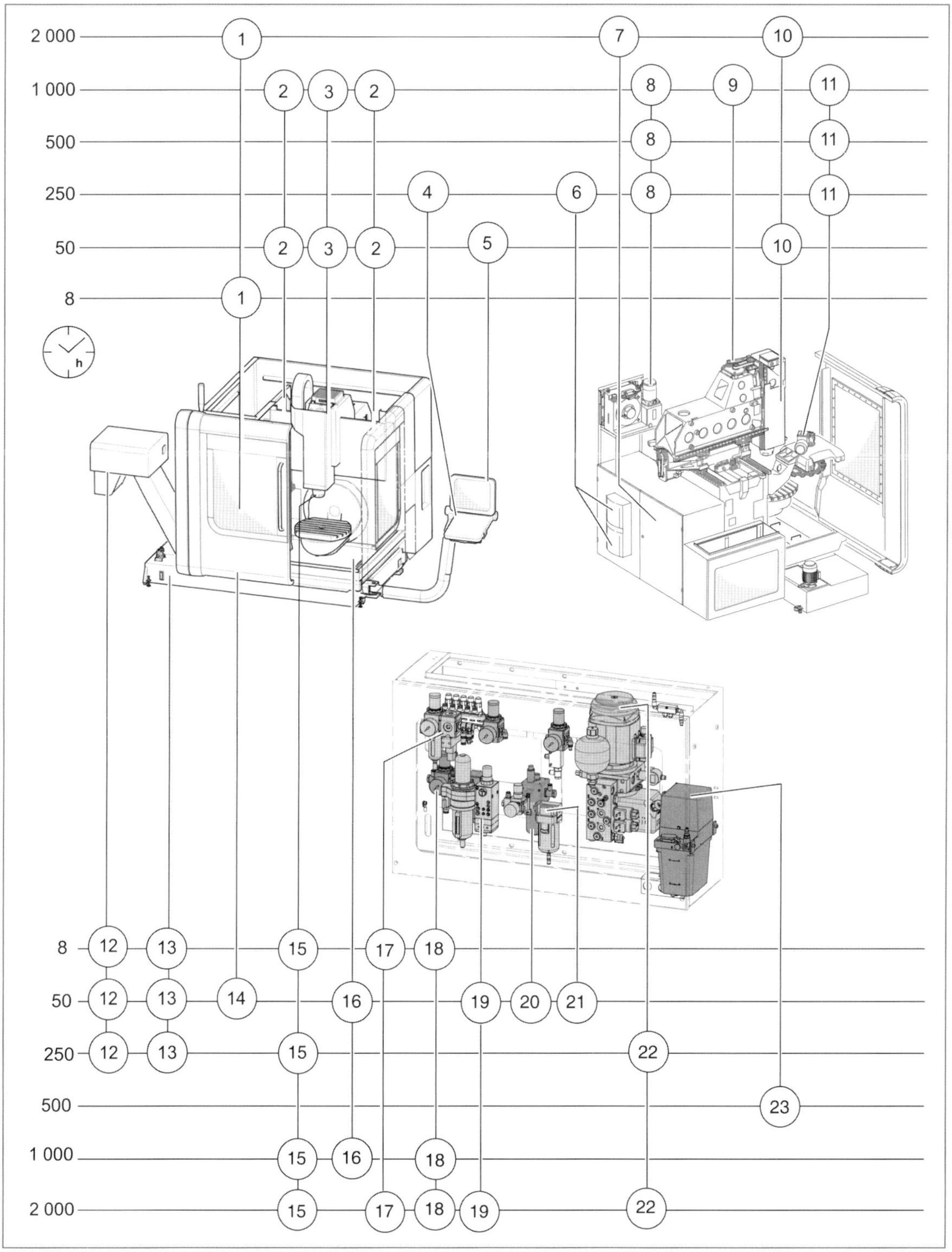

1 *Wartungsplan Fräsmaschine*

8.23 Werkzeugmagazin

8.23.1 Funktion

Werkzeugspeicher für die automatisierte Werkstückbearbeitung. Die Werkzeuge hängen in Magazinklammern.

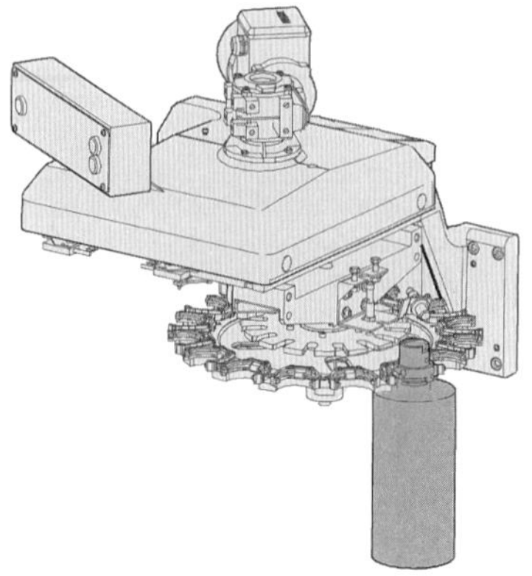

Abbildung 8-52

Zugang

Von der Magazintür aus zu reinigen.

8.23.2 Wartungsarbeiten im Überblick

- Werkzeugklammern reinigen und auf Beschädigung prüfen (Sichtkontrolle).
- Ablaufbereich im Arbeitsraum reinigen.

8.23.3 Reinigen, schmieren

- Werkzeugklammern reinigen und auf Beschädigung prüfen (Sichtkontrolle).
- Werkzeugmagazin drehen.
- Arbeiten wie unter o. a. ausführen.
- Ablaufbereich im Arbeitsraum reinigen.

1 *Auszug aus einer Wartungsanleitung*

Behebung von Störungen

Aktuelle Steuerungen unterstützen den Bediener einer Werkzeugmaschine, indem sie Warn- und Störmeldungen *(alarm and malfunction messages)* auf dem Bildschirmmonitor anzeigen. Diese sind entweder durch Zahlen codiert und die Ursache sowie Behebungsmöglichkeiten sind in der entsprechenden Bedienungsanleitung nachzulesen (Bild 2) oder sie werden direkt am Bildschirm *(display)* angezeigt.

700018 F: Werkzeugträger: Zielposition nicht gefunden

Ursache

Der Werkzeugträger findet die Sollposition nicht.
Mögliche Ursache: Kollision während des Werkzeugwechsels.
Möglicher Defekt im Werkzeugträger. (elektrisch, mechanisch)
Möglicher Defekt in der elektrischen Anschaltung des Werkzeugträgers.

Abhilfe

Fehlerursache beheben und Werkzeug erneut einwechseln.

2 *Fehlerursachen und Behebungsmöglichkeiten*

5.2 Wartung und Inspektion hydraulischer und pneumatischer Komponenten

Das Hydraulikaggregat *(hydraulic aggregate)* (Bild 1) versorgt die Klemm- und Spannsysteme der Fräsmaschine mit Hydrauliköl *(hydraulic fluid)*.
Hydraulikaggregate und hydraulische Verbindungen müssen regelmäßig gewartet werden.
Dazu sind regelmäßig:
- Schläuche auf Leckagen zu überprüfen
- Filter auf Verschmutzung zu prüfen
- Filter zu wechseln
- Füllstände zu kontrollieren
- Öl zu wechseln
- der Druck zu kontrollieren

Die Pneumatik-Einheit *(pneumatic unit)* (vgl. Lernfeld 4) versorgt die Werkzeugmaschine mit Druckluft. Sie ist regelmäßig zu warten.
Dazu zählen:
- Druck am Manometer prüfen
- Kondenswasser ablassen
- Vorfilter wechseln
- Filtergehäuse reinigen

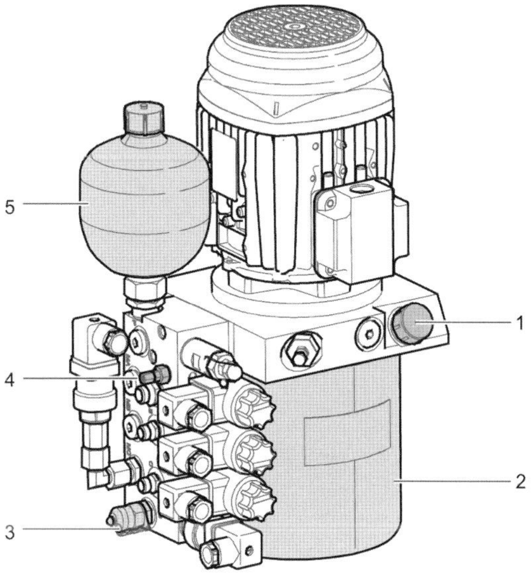

1	Einfüllschraube
2	Behälter
3	Messanschluss
4	Druckablassschraube
5	Hydrospeicher

1 *Hydraulikaggregat*

5.3 Wartung und Inspektion elektrischer Komponenten

Nach Herstellervorgaben sind an der Fräsmaschine z. B. alle 1000 Betriebsstunden die elektrischen Leitungen *(electric cables)* auf Abknickung und sachgerechte Isolierung *(insulation)* zu prüfen. Vorschriftsmäßig sind diese Wartungstätigkeiten von einer Elektrofachkraft durchzuführen.
Sollte der Zerspanungskraft beispielsweise eine unisolierte (defekte) Stelle an einer elektrischen Leitung auffallen, hat sie umgehend die zuständigen Personen zu informieren.

MERKE

Elektrische Komponenten dürfen nur von einer elektrotechnischen Fachkraft instand gehalten werden.

5.4 Wartung und Inspektion von Sicherheitssystemen und peripheren Einrichtungen

Die Funktion des NOT-AUS-Tasters ist unbedingt zu gewährleisten[1].
Er ist daher regelmäßig auf seine Funktion zu prüfen (Bild 2).

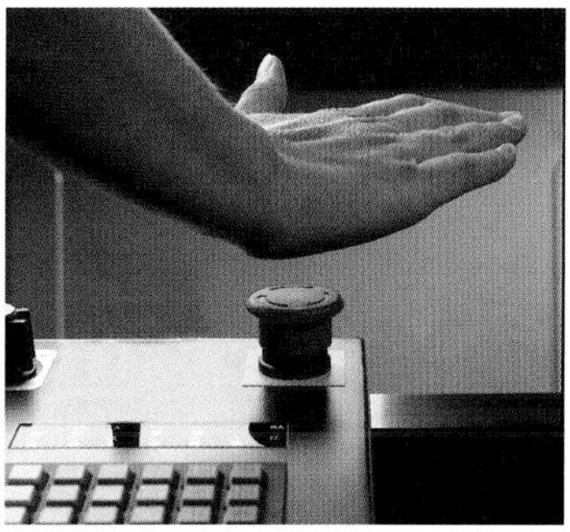

2 *Funktionsprüfung des NOT-AUS-Tasters*

ÜBUNGEN

1. Erläutern Sie ausführlich generelle Vorbereitungsmaßnahmen bei der Wartung und Inspektion.
2. Beschreiben Sie erforderliche Tätigkeiten, die nach einer Wartung/Inspektion durchzuführen sind.
3. Analysieren Sie die Gründe, weshalb Sie für bestimmte Wartungtätigkeiten nicht autorisiert sind.
4. Recherchieren Sie in den Bedienungsanleitungen von Werkzeugmaschinen und überprüfen Sie, welche Tätigkeiten sie ausführen dürfen.

1) siehe Bedienungsanleitung

6 Instandhaltungsstrategien

Die Hauptziele der Instandhaltung (vgl. Seite 186) führen generell zu drei Instandhaltungsstrategien *(maintenance strategies)* (Bild 1):

- Störungsbedingte Instandhaltung *(failure caused maintenance)*
- Vorbeugende Instandhaltung *(preventive maintenance)*
- Zustandsorientierte Instandhaltung *(condition based maintenance)*

Bei einem störungsbedingten Ausfall einer Werkzeugmaschine z. B. aufgrund eines Crashs ist umgehend autorisiertes Instandhaltungspersonal und/oder der Hersteller zu informieren. Diese werden geeignete Instandsetzungsmaßnahmen (z. B. Austausch von Bauteilen und Baugruppen) einleiten.
Zur **vorbeugenden Instandhaltung** zählen vor allem Wartungs- und Inspektionsmaßnahmen (vgl. Lernfeld, Kapitel 5). Ergänzende Hinweise werden im Folgenden genannt.

Instandhaltungsstrategien

Art der Strategie	Störungsbedingte Instandhaltungsstrategie	Vorbeugende Instandhaltungsstrategie	Zustandsorientierte Instandhaltungsstrategie
Erklärung	Ein Bauteil bzw. eine Baugruppe wird erst ausgetauscht, wenn sie ihre Funktion nicht mehr erfüllt	Verschleißerscheinungen werden durch geeignete Maßnahmen reduziert	In Abhängigkeit des Ist-Zustands eines Bauteils, einer Baugruppe werden diese z. B. ausgetauscht
Instandhaltungsmaßnahme	Instandsetzung (Austausch, Reparatur)	Wartung, Inspektion; Verbesserung	Online-Diagnose
Beispiele	Austausch einer Wendeschneidplatte	Schmieren von Führungsbahnen, Kontrolle von Ölständen, Reinigen des Bedienpults	Überwachung von Wälzlagern (Lagergeräusche), Überwachung der Dichtigkeit von Schläuchen

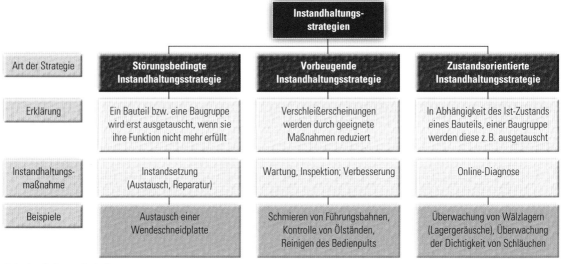

1 *Instandhaltungsstrategien*

6.1 Vorbeugende Instandhaltung

Jede neue Werkzeugmaschine, jedes neue Bauteil hat den vollen **Abnutzungsvorrat** *(wearing stock)*. Mit Inbetriebnahme beginnt die Abnutzung und der Abnutzungsvorrat sinkt (Bild 2). Durch vorbeugende Instandhaltungsmaßnahmen verlängert sich die Lebensdauer *(service life)* der Werkzeugmaschine (vgl. Lernfeld 4).

MERKE

Wartung und Inspektion sind vorbeugende Instandhaltungmaßnahmen, die nach Herstellerangaben durchgeführt werden.

Die jeweils durchzuführenden Maßnahmen sind in **Bedienungsanleitungen** *(operating instructions)* oder gesonderten Wartungs- und Inspektionsvorschriften zu finden (Seite 213 Bild 1 und Seite 214 Bild 1).

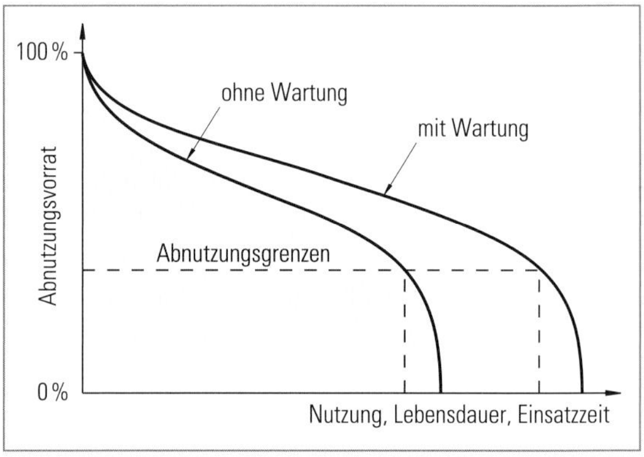

2 *Abnutzungsvorrat in Abhängigkeit von der Nutzung bzw. Lebensdauer*

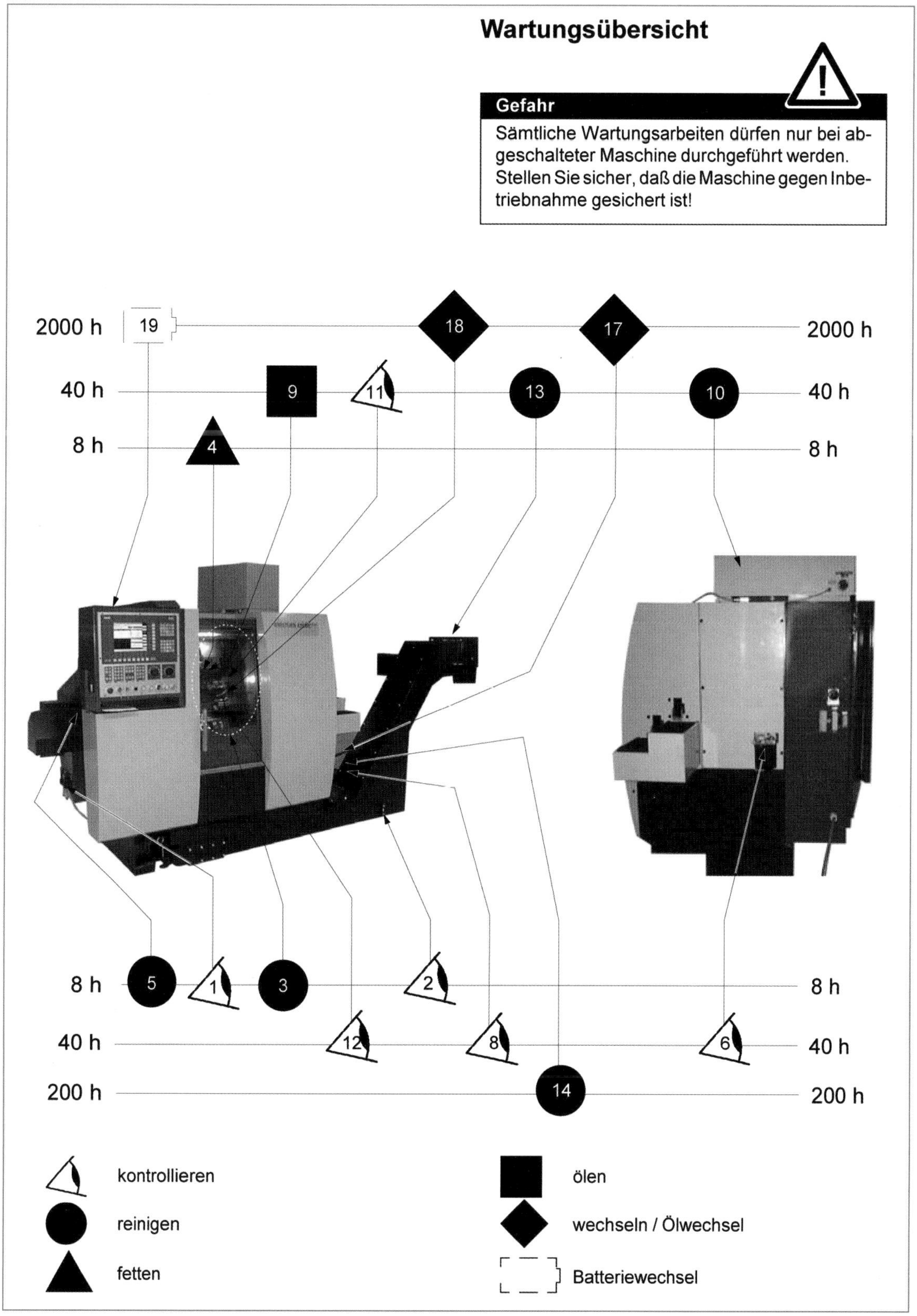

1 *Auszug aus einer Wartungs- und Inspektionsanleitung einer CNC-Drehmaschine*

Intervall	Nr.	Inspektions- und Wartungsgegenstand	Tätigkeit
Täglich (8 Std.)	1	Pneumatische Wartungseinheit	kontrollieren
	2	Kühlschmiermittelfüllstand	kontrollieren
	3	Arbeitsraum	reinigen
	4	Kraftspannfutter	fetten
	5	Spindelbohrungen	reinigen
Wöchentlich (40 Std.)	6	Funktion und Ölstand Zentralschmierung	kontrollieren
	7	Blanke Teile an der Maschine	ölen
	8	Kühlschmiermittelkonzentration	kontrollieren
	9	Zangenfutter	ölen
	10	Elektrischer Luftfilter	reinigen
	11	Abstreifbleche	kontrollieren, wechseln
	12	Gehäuse auf Dichtheit prüfen	kontrollieren
	13	Späneförderer	reinigen
Monatlich (200 Std.)	14	Kühlschmiermittelbehälter	reinigen
	15	Alle Schläuche	kontrollieren
	16	Riemenspannungen	kontrollieren
Jährlich bzw. bei Bedarf (2000 Std.)	17	Kühlschmiermittel	wechseln
	18	Werkzeugwender	Ölwechsel
	19	Pufferbatterie der Steuerung	bei Bedarf

Füllmengen

Behälter	Menge
Zentralschmierung	2,7 l
Pneumatik-Öler	2,4 cl
Kühlschmiermittelwanne	200 l

***1** Auszug aus einer Wartungs- und Inspektionsanleitung einer CNC-Drehmaschine*

6.2 Zustandsorientierte Instandhaltung

Die gestiegenen Anforderungen an Sicherheit, Zuverlässigkeit und Verfügbarkeit einer Werkzeugmaschine hat die Maschinenbauindustrie veranlasst, **Online-Diagnose-Systeme** *(online-diagnostic systems)* zu entwickeln.

Diese überwachen mithilfe von Sensoren ständig die tatsächlichen Zustände einzelner Bauteile z. B. hinsichtlich Wälzlagerschäden, Unwucht bei Hauptspindeln, Ausrichtefehler von Werkzeugen, Leckagen von Schläuchen (Bild 2).

Die Messwerte werden fortlaufend mithilfe einer speziellen Software dokumentiert. Frühzeitiger oder drohender Ausfall von Anlagenelementen kann erkannt und verhindert werden. Weitere Vorteile der Online-Diagnose sind, dass an mehreren kritischen Stellen gleichzeitig gemessen werden kann und dass die Instandhaltungskosten optimiert werden können (Seite 215 Bild 1). Die zustandsorientierte Instandhaltung setzt voraus, dass sich die Zustände der Bauteile messtechnisch erfassen lassen.

Werden die Messdaten über entsprechende Kommunikationsnetze (Internet) zeitgleich an den Maschinenhersteller geliefert, kann dieser die Messdaten kontrollieren, analysieren und interpretieren. Bei Problemen kann der Maschinenbetreiber durch die **Ferndiagnose** *(remote diagnostics)* zügige Hilfe erhalten. Hat der Maschinenhersteller auch noch Zugriff auf die Steuerungsdaten, wird häufig eine Instandhaltung vor Ort unnötig.

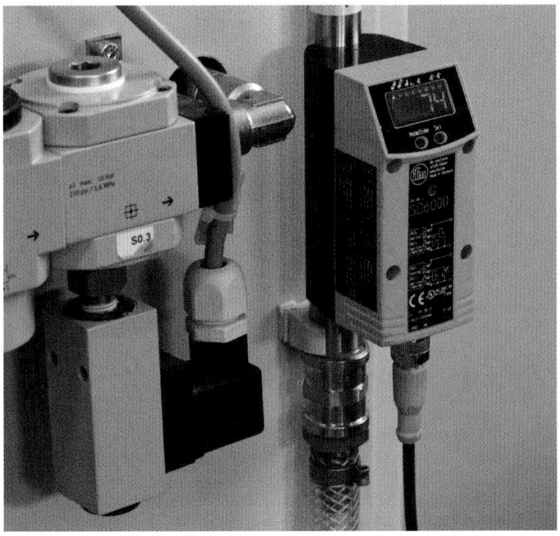

***2** Online-Diagnose zur Erkennung von Leckagen bei Druckluftsystemen*

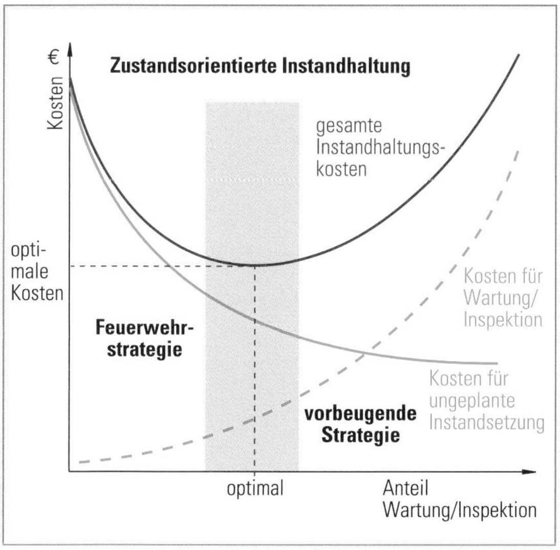

1 *Instandhaltungskosten*

Überlegen Sie!

1. *Informieren Sie sich, welche Online-Diagnosesysteme Ihr Betrieb einsetzt bzw. einsetzen könnte.*
2. *Benennen Sie ggf., welche Zustände welcher Maschinenelemente überwacht werden.*

7 Inbetriebnahme von Werkzeugmaschinen

Beim Kauf einer Werkzeugmaschine muss diese transportiert, aufgestellt und in Betrieb genommen werden.
Wichtige Hinweise erhält der Maschinenbetreiber aus der jeweiligen Bedienungsanleitung des Maschinenherstellers.
Wesentliche Transportaspekte sind z. B.:

- Befestigung von allen beweglichen Teilen
- Einweisung des Personals
- Überprüfung der Transportwege hinsichtlich Breite und Höhe
- Verfügbarkeit geeigneter Transportmittel (z. B. Gabelstapler, Brückenkran, Hebezeuge

Bild 1 auf Seite 216 zeigt beispielhaft Transporthinweise für eine Drehmaschine.

MERKE

Für den Transport werden blanke Maschinenteile mit Rostschutzmittel geschützt.
Vor der Inbetriebnahme *(starting up)* muss das Rostschutzmittel mit geeignetem Lösemittel oder Putzöl entfernt werden.
Verwenden Sie keine aggressiven Lösemittel wie z. B. Chlorkohlenwasserstoffe, Aceton oder Ähnliches.

Um eine Werkzeugmaschine fachgerecht bedienen und warten zu können, besteht in Abhängigkeit von der Größe der Anlage ein bestimmter Platzbedarf. Er kann üblicherweise den Maschinenprospekten entnommen werden.

Überlegen Sie!

Ermitteln Sie mithilfe des Internets den Platzbedarf für eine 5-Achs-Fräsmaschine mit einem größten linearen Verfahrweg von 800 mm.

Darüber hinaus muss die Verfügbarkeit notwendiger elektrischer, pneumatischer und hydraulischer Anschlüsse gesichert sein sowie die Tragkraft und Schwingungsstabilität des Fundaments berücksichtigt werden.
Ebenfalls sind bei der Wahl des Werkzeugmaschinenstandorts *(machine tool location)* mögliche Umwelteinflüsse wie beispielsweise Temperaturschwankungen in der Umgebung zu berücksichtigen.

MERKE

Die elektrischen, pneumatischen und hydraulischen Komponenten dürfen nur von autorisiertem Personal angeschlossen werden.

Nach dem Aufstellen sind Werkzeugmaschinen auszurichten.
Hochpräzise Werkzeugmaschinen werden oft mithilfe von Lasertechnik *(laser technology)* ausgerichtet (geometrische Vermessung) (Bild 2).
Nach erfolgreicher Aufstellung *(mounting arrangement)* (auch von Periphereinrichtungen wie z. B. Späneförderer, Kühlmittelpumpen), fachgerechter Verlegung der notwendigen Anschlüsse und Ausrichtung ist die Bearbeitungsgenauigkeit der Werkzeugmaschine zu prüfen (vgl. Kap. 7.1).
Wenn die Bearbeitungsgenauigkeit den Anforderungen entspricht, kann die Werkzeugmaschine in Betrieb genommen werden, d. h., für die Produktion eingesetzt werden.
Ob die Werkzeugmaschine für die Produktion bestimmter Werkstücke geeignet ist, wird gesondert überprüft. Kennwerte sind dabei die Maschinen- und Prozessfähigkeit (vgl. Lernfeld 13).

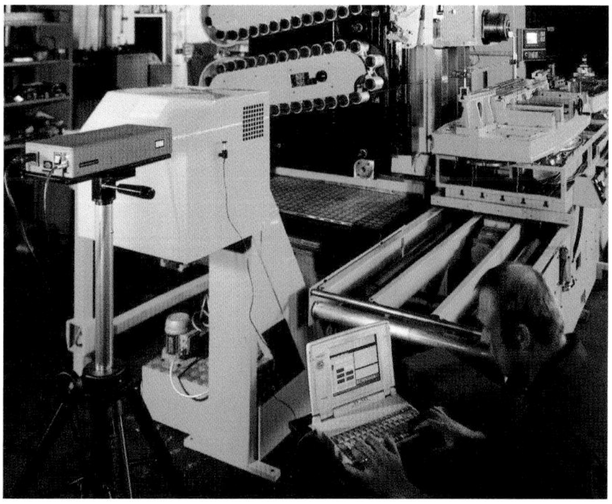

2 *Ausrichten einer Werkzeugmaschine mit Lasertechnik*

Transport der Maschine

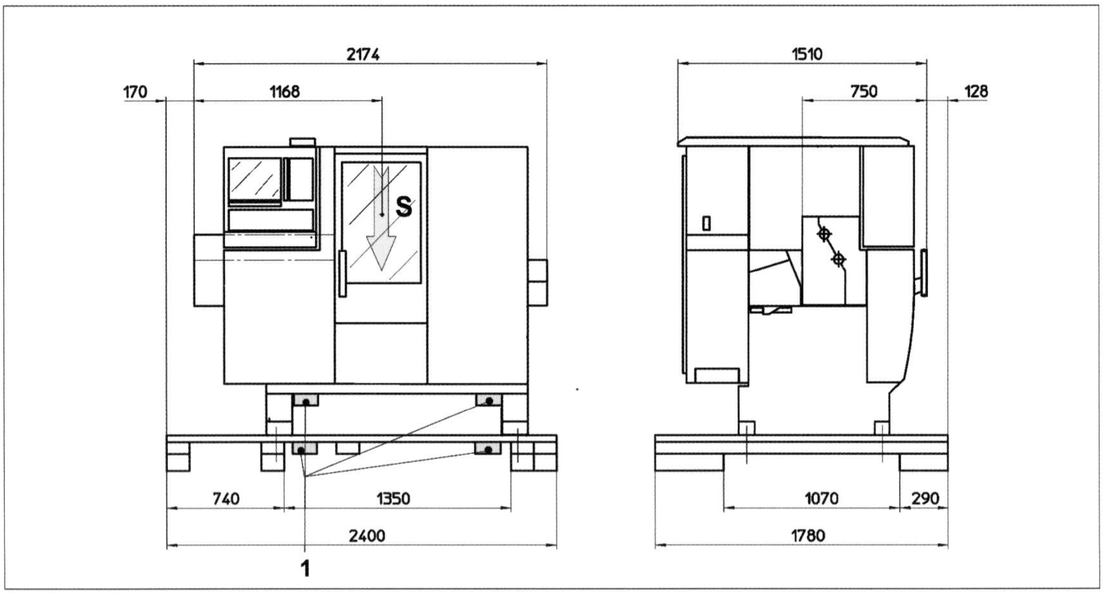

Lage der Staplergabeln (1) und des Schwerpunktes der Maschine beim Transport

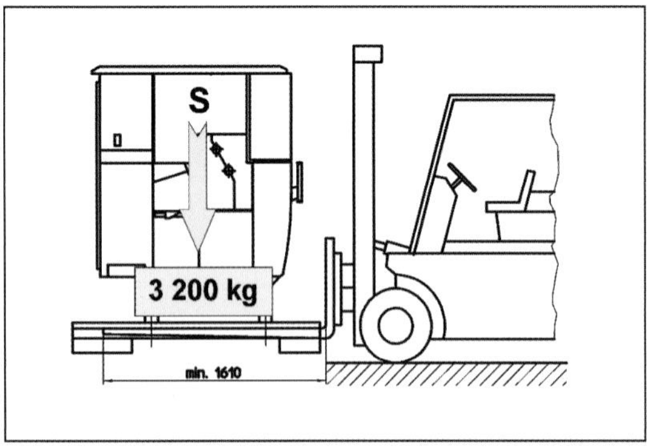

Transport mit Palette

Transport mit Palette

> **Vorsicht:**
> Die Maschine darf auf der Palette nur transportiert werden, wenn die Maschine mit den Verankerungsschrauben auf der Palette befestigt ist.

Hublast min. 3 200 kg
Gabelweite min. 1 300 mm
Gabellänge min. 1 610 mm

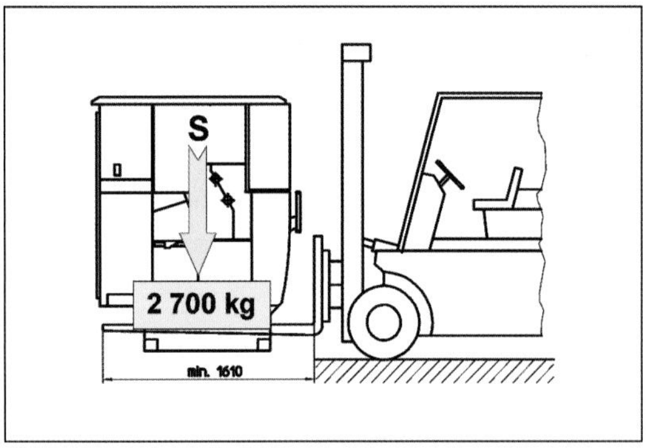

Transport ohne Palette

Transport ohne Palette

> **Vorsicht:**
> - Die Hebepunkte und die Gabelabmessungen müssen eingehalten werden, damit am Maschinenständer keine Deformationen auftreten.
> - Weiters gilt es die Vorschriften für den Transport einzuhalten (sie "Transportsicherungen" in diesem Kapitel).

Hublast min. 2700 kg
Gabelweite min. 1 300 mm
Gabellänge min. 1 610 mm

***1** Transporthinweise für Drehmaschine*

7.1 Bearbeitungsgenauigkeit von Werkzeugmaschinen

Die Prüfregeln und -verfahren zur Beurteilung der geometrischen Genauigkeit einer Werkzeugmaschine sind in DIN ISO 230 festgelegt.

Die Arbeits- und Positioniergenauigkeit von Werkzeugmaschinen kann nach VDI/DGQ 3441 mithilfe statistischer Methoden[1] anhand von **Prüfwerkstücken** *(test workpieces)* kontrolliert werden.

Für Dreh-, Fräs- und Schleifmaschinen sowie Bearbeitungszentren liefern VDI/DGQ 3442 bis VDI/DGQ 3445 entsprechende Anhaltswerte und Vorschläge für Prüfwerkstücke.

Die danach ermittelte Arbeitsgenauigkeit wird in einem **Prüfprotokoll** *(inspection sheet)* dokumentiert.

Bei der Abnahme einer Werkzeugmaschine beim Kunden wird die geometrische Genauigkeit geprüft und anhand der Fertigung eines Prüfwerkstücks kontrolliert, ob das Ergebnis im Rahmen des Prüfprotokolls liegt.

Für die **5-Achs-Simultan-Fräsbearbeitung**[2] liegt eine Empfehlung für ein Prüfwerkstück der NC-Gesellschaft (NCG-Empfehlung 2005) vor (Bild 1). Es lässt Aussagen über folgende Eigenschaften der Maschine zu:

- Leistungsfähigkeit der Vorschubantriebe
- Steifigkeit des Maschinenaufbaus
- Qualität der Interpolation beider Rundachsen

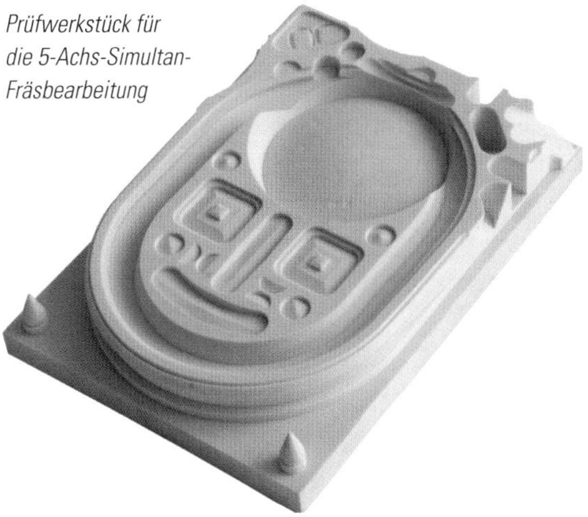

1 Prüfwerkstück für die 5-Achs-Simultan-Fräsbearbeitung

- Qualität der Achsorientierung
- Beurteilung der X-, Y- und Z-Achse
- Statische Genauigkeit
- Dynamische Genauigkeit

Sollte es während der Produktion mit der 5-Achs-Simultan-Fräsmaschine zu Fehlern kommen, kann dieses Prüfwerkstück auch herangezogen werden, um diese Fehler zu überprüfen, einzugrenzen und ggf. zu analysieren. Die möglichen Fehler und deren Ursachen können den VDI/DGQ-Richtlinien entnommen werden. Im Folgenden ist hierzu ein Beispiel aufgeführt.

Formelement 38

Optimales Ergebnis

- Das Formelement ist komplett symmetrisch, steht rechtwinklig auf dem Werkstück, alle Flächen sind ohne Fräsermarken und Riefen.
- Der Kegel ist ein senkrechter Kreiskegel und hat eine scharfe Spitze (1) auf X = 5, Y = 5 und Z = 0 mm.
- Der Übergang vom Kegel in die Kegelnut (2) ist scharfkantig, hat einen Radius $r = 5$ mm und liegt konstant auf Z = -7 mm, es sind keine Reste vom Zylindermantel erkennbar.
- Der verbleibende Zylindersockel (3) ist kreisrund, hat einen Radius $r = 5$ mm und eine konstante Höhe von 2 mm.
- Die entstandene kreisförmige Nut (4) hat eine konstante Tiefe von 0,1 mm.

Mögliche Fehler und Ursachen

- **Die Spitze des Kegels (1) liegt auf Z < 0**
  - → Werkzeug bzw. Werkzeugspannung erfüllt nicht die Voraussetzungen (taumelt, läuft unrund, schwingt).
  - → 5-Achs-Transformationsparameter nicht korrekt abgebildet
  - → Resultierende k_V-Faktoren der beteiligten Achsen nicht aufeinander abgestimmt
- **Der Kegel besitzt keine Spitze (ist stumpf) auf Z = 0 mm oder der Kegel ist schief bzw. unsymmetrisch**
  - → 5-Achs-Transformationsparameter nicht korrekt abgebildet
  - → Resultierende k_V-Faktoren der beteiligten Achsen nicht aufeinander abgestimmt
  - → nichtlineares Regelverhalten der beteiligten Achsen
- **Die Nuten (2, 3 und 4) sind nicht gleichförmig**
  - → 5-Achs-Transformationsparameter nicht korrekt abgebildet
  - → Eigenfrequenzen und Schwingungen der beteiligten Achsen

[1] siehe Lernfeld 13 Kap. 3   [2] siehe Lernfeld 11 Kap. 3.3

7.2 Sicherheitsbestimmungen für den Betrieb von Werkzeugmaschinen

Sicherheitsbestimmungen *(safety regulations)* für den Gebrauch von Werkzeugmaschinen enthalten:

- Maßnahmen, die dem Schutz der Fachkräfte dienen
- Maßnahmen, die der Funktionsfähigkeit der Werkzeugmaschine dienen und
- Maßnahmen, die dem Schutz der Umwelt dienen

MERKE

Betreiber und Bediener sorgen beide dafür, dass die Betriebsanleitung griffbereit bei der Maschine liegt.
Schlagen Sie im Zweifelsfall den entsprechenden Abschnitt in der Betriebsanleitung nach, anstatt an der Maschine herumzuprobieren.

Zu den Maßnahmen *(methods)*, die dem **Schutz der Fachkräfte** *(protection of skilled labours)* dienen, zählen z. B.:

- das Tragen persönlicher Schutzausrüstung (PSA) wie Sicherheitsschuhe, Gehörschutz, Schutzbrille
- genügend Platzbedarf für den Bediener sowie für das Instandhaltungspersonal
- geeigneter Fußbodenbelag, um die Rutschgefahr, die durch Kühlschmiermittel oder Gleitbahnöl entstehen kann, zu vermeiden
- Sicherheitseinrichtungen an der Werkzeugmaschine wie z. B. NOT-AUS-Schalter, Schutzgitter, Spritzschutz, Lichtschranken
- Schulung der Mitarbeiter

Maßnahmen, die die **Funktionsfähigkeit der Werkzeugmaschine** *(functional capabilty of machine tool)* gewährleisten, sind hauptsächlich:

- vorgeschriebene Instandhaltungsarbeiten durchführen
- Schulungen von Mitarbeitern
- Verwendung von Originalersatzteilen
- Bereitstellung geeigneter Betriebsmittel
- Online-Diagnosesysteme verwenden

Die **Umwelt** *(environment)* wird z. B. durch folgende Maßnahmen geschützt:

- Einhalten von Umweltschutzvorschriften z. B. beim Entsorgen von Kühlschmiermitteln
- Fachgerechte Lagerung und Entsorgung von Spänen, Kühlschmiermitteln, ölbehafteten Betriebsmitteln
- Kühlschmiermittel und Altöle nicht in die Kanalisation ablassen
- Umweltschonende Reinigungs- und Konservierungsmittel verwenden

1 Schutzbrille, zweckmäßige eng anliegende Kleidung, Sicherheitsschuhe, ggf. Gehörschutz tragen

ÜBUNGEN

1. Welche generellen Maßnahmen umfassen die Sicherheitsbestimmungen für den Betrieb von Werkzeugmaschinen?
2. Durch welche Maßnahmen können Fachkräfte geschützt werden?
3. Durch welche Maßnahmen kann die Funktionsfähigkeit der Werkzeugmaschinen gewährleistet werden?
4. Durch welche Maßnahmen kann die Umwelt geschützt werden?
5. Recherchieren Sie in Bedienungsanleitungen für Werkzeugmaschinen nach Hinweisen, die dem Schutz von Fachkräften, Umwelt und Werkzeugmaschine dienen.
6. Welche Gebotsschilder dienen dem Schutz der Fachkräfte? Skizzieren Sie diese.
7. Welche Verbotsschilder dienen dem Schutz der Fachkräfte? Skizzieren Sie diese.
8. Benennen Sie Sicherheitsvorrichtungen an Werkzeugmaschinen, die ihrem Schutz dienen.

8 Maintenance Survey of a CNC Milling Centre

A machining centre, also called a manufacturing centre, is a machine tool which is equipped for automatic operation, therefore, it is provided with a CNC control system.

It is a numerically controlled machine with a high degree of automation for the complete machining of components. Often, machining centres can be equipped to extend the functionality of rotating and swivelling machine tables, so that there are one or two additional axes available. Also machining centres are characterized by an automatic tool and workpiece changer.

The **vertical machining centre** shown in the figure are intended for the machining, through down-cut and up-cut milling as well as drilling, of metals and plastics that have the necessary strength for being clamped. Due to an optimum division of the machining cycles high production flexibility and, therefore, high productivity is attained.

As a cutting machine operator you may meet a situation, due to the worldwide industrial use of the machines, in which maintenance and service works are required. The maintenance survey shown on page 220 is taken from an original instruction manual and is used to accomplish maintenance and repair work.

Assignments on the text:

1. Match the English and German terms and write the result in your exercise book.

component	Maschinentisch
operation	Betriebsanleitung
machining centre	Grad
control system	Werkzeug und Werkstückwechsler
maintenance survey	Steuerung
machine tool	Zerspanungsablauf
down-cut and up-cut milling	Fertigungsflexibilität
complete machining	Betrieb
machining cycle	Fertigungszentrum
instruction manual	Bearbeitungszentrum
tool and workpiece changer	Komplettbearbeitung
manufacturing centre	Werkzeugmaschine
degree	Bauteil
production flexibility	Abbildung
maintenance and service works	Wartungs- und Serviceleistungen
machine table	Wartungsübersicht
figure	Gleich- und Gegenlauffräsen

2. Translate the text by using your English-German vocabulary list and your dictionary as well as the words in the box above.
3. Ask your classmate whether he or she had to maintain a CNC machine. If yes, he or she should explain what was necessary to do. On page 221 you may find some helpful terms.

Assignments on the maintenance survey (p.220):

4. Look at the 5 small figures below the maintenance survey and find the correct order for the translations:
   a) Austausch
   b) Kontrolle, bei Bedarf ergänzen
   c) ölen, Öl wechseln
   d) Reinigung, bei Bedarf austauschen
   e) fetten (über Schmiernippel)
5. Which parts require change?
6. Which parts have to be checked if necessary?
7. How many components have got a lubricating nipple for applying grease?
8. Which parts require an oil change?
9. Which elements have to be cleaned?
10. The square contains 10 different terms you can find in the text above. One word already has been marked. Find the other nine and write them into your exercise book.

M	A	S	S	A	M	O	N	N	R
C	O	M	P	L	E	T	E	M	O
A	S	A	X	E	S	G	H	M	T
D	F	C	K	C	A	E	G	E	A
E	R	H	L	O	S	L	F	I	T
T	Z	I	I	M	D	I	I	L	I
U	I	N	G	P	E	L	G	L	N
G	J	I	T	O	O	L	U	O	G
K	L	N	N	N	S	S	R	R	L
N	M	G	D	E	G	R	E	E	I
P	H	I	K	N	D	J	O	X	K
D	K	W	P	T	H	N	L	T	I
C	H	E	U	R	F	F	R	E	L
C	O	N	T	R	O	L	Z	N	G
L	F	A	M	M	H	F	U	D	O

Maintenance survey

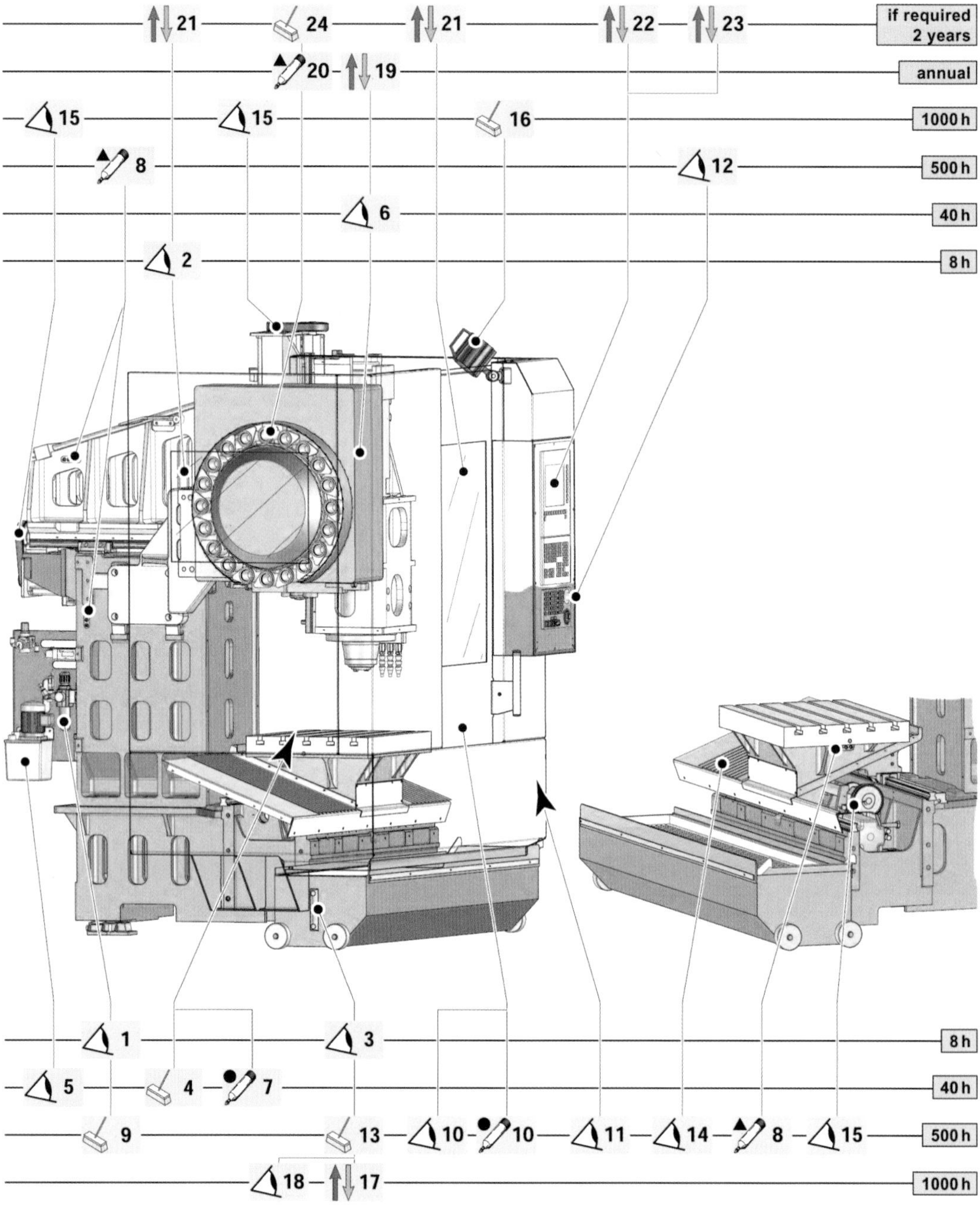

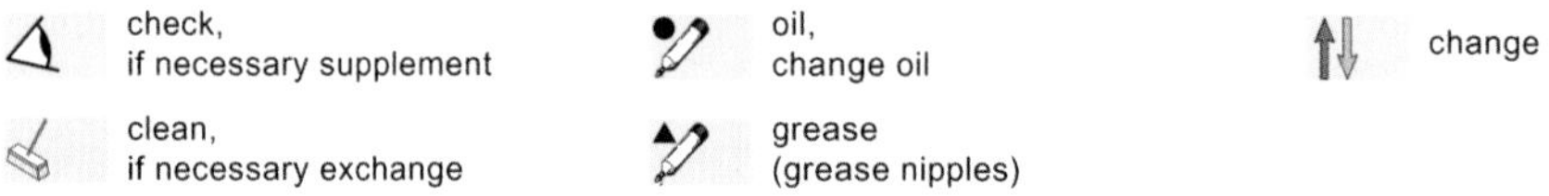

Nr.	Inspection and maintenance object	Activity	Intervall [h]
1	pneumatic unit: condensate separator, pneum. lubricating device	check	8
2	door pane and panes of the working area: damages	check	
3	coolant level	check	
4	working area	clean	40
5	central lubricating unit: oil level	check	
6	tool changer: oil level	check	
7	bright parts at the machine	clean / lubricate	
8	guideways X, Y, Z (lubricating nipple)	grease	500
9	pneumatic unit: filter	clean	
10	machine door: guideways, wire rope hoist (E1200)	clean/oil/check	
11	all hoses and pipes	check	
12	EMERGENCY-OFF button: function	check	
13	coolant tray	clean	
14	X slide: plate cover	check	
15	feed motors X, Y, Z: condition and belt tension	check	1000
16	working area lamp	clean	
17	cooling lubricant	change	
18	coolant tray: liquid tightness, corrosion, damage	check	
19	tool changer: drive	oil change	annual
20	tool drum: drive	grease	
21	door pane and panes of the working area	replace	2 years
22	Sinumerik 810D / Fanuc 0i: buffer battery of the control	replace	if re-quired
23	Fanuc 0i: batteries of the axis modules	replace	
24	tool drum: tub for tools	clean	

Please observe the maintenance instructions in the enclosed manuals of the manufacturers of the single machine components, respectively the safety data sheets of the operating materials.

Assignments on the chart above:

Now look at the chart that belongs to the maintenance survey and answer the questions.

11. Find the correct translation for the terms given in the yellow title.
12. What does the letter h in brackets mean?
13. Sketch a small table like that which is shown below and match the German translations in the chart with the English technical terms underneath the yellow- marked title 'Inspection and maintenance object'. Be careful the range is mixed!

Nr.	1	2	3	4
letter	a	b	c	d

a Kühlschmiermittelstand
b Pneumatik: Filter
c Schlittenführungen X,Y,Z (Schmiernippel)
d NOT-AUS Taste: Funktion
e Werkzeugwechsler: Ölstand

f Tür- und Arbeitsraumscheiben: Beschädigungen
g alle Schläuche und Leitungen
h blanke Teile an der Maschine
i Maschinentüre: Führungen,Seilzug (E1200)
j Arbeitsraum
k Kühlmittelwanne: Dichtheit, Korrosion, Beschädigung
l Kühlschmiermittel
m Pneumatik: Kondensatabscheider, Druckluftöler
n Sinumerik 810D/Fanuc 0i: Pufferbatterie der Steuerung
o Werkzeugtrommel: Becher für Werkzeuge
p Tür- und Arbeitsraumscheiben
q Werkzeugtrommel:Antrieb
r Fanuc 0i: Batterien der Achsmodule
s Vorschubmotoren X,Y,Z: Zustand und Riemenspannung
t Werkzeugwechsler: Antrieb
u Arbeitsraumlampe
v X-Schlitten: Lamellenabdeckung
w Kühlmittelwanne
x Zentralschmierung: Ölstand

Work With Words

In future you may have to talk, listen or read technical English. Very often it will happen that you either **do not understand** a word or **do not know the translation**.

In this case here is some help for you!!!

Below you will find a few possibilities to describe or explain a word you don't know or use opposites[1] or synonyms[2]. Write the results into your exercise book.

1. Add as many examples to the following terms as you can find for different types of lubrication and lubricants.

lubrication:	consumption lubrication service life lubrication	*lubricants:*	lubricating oil lubricating grease

2. Explain the two terms in the box:
Use the words below to form correct sentences. Be careful the range is mixed!

viscosity:	and therefore not flowing easily/ that some fluids have of being sticky/ This is the quality	*coolant:*	while it is operating/A coolant/ used to keep/is a liquid/a machine cool

3. Find the opposites[1]:

dynamic-alternating loading: *movable bearing:*	*flashpoint:* *solid lubricant:*

4. Find synonyms[2]:
You can find one or two synonyms to each term in the box below.

cable: *fatigue fracture:* line/fatigue failure/wiring	*lubricating grease:* *inspection:* service/lubricant/oil/survey

5. In each group there is a word which is the **odd man**[3]. Which one is it?

a) tribology, abrasion, friction, operating instruction
b) tensile strength, starting up,shearing strength, kinds of stressing
c) pneumatic unit, failure caused maintenance, preventive maintenance, condition based maintenance
d) nitrite measurement, solvent concentration measurement, fatigue

6. Please translate the information below. Use your English-German Vocabulary List if necessary.

If you inspect something, you look at every part of it carefully in order to find out about it or check that it is all right.

1) *opposite:* Gegenteil 2) *synonym:* Synonym, ähnliches Wort, Ergänzung 3) *odd man:* Außenseiter, überzähliges Wort, fünftes Rad am Wagen

Lernfeld 7: Inbetriebnehmen steuerungstechnischer Systeme

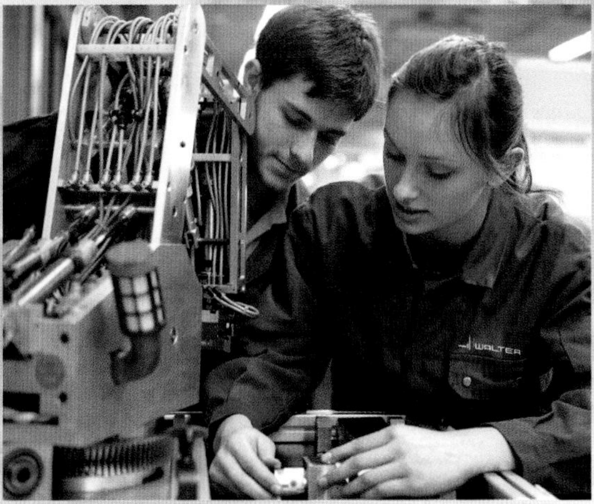

In Ihrem Beruf stehen steuerungstechnische Systeme nicht im Zentrum Ihrer Tätigkeit. Sie planen diese Systeme nicht und installieren sie auch nicht, dennoch ist Ihr berufliches Handeln ohne sie nicht denkbar.

Ganz deutlich erkennen Sie das z. B. daran, wenn die Steuerung Ihrer CNC-Maschine den Start blockiert, weil z. B. mechanische Systeme versagen wie z. B. der Druck im Hydrauliksystem oder eine nicht geschlossene Arbeitstür. Denn bereits beim Start Ihrer CNC-Maschine wird ein steuerungstechnisches System wirksam, das kontrolliert, ob alle Bedingungen erfüllt sind, damit Ihre Maschine gefahrlos anlaufen kann.

Sie nutzen steuerungstechnische Systeme beim Spannen Ihrer Werkstücke und Werkzeuge. Steuerungstechnische Systeme übernehmen den Werkzeugwechsel, koordinieren die Verfahrwege an Ihrer Werkzeugmaschine und stellen z. B. sicher, dass die Koordination mit Peripheriegeräten wie automatischen Werkstückbeschickungseinrichtungen und Robotern reibungslos funktioniert.

Die zentrale Stelle, von der aus Sie die meisten dieser Systeme in Gang setzen, ist die Bedientafel an Ihrer Maschine. Es gibt deshalb gute Gründe für Sie, sich mit den steuerungstechnischen Systemen in Ihrem Arbeitsumfeld vertraut zu machen, denn Sie nutzen und bedienen sie ständig.

An Ihrer Werkzeugmaschine arbeiten die meisten steuerungstechnischen Systeme mit der vorhandenen speicherprogrammierbaren Steuerung (SPS) zusammen.

Die Grundlagen der Steuerungstechnik wurden im Lernfeld 3 erarbeitet. Dieses Lernfeld baut darauf auf.

Sie analysieren steuerungstechnische Systeme und nehmen sie unter der Beachtung der Arbeitsschutzbestimmungen in Betrieb.

Anhand der technischen Dokumentationen analysieren und überprüfen Sie den funktionalen Ablauf der Steuerung und entwickeln unter Berücksichtigung des Stoff-, Informations- und Energieflusses Strategien zur Fehlersuche.

Sie beachten hierbei, dass Sie bei der Behebung von Störungen in vielen Fällen eine autorisierte Fachkraft hinzuziehen müssen. Dies gilt auf jeden Fall für die elektrotechnischen Komponenten der Steuerung. Trotzdem können Sie bei Funktionsstörungen – oft im Vorfeld – aktiv bei der Fehlersuche und -eingrenzung eine wichtige Rolle spielen, wenn Sie über grundlegende steuerungstechnische Kenntnisse verfügen. Dadurch reduzieren sich Stillstands- und Reparaturzeiten und die entstehende Kosten minimieren sich.

Sie ermitteln und bewerten die jeweiligen Druck- und Kräfteverhältnisse der verschiedenen gerätetechnischen Ausführungen der Steuerungen.

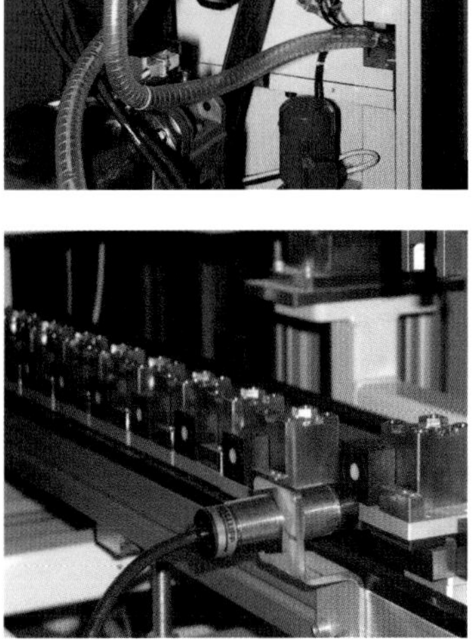

1 Steuerungen und Regelungen

Bild 1 zeigt eine hydraulische Spannvorrichtung zum Spannen von Werkstücken. Der Maschinenbediener betätigt z. B. einen Taster und bewirkt damit, dass der Kolben des Spannzylinders ausfährt und das Werkstück spannt. Es bleibt so lange gespannt, bis durch eine entsprechende Tasterbetätigung das Werkstück vom Maschinenbediener wieder ausgespannt wird. Eine Störung des Systems dadurch, dass z. B. das Werkstück durch herumliegende Späne nicht richtig positioniert wurde oder durch eine Leckage die erforderliche Spannkraft nicht erreicht wurde, wird vom System nicht registriert.

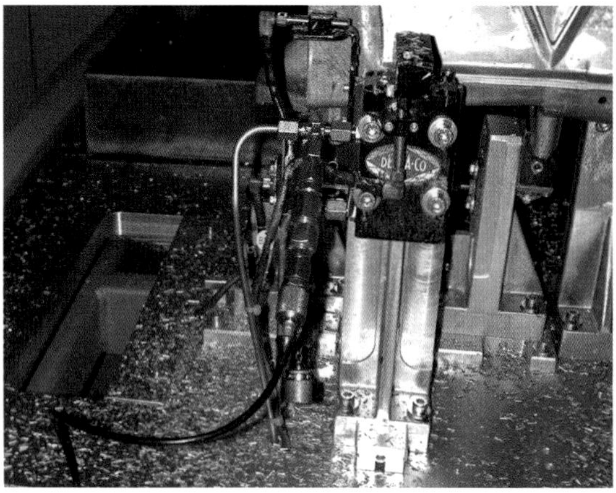

1 *Spannen eines Werkstücks*

Ob das Werkstück korrekt gespannt wurde, kann nur vom Maschinenbediener aber nicht vom System erkannt werden.
Dieses Beispiel zeigt den typischen **offenen Wirkungsablauf** einer **Steuerung** *(open loop control)* (Bild 2), der auch **Steuerkette** genannt wird.

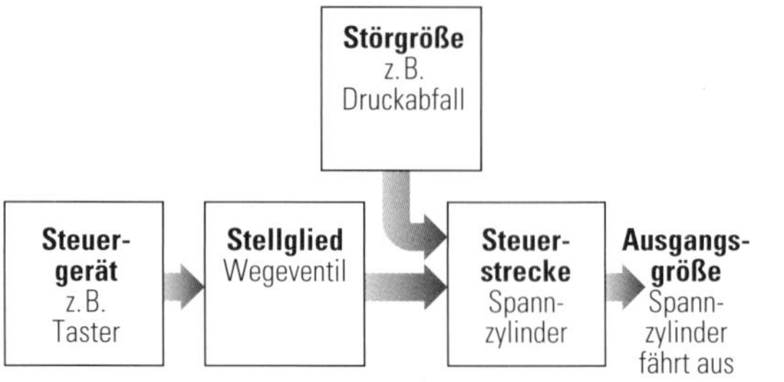

2 *Steuerkette*

MERKE

Bei Steuerungen wird der Einfluss von Störgrößen nicht erkannt. Deshalb kann z. B. das Stellglied nicht verändert werden, um dem Einfluss einer Störgröße entgegenzuwirken. Störgrößen führen deshalb zu Abweichungen von dem angestrebten Ziel. Dieser offene Wirkungsablauf kennzeichnet eine **Steuerkette**.

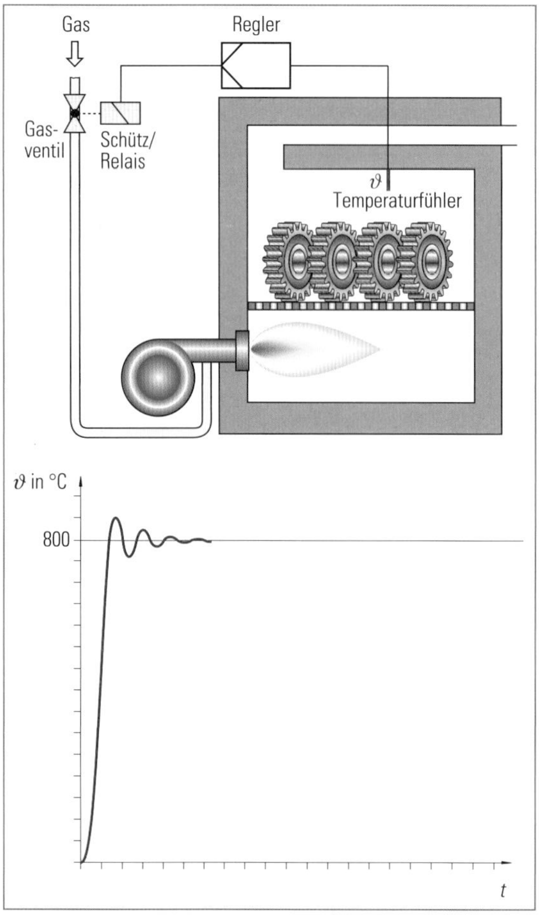

3 *Gasbetriebener Härteofen mit Temperaturverlauf beim Hochfahren*

Bild 3 zeigt einen gasbetriebenen Härteofen, in dem Werkstücke für eine Wärmebehandlung auf die entsprechende Temperatur von z. B. $\vartheta = 800\,°C$ gebracht werden.
Ein Temperaturfühler misst die jeweilige **Isttemperatur**. Der Regler vergleicht diese mit der vorgegebenen **Solltemperatur** von 800 °C. Ist diese erreicht, wirkt der Regler auf das Schütz bzw. Relais (**Steuerglied**), das über das Gasventil (**Stellglied**) die

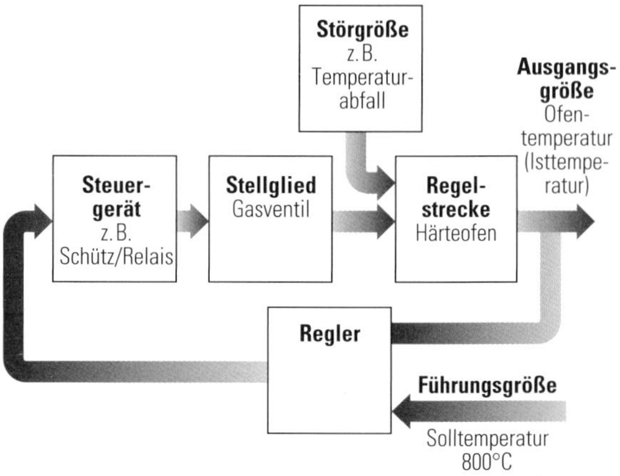

4 *Regelkreis*

Gaszufuhr drosselt. In Bild 3 Seite 224 ist der typische Temperaturverlauf dargestellt, wie er sich beim Hochfahren des Härteofens ergibt.
Sinkt die Temperatur z. B. dadurch unter 800 °C, dass der Härteofen mit neuen Werkstücken beschickt wird (**Störgröße**), wirkt der Regler wiederum auf das Relais und öffnet die Gaszufuhr bis kurz vor Erreichen der Solltemperatur.
Dieses Beispiel zeigt den typischen **geschlossenen Wirkungsablauf** einer **Regelung** *(closed loop control)* (Seite 224 Bild 4), der auch **Regelkreis** genannt wird.

MERKE

Bei Regelungen wird die Regelgröße (z. B. die Temperatur) ständig gemessen. Bei einer Abweichung vom Sollwert wirkt der Regler auf das Stellglied, um die Abweichung zu korrigieren. Damit wird der Einfluss der Störgrößen ausgeglichen. Der geschlossene Wirkungskreislauf kennzeichnet den **Regelkreis**.

Generell werden Regelungen häufig dann eingesetzt, wenn Störgrößen oft und unvorhergesehen auftreten wie z. B. bei einer Heizungsanlage oder wenn Regelgrößen sehr genau eingehalten werden müssen, wie dies z. B. bei Lage- und Geschwindigkeitsreglungen an CNC-Maschinen[1)] der Fall ist.

Überlegen Sie!

1. *Wodurch unterscheiden sich ein gesteuerter und ein geregelter Prozess?*
2. *Liegt bei den genannten Beispielen ein gesteuerter oder ein geregelter Prozess vor?*
   a) *Autofahren*
   b) *CNC-Maschine (Ausgangsgröße: Ein Maß am Werkstück)*
   d) *Einstellen einer Schlittenposition an einer konventionellen Drehmaschine mit digitaler Wegmessanzeige.*
   e) *Zeitgeführte Ampelanlage*
3. *Nennen Sie Störgrößen, die beim Positionieren eines Werkzeugschlittens an einer CNC-Maschine auftreten.*

2 Aufbau von Steuerungen – das EVA-Prinzip

Für unterschiedliche Steuerungsaufgaben gibt es hierauf angepasste Lösungen. Dies führt dazu, dass Steuerungen in der Ausführung, in der Leistungsfähigkeit und im Preis sehr unterschiedlich sind.
Bei allen Unterschieden gibt es aber eine gemeinsame Struktur: das EVA-Prinzip **E**ingabe, **V**erarbeitung und **A**usgabe:

Eingabe ➔ **Verarbeitung** ➔ **Ausgabe**

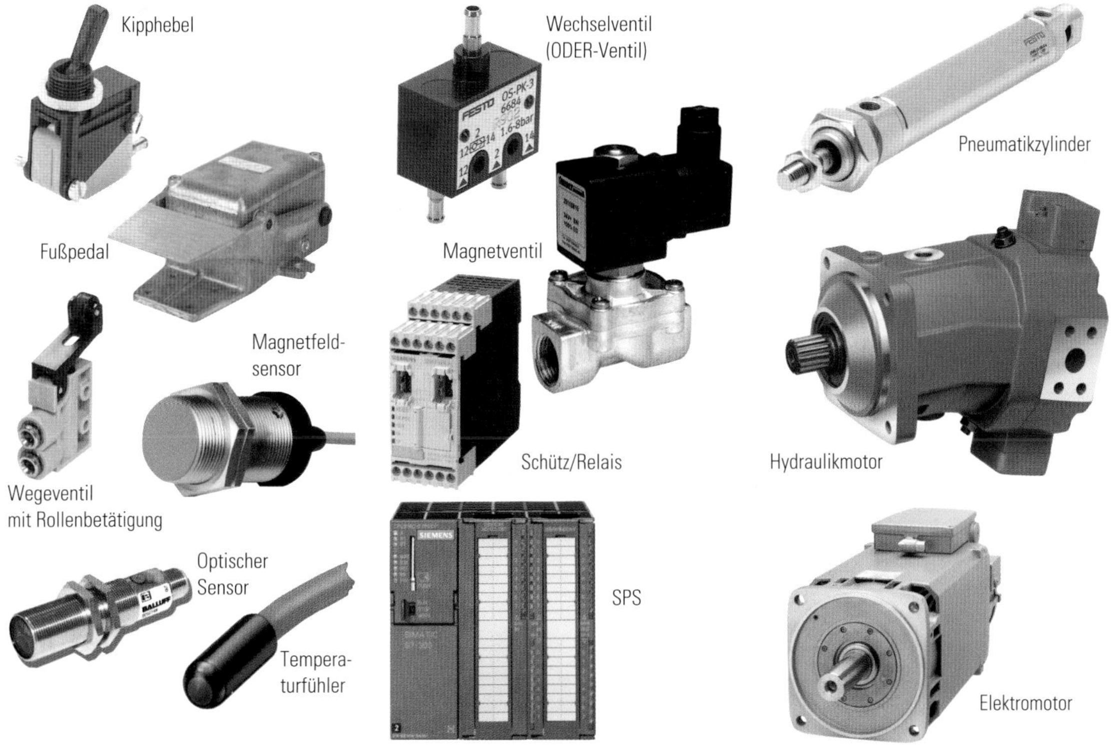

1) siehe Lernfeld 8 Kap. 1.5.3

Eingabe

Über die Eingabegeräte werden Zustände erfasst und diese als **Signale** *(signals)* in die Steuerung weitergegeben.
Das kann

- das „Start-Signal" sein, das über einen Tasterdruck gesetzt wird.
- das Signal eines Sensors *(sensor)* sein, der meldet, dass ein bestimmter Arbeitsgang abgeschlossen ist.
- auch das „NOT-AUS"-Signal sein, mit dem die Maschine sofort zum Stillstand gebracht wird.

In Abhängigkeit von der Steuerung und ihrer Aufgabe müssen Sensoren sehr unterschiedliche physikalische Größen aufnehmen. Im Kap. 3 werden diese näher behandelt.

Verarbeitung

Die Signale werden in der Verarbeitungseinheit miteinander verknüpft.
Ziel ist es, bei bestimmten Sensorkombinationen die gewünschte Bewegung des Aktors oder der Aktoren zu erhalten. Bei schwierigen und umfangreichen Aufgabenstellungen sind viele Logikelemente miteinander zu verknüpfen.
Die Lösung wird in Schaltplänen dokumentiert. Es ist durchaus möglich, dass die Fachkraft an der Werkzeugmaschine den Schaltplan einsehen muss, um z. B. eine Störung an der Spannvorrichtung zu beheben.
Bei der Verarbeitung ist zwischen den verbindungsprogrammierten Steuerungen (VPS) und den speicherprogrammierbaren Steuerungen (SPS) zu unterscheiden.

- Bei **verbindungsprogrammierten Steuerungen** *(hard-wired programmed logic control)* werden die im Schaltplan vorgesehenen Geräte (Ventile, Schalter u. a.) miteinander verschlaucht bzw. verdrahtet. Die Geräte und ihre Verbindung bilden die Steuerintelligenz.
  Diese Lösungen sind starr und unflexibel. Ist der Bewegungsablauf zu ändern, dann ist das nur durch eine Änderung der Verbindungen und ggf. durch Austausch der Logikelemente möglich.
- Bei **speicherprogrammierbaren Steuerungen** *(stored programme control)* wird dagegen ein Computer mit entsprechender Software eingesetzt. Durch ein Programm wird festgelegt, wie die Eingangssignale zu verarbeiten sind und welche Ausgänge zu aktivieren sind. Diese Lösung ist sehr flexibel. Wenn ein anderer Bewegungsablauf erforderlich ist, wird nur das Programm geändert. Außerdem lassen sich komplexe Steuerungsaufgaben leichter lösen und sind überschaubarer, z. B. bei einer Fehlersuche.

Ausgabe

Für die Ausgabe stehen pneumatische, hydraulische oder elektrische Aktoren zur Auswahl wie z. B. pneumatische oder hydraulische Zylinder, pneumatische oder elektrische Motoren, eine Lampe, ein Magnetventil uvm.
Vielfach wird bei Steuerungen in der Verarbeitung und in der Ausgabe mit unterschiedlichen Energieformen gearbeitet, so kann z. B. die Verarbeitung der Signale elektrisch erfolgen, während die Ausgabe ein hydraulisch betriebener Kolben ist. In der Tabelle sind die Kombinationsmöglichkeiten gegenübergestellt.

Ausgabe (Aktor)	Verarbeitung	Bezeichnung
Pneumatisch	VPS: Pneumatisch	Pneumatische Steuerung
	VPS: Elektrisch	Elektropneumatische Steuerung
	SPS	Speicherprogrammierbare Steuerung
Hydraulisch	VPS: Hydraulisch	Hydraulische Steuerung
	VPS: Elektrisch	Elektrohydraulische Steuerung
	SPS	Speicherprogrammierbare Steuerung
Elektrisch	VPS: Elektrisch	Elektrische Steuerung
	SPS	Speicherprogrammierbare Steuerung

MERKE

CNC-Werkzeugmaschinen verfügen standardmäßig über eine speicherprogrammierbare Steuerung (SPS)[1].
Diese übernimmt in der Regel alle an der Werkzeugmaschine vorkommenden Steuerungsaufgaben.

3 Sensoren

Im Bereich der Werkzeugmaschinen werden durch Sensoren (siehe Übersicht Seite 225) hauptsächlich Positionen z. B. von Kolben überwacht. Ferner dienen Sensoren zur Materialabfrage oder -erkennung.

3.1 Berührende Sensoren

Berührende (taktile) Sensoren sind Signalgeber, die von Hand oder mechanisch betätigt werden, dazu zählen z. B.

- das mit einem Fußpedal betätigte 3/2-Wegeventil mit Federrückstellung in einer pneumatischen Anlage
- der handbetätigte Schalter in einer elektrischen Steuerung
- das rollenbetätigte Ventil mit Federrückstellung in einer hydraulischen Anlage.

Sensoren, die beim Schalten eine Bewegung ausführen (z. B. die rollenbetätigten Ventile) und die am Einsatzort Schmutz und Staub ausgesetzt sind, können durch Verschleiß ausfallen.

1) siehe Lernfeld 8 Kap. 1.5.5

3.2 Berührungslose Sensoren

Diese Sensoren haben gegenüber den taktilen Signalgebern folgende Vorteile:

- Sie sind wartungsarm
- Sie sind nahezu verschleißfrei und haben deshalb eine hohe Lebensdauer.
- Sie sind sehr betriebssicher.

In der nachfolgenden Übersicht sind Informationen zu den berührungslosen Sensoren zusammengestellt.

	Induktiver Sensor *(inductive sensor)*	**Kapazitiver Sensor** *(capacitive sensor)*	**Optoelektrischer Sensor** *(optoelectric sensor)*	**Reedkontakt (Magnetschalter)** *(reed contact/magnetic switch)*
Funktion	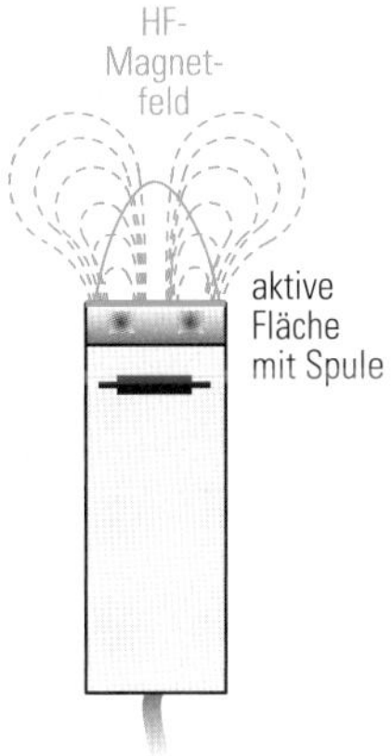 Dieser Sensor erzeugt an seiner Stirnfläche ein **Magnetfeld** *(magnetic field)*. Nähert sich ein elektrisch leitender Körper, wird dieses Magnetfeld gestört. Dies löst einen Schaltvorgang im Sensor aus und es entsteht ein Signal. Da unterschiedlich leitende Materialien das Magnetfeld unterschiedlich stark stören, wird der Nennschaltabstand *(rated switching distance)* mit einem Messplättchen aus S235JR angegeben. Beim Einbau muss auch das umgebende Material berücksichtigt werden.	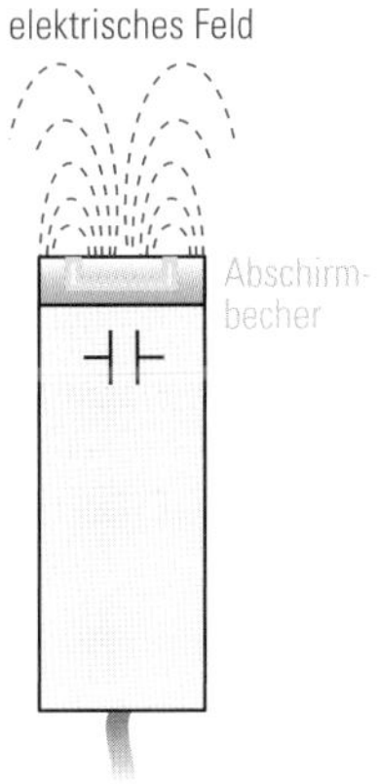 An seiner Stirnfläche wird durch einen **Kondensator** *(capacitor)* ein **elektrisches Feld** *(electrical field)* erzeugt. Dieser Sensor liefert dann ein Signal, wenn ein elektrisch leitender oder nicht leitender Körper in seine Nähe kommt und das elektrische Feld des Kondensators verändert. Unterschiedliche Materialien wirken sich unterschiedlich auf den Schaltabstand des Sensors aus. Entsprechend muss die Empfindlichkeit des Sensors eingestellt werden. Der Nennschaltabstand bezieht sich auf eine geerdete Metallplatte.	 Ein Sender strahlt Licht aus und ein Empfänger nimmt dieses Licht wieder auf. Damit sich das Umgebungslicht nicht störend auswirkt, wird meist **Infrarotlicht** *(infrared light)* (sehr kurzwelliges Licht) oder langwelliges **Laserlicht** *(laser light)* verwendet. Optoelektrische Sensoren arbeiten als **Einweg-Lichtschranken** *(one-way photoelectric relays)*, bestehend aus einem Sender und einem Empfänger. Im Gehäuse einer **Reflexions-Lichtschranken** *(reflection photoelectric relays)* sind sowohl ein Sender als auch ein Empfänger untergebracht. Zum Betrieb ist zusätzlich ein Reflektor notwendig. Einweg-Lichtschranken und Reflexions-Lichtschranken reagieren, sobald der Lichtstrahl unterbrochen wird. **Reflexions-Lichttaster** *(reflection light scanners)*, bei denen sich Sender und Empfänger in einem Gehäuse befinden, liefern ein Signal, wenn das Licht ausreichend gut von einem Körper reflektiert wird.	 Reed-Kontakte bestehen aus zwei Metallzungen, die sich in einem Glaskolben befinden. Im Glaskolben befindet sich entweder ein Vakuum oder er ist mit **Schutzgas** *(protective gas)* gefüllt. Nähert sich diesem Sensor ein Magnetfeld, schließen sich die Kontakte und liefern ein Signal. Reed-Kontakte werden hauptsächlich zur Abfrage der Endlage von Zylindern verwendet. Daher ist es erforderlich, dass im Kolben ein ringförmiger **Dauermagnet** *(permanent magnet)* eingelassen ist. 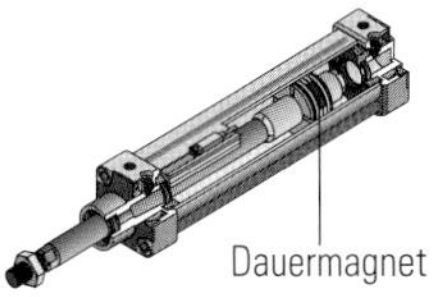 Schaltsymbol eines Zylinders mit Dauermagnet und Sensoren zur Abfrage der Endlagen: 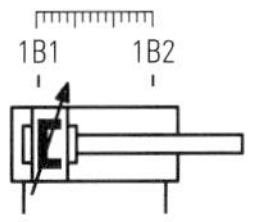

	Induktiver Sensor *(inductive sensor)*	**Kapazitiver Sensor** *(capacitive sensor)*	**Optoelektrischer Sensor** *(optoelectric sensor)*	**Reedkontakt (Magnetschalter)** *(reed contact/magnetic switch)*
Reagiert	auf alle leitenden Materialien, wie Metalle und auch Graphit.	auf alle Materialien, auch auf Flüssigkeiten.	**Einweg-Lichtschranke:** auf alle Materialien, die den Lichtstrahl unterbrechen und lichtundurchlässig sind. **Reflexionslichtschranke:** auf alle Materialien, die den Lichtstrahl unterbrechen und diesen nicht reflektieren. **Reflexions-Lichttaster:** auf alle Materialien, die das Licht ausreichend gut reflektieren.	nur auf Magnetfelder.
Mögliche Störungen	Ungewollte Annäherung metallischer Werkstoffe löst einen Schaltvorgang aus wie z. B. Späne, die in der Fertigung entstehen.	Ist der Sensor zu empfindlich eingestellt, so kann ein Anstieg der Luftfeuchtigkeit zu Fehlschaltungen führen. Dies gilt ebenso für Kühlschmierstoffe, die in der Fertigung eingesetzt werden.	Verschmutzungen wie Staub oder Kühlschmierstoffe können zu Störungen im Betrieb führen. Deshalb müssen optoelektronische Sensoren regelmäßig gesäubert werden. Späne können ungewollte Schaltvorgänge auslösen.	Starke fremde Magnetfelder wie z. B. von Elektromotoren oder Transformatoren können zu Fehlschaltungen führen.
Reichweite	1 … 8 mm	1 … 60 mm	**Laser-Einweg-Lichtschranken:** bis 100 m **Laser-Reflexions-Lichtschranken:** bis 30 m **Laser-Reflexions-Lichttaster:** bis 300 mm	Geringe Reichweiten von wenigen Millimetern.

Schaltsymbole *(switch symbols)* **der wichtigsten Sensoren:**

Induktiver Sensor	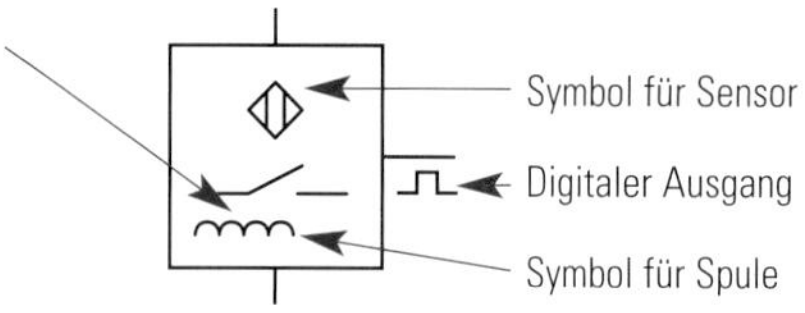	**Optoelektrischer Sensor**	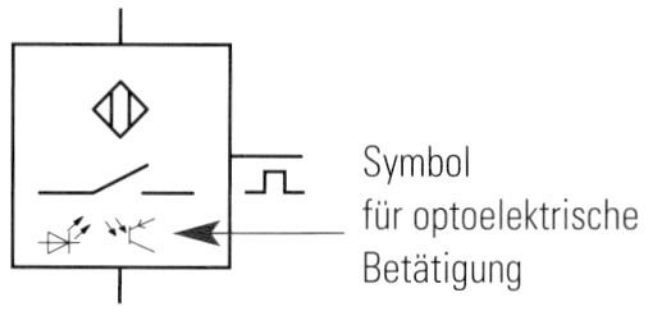
Kapazitiver Sensor	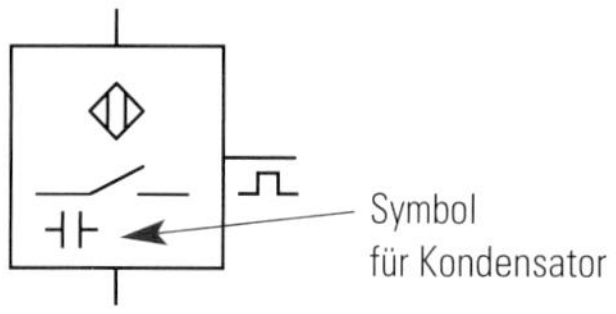	**Reed-Kontakt**	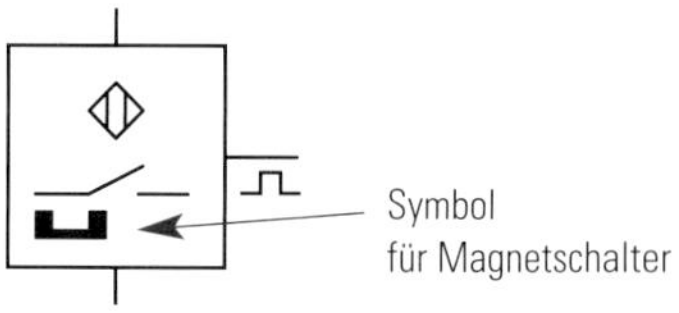

4 Einteilung der Steuerungen nach Aufgaben und Signalverarbeitung

In der Technik wird zwischen kombinatorischen Steuerungen einerseits und prozess- und zeitgeführten Ablaufsteuerungen andererseits unterschieden (Bild 1).

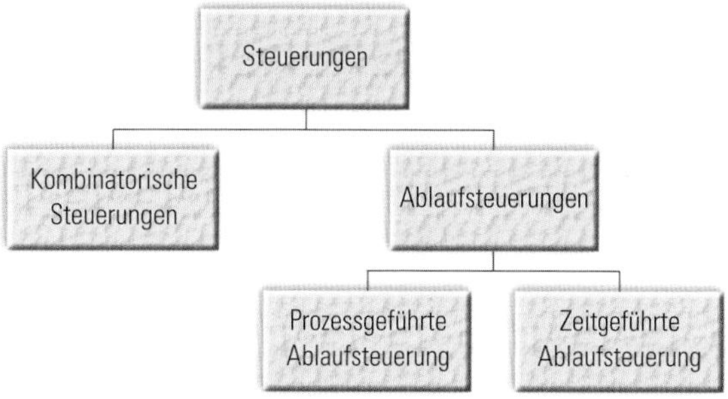

1 Einteilung der Steuerungen

4.1 Kombinatorische Steuerungen

Die wesentlichen Kennzeichen der kombinatorischen Steuerungen *(combination logical control)* zeigt folgendes Beispiel:
Ein Transportband befördert Werkstücke, die zu einer Teilefamilie gehören, aber unterschiedliche Längen haben. Die Reihenfolge der Teile auf dem Transportband ist beliebig. Drei Sensoren sollen die Werkstücklängen erkennen (lang, mittel oder kurz) und das Ergebnis der Steuerung eines Roboters mitteilen, der die Teile entsprechend ihrer Längen an Maschinen verteilt (Bild 2).
Aufgrund der anliegenden Signalkombinationen weist die Steuerung die entsprechenden Ausgänge zu.
Beispiel: Die drei Sensoren 1S1 UND 1S2 UND 1S3 erhalten ein Eingangssignal. Das ist die Signalkombination, die bei den langen Werkstücken vorliegt. Die Steuerung muss den entsprechenden Ausgang 1M1 schalten.
Die entsprechende **Funktionsgleichung** lautet:
1S1 · 1S2 · 1S3 = 1M1[1)]

Funktionsplan[2)]**:**

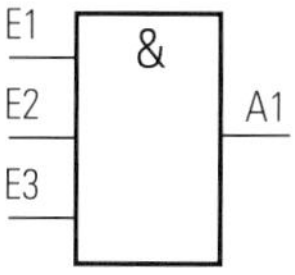

Beim mittleren Werkstück erhalten die beiden Sensoren 1S1 UND 1S2 ein Eingangssignal UND NICHT der Sensor 1S3. Entsprechend muss die Steuerung den Ausgang 1M2 schalten.
Die entsprechende Funktionsgleichung lautet:
$1S1 \cdot 1S2 \cdot \overline{1S3} = 1M2$

Funktionsplan:

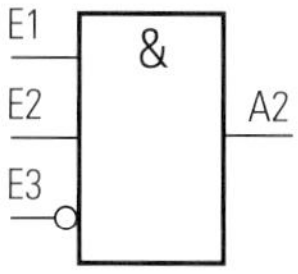

Beim kurzen Werkstück erhält der Sensor 1S1 ein Eingangssignal UND NICHT der Sensor 1S2 UND NICHT der Sensor 1S3. Entsprechend muss die Steuerung den Ausgang 1M3 schalten.
Die entsprechende Funktionsgleichung lautet:
$1S1 \cdot \overline{1S2} \cdot \overline{1S3} = 1M3$

Funktionsplan:

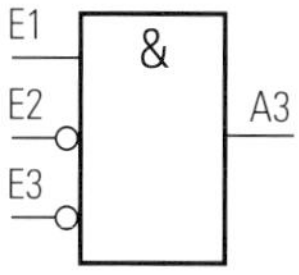

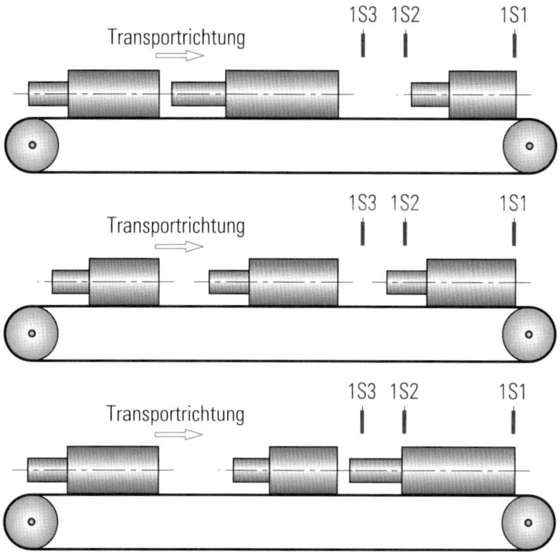

2 Beispiel einer kombinatorischen Steuerung

Zuordnungstabelle:

Gerät	Signal	Beschreibung
Sensor 1S1	E1	E1 = 1: Sensor 1S1 wird betätigt
Sensor 1S2	E2	E2 = 1: Sensor 1S2 wird betätigt
Sensor 1S3	E3	E3 = 1: Sensor 1S3 wird betätigt
Aktor 1M1	A1	A1 = 1: Teil geht an Maschine 1
Aktor 1M2	A2	A2 = 1: Teil geht an Maschine 2
Aktor 1M3	A3	A3 = 1: Teil geht an Maschine 3

Wertetabelle:

E3	E2	E1	A1	A2	A3
0	0	0	0	0	0
0	0	1	0	0	1
0	1	0	0	0	0
0	1	1	0	1	0
1	0	0	0	0	0
1	0	1	0	0	0
1	1	1	1	0	0

1) siehe Seie 233 2) Die Symbole der Logikfunktionen und deren Bedeutung sind in DIN EN 60617-12 genormt.

Anschlussplan der SPS:

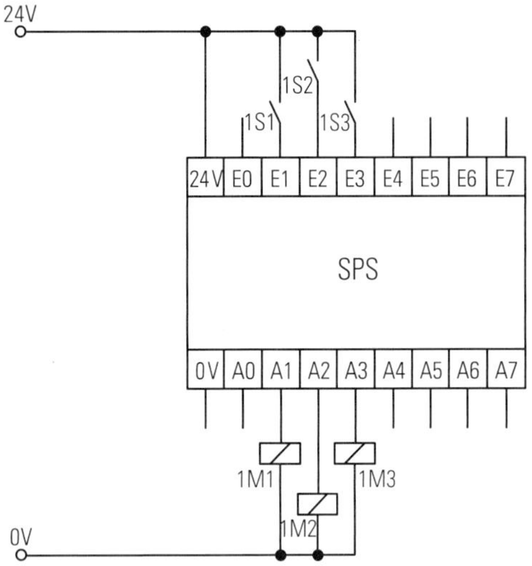

Bei kombinatorischen Steuerungen sind in der Verarbeitung unterschiedliche logische Verknüpfungen herzustellen wie z. B. UND, ODER, NICHT.

4.1.1 UND-Funktion

In dem betrachteten Beispiel weist schon die Formulierung „1S1 UND 1S2 UND 1S3" auf eine UND-Verknüpfung hin. Der Ausgang wird bei diesem Baustein nur dann geschaltet, wenn alle drei Eingänge ein Signal erhalten.

Wenn die Starttaste einer CNC-Maschine gedrückt wird, überprüft die Steuerung (SPS) eine Reihe wichtiger Funktionen, bevor sie den Start freigibt. Im Einzelnen prüft sie z. B.:

- Liegt das Türsignal 1S1 vor UND
- ist der NOT-AUS-Schalter 1S2 nicht gedrückt UND
- meldet der Sensor 1S3, dass der Druck im Hydraulikaggregat über dem Mindestwert liegt UND
- meldet der Sensor 1S4, dass die Spindelkühlung arbeitet UND
- meldet der Sensor 1S5, dass ist die Spannvorrichtung geschlossen ist?

Auch hier sind die Signale durch ein UND-Verknüpfung zu verbinden (Bild 1), denn der Start darf nur freigegeben werden, wenn alle Bedingungen erfüllt sind.

Bild 2 zeigt die Funktionstabelle und die pneumatische und elektrische Umsetzung für eine UND-Verknüpfung.

4.1.2 NICHT-Funktion

Das Beispiel zur Abfrage der Signalzustände beim Start der CNC-Maschine zeigt, dass diese nur dann startet, wenn der NOT-AUS-Schalter NICHT betätigt ist. Die entsprechende Darstellung im Logikplan mit Wertetabelle sowie ein Beispiel für ein pneumatische und elektrische Umsetzung zeigt Bild 3.

Die NICHT-Funktion wird auch **Invertierung** genannt, da sie einen Signalzustand „umkehrt".

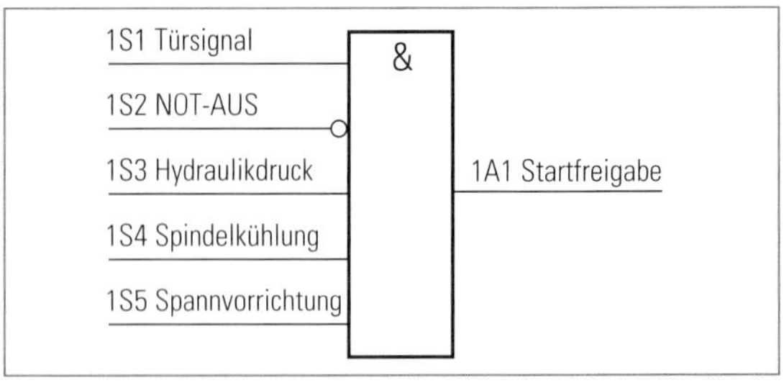

1 *Abfrage der Signalzustände vor dem Start der CNC-Maschine*

Überlegen Sie!

1. *Erstellen Sie die Wertetabelle zur Abfrage der Signalzustände vor dem Start der CNC-Maschine.*
2. *Skizzieren Sie den Anschlussplan der SPS.*

Wertetabelle:

1S2	1S1	1A1
0	0	0
0	1	0
1	0	0
1	1	1

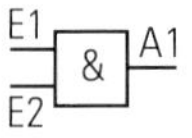

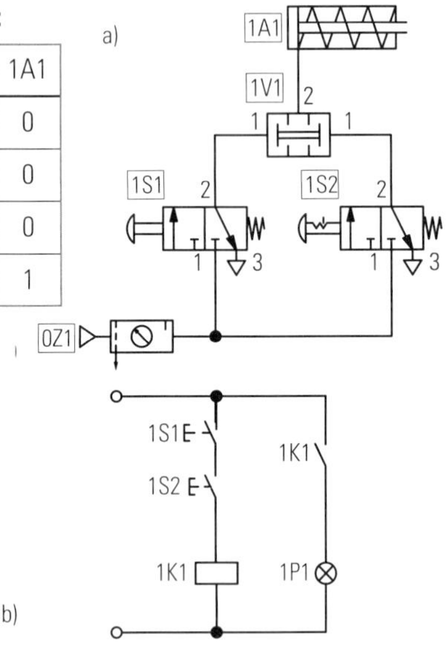

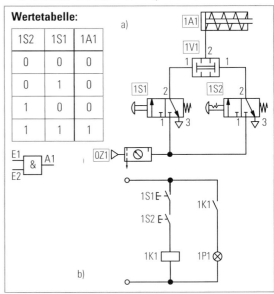

2 *Zweifache UND-Verknüpfung*
a) pneumatisch b) elektrisch

Wertetabelle:

1S1	1A1
0	1
1	0

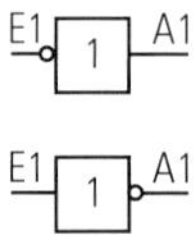

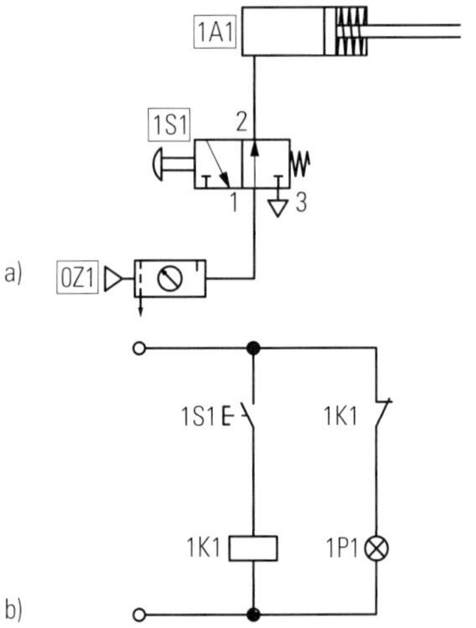

3 *NICHT-Funktion a) pneumatisch b) elektrisch*

Einteilung der Steuerungen

4.1.3 ODER-Funktion

CNC-Maschinen besitzen sowohl am Bedienpult als auch am Handbediengerät eine Zustimmtaste. Die Zustimmung kann also sowohl vom Bedienpult ODER vom Handbediengerät aus erfolgen.
Bild 1 zeigt die Wertetabelle, den Funktionsplan und die pneumatische und elektrische Umsetzung für eine ODER-Verknüpfung.

Wertetabelle:

1S2	1S1	1A1
0	0	0
0	1	1
1	0	1
1	1	1

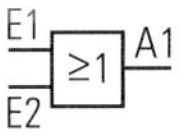

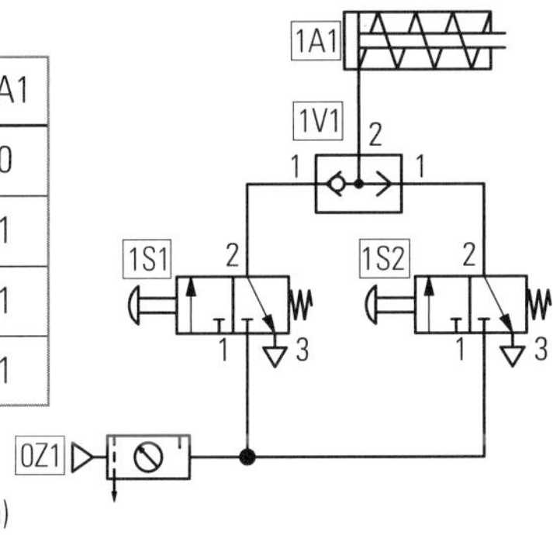

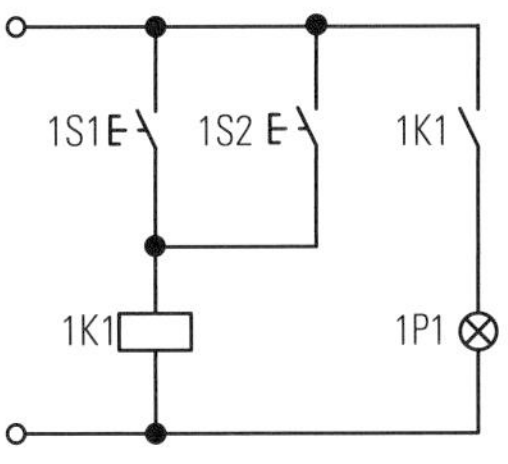

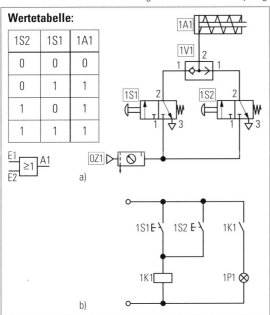

1 *Zweifache ODER-Verknüpfung*
a) pneumatisch
b) elektrisch

An großen Maschinen sind mehrere NOT-AUS-Schalter angebracht, um bei einer Gefahr die Maschine möglichst schnell anhalten zu können. Diese NOT-AUS-Schalter müssen durch eine ODER-Verknüpfung miteinander verbunden sein, d. h., wenn der NOT-AUS-Schalter 1S1 ODER 1S2 ODER 1S3 gedrückt ist, darf die Maschine NICHT laufen.
Die **Funktionsgleichung** lautet:
$1S1 + 1S2 + 1S3 = \overline{1A1}$

Wertetabelle:

E3	E2	E1	A1
0	0	0	1
0	0	1	0
0	1	0	0
0	1	1	0
1	0	0	0
1	0	1	0
1	1	1	0

Funktionsplan:

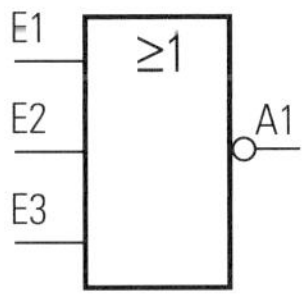

4.2 Ablaufsteuerungen

4.2.1 Prozessgeführte Ablaufsteuerung

Nachfolgend ist ein Werkzeugwechsel an einer Fräsmaschine dargestellt. Nach dem Start wird in genau festgelegten Schritten immer in der gleichen Reihenfolge das Werkzeug gewechselt. Die Endpositionen des Greifers werden in jedem Schritt überwacht. Erst nach dem erfolgreichen Abschluss eines Schritts wird der nächste Schritt freigegeben. Damit werden viele Störgrößen ausgeschaltet, d. h., die Steuerung ist sicherer.

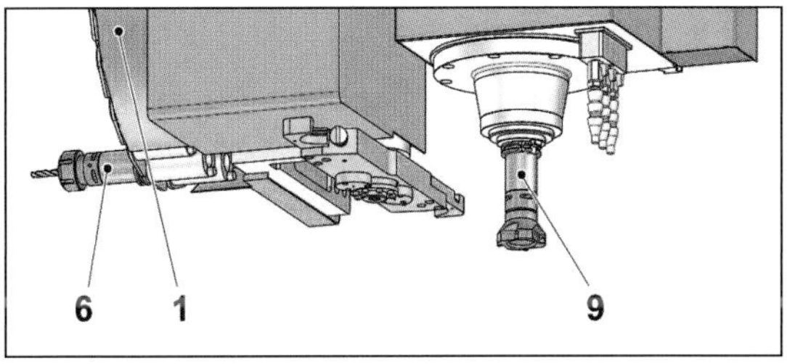

- Werkzeughalter Pos. 9 in Frässpindel gespannt
- Werkzeugtrommel Pos. 1 ist mit dem Werkzeughalter Pos. 6 bestückt, der in die Frässpindel gewechselt werden soll

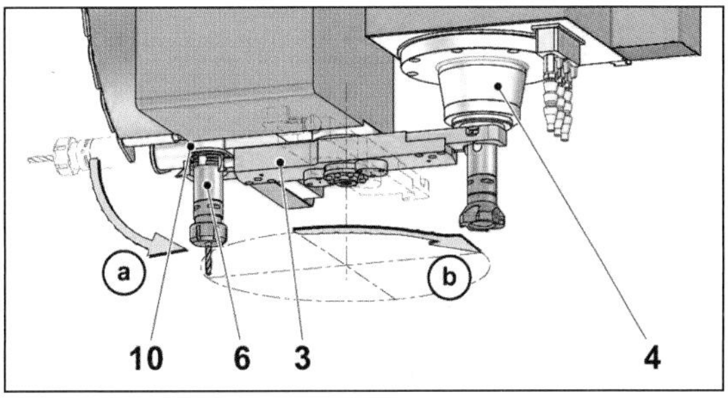

- Die Frässpindel Pos. 4 wird in die Werkzeugwechselposition verfahren
- Der Becher Pos. 10 mit dem einzuwechselnden Werkzeug Pos. 6 wird eingeschwenkt (Pfeil „a")
- Der Greifer Pos. 3 schwenkt um 90° und erfasst beide Werkzeughalter Pos. 6 und Pos. 9 (Pfeil „b")

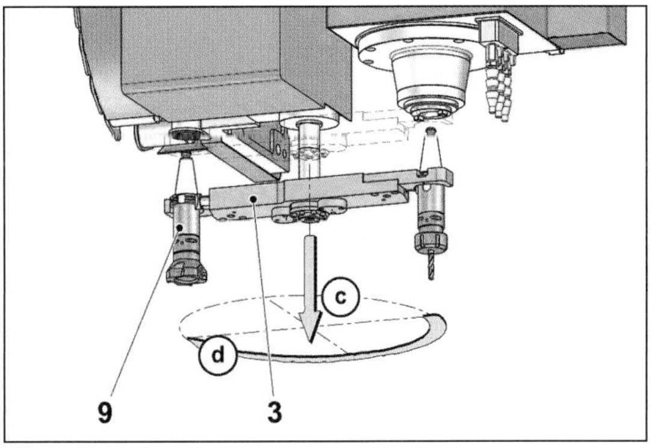

- Das Werkzeug Pos. 9 wird in der Frässpindel entspannt
- Der Greifer Pos. 3 verfährt mit den beiden Werkzeugen nach unten (Pfeil „c") und schwenkt dann um 180° (Pfeil „d")

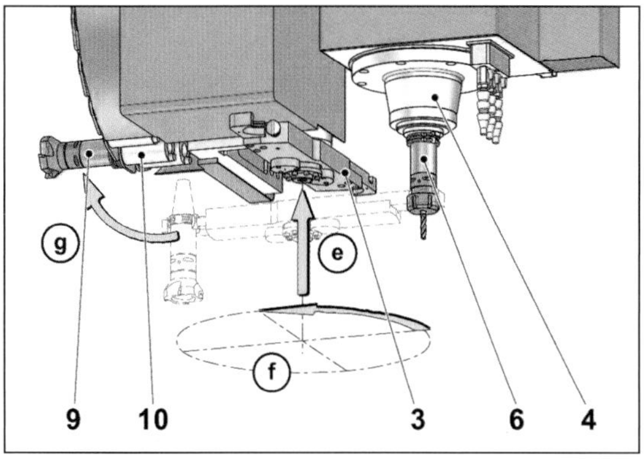

- Der Greifer Pos. 3 verfährt nach oben (Pfeil „e"), das Werkzeug Pos 6 wird in der Frässpindel Pos. 4 gespannt, das Werkzeug Pos. 10 im Becher
- Der Greifer Pos 3 schwenkt um 90° zurück in seine Ruhelage (Pfeil „f")
- Der Becher Pos. 10 schwenkt nach oben in seine Ruhelage (Pfeil „g")

MERKE

Bei prozessabhängigen Ablaufsteuerungen *(event-driven sequential controls)* löst ein Schritt den nächsten aus. Sie reagieren auf Störungen durch einen Abbruch des Steuerungsablaufs.

4.2.2 Zeitgeführte Ablaufsteuerung

Mithilfe einer Klebevorrichtung sollen zwei Werkstücke verklebt werden (Bild 1). Nach Betätigung der beiden Starttaster 1S1 und 1S2 fährt der doppelt wirkender Zylinder 1A1 aus. Erreicht er die vordere Endlage, betätigt er die Rolle 1S3 und presst die Werkstücke 10 Sekunden lang aufeinander. Nach Ablauf dieser Zeit fährt der Zylinder selbsttätig ein. Daher werden diese Steuerungen als zeitgeführte Ablaufsteuerungen *(time-oriented sequential controls)* bezeichnet.

MERKE

Zeitgeführte Ablaufsteuerungen enthalten mindestens ein Zeitglied, das den nächsten Schritt nach Ablauf der vorgegebenen Zeit auslöst.

4.2.3 Grafische Darstellungsmöglichkeiten für Ablaufsteuerungen

Für die Planung und die Kontrolle von Ablaufsteuerungen sowie für die Fehlersuche eignen sich grafische Darstellungen, in denen der Ablauf in einzelnen Schritten aufgezeigt wird. In den beiden nächsten Abschnitten sollen das **Weg-Schritt-Diagramm** *(path-step diagram)* und der **Grafcet-Plan** vorgestellt werden. Neben diesen grafischen Darstelungen ist der **Schaltplan** *(circuit diagram)* wichtig. Er zeigt den Aufbau der Steuerung, welche Ventile verwendet werden und wie sie verbunden sind.

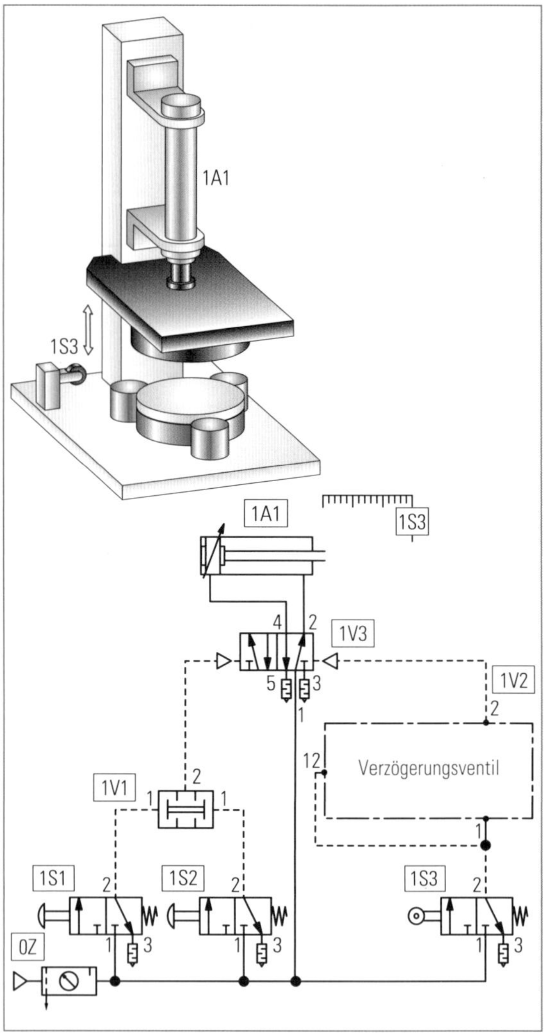

1 Zeitgeführte Ablaufsteuerung einer Klebepresse

In Bild 1 auf Seite 233 ist ein Förderband dargestellt, das Werkstücke für die weitere Bearbeitung an eine CNC-Drehmaschine transportiert. Dort nimmt ein Handhabungsgerät die Teile vom Band und legt sie in die Spannvorrichtung der Drehmaschine ein. Vor Erreichen des Handhabungsgeräts müssen seitenverkehrt liegende Teile aussortiert werden. Meldet der Sensor 1B1 ein falsch liegendes Teil, fährt der Kolben des Zylinders 1A1 aus und stößt das Werkstück vom Band. In der vorderen Endlage betätigt der Zylinder den Magnetschalter 1S1, worauf der Zylinder 1A1 wieder einfährt. Bild 2 auf Seite 233 zeigt den zugehörigen Pneumatikplan

4.2.3.1 Weg-Schritt-Diagramm

Das Weg-Schritt-Diagramm (Seite 233 Bild 3) zeigt grafisch die Aus- und Einfahrbewegungen des Kolbens.

a) Der Arbeitszyklus wird in Schritte aufgeteilt, die in waagrechter Richtung abgetragen werden. Sie sind fortlaufend nummeriert.

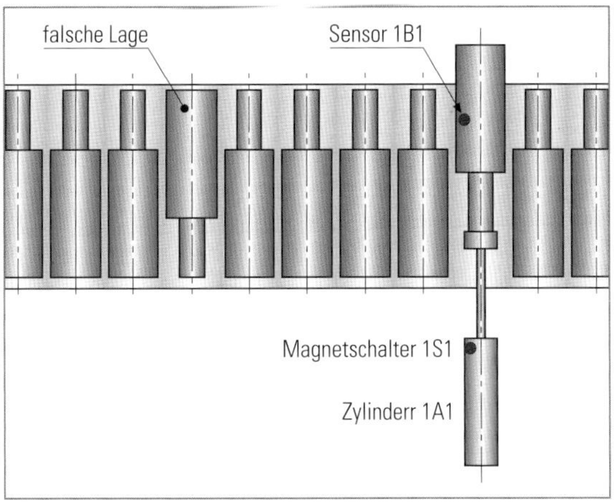

***1** Förderband mit Werkstücken*
Teile mit einer falschen Lage werden vom Sensor erkannt und vom Zylinder 1A1 ausgestoßen

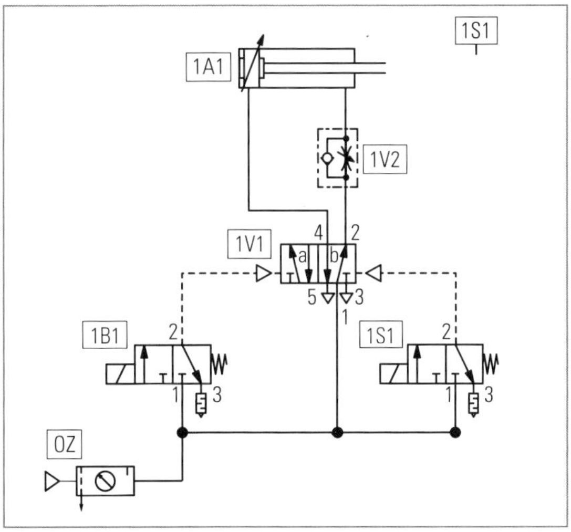

***2** Schaltplan für den pneumatischen Auswerfer*

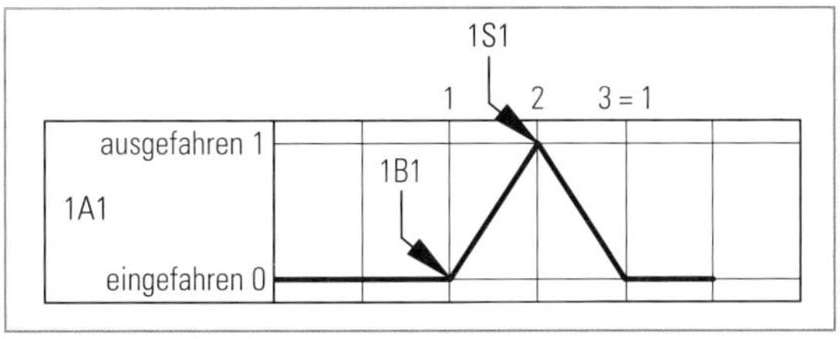

***3** Weg-Schritt-Diagramm für den pneumatischen Auswerfer*

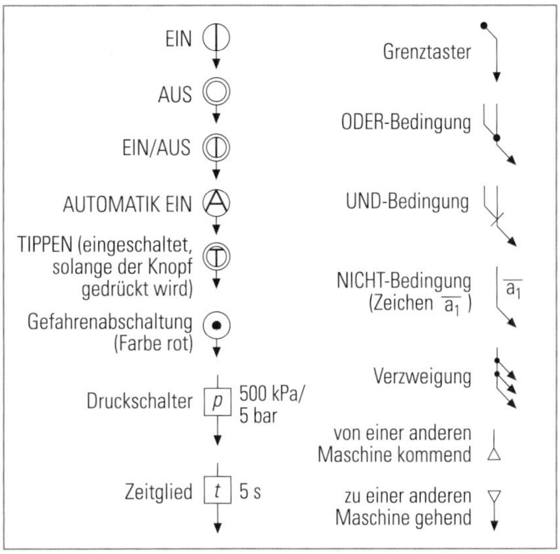

***4** Symbole im Weg-Schritt-Diagramm*

b) In senkrechter Richtung ist der Kolbenhub dargestellt. Die beiden Endstellungen der Kolben (eingefahren und ausgefahren) sind unten bzw. oben angegeben. Die Endstellungen können auch mit „0" und „1" bezeichnet werden
c) Die Kolbenbewegungen werden in dieses Raster eingezeichnet. Zusätzlich können die Signale angegeben werden, die den nächsten Schritt einleiten.
d) Im letzten Schritt erreichen die Kolben wieder die Ausgangsstellung.

Das Ausfahren des Kolbens kann mit „+", das Einfahren mit „-" gekennzeichnet werden. Dann lässt sich der Bewegungsablauf Ausfahren mit „1A1+" und Einfahren mit „1A1-" darstellen.
Bild 4 zeigt die wichtigsten Symbole für die Weg-Schritt-Darstellung.

4.2.3.2 Grafcet

Der Begriff Grafcet stammt aus dem Französischen und bedeutet „Darstellung der Steuerungsfunktion mit Schritten und Weiterschaltbedingungen".
Im Grafcet-Plan wird der Bewegungsablauf als Kette gezeichnet (Seite 234 Bild 1), in der sich – im ständigen Wechsel – zwei Angaben wiederholen:

- Die **Weiterschaltbedingung** (Transition) für den nächsten Schritt
- Die **Aktivität**, die die Weiterschaltbedingung auslöst

Überlegen Sie!

1. *Vergleichen Sie das Weg-Schritt-Diagramm mit dem Grafcet-Plan. Geben beide Pläne die gleichen Informationen? Welcher Plan ist anschaulicher?*
2. *Verfolgen Sie die Schaltvorgänge und den Bewegungsablauf anhand der beiden Pläne und beziehen Sie den Schaltplan in die Betrachtung ein.*

Die Weiterschaltbedingungen sind oft kombinatorische Verknüpfungen von Signalen, die z. B. in folgender Form angegeben werden können:
1S1 · 1S2 · 1S3 bedeutet: 1S1 UND 1S2 UND 1S3
1S1 + 1S2 + 1S3 bedeutet: 1S1 ODER 1S2 ODER 1S3
Seite 234 Bild 2 zeigt Symbole, die in Grafcet-Plänen verwendet werden.

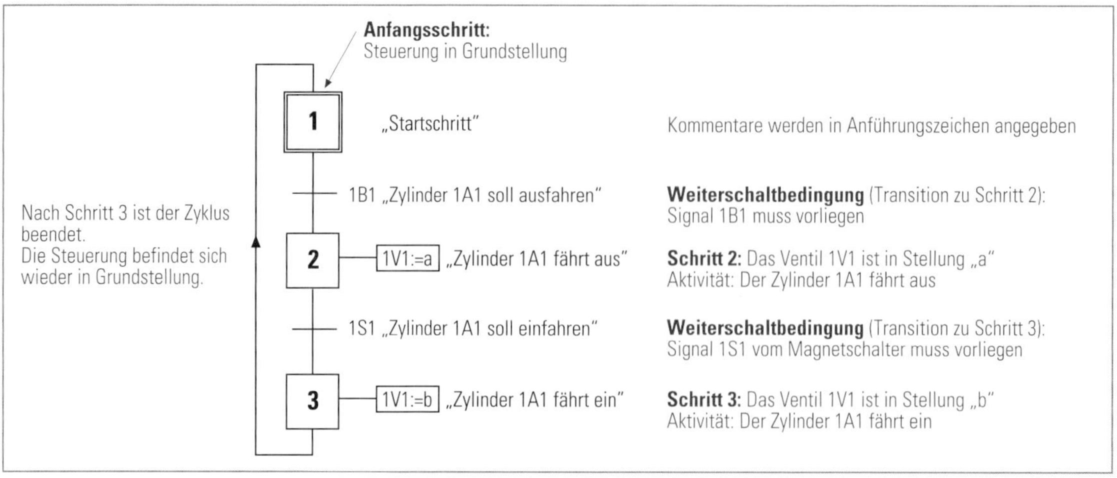

1 *Grafcet-Plan für den pneumatischen Auswerfer*

Bei zeitgeführten Ablauflaufsteuerungen wird an Stelle des Weg-Schritt-Diagramms ein **Weg-Zeit-Diagramm** *(path-time diagram)* (Bild 3) erstellt.

Beispiel: Der Zylinder 1A1 fährt bis zur vorderen Endlage aus. Nach einer Wartezeit von 8 Sekunden fährt er wieder ein.

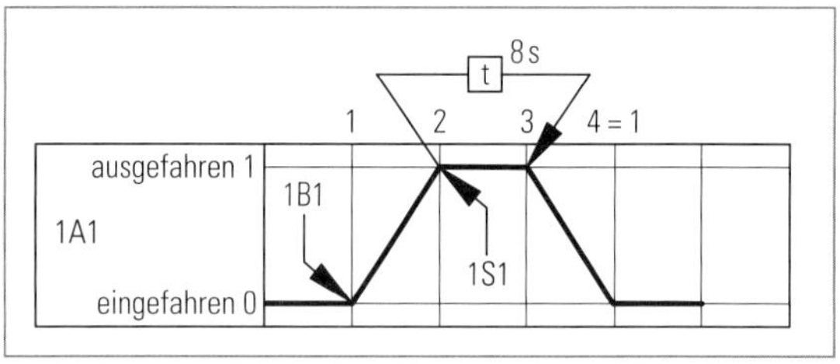

3 *Weg-Zeit-Diagramm*

Der Grafcet-Plan ändert sich bei der gleichen Aufgabenstellung wie in Bild 4 gezeigt.

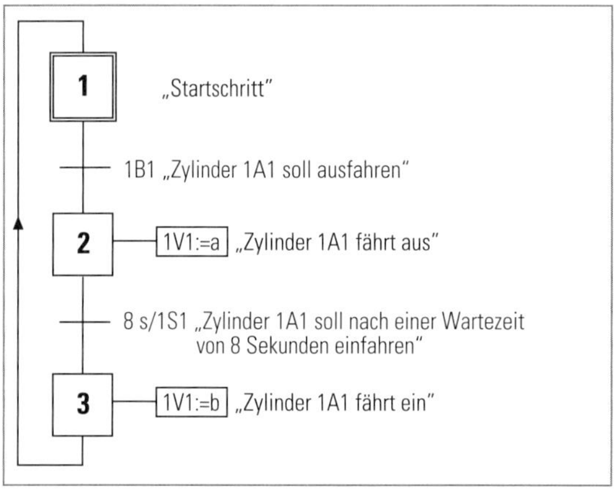

4 *Grafcet-Plan zeitabhängiger Weiterschaltbedingung*

1	**Anfangsschritt** *(initial step)*: Grundstellung der Steuerung, aus der die Anlage gestartet werden kann, z. B. Zylinder 1A1 und 2A1 sind in der hinteren Endlage.
2	**Allgemeiner Schritt** *(general step)*: Die einzelnen Schritte der Steuerung erhalten entsprechend des Steuerungsablaufs eine Nummer in einem Quadrat.
	Die einzelnen Schritte *(single steps)* sind mit einer Wirkverbindung verbunden. Ein Pfeil kann die Richtung des Ablaufs angeben.
S2	Der Übergang von einem zum nächsten Schritt *(next step)* wird mit einer Übergangsbedingung (Transition) angegeben.
1S1 · 1S2	UND-Verknüpfung von 1S1 und 1S2
1S1 + 1S2	ODER-Verknüpfung von 1S1 und 1S2
$\overline{1S1}$	1S1 **NICHT** (Negation)
	Gespeichert wirkende Aktion

2 *Symbole für Grafcet-Pläne*

Überlegen Sie!

Betrachten Sie das Weg-Schritt-Diagramm, den Grafcet-Plan und den Schaltplan gemeinsam:

1. *Das Signal „1S1" liegt an. Wie wird die nun folgende Aktivität im Weg-Schritt-Diagramm, im Grafcet-Plan und im Schaltplan dargestellt?*
2. *Mit dem letzten Schritt wird die Ausgangsstellung wieder erreicht. Wie wird diese Endstellung in den drei Darstellungen angegeben?*

ÜBUNGEN

1. Wenden Sie das EVA-Prinzip auf Ihren Computer an. Nennen Sie Ein- und Ausgabegeräte und die Verarbeitungseinheit.

2. Bei dem Stufengetriebe einer konventionellen Drehmaschine wird die Umdrehungsfrequenz von 850/min auf 1200/min verändert.
Betrachten Sie den Vorgang unter dem Gesichtspunkt Eingabe – Verarbeitung – Ausgabe.

3. Welche Vorteile haben berührungslose Sensoren?

4. Beschreiben Sie stichwortartig
a) die Funktion
b) die Reaktion
c) die Reichweite
d) mögliche Störungen
berührungsloser Sensoren.

5. Unterscheiden Sie zwischen kombinatorischen Steuerungen und Ablaufsteuerungen sowie zwischen prozess- und zeitgeführten Ablaufsteuerungen.

6. Nennen Sie weitere Anwendungsbeispiele für die UND-Funktion und die ODER-Funktion.

7. Erstellen Sie die Wertetabellen.

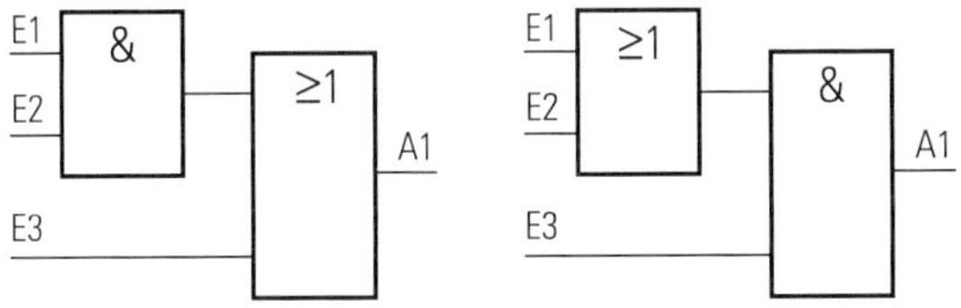

8. Die grafischen Darstellungsmöglichkeiten für Ablaufpläne sind besonders hilfreich, wenn mehrere Zylinder in einer pneumatischen Anlage arbeiten. Im Weg-Schritt-Diagramm wird für den zweiten Kolben ein zweites Feld gezeichnet:

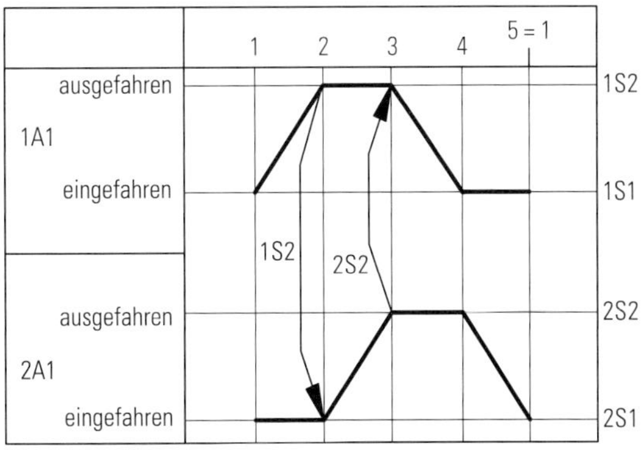

a) Geben Sie den Bewegungsablauf in verkürzter Form wieder, z. B.: 1A1+, ...
b) Am hinteren Ende des Weg-Schritt-Diagramms und im Schaltplan sind die Signalgeber angegeben, die in den Endstellungen angesprochen werden. Damit lassen sich im Weg-Schritt-Diagramm die Signallinien und die Signalgeber einzeichnen, analog dem angegebenen Beispiel.
Übernehmen Sie das Weg-Schritt-Diagramm in Ihr Heft und zeichnen Sie die fehlenden Signallinien ein.
c) Tragen Sie im Schaltplan die fehlenden Bezeichnungen für die Signalgeber ein.
Hinweis:
Nach dem Weg-Schritt-Diagramm gibt der Signalgeber 1S2 das Signal zum Ausfahren des Zylinders 2A1. Vom Signalgeber 1S2 kommt folglich der Impuls, durch den das Ventil 2V1 in die Schaltstellung „a" gebracht wird.
d) Zeichnen Sie den Grafcet-Plan.

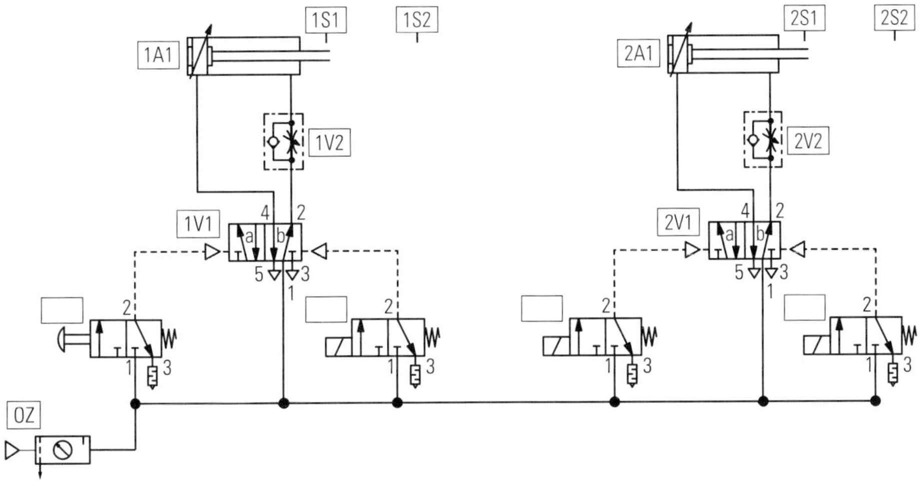

5 Aktoren

5.1 Pneumatische Aktoren

An Werkzeugmaschinen werden pneumatische Aktoren *(pneumatic actuators)* und pneumatische Einrichtungen z. B. für folgende Aufgaben eingesetzt:

- Handhabung der Werkstücke (Einlegen der Rohteile, Abholen der gefertigten Bauteile)
- Spannen der Werkstücke (z. B. im Dreibackenfutter, in Spannhülsen, Zustellung der Lünette, Betätigung von Schnellspanner, u. a.)
- Handhabung der Werkzeuge (Antrieb des Werkzeugmagazins, Werkzeugwechsel)
- Werkzeugreinigung

Dabei werden die **Vorteile** der Pneumatik genutzt:

- Luft ist komprimierbar
- Die Kolben erreichen hohe Geschwindigkeiten
- Eine Überlastung bis zum Stillstand ist ohne negative Folgen möglich
- Druckluft ist im betrieblichen Bereich nahezu überall vorhanden
- Es sind keine Rückleitungen erforderlich
- Druckluft ist in Druckbehältern speicherbar

Den Vorteilen stehen **Nachteile** gegenüber:

- Gleichmäßige Kolbengeschwindigkeiten und genaue Positionierungen sind nicht möglich
- Die Kolbenkräfte sind begrenzt, weil der Druck relativ niedrig ist
- Die ausströmende Luft kann Lärm verursachen
- Bei gleichen Kräften sind pneumatische Aktoren wegen der niedrigeren Drücke deutlich größer als hydraulische

5.1.1 Pneumatische Signalverarbeitung

5.1.1.1 Pneumatische Spannvorrichtung an einer Bohrmaschine

Bei dem Beispiel in Bild 1 schiebt der Kolben ein Werkstück aus dem Magazin bis zu dem festen Backen der Spannvorrichtung. Der Kolben bleibt in dieser Position unter Druck. Damit ist das Werkstück gespannt und die Bohrarbeit kann durchgeführt werden. Danach fährt der Kolben auf ein entsprechendes Signal hin zurück. Das Werkstück wird von Hand entnommen.

Bei einfachen Aufgaben – wie im vorliegenden Fall – sind die Anlagen oft rein pneumatisch aufgebaut. Die Signale für das Aus- und Einfahren des Kolbens werden durch Taster oder Schalter eingegeben.

Um eine Beschädigung des Werkstücks, der Spannvorrichtung oder des Kolbens durch eine zu hohe Kolbengeschwindigkeit zu vermeiden, soll der Kolben **gleichmäßig** und **relativ langsam** ausfahren und die Endlage mit reduzierter Geschwindigkeit anfahren.

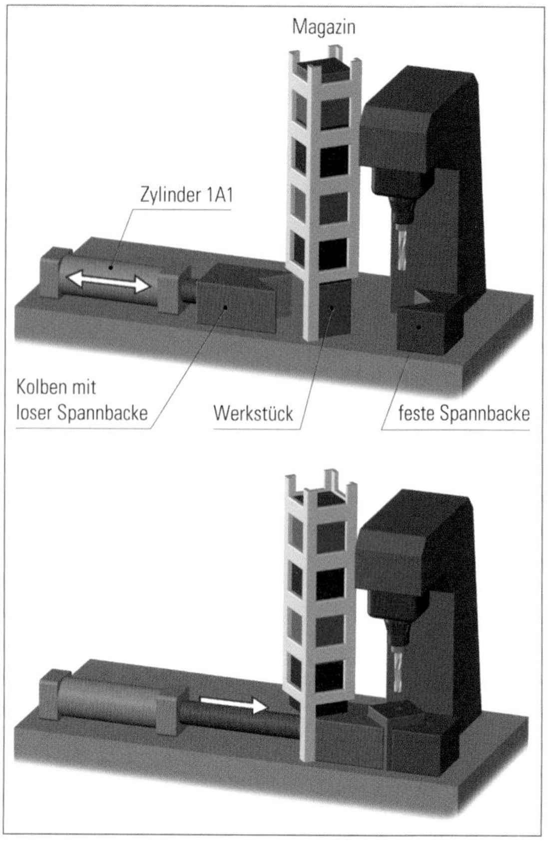

1 *Pneumatische Spannvorrichtung an einer Bohrmaschine*

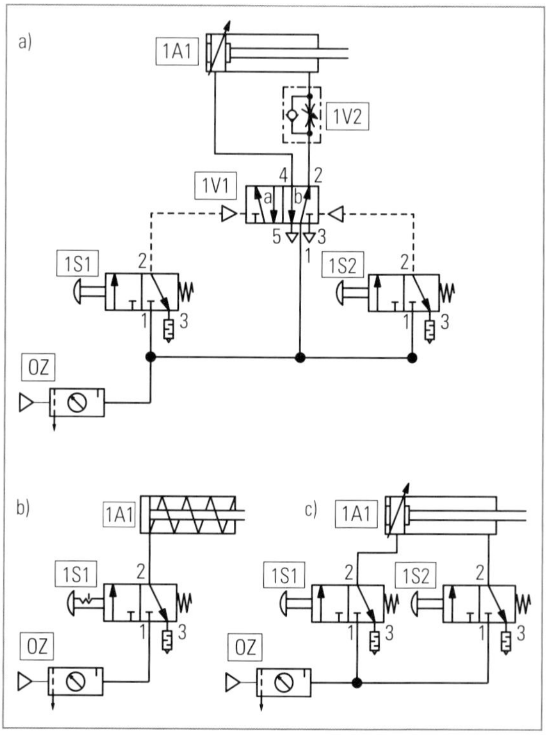

2 *Verschiedene Möglichkeiten zur Steuerung der Spannvorrichtung*

Bei der Montage und dem Einrichten des pneumatischen Kolbens ist deshalb auf folgende Punkte zu achten:

1. Um zu verhindern, dass die Druckluft ungedrosselt in den Zylinder strömt und der Kolben eine zu hohe Geschwindigkeit erreicht, ist eine **Drossel** *(throttle)* einzubauen. Je nach Ausführung der Steuerung (Seite 236 Bild 2) empfiehlt sich ein **Drosselrückschlagventil** *(throttle check valve)* (Bild 1), bei dem die Geschwindigkeit nur in **einer Richtung** verringert wird. In Bild 1 ist es der Vorlauf, der Rückhub kann ungedrosselt gefahren werden.

   Das Drosseln ist sowohl mit der Zuluft, als auch mit der Abluft möglich.

   Bei der **Zuluftdrosselung** *(intake air throttling)* wird nur eine Zylinderkammer mit Luft beaufschlagt. Dies hat **Nachteile**, weil der unerwünschte **Stick-Slip-Effekt** auftreten kann. Bild 2 zeigt, dass der Kolben bei diesem Effekt sich nicht gleichmäßig bewegt sondern ruckartig. Verantwortlich dafür ist das Zusammenspiel zwischen der Kolbenkraft einerseits und dem Verhältnis von Haft- zu Gleitreibung andererseits.

   Phase 1: Weil die Luftzufuhr gedrosselt ist, baut sich die Druckkraft nur langsam auf. So lange die Druckkraft im Kolben geringer ist als die Haftreibungskraft, verhindert diese, dass der Kolben ausfahren kann.

   Phase 2: Die zunehmende Druckkraft erreicht die Haftreibungskraft:
   - Der Kolben bewegt sich.
   - Die Haftreibung geht in Gleitreibung über.
   - Das Volumen im Zylinder wird größer, der Druck nimmt ab (weil nicht genügend Luft nachströmt).
   - Die Druckkraft sinkt unter die Gleitreibungskraft. Am Ende der Phase steht der Kolben wieder und der Vorgang wiederholt sich.

   Die **Abluftdrosselung** *(discharge air throttling)* ist **vorteilhafter**, weil hier beide Zylinderkammern unter Druck stehen. Hierdurch wird der Stick-Slip-Effekt vermieden und die Kolbenbewegung verläuft gleichmäßiger.
2. Zur Steuerung der Spannvorrichtung wird ein Kolben mit **Endlagendämpfung** gewählt (Bild 3). Durch diese Dämpfung wird der Kolben kurz vor dem Erreichen der Endstellung weiter gebremst. Er fährt deshalb mit einer niedrigen Geschwindigkeit in die Endstellung. Die Endlagendämpfung kann über eine Schraube eingestellt werden.
3. Der Kolben darf nicht in seinem vorderen Umkehrpunkt das Werkstück spannen. Zum sicheren Spannen gehört etwas Reserve in der Hubstellung.

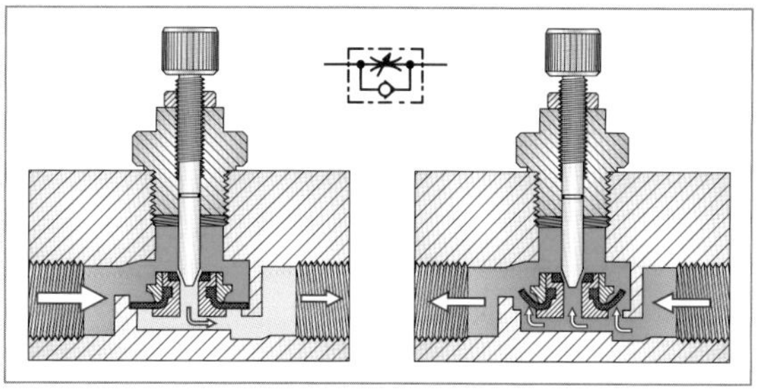

1 *Drosselrückschlagventil*

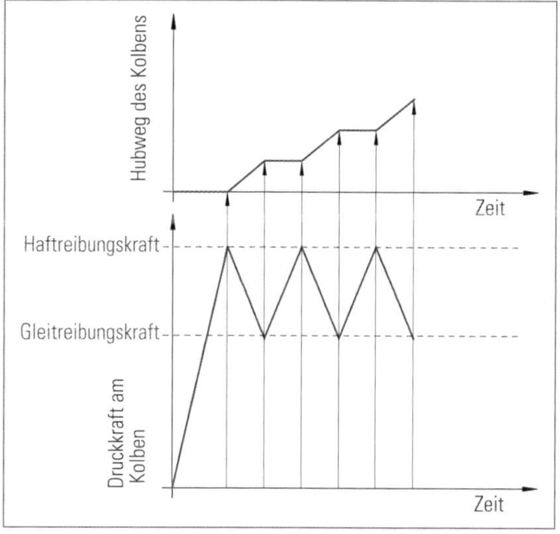

2 *Stick-Slip-Effekt beim Ausfahren des Zylinders mit Zuluftdrosselung*

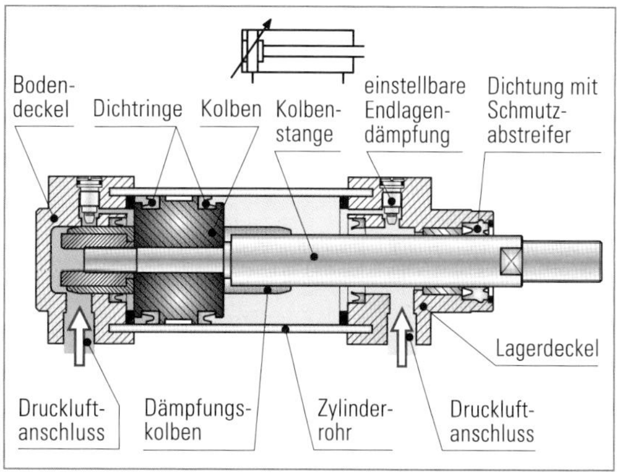

3 *Doppelt wirkender Pneumatikzylinder mit Endlagendämpfung*

Überlegen Sie!

Bild 2 auf Seite 236 zeigt drei Möglichkeiten für die pneumatische Umsetzung zur Steuerung der Spannvorrichtung.

1. *Analysieren Sie die drei Varianten. Wodurch unterscheiden sie sich?*
2. *Ist jede Variante funktionsfähig? Begründen Sie Ihre Antwort.*
3. *Welche Steuerung erfüllt die oben genannten Bedingungen hinsichtlich der Drosselung?*
4. *Können die anderen Steuerungen nachgerüstet werden?*
5. *Welche Lösung würden Sie wählen. Begründen Sie Ihre Entscheidung.*

5.1.1.2 Pneumatisches Handhabungsgerät

Bild 1 zeigt ein pneumatisches Handhabungsgerät *(pneumatic handling device)*, das in zwei Achsen Bewegungen ausführen kann. Es nimmt Werkstücke von einem Rundförderer auf und legt sie auf dem Zwischenspeicher der Werkzeugmaschine ab. Von dort übernimmt es die bearbeiteten Werkstücke und legt sie wieder auf dem Rollenförderer ab.

In Bild 2 ist der Bewegungsablauf des Handhabungsgeräts dargestellt. Die einzelnen Schritte sind in ihrer Abfolge angegeben.

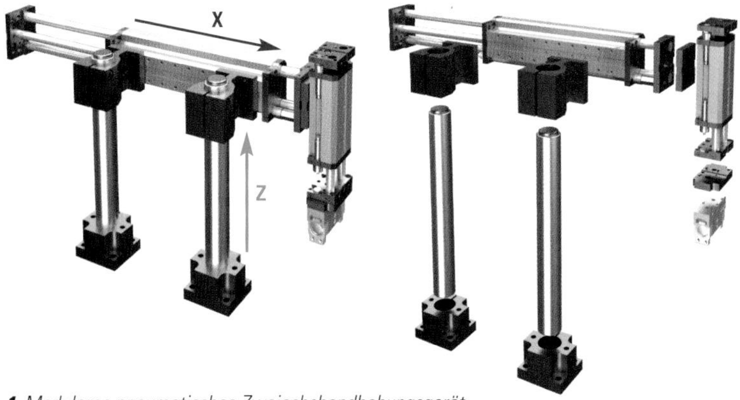

***1** Modulares pneumatisches Zweiachshandhabungsgerät*

Das Weg-Schritt-Diagramm ist in Bild 3, der Grafcet-Plan in Bild 4 und der Schaltplan in Bild 1 auf Seite 239 dargestellt.

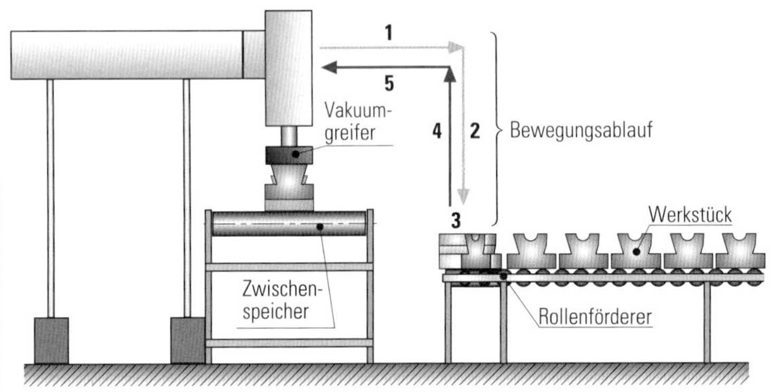

1. Der waagerechte Schlitten fährt nach rechts
2. Der senkrechte Schlitten fährt nach unten
3. Der Vakuumgreifer nimmt das Werkstück auf
4. Der senkrechte Schlitten fährt nach oben
5. Der waagerechte Schlitten fährt nach links
6. Der Vakuumgreifer öffnet, das Werkstück wird auf dem Zwischenspeicher abgelegt

***2** Bewegungsablauf des Handhabungsgeräts*

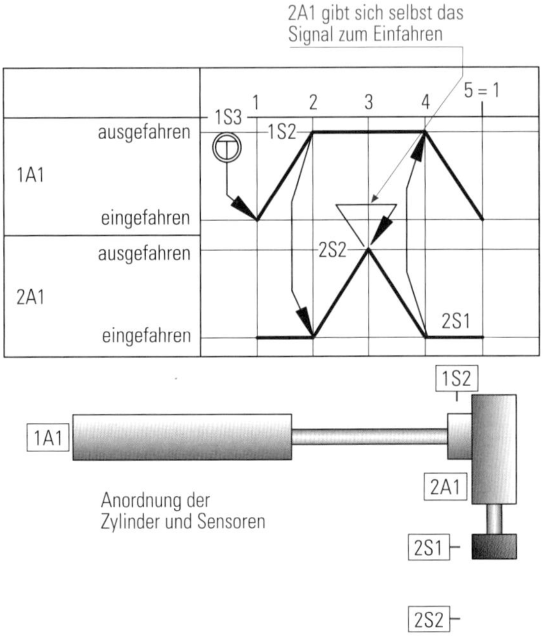

***3** Weg-Schritt-Diagramm mit Anordnungsplan für das Handhabungsgerät*

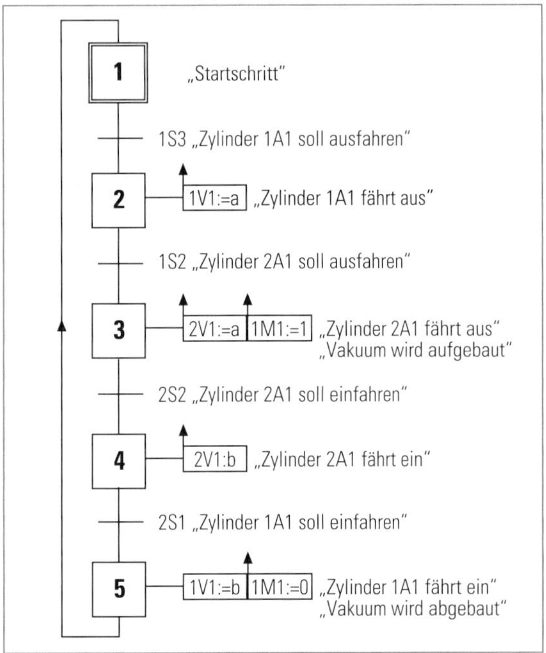

***4** Grafcet-Plan für das Handhabungsgerät*

Überlegen Sie!

Fragen zum Aufbau des Schaltplans

1. Analysieren Sie den Schaltplan. Benennen Sie folgende Bauteile. Welche Funktion haben sie?
   a) 0Z, 0V1
   b) 1S3, 1B2, 2B1 und 2B2
   c) 1V1, 2V1
   d) 1V2 und 1V3
2. Wie werden die Signalglieder und die Ventile 1V1 und 2V1 betätigt?
3. Welche Bedeutung hat der Pfeil, der in den Kolben eingezeichnet ist ?

Fragen zur Funktion

1. Gehen Sie die einzelnen Arbeitsschritte anhand des Weg-Schritt-Diagramms und des Grafcet-Plans zusammen mit dem Schaltplan durch. Verfolgen Sie im Schaltplan den Signalfluss, die Schaltvorgänge und den Weg der Arbeitsluft von der Versorgungsleitung bis zu den Arbeitsgliedern.
2. Gibt es bei den grafischen Darstellungsmöglichkeiten unterschiedliche Informationen?
3. Mit welchem Sensor wird das START-Signal gegeben?

Hinweis: Die Signalglieder 1B2 und 2B1 werden durch einseitig betätigte Näherungsschalter geschaltet. Diese geben nur in einer Richtung ein Signal ab, also entweder beim Ausfahren oder beim Einfahren. Die Einbaulage dieser Sensoren ist im Schaltplan eingezeichnet.

Fehlerbehandlung

Welche Folgen haben folgende Fehler?

1. Sensor 1B2 ist nach rechts verstellt und schaltet nicht.
2. Bei Sensor 2B1 ist die Luftversorgung defekt.
3. Sensor 2B2 ist nach links verstellt.
4. Sensor 1B2 ist defekt. Es ist ein Ventil mit Näherungsschalter vorhanden, das von beiden Seiten schaltet. Darf dieses Ventil für 1B2 eingebaut werden? Begründen Sie Ihre Antwort, beziehen Sie dabei das Weg-Schritt-Diagramm ein.

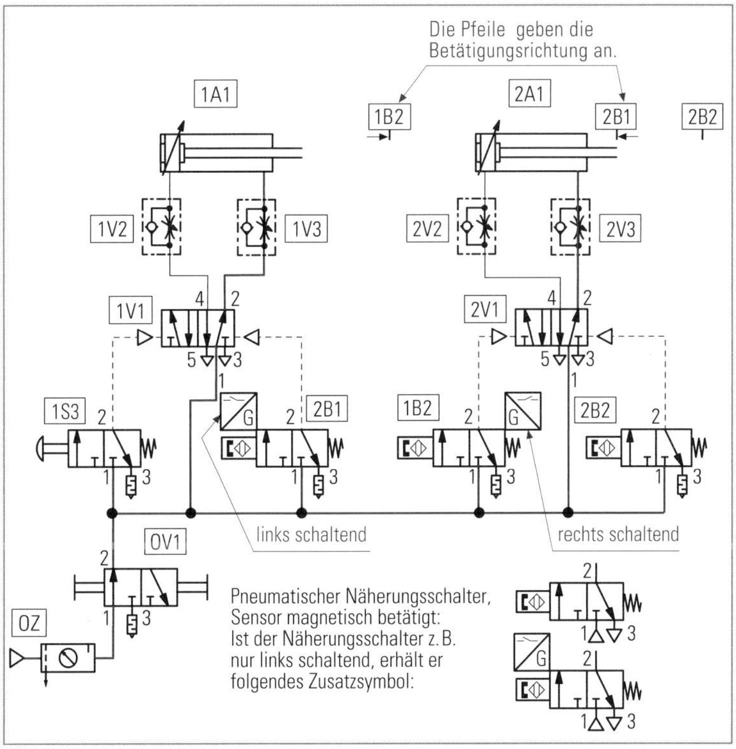

1 *Pneumatischer Schaltplan für das Handhabungsgerät*

5.1.1.3 Pneumatisch betätigtes Dreibackenfutter

Das pneumatisch betätigte Dreibackenfutter ist eine Alternative zum hydraulischen Kraftspannen – besonders dann, wenn die Drehmaschine nicht über ein Hydraulikaggregat verfügt.

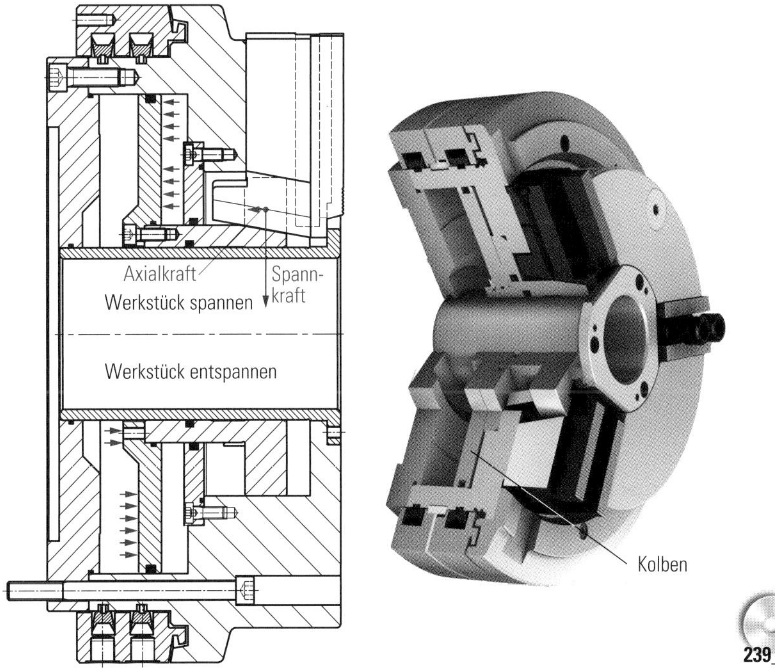

239_1

2 *Pneumatisches Dreibackenfutter*

In Bild 2 auf Seite 239 ist ein pneumatisches Futter dargestellt. Bei diesem fällt der große Kolbendurchmesser auf, der fast das Maß des Futterdurchmessers erreicht.

In der Hydraulik sind die Drücke ungefähr 10- bis 50-mal höher als in der Pneumatik. Wenn eine bestimmte Kraft gefordert ist – so wie hier die Spannkraft – dann muss der Kolbendurchmesser in der pneumatischen Anlage deutlich größer sein als in der hydraulischen Anlage. In Bild 1 ist der Zusammenhang dargestellt.

Am vorderen Ende steht der Kolben mit den Spannbacken in Verbindung. Der Aufbau des Dreibackenfutters und der Schaltplan sind in Bild 2 dargestellt. Wichtige Stationen werden nachstehend besprochen.

a) Für die unterschiedlichen Werkstücke und Bearbeitungen muss die Spannkraft angepasst werden können. Das ist über eine Druckveränderung, d. h., über das Druckminderventil (1) möglich.
b) An der „Spanndruckanzeige" (2) ist der tatsächliche Druck im System zu sehen. Dieser Druck wird gleichzeitig durch den „Systemdruckschalter" (3) kontrolliert. Wenn der Druck nicht im Toleranzbereich liegt, blockiert dieser Schalter den Start der Maschine. Am Display erscheint eine entsprechende Fehlermeldung.
   Ursache für einen zu geringen Druck kann eine verstopfte Wartungseinheit sein oder das Druckminderventil bzw. die Druckanzeige sind defekt
c) Nach der Druckkontrolle wird die Leitung geteilt (bei „X"). Die linke Leitung (A) führt die Luft zum Lösen, die rechte Leitung (B) zum Spannen.
d) In beiden Leitungssträngen ist ein „Strömungswächter" (4) eingebaut. Dieses Gerät soll den Luftstrom messen, der nach dem Erreichen des Spanndrucks zum Futter nachströmt, d. h., nach dem Erreichen des Spanndrucks sind noch einige Sekunden erforderlich, um diese Messung durchführen zu können. Wenn Druckluft nachströmt, dann weist das auf eine Leckstelle hin, die beim Spanen zum Druckabfall und deshalb auch zum Spannkraftabfall führt. Wenn dieser Fehler vorliegt, wird die SPS informiert, die daraufhin den Start verhindert.
e) In beiden Leitungssträngen ist danach ein elektrisch betätigtes 3/2-Wegeventil eingebaut. Mit diesen Ventilen wird gespannt und gelöst.
f) Die Druckluft gelangt danach zur Übergabestelle vom stationären Teil in das Spannfutter, das sich nach dem START bewegt, d. h. rotiert (6). Die Verbindung, d. h. die Dichtwirkung der Verbindung, besteht nur beim Spannen. Danach wird sie gelöst, denn der Verschleiß an den Dichtungen wäre sonst zu groß.
   In Bild 2 ist die Übergabestelle vergrößert dargestellt. Das Kernstück ist eine Dichtung, die durch die Druckluft an das Futter gepresst wird und die sich wieder löst, wenn die Druckluftzufuhr unterbrochen wird.

Hydraulischer Zylinder	Pneumatischer Zylinder
$F = 20000\ \text{N}$; $p = 100\ \text{bar}$	$F = 20000\ \text{N}$; $p = 5\ \text{bar}$

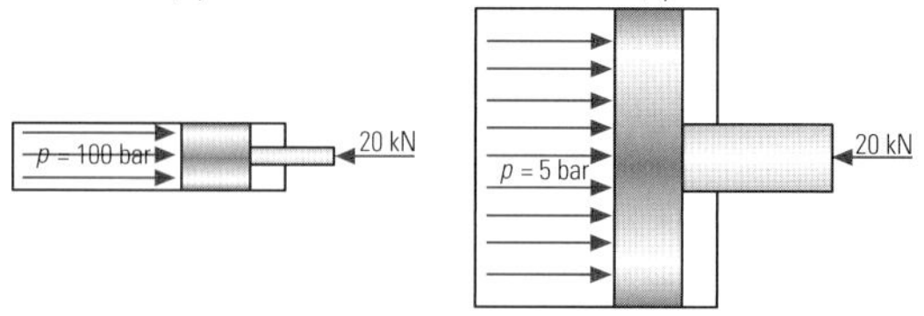

Hydraulischer Zylinder	Pneumatischer Zylinder
$A = \frac{F}{p}$	$A = \frac{F}{p}$
$A = \frac{20000\ \text{N} \cdot \text{cm}^2}{1000\ \text{N}}$	$A = \frac{20000\ \text{N} \cdot \text{cm}^2}{50\ \text{N}}$
$\underline{A = 20\ \text{cm}^2}$	$\underline{A = 400\ \text{cm}^2}$
$A = \frac{d^2 \cdot \pi}{4}$	$A = \frac{d^2 \cdot \pi}{4}$
$d = \sqrt{\frac{4 \cdot A}{\pi}}$	$d = \sqrt{\frac{4 \cdot A}{\pi}}$
$d = \sqrt{\frac{4 \cdot 2000\ \text{mm}^2}{\pi}}$	$d = \sqrt{\frac{4 \cdot 40000\ \text{mm}^2}{\pi}}$
$\underline{\underline{d = 50{,}5\ \text{mm}}}$	$\underline{\underline{d = 226\ \text{mm}}}$

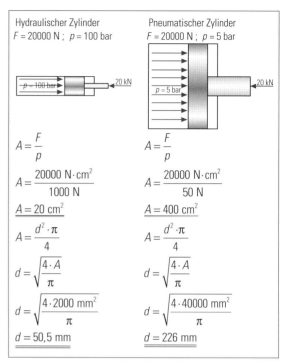

1 *Vergleich der Kräfte und Abmessungen von einem pneumatischen und einem hydraulischen Zylinder*

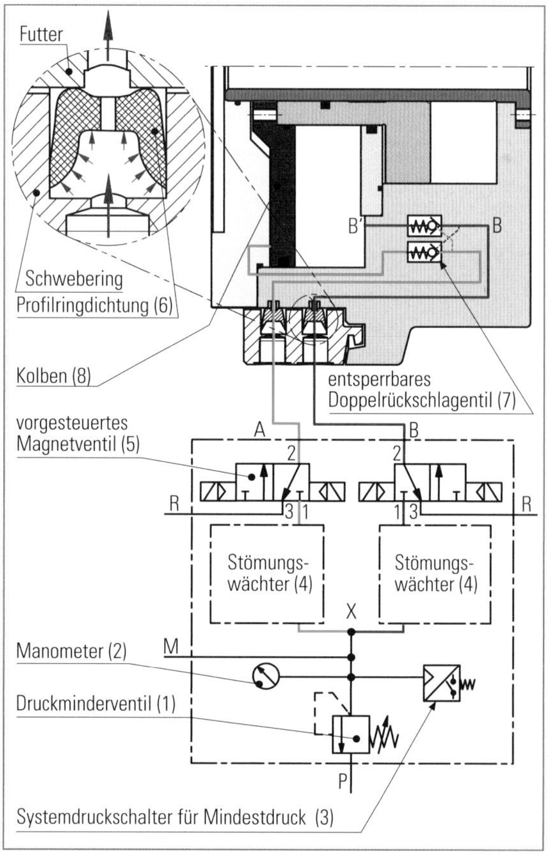

2 *Aufbau und Funktion des pneumatischen Dreibackenfutters*

Bei dieser Konstruktion ist es nicht möglich, einen Spannkraftverlust während der Bearbeitung auszugleichen. Es ist also sehr wichtig, dass der Pneumatikteil im Futter dicht ist.

g) Die Spannwirkung im Futter hängt sehr stark vom Ventil in Leitung B ab (7). Deshalb ist hier – wie auch in Leitung A – ein Sitzventil (Rückschlagventil) gewählt worden, mit dem eine sehr gute Dichtwirkung erzielt wird.
Entsperrbar bedeutet, dass die Kugel von der Rückseite gelöst werden muss, um z. B. den Spannvorgang zu beenden. In Bild 1 ist der Vorgang dargestellt. Beim Spannen fließt deshalb Druckluft von Leitung B durch die gestrichelt gezeichnete Steuerleitung zu dem Ventil in Leitung A und löst die Kugel, sodass die Luft entweichen kann.

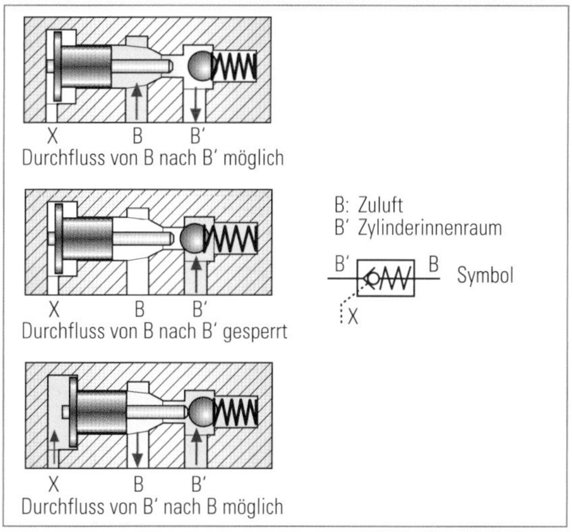

1 Entsperrbares Rückschlagventil

5.1.1.4 Nullpunktspannsystem

Bei dem Beispiel in Bild 2 ist eine interessante Lösung für eine Automatisierung gefunden worden, die auch bei kleinen Serien einsetzbar ist. Auf dem Maschinentisch ist ein pneumatisches Kraftspannfutter befestigt. Neben dem Futter ist eine Palette positioniert, die sowohl die Rohteile als auch die gefertigten Bauteile aufnimmt.

Wenn ein Werkstück fertig gefräst ist

- wird ein Greifer aus dem Werkzeugmagazin in die Spindel eingewechselt. Der Greifer kann mit Druckluft oder mit dem Druck des Kühlschmiermittels betrieben werden.
- Der Greifer fährt zur Spannvorrichtung, fasst das Werkstück, die Spannvorrichtung öffnet und das Werkstück wird auf einem Platz der Fertigpalette abgelegt
- Anschließend holt der Greifer ein Rohteil und setzt es in die Spannvorrichtung ein. Danach wird wieder ein Werkzeug in die Spindel eingewechselt

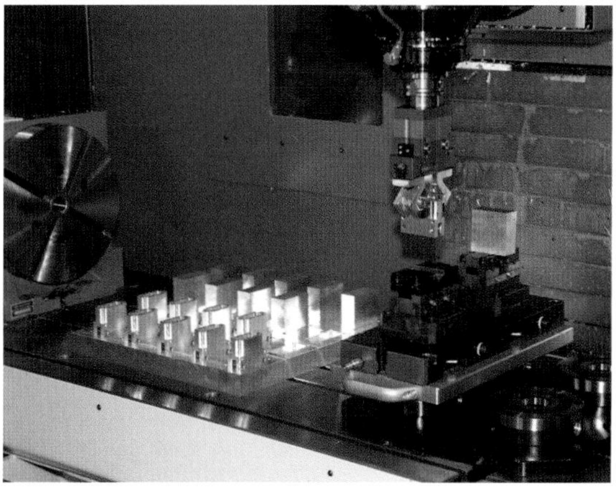

2 Während der Fertigung übernimmt die CNC-Fräsmaschine mit einem eingewechselten Greifer den Werkstückwechsel von der Palette in das Futter und zurück zur Palette

Die Maschine wird somit als **Handhabungsgerät** eingesetzt, wobei die CNC-Steuerung genutzt wird. Für den Ablauf der Bewegungen und die Zusammenarbeit des Greifers mit der Spannvorrichtung kann die Zerspanungsfachkraft zuständig sein, d. h., für das Schreiben des CNC-Programms.

Die Paletten werden mit einem **Nullpunktspannsystem**[1] *(zero point clamping system)* (Bild 3) befestigt. In diesem Fall steht der schnelle Wechsel der Paletten und die hohe Wiederholgenauigkeit im Vordergrund. Diese Systeme können aber auch hohe Zerspanungskräfte aufnehmen.

Aus steuerungstechnischer Sicht gibt es noch eine Besonderheit, die zu betrachten ist:

Vor dem Einführen der Spannbolzen ① in die Bohrung werden die Spannschieber ② zurückgezogen. Dafür wird der ringförmige Kolben ③ von oben mit Druckluft beaufschlagt. Gegen die Federkraft bewegt sich der Kolben nach unten und drückt über die Bolzen ④ die Spannschieber nach hinten (Seite 242 Bild 1). Wenn der Spannbolzen eingeführt ist und die richtige Position in senkrechter Richtung erreicht hat, wird der Zylinderraum entlüftet. Die Druckfedern bewegen den Kolben wieder nach oben. Dadurch gehen die Spannschieber wieder nach vorne.

Das Prinzip – mit Federn spannen und pneumatisch oder hydraulisch lösen – hat den Vorteil, dass die Spannkraft nicht

3 Nullpunktspannsystem

1) siehe Lernfeld 11 Kap. 3.1.1

nachlässt, wenn das Teil über mehrere Tage gespannt sein muss. Auch in anderen Bereichen (Kraftspannblöcke, Reitstockspitzen u. a) wird dieser Vorteil genutzt.

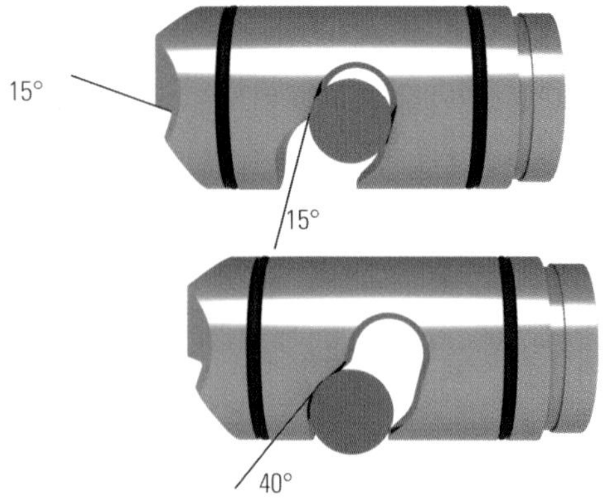

***1** Funktionsweise des Nullpunktspannsystems*

5.1.2 Elektrische Signalverarbeitung – Elektropneumatik

In elektropneumatischen Steuerungen werden **elektrische/ elektronische** Bauteile zur **Signalverarbeitung** *(signal processing)* genutzt, während das Arbeitsmedium **Druckluft** die erforderliche **Energie für die Aktoren** bereitstellt.
Entsprechend ist zur Darstellung der Signalverarbeitung ein **elektrischer Stromlaufplan** erforderlich; der pneumatische Teil wird durch den **Pneumatikplan** dargestellt.
Da ein **Magnetventil** *(magnetic valve)* die Schnittstelle zwischen beiden Bereichen bildet, taucht es folgerichtig auch in beiden Plänen auf. Im Schaltplan in Bild 2 sind die Schaltsymbole für die elektrisch angesteuerten Magnetspulen jeweils rot markiert, die Schaltsymbole für das Ventil für die Druckluft sind blau markiert.
Bild 2 zeigt die elektropneumatische Umsetzung der Spannvorrichtung von Seite 236. Zum Lesen des elektropneumatischen Schaltplans sind einige Regeln und Besonderheiten zu beachten (Bild 3).

Überlegen Sie!

1. *Was ist in der Symbolik unterhalb der Strompfade 1 und 2 angegeben?*
2. *Was bedeuten die Kürzel „K1" und „M1"?*
3. *Könnte das Ventil 1V1 gegen ein 5/2-Wegeventil mit Federrückstellung ausgetauscht werden? Begründen Sie Ihre Antwort.*
4. *Wird der Kolben in der gezeichneten Stellung mit Druckluft beaufschlagt? Ist das erwünscht?*

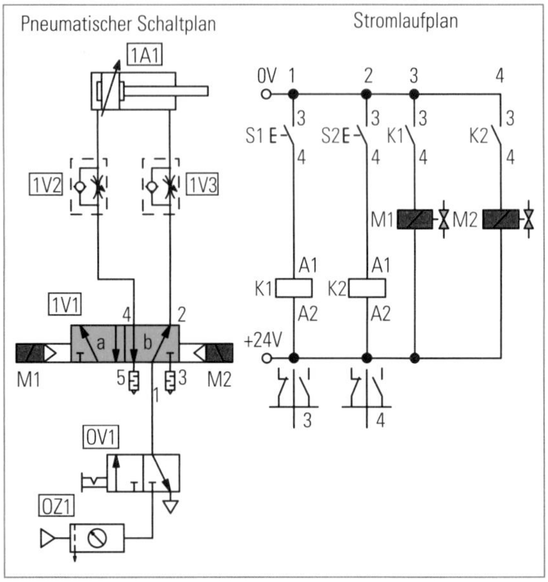

***2** Pneumatischer Schaltplan und elektrischer Stromlaufplan für die Spannvorrichtung auf Seite 236*

Pneumatische Schaltpläne	Elektrische Schaltpläne
■ Sinnbilder und Schaltzeichen werden **waagerecht** dargestellt. ■ Die Steuerungselemente sind dem Signalfluss entsprechend **von unten nach oben** angeordnet. ■ Steuerleitungen werden durch **Strichlinien** dargestellt. ■ Arbeitsleitungen werden durch **Volllinien** dargestellt. ■ Zylinder und Ventile werden in der Stellung dargestellt, in der sie sich vor dem Start der Steuerung befinden. Vor dem Start betätigte Ventile werden mit einem „Schaltnocken" gekennzeichnet. ■ Die gleiche Druckquelle kann mehrfach dargestellt werden.	■ Schaltzeichen und Schaltelemente sind **senkrecht** angeordnet. ■ Im Stromlaufplan verläuft der Signalfluss **von oben nach unten**. ■ Die obere waagerechte Leiterbahn ist mit dem Pluspol einer Spannungsquelle verbunden, die untere mit dem Minuspol. ■ Die Stromwege sind geradlinig und im Verlauf parallel gezeichnet und von links nach rechts nummeriert. ■ Schaltpläne sind grundsätzlich im **stromlosen** Zustand und Schalter im mechanisch **nicht betätigten** Zustand dargestellt. ■ Hauptstromkreis und Steuerstromkreis werden **getrennt** dargestellt.

***3** Regeln für pneumatische und elektropneumatische Schaltpläne*

5.2 Hydraulische Aktoren

Hydraulische Aktoren *(hydraulic actuators)* werden bei Werkzeugmaschinen u. a. in folgenden Bereichen bzw. für folgende Aufgaben eingesetzt:

- Spannen der Werkstücke
- Zu- und Rückstellung des Reitstocks und der Lünette
- Spindelklemmung
- Betätigung des Werkzeugträgers
- zur Betätigung der Bremsen an Linearachsen

5.2.1 Aufbau einer Hydraulikanlage

In Bild 1 ist der Aufbau einer Hydraulikanlage dargestellt. Dieser Aufbau soll im Folgenden näher betrachtet und mit dem Aufbau einer Pneumatikanlage verglichen werden.
Beide Anlagen können in die Bereiche Energieversorgung, Energiesteuerung und Energieumsetzung eingeteilt werden.

Energieversorgung:
Bei Werkzeugmaschinen ist meistens eine eigene Energieversorgung für die hydraulischen Einrichtungen in Form eines Hydraulikaggregats vorhanden. Wichtige Bestandteile dieses Aggregats sind:

- Antriebseinheit, bestehend aus Motor, Kupplung und Pumpe (0P1, 0M1)
- Behälter (Tank)
- Druckbegrenzungsventil (0V1)
- Filter (0Z2)
- Manometer (0Z3)
- Kühler (0Z4)

Das **Druckbegrenzungsventil** *(pressure control valve)* (0V1) soll im Aggregat die Pumpe vor Überlastung schützen. Deshalb ist es auf den maximalen Pumpendruck von z. B. 180 bar eingestellt.
Für die Funktion und für die Lebensdauer der Anlage ist es sehr wichtig, Schmutzteilchen durch einen Filter (0Z2) zu entfernen.
Das **Manometer** *(manometer)* (0Z1) zeigt den Druck im Aggregat an und ermöglicht damit eine Aussage über die Funktionsfähigkeit der Anlage.
Die Öltemperatur sollte nicht höher sein als ca. 60 °C. Steigt sie über diesen Wert, schaltet sich der **Kühler** *(cooler unit)* (0Z4) ein.
Die Energieversorgung für die pneumatischen Anlagen ist dagegen zentral organisiert. Von einer Anlage (Kompressor und Druckbehälter) wird die Druckluft an viele Verbraucher im Betrieb geleitet, auch an Werkzeugmaschinen.

Energiesteuerung:
Durch **Wegeventile** *(control valves)* wird der Ölstrom in die gewünschten Kanäle geleitet, um z. B. Zylinder aus- und einzufahren.

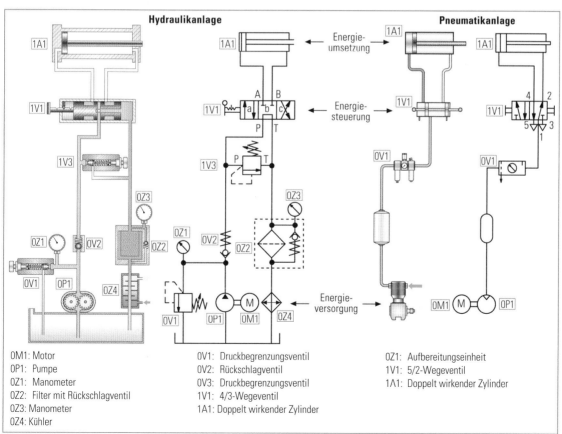

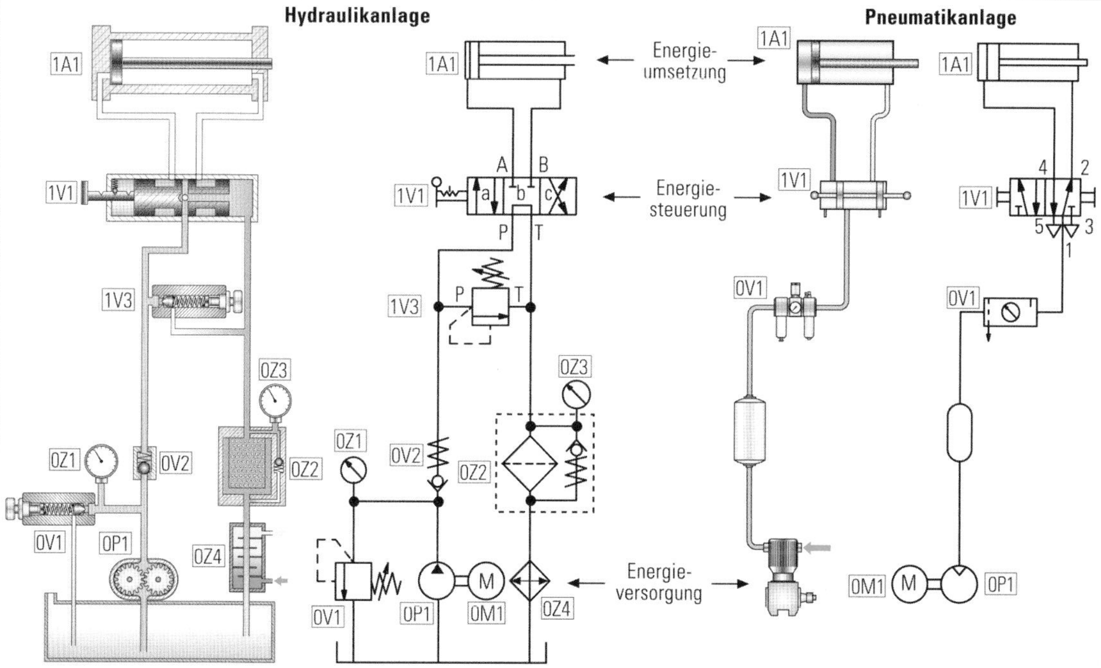

0M1: Motor
0P1: Pumpe
0Z1: Manometer
0Z2: Filter mit Rückschlagventil
0Z3: Manometer
0Z4: Kühler

0V1: Druckbegrenzungsventil
0V2: Rückschlagventil
0V3: Druckbegrenzungsventil
1V1: 4/3-Wegeventil
1A1: Doppelt wirkender Zylinder

0Z1: Aufbereitungseinheit
1V1: 5/2-Wegeventil
1A1: Doppelt wirkender Zylinder

1 *Vergleich einer Hydraulik- und einer Pneumatikanlage*

Mit **Strom-** *(flow control valves)* und **Druckventilen** *(pressure control valves)* kann der Volumenstrom bzw. der Öldruck auf einen gewünschten Wert eingestellt werden. **Sperrventile**[1] *(non-return valves)* (Seite 241 Bild 1) ermöglichen den Durchfluss des Öls nur in einer Richtung, in der Gegenrichtung sperren sie ab. Damit lässt sich z. B. das Absinken eines Kolbens unter Last verhindern (Bild 1). Um zurückfahren zu können, muss das Drucköl über B auf die Rückseite des Kolbens fließen. Diese Leitung steht in Verbindung mit dem Steueranschluss X des Sperrventils. Die Steuerung der Ventile übernimmt vielfach eine Speicherprogrammierbare Steuerung (SPS).

Wegen der hohen Drücke sind in hydraulischen Anlagen **Druckbegrenzungsventile** und **Sperrventile** erforderlich. In der Pneumatik ist der Druck deutlich kleiner, deshalb werden diese Ventile dort meistens nur am Eingang benötigt. Insgesamt werden in einer pneumatischen Anlage weniger Ventile benötigt, das zeigen auch die beiden Beispiele.

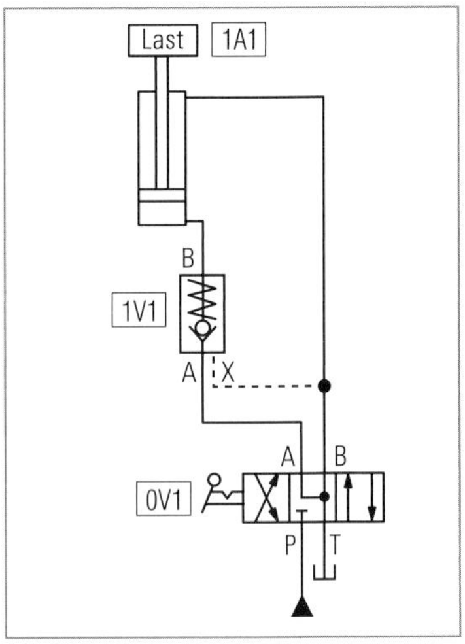

***1** Das federbelastete Rückschlagventil 1V1 verhindert das Absinken der Last*

Energieumsetzung:

In diesem Teil wird die vom Drucköl zugeführte Energie in Bewegungsenergie umgewandelt. Als Antriebsglieder kommen – sowohl in der Hydraulik als auch in der Pneumatik Zylinder und Motoren zum Einsatz.

Bei allen Gemeinsamkeiten unterscheiden sich die beiden Medien in folgenden wesentlichen Punkten:

- Luft ist komprimierbar. Das ist einerseits ein Vorteil, denn dadurch lässt sich Druckluft speichern. Andererseits ist es nachteilig, denn es ist nicht möglich, mit hohen Drücken zu arbeiten. Wenn Gase stark komprimiert werden, erwärmen sie sich erheblich und kühlen beim Entspannen (in der pneumatischen Anlage) entsprechend ab. Die Geräte können dadurch vereisen. Ein zweiter Nachteil ist, dass wegen der Kompressibilität der Luft pneumatische Kolben keine genaue Position anfahren können.
- Die Druckluft muss nicht zurückgeführt werden. Sie entweicht wieder in die Atmosphäre.
- Öl ist nahezu **nicht** komprimierbar. Energie kann mit dem Drucköl nicht (direkt) gespeichert werden. Dagegen ist mit Hydraulikkolben und entsprechender Gerätetechnik das genaue Anfahren von Positionen möglich.
- Das Öl muss zurückgeführt werden. Deshalb sind Rückleitungen erforderlich.

5.2.2 Hydraulische Aktoren an Werkzeugmaschinen

5.2.2.1 Hydraulisch betätigter Reitstock

Bild 2 zeigt den Schaltplan eines hydraulisch betätigten Reitstocks *(tailstock)*. Der Schaltplan wird nachstehend an Hand der Ventile besprochen:

1V1: Das Drucköl aus dem Netz wird durch dieses Druckminderventil auf den Druck im Reitstockkreislauf reduziert.
Hinter dem Ventil teilt sich die Leitung bei X. Ein Zweig führt zu 1V2, der andere zu 1V3.

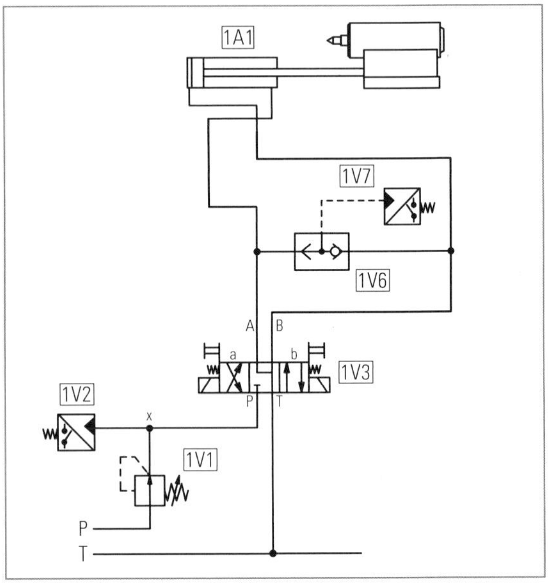

***2** Schaltplan eines hydraulisch betätigten Reitstocks*

1V2: Im Druckschalter wird geprüft, ob der richtige Druck vorliegt. Wenn der Toleranzbereich nicht eingehalten wird, gibt das Ventil ein Signal an die SPS, die daraufhin den Start verhindert.

1V3: Mit dem 4/3-Wegeventil kann das Öl sowohl nach A als auch nach B gelenkt werden.
In der linken Schaltstellung (a) wird das Öl von P nach B gelenkt. Von hier aus fließt es auf die Vorderseite des Kolbens, **der Reitstock fährt zurück**.
In der rechten Schaltstellung gelangt das Öl auf die Rückseite des Kolbens, **der Reitstock fährt vor**.
In der Nullstellung ist das Drucköl abgeschlossen, der Durchgang zum Tank ist dagegen frei.

1V6 und 1V7: Über das Wechselventil gelangt das Öl zum Druckschalter, der die unter 1V2 beschriebene Funktion hat. Das heißt, direkt vor dem Spannen wird der Druck noch einmal überprüft.

1) siehe Kap. 5.1.1.3

Der Reitstock kann nach diesem Schaltplan aus- und einfahren. In zwei Schritten werden nachstehend noch Erweiterungen bzw. Verbesserungen vorgenommen.

Sicherung gegen Druckabfall

Im Gegensatz zu dem pneumatischen Kraftspannfutter wird bei hydraulischen Spanneinrichtungen die Verbindung zwischen dem Drucköl und der Spannvorrichtung während der Bearbeitung nicht unterbrochen. Ein Druckabfall durch Temperaturunterschiede beim Öl oder durch undichte Stellen wird somit ausgeglichen. Allerdings ist noch eine Sicherung gegen Druckabfall oder sogar Druckausfall im Hydrauliksystem einzubauen. Für diese Sicherungsfunktion werden entsperrbare Rückschlagventile eingebaut (analog dem pneumatischen Kraftspannfutter). Bild 1 zeigt den geänderten Schaltplan.

Eilgangsfunktion

Der Reitstock soll sich im Eilgang zum Werkstück hin bewegen und kurz vor der Spannposition auf eine niedrige Geschwindigkeit umschalten.

Bild 2 zeigt die hydraulische Lösung dieser Aufgabe. Zwei Ventile, ein 2/2-Wegeventil, elektrisch betätigt mit Federrückstellung und eine Drossel sind parallel geschaltet.

In der rechten Schaltstellung steht das 2/2-Wegeventil auf Durchfluss. Das Öl kann ungehindert durch das Ventil strömen,

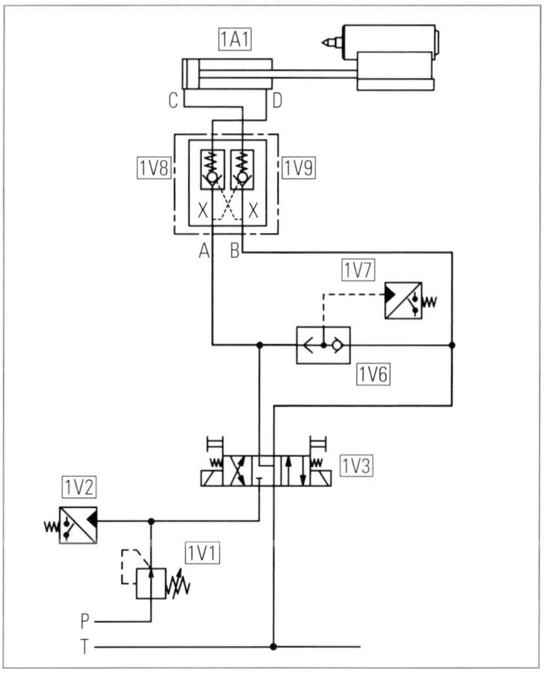

1 *Schaltplan des hydraulisch betätigten Reitstocks mit entsperrbaren Rückschlagventilen 1V8 und 1V9*

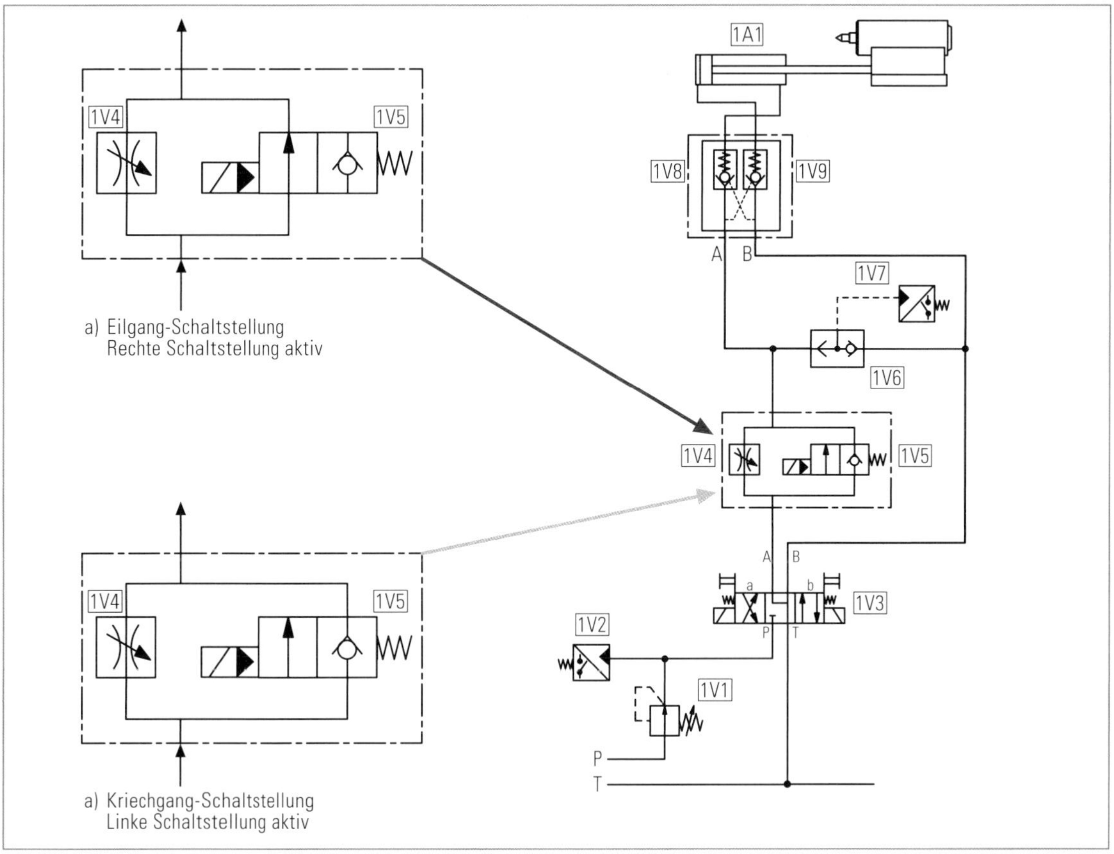

2 *Vollständiger Schaltplan des hydraulisch betätigten Reitstocks*

d.h., der Reitstock fährt mit Eilgangsgeschwindigkeit in die Richtung des Werkstücks.
In der anderen Schaltstellung ist das Rückschlagventil aktiv, das 2/2-Wegeventil ist gesperrt. Das Öl muss über den linken Zweig durch die Drossel fließen. Der Reitstock bewegt sich im „Kriechgang".
Wichtig ist, dass das 2/2-Wegeventil elektrisch betätigt wird. Dadurch kann das Ventil von der SPS angesprochen werden.

Überlegen Sie!

Bild 1 zeigt die Werkszeichnung des Hydraulikplans. Benennen Sie die fehlenden Ventilbezeichnungen entsprechend Bild 2 von Seite 245.

5.2.2.2 Hydraulisches Spannfutter

Beim hydraulisch betätigten Spannfutter *(chuck)* werden die Backen durch einen Kolben geöffnet und geschlossen. Dieser Kolben ist nicht in das Futter integriert wie bei dem pneumatischen Spannfutter. Die hydraulische Einheit wird am linken Ende der Hauptspindel angeflanscht (Bilder 2 und 3). Über das Verteilergehäuse wird das Öl zu- und abgeführt. Vom Verteilergehäuse

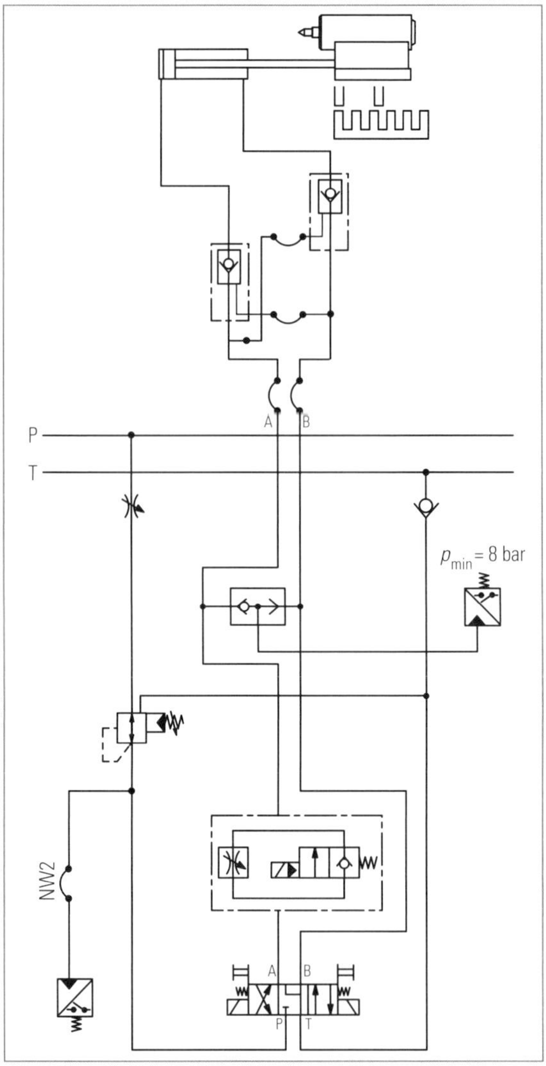

1 *Werkszeichnung des hydraulisch betätigten Reitstocks*

2 *Kolben und Verteilergehäuses einer hydraulischen Kraftspanneinheit, angeflanscht an die Hauptspindel einer Drehmaschine*

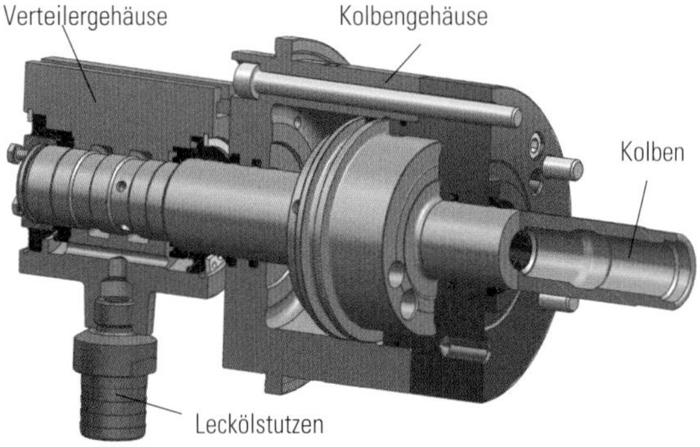

3 *Verteiler- und Kolbengehäuse*

gelangt das Öl in den Kolbenraum und schiebt den Kolben beim Spannen bzw. beim Lösen nach links oder nach rechts. Die Längsbewegung des Kolbens überträgt eine Zugstange auf das Futter. Hier wird die axiale Bewegung in die radiale Bewegung der Backen umgelenkt.

Nach dem Start der Maschine wird die Verbindung zwischen dem Spannfutter und dem Hydrauliksystem nicht unterbrochen, ein Spannkraftverlust kann also ausgeglichen werden. Die rotierenden Teile des Spannsystems wie z. B. der Kolben sind hydrostatisch gelagert[1)], d. h., sie „schwimmen" im Drucköl. Deshalb dürfen die Spindel und damit die beweglichen Teile des Spannsystems nie ohne Hydraulikdruck gestartet werden. Anderenfalls hätte dies schwerwiegende Beschädigungen der Lager und der Drehzuführung zur Folge. Aus dem gleichen Grund sollte der Spannzylinder nicht mit kaltem Öl bei einer hohen Drehzahl rotieren.

Bild 1 zeigt den Schaltplan für das hydraulische Spannfutter. Obwohl die Verbindung zwischen dem Spannsystem und dem Drucköl bei der Bearbeitung nicht unterbrochen ist, werden **entsperrbare Rückschlagventile** *(return valves)* eingebaut. Dies ist eine Sicherheitsmaßnahme. Wenn die Energiezufuhr ausfällt oder unterbrochen wird, dann halten die Rückschlagventile den Druck im System aufrecht.

Um den Spannzylinder, die Wegmesseinrichtung und das entsperrbare Rückschlagventil ist ein Rechteck gezeichnet. Es soll andeuten, dass diese Teile zur Spanneinrichtung gehören.

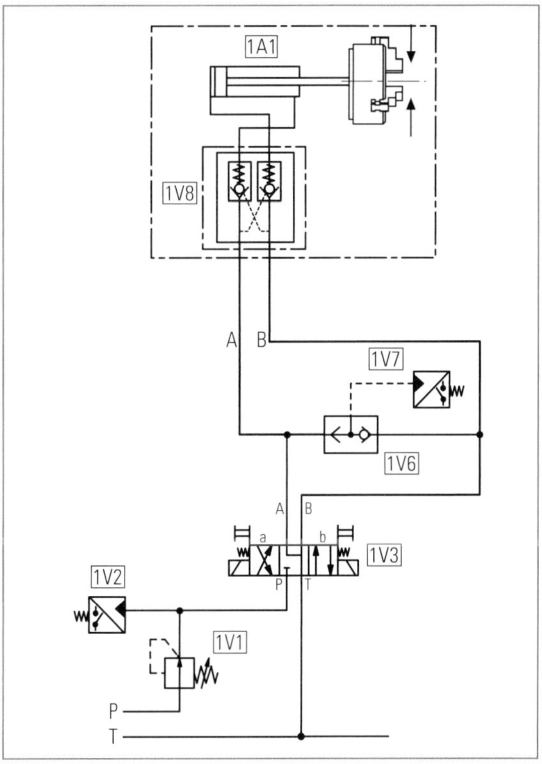

1 *Schaltplan des hydraulisch betätigten Spannfutters*

Überlegen Sie!

Nennen Sie die Bezeichnungen und die Aufgaben folgender Ventile:
1V1, 1V2, 1V3, 1V6, 1V7

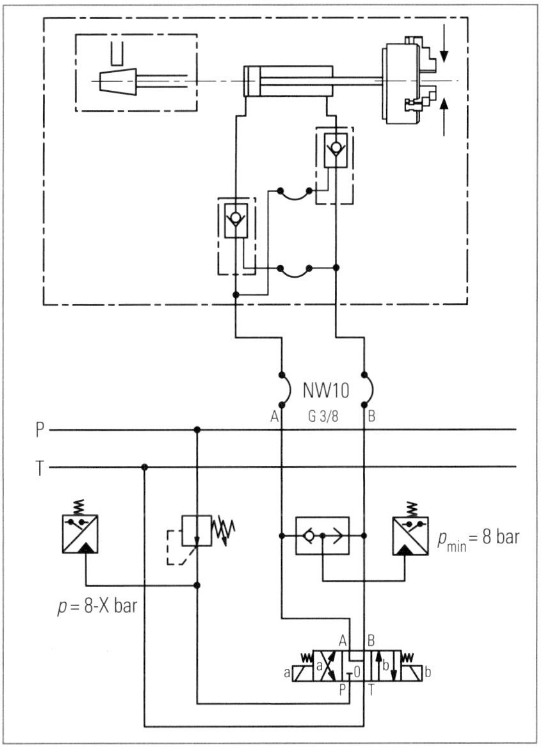

2 *Werkszeichnung des hydraulisch betätigten Spannfutters*

Um die Freigabe für den Start der Maschine zu erhalten, muss u. a. sicher gestellt sein, dass das Werkstück richtig gespannt ist. Einen Nachweis könnte der Druckschalter 1V7 geben. Der Druck wird auch abgefragt, aber dieser Wert genügt nicht. Wenn das Werkstück z. B. beim Spannen verkantet oder wenn der Kolben festklemmt, dann baut sich der Druck auch auf, obwohl das Werkstück nicht richtig gespannt ist.

Aussagefähiger ist eine Information über die Position der Backen. Das ist schwierig zu realisieren. Einfacher ist es, die Lage des Kolbens festzustellen. Wenn das Werkstück fachgerecht gespannt ist, dann ist der Kolben weitgehend eingefahren und steht in der Nähe des linken Endpunkts. Er darf aber nicht direkt im Endpunkt stehen, weil es dann nicht sicher ist, dass alle Werkstücke ordnungsgemäß gespannt werden.

An der betreffenden Stelle wird ein Sensor gesetzt, der beim Spannen ein Signal abgibt, wenn diese Position erreicht ist. Auch die Endposition beim Öffnen wird überwacht, um sicher zu sein, dass die Backen diese Position erreicht haben. Die Sensoren sind nach einem Backenwechsel zu überprüfen und neu einzustellen.

Nachstehend wird die Funktion der hydraulischen Schaltung noch einmal unter dem Aspekt der Sicherheit betrachtet.

1) siehe Lernfeld 5 Kap. 9.1.1

Prüfbedingung	Ausführung durch
Die Maschinenspindel darf erst anlaufen, wenn der Spannzylinder aufgebaut ist.	Druckschalter.
Die Maschinenspindel darf erst anlaufen, wenn die Backen ihre richtige Position erreicht haben.	Spannwegüberwachung am Ende des Zylinders.
Das Spannmittel kann erst gelöst werden, wenn die Maschinenspindel steht.	Stillstandsüberwachung an der Spindel (ist im Schaltplan nicht eingezeichnet)
Beim Ausfall der Spannenergie bleibt das Werkstück bis zum Spindelstillstand fest eingespannt.	Entsperrbare Rückschlagventile (im Zylinder).
Nach einem Ausfall der Spannenergie wird ein Signal zur automatischen oder manuellen Spindelstillsetzung gegeben.	Druckschalter.

Bild 1 zeigt eine hydraulische Spannvorrichtung mit drei Zylindern. Das Werkstück soll zuerst in waagrechter Richtung von Zylinder 1A1 und danach von den senkrecht stehenden Zylinden 1A2 und 1A3 gespannt werden.

Bei diesem Vorgang liegt eine Ablaufsteuerung vor. Bei Ablaufsteuerungen ist das Weiterschalten zum nächsten Schritt an eine Bedingung gebunden. Bei den bisher betrachteten Beispielen war das die (End)position eines Zylinders oder eine abgelaufene Zeit. Bei hydraulischen Steuerungen kann es auch der Druck sein. Wenn z. B. im System ein bestimmter Druck erreicht wird, öffnet ein Druckbegrenzungsventil. Dadurch kann das Drucköl in die freigegebene Leitung strömen und die angeschlossenen Kolben beaufschlagen. Man spricht in diesem Fall auch von einer **druckabhängigen Folgesteuerung**.

Beim Lösen können alle Zylinder gleichzeitig zurück fahren. Wenn das Werkstück gespannt ist, wird die Pumpe abgeschaltet.

Angaben: Pumpendruck: 80 bar, 0V1: eingestellt auf 86 bar, 1V3: eingestellt auf 78 bar

Überlegen Sie!

1. *Vergleichen Sie auf Seite 247 die Schaltpläne in den Bildern 1 und 2.*
   Gibt es Unterschiede im Aufbau der Schaltung?
2. *Vergleichen Sie die Schaltpläne auf Seite 246 Bild 1 und Seite 247 Bild 2.*
   Welche Gemeinsamkeiten und welche Unterschiede erkennen Sie ?
   Hinweis: Beginnen Sie die Betrachtung bei dem 5/2-Wegeventil, gehen Sie von hier aus nach oben.

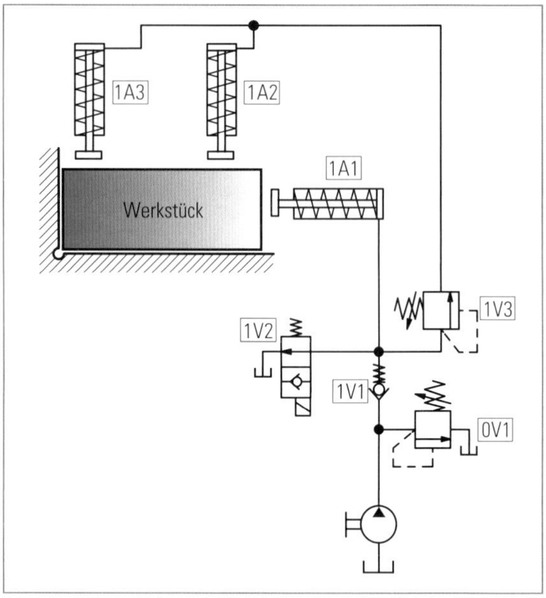

1 *Hydraulische Spannvorrichtung*

Überlegen Sie!

1. *Warum ist es sinnvoll, dass Kolben 1A1 zuerst spannt?*
2. *Welches der beiden Druckbegrenzungsventile ist das Sicherheitsventil, (verantwortlich dafür, dass der Druck im System nicht auf unzulässig hohe Werte ansteigt), welches ist das Zuschaltventil (öffnet einen neuen Abschnitt)?*
3. *a) Beschreiben Sie stichwortartig den Bewegungsablauf der Steuerung vom Start durch das 2/2-Wegeventil bis zum Spannen des letzten Zylinders.*
   b) Beschreiben Sie das Entspannen.
4. *Nach dem Spannen wird die Pumpe abgestellt. Wodurch ist sicher gestellt, dass der Druck im System erhalten bleibt?*
5. *Welches Ereignis bzw. welches Ventil führt zum Lösen des Werkstücks?*

5.3 Elektrische Aktoren

Rotierende Baugruppen an Werkzeugmaschinen wie z. B. die Hauptspindel oder Werkzeugspindeln werden von **Elektromotoren** angetrieben. Zunehmend sind Elektromotore an Werkzeugmaschinen aber auch zur Erzeugung von **Linearbewegungen** zu finden. Diese Motoren werden **Linearmotoren** genannt.

5.3.1 Drehstrommotoren

Die am meisten verwendeten Antriebe an Werkzeugmaschinen sind Drehstrommotoren *(three-phase motors)*.
Wie alle Motoren nutzen auch diese das Prinzip, dass sich gleichnamige Pole von Magneten, also Nordpol und Nordpol bzw. Südpol und Südpol, abstoßen und ungleichnamige Pole, also Nordpol und Südpol, anziehen (Bild 1).
In Elektromotoren sind deshalb zwei grundlegende Baueinheiten zu finden: **Stator** und **Rotor**, auch **Ständer** und **Läufer** genannt, von denen jede über ein eigenständiges Magnetfeld verfügt. Aufgrund der Anziehungs- und Abstoßungskräfte der beiden Magnetfelder wird der Rotor in eine Drehbewegung versetzt.
Da eine von elektrischem Strom durchflossene Spule ein Magnetfeld erzeugt, können die Magnetfelder grundsätzlich von Permanentmagneten oder von stromdurchflossenen Spulen erzeugt werden. Bei stromdurchflossenen Spulen hängt die Richtung des Magnetfelds von der Richtung ab, in der die Spule vom Strom durchflossen wird (Bild 2).
Da Wechselstrom periodisch seine Richtung ändert, ändert auch das von ihm erzeugte Magnetfeld in der Spule entsprechend seine Polung.

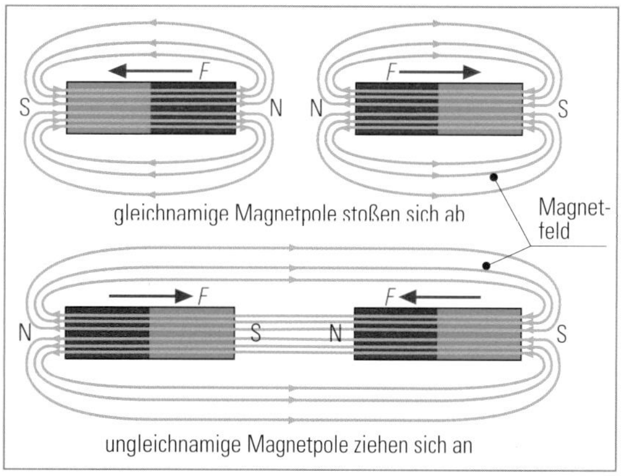

1 Abstoßungs- und Anziehungswirkung zwischen Magneten

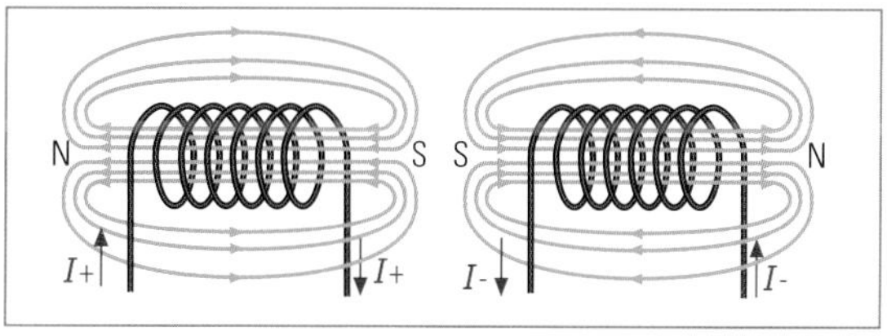

2 Abhängigkeit der Magnetfeldrichtung von der Richtung des Stroms

Das **Drehstromnetz** besteht aus drei überlagerten zeitlich verschobenen Wechselströmen I_1, I_2 und I_3 (**Dreiphasen-Wechselstromnetz**) (Bild 3 oben). Die drei Spulen des Motorständers sind um 120° versetzt angeordnet. In der entsprechenden zeitlichen Abfolge ändert sich die magnetische Polung der einzelnen Spulen und es entsteht im Ständer ein rotierendes Magnetfeld (Bild 3 unten).

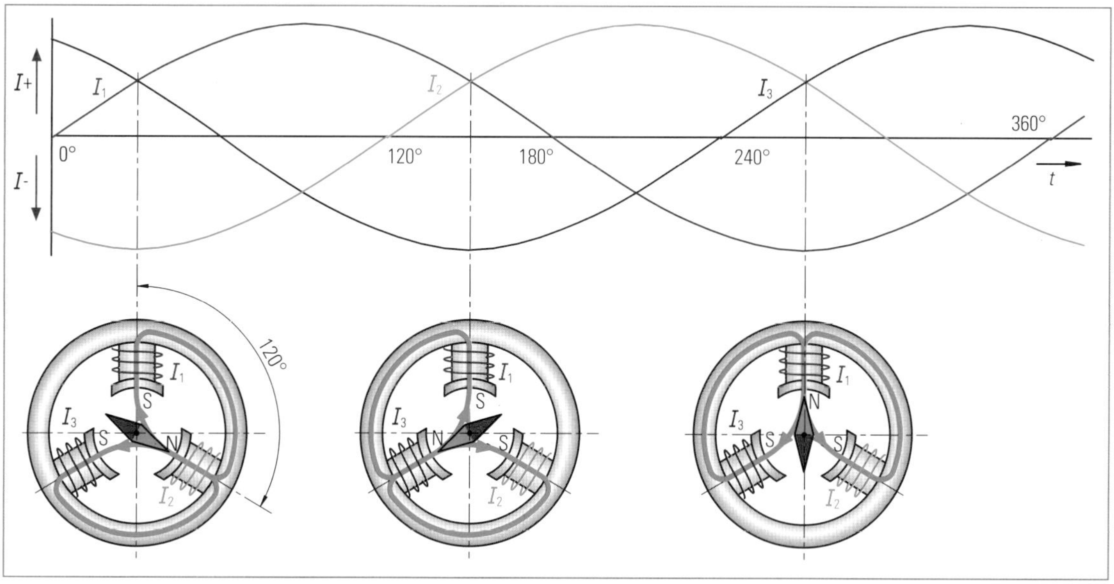

3 Rotierendes Gesamtmagnetfeld der Ständerwicklungen als Ergebnis der momentanen Magnetfelder der einzelnen Spulen Der Läufer (symbolisiert durch die Kompassnadel) rotiert synchron

Bei **Drehstrom-Synchronmotoren** *(three-phase synchronous motors)* dreht sich der Läufer (meist ein Permanentmagnet) mit der gleichen Frequenz wie das umlaufende Magnetfeld der Ständerwicklung (Seite 250 Bild 3).

Bei **Drehstrom-Asynchchronmotoren** *(three-phase induction motors)* (Bild 1) wird das Ständerdrehfeld nach dem gleichen Prinzip erzeugt wie bei Synchronmotoren. Das Magnetfeld im Käfigläufer wird im Unterschied zum Synchronmotor durch das rotierende Ständerdrehfeld induziert. Der Käfigläufer rotiert mit einer geringeren Drehfrequenz als das Ständerdrehfeld, also **asynchron**. Die Differenz zwischen den beiden Drehfrequenzen ist der **Schlupf**.

Aufbau und Wirkungsweise eines **Linearmotors**[1] *(linear motor)* (Bild 2) lassen sich vom Drehstrom-Asynchronmotor ableiten. Ständer und Läufer sind jedoch in flacher Form ausgeführt. An Stelle des Drehfelds wird im **Primärteil (Induktor)**, der dem Ständer eines rotierenden Motors entspricht, ein **Wanderfeld** erzeugt. In dessen Bereich befindet sich als **Sekundärteil** die **Reaktionsschiene**. Wenn diese frei beweglich ist, wird sie in der gleichen Richtung bewegt wie das Wanderfeld.

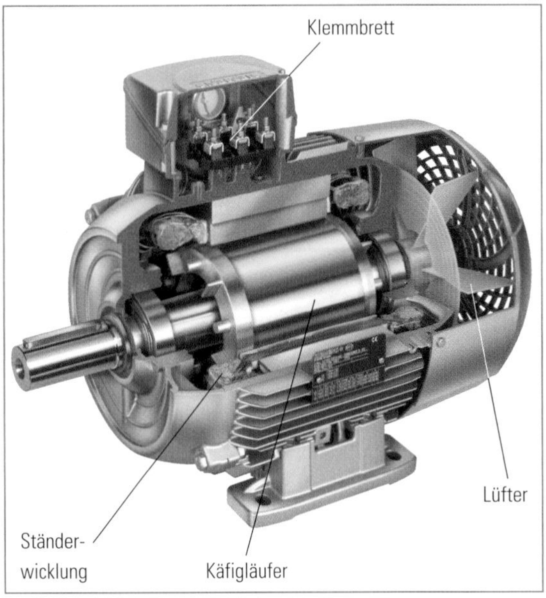

1 *Aufbau eines Drehstrom-Asynchronmotors*

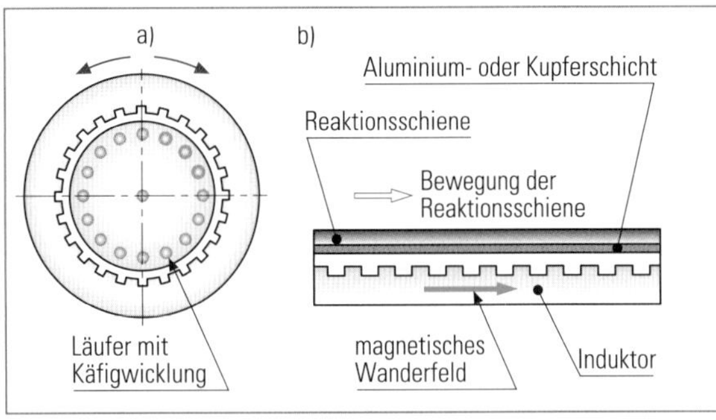

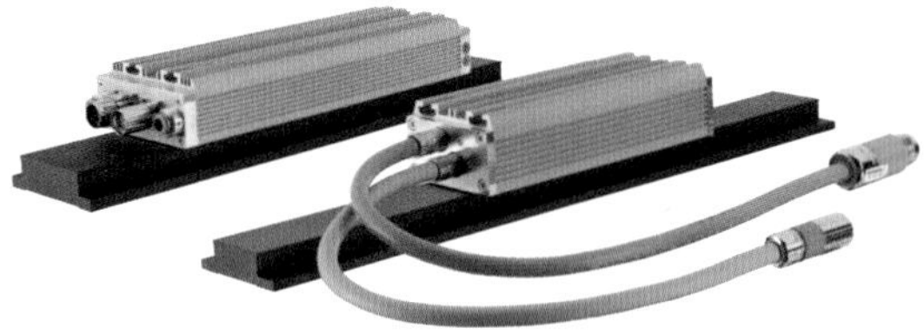

2 *Prinipieller Aufbau eines Linearmotors*
a) Drehstrom-Asynchronmotor vor dem „Aufklappen"; b) Prinzip des Linearmotors

5.3.2 Elektromotoren an Werkzeugmaschinen

Hinsichtlich der abgegebenen Leistung, des Drehmoments und der Umdrehungsfrequenz stellen Werkzeugmaschinen die unterschiedlichsten Anforderungen an die Elektromotoren. Innerhalb eines relativ großen Spektrums sollen sich die Motoren den gegebenen Anforderungen anpassen.

Dies lässt sich mechanisch oder elektronisch erreichen:

- **Elektromechanische Antriebe** *(electromechanical drives)* bestehen aus einer Kombination von Elektromotor und mechanischem Getriebe[2]. Bei **Getriebemotoren** *(gear motors)* ist z. B. ein Planetenradgetriebe oder Kegelradgetriebe fest im Motorgehäuse integriert (Bild 3).
- **Frequenzumrichter** *(frequency converters)* erzeugen über die Versorgungsspannung mithilfe eines elektronischen Systems eine Frequenz, die den jeweiligen Betriebsanforderungen entspricht. Dadurch kann sich die Umdrehungsfrequenz stufenlos ändern.

3 *Hauptspindelmotor mit Planetenradgetriebe*

1) Lernfeld 8 Kap. 1.5.2.2 2) siehe Lernfeld 5 Kap. 9.2

Servomotoren

Im Zusammenhang mit Werkzeugmaschinen fällt häufig der Begriff „Servomotor[1)]" *(servomotor)*.

Als Servomotor werden elektrische Motoren verschiedener Bauarten bezeichnet, die mit einem elektronischen Servoregler in einem geschlossenen Regelkreis betrieben werden. Regelgröße kann dabei das Drehmoment, die Geschwindigkeit oder die Position sein. Kombinationen sind durch die Schachtelung der Regelkreise möglich. Dies ermöglicht eine Anpassung an verschiedenste Anwendungen.

Zur Anpassung an die geforderte Umdrehungsfrequenz oder zur Umsetzung in eine Linearbewegung kann der Servomotor zusätzlich mit einem Getriebe gekoppelt sein.

Ein typisches Anwendungsgebiet der Servomotoren sind die **Motorspindeln**[2)] *(spindle drives)* (Bild 1). Sie bilden eine kompakte Baugruppe aus Elektromotor und Spindel. An modernen Werkzeugmaschinen sind sie als Standard zu betrachten.

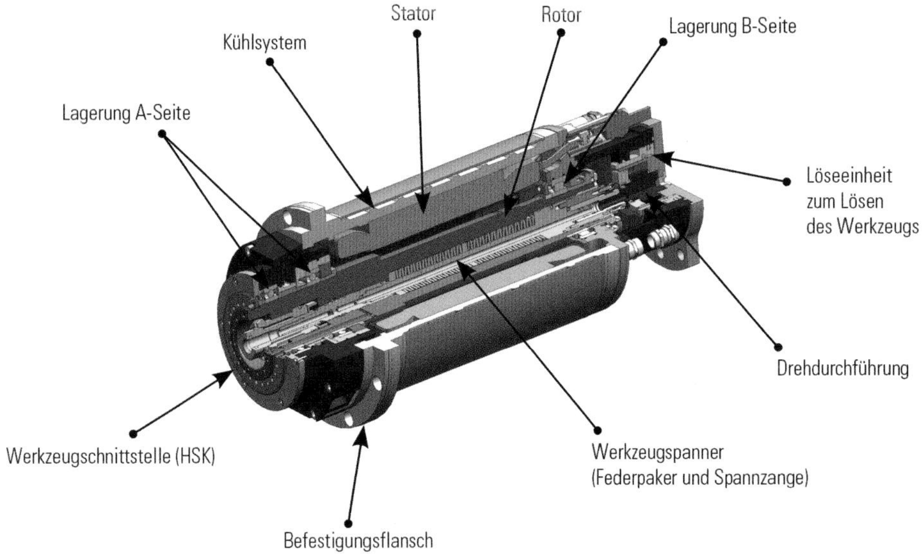

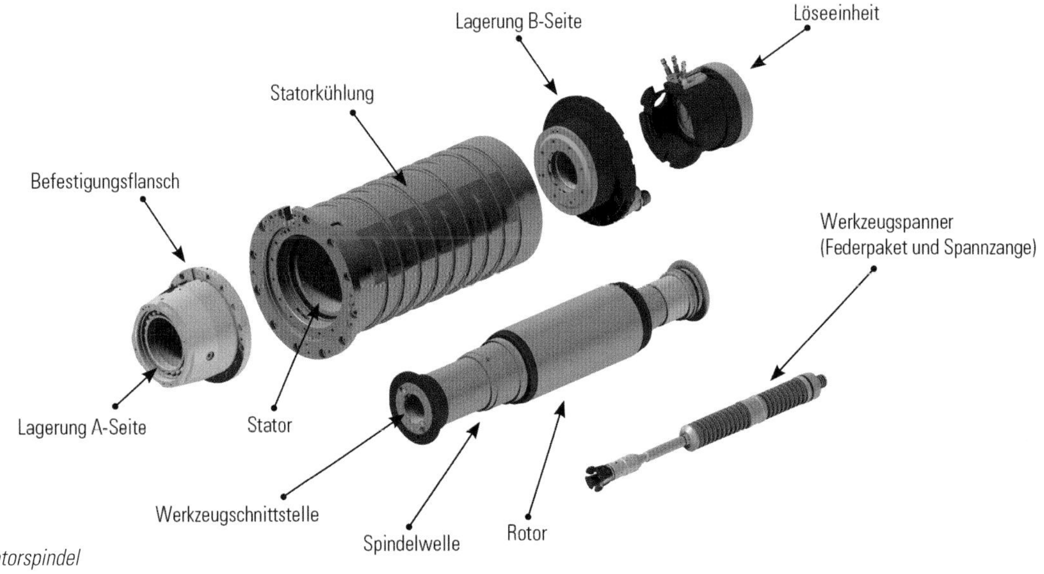

***1** Motorspindel*

1) servus (lat.): Sklave. Ursprünglich wurden Hilfsantriebe als Servomotoren bezeichnet. 2) siehe Lernfeld 8 Kap. 1.5.1.2

5.3.3 Betriebsverhalten von Elektromotoren

Jede elektrische Maschine besitzt ein **Leistungsschild** *(specification plate)*, das Auskunft über wichtige Kenndaten wie z. B. Hersteller, Art der Maschine, Typ, Normen, Zulassungen, Sicherheitskennzeichen, Spannung, Strom, Umdrehungsfrequenz, Drehmoment, Masse usw. gibt. Bild 1 zeigt das Leistungsschild eines Servomotors. In einigen Punkten weicht es deutlich vom genormten Leistungsschild ab, da einige der üblichen Angaben wie z. B. die Leistung usw. bei Servomotoren keine konkrete Angabe zulassen. Daneben enthält es Angaben, die zu ihrem Verständnis umfangreichere Kenntnisse voraussetzen. Darüber hinaus lässt sich das Betriebsverhalten von Elektromotoren mit **Kennliniendiagrammen** beschreiben. Die nachfolgende Übersicht zeigt hierzu Beispiele der wichtigsten Elektromotoren an Werkzeugmaschinen.

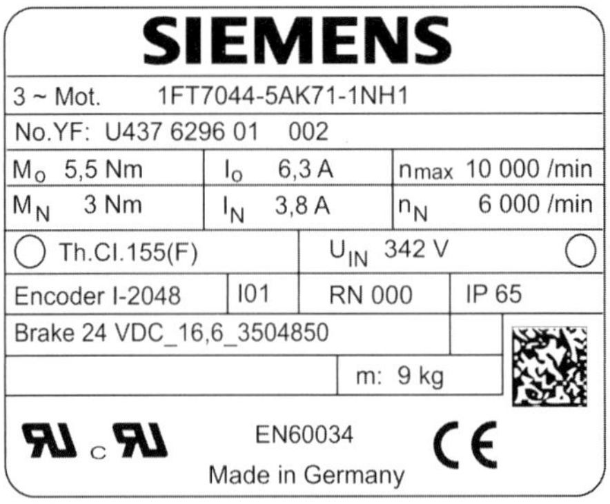

SIEMENS
3 ~ Mot. 1FT7044-5AK71-1NH1
No.YF: U437 6296 01 002
M0 5,5 Nm
I0 6,3 A
nmax 10 000 /min
MN 3 Nm
IN 3,8 A
nN 6 000 /min
Th.Cl.155(F)
UIN 342 V
Encoder I-2048
I01
RN 000
IP 65
Brake 24 VDC_16,6_3504850
m: 9 kg
EN60034
Made in Germany

1 Leistungsschild eines Servomotors

Motortyp	**Synchronmotor**	**Asynchronmotor**	**Servomotor**
Prinzip	Drehstrommotor mit Dauermagnet	Drehstrommotor mit Käfigläufer	Gleistrommotor oder Synchronmotor oder Asynchronmotor mit Regeleinrichtung
Eigenschaften	■ Selbstanlauf nur durch Anlaufhilfe ■ Drehfrequenz abhängig von der Frequenz ■ fällt bei Überlast außer Tritt	■ Robust ■ Wartungsarm ■ Kompakt ■ Drehfrequenzsteuerung über Umrichter ■ Kurzzeitig stark überlastbar	■ Hohe Überlastbarkeit ■ Hohe Dynamik ■ Hohe Präzision
Umdrehungsfrequenz	ca. 375 min^{-1} ... ca. 3000 min^{-1}	ca. 1000 min^{-1} ... ca. 13000 min^{-1}	Je nach Prinzip
Wirkungsgrad	bis ca. 97%	ca. 70% ... 90%	Je nach Prinzip
Kennlinie	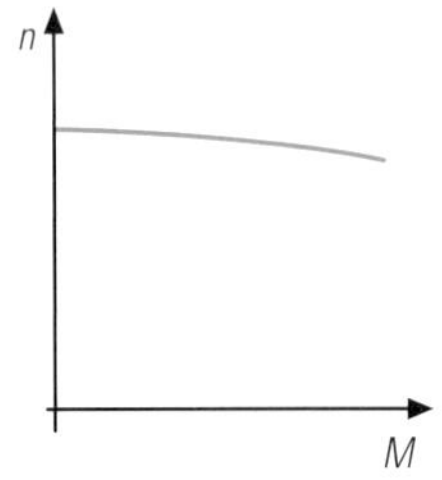	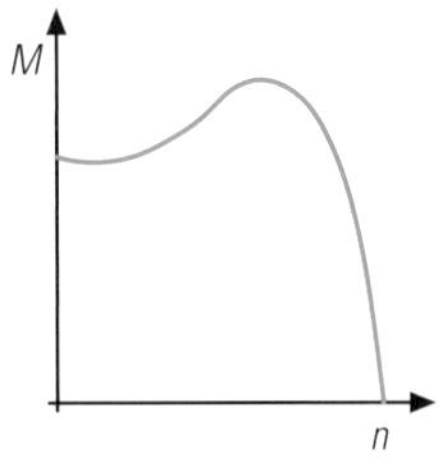	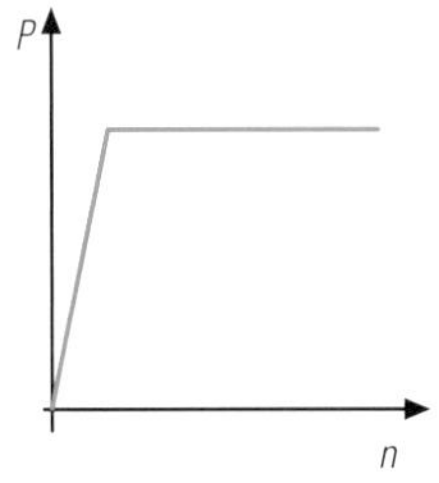
Anwendung	■ Maschinenantriebe ■ Umformer ■ Verdichter ■ Phasenschieber ■ Uhren	■ Werkzeugmaschinen ■ Hebezeuge ■ Maschinen mit großer Schwungmasse ■ Antriebe mit hoher Dynamik	■ Hochdynamische Anwendungen und präzise Bewegungen in modernen Produktionsmaschinen wie z. B. Werkzeugmaschinen und Industrierobotern

6 Tool Changing Cycle in a CNC- Machine

In the second and third year of their apprenticeship cutting machine operators are educated to operate CNC machines, including tool changing. Therefore, they should be able to read and understand original machine manuals in case they have to work abroad and have to change tools which are monitored by CNC control.
Below you can see an extract from an original operator's guide describing the 'Tool changing cycle'.

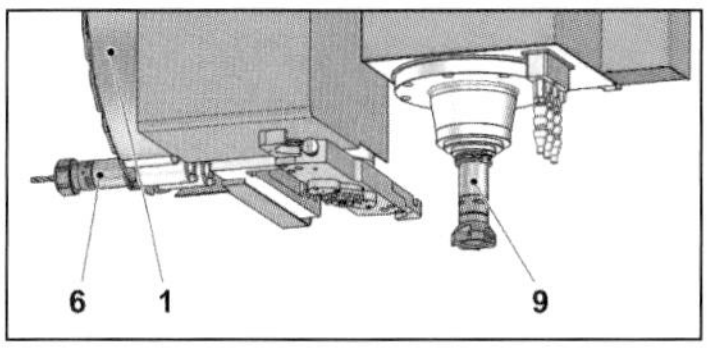

Tool changing cycle – illustration 1

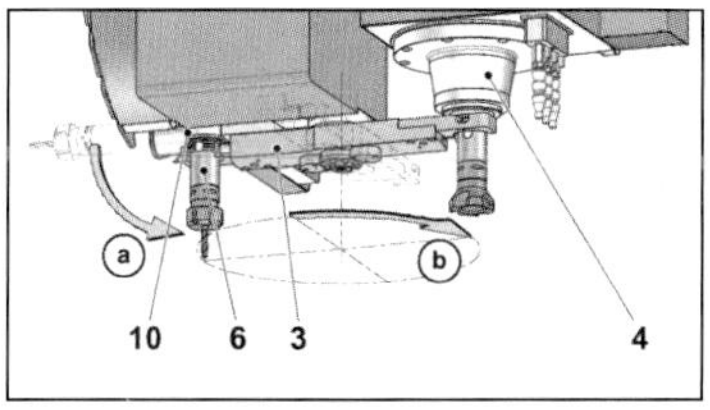

Tool changing cycle – illustration 2

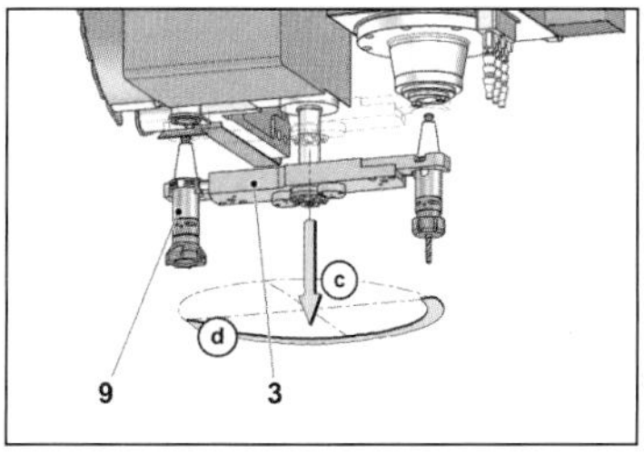

Tool changing cycle – illustration 3

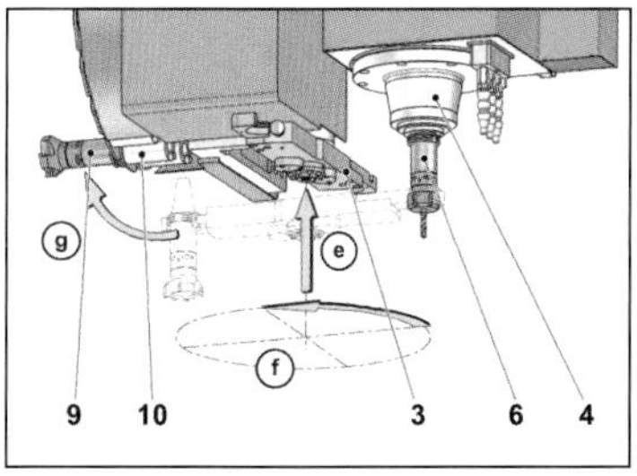

Tool changing cycle – illustration 4

Tool changing cycle

The tool change is carried out according to a fixed cycle and is monitored by the CNC control.
The deposition of the toolholders into the tool drum is carried out by principle of contingency, which means that always the next free tool station is selected.

Illustration 1

- The toolholder (9) is clamped in the milling spindle.
- The tool drum (1) is loaded with the toolholder (6) that is to be put into the milling spindle.

Illustration 2

- The milling spindle (4) is traversed into the tool changing position (0°, marking at the milling spindle shows to the rear).
- The cup (10) containing the tool (6) that is to be changed, is swivelled in – direction of arrow "a".
- The gripper (3) swivels by 90° and takes both toolholders (6) and (9) – arrow "b".

Illustration 3

- The tool (9) is unclamped in the milling spindle.
- The gripper (3) moves downwards together with the two tools – arrow "c" and then swivels by 180° – arrow "d".

Illustration 4

- The gripper (3) moves upwards – arrow "e", the tool (6) is clamped in the milling spindle (4) and the tool (9) in the cup (10).
- The gripper (3) swivels back by 90° into its rest position – arrow "f".
- The cup (10) swivels upwards into its rest position – arrow "g".

Assignments:

1. Translate the text above the original illustrations.
2. Why is it important that the tool change is carried out to a fixed cycle?
3. Why can always the next free tool station be selected?
4. Work in teams of two. One of you opens your book at the pages 231 and 232 where you can find the German translations for the description of the tool changing cycle the other one opens your book at this English page. Read the German and English statements.
   a) Which tool is clamped in the tool drum?
   b) How is the complete tool changing cycle initiated?
   c) Describe the function of each of the parts.

Work With Words

In future you may have to talk, listen or read technical English. Very often it will happen that you either **do not understand** a word or **do not know the translation**.

In this case here is some help for you!!!

Below you will find a few possibilities to describe or explain a word you don't know or use opposites[1] or synonyms[2]. Write the results into your exercise book.

1. **Add as many examples** to the following terms as you can find for controls or different steps.

controls:	hardwired programmed logic control stored programme control	*steps:*	initial step general step

2. **Explain the two terms in the box:**
Use the words below to form correct sentences. Be careful the range is mixed!

sensor:	is an instrument/or impressions/ such as heat or light,/A sensor/and which is used to provide information/ which reacts to certain physical conditions/	*laser light:*	of concentrated light/by a special machine/is a narrow beam/produced/ A laser/

3. **Find the opposites**[1]**:**

open loop control:		*path step diagram:*	
event-driven sequential control:		*three-phase induction motor:*	

4. **Find synonyms**[2]**:**
You can find two synonyms to each term in the box below.

characteristic:
gear motor:
feature/drive motor/electric window motor/attribute

specification plate:
magnetic valve:
electro valve/electric vacuum valve/nameplate/rating plate

5. In each group there is a word which is the **odd man**[3]. Which one is it?

a) capacitive sensor, throttle, capacitor, electrical field
b) optoelectic sensor, reflection light scanner, reflection photoelectric relay, one-way photoelectric relay, chuck
c) reed contact, magnetic switch, tailstock, protective gas, permanent magnet
d) infrared light, inductive sensor, magnetic field, rated switching distance

6. Please translate the information below. Use your English-German Vocabulary List if necessary.

A signal is a representation of information. The representation is made in terms of the value or the value pattern of a physical quantity.

1) *opposite:* Gegenteil 2) *synonym:* Synonym, ähnliches Wort, Ergänzung 3) *odd man:* Außenseiter, überzähliges Wort, fünftes Rad am Wagen

Lernfeld 8: Programmieren und Fertigen mit numerisch gesteuerten Werkzeugmaschinen

Computer haben in gleicher Weise unser Privatleben wie unsere **Berufswelt** durchdrungen und verändert. Auch in der modernen Fertigung werden die Bauteile häufig auf computergestützten **CNC-Werkzeugmaschinen** gefertigt.
In Ihrem zukünftigen Beruf als Zerspanungsmechaniker werden Sie Ihre Aufgaben zu einem erheblichen Teil mithilfe von CNC-Werkzeugmaschinen erfüllen.
CNC ist die Abkürzung für „**C**omputerized **N**umerical **C**ontrol" (Computer unterstützt numerisch gesteuert). Eine CNC-Maschine wird also „durch Zahlen" (numerisch) mithilfe eines Computers gesteuert. Dieser führt mit den eingegebenen Daten Berechnungen durch und steuert die Maschine. Die Bearbeitung an CNC-Maschinen erfolgt mit den **gleichen Fertigungsverfahren**, die Sie bisher in den Lernfeldern 2 und 5 kennengelernt haben. Lediglich die Art der **Maschinensteuerung** ist anders. Sie erfolgt durch das Zusammenspiel von Computer und Software (Steuerung = Hardware + Software).
Dies hat entscheidende Auswirkungen auf Ihre Tätigkeit. Ihr handwerkliches Geschick, das bei der Fertigung auf konventionellen Werkzeugmaschinen nach wie vor gefordert wird, tritt in den Hintergrund. Stattdessen verlagert sich Ihr Aufgabenschwerpunkt hin zum **Planen**, **Überwachen** und zur **Fehleranalyse**.
Ein CNC-Programm enthält die vollständige Fertigung des Einzelteils mit allen Geometrie- und Fertigungsdaten. Dies bedeutet, dass vor der eigentlichen Fertigung auf der Maschine die gesamte Fertigung mit allen Einzelheiten **vorab gedanklich** vollzogen werden muss.
Aus Skizzen und Einzelteilzeichnungen entnehmen Sie die erforderlichen Informationen für die CNC-Fertigung.
Sie ermitteln die technologischen und geometrischen Daten für die Bearbeitung und erstellen Arbeits- und Werkzeugpläne. Ferner planen Sie die Einspannung der Werkstücke und Werkzeuge und richten die Werkzeugmaschine ein. Auch durch grafische Programmierverfahren entwickeln Sie **CNC-Programme** und überprüfen Sie durch Simulationen bzw. durch einen realen Probelauf.

Im Hinblick auf die Serienfertigung erstellen Sie Prüfpläne, wählen Prüfmittel aus und bewerten die Prüfergebnisse. Auf dieser Grundlage optimieren Sie den Fertigungsprozess, indem Sie die Einflüsse der Fertigungsparameter auf Maße, Oberflächengüte und Produktivität berücksichtigen.
Bei all diesen Tätigkeiten beachten Sie die Bestimmungen des Arbeitsschutzes an CNC-Maschinen.
Durch Ihre Bereitschaft zu lebenslangem Lernen und sich auf neue Technologien mit neuen Arbeitsbedingungen einzustellen, leisten Sie einen entscheidenden Beitrag zur Sicherung Ihres Arbeitsplatzes.

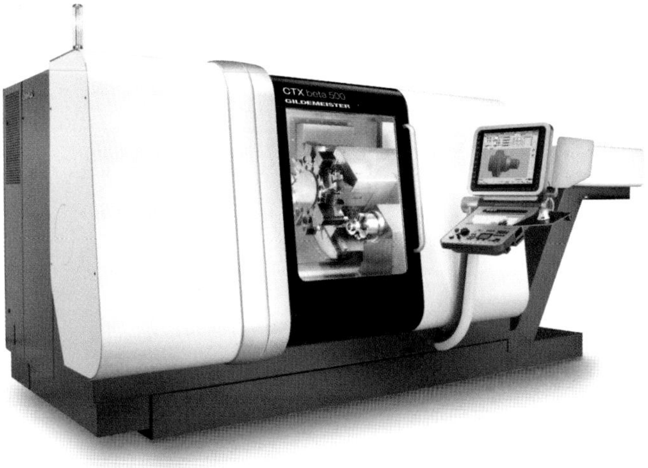

CNC-Drehmaschine

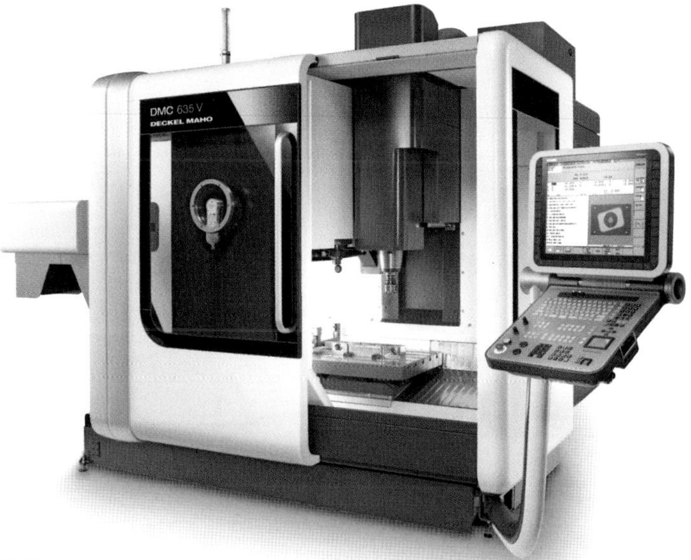

CNC-Fräsmaschine

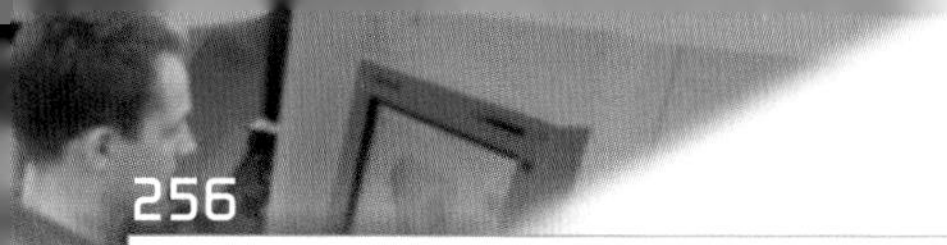

1 Aufbau von CNC-Maschinen

Äußere Zeichen von CNC-Maschinen sind der **Bildschirm** für die Programm- bzw. Simulationsanzeige und die **Tastatur** für die Programmeingabe bzw. -änderung (siehe Seite 255). Über entsprechende Schnittstellen ist das automatische Ein- und Auslesen von Programmen und Daten möglich.

1.1 Koordinatensysteme

Um der CNC-Maschine die **Werkzeugbewegungen** in Form von Zahlen (numerische Steuerung) mitteilen zu können, sind Koordinatenangaben erforderlich. Die **Koordinatenachsen** *(coordinate axes)* an CNC-Maschinen sind genormt[1]. Jeder Punkt im Raum ist durch seine Koordinaten in **X-**, **Y-** und **Z-Richtung** (kartesische Koordinaten) bestimmt (Bild 1).

MERKE

Das rechtshändige rechtwinklige Koordinatensystem *(coordinate system)* (Bild 2) mit den Achsen *(axes)* X, Y und Z bildet die Grundlage für die Achsendefinitionen.

Damit sind die Lagen der Achsen zueinander festgelegt. Die Finger zeigen in die positiven Richtungen der Achsen X, Y und Z. Die **Drehbewegungen** *(rotations)* A, B und C verlaufen um die X-, Y- und Z-Achse (Bild 3). Ihre positiven Richtungen können mithilfe der Rechten-Hand-Regel (Bild 4) bestimmt werden:

MERKE

Wenn der Daumen der rechten Hand in die positive Achsrichtung deutet, geben die anderen Finger die positive Richtung der Drehbewegung um die betrachtete Achse an.

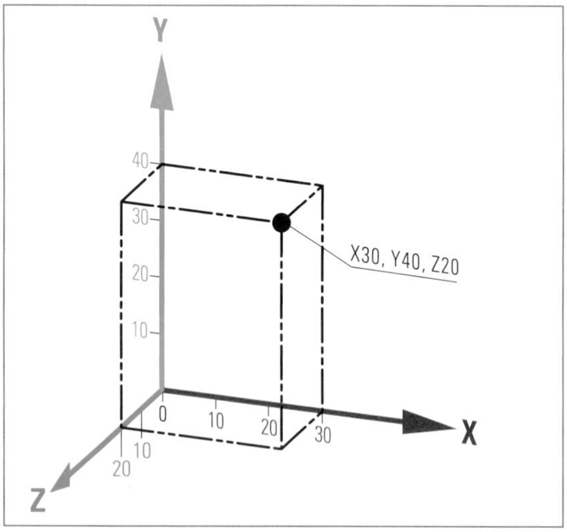

1 *Koordinaten eines Punkts im Raum*

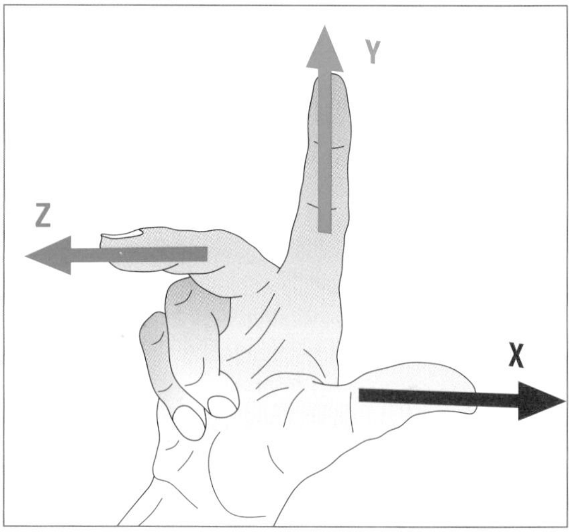

2 *Rechtshändiges rechtwinkliges Koordinatensystem*

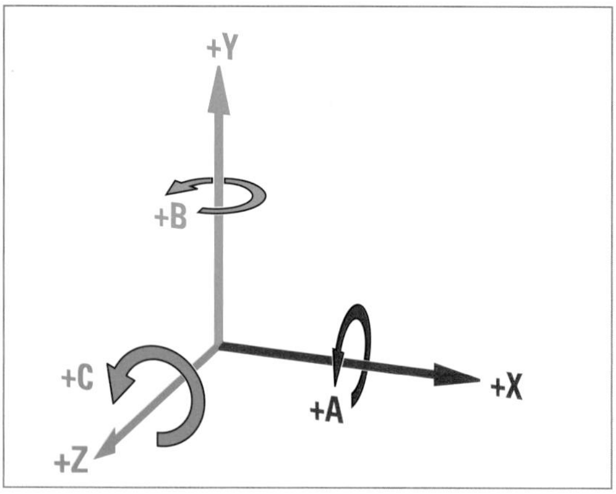

3 *Kartesisches Koordinatensystem mit Drehachsen*

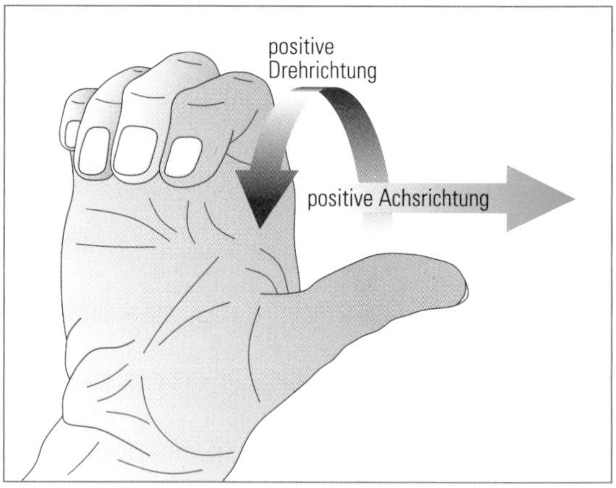

4 *Rechte-Hand-Regel zur Bestimmung der positiven Drehrichtung*

1) DIN 66217

1.1.1 Koordinatensysteme an Werkzeugmaschinen

Die Zuordnung der Achsen für die Werkzeugmaschinen orientiert sich an deren Hauptführungsbahnen.

Z-Achse: Sie fällt mit der **Arbeitsspindel** *(working spindle)* zusammen. Damit ist zunächst nur ihre Lage, aber noch nicht ihre Richtung festgelegt. Die **positive Richtung** verläuft **vom Werkstück zum Werkzeug** (Bild 1).

X-Achse: Sie ist die **Hauptachse** *(principal axis)* **in der Positionierebene**. Sie liegt parallel zur Werkstück-Aufspannfläche. Die **positive Richtung** verläuft **vom Werkstück zum Werkzeug** (Bild 1).

Y-Achse: Ihre Lage und Richtung ergibt sich nach dem Festlegen der Z- und X-Achse zwangsläufig aus dem rechtshändigen rechtwinkligen Koordinatensystem.

Für eine CNC-Drehmaschine, die in zwei Achsen verfahren kann, liegen die Achsen ebenso eindeutig fest (Bild 2) wie für die Fräsmaschine mit senkrechter Arbeitsspindel (Bild 3).

MERKE

Bei der Programmierung von CNC-Maschinen wird prinzipiell davon ausgegangen, dass sich das Werkzeug gegenüber dem Werkstück relativ bewegt.

Das ist bei den Werkzeugmaschinen nicht immer der Fall. Bei Fräsmaschinen mit senkrechter Arbeitsspindel (Bild 3) führt z. B. der Frästisch meist die Arbeitsbewegung in der X-Achse durch. Die Bewegung des Tischs und damit die des Werkstücks wird in der X-Achse mit X' bezeichnet. In Bild 4 ist zu erkennen, dass eine Werkstückbewegung in X'-Richtung zum gleichen Ergebnis führt, wie eine Werkzeugbewegung in X-Richtung. Deshalb kann immer so programmiert werden, als ob das Werkzeug gegenüber dem Werkstück verfährt.

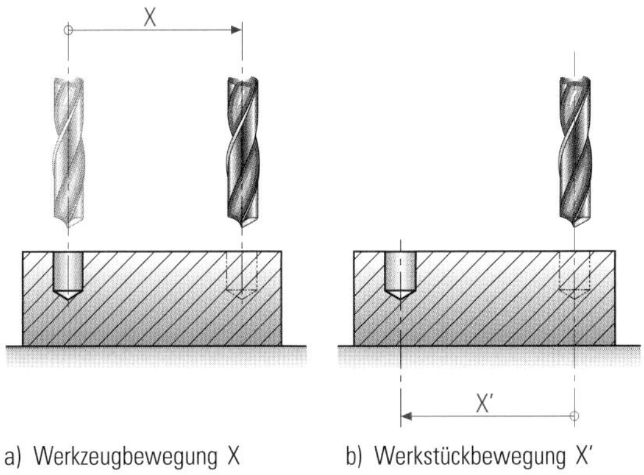

4 *Bewegungen von Werkzeug und Werkstück*

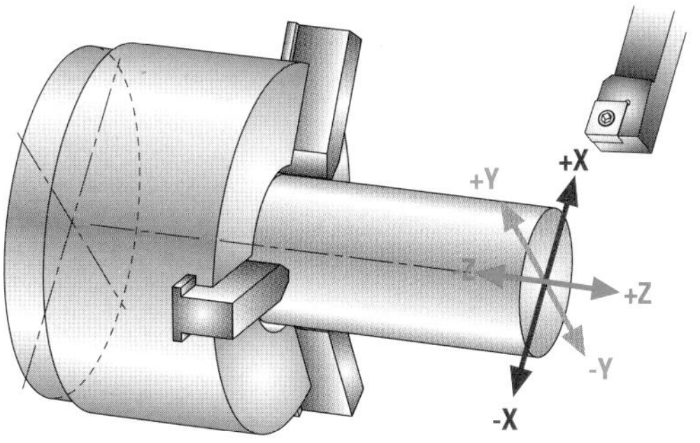

1 *Achsen an der CNC-Drehmaschine mit dem Werkzeug hinter der Drehmitte*

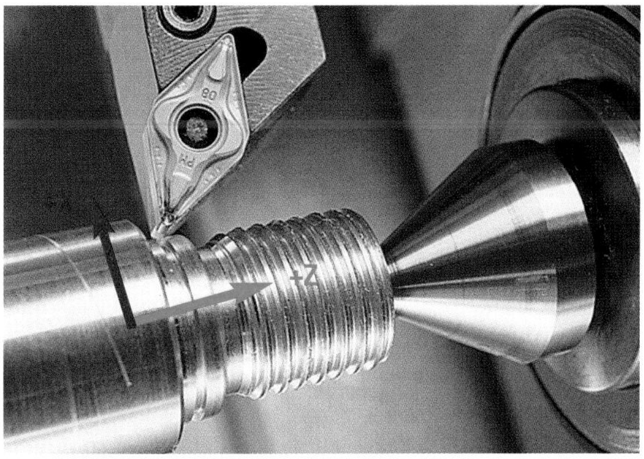

2 *Koordinaten an der CNC-Drehmaschine*

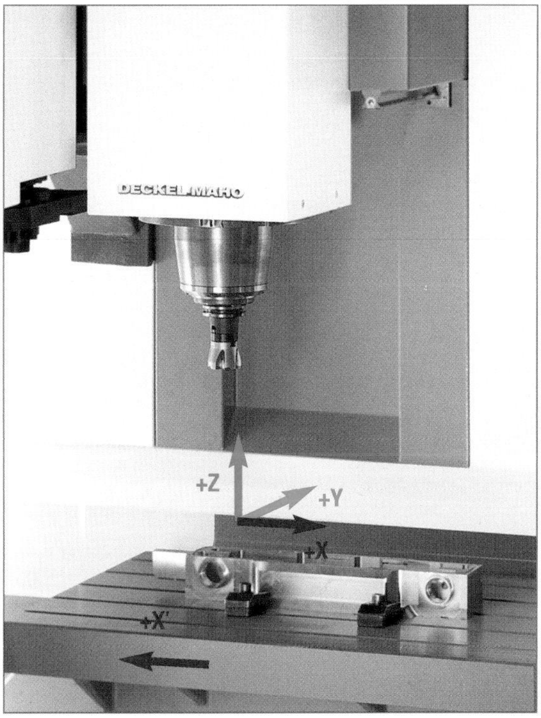

3 *Koordinaten an einer CNC-Fräsmaschine mit senkrechter Arbeitsspindel*

1.2 Bezugspunkte im Arbeitsraum der CNC-Maschine

Um die Lage des Werkstücks und die jeweilige Position des Werkzeugs im Koordinatensystem der CNC-Maschine bestimmen zu können, müssen entsprechend definierte Punkte[1)] an der Maschine bzw. in deren Arbeitsraum vorhanden sein. In Abhängigkeit von diesen Punkten kann dann z. B. die Werkzeugposition bestimmt und kontrolliert werden.

1.2.1 Maschinennullpunkt

Der Maschinennullpunkt *(machine zero point)* wird vom Hersteller der Maschine festgelegt. Von ihm aus wird die Maschine vermessen und überprüft. Er ist der Ursprung des Maschinenkoordinatensystems und kann vom Anwender nicht verändert werden. Bei Drehmaschinen liegt er meist auf der Mitte und an der Vorderseite der Arbeitsspindel, wo das Drehbackenfutter befestigt ist (Bild 1).

1.2.2 Referenzpunkt

Der Referenzpunkt *(reference point)* dient dazu, die Lage des Werkzeugs im Maschinenkoordinatensystem zu bestimmen. Das kann nach dem Anschalten der Maschine oder nach einer Kollision erforderlich sein. Oft kann der Maschinennullpunkt vom Werkzeug nicht angefahren werden. Daher ist es vorteilhaft, einen anderen Punkt (den Referenzpunkt) festzulegen, der von der Steuerung direkt anzufahren ist. Die Lage des Referenzpunkts ist auf den Wegmesssystemen (vgl. Kap. 1.5.4) fixiert. Da die Steuerung die Entfernung des Referenzpunktes vom Maschinennullpunkt gespeichert hat, kennt sie nach dem Anfahren des Referenzpunktes die Achspositionen im Maschinenkoordinatensystem.

1.2.3 Werkstücknullpunkt

Der Werkstücknullpunkt *(workpiece zero reference point)* ist vom Programmierer frei wählbar und wird an eine sinnvolle Stelle gelegt, von der aus z. B. das gesamte Werkstück bemaßt ist (Bild 2) oder die sich aus fertigungstechnischen Gründen anbietet. Beim Drehen wird er meist an die Stirnfläche gelegt (Bild 3), weil sich die Maße in der Zeichnung auf diese Fläche beziehen. Die Stirnfläche wird beim Drehen meist zuerst geplant, sodass dadurch eine Bezugsfläche entsteht. Ein weiterer Vorteil liegt darin, dass der Programmierer bei negativen Z-Werten erkennt, dass er sich im Werkstückbereich befindet. Dadurch besteht erhöhte Kollisionsgefahr. Wird das Minuszeichen bei der Programmierung versehentlich vergessen, fährt das Werkzeug vom Werkstück weg.

MERKE

Die Fachkraft legt beim Einrichten der Maschine die Lage des Werkstücknullpunkts fest, der den Ursprung des Koordinatensystems bildet.

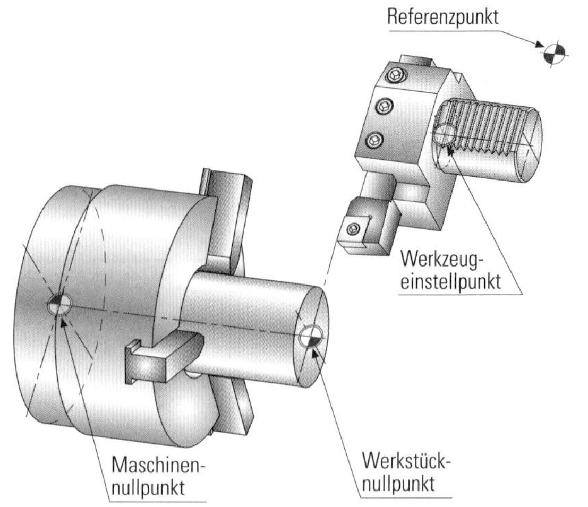

1 *Nullpunkte an einer CNC-Drehmaschine*

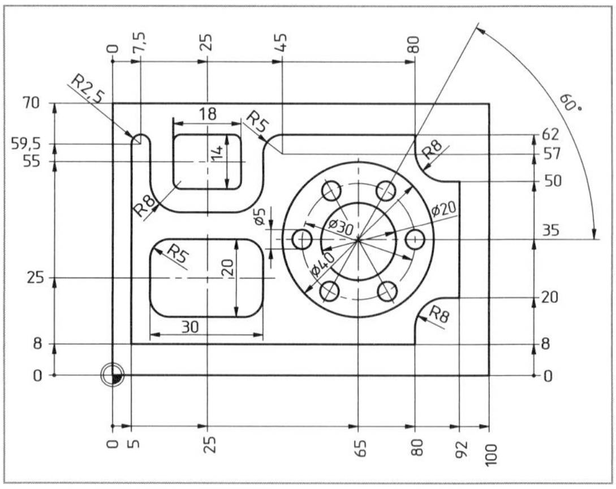

2 *Frästeil mit Werkstücknullpunkt*

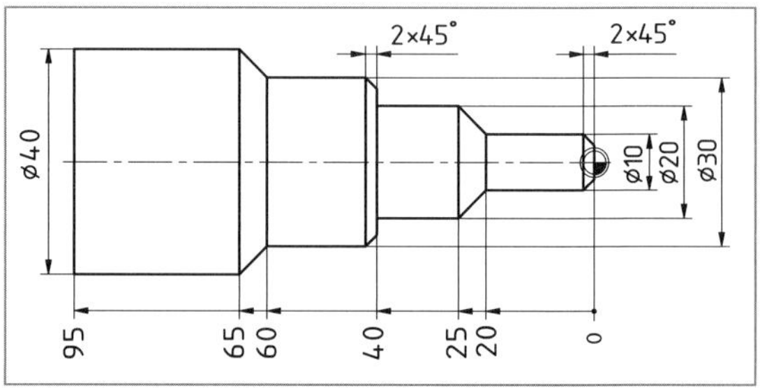

3 *Drehteil mit Werkstücknullpunkt*

1.2.4 Werkzeugeinstellpunkt

Bei Drehwerkzeugen (Seite 259 Bild 1) sind die Werkzeuglängen in X- und Z-Achse, ausgehend vom Werkzeugeinstellpunkt *(tool adjusting point)*, zu messen. Bei eingesetztem Werkzeug liegt der Werkzeugeinstellpunkt auf der Revolverstirnseite in der Mitte der Werkzeugaufnahme.

Bei Fräsern (Seite 259 Bild 2) werden die Fräserlänge und der Fräserradius, ausgehend vom Werkzeugeinstellpunkt, meist

1) DIN 66257

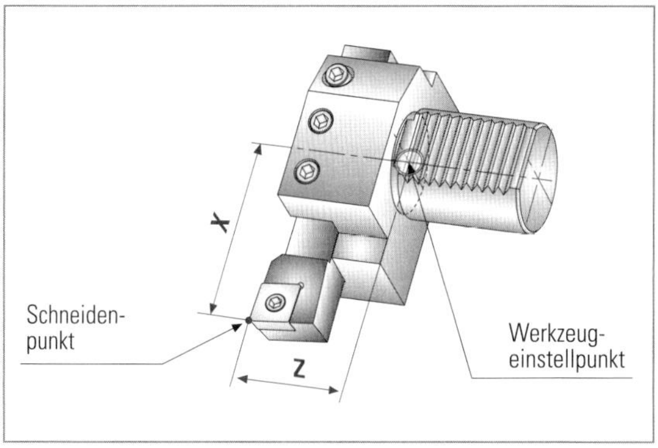

1 Werkzeugeinstellpunkt am Drehmeißel

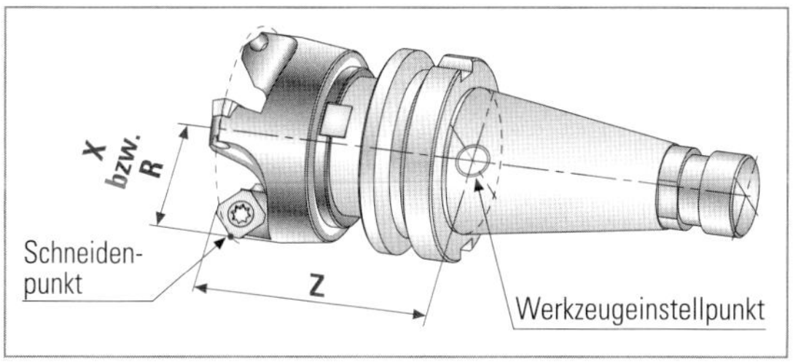

2 Werkzeugeinstellpunkt am Fräser

außerhalb der Maschine gemessen. Nach dem Werkzeugwechsel liegt der Werkzeugeinstellpunkt des Fräsers auf der Stirnflächenmitte der Arbeitsspindel.

MERKE

Die Fachkraft überträgt beim Einrichten der Maschine die gemessenen Werkzeuglängen in den Werkzeugkorrekturspeicher der Steuerung.

1.3 Konturpunkte an Werkstücken

Die Arbeitsbewegungen der Werkzeuge an CNC-Maschinen werden bei der Programmierung der Verfahrwege festgelegt. Vor bzw. während der Programmierung ist es daher erforderlich, die Konturpunkte *(contour points)* in Abhängigkeit vom Werkstücknullpunkt zu bestimmen.

1.3.1 Drehteile

An CNC-Drehmaschinen mit einer Antriebsspindel und einem Werkzeugrevolver kann das Werkzeug in der Z- und X-Achse verfahren. Die Bearbeitung geschieht somit lediglich in der Z-X-Ebene. In der X-Achse erfolgt die Eingabe der Werte **durchmesserbezogen**, d.h., es wird der Durchmesser und nicht der Radius als X-Wert definiert.

MERKE

Beim Drehen ist der Durchmesser der Koordinatenwert für die X-Achse.

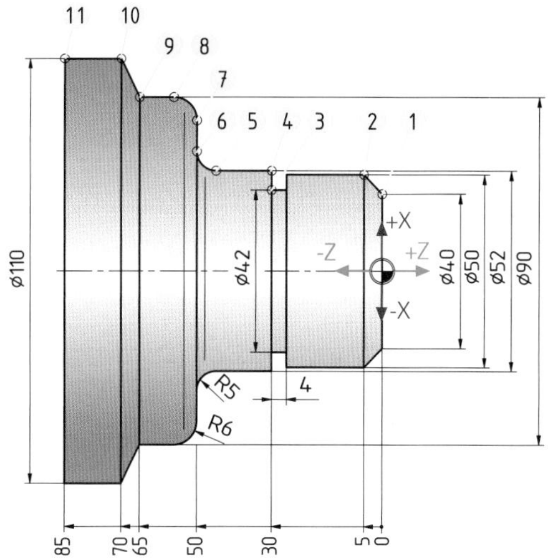

3 Anschlussbolzen mit Konturpunkten

Die Punkte 1 bis 3 des Anschlussbolzens (Bild 3) sind durch folgende Koordinaten bestimmt:

Punkt	X-Koordinate	Z-Koordinate
1	40	0
2	50	−5
3	42	−30
4	...	...

Überlegen Sie!

Übertragen Sie die Tabelle in Ihr Heft und ergänzen Sie diese um die Punkte 4 bis 11.

1.3.2 Frästeile

An CNC-Fräsmaschinen kann das Werkzeug mindestens in der X-, Y- und Z-Achse positioniert werden. Die Konturpunkte liegen somit nicht nur in einer Ebene – wie beim Drehen – sondern sind im Raum definiert.

Die Punkte 1 bis 3 der Abdeckplatte (Seite 260 Bild 1) sind durch folgende Koordinaten bestimmt:

Punkt	Koordinaten		
	X	Y	Z
1	68	38	−6
2	−68	38	−6
3	60	0	0
4	...	...	...

Überlegen Sie!

Übertragen Sie die Tabelle in Ihr Heft und ergänzen Sie diese um die Punkte 4 bis 10.

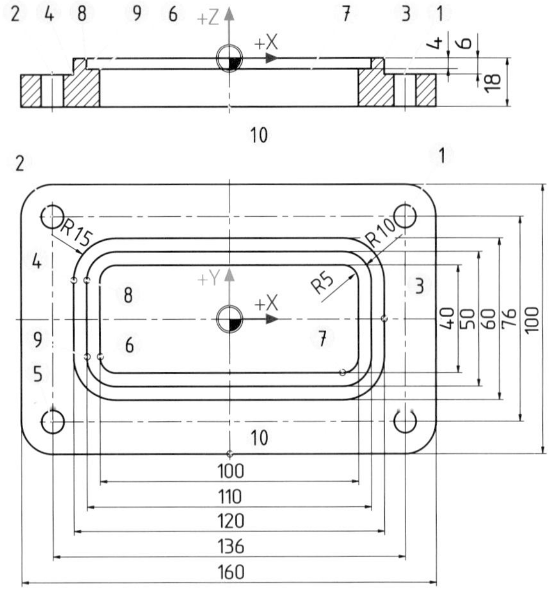

1 Abdeckplatte mit Konturpunkten

1.4 Steuerungsarten

Aufgrund der soft- und hardwaremäßigen Ausstattung der CNC-Steuerungen sind verschiedene Steuerungsarten *(types of control)* zu unterscheiden.

1.4.1 Punktsteuerungen

Punktsteuerungen *(point-to-point controls)* sind die ältesten Steuerungen (Bild 2). Das Werkzeug wird im **Eilgang** in einer Achse auf die Zielposition gebracht, bevor die andere angesteuert wird ①. Oder es werden beide Achsen solange gleichzeitig verfahren (unter 45°), bis die erste den programmierten Wert erreicht hat ②. Die zweite Achse fährt dann weiter achsparallel bis zum Zielpunkt. Nach dem Positionieren erfolgt die Bearbeitung (z. B. Bohren) in einer anderen Achse.

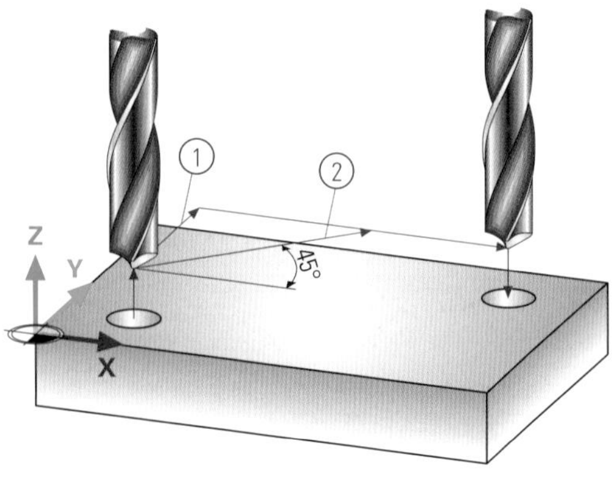

2 Verfahrbewegungen bei der Punktsteuerung

1.4.2 Streckensteuerungen

Streckensteuerungen *(straight line controls)* (Bild 3) sind die Nachfolger der Punktsteuerungen. Sie können die Werkzeugabmessungen berücksichtigen, d. h., sie haben einen Korrekturrechner. Mit Streckensteuerungen kann eine achsparallele Bearbeitung durchgeführt werden. Es können zylindrische Teile gedreht und rechteckige Werkstücke gefräst werden.

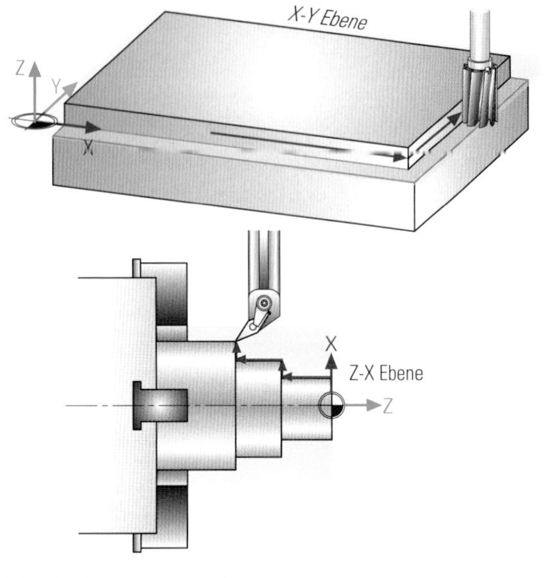

3 Verfahrbewegungen bei Streckensteuerungen

1.4.3 Bahnsteuerungen

2D-Bahnsteuerungen *(continuous path controls)* (Seite 261 Bild 1) können innerhalb einer Ebene (2 Achsen) beliebige Schrägen und Kreisbögen (Bahnen) bearbeiten. Das D steht dabei für Dimensionen bzw. Achsen, die gleichzeitig ansteuerbar sind.

Bei vielen Fräsmaschinen kann eine Bahnbearbeitung wahlweise immer nur in einer Ebene (X-Y-, Z-X- oder Y-Z-Ebene) erfolgen. Wegen der freien Wahl der Ebene für die Bahnbearbeitung wird von **2½D-Bahnsteuerung** (Seite 261 Bild 2) gesprochen.

Mit einer **3D-Bahnsteuerung** (Seite 261 Bild 3) können bei Fräsmaschinen beliebige Konturen und Freiformflächen erzeugt werden. Dabei müssen die Bewegungen in allen Achsen aufeinander abgestimmt bzw. angesteuert werden.

Sind neben den Achsen X, Y und Z noch weitere Bewegungen gleichzeitig ansteuerbar (z. B. Drehbewegung um die Y-Achse = B-Achse und Drehbewegung um die Z-Achse = C-Achse) dann wird von **4D-** bzw. **5D-Steuerungen** (Seite 261 Bild 4) gesprochen.

Überlegen Sie!

Welche Achsbewegungen kann eine 6D-Steuerung durchführen?

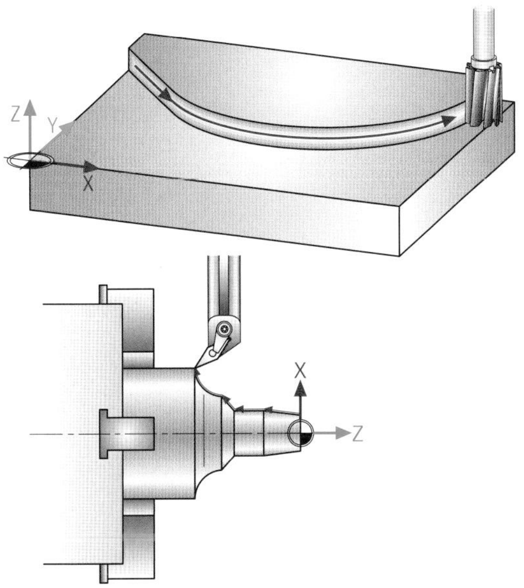

1 Verfahrbewegungen bei 2D-Bahnsteuerungen

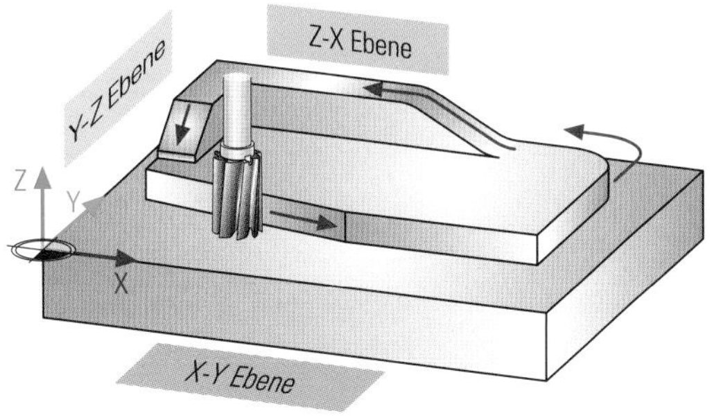

2 Verfahrbewegungen bei 2½D-Bahnsteuerungen

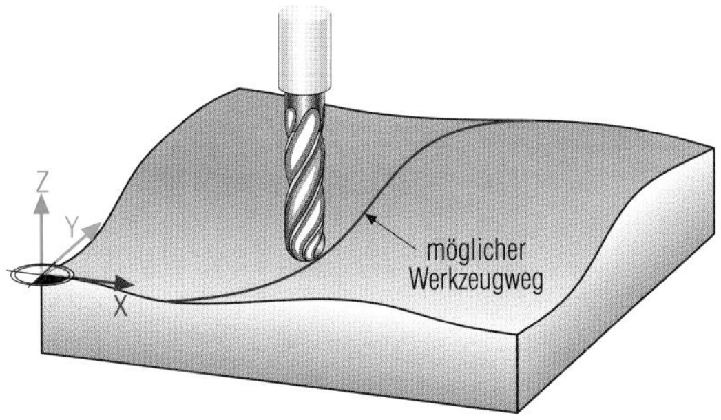

3 Verfahrbewegungen bei 3D-Bahnsteuerungen

1.5 Baueinheiten

Im Gegensatz zu konventionellen Werkzeugmaschinen besitzen CNC-Maschinen meist einen Motor für den Hauptantrieb und je einen Motor für jeden Vorschubantrieb.

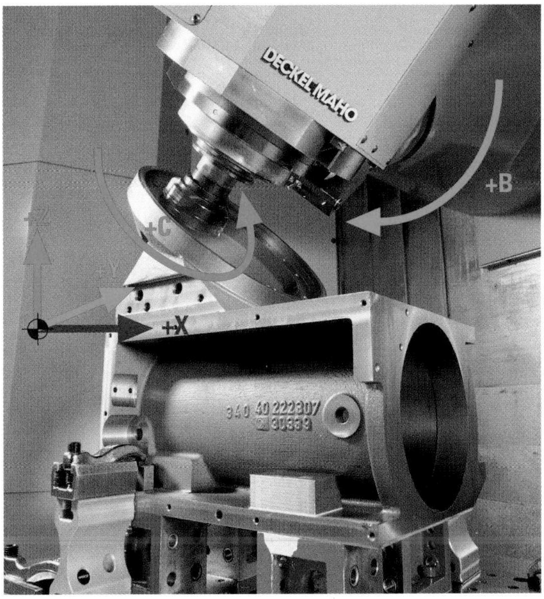

4 Bewegungen einer 5D-Bahnsteuerung

1.5.1 Hauptantrieb

Der Hauptantrieb *(main drive)* soll

- die zur Zerspanung erforderliche Leistung zur Verfügung stellen
- stufenlos regelbar sein (z. B. beim Drehen mit konstanter Schnittgeschwindigkeit)
- schnell zu beschleunigen und zu bremsen sein (z. B. beim Werkzeugwechsel).

1.5.1.1 Elektromechanischer Antrieb[1)]

Der elektromechanische Antrieb *(electromechanical drive)* besteht aus Motor, Riementrieb und/oder Getriebe sowie der Antriebsspindel (Seite 263 Bild 1). Er bietet den Vorteil, dass der Motor thermisch von der Spindel und dem Bearbeitungsraum entkoppelt ist. Der Riementrieb begrenzt jedoch die Umdrehungsfrequenz, die Steifigkeit und das Beschleunigungsverhalten des Antriebs und damit auch die Produktivität der Werkzeugmaschine.

1.5.1.2 Direktantrieb *(gearless drive)*

- Bei der **Hauptspindel mit angebautem Motor** wird das Drehmoment vom Rotor des Motors **direkt** auf die Hauptspindel übertragen (Seite 263 Bild 2). Der Antrieb wird dadurch sehr steif und ermöglicht kurze Beschleunigungs- und Bremszeiten.
- Bei der **Motorspindel** (Seite 263 Bild 3) ist die Hauptspindel im Antriebsmotor integriert. Durch den direkten Einbau der Hauptspindel ist meist eine Flüssigkeitskühlung des Motors erforderlich. Diese Ausführungsform des Hauptspindelantriebs entwickelt sich immer mehr zum Standard im modernen Werkzeugmaschinenbau.

1) siehe Lernfeld 7 Kap. 5.3

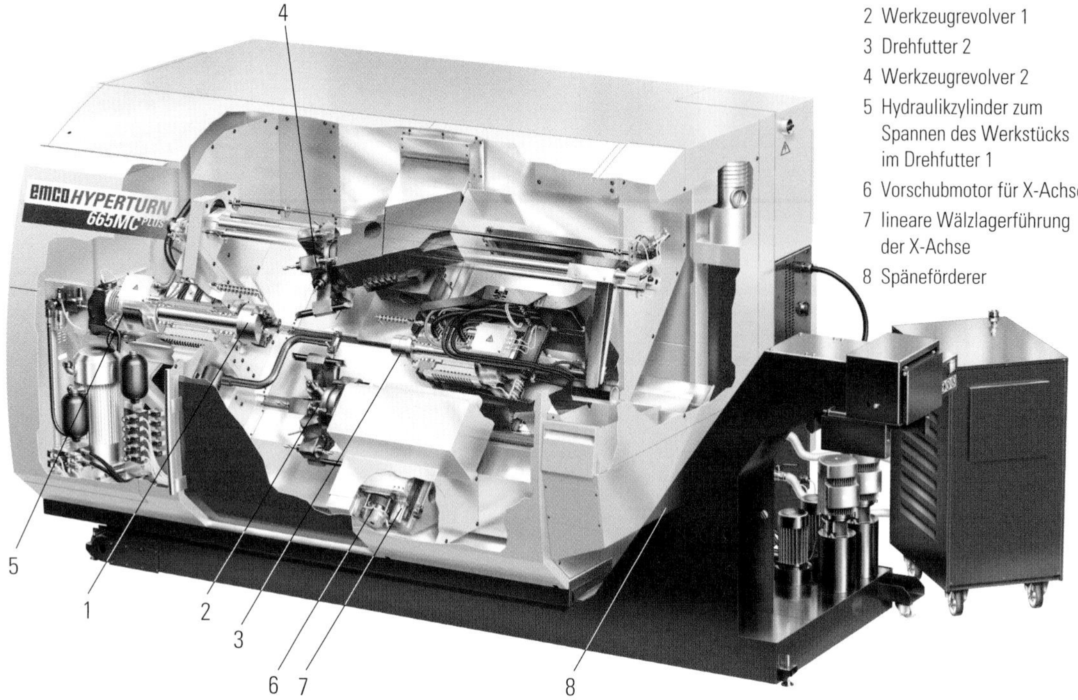

1 Drehfutter 1
2 Werkzeugrevolver 1
3 Drehfutter 2
4 Werkzeugrevolver 2
5 Hydraulikzylinder zum Spannen des Werkstücks im Drehfutter 1
6 Vorschubmotor für X-Achse
7 lineare Wälzlagerführung der X-Achse
8 Späneförderer

1 *Baueinheiten einer CNC-Drehmaschine*

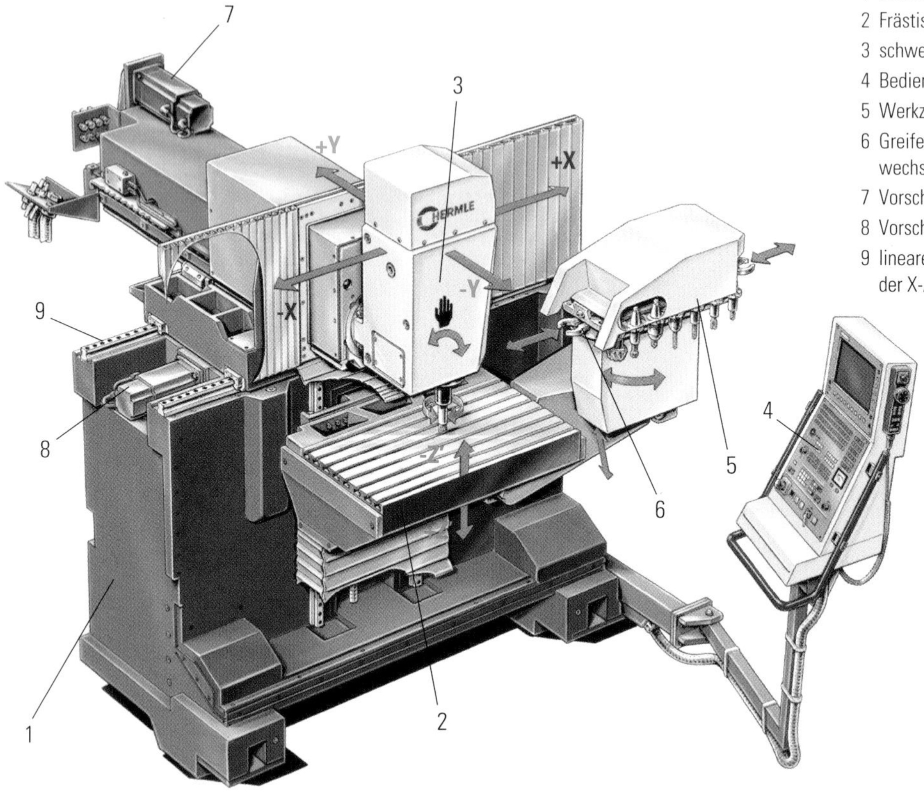

1 Maschinenständer
2 Frästisch
3 schwenkbarer Fräskopf
4 Bedientafel
5 Werkzeugmagazin
6 Greifer zum Werkzeugwechsel
7 Vorschubmotor für Y-Achse
8 Vorschubmotor für X-Achse
9 lineare Wälzführung der X-Achse

2 *Baueinheiten einer CNC-Fräsmaschine*

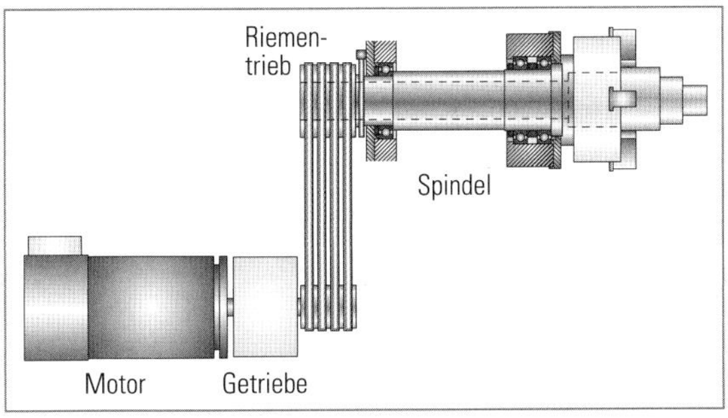

1 Elektromechanischer Hauptantrieb

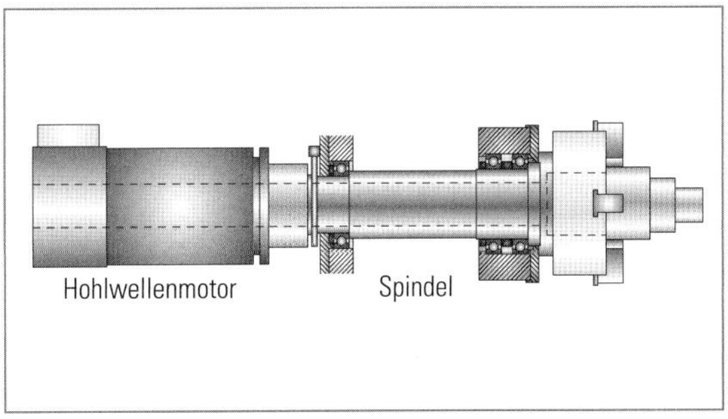

2 Direktantrieb: Hauptspindel mit angebautem Hohlwellenmotor

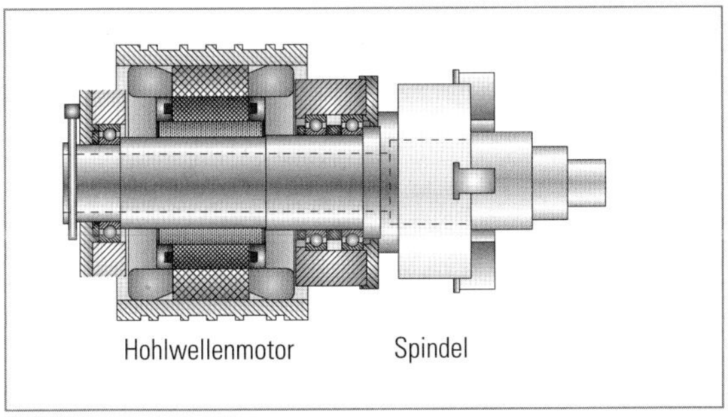

3 Direktantrieb: Motorspindel

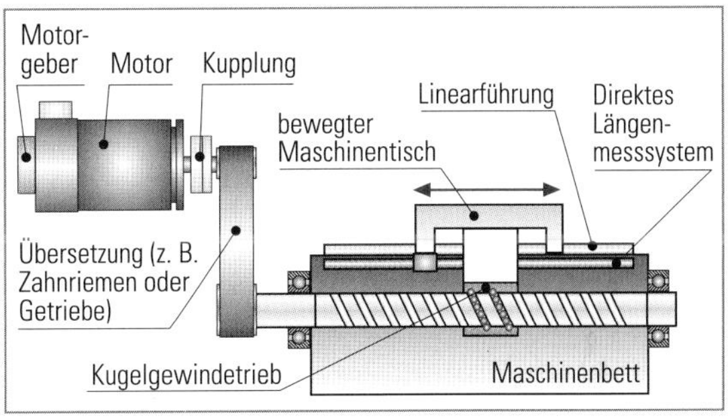

4 Schematische Darstellung eines elektromechanischen Vorschubantriebs

Da ein Direktantrieb auf eine Umdrehungsfrequenz- und Drehmomentwandlung durch Riementrieb und/oder Getriebe verzichtet, muss der Antriebsmotor folgende Anforderungen erfüllen:

- großer Umdrehungsfrequenzbereich
- großer Bereich mit konstanter Leistung
- hohes Drehmoment bei geringen Umdrehungsfrequenzen und
- hohe maximale Umdrehungsfrequenz

Drehstrom-Asynchronmotoren *(three-phase induction motors)* werden diesen Anforderungen weitgehend gerecht.

1.5.2 Vorschubantriebe

Die Vorschubantriebe *(feed drives)* stellen die für die Bearbeitung benötigten weiteren Bewegungen zur Verfügung. Sie bestehen im Wesentlichen aus

- Antriebsregler
- Motor
- Achsmechanik (Schlitten, Führungen, Spindel) und
- Wegmesssystem

1.5.2.1 Elektromechanische Antriebe

Die mechanische Energie wird meist vom Motor über eine Kupplung und einen Zahnriementrieb auf einen Kugelgewindetrieb geleitet. Dieser wandelt die drehende in eine geradlinige Bewegung des geführten Schlittens um (Bild 4).

Für den Vorschubmotor an CNC-Maschinen hat sich der Begriff **Servomotor** *(servo motor)* durchgesetzt. Es kommen fast ausschließlich **frequenzgesteuerte Drehstrommotoren** *(frequency regulated three-phase motors)* zum Einsatz, weil sie über folgende Vorteile verfügen:

- großer Umdrehungsfrequenzbereich
- hohe Drehmomente
- Wartungsfreiheit
- gutes Beschleunigungsvermögen
- gute Kühlmöglichkeiten

Um eine genaue und schnelle Positionierung des Schlittens zu erreichen, muss er möglichst spielfrei und reibungsarm gelagert sein. **Lineare Wälzlagerführungen**[1)] *(linear rolling bearing guideways)* (Bild 5) erfüllen diese Anforderungen weitgehend und werden daher bevorzugt eingesetzt. Gleitführungen werden wegen der Gleitreibung und dem damit verbundenen Verschleiß möglichst vermieden.

Ebenso soll die Umwandlung der kreisförmigen in eine geradlinige Bewegung möglichst spielfrei und reibungsarm sein. We-

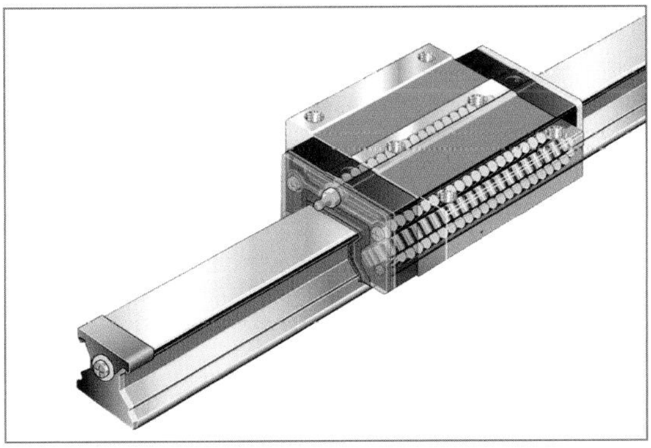

5 Lineare Wälzlagerführung

1) siehe Lernfeld 5 Kap. 9.1.2

gen der Gleitreibung und ihres Spiels sind Trapezgewindetriebe, wie sie bei konventionellen Werkzeugmaschinen eingesetzt werden, ungeeignet.

In **Kugelgewindetrieben** *(ball screws)* (Bild 1) herrscht überwiegend Rollreibung zwischen den Spindeln, Kugeln und Muttern. Dadurch reduziert sich die Reibung im Vergleich zum Trapezgewinde auf einen Bruchteil. Damit verbunden sind

- kein Stick-Slip-Effekt (Übergang von Haft- in Gleitreibung),
- geringe Erwärmung und geringer Verschleiß,
- höhere Umdrehungsfrequenzen,
- längere Lebensdauer und
- gleichbleibende Genauigkeit.

Kugelgewindetriebe werden spielfrei und vorgespannt angeboten.

Der **elektromechanische Antrieb** hat folgende Vorteile:

- Übertragung großer Vorschubkräfte
- geringe Abwärme
- niedrige Motorkosten

1.5.2.2 Direktantrieb

Beim Direktantrieb *(gearless drive)* mit Linearmotor ist keine Spindel nötig (Bild 2). Die geradlinige Bewegung erfolgt unmittelbar durch den **Linearmotor** *(linear induction motor)* ohne zwischengeschaltete Antriebselemente (Bild 3). Der Schlitten wird geführt und – wie bei der Magnetschwebebahn – elektrisch angetrieben.

Der Direktantrieb hat gegenüber dem elektromechanischen folgende Vorteile:

- geringere bewegte Massen
- kein Verschleiß an den Antriebselementen
- höhere Verfahrgeschwindigkeiten
- unbeschränkter Verfahrweg durch Aneinanderreihung von Einzelelementen
- höhere Beschleunigungen
- Umkehrspiele (toter Gang) und Federwirkungen mechanischer Übertragungsglieder entfallen

In Bild 4 ist die Abhängigkeit der Beschleunigungen von den bewegten Massen für elektromechanische Antriebe und den Direktantrieb dargestellt.

1.5.3 Lage- und Geschwindigkeitsregelkreis

Die CNC-Steuerung entnimmt den Sollwert, d. h. die Zielposition (z. B. 200 mm) dem CNC-Programm (Seite 265 Bild 1). Der **Regler** *(controller)* stellt dem Sollwert den Istwert (z. B. 300 mm) gegenüber. Die Differenz aus Sollwert und Istwert (200 mm – 300 mm) ist die **Regeldifferenz** *(error signal)* (–100 mm). Ihr Vorzeichen bestimmt die Bewegungsrichtung des Werkzeugschlittens. Im Beispiel verläuft sie in negativer Richtung, also in Richtung des Drehfutters. Der Regler steuert den **Motor** *(motor)* an. Dieser treibt die Spindel an, die den Werkzeugschlitten in die gewünschte Richtung bewegt. Während der Schlittenbewegung wird über ein **Wegmesssystem** *(position measuring system)* ständig der Istwert erfasst und dem Regler zugeführt, der laufend die Regeldifferenz ermittelt.

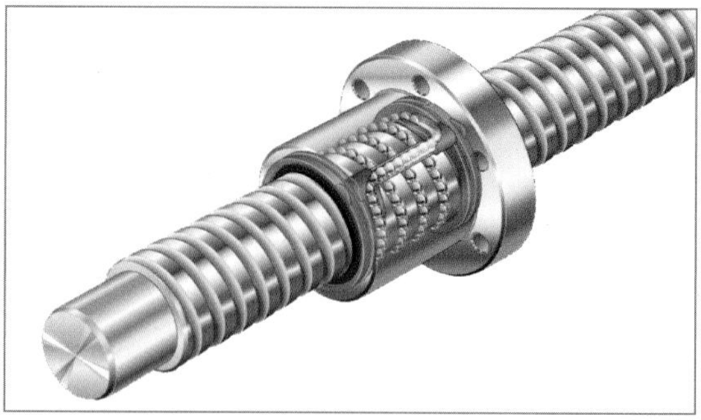

1 *Kugelgewindetrieb*

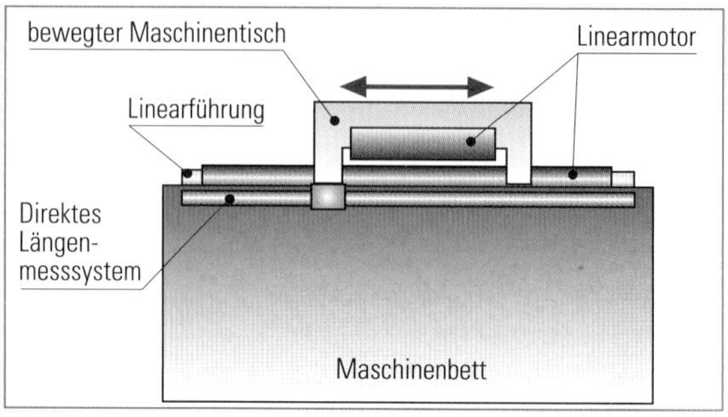

2 *Schematische Darstellung eines direkten Vorschubantriebs*

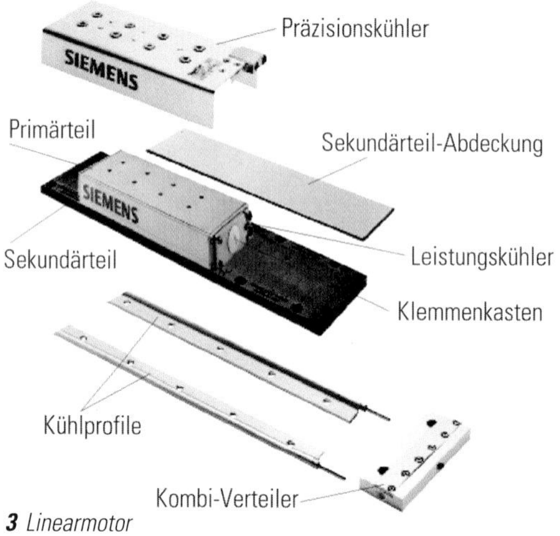

3 *Linearmotor*

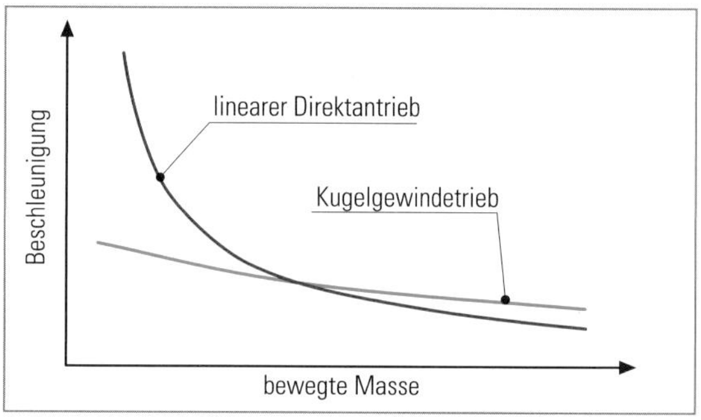

4 *Beschleunigungen bei elektromechanischem Antrieb und bei Direktantrieb*

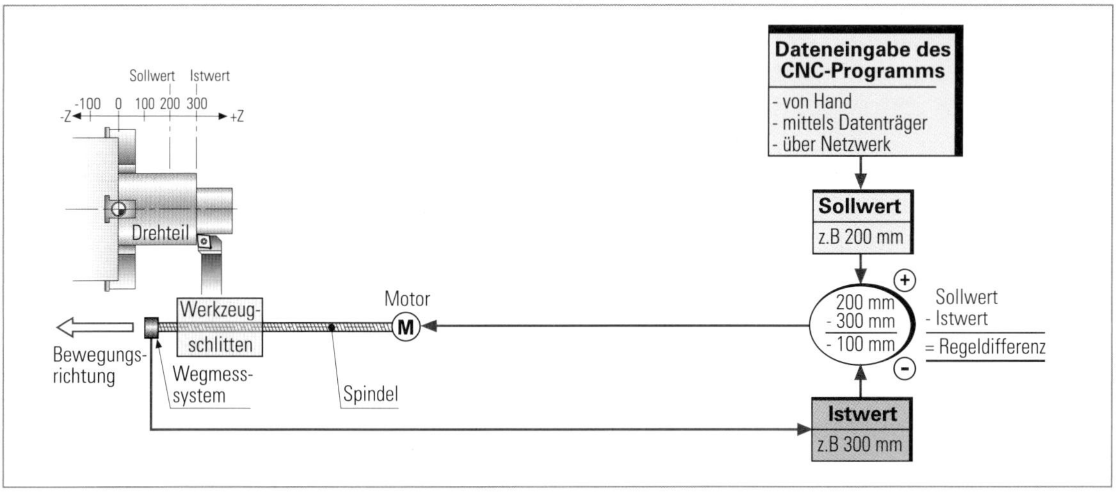

1 *Lageregelkreis für den Werkzeugschlitten einer CNC-Drehmaschine*

So lange Soll- und Istwert noch nicht gleich sind, wird der Werkzeugschlitten in die gewünschte Richtung weiter bewegt.
Es handelt sich also nicht um eine numerisch „gesteuerte", sondern um eine numerisch „geregelte" Werkzeugmaschine, weil der Wirkungsablauf in einem geschlossenen Kreis, dem **Regelkreis** *(closed loop)*, stattfindet (siehe Grundstufe). Trotzdem wird der Begriff „numerisch gesteuert" weiter verwendet, weil er sich in Praxis und Literatur durchgesetzt hat.
Wenn die Regeldifferenz gleich Null ist, können Werkzeug und Werkzeugschlitten wegen ihrer Trägheit nicht schlagartig anhalten. Damit der Sollwert d. h. die Zielposition nicht überfahren wird, ist in den **Lageregelkreis** *(position closed loop)* ein **Geschwindigkeitsregelkreis** *(speed closed loop)* eingelagert (Bild 2).

MERKE

Der Geschwindigkeitsregelkreis muss ab einer gewissen Regeldifferenz die Vorschubgeschwindigkeit so verringern, dass der Zielpunkt mit der Vorschubgeschwindigkeit Null angefahren wird.

Dazu muss der Geschwindigkeitsregelkreis die Regeldifferenz kennen, die ihm vom Lageregler übermittelt wird. In Bild 3 ist die Funktion dargestellt, nach der der Geschwindigkeitsregler die Vorschubgeschwindigkeit anpasst. Je größer der Winkel α ist, desto schneller muss abgebremst werden und desto stabiler müssen die Maschinenkonstruktionen sein.

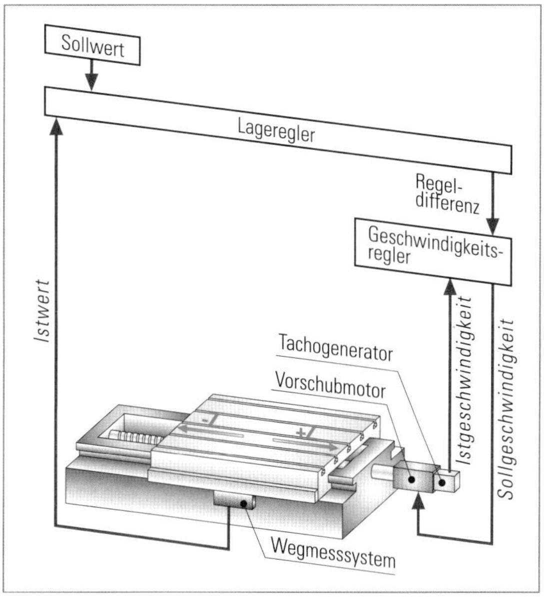

2 *Eingelagerter Geschwindigkeitsregelkreis*

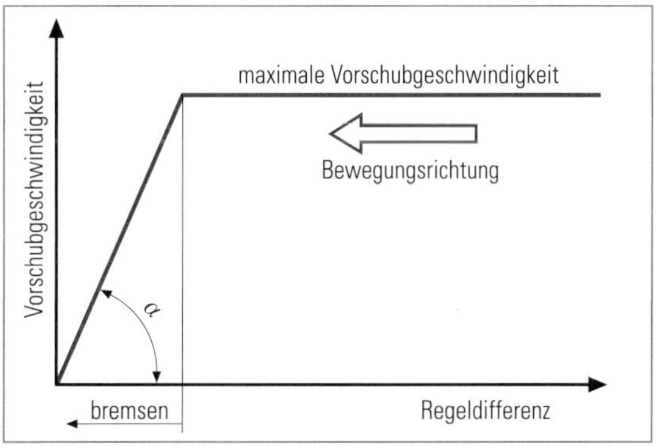

3 *Vorschubgeschwindigkeit in Abhängigkeit von der Regeldifferenz*

1.5.4 Wegmesssysteme

Jede Achse einer CNC-Maschine benötigt ein eigenes Wegmesssystem, das dem jeweiligen Lageregler die Istposition des Schlittens meldet.

MERKE

Bei der **direkten Wegmessung** wird der zurückgelegte Weg direkt gemessen (Bilder 1 und 2).
Die **indirekte Wegmessung** schließt vom Drehwinkel unter Berücksichtigung der Spindelsteigung auf den zurückgelegten Weg (Bilder 3 und 4).

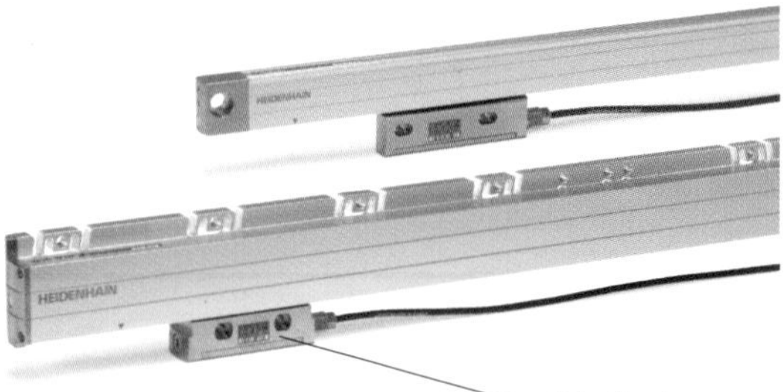

***2** Direktes Wegmesssystem*

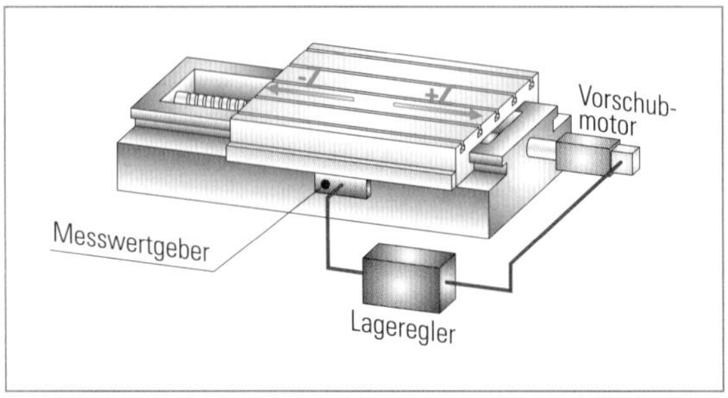

***1** Direkte Wegmessung*

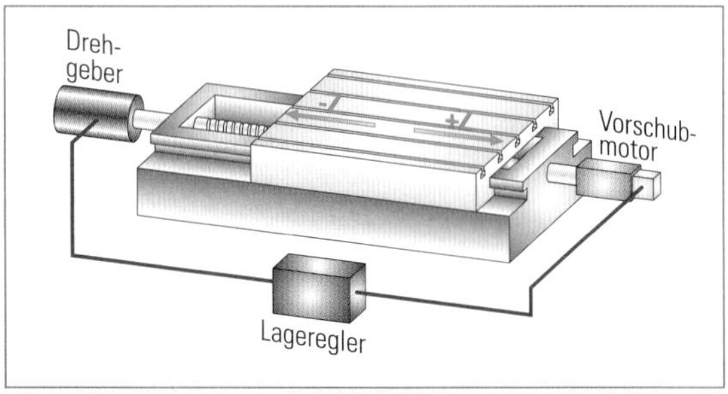

***3** Indirekte Wegmessung*

Bei den meisten Werkzeugmaschinen erfolgt die Wegmessung fotoelektronisch (Seite 267 Bild 1). Dabei bewegt sich ein Glasmaßstab durch einen Abtastkopf. Eine Lichtquelle sendet Strahlen durch die Abtastplatte und den Glasmaßstab mit Strichteilung. Die Striche bzw. die Lücken besitzen meist eine Breite von 10 oder 20 µm. Die Fotoelemente empfangen die Lichtstrahlen. Die **fotoelektronische Verstärkung** sorgt dafür, dass das Wegmesssystem digitale Impulse an den Lageregler sendet. Der Lageregler addiert die einzelnen Impulse unter Berücksichtigung der Verfahrrichtung. Je nach Ausführung des Systems lassen sich Messschritte von 1 µm bis 0,1 µm erfassen. Ein einzelner Zählimpuls wird als **Inkrement** (Zuwachs) bezeichnet, das Messverfahren dementsprechend als **inkrementale Wegmessung**.

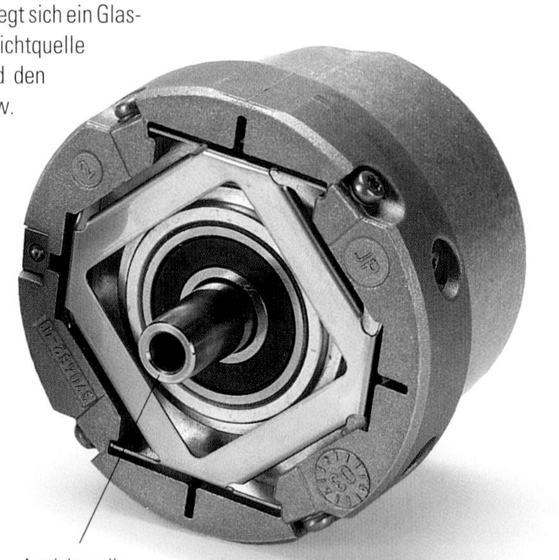

***4** Indirektes Wegmesssystem*

Nach dem Einschalten der Maschine liegt bei inkrementalen Messsystemen meist keine Information über die Istposition des Schlittens vor. Dann muss der Referenzpunkt des Wegmesssystems (vgl. Kap. 3.6) angefahren werden. Das untere Fotoelement in Bild 1 auf Seite 267 erfasst die Lage des Referenzpunkts auf dem Glasgittermaßstab.

Bei inkrementalen Längenmesssystemen mit **abstands-codierten Referenzmarken** (Bild 2) steht der absolute Positionswert nach nur max. 20 mm Verfahrstrecke zur Verfügung, d.h. mit dem Überfahren von zwei Referenzmarken. Die Teilung des Maßstabs besteht aus der normalen Strichteilung und einer dazu parallel verlaufenden Referenzmarkenspur. Der Abstand zwischen den Referenzmarken ist nicht konstant, sondern unterschiedlich. Durch Auszählen der Messschritte von einer zur nächsten Referenzmarke kann die absolute Position bestimmt werden.

Die **indirekte inkrementale Wegmessung** wird mit Drehgebern durchgeführt (Seite 266 Bild 4). Die Messwerterfassung geschieht wie bei der direkten Wegmessung (Bild 3). Der Messschritt wird jedoch nicht in Millimeter, sondern in Grad angegeben. Messschritte bis zu 0,0005° können problemlos erreicht werden.

Im Gegensatz zur direkten Wegmessung beeinflussen **Steigungsfehler** der Spindel sowie Spiel zwischen Spindel und Mutter das Messergebnis bei der indirekten Wegmessung **nachteilig**.

Vorteilhaft ist, dass Drehgeber im Gegensatz zu den direkten Wegmesssystemen platzsparend und an geschützten Stellen (z.B. innerhalb des Antriebsmotors) anzubringen sind. Für die indirekten Wegmesssysteme spielt die Länge des Verfahrwegs keine Rolle. Während bei großen Verfahrstrecken direkte Wegmesssysteme vergleichsweise **teuer** sind.

Die **absoluten Wegmesssysteme** geben ihre Informationen nicht in Form von digitalen Impulsen aus, sondern als absoluten Zahlenwert. Daher ist es z.B. nach einer Kollision nicht erforderlich, den Referenzpunkt anzufahren. Das Wegmesssystem meldet auch nach einer Kollision oder einem Stromausfall, wo der Schlitten im Maschinenkoordinatensystem steht. Dazu reicht allerdings nicht eine Strichteilung auf dem Glasmaßstab aus, sondern es sind mehrere nötig. Die Bilder 1 und 2 auf Seite 268 stellen die Prinzipien für eine indirekte absolute bzw. eine direkte absolute Wegmessung dar. Die absoluten Wegmesssysteme sind aufwändiger und entsprechend teurer als die inkrementalen.

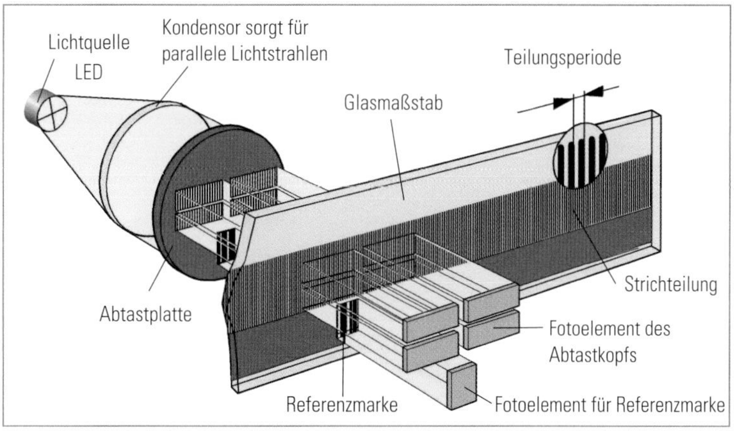

1 *Prinzip der fotoelektronischen (direkten, inkrementalen) Wegmessung*

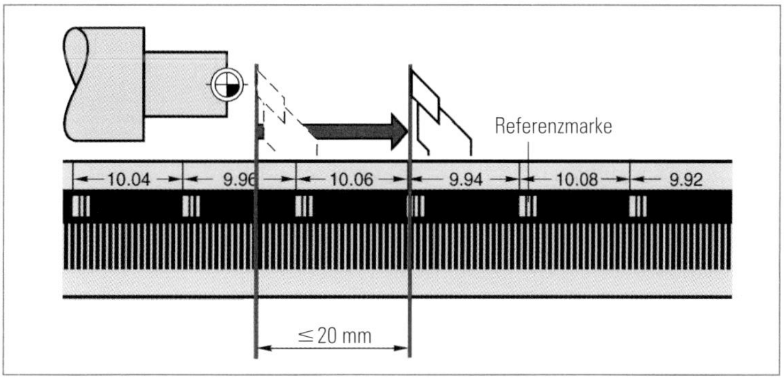

2 *Direktes inkrementales Wegmesssystem mit abstandscodierten Referenzmarken*

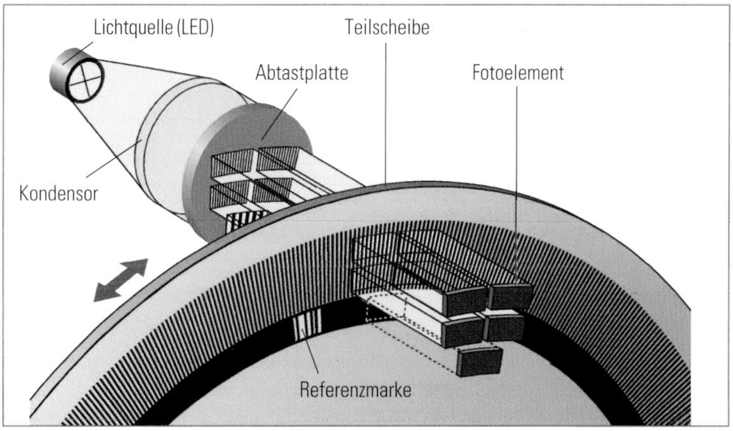

3 *Prinzip des indirekten inkrementalen Wegmesssystems*

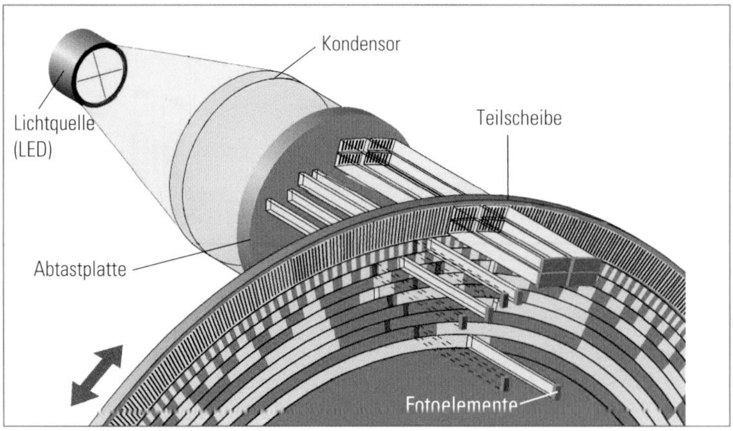

1 Prinzip eines indirekten absoluten Wegmesssystems

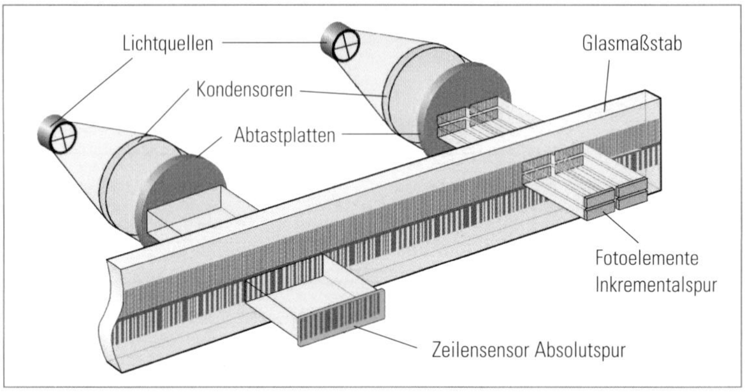

2 Prinzip eines direkten absoluten Wegmesssystems

MERKE

Anpasssteuerungen erfassen einerseits Betriebszustände mithilfe von Sensoren und geben diese an die CNC-Steuerung weiter. Andererseits erhalten sie Informationen von der CNC-Steuerung und leiten Schaltfunktionen ein.

1.5.5 Anpasssteuerung

Die Anpasssteuerung *(adaptive control)* (SPS[1]) gehört nicht mehr zur eigentlichen CNC-Steuerung, ist jedoch mit ihr verbunden, und es findet ein ständiger Datenaustausch zwischen beiden statt (Seite 269 Bild 1).

Fräsmaschinen spanen meist nur, wenn die Maschinenverkleidung geschlossen ist. Daher erhält die Anpasssteuerung von Sensoren die Information, ob die Verkleidung geschlossen ist. Diese Information gibt sie an die CNC-Steuerung weiter. Nur wenn die Verkleidung geschlossen ist, erhält der Hauptspindelantrieb die Freigabe, sich zu drehen. Ist dies nicht der Fall, gibt die Steuerung eine entsprechende Fehlermeldung auf dem Bildschirm aus. Diese Meldung kann im Klartext (z. B. Arbeitsspindel steht) oder verschlüsselt (z. B. Error 234) ausgegeben werden. Im zweiten Fall muss der Maschinenbediener mithilfe der Bedienungsanleitung den Fehler entschlüsseln.

Erfolgt im Programm der Befehl, das Kühlmittel anzuschalten, gibt die Steuerung diese Information an die Anpasssteuerung weiter. Diese schaltet dann die Pumpe für die Kühlmittelzufuhr ein.

1.5.6 Anzeige- und Wiederholgenauigkeit

Obwohl bei fast allen Werkzeugmaschinen die Anzeigegenauigkeit *(display accuracy)* 0,001 mm oder genauer beträgt, heißt das nicht, dass das Istmaß des Werkstücks auf 0,001 mm identisch mit dem programmierten Wert ist. Die Gründe für Maßabweichungen liegen nicht in der Steuerung, sondern in der Maschinenkonstruktion.

Das vorhandene **Spiel** *(clearance)* in Lagern und Führungen bewirkt, dass das Werkzeug durch die Schnittkräfte in eine andere als die programmierte Lage gedrückt wird (Bild 3). Auch bei den hochwertigsten CNC-Maschinen muss ein gewisses Spiel in den Lagern und Führungen vorhanden sein. Sonst werden die Reibungskräfte und der dadurch entstehende Verschleiß (siehe Lernfeld 9) zu groß und es stellen sich nach kurzer Zeit größere Ungenauigkeiten ein.

Wenn metallische Bauteile oder Werkzeuge beansprucht werden, **verformen** sie sich **elastisch**. Durch die Schnittkraft verformen sich z. B. Fräser und Spindel, was zu Maßabweichungen führt. Die Verformungen sind umso größer, je größer die Zerspankräfte sind und je weiter die Spindel ausgefahren ist.

Durch die **Wärmedehnung** *(heat strain)* der Maschinenbauteile und des Werkstücks kann es zu weiteren Ungenauigkeiten kommen.

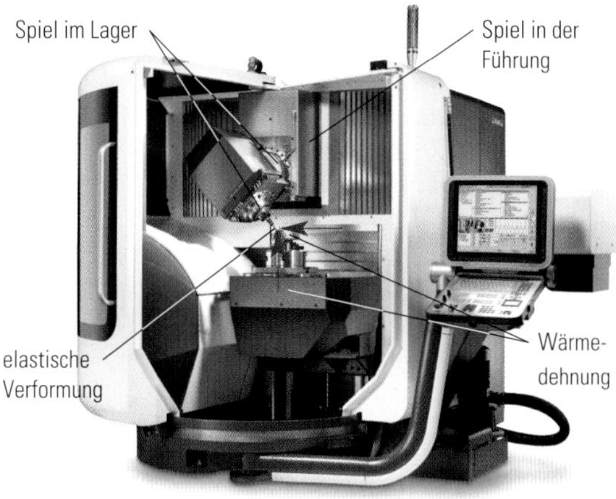

3 Auswirkungen von Führungsspiel, Wärmedehnung und elastischer Verformung auf die Maßhaltigkeit des Werkstücks

1) speicherprogrammierbare Steuerung

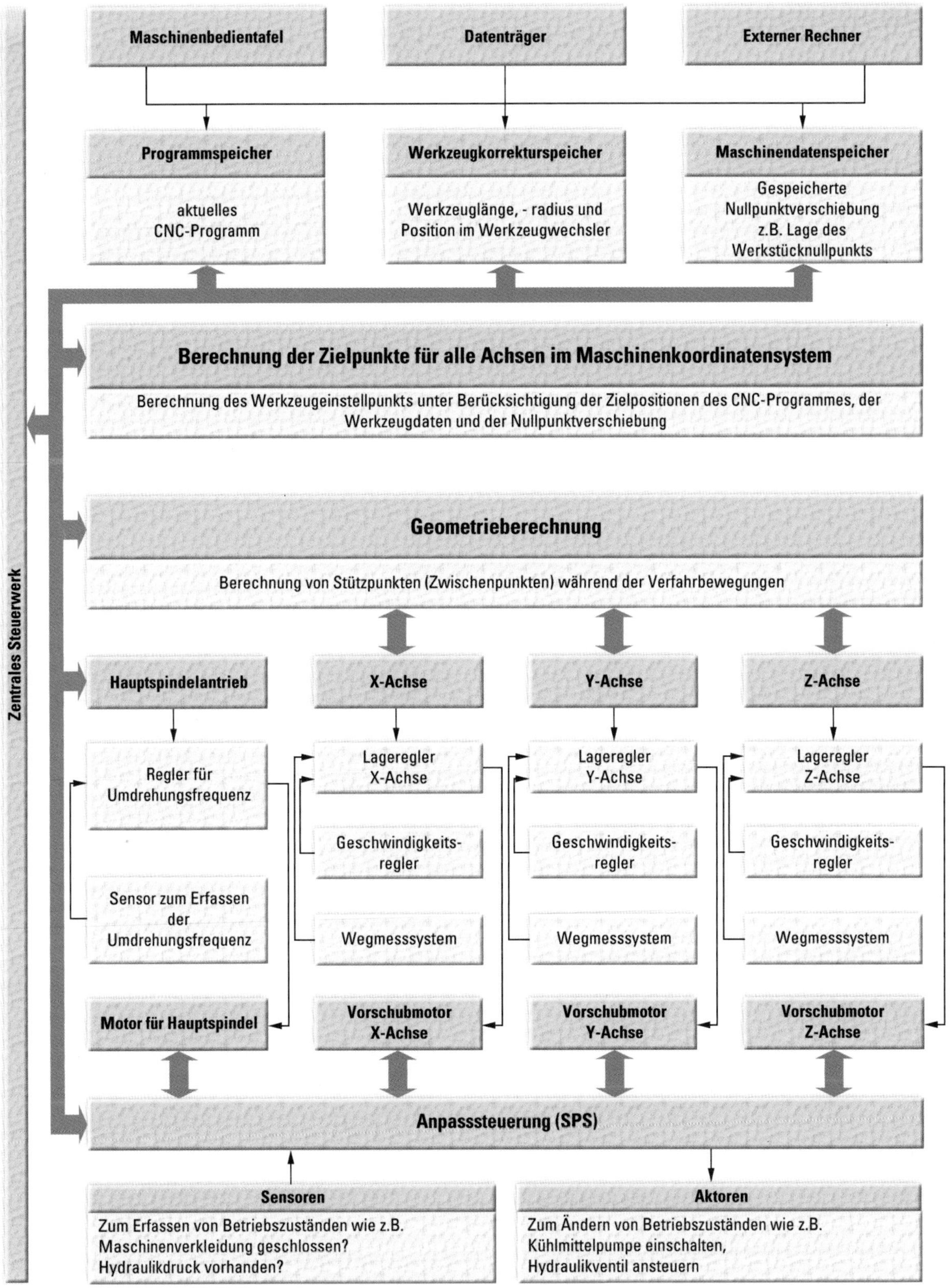

1 *Funktionsweise einer CNC-Fräsmaschine*

ÜBUNGEN

1. Skizzieren Sie perspektivisch ein Koordinatensystem mit den Achsen X, Y und Z sowie den Drehachsen A, B und C.
2. Wodurch wird die Z-Achse an CNC-Maschinen bestimmt und wie verläuft sie?
3. Unterscheiden Sie Y-Richtung und Y'-Richtung.
4. Warum wird bei der Programmierung immer davon ausgegangen, dass sich das Werkzeug gegenüber dem Werkstück bewegt?
5. Erstellen Sie eine Mind-Map zu den Bezugspunkten an CNC-Werkzeugmaschinen.
6. Unterscheiden Sie 2½D-Bahnsteuerung und 3D-Bahnsteuerung.
7. Nennen Sie die Baueinheiten in Energieflussrichtung für einen elektromechanischen Hauptantrieb.
8. Skizzieren Sie ein Blockschaltbild für einen Vorschubantrieb.
9. Nennen Sie Vorteile eines Kugelgewindetriebs gegenüber einem Trapezgewinde.
10. Welche Vorteile hat ein Linearmotor gegenüber einem elektromechanischen Vorschubantrieb?
11. Unterscheiden Sie Lage- und Geschwindigkeitsregelkreis.
12. Stellen Sie direkte und indirekte Wegmessung vergleichend gegenüber.
13. Welche Vor- und Nachteile hat ein absolutes Wegmesssystem gegenüber einem inkrementalen?
14. Welche Aufgaben übernimmt die Anpasssteuerung bei einer CNC-Maschine?
15. Unterscheiden Sie Anzeige- und Wiederholgenauigkeit.

2 Aufbau von CNC-Programmen

Die gesamte Bearbeitung eines Werkstücks wird bei der Erstellung eines CNC-Programms *(CNC-programme)* in Einzelschritte zerlegt.

MERKE

Das CNC-Programm muss alle Informationen beinhalten, die für die Bearbeitung des Werkstücks notwendig sind.

Dazu gehören **geometrische** und **technologische** Informationen sowie **Zusatzinformationen** (Schaltbefehle). Bei der Bearbeitung des Werkstücks werden die Sätze in ihrer Reihenfolge aus dem Programmspeicher gelesen und abgearbeitet, d.h. in Bewegungen umgesetzt.

Die **geometrischen Informationen** *(geometrical information)* beschreiben die Art der Werkzeugbewegungen. Dazu gehören z.B. Eilgang- bzw. Vorschubbewegung oder ob sich das Werkzeug geradlinig bzw. bogenförmig bewegt.

Die **technologischen Informationen** *(technological information)* geben z.B. Auskunft über den Vorschub und die Schnittgeschwindigkeit bzw. die Umdrehungsfrequenz.

Zu den **Zusatzinformationen** *(additional information)* (Schaltfunktionen) zählen z.B. Drehrichtung der Arbeitsspindel, das im Einsatz befindliche Werkzeug, Werkzeugwechsel, Kühlmittel ein/aus und Programmende.

Ein CNC-Programm[1)] ist aus einzelnen **Programmsätzen** aufgebaut (Bild 1).

Ein **Satz** besteht aus einem oder mehreren Wörtern:

```
N50 G0 Z50 F300 S3000 M3
 └───┴───┴───┬───┴────┘
            Wort
```

```
N10 G90
N20 G17
N30 G54
N40 T1 M6
N50 G0 Z50 F300 S3000 M3
N60 G0 X30 Y30
N70 G0 Z2
N80 G1 Z-20 M8
N90 G1 Y170
N100 G1 X370
N110 G1 Y30
N120 G1 X30
N130 G0 Z50
N140 M30
```

1 Aus Sätzen aufgebautes CNC-Programm

Das einzelne **Wort** setzt sich aus einem Adressbuchstaben und einer Ziffernfolge zusammen:

```
Z50
│└── Ziffernfolge
└─── Adressbuchstabe
```

Die Satznummer bzw. das N-Wort (englisch: *number*) wie z.B. N50 dient zur Kennzeichnung der einzelnen Sätze. Die Steuerung arbeitet die Sätze in ihrer Reihenfolge ab. Es handelt sich somit bei der Satznummer lediglich um eine **programmtechnische Information**, die nicht bei allen Steuerungen erforderlich ist.

1) DIN 66025

2.1 Geometrische Informationen (Wegbedingungen)

Wegbedingung	Bedeutung	Grafische Darstellung
GØ[1]	**Punktsteuerungsverhalten:** Das Werkzeug bewegt sich mit Eilganggeschwindigkeit zum programmierten Punkt.	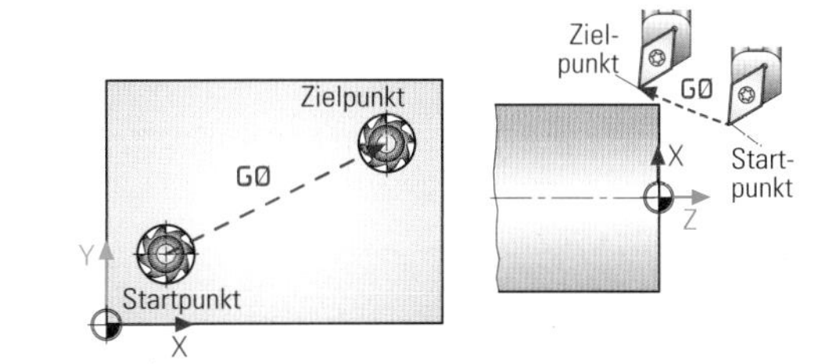
G1	**Geradeninterpolation:** Die Zielposition wird auf einer Geraden mit dem programmierten Vorschub angefahren.	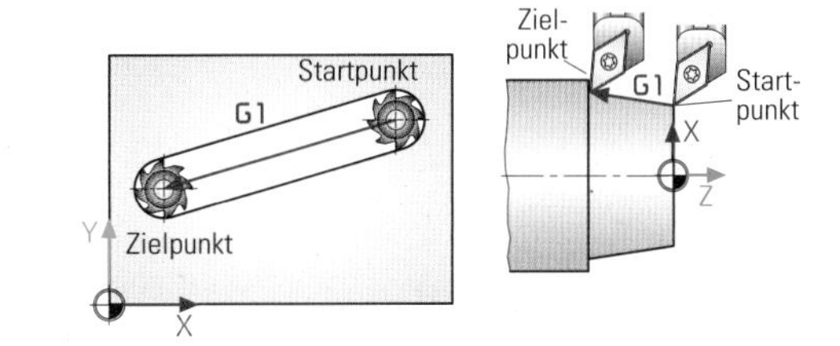
G2	**Kreisinterpolation im Uhrzeigersinn:** Das Werkzeug bewegt sich mit programmiertem Vorschub im Uhrzeigersinn auf einer Kreisbahn zum Ziel.	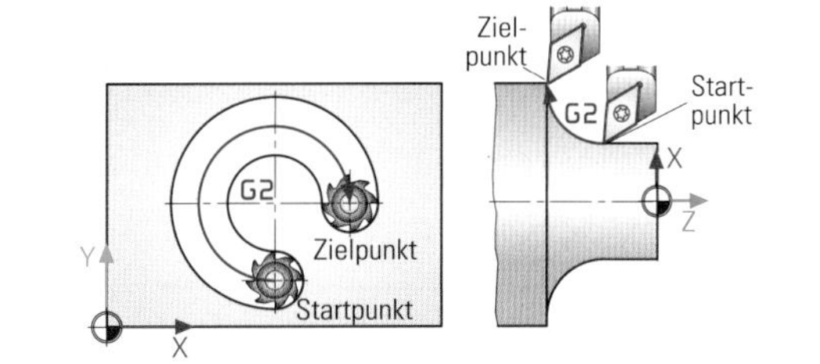
G3	**Kreisinterpolation im Gegenuhr-zeigersinn:** Das Werkzeug bewegt sich mit programmiertem Vorschub im Gegenuhrzeigersinn auf einer Kreisbahn zum Ziel.	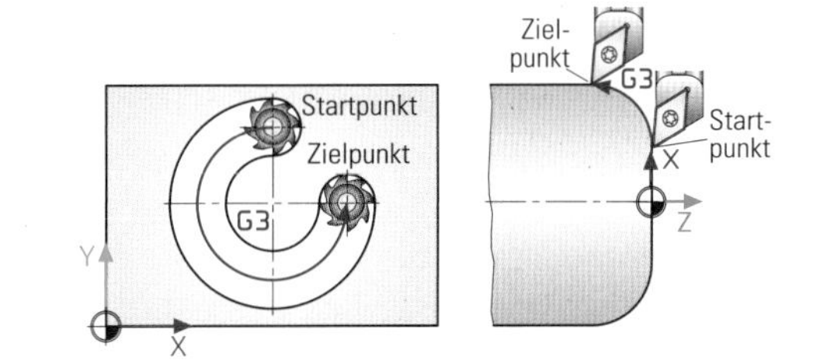
G9Ø	**Absolute Maßangabe:** Es wird programmiert, **auf** welche Zielkoordinaten das Werkzeug in Abhängigkeit vom Werkstücknullpunkt verfährt.	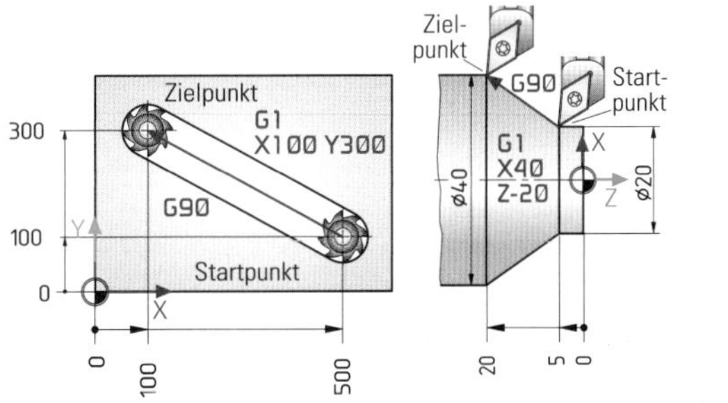
G91	**Inkrementale Maßangabe:** Es wird programmiert, **um** welche Koordinatenbeträge das Werkzeug in Abhängigkeit vom derzeitigen Startpunkt verfährt	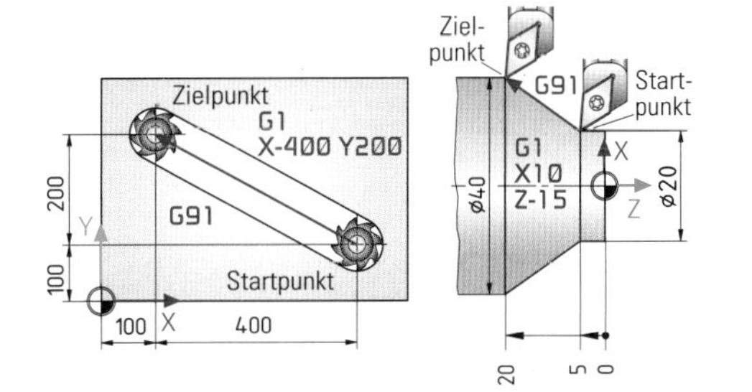

1 *Wichtige G-Funktionen bzw. Wegbedingungen*

1) Nach DIN 68025-2:1988-09 werden die Wegbedingungen G0 bis G9 mit G00 bis G09 bezeichnet.

Geometrische Informationen (Wegbedingungen) teilen der Steuerung mit, wie sie die Relativbewegung von Werkzeug und Werkstück (z. B. Verfahrweg als Gerade oder Kreisbogen) auszuführen hat. Die Koordinaten geben jeweils den Zielpunkt des Bearbeitungsschrittes an.

MERKE

Die Wegbedingungen *(preparatory functions)* bzw. G-Wörter *(geometric function)* legen – zusammen mit den Wörtern für die Koordinaten – den geometrischen Teil des Programms fest (Seite 270 Bild 1 und Bild 1).

Wegbedingung	Bedeutung
G4	Verweilzeit, zeitlich vorbestimmt
G17	Ebenenauswahl (X-Y-Ebene)
G18	Ebenenauswahl (Z-X-Ebene)
G19	Ebenenauswahl (Y-Z-Ebene)
G33	Gewindeschneiden, Steigung konst.
G40	Aufheben der Werkzeugkorrektur
G41	Werkzeugbahnkorrektur, links
G42	Werkzeugbahnkorrektur, rechts
G43	Werkzeugkorrektur, positiv
G44	Werkzeugkorrektur, negativ
G53	Aufheben der (Nullpunkt)verschiebung
G54 ... G59	(Nullpunkt)verschiebung 1 ... 6
G80	Aufheben des Arbeitszyklus
G81 ... G89	Arbeitszyklus 1 ... 9
G94	Vorschubgeschwindigkeit in mm/min
G95	Vorschub in mm pro Umdrehung
G96	konstante Schnittgeschwindigkeit
G97	Umdrehungsfrequenz in 1/min

***1** Weitere G-Funktionen bzw. Wegbedingungen*

2.1.1 Absolute und inkrementale Maßangabe

Bevor die Beschreibung der Werkzeugwege erfolgt, muss im Programm definiert sein, worauf sich die im Programm stehenden Koordinaten (z. B. X30 Y30) beziehen.
Es gibt prinzipiell zwei Möglichkeiten der Maßangabe:

- Absolute Maßangabe *(absolute measurement)* (G90)
- Inkrementale Maßangabe *(incremental measurement)* (G91)

MERKE

Durch die Eingabe von G90 wird festgelegt, dass es sich bei den folgenden Koordinatenwerten um absolute Maßangaben handelt, die sich auf den Werkstücknullpunkt beziehen.

MERKE

Durch die Eingabe von G91 wird bestimmt, dass es sich bei den folgenden Koordinatenwerten um inkrementale Maßangaben handelt, die sich jeweils auf die derzeitige Werkzeugposition *(position of tool)* beziehen.

Bei der **absoluten Maßangabe** werden die Zielkoordinaten eingegeben, auf die sich das Werkzeug in Bezug auf den Werkstücknullpunkt bewegt (Bilder 2a und 3a). Bislang wurden alle Konturpunkte in dieser Art bestimmt (Seite 270 Bild 1 und Kapitel 1.3.1)

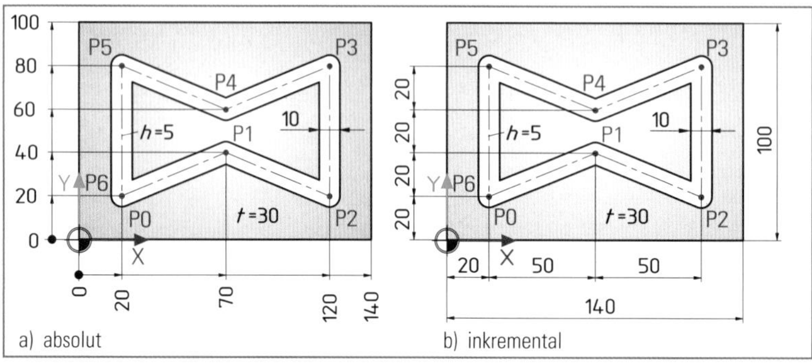

Punkt	Maßangabe G90	Maßangabe G91
1	X70 Y40	X50 Y20
2	X120 Y20	X50 Y-20
3	X120 Y80	X0 Y60
4	X70 Y60	X-50 Y-20
5	X20 Y80	X-50 Y20
6	X20 Y20	X0 Y-60

***2** Absolute Programmierung (G90) und inkrementale Programmierung (G91) eines Frästeils*

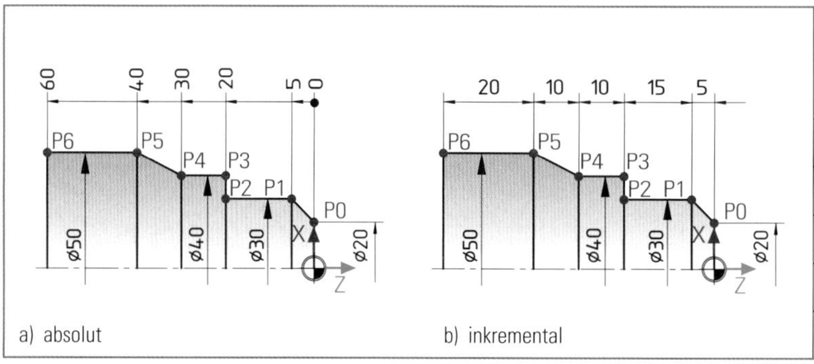

Punkt	Maßangabe G90	Maßangabe G91
1	X30 Z-5	X5 Z-5
2	X30 Z-20	X0 Z-15
3	X40 Z-20	X5 Z0
4	X40 Z-30	X0 Z-10
5	X50 Z-40	X5 Z-10
6	X50 Z-60	X0 Z-20

***3** Absolute Programmierung (G90) und inkrementale Programmierung (G91) eines Drehteils*

Bei der **inkrementalen**[1] **Maßangabe** wird programmiert, um welchen Betrag das Werkzeug von der aktuellen Position aus verfahren muss, damit es den Zielpunkt erreicht (Seite 272 Bilder 2b und 3b).

Die Werkstücke verdeutlichen für das **Fräsen** (Seite 272 Bild 2) und **Drehen** (Seite 272 Bild 3) die Unterschiede von absoluter und inkrementaler Maßangabe. Dabei wird davon ausgegangen, dass der Fräser bzw. der Drehmeißel zu Beginn der Betrachtung jeweils auf dem Punkt P0 steht und dann schrittweise jeder Punkt bis P6 angefahren wird.

Die Beispiele zeigen, dass die inkrementale Maßangabe gegenüber der absoluten einige Nachteile hat:

- Während bei der absoluten Programmierung aufgrund der Koordinatenwerte (z. B. P5 beim Fräsen: X20 Y80) sofort die programmierte Position ersichtlich ist, ist das bei der inkrementalen (X-50 Y20) nicht der Fall. Um die Werkzeugposition zu bestimmen, muss ein Programm mit inkrementaler Maßangabe von vorne bis zu dem Programmsatz durchgegangen werden, in dem die Koordinatenangabe erfolgt.
- Bei der inkrementalen oder Kettenmaßangabe setzen sich Fehler und Ungenauigkeiten durch die gesamte Bearbeitung fort.

Die inkrementale Maßangabe wird bei Unterprogrammen (vgl. Kap. 3.2.9), Programmteilwiederholungen und Parameterdefinitionen (vgl. Kap. 3.2.9) bevorzugt.

Die meisten CNC-Werkzeugmaschinen gehen nach dem Einschalten davon aus, dass eine absolute Maßangabe erfolgt.

2.1.2 Polarkoordinaten

Bislang wurden die Punkte an den Werkstücken durch **kartesische Koordinaten** *(cartesian coordinates)* (X,Y und Z) angegeben. Ausgehend von einem Punkt (Pol) sind Punkte auch durch die Angabe von **Winkel** *(angle)* und **Radius** *(radius)* bestimmt. Diese Koordinaten heißen **Polarkoordinaten** *(polar coordinates)*. In der X-Y-Ebene verläuft der positive Winkel φ von der X-Achse entgegen dem Uhrzeigersinn (Bild 1). In der Z-X-Ebene verläuft er von der Z-Achse entgegen dem Uhrzeigersinn.

2.1.3 CNC-gerechte Einzelteilbemaßung

Eine Einzelteilzeichnung soll alle Maße enthalten, die bei der Programmierung des Einzelteils erforderlich sind. Dabei können drei unterschiedliche Bemaßungsarten[2] zum Einsatz kommen.

Absolute Bemaßung *(absolute dimensioning)*
Ausgehend von einem **Koordinatenursprung**, dem **Werkstücknullpunkt**, wird jeder benötigte Werkstückpunkt bemaßt (Bild 2). Diese Art der Bemaßung erfordert relativ viel Platz.

Die **steigende Bemaßung** *(continuous dimensioning)* der Koordinaten (Bild 3) ist sehr platzsparend und übersichtlich und daher für die meisten Bauteile, die auf CNC-Maschinen hergestellt werden, besonders zu empfehlen.

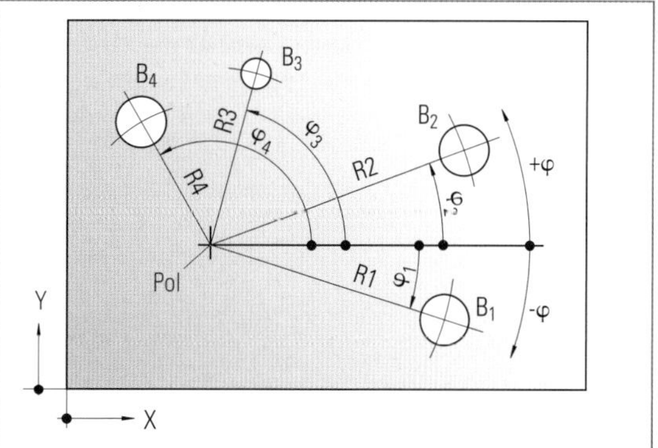

Pos.	Radius R	Winkel φ	Durchmesser
1	50	−17°	10
2	55	20°	10
3	35	75°	6
4	28	120°	10

1 *Polarkoordinaten*

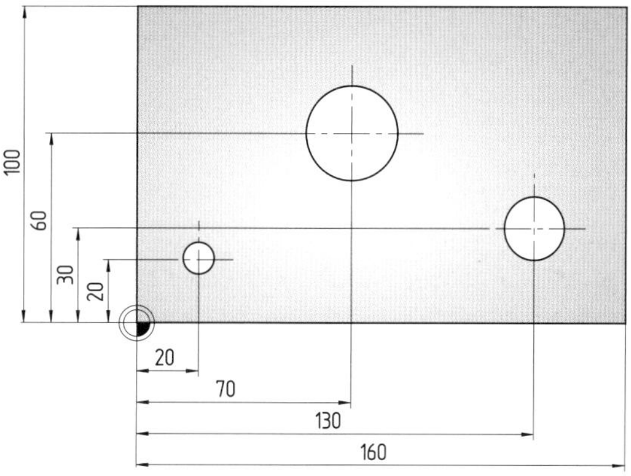

2 *Absolute Bemaßung*

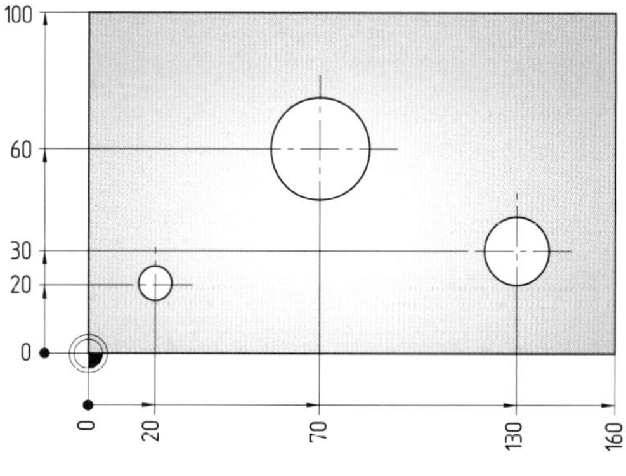

3 *Steigend absolute Bemaßung*

1) Inkrement: Zuwachs 2) DIN 406-11

Für die Bemaßung von vielen Bohrungen an Werkstücken eignet sich die **Bemaßung mithilfe von Tabellen** (Bild 1). Die Positionsnummer des Koordinatenpunkts besteht aus zwei Nummern, die durch einen Punkt getrennt sind. Die erste Nummer kennzeichnet den jeweiligen Koordinatenursprung, die zweite ist die Zählnummer des Punkts. Die Angabe 2.4 entspricht der vierten Position des zweiten Koordinatensystems.

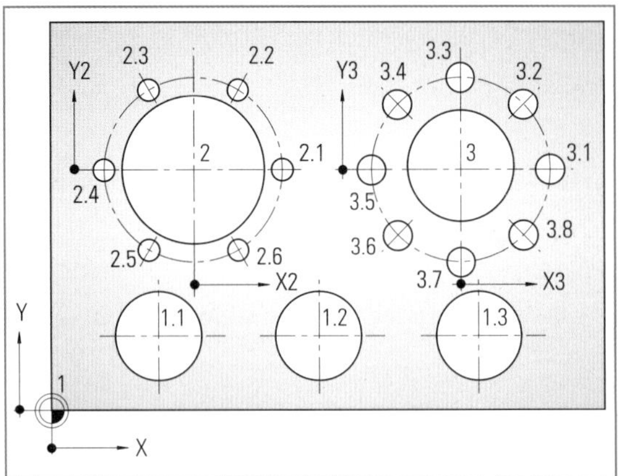

Pos.	Koordinaten				Durchmesser
	X-Achse	Y-Achse	Radius	Winkel	
1	0	0			
1.1	30	20			24H7
1.2	75	20			24H7
1.3	120	20			24H7
2	40	65			40H7
2.1	25	0	25	0	6
2.2	12,5	21,651	25	60	6
2.3	–12,5	21,651	25	120	6
2.4	–25	0	25	180	6
2.5	–12,5	–21,651	25	240	6
2.6	12,5	–21,651	25	300	6
3	115	65			30H7
3.1	25	0	25	0	8
3.2	17,678	17,678	25	45	8
3.3	0	25	25	90	8
3.4	–17,678	17,678	25	135	8
3.5	–25	0	25	180	8
3.6	–17,678	–17,678	25	225	8
3.7	0	–25	25	270	8
3.8	17,678	–17,678	25	315	8

1 Absolute Bemaßung mithilfe von Tabellen

Inkrementale Bemaßung *(incremental dimensioning)*
Jedes Maß gibt auf der gemeinsamen Maßlinie einen Zuwachs. Der Endpunkt des vorherigen Maßes ist der Bezugspunkt des folgenden Maßes. Die Bemaßung erfolgt als Maßkette (Bild 2). Deshalb heißt sie auch **Zuwachs-** oder **Kettenbemaßung**.

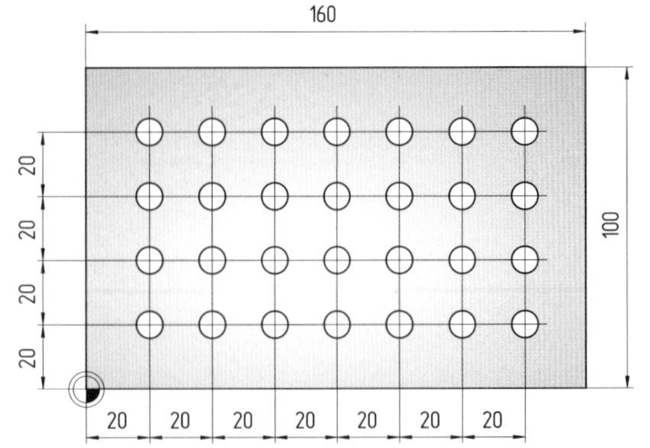

2 Inkrementale Bemaßung (Kettenbemaßung)

2.1.4 Berechnen von Bohrungsmittel-, Kontur- und Schnittpunkten

Das in Bild 3 gezeigte Werkstück soll auf einer CNC-Machine gefertigt werden. Je nach Ausstattung der CNC-Steuerung kann es für die Erstellung des CNC-Programms erforderlich sein, hierfür die Bohrungsmittelpunkte, Konturpunkte und Schnittpunkte zu berechnen.

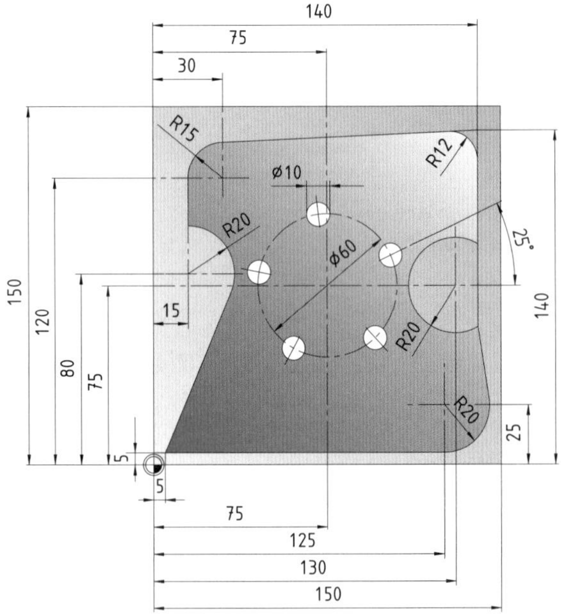

3 Herzustellendes Werkstück

Bohrungen auf Lochkreisen
Bezogen auf den Lochkreismittelpunkt (Seite 275 Bild 1) gelten folgende Formeln zur Berechnung der Kreismittelpunkte:

$$\Delta x = r \cdot \cos \alpha$$

$$\Delta y = r \cdot \sin \alpha$$

Anmerkung:
α wird von der positiven waagerechten Achse aus entgegen dem Uhrzeigersinn angegeben.

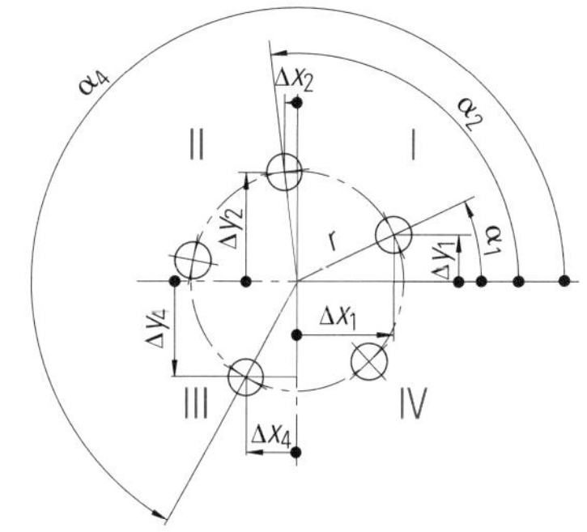

1 Bohrposition auf dem Lochkreis

Auf dem Lochkreis sind fünf Bohrungen gleichmäßig verteilt angeordnet. Die Winkeldifferenz zwischen den Bohrungen beträgt 360°/5 = 72°. Der Anfangswinkel für die erste Bohrung ist 25°.

$\Delta x_1 = r \cdot \cos \alpha_1$
$\Delta x_1 = 30 \text{ mm} \cdot \cos 25°$
$\Delta x_1 = 30 \text{ mm} \cdot 0{,}906307787$
$\underline{\Delta x_1 = 27{,}189 \text{ mm}}$

$\Delta y_1 = r \cdot \sin \alpha_1$
$\Delta y_1 = 30 \text{ mm} \cdot \sin 25°$
$\Delta y_1 = 30 \text{ mm} \cdot 0{,}422618261$
$\underline{\Delta y_1 = 12{,}679 \text{ mm}}$

Auf den Werkstücknullpunkt in der unteren linken Ecke bezogen ergeben sich für die ersten Bohrungen folgende Koordinaten:

$x_1 = 75 \text{ mm} + 27{,}189 \text{ mm}$
$\underline{\underline{x_1 = 102{,}189 \text{ mm}}}$

$y_1 = 75 \text{ mm} + 12{,}679 \text{ mm}$
$\underline{\underline{y_1 = 87{,}679}}$

Für die 4. Bohrung ergeben sich folgende Werte:

$\Delta x_4 = r \cdot \cos \alpha_4$
$\Delta x_4 = 30 \text{ mm} \cdot \cos (25° + 3 \cdot 72°)$
$\Delta x_4 = 30 \text{ mm} \cdot \cos 241°$
$\Delta x_4 = 30 \text{ mm} \cdot -0{,}48480962$
$\underline{\Delta x_4 = -14{,}544 \text{ mm}}$

$x_4 = 75 \text{ mm} + (-14{,}544 \text{ mm})$
$x_4 = 75 \text{ mm} - 14{,}544 \text{ mm}$
$\underline{\underline{x_4 = 60{,}456 \text{ mm}}}$

$\Delta y_4 = r \cdot \sin \alpha_4$
$\Delta y_4 = 30 \text{ mm} \cdot \sin (25° + 3 \cdot 72°)$
$\Delta x_4 = 30 \text{ mm} \cdot \sin 241°$
$\Delta y_4 = 30 \text{ mm} \cdot -0{,}874619707$
$\underline{\Delta y_4 = -26{,}239 \text{ mm}}$

$y_4 = 75 \text{ mm} + (-26{,}239 \text{ mm})$
$y_4 = 75 \text{ mm} - 26{,}239 \text{ mm}$
$\underline{\underline{y_4 = 48{,}761 \text{ mm}}}$

Die beiden Ergebnisse zeigen, dass die Werte für Δx und Δy – je nach ihrer Lage auf dem Lochkreis – positiv (+) oder negativ (–) sein können.

MERKE

- Liegt der Kreismittelpunkt im I. Quadranten, sind Δx und Δy positiv.
- Liegt der Kreismittelpunkt im II. Quadranten, ist Δx negativ und Δy ist positiv.
- Liegt der Kreismittelpunkt im III. Quadranten, sind Δx und Δy negativ.
- Liegt der Kreismittelpunkt im IV. Quadranten, ist Δx positiv und Δy ist negativ.

Überlegen Sie!

Welche Koordinaten in Bezug auf den Werkstücknullpunkt haben die anderen Bohrungen?

Konturpunkte und Kreismittelpunkte
Kreis – Gerade

Die Schnittpunkte P1 und P2 können nach dem Lehrsatz des Pythagoras bestimmt werden:

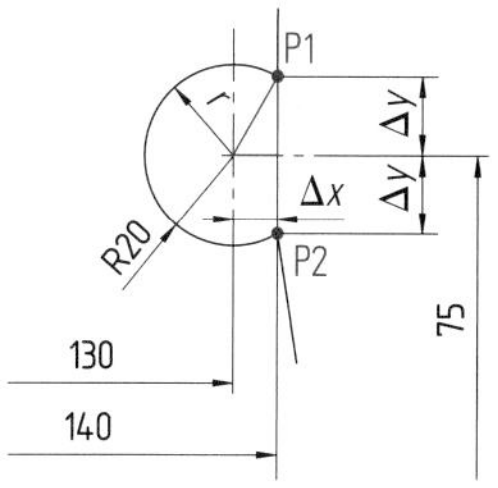

$\Delta y = \sqrt{r^2 - \Delta x^2}$
$\Delta y = \sqrt{20^2 \text{ mm}^2 - 10^2 \text{ mm}^2}$
$\Delta y = \sqrt{300 \text{ mm}^2}$
$\underline{\Delta y = 17{,}321 \text{ mm}}$

$y_1 = y_m + \Delta y$
$y_1 = 75 \text{ mm} + 17{,}321 \text{ mm}$
$\underline{\underline{y_1 = 92{,}321 \text{ mm}}}$

$y_1 = y_m + \Delta y$
$y_1 = 75 \text{ mm} - 17{,}321 \text{ mm}$
$\underline{\underline{y_1 = 57{,}679 \text{ mm}}}$

y_m: Lage des Kreismittelpunktes in Y-Richtung

Tangente an Kreis

Der Tangentenpunkt P (Bild 2) ist in seiner Lage zu berechnen:

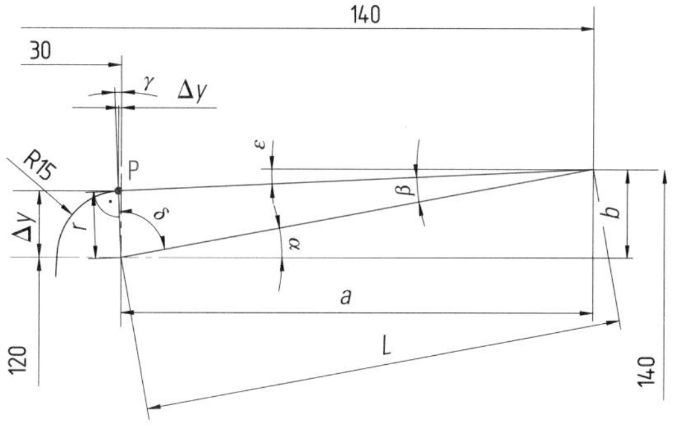

2 Berührungspunkt Tangente – Kreis

$\tan \alpha = \dfrac{b}{a}$
$\tan \alpha = \dfrac{20 \text{ mm}}{110 \text{ mm}}$
$\tan \alpha = 0{,}181818$
$\underline{\alpha = 10{,}30485°}$

$L = \sqrt{a^2 + b^2}$
$L = \sqrt{110^2 \text{ mm}^2 + 20^2 \text{ mm}^2}$
$\underline{L = 111{,}803 \text{ mm}}$

$\sin \beta = \dfrac{r}{L}$
$\sin \beta = \dfrac{15 \text{ mm}}{111{,}803 \text{ mm}}$
$\sin \beta = 0{,}13416$
$\underline{\beta = 7{,}7103°}$

Zur Berechnung der weiteren Winkel, sind Kenntnisse über die Beziehungen von Winkeln an Parallelen (Bild 1) und über die Summe der Winkel im Dreieck erforderlich.

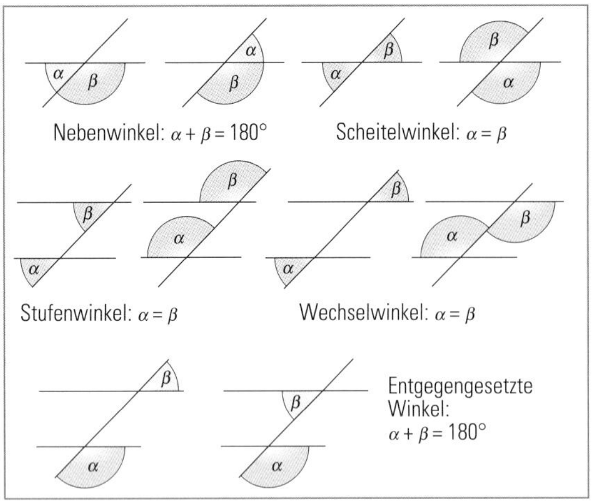

1 *Winkel an Parallelen*

Die Summe der Winkel im Dreieck ist 180°

$$\delta = 180° - 90° - \beta$$
$$\delta = 180° - 90° - 7{,}7103°$$
$$\underline{\delta = 82{,}29°}$$
$$\gamma = \alpha + \delta - 90°$$
$$\gamma = 10{,}30485° + 82{,}29° - 90°$$
$$\underline{\gamma = 2{,}59°}$$

$\Delta x = r \cdot \sin\gamma$	$\Delta y = r \cdot \cos\gamma$
$\Delta x = 15\,\text{mm} \cdot \sin 2{,}59°$	$\Delta y = 15\,\text{mm} \cdot \cos 2{,}59°$
$\Delta x = 15\,\text{mm} \cdot 0{,}0452$	$\Delta y = 15\,\text{mm} \cdot 0{,}999$
$\underline{\Delta x = 0{,}678\,\text{mm}}$	$\underline{\Delta y = 14{,}985\,\text{mm}}$
$x = 30\,\text{mm} - 0{,}678\,\text{mm}$	$y = 120\,\text{mm} + 14{,}985\,\text{mm}$
$\underline{\underline{x = 29{,}322\,\text{mm}}}$	$\underline{\underline{y = 134{,}985\,\text{mm}}}$

Der Winkel ε kann mit der Tangensfunktion bestimmt werden:

$$\tan\varepsilon = \frac{20\,\text{mm} - 14{,}986\,\text{mm}}{140\,\text{mm} - 29{,}322\,\text{mm}}$$
$$\tan\varepsilon = 0{,}0453$$
$$\underline{\underline{\varepsilon = 2{,}594°}}$$

Gerade – Radius – Gerade

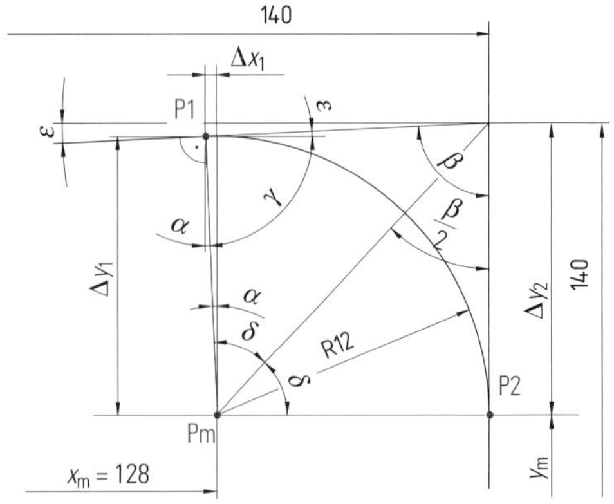

2 *Berechnungspunkte bei Gerade – Radius – Gerade*

Für die Berechnung der Konturpunkte in Bild 2 werden die Punkte P1, P2 und der Kreismittelpunkt Pm berechnet.

$$\beta = 90° - \varepsilon$$
$$\beta = 90° - 2{,}594°$$
$$\underline{\beta = 87{,}406°} \quad \Rightarrow \quad \frac{\beta}{2} = 43{,}703°$$

$$\tan\frac{\beta}{2} = \frac{r}{\Delta y_2} \quad \Rightarrow \quad \Delta y_2 = \frac{r}{\tan\frac{\beta}{2}}$$
$$\Delta y_2 = \frac{12\,\text{mm}}{\tan 43{,}703°}$$
$$\Delta y_2 = \frac{12\,\text{mm}}{0{,}955720937}$$
$$\underline{\Delta y_2 = 12{,}556\,\text{mm}}$$
$$y_m = 140\,\text{mm} - 12{,}556\,\text{mm}$$
$$\underline{\underline{y_m = 127{,}444\,\text{mm}}}$$

$$\left.\begin{aligned}\varepsilon &= 90° - \gamma\\ \alpha &= 90° - \gamma\end{aligned}\right\} \Rightarrow \alpha = \varepsilon \qquad \underline{\alpha = 2{,}594°}$$

$$\Delta y_1 = \cos\alpha \cdot r$$
$$\Delta y_1 = \cos 0{,}998975314 \cdot 12\,\text{mm}$$
$$\underline{\Delta y_1 = 11{,}988\,\text{mm}}$$
$$y_1 = y_m + \Delta y_1$$
$$y_1 = 127{,}444\,\text{mm} + 11{,}988\,\text{mm}$$
$$\underline{\underline{y_1 = 139{,}432\,\text{mm}}}$$

$$\Delta x_1 = \sin\alpha \cdot r$$
$$\Delta x_1 = \sin 0{,}045258375 \cdot 12\,\text{mm}$$
$$\underline{\Delta x_1 = 0{,}543\,\text{mm}}$$
$$x_1 = x_m - \Delta x_1$$
$$x_1 = 128\,\text{mm} - 0{,}543\,\text{mm}$$
$$\underline{\underline{x_1 = 127{,}457\,\text{mm}}}$$

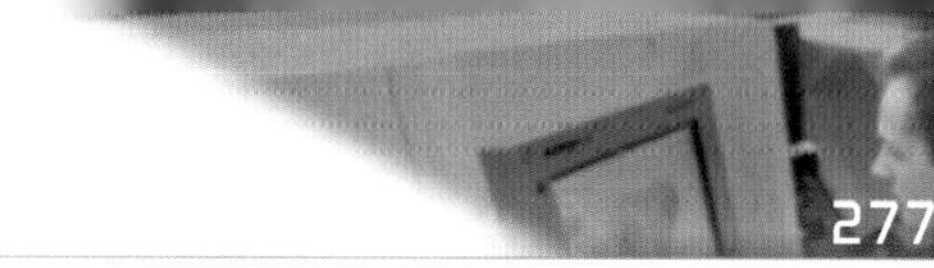

Überlegen Sie!

1. *Berechnen Sie die Punkte P1 und P2.*

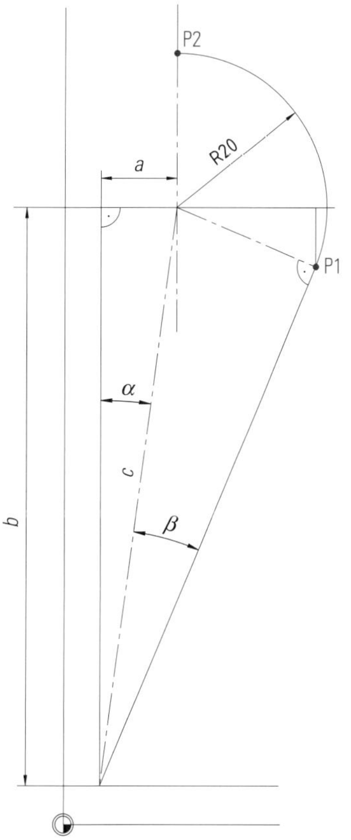

2. *Bestimmen Sie den Punkt P3.*

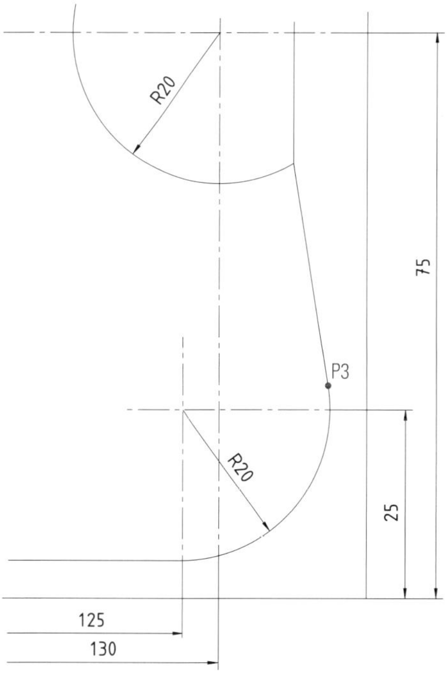

2.2 Technologische Informationen

Beim Drehen und Fräsen sind Vorschub bzw. Vorschubgeschwindigkeit und Schnittgeschwindigkeit bzw. Umdrehungsfrequenz ebenso zu programmieren wie das jeweilige Werkzeug.

Der **Vorschub** *(feed)* bzw. die **Vorschubgeschwindigkeit** *(feed speed)* wird hinter dem **Adressbuchstaben F** (feed) definiert. Beim Drehen wird der Vorschub meist in Millimeter pro Umdrehung angegeben, sodass F0.3 einen Vorschub von 0,3 mm pro Umdrehung bedeutet. Beim Fräsen wird die Vorschubgeschwindigkeit in mm/min programmiert, d. h. F300 entspricht einer Vorschubgeschwindigkeit von 300 mm/min. Mit den Wegbedingungen **G94** bzw. **G95** wird beim Drehen angegeben, ob die Vorschubgeschwindigkeit (v_f in mm/min) oder der Vorschub (f in mm) anzugeben ist.

Die **Umdrehungsfrequenz** *(rotational freqency)* bzw. die **Schnittgeschwindigkeit** wird mit dem **S-Wort** *(spindle speed)* angegeben. S4500 bedeutet beim Fräsen, dass die Arbeitsspindel mit einer Umdrehungsfrequenz von 4500/min arbeitet. CNC-Drehmaschinen ermöglichen es, mit konstanter Schnittgeschwindigkeit zu spanen. Wenn die Wegbedingung **G96** programmiert wurde, wird mit der Angabe S300 eine konstante Schnittgeschwindigkeit von 300 m/min erzielt. Nach Angabe von **G97** ist wieder die Umdrehungsfrequenz anzugeben, sodass dann S300 eine Umdrehungsfrequenz von 300/min bewirkt.

Die **Werkzeuge** *(tools)* werden mit dem **T-Wort** aufgerufen. Mit T3 wird somit das Werkzeug eingewechselt, das der Bediener als drittes Werkzeug definiert hat.

2.3 Zusatzinformationen

Bedingt durch die verschiedensten CNC-Maschinen für Drehen, Fräsen, Schleifen usw. gibt es eine Fülle von **maschinenspezifischen Zusatzfunktionen** *(additional options)*, die meistens bestimmte Schaltfunktionen ausführen. Sie werden mithilfe des **M-Worts** *(machine function)* bestimmt. Bild 1 stellt einen Auszug aus der Norm[1)] dar, der für viele Maschinenarten Gültigkeit besitzt.

MERKE

Bei der Programmierung der in der Praxis vorhandenen Maschine ist unbedingt die Betriebs- bzw. Programmieranleitung der betreffenden Steuerung heranzuziehen.

Zusatzfunktion	Bedeutung
M0	Programmierter Halt
M1	Wahlweiser Halt
M3	Spindel im Uhrzeigersinn
M4	Spindel im Gegenuhrzeigersinn
M6	Werkzeugwechsel
M7	Kühl(schmier)mittel Nr. 2 EIN
M8	Kühl(schmier)mittel Nr. 1 EIN
M9	Kühl(schmier)mittel AUS
M30	Programmende mit Rücksetzen

1 *Ausgewählte M-Funktionen*

1) DIN 66025

ÜBUNGEN

1. Unterscheiden Sie geometrische, technologische und Zusatzinformationen in CNC-Programmen.
2. Erläutern Sie, wie ein Programmsatz in einem CNC-Programm aufgebaut ist.
3. Stellen Sie absolute und inkrementale Maßangabe in CNC-Programmen gegenüber.
4. Wie kann der Punkt X30, Y40 über Polarkoordinaten angegeben werden?
5. Für die beiden Werkstücke sind die Verfahrwege vom Punkt P0 ausgehend bis zum Punkt P10 bzw. P11 absolut und inkremental zu bestimmen.

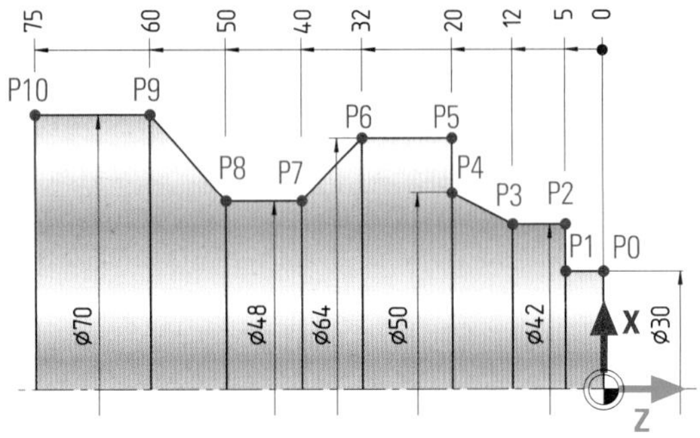

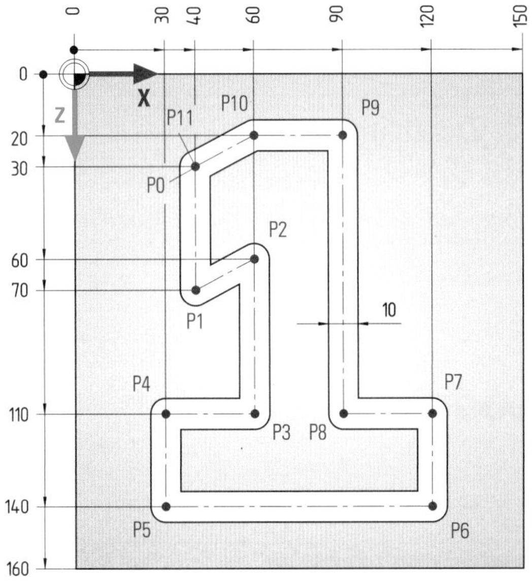

6. Für das Frästeil sind die Mittelpunkte der Bohrungen über Polarkoordinaten zu bestimmen und deren Durchmesser in einer Tabelle anzugeben.

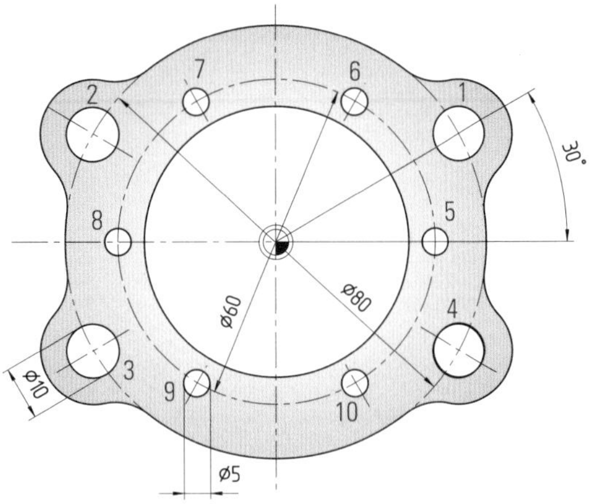

7. Mit welchen G-Funktionen werden
   a) der Vorschub in mm
   b) die Vorschubgeschwindigkeit in mm/min
   c) konstante Schnittgeschwindigkeit
   d) konstante Umdrehungsfrequenz definiert?
8. Für die Bohrplatte sind die Bohrungsmittelpunkte in Abhängigkeit vom Werkstücknullpunkt zu bestimmen.

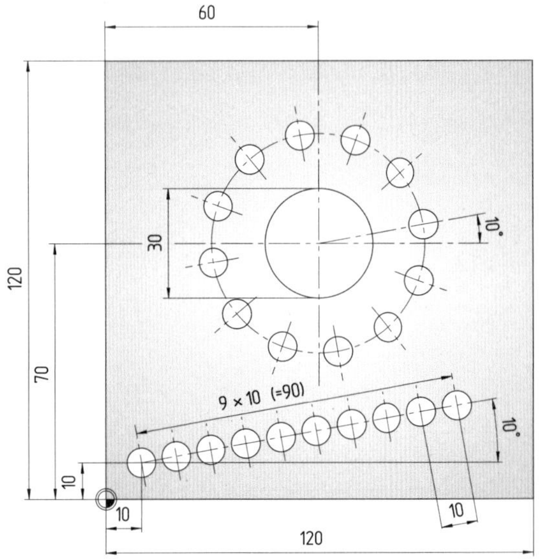

9. Für die Anschlussplatte sind für alle fehlenden Bohrpositionen und Konturpunkte die X- und Y-Koordinaten in Abhängigkeit vom Werkstücknullpunkt zu bestimmen.

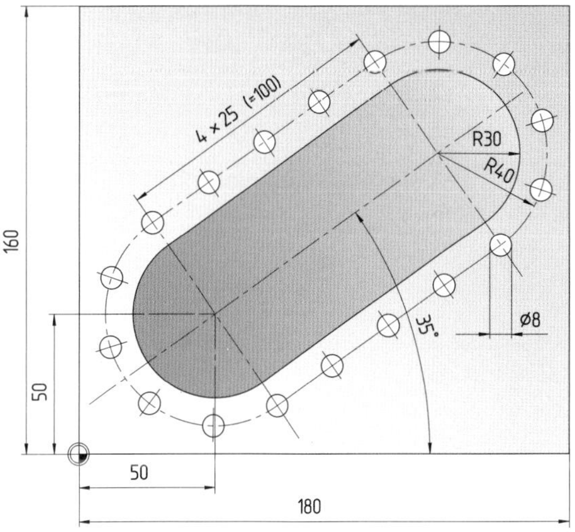

10. Welche Koordinatenwerte haben die Konturpunkte und Bohrpositionen der Platte?

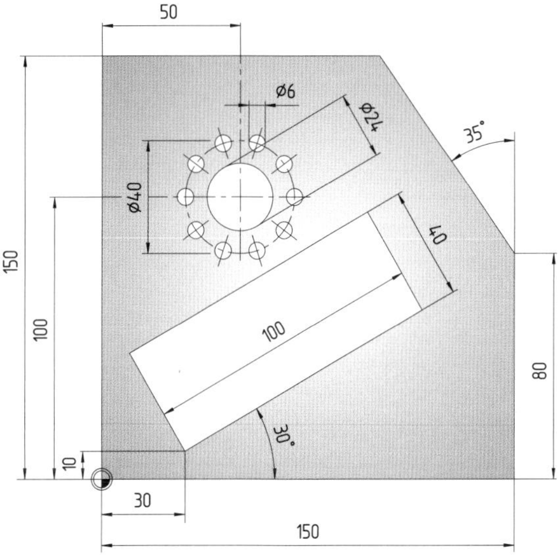

11. Für das Drehteil sind alle fehlenden Konturpunkte die durchmesserbezogenen X- und Z-Koordinaten in Abhängigkeit vom Werkstücknullpunkt zu bestimmen.

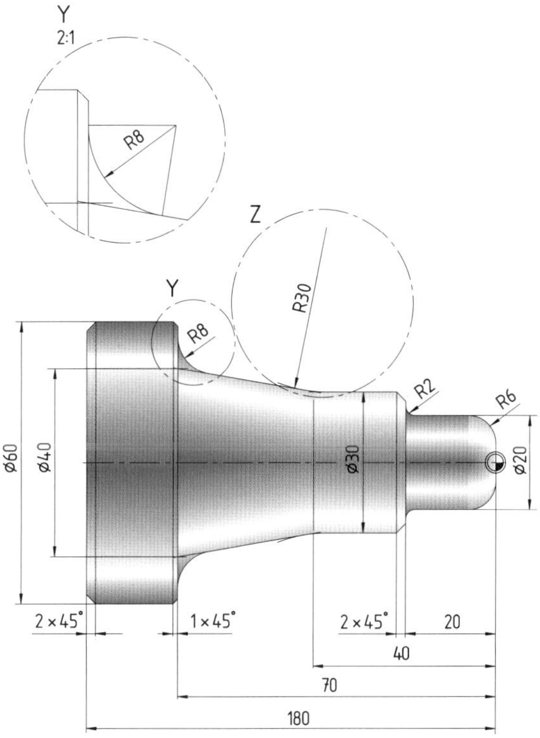

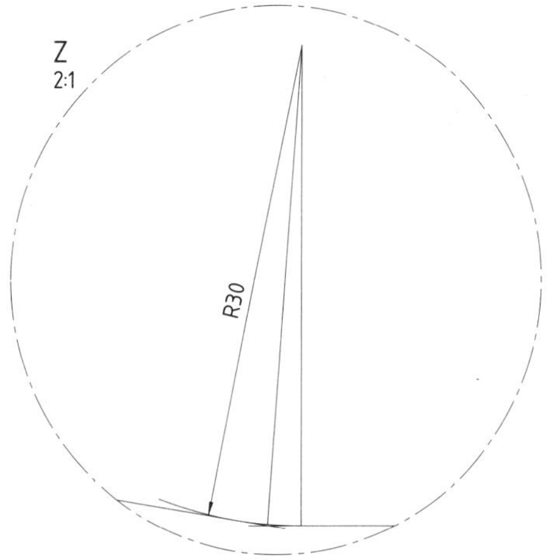

12. Schlüsseln Sie die einzelnen Sätze des CNC-Programms auf Seite 270 auf.

3 CNC-Drehen

Für Winkelgetriebe (Bild 1) sind 10 Antriebswellen (Pos. 4) aus 34CrMo4 herzustellen. Für die Bearbeitung steht eine CNC-Drehmaschine *(CNC-lathe)* zur Verfügung.

Bei der CNC-Fertigung *(CNC-manufacturing)* ist der gesamte Fertigungsablauf zu planen und zu programmieren, bevor Werkzeuge und Maschine eingerichtet werden. Erst danach erfolgt die Zerspanung des Werkstücks.

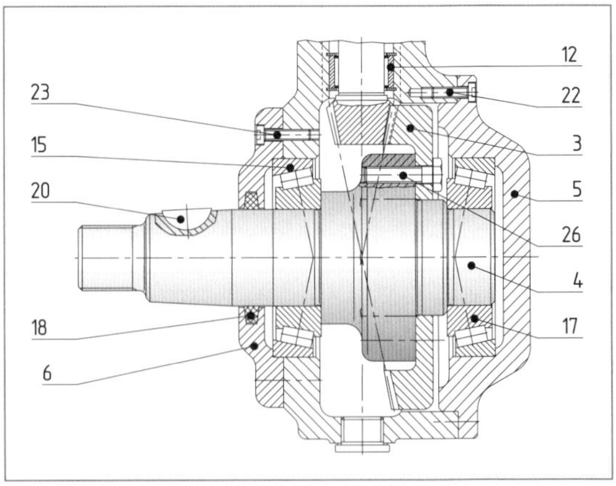

1 *Winkelgetriebe*

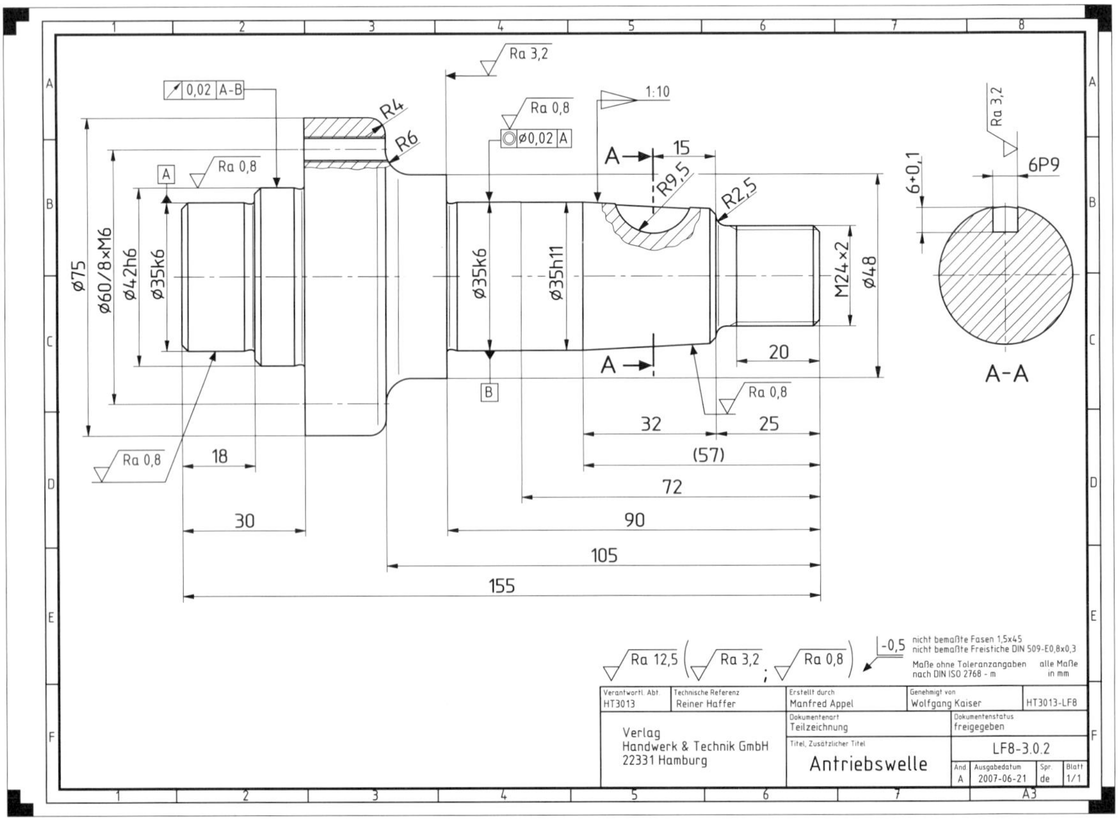

3.1 Arbeitsplanung

Der Rohling, aus dem die Antriebswelle hergestellt wird, hat einen Durchmesser von 80 mm und eine Länge von 157 mm. Aufgrund der Zeichnung, der Funktion der Antriebswelle und des vorliegenden Rohlings werden folgende Arbeitschritte, Aufspannungen und Drehwerkzeuge gewählt (Seite 281).

Die Programmierung von CNC-Drehmaschinen kann auf unterschiedliche Weise erfolgen:

- manuell
- werkstattorientiert oder
- CAD-CAM

1. Aufspannung: Spannmittel: Dreibackenfutter mit harten Backen	Werkzeuge		Bearbeitungsschritte
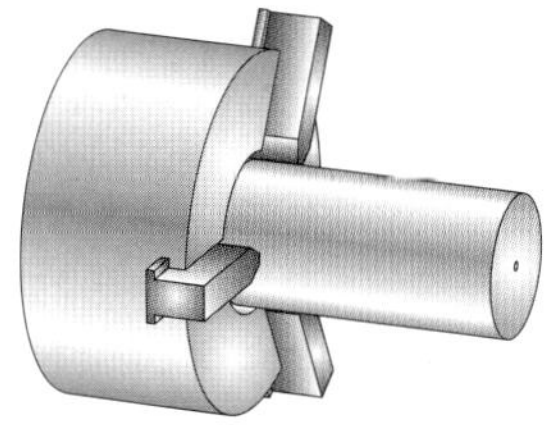		**T1** R0,8 κ – 95° ε = 80° P25	Querplandrehen der ersten Stirnfläche v_c = 220 m/min f = 0,2 mm
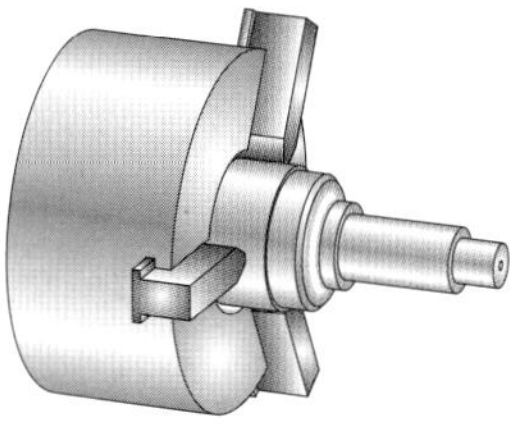		**T1** R0,8 κ = 95° ε = 80° P25	Schruppen der Absätze mit 0,5 mm Aufmaß im Durchmesser, 0,2 mm Aufmaß in axialer Richtung v_c = 220 m/min f = 0,3 mm a_p = 4 mm
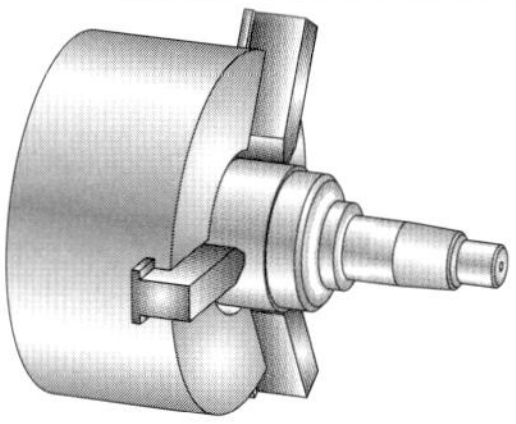	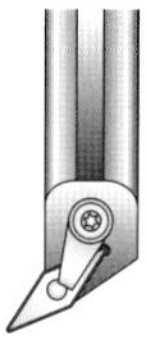	**T2** R0,8 κ = 93° ε = 55° P25	Schlichten der ersten Seite v_c = 250 m/min f = 0,15 mm
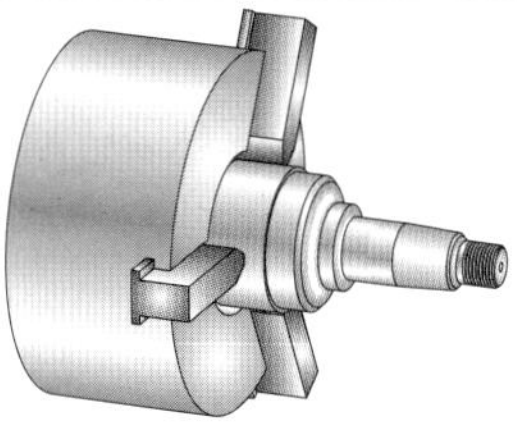	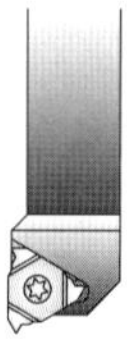	**T3** P25	Gewindeschneiden n = 800/min f = 2 mm
2. Aufspannung: Spannmittel: Dreibackenfutter mit auf ∅ 35 mm ausgedrehten weichen Backen			
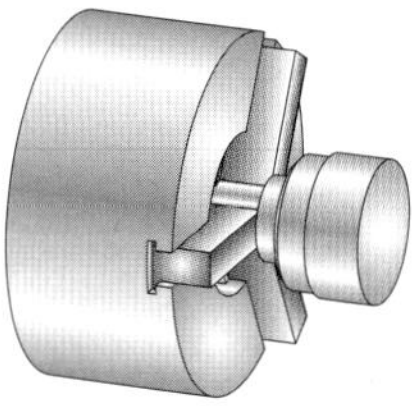		**T1** R0,8 κ = 95° ε = 80° P25	Querplandrehen der zweiten Stirnfläche v_c = 220 m/min f = 0,2 mm
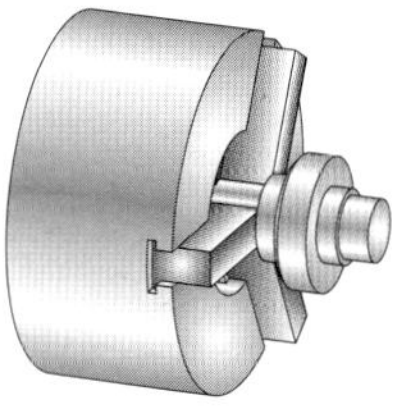		**T1** R0,8 κ = 95° ε = 80° P25	Schruppen der Absätze mit 0,5 mm Aufmaß im Durchmesser, 0,2 mm Aufmaß in axialer Richtung v_c = 220 m/min f = 0,3 mm a_p = 4 mm
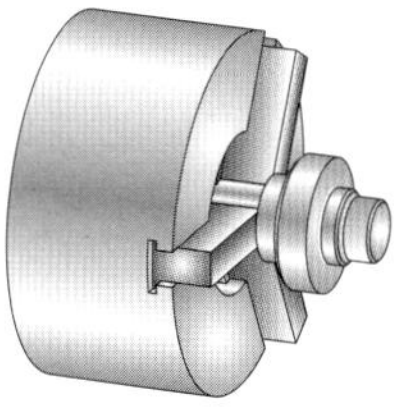		**T2** R0,8 κ = 93° ε = 55° P25	Schlichten der zweiten Seite v_c = 250 m/min f = 0,15 mm

3.2 Manuelles Programmieren

MERKE

Bei der manuellen Programmierung *(manual programming)* gibt die Fachkraft die einzelnen Programmsätze an der Maschine in die Steuerung ein.

Fast alle CNC-Drehmaschinen sind als **Schrägbettmaschinen** *(inclined-bed engines)* ausgeführt (Bild 1). Bei dieser Maschinenkonzeption ist u. a. der Arbeitsraum für den Maschinenbediener gut zugänglich und die Spanabfuhr unproblematisch. Die Werkzeuge für die Außenbearbeitung liegen **hinter** der Drehmitte.

Der Rohling wird im Dreibackenfutter mit harten Backen gespannt. Er soll mindestens 130 mm über die Vorderkante der Backen in den Arbeitsraum hineinragen (siehe Seite 281 erste Aufspannung). Dadurch ist es möglich, den großen Durchmesser von ∅75 mm noch in der ersten Aufspannung zu bearbeiten.

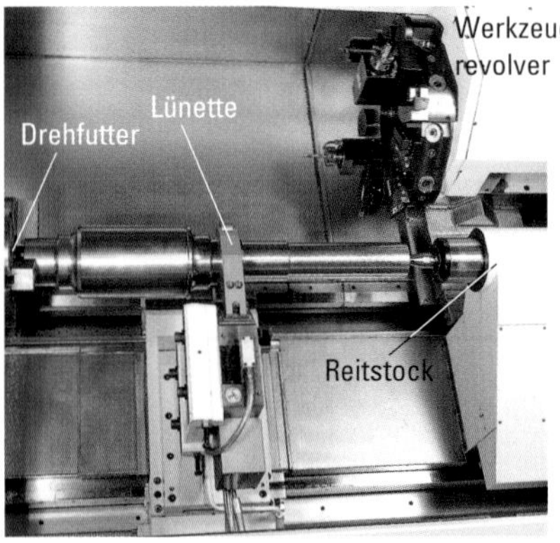

1 Arbeitsraum einer Schrägbettdrehmaschine

3.2.1 Nullpunktverschiebung

Der **Werkstücknullpunkt** *(workpiece zero reference point)* liegt an der Stirnseite der fertigen Antriebswelle, weil sich darauf fast alle Maße des rechten Teils der Antriebswelle beziehen. Bei den Drehmaschinen liegt der **Maschinennullpunkt** *(machine zero point)* meist auf der Spindelachse an der Anschlagfläche für das Drehfutter (Bild 2). Ausgehend vom Maschinennullpunkt ist die Lage des Werkstücknullpunkts zu definieren. Meist wird mit einer **absoluten Nullpunktverschiebung** *(zero shift)* (z. B. G54) der Werkstücknullpunkt auf die Stirnfläche des Dreibackenfutters verschoben. Diese Nullpunktverschiebung ist beim Anschalten der Maschine aktiviert. Nach dem Einspannen des Rohlings misst die Fachkraft die Entfernung von der Stirnfläche des Rohlings bis zum Dreibackenfutter (Bild 3). Zum Querplandrehen lässt sie ein Aufmaß von 1 mm auf dem Rohling, sodass sie z. B. statt der gemessenen 157 mm eine zusätzliche Nullpunktverschiebung von 156 mm eingibt. Im CNC-Programm wird die **zusätzliche Nullpunktverschiebung** (G59) dann aktiviert, sodass sich der Werkstücknullpunkt an die vordere Stirnseite des fertigen Drehteils verschiebt.

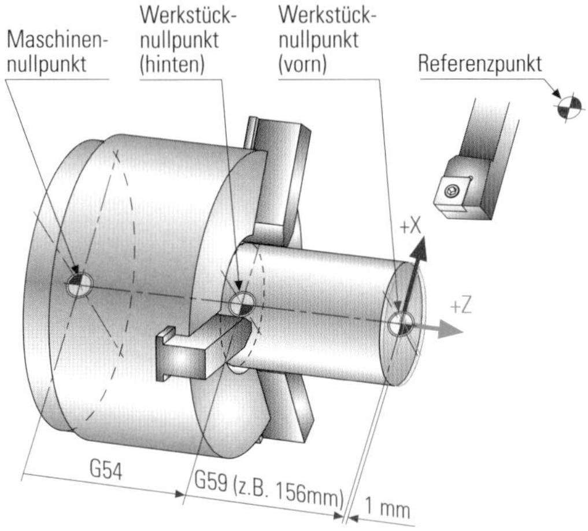

2 Nullpunkte und Nullpunktverschiebung beim Drehen

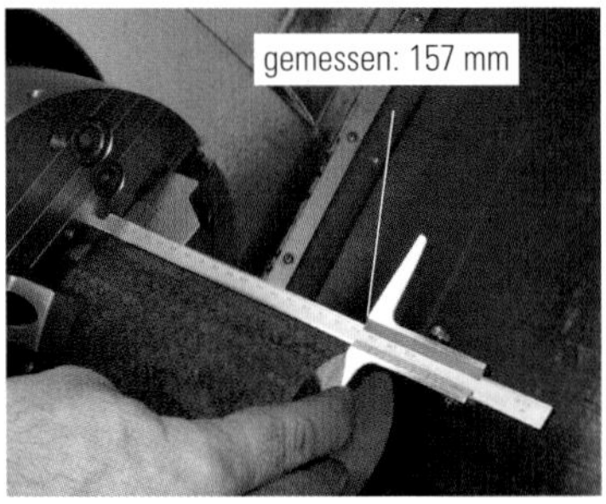

3 Messung zur Festlegung des Werkstücknullpunkts

282_1

```
%                (%-Zeichen markiert den Programmanfang)
N10 200701       (Programmnummer)
N20 G59 Z156     (Nullpunktverschiebung)
```

Zur besseren Lesbarkeit und Übersichtlichkeit werden CNC-Programme mit Kommentaren versehen.

MERKE

Kommentare werden in CNC-Programmen in Klammern gesetzt und von der Steuerung während der Bearbeitung überlesen[1)].

3.2.2 Werkzeugwechsel

Der Werkzeugrevolver (Bild 1) schwenkt das jeweilige Werkzeug in die Arbeitsposition. Dabei besteht die Gefahr, dass beim Drehen des Revolvers dessen Werkzeuge mit dem eingespannten Werkstück kollidieren.

Bevor das erste Werkzeug in Arbeitsposition schwenkt, ist der Kollisionsbereich zu verlassen. Deshalb wird zunächst der Werkzeugwechselpunkt (G14) angefahren.

```
N30 G14          (Anfahren des Werkzeugwechselpunkts)
```

1) Bei der PAL-Steuerung kennzeichnet das Semikolon (;) den Kommentarbeginn

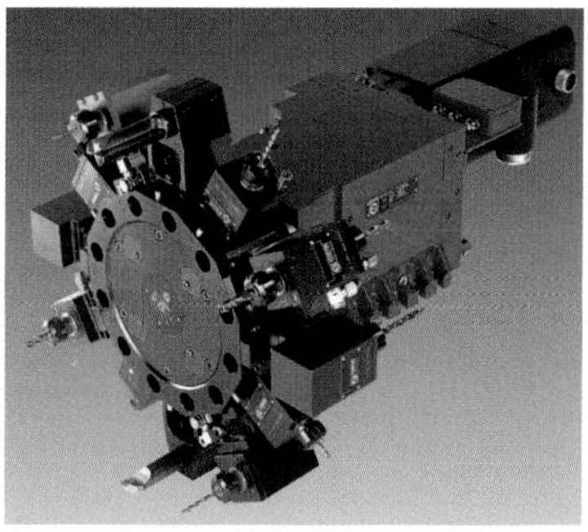

1 Werkzeugrevolver (Sternrevolver[1])

Beim CNC-Drehen kann der Vorschub in mm pro Umdrehung und die Vorschubgeschwindigkeit in mm/min angegeben werden (siehe Lernfeld 5 Kap. 1.1).

MERKE

G94: Vorschubgeschwindigkeit in mm/min
G95: Vorschub in mm

N40 G95 (Vorschub in mm/Umdrehung)

Beim CNC-Drehen ist es möglich, mit konstanter Schnittgeschwindigkeit zu spanen und somit annähernd gleichbleibende Schnittbedingungen zu erzielen.

MERKE

G96: konstante Schnittgeschwindigkeit
G97: konstante Umdrehungsfrequenz

N50 G96 S220 (konstante Schnittgeschwindigkeit)

- S220: v_c = 220 m/min
- G96: konstante Schnittgeschwindigkeit

Wenn sich beim Plandrehen mit konstanter Schnittgeschwindigkeit der Drehmeißel auf die Drehmitte zubewegt, wird die Drehzahl auf die maximale Umdrehungsfrequenz der Arbeitsspindel steigen. Das kann je nach Drehfutter zu so hohen Zentrifugalkräften an den Drehbacken führen, dass die Spannung des Werkstücks nicht mehr gewährleistet ist. Damit dies nicht geschieht, wird mit einer **Drehzahlbegrenzung** gearbeitet.

N50 G92 S4000

- S4000: max. Spindeldrehzahl: 4000/min
- G92: Drehzahlbegrenzung

MERKE

G92: Drehzahlbegrenzung

Das **Einwechseln des Werkzeugs** T1 geschieht mit folgendem CNC-Satz, der noch weitere Informationen enthält:

N60 T1 TC1 M4 (Werkzeugwechsel und Spindeldrehung)

- M4: Drehrichtung der Arbeitsspindel im Gegenuhrzeigersinn
- TC1: Adresse 1 im Werkzeugkorrekturspeicher
- T1: Werkzeugnummer T1 bzw. Revolverplatz 1

Die Information T1 bewirkt, dass das Werkzeug an der Revolverposition 1 eingewechselt wird. TC1 ist eine Adresse im **Werkzeugkorrekturspeicher**. Dort stehen die Werkzeugkorrekturwerte in X- und Z-Richtung (Seite 295 Bild 1) für das eingewechselte Werkzeug. Die Werkzeugkorrekturwerte werden beim Einrichten der Maschine ermittelt (Kapitel 3.5.1) und für das Werkzeug T1 in die Speicheradresse 1 eingetragen.

MERKE

Beim Drehen erfolgt der Werkzeugaufruf durch Angabe der Revolverposition und der Werkzeugkorrekturadresse.

3.2.3 Drehrichtungen der Arbeitsspindel

Um einen Span abzunehmen, muss eine Schnittbewegung erfolgen, d.h., die **Arbeitsspindel** *(working spindle)* muss sich drehen. Dazu gibt es zwei Möglichkeiten:

MERKE

M3: Arbeitsspindel im Uhrzeigersinn
M4: Arbeitsspindel im Gegenuhrzeigersinn

Es liegt eine Drehung *(rotation)* im Uhrzeigersinn vor[1], wenn sich bei Spindeldrehung eine rechtsgängige Schraube in das Werkstück hineindreht. Für das Drehen bedeutet das, dass bei Blickrichtung vom Drehfutter auf das Werkstück (Bild 2) Uhrzeiger- oder Gegenuhrzeigersinn direkt zugeordnet werden können.

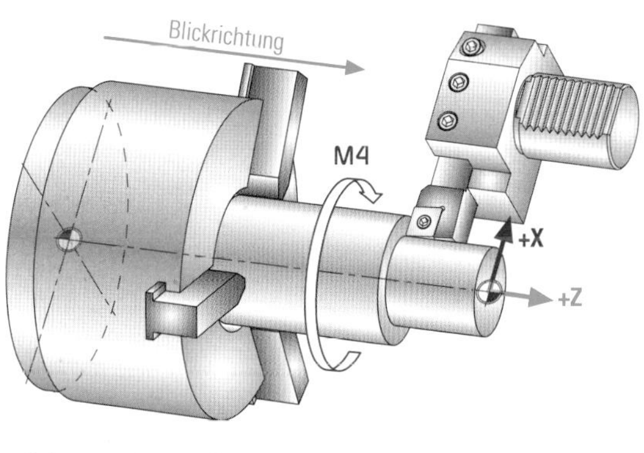

2 Spindeldrehung im Gegenuhrzeigersinn

Überlegen Sie!

Welche Drehrichtung (direction of rotation) muss die Antriebsspindel beim Herstellen einer Zentrierbohrung haben?

DIN 66025-2
1) siehe Lernfeld 11 Kap. 2.2.1

3.2.4 Eilgang und Vorschubbewegung auf einer Geraden

Um eine saubere Stirnfläche und eine Bezugsfläche für die axialen Maße des Werkstücks zu erreichen, wird am Anfang der Aufspannung querplan gedreht. Da der Rohling 2 mm länger als die Antriebswelle ist, steht auf jeder Stirnfläche circa 1 mm Bearbeitungszugabe zur Verfügung.

Im folgenden Satz verfährt das Werkzeug im **Eilgang** *(rapid feed)* auf den **Durchmesser** von ∅84 mm (**X84**) und in axialer Richtung zur fertigen Stirnfläche (**Z0**) des Drehteils (Bild 1).

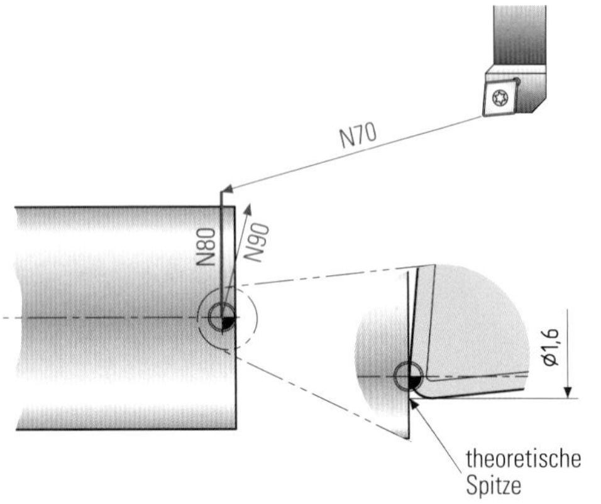

1 *Querplandrehen*

`N7Ø GØ X84 ZØ` (Eilgangbewegung)

MERKE

GØ: Das Werkzeug bewegt sich durch gleichzeitiges Verfahren der programmierten Achsen mit maximaler Geschwindigkeit (Eilgang) geradlinig vom Start- zum Zielpunkt.

Das Querplandrehen geschieht durch eine Vorschubbewegung auf einer Geraden:

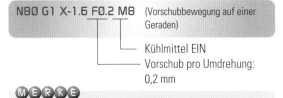

`N8Ø G1 X-1.6 FØ.2 M8` (Vorschubbewegung auf einer Geraden)

- M8: Kühlmittel EIN
- FØ.2: Vorschub pro Umdrehung: 0,2 mm

MERKE

G1: Das Werkzeug bewegt sich vom Startpunkt mit dem **programmierten** Vorschub bzw. der Vorschubgeschwindigkeit *(feed speed)* auf einer Geraden zum Zielpunkt (**Geradeninterpolation**).

Der Zielpunkt liegt beim Querplandrehen auf X-1.6. Das bedeutet, dass der Drehmeißel mit seiner theoretischen Spitze über die Drehmitte hinaus auf einen Durchmesser von 1,6 mm fährt (Bild 1). Das ist nötig, weil die Werkzeugschneide einen Radius von 0,8 mm hat. Würde das Werkzeug nur auf X0, d. h. auf Drehmitte bewegt, bliebe ein **Butzen** auf der Stirnfläche des Drehteils stehen.

MERKE

Beim Querplandrehen muss die Werkzeugschneide um den Betrag des Schneidenradius über die Drehmitte verfahren, damit kein Butzen an der Planfläche verbleibt.

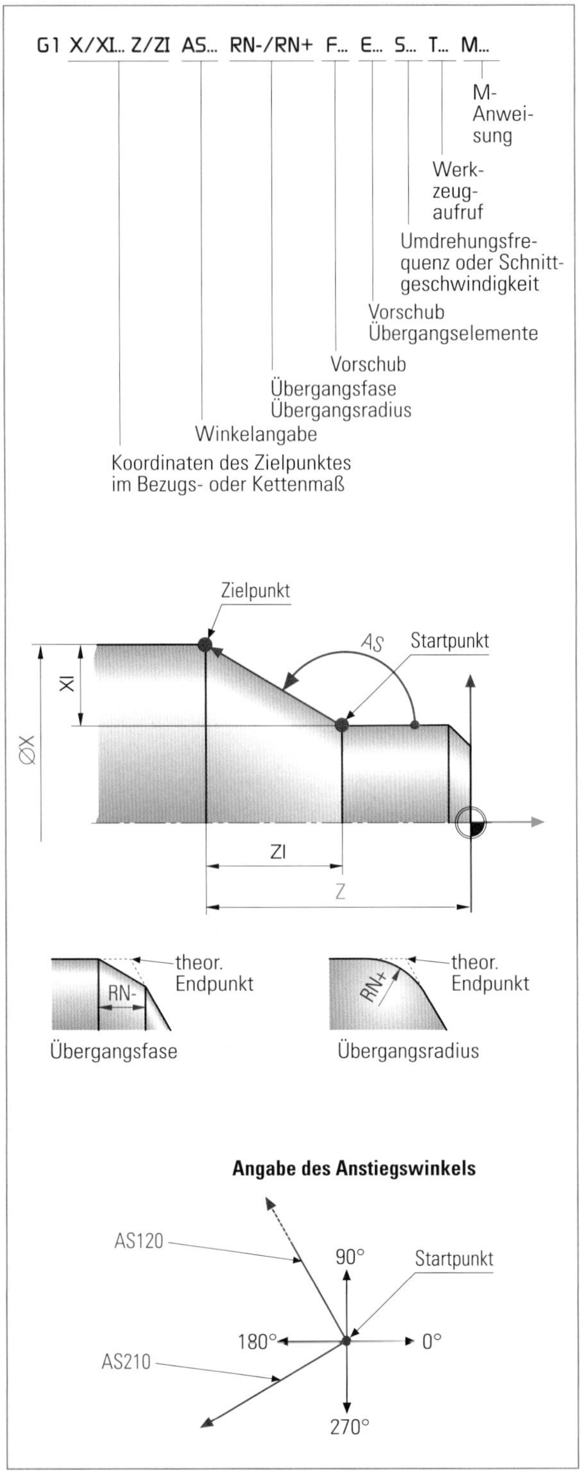

2 *Beispiel der Eingabemöglichkeiten für Vorschub auf einer Geraden*

Bei einem Schneidenradius von 0,8 mm entspricht das einem Durchmesser von ∅1,6 mm. Das negative Vorzeichen ergibt sich aus der Lage im Koordinatensystem. An dieser Stelle wird deutlich, wie wichtig bei der Programmierung die Kenntnis der Werkzeuge und deren Geometrie ist.
Der Zielpunkt kann nicht nur durch X- und Z-Koordinaten bestimmt werden. Je nach Steuerung stehen unterschiedliche Definitionen zur Verfügung (Seite 284 Bild 2).
Der Startpunkt für das Schruppen wird durch den folgenden Satz angefahren:

N90 G0 X81 Z2 (Eilgang auf Startpunkt zum Schruppen)

Das Schruppen der Kontur kann auf unterschiedliche Weise programmiert werden. Eine Möglichkeit besteht darin, dass die Steuerung die Bewegungen zum Schruppen berechnet. Dazu muss der Steuerung die Fertigkontur mitgeteilt werden. Für das Schruppen muss die Fachkraft zusätzlich Schnittgeschwindigkeit, Vorschub und Zustellung sowie die Aufmaße in X- und Z-Richtung festlegen.

3.2.5 Vorschubbewegungen auf Kreisbögen

Bis auf das Gewinde und die Kreisbögen *(circular arcs)* (Bild 1) besteht die Fertigteilkontur der Antriebswelle aus Geraden, die mit G1 zu programmieren sind.
Für die Bearbeitung von Kreisbögen stehen zwei Wegbedingungen zur Verfügung:

MERKE
G2: Das Werkzeug bewegt sich im Uhrzeigersinn mit dem programmierten Vorschub auf einer Kreisbahn auf den angegebenen Zielpunkt (**Kreisinterpolation im Uhrzeigersinn**).

MERKE
G3: Das Werkzeug bewegt sich im Gegenuhrzeigersinn mit dem programmierten Vorschub auf einer Kreisbahn auf den angegebenen Zielpunkt (**Kreisinterpolation im Gegenuhrzeigersinn**).

„Uhrzeigersinn" bzw. „Gegenuhrzeigersinn" bezieht sich auf die Relativbewegung des Werkzeugs gegenüber dem Werkstück. Dabei muss die Blickrichtung entgegengesetzt zu der Achse erfolgen, die senkrecht auf der Ebene steht (Bild 2). Bei Schrägbettdrehmaschinen verläuft die positive Y-Achse, die auf der Z-X-Ebene steht, der Blickrichtung des Anwenders entgegen.

MERKE
Bei Schrägbettmaschinen blickt der Anwender in der „richtigen" Richtung, um Uhrzeiger- bzw. Gegenuhrzeigersinn zuzuordnen.

Bei der Kreisbewegung werden wie bei G0 und G1 die Koordinaten des Zielpunktes hinter der Wegbedingung G2 bzw. G3 angegeben (Bild 3a und b). Bei den beiden Darstellungen ist jedoch

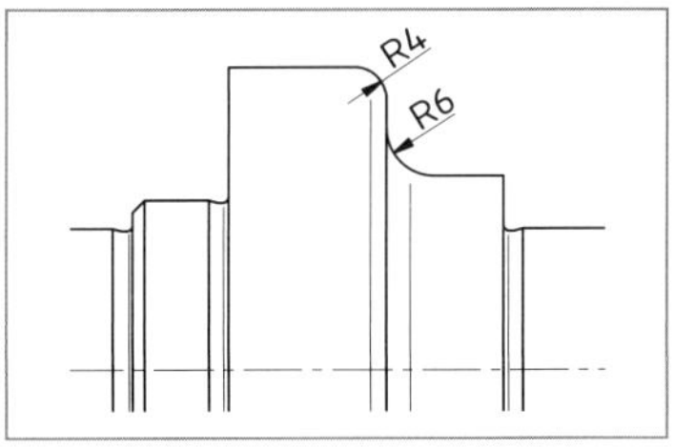

1 Kreisbögen an der Antriebswelle

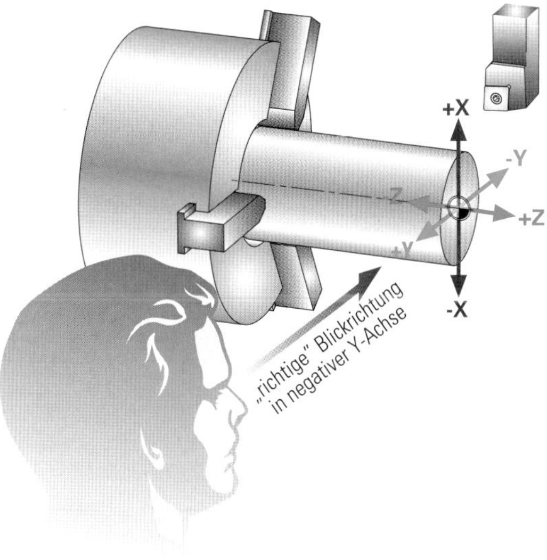

2 Blickrichtung entgegengesetzt der Y-Achse

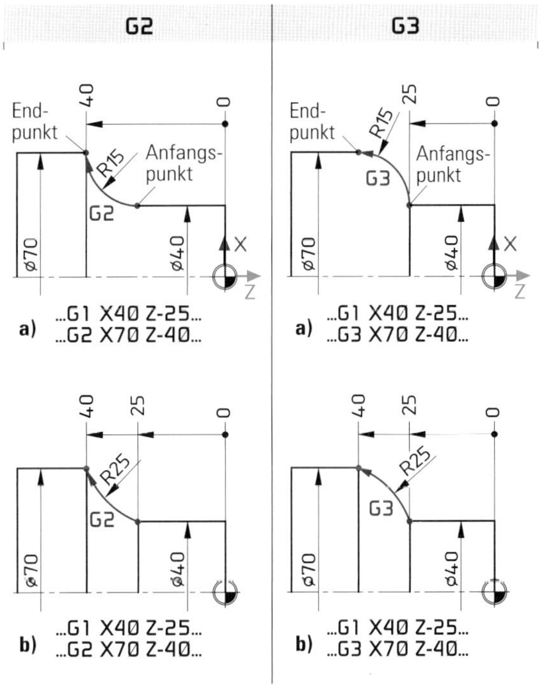

3 Das Werkzeug ist hinter der Drehmitte. Trotz gleicher Anfangs- und Endbedingungen sind bei G2 und G3 beliebig viele Kreisbögen möglich wie z. B. bei a) R15 und b) R25

zu erkennen, dass bei gleichen Startpunkten (X40, Z-25) und gleichen Zielpunkten (X70, Z-40) sowie gleichen Wegbedingungen (G2 bzw. G3) unterschiedliche Kreisbögen entstehen können. Allein durch diese Angaben sind somit die Kreisbögen **nicht eindeutig bestimmt**.

MERKE

Ein Kreisbogen ist eindeutig durch Richtung, Start-, Ziel und Mittelpunkt bestimmt.

Die CNC-Steuerung benötigt somit noch die Lage des Kreismittelpunkts. Dazu dienen die **Hilfsparameter I, J** und **K**.

MERKE

Mit I, J und K werden die Abstände vom Kreismittelpunkt zum Startpunkt des Kreisbogens definiert.
I ist der vorzeichenbehaftete Abstand in der **X-Achse**.
J ist der vorzeichenbehaftete Abstand in der **Y-Achse**.
K ist der vorzeichenbehaftete Abstand in der **Z-Achse**.

Für das Drehen in der **Z-X-Ebene** werden somit lediglich die Hilfsparameter **I** und **K** benötigt.
Bei G2 in Bild 1a ist K0 programmiert, weil der Abstand in der Z-Richtung vom Anfangs- zum Mittelpunkt des Kreises Null ist. I15 ist positiv, da die Richtung vom Anfangs- zum Mittelpunkt mit der positiven X-Achse übereinstimmt.
Bei G3 in Bild 1a ist der Abstand vom Anfangs- zum Mittelpunkt in X-Richtung Null. Daher wird I0 programmiert. K-15 weist darauf hin, dass die Richtung vom Anfangs- zum Mittelpunkt in negativer Z-Richtung verläuft.

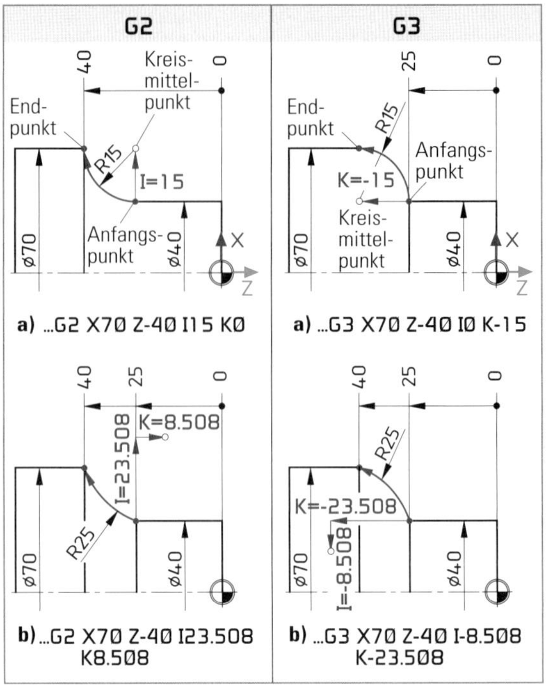

1 *Interpolationsparameter I und K zur Bestimmung des Kreismittelpunkts*

Bei den beiden Beispielen in Bild 1b ist kein Hilfsparameter Null.

Überlegen Sie!

1. *Übertragen Sie die Beispiele in Ihr Heft und schreiben Sie wie im Beispiel a) den CNC-Satz dazu.*

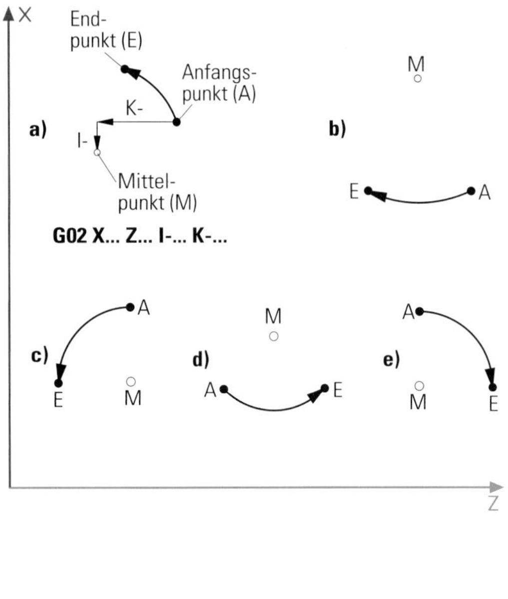

2. *Schreiben Sie die CNC-Sätze für die Kontur in Bild 1 auf Seite 285. Beachten Sie dabei auch die Zeichnung von Bild 2 auf Seite 280.*
3. *Schreiben Sie das CNC-Programm für die Fertigkontur des Bolzens aus C45, wobei Sie davon ausgehen, dass die Stirnfläche geplant ist.*

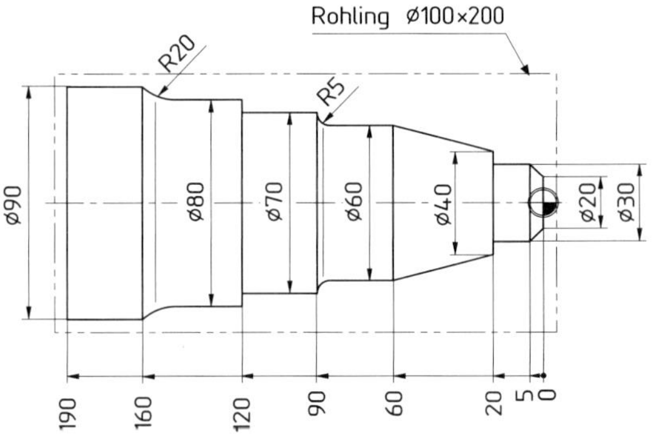

Überlegen Sie!

4. *Schreiben Sie das CNC-Programm für die Fertigkontur der Antriebswelle bei der ersten Aufspannung in Ihr Heft und ergänzen Sie die markierten Bereiche.*

N170 G14	(■)
N180 T2 TC2 M4	(Werkzeugwechsel)
N190 G96 S250 F0.15	(konstante Schnittgeschwindigkeit: v_c = 250m/min)
N200 G0 X16 Z2	(Positionierung vor der Fase)
N210 G42	(Werkzeugkorrektur rechts der Kontur: siehe Kap. 3.2.5)
N220 G1 X■ Z-2	(Fase)
N230 G1 Z-22.5	(Gewindezylinder)
N240 G2 X29 Z-25 I■ K0	(Übergangsradius)
N250 G1 X31.8 Z-25 RN-1.4	(Gerade mit Fase)
N260 G1 X34.99 Z-57	(■)
N270 G1 Z-72	(∅35h11)
N280 G1 X35.01	(■)
N290 G1 Z■	(∅35k6)
N300 G1 X34.6 Z-88.5	(Kegel des Freistichs)
N310 G1 Z-90	(Zylinder des Freistichs)
N320 G1 X48	(Verfahren auf ∅48)
N330 G1 Z-99	(∅48)
N340 G2 X60 Z-105 I6 ■	(Kreisbogen R6)
N350 G1 X67	(■)
N360 G3 X75 Z-109 I0 K-4	(Kreisbogen R4)
N370 G1 Z■	(Zylinder ∅75)
N380 G1 X82	(Abfahren vom Drehteil)
N390 G40	(Aufheben der Werkzeugkorrektur: siehe Kap. 3.2.5)

3.2.6 Schneidenradienkompensation

Werkzeugschneiden (Bild 1) besitzen einen Schneidenradius *(cutting edge radius)* und keine Schneidenspitze (P0). Dadurch wird die Schneide stabiler, ihr Verschleiß geringer und die Oberflächenqualität des Werkstücks besser (siehe Lernfeld 5 Kapitel 1.1.5).

Der Schneidenradius führt bei Kreisbögen und Kegeln zu Verfälschungen (Bild 2) gegenüber der theoretischen Schneidenspitze. Beim Längsrund- und Querplandrehen entstehen dadurch keine Konturfehler.

Diese Konturfehler entstehen nicht, wenn der Mittelpunkt des Schneidenradius auf einer Konturparallelen (Äquidistanten) verfährt, deren Abstand dem Schneidenradius entspricht (Bild 3).

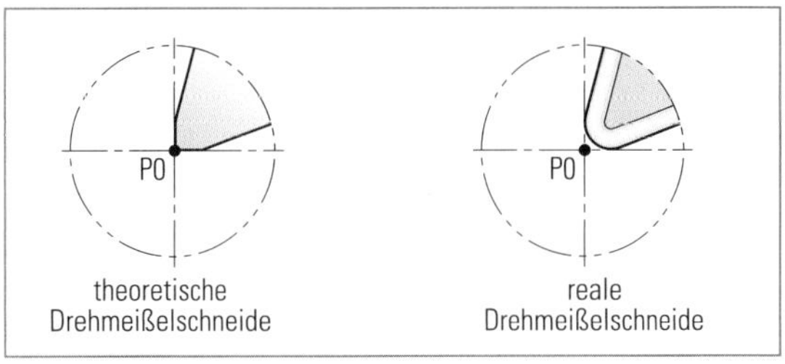

***1** Theoretische und wirkliche Werkzeugschneide*

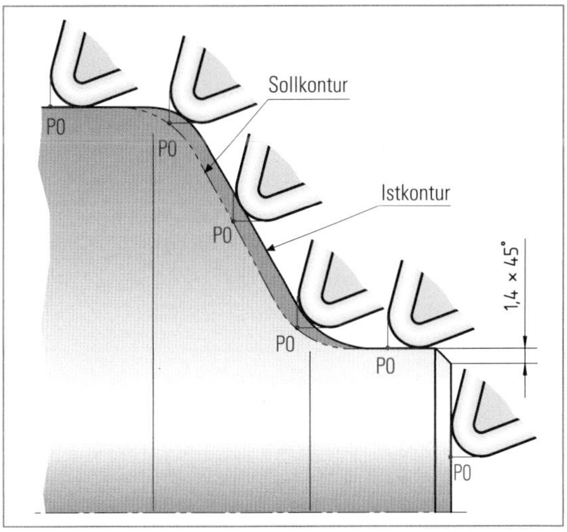

***2** Konturverzerrung durch Schneidenradius*

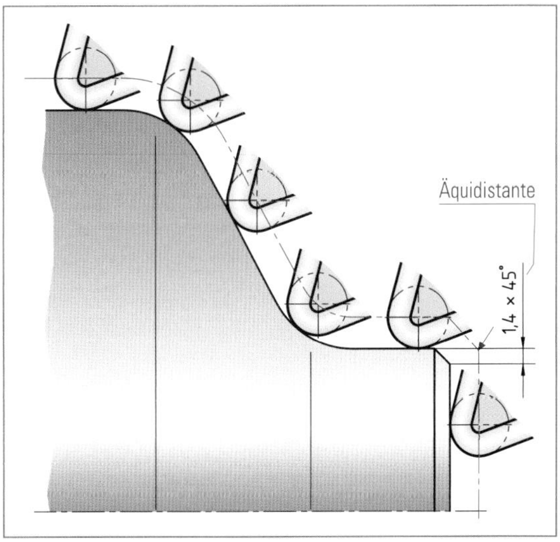

***3** Konturparallele (Äquidistante) in Abhängigkeit vom Schneidenradius*

CNC-Drehen

MERKE
Die CNC-Steuerung berechnet die **Äquidistante** in Abhängigkeit vom Schneidenradius und der Lage der Werkzeugschneide.

Die Fachkraft muss deshalb beim Einrichten der Werkzeuge den Schneidenradius und die Lage der Schneide in den Werkzeugkorrekturspeicher eingeben. Kennzahlen von 1 bis 9 (Bild 1) definieren die Lage der gedachten Schneidenspitze (P0) zum Schneidenradiusmittelpunkt (S).

Überlegen Sie!
Welche Kennzahl ist für die Lage der Werkzeugschneide im Bild 3 auf Seite 287 in den Werkzeugkorrekturspeicher einzugeben?

3.2.7 Werkzeugbahnkorrektur

Um festzulegen, ob sich das Werkzeug **links** oder **rechts** der programmierten Kontur bewegt, muss sich der Programmierer gedanklich mit der Werkzeugschneide bewegen, wobei er seinen Blick in Vorschubrichtung der Schneide lenkt. Die folgenden Wegbedingungen bestimmen die Lage des Werkzeugs zur Kontur:

MERKE
G41: Das Werkzeug bewegt sich **links** von der Kontur (Bild 2).
G42: Das Werkzeug bewegt sich **rechts** von der Kontur (Bild 3).

Für die rechte Seite der Antriebswelle wird die Werkzeugbahnkorrektur *(correction of tool path)* im Satz N210 aktiviert (Seite 283).
Nach der Schlichtbearbeitung wird die Werkzeugbahnkorrektur wieder aufgehoben. Dazu steht eine besondere Wegbedingung bzw. G-Funktion zur Verfügung:

MERKE
G40: Aufheben der Werkzeugbahnkorrektur.

Nach diesem Befehl berechnet die Steuerung keine Äquidistante mehr, sondern bezieht ihre Verfahrwege wieder auf die theoretische Werkzeugspitze. Bei der Antriebswelle geschieht das im Satz N390 (Seite 287).

3.2.8 Bearbeitungszyklen

Neben den beschriebenen Wegbedingungen besitzen die CNC-Steuerungen Bearbeitungszyklen *(machining cycles)*, die die Programmierung wesentlich erleichtern und verkürzen.

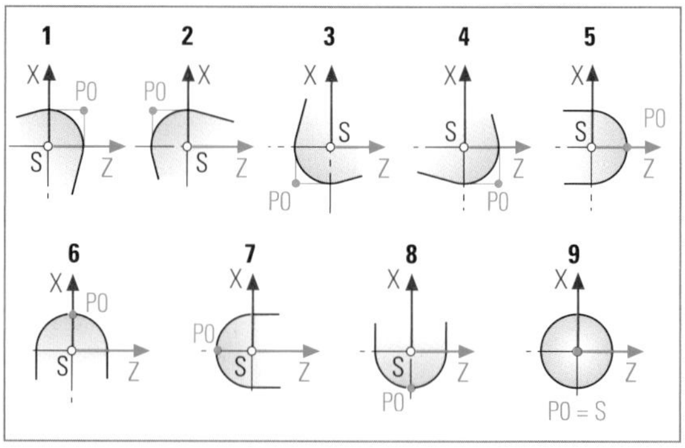

1 *Kennzahlen für die Lage der Schneidenspitze P0*

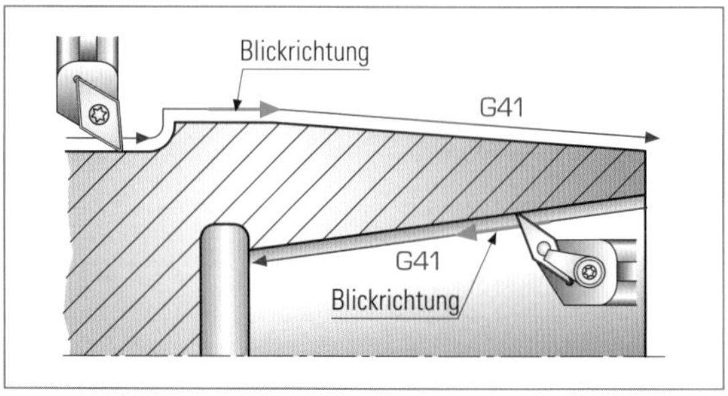

2 *G41: Werkzeug links der Kontur*

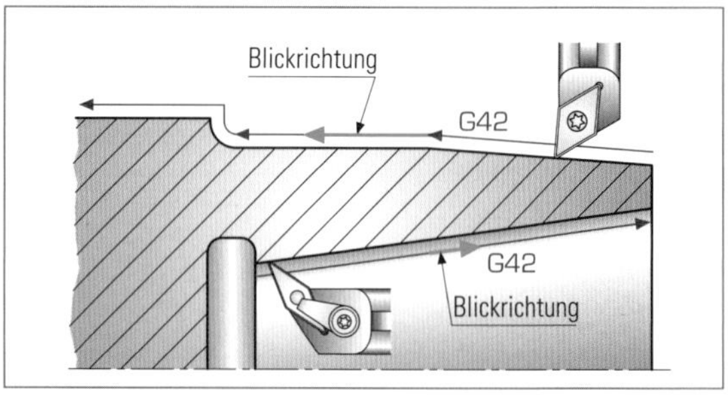

3 *G42: Werkzeug rechts der Kontur*

MERKE
Bearbeitungszyklen fassen mehrere Verfahrbewegungen in einem Programmsatz zusammen.

Die Zyklen sind bei den verschiedenen Steuerungen unterschiedlich zu programmieren. Daher müssen die erforderlichen Adressen der jeweiligen Programmieranleitung entnommen werden.
Zum Schruppen stehen z. B. Längs-, Plan- und Konturschruppzyklen zur Verfügung (Seite 289 Bild 1). Es wird die Fertigteilkontur für das Schruppen programmiert. Für das Schlichten legt die Fachkraft im Schruppzyklus Aufmaße in X- und Z-Richtung oder parallel zur Kontur fest. Bild 2 auf Seite 289 stellt ein Praxisbeispiel für den Aufbau eines Konturschruppzyklus dar.
Bei der Antriebswelle wird nach dem Querplandrehen das Werkzeug auf die Startposition für den Zyklus positioniert. Im Satz N100 ist der Konturschruppzyklus programmiert:

N1 00 G81 D4 AK0.5 (Konturschruppzyklus)
- AK0.5: Aufmaß in konturparallel
- D4: Zustellung in X

N1 10 G23 N200 N390 (Konturbeschreibung)
- N390: Satznummer für Ende der Fertigkonturbeschreibung
- N200: Satznummer für Beginn der Fertigkonturbeschreibung
- G23: Programmabschnittswiederholung

N1 20 G80 (Ende Konturzyklus)

Aus dem Beispiel gehen die Vorteile von Zyklen hervor:
- Einfache Programmierung, da viele Werkzeugbewegungen mit einem Satz programmiert werden können
- Schnelle Programmierung
- Kürzeres, übersichtlicheres Programm
- Einfache Fehlersuche

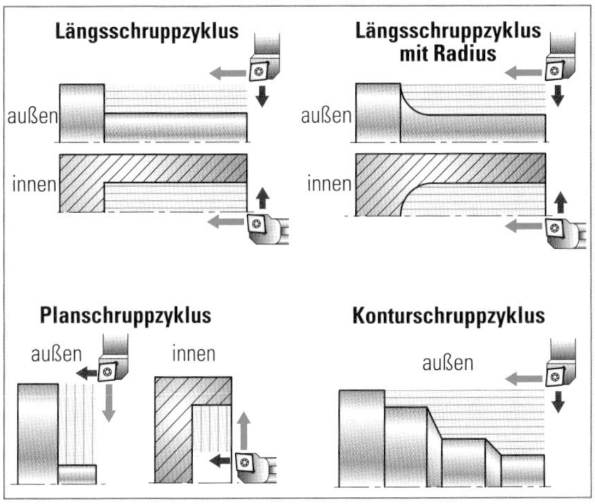

***1** Schruppzyklen*

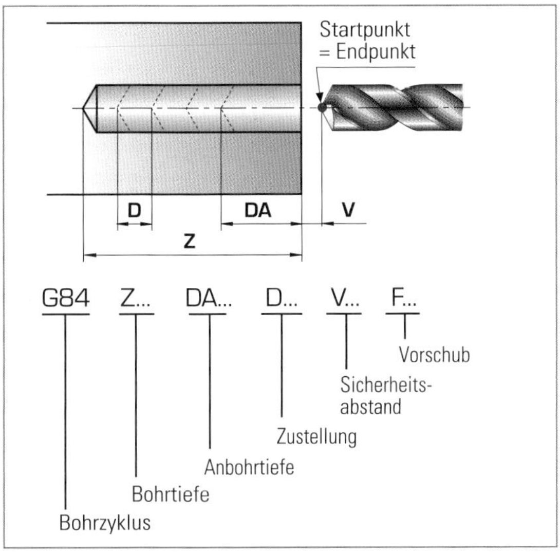

***3** Beispiele für einen Bohrzyklus*

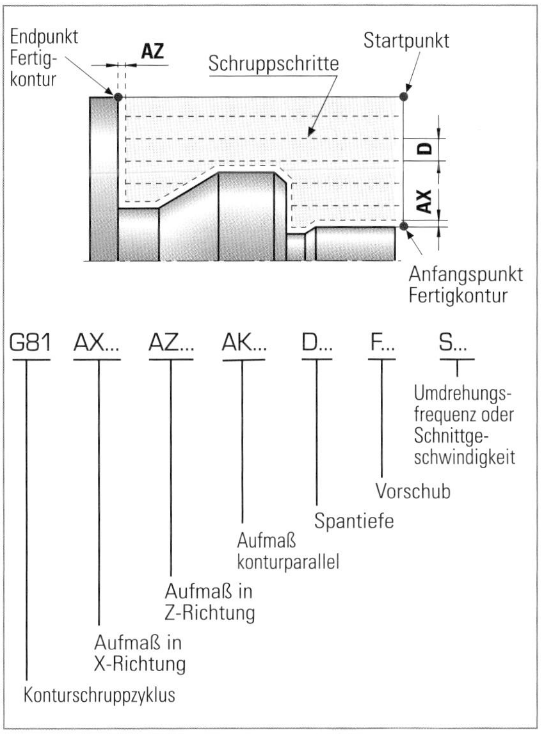

***2** Beispiel für den Aufbau eines Konturschruppzyklus*

Neben **Bohrzyklen** *(drilling cycles)* (Bild 3) sind beim Drehen **Gewindeschneidzyklen** *(thread cutting cycles)* von besonderer Bedeutung.

Um den gesamten Ablauf für das Gewindeschneiden in einem Satz zu programmieren, benötigt die Steuerung mindestens folgende Daten:
- Anfangspunkt des Gewindes
- Endpunkt des Gewindes
- Gewindesteigung
- Gewindetiefe
- Schnitttiefe bzw. Anzahl der Schnitte

Mit diesen Werten ist die Berechung der einzelnen Verfahrwege möglich. Die verschiedenen Steuerungen ordnen die Informationen unterschiedlichen Adressen zu, die den spezifischen Programmieranleitungen zu entnehmen sind. Im Bild 1 auf Seite 290 sind zwei Beispiele dargestellt.

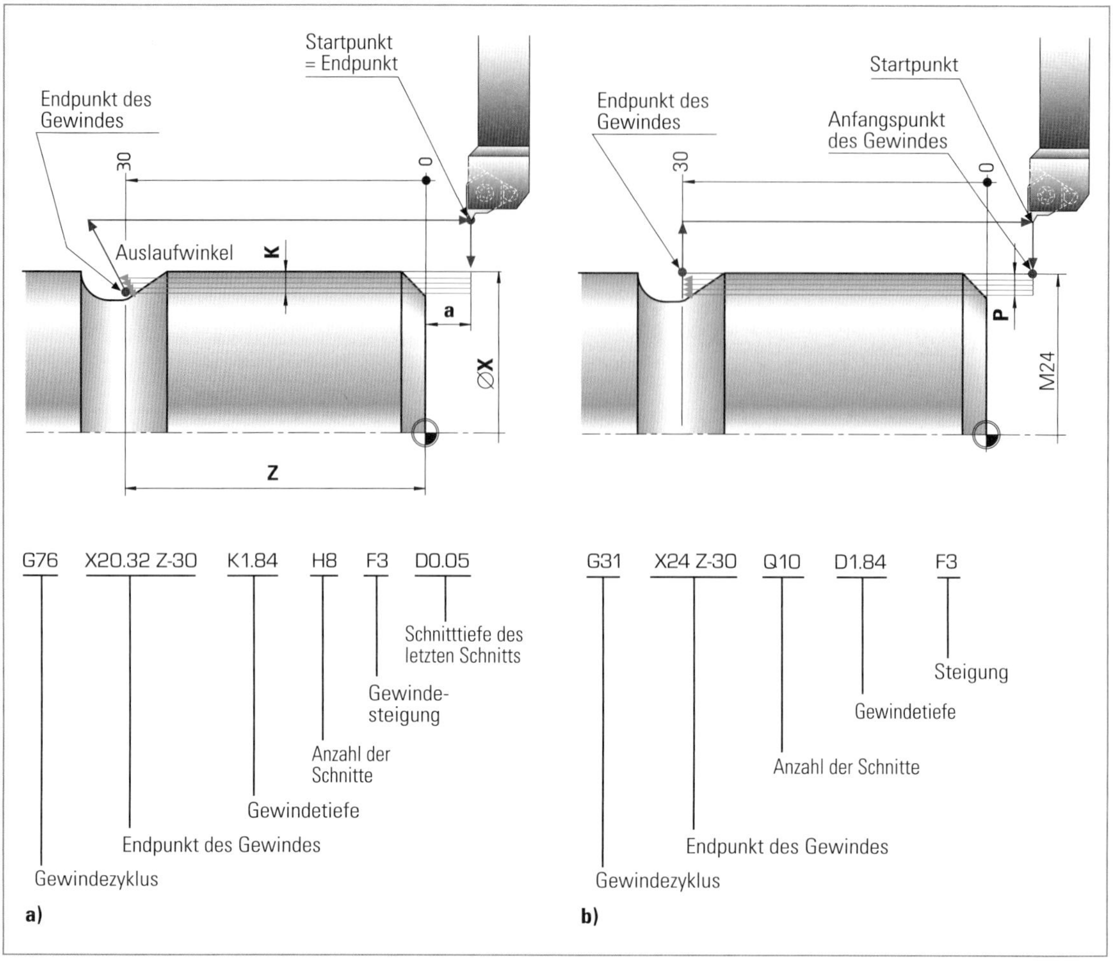

1 *Beispiele für Gewindeschneidzyklen*

MERKE

Gewinde werden mit konstanter Umdrehungsfrequenz *(rotational frequency)* geschnitten (G97), anderenfalls treten Steigungsfehler auf.

Beim Gewindeschneiden entspricht der Vorschub pro Umdrehung der Steigung des Gewindes. Somit ergibt sich eine hohe Vorschubgeschwindigkeit. So beträgt z. B. bei einer Umdrehungsfrequenz von 800/min und einem Vorschub von 2 mm die Vorschubgeschwindigkeit v_f = 800/min · 2 mm = 1600 mm/min. Zum Beschleunigen auf diese große Vorschubgeschwindigkeit benötigt die Steuerung einen relativ großen Anlaufweg. Deshalb muss der Anlaufweg a (Bild 1a) beim Gewindeschneidzyklus weit genug vom Gewindeanfang entfernt liegen.

MERKE

Der Anlaufweg soll beim Gewindeschneiden etwa zwei bis drei Mal größer als die Gewindesteigung sein.

Bei Außengewinden gibt es zum Schneiden von Rechts- und Linksgewinde unterschiedliche Möglichkeiten (Seite 291 Bild 1).

Überlegen Sie!

Übertragen Sie die Verhältnisse aus Bild 1 auf Seite 291 *auf das Schneiden von Innengewinden.*

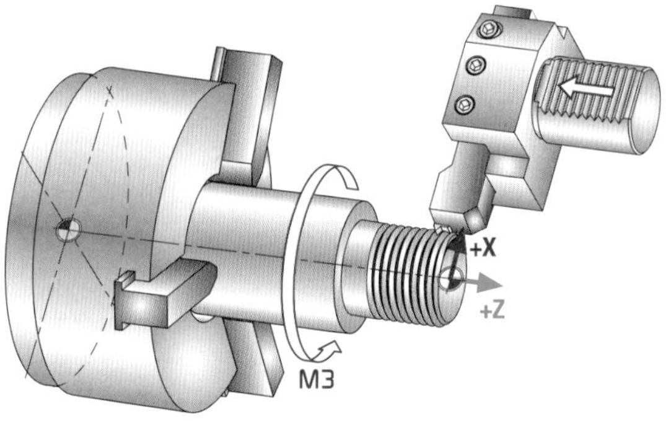

2 *Drehrichtung und Drehmeißelspannung beim Gewindeschneiden*

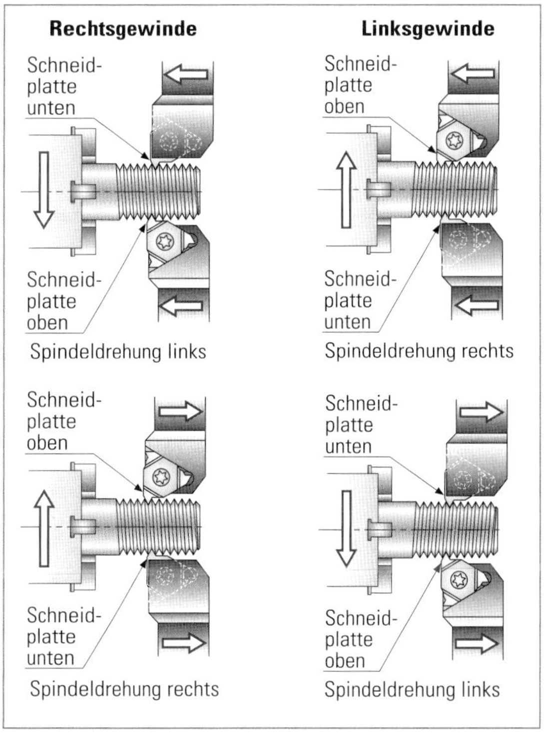

1 Möglichkeiten des Außengewindeschneidens für Rechts- und Linksgewinde

Um mit einem Werkzeug, das hinter der Drehmitte steht, ein **Rechtsgewinde** *(right-hand thread)* zu schneiden, muss sich die Arbeitsspindel im **Uhrzeigersinn** *(clockwise)* (M3) drehen. Bei Schrägbettmaschinen, bei denen das Werkzeug hinter der Drehmitte steht, ist das nur möglich, wenn die Spanfläche des Gewindedrehmeißels nach unten zeigt (Seite 290 Bild 2). Das Programm für das Gewinde M24 × 2 der Antriebswelle kann wie folgt aussehen:

```
N500 G14                          (Werkzeugwechselpunkt)
N510 T3 TC3 M3                    (Werkzeugwechsel)
N520 G97 S800                     (konstante Schnittgeschwindigkeit)
N530 G0 X26 Z5                    (Startposition für Zxklus)
N540 G31 Z-21 X24 F2 D1.227 Q10   (Gewindeschneidzyklus)
N550 G14                          (Werkzeugwechselpunkt)
N560 M30                          (Programmende)
```

1_1
1_2

3.2.9 Unterprogrammtechnik

1 3

Bei häufig auftretenden gleichen Konturelementen (z. B. Freistich DIN 509-E0,8 × 0,3) ist es sinnvoll, diese in einem Unterprogramm *(subroutine)* zu beschreiben, wenn die Steuerung nicht über die entsprechenden Bearbeitungszyklen verfügt. In Hauptprogrammen wird dann nicht der jeweilige Freistich beschrieben, sondern jeweils das entsprechende Unterprogramm aufgerufen (Seite 292 Bild 1).

Der Aufruf des Unterprogramms erfolgt im Beispiel unter Angabe des Unterprogrammnamens (L101). Obwohl bei den verschiedenen Steuerungen die Unterprogramme unterschiedlich aufgerufen werden, ist das Prinzip jedoch immer das gleiche.
Da z. B. der Freistich an den unterschiedlichsten Werkstückpositionen liegen kann, ist es nicht möglich, innerhalb des Unterprogramms mit absoluter Maßangabe zu arbeiten. Daher wird am Unterprogrammanfang auf inkrementale Maßangabe (G91) umgeschaltet. Aufgrund der Maße in Bild 2 sind die Konturpunkte P1 bis P4 im Unterprogramm (Bild 1 auf Seite 292) beschrieben. Im Hauptprogramm ist die Kontur bis zum Punkt P0 zu programmieren, bevor der Unterprogrammaufruf erfolgt. Vor dem Unterprogrammende wird auf absolute Maßangabe (G90) umgeschaltet, damit im Hauptprogramm der nächste Konturpunkt wieder absolut angefahren werden kann.

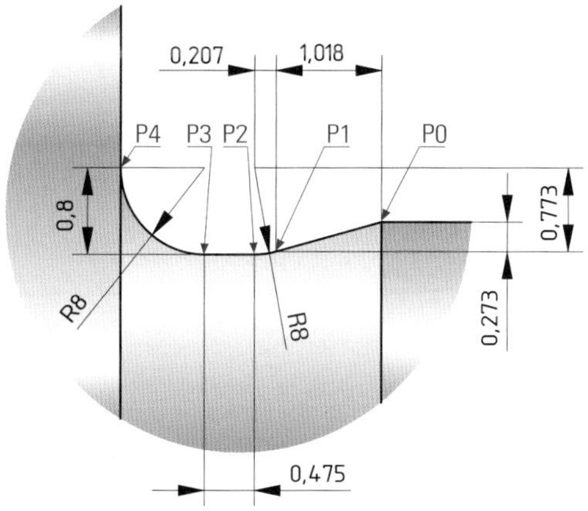

2 Kettenbemaßung des Einstichs DIN 509 – E0,8 × 0,3

MERKE

In Unterprogrammen sind wiederkehrende Konturelemente (Freistiche, Einstiche usw.) beschrieben. Innerhalb der Unterprogramme erfolgt die Programmierung meist inkremental.

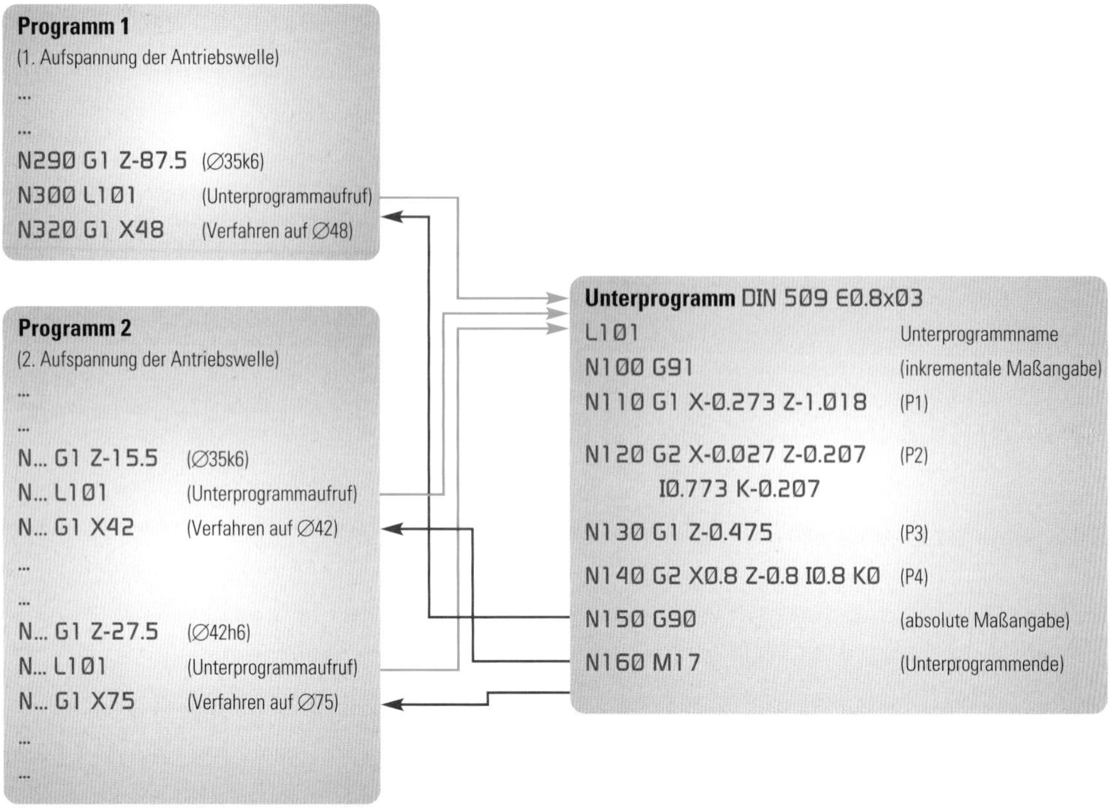

Programm 1
(1. Aufspannung der Antriebswelle)
...
...
N290 G1 Z-87.5 (∅35k6)
N300 L101 (Unterprogrammaufruf)
N320 G1 X48 (Verfahren auf ∅48)
Programm 2
(2. Aufspannung der Antriebswelle)
...
...
N... G1 Z-15.5 (∅35k6)
N... L101 (Unterprogrammaufruf)
N... G1 X42 (Verfahren auf ∅42)
...
...
N... G1 Z-27.5 (∅42h6)
N... L101 (Unterprogrammaufruf)
N... G1 X75 (Verfahren auf ∅75)
...
...
Unterprogramm DIN 509 E0.8x03
L101 Unterprogrammname
N100 G91 (inkrementale Maßangabe)
N110 G1 X-0.273 Z-1.018 (P1)
N120 G2 X-0.027 Z-0.207 I0.773 K-0.207 (P2)
N130 G1 Z-0.475 (P3)
N140 G2 X0.8 Z-0.8 I0.8 K0 (P4)
N150 G90 (absolute Maßangabe)
N160 M17 (Unterprogrammende)

1 *Prinzip der Unterprogrammtechnik*

3.3 Werkstattorientierte Programmierung

Bei der werkstattorientierten Programmierung (**WOP**) *(workshop orientated programming)* erzeugt die Fachkraft das CNC-Programm mittels grafisch-interaktiver Eingabe (Bild 2).

In Form von grafischen Objekten steht das Arbeitsumfeld zur Verfügung. Hierzu zählt die grafische Darstellung des Maschinenraums, der Werkzeuge, die Spannsituation des Werkstücks usw. Die Geometrien des Werkstücks werden über Abfragen als Rohteil- und Fertigteilbeschreibung eingegeben. Das Ereignis jeder einzelnen Eingabe wird unmittelbar grafisch dargestellt.

Der entscheidende Vorteil ist, dass die Eingabe nicht in Satzform, sondern mittels grafischer Unterstützung im direkten Dialog mit der Maschine erfolgt.

Den einzelnen Bearbeitungsschritten (z. B. Schruppen, Schlichten, Bohren, Gewindeschneiden) werden die technologischen Daten zugeordnet. Dabei unterstützen Datenbanken die Fachkraft bei der Auswahl. Sie berücksichtigen dabei unter anderem den Werkstoff des Werkstücks, den Schneidstoff, die Schneidengeometrie und die gewünschte Oberflächenqualität. Aus wenigen geometrischen und technologischen Eingabedaten erstellt die Steuerung den gesamten Bearbeitungsablauf.

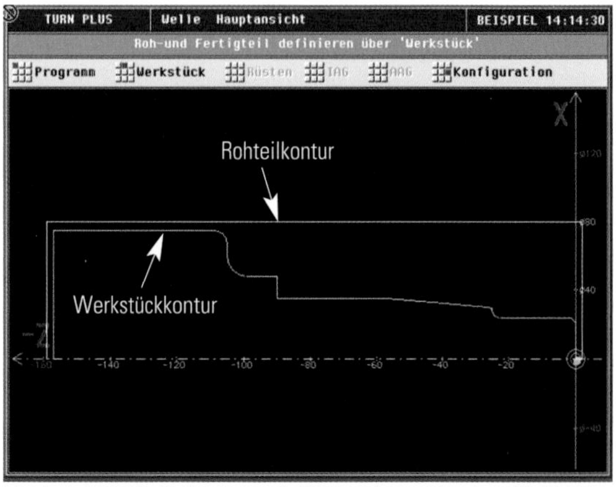

2 *Kontureingabe bei der werkstattorientierten Programmierung*

Die Werkstückbeschreibung ist von der übrigen Programmierung getrennt. Dadurch ist es auch leicht möglich, eine Geometrie-Übertragung aus verfügbaren CAD-Daten vorzunehmen. Mithilfe einer grafischen Simulation wird die gesamte Bearbeitung überprüft, um z. B. Kollisionen während der Zerspanung zu vermeiden.

Vorteile der werkstattorientierten Programmierung:
- Grafisch-interaktive Programmierung ohne das Schreiben von CNC-Sätzen
- Programmierung der Werkstückgeometrie und nicht der Werkzeugwege
- Getrennte Programmierung von Geometrie und Technologie, d. h., die Geometriebeschreibung erfolgt bearbeitungsunabhängig
- Möglichkeiten der Übernahme von Geometriedaten aus einem CAD-System
- Grafisch-dynamische Simulation des gesamten Bearbeitungsprozesses
- Auf Anhieb fehlerfreie Programme erzeugen, sodass kein Probelauf mit Korrektureingriffen erforderlich ist
- Ein- und Ausgabe von Daten, auch der Quellprogramme, Grafiken, Arbeitspläne etc.

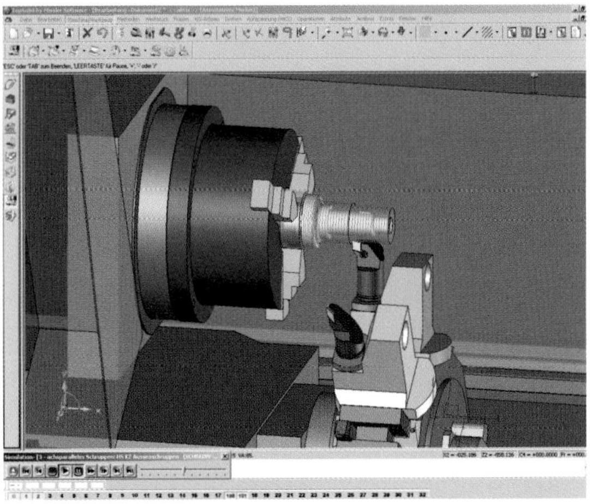
1 *Simulation während des Schruppens*

3.4 Programmüberprüfung

Die Überprüfung der Programme *(checking of programmes)* erfolgt bei allen Programmierarten über grafische Simulationen (Bild 1). Dabei wird der gesamte Arbeitsablauf Schritt für Schritt dynamisch dargestellt. Die entstehenden Grafiken reichen von der Anzeige der Verfahrwege (Bild 2) bis hin zur dreidimensionalen Darstellung von Werkstück, Werkzeug und Spannmittel (Bild 3).
Bei der Simulation werden Programmierfehler, die zu Geometriefehlern führen, aufgedeckt. Die Simulationsgrafik dient wesentlich dazu, die Sicherheit bei der CNC-Fertigung zu erhöhen. Kollisionen zwischen Werkzeug und Werkstück bzw. zwischen Werkzeug und Spannmittel sind leicht zu erkennen und lassen sich korrigieren, bevor es „kracht".

MERKE
Die Ausschussquote lässt sich durch die CNC-Simulation deutlich reduzieren.

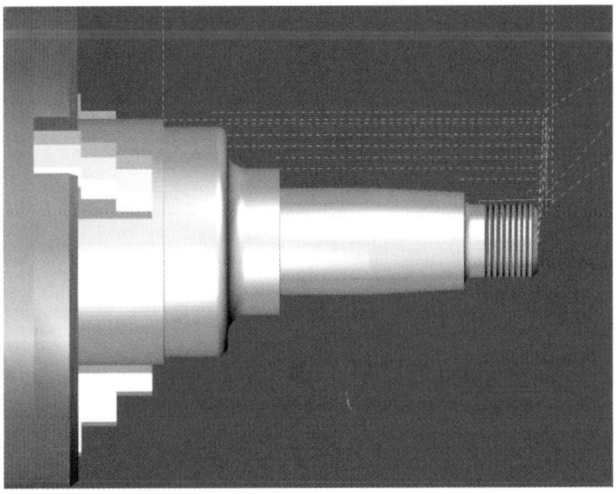
2 *Simulation der Verfahrwege*

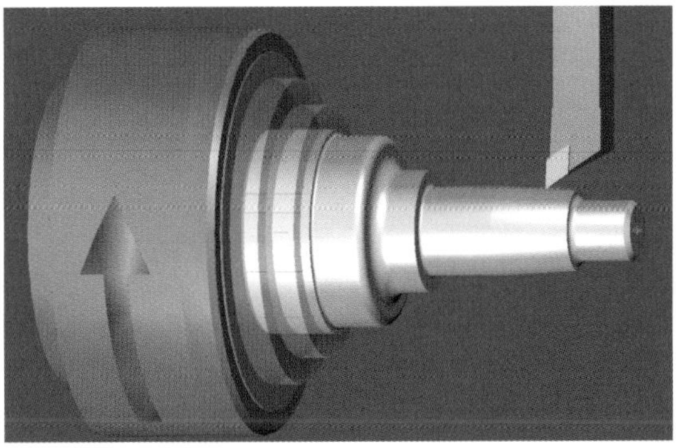
3 *Dreidimensionale Simulationsgrafik*

3.5 Einrichten der Maschine

Nach dem Einschalten der Maschine und dem **Anfahren des Referenzpunkts** *(reference point approach)* ist die Steuerung darüber informiert, an welcher Stelle das Werkzeug im Maschinenkoordinatensystem steht.

3.5.1 Einrichten und Vermessen der Werkzeuge

CNC-Drehmaschinen besitzen **Werkzeugrevolver** *(turrets)* (Seite 294 Bild 1), in denen eine Anzahl von Werkzeugen (ca. 12 bis 20) gespannt werden können. Durch das Schwenken des Revolvers wird die im Programm bestimmte Revolverposition in Arbeitsstellung gebracht. Deshalb ist es für die Fachkraft äußerst wichtig, dass sie den Revolver in der im Programm vorgeschriebenen Weise mit Werkzeugen bestückt. Eine Verwechslung bei der Zuordnung der Werkzeuge auf die Revolverplätze führt meist zu Kollisionen. Wenn im CNC-Programm ein neues Werkzeug aufgerufen wird, nimmt der Werkzeugrevolver den Werkzeugwechsel automatisch vor. Die Werkzeugwechselzeit reduziert sich auf ein Minimum, wodurch die Fertigungszeiten und -kosten minimiert werden.

MERKE
Werkzeuge müssen an die im Programm vorgesehenen Revolverplätze eingesetzt werden.

1 Belegung des Werkzeugrevolvers zum Fertigen der Antriebswelle (Trommelrevolver[1])

Die Werkzeuge besitzen unterschiedliche Abmessungen (Bild 2). Die Entfernungen der Schneiden in X- und Z-Richtung vom Werkzeugeinstellpunkt sind verschieden. Deshalb steht nach einem Werkzeugwechsel die eingewechselte Werkzeugschneide an einer anderen Position als die vorhergehende.

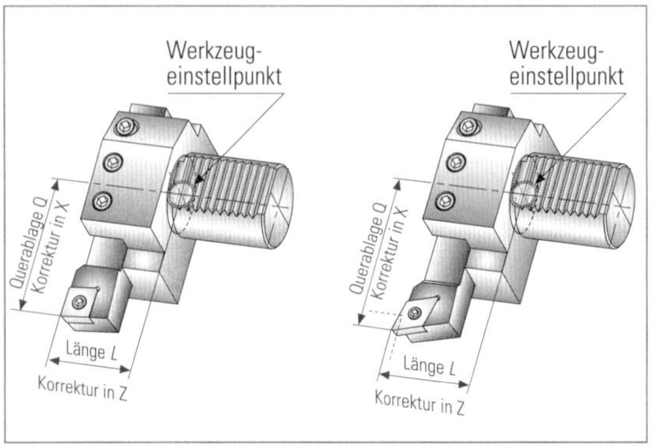

2 Werkzeugkorrekturwerte in Abhängigkeit vom Werkzeugeinstellpunkt

Damit alle Werkzeugschneiden an die programmierten Positionen verfahren, muss der Maschinenbediener für alle Werkzeuge die Werkzeugkorrekturwerte in X- und Z-Richtung in den Werkzeugkorrekturspeicher eingeben. Zur Ermittlung der Korrekturwerte stehen meist zwei Möglichkeiten des Messens zur Verfügung:

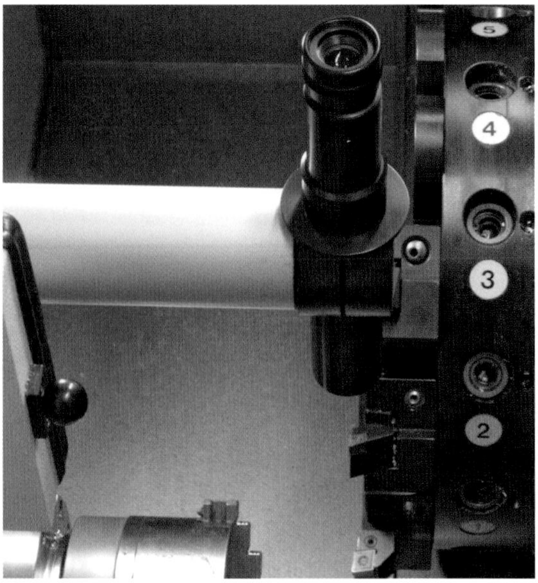

3 Messmikroskop zur Ermittlung der Werkzeugkorrekturen

- Messen im Arbeitsraum der Maschine
- Messen mit dem Werkzeugvoreinstellgerät

Messen im Arbeitsraum der Maschine (internes Messen)

Zum Messen *(measuring)* wird ein Mikroskop im Arbeitsraum montiert (Bild 3). Anschließend werden die Korrekturwerte wie folgt ermittelt:

- Die Werkzeuge sind im Revolver eingesetzt.
- Das zu messende Werkzeug wird in Arbeitsposition geschwenkt.

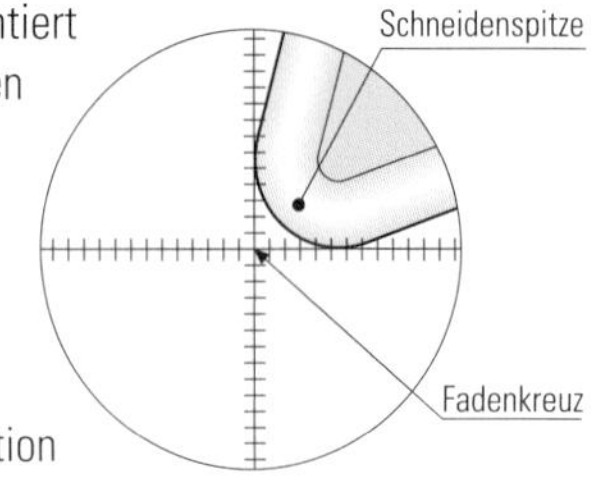

4 Werkzeugschneide im Fadenkreuz

- Das Positionieren der Schneidenspitze in das Fadenkreuz des Mikroskops (Bild 4) geschieht über Bedientasten bzw. das Handrad.
- Auf Tastendruck des Bedieners werden die Korrekturwerte in X- und Z-Richtung an die gewünschte Korrekturspeicherstelle übernommen. Für das Werkzeug T1 ist das im Bild 1 auf Seite 295 die Speicherstelle 1 (siehe Kapitel 3.2.2).
- Zusätzlich muss die Fachkraft noch die Lage der Werkzeugschneide (siehe Kapitel 3.2.6) eingeben. Für das dargestellte Werkzeug geschieht das mit Eingabe der 3.

Messen mit dem Werkzeugvoreinstellgerät (externes Messen)

Die Werkzeuge werden in die gleiche Aufnahme gesetzt, die auch an der Werkzeugmaschine vorhanden ist. Über eine Optik wird die Werkzeugspitze justiert und das Voreinstellgerät (Seite 295 Bild 2) zeigt die Korrekturwerte an. Diese werden auf

1) siehe Lernfeld 11 Kap. 2.2.1

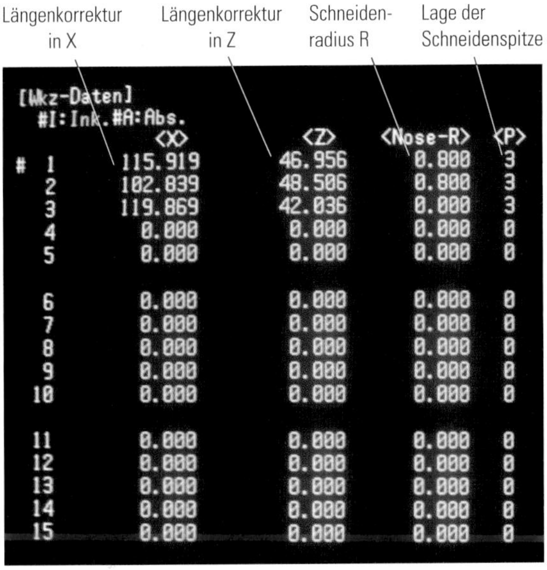

[Wkz-Daten]
#I:Ink.#A:Abs.

#	<X>	<Z>	<Nose-R>	<P>
1	115.919	46.956	0.800	3
2	102.839	48.506	0.800	3
3	119.869	42.036	0.000	3
4	0.000	0.000	0.000	0
5	0.000	0.000	0.000	0
6	0.000	0.000	0.000	0
7	0.000	0.000	0.000	0
8	0.000	0.000	0.000	0
9	0.000	0.000	0.000	0
10	0.000	0.000	0.000	0
11	0.000	0.000	0.000	0
12	0.000	0.000	0.000	0
13	0.000	0.000	0.000	0
14	0.000	0.000	0.000	0
15	0.000	0.000	0.000	0

1 *Werkzeugkorrekturspeicher*

Aufkleber gedruckt und an das Werkzeug geheftet. Dann gibt der Maschinenbediener beim Einrichten der Werkzeuge die Korrekturwerte in den Werkzeugkorrekturspeicher von Hand ein. Eine andere Möglichkeit besteht darin, die Daten online oder mittels Datenträger direkt in den Werkzeugkorrekturspeicher zu übertragen. Dabei entfällt die Eingabe der Daten per Hand, wodurch sich die Fehlerhäufigkeit und die Eingabezeit reduzieren.

Die Antriebswelle wird in der ersten Aufspannung mit gehärteten Backen und in der zweiten mit weichen Backen (siehe Lernfeld 5 Kap. 2.5.2) gespannt (Bild 3). Die Fachkraft dreht die weichen Backen auf den Durchmesser aus, der am Werkstück zu spannen ist. Bei der Antriebswelle sind das 35 mm.
Der Rohling wird so gespannt, dass er in der ersten Aufspannung 130 mm über die Spannbacken in den Arbeitsraum ragt. Bei der zweiten Aufspannung liegt der Bund des ∅45 an den Backen an.

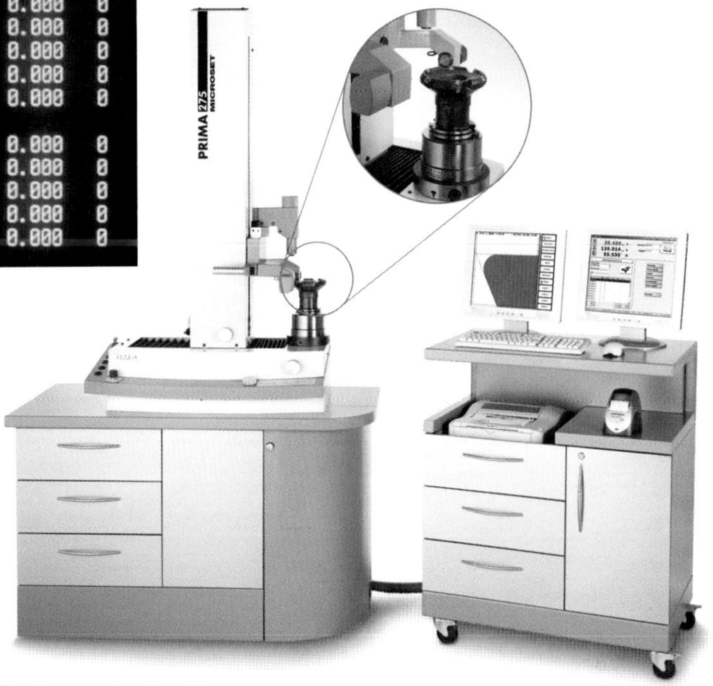

2 *Werkzeugvoreinstellgerät*

3.5.2 Einrichten der Spannmittel

CNC-Drehmaschinen besitzen meist hydraulische Spannfutter *(chucks)*. Durch Hand- oder Fußbetätigung von Sensoren fahren die Backen des Futters auf oder zu. Der Hydraulikdruck und damit die Spannkraft der Backen werden auf die Betriebsverhältnisse angepasst.

3 *Spannen mit weichen Backen für die zweite Aufspannung*

3.6 Zerspanen und Prüfen

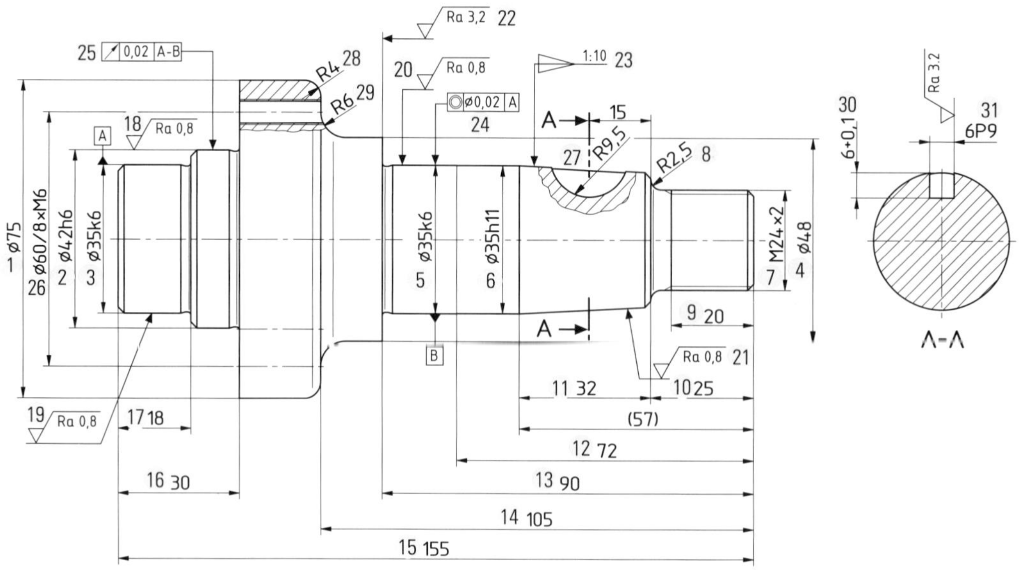

Prüf-Nr.	Zeichnungsangabe	Abmaße	Prüfgerät
1	∅75	±0,3	Messschieber
2	∅42h6	−0,016/0	Messschraube oder Grenzrachenlehre
3	∅35k6	+0,002/+0,018	Messschraube oder Grenzrachenlehre
4	∅48	±0,3	Messschieber
5	∅35k6	+0,002/+0,018	Messschraube oder Grenzrachenlehre
6	∅35h11	−0,16/0	Messschraube oder Grenzrachenlehre
7	M24×2		Gewindelehrring
8	R2,5		Radiuslehre
9	20	±0,2	Messschieber
10	25	±0,2	Messschieber
11	32	±0,3	Messschieber
12	72	±0,3	Messschieber
13	90	±0,3	Messschieber
14	105	±0,3	Messschieber
15	155	±0,5	Messschieber
16	30	±0,2	Messschieber
17	18	±0,2	Messschieber
18	Ra 0,8		Tastschnittgerät
19	Ra 0,8		Tastschnittgerät
20	Ra 0,8		Tastschnittgerät
21	Ra 0,8		Tastschnittgerät
22	Ra 3,2		Tastschnittgerät
23	Verjüngung 1:10		Kegellehre
24	Koaxialitat ∅0,02		3D-Messmaschine
25	Rundlauf 0,02		3D-Messmaschine
26	∅60/8×M6		Sichtprüfung und Messschieber
27	R9,5		Radiuslehre
28	R4		Radiuslehre
29	R6		Radiuslehre
30	6+0,1	0/+0,1	Nutenmessgerät
31	6P9	0,009/−0,039	Grenzlehre

1 *Prüfplan*

1 Zerspanung während der ersten Aufspannung

Nach dem Einrichten der Maschine wird das CNC-Programm aktiviert und gestartet. Beim Zerspanen *(machining)* des ersten Werkstücks (Bild 1) wird oft mit reduzierten Vorschüben gearbeitet.

2 Prüfen während der Bearbeitung

Nach der Bearbeitung wird das Werkstück geprüft (Bild 2). Im **Prüfplan** *(quality control plan)* (Seite 293 Bild 1) sind die durchzuführenden Prüfungen festgelegt. Dabei geht es vorrangig darum, ob die Toleranzen und Oberflächenqualitäten (Bild 3) eingehalten wurden (siehe Lernfeld 5 Kap. 9 Prüftechnik).

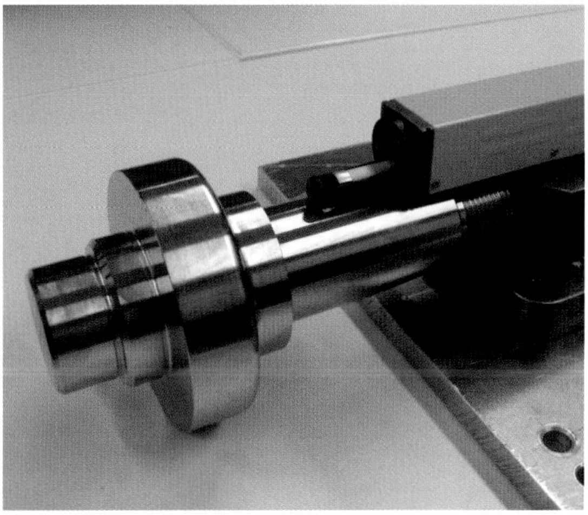

3 Oberflächenprüfung mit dem Tastschnittgerät

3.7 Optimierung

Für die **Serienfertigung** *(series production)* muss meist der Fertigungsprozess optimiert werden (Seite 295 Bild 1). Dabei geht es in erster Linie um die Verkürzung der Fertigungszeit bei gleichzeitiger Einhaltung der Produktqualität:

- Programmoptimierungen führen zu weniger Verfahrbewegungen und damit zu kürzeren Fertigungszeiten.
- Die Schneidstoffe sind zu optimieren, damit die Schnittgeschwindigkeiten erhöht werden können.
- Wenn es die Oberflächenqualität erlaubt, sind die Vorschübe zu erhöhen.
- Die Zustellungen werden erhöht, wenn es die Zerspanbedingungen erlauben und die Maschine über die notwendige Antriebsleistung verfügt.
- Zur Verringerung der Verfahrwege wird der Werkzeugwechselpunkt nur so weit vom Werkstück weg verlegt, dass keine Kollisionsgefahr besteht.

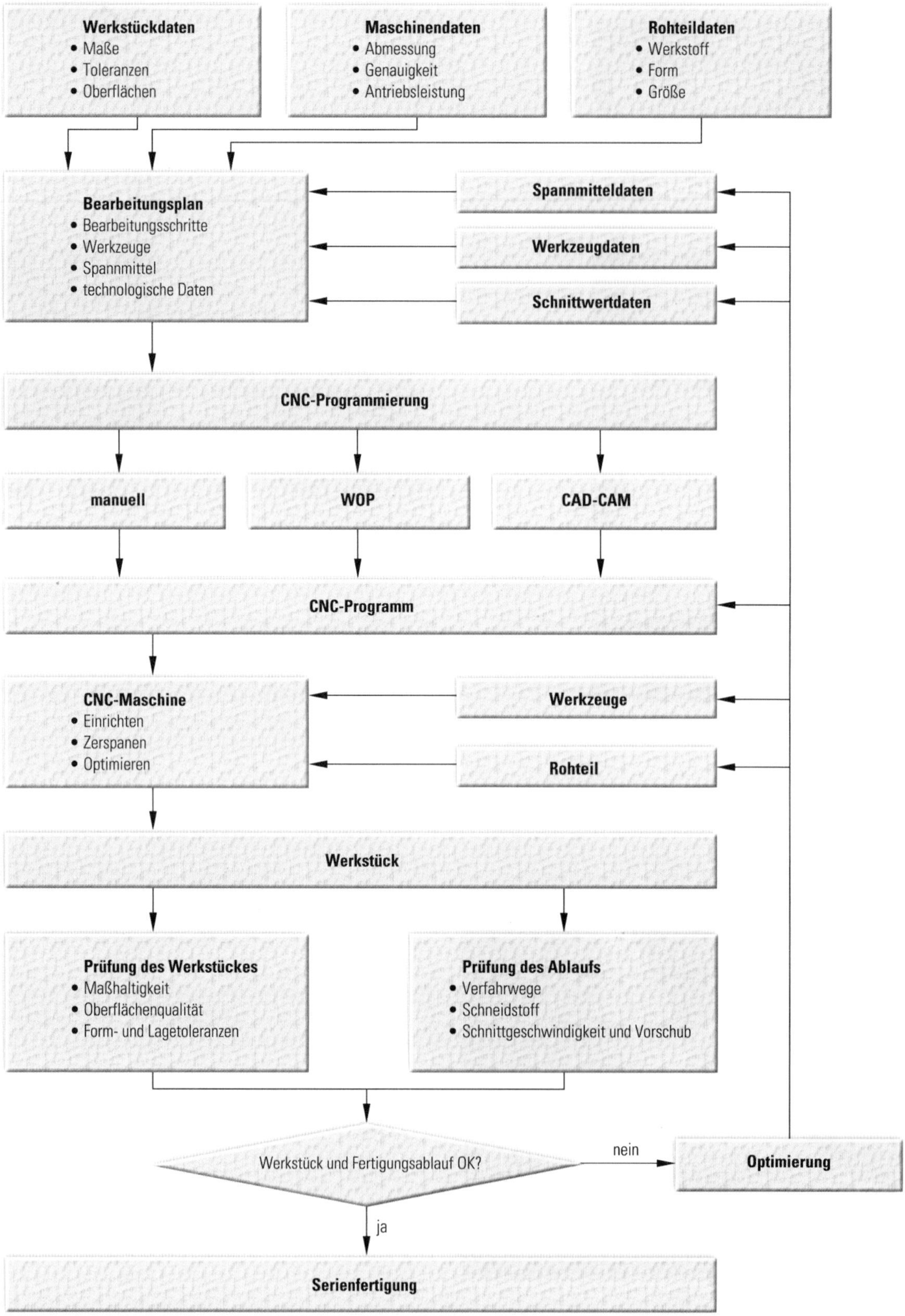

1 *Optimierung des CNC-Prozesses*

3.8 Komplettbearbeitung an Drehzentren[1)]

Um an einer Drehmaschine Bohr- und Fräsarbeiten (Bild 1) durchführen zu können, muss sie über angetriebene Werkzeuge zum Bohren und Fräsen verfügen. Die Arbeitsspindel ist als weitere Achse (meist C-Achse) programmierbar (Bild 2). Dadurch ist es möglich, Bohr- und Fräsoperationen *(drilling and milling operations)* durchzuführen.

MERKE

Drehzentren (Bild 3) ermöglichen die Komplettbearbeitung *(complete machining)* von Werkstücken.

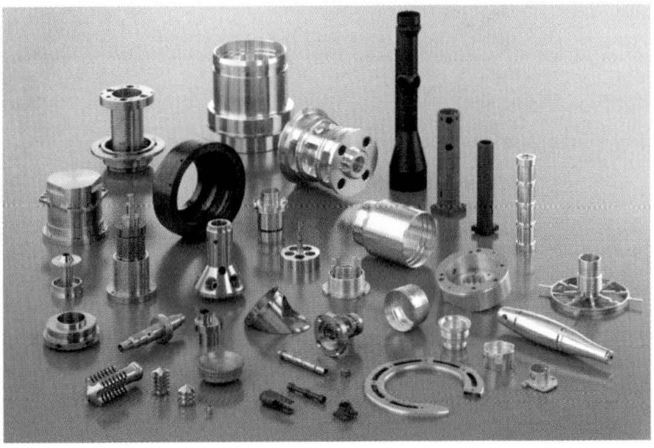

1 Drehteile mit Bohrungen und Fräsflächen

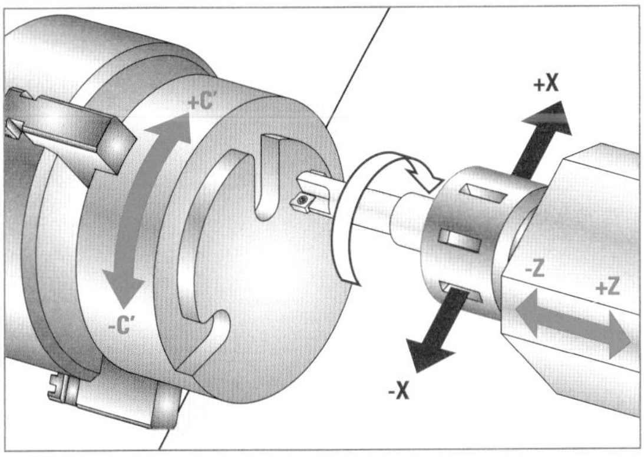

2 C-Achse an Drehzentren

4 Werkzeugschlitten und Drehfutter eines Drehzentrums

Neben den angetriebenen Werkzeugen verfügen Drehzentren oft über zwei und mehr Antriebsspindeln sowie zwei oder mehrere Werkzeugschlitten (Bild 4). Das Werkstück wird automatisch dem ersten Drehfutter nach der Zerspanung entnommen, gewendet und dem zweiten Futter zugeführt. Nach dem Spannen im zweiten Futter erfolgt die Bearbeitung der zweiten Seite. Oft sorgt ein Roboter für das Zuführen der Rohteile und das Entnehmen der Fertigteile.

Auf diese Weise ist es möglich, in einer Maschine die gesamte Bearbeitung des Werkstücks vorzunehmen. Dadurch werden

- nur zwei Aufspannungen benötigt
- die Fertigungszeiten verkürzt
- Transporte von einer zur anderen Maschine gespart
- Serienteile kostengünstig hergestellt

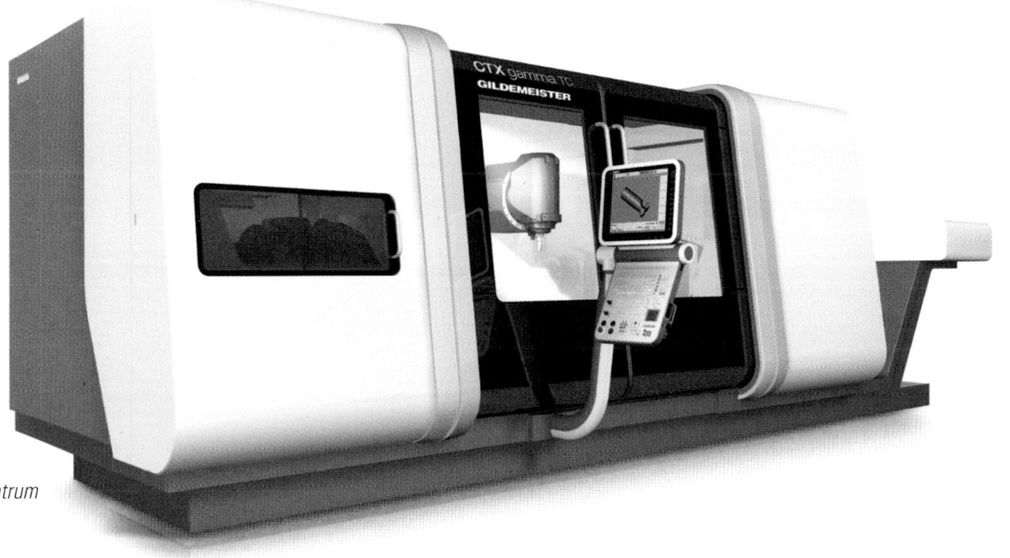

3 Drehzentrum

1) siehe Lernfeld 11 Kap. 2

Die Programmierung der parallel ablaufenden Zerspanungen geschieht meist nicht manuell, sondern mithilfe von entsprechender Software, die dann auch die Maschinenbewegungen simuliert (Bild 1).

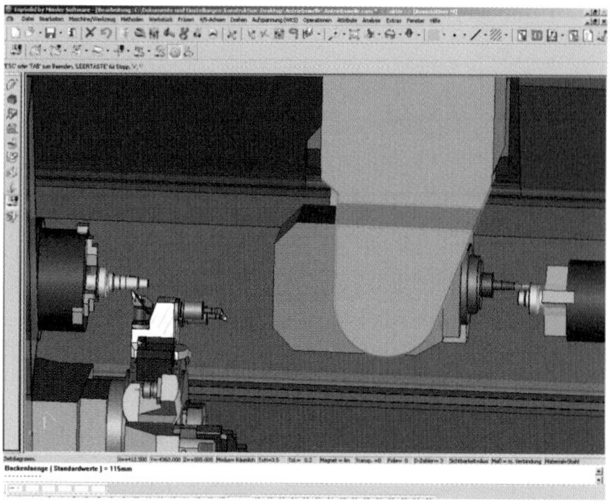

1 Simulation der Bearbeitung der Antriebswelle auf einem Drehzentrum mit zwei Arbeitsspindeln

ÜBUNGEN

1. Wohin wird der Werkstücknullpunkt bei Drehteilen meist verschoben?

2. Erläutern Sie die Angabe „N100 T606 M4"

3. Beschreiben Sie für das Drehen bzw. Fräsen, wie sich die Arbeitsspindel bei M3 und M4 dreht.

4. Nennen Sie für das Drehen auf einer Schrägbettmaschine jeweils eine Bearbeitung, bei dem sich die Arbeitsspindel im Uhrzeigersinn bzw. im Gegenuhrzeigersinn drehen muss.

5. Wann wird G0 bzw. G1 beim Drehen gewählt?

6. Skizzieren Sie ein einfaches Drehteil mit Kreisbögen und ordnen sie die Kreisbögen G2 und G3 zu.

7. Wozu dienen beim Drehen die Interpolationsparameter I und K?

8. Bei welchen Konturen muss beim Drehen mit einer Schneidenradiuskompensation gearbeitet werden?

9. Welche Werkzeuginformationen sind für die Schneidenradiuskompensation erforderlich?

10. Mit welchen G-Funktionen wird beim Drehen die Werkzeugbahnkorrektur ein- bzw. ausgeschaltet?

11. Was wird in der CNC-Technik unter Bearbeitungszyklen verstanden?

12. Welche Vorteile bietet die Verwendung von Zyklen?

13. Erkundigen Sie sich in Ihrem Betrieb bzw. in Ihrer Berufsschule, über welche Zyklen die Drehmaschinen verfügen.

14. Wie erfolgt bei der WOP die Erstellung der CNC-Programme?

15. Durch welche Maßnahmen können CNC-Programme überprüft werden, ohne dass die Zerspanung erfolgt?

16. Beschreiben Sie stichpunktartig das Einrichten und Vermessen der Drehwerkzeuge.

17. Durch welche Maßnahmen können CNC-Programme für die Serienfertigung optimiert werden?

18. Der Bolzen aus 10S20 ist aus einem Rohling $\varnothing 45 \times 90$ zu fertigen.

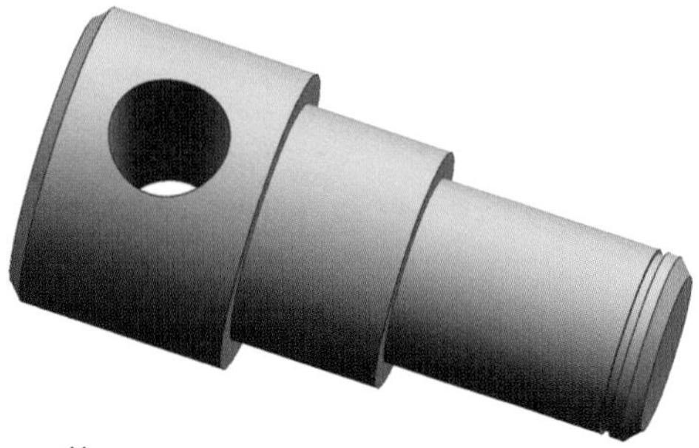

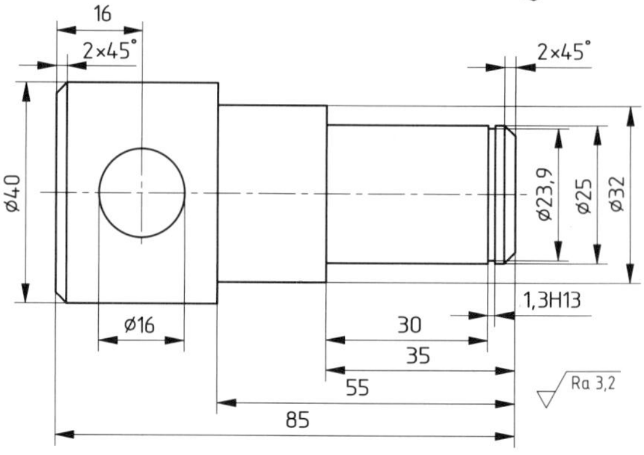

a) Stellen Sie den Arbeitsplan auf, wobei Sie die Werkzeuge, die technologischen Daten und die Spannmittel festlegen.
b) Schreiben Sie die CNC-Programme für die erste und zweite Aufspannung.

19. Für die Fertigung eines Führungsbolzens aus 42CrMo4 steht ein Rohling von ∅45 × 99 zur Verfügung.

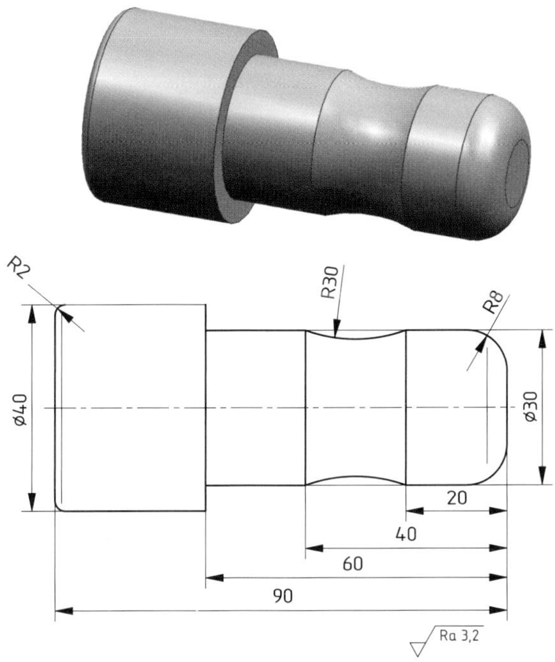

a) Stellen Sie den Arbeitsplan auf, wobei Sie die Werkzeuge, die technologischen Daten und die Spannmittel festlegen.
b) Schreiben Sie die CNC-Programme für die erste und zweite Aufspannung.

20. Der Verschlusskegel aus EN AW-2024 [AlCu4Mg1] wird von der Stange mit ∅42 mm hergestellt.

a) Stellen Sie den Arbeitsplan auf, wobei Sie die Werkzeuge, die technologischen Daten und die Spannmittel festlegen.
b) Schreiben Sie das CNC-Programm, wobei Sie ein Unterprogramm für den Gewindefreistich erstellen, das im Hauptprogramm aufgerufen wird. Die Maße für das Unterprogramm sind dem Detailausschnitt zu entnehmen.

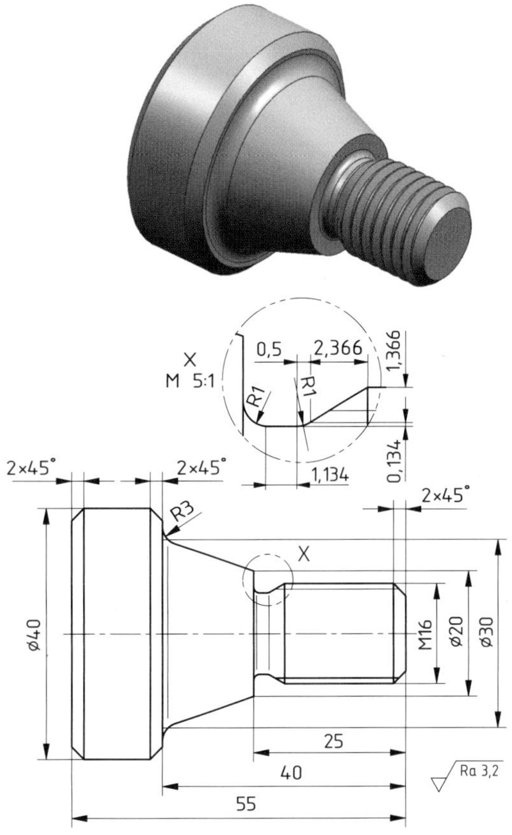

21. Warum verfügen Drehzentren über eine gesteuerte C-Achse?

4 CNC-Fräsen

Der in Bild 1 auf Seite 302 dargestellte Verlegekopf ist Bestandteil einer CNC-Wickelmaschine (Bild 1), die faserverstärkte Rohre und Behälter wickelt.

Das hervorgehobene Lagergehäuse ist in der Schnittdarstellung als Position 1 zu erkennen. Der Vorschubmotor (Pos. 30) treibt das Zahnriemenrad (Pos. 5) an, das im Rillenkugellager (Pos. 39) gelagert ist. Der Zahnriemen (Pos. 34) überträgt die Drehbewegung auf das Verlegeauge (Pos. 3). Über das Rillenkugellager (Pos. 38) ist das Verlegeauge im Lagergehäuse gelagert.

Von dem Lagergehäuse (Bild 2 auf Seite 302) aus EN AW-5051A [AlMg2(B)] sind 5 Teile herzustellen.

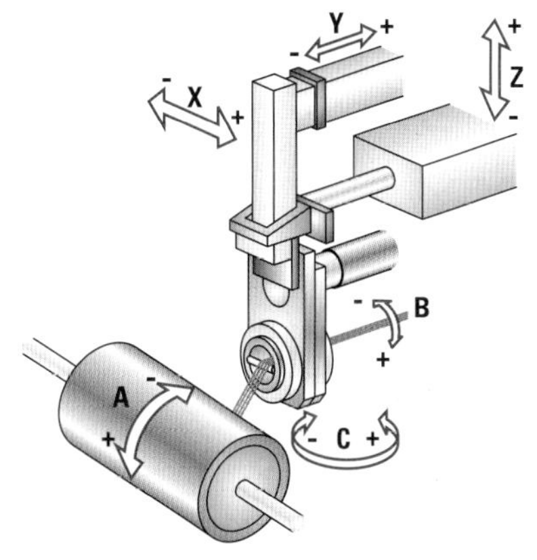

1 *Wickeln von faserverstärktem Rohr*

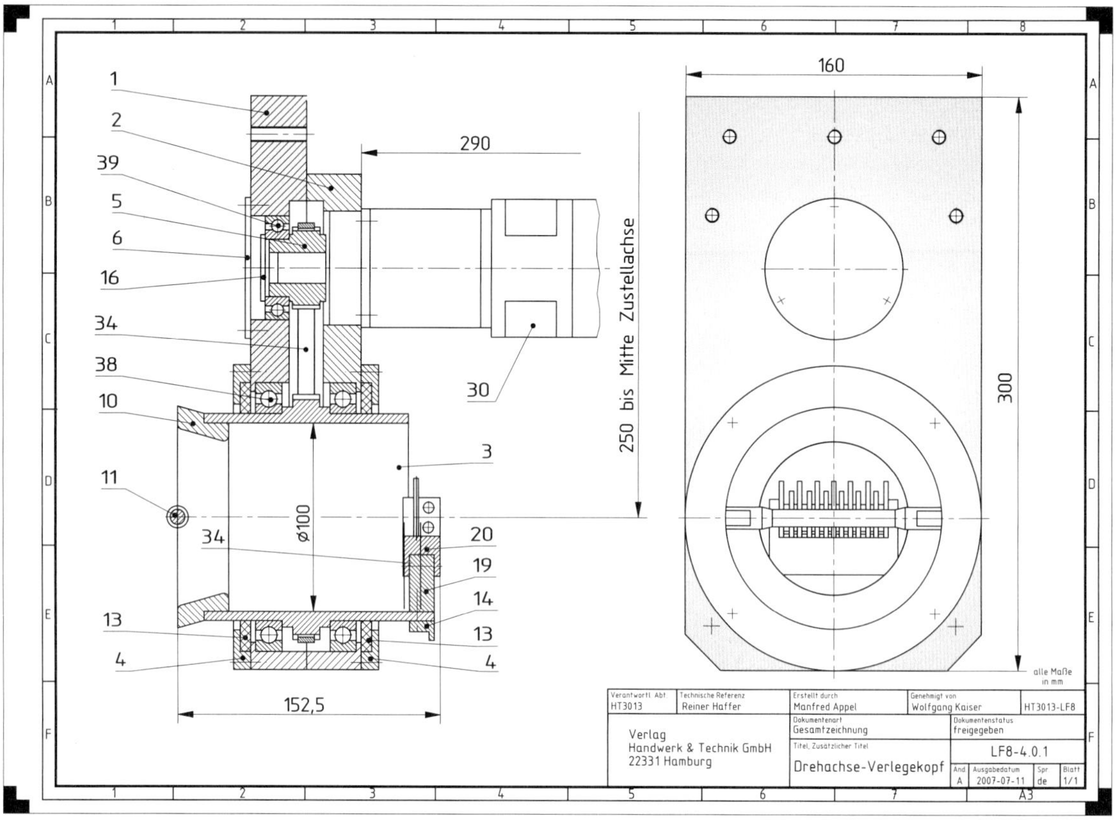
1
2
39
5
6
16
34
38
10
11
34
13
4
290
30
3
⌀100
20
19
14
13
4
152,5
250 bis Mitte Zustellachse
160
300
alle Maße in mm
Verantwortl. Abt. HT3013
Technische Referenz Reiner Haffer
Erstellt durch Manfred Appel
Genehmigt von Wolfgang Kaiser
HT3013-LF8
Dokumentenart Gesamtzeichnung
Dokumentenstatus freigegeben
Verlag Handwerk & Technik GmbH 22331 Hamburg
Titel, Zusätzlicher Titel
Drehachse-Verlegekopf
LF8-4.0.1
Änd. A
Ausgabedatum 2007-07-11
Spr. de
Blatt 1/1
A3

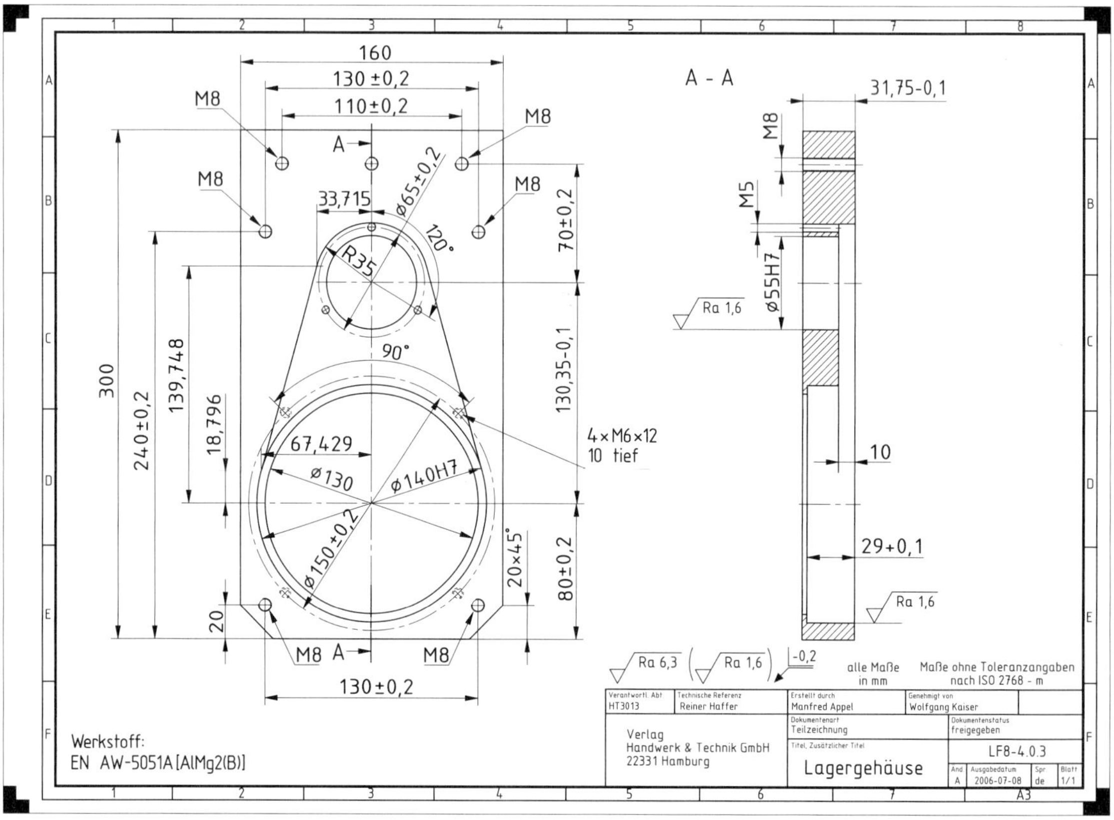
160
130 ±0,2
110±0,2
M8
M8
M8
M8
A
33,715
⌀65±0,2
120°
R35
70±0,2
90°
130,35-0,1
300
240±0,2
139,748
18,796
67,429
⌀130
⌀140H7
⌀150±0,2
4×M6×12
10 tief
20×45°
80±0,2
20
M8
A
M8
130±0,2
A - A
31,75-0,1
M8
M5
⌀55H7
Ra 1,6
10
29+0,1
Ra 1,6
Ra 6,3
Ra 1,6
-0,2
alle Maße in mm
Maße ohne Toleranzangaben nach ISO 2768 - m
Verantwortl. Abt. HT3013
Technische Referenz Reiner Haffer
Erstellt durch Manfred Appel
Genehmigt von Wolfgang Kaiser
Dokumentenart Teilzeichnung
Dokumentenstatus freigegeben
Verlag Handwerk & Technik GmbH 22331 Hamburg
Titel, Zusätzlicher Titel
Lagergehäuse
LF8-4.0.3
Änd. A
Ausgabedatum 2006-07-08
Spr. de
Blatt 1/1
A3
Werkstoff:
EN AW-5051A [AlMg2(B)]

4.1 Arbeitsplanung

Aus der Zeichnung geht hervor, dass die beiden Lagerbohrungen (∅40H7 und ∅55H7) eng toleriert sind und dass eine gute Oberflächenqualität (Ra 1,6) erforderlich ist. Die restlichen Oberflächen sollen eine Oberflächenqualität von Ra 6,3 erhalten. Der Abstand der Lagerbohrungen (130,35–0,1), die Tiefe der großen Lagerbohrung (29+0,1) sowie die Dicke des Gehäuses (31,75–0,1) sind im Zehntelmillimeterbereich toleriert. Alle anderen Maße sind gröber toleriert oder müssen nur den Allgemeintoleranzen nach DIN ISO 2768-m genügen.

MERKE

Die umfassende Analyse der Einzelteilzeichnung ist Grundlage für die Fertigungsplanung *(production planning)*.

Die Rohlinge für das Lagergehäuse wurden aus einer 35 mm dicken Platte ausgesägt und am Umfang auf Fertigmaß mit Fasen (20 × 45°) gefräst. In der letzten Aufspannung steht ein Rohling von 35 mm Dicke zur Verfügung (Bild 1).

Die Bearbeitung erfolgt auf einer Fräsmaschine *(milling machine)* mit Vertikalspindel (Bild 2), die einen automatischen Werkzeugwechsler besitzt. Die maximale Umdrehungsfrequenz der Spindel beträgt 10000/min.

Zur Fertigstellung des Lagergehäuses sind noch folgende Bearbeitungsschritte durchzuführen:

- Planfräsen des Rohlings auf 31,75–0,1 mm
- Schruppen der Lagerbohrungen ∅140H7, ∅130 und ∅55H7
- Fräsen der Kontur (10 mm tief), innerhalb derer der Zahnriemen läuft
- Schlichten der beiden Lagerbohrungen ∅140H7 und ∅55H7
- Bohren und Gewindeschneiden der sieben M8-Gewindebohrungen
- Bohren und Gewindeschneiden der drei M5-Gewindebohrungen

Die erforderlichen Bearbeitungsschritte werden in eine sinnvolle Reihenfolge gebracht. Dabei entsteht folgender **Bearbeitungs- und Werkzeugplan** *(machining and tool plan)* (Seite 304 Bild 1).

Die Werkzeuge für die Bearbeitung sind im Bild 3 dargestellt. Schnittgeschwindigkeit v_c und Vorschub pro Zahn f_z wurden aus den Tabellen der Werkzeughersteller entnommen. Umdrehungsfrequenz n und Vorschubgeschwindigkeit v_f wurden nach der Berechnung gerundet in die Tabelle eingetragen.

MERKE

Die Werkzeugnummer (z. B. T1) gibt die Nummer an, mit der das Werkzeug im CNC-Programm aufgerufen wird.

Da das Werkstück eine einfache äußere Form hat und außen schon fertig bearbeitet ist, kann es in zwei hydraulischen Schraubstöcken gespannt werden. Bild 2 auf Seite 304 zeigt den Spannplan. Der Werkstücknullpunkt wird auf die Mitte der großen Lagerbohrung (∅140H7) an die Oberseite des fertigen Werkstücks gelegt, weil von hier aus wichtige Funktionsmaße angegeben sind.

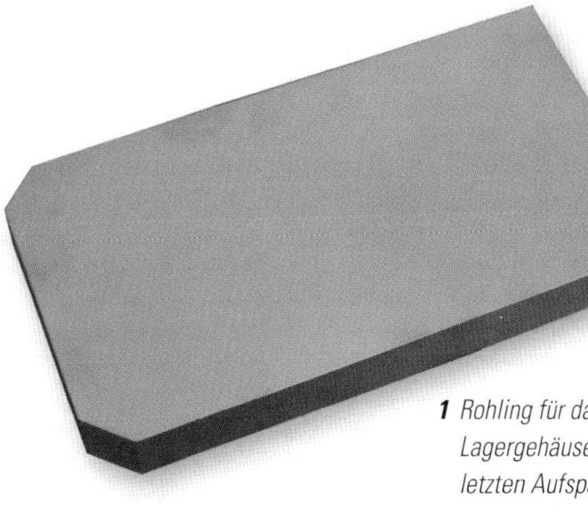

1 *Rohling für das Lagergehäuse vor der letzten Aufspannung*

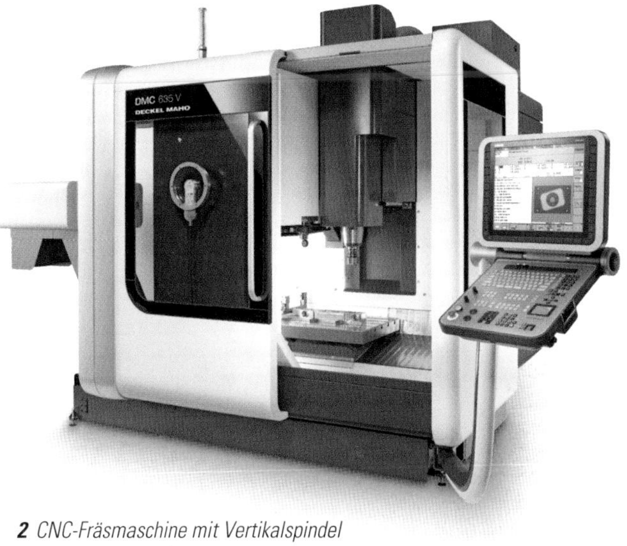

2 *CNC-Fräsmaschine mit Vertikalspindel*

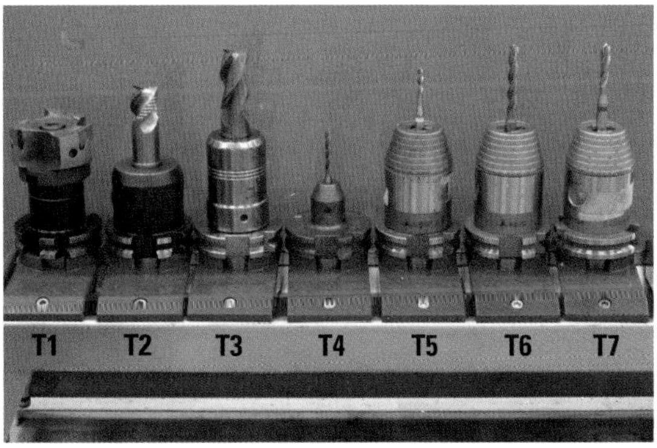

3 *Werkzeuge für das Lagergehäuse*

Nr.	Bearbeitungsschritt	Werkzeug	v_c in m/min	n in min-1	f_z in mm	v_f in mm/min	T-Nr.
1	Planen auf 31,75-0,1	Messerkopf ∅63, $z = 3$, unbeschichtetes Hartmetall K10	1100	5600	0,12	2000	1
2	Schruppen der Lagerbohrungen ∅140H7, ∅130 und ∅55H7	Schruppfräser ∅20, $z = 3$, unbeschichtetes Vollhartmetall K10	380	6000	0,11	2000	2
3	Fräsen der Kontur	Messerkopf ∅63, $z = 3$, unbeschichtetes Hartmetall K10	1100	5600	0,12	2000	1
4	Schlichten der Lagerbohrungen ∅140H7 und ∅55H7	Schlichtfräser ∅20, $z = 3$, unbeschichtetes Vollhartmetall K10	400	6400	0,1	1900	3
5	Bohren ∅4,2	Spiralbohrer ∅4,2, $z = 3$, unbeschichtetes Vollhartmetall K10	170	10000	0,07	2100	4
6	Gewindeschneiden M5	Gewindebohrer M5, HSS		300		240	5
7	Kernlochbohren ∅6,8	Spiralbohrer ∅6,8, $z = 3$, unbeschichtetes Vollhartmetall	170	8000	0,07	1920	6
8	Gewindeschneiden M8	Gewindebohrer M8, HSS		300		375	7

1 *Bearbeitungs- und Werkzeugplan für das Lagergehäuse*

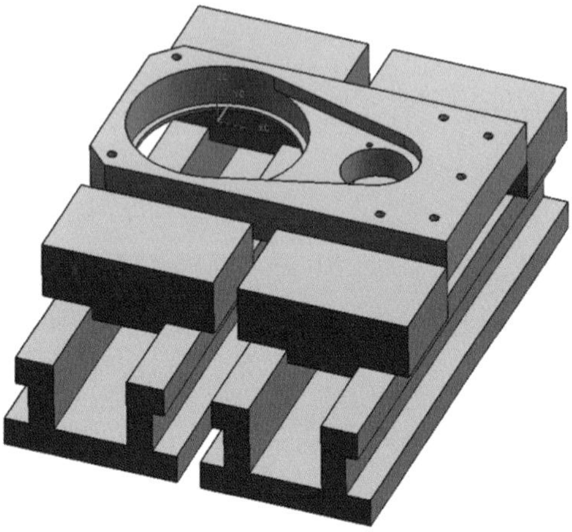

2 *Spannplan für Lagergehäuse*

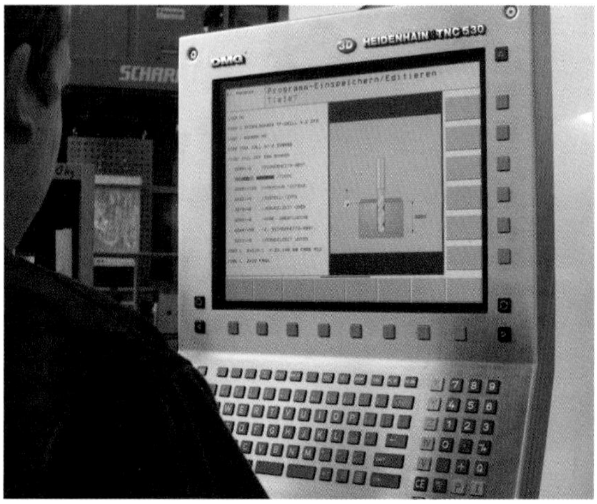

3 *Eingabedialog mit grafischer Unterstützung*

4.2 Manuelle Programmierung

Bei der manuellen Programmierung gibt die Fachkraft das Programm an der Fräsmaschine direkt ein. Dabei wird sie bei der Eingabe grafisch unterstützt und im Dialog geführt (Bild 3).

4.2.1 Werkstücknullpunkt und Bearbeitungsebene

Die ersten Programmsätze können folgendermaßen aussehen:

```
%200704   (Programmanfang und Nummer)
N10 G90   (Absolute Maßangabe)
N20 G54   (Aufruf der gespeicherten WNP-Verschiebung)
```

MERKE

Mit **G54** wird der Werkstücknullpunkt aufgerufen.

Die Position des Werkstücknullpunkts ermittelt der Maschinenbediener beim Einrichten der Maschine und gibt sie in den Nullpunktspeicher ein (siehe Kap. 4.4.2). Unter G54 sind dann die Koordinaten des Werkstücknullpunktes im Maschinenkoordinatensystem definiert.

Bei 2½ D CNC-Fräsmaschinen kann die Bearbeitung in verschiedenen Ebenen erfolgen (siehe Kap. 1.4.3). Deshalb ist die **Bearbeitungsebene** *(machining plane)* zu definieren, in der die Bahnsteuerung erfolgen soll (Bild 1). Das Werkzeug steht dann senkrecht zu der gewählten Ebene. Es gibt drei Ebenen, die über G-Funktionen aktiviert werden:

G-Funktion	Bearbeitungsebene	Werkzeugachse
G17	X-Y-Ebene	Z-Achse
G18	Z-X-Ebene	Y-Achse
G19	Y-Z-Ebene	X-Achse

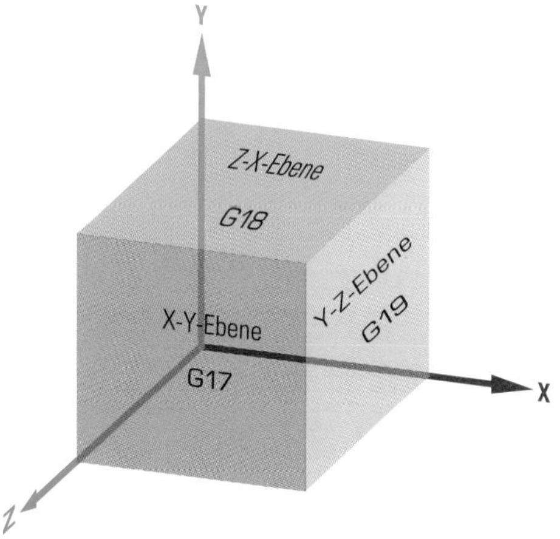

1 Ebenen beim Fräsen

4.2.2 Automatischer Werkzeugwechsel

Mit dem Programmsatz N40 wird das Werkzeug automatisch eingewechselt.

N40 T1 M6 (T1: Messerkopf ⌀63 eingewechselt)

Mit einem Doppelgreifer wird in einem Zug das „alte" Werkzeug aus der Spindel entnommen und durch ein „neues" ersetzt. Vor dem Wechsel bewegt das Werkzeugmagazin das neue Werkzeug an die Wechselstation. Im Bild 2 sind unter anderem das Werkzeugmagazin und der Doppelgreifer zu erkennen. Das Prinzip des Werkzeugwechsels dokumentiert Bild 3. Werkzeugmagazine gibt es in unterschiedlichen Ausführungen. Tellermagazine (Seite 318 Bild 3) und Kettenwerkzeugmagazine (Seite 306 Bild 1) sind Beispiele dafür.

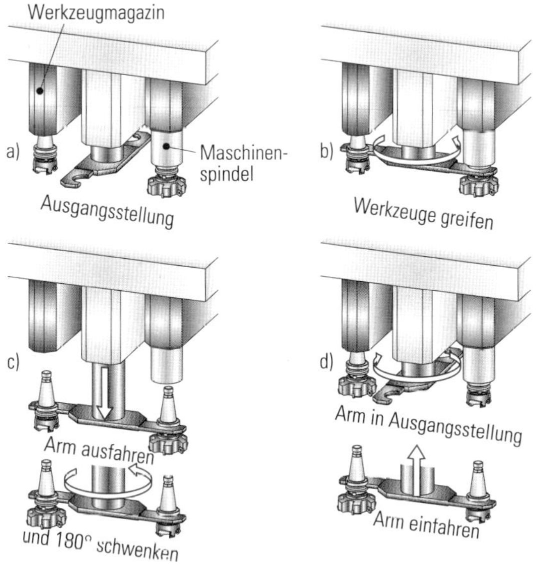

3 Werkzeugwechsel mit Doppelgreifer

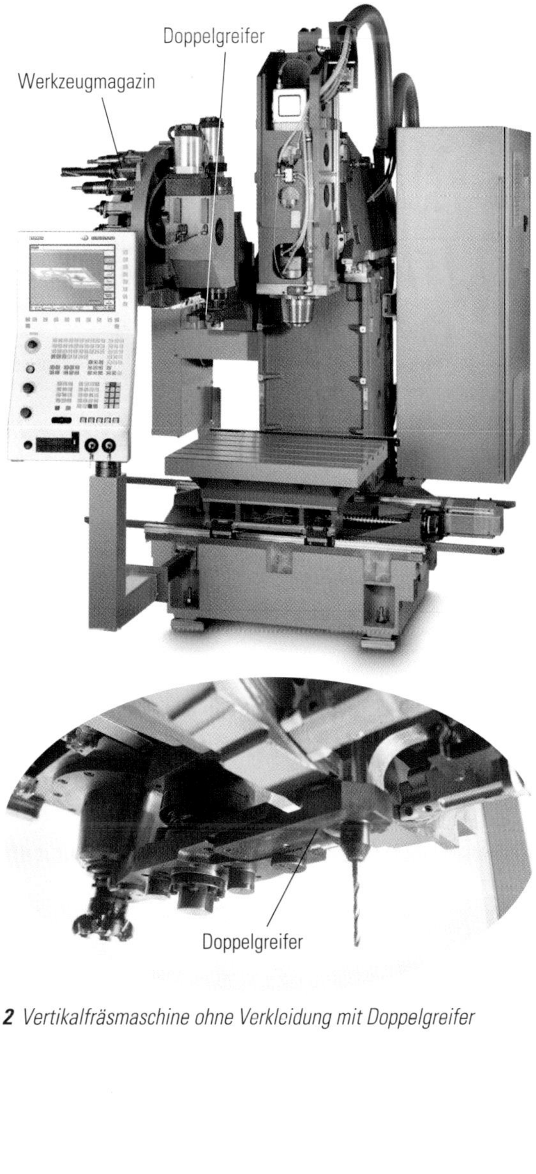

2 Vertikalfräsmaschine ohne Verkleidung mit Doppelgreifer

1 Kettenwerkzeugmagazin

4.2.3 Fräsermittelpunkt-Programmierung

Bei einfachen Fräsarbeiten sowie beim Bohren, Reiben und Gewindeschneiden wird die **Fräsermittelpunktbahn** *(milling cutter centre path)* programmiert. Die folgenden Sätze dienen zum Planfräsen (Bearbeitungsschritt 1) des Lagergehäuses:

```
N50 G0 Z50 F2000 S5600 M3   (Sicherheitsabstand, Spindel im Rechtslauf)
N60 X-115 Y55 M8            (Positionieren in X und Y, Kühlmittel ein)
N70 Z0                      (Positionieren in Z)
N80 G1 X255                 (Planfräsen im Vorschub auf einer Geraden)
N90 G0 Y0
N100 G1 X-115
N110 G0 Y-55
N120 G1 X255
N130 G0 Z50                 (Sicherheitsabstand)
```

Im Satz N50 ist G0 (Eilgang) programmiert. In den beiden folgenden Sätzen ist kein G-Wort vorhanden. Auch für folgende Sätze gilt G0 solange, bis eine neue G-Funktion wie z. B. G1 im Satz N80 die alte aufhebt.

MERKE

G-Funktionen wie z. B. G0, G1, G2 und G3, müssen nicht in jedem Satz erneut angegeben werden. Sie sind **modal** wirksam.

4.2.4 Fräszyklen

Für die bei Frästeilen oft auftretenden Formelemente wie z. B. Kreis- und Rechtecktaschen, Nuten usw. stellen die CNC-Steuerungen dem Anwender Zyklen zur Verfügung.

MERKE

Fräszyklen *(milling cycles)* beschreiben zu fräsende Formelemente in einem CNC-Satz.

Der Satzaufbau ist bei den verschiedenen Steuerungen unterschiedlich. Die Vorgaben des Steuerungsherstellers sind zu beachten.

Im zweiten Bearbeitungsschritt sind die beiden Lagerbohrungen zu schruppen. Dazu wird für jeden Zylinder (⌀140H7, ⌀130 und ⌀55H7) ein Kreistaschenfräszyklus programmiert. Die verschiedenen Steuerungen definieren den Kreistaschenfräszyklus mit unterschiedlichen G-Funktionen und Adressbuchstaben. Die vorliegende Steuerung[1)] legt mit G73 den Kreistaschenfräszyklus fest. Alle Steuerungen fordern mindestens Taschenradius (R), Taschentiefe (Z),

Überlegen Sie!

1. *Ordnen Sie in Ihrem Heft die Nummern der Verfahrwege im Bild den Satznummern im obigen CNC-Programm zu.*
2. *Schreiben Sie die CNC-Sätze N80 bis N130 unter der Voraussetzung, dass folgender Satz eingeschoben wurde: N75 G91.*

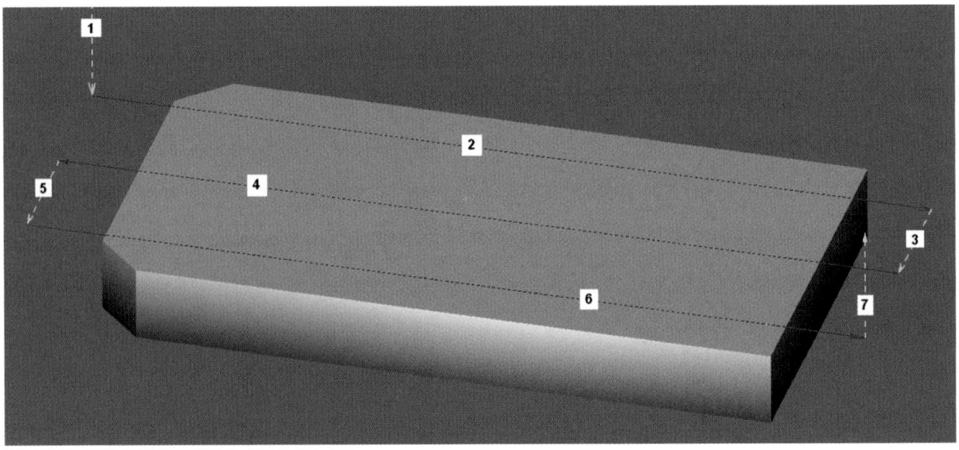

1) Die Programmierung orientiert sich an der **PAL-Steuerung**, die Elemente der verschiedenen Steuerungen beinhaltet.

Sicherheitsabstand (V) und Tiefe (D) des einzelnen Schnitts (Seite 308 Bild 1). Die Werte hinter den Adressbuchstaben können teilweise absolut (z. B. ZA) oder inkremental (z. B. ZI) angegeben werden. Die Fachkraft gibt die erforderlichen Werte dialoggeführt in eine Eingabemaske ein (Bild 2). So kann beispielsweise festgelegt werden, auf welche Art der Fräser in das Material eintaucht oder ob im Gleich- oder Gegenlauf gefräst wird.

MERKE

Mit der Zyklusdefinition *(definition of cycle)* ist festgelegt, welche Maße das Formelement hat und wie seine Zerspanung erfolgt.

Es ist jedoch mit der Zyklusdefinition noch nicht bestimmt, wo das Formelement liegt. Dazu dient der Zyklusaufruf. Mit **G79** ist der **Zyklusaufruf für kartesische Koordinaten** festgelegt. Der Anwender kann die Koordinaten für die Kreistaschenposition absolut (z. B. Y**A**) oder inkremental (z. B. Y**I**) bezogen auf die momentane Werkzeugposition angeben (Seite 308 Bild 2).

MERKE

Mit dem Zyklusaufruf *(cycle call)* wird festgelegt, wo das Formelement liegt.

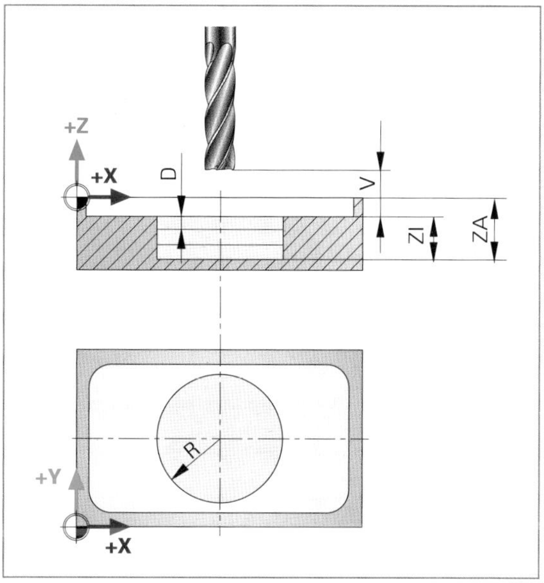

1 *Mindesteingaben beim Kreistaschenfräszyklus*

Mit den folgenden Programmsätzen werden die zwei Lagerbohrungen geschruppt.

```
N140 T2 M6                                      (Werkzeugwechsel:
                                                 Schruppfräser ∅20)
N150 G0 Z50 F2000 S6000                         (Sicherheitsabstand)
N160 G73 ZA-28.75 R69.5 D15 V2 DH8 O2 Q1 H1     (Schruppzyklus für ∅140H7)
N170 G79 XA0 YA0 ZA0                            (Zyklusaufruf)
N180 G73 ZI-4 R64.5 D6 V2 DH6 O2 Q2 H1          (Schruppzyklus für ∅130)
N190 G79 XA0 YA0 ZA-29                          (Zyklusaufruf)
N200 G73 ZA-32 R27 D16 V2 DH8 O2 Q1 H1          (Schruppzyklus für ∅55H7)
N210 G79 XA130.35 YA0 ZA0                       (Zyklusaufruf)
N220 G0 Z50                                     (Sicherheitsabstand)
```

Rechtecktaschen- und Nutenfräszyklus sind zwei weitere Fräszyklen, die alle CNC-Steuerungen anbieten. Im Bild 2 sind zwei Rechtecktaschenfräszyklen von verschiedenen Steuerungen gegenübergestellt. Obwohl unterschiedliche Adressen die Taschenabmessungen definieren, ist das Gemeinsame der Zyklendefinitionen zu erkennen.

MERKE

Der grundsätzliche Aufbau von Fräszyklen ist ähnlich. Die Hersteller verwenden für ähnliche Zyklen unterschiedliche Adressbuchstaben.

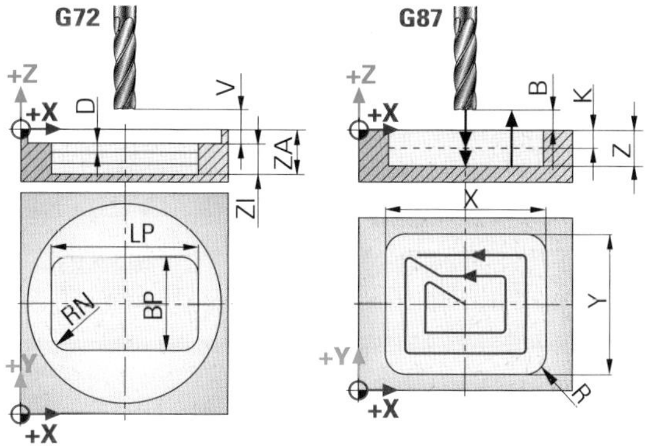

2 *Rechtecktaschenfräszyklen von zwei verschiedenen Steuerungen*

Überlegen Sie!

1. *Nennen Sie jeweils die Bedeutung der einzelnen Wörter der Kreistaschenfräszyklen in den Sätzen N160, N180 und N200.*
2. *Wie groß sind die Aufmaße, die nach dem Schruppen der Kreistaschen noch für das Schlichten vorliegen?*

1) SI Automatisierungstechnik

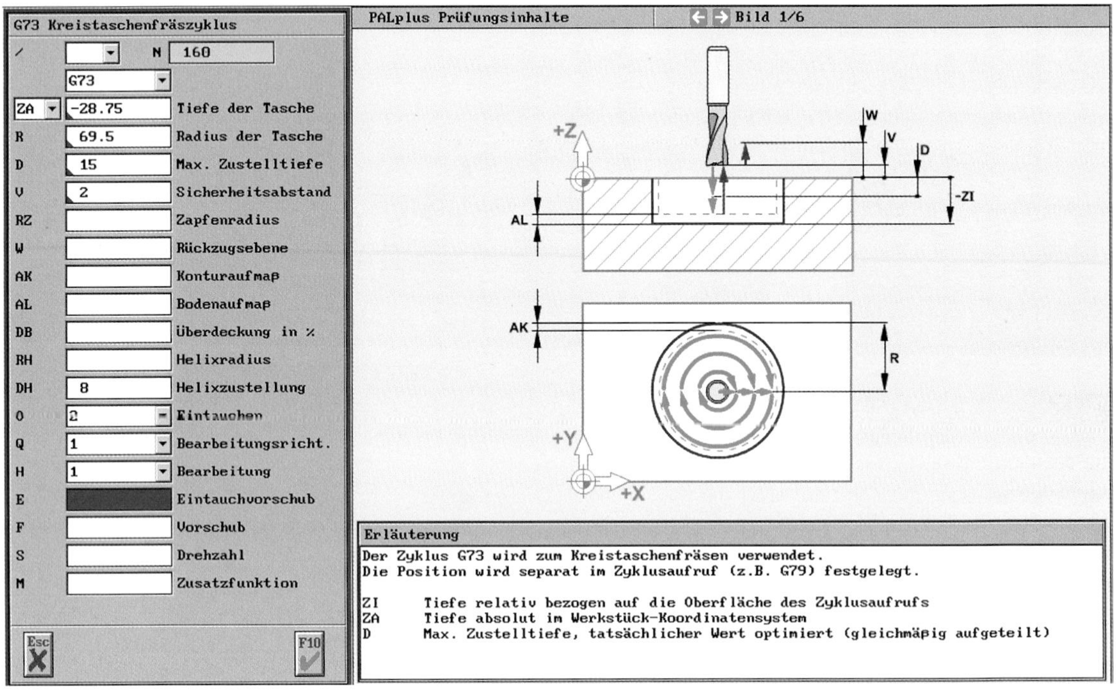

1 Eingabemaske für Kreistaschenfräszyklus[1)]

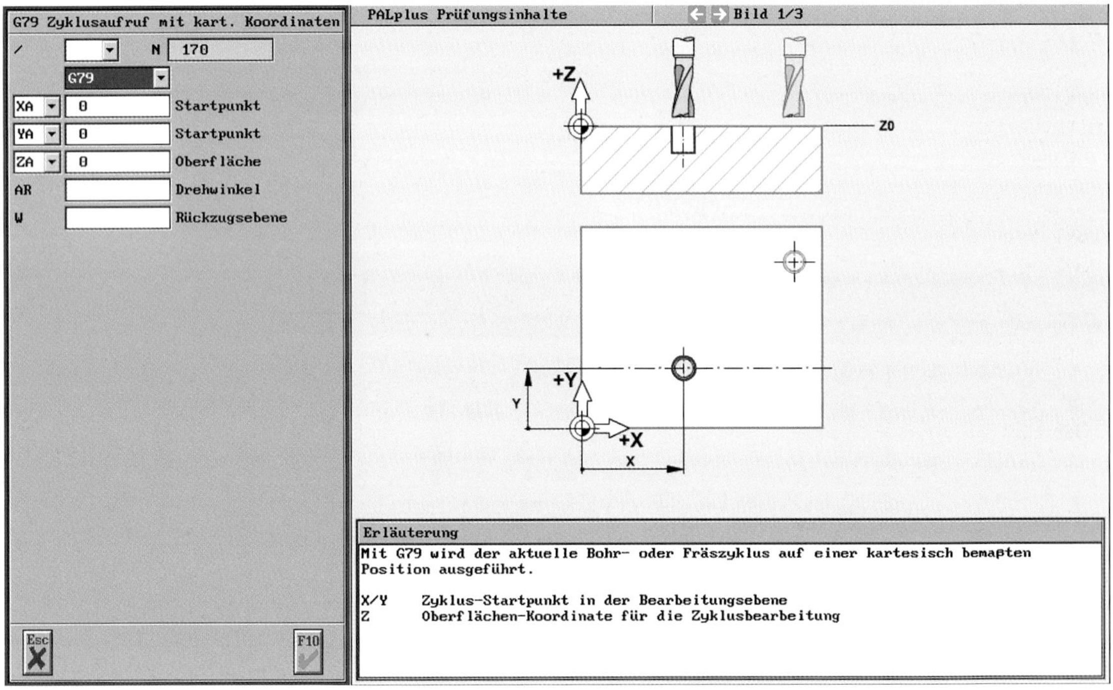

2 *Eingabemaske für Zyklusaufruf für kartesische Koordinaten*[1)]

1) SI Automatisierungstechnik

Überlegen Sie!

1. *Schreiben Sie für die beiden Rechtecktaschenfräszyklen in Bild 2 auf Seite 307 einen CNC-Satz für eine Rechtecktasche mit 100 mm Breite, 80 mm Höhe, 20 mm Tiefe und einem Taschenradius von 20 mm, bei dem die einzelne Schnitttiefe 10 mm betragen soll.*
2. *Welche Informationen benötigt ein Nutenfräszyklus, mit dem waagrechte und senkrechte Nuten gefräst werden können?*
3. *Entwickeln Sie einen Vorschlag für den Aufbau eines Nutenfräszyklus.*

4.2.5 Konturprogrammierung

Bei der Konturprogrammierung *(programming of contours)* ist es **nicht** erforderlich, dass die Fachkraft die Fräsermittelpunktbahn (Äquidistante) berechnet. Diese Aufgabe übernimmt die Steuerung. Dazu benötigt sie jedoch noch folgende Informationen:

- die zu fräsende Kontur
- den Radius des Fräsers
- die Information, ob das Werkzeug links oder rechts der Kontur steht
- Anfang und Ende der Konturprogrammierung

Diese Informationen erhält die Steuerung auf folgende Weise:

- Das CNC-Programm beschreibt die zu fräsende Kontur.
- Der Maschinenbediener gibt den Fräserradius beim Einrichten der Maschine in den Werkzeugkorrekturspeicher ein.
- Links oder rechts der Kontur wird durch G-Funktionen definiert.

MERKE

G41: links der Kontur.
G42: rechts der Kontur.

- Der Anfang der Konturprogrammierung wird mit G41 bzw. G42 angegeben.

MERKE

G40: Ende der Konturprogrammierung.

Bleibt noch zu klären, ob der Fräser links oder rechts der Kontur steht. Dazu muss sich der Programmierer gedanklich mit dem Fräser bewegen und in Vorschubrichtung blicken (Bilder 1).

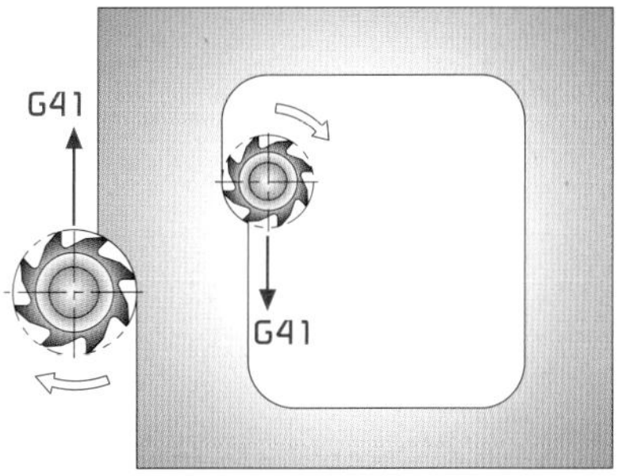

a) Gleichlauffräsen

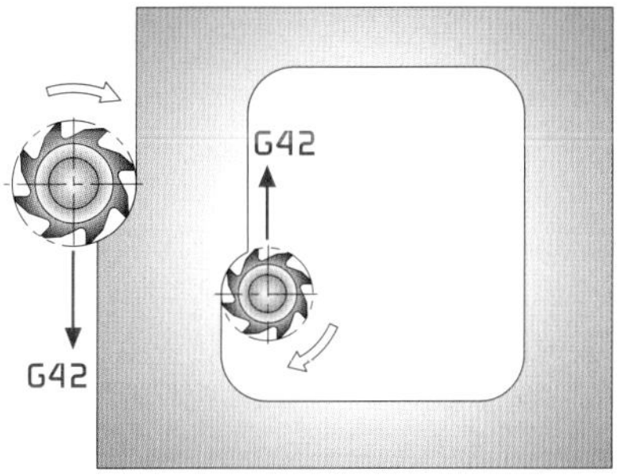

b) Gegenlauffräsen

1 *a) G41: Fräser befindet sich links von der Kontur*
b) G42: Fräser befindet sich rechts von der Kontur

Mit G41 bzw. G42 wird auch die Entscheidung für das Fräsverfahren getroffen:

MERKE

G41: Gleichlauffräsen[1)]
G42: Gegenlauffräsen

Die Kontur des Lagergehäuses, in der der Zahnriemen läuft, wird mit G41 programmiert (siehe folgenden Programmauszug und Seite 310 Bild 1). Durch das Gleichlauffräsen wird die Oberflächenqualität besser.

```
N230 T1 M6                                  (Werkzeugwechsel: Messerkopf ∅∅63)
N240 G0 Z50 F2000 S5600                     (Sicherheitsabstand)
N250 X0 Y0                                  (Positionierung in X und Y)
N260 Z-10                                   (Zustellung in Z)
N270 G41                                    (Anfang der Konturprogrammierung, links)
N280 G1 X18.796 Y-67.429                    (Anfahren der Kontur)
N290 X139.748 Y-33.715
N300 G3 X139.748 Y33.715 I-9.398 J33.715
N310 G1 X18.796 Y67.429
N320 G40                                    (Ende der Konturprogrammierung)
N330 G0 X0 Y0                               (Abfahren von der Kontur)
N340 Z50                                    (Sicherheitsabstand)
```

1) siehe Lernfeld 5 Kapitel 3.4.2 „Gleichlauf- und Gegenlauffräsen".

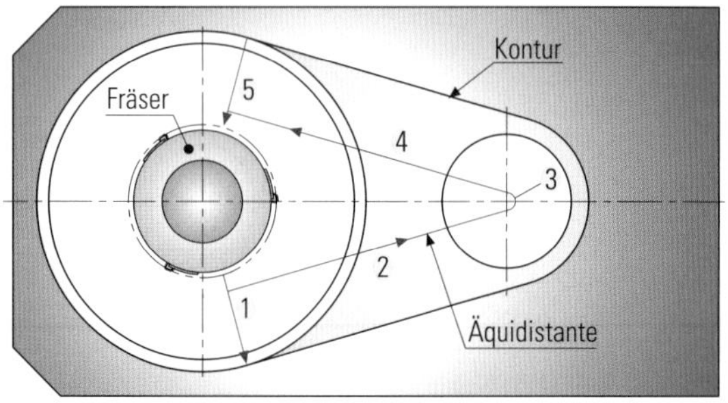

1 Kontur und Äquidistante beim Fräsen des Lagergehäuses

Überlegen Sie!

Ordnen Sie die in Bild 2 nummerierten Verfahrwege den obigen Programmsätzen zu.

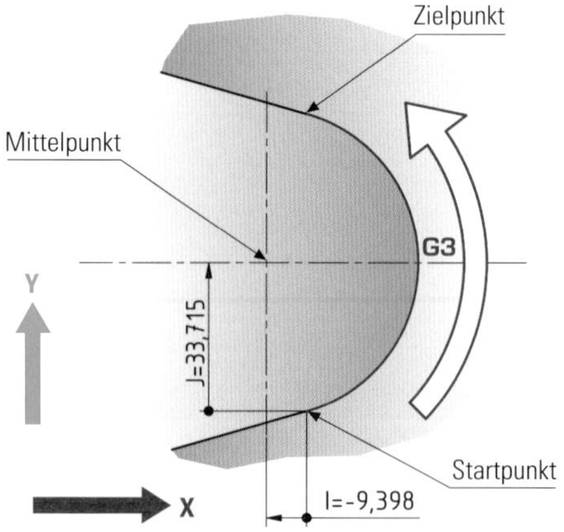

2 Hilfsparameter I und J in der X-Y-Ebene

Hilfsparameter

Ähnlich wie beim Drehen (Kap 3.2.5) ist bei kreisförmigen Vorschubbewegungen der Kreismittelpunkt zu definieren. Dazu dienen in der **X-Y-Ebene** die **Hilfsparameter I** und **J** *(additional parameters)*(Bild 2). Beide sind vom Startpunkt zum Mittelpunkt des Kreisbogens gerichtet, wobei das Vorzeichen zu beachten ist. Im Bild ist der Hilfsparameter I negativ, weil seine Richtung entgegengesetzt zur X-Achse verläuft. J ist positiv, weil J und die Y-Achse in die gleiche Richtung verlaufen. Bei einigen Steuerungen ist es auch möglich, den Frästermittelpunkt absolut – auf den Werkstücknullpunkt bezogen – anzugeben. In der Tabelle Bild 3 sind verschiedene Möglichkeiten für die Programmierung des Kreisbogens dargestellt.

Überlegen Sie!

Schreiben Sie den Satz für den Kreisbogen der Kontur in Bild 2 für Gegenlauffräsen.

G-Funktion	X-Koordinate	Y-Koordinate	I-Hilfsparameter	J-Hilfsparameter	Radius	Bemekung
G3	X139.748	Y33.751	I-9.398	J33.715		I und J inkremental
G3	X139.748	Y33.751	IA130.350	JA0		I und J absolut
G3	X139.748	Y33.751	I-9.398	JA0		I inkremental, J absolut
G3	X139.748	Y33.751			R35	Kreisbogen ≤ 180°

3 Möglichkeiten für die Programmierung des Kreisbogens

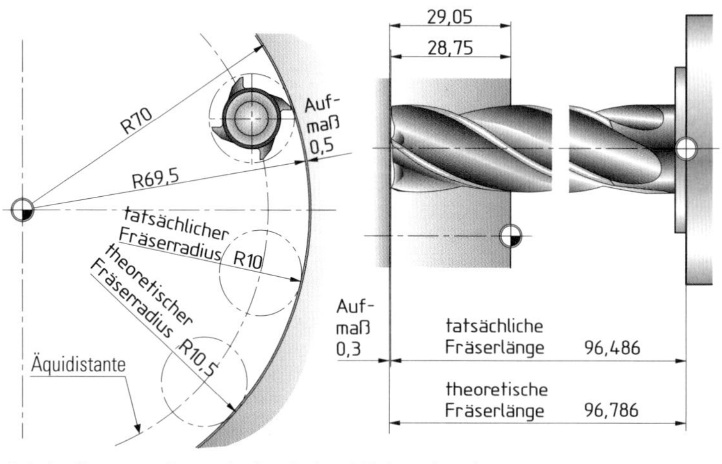

4 Aufmaßprogrammierung durch geänderte Werkzeugkorrekturen

Aufmaßprogrammierung

Für eine anschließende Schlichtbearbeitung muss beim Schruppen ein entsprechendes Aufmaß berücksichtigt werden. Das kann auf unterschiedliche Weise geschehen:

- Beim Schruppen werden keine Fertigmaße programmiert (z. B. beim Schruppen der Lagerbohrungen).
- Im CNC-Programm werden das seitliche (z. B. 0,5 mm) und das Aufmaß in der Tiefe (z. B. 0,3 mm) vor der Konturprogrammierung eingegeben, sodass Fertigmaße zu programmieren sind. Die Steuerung berücksichtigt diese Aufmaße bei der Berechnung der Fräsermittelpunktsbahn.
- Der Werkzeugradius wird im Werkzeugkorrekturspeicher um den Betrag des seitlichen Aufmaßes (z. B. 0,5 mm) vergrößert. Statt des tatsächlichen Fräserradius von z. B. 10 mm steht im Korrekturspeicher ein Wert von 10,5 mm. Ebenso wird bei der Werkzeuglänge das Aufmaß in der Tiefe (z. B. 0,3 mm) dazu addiert. Statt der tatsächlichen Werkzeuglänge von z. B. 96,486 mm steht im Korrektur-

speicher 96,786 mm. Dadurch steht die Stirnfläche des Fräsers 0,3 mm über der Fertigtiefe, sodass ein Aufmaß von 0,3 mm zum Schlichten verbleibt. Die Steuerung berechnet dann die Äquidistante und die Zustelltiefe auf Grund von Werkzeugradius und -länge, die im Korrekturspeicher stehen (Seite 307 Bild 4).

Übergangsradien und -fasen

(transition radii/transition chamfers)

Bei vielen Steuerungen ist es möglich, Übergangsradien und -fasen (Bild 1) einfach zu programmieren. Es wird der theoretische Schnittpunkt (P1 bzw. P2) der beiden Geraden programmiert. Durch ein zusätzliches Wort wird im gleichen Programmsatz der Radius (z.B. RN20) oder die Fase (z.B. RN-15) bestimmt. Die Steuerung errechnet sich die fehlenden Geometrien und fräst sie.

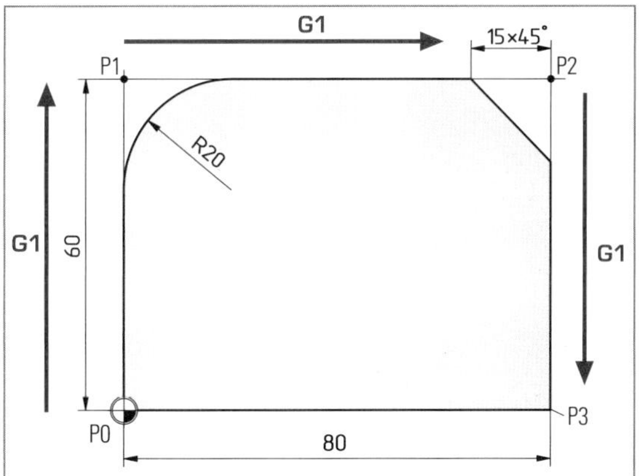

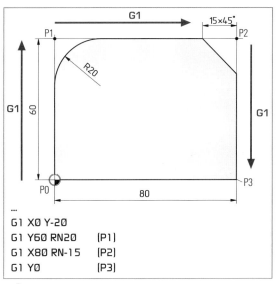

```
...
G1 X0 Y-20
G1 Y60 RN20     (P1)
G1 X80 RN-15    (P2)
G1 Y0           (P3)
```

1 *Übergangsradius und -fase*

4.2.6 An- und Abfahren beim Schlichten der Kontur

Beim rechtwinkligen Anfahren der Kontur (Bild 2) steht eine CNC-Achse beim Erreichen des Zielpunktes für einen kurzen Moment still, bevor die Konturbearbeitung erfolgt. Das führt dazu, dass der Fräser freischneidet und die Kontur beschädigt wird.

MERKE

Beim Schlichten *(smoothing)* müssen die Konturen *(contours)* so angefahren werden, dass keine Konturbeschädigungen entstehen.

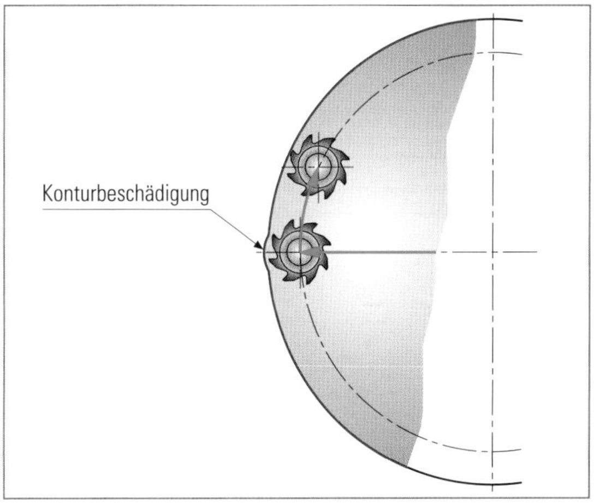

2 *Konturbeschädigung durch rechtwinkliges Anfahren*

Bei Außenkonturen besteht oft die Möglichkeit, die Kontur geradlinig anzufahren (Bild 3) und auch abzufahren. Bei Innenkonturen ist das meist nicht der Fall.

Durch tangentiales An- und Abfahren (Bild 4) werden Konturbeschädigungen vermieden. Bei einigen Steuerungen gibt es besondere G-Funktionen für unterschiedliche An- und Abfahrbewegungen.

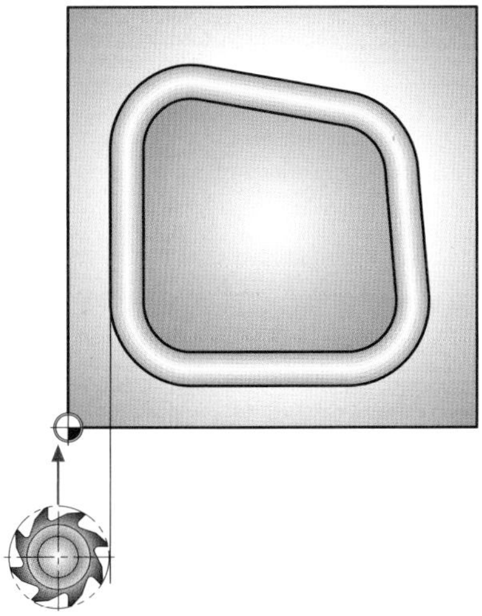

3 *Geradliniges Anfahren der Kontur*

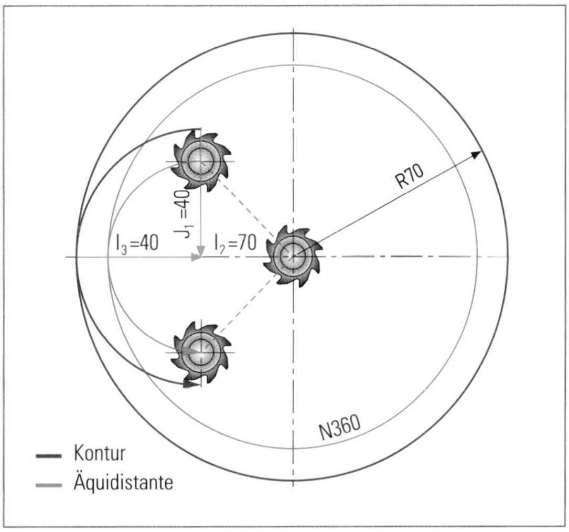

4 *Tangentiales An- und Abfahren der Kontur im Viertelkreis*

Im folgenden Programmteil ist das Schlichten der großen Lagerbohrung mit An- und Abfahren im Viertelkreis dargestellt.

N350 T3 M6	(Werkzeugwechsel: Schlichtfräser ∅20)
N360 G0 Z50 F1900 S6400	(Sicherheitsabstand)
N370 X0 Y0	(Positionierung in der X-Y-Ebene)
N380 Z-29.05	(Zustellung in Z)
N390 G41	(Beginn der Konturprogrammierung)
N400 G0 X-30 Y40	(Positionierung auf Anfahrtkreis-Startpunkt)
N410 G3 X-70 Y0 I0 J-40	(Anfahr-Viertelkreis)
N420 X-70 Y0 I70 J0	(Vollkreis für Lagerbohrung ∅140)
N430 X-30 Y-40 I40 J0	(Abfahr-Viertelkreis)
N440 G40	(Ende der Konturprogrammierung)
N450 G0 X0 Y0	(Lagerbohrungsmitte)
N460 Z50	(Sicherheitsabstand)

Überlegen Sie!

1. Schreiben Sie den Programmteil für das Schlichten der Lagerbohrungen ∅130 und ∅55H7.
2. Wie würden Sie die Außenkontur im Bild 3 auf Seite 308 abfahren?

4.2.7 Bohrzyklen und Bohrbilder

Im nächsten Bearbeitungsschritt sind die M5-Gewindebohrungen auf dem 65er Lochkreis bei der kleinen Lagerbohrung herzustellen. Das kann in zwei bzw. drei Schritten erfolgen:

- Zentrieren und Senken mit dem NC-Anbohrer (Bild 1)
- Bohren
- Gewindeschneiden

Da die verwendeten dreischneidigen Bohrer mit Zentrierspitze ein genaues und gratfreies Bohren ermöglichen, wird aus Kostengründen auf ein Zentrieren mit dem NC-Anbohrer verzichtet.

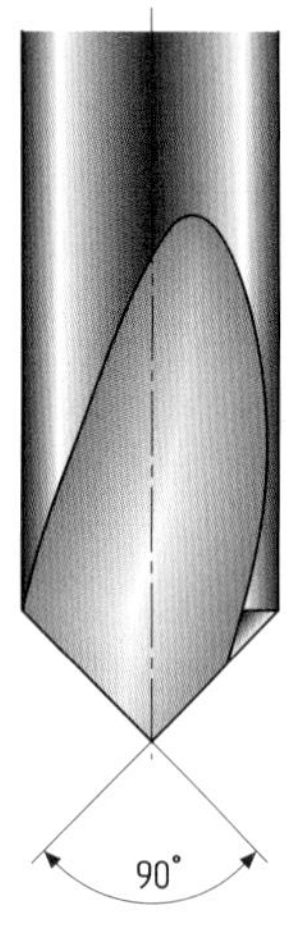

1 *NC-Anbohrer*

Für das Bohren bieten die Steuerungen unterschiedliche **Bohrzyklen** *(drilling cycles)* an. Die Funktionsweise des einfachen Bohrzyklus (G81) ist in Bild 2 dargestellt.

Da die Bohrtiefe von ca. 25 mm für das Gewindekernloch im Verhältnis zum Durchmesser (∅4,2 mm) groß ist, wird die Spanabfuhr schwieriger. Daher wird nicht der einfache Bohrzyklus sondern der Bohrzyklus zum Entspanen (G83) gewählt. Hierbei wird die Vorschubbewegung nach Erreichen der Zwischenbohrtiefe unterbrochen und das Werkzeug zum Entspanen vollständig aus der Boh-

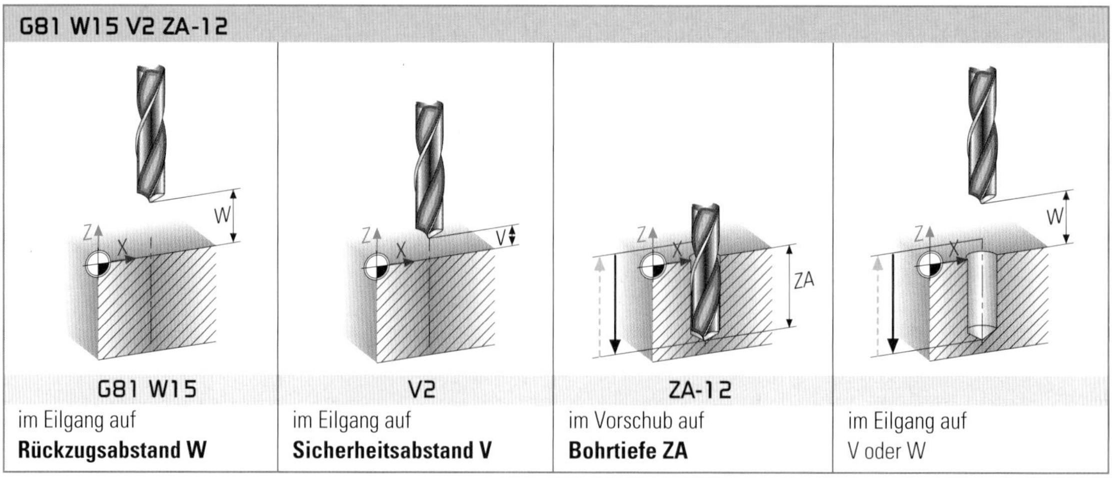

2 *Ablauf des einfachen Bohrzyklus G81*

G83 Z-35 D10 V2 W20 DA12

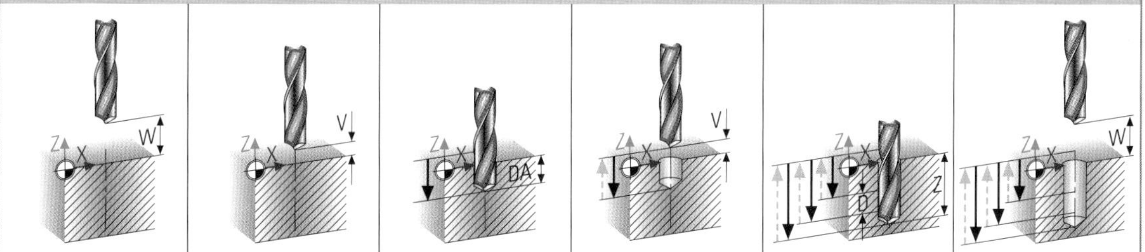

im Eilgang auf **Rückzugsabstand W**	im Eilgang auf **Sicherheitsabstand V**	im Vorschub auf **Anbohrtiefe DA**	zum Entspanen im Eilgang auf **Sicherheitsabstand V**	mit **Zustellung D** wiederholen, bis **Bohrtiefe Z** erreicht ist	im Eilgang auf **V** oder **W**

1 *Ablauf des Tieflochbohrzyklus mit Entspanen G83*

rung zurückgezogen. Vor dem weiteren Bohren wird im Eilgang bis kurz vor die erreichte Bohrtiefe zugestellt. Das geschieht so lange, bis die programmierte Bohrtiefe erreicht wird (Bild 1).
Die Position für den Bohrzyklus wird wie bei den Fräszyklen über den Zyklusaufruf bestimmt. Die drei Bohrpositionen werden über **Polarkoordinaten** (siehe Kap. 2.1.2) angegeben. Sie müssen nicht für das kartesische Koordinatensystem bestimmt werden. Ihre Angabe erfolgt über Radius und Winkel (Bild 2). Dabei ist allerdings auch noch der Ursprung für die Polarkoordinaten erforderlich.
Im Satz 600 erfolgt mit **G78** der **Zyklusaufruf mit Polarkoordinaten**. Mit den Adressen IA, JA und ZA ist der Ursprung des Polarkoordinatensystems in X-, Y- und Z-Richtung definiert. Die erste Bohrposition liegt auf einem Radius von 32,5 mm (RP32.5) und einem Winkel von 0° (AP0).
Der folgende Programmausschnitt beschreibt das Bohren der drei Gewindekernlöcher für M5.

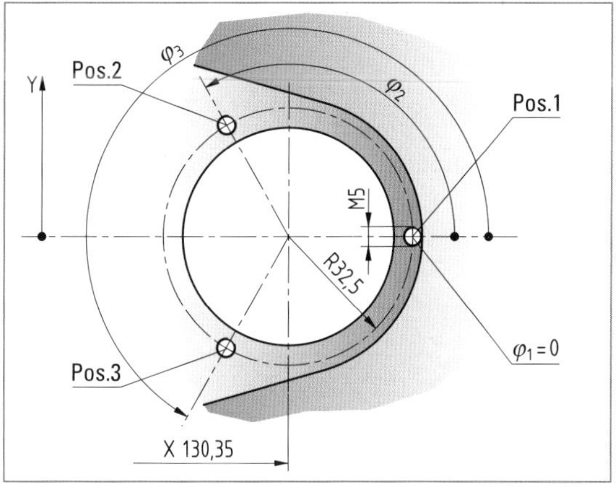

2 *Polarkoordinaten*

```
N570 T4 M6                                    (Werkzeugwechsel: Bohrer ∅4,2)
N580 G0 Z50 F2100 S1000                       (Sicherheitsabstand)
N590 G83 Z-35 D10 V2 W20 B12                  (Tieflochbohrzyklus)
N600 G78 IA130.35 JA0 ZA-10 RP32.5 AP0        (Zyklusaufruf mit Polarkoordinaten: Pos. 1)
N610 IA130.35 JA0 ZA-10 RP32.5 AP120          (Pos. 2)
N620 IA130.35 JA0 ZA-10 RP32.5 AP240          (Pos. 3)
N630 G0 Z50                                   (Sicherheitsabstand)
```

Für das Gewindebohren steht der **Gewindebohrzyklus (G84)** *(tapping cycle)* zur Verfügung (Seite 314 Bild 1). Je nach Steuerung ist entweder die Steigung des Gewindes oder die Vorschubgeschwindigkeit zu programmieren. Im Beispiel wird die Gewindesteigung eingegeben, sodass sich die Steuerung die Vorschubgeschwindigkeit berechnet. Ansonsten muss die Fachkraft die Vorschubgeschwindigkeit bestimmen.

$$v_f = n \cdot P$$

v_f: Vorschubgeschwindigkeit
n: Umdrehungsfrequenz
P: Gewindesteigung

$$v_f = \frac{300 \cdot 0{,}8\ \text{mm}}{\text{min}}$$

$$v_f = 240\ \frac{\text{mm}}{\text{min}}$$

Überlegen Sie!

1. *Welche Vorschubgeschwindigkeit ist beim Gewindeschneiden von M16 zu programmieren, wenn S200 gewählt wird?*
2. *Welcher Wert ist unter der S-Adresse beim Gewindeschneiden von M10 zu programmieren, wenn F450 festgelegt ist?*

Rechts- bzw. Linksgewinde wird mit M3 bzw. M4 festgelegt. Beim Erreichen der Gewindetiefe wird die Drehrichtung umgekehrt und der Gewindebohrer aus dem Gewinde herausgedreht.

G84 ZI-28 V5 W10 F0.8 M3

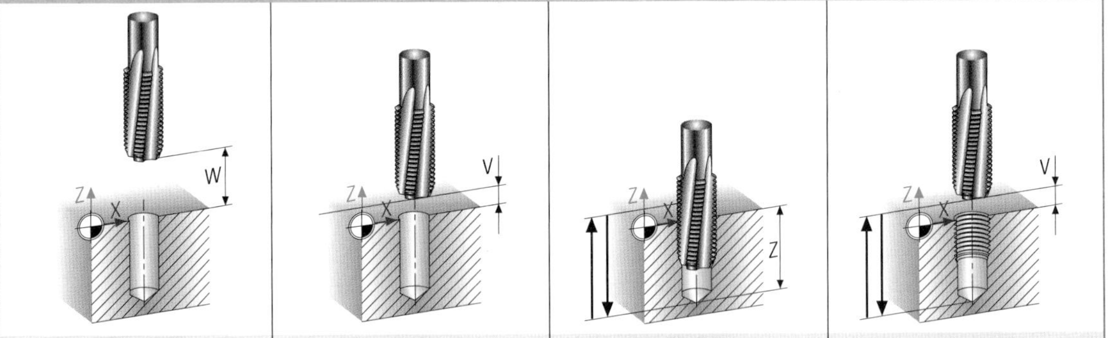

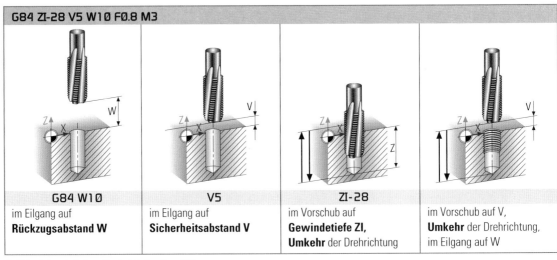

G84 W10	V5	ZI-28	
im Eilgang auf **Rückzugsabstand W**	im Eilgang auf **Sicherheitsabstand V**	im Vorschub auf **Gewindetiefe ZI, Umkehr** der Drehrichtung	im Vorschub auf V, **Umkehr** der Drehrichtung, im Eilgang auf W

1 *Ablauf des einfachen Gewindebohrzyklus G84*

Zum einfachen und schnellen Programmieren von Lochkreisen bieten die CNC-Steuerungen **Lochkreiszyklenaufrufe** an. Der Anwender gibt in einem Satz (N670 im folgenden Programmausschnitt) alle erforderlichen Informationen für die Bohrpositionen an. Die Mitte des Lochkreises ist mit **IA**, **JA** und **ZA** in X-, Y- und Z-Richtung bestimmt. R gibt den Lochkreisradius an, AN den Startwinkel für die erste Bohrung und O die Anzahl der Bohrungen.

```
N640 T5 M6                                  (Werkzeugwechsel:
                                            M5-Gewindebohrer)
N650 G0 Z50 S300                            (Sicherheitsabstand)
N660 G84 ZI-28 V5 W10 F0.8 M3               (Gewindebohrzyklus)
N670 G77 IA130.35 JA0 ZA-10 R32.5 AN0 AI3003 (Lochkreiszyklusaufruf)
N680 G0 Z50                                 (Sicherheitsabstand)
```

Die Steuerungen stellen neben den beschriebenen Zyklen noch weitere für das Reiben, Gewindefräsen usw. zur Verfügung. Ebenso gibt es Zyklenaufrufe für z. B. Bohrungen auf einer Linie oder in einer Matrix. (Bild 2).

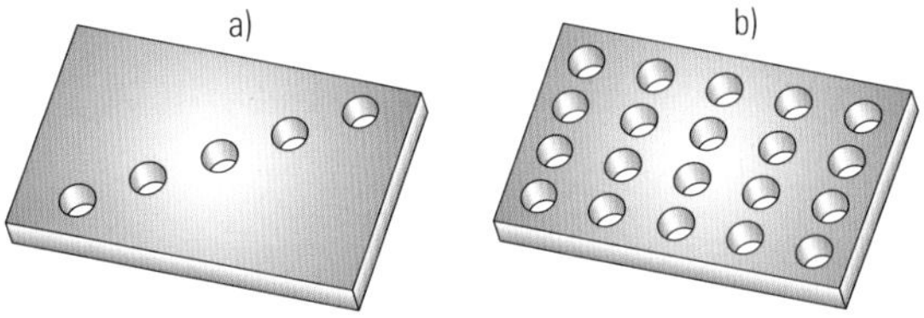

2 *Bohrungen a) auf Linie und b) auf Matrix*

Überlegen Sie!

1. *Welche Informationen benötigt die Steuerung bei einem Zyklusaufruf für ein Bohrbild auf einer Linie (Bild 2a)?*
2. *Entwickeln Sie einen Zyklusaufruf für eine Matrix (Bild 2b).*

4.2.8 Unterprogrammtechnik und Wiederholfunktionen

Die Positionen der M8-Gewindebohrungen müssen sowohl beim Bohren als auch beim Gewindeschneiden angefahren werden. Um das zweimalige Programmieren der Bohrpositionen zu vermeiden gibt es zwei Möglichkeiten:

- Die Positionen werden in einem Unterprogramm definiert oder
- Sätze des Hauptprogramms sind zu wiederholen.

In beiden Fällen wird das Programm kürzer und es entstehen z. B. durch Tippfehler keine unterschiedlichen Positionen für das Bohren und Gewindeschneiden.

Unterprogrammtechnik *(subroutine technology)*

MERKE

In Unterprogrammen sind Programmteile gespeichert, die mehrfach abgearbeitet werden. Aus dem Hauptprogramm wird das Unterprogramm aufgerufen.

Hauptprogramm

```
N690 T6 M6                       (Bohrer ∅6,8)
N700 G0 Z50 F1920 S8000          (Sicherheitsabstand)
N710 G83 ZA-35 D10 V2 W10        (Tieflochbohrzyklus)
N720 G22 L101                    (Unterprogrammaufruf)
N730 G0 Z50                      (Sicherheitsabstand)
N740 T7 M6                       (Gewindebohrer M8)
N750 G0 Z50 S300                 (Sicherheitsabstand)
N760 G84 ZI-40 V5 W10 F1.25      (Gewindebohrzyklus)
N770 G22 L101                    (Unterprogrammaufruf)
N780 G0 Z50                      (Sicherheitsabstand)
N790 T0 M6                       (Werkzeug entnehmen)
N800 M30                         (Programmende)
```

Unterprogramm

```
(L101: BOHRPOSITIONEN M8)
G79 XA-60 YA65 ZA0               (Pos. 1)
G79 YA-65                        (Pos. 2)
G79 XA160                        (Pos. 3)
G79 XA200.35 YA-55               (Pos. 4)
G79 YA0                          (Pos. 5)
G79 YA55                         (Pos. 6)
G79 XA160 YA65                   (Pos. 7)
M17                              (UP-Ende)
```

1 *Unterprogrammtechnik am Beispiel Bohren und Gewindeschneiden*

Das **Unterprogramm** erhält einen Namen, der mit **L** beginnt. In den Sätzen N720 und N770 erfolgt jeweils der Unterprogrammaufruf mit G22 aus dem Hauptprogramm. Im Beispiel werden an den Bohrpositionen die im Hauptprogramm definierten Zyklen aufgerufen. Nach dem Erreichen des Unterprogrammendes (M17) geschieht der Rücksprung in den nächsten Satz des Hauptprogramms.

Wiederholfunktion *(repeating)*

Im Satz N830 wird mit G23 die Wiederholfunktion aktiviert. Die erste und letzte Programmzeilennummer der Wiederholung ist angegeben. Es besteht meist auch die Möglichkeit, die Anzahl der Wiederholungen zu definieren.

MERKE

Mithilfe der Programmabschnittswiederholung werden Bereiche des Hauptprogramms wiederholt.

Hauptprogramm

```
N690 T6 M6                       (Bohrer ∅6,8)
N700 G0 Z50 F1920 S8000          (Sicherheitsabstand)
N710 G83 ZA-35 D10 V2 W10        (Tieflochbohrzyklus)
N720 G79 XA-60 YA65 ZA0          (Bohrpos. 1)
N730 YA-65                       (Bohrpos. 2)
N740 XA160                       (Bohrpos. 3)
N750 XA200.35 YA-55              (Bohrpos. 4)
N760 YA0                         (Bohrpos. 5)
N770 YA55                        (Bohrpos. 6)
N780 XA160 YA65                  (Bohrpos. 7)
N790 G0 Z50                      (Sicherheitsabstand)
N800 T7 M6                       (Gewindebohrer M8)
N810 G0 Z50 S300                 (Sicherheitsabstand)
N820 G84 ZI-40 V5 W10 F1.25      (Gewindebohrzyklus)
N830 G23 N720 N790               (Wiederholfunktion)
N840 T0 M6                       (Werkzeug entnehmen)
N850 M30                         (Programmende)
```

2 *Programmabschnittswiederholung am Beispiel Bohren und Gewindeschneiden*

4.3 Einrichten der Maschine

Bevor die Zerspanung erfolgen kann, ist die Maschine einzurichten. Dazu zählen

- Spannen des Werkstücks
- Festlegen des Werkstücknullpunkts
- Messen der Werkzeuge
- Einsetzen der Werkzeuge in das Werkzeugmagazin

4.3.1 Spannen des Werkstücks

Für das Spannen des Werkstücks *(clamping of work pieces)* gibt es oft verschiedene Alternativen (siehe Lernfeld 5 Kap. 3.6.2). Quaderförmige Werkstücke wie das Lagergehäuse, die innen bearbeitet werden, lassen sich schnell und sicher mit hydraulischen Maschinenschraubstöcken spannen (Bild 2).

- Hochdruckspindeln übertragen hohe Spannkräfte, die kontrolliert einzustellen sind.
- Spannbacken können den Anforderungen entsprechend ausgewählt und gewechselt werden.

Das Lagergehäuse wird in zwei Schraubstöcken auf Distanzstücken gegen einen Anschlag mit der erforderlichen Spannkraft gespannt. So ist gewährleistet, dass auch das nächste Werkstück an der gleichen Stelle im Maschinenraum gespannt werden kann.

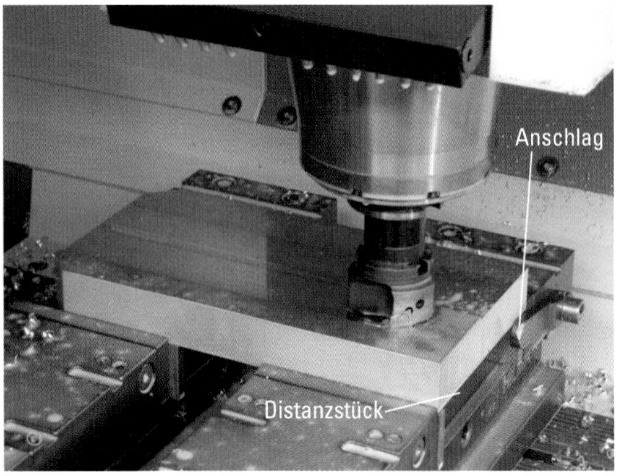

1 *Spannen des Lagergehäuses in zwei Hydraulikspannstöcken*

4.3.2 Festlegen des Werkstücknullpunkts

Der Werkstücknullpunkt, der beim Lagergehäuse auf der Mitte der großen Lagerbohrung liegen soll, muss vom Maschinenbediener an diese Stelle gelegt werden. Dazu spannt er den **3D-Taster** *(3D feeler)* in die Arbeitsspindel und verfährt ihn feinfühlig in Z-Richtung gegen die Werkstückoberfläche, bis die Nullstellung am 3D-Taster erreicht ist (Bild 2). Auf dem Bildschirm wird der aktuelle Z-Wert mit z. B. 138,862 mm angezeigt. Da der Rohling aber noch 3,25 mm dicker als das fertige Lagergehäuses ist, liegt der Werkstücknullpunkt in der Z-Achse (Z_W) auf 135,612 mm (Bild 3).

Beim Antasten in X- und Y-Richtung ist die Nullstellung am 3D-Taster erreicht, wenn um den Radius der Tastkugel feinfühlig weiter gegen die Werkstückfläche verfahren wird (Seite 316 Bild 1). Dadurch steht die Spindelmitte jeweils genau über der Werkstückkante. An der Anzeige werden bei den Nullstellungen z. B. in der X-Achse 357,964 mm und in der Y-Achse 322,354 mm angezeigt. In beiden Achsen liegt der Werkstücknullpunkt 80 mm weiter in positiver Achsrichtung (Bild 3).

In den **Werkstücknullpunktspeicher** sind unter der Adresse **G54** folgende Werte einzugeben: X437.964, Y402.354 und Z135.612. Dieser Werkstücknullpunkt wird am Anfang des CNC-Programms aktiviert, sodass sich ab diesem Zeitpunkt alle Koordinatenangaben im Programm auf den definierten Werkstücknullpunkt beziehen.

2 *Erfassen der Werkstückoberfläche in der Z-Achse*

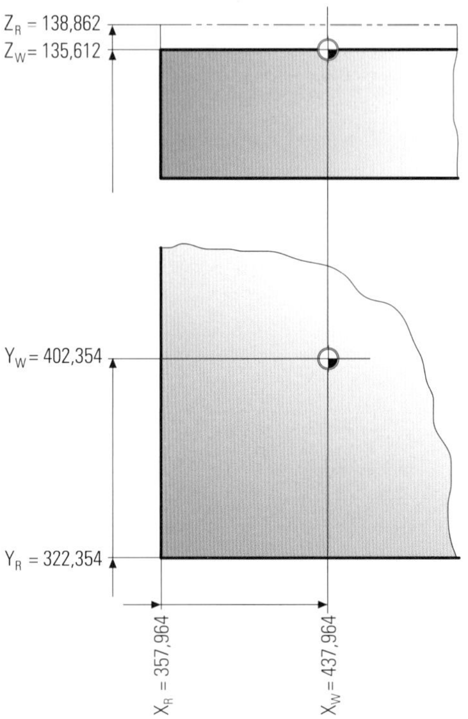

3 *Berechnungen beim Setzen des Werkstücknullpunkts*

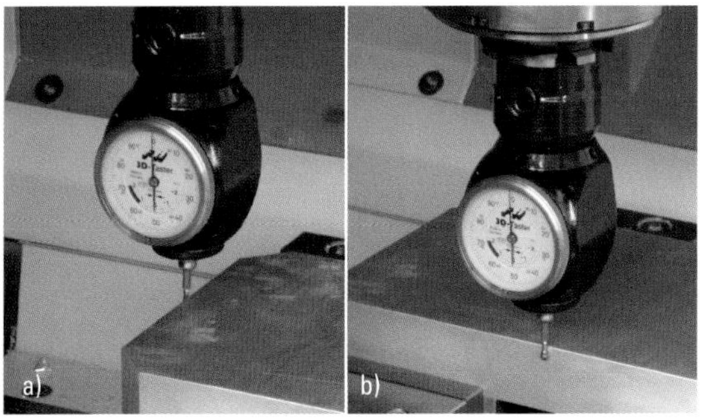

1 Antasten a) in X-Richtung und b) in Y-Richtung

4.3.3 Messen der Werkzeuge

Bei Bohrern, Gewindebohrern und Reibahlen sind die Werkzeuglängen in den Werkzeugkorrekturspeicher einzugeben. Die Steuerung verrechnet nach dem Einwechseln des neuen Werkzeugs dessen Länge in der Zustellrichtung. Da für diese Werkzeuge immer der Werkzeugmittelpunkt programmiert wird, ist deren Radieneingabe nicht erforderlich.
Bei Fräsern ist neben der Werkzeuglänge auch der Werkzeugradius in den Werkzeugkorrekturspeicher einzugeben (Bild 2). Nur dann ist es möglich, eine Konturprogrammierung (siehe Kap. 4.2.5) für dieses Werkzeug durchzuführen.

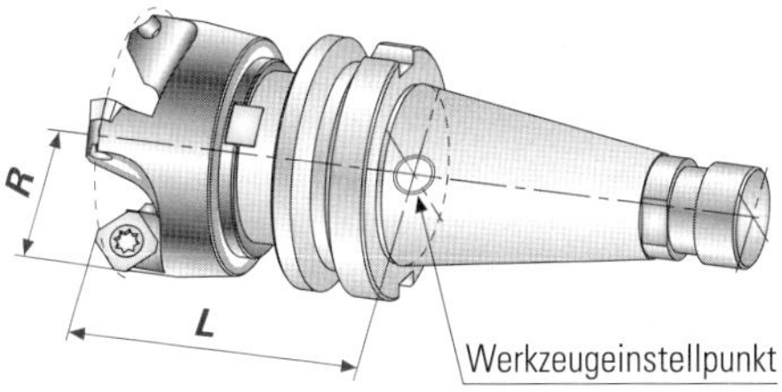

2 Werkzeugkorrekturwerte für Fräser

Externes Messen (external measuring)

Mithilfe eines Werkzeugvoreinstellgeräts (Seite 295 Bild 2) werden die Werkzeugkorrekturwerte außerhalb der Fräsmaschine ermittelt (siehe Kap. 3.6.1). Die Werkzeuge für das Lagergehäuse wurden extern gemessen.

Internes Messen (internal measuring)

Bei der internen Werkzeugmessung gibt es verschiedene Möglichkeiten:

- Ankratzen und Probeschnitt
- Messtaster
- Lasermessung

Ankratzen und Probeschnitt

Stehen keine Hilfsmittel zum Messen der Werkzeuge zur Verfügung, kann bei laufendem Fräser durch Ankratzen der Werkstückoberfläche die Werkzeuglänge ermittelt werden. Ist der Koordinatenwert der Werkstückoberfläche bekannt (z. B. Z0) und am Bildschirm steht Z102,367, so beträgt die Werkzeuglänge 102,367 mm. Die Fachkraft gibt die Länge in den Korrekturspeicher ein. Bei nachgeschliffenen Fräsern wird der Werkzeugdurchmesser zunächst manuell ermittelt (19,6 mm). Der daraus abgeleitete Radius wird z. B. um 0,1 mm vergrößert (9,9 mm) in den Werkzeugkorrekturspeicher eingegeben. Nach dem Fräsen der Kontur, deren Breite z. B. 100 mm sein soll (Bild 3), muss eine Korrektur des Werkzeugradius vorgenommen werden. Statt der geforderten 100 mm beträgt das tatsächliche Maß 100,246 mm. Es liegt also ein einseitiges Aufmaß von 0,123 mm vor. Um diesen Betrag ist der Radius im Werkzeugspeicher zu reduzieren. Daher gibt die Fachkraft den tatsächlichen Radius von 9,777 mm ein.

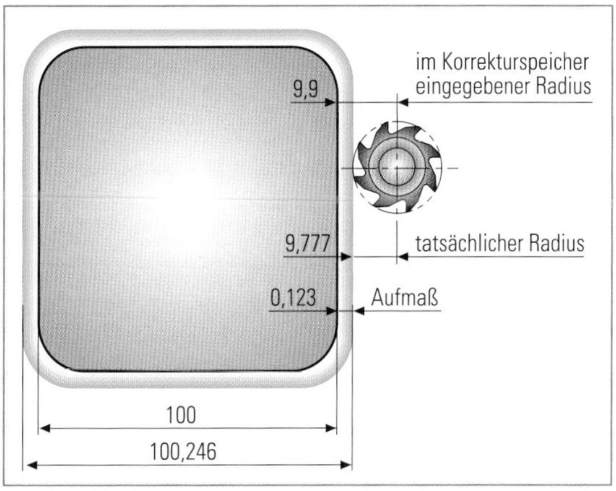

3 Ermittlung des Fräserradius nach Konturbearbeitung

Messtaster

Der Messtaster ist fest im Maschinenraum montiert (Bild 4). Über einen Messzyklus, der vom Maschinenbediener ausgelöst wird, verfährt die Maschine das Werkzeug zum Messtaster. Beim Antasten des Fräsers wird dessen Länge automatisch erfasst und in den Korrekturspeicher eingetragen.

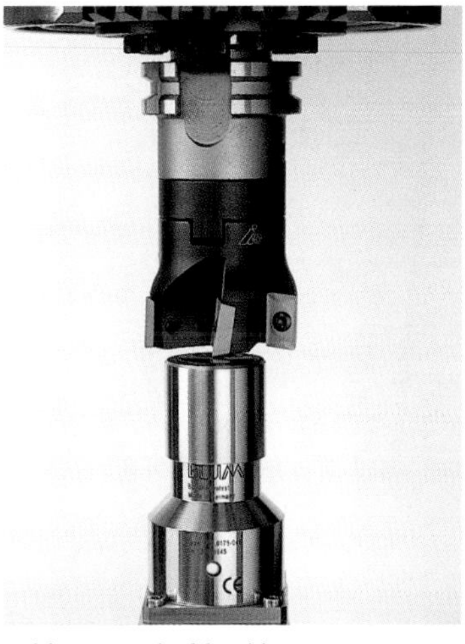

4 Messtaster im Maschinenraum

Lasermessung

Ebenfalls im Arbeitsraum der Maschine ist die Lasermesseinrichtung fest eingebaut. Der Fräser wird mithilfe eines Messzyklus in den Laserstrahl hineingefahren (Bild 1). Fräserlänge und -radius werden automatisch ermittelt und in den Werkzeugkorrekturspeicher übernommen. Die Lasermessung wird auch zur Werkzeugbruch- und zur Werkzeugverschleißüberwachung genutzt.

4.3.4 Einsetzen der Werkzeuge in das Werkzeugmagazin

Werkzeuge müssen an einen Platz im Werkzeugmagazin gesetzt werden. Bei einer **festen Platzcodierung** *(permanent position coding)* muss das Werkzeug auch nach dem Wechsel wieder an den gleichen Magazinplatz zurückgesetzt werden. Das führt zwangsweise zu längeren Wechselzeiten und senkt dadurch die Produktivität der Werkzeugmaschine.
Bei der **variablen Platzcodierung** *(variable position coding)* wird bei einem Werkzeugwechsel das alte Werkzeug an die Position des neuen im Magazin gesetzt. Somit muss die CNC-Steuerung die Verwaltung der Werkzeuge im Magazin übernehmen. Sie ordnet somit das Werkzeug einem Magazinplatz zu, der sich nach jedem Werkzeugwechsel ändern kann. Die variable Platzcodierung ist bei den heutigen CNC-Fräsmaschinen Standard.
Wenn die Fachkraft das Werkzeug **manuell** in das Magazin setzt (Bild 2), muss sie neben der Werkzeugnummer (z. B. T2) nicht nur Fräserradius und -länge sondern auch den Magazinplatz (z. B. P3) mitteilen. Wenn das Werkzeug vom Maschinenbediener zuerst in die Spindel eingesetzt wird, und der Werkzeugwechsler es von dort in das Magazin transportiert, übernimmt die Steuerung auch die erste Platzzuordnung.

4.3.5 Simulation des Zerspanungsprozesses

Vor der eigentlichen Zerspanung *(chipping)* wird der gesamte Prozess simuliert (Bild 3). Das ist bei modernen Steuerungen parallel zur Bearbeitung eines anderen Werkstücks möglich. Auf diese Weise können Programmfehler leicht gefunden und beseitigt werden.

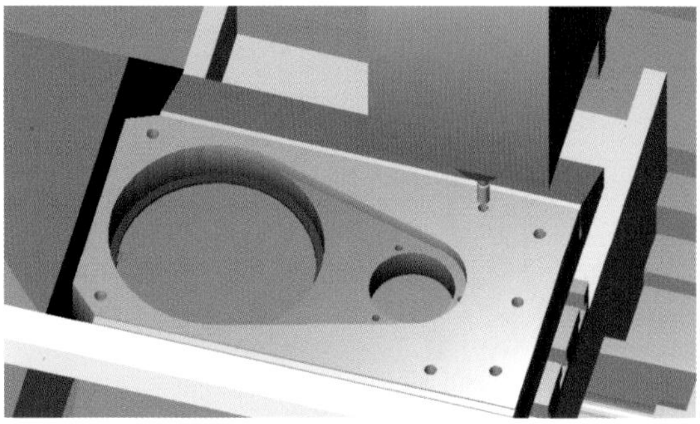

3 *Simulation des Zerspanungsprozesses*

1 *Werkzeugmessung mit Laser während der Bearbeitung*

2 *Einsetzen des Werkzeugs in das Werkzeugmagazin von Hand*

4.4 Zerspanen, Prüfen und Optimieren

Die Zerspanung des Lagergehäuses ist auf der folgenden Seite dargestellt.
Die Fachkraft reduziert bei der Zerspanung des ersten Werkstücks einer Serie meist die Eilganggeschwindigkeiten. Sie achtet nach Werkzeugwechseln darauf, ob das Werkzeug den programmierten Sicherheitsabstand einhält. Denn wenn ihr bei der Eingabe der Werkzeuglängen ein Fehler unterlaufen ist, kann sie noch eingreifen, bevor es zu einer Kollision kommt.
Während der Zerspanung muss die Fachkraft die Schnittbedingungen im Blick haben und eventuell Vorschubgeschwindigkeit und Umdrehungsfrequenz von Hand anpassen. Nach dem ersten Werkstück wird sie die optimierten technologischen Daten in das Programm eingeben und für die nächsten Serienteile nutzen.
Sollten die Maße des Werkstücks nicht innerhalb der geforderten Toleranzen liegen, muss der Maschinenbediener die Werkzeugkorrekturwerte ändern.
Wenn die geforderten Oberflächenqualitäten nicht erzielt werden, sind die technologischen Daten im Programm zu ändern oder es ist ein anderes Werkzeug einzusetzen.
Der Optimierungsprozess *(process of optimisation)* für die Serienfertigung ist im Lernfeld 10 dargestellt.
Da bei dem Lagergehäuse nur wenige Maße eng toleriert sind, beschränkt sich die Fachkraft während der Fertigung auf die Prüfung *(inspection)* folgender Maße:

Zeichnungsangabe	Abmaße	Prüfgerät
∅140H7	0/+0,040	Innenmessschraube oder Grenzlehrdorn
∅55H7	0/+0,030	Innenmessschraube oder Grenzlehrdorn
29+0,1	0/+0,1	Messschieber mit Digitalanzeige
31,75−0,1	−0,1/0	Messschieber mit Digitalanzeige
130,35−0,1	−0,1/0	Messschieber mit Digitalanzeige

Die Oberflächen der beiden Lagerbohrungen werden mithilfe eines Oberflächenvergleichsmusters überprüft.
Mit einem Messtaster (Bild 1), der in die Arbeitsspindel eingewechselt wird, kann das Werkstück noch während der Aufspannung gemessen werden. So kann z.B. die Lagerbohrung ∅140H7 auf Maßhaltigkeit geprüft werden. Dazu wird im Programm ein Messzyklus programmiert.

Aufgrund der durchgeführten Messung entscheidet die Steuerung, ob das Maß in der Toleranz liegt und welche weiteren Aktionen durchzuführen sind:

- Liegt das Maß innerhalb der Toleranz, wird das Programm fortgesetzt.
- Ist noch ein Aufmaß vorhanden, wird der Fräserradius automatisch im Werkzeugkorrekturspeicher entsprechend verkleinert. Über eine Wiederholfunktion wird dann das Schlichten der Kontur nochmals aufgerufen.
- Ist ein Untermaß vorhanden, wird das Programm beendet, weil das Teil Ausschuss ist und jede weitere Bearbeitung zu unnötigen Kosten führt.

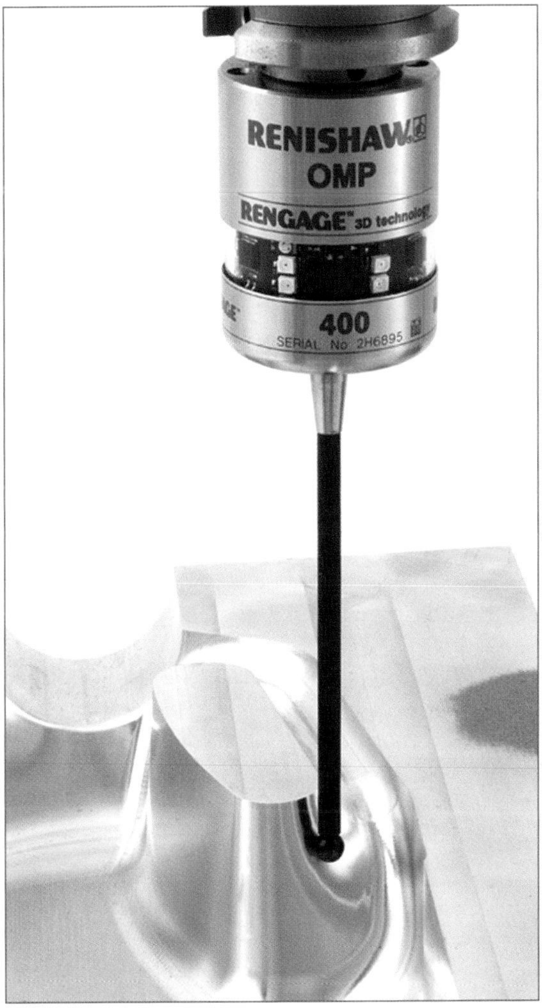

1 *Messtaster*

1 *Planfräsen*

2 *Schruppen der kleinen Lagerbohrung ∅ 55H7*

3 *Konturfräsen auf 10 mm Tiefe*

4 *Schlichten der großen Lagerbohrung ∅ 140H7*

5 *Bohren der Gewindekernlöcher M5*

6 *Gewindebohren M5*

7 *Bohren der Gewindekernlöcher M8*

8 *Gewindebohren M8*

ÜBUNGEN

1. Unter welchen Bedingungen ist G18 bei einer 2½D-Steuerung zu wählen?
2. Für welche Werkzeuge wird bei Fräsmaschinen der Fräsermittelpunkt programmiert?
3. Unterscheiden Sie Zyklusdefinition und Zyklusaufruf.
4. Was wird unter dem Begriff „Konturprogrammierung" verstanden?
5. Welche Informationen benötigt die CNC-Steuerung für die Konturprogrammierung?
6. Erklären Sie die folgenden G-Funktionen: G41, G42 und G40.
7. Welche Wegfunktion führt a) zum Gleichlauf- und b) zum Gegenlauffräsen?
8. Programmieren Sie für die Abdeckung aus 34CrMo4 (Bild unten) die Außen- und die Innenkontur
   a) im Gegenlauf
   b) im Gleichlauf
9. Nennen Sie drei Möglichkeiten, wie beim Programmieren für das Schruppen ein Aufmaß erzielt werden kann.
10. Skizzieren Sie eine Innenfräskontur und geben Sie an, wie Sie die Kontur beim Schlichten anfahren, damit keine Beschädigungen an der Kontur entstehen.
11. Bestimmen Sie die Vorschubgeschwindigkeit für das Gewindebohren von M10 bei einer Umdrehungsfrequenz von 300/min.
12. Wann ist es sinnvoll, Unterprogramme einzusetzen?
13. Wozu dient ein Postprozessor?
14. Zeigen Sie Möglichkeiten auf, durch die bei einer Serienfertigung die Werkstücke immer gleich gespannt werden.
15. Beschreiben Sie das Festlegen des Werkstücknullpunkts an einem selbst gewählten Beispiel.
16. Nennen und beschreiben Sie zwei Möglichkeiten, wie Werkzeuge gemessen werden.
17. Wie kann das Werkstück innerhalb der Werkzeugmaschine gemessen werden?

zu Übung 8

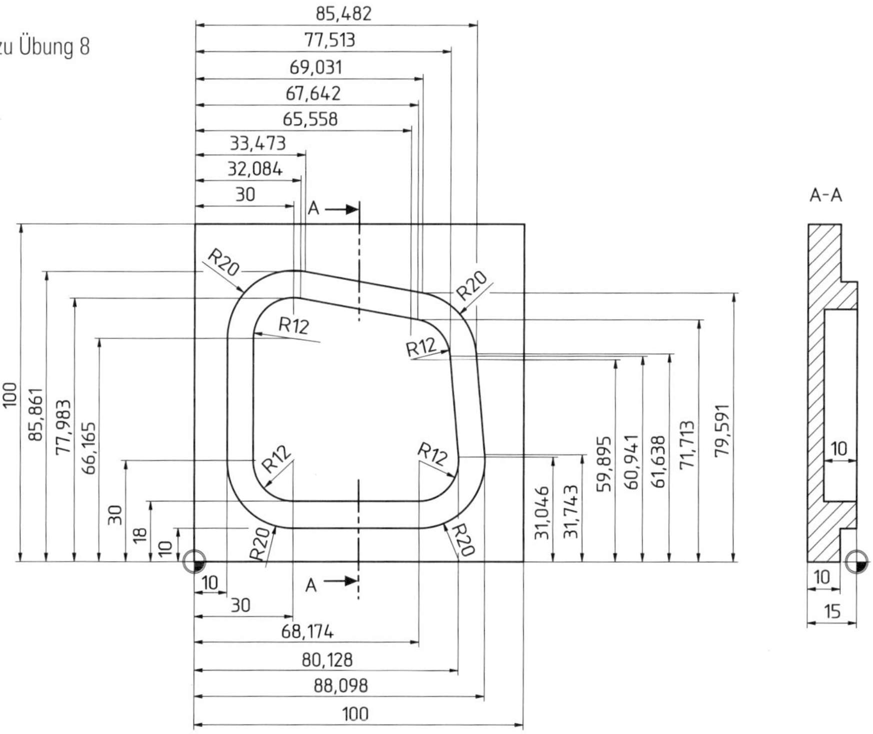

18. Programmieren Sie das Werkstück aus S235JR mit einem Fräser von ∅30 mm.

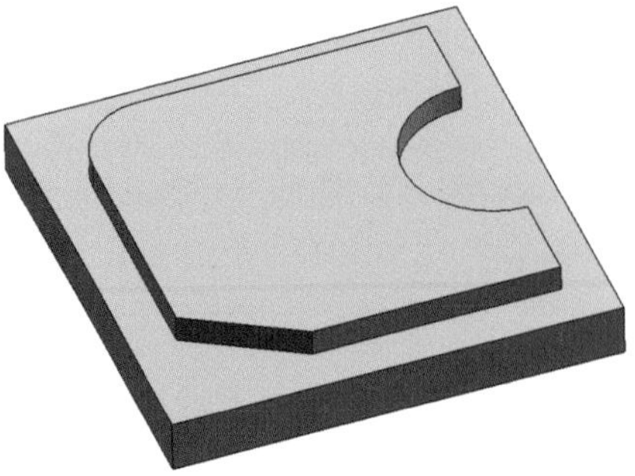

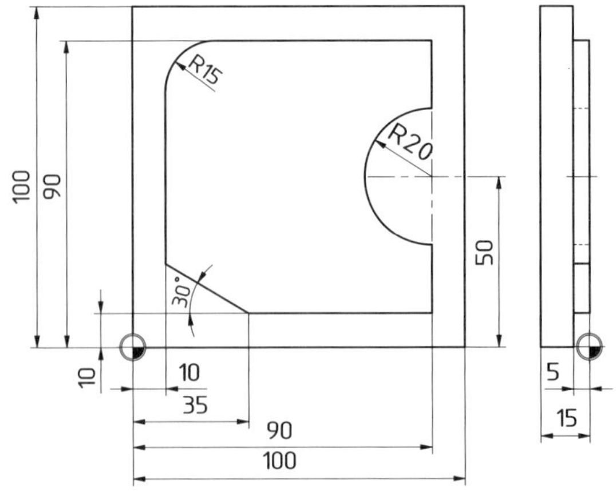

19. a) Erstellen Sie für das Frästeil aus 42Cr4 den Bearbeitungsplan.

b) Erstellen Sie das CNC-Programm für das Frästeil.

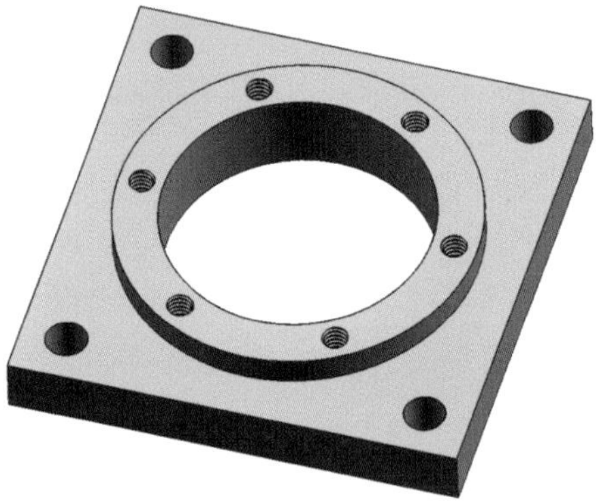

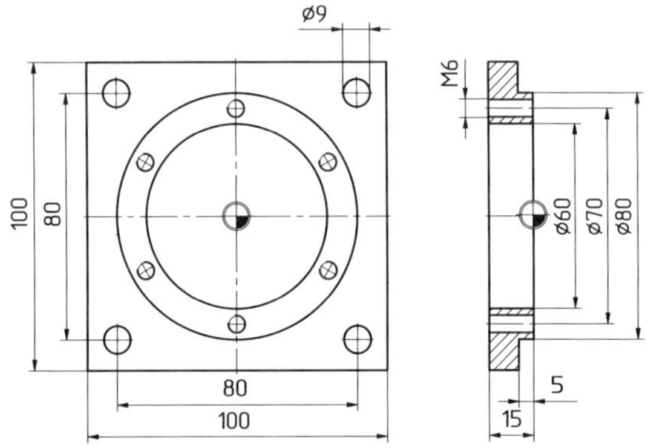

20. a) Erstellen Sie für das Frästeil aus EN AW-3103 [AlMn1] den Bearbeitungsplan.

b) Erstellen Sie das CNC-Programm.

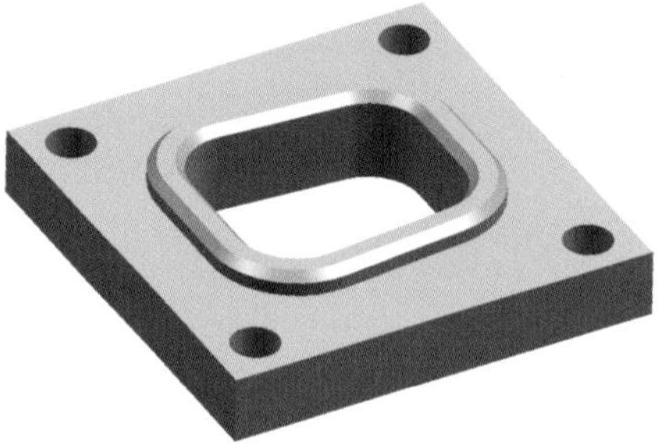

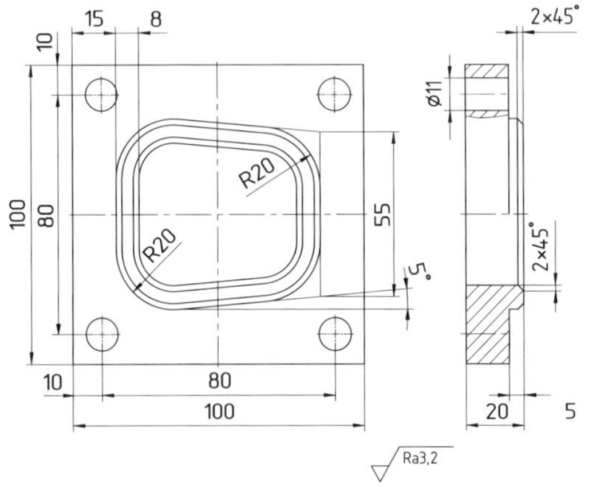

Projektaufgabe

a) Erstellen Sie für den Stifthalter aus EN AW-3004 [AlMn1Mg1] den Bearbeitungsplan.
b) Legen Sie die beiden Aufspannungen fest.
c) Erstellen Sie das CNC-Programm.

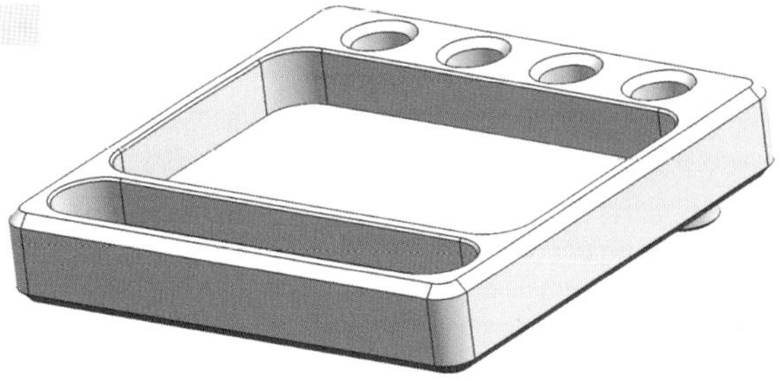

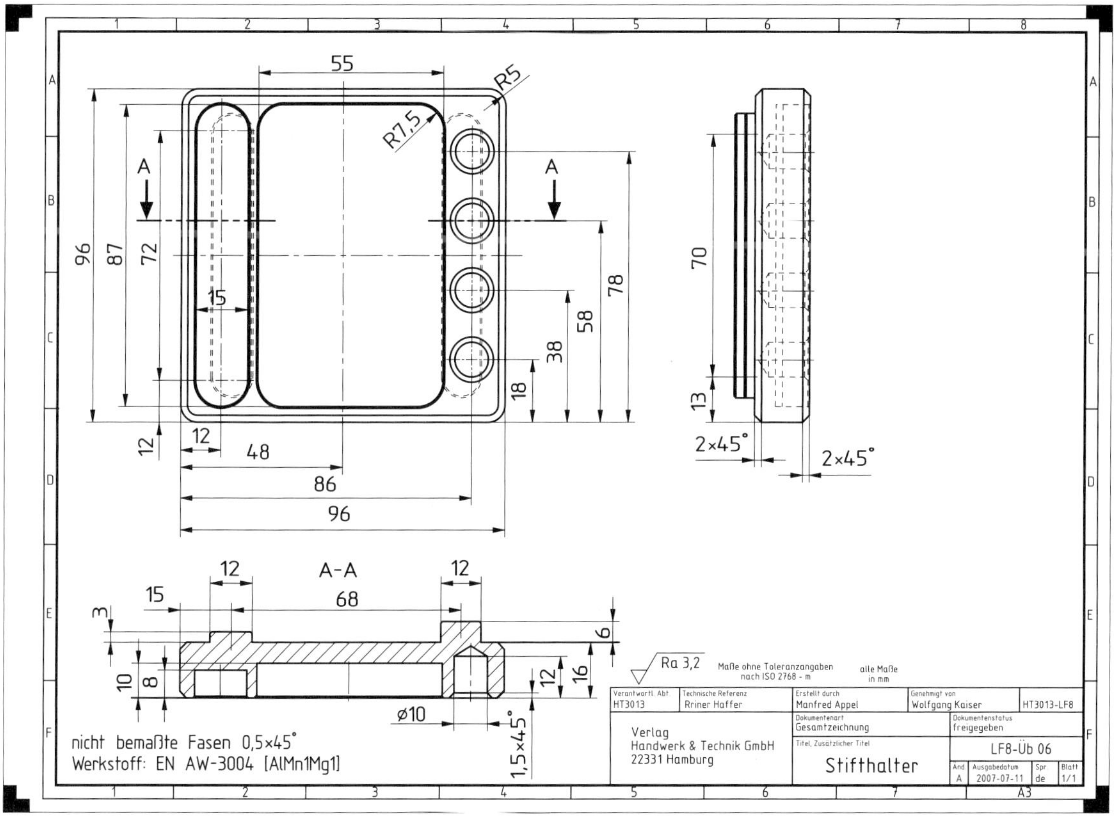

5 CNC Machine – Reference Point Approach

In the second year of apprenticeship most of the trainees working in technical professions are educated to operate CNC machines. Therefore, they should be able to read and understand original manuals in case they have to work abroad.

The documentation is intended for use by the operators of machining centres as well as CNC milling machines. The operator's and programming guides describe how to use the machines and programmes. The guide states that persons who are not qualified should never be able to operate such machines or use these programmes. Also that before the machine is started up, it should be ensured that the operator's guides have been read and understood by people responsible.

Below you can see a part of an original operator's guide. Read the information given about 'reference point approach' and complete the assignments on the next page.

The "Ref Point" function ensures that the control and machine are synchronized after power ON.
Various reference point approach methods may be employed.

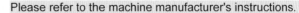

Please refer to the machine manufacturer's instructions.

- Reference point approach can only be performed by machine axes. The actual value display does not match the real position of the axes when the control is switched on.
- Reference point approach is necessary on machines without an absolute measuring system!

Warning

If the axes are not positioned safely, then you must reposition them accordingly. You must observe the axis motions directly on the machine!
Ignore the actual value display until the axes have been referenced!
The software limit switches are not active!

Referencing axes

Jog
➢ Select "Machine Manual" mode.

Ref Point
➢ Press the "Ref Point" key.

X ...
➢ Select the axis to be traversed.

– +
➢ Press the "+" or "-" key.

The selected axis moves to the reference point. The direction and sequence is defined by the machine-tool manufacturer in the PLC program.
If you have pressed the wrong direction key, the action is not accepted and the axes do not move.
The display shows the reference point value.

No symbol appears for axes that have not been referenced.

This symbol is shown next to an axis if it has been referenced.

Interrupting axis motion

Feed Stop

➢ Press the "Feed Stop" key.

The axis stops.

Re-approaching an axis

X ...

➢ Select the axis to be traversed.

– +

➢ Press the "+" or "-" key.

The selected axis moves to the reference point.

Assignments:

1. Have a look at the title '**Reference Point Approach**': Find the correct order for the following sentences. You also may need your English-German vocabulary list at the end of the book.
   - Das Anfahren des Referenzpunkts ist dann notwendig, wenn kein Absolutmesssystem an der Maschine vorhanden ist!
   - Beachten Sie bitte hierzu die Angaben des Herstellers.
   - Steuerung und Maschine werden bei der Funktion „REF" nach dem Einschalten synchronisiert.
   - Der Referenzpunkt ist nur für Maschinenachsen möglich.
   - Das Anfahren des Referenzpunkts kann auf unterschiedliche Art realisiert sein.
   - Die Istwertanzeige stimmt nach dem Einschalten nicht mit der tatsächlichen Position der Achsen überein.
2. Have a look at the title '**Warning**'. Translate the text by using the following terms:

axes	Achsen
reposition accordingly	entsprechend positionieren
axis motions	Achsbewegungen
actual value display	Istwertanzeige
referenced	referiert
software limit	Softwareschalter
active	wirksam

3. There are three further titles. Which English term fits to which German word? Match the numbers and the letters.
   1) '**Referencing axes**'
   2) '**Interrupting axis motion**'
   3) '**Re-approaching an axis**'
   A) Die Achse wieder anfahren
   B) Achse referieren
   C) Achsbewegung unterbrechen
4. The German sentences below fit to the three titles in assignment 3, but the order is mixed. Sort the statements in a way they fit to the titles and the English programming guide.
   a) Dieses Symbol wird neben der Achse eingeblendet, wenn diese den Referenzpunkt erreicht hat.
   b) Wählen Sie die Bedienart „Maschine Manuell".
   c) Wählen Sie die zu verfahrende Achse an.
   d) Die Achse hält an.
   e) Die angewählte Achse fährt auf den Referenzpunkt.
   f) Drücken sie die Taste „Ref. Point".
   g) Die Richtung bzw. die Reihenfolge wird durch das PLC Programm vom Maschinenhersteller festgelegt.
   h) Die Anzeige zeigt den Referenzpunkt an.
   i) Drücken Sie die Taste „Feed Stop".
   j) Wählen Sie die zu verfahrende Achse an.
   k) Für Achsen die noch nicht referiert sind, erscheint kein Symbol.
   l) Die angewählte Achse fährt auf den Referenzpunkt.
   m) Drücken Sie die Tasten „–" bzw. „+".
   n) Haben Sie die falsche Richtungstaste gedrückt, wird die Bedienung nicht angenommen, es erfolgt keine Bewegung.
5. Some questions on the information 'Reference point approach':
   a) When is the reference point approach necessary?
   b) Why does the key '–' or '+' have to be pressed.
   c) Why is a PLC program needed?
   d) What happens if you pressed the wrong direction key?
   e) When does no symbol appear?
   f) What do you have to do, if you want to interrupt the axis motion?
   g) Write what you have to do to re-approach an axis.

CNC Machine – Reference Point Approach

Work With Words

In future you may have to talk, listen or read technical English. Very often it will happen that you either **do not understand** a word or **do not know the translation**.

In this case here is some help for you!!!

Below you will find a few possibilities to describe or explain a word you don't know or use opposites[1)] or synonyms[2)]. Write the results into your exercise book.

1. **Add as many examples** to the following terms as you can find for different kinds of controls and drives.

kinds of controls:	point-to-point controls straight line controls	*drives:*	feed drives electromechnical drives

2. **Explain the two terms in the box:**
Use the words below to form correct sentences. Be careful the order is mixed!

rotation:	circular movement/is a complete/ A rotation	*axis:*	or around which it moves evenly/ It is an imaginary line/along which something can be divided equally,

3. **Find the opposites**[1)]:

permanent position coding: *normally open contact:*	*workpiece zero reference point:* *cartesian coordinates:*

4. **Find synonyms**[2)]:
You can find one or two synonyms to each term in the box below.

motor: *angle:* intersection/engine/machine/nook	*radius:* *cartesian coordinates:* circular arc/measurement/radial route

5. In each group there is a word which is the **odd man**[3)]. Which one is it?

a) geometrical information/feed/technological information/additional information

b) absolute measurement/incremental measurement/ working spindle

c) absolute dimensioning/tools/continuous dimensioning/ incremental dimensioning

d) machining cycles/subroutine/drilling cycles/thread cutting cycles

6. Please translate the information below. Use your English-German Vocabulary List if necessary.

Reference point approach is necessary on machines without an absolute measuring system.

1) *opposite:* Gegenteil 2) *synonym:* Synonym, ähnliches Wort, Ergänzung 3) *odd man:* Außenseiter, überzähliges Wort, fünftes Rad am Wagen

Lernfeld 9: Herstellen von Bauelementen durch Feinbearbeitungsverfahren

In vielen Fällen reichen die im Lernfeld 5 behandelten Fertigungsverfahren wie Drehen, Fräsen, Bohren usw. nicht aus, um die geforderten Maß-, Form- und Lagetoleranzen und Oberflächengüten zu erzielen.
Die gestellten Forderungen können sich aus den mechanischen Anforderungen an das betreffende Bauteil ergeben, aber auch Forderungen an das optische Erscheinungsbild können ausschlaggebend sein.
Nicht selten beziehen sich diese Anforderungen keineswegs auf das gesamte Werkstück, sondern lediglich auf bestimmte Funktionsflächen, wie das Beispiel auf der nachfolgenden Seite zeigt.
In all diesen Fällen kommen Feinbearbeitungsverfahren wie z. B. Schleifen, Honen, Läppen, Feinschleifen, Präzisions-Hartdrehen und -fräsen oder Glattwalzen zum Einsatz. Zum Teil sind dies vergleichsweise neue Verfahren, die in der Praxis häufig mit unterschiedlichen Begriffen für ein und dasselbe Verfahren benannt werden.
Ihre Aufgabe ist es, durch die Analyse von Einzelteil- und Gesamtzeichnungen die Anforderungen an das Bauteil zu ermitteln und entsprechende Feinbearbeitungsverfahren festzulegen.
Hierzu bewerten Sie auf der Grundlage der verfahrens- und werkzeugabhängigen Wirkprinzipien deren technologische, qualitative und wirtschaftliche Auswirkungen.
In diesem Lernfeld werden diese Verfahren vorgestellt, die damit erreichbaren Toleranzen und Oberflächengüten beschrieben und die entsprechenden Vor- und Nachteile gegenübergestellt.
Für die ausgewählten Verfahren ermitteln Sie die entsprechenden Fertigungsparameter unter Beachtung der gegebenen Werkstoff- und Werkzeugeigenschaften und der verwendeten Kühlschmierstoffe.
Bei der Planung und Durchführung Ihrer Tätigkeit halten Sie die entsprechenden Unfallverhütungsvorschriften ein.
Sie definieren produktbezogene Prüfmerkmale, erstellen einen Prüfplan und ordnen geeignete Prüfmittel zu.
Bei der Prüfung beachten Sie die geltenden Prüfvorschriften und erstellen bzw. vervollständigen Prüfprotokolle.
Mit den im Prüfplan festgelegten Merkmalsgrenzwerten führen Sie einen Soll-Ist-Vergleich durch und beurteilen die Prozessfähigkeit, interpretieren mögliche Ursachen für Abweichungen und optimieren die Fertigungsparameter.

1 Schleifen

328_1

Auf die blanken Flächen der Schieberplatte (Bild 1) aus C60 werden lineare Wälzführungen (vgl. Lernfeld 5, Kap. 9.1.2.1) montiert. Deshalb müssen die Flächen sehr gute Oberflächenqualitäten ① und enge Maß- und Lagetoleranzen ② erfüllen.

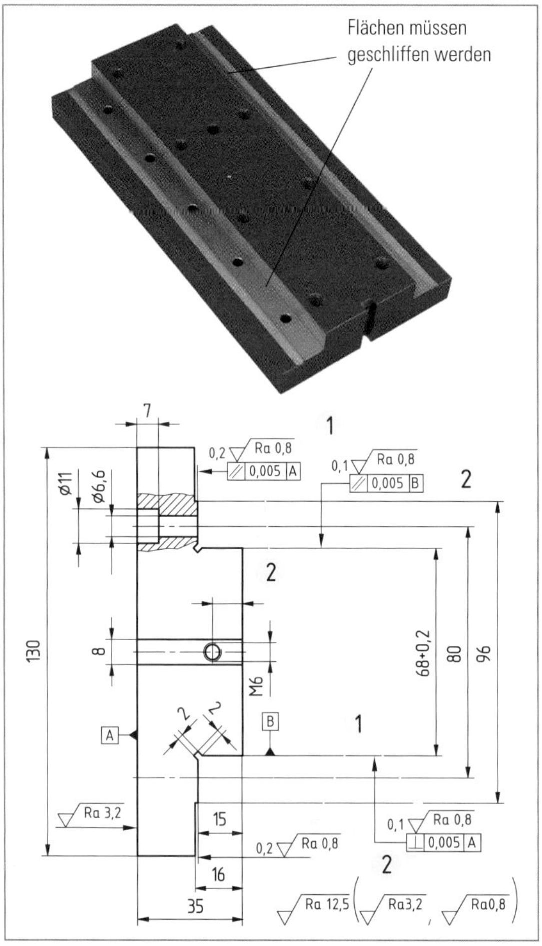

1 Schieberplatte

MERKE

Durch Schleifen können sehr gute Oberflächenqualitäten sowie enge Maß- , Form- und Lagetoleranzen erzielt werden.

Beim Schleifen *(grinding)* besteht das rotierende Werkzeug – die **Schleifscheibe** *(grinding tool)* – aus sehr harten Schleifkörnern, die von einer Bindung zusammengehalten werden (Bild 2). Die Poren der Schleifscheibe nehmen die Späne auf und transportieren sie von der Wirkstelle weg. Die Schleifkörner spanen meist mit negativen Spanwinkeln, die unterschiedlich groß sind. Die Schnittgeschwindigkeiten sind wesentlich höher als beim Drehen und Fräsen, sie werden im m/s angegeben.
Durch die negativen Spanwinkel und die hohen Schnittgeschwindigkeiten treten beim Schleifen große Wärmemengen und starke elastische und plastische Verformungen auf (Bild 3).

Die Temperaturen können am Schleifkorn über 1500 °C und am Werkstück über 800 °C betragen, wenn ohne Kühlung zerspant wird.

MERKE

Schleifen ist Spanen mit einem vielschneidigen Werkzeug und geometrisch unbestimmten Schneiden.

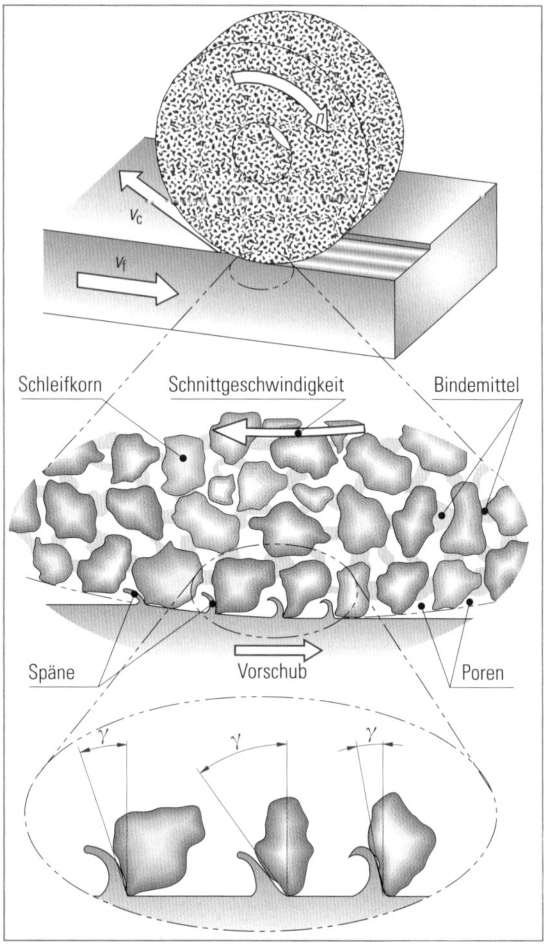

2 Prinzip des Schleifens

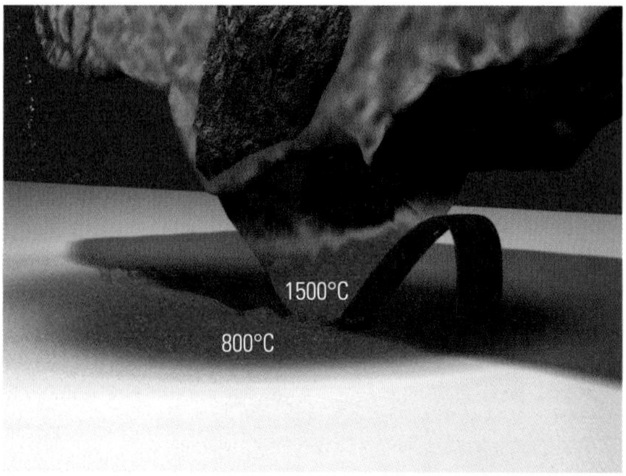

3 Temperaturen und Verformungen

1.1 Schleifkörper

Die Schleifkörperauswahl wird von verschiedenen Faktoren bestimmt. Bild 1 beschreibt die einzelnen Schritte zur Auswahl der Schleifkörper.

Schleifmittel *(abrasives)*
Das Schleifmittel ist der Stoff, aus dem das Schleifkorn besteht (Bild 2). Das Schleifmittel muss härter als das zu bearbeitende Werkstück sein.

MERKE
Die Auswahl der Schleifmittel richtet sich nach dem zu bearbeitenden Werkstoff.

Überlegen Sie!
Wählen Sie aus der Tabelle Bild 2 das Schleifmittel für die Schieberplatte aus C60 aus.

Schleifkörperauswahl

↓

Der zu bearbeitende **Werkstoff** bestimmt das **Schleifmittel** (Tabelle Bild 2)

↓

Die gewünschte **Oberflächenqualität** bestimmt die **Körnung** (Tabelle Bild 3)

↓

Die gewünschten **Eigenschaften des Schleifkörpers** bestimmen seine **Bindungsart** (Tabelle Seite 330 Bild 1)

↓

Das **Schleifverfahren** und der zu bearbeitende **Werkstoff** bestimmen den **Härtegrad** (Tabelle Seite 330 Bild 2)

↓

Das Schleifverfahren, die Eingriffslänge und die Art des Schleifens (Schruppen/Schlichten) bestimmen das **Gefüge**

1 *Schleifkörperauswahl*

Körnung *(grain sizes)*
Die Körnung ist ein Maßstab für die Größe der Schleifkörner. Die Schleifkörner werden mit Hilfe von Sieben mit unterschied-

Schleifmittel		Kennbuchstabe	Kornfarbe	Chemische Zusammensetzung	Eigenschaften	Einsatzbereich
Edelkorund		A	weiß, rosa, rot	Al_2O_3		von Baustählen bis HSS, Titan, Glas
Siliziumcarbid		C	grün, schwarz	SiC	zunehmende Härte und Sprödigkeit, abnehmende Zähigkeit	Hartmetall, Keramik, Gusseisen, Nichteisenmetalle
Bornitrid		B	schwarzbraun	44 % B, 56 % N		Präzisionsschleifen von zähharten Werkstoffen wie z. B. HSS
Diamant	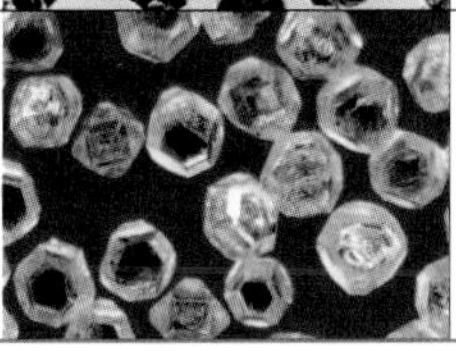	D	durchsichtig bis gelb	C		Präzisionsschleifen von harten und spröden Werkstoffen wie z. B. Hartmetall, Glas, Keramik, Gusseisen

2 *Schleifmittel*

Körnung	Bezeichnung	Korngröße in mm	Rz in µm	Ra in µm	Einsatzbereich
6... 24	grob	ca. 3 ... 0,8	ca. 25 ... 6	ca. 6 ... 2	Schruppschleifen
30... 60	mittel	ca. 0,8 ... 0,25	ca. 6 ... 1,6	ca. 2 ... 0,4	Vorschleifen
70... 180	fein	ca. 0,25... 0,1	ca. 1,6 ... 0,2	ca. 0,4 ... 0,1	Feinschleifen
220...1200	sehr fein	ca. 0,1 ... 0,003	ca. 0,2 ... 0,05	ca. 0,1 ... 0,03	Präzisionsschleifen

3 *Körnungen und erreichbare Oberflächenqualitäten*

lichen Maschenweiten sortiert. Die Korngröße wird mit einer Zahl angegeben wie z.B. 80. Sie gibt die Maschenzahl des Siebes pro Inch[1)] an, mit dem die Schleifkörner aussortiert wurden. Die Körnungen reichen von 6 bis 1200 (Seite 329 Bild 3).

MERKE

Die gewünschte Oberfläche und die Art des Schleifens legen die Körnung des Schleifmittels fest:
- Je größer das Spanvolumen pro Minute, desto gröber die zu wählende Körnung.
- Je besser die geforderte Oberflächenqualität, desto feiner die zu wählende Körnung.

Für das Schleifen der Schieberplatte wird Körnung 40 gewählt. Da die Bearbeitungszugaben für das Schleifen 0,1 mm bzw. 0,2 mm betragen, ist ein Schruppschleifen nicht erforderlich.

Bindung *(bonding material)*

Der Schleifkörper besteht aus den Schleifkörnern und einem Bindemittel. Diese Bindung soll
- die Schleifkörner zusammenhalten
- am Korn haften und die Schnitt- und Fliehkräfte aufnehmen
- nicht zu spröde, manchmal sogar elastisch sein
- unempfindlich gegenüber Kühlschmiermitteln sein
- Poren zwischen den Körnern bilden und
- temperaturbeständig sein

MERKE

Die jeweilige Bindungsart beeinflusst wesentlich die aufgeführten Eigenschaften des Schleifkörpers (Bild 1).

Überlegen Sie!

Wählen Sie eine Bindungsart für das Schleifen der Schieberplatte mit Hilfe der Tabelle Bild 1 aus.

Härte *(hardness)*

MERKE

Die Härte der Schleifscheibe bezieht sich nicht auf die Härte der Schleifkörner, sondern sie ist der Widerstand, den die Bindung dem Ausbrechen des Schleifkorns entgegensetzt.

Der **Härtegrad** (Bild 2) des Schleifkörpers ist so zu wählen, dass die Schleifkörner dann ausbrechen, wenn sie stumpf werden und neue scharfe Körner freilegen. Dadurch schärft sich der Schleifkörper selbst. Die Wahl des Härtegrades ist ein Kompromiss zwischen dem „Selbstschärfeffekt" einerseits und dem möglichst geringen Verschleiß des Schleifkörpers andererseits. Der Härtegrad wird durch Großbuchstaben (Bild 2) angegeben. Weil bei harten Werkstoffen die Körner schneller abstumpfen als bei weichen, gilt folgende Regel:

MERKE

Bei harten Werkstoffen sind weiche Schleifkörper und bei weichen Werkstoffen harte Schleifkörper zu wählen.

Härtegrad	Bezeichnung	Anwendung
A bis D	äußerst weich	z.B. Seiten- und Innenrundschleifen von harten Werkstoffen
E bis G	sehr weich	
H bis K	weich	z.B. Umfangsschleifen von mittelharten Werkstoffen
L bis O	mittel	
P bis S	hart	z.B. Feinschleifen
T bis W	sehr hart	z.B. Außenrundschleifen von weichen Werkstoffen
X bis Z	äußerst hart	

***2** Härtegrade von Schleifkörpern*

Bei zu hart gewählten Schleifkörpern wird das Korn noch von der Bindung festgehalten, obwohl es schon stumpf ist. Das führt dazu, dass sich die Poren zusetzen und der Schleifkörper

Bindungsart	Bezeichnung	Eigenschaften	Anwendungen
Keramik	V	■ formbeständig und porös ■ wasser- und ölbeständig ■ temperaturbeständig ■ schlag- und stoßempfindlich	■ meist verwendete Bindungsart für das maschinelle Schleifen ■ geeignet für Schrupp- bis Feinschleifen von Präzisionsteilen aus unterschiedlichen Werkstoffen
Kunstharz	B	■ dämpfend und wenig porös ■ höhere Festigkeit als bei Keramik ■ geringere Stoßempfindlichkeit	■ geeignet für dünne Schleifscheiben ■ Grob- bis Feinschleifen möglich
Kunstharz faserverstärkt	BF	■ Fasern erzielen höhere Festigkeit und Zähigkeit und erhöhen die Sicherheit	■ Trennscheiben für maschinellen und manuellen Einsatz
Metall	M	■ sehr hohe Festigkeit ■ stoßunempfindlich ■ hohe Standzeit	■ häufige Bindung für Diamant und kubisches Bornitrid ■ Präzisionsschleifen
Gummi	R	■ sehr elastisch ■ wasserfest ■ nicht ölbeständig	■ dünne Scheiben ■ Vorschubscheiben beim spitzenlosen Schleifen

***1** Bindungsarten*

1) 1 inch entspricht der früher gebräuchlichen Längeneinheit Zoll mit dem Einheitenzeichen ": 1 " = 2,54 cm

„schmiert". Gleichzeitig steigt die Temperatur an der Wirkstelle, wodurch bei wärmebehandelten Werkstücken Gefügeänderungen eintreten können.

Überlegen Sie!

Welche Auswirkungen entstehen durch die Wahl eines zu weichen Schleifkörpers?

Gefüge (Struktur) *(structure)*

Das Gefüge bzw. die Struktur eines Schleifkörpers (Bild 1) wird durch das Verhältnis von Schleifkörnern, Bindung und Poren bestimmt. Die Angabe des Gefüges geschieht über Zahlen (Bild 2). Mit steigender Zahl werden die Poren größer.

1 *Schleifscheiben mit unterschiedlichem Gefüge*

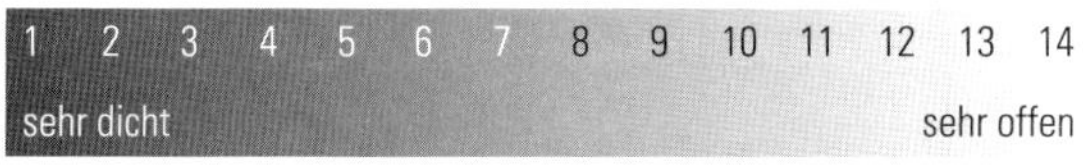

2 *Gefüge*

Damit die Poren die Späne aufnehmen und abtransportieren können, soll der Schleifkörper so offen sein, wie es die geforderte Oberflächenqualität zulässt. Offene Gefüge ermöglichen beim Schruppen ein großes Zeitspanungsvolumen. Dichte Gefüge werden z. B. beim Außenrundschleifen mit kleiner Eingriffslänge des Schneidkorns (vgl. Seite 337 Bild 1) und sehr guten Oberflächenqualitäten gewählt.

Da beim Umfangsplanschleifen der Schieberplatte die Eingriffslänge des Schleifkorns bei großem Schleifscheibendurchmesser relativ groß ist, wird Gefüge 12 gewählt.

Schleifkörperbezeichnung

Zum Schleifen der Schieberplatte wird folgende Schleifscheibe gewählt:

Schleifscheibe ISO 603-1 – 1 – 400 × 50 × 127 – A 40 H 12 V – 35 m/s

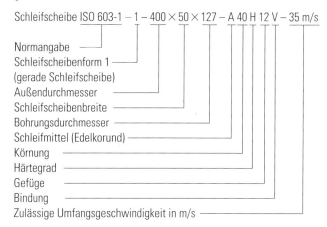

- Normangabe
- Schleifscheibenform 1 (gerade Schleifscheibe)
- Außendurchmesser
- Schleifscheibenbreite
- Bohrungsdurchmesser
- Schleifmittel (Edelkorund)
- Körnung
- Härtegrad
- Gefüge
- Bindung
- Zulässige Umfangsgeschwindigkeit in m/s

1.2 Abrichten

Die Härte der Schleifscheibe soll so gewählt werden, dass die Bindung stumpfe Schleifkörner zum richtigen Zeitpunkt freigibt und dadurch scharfe zum Einsatz kommen. Dieser Idealfall liegt selten vor. Selbst wenn er erreicht ist, kann sich der Schleifkörper ungleichmäßig abnutzen. Aus diesem Grund sind Schleifscheiben vor und während des Schleifprozesses abzurichten *(wheel dressing)*. Abrichtrollen aus Stahl dienen an Schleifböcken häufig zum Abrichten (Bild 3b).

An den Schleifmaschinen sind entsprechende Vorrichtungen mit Abrichtwerkzeugen *(dressing tools)* eingebaut, wobei **Diamantabrichter** (Seite 332 Bild 1) oft diese Aufgabe übernehmen. Diamantabrichter sollen im ziehenden Schnitt arbeiten (Bild 3a), damit der Diamant nicht aus der Fassung gerissen wird.

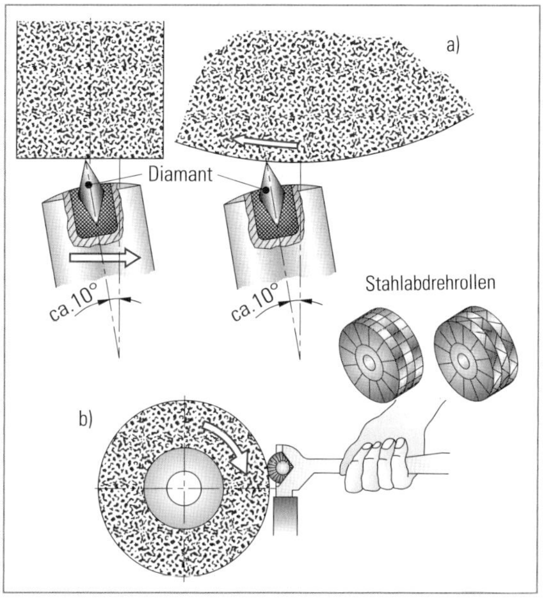

3 *Abrichten mit Diamant und Abrichtrolle*

Bei profilierten Schleifscheiben kann das Abrichten mithilfe von Diamant-Einkornabrichtern oder Diamant-Abrichtplatten (Bild 2) erfolgen. Deren Abrichtbewegungen sind zu programmieren und werden CNC-gesteuert abgefahren. Dabei lässt sich ein Toleranzbereich an der Schleifscheibe von ± 0,05 mm erreichen.
Bei höheren Genauigkeitsanforderungen und bei komplizierten Profilformen geschieht das Abrichten der Schleifscheiben oft mit Diamant-Profilrollen (Bilder 3 und 4). An der Oberfläche der Profilrolle sind die Diamanten in einer Metallschicht eingebettet. Die Vorteile des Abrichtens mit Profilrollen sind:

- rasche Übertragung schwieriger Profilformen auf die Schleifscheibe in der Serienfertigung
- Minimierung der Ausschussquoten durch gleichbleibende Toleranzen

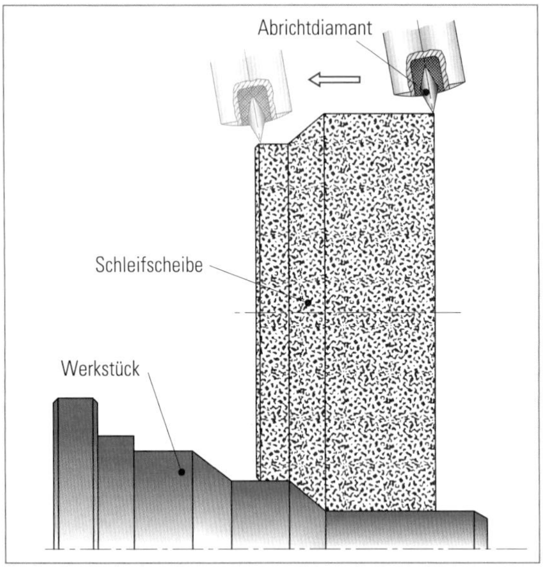

2 *Profilieren der Schleifscheibe mit Diamant-Einkornabrichter*

- relativ geringe Abrichtkosten auf Grund der hohen Standzeit der Diamant-Profilrollen

Das Abrichten mit Diamant-Profilrollen kann ständig (kontinuierlich), d.h., während des Schleifens als auch in gewissen Zeitabständen (diskontinuierlich) erfolgen. Im Bild 5 ist eine Abrichtrolle oberhalb der Schleifscheibe dargestellt. Damit sind sowohl das kontinuierliche als auch das diskontinuierliche Abrichten möglich.

4 *Diamant-Profilrolle*

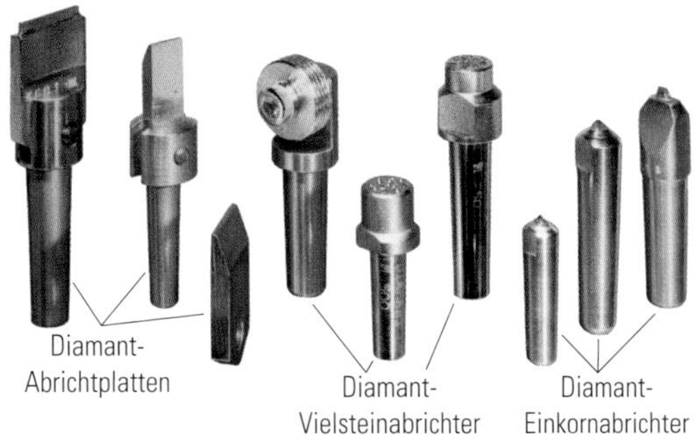

1 *Abrichtdiamanten*

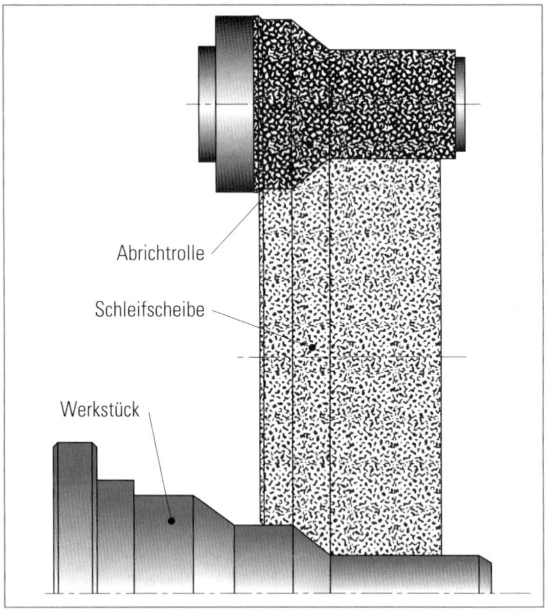

3 *Profilieren der Schleifscheibe mit Diamant-Profilrolle*

MERKE

Durch das Abrichten *(dressing)* wird der Schleifkörper in die gewünschte Form gebracht und geschärft. Gleichzeitig wird damit der Rundlauf der Schleifscheibe sichergestellt.

Nach dem Montieren einer neuen Schleifscheibe wird diese als erstes abgerichtet, damit die Scheibe rund läuft. Das geschieht noch vor dem anschließenden Auswuchten.

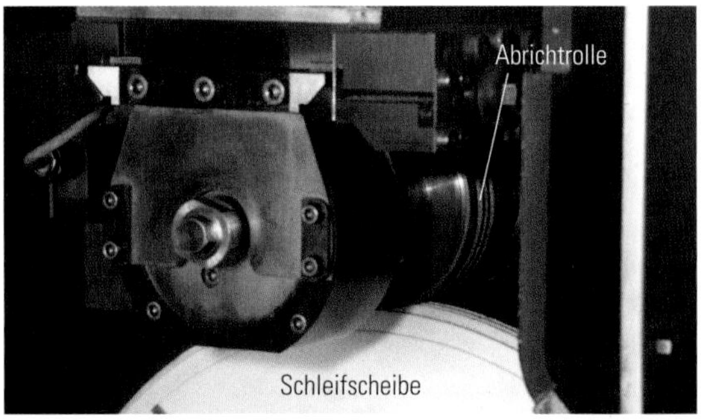

5 *Abrichtrolle für kontinuierliches und diskontinuierliches Abrichten*

1.3 Auswuchten

Beim Schleifen wird mit sehr großen Umfangsgeschwindigkeiten und daher auch mit sehr hohen Umdrehungsfrequenzen gearbeitet. Durch eine ungleiche Korn- und Bindemittelverteilung kann die Schleifscheibe eine **Unwucht** *(imbalance)* erhalten.

MERKE

Unwuchten führen zu Schwingungen, wodurch die Oberflächenqualität schlechter und die Lebensdauer von Schleifkörper und -maschine herabgesetzt wird.

Bei der **statischen Unwucht** *(static imbalance)* (Bild 1) liegt der Massenschwerpunkt der relativ dünnen Schleifscheibe nicht auf deren Drehachse, aber in einer Ebene, die etwa in der Hälfte der Scheibenbreite liegt. Durch die Drehbewegung der Schleifscheibe erzeugt die Unwucht eine Zentrifugalkraft F_Z, die zu einem unrunden Lauf der Schleifscheibe führt. Es entsteht ein Höhenschlag (Bild 2). Dadurch werden die Schleifspindel und deren Lager zusätzlich belastet sowie die Oberflächenqualität und Formgenauigkeit des Werkstücks verschlechtert.
Damit dies nicht geschieht, ist die statische Unwucht durch **statisches Auswuchten** *(static balancing)* auszugleichen. Dabei wird die Schleifscheibe zusammen mit ihren Flanschen auf einen Dorn gesteckt und auf eine Ausgleichswaage oder einen Abrollbock (Bild 3) gelegt. Die Ausgleichsmassen sind so anzubringen, dass die Schleifscheibe in jeder Stellung in Ruhe bleibt.

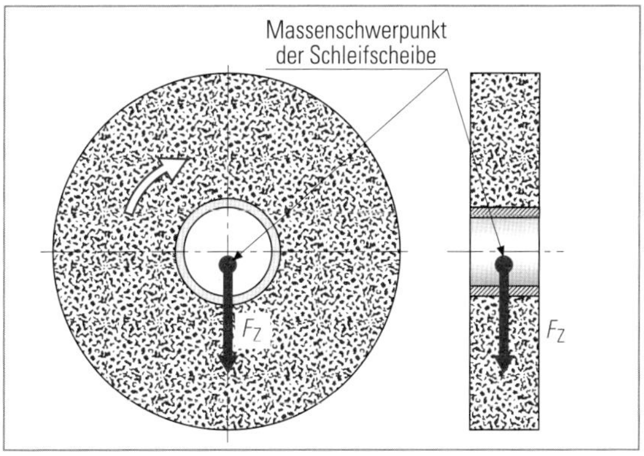

1 *Statische Unwucht einer Schleifscheibe*

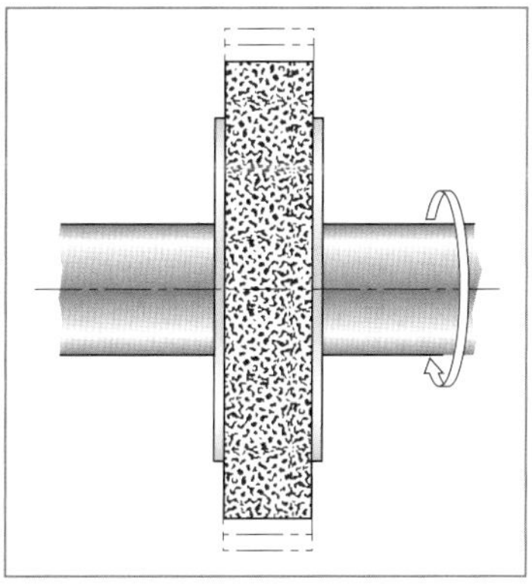

2 *Höhenschlag durch statische Unwucht*

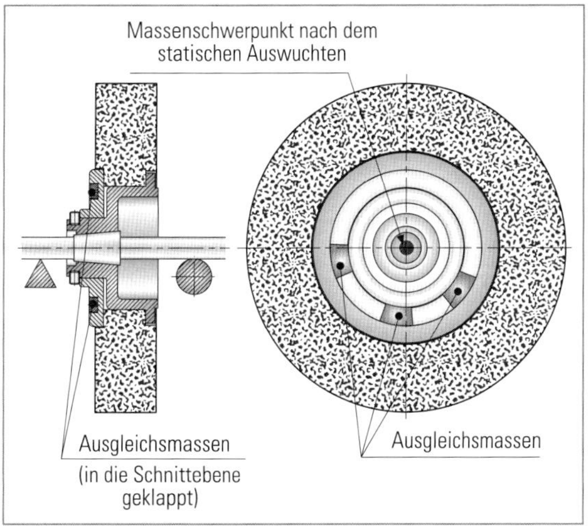

3 *Statisches Auswuchten einer Schleifscheibe*

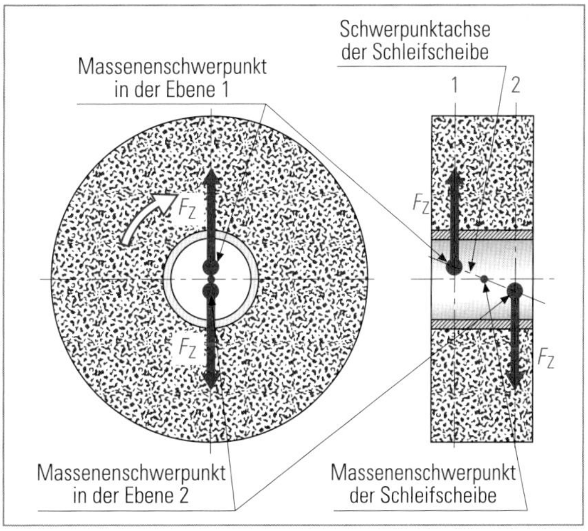

4 *Dynamische Unwucht einer Schleifscheibe*

Dadurch ist gewährleistet, dass der Massenschwerpunkt der Schleifscheibe wieder auf deren Drehachse liegt.
Bei der **dynamischen Unwucht** *(dynamic imbalance)* (Bild 4) kann der gesamte Massenschwerpunkt von relativ breiten Schleifscheiben auf deren Drehachse liegen. Jedoch liegen die Massenschwerpunkte in den verschiedenen Ebenen der Schleifscheibenbreite nicht auf der Drehachse. Die Schwerpunktachse liegt schräg zur Drehachse. Die dynamische Unwucht würde bei der Drehbewegung zu einem Seitenschlag der Schleifscheibe (Seite 334 Bild 1) führen. Die dynamische Unwucht ist durch statisches Auswuchten nicht auszugleichen.
Deshalb ist bei sehr hohen Qualitätsansprüchen und bei großen, breiten Scheiben **dynamisch auszuwuchten**. Dazu werden entsprechende Gegengewichte in zwei unterschiedlichen Schleifscheibenebenen positioniert. An modernen Schleifmaschinen geschieht das automatisch. Es gibt unterschiedliche

Verfahren, bei denen während des Laufs eine Mess- und Regel-Elektronik zunächst die Unwucht in Größe und Position erfasst. Anschließend werden Gegengewichte so positioniert, dass sie die Unwucht ausgleichen (kompensieren).

Beim elektromechanischen Verfahren (Bild 2) erfolgt die Kompensation der Unwucht innerhalb der Schleifspindel. Die Regelelektronik positioniert über Stellantriebe die beiden Ausgleichsmassen so, dass die resultierende Kompensationskraft F_K die vorhandene Unwucht ausgleicht.

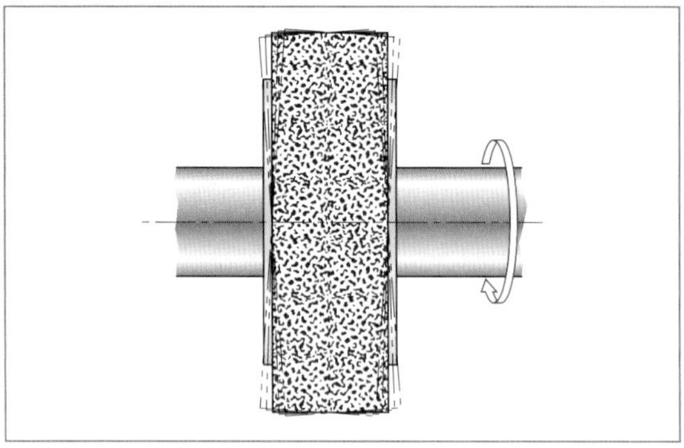

1 Seitenschlag durch dynamische Unwucht

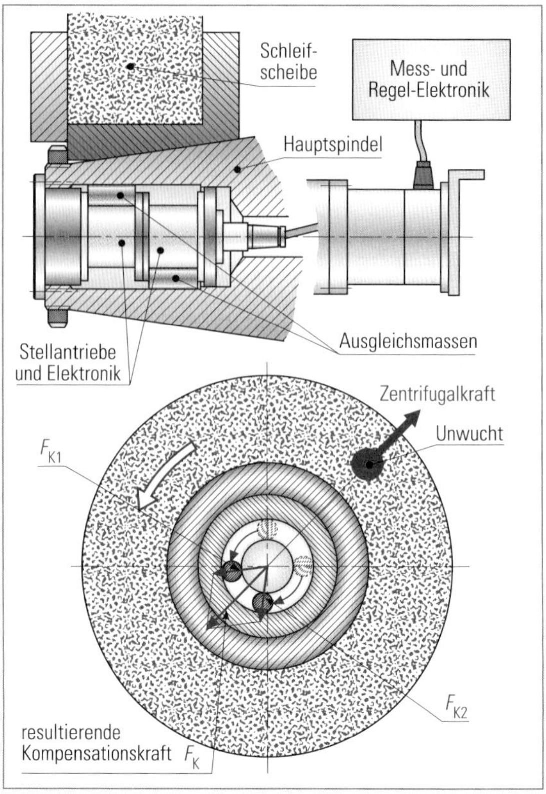

2 Dynamisches Auswuchten in elektromechanischer Ausführung

1.4 Sicherheit und Unfallverhütung

Beim Schleifen ist die **Unfallgefahr** *(danger of accident)* wegen der hohen Schnittgeschwindigkeiten besonders hoch. Schleifscheiben mit keramischer Bindung sind besonders bruchempfindlich. Bei einem Bruch der Scheibe können die weggeschleuderten Teile tödliche Unfälle verursachen, wenn sie nicht durch Schutzvorrichtungen aufgefangen werden.

Beim Schleifen und beim Aufspannen der Schleifscheibe sind die Unfallverhütungsvorschriften nach BGV[1] D12 zu beachten:

- Keramisch gebundene Schleifscheiben mit Außendurchmessern > 80 mm sind vor dem Aufziehen einer **Klangprobe** zu unterziehen. Dazu wird die Schleifscheibe in der Bohrung gehalten und z. B. mit einem Hartholzstück leicht angeschlagen. Bei einer rissfreien Scheibe ist der entstehende Ton hell und klar.
- Die **Flansche** zum Befestigen der Scheibe (Seite 335 Bild 1) müssen **Mindestgrößen** besitzen: $S \geq 1/3\,D$ bei Verwendung von Schutzhauben, $S \geq 2/3\,D$ ohne Schutzhauben und $S \geq 1/2\,D$ bei konischen Schleifscheiben. Die Flansche müssen gleich groß sein, damit die Scheibe nicht auf Biegung beansprucht wird.
- **Elastische Zwischenlagen** (z. B. aus Gummi oder Filz) sind zwischen Schleifkörper und Flansch anzubringen, damit mögliche Unebenheiten der Schleifscheibe ausgeglichen werden und es nicht punktuell zu hohen Anpressdrücken kommt.
- Die Schleifscheibe muss sich **leicht** auf die Spindel schieben lassen, um zusätzliche **Spannungen** in der Scheibe zu vermeiden.
- Die **maximale Umdrehungsfrequenz** darf nicht überschritten werden. Für normale Schleifscheiben sind Umfangsgeschwindigkeiten bis zu 60 m/s üblich. Schleifscheiben, die höhere Umfangsgeschwindigkeiten zulassen, sind durch Farbstreifen gekennzeichnet (Bild 3).
- Bei vorhandener **Unwucht** ist die Scheibe auszuwuchten.
- Nach jeder Aufspannung der Scheibe ist ein **Probelauf** von mindestens fünf Minuten bei der höchstzulässigen Umdrehungsfrequenz durchzuführen.
- Die **Werkstückauflagen** (Seite 335 Bild 1) sind dicht an die Schleifscheibe anzustellen, damit beim Freiformschleifen das Werkstück nicht mitgerissen werden kann. Das Anstellen darf nur bei **stillstehender** Schleifscheibe geschehen.
- Beim Schleifen ist eine **Schutzbrille** zu tragen.

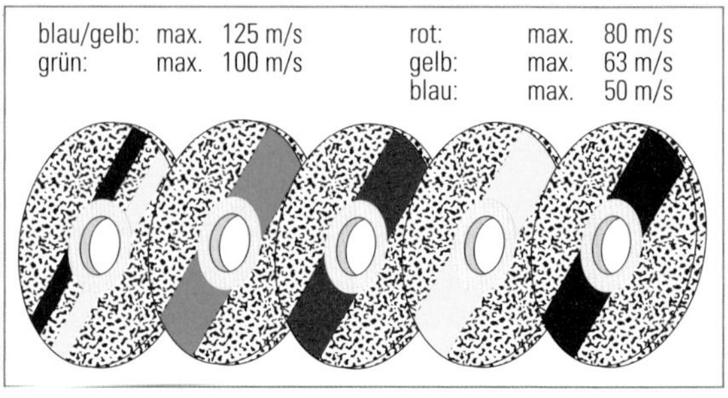

3 Farbcodierungen der zulässigen Umfangsgeschwindigkeiten

1) Berufsgenossenschaftliche Vorschrift für Sicherheit und Gesundheit bei der Arbeit

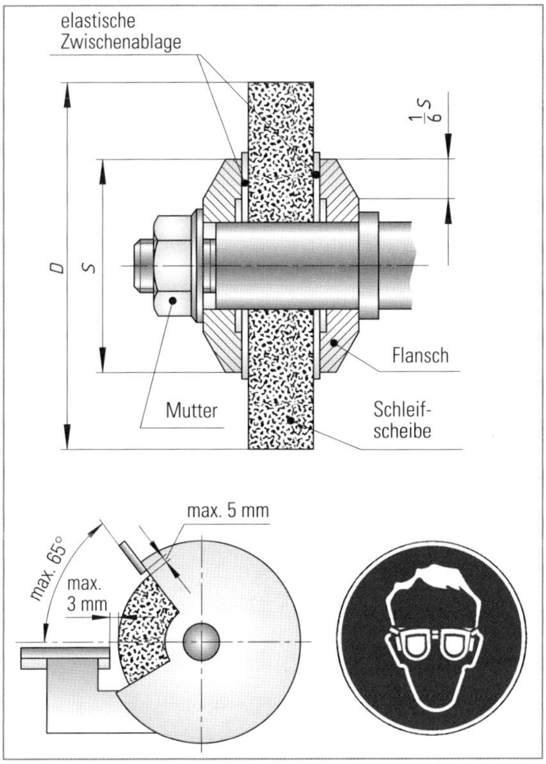

1 Spannen von Schleifscheiben und Auflagen

1.5 Prozessparameter beim Schleifen

Neben der richtigen Schleifscheibenauswahl bestimmen die vom Facharbeiter zu wählenden Zerspanungsgrößen das Arbeitsergebnis. Die wichtigsten sind Bild 2 zu entnehmen.

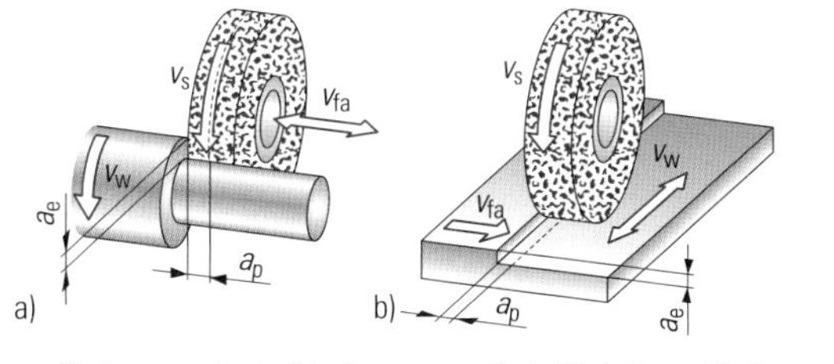

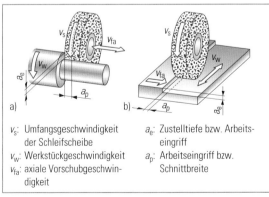

v_s: Umfangsgeschwindigkeit der Schleifscheibe
v_w: Werkstückgeschwindigkeit
v_{fa}: axiale Vorschubgeschwindigkeit
a_e: Zustelltiefe bzw. Arbeitseingriff
a_p: Arbeitseingriff bzw. Schnittbreite

2 Einstellgrößen beim a) Außenrund- und b) Planschleifen

1.5.1 Schnittgeschwindigkeit

Das Schleifen erfolgt fast immer im Gegenlauf. Dabei ist die Schnittgeschwindigkeit v_c *(cutting speed)* die Summe aus der **Umfangsgeschwindigkeit der Schleifscheibe** v_s *(wheel speed)* und der **Werkstückgeschwindigkeit** v_w *(work speed)* (Bild 3).

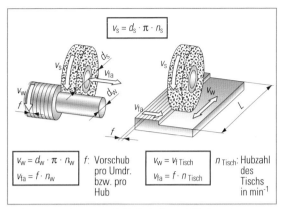

$$v_s = d_s \cdot \pi \cdot n_s$$

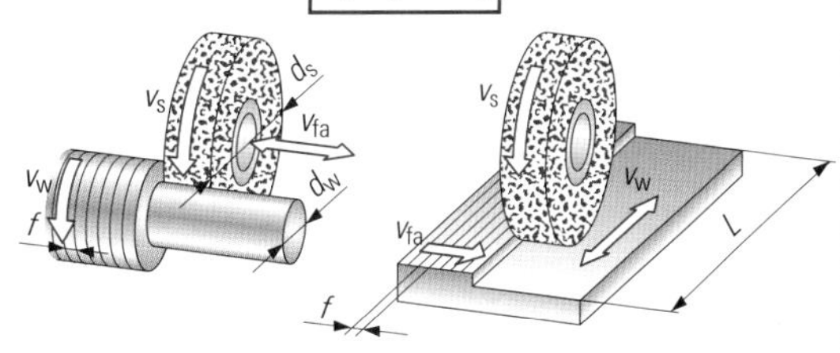

$v_w = d_w \cdot \pi \cdot n_w$
$v_{fa} = f \cdot n_w$

f: Vorschub pro Umdr. bzw. pro Hub

$v_w = v_{f\,Tisch}$
$v_{fa} = f \cdot n_{Tisch}$

n_{Tisch}: Hubzahl des Tischs in min^{-1}

3 Geschwindigkeiten von Schleifscheibe und Werkstück

Da die Werkstückgeschwindigkeit meist kleiner als 2 % der Umfangsgeschwindigkeit ist, gilt in der Praxis:

$$v_c \approx v_s$$

Die zu wählende Schnittgeschwindigkeit ist vorrangig abhängig von:

- verwendeter Schleifscheibe
- zu bearbeitendem Werkstoff
- Schleifverfahren
- Kühlschmierbedingungen
- Stabilität und Antriebsleistung der Maschine

Die Schnittgeschwindigkeiten liegen meist zwischen 10 m/s und 100 m/s. Bei keramisch gebundenen Schleifscheiben sind es z. B. im Durchschnitt 45 m/s bis 60 m/s. Richtwerte sind den Angaben der Schleifscheibenhersteller zu entnehmen und entsprechend den vorliegenden Bedingungen zu optimieren.

MERKE

Steigende Schnittgeschwindigkeit
- verändert nicht die Hauptnutzungszeit
- senkt die Schnittkraft
- vermindert den Schleifscheibenverschleiß
- erhöht die Maß- und Formgenauigkeit
- verbessert die Oberflächenqualität und
- erhöht die Randzonenbeeinflussung[1)]

Die zulässige maximale Umfangsgeschwindigkeit darf aus Sicherheitsgründen niemals überschritten werden[2)]

1.5.2 Vorschubgeschwindigkeit

Die **axiale Vorschubgeschwindigkeit** v_{fa} *(feed rate)* wird z. B. beim Außenrundschleifen vom Vorschub *f* und der Umdrehungsfrequenz des Werkstücks n_w bestimmt (Bild 3). Beim Planschleifen entspricht sie der axialen Werkstückgeschwindigkeit, die durch die Tischhubzahl pro Minute n_{Tisch} und den Vorschub *f* bestimmt wird.

1) siehe Kap. 1.5.6 2) siehe BGV D12

Schleifen

Der **Vorschub** f *(feed motion)* ist seinerseits abhängig von der Schleifscheibenbreite b_s und der Art des Schleifens. Als Faustregel gilt:

Schruppschleifen	$f = (0,6 \ldots 0,8) \cdot b_s$
Schlichtschleifen	$f = (0,3 \ldots 0,5) \cdot b_s$

Wie aus den Formeln in Bild 3 von Seite 335 zu entnehmen ist, ist der Vorschub f pro Umdrehung bzw. pro Hub eine der beiden Größen, von denen die axiale Vorschubgeschwindigkeit abhängt.

1.5.3 Zustelltiefe

Der **Arbeitseingriff** a_e senkrecht zur Hauptvorschubrichtung heißt beim Schleifen **Zustelltiefe** *(infeed)*. Mit zunehmender Zustelltiefe vergrößert sich die Kontaktzone von Schleifscheibe und Werkstück (Bild 1). Dadurch erschweren sich die Zufuhr des Kühlschmiermittels und die Spanabfuhr.
Die zu wählenden Zustelltiefen werden in erster Linie bestimmt durch:

- Art des Schleifens (Schruppen/Schlichten)
- gewählte Schleifscheibe
- Stabilität von Werkstück und Schleifmaschine
- Werkstoff und Härte des Werkstücks und
- Schleifverfahren

Die Zustelltiefen liegen oft zwischen 3 µm und 100 µm. Beim **Schruppschleifen** *(rough grinding)* werden große und beim **Feinschleifen** *(finish grinding)* kleine Zustelltiefen gewählt. Richtwerte sind den Angaben der Schleifmittelhersteller bzw. dem Tabellenbuch zu entnehmen. Beim Fertigschleifen wird zum Schluss nicht mehr zugestellt, um das endgültige Maß zu erreichen. Dieses Schleifen ohne Zustellung wird als **„Ausfunken"** oder **„Ausfeuern"** bezeichnet.

MERKE

Steigende Vorschubgeschwindigkeit und zunehmende Zustelltiefe

- verkürzen die Hauptnutzungszeit bzw. steigern das pro Zeiteinheit zerspante Volumen
- steigern die Schnittkraft
- vergrößern den Schleifscheibenverschleiß und
- vermindern die Maß- und Formgenauigkeit
- verringern die Oberflächenqualität
- erhöhen die Randzonenbeeinflussung

1.5.4 Zeitspanungsvolumen

Das Zeitspanungsvolumen $\dot{Q}$ *(material removal rate)* gibt das Volumen an, das pro Zeiteinheit zerspant wird. Je nach Schleifverfahren wird es unterschiedlich berechnet.

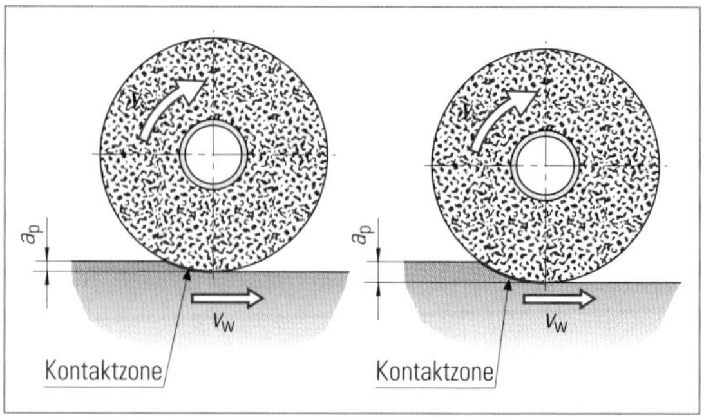

1 *Einfluss des Arbeitseingriffs auf die Kontaktzone*

Außenrundschleifen mit Längsvorschub (Seite 335 Bilder 2 und 3 links):

$$\dot{Q} = d_w \cdot \pi \cdot a_e \cdot v_{fa}$$

$\dot{Q}$: Zeitspannungsvolumen in cm³/min
d_w: Werkstückdurchmesser
a_e: Zustelltiefe
v_{fa}: axiale Vorschubgeschwindigkeit

Planschleifen mit Längsvorschub (Seite 335 Bilder 2 und 3 rechts):

$$\dot{Q} = L \cdot a_e \cdot v_{fa}$$

$\dot{Q}$: Zeitspannungsvolumen in cm³/min
L: Werkstücklänge
a_e: Zustelltiefe
v_{fa}: axiale Vorschubgeschwindigkeit

Da beim Schruppen ein großes Zeitspanungsvolumen angestrebt wird, ist mit großer Zustelltiefe a_e und großer axialer Vorschubgeschwindigkeit v_{fa} zu arbeiten.

Überlegen Sie!

Wie groß ist das Zeitspanungsvolumen beim Außenrundschleifen eines Durchmessers von ∅40h6 bei einer Zustelltiefe von 10 µm und einer axialen Vorschubgeschwindigkeit von 2500 mm/min?

1.5.5 Werkstückgeschwindigkeit

Die Werkstückgeschwindigkeit v_w *(work speed)* beeinflusst den Schleifprozess. Verringert sich die Werkstückgeschwindigkeit

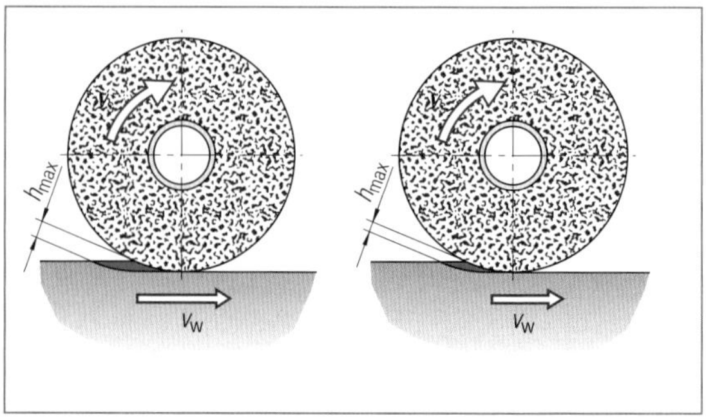

2 *Maximale Spandicke in Abhängigkeit von der Vorschubgeschwindigkeit und der Umfangsgeschwindigkeit der Schleifscheibe*

bei konstanter Umfangsgeschwindigkeit, nimmt die Spandicke ab (Seite 336 Bild 2). Bei abnehmender Umfangsgeschwindigkeit der Schleifscheibe nimmt die Spandicke wieder zu.
Somit wird die Spandicke durch das Verhältnis von Umfangsgeschwindigkeit zu Werkstückgeschwindigkeit bestimmt. Das **Geschwindigkeitsverhältnis** *q* *(speed ratio)* beschreibt dieses Verhältnis.

$$q = \frac{v_s}{v_w}$$

q: Geschwindigkeitsverhältnis
v_s: Umfangsgeschwindigkeit der Schleifscheibe
v_w: Werkstückgeschwindigkeit

MERKE

Je kleiner das Geschwindigkeitsverhältnis *q* ist, desto größer wird die Spandicke.

Anhaltswerte für das Geschwindigkeitsverhältnis *q* können der folgenden Tabelle entnommen werden.

Werkstoff	Rundschleifen		Planschleife	
	Außen-schleifen	Innen-schleifen	Umfangs-schleifen	Seiten schleifen
Stahl	125	80	90	50
Gusseisen	100	60	70	40
Cu, Cu-Leg.	80	50	60	30
Leichtmetalle	50	30	40	20

Steigende Werkstückgeschwindigkeiten – verbunden mit abnehmendem Geschwindigkeitsverhältnis *q* – verkürzen die punktuelle Wirkdauer der Wärmeübertragung ins Werkstück. Gleichzeitig wird bei erhöhter Werkstückgeschwindigkeit ein Teil des erwärmten Werkstücks weggeschliffen, bevor die Wärme weiter ins Werkstück eindringen kann. Dadurch nimmt der von den Spänen abgeführte Wärmeanteil zu.
Bei Vergrößerung der Kontaktzone zwischen Schleifscheibe und Werkstück, nimmt bei sonst gleichen Bedingungen die Spandicke ab (Bild 1).

MERKE

Steigende Werkstückgeschwindigkeit
- erhöht den Schleifscheibenverschleiß
- vermindert die Oberflächenqualität und
- vermindert die Randzonenbeeinflussung

Überlegen Sie!

Welche Werkstückgeschwindigkeit ist beim Planumfangsschleifen der Schieberplatte aus C60 zu wählen, wenn die Umfangsgeschwindigkeit der Schleifscheibe 35 m/s beträgt?

1.5.6 Kühlschmierung

Beim Schleifen ist die Gefahr besonders groß, dass die Werkstückoberfläche zu stark erwärmt wird. Bis zu 80 % der entstehenden Wärme kann das Werkstück aufnehmen, wenn keine Kühlung erfolgt. Ohne Kühlung können Temperaturen über 1500 °C an der Wirkstelle entstehen. Das schnelle Aufheizen und Abkühlen der Randzone kann zu Brandflecken, Spannungsrissen und zu Gefügeveränderungen führen. Die Gründe für diese **Randzonenbeeinflussung** liegen in einer unbeabsichtigten Wärmebehandlung[1]. Um dies zu verhindern, wird meist mit intensiver Kühlschmierung *(cooling lubricant)* geschliffen.

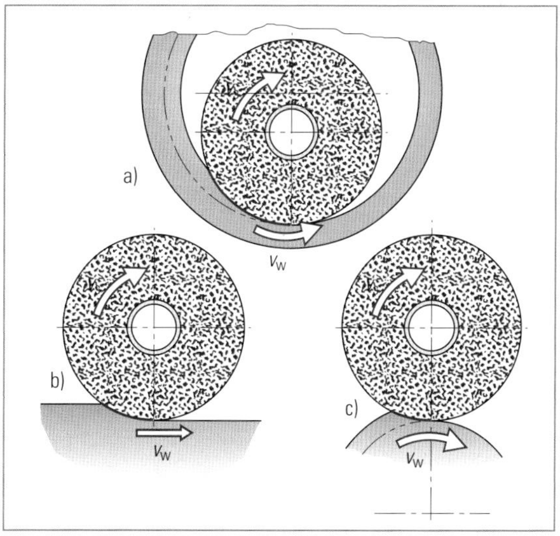

1 *Kontaktzonen beim a) Innenrund-, b) Plan- und c) Außenrundschleifen*

MERKE

Um die Randzonentemperatur gering zu halten, sind
- intensive Kühlschmierung,
- geringe Zustelltiefe,
- kleines Geschwindigkeitsverhältnis *q*,
- möglichst kurze Kontaktlänge,
- offenes Gefüge und
- weiche Schleifscheibe zu wählen.

Bei Verwendung von Schleifölen ist die Kühlung gegenüber Emulsionen zwar geringer, aber die Schmierung besser. Dadurch wird das Entstehen der Reibungswärme vermindert und die Schockwirkung auf die Oberfläche gemildert, wodurch geringere Spannungen im Werkstück entstehen.

MERKE

Je größer die Wärmeentwicklung ist, desto mehr Kühlschmierstoff muss zugeführt werden. Bei den hohen Umfangsgeschwindigkeiten wird das Kühlschmiermittel unter hohem Druck der Wirkstelle zugeführt, wodurch die Poren der Schleifscheibe gereinigt werden.

1.5.7 Wirkhärte

Beim Schleifen sind zwei Härteangaben für die Schleifscheibe zu unterscheiden:
- Die **statische Härte**[2] beschreibt den Widerstand gegen das Herausbrechen des Schleifkorns unter Prüfbedingungen.

1) siehe Lernfeld 10 Kap. 5.3 2) siehe Kap. 1.1

- Die **dynamische Härte** bzw. Wirkhärte beschreibt das Härteverhalten der Schleifscheibe unter Zerspanungsbedingungen.

Die Wirkhärte *(effective hardness)*, auch **Arbeitshärte** genannt, ist richtig gewählt, wenn während der Bearbeitung eine ausreichende Selbstschärfung des Schleifkorns durch Absplittern oder Herausbrechen eintritt, ohne dass der Schleifscheibenverschleiß zu groß wird.

MERKE

Je kleiner die Wirkhärte, desto größer der Schleifscheibenverschleiß.

Die Wirkhärte wird einerseits beeinflusst durch die **Schleifscheibeneigenschaften** wie

- Korngröße
- Härte
- Bindung
- Gefüge und
- Schleifscheibendurchmesser

Andererseits beeinflussen die **auf das Schleifkorn wirkenden Kräfte** die Wirkhärte bzw. den Verschleiß der Schleifscheibe. Diese Kräfte werden bestimmt durch

- Werkstoff des Werkstücks bzw. spezifische Schnittkraft
- Spandicke und
- Länge der Kontaktzone

Somit lässt sich die Wirkhärte bzw. der Verschleiß der Schleifscheibe durch zwei prinzipielle Maßnahmen verändern:

- Wahl einer anderen Schleifscheibe insbesondere durch Verändern der Härte und Bindung
- Verändern der Prozessparameter.

Durch folgende Maßnahmen lässt sich bei gegebener Schleifscheibe und vorliegendem Werkstück die Wirkhärte vergrößern bzw. der Verschleiß reduzieren:

- Erhöhen der Schnittgeschwindigkeit v_c
- Verringern der Zustelltiefe a_e
- Senken der Werkstückgeschwindigkeit v_w

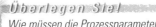

Überlegen Sie!

Wie müssen die Prozessparameter verändert werden, wenn die Schleifscheibe stumpf wird bzw. sich zusetzt?

1.5.8 Probleme und Problemlösungsvorschläge

Problem	Problemlösungsvorschlag
Maßfehler	■ Ausfunken verlängern ■ Schleifzugabe verkleinern ■ Kühlung intensivieren ■ Scheibe auswuchten ■ Scheibe öfter abrichten ■ Maschine überprüfen
Formfehler	■ Werkstückform vor dem Schleifen überprüfen ■ Schleifscheibe optimieren • Korngröße reduzieren • Scheibenhärte steigern • dichteres Gefüge wählen ■ Abrichteinheit überprüfen
Oberflächenqualität nicht erreicht	■ Schnittgeschwindigkeit steigern ■ Einstechgeschwindigkeit reduzieren ■ Ausfunken verlängern ■ Schmieranteil des Kühlschmiermittels erhöhen ■ Korngröße reduzieren ■ härtere Bindung wählen ■ Abrichtgeschwindigkeit reduzieren
Schleifscheibenverschleiß zu groß	■ härtere Schleifscheibe verwenden ■ offenere Gefüge wählen ■ Einstechgeschwindigkeit reduzieren ■ Vorschub verkleinern ■ Kühlung verbessern ■ Schnittgeschwindigkeit steigern
Rattermarken	■ Schnittgeschwindigkeit senken ■ Härte der Scheibe verringern ■ Scheibe neu auswuchten ■ Spannung des Werkstücks überprüfen ■ Kühlung verbessern ■ Abrichtvorrichtung überprüfen ■ Schleifspindel überprüfen ■ Führungsbahnen überprüfen
Brandflecken oder Schleifrisse	■ Zustelltiefe reduzieren ■ Schmieranteil des Kühlschmiermittels erhöhen ■ Kühlung verbessern ■ Härte der Schleifscheibe reduzieren ■ offeneres Gefüge wählen ■ Abrichtbetrag vergrößern ■ Abrichteinheit überprüfen ■ Einstechgeschwindigkeit reduzieren ■ Schnittgeschwindigkeit senken

1.6 Schleifverfahren und Schleifmaschinen

		Planschleifen	Außenrundschleifen	Innenrundschleifen
Umfangsschleifen 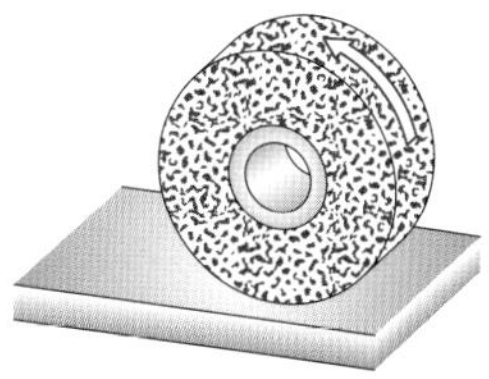	mit Längsvorschub	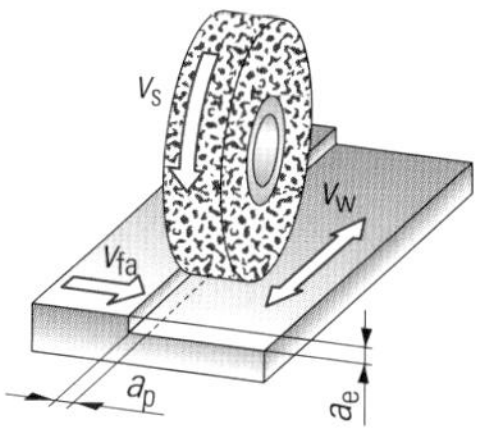	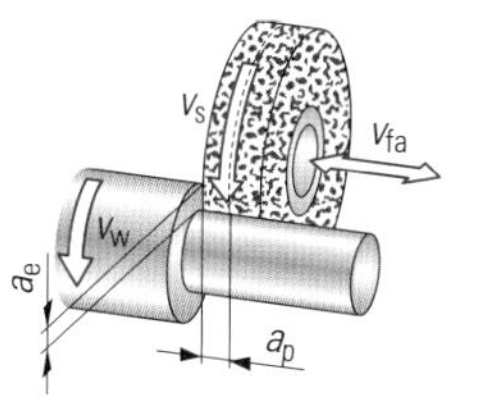	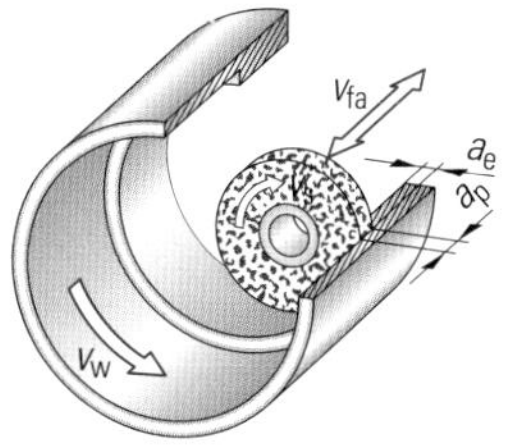
	mit Quervorschub	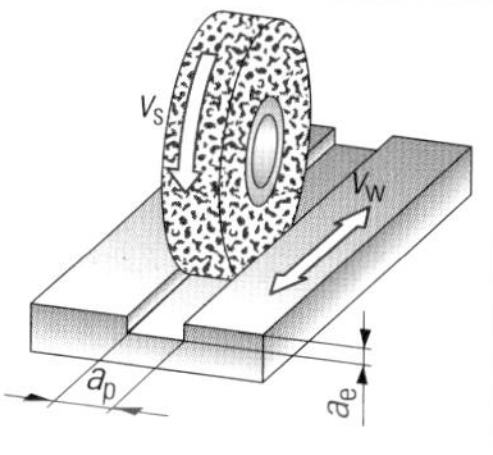	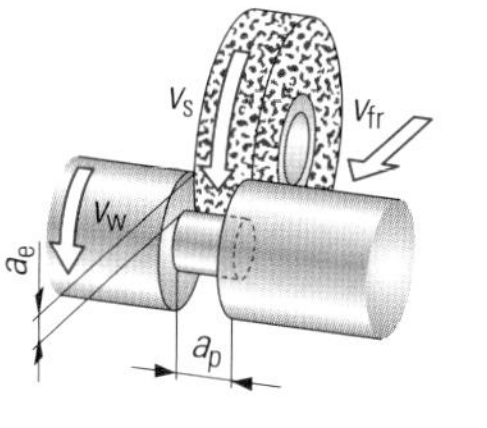	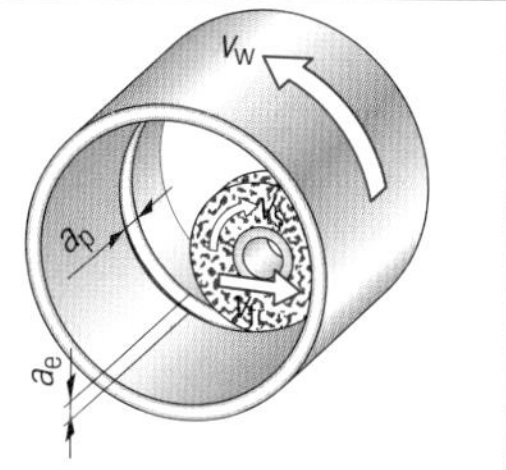
Seitenschleifen 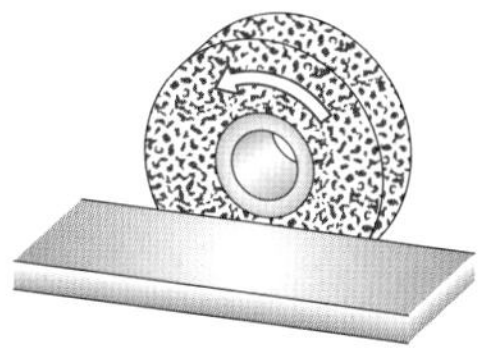	mit Längsvorschub	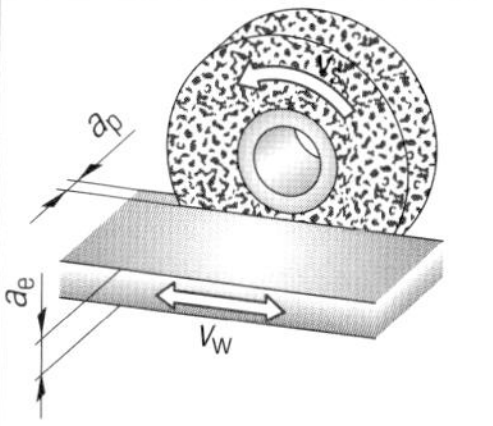	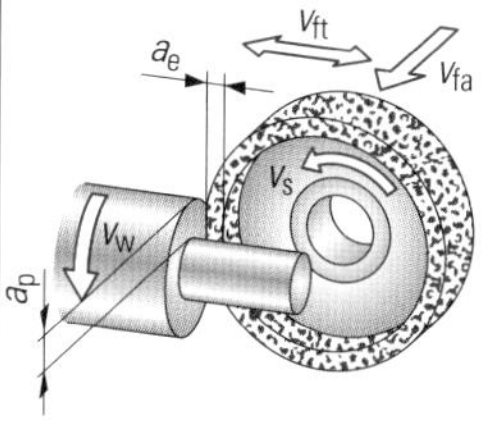	
	mit Quervorschub	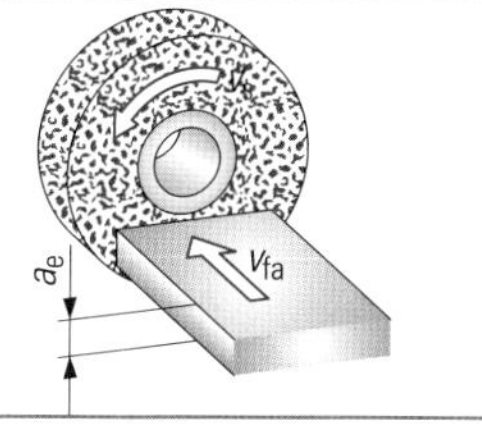	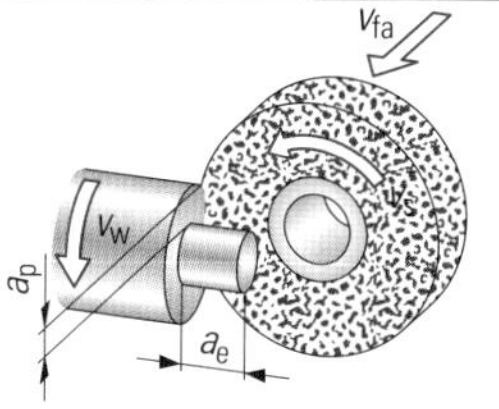	

In der Industrie sind Außenrundschleifen (ca. 70 %), Planschleifen (ca. 20 %) und Innenrundschleifen (ca. 7 %) die gebräuchlichsten Schleifverfahren. Beim **Umfangsschleifen** *(peripheral grinding)* spant die Schleifscheibe am Umfang, während sie beim **Seitenschleifen** *(face grinding)* an der Seite schleift. Beim **Längsschleifen** *(longitudinal grinding)* verläuft der Vorschub parallel zur erzeugten Oberfläche, beim **Querschleifen** *(cross grinding)* senkrecht dazu.

Die Schleifmaschinen für das Plan- und Rundschleifen unterscheiden sich in ihrem Aufbau (Seite 340 Bilder 1 und 2). Die Schleifmaschinen für das Rundschleifen sind meist zum Innen- und Außenschleifen geeignet.

1.6.1 Planschleifen

Beim Planschleifen *(surface grinding)* nimmt oft ein Magnetspanntisch das Werkstück auf. Beim Seitenschleifen ist die Berührungsfläche (Kontaktzone) wesentlich größer als beim Umfangsschleifen. Das führt zu höherer Wärmeentwicklung und verschlechtert die Spanabfuhr. Aus diesem Grund wird das Umfangsschleifen bei größeren Werkstückflächen bevorzugt. Beim Seitenschleifen treten diese Nachteile weniger auf, wenn es sich um schmale oder von Vertiefungen unterbrochene Flächen handelt. Eine Schleifscheibe, die aus einzelnen Segmenten besteht (Bild 1), verbessert den Schleifprozess beim Seitenschleifen ebenfalls.

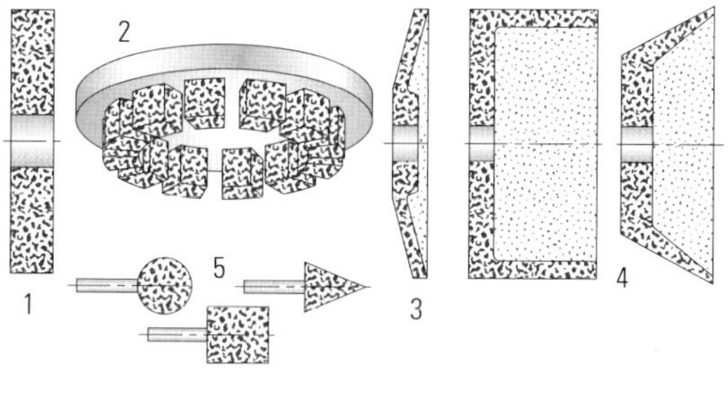

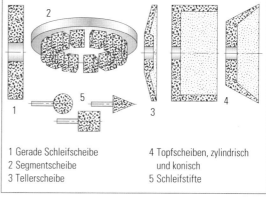

1 Gerade Schleifscheibe
2 Segmentscheibe
3 Tellerscheibe
4 Topfscheiben, zylindrisch und konisch
5 Schleifstifte

1 *Schleifkörperformen*

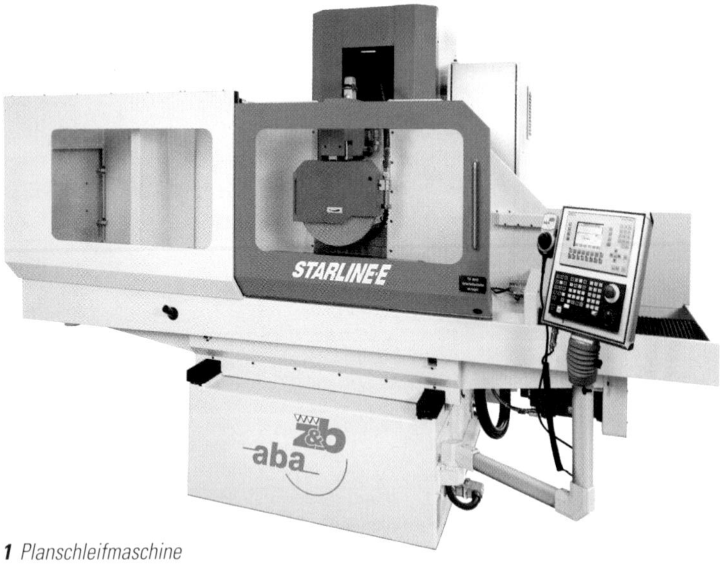

1 Planschleifmaschine

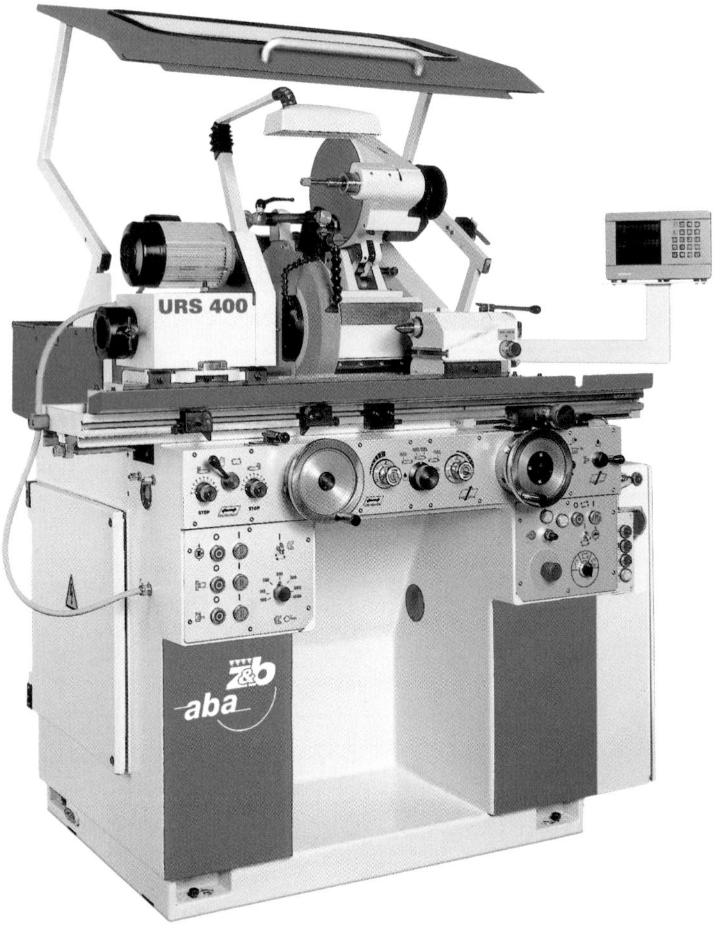

2 Rundschleifmaschine

1.6.2 Außenrundschleifen

Das Werkstück wird beim Außenrundschleifen *(external cylindrical grinding)* (Seite 341 Bild 1) meist zwischen den Spitzen gespannt, damit eine enge Rundlauftoleranz gewährleistet ist. Beim **Schleifen mit Quervorschub** (Bild 3) entsteht eine drallfreie Werkstückoberfläche, wie sie z. B. benötigt wird, wenn ein Wellendichtring auf dieser Fläche gleitet.

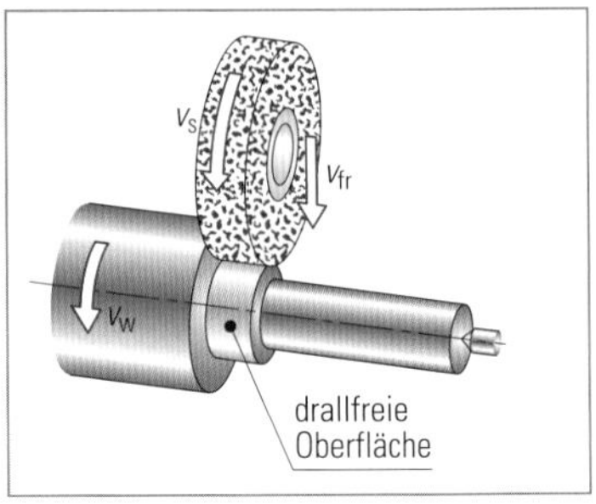

3 Außenrundschleifen mit Quervorschub

Die Schleifscheibe sollte beim **Schleifen mit Längsvorschub** (Bild 4) einen Überlauf von mindestens 25 % bis 50 % der Schleifscheibenbreite haben, weil sonst am Ende zu wenig abgeschliffen wird.

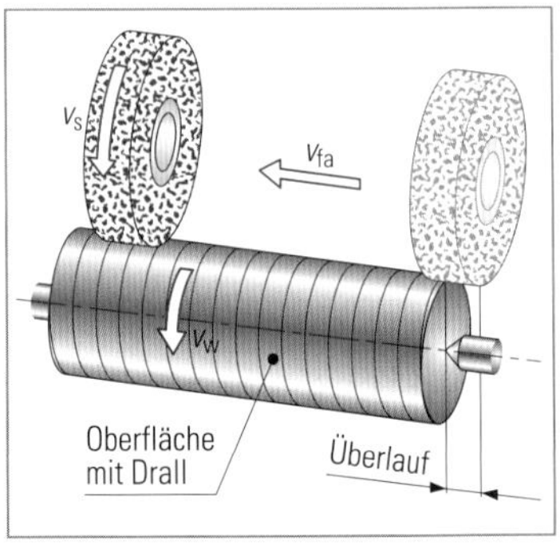

4 Außenrundschleifen mit Längsvorschub

1.6.3 Innenrundschleifen

Beim Innenrundschleifen *(internal cylindrical grinding)* (Seite 341 Bild 2) sind nicht nur die Werkstückspannmittel, sondern auch die Schleifscheiben und deren Aufnahmen den jeweiligen Werkstückabmessungen anzupassen. Die Schleifscheibe ist kleiner als der zu bearbeitende Durchmesser. Das hat Auswirkungen auf den Schleifprozess:

1 Außenrundschleifen

2 Innenrundschleifen

- die gewünschten Schnittgeschwindigkeiten können oft nicht erreicht werden
- eine lange Kontaktzone (Seite 337 Bild 1) verschlechtert die Zerspanungsbedingungen
- die Kühlschmiermittelzufuhr wird erschwert und
- die Abfuhr von Spänen und verschlissenen Schleifkörnern ist schwieriger

Zur Verbesserung der Schleifbedingungen wird deshalb während jedem Schleifzyklus mindestens einmal automatisch abgerichtet. Wegen der geringeren Steifigkeit der Schleifspindel kann es leichter zu Vibrationen kommen als beim Außenrundschleifen. Daher sind die Zustelltiefe und Vorschubgeschwindigkeiten entsprechend zu reduzieren.

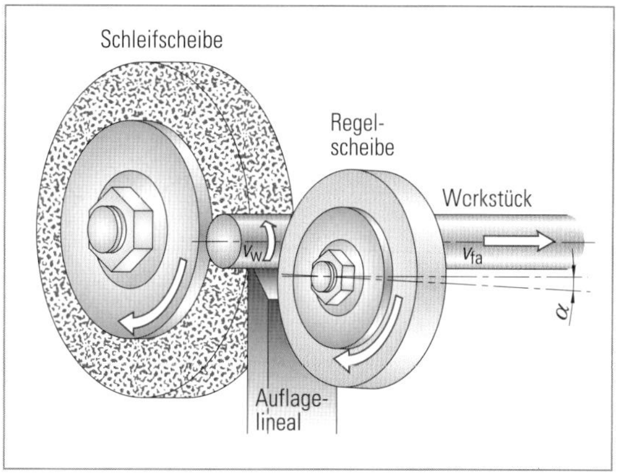

3 Prinzip des spitzenlosen Außenrundschleifens

1.6.4 Spitzenloses Außenrundschleifen

Beim spitzenlosen Außenrundschleifen *(centreless external cylindrical grinding)* (Bild 3) wird das Werkstück nicht in einer Spannvorrichtung befestigt, sondern es liegt lose auf einer harten, verschleißfesten Unterlage. Eine Regelscheibe stützt das Werkstück ab. Gleichzeitig überträgt sie ihre Umfangsgeschwindigkeit auf das Werkstück, wodurch die Werkstückgeschwindigkeit v_W entsteht. Im Gegensatz zu den anderen Rundschleifverfahren erfolgt das spitzenlose Außenrundschleifen im Gleichlauf. Die axiale Vorschubgeschwindigkeit des Werkstücks v_{fa} wird durch eine geringe Schrägstellung der Regelscheibe erzielt.

1.6.5 Hochgeschwindigkeitsschleifen

Beim Hochgeschwindigkeitsschleifen *(high-speed grinding)* (Bild 4) werden die Schnittgeschwindigkeiten bis etwa 500 m/s realisiert. Im Normalfall liegen sie bei 120 m/s. Für diese Schnittgeschwindigkeiten, die teilweise im Überschallbereich liegen, sind sehr hohe Umdrehungsfrequenzen nötig. Spezielle Schleifmaschinen stellen sie bei entsprechender Genauigkeit zur Verfügung. Durch die hohen Geschwindigkeiten kann es zur Auf-

4 Hochgeschwindigkeitsschleifen von Nockenwellen

schmelzung des Werkstückmaterials kommen, wodurch die Schnittkräfte stark abnehmen.
Das Hochgeschwindigkeitsschleifen wird aufgrund zweier Zielsetzungen angewandt:

- **Hochleistungsschleifen** *(high performance grinding)* zur Verkürzung der Bearbeitungszeit bei gleicher Werkstückqualität. Das Zerspanungsvolumen wird bei gleichen Schleifkräften gesteigert, was eine höhere Leistung der Schleifmaschine erfordert.
- **Qualitätsschleifen** *(quality grinding)* zur Verbesserung der Werkstückqualität bei gleicher Bearbeitungszeit. Dabei sind die Schnittkräfte kleiner, wodurch die Maß- und Formgenauigkeiten sowie die Oberflächenqualitäten verbessert werden.

Die Schleifscheiben müssen beim Hochgeschwindigkeitsschleifen besonders bruch- und verschleißfest sein. Als Schleifmittel eignet sich Bornitrid (CBN) aufgrund seiner hohen Härte sowie chemischen und thermischen Beständigkeit besonders. CBN-Schleifscheiben bestehen aus einem Grundkörper aus Aluminium, Stahl, (Bild 1), Keramik oder Kunstharz und einem nur wenige Millimeter dicken Schleifbelag.

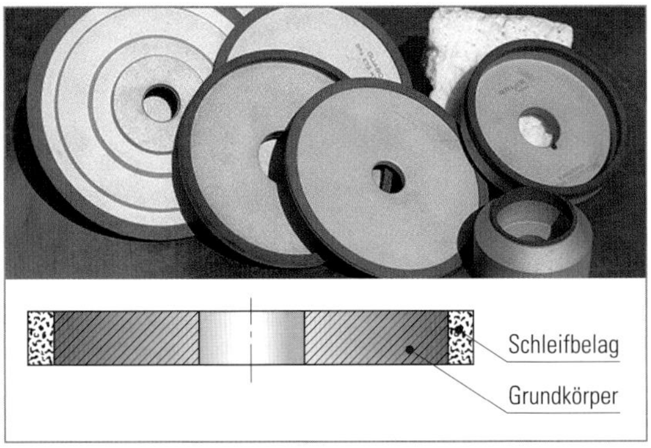

1 *Galvanisch gebundene CBN-Schleifscheibe*

1.6.6 Konturschleifen

Beim Konturschleifen *(contour grinding)* von runden Werkstücken gibt es zwei Varianten:

- Einstechschleifen
- Formschleifen

Beim **Einstechschleifen** *(infeed grinding)* (Bild 2) weist die Schleifscheibe die gleiche Kontur wie das Werkstück auf. Durch eine senkrechte oder schräge Einstechbewegung wird die Kontur der Schleifscheibe sehr schnell auf das Werkstück übertragen. Das Profilieren der Schleifscheibe ist sehr aufwändig und die Scheibe ist nur für eine Werkstückkontur geeignet. Deshalb lohnt sich das Verfahren nur in der Großserienfertigung.
Das **Formschleifen** *(profile grinding)* (Bild 3) geschieht auf CNC-Schleifmaschinen, bei denen die Bewegungen von Schleifscheibe und Werkstück programmiert werden. Die CNC-Steuerung koordiniert den Schleifprozess.
Aufgrund der hohen Schleifscheibenbelastung werden hochverschleißfeste Schleifscheiben mit Diamant oder Bornitrid als Schleifmittel eingesetzt. Durch ihre geringe Breite bis ca. 5 mm ist die Schleifscheibe bei unterschiedlichen Werkstückkonturen sehr flexibel einsetzbar. Das Verfahren dauert länger als das Einstechschleifen und eignet sich für Einzelteile bis Kleinserien.

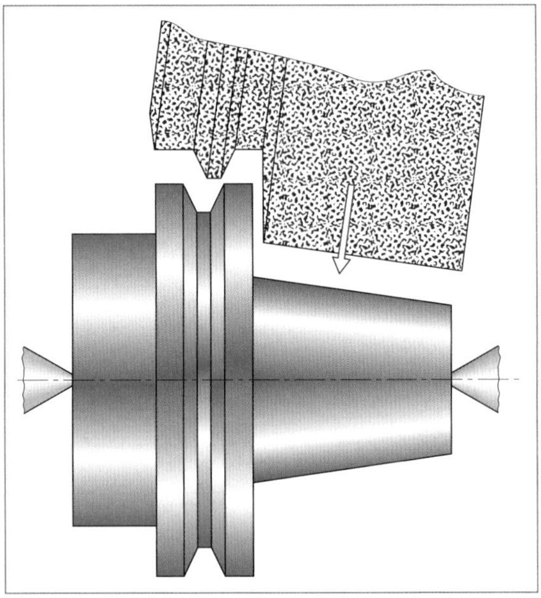

2 *Einstechschleifen*

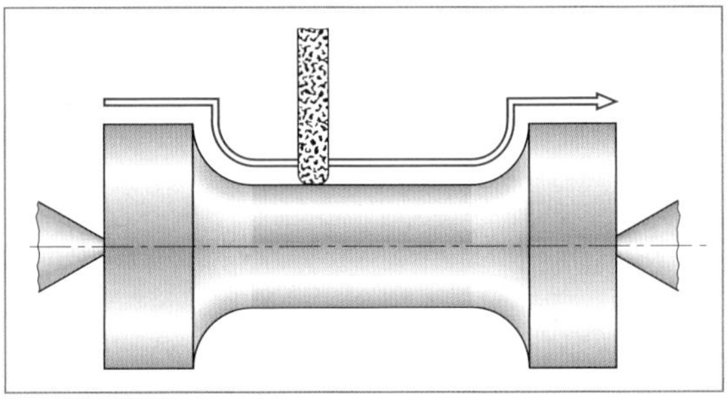

3 *Formschleifen*

1.6.7 Gewindeschleifen

Innen- und Außengewinde können mit ein- und mehrprofiligen Schleifscheiben hergestellt werden, wobei die Bewegungsverhältnisse genau aufeinander abzustimmen sind. Eine Übersicht zum Gewindeschleifen *(thread grinding)* gibt Bild 1 auf Seite 343.

1.6.8 Zahnradschleifen

Nach dem Fräsen und der Wärmebehandlung erhalten die gehärteten Zahnräder ihre endgültige Form meist durch Schleifen *(gear grinding)*. Das geschieht im Wesentlichen durch

- Profilschleifen und
- Wälzschleifen

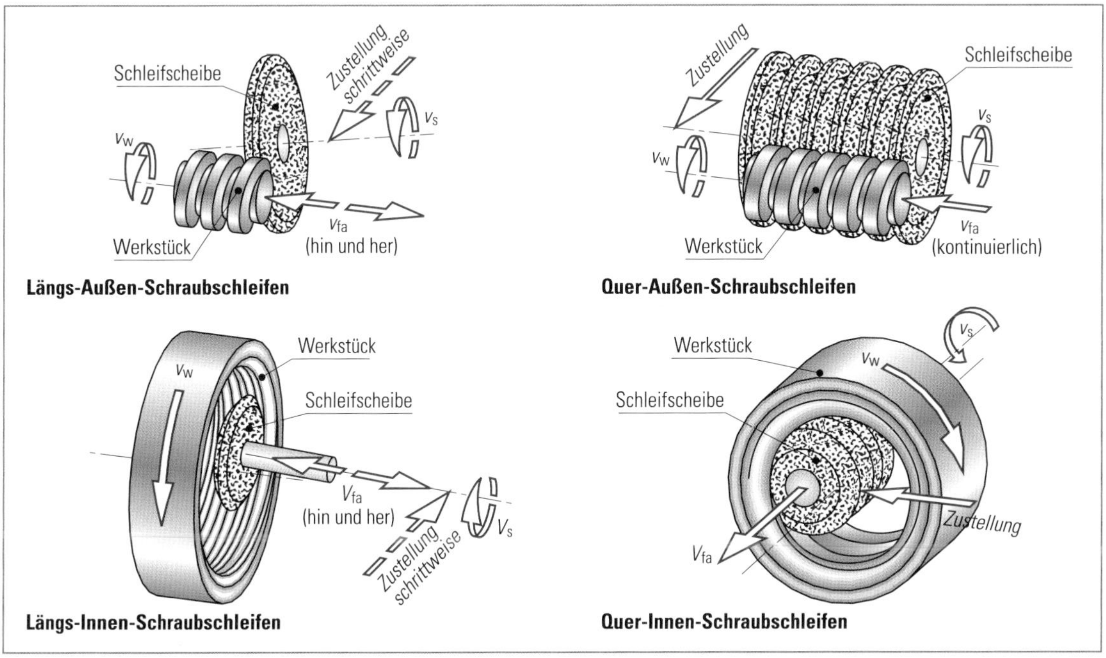

***1** Verfahren des Gewindeschleifens*

Eine mögliche Form des **Profilschleifens** *(profile grinding)* ist das diskontinuierliche Zahnflankenprofilschleifen (Bild 2). Dabei besitzt z. B. die CBN-Schleifscheibe das Profil der Zahnlücke. Bei jeder Zahnlücke wird das vorhandene Flankenaufmaß in einem Durchgang entfernt. Dabei liegen ähnliche Bewegungen sowie Vor- und Nachteile wie beim Profilfräsen vor[1)].

Beim kontinuierlichen **Wälzschleifen** *(hob grinding)* (Bild 3) ist das Werkzeug eine Schleifschnecke mit Trapezgewindeprofil. Die Evolventenform des Zahnrads entsteht durch kontinuierliches Abwälzen von Schleifschnecke und Zahnrad. Die Bewegungsverhältnisse und die Vor- und Nachteile des Verfahrens sind ähnlich wie beim Wälzfräsen von Zahnrädern[1)].

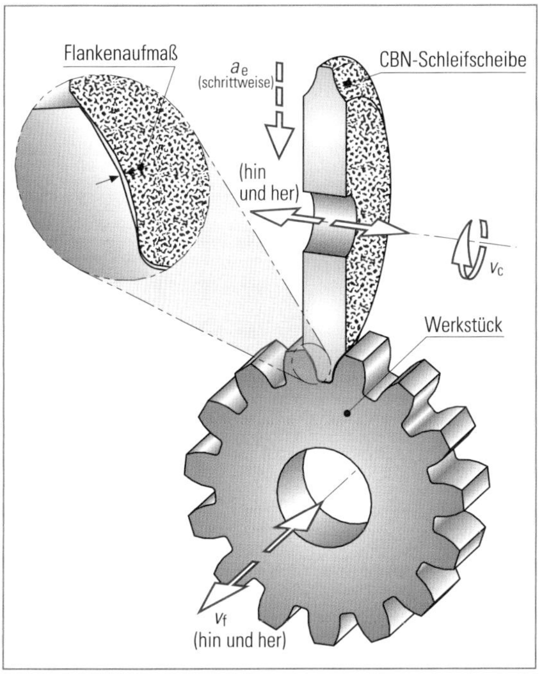

***2** Diskontinuierliches Zahnflankenprofilschleifen*

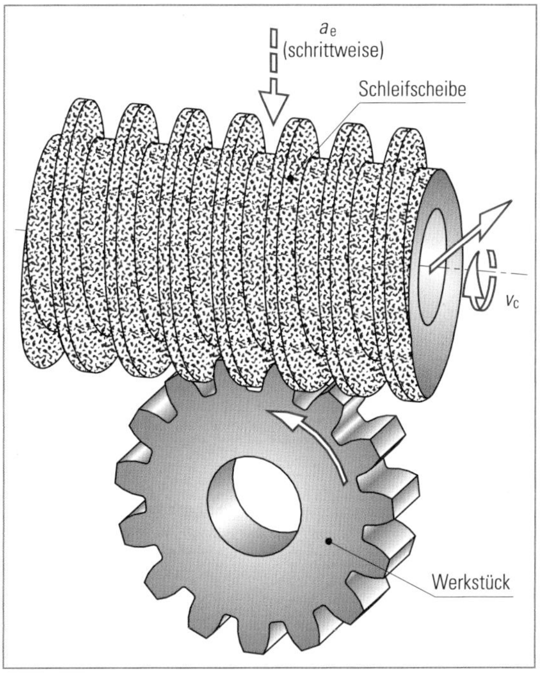

***3** Kontinuierliches Wälzschleifen (Blick von schräg oben)*

1) siehe Lernfeld 5 Seite 73

1.7 Fertigungsplanung zum Schleifen

Die Kolbenstange (Bild 1) des Pneumatikzylinders (Bild 2) aus X30Cr13 besitzt nach dem Drehen und Einsatzhärten ein radiales Aufmaß von 0,2 mm. Durch Außenrundschleifen mit Längsvorschub soll der Zylinder mit ∅25f7 gefertigt werden.
Für das Schleifen ist die Fertigung zu planen. Dabei sind insbesondere

- die Schleifscheibe auszuwählen,
- die Spannung des Werkstücks festzulegen
- alle erforderlichen Zerspanungparameter zu bestimmen und
- die Hauptnutzungszeit zu berechnen.

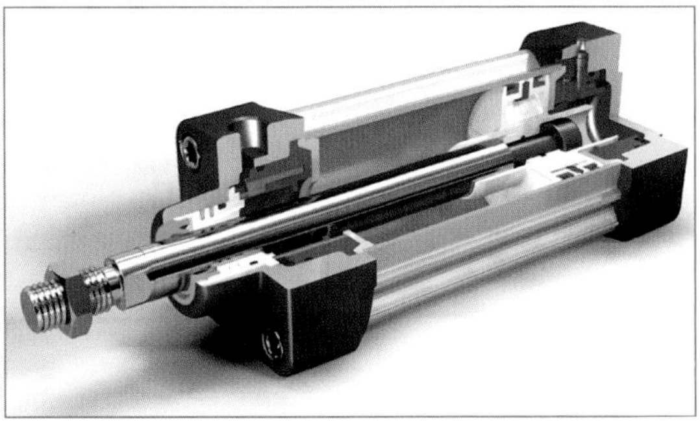

2 Pneumatikzylinder

Schleifscheibenauswahl *(range of grinding disc)*
Aufgrund des Werkstückwerkstoffes, der geforderten Oberflächenqualität und der vorhandenen Schleifmaschine wird folgende Schleifscheibe gewählt:
Schleifscheibe ISO 603-1–1–400 × 60 × 127 – A 60 J 6 V–35

Werkstückspannung *(workpiece clamping)*
Das vorbereitete Werkstück hat zwei Zentrierbohrungen, sodass das Spannen zwischen den Spitzen möglich ist. Die Drehmomentübertragung auf das Werkstück erfolgt durch ein Drehherz. Dazu werden auf dem Gewindeansatz M20 × 1,5 zwei Muttern gekontert. Auf einer der Muttern wird das Drehherz befestigt.

Zerspanungsparameter *(cutting parameter)*
Die Schnittgeschwindigkeit v_s beträgt 35 m/s daraus ergibt sich folgende Umdrehungsfrequenz n_s der Schleifscheibe:

$$n_s = \frac{v_s}{d_s \cdot \pi}$$

$$n_s = \frac{35\,\text{m} \cdot 1000\,\text{mm} \cdot 60\,\text{s}}{\text{s} \cdot 400\,\text{mm} \cdot \pi \cdot 1\,\text{m} \cdot 1\,\text{min}}$$

$$n_s = 1671/\text{min}$$

Bei einem Geschwindigkeitsverhältnis q von 125 für das Außenrundschleifen von Stahl wird die Werkstückgeschwindigkeit v_w:

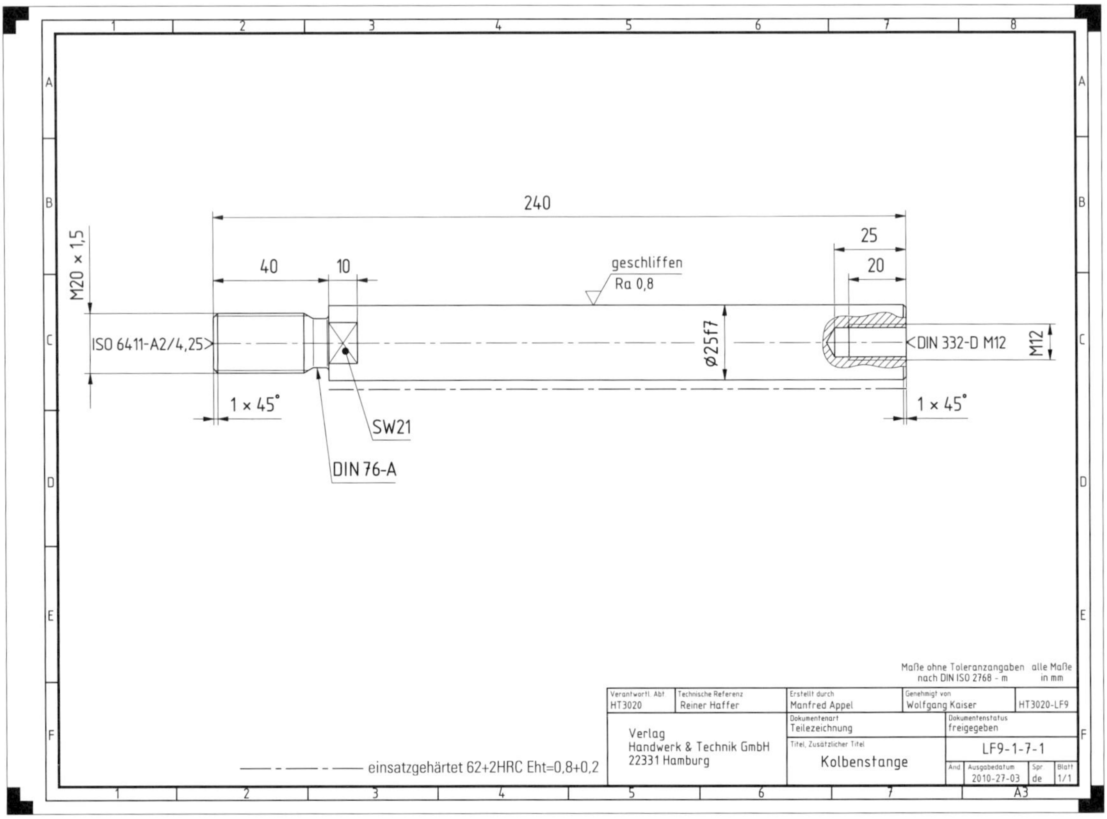

1 Kolbenstange für Pneumatikzylinder

$$v_w = \frac{v_s}{q}$$

$$v_w = \frac{35\,\text{m} \cdot 60\,\text{s}}{s \cdot 125 \cdot 1\,\text{min}}$$

$$\underline{\underline{v_w = 16{,}8\,\text{m/min}}}$$

Daraus ergibt sich folgende Werkstückumdrehungsfrequenz n_W:

$$n_w = \frac{v_w}{d_w \cdot \pi}$$

$$n_w = \frac{16{,}8\,\text{m} \cdot 1000\,\text{mm}}{\text{min} \cdot 25\,\text{mm} \cdot \pi \cdot 1\,\text{m}}$$

$$\underline{\underline{n_w = 214/\text{min}}}$$

Das Schleifen der Kolbenstange erfolgt in drei Schritten:

- Vorschleifen *(rough grinding)*
- Fertigschleifen *(finish grinding)* und
- Ausfunken *(sparking out)*

Für das Fertigschleifen bleibt ein Aufmaß t_F von 0,05 mm. Damit ist das Aufmaß für das Vorschleifen nur noch
0,2 mm – 0,05 mm = 0,15 mm.

Für das **Vorschleifen** werden folgende Werte festgelegt bzw. berechnet:

- Zustelltiefen a_{eV} mithilfe des Tabellenbuchs:
  $a_{eV} = 0{,}02$ mm
- Vorschub f_V:
  $f_V = 0{,}5 \cdot b_S$
  $f_V = 0{,}5 \cdot 60$ mm
  $f_V = 30$ mm
- Axiale Vorschubgeschwindigkeit v_{faV}:

$$v_{faV} = f_V \cdot n_w$$

$$v_{faV} = \frac{30\,\text{mm} \cdot 214 \cdot 1\,\text{m}}{\text{min} \cdot 1000\,\text{mm}}$$

$$\underline{\underline{v_{faV} = 6{,}42\,\text{m/min}}}$$

- Anzahl der Hübe i_V:

$$i_V = \frac{t_V}{a_{eV}}$$

$$i_V = \frac{0{,}15\,\text{mm}}{0{,}02\,\text{mm}}$$

$$\underline{\underline{i_V = 8}}$$

Für das **Fertigschleifen** werden folgende Werte festgelegt bzw. berechnet:

- Zustelltiefen a_{eF} mithilfe des Tabellenbuchs:
  $a_{eF} = 0{,}003$ mm
- Vorschub f_F:
  $f_F = 0{,}3 \cdot b_S$
  $f_F = 0{,}3 \cdot 60$ mm
  $f_F = 18$ mm
- Axiale Vorschubgeschwindigkeit v_{faF}:

$$v_{faF} = f_F \cdot n_w$$

$$v_{faF} = \frac{18\,\text{mm} \cdot 214 \cdot 1\,\text{m}}{\text{min} \cdot 1000\,\text{mm}}$$

$$\underline{\underline{v_{faF} = 3{,}85\,\text{m/min}}}$$

- Anzahl der Hübe i_F:

$$i_F = \frac{t_F}{a_{eF}}$$

$$i_V = \frac{0{,}05\,\text{mm}}{0{,}003\,\text{mm}}$$

$$\underline{\underline{i_V = 17}}$$

Das **Ausfunken** geschieht mit $i_A = 10$ Hüben ohne Zustellung bei sonst gleichen Bedingungen wie beim Fertigschleifen.
Am Ende des Ausfunkens liegt das Istmaß des Durchmessers ∅25f7 annähernd in der Mitte der vorgegebenen Toleranz bei 24,970 mm.

Hauptnutzungszeit

Die Hublänge L entspricht beim Außenrundschleifen mit Längsvorschub der Zylinderlänge, wenn an beiden Enden ein Überlauf von einer halben Schleifscheibenbreite erfolgt.
Somit ergibt sich für das **Vorschleifen** eine Hauptnutzungszeit t_{hV} von:

$$t_{hV} = \frac{L \cdot i_V}{v_{faV}}$$

$$t_{hV} = \frac{200\,\text{mm} \cdot 8\,\text{min} \cdot 1\,\text{m}}{6{,}42\,\text{m} \cdot 1000\,\text{mm}}$$

$$t_{hV} = 0{,}25\,\text{min}$$

$$\underline{\underline{t_{hV} = 15\,\text{s}}}$$

Somit ergibt sich für das **Fertigschleifen** und **Ausfunken** eine Hauptnutzungszeit t_{hF} von:

$$t_{hF} = \frac{L \cdot (i_F + i_A)}{v_{faF}}$$

$$t_{hF} = \frac{200\,\text{mm} \cdot (17\,\text{min} + 10\,\text{min}) \cdot 1\,\text{m}}{3{,}85\,\text{m} \cdot 1000\,\text{mm}}$$

$$t_{hF} = 1{,}4\,\text{min}$$

$$\underline{\underline{t_{hF} = 84\,\text{s}}}$$

Die gesamte Hauptnutzungszeit für das Außenrundschleifen mit Längsvorschub t_h beträgt:

$t_h = t_{hV} + t_{hF}$
$t_h = 15\text{ s} + 84\text{ s}$
$t_h = 99\text{ s}$
$\underline{\underline{t_h = 1\text{ min }39\text{ s}}}$

ÜBUNGEN

1. Wählen Sie die Schleifmittel für das Schleifen von
a) Schnellarbeitsstahl und
b) Hartmetall aus.

2. Erstellen Sie eine Mind-Map zur Schleifscheibenauswahl.

3. Beschreiben Sie, wie beim Schleifvorgang der Selbstschärfeffekt funktioniert.

4. Erklären Sie, warum Schleifscheiben abgerichtet werden müssen.

5. Nennen Sie vier Unfallverhütungsvorschriften, die beim Aufspannen einer Schleifscheibe zu beachten sind.

6. Eine Schleifscheibe von 200 mm Durchmesser soll mit einer Schnittgeschwindigkeit von 25 m/s arbeiten. Welche Umdrehungsfrequenz ist einzustellen?

7. Mit welcher maximalen Umdrehungsfrequenz darf eine Schleifscheibe von 500 mm Durchmesser betrieben werden, wenn ihre Schnittgeschwindigkeit auf 50 m/s begrenzt ist?

8. Welchen Einfluss hat die Größe der Schnittgeschwindigkeit auf den Schleifprozess?

9. Was wird unter „Ausfunken" oder „Ausfeuern" verstanden und wozu dient es?

10. Beschreiben Sie den Einfluss des Geschwindigkeitsverhältnisses q auf die Spandicke.

11. Wie wirken sich steigende Werkstückgeschwindigkeiten auf die Wärmeübertragung in das Werkstück und damit auf die Randzonenbeeinflussung aus?

12. Durch welche Maßnahmen kann die Randzonentemperatur des Werkstücks niedrig gehalten werden?

13. Welche Funktionen übernimmt der Kühlschmierstoff beim Schleifen?

14. Unterscheiden Sie statische und dynamische Härte, d. h. Wirkhärte von Schleifscheiben.

15. Wie wirkt sich das Geschwindigkeitsverhältnis q auf die Wirkhärte bzw. den Verschleiß der Schleifscheibe aus?

16. Warum ist es sinnvoll, beim Innenrundschleifen eine weichere Schleifscheibe als beim Außenrundschleifen von gleichen Werkstoffen zu wählen?

17. Aus welchen Gründen wird beim Planschleifen meist das Umfangsschleifen gegenüber dem Seitenschleifen bevorzugt?

18. Welche Maßnahmen würden Sie ergreifen, wenn beim Außenrundschleifen die gewünschte Oberflächenqualität nicht erreicht wurde?

19. Beschreiben Sie die Auswirkungen auf die Werkstückoberfläche, die beim Außenrundschleifen mit
a) Längsvorschub und
b) Quervorschub entstehen.

20. Aus welchem Grund soll beim Außenrundschleifen mit Längsvorschub die Schleifscheibe einen Überlauf von ca. einem Drittel ihrer Breite über das Werkstückende hinaus haben?

21. Welche Besonderheiten sind beim Innenrundschleifen zu beachten?

22. Wie wird der Längsvorschub beim spitzenlosen Außenrundschleifen erreicht?

23. Beschreiben Sie zwei Ziele, die mit dem Hochgeschwindigkeitsschleifen angestrebt werden.

24. Welche Schleifmittel und -scheiben werden beim Hochgeschwindigkeitsschleifen vorrangig eingesetzt?

25. Beschreiben Sie zwei Möglichkeiten des Konturschleifens.

26. Stellen Sie Profil- und Wälzschleifen von Zahnrädern anhand selbstgewählter Kriterien vergleichend gegenüber.

Projektaufgabe Spindelwelle (siehe Seite 347 oben)

Die Spindelwelle aus X6CrNiTi 18-10 besitzt nach dem Drehen ein radiales Aufmaß von 0.2 mm und ein axiales Aufmaß von 0,1 mm. Durch Außenrundschleifen mit Quervorschub sollen die zu schleifenden Flächen hergestellt werden.
Für das Schleifen ist die Fertigung zu planen. Dabei sind insbesondere

- die Schleifscheibe auszuwählen,
- die Spannung des Werkstücks festzulegen
- alle erforderlichen Zerspanungparameter zu bestimmen und
- die Hauptnutzungszeit zu berechnen.

Zur Unterstützung nutzen Sie bitte Ihr Tabellenbuch und Empfehlungen von Schleifscheiben- bzw. -maschinenherstellern.

Projektaufgabe Passplatte (siehe Seite 347 unten)

Von den vorgefrästen Passplatten aus 1.0036 wird an einer Maschine immer ein Paar benötigt. Das Aufmaß auf jeder Seite beträgt 0,1 mm. Schwierigkeiten beim Umfangsplanschleifen mit Längsvorschub bereitet das Einhalten der Senktiefe von 1,1 + 0,05 mm, weil der Stahl durch die Kaltverformung des Bandstahls noch Spannungen besitzt, die durch das Schleifen teilweise abgebaut werden. Deshalb werden mindestens drei Aufspannungen benötigt. Wobei bei den letzten beiden Spannungen die Platten paarweise zu schleifen sind.
Für das Schleifen ist die Fertigung zu planen. Dabei sind insbesondere

- die Schleifscheibe auszuwählen,
- die Spannung des Werkstücks festzulegen und
- alle erforderlichen Zerspanungparameter zu bestimmen

Zur Unterstützung nutzen Sie bitte Ihr Tabellenbuch und Empfehlungen von Schleifscheiben- bzw. -maschinenherstellern.

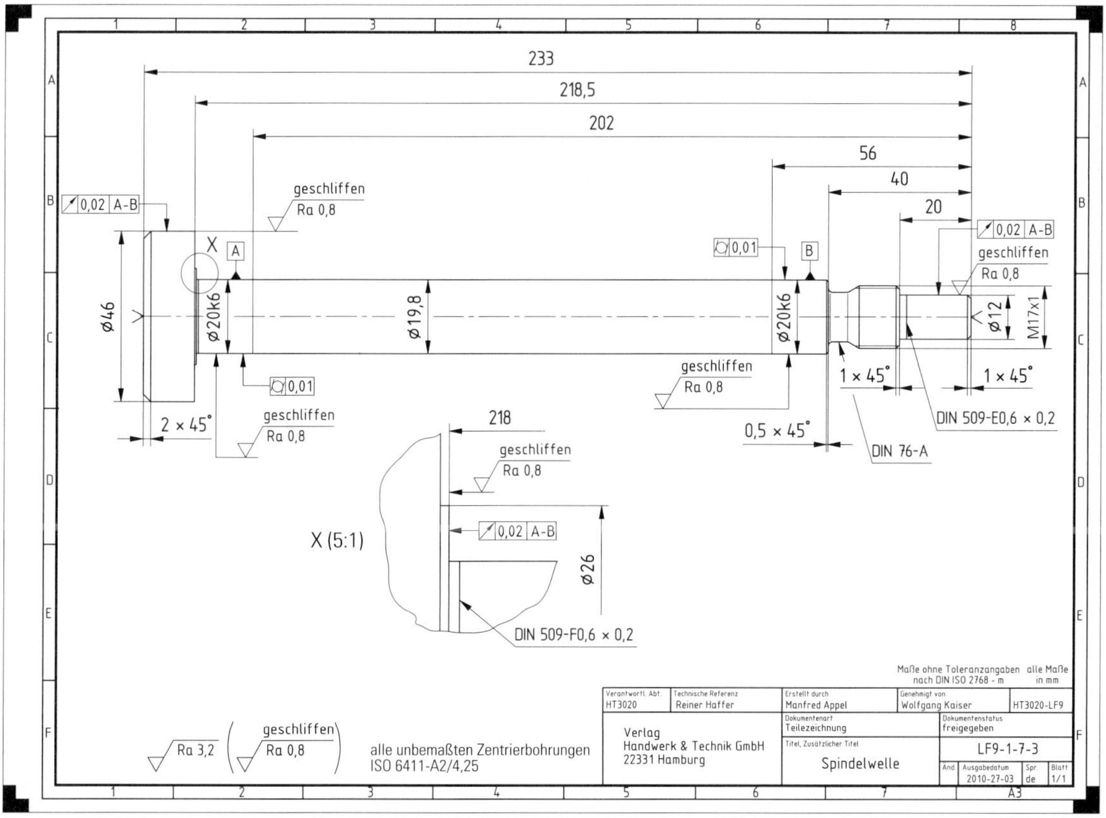
233
218,5
202
56
40
20
geschliffen
Ra 0,8
0,02 A-B
Ø46
Ø20k6
Ø19,8
Ø12
M17x1
2 × 45°
1 × 45°
0,5 × 45°
DIN 76-A
DIN 509-E0,6 × 0,2
X (5:1)
218
Ø26
DIN 509-F0,6 × 0,2
Ra 3,2
alle unbemaßten Zentrierbohrungen ISO 6411-A2/4,25
Verlag Handwerk & Technik GmbH 22331 Hamburg
Reiner Haffer
Manfred Appel
Wolfgang Kaiser
HT3020-LF9
Teilezeichnung
freigegeben
LF9-1-7-3
Spindelwelle
2010-27-03

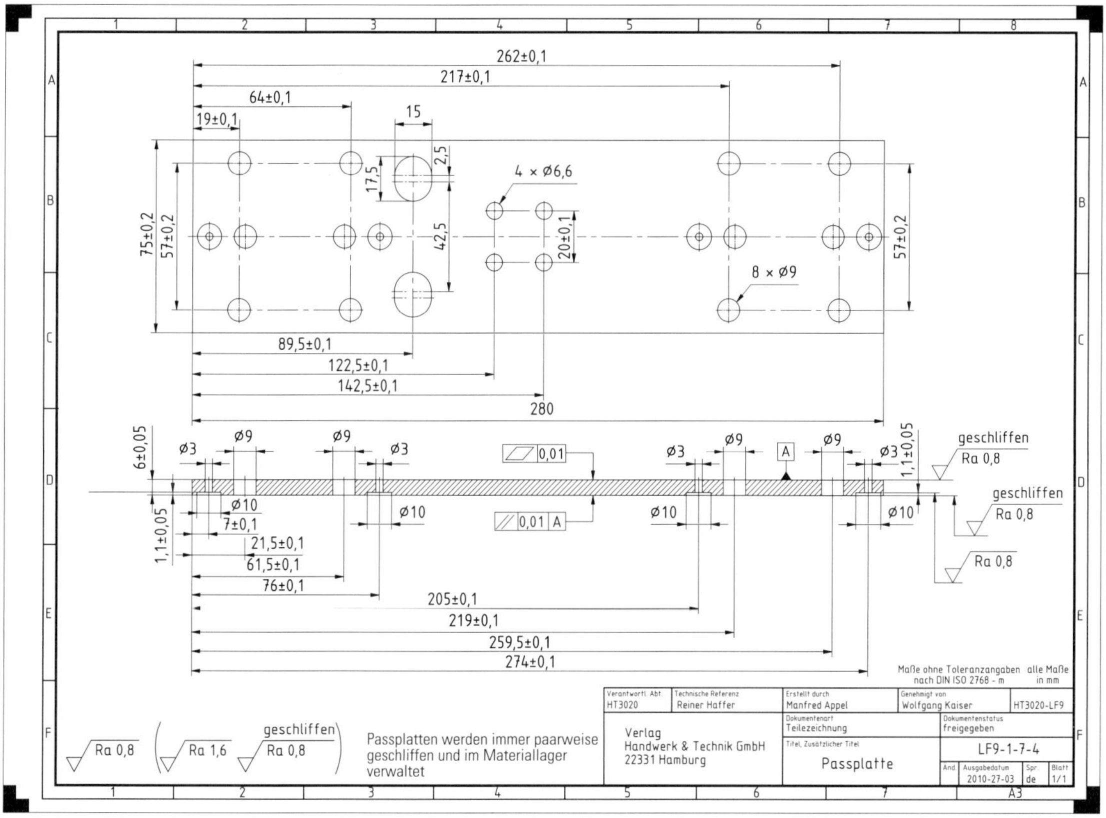
262±0,1
217±0,1
64±0,1
19±0,1
15
4 × Ø6,6
8 × Ø9
75±0,2
57±0,2
20±0,1
42,5
17,5
2,5
89,5±0,1
122,5±0,1
142,5±0,1
280
6±0,05
1,1±0,05
Ø3
Ø9
Ø10
7±0,1
21,5±0,1
61,5±0,1
76±0,1
205±0,1
219±0,1
259,5±0,1
274±0,1
geschliffen
Ra 0,8
Ra 1,6
Passplatten werden immer paarweise geschliffen und im Materiallager verwaltet
Verlag Handwerk & Technik GmbH 22331 Hamburg
Reiner Haffer
Manfred Appel
Wolfgang Kaiser
HT3020-LF9
Teilezeichnung
freigegeben
LF9-1-7-4
Passplatte
2010-27-03

2 Honen

2.1 Langhubhonen

Im Bild 2 ist das Zylinderrohr eines Kolbenspeichers dargestellt.

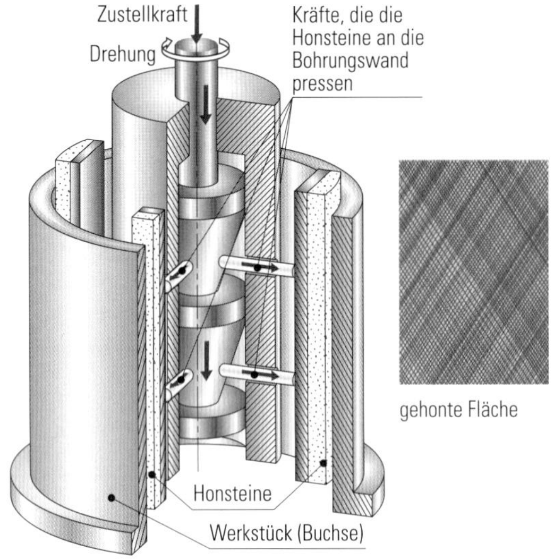

1 *Langhubhonen*

Die Bohrung ∅250H8 nimmt einen Kolben mit Dichtungen aus Elastomer auf, der die Ölseite von der Gasseite trennt. Damit der Verschleiß der Dichtungen trotz der Gleitbewegungen möglichst gering ist, wird von der Gleitfläche ein Rz-Wert von 1 µm und eine Zylinderformtoleranz von 0,03 mm verlangt. Wegen der Länge des Rohrs ist es nicht möglich, die Bohrung zu schleifen. Das Langhubhonen *(long-stroke honing)* eignet sich für die Innenbearbeitung des Zylinderrohrs.

Das Honen *(honing)* wird mit einer **Honahle** *(honing tool)* (Bild 1) durchgeführt. Dieses Werkzeug besitzt mehrere am Umfang angeordnete **Honsteine** *(honing stones)* aus Schleifkör-

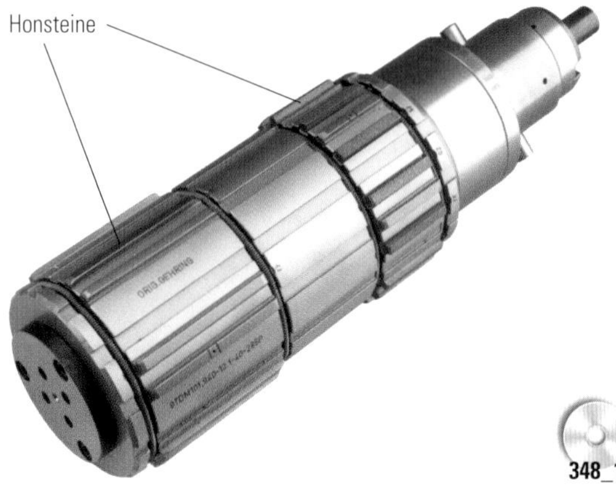

348_1

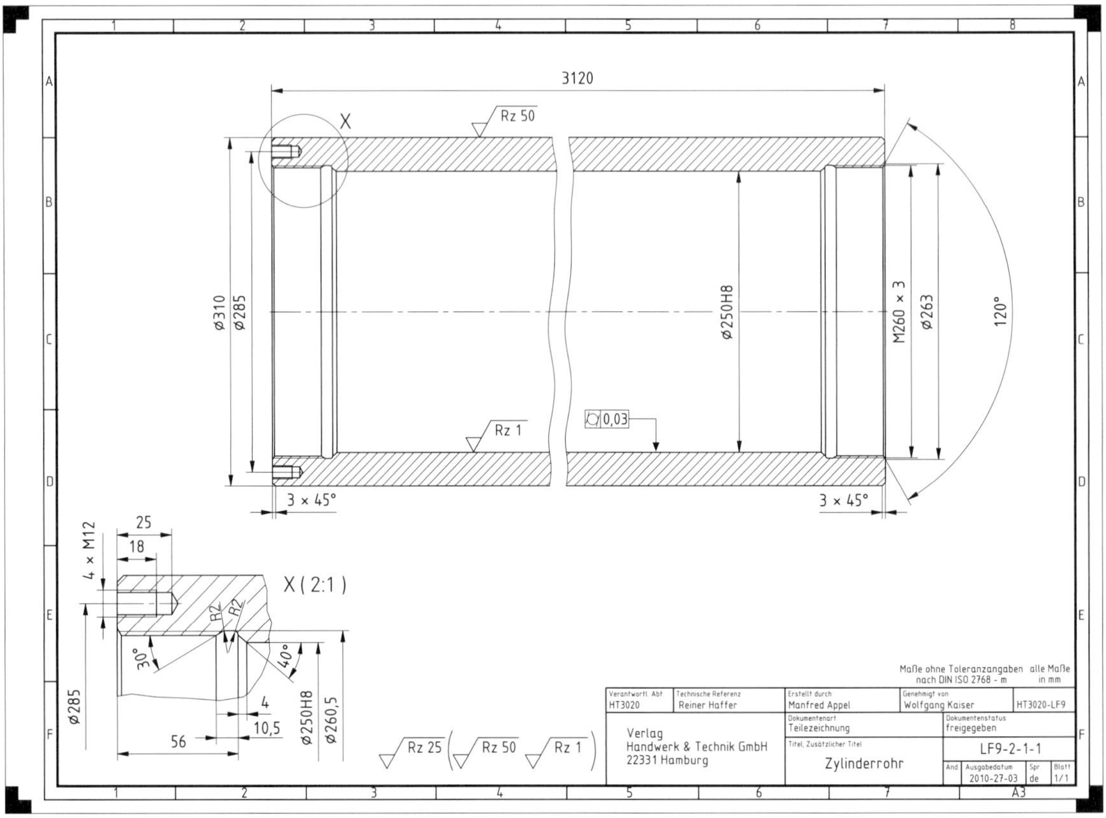

2 *Zylinderrohr eines Kolbenspeichers*

pern, die feine Späne abtragen. Die Honahle ist beweglich an der Langhubhonmaschine (Bild 1) gelagert, damit sie sich der Bohrungsachse anpassen kann.
Bei der Bearbeitung führt die Honahle gleichzeitig eine Dreh- und eine Hubbewegung aus. Die Geschwindigkeiten sind gegenüber dem Schleifen niedrig:

Umfangsgeschwindigkeit: 20 m/min ... 60 m/min
Axialgeschwindigkeit: 12 m/min ... 25 m/min

Durch die Überlagerung der beiden Bewegungen entstehen die für das Honen typischen **kreuzförmigen Bearbeitungsriefen** (Bild 2), weshalb dieses Verfahren gelegentlich auch **Kreuzschleifen** genannt wird.

MERKE

Mit zunehmender Schnittgeschwindigkeit vergrößert sich bei sonst gleichbleibenden Bedingungen das pro Zeiteinheit zerspante Volumen (Zeitspanungsvolumen).

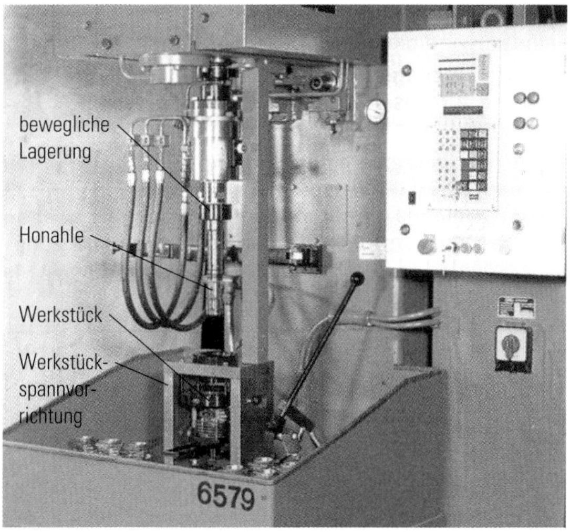

1 Langhubhonmaschine

Während der Bearbeitung drücken die Honsteine von innen an die Bohrungswand. Dadurch werden lediglich die Bearbeitungsspitzen des vorhergehenden Verfahrens abgetragen. Die Bearbeitungszugaben sind deshalb entsprechend klein: 0,05 mm ... 0,07 mm. Beim Honen sind Oberflächengüten von Rz unter 1 µm möglich. Es entstehen sehr gute Gleitflächen, da viele „Tragflächen" vorhanden sind, gleichzeitig aber auch kreuzförmige Riefen, die das Öl aufnehmen, was das Gleiten des Kolbens erleichtert (Bild 3). Durch lange Honsteine wird die Zylinderform verbessert, breite Honsteine erhöhen die Rundheit.
Um die Randbereiche einer Bohrung richtig bearbeiten zu können, benötigt die Honahle einen Überlauf von etwa $^1/_3$ der Honsteinlänge.

2 Gehonte Fläche mit kreuzförmigen Bearbeitungsriefen

MERKE

Zunehmender **Anpressdruck** der Honsteine bewirkt:
- größeres Zeitspanungsvolumen
- schlechtere Oberflächenqualität
- größere Fehler in der Rundheit und Zylinderform
- höheren Honsteinverschleiß

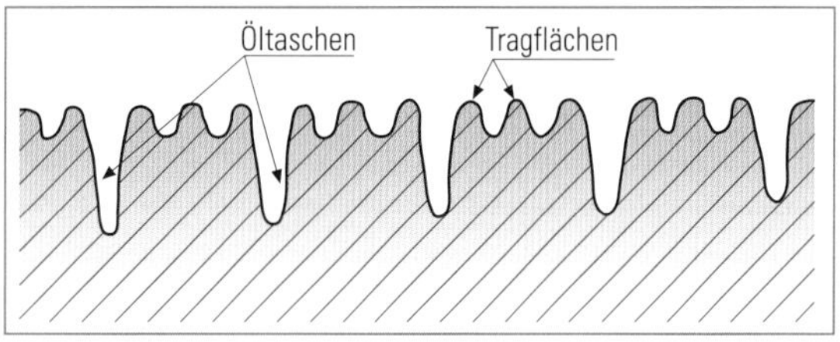

3 Idealisierte Darstellung einer gehonten Fläche

Wie beim Schleifen sind auch hier die Kornart, die Korngröße, das Bindemittel, die Härte und das Gefüge festzulegen (siehe Kap. 1.1). Die Wahl richtet sich ebenfalls nach der geforderten Oberflächengüte, der Härte des Werkstücks und dem geforderten Zeitspanungsvolumen.

MERKE

Steigende **Korngröße** führt zu
- größerem Zeitspanungsvolumen
- schlechterer Oberflächenqualität
- größeren Fehlern in der Rundheit und Zylinderform
- geringerem Honsteinverschleiß

MERKE

Zunehmende **Härte** der Honsteine bewirkt
- geringeres Zeitspanungsvolumen
- bessere Oberflächenqualität
- größere Fehler in der Rundheit und Zylinderform
- geringeren Honsteinverschleiß

In verstärktem Maße werden Honsteine mit Diamant und Bornitrid für die Bearbeitung von Gusseisen, gehärteten Stählen, Keramik und Glas eingesetzt. Mit einem Werkzeug z. B. aus synthetischem Diamant können 20000 bis 30000 Bohrungen gehont werden.

Die abgetragenen feinen Späne zwischen Honstein und Bohrungswand müssen entfernt werden. Das reichlich zugegebene Honöl hat vorrangig die Aufgabe, diese wegzuspülen. Deshalb muss das Honöl dünnflüssig und in hohem Maße spülfähig sein, um die Honsteine scharf und die Poren sauber zu halten. Bei langspanenden Werkstoffen ist eine höhere Schmierwirkung des Honöls erforderlich. Das wird durch eine höhere Viskosität[1] des Honöls begünstigt.

MERKE
- Je härter und kurzspanender der Werkstoff, desto dünnflüssiger ist das Honöl zu wählen.
- Je zäher und langspanender der Werkstoff, desto zähflüssiger ist das Honöl zu wählen.

Honmaschinen stellen das gefilterte Honöl in großen Behältern bei konstanten Temperaturen bereit.

MERKE
Mit dem Langhubhonen werden
- hohe Oberflächenqualitäten mit gekreuzten Bearbeitungsriefen
- kleine Maßtoleranzen und
- enge Rundheits- und Zylinderformtoleranzen

erzielt.

2.2 Kurzhubhonen

2.2.1 Kurzhubhonen zwischen den Spitzen

Das Kurzhubhonen *(superfinish/short-stroke honing)*, das auch **Superfinish** genannt wird, erfolgt mit
- Honsteinen (Bild 1) oder
- Honbändern (Seite 351 Bild 1)

Zusätzlich zur Drehbewegung des Werkstücks führen Honstein oder Honband neben der axialen Vorschubbewegung eine Schwingbewegung aus.
Durch die Überlagerung von Werkstückrotation und Werkzeugoszillation bewegt sich das einzelne Korn entlang einer Sinuslinie. Da viele Schleifkörner gleichzeitig im Eingriff sind, überlagern sich die Sinuslinien. Dadurch entstehen Bearbeitungsspuren auf dem Werkstück, die sich unter definiertem Winkel kreuzen. Mit Superfinish bearbeitete Oberflächen weisen Rautiefen auf, die Ra < 0,005 µm sein können.
Das Superfinish-Verfahren ist für alle Werkstoffe geeignet, die sich auch mit geometrisch unbestimmter Schneide bearbeiten lassen. Neben Metallen können auch andere Werkstoffe wie z. B. Keramik oder Kunststoff bearbeitet werden.
Neben speziellen Kurzhubmaschinen können die Geräte für das Kurzhubhonen auch als Maschinenaufsätze ausgelegt sein, sodass sie auf Dreh- und Schleifmaschinen genutzt werden können.

Honen mit Honsteinen
Bei diesem Verfahren ist ein relativ kurzer Honstein *(honing stone)* im Einsatz, der der Werkstückform angepasst ist. Die Hublänge der Schwingbewegung liegt zwischen 1 und 6 mm bei 500 ... 3000 Doppelhüben pro Minute. Die Umfangsgeschwindigkeit des Werkstücks liegt meist unter 15 m/min.

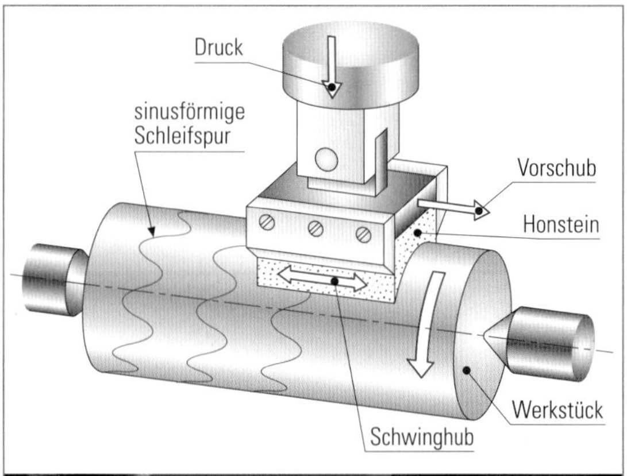

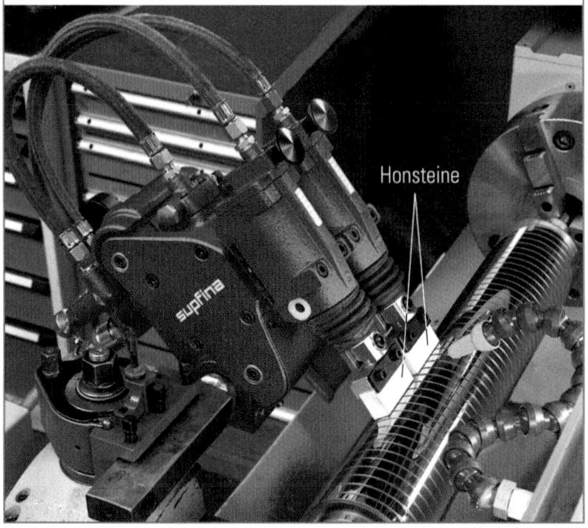

1 *Kurzhubhonen mit Honsteinen*

Honen mit Honbändern
Beim Bandhonen besteht das Werkzeug aus einem flexiblen Schleifband. Das Werkstück rotiert mit einer Umfangsgeschwindigkeit bis zu 100m/min. Die Kontaktrollen oszillieren mit einem Hub bis zu 8 mm und drücken das Honband *(honing band)* mit einer definierten Kraft gegen das Werkstück. Das Honband wird kontinuierlich nachgeführt, damit es stets die gleiche Schneidhaltigkeit besitzt. Dadurch wird die gesamte Oberfläche gleichmäßig und ansatzfrei. Der entstehende Abrieb wird mithilfe von Wasser oder einer Spülemulsion weggespült.
Da die Honbänder stets schneidhaltig sind, sich also nicht selbst schärfen müssen, entsteht kein Kornbruch, der bei der Verwendung von Honsteinen zu Riefen in der Oberfläche des Werkstücks führen kann.

2.2.2 Spitzenloses Kurzhubhonen

Sowohl beim Einstechverfahren als auch beim Durchlaufverfahren werden die Werkstücke auf Tragwalzen abgestützt, sodass eine zusätzliche Zentrierung nicht erforderlich ist.

1) siehe Lernfeld 6

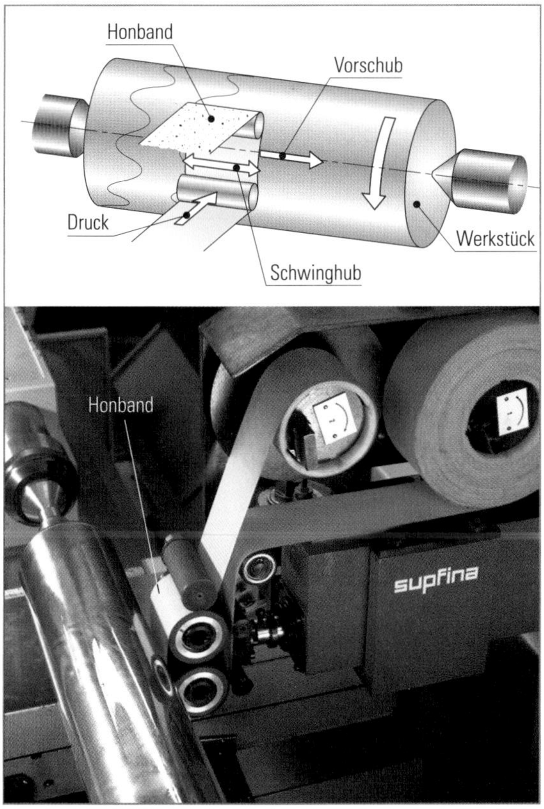

1 Kurzhubhonen mit Honband

Beim **Einstechverfahren** *(plunge superfinishing)* (Bild 2) ist **ein** Honstein im Eingriff, das Werkstück ist axial gegen Verschieben gesichert und das Verfahren eignet sich sowohl für Einzel- als auch für Serienfertigung.

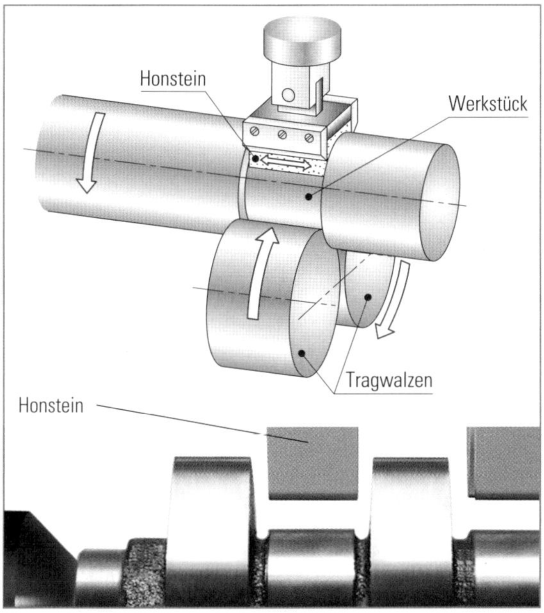

2 Spitzenloses Kurzhubhonen im Einstechverfahren

Beim **Durchlaufverfahren** *(throughfeed superfinishing)* (Bild 3) sind **mehrere** Honsteine im Eingriff, die Tragrollen bewirken zusätzlich einen Axialvorschub des Werkstückes und das Verfahren eignet sich wegen der längeren Rüstzeiten vorrangig für die Serienfertigung.

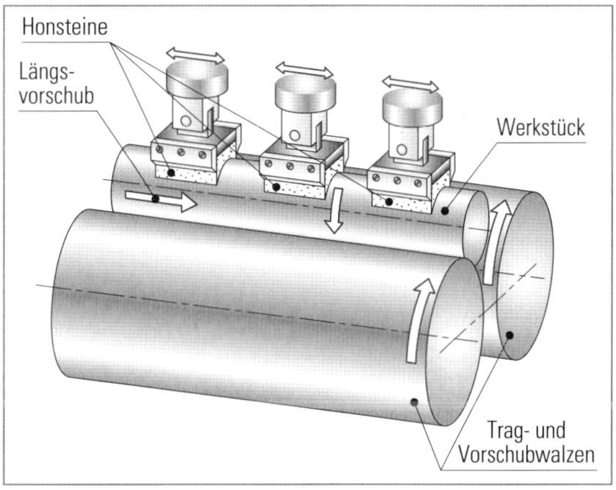

3 Spitzenloses Kurzhubhonen im Durchlaufverfahren

MERKE

Mit dem Kurzhubhonen sind
- eine sehr hohe Oberflächenqualitäten (R_z bis 0,1 µm)
- eine erhebliche Verbesserung der Rundheit (Bild 4),
- aber keine nennenswerte Verbesserung der Zylinderform möglich.

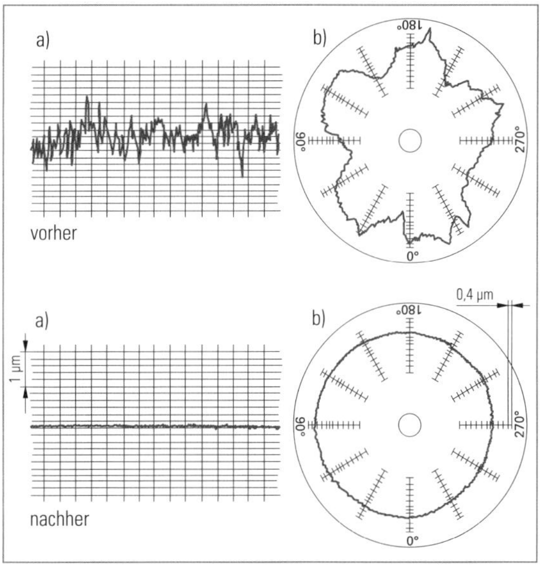

4 Oberflächengüte a) und Rundheit b) vor und nach der Bearbeitung

Hinweis:

Bei den Zahlen in b) handelt es sich um Winkelangaben.

Es wird die Rautiefe in Abhängigkeit vom Drehwinkel angegeben.

ÜBUNGEN

1. Nennen Sie Werkstückeigenschaften, die durch Honen erreicht werden.
2. Beschreiben Sie die Bewegungsvorgänge beim Langhubhonen.
3. Warum entsteht beim Honen keine Randzonenbeeinflussung?
4. Wie wirken sich lange bzw. breite Honsteine auf die Zylinderform und Rundheit der Bohrung aus?
5. Wie sind der Anpressdruck, die Korngröße und die Härte der Honleiste zu wählen, um eine möglichst gute Bohrungsoberfläche zu erzielen?
6. Beschreiben Sie die Aufgaben des Honöls und treffen Sie eine Aussage zu dessen zu wählender Viskosität.
7. Erklären Sie die Bewegungsvorgänge beim Kurzhubhonen.
8. Wie unterscheidet sich die Verwendung von Honsteinen gegenüber Honbändern beim Kurzhubhonen?
9. Nennen Sie Ziele, die durch das Kurzhubhonen erreicht werden.

352_1

3 Läppen

Die beiden Flächen des Endmaßes (Bild 1), die das Maß 50 mm verkörpern, müssen äußerst enge Maßtoleranzen bei höchsten Oberflächenqualitäten (Rz < 0,1 μm) und sehr gute Parallelität besitzen. Die letzte Bearbeitung der Flächen erfolgt durch Läppen *(lapping)*.

Dazu wird auf einer **Läppscheibe** das Läppmittel dünn aufgetragen, das aus einer Flüssigkeit oder Paste sowie feinsten Läppkörnern besteht. Darauf wird das Werkstück mit leichtem Druck und geringer Geschwindigkeit bewegt (Bild 2). Die Bewegung zwischen Läppscheibe und Werkstück bewirkt einerseits, dass die Läppkörner teilweise eine **Rollbewegung** ausführen. Dadurch entstehen im Werkstück Mikrorisse, aufgrund derer kleine Werkstoffpartikel ausbrechen und somit zu einem Materialabtrag führen. Andererseits tragen die zeitweise in der Läppscheibe **verankerten Läppkörner** feinste Späne ab.

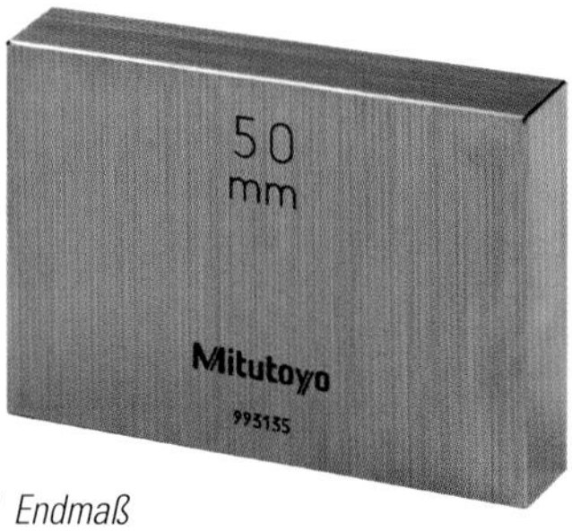

1 *Endmaß*

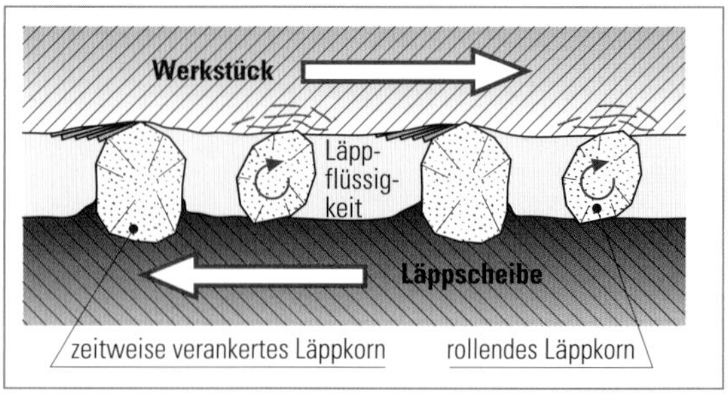

2 *Läppvorgang*

3.1 Prozessparameter

Die folgenden Prozessparameter bestimmen vorrangig das Arbeitsergebnis:

Läppkörner

Der Werkstoff des Werkstückes bestimmt die Wahl des Läppkorns:

Korund	weiche Stähle, Leicht- und Buntmetalle, Kohle, Halbleitermaterialien
Siliziumkarbid	vergütete und legierte Stähle, Grauguss, Glas, Porzellan
Borkarbid	Hartmetalle, Keramik
Diamant	Harte Werkstoffe und zum Polieren

Korngröße

Mit abnehmender Größe des Schleifkorns verbessert sich die Oberflächenqualität und sinkt der Werkstückabtrag.

Anpressdruck

Je kleiner der Anpressdruck, desto besser die Oberflächengüte und umso geringer der Werkstückabtrag.

Läppgeschwindigkeit

Mit Steigerung der Läppscheibenumdrehungsfrequenz nehmen die Läppgeschwindigkeit und gleichzeitig der Werkstückabtrag zu. Bei zu hohen Umdrehungsfrequenzen wird jedoch das Läppmittel aufgrund der Zentrifugalkräfte aus dem Arbeitsbereich befördert.

Läppscheibe

Der Werkstoff der Läppscheibe *(lapping disc)* hat Einfluss auf das Aussehen der Werkstückoberfläche. Bei harten Läppscheiben aus Gusseisen dringen die Schleifkörner weniger in die Scheibe ein, sie rollen mehr zwischen Läppscheibe und Werkstück. Dadurch entsteht eine matte Werkstückoberfläche. In weichen Läppscheiben wie z. B. aus Aluminium oder Kupfer setzen sich die Schleifkörner fest und wirken dann mehr spanend bzw. polierend. Es entsteht eine glänzende oder polierte Werkstückoberfläche.

Härtere Läppscheiben verschleißen weniger und ergeben eine höhere Abtragleistung als weichere.

Läppflüssigkeit

Die Läppflüssigkeit *(lapping fluid)*, die die Läppkörner aufnimmt, verhindert einerseits die direkte Berührung von Werkstück und Läppscheibe. Andererseits sorgt sie für eine gleichmäßige Verteilung des Läppkorns auf der Läppscheibe und gewährleistet dessen Beweglichkeit im Spalt zwischen Scheiben- und Werkstückoberfläche. Mit steigender Korngröße ist die Viskosität (Zähflüssigkeit) der Läppflüssigkeit zu steigern.

MERKE

Läppen ist ein spanendes Fertigungsverfahren mit losen Schleifkörnern, das
- sehr gute Oberflächenqualitäten,
- höchste Maßgenauigkeit und
- hervorragende Formtoleranzen erzielt.

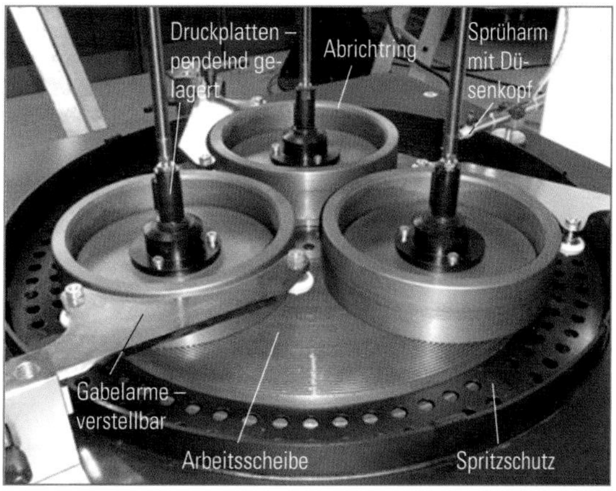

2 Einscheibenläppmaschine mit Abrichtringen und Druckplatten

3.2 Läppverfahren

Zum **Planläppen** *(surface lapping)* werden Einscheibenläppmaschinen *(single disc lapping machine)* (Bild 1) genutzt. Die Läppscheibe dreht sich bei gleichzeitiger Rotation des Abrichtringes. Läppkäfige halten die Werkstücke auf Abstand. Auf diese Weise führen die Werkstücke ungleichmäßige Bewegungen auf der Läppscheibe durch. Eine Druckplatte, die über den Werkstücken liegt, sorgt für den nötigen Anpressdruck zwischen Werkstück und Läppscheibe.

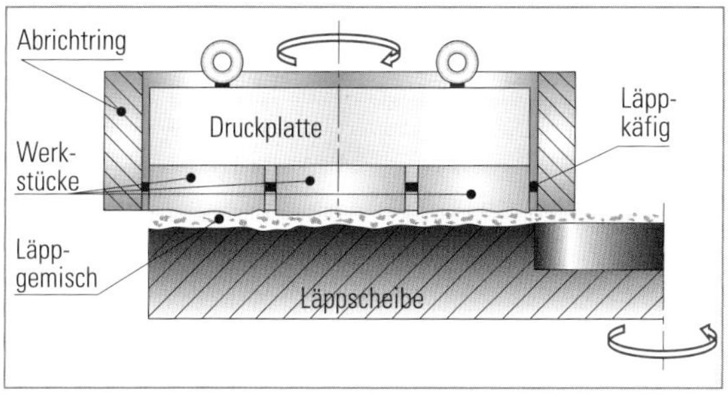

1 Planläppen auf einer Einscheibenläppmaschine

Ebene Flächen können nur auf ebenen Läppscheiben, die auch einem Verschleiß unterliegen, gefertigt werden. Deshalb muss sichergestellt werden, dass die Läppscheibe ihre ebene Form behält. Diese Aufgabe übernehmen die Abrichtringe (Bild 2) während der Bearbeitung. Sie sorgen dafür, dass der Läppscheibenverschleiß gleichmäßig erfolgt. Neben dieser Hauptaufgabe übernehmen sie noch weitere:
- Aufnahme der Werkstücke
- Gleichmäßige Verteilung des Läppmittels
- Spanabfuhr zum Rand der Läppscheibe
- Wärmeabfuhr

Zum **Planparallelläppen** *(plane-parallel lapping)* von z. B. Endmaßen werden die Werkstücke auf der Einscheibenläppmaschine gewendet und mit einer sehr ebenen Druckplatte beschwert.

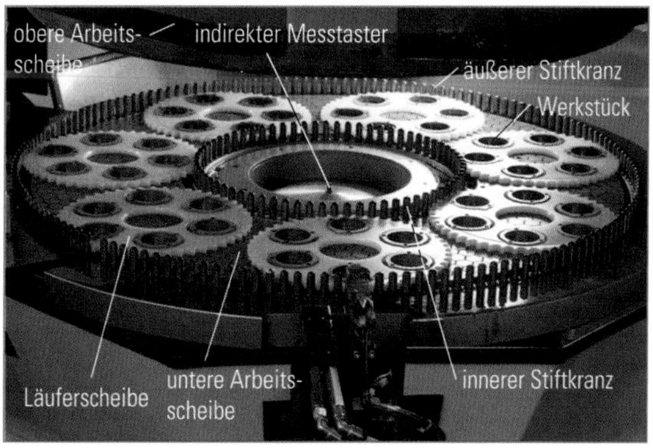

3 Planparallelläppen auf einer Zweischeibenläppmaschine

Die **Zweischeibenläppmaschine** *(double-disc lapping machine)* (Bild 3) ermöglicht das Planparallelläppen ebenso wie das **Rundläppen** zylindrischer Werkstücke. Dabei liegen die Werkstücke in Läppkäfigen, die, über Stift- oder Zahnkränze angetrieben, Drehbewegungen durchführen. Die Werkstücke befinden sich zwischen zwei gegenläufigen Läppscheiben. Das Läppmittel wird kontinuierlich zwischen Werkstück und Läppscheiben zugeführt.

ÜBUNGEN

1. Nennen Sie die am Läppprozess beteiligten Komponenten.
2. Legen Sie die Kornart für das Läppen von vergüteten Stählen fest.
3. Welche Auswirkungen haben Korngröße, Anpressdruck und Läppgeschwindigkeit auf die Oberflächenqualität und den Werkstückabtrag?
4. Unterscheiden Sie die Auswirkungen von weichen und harten Läppscheiben auf den Läppprozess und das Aussehen der Werkstückoberfläche.
5. Beschreiben Sie die Aufgaben der Läppflüssigkeit.
6. Welche Aufgaben übernehmen die Abrichtringe beim Läppen?

4 Feinschleifen

Von dem Kugellagerringpaar (Bild 1) ist eine Ebenheit von 3 μm, eine Parallelität von 3 μm bei einer Rautiefe Ra < 0,6 μm und einer Maßtoleranz von 4 μm gefordert. Mit dem Feinschleifen *(finish grinding)* sind diese Anforderungen problemlos zu erreichen.

Der Maschinenaufbau und die Bewegungsverhältnisse sind beim Feinschleifen und Läppen auf der Zweischeibenläppmaschine gleich. Im Gegensatz zum Läppen wird jedoch nicht mit losen sondern mit **gebundenen Schleifkörnern** gespant (Bild 2), weshalb dieses Verfahren auch **Flachhonen** genannt wird. Untere und obere Scheibe sind entweder mit Schleifsegmenten oder -pellets belegt (Bild 3). Die abgetragenen Späne und die ausgebrochenen Schleifkörner werden von den Spalten zwischen den Segmenten oder Pellets aufgenommen.

Für Werkstücke aus Stahl wird Kubisches Bornitrid **(CBN)** als Schleifmittel gewählt, während Hartmetalle und keramische Werkstücke mit Schleifmitteln aus **Diamant** bearbeitet werden. Beim Feinschleifen der Kugellagerringe wird bei einer Schleifzugabe von 30 μm in drei Minuten eine Ebenheit und eine Parallelität < 1,5 μm bei einer Rautiefe Ra < 0,25 μm und einer Maßtoleranz von 3 μm erzielt.

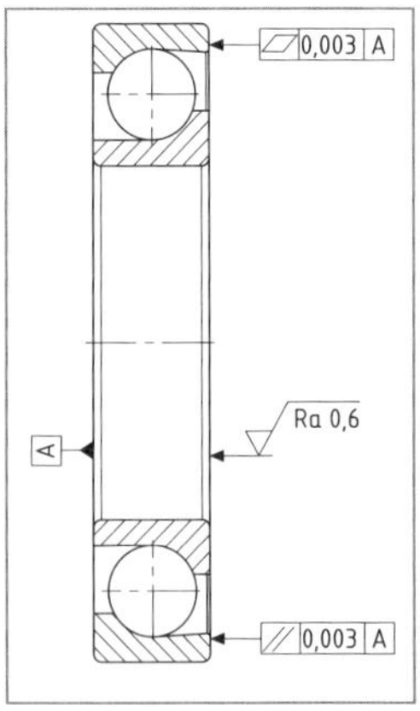

1 Lagetoleranz und Rautiefe am Kugellager

2 Belegung der Feinschleifmaschine (untere Scheibe)

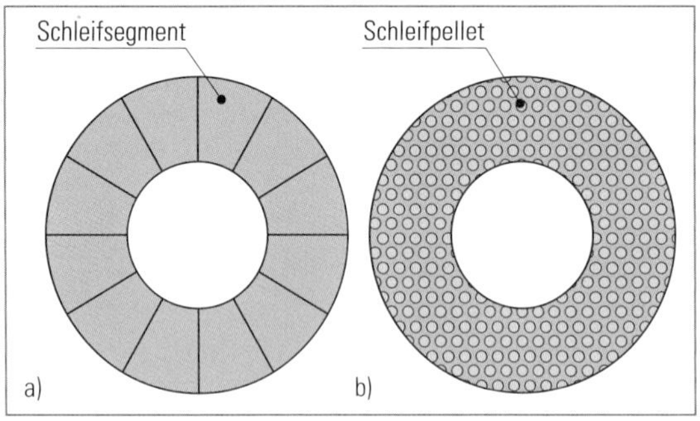

3 Feinschleifscheibe belegt mit a) Schleifsegmenten und b) Schleifpellets

MERKE

In der Feinbearbeitung gewinnt das Feinschleifen gegenüber dem Läppen wegen der **höheren Abtragraten** zunehmend an Bedeutung. Durch das gebundene Schleifkorn lassen sich die **Entsorgungskosten** und der **Reinigungsaufwand** von Werkstück und Maschine gegenüber dem Läppen deutlich reduzieren.

5 Gleitschleifen

Für Werkstücke, bei denen z. B. Kanten gerundet, Grate entfernt oder Flächen geglättet, poliert bzw. entzundert werden sollen (Bild 4), eignet sich das Gleitschleifen *(vibratory grinding)* – auch **Trowalisieren**[1)] genannt.

Beim Gleitschleifen befinden sich die zu bearbeitenden Werkstücke gemeinsam mit Schleifkörpern (Seite 355 Bild 1) und

4 Mit Gleitschleifen bearbeitete Bauteile

1) Benannt nach dem Unternehmen WALTHER TROWAL, das dieses Verfahren als erstes in einer Trommel industriell nutzte

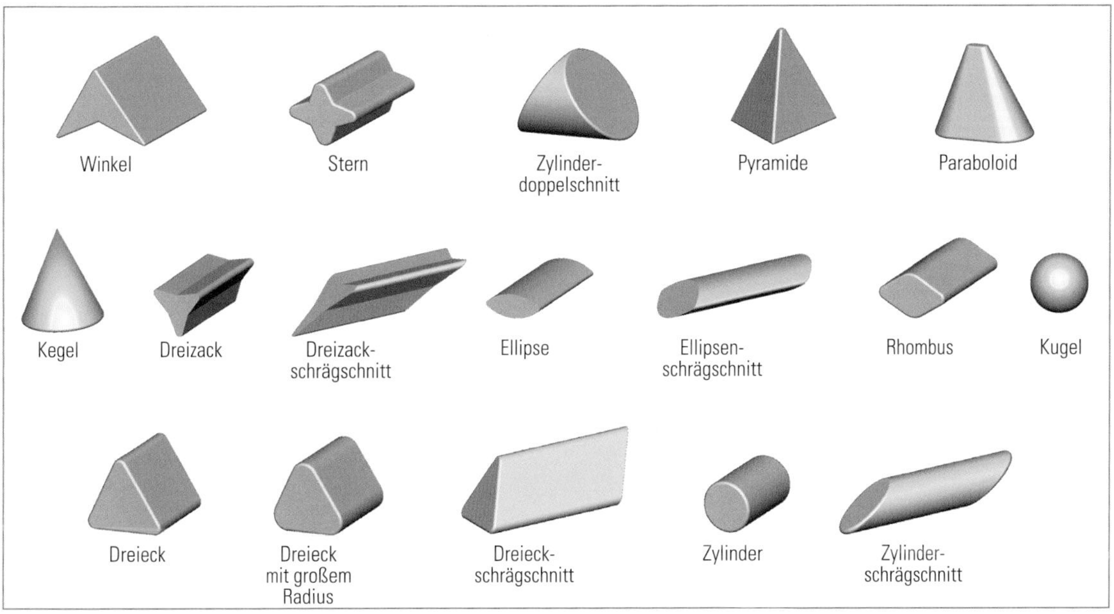

***1** Schleifkörperformen für das Gleitschleifen*

einem flüssigen, chemischen Mittel (**Compound**) in einem Arbeitsbehälter. Durch Rotation (Bild 2) oder Vibration (Seite 356 Bild 1) des Arbeitsbehälters bewegen sich Werkstücke und Schleifkörper. Der gewünschte Werkstoffabtrag geschieht durch eine undefinierte Relativbewegung zwischen Schleifkörpern und Werkstücken.

Das **Trommelverfahren** (Bild 2) wird vorrangig zur Bearbeitung empfindlicher Werkstücke und zum Hochglanzpolieren eingesetzt.

Das **Vibrationsverfahren** (Seite 356 Bild 1) ermöglicht höhere Abtragleistungen und ermöglicht eine selbstständige Trennung der Werkstücke von den Schleifkörpern.

Schleifkörper

Hohe Abtragleistungen, geringere Oberflächenqualitäten und kurze Bearbeitungszeiten erfordern Schleifkörper mit geringer Härte. Schleifkörper mit größerer Härte erzielen höhere Ober- 355_1

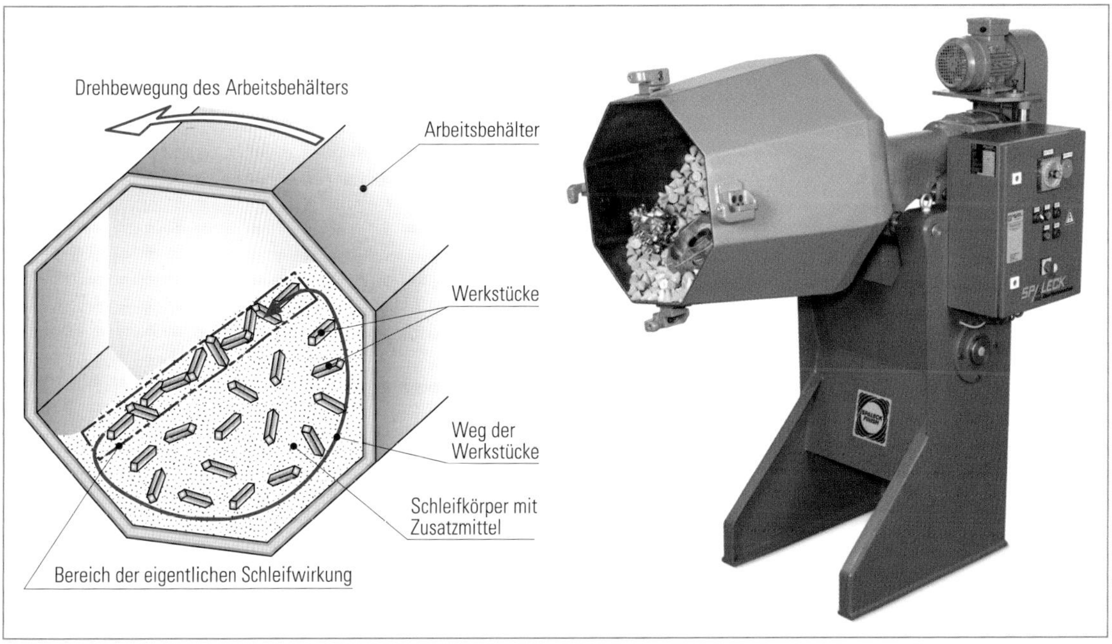

***2** Gleitschleifen nach dem Trommelverfahren*

356_1

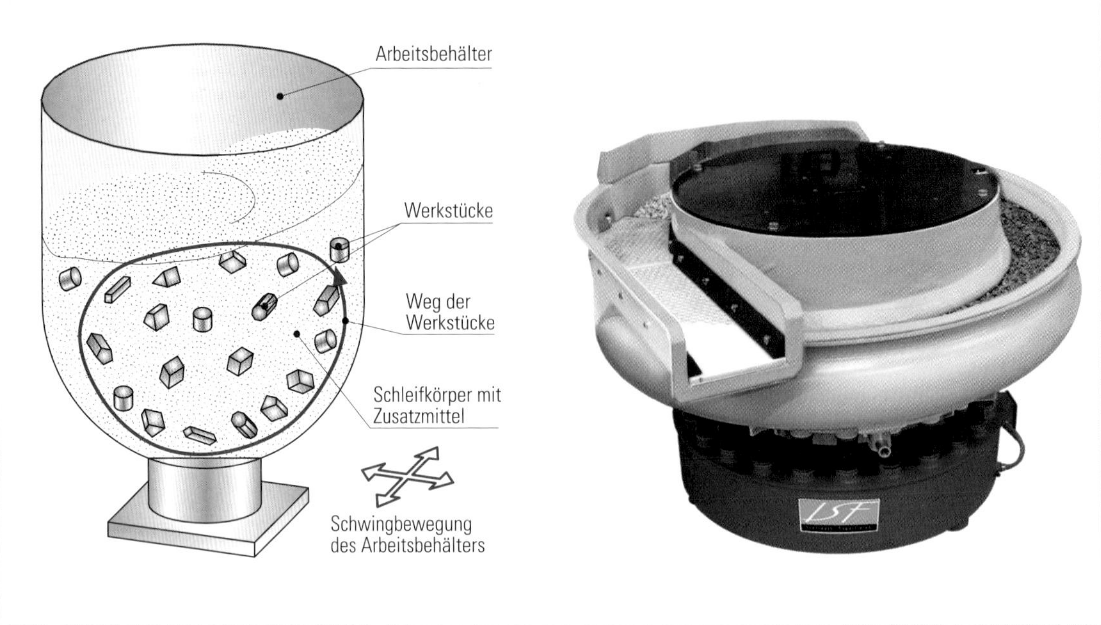

1 Gleitschleifen nach dem Vibrationsverfahren

flächenqualitäten. Mit Vergrößerung der Schleifkörper steigt die Schleifleistung und nimmt die Oberflächenqualität ab.

Füllmengen

Nur mit entsprechenden Füllmengen lassen sich Bewegungsabläufe des Gleitschleifens realisieren. Die Minimalfüllmengen liegen beim Trommelverfahren bei etwa 60 % und beim Vibrationsverfahren bei etwa 80 % des Behältervolumens.

Compound

Das Compound ist eine wässrige chemische Lösung, das die Schleifkörper während der Bearbeitung scharf halten soll. Gleichzeitig soll es Werkstück- und Schleifkörperabrieb sowie Verschmutzungen des Werkstücks aufnehmen und einen Korrosionsschutz bieten. Das Compound muss umweltgerecht entsorgt werden.

MERKE

Beim Gleitschleifen steht nicht die Verbesserung von Form- und Maßgenauigkeit im Vordergrund, sondern die Beseitigung von Oberflächenfehlern und die Erzeugung bestimmter Oberflächeneigenschaften.

ÜBUNGEN

1. Beschreiben Sie den prinzipiellen Unterschied zwischen Feinschleifen und Läppen.
2. Welche Vorteile hat das Feinschleifen gegenüber dem Läppen?
3. Aus welchen Gründen wird das Gleitschleifen eingesetzt?
4. Welche Auswirkungen hat beim Gleitschleifen die Härte der Schleifkörper auf die Oberflächenqualität der Werkstücke und die Abtragsleistung?
5. Beschreiben Sie die Funktionen, die das Compound beim Feinschleifen zu erfüllen hat.

6 Feinbearbeitung gehärteter Stähle durch Drehen und Fräsen

Die Feinbearbeitung von Werkstücken aus gehärteten Stählen mit einer Härte von etwa 55 bis 68 HRC ist nicht nur dem Schleifen vorbehalten. Präzisions-Hartdrehen und -Hartfräsen sind wirtschaftliche Alternativen.

6.1 Präzisions-Hartdrehen

357_1

Das Präzisions-Hartdrehen *(precision hard turning)* gehört zu den Feinbearbeitungsverfahren, womit

- Oberflächenqualitäten von Rz < 1,5 μm bzw. Ra < 0,2 μm
- ISO-Qualitäten bis IT3 und
- Form- und Lagetoleranzen bis 0,5 μm zu erreichen sind.

Gegenüber dem Schleifen hat das Hartdrehen (Bild 1) folgende Vorteile:

- Es lassen sich komplexe Konturen drehen, die beim Schleifen oft Formschleifscheiben erfordern. Dadurch sinken die Werkzeugkosten erheblich.
- Mehrere Bearbeitungen lassen sich in der gleichen Einspannung durchführen. Dadurch lassen sich kleine Lagetoleranzen verwirklichen. Gleichzeitig verkürzen sich die Rüst-, Bearbeitungs- und Durchlaufzeiten, wodurch Zeiteinsparungen bis zu 80 % möglich sind.
- Hartdrehen ist in vielen Fällen ein trockenes und umweltfreundliches Verfahren, bei dem die Entsorgung von Schleifschlamm und Kühlschmiermittel entfällt.

MERKE

Hartdrehen ist ein Feinbearbeitungsverfahren, das mit dem Schleifen konkurriert.

Beim Präzisions-Hartdrehen werden Oberflächen fertiggedreht, die vorher oft randschichtgehärtet[1] wurden. Um die Härte der Oberflächen auch nach der Zerspanung noch zu gewährleisten und um günstige Schnittverhältnisse zu erreichen, wird nur noch eine dünne Schicht durch Hartdrehen abgetragen. Daher sind die Schnitttiefen meist kleiner als 0,3 mm. Entscheidend für das Hartdrehergebnis und die Prozessoptimierung sind die in den folgenden Kapiteln genannten Faktoren:

6.1.1 Schneidstoff und Schneidplattengeometrie

Als Schneidstoff wird kubisches Bornitrid (CBN) mit keramischem Binder am häufigsten für Hartdrehprozesse benutzt (Bild 2). Wegen seiner hohen Warmhärte und Verschleißfestigkeit sowie seiner chemischen Neutralität gegenüber den Stählen ist es besonders gut geeignet. Die Schneidstoffhersteller bieten es in verschiedenen Härtegraden und Güteklassen an. Die Auswahl erfolgt aufgrund des zu bearbeitenden Werkstoffs, dessen Härte und der vorliegenden Schnittbedingungen (Bild 3) in Abstimmung mit dem Schneidstoffhersteller. Oft werden vor Ort Schneidstoffe verschiedener Hersteller am gleichen Werkstück getestet, bevor eine endgültige Entscheidung für einen Schneidstoff getroffen wird.

Die Zerspanung der harten Oberfläche erfordert eine besonders stabile Schneide, deren Spitze möglichst verschleißfest ist und nicht ausbricht. **Negativplatten mit entsprechenden Fasen** (Seite 358 Bild 1) erfüllen diese Aufgaben am besten, wobei die

1 Hartdrehen

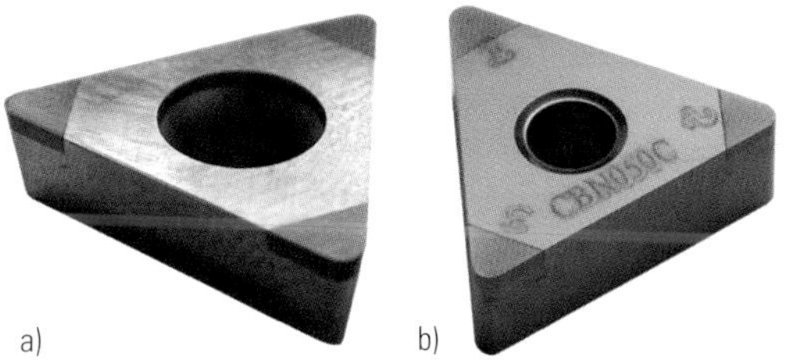

2 CBN-Schneidplatten a) unbeschichtet und b) beschichtet

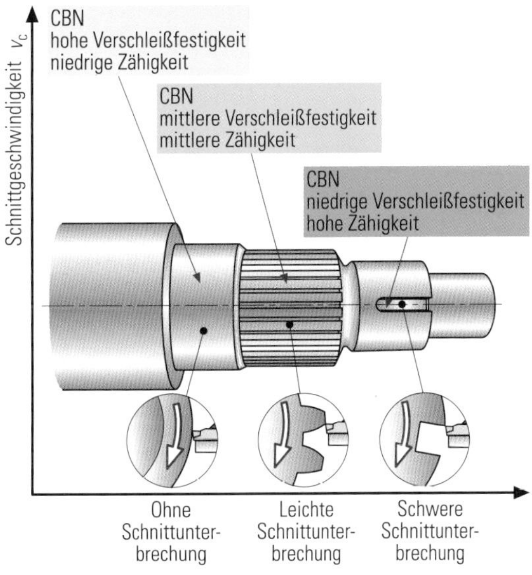

3 Auswahl von CBN-Schneidplatten in Abhängigkeit von den Schnittbedingungen

1) siehe Lernfeld 10

Verrundung der Schneidkante für zusätzliche Stabilität der Schneide sorgt.

Werkzeuge mit größeren Schneidenradien liefern bessere Oberflächenqualitäten als solche mit kleinen Radien. Diese **spezielle Schneidengeometrie** (Bild 2) hat neben dem normalen Schneidenradius r_ε einen weiteren Übergangsradius R_w. Dieser zweite Radius bewirkt bei gleichem Vorschub, dass sich die Oberflächenqualität wesentlich verbessert. Soll die Oberflächenqualität beibehalten werden, kann der Vorschub verdoppelt (z. B. 0,3 mm) und die Fertigungszeit wesentlich verkürzt werden.

Das Präzisions-Hartdrehen erfolgt bei hohen Schnittgeschwindigkeiten (bis ca. 250 m/min), sodass die Späne oft glühen, wodurch sie an Festigkeit verlieren. Dadurch gleiten sie besser über die Spanfläche und der Verschleiß an der Spanfläche wird gemindert. Da Kühlschmierstoffe sich auf diesen Prozess negativ auswirken, wird trocken gespant. Durch die hohen Schnittgeschwindigkeiten wird die entstehende Wärme vorrangig über den Span abgeführt. Es ist darauf zu achten, dass möglichst wenig Wärme in die Werkstückoberfläche dringt, damit keine Gefügeänderungen wie z. B. **Weißschicht**[1)] entstehen, die die Härte mindern.

6.1.2 Stabilität der Werkzeug- und Wendeschneidplattenaufnahme

Wenn die Einspannlänge *l* eines Drehmeißels bei gleich großer Schnittkraft *F* verdoppelt wird, steigt seine Durchbiegung δ um das Achtfache (Bild 1). Die Durchbiegung ist somit proportional zu l^3. Das macht deutlich, dass die Einspannlänge so kurz wie möglich zu wählen ist. Außerdem sind Werkzeugschäfte mit möglichst großem Querschnitt bzw. Durchmesser *d* zu verwenden (Bild 4), damit das Durchbiegen und Verdrehen verhindert wird.

Zusätzlich zu der starken Werkzeughalterspannung erfordert das Hartdrehen auch eine stabile Schneidplattenspannung. Ein Beispiel dafür zeigt Seite 359 Bild 1, bei dem die Schneidplatte gegen drei Flächen des Halters gepresst wird.

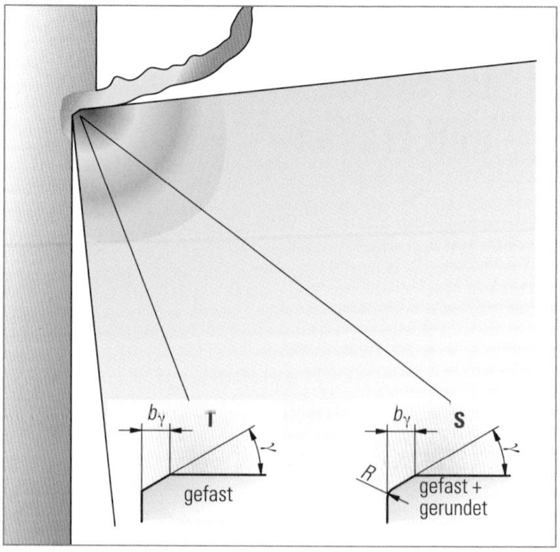

1 *Negativschneidplatte*

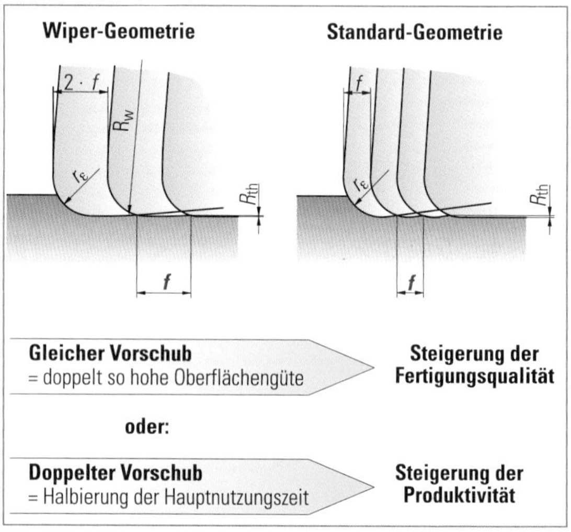

2 *Gegenüberstellung von Wiper- und Standardgeometrie*

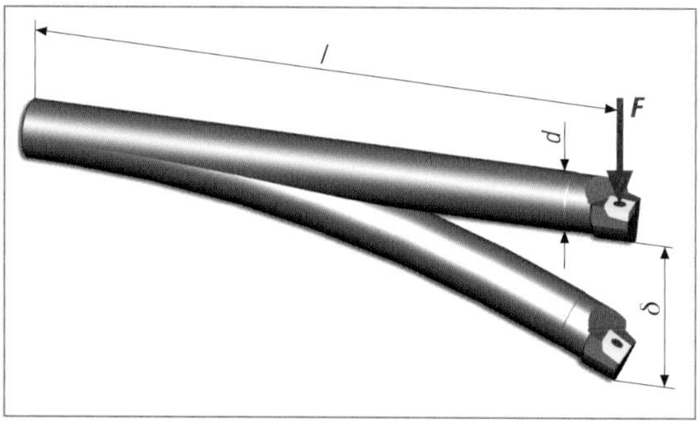

3 *Elastische Durchbiegung am Drehmeißel*

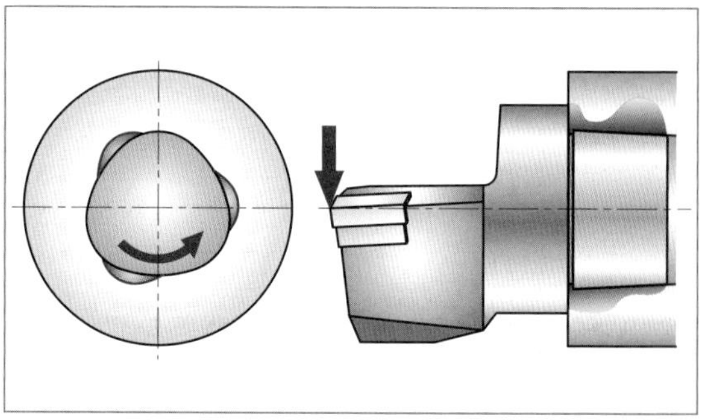

4 *Spannungsverlauf*

1) siehe Lernfeld 10

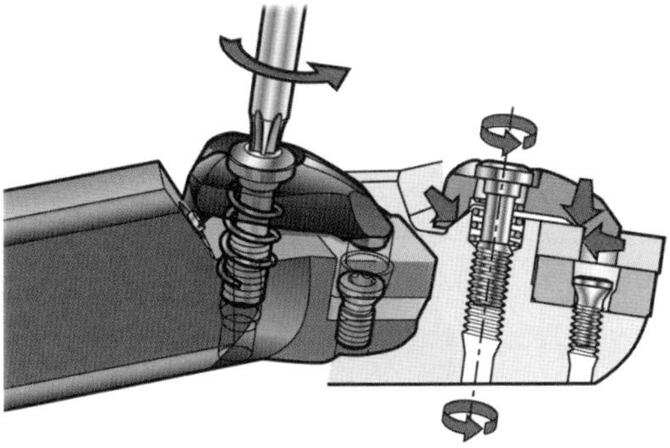

1 Schneidplattenspannung und Sicherung gegen drei Flächen

6.1.3 Stabilität des Werkstücks

Durch die gehärteten Bauteile und die negativen Spanwinkel entstehen große **Passivkräfte**[1)], die einerseits vom Werkstück aber auch von den Spannmitteln aufzunehmen sind. Für den Hartdrehprozess ungeeignet sind Werkstücke, die aufgrund mangelnder Eigenstabilität den Schnittkräften nicht standhalten. Die Stabilität des Werkstücks ist meist gewährleistet, wenn das Längen-Durchmesser-Verhältnis 4:1 ohne Reitstockverwendung bzw. 6:1 mit Reitstockverwendung nicht überschreitet.
Eine präzise Bearbeitung des Werkstücks im ungehärteten Zustand bzw. **Weichbearbeitung**, die an die Anforderungen des Hartdrehens angepasst ist, ist die Voraussetzung für eine funktionierende Hartbearbeitung. Bei der Weichbearbeitung sind folgende Aspekte zu beachten:

- hohe Maßgenauigkeit und gleichmäßige Bearbeitungszugabe für das Hartdrehen
- Gratfreiheit
- angefaste Bohrungen
- möglichst keine scharfkantigen Übergänge

6.1.4 Stabilität der Spannmittel

Das Spannmittel muss das Drehmoment übertragen und das Werkstück zentrisch aufnehmen, ohne es unzulässig zu verformen. Dünnwandige Werkzeuge erfordern größte Sorgfalt beim Spannen. Herkömmliche Dreibackenfutter können die Rundheit des Werkstücks gefährden, weil die Spannkräfte punktuell angreifen (Bild 2a). Breite Spannbacken verteilen Spannkräfte auf größere Flächen, wodurch eine höhere Formgenauigkeit entsteht (Bild 2b).

6.1.5 Stabilität und Präzision der Werkzeugmaschine

Durch hohe Maschinensteifigkeit und -stabilität werden die Kräfte und Drehmomente sicher aufgenommen, ohne dass es zu unzulässigen Verformungen, Schwingungen oder Vibrationen kommt, die sich negativ auf das Werkstück auswirken. Der Spindelrundlauf, die Führung und die Positionierung der Schlitten sowie die Schwingungsdämpfung des Maschinenbettes müssen höchsten Ansprüchen genügen.

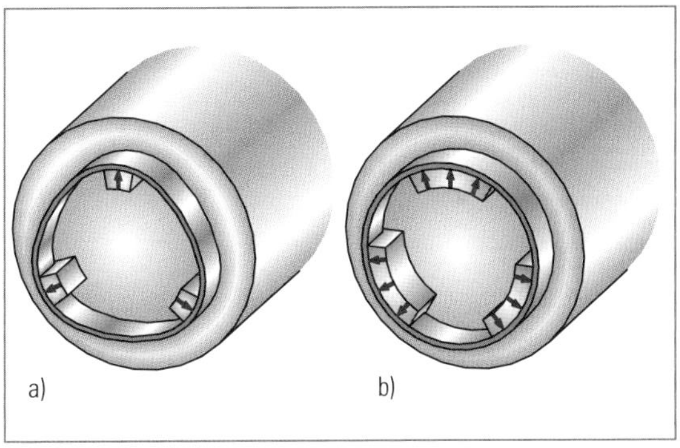

2 a) Falsches und b) richtiges Spannen dünnwandiger Werkstücke

MERKE

Je besser die Stabilität des gesamten Bearbeitungssystems, desto besser können die gewünschten Toleranzen und Oberflächen erreicht werden.

6.2 Präzisions-Hartfräsen

359_1

Um z. B. mit Schmiedegesenken (Bild 3) große Stückzahlen von Bauteilen umformen zu können, müssen die Gesenke möglichst verschleißfest und hart sein. Immer häufiger werden sie aus gehärteten Stählen hergestellt, deren Konturen durch Hartfräsen hergestellt werden.

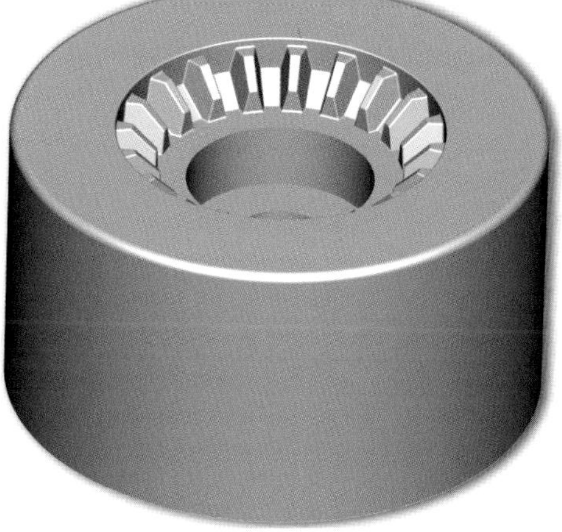

3 Hälfte eines Schmiedegesenks zur Herstellung von Kegelrädern

Die Ziele des Präzisions-Hartfräsens *(precision hard milling)* sind

- hohe Qualität der unebenen Oberflächen ($Rz \leq 1$ µm bzw. $Ra \leq 0{,}2$ µm), sodass deren Nacharbeit nicht mehr erforderlich ist
- präzise Maßhaltigkeit (< 0,02 mm)
- absatzfreie Übergänge der Konturbereiche

Die folgenden Faktoren haben Einfluss auf das Erreichen der Ziele:

1) siehe Lernfeld 5 Kap. 2.5.1

6.2.1 Schneidstoff und Schneidengeometrie

Da die Formen oft kleine radienförmige Übergänge besitzen, können Fräser mit CBN-Wendeschneidplatten (Bild 1) meist nur zum Schruppen genutzt werden, da ihre Durchmesser für das das Schlichten zu groß sind.

MERKE

Gehärtete Stähle im Werkzeugbau werden vorrangig mit beschichteten Fräsern aus Hartmetall (Bild 2) zerspant.

Sehr feine Korngrößen der Metallcarbide sorgen für die erforderliche Kantenstabilität und erhöhen die Zähigkeit des Schneidstoffs. Mit sinkendem Kobaltanteil als Bindemittel steigert sich die Härte des Fräsers. Die Beschichtung aus TiAlN[1)] erschwert den Wärmeübergang in den Fräser und erhöht seine Verschleißfestigkeit und damit die Standzeit. Es findet fast immer eine Trockenbearbeitung statt, bei der eine **Kühlung mit Druckluft** erfolgt.

Zur Stabilisierung der Schneide liegt meist eine negative Schneidengeometrie (γ zwischen 0° und –20°) vor. Durch mehrere Schneiden mit kleinen Spanräumen entsteht ein größerer Seelendurchmesser, der dem gesamten Werkzeug mehr Stabilität verleiht. Enge Toleranzen des Schafts (z. B. h5) und der Radien gewährleisten eine genaue Positionierung des Fräsers im Arbeitsraum.

Durch zusätzliche Übergangsradien an der Stirnseite der **Torusfräser** (Bild 3) ist es möglich, dass bei doppeltem Vorschub pro Zahn die Spandicke dünner wird als bei Fräsern ohne Übergangsradius. Dadurch verringern sich die Schneidenbelastung und die Bearbeitungszeit.

1 Kugelschaftfräser mit Wendeschneidplatten

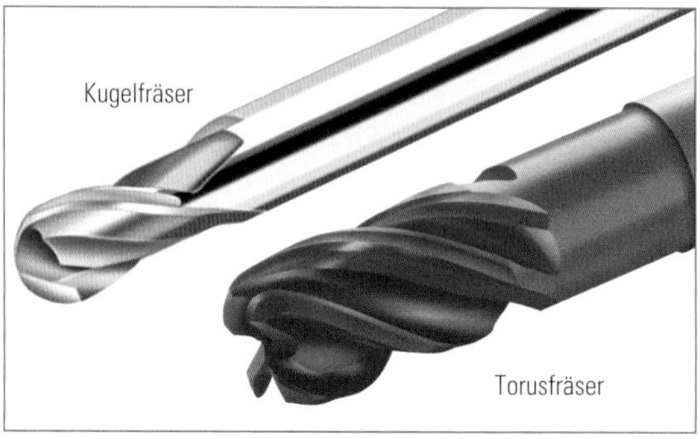

2 Beschichtete Vollhartmetallfräser

6.2.2 Stabilität und Rundlauf des Werkzeugs und der Werkzeugaufnahme

Der **Rundlauffehler** des gespannten Fräsers sollte nicht größer als 3 µm sein. Schrumpffutter und Hydro-Dehnspannfutter mit Hohlschaftkegel (siehe Seite 65) erfüllen diese Anforderungen. Das Auswuchten der Werkzeuge verbessert die Oberflächenqualität und vermindert den Werkzeugverschleiß.

Die Länge, die das Werkzeug aus der Aufnahme ragt, ist den jeweiligen Bearbeitungsbedingungen anzupassen. Je länger das Werkzeug herausragt, desto mehr kann es sich elastisch verformen. Das wirkt sich nicht nur auf die Maßhaltigkeit, sondern auch auf die Oberflächenqualität negativ aus.

MERKE

Werkzeuge sind so kurz wie möglich einzuspannen.

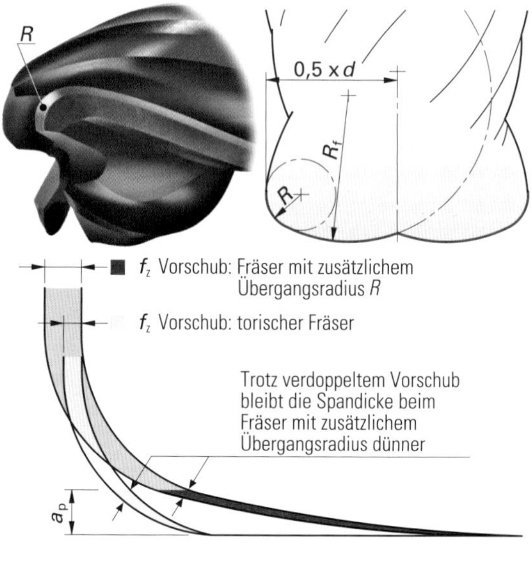

3 Torusfräser mit zusätzlichem Radius an der Stirnseite

6.2.3 Werkstückvorbereitung

Das Werkstück muss im Arbeitsraum der CNC-Maschine sicher positioniert und gespannt sein. Zur Durchführung der Feinbearbeitung ist ein **konstantes Aufmaß** erforderlich. Dadurch entstehen nur geringe Schnittkraftschwankungen, die eine Voraussetzung für die geforderte Maßhaltigkeit und Oberflächenqualität sind.

Das konstante Aufmaß ist nur schrittweise zu erreichen. Am Beispiel der Gesenkhälfte für das Kegelrad, die eine Härte von 61 HRC hat und bei der eine Oberflächenqualität von Rz = 1 µm gefordert ist, werden im Folgenden die Schritte dargestellt:

1) Titanaluminiumnitrid

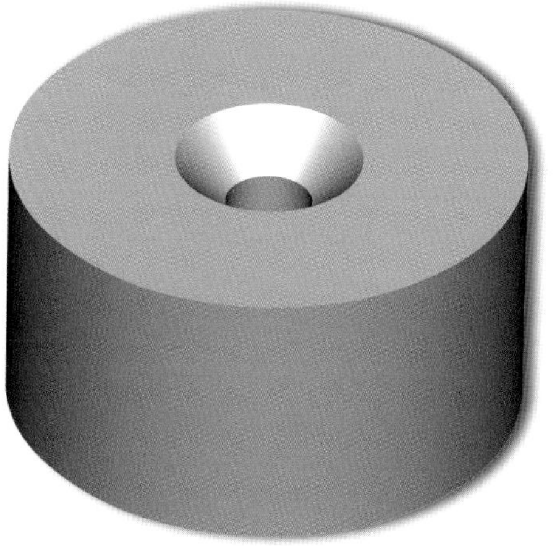

1 Rohteil der Gesenkhälfte für Kegelräder

Schruppen *(roughing)*

Ausgehend von dem Rohteil (Bild 1) wird beim Schruppen (Bild 2) mit möglichst großem Fräserdurchmesser gearbeitet. Das Ziel des Schruppens – ein möglichst großes Zeitspanungsvolumen – wird beim Hartfräsen erreicht durch ausschließliches Gleichlauffräsen mit

- großen Schnitttiefen a_p
- kleinen Arbeitseingriffen a_e (Bild 3)
- und relativ großen Vorschüben pro Zahn f_z

Bei der Gesenkhälfte wird in zwei Schritten mit zwei Werkzeugen geschruppt. Im ersten Durchgang sind die Schnitttiefen und die Arbeitseingriffe größer. Beim zweiten Mal sind die verbleibenden Stufen wesentlich kleiner.

Vorschlichten *(pre-finishing)*

Das Vorschlichten hat nur die Aufgabe, ein gleichmäßiges und geringes Aufmaß für das Schlichten zu erzielen. Die Gesenkhälfte wird mit einem Kugelfräser von ∅2 mm bearbeitet. Die Schnittdaten betragen: a_e = 0,1 mm bis 0,4 mm, a_p = 0,2 mm, v_c = 90 m/min und n = 15000/min, v_f = 700 mm/min.

Beim Vorschlichten werden gegenüber dem Schruppen

- Schnitttiefen a_p, Arbeitseingriffe a_e und Vorschübe pro Zahn f_z verkleinert und
- die Schnittgeschwindigkeiten gesteigert.

MERKE

Für die Feinbearbeitung muss das Werkstück ein gleichmäßiges Aufmaß – oft kleiner als 0,1 mm – erhalten.

6.2.4 Schnittdaten für das Schlichten und die Restbearbeitung

Da die Übergangsradien bei dem Gesenk sehr klein sind, wird ein Kugelfräser mit 2 mm Durchmesser zum Schlichten gewählt (Bild 4). Bei Kugel- und Torusfräsern entspricht der größte wirksame Radius meistens nicht dem Fräserradius (Seite 362 Bild 1).

Torusfräser: ∅6 mm, 6 Schneiden, Radius 0,5 mm
a_p = 0,25 mm; a_e = 3,5 mm bis 6 mm; v_c = 70 m/min; n = 3700/min; v_f = 680 mm/min

Torusfräser: ∅4 mm, 4 Schneiden, Radius 0,4 mm
a_p = 0,13 mm; a_e = 0,25 mm bis 3 mm; v_c = 70 m/min; n = 5600/min; v_f = 1150 mm/min

2 Schruppen der Gesenkhälfte

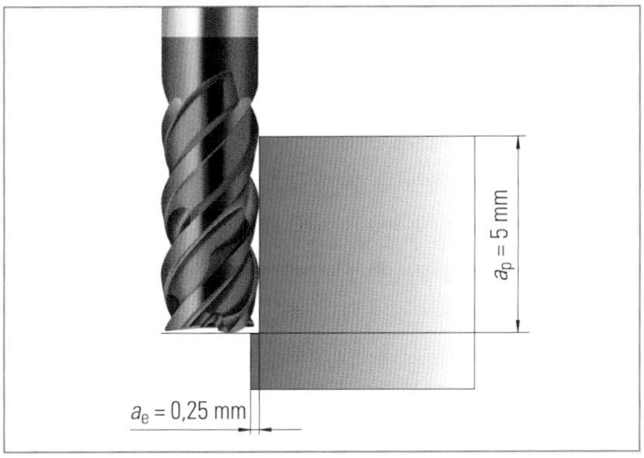

3 Schnittdaten beim Schruppen der Gesenkhälfte

Kugelfräser: ∅2 mm, 2 Schneiden, Radius 1 mm
a_p = 0,1 mm; a_e = 0,05 mm; v_c = 125 m/min; n = 30000/min; v_f = 1200 mm/min

4 Schlichten der Gesenkhälfte

Deshalb ist für die Bestimmung der Umdrehungsfrequenz nicht der Fräserdurchmesser sondern der wirksame Durchmesser zu berücksichtigen.

Beim Schlichten sind
- Schnitttiefen a_p, Arbeitseingriffe a_e und Vorschübe pro Zahn f_z am kleinsten und
- die Schnittgeschwindigkeiten am größten.

Bei der Restbearbeitung sind meist nur noch radienförmige Übergänge fertig zu schlichten, die mit dem normalen Schlichtwerkzeug nicht herzustellen sind. Das übernehmen Fräser mit noch kleineren Durchmessern und Eckenradien. So gibt es beispielsweise Schaftfräser mit 0,6 mm Durchmesser d_1 mit einem Eckenradius R von 0,06 mm (Bild 2).

Die gesamte Bearbeitungszeit für die Schmiedegesenkhälfte dauert 20 Stunden und 10 Minuten.

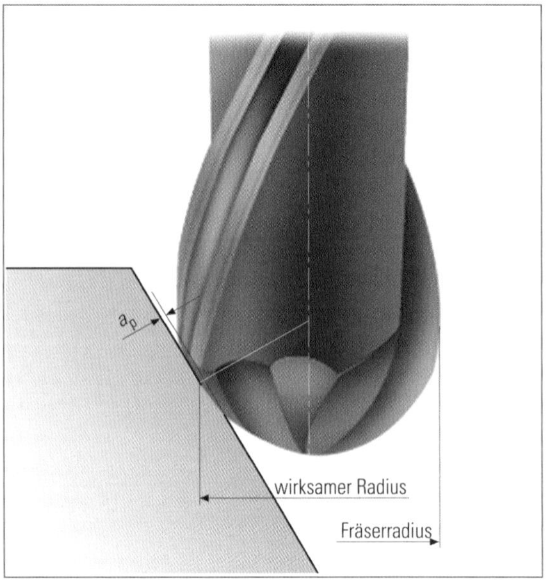

1 *Wirksamer Radius beim Kugelfräser*

6.2.5 Stabiltät und Präzision der Werkzeugschneide

Zusätzlich zu den beim Hartdrehen beschriebenen Anforderungen müssen die CNC-Fräsmaschinen sehr hohe Drehzahlen (z. B. 30000/min) zur Verfügung stellen. Gleichzeitig sind Anfangs- und Endpunkt für einen NC-Satz meist nicht weit voneinander entfernt. Bei den hohen Vorschubgeschwindigkeiten müssen die Steuerungen deshalb viele Sätze vorauslesen und über Satzverarbeitungszeiten verfügen, die kleiner als 1 ms sind. Die Interpolation von **Splines** ist wünschenswert. Splines sind Kurven (Bild 3), die durch mathematische Funktionen höheren Grades beschrieben werden.

2 *Schaftfräser für Restbearbeitung*

6.2.6 Anforderungen an das CAM-System

Zur Generierung der CNC-Sätze ist ein leistungsfähiges CAM-System erforderlich, das aufgrund vorhandener CAD-Daten die CNC-Programme erzeugt. Beim Hartfräsen besteht durch die höheren Schnittkräfte die Gefahr, dass das Werkzeug schnell verschleißt oder bricht. Deshalb hat das CAM-System u. a. folgende Anforderungen zu erfüllen:
- reine Gleichlaufbearbeitung ermöglichen
- konstantes Zerspanungsvolumen gewährleisten
- Schnittunterbrechungen vermeiden
- unterschiedliche Frässtrategien anbieten
- weiches Ein- und Ausfahren (Seite 363 Bild 1) ermöglichen
- weiche Bahnverbindungen wie z. B. Trochoidbearbeitung[1)] von Konturen gestatten (Seite 363 Bild 2)
- Maschine und Arbeitsraum simulieren und Kollisionsbetrachtungen durchführen

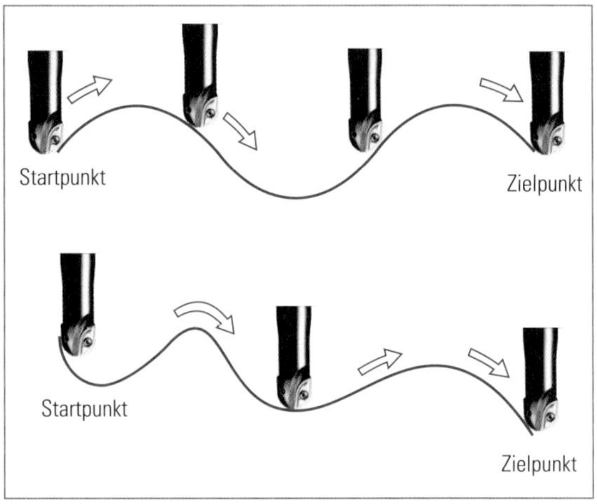

3 *Beispiele für Splines*

1) Bei der Trochoidberbeitung wird ein Werkzeugweg erzeugt, der in Vorschubrichtung auf Kreisbahnen das Material vom Rohling abträgt. Hierdurch wird die Schnittkraft auf ein nahezu konstantes Niveau verringert und eine gleichbleibend hohe Bearbeitungsgeschwindigkeit erreicht.

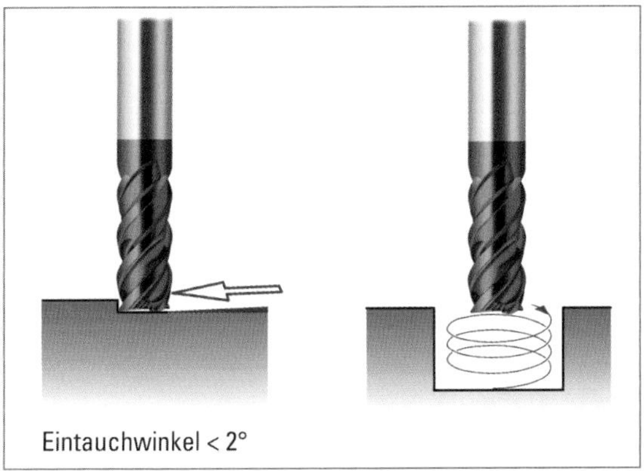

1 Eintauchen bei der Hartbearbeitung

MERKE

Präzisions-Hartfräsen ist eine Feinbearbeitung und stellt erhöhte Anforderungen an Werkzeuge, Fräsmaschine und deren Steuerung sowie das eingesetzte CAD-CAM-System.

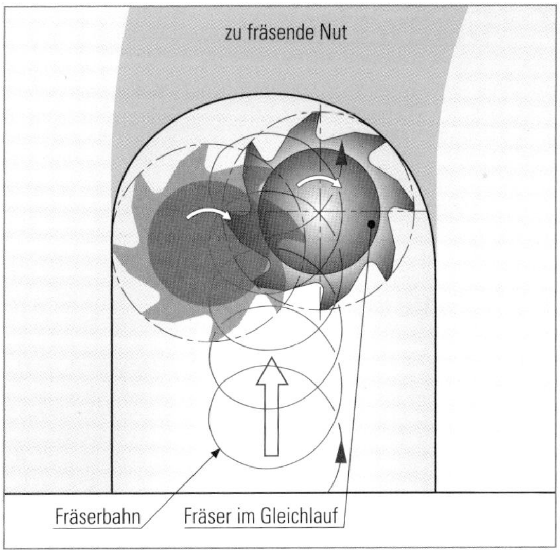

2 Bei der Trochoidbearbeitung von Nuten erfolgt die Bearbeitung im Gleichlauf bei möglichst gleichen Schnittbedingungen

ÜBUNGEN

1. In welchem Härtebereich liegen die Stähle, die durch Präzisions-Hartdrehen und -Hartfräsen bearbeitet werden?

2. Warum zählt das Präzisions-Hartdrehen zu den Feinbearbeitungsverfahren?

3. Nennen Sie Vorteile des Hartdrehens gegenüber dem Schleifen.

4. Wie groß sind etwa die Schnitttiefen beim Hartdrehen von einsatzgehärteten Stählen?

5. Begründen Sie, warum beim Hartdrehen oft Negativplatten aus CBN eingesetzt werden.

6. Skizzieren Sie eine Schneidengeometrie, durch die die Oberflächenqualität wesentlich verbessert wird.

7. Durch welche Maßnahmen wird die Stabilität von Werkzeug- und Schneidplattenaufnahme gesteigert?

8. Nennen Sie Aspekte, die bei der Weichbearbeitung, die dem Hartdrehen vorausgeht, zu berücksichtigen sind.

9. Welche Anforderungen stellt das Hartdrehen an Spannmittel und Werkzeugmaschine?

10. Nennen Sie Ziele, die durch das Präzisions-Hartfräsen erreicht werden.

11. Durch welche Maßnahmen wird die Stabilität des eingespannten Fräsers und seiner Schneide erhöht.

12. Beschreiben Sie Maßnahmen, durch die die Rundlauffehler minimiert werden.

13. Warum ist ein konstantes Aufmaß so wichtig für das Präzisions-Hartfräsen?

14. Welche Prozessparameter sind beim Schrupp- bzw. Schlichtfräsen harter Stähle zu wählen?

15. Nennen Sie Anforderungen, die eine Werkzeugmaschine für das Hartfräsen erfüllen muss.

16. Über welche Eigenschaften soll ein CAM-System bei der Erzeugung der CNC-Programme verfügen?

7 Glattwalzen

Das Pleuel (Bild 1) soll im Betrieb möglichst wenig verschleißen. Deshalb muss die Pleuelbohrung nicht nur eine hohe Oberflächenqualität, sondern auch einen hohen Traganteil und eine entsprechende Härte besitzen. Durch Glattwalzen *(smooth polishing)* sind diese Forderungen wirtschaftlich zu erreichen.

1 Glattwalzen eines Pleuels

7.1 Grundlagen

364_1 Das Glattwalzen – häufig auch **Rollieren** genannt – ist ein Feinbearbeitungsverfahren, bei dem die Oberfläche nicht durch Spanen sondern durch **Umformen** gefertigt wird. Unter dem Druck der polierten und gehärteten Glättwalzen wird die Werkstückoberfläche **plastisch verformt** und das Rauheitsprofil eingeebnet (Bild 2). Dazu ist die Glättwalze in Vorschubrichtung mit einem Radius R versehen und bildet an ihrem rückwärtigen Teil mit der glattgewalzten Oberfläche einen Freiwinkel α der meist kleiner als ein Grad ist.

Da keine Volumenänderung auftritt, wird ungefähr die Hälfte der Oberflächenrauheit eingeebnet und gleichzeitig das gleiche Volumen angehoben. Die so entstandene Oberfläche (Bild 3) besitzt nur einen Bruchteil der ursprünglichen Rautiefe.

Das Glattwalzen erzielt Rauheitswerte bis Rz = 1 µm bzw. Ra = 0,1 µm. Durch die beseitigten „Rauheitsspitzen" ist der **Traganteil** wesentlich größer als beim Ausgangsprofil. Durch das Umformen tritt eine Kaltverfestigung der Oberfläche ein, die zu einer Härtesteigerung bis zu 30 % führt.

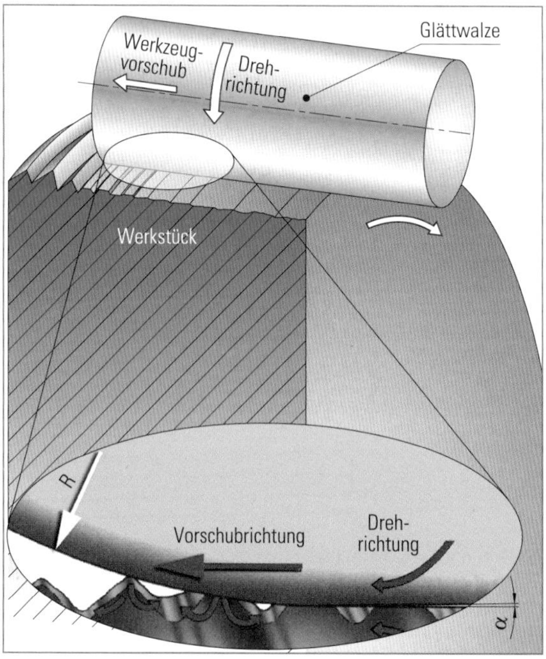

2 Umformen der Oberfläche beim Glattwalzen

7.2 Voraussetzungen und Vorbereitungen

Alle **plastisch verformbaren (duktilen) Werkstoffe** wie Stahl, rostfreier Stahl, NE-Metalle und Gusswerkstoffe lassen sich glattwalzen. Die Walzbarkeit eines Werkstoffs lässt sich am besten über seine Bruchdehnung[1)] beurteilen. Liegt sie über 5 %, ist die Walzbarkeit gewährleistet. Eine Ausnahme hierbei macht Gusseisen, das trotz geringerer Bruchdehnung walzbar ist. Der Grund hierfür liegt in der nicht homogenen Struktur des Materials.

MERKE

Beim Glattwalzen sollte die Werkstoffhärte 50 HRC nicht überschreiten und die Festigkeit unter 1400N/mm² liegen.

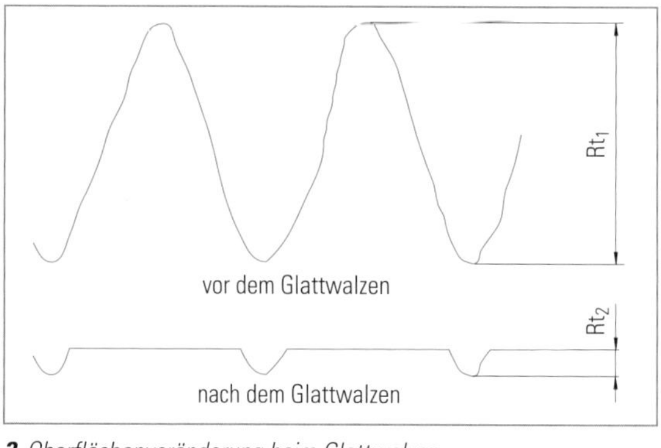

3 Oberflächenveränderung beim Glattwalzen

Die Vorbearbeitung für das Glattwalzen der rotationssymmetrischen Werkstücke erfolgt durch spanende Bearbeitung wie z. B. Drehen, Reiben, Vorschleifen und Schrupphonen. Die Vorbearbeitung muss die geforderte Endtoleranz wie z. B. IT7 bereits erfüllen. Je enger die geforderte Endtoleranz ist, desto genauer muss die Vorbearbeitung sein.

1) siehe Lernfeld 5 Kap. 8.3.1

Die vorbearbeiteten Oberflächen müssen sauber und frei von Spänen sein und sollen eine **Mindestrautiefe** von 10 bis 25 μm zum Einebnen besitzen. Bei hochvergüteten Stählen muss sie wegen der schwierigeren Umformung geringer sein und sollte 12 μm möglichst nicht überschreiten.

Da sich beim Glattwalzen durch das Umformen der Durchmesser verändert, ist eine Bearbeitungszugabe erforderlich, um das gewünschte Fertigmaß zu erreichen. Die **Bearbeitungszugabe** ist – auf den Durchmesser bezogen – etwa so groß wie die Rautiefe der vorgefertigten Oberfläche (z. B. 0,01 ... 0,025 mm). Durch den Vergleich von vorbearbeitetem und gewalztem Durchmesser ist die notwendige Bearbeitungszugabe leicht zu ermitteln.

7.3 Verfahren

5_1 Für das Glattwalzen von Bohrungen und Zapfen stehen Werkzeuge für die **Innen- und Außenbearbeitung** zur Verfügung
5_2 (Bilder 1 bis 3). Ein Käfig hält die kegeligen Rollen auf Abstand. Auf dem Außen- bzw. Innenkegel stützen sich die abwälzenden Rollen ab. Eine Feststelleinrichtung verschiebt den Kegel in axialer Richtung feinfühlig, sodass Durchmesserveränderungen von 2 μm möglich sind.

Innenwerkzeuge eignen sich für die Bearbeitung von Bohrungen zwischen ca. 1 mm bis 400 mm Durchmesser. Außenwerkzeuge decken einen Durchmesserbereich von ca. 0,5 mm bis 80 mm ab. Glattwalzwerkzeuge können auf vielen Werkzeugmaschinen eingesetzt werden, wobei sich entweder das Werkstück oder das Werkzeug dreht.

Die **Walzgeschwindigkeiten** liegen bei 60 bis 150 m/min. Der **Vorschub** pro Rolle beträgt je nach Walzbedingung 0,2 mm bis 1,5 mm. Das entspricht bei mehrrolligen Werkzeugen einem Vorschub von ca. 1 mm bis 10 mm pro Umdrehung. Zu hohe Umdrehungsfrequenzen oder Vorschübe setzen die Standzeit der Werkzeuge herab, ohne dass sich die Oberflächenqualität des Bauteils merklich verschlechtert.

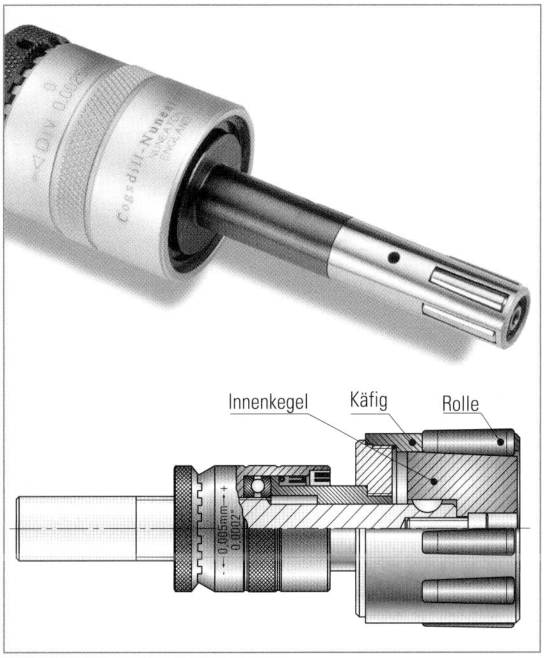

1 *Glattwalzwerkzeug für die Innenbearbeitung*

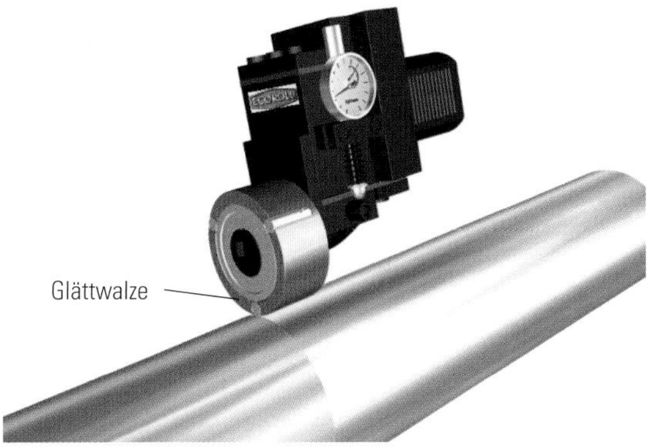

2 *Außenglattwalzen mit einer Glättwalze auf der Drehmaschine*

3 *Glattwalzwerkzeug für die Außenbearbeitung*

Glattwalzwerkzeuge für **Durchgangsbohrungen** arbeiten durch Schrägstellung der Rollen im Käfig mit selbsttätigem **Eigenvorschub** (Bild 1 Mitte). Beim Einsatz auf Maschinen wie Ständerbohrmaschinen, zieht sich das Werkzeug von selbst in die Bohrung. Der Rückzug des Werkzeuges erfolgt, sobald die Rollen ein Drittel ihrer Länge unten aus der gewalzten Bohrung herausragen. Für **Grundlochbohrungen** werden gerade gestellte Rollen gewählt, um möglichst bis zum Bohrungsgrund zu walzen (Bild 1 rechts).

Zugeführtes Kühlschmiermittel spült und schmiert das Werkzeug beim Glattwalzen (Bild 2). Umgewälzte, maschineneigene Kühlschmiermittel müssen gefiltert werden, um Verunreinigungen, kleine Späne oder Abrieb vom Glattwalzwerkzeug fern zu halten.

Das Glattwalzen besitzt folgende **Vorteile**:

- Erzielung sehr guter Oberflächenqualitäten (Rz = 1 μm bzw. Ra = 0,2 μm)
- wesentliche Verbesserung des Traganteils der Oberfläche
- Erhöhung der Oberflächenhärte durch Kaltverfestigung
- Steigerung der Verschleißfestigkeit der Bauteile
- Reduzierung der Korrosionsanfälligkeit der Oberfläche
- umweltfreundliches Verfahren, da kein Materialabtrag und geräuscharm
- sehr kurze Prozesszeiten
- geringe Investitionskosten (nur Werkzeuge, keine Maschinen)
- hohe Prozesssicherheit durch lange Standzeit
- einfache Handhabung

Nachteile des Glattwalzens:

- Gehärtete Bauteile Härte > 50 HRC lassen sich nicht oder nur bedingt glattwalzen
- Passfedernuten verhindern den Walzprozess
- keine wesentliche Geometrieverbesserung im Vergleich zur Vorbearbeitung, da das Werkzeug der vorbearbeiteten Kontur folgt
- dünnwandige Bauteile benötigen Spezialaufnahmen

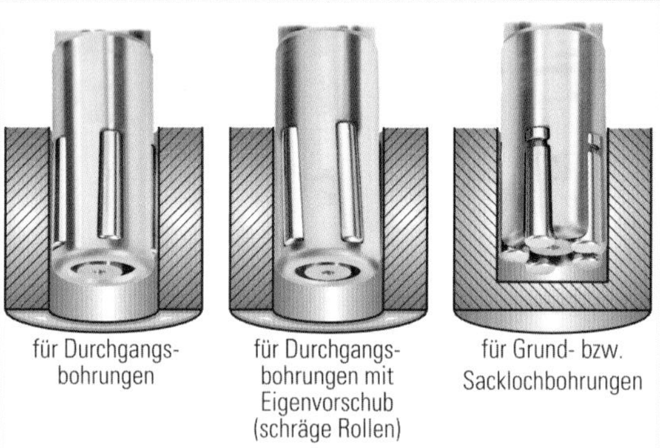

1 *Innenglattwalzen*

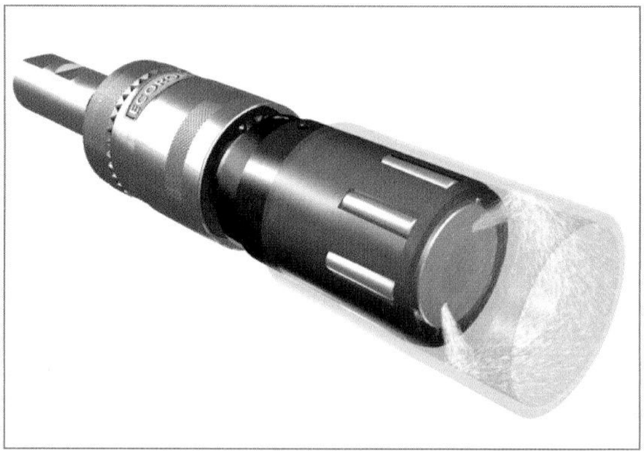

2 *Innenglattwalzen mit Schmierung*

ÜBUNGEN

1. Beschreiben Sie die Vorgänge, die beim Glattwalzen einer Oberfläche ablaufen.
2. Über welche Eigenschaften muss eine Werkstoff verfügen, dessen Oberfläche glattgewalzt werden soll?
3. Die Zylinderbohrung von ∅50H7 in einem Werkstück aus 10S20 soll so glattgewalzt werden, dass das Istmaß in der Toleranzfeldmitte liegt. Die Vorbearbeitung erfolgt durch Innendrehen.
   a) Welche Rautiefe Rz sollte die Zylinderbohrung nach dem Drehen besitzen?
   b) Wie groß sollte der Durchmesser der Zylinderbohrung nach dem Drehen sein?
   c) Mit welcher Umdrehungsfrequenz würden Sie Glattwalzen?

8 Finish-Machining

8.1 Grinding Machine

8.1.1 General Information

Grinding machines are highly accurate machine tools. Work pieces produced by them must be accurate in size and shape, with high-quality surface finish. These objectives are attained by the special construction of these machines. Grinding processes are distinguished by the widest possible range of different feed and in-feed movements, whereas the cutting motion is always carried out by the tool, which is the grinding wheel. The grinding wheels are solid discs made from abrasive grains held in a bonding material. The abrasive grains are used to remove chips from the work piece by means of rapid rotary motion. This process can generate substantial amounts of heat, therefore, it is important to cool the work piece so that it does not overheat and exceed its tolerances. In general there are two different grinding processes, surface grinding and cylindrical grinding. The work piece can be mounted between two dead centres which prevent

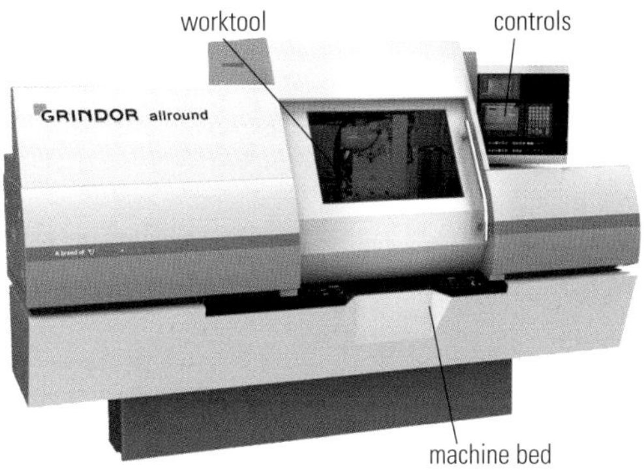

the rotary motion of the grinding wheel from being transmitted to the work piece.

The machine shown in the photo above is an OD and ID grinding machine which means that both outer and inner diameters can be ground. It is also suitable for grinding cylindrical or conical outer and inner surfaces by longitudinal or plunge grinding. Any desired shape can also be produced on cylindrical surfaces by using profile wheels.

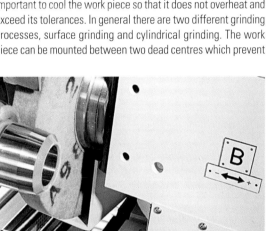

OD grinding with magnet clamping chuck

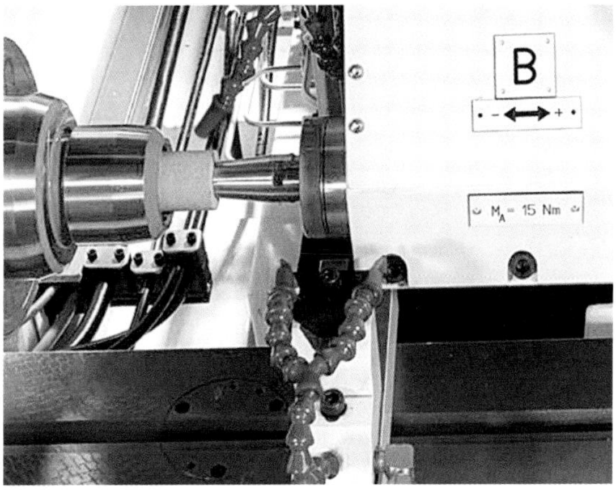

ID grinding with B-axis

The following work piece geometries can be ground:
cylindrical diameter, taper, radii, inner diameter, outer diameter, shoulders, chamfers, recesses.

Assignments:

1. Translate the text above by using your English-German vocabulary list.
2. Why do grinding machines have to be highly accurate machines?
3. What distinguishes grinding processes according to the text?
4. What is a grinding wheel made from?
5. How is material removed from the work piece by the grinding wheel?
6. Why is it important to cool the work piece?
7. In general what are the two different types of grinding?
8. The machine shown in the photo is an OD and ID grinding machine. What do the abbreviations OD and ID stand for?
9. What work piece geometries can be produced with a machine like this?
10. Match the German terms with the English vocabulary in the box below the two photos:

abgesetzte Partien, Außendurchmesser, Planschultern, zylindrische Durchmesser, Fasen, Radien, Kegel, Innendurchmesser

8.1.2 Some Facts and Figures

Sometimes a cutting machine operator may be sent abroad to install and start up grinding machines. In case you have to do a job like this you may need terms from the original chart below.

a) Workpiece data	• Clamping length: max. 800 mm • Height of centres: 150 mm (180 mm option) • Workpiece weight: max. 80 kg (between turning centres)
b) Lateral axis (X-axis)	• Max. path: 350 mm • Speed: 0.001 – 10 m/min
c) Longitudinal axis (Z-axis)	• Max.path: 1000 mm • Speed: = 0.001 – 12 m/min
d) Wheelhead (B-axis)	• Freely programmable (manual swivelling) • Swivel range: max. 210°
e) OD grinding spindle	• Drive capacity: 5 kW • Grinding wheel diameter: 400 – 290 mm • Grinding wheel width: max. 63 mm • peripheral speed: 45 m/s
f) ID grinding attachment	• Drive capacity: 1,5 kW • Locating bore: 80 mm dia. • Internal grinding spindle speed: 25,000 rpm[1)] (option) 42,000 rpm (option) 55,000 rpm (option)
g) Workhead	• Speed range: 0-1000 rpm • Taper mount: MK 5 • Spindle torque: 36 Nm • Swivel range: 0-90° • Spindle passage: 38 mm
h) Tailstock	• Mounted on grinding table, manually adjustable • Centre sleeve stroke: 30 mm, hydraulic • Taper mount: MK 4
i) Dimensions	• L × B × H: 3,340 × 1,960 × 2,050 mm (without coolant plant) • L × B × H: 3,340 × 2,560 × 2,050 mm (with coolant plant)
k) Weight	• 5,500 kg

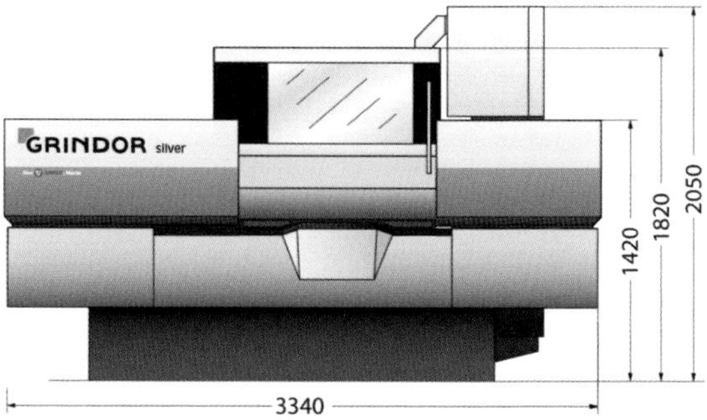

Assignments:

1. Look at the German words below and match the letters and the numbers:
   I. Gewicht
   II. Werkstückdaten
   III. Abmessungen
   IV. Reitstock
   V. Längsachse (Z-Achse)
   VI. Außen-Schleifspindel
   VII. Schleifspindelstock (B-Achse)
   VIII. Querachse (x-Achse)
   IX. Werkstückspindelstock
   X. Innenschleifeinrichtung
2. Draw a mind-map by using all the terms given in the chart facts and figures. Look at your English-German vocabulary list and write the German translations below.

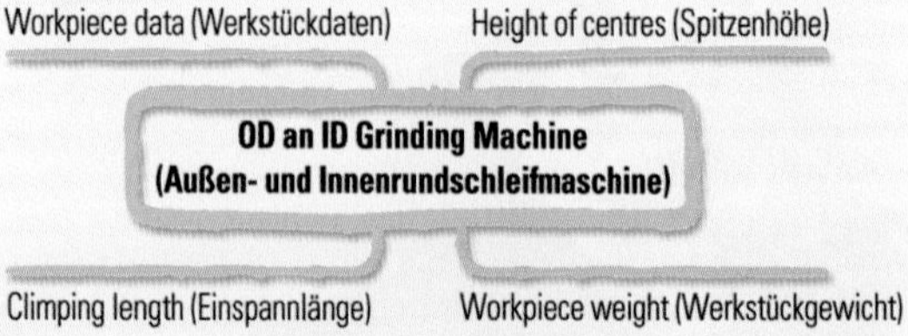

3. What is the maximum clamping length?
4. Why is an option of 180 mm available for the height of centres?
5. Why is the workpiece weight between turning centres limited to 80 kg?
6. What are the lateral axis and the longitudinal axis used for?
7. What is the maximum feed speed for the Z-axis?
8. Why does a wheel head sometimes have to be manually swivelled?
9. Give the dimensions of diameter and width for the grinding wheel.
10. Why are there three different speed options for the internal grinding spindle?
11. Why does the tailstock have to be mounted on the grinding table and has to be moveable?
12. Why is it necessary to give a customer two different dimensions for length, width and height?
13. Explain to other trainees what personal experience you have concerning grinding and grinding machines.

1) rpm: revolutions per minute

8.2 Superfinishing

8.2.1 General Information

Honing is a process of machining. It serves to improve the shape, size, accuracy and surface quality of the workpiece. In production, therefore, it is the final manufacturing process.
In general there are two types of honing process, long-stroke honing and short-stroke honing.
These processes are also known as superfinishing and are distinguished by their movement cycles.
Both processes can be used for internal surfaces such as holes as well as external surfaces such as shafts. Typical applications are superfinishing internal combustion engine cylinders, air bearing spindles and gear teeth.
Special honing machines are used in serial production but honing is possible also by using ordinary lathes and vertical boring machines with attachments fitted. Two different types of these short-stroke honing attachments are shown below, one using a honing stone the other a honing band.
Short-stroke honing can be carried out either with honing stones or honing bands.
Texts and figures are from an original catalogue of superfinishing attachments.

Assignments:

1. Translate the text given above.
2. What are the two different types of honing used in general?
3. What kind of surfaces can be honed?
4. List as many applications as you know. Also think about honing processes in your company.

8.2.2 Superfinishing Attachments

The photo beside shows an attachment with a honing band. The manufacturer informs the user with a text and technical specifications:

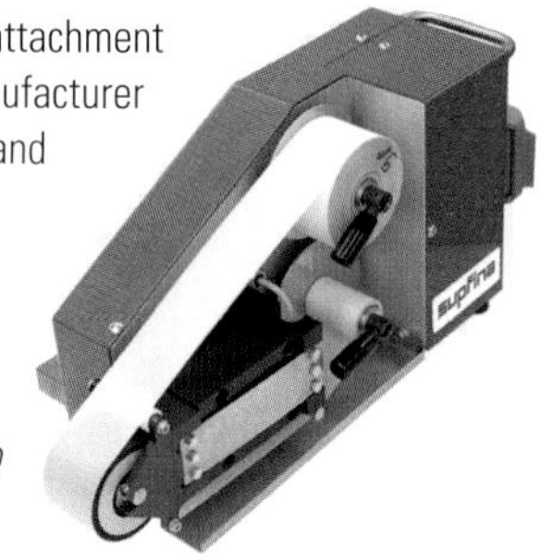

Electrically powered tape finishing attachment for mounting to small, medium and large carrier machines to enable superfinishing of ground and fine-turned surfaces. Can also be used in CNC machine tools fitted with a turret.

Technical Specifications:

Frequency in Hz	*0–30*
Amplitude in mm	*+/–1*
Air pressure in bar	*max. 7*
Unit weight in kg	*20*
Contact stroke in mm	*30*
Tape widths in mm	*10–50*
Contact pressure in N	*max. 280*
Operating voltage	*230 V/50 Hz*
US Version	*110 V/60 Hz*
Drive wattage	*90 W*
Mounting orientation	*0–90°*

The figure beside shows an attachment with a honing stone. Also the producer informs the operator about useful data:

Pneumatic superfinishing attachment for mounting on small and medium sized carrier machines for superfinishing of ground and turned surfaces. In addition to cylindrical components, the attachment can also be used on flat, lightly convex or lightly concave surfaces and bores.

Technical Specifications:

Frequency max in Hz	*2200*
min in Hz	*2000*
Amplitude in mm	*3–5*
Air pressure in bar	*4*
Air consumption in Nm^3/h	*5–7*
Weight in kg	*12*
Stone guide type	*21.01*
Extra stone guide for high bounds type	*21.10*
Stone guide stroke in mm	*25*
No. of stone guides	*1–2*
Piston surface in cm^2	*10*

Assignments:

5. Match the German and English terms and write the result into your exercise-book.

technical specifications – Kolbenfläche – air pressure – technische Daten – unit weight – Steinführung Typ – contact stroke – Luftverbrauch – tape widths – Steinführung Hub – contact pressure – Sondersteinführung für hohe Bunde – operating voltage – Gerätegewicht – drive wattage – Luftdruck – mounting orientation – Gewicht – air consumption – Anpresshub – weight – Einbaulage – stone guide type – Antriebsleistung – extra stone guide for high bounds – Bandbreite – stone guide stroke – Betriebsspannung – piston surface – Anpresskraft

8.3 Work With Words

In future you will come into the situation to talk, listen or read technical English. Very often it will happen that you either **do not understand** a word or **do not know the translation**.

In this case here is some help for you!!!

Below you will find a few possibilities to describe or explain a word you don't know or opposites[1)] or use synonyms[2)].
Write the results into your exercise book.

1. **Add as many examples** to the following terms as you can find for grinding processes or fine machining.

grinding processes:	surface grinding contour grinding	*fine machining:*	lapping honing

2. **Explain the two terms in the box:**
Use the words below to form correct sentences. Be careful the order is mixed!

grinding machine:	using an abrasive wheel/used for grinding,/is a machine tool/which is a type of machining /A grinding machine/as the cutting tool.	*lapping:*	by hand movement/with an abrasive between them,/in which two surfaces/ Lapping is a machining operation,/are rubbed together/or by way of a machine.

3. **Find the opposites**[1)]**:**

external cylindrical grinding:		*single disc lapping machine:*	
long-stroke honing:		*static disc:*	

4. **Find synonyms**[2)]:
You can find one or two synonyms to each term in the box below.

structure:		*bonding material:*	
hardness:		*grain sizes:*	
rigidity/arrangement/stiffness/construction		granularity/compound/grit/bonding	

5. In each group there is a word which is the **odd man**[3)]. Which one is it?

a) grinding, lapping, danger of accident, honing
b) abrasives, feed motion, grain sizes, bonding material, hardness
c) cutting speed, wheel speed, structure, work speed
d) honing tool, rough grinding, finish grinding, sparking out

6. Please translate the information below. Use your English-German Vocabulary List if necessary.

Stock removal processes with grinding are not directly observable because of the smallness of the abrasive grains and the contact zones as well as the extremely short stock removal times.

1) *opposite:* Gegenteil 2) *synonyme:* Synonym, ähnliches Wort, Ergänzung 3) *odd man:* Außenseiter, überzähliges Wort, fünftes Rad am Wagen

Lernfeld 10: Optimieren des Fertigungsprozesses

Inzwischen sind Ihnen die wesentlichen Fertigungsverfahren Ihres Berufes bekannt. Diese Kenntnisse allein reichen jedoch nicht aus, um Ihren Beruf auszuüben.
In diesem Lernfeld geht es nun darum, den Fertigungsprozess auch unter Berücksichtigung wirtschaftlicher Kenngrößen zu gestalten, zu beurteilen und zu optimieren. Hierzu benötigen Sie all das Wissen, das Sie in den bisherigen Lernfeldern erworben haben.
Um es vorweg zu sagen: **Den** optimalen Fertigungsprozess gibt es nicht. Was im konkreten Fall optimal ist, hängt von Zielvorgaben und den Rahmenbedingungen ab. Beispielsweise kann eine Optimierung unter ausschließlich wirtschaftlichen Gesichtspunkten mit Zielen des Qualitätsmanagements der betreffenden Firma oder mit ökologischen Zielvorgaben oder auch entsprechenden gesetzlichen Vorschriften kollidieren.
Ziel dieses Lernfeldes ist, dass Sie die Möglichkeiten kennenlernen, mit denen Sie den Fertigungsprozess beeinflussen können und wie sich die Veränderungen der Prozessparameter auswirken. Es geht darum, welche „Stellschrauben" Ihnen zur Verfügung stehen und wie sie funktionieren.
Hierzu informieren Sie sich unter ökonomischen und ökologischen Gesichtspunkten über alternative Fertigungsverfahren. Unter Berücksichtigung des Werkzeugs und des zu bearbeitenden Werkstoffs legen Sie die Fertigungsparameter fest. Dabei entscheiden Sie, ob vor der spanenden Fertigung Verfahren zum Ändern von Stoffeigenschaften wie z. B. Härten oder Glühen durchgeführt werden müssen.
Sie analysieren die Auswirkungen des Werkzeugverschleißes auf die Qualität und die Wirtschaftlichkeit des Zerspanungsvorgangs und stellen einen Zusammenhang zwischen Verschleißort, -art und -ursache her. Hieraus entwickeln Sie Strategien zur Verschleißminderung. Sie analysieren und unterscheiden verschiedene Maschinen- und Antriebskonzepte. Unter Einbeziehung der Leistungsdaten der jeweiligen Werkzeugmaschinen bewerten Sie deren Verwendungsmöglichkeiten und Wirtschaftlichkeit für eine konkrete Fertigungsaufgabe.
Sie untersuchen und bewerten die Einflüsse von Maschinen- und Fertigungsdaten auf die Qualität und Wirtschaftlichkeit des Bearbeitungsprozesses.

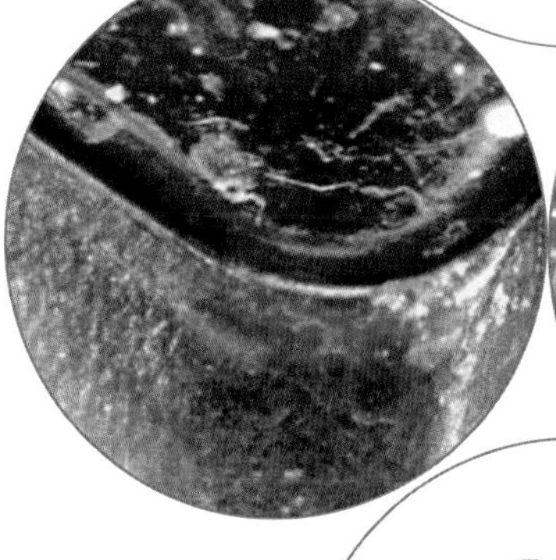

1 Optimieren der Fertigungswirtschaftlichkeit

Wird beim Fertigungsprozess die gewünschte Produktqualität erreicht, gilt es, das Produkt so kostengünstig wie möglich herzustellen. Einen großen Einfluss auf die Kosten haben die Schnittdaten *(cutting data)*, da sie die Fertigungszeit *(processing time)* und den Werkzeugverschleiß *(tool wear)* bestimmen.
In der industriellen Praxis werden Schnittdaten häufig auf der Basis von Erfahrungswerten festgelegt. Grundlage für diese Werte sind oft Empfehlungen der Schneidstoffhersteller oder der -lieferanten aufgrund von Zerspanungsversuchen.
Optimierungen im Betrieb sind meist mit recht umfangreichen Versuchen verbunden, die wiederum Zeit in Anspruch nehmen und die Maschine blockieren. Es ist aber ratsam, gewohnheitsmäßig verwendete Schnittwerte zu überprüfen.
Dieses lohnt sich bei der Fertigung von hohen Stückzahlen, wenn

- in der Serienfertigung *(run production)* Einsparungen am einzelnen Teil möglich sind.
- In der Einzel- und Kleinserienfertigung eine größere Zahl ähnlicher Produkte oder Aufgabenstellungen auftreten.

Die Zerspanung ist ein komplexer Vorgang, bei dem viele Einflussgrößen auftreten. Werden einzelne Größen verändert, können sich die Effekte teilweise verstärken, abschwächen oder sogar aufheben. Ohne praktische Versuche an der Maschine kann eine Optimierung deshalb nicht funktionieren. Diese Versuche können aber durch einfache rechnerische Betrachtungen teils erheblich abgekürzt werden.

Optimieren der Fertigungszeit
Die Fertigungszeit je Werkstück ergibt sich aus:

1.1 Optimieren der Fertigungszeit

1.1.1 Rüstzeit

Die Rüstzeit[1)] *(setting-up time)* ist die Zeit, die zum Vorbereiten und Einrichten der Maschine benötigt wird. Auf die Rüstzeit hat die Fachkraft für Zerspanungstechnik meist nur einen geringen Einfluss. Sie wird in hohem Maß von der vorliegenden technischen Ausstattung bestimmt.
Zeitliche Einsparungen können z. B. erreicht werden, wenn:

- die Werkzeuge extern vermessen werden[2)] (Bild 1)
- die Programmierung und Simulation extern erfolgt
- der Maschinenraum gut zugänglich ist
- modulare Werkzeugsysteme *(modular tool systems)* (Bild 3) verwendet werden
- die Reihenfolge der Aufträge optimiert werden kann

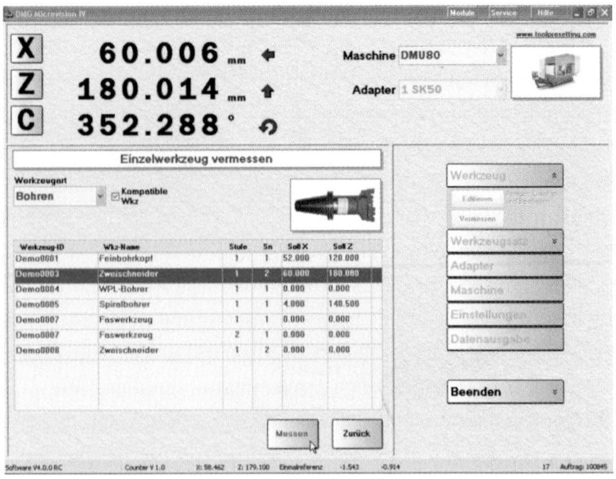

1 Daten einer externen Werkzeugvermessung

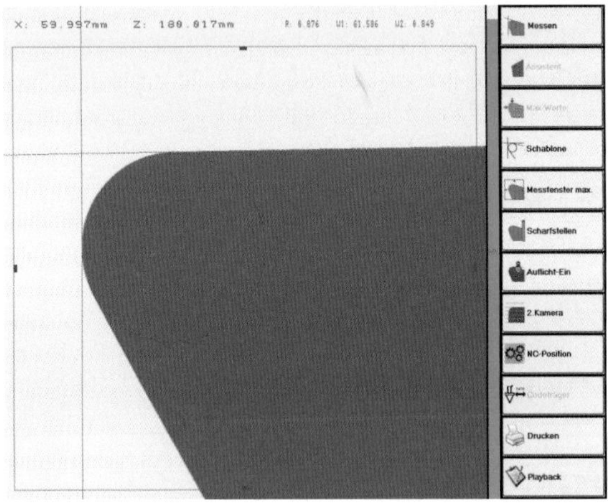

2 Vergrößerungsoptik bei der externen Werkzeugvermessung

3 Modulare Werkzeuge

1) siehe Lernfeld 5 Seite 80 2) siehe Lernfeld 8 Kap. 3.5.1

Zusätzlich zur Einsparung von Rüstzeiten hat der Einsatz eines externen Werkzeugmesssystems *(tool measurement system)* weitere Vorteile:

- Das Messen erfolgt berührungslos *(non-contact)*, somit kann keine Beschädigung der Werkzeugschneiden auftreten.
- Über die Einzelschneidenmessung hinaus können Rund- und Planlaufkontrolle bei mehrschneidigen Werkzeugen wie Schaftfräsern durchgeführt werden.
- Der Schneidenzustand *(state of cutters)* kann durch die Vergrößerungsoptik sehr gut beurteilt werden (Seite 372 Bild 2).
- Die Kontur komplizierter Formwerkzeuge kann einfach ermittelt werden.
- Die Werkzeugdaten können in ein CAD/CAM-System eingebunden werden.
- Ein digitales Werkzeugverwaltungssystem kann leicht erstellt werden (Seite 372 Bild 1).
- Die Messergebnisse sind reproduzierbar und unabhängig vom Bediener.

1.1.2 Nebenzeit

Die Nebenzeit *(nonproductive time)* ist die Zeit während der Bearbeitung, bei der das Werkzeug **nicht** im Eingriff ist. Sie wird durch die Verfahrwege und die Verfahrgeschwindigkeiten außerhalb der Zerspanung bestimmt. Bei der Optimierung von CNC-Programmen ist deshalb eine **Minimierung der Verfahrwege** anzustreben.

1.1.3 Werkzeugwechselzeit

Die Werkzeugwechselzeit *(tool change time)* ist die Zeit, die zum Wechseln der Werkzeuge benötigt wird. Diese hängt, wie die Rüstzeit, stark von der technischen Ausstattung ab. Die Fachkraft für Zerspanungstechnik hat aber z. B. bei einem Werkzeugrevolver Einfluss auf die Werkzeugwechselzeit.
Werden die Werkzeuge in der Reihenfolge der Bearbeitung gespannt, reduziert dies beim Drehen die Werkzeugwechselzeit. Dabei ist die Kollisionsmöglichkeit insbesondere beim Werkzeugwechsel zu beachten. Verfügt der Revolver über eine Richtungslogik, reduziert dieses auch die Werkzeugwechselzeit.

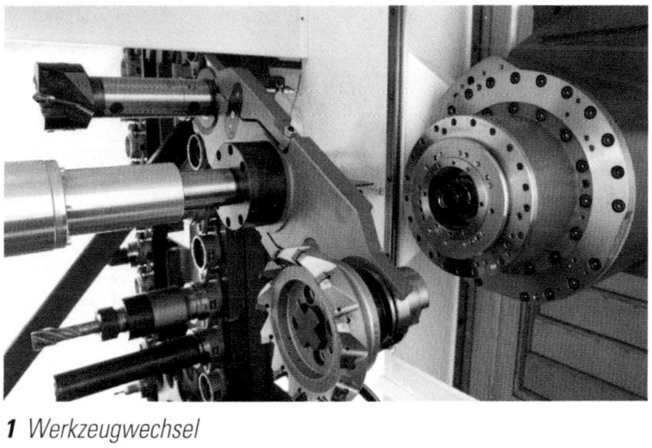

1 *Werkzeugwechsel*

Richtungslogik bedeutet, dass die Drehrichtung des Revolvers im Programm bestimmt werden kann.
Moderne Werkzeugmaschinen können bereits während der Bearbeitung das folgende Werkzeug automatisch in die Wechselposition bringen[1] (Bild 1).
Bei Drehmaschinen ist eine entsprechende Positionierung des nächsten Werkzeugs möglich, wenn die Drehmaschine mindestens eine zweite Werkzeugwechseleinrichtung besitzt[2].

1.1.4 Hauptnutzungszeit

Während der Hauptnutzungszeit[3] *(machine running time)* ist das Werkzeug im Eingriff, d. h., es werden Späne abgenommen. Auf die Hauptnutzungszeit hat die Fachkraft für Zerspanungstechnik einen erheblichen Einfluss. Die Hauptnutzungszeit wird im Wesentlichen durch folgende Stellgrößen bestimmt:

- Schnitttiefe *(depth of cut)* a_p
- Arbeitseingriff *(infeed)* a_e
- Vorschub *(feed motion)* f
- Vorschubgeschwindigkeit *(chart speed)* v_f
- Schnittgeschwindigkeit *(cutting speed)* v_c

Zielsetzung der Schnittdatenoptimierung

Bei der Optimierung der Schnittdaten *(optimisation of cutting data)* ist die Zielsetzung je nach Bearbeitungsaufgabe unterschiedlich. Bei der **Schruppbearbeitung** *(roughing machining)* stehen drei Optimierungsziele im Vordergrund:

- Maximales Zerspanungsvolumen
- Minimale Fertigungskosten
- Minimale Fertigungszeiten.

Bei der **Schlichtbearbeitung** *(finishing machining)* sind andere Zielsetzungen maßgebend:

- Einhaltung vorgegebener Maßtoleranzen
- Einhaltung vorgegebener Oberflächenqualitäten
- Einhaltung vorgegebener Maß- und Lagetoleranzen
- Einhaltung vorgegebener Fertigungskosten
- Einhaltung vorgegebener Fertigungszeiten

1.2 Optimieren der Schruppbearbeitung

Eine geringe Schnitttiefe bedeutet, dass häufig mehrere Zustellungen notwendig sind und das Werkzeug über einen langen Weg in Kontakt mit dem Span ist (siehe Beispielrechnung Seite 374). Dies erhöht den Verschleiß *(abrasion)* und die Fertigungszeit.
Zur Erzielung geringer Fertigungskosten wird deshalb im Allgemeinen die größtmögliche Schnitttiefe a_p gewählt[4]. Bei konstanter Schnittgeschwindigkeit reduzieren sich die Kosten mit steigendem Vorschub. Da die Oberflächengüte beim Schruppen keine Rolle spielt und der Vorschub kaum Einfluss auf den Werkzeugverschleiß hat, sollte der laut Angabe des Herstellers größtmögliche Vorschub gewählt werden.

1) siehe Lernfeld 8 Kap. Kap. 4.2.2   2) siehe Lernfeld 11 Kap. 2.2.2   3) siehe Lernfeld 5 Kap. 5.2   4) siehe Lernfeld 5 Kap. 1.1.1

Beispielrechnung

Eine Welle aus C45 soll in der Schruppbearbeitung auf einer Länge von 100 mm vom Durchmesser ∅ 60 mm auf den Durchmesser ∅40 mm gedreht werden. Der Vorschub beträgt 0,5 mm.

Welche Wege l ergeben sich

a) bei einer Schnitttiefe von 2 mm?

b) bei einer Schnitttiefe von 5 mm?

a) Anzahl der Schnitte $i = 5$

$l = \pi \cdot (d_1 + d_2 + d_3 + d_4 + d_5) \cdot 100\text{ mm}$

$l = \pi \cdot (56\text{ mm} + 52\text{ mm} + 48\text{ mm} + 44\text{ mm} + 40\text{ mm}) \cdot 100\text{ mm}$

$l = 75398{,}2\text{ mm}$

$\underline{\underline{l \approx 75{,}4\text{ m}}}$

b) Anzahl der Schnitte $i = 2$

$l = \pi \cdot (d_1 + d_2) \cdot 100\text{ mm}$

$l = \pi \cdot (50\text{ mm} + 40\text{ mm}) \cdot 100\text{ mm}$

$l = 28274{,}3\text{ mm}$

$\underline{\underline{l \approx 28{,}3\text{ m}}}$

MERKE

Eine hohe Schnitttiefe a_p und ein hoher Vorschub f bewirken hohe Schnittkräfte. Diese erfordern hohe Drehmomente *(torques)* und in Verbindung mit hohen Schnittgeschwindigkeiten hohe Leistungen *(engine power)* an der Spindel.

Der vom Schneidstoffhersteller empfohlene Vorschub kann über dem Vorschub liegen, der sich mit der vorhandenen Maschine realisieren lässt. In einem solchen Fall kann das maximal zur Verfügung stehende Drehmoment erreicht und die Leistungsgrenze der Maschine überschritten werden (siehe Kap. 4).

Die Schnittgeschwindigkeit v_c kann im Gegensatz zur Schnitttiefe a_p und dem Vorschub f in einem großen Bereich verändert werden. Dabei ist zu beachten, dass die Schnittgeschwindigkeit einen großen Einfluss auf die Standzeit *(tool life)* T hat, von der wiederum die Werkzeug- und Werkzeugwechselkosten abhängen.

CNC-Maschinen verfügen in der Regel über Overrideschalter. Diese ermöglichen das Verändern von Vorschub und Schnittgeschwindigkeit bzw. Umdrehungsfrequenz bei laufenden Programmen (Bild 1).

Häufig können die Werte aber bis maximal 120 % oder 150 % erhöht werden. Eine Verringerung ist in der Regel bis auf 2 % möglich. Für eine Optimierung kann also im CNC-Programm ein zu hoher Vorschub und eine zu hohe Schnittgeschwindigkeit eingegeben werden, damit z. B. bei einem Override von 50 % die in Tabellenwerken empfohlenen Daten erreicht werden. Der Optimierungsspielraum wird so nach oben erhöht. Solche Testprogramme müssen deutlich gekennzeichnet werden, damit sie vor dem Einsatz in der laufenden Fertigung noch angepasst werden können.

Prinzipielle Vorgehensweise bei der Schnittdatenoptimierung der Schruppbearbeitung

1. Ermittlung der größtmöglichen Schnitttiefe a_p.
2. Ermittlung der optimalen Standzeit T (siehe Kap. 3).
3. Ermittlung der optimalen Schnittgeschwindigkeit v_c (siehe Kap. 3.1).
4. Ermittlung eines günstigen bzw. möglichen Vorschubbereichs f. Hierbei sind die technischen und technologischen Grenzen von Maschine, Werkzeug und Werkstück sowie die Abhängigkeit von der Schnitttiefe a_p und der Spanform zu berücksichtigen.
   Empfehlung: Größtmöglichen Vorschub wählen!
5. Ermittlung der Schnittkraft F_c und der notwendigen Zerspanungsleistung P (siehe Kap. 4). Diese sind erforderlich für die Überprüfung der Belastungsgrenzen der Maschine und des Werkzeugs, soweit dieses nicht bereits bei Schritt 3 berücksichtigt wurde.

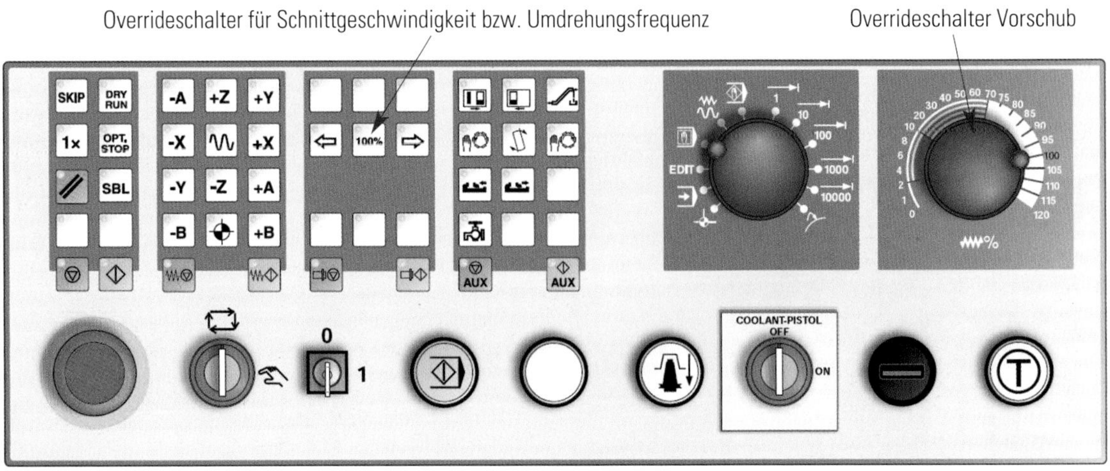

1 *Override*

1.3 Optimieren der Schlichtbearbeitung

Beim Schlichten soll die durch die Fertigungszeichnung vorgegebene Kontur des Werkstücks erreicht werden. Die wichtigsten Kriterien sind:

- Einhaltung der Maßtoleranzen *(dimension tolerances)*.
- Einhaltung der Oberflächengüten *(surface qualities)*.
- Einhaltung der Form- und Lagetoleranzen *(tolerances of form and tolerances of position)*.

Erst dann, wenn diese Kriterien sicher erfüllt werden, kann eine Optimierung hinsichtlich der Fertigungszeiten und -kosten erfolgen.

1.3.1 Sollgeometrie wird nicht erreicht

Werden die in der Fertigungszeichnung vorgegebenen **Maßtoleranzen nicht eingehalten**, kann ein Programmierfehler vorliegen. Bei korrektem CNC-Programm treten **Maßabweichungen** *(dimension deviation)* auf, wenn falsche Werkzeugkorrekturwerte eingegeben wurden oder ein unzulässig hoher Werkzeugverschleiß vorhanden ist.

Ursachen für eine **Formabweichung** *(form deviation)* können im Zustand der Maschine und in einer ungünstigen Wahl der Reihenfolge der Arbeitsschritte liegen. Zusätzlich können Fehler im Bereich der Werkzeugkorrekturwerte liegen oder durch elastische Verformungen von Werkzeug und Werkstück auftreten.

Neben der Verbesserung der Spannsituation von Werkzeug und Werkstück kann durch eine Reduzierung der Schnittkräfte Abhilfe geschaffen werden. Dazu dienen:

- Verkleinern der Schnitttiefe und des Vorschubs
- Erhöhen der Schnittgeschwindigkeit
- Vergrößern des Spanwinkels
- Verwenden scharfkantiger Werkzeuge
- Vergrößern des Einstellwinkels

1.3.2 Oberflächengüte wird nicht erreicht

1.3.2.1 Rautiefe

Die erreichbare Rautiefe[1)] *(peak-to-valley height)* der Oberfläche wird überwiegend durch den eingestellten Vorschub in Verbindung mit dem Eckenradius der Schneide bestimmt. Weiteren Einfluss haben die Spanbildung, die Spanablenkung, die Bildung von Aufbauschneiden, die Verschleißkriterien[2)] sowie der Einsatz von Kühlschmierstoffen.

Maßnahmen zur Verbesserung der Oberflächengüte:

- Verringern des Vorschubs
- Vergrößern des Eckenradius
- Vergrößern des Spanwinkels
- Erhöhen der Schnittgeschwindigkeit
- Verkleinern der Verschleißkriterien
- Verwenden von Kühlschmierstoffen
- Verwenden spezieller Spanleitstufen
- Verwenden eines positiven Neigungswinkels

Bei der Vergrößerung des Eckenradius und der Verringerung des Vorschubs ist zu beachten, dass auch negative Effekte auftreten können. Durch eine Verringerung des Vorschubs steigen die Fertigungszeit und damit auch die Fertigungskosten. Der Vorschub soll deshalb nur so klein gewählt werden, wie es zum Erreichen der geforderten Oberflächengüte notwendig ist.

Ein zu klein gewählter Vorschub führt auch zu einer ungünstigen Spanbildung[3)] und hohem Werkzeugverschleiß. Ein zu groß gewählter Eckenradius kann zu Vibrationen führen. Beim Drehen werden im Schlichtvorgang häufig auch noch kleine Konturelemente wie Fasen oder Freistiche gefertigt, deren Geometrien bei der Wahl des Eckenradius zu beachten sind.

1.3.2.2 Welligkeit *(waviness)*

Wellige Oberflächen sind häufig auf **Vibrationen** zurückzuführen. Diese können durch mehrere Faktoren verursacht werden, die sich auch gegenseitig beeinflussen können.

Ist die Werkzeugmaschine in einem guten Zustand und von stabiler Bauart, gehen die meisten Vibrationen vom Werkstück, von der Schneidplattenspannung oder von der Werkzeugspannung aus. Bei der Beseitigung von Vibrationsursachen muss dann systematisch das schwächste Glied in dieser Kette herausgefunden und beseitigt werden.

Besonders kritische Situationen ergeben sich, wenn die Schnittzone tief im Werkstück liegt und deshalb große Werkzeugauskragungen erforderlich sind und zusätzlich evtl. die Spanabfuhr schwierig ist wie z. B. Innenbearbeitung beim Drehen, Tieflochbohren, Fräsen mit langen schlanken Fräsern[4)].

Beim Fräsen werden durch den unterbrochenen Schnitt grundsätzlich Vibrationen verursacht. Kommen diese in den Bereich der Eigenschwingungsfrequenz der Maschine, können gravierende Folgen auftreten (Bild 1).

1 *Rattermarken durch Vibrationen*

1) siehe Lernfeld 5 Kap. 7.5.4 2) siehe Kap. 2.5 3) siehe Lernfeld 5 Kap. 1.1.3 4) siehe Lernfeld 9 Kap. 2.6.5.2

Maßnahmen zur Verringerung der Vibration:

- Schwingungsgedämpfte Werkzeuge (Bild 1)
- Bohrzyklen, Bohrer mit Innenkühlung
- Fräser mit weiter Teilung verwenden
- Fräser mit Differenzialteilung (Schneidplatten in ungleichmäßigem Abstand) verwenden
- Bei einem Messerkopf jede zweite Schneidplatte herausnehmen, d. h., Vergrößern der Spanungsdicke

1.3.3 Optimieren der Fertigungskosten und Fertigungszeit

Werden die geforderten Form-/Lagetoleranzen und Oberflächengüten erreicht, kann die Hauptnutzungszeit *(main service life)* reduziert werden.

Liegen die erreichten Oberflächengüten über den geforderten Werten, kann der Vorschub *(feed)* entsprechend erhöht werden. Eine Möglichkeit zur Erhöhung des Vorschubs bei gleichbleibender Oberflächengüte bieten Schneidplatten mit **Wiper-Geometrie** (Bilder 2 und 3)

Diese Schneidplatten besitzen an der Schneidenecke einen zweiten größeren Radius, der für eine geringere Rautiefe sorgt.

Besonderheit beim Drehen:

Häufig werden hier bei der Schlichtbearbeitung auch kleine Konturelemente wie Freistiche und Fasen gefertigt. Beim Einsatz von Wipergeometrien muss der zweite, größere Eckenradius in der Werkzeugkorrektur berücksichtigt werden.

1.4 Optimieren unter ökologischem Gesichtspunkt

Die Fertigung und Bereitstellung von Produkten ist stets mit Umweltbelastungen verbunden. Dabei spielen neben der Fertigung viele weitere Aspekte eine Rolle wie z. B. Wärmebedarf der Gebäude, Transport von Rohstoffen und Produkten, Lagerung, Verpackung usw.

Soll die Umweltbelastung *(environment pollution)* eines Prozesses untersucht und verringert werden, sind folgende Kriterien zu betrachten:

- Einsatzstoffe *(charge materials)* (Betriebs- und Hilfsstoffe)
- Energieeffizienz *(energy efficiency)*
- Materialeffizienz *(material efficiency)*

Bei einer ökologischen Optimierung muss die gesamte Prozesskette (Seite 377 Bild 1) berücksichtigt werden, wie folgende Beispiele verdeutlichen.

Beispiele:

- Auf Halbzeugen oder Vorprodukten aufgetragene Korrosionsschutzmittel können zu zusätzlichen Hautbelastungen bei den Mitarbeitern und zu einem erhöhten Abfallaufkommen führen.
- Kühlschmierstoffe haften den Werkstücken an und haben damit wiederum Auswirkungen auf den nächsten Fertigungsschritt (Reinigungsprozess, Oberflächenbehandlung).

1 *Schwingungsdämpfende Werkzeugspannung*

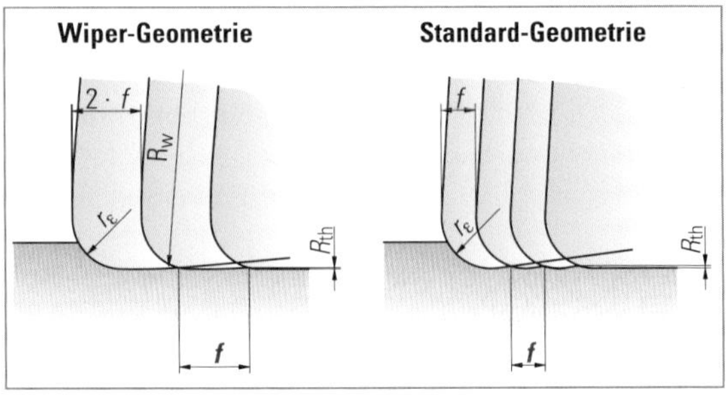

2 *Wiper-Geometrie*

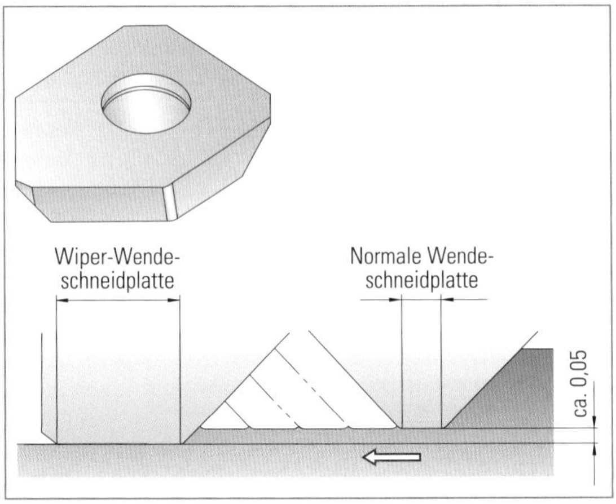

3 *Wiper-Wendeschneidplatte zum Fräsen*

MERKE

Eine ganzheitliche Prozessbetrachtung zeigt Zusammenhänge in der Produktion auf und eröffnet Möglichkeiten zur Prozessoptimierung sowohl in ökologischer als auch in ökonomischer Hinsicht.

1.4.1 Einsatzstoffe (Betriebs- und Hilfsstoffe)

Bedingt durch den Einsatz von Ölen und Kühlschmierstoffen *(coolants)* spielen bei der spanenden Metallbearbeitung folgende Umweltaspekte eine Rolle:

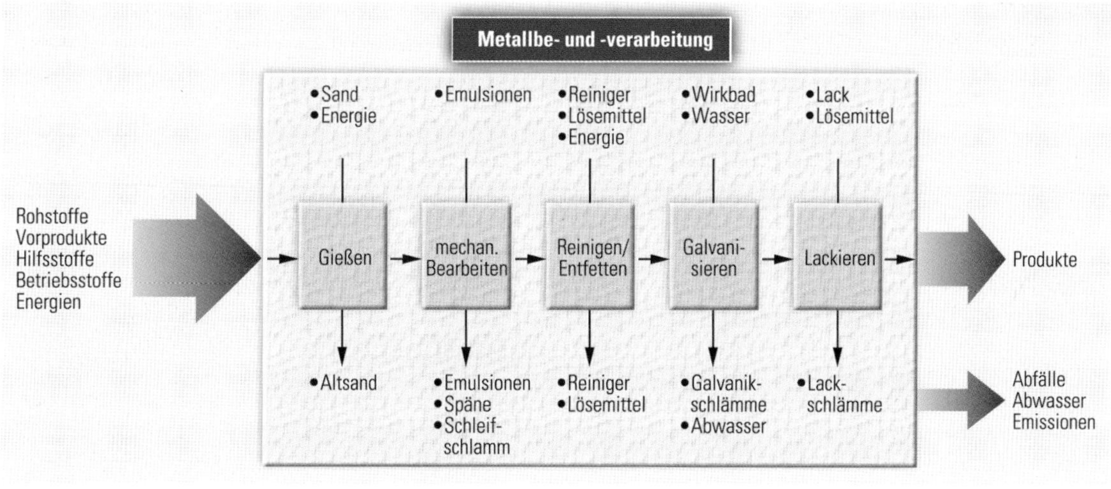

***1** Prozesskette*

- Kühlschmierstoffe und Öle sind häufig **Gefahrstoffe**
- Die aus dem Kühlschmierstoff-Einsatz resultierenden Abfälle sind in der Regel gefährliche Abfälle.

Umwelt-gefährdend

Zu entsorgende Kühlschmierstoffe sind generell als **Sonderabfall** einzustufen. Neben unbrauchbar gewordenen Kühlschmierstoffen fallen noch weitere, hauptsächlich durch Kühlschmierstoff bedingte Abfälle aus der spanenden Metallbearbeitung an wie z. B.:

- ölhaltige Schleif, Hon- und Läppschlämme
- mit Kühlschmierstoff getränkte Filtermittel
- mit Kühlschmierstoff verunreinigte Bindemittel
- mit Kühlschmierstoff verunreinigte Putztücher und Arbeitskleidung
- mit Kühlschmierstoff verunreinigte Späne

Schleifschlämme

Bei Schleif-, Hon- und Läppprozessen werden nur sehr feine Metallspäne von der Oberfläche abgetragen. Der Spanprozess erfolgt unter vergleichsweise großer Wärmefreisetzung, sodass die Hauptaufgabe der eingesetzten Kühlschmierstoffe die Kühlung und das Freispülen der Werkzeuge (z. B. der Schleifscheibe in Bild 3) ist. Die Trockenbearbeitung[1)] ist daher nur in Ausnahmefällen möglich.

***3** Kühlschmierstoff beim Schleifen*

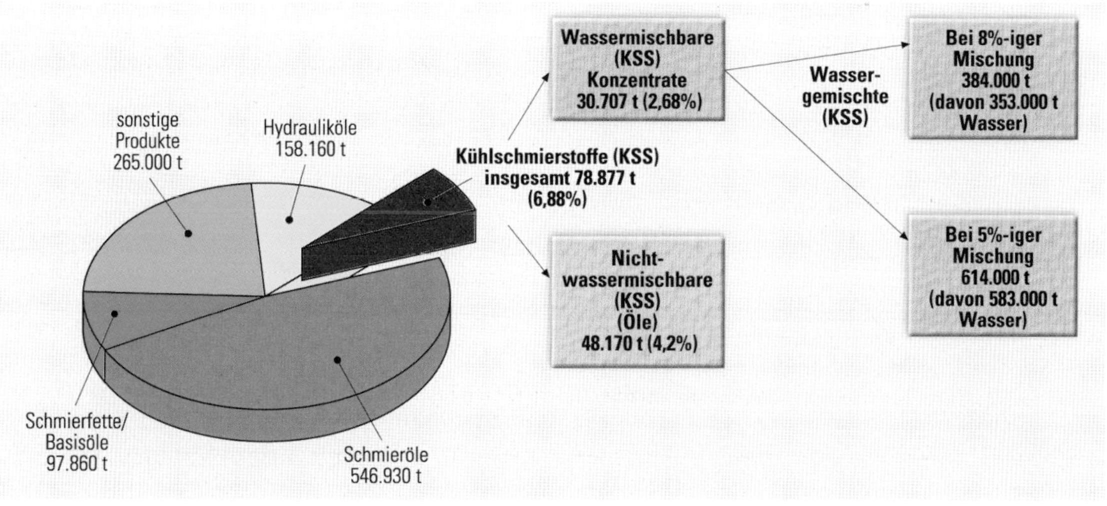

***2** Anteil der Kühlschmierstoffe am Schmierstoffverbrauch in Deutschland*

1) siehe Lernfeld 5 Kap. 1.3.4

Mögliche Verbesserungsmaßnahmen:
Teilweise können Schleifprozesse auch durch das kühlschmierstofffreie Hartdrehen oder -fräsen[1] ersetzt werden.
Mit den Schleifschlämmen *(abrasive slurries)* werden bis zu 60% an Kühlschmierstoffen aus dem Maschinenkreislauf getragen. Pro Tonne Schleifschlamm gehen damit bis zu 600 Liter Kühlschmierstoff verloren. Eine Entölung mit Ölrückführung ist daher eine finanziell und ökologisch interessante Maßnahme.

Trockenbearbeitung
Unter dem Oberbegriff Trockenbearbeitung[2] *(dry processing)* versteht man in der Praxis zwei Verfahrensvarianten. Zum einen den vollständigen Verzicht auf jegliche Kühlschmierstoffe und zum anderen die Minimalmengenschmierung (MMKS).
Bei der Trockenbearbeitung fallen keine KSS-bedingten Abfälle mehr an. Bei Folgeprozessen entfallen Reinigungs- und Entfettungsbäder.
Je nach Bearbeitungsverfahren und Werkstoff entstehen auch Feinspäne (Metallstäube), die bei der Trockenbearbeitung nicht vom Kühlschmierstoffen gebunden werden. Diese Feinspäne sollten über eine Maschinenraumabsaugung abgezogen und über Filter abgeschieden werden.

1.4.2 Energieeffizienz

Auf betrieblicher Ebene stellt der Energiebedarf in der Metallbe- und -verarbeitung und dabei besonders die Stromaufnahme der Werkzeugmaschinen einen wichtigen Umwelt- und Kostenfaktor dar.
Werkzeugmaschinen sind heute komplexe Systeme, die über zahlreiche Nebenaggregate verfügen. Im Durchschnitt werden daher nur ca. 20 % der Energie für den eigentlichen Bearbeitungsprozess, jedoch ca. 80 % zum Betrieb der Nebenaggregate benötigt (Bild 1).
Zwar stehen die Werkzeugmaschinen an erster Stelle, wenn es um die Verbesserung der Energieeffizienz *(energy efficiency)* geht, dabei sollten aber andere Prozesse nicht unberücksichtigt bleiben. Die Pflege und Aufbereitung von Kühlschmierstoffen bedarf z. B. auch erheblicher elektrischer Energie.

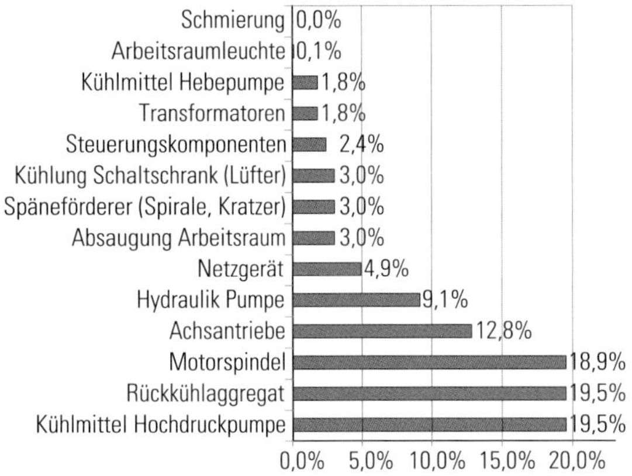

1 *Energiebedarf eines Bearbeitungszentrums*

Ansatzpunkte zur Verbesserung der Energieeffizienz bei Werkzeugmaschinen:
- Welche Hilfsaggregate laufen in Bearbeitungspausen weiter? Lassen sich diese abschalten?
- Kann die Maschine zeitweise ganz abgeschaltet werden, z. B. in der Frühstücks- und Mittagspause?
- Wird beim Abschalten des Kühlschmierstoffs die Pumpe ausgeschaltet oder nur ein Ventil geschlossen?
- Ist die Maschinenraumabsaugung richtig ausgelegt und sind die Strömungswege frei?

1.4.3 Materialeffizienz

Materialeffizienz *(material efficiency)* ist eine Maßgröße für den effizienten Einsatz von Material, Roh- und Hilfsstoffen zur Herstellung von Produkten oder der Bereitstellung von Dienstleistungen. Eine hohe Materialeffizienz bedeutet niedrigere Produktionskosten und geringere Umweltbelastung.
Präzisere Prozesse führen z. B. durch geringere Verschnitt- oder Zerspanungsverluste meist zu bedeutenden Kostensenkungen und geringeren Umweltbelastungen. Die Fertigungsqualität und die Pflege von Prozessen und Einsatzstoffen beeinflussen ebenfalls die Materialeffizienz z. B. durch geringeren Ausschuss.

ÜBUNGEN

1. Welche Fertigungszeiten an einer CNC-Maschine kann die Zerspanungsfachkraft beeinflussen und welche werden überwiegend durch die technische Ausstattung bestimmt?
2. Begründen Sie, warum bei der Schruppbearbeitung ein möglichst hoher Vorschub gewählt werden soll.
3. Erläutern Sie, welche Faktoren die Höhe des Vorschubs und der Schnitttiefe begrenzen.
4. Begründen Sie, warum beim Fräsen grundsätzlich Vibrationen auftreten und nennen Sie Maßnahmen, die kritische Vibrationen vermeiden können.
5. Nennen Sie Maßnahmen, die bei der Schlichtbearbeitung auftretende Formabweichungen reduzieren können und begründen Sie den Einfluss dieser Maßnahmen.
6. Begründen Sie, warum eine Optimierung der Fertigungszeit erst dann durchgeführt wird, wenn die geforderten Form-/Lagetoleranzen und Oberflächengüten sicher erreicht werden.
7. Nennen Sie Beispiele dafür, dass eine Reduzierung der Umweltbelastung auch zu einer Reduzierung der Fertigungskosten führen kann.
8. Der Spindelantrieb besitzt die höchste Leistungsaufnahme eines Bearbeitungszentrums. Begründen Sie, warum die Nebenaggregate wie Pumpen, Lüfter etc. in ihrer Summe einen wesentlich höheren Anteil am Gesamtenergiebedarf haben als der Spindelantrieb.

1) siehe Lernfeld 9 Kap. 6 2) siehe Lernfeld 5 Kap. 1.3.4

2 Werkzeugverschleiß

Bei Zerspanungsprozessen ist ein Verschleiß *(abrasion)* am Werkzeug *(tool wear)* unvermeidbar (Bild 1). Entscheidend ist, welches Maß an Verschleiß noch in Kauf genommen werden kann und wie lange das Werkzeug im Einsatz sein kann.

MERKE

Die Standzeit *(tool life)* ist die Zeit, die eine Werkzeugschneide im Einsatz ist, bis sie aufgrund des aufgetretenen Verschleißes gewechselt werden muss.

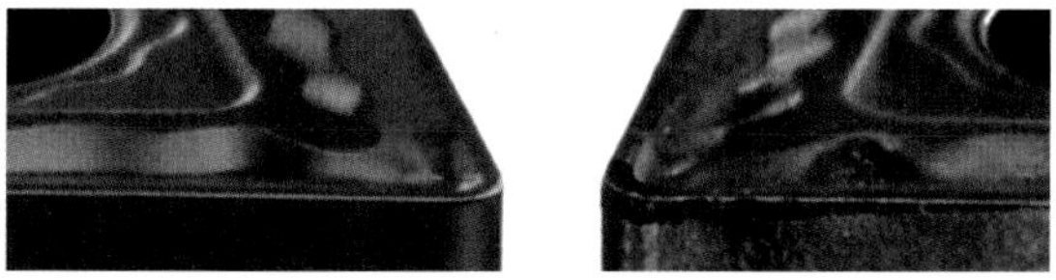

1 *Werkzeugverschleiß an der rechten Schneidplatte*

Die den in Tabellenwerken empfohlenen Richtwerte *(standard values)* für die Schnittgeschwindigkeiten basieren auf einer Standzeit von **15 Minuten**.

Je nach den vorhandenen Rahmenbedingungen wie zum Beispiel Maschinenstundensatz, Werkzeugkosten etc. sind kürzere oder längere Standzeiten zu wählen. Da insbesondere die Schnittgeschwindigkeit v_c einen großen Einfluss auf die Standzeit hat, ist eine Veränderung der Schnittgeschwindigkeit die wichtigste Maßnahme, um die Standzeit zu optimieren (siehe Kap. 3).

Eine Standzeit von 15 Minuten erscheint gering. Die in dieser Zeit zerspante Werkstoffmasse ist aber beträchtlich und macht deutlich, welche Zerspanungsleistungen moderne Schneidstoffe ermöglichen.

Überlegen Sie!

Welches Werkstoffvolumen und welche Masse wird bei der Drehbearbeitung einer Welle aus C45 innerhalb einer Standzeit von 15 Minuten zerspant, wenn der Vorschub $f = 0,5$ mm, die Schnittgeschwindigkeit $v_c = 240$ m/min und die Schnitttiefe $a_p = 3$ mm betragen?

2.1 Verschleißursachen

Während der Bearbeitung wird die Schneide durch Reibungskräfte *(frictional forces)* beansprucht. Dabei wirken hohe Drücke *(pressures)* und Temperaturen *(temperatures)* auf den Schneidstoff (Bild 2).

2 *Verschleißursachen*

In Verbindung mit weiteren Verschleißursachen treten dadurch häufig verschiedene Verschleißmechanismen gemeinsam auf. Deshalb ist eine Reduzierung des Verschleißes *(reduction of abrasion)* oft nicht durch eine einzelne Maßnahme zu erreichen.

2.2 Verschleißformen

Die einzelnen Verschleißursachen *(causes of abrasion)* führen zum Auftreten unterschiedlicher Verschleißerscheinungen *(signs of wear)* an der Schneide. In diesem Kapitel werden die Verschleißformen *(forms of abrasion)* (Bild 3) dargestellt, die am häufigsten bei der Zerspanung auftreten und Empfehlungen für typische Gegenmaßnahmen aufgeführt.

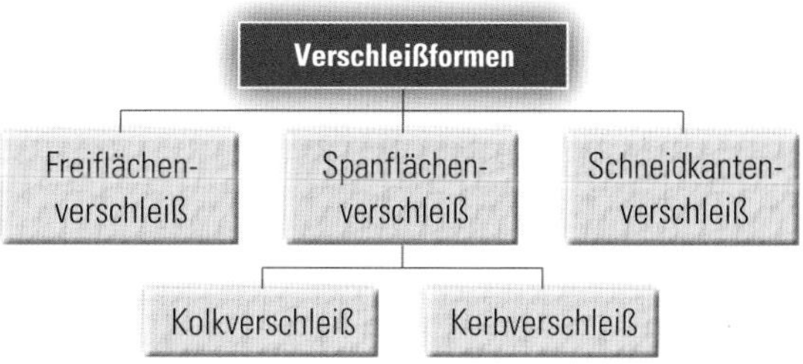

3 *Verschleißformen*

2.2.1 Spanflächenverschleiß

2.2.1.1 Kolkverschleiß

Auf der Spanfläche bildet sich durch das Gleiten des Spanes eine Aushöhlung der Spanfläche (Auskolkung) (Bild 4). Diese verändert die Schneidengeometrie. Dadurch können die Spanbildung gestört und auch die Schnittkraftrichtung geändert werden. Die Aushöhlung der Spanfläche schwächt zudem die Schneide. Kolkverschleiß *(crater wear)* ist prinzipiell nicht vermeidbar. Die Ursachen sind

- Abrasionsverschleiß[1] *(abrasive wear)*
- Diffusionsverschleiß[2] *(diffusion wear)*

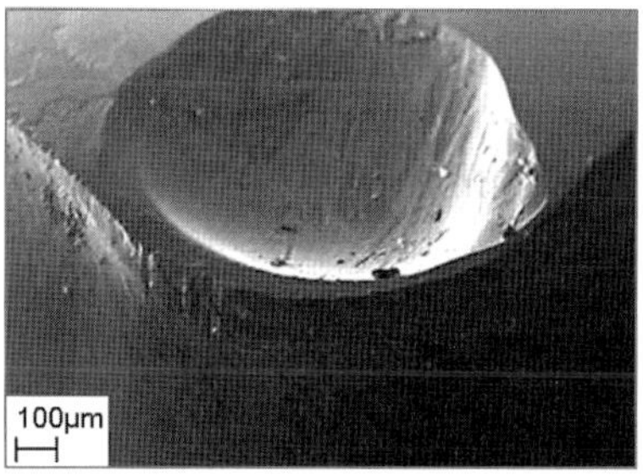

4 *Kolkverschleiß*

MERKE

Kolkverschleiß ist eine Aushöhlung der Spanfläche.

Abrasionsverschleiß

Abrasion steht in der Technik für das Abtragen von Material durch Schleifen oder Scheuern.

1) siehe unten 2) siehe nachfolgende Seite

Stähle, Gusseisenwerkstoffe und auch andere zu zerspanende Werkstoffe besitzen in ihrem Aufbau häufig Gefügebestandteile wie Zementit, Carbide und Oxide. Diese weisen eine vergleichbare oder höhere Härte *(hardness)* auf als z. B. HSS. Das im Stahl eingelagerte Zementit hat z. B. eine Härte von 1100 HV und ist damit wesentlich härter als HSS mit 744... 865 HV (max. 65 HRC). Beim Zerspanen gleiten diese Partikel über die Span- und Freifläche. Ähnlich wie bei einem Schleifvorgang wird dort Material abgetragen.
Der Abrasionsverschleiß *(abrasive wear)* lässt sich grundsätzlich nicht vermeiden, er kann durch den Einsatz eines Schneidstoffs mit höherer Verschleißfestigkeit verringert werden. Für die Bearbeitung von Stahl können z. B. mit AlTiN beschichtete Schneidplatten[1] verwendet werden. Durch die Beschichtung wird die Härte des Schneidstoffs erhöht.

MERKE
Abrasionsverschleiß ist der Abtrag von Material an der Span- und Freifläche.

Diffusionsverschleiß

Diffusion ist ein physikalischer Vorgang und bedeutet, dass aufgrund der Wärmebewegung von Stoffteilchen ein Konzentrationsausgleich stattfindet.
An der Berührungsfläche *(contact surface)* von Span und Spanfläche treten hohe Temperaturen auf. Dies bedeutet, dass die Moleküle bzw. Atome von Schneidstoff und Werkstoff sich schneller bewegen.
Bei der Zerspanung mit Hartmetallplatten können durch die Atombewegung Kohlenstoffatome in den Span und der weiche Ferrit des zu bearbeiteten Stahles in die Schneide wandern (Bild 1).

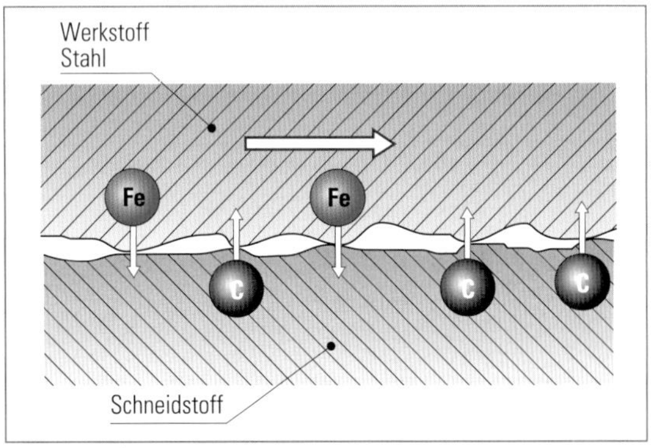

1 *Diffusionsverschleiß*

Auch die für Hartmetalle typischen Bestandteile wie Cobalt und Carbide der Schneidplatte können durch das im Stahl enthaltene Eisen entzogen werden.
Je höher die chemische Affinität[2] zwischen Werkstoff und Schneidstoff ist, desto größer ist die Gefahr des Diffusionsverschleißes.
Durch die Diffusion wird die Härte und teilweise die Zähigkeit der Schneidplatte verringert. In der Kontaktzone von Span und Schneidstoff kommt es zu einem rasch zunehmenden Verschleiß.

MERKE
Durch Diffusion ändert sich die chemische Zusammensetzung des Schneidstoffs, was den Verschleiß begünstigt.

Gegenmaßnahmen

Um den Verschleiß zu reduzieren, sollten die Schnittgeschwindigkeit und der Vorschub reduziert werden. Dabei ist die Spanbildung zu beachten. Treten durch den reduzierten Vorschub Fließspäne *(flowing chips)* auf oder bildet sich eine Aufbauschneide, müssen die Schnittwerte wieder erhöht werden. Eine weitere Möglichkeit der Verschleißreduzierung besteht darin, Schneidplatten mit Aluminiumoxidbeschichtung zu verwenden.

Verschleiß bei der Werkstoffpaarung Eisen – Diamant

Chemische Vorgänge sind auch der Grund dafür, dass Eisenmetalle nicht mit Diamantschneidstoffen zerspant werden können. Bei Temperaturen über 700°C und hohen Drücken wandelt sich der Diamant in der Kontaktzone zum Werkstück in Grafit um und reagiert aufgrund der chemischen Affinität mit dem Eisen. Dieser Vorgang wird als **katalytische Grafitisierung** bezeichnet. Härte und Verschleißresistenz des Diamanten gehen dabei verloren.

MERKE
Diamantschneidstoffe sind zur Zerspanung von Eisenmetallen **nicht geeignet**.

2.2.1.2 Kerbverschleiß

Die Ursache für Kerbverschleiß *(notch wear)* ist häufig auf Oxidation zurückzuführen, besonders dann, wenn sich die Kerbe auf die Stelle beschränkt, an der Luft an die Schneidzone gelangt.

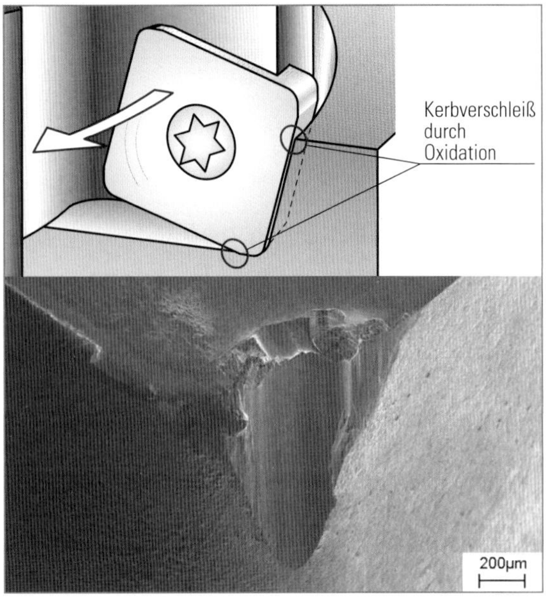

2 *Kerbverschleiß durch Oxidation*

1) siehe Lernfeld 5 Kap. 1.2.3
2) Als Affinität bezeichnet man das Bestreben von Atomen oder Atomgruppen sich zu vereinen.

Großer Kerbverschleiß hat negative Auswirkungen auf die Spanbildung und kann zum Schneidenbruch *(cutting edge breakage)* führen. Hohe Temperaturen führen in Verbindung mit dem Sauerstoff der umgebenden Luft zur Oxidation der Schneidstoffe. Einige Oxide können die Festigkeit und Härte der Schneide empfindlich reduzieren (Seite 380 Bild 2).

MERKE

Kerbverschleiß tritt an den Stellen auf, an denen Luft an die Schneidzone gelangt

Gegenmaßnahmen

Tritt der Kerbverschleiß vor allem an der Nebenschneide *(minor cutting edge)* auf, dann sollte die Schnittgeschwindigkeit verringert werden. Dies führt zu geringeren Temperaturen an der Schneide und kann deshalb zu einer Verbesserung führen. Wird ein Werkstoff mit hoher Warmhärte wie der Warmarbeitsstahl 55NiCrMoV7 mit Keramikschneidplatten bearbeitet, sollte die Schnittgeschwindigkeit erhöht werden. Bei hohen Schnittgeschwindigkeiten wird durch das Auftreffen des Spans auf die Spanfläche und Schervorgänge im Span eine hohe Temperatur erzeugt. Dadurch kann sich an der Spanunterseite eine Fließzone mit geringer Festigkeit ausbilden, die schmierend wirkt. Dies führt zu geringeren Schnittkräften. Besonders bei Kerbverschleiß an der Hauptschneide kann so der Verschleiß reduziert werden. Grundsätzlich wird diese Verschleißform durch die Verwendung eines Schneidstoffs mit höherer Verschleißfestigkeit verringert.

2.2.2 Freiflächenverschleiß

Freiflächenverschleiß *(flank wear)* (Bild 1) findet durch das Herauslösen von Mikropartikeln in Folge von Abrasion statt. Freiflächenverschleiß ist prinzipiell nicht vermeidbar und führt zu systematischen Fehlern[1)] bei der Fertigung und einseitigen Maßabweichungen.

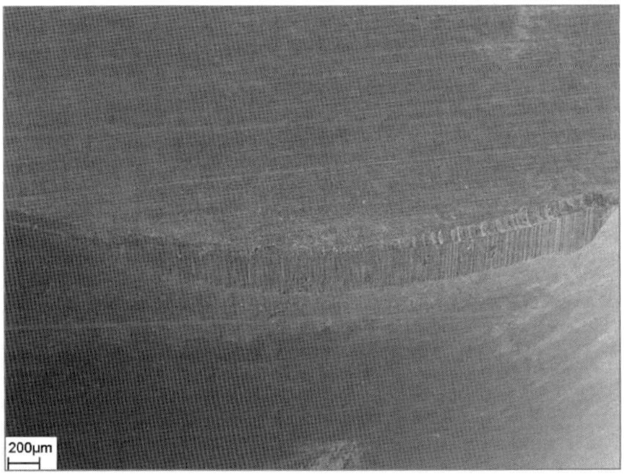

1 *Freiflächenverschleiß*

Gegenmaßnahmen

Eine Verringerung der Schnittgeschwindigkeit führt grundsätzlich zu einem geringeren Freiflächenverschleiß. Dabei sind aber unbedingt die Folgen für die Wirtschaftlichkeit der Bearbeitung zu beachten. Eine weitere Möglichkeit zur Verringerung des Freiflächenverschleißes ist die Wahl eines Schneidstoffs mit höherer Härte.

2.2.3 Schneidkantenverschleiß

MERKE

Der Verschleiß der Schneidkante *(cutting edge wear)* kann als Verrundung der Schneidkante auftreten oder sich in kleinen Rissen zeigen.

Die Schneidkantenverrundung (Bild 2) ist nicht zu vermeiden, da beim Zerspanen eine hohe linienförmige Belastung der Schneide auftritt und dadurch Schneidstoffkörner aus der Schneidkante brechen.

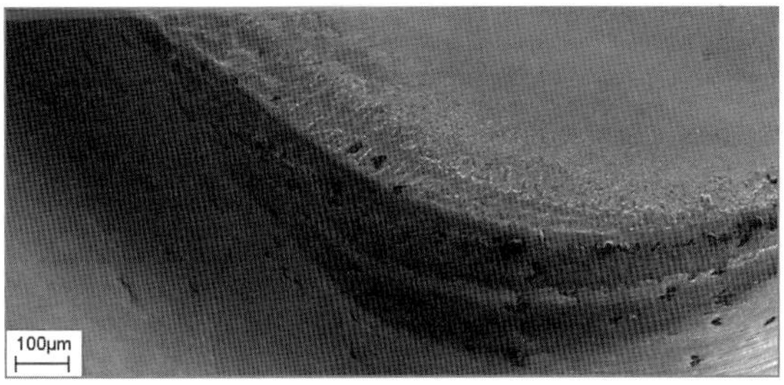

2 *Schneidkantenverrundung*

Eine Rissbildung kann quer zur Spanflussrichtung (Querrisse) (Bild 3) oder in Spanflussrichtung auftreten (Kammrisse) (Seite 382 Bild 1).

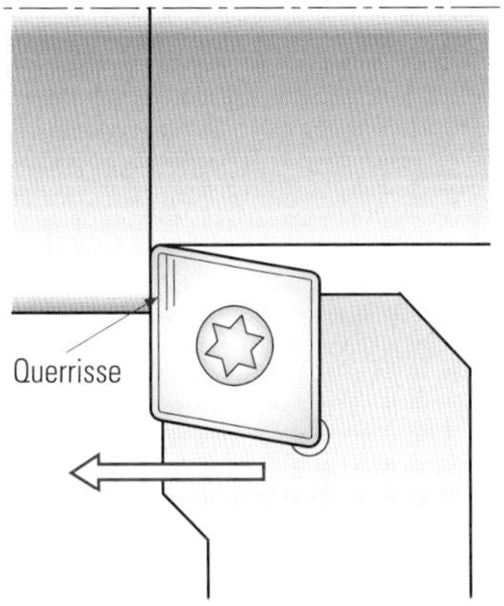

3 *Querrisse*

Querrisse haben ihre Ursache in schlagartigen Belastungen, wie sie beim Anfahren oder bei unterbrochenem Schnitt auftreten.

Kammrisse bilden sich durch thermische Wechselbeanspruchungen wie sie besonders beim Fräsen mit Kühlschmierstoffen auftreten. Quer- oder Kammrisse können zum Bruch der Schneide führen.

1) Ein systematischer Fehler streut im Gegensatz zu einem zufälligen Fehler nicht um einen Mittelwert, sondern er besitzt eine Tendenz. Bei vorliegendem Freiflächenverschleiß wird stets zu wenig Material abgetragen.

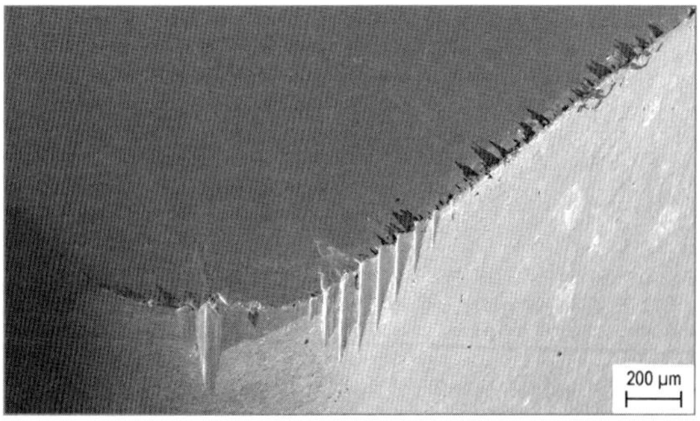

1 *Kammrisse*

Gegenmaßnahmen

Querrisse können vermieden werden, wenn ein Schneidstoff mit höherer Zähigkeit gewählt wird. Weitere Maßnahmen sind die Reduzierung von Vorschub und Schnitttiefe, da so die Schnittkräfte sinken. Auch die Verwendung eines stabileren Werkzeugs führt zu einer Verbesserung.

Treten Kammrisse auf, sollte ein Schneidstoff mit höherer Temperaturwechselbeständigkeit *(thermal shock resistance)* Verwendung finden. Häufig besitzen diese Schneidstoffe auch eine höhere Zähigkeit, was ebenfalls zu einer Verbesserung führt.

2.3 Aufbauschneidenbildung

Besonders die Aufbauschneidenbildung[1] *(built-up edge formation)* (Adhäsionsverschleiß) (Bild 2) kann beim Zerspanen von weichen und zähen Werkstoffen bei niedrigen Schnittgeschwindigkeiten zum Bruch der Schneide führen.

Der Span trifft auf die Oberseite der Schneide, dabei kommt es zu hohen örtlichen Drücken. Bei niedrigen Bearbeitungstemperaturen und besonders bei hoher Affinität von Werkstoff und Schneidstoff kann es zum Verschweißen von Spanpartikeln und Schneide kommen. Hat ein solches Verschweißen *(fusing)* von Werkstoff und Schneidstoff stattgefunden, bauen sich schrittweise weitere Schichten des Werkstoffs auf dieser Schicht auf.

2 *Aufbauschneide*

Diese führt zu einer drastischen Verschlechterung der Schneidkantengeometrie und der Oberflächenqualität des Werkstücks. Bei fortgesetzter Aufbauschneidenbildung kann es zum Abreißen von Schneidkantenteilen mit dem aufgeschweißten Werkstoff kommen, im Extremfall kommt es zum Schneidkantenbruch.

Gegenmaßnahmen

Um die Bildung einer Aufbauschneide zu vermeiden, sollte die Schnittgeschwindigkeit stark erhöht werden. Die höhere Schnittgeschwindigkeit führt zu höheren Temperaturen und somit zu einem besseren Spanfluss über die Schneide. Wird dadurch die Standzeit zu gering, kann dies durch eine stark erhöhte Kühlschmierstoffzufuhr abgemildert werden.

Der starke Einsatz des Kühlschmierstoffs verschlechtert aber die Umweltbilanz der Zerspanung. Auch die Wahl einer positiven Schneidengeometrie in Verbindung mit scharfen (unbeschichteten) Schneiden kann zu einer Verbesserung führen.

Überlegen Sie!

Übernehmen Sie die untenstehende Tabelle in Ihre Unterlagen und vervollständigen sie.

Werkzeugverschleiß	Maßnahme
Freiflächenverschleiß	Verringerung der Schnittgeschwindigkeit Schneidstoff mit höherer Härte wählen (auf Affinität mit dem Werkstückstoff achten)
Kolkverschleiß	
Kerbverschleiß	
Querrisse	
Kammrisse	
Aufbauschneidenbildung	

2.4 Schneidenbruch

Der Bruch einer Schneide *(cutting edge breakage)* kann durch Programmierfehler auftreten, wenn das Werkstück dadurch zum Beispiel falsch angefahren wird. Falsche Schnittdaten bzw. ungeeignete Schneidstoffe können insbesondere bei unterbrochenen Schnitten ebenfalls zum Bruch der Schneide führen.

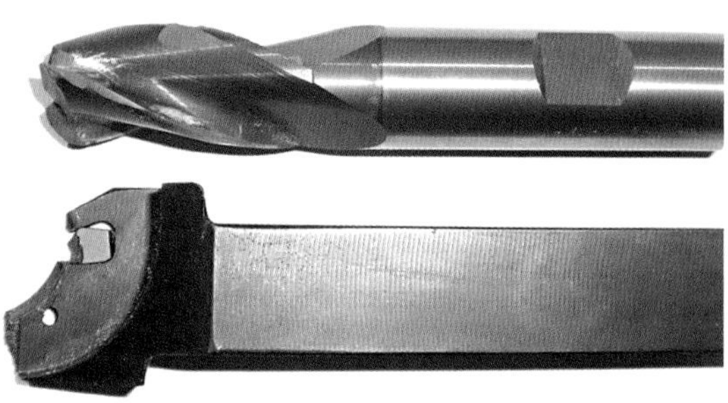

3 *Schneidenbruch*

[1] siehe Lernfeld 5 Kap. 1.1.6

Solche groben Ursachen werden nicht zum Werkzeugverschleiß gezählt. Im Bild 3 auf Seite 382 dargestellt: Werkzeugbruch eines Schaftfräsers und eines Stechmeißels durch einen Programmierfehler mit daraus folgender Kollision.
Verschleiß kann aber ebenfalls die Ursache für einen Schneidenbruch sein. So kann der Bruch eine Folge von Kolkverschleiß, Kerbverschleiß, Querrissen oder Kammrissen sein.

2.5 Verschleißkriterien

Zur Optimierung *(optimisation)* von Zerspanungsprozessen ist es unerlässlich, den Werkzeugverschleiß zu beobachten und durch Messen zu kontrollieren.
Als messbare Kriterien für die Beurteilung des Verschleißes eignen sich die Verschleißformen, die prinzipiell nicht vermeidbar sind, da sie auch bei einer optimal eingestellten Zerspanung auftreten.
Diese Verschleißformen sind:
- Freiflächenverschleiß
- Kolkverschleiß

Zur Beurteilung des **Freiflächenverschleißes** wird die **Verschleißmarkenbreite** V_B ausgehend von der Originalschneidkante gemessen (Bild 1).

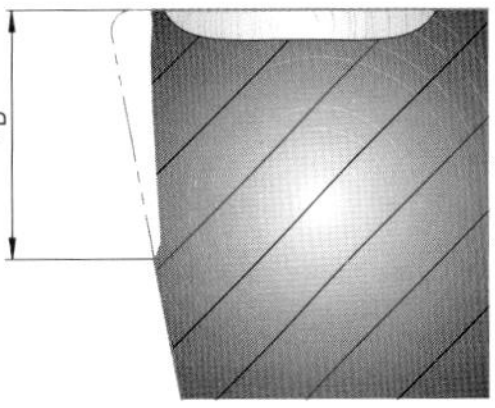

1 *Freiflächenverschleiß*

Der **Kolkverschleiß** wird in der Regel durch die Tiefe der Auskolkung (Kolktiefe) K_T bestimmt, ergänzend kann auch die Kolkbreite K_B hinzu gezogen werden (Bild 2).
Der maximal zulässige Freiflächen- bzw. Kolkverschleiß hängt vom verwendeten Schneidstoff, dem Werkstückstoff und den Schnittdaten ab.
Übliche Werte für den **Freiflächenverschleiß** liegen bei $V_B = 0{,}2$ mm bis $V_B = 0{,}6$ mm.
Beim **Kolkverschleiß** sind Kolktiefen $K_T = 50\ \mu m$ bis $K_T = 200\ \mu m$ häufig verwendete Grenzwerte.

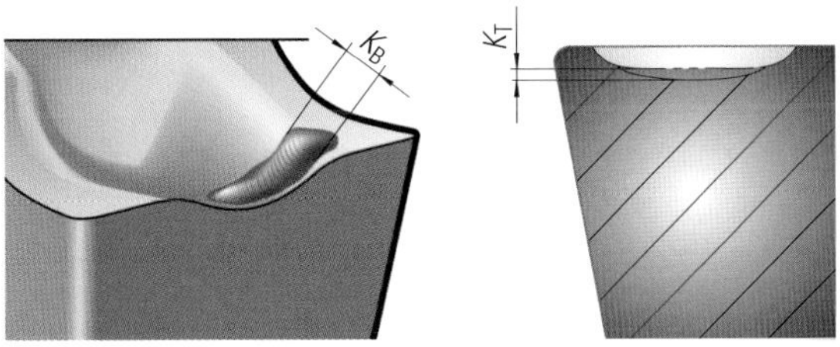

2 *Kolkverschleiß*

2.6 Werkzeugüberwachung

383_1
383_2

Um wettbewerbsfähig zu bleiben, muss mit der geforderten Qualität, termingerecht und kostengünstig produziert werden. Bei bereits ausgereizten Hauptnutzungszeiten steht deshalb bei der Optimierung von Prozessabläufen die Minimierung der Stillstandszeiten *(stop periods)* im Vordergrund. Um den Stillstand der Maschine durch Be- und Entladen zu reduzieren, werden heute immer komplexere Maschinen eingesetzt, die die vollständige Fertigung des Werkstücks innerhalb einer Aufspannung ermöglichen[1]. Hierbei rückt der Stillstand durch Werkzeugbruch in den Vordergrund. Die Werkzeugüberwachung *(tool monitoring)* hat bezüglich der **Prozessoptimierung** *(process optimisation)* deshalb eine besondere Bedeutung.
Bei modernen CNC-Maschinen mit gekapselten Arbeitsräumen und starkem Einsatz von Kühlschmiermitteln ist zudem eine optische und auch akustische Kontrolle der Werkzeuge und Werkstücke durch den Maschinenbediener nur sehr begrenzt möglich.
Bei überwiegend unbeaufsichtigt arbeitenden Maschinen ist eine automatische Überwachung des Werkzeugzustands Voraussetzung für eine Minimierung von gravierenden Folgeschäden an Werkzeugen und Werkstücken durch Schneidplattenbruch oder übermäßigen Schneidplattenverschleiß.
Die Überwachung der Werkzeuge kann entweder während der Fertigung **(prozessbegleitende Überwachung)** *(process monitoring)* oder auch nach der Fertigung **(Postprozess-Überwachung)** *(postprocess monitoring)* stattfinden.

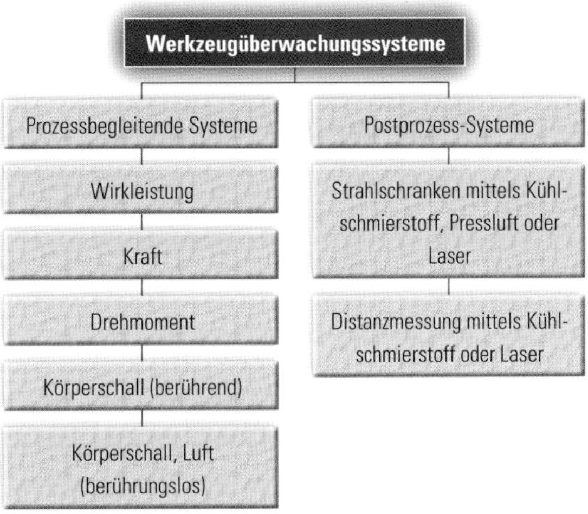

3 *Werkzeugüberwachung*

2.6.1 Prozessbegleitende Werkzeugüberwachung

Während der Zerspanung kontrollieren elektronische Werkzeugüberwachungssysteme *(systems of tool monitoring)* (Seite 384 Bild 1) den Werkzeugzustand z. B. akustisch über den Körperschall *(impact sound)* oder anhand der auf das Werkzeug wirkenden Kraft *(cutting force)*. Die meisten Systeme messen allerdings die elektrische Wirkleistung *(real power)* der Werkzeug- oder Werkstückantriebsmotoren, da die Wirkleistungs-

1) siehe Lernfeld 11

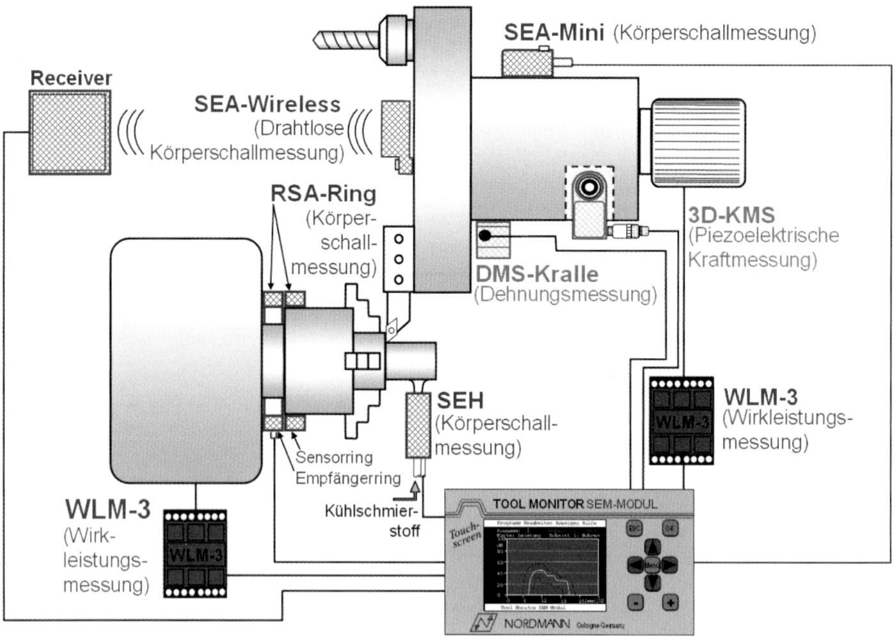

1 Werkzeugüberwachung (Messprinzipien)

messung inzwischen sehr empfindlich und genau geworden ist. Alle diese genannten Messmethoden *(testing methods)* haben zum Ziel, einen Werkzeugdefekt frühzeitig zu erkennen. Frühzeitig heißt im Idealfall unmittelbar und noch während der Werkstückzerspanung. Ein Werkzeugdefekt bedeutet hier nicht nur einen Werkzeugbruch, sondern z. B. auch das erreichte Standzeitende einer Schneide.
Schäden am Werkzeug oder Werkstück oder gar eine über viele Werkstücke andauernde Ausschussproduktion *(waste production)* können so vermieden werden.

Vorteile:
- Die Messung verlängert nicht die Produktionszeit.
- Die Maschine wird im Augenblick des Werkzeugbruchs gestoppt.
- Keine zusätzlichen Einbauten (z. B. Schwenktaster) in Werkzeugnähe erforderlich.
- Verschleißfreie Sensorik.

Nachteile:
- Bietet nicht bei allen Werkzeugen und Brucharten eine 100% Erkennungssicherheit.
- Teilweise wird der Bruch erst beim Anschnitt des nächsten Werkstücks bemerkt, z. B. im Fall der Gewindebohrerbruchkontrolle mit Wirkleistung und Bruch im Augenblick der Drehrichtungsumkehr.

Hüllkurvenprinzip
Bei allen Überwachungssystemen *(monitoring systems)* in der spanenden aber auch in der spanlosen Fertigung muss sich der Messwert z. B. von auftretenden Kräften zwischen einem Minimum und einen Maximum befinden (Seite 385 Bild 1).
Ist z. B. die auftretende **Schnittkraft** beim Drehen **zu groß**, kann eine Aufbauschneidenbildung vorliegen, die Schneide ist verschlissen oder Ähnliches.
Ist die auftretende **Schnittkraft zu gering**, kann ein Werkzeugbruch oder auch ein Programmierfehler vorliegen.
Die Schnittkraft wird deshalb über einen Zeitraum gemessen und muss dabei innerhalb eines tolerierten Bereichs liegen. Überschreitet oder unterschreitet sie diesen Bereich, erfolgt eine Warnmeldung *(alarm)* oder die Fertigung wird gestoppt.
Moderne Systeme sind lernfähig, d. h., dass die Hüllkurve *(envelope)* dynamisch angepasst wird, wenn eine Fehlermeldung auftritt, ohne dass tatsächlich ein Fehler vorliegt.

2.6.2 Postprozess-Werkzeugüberwachung

Die Geometrie der Werkzeugschneide wird vor oder nach der Zerspanung mit Tastern *(callipers)*, Lichtschranken *(light barriers)* oder auch mithilfe eines Kühlschmierstoffstrahls *(coolant jet)* kontrolliert.

Vorteile:
- Zum Teil höhere Brucherkennungssicherheit.
- In der Regel einfache Handhabung.

Nachteile:
- Die Messung kann die Produktionszeit verlängern.
- Die Maschine wird erst nach dem Werkzeugbruch gestoppt, d. h. ggfs. Beschädigung des Werkstücks oder der Maschine oder des Werkzeughalters infolge beim Bruch auftretender Kräfte.
- Nicht alle Prüfmethoden sind verschleißfrei.

Eine interessante Variante ist das Messen mithilfe eines Kühlschmierstoffstrahles *(coolant jet)* (Seite 385 Bild 1). Der Sensor misst das Auftreffen z. B. auf die Bohrerspitze und erkennt so, ob ein Werkzeugbruch vorliegt.

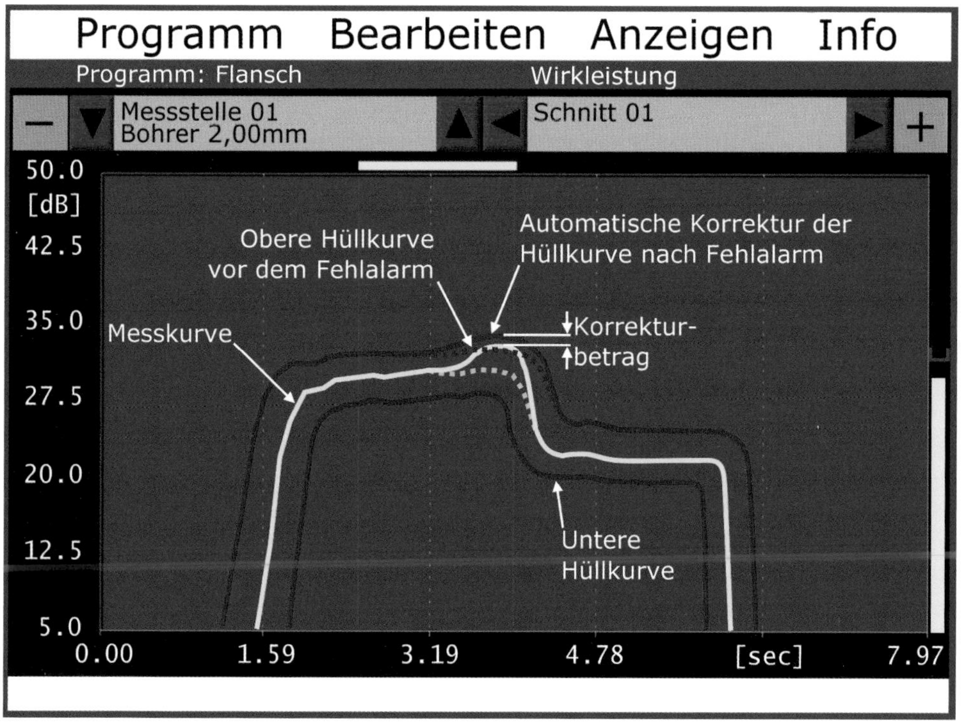

1 Hüllkurve

2 KSS-Sensor

Diese Methode bringt einige Vorteile mit sich:
- KSS ist in der Maschine vorhanden
- KSS verschleißt nicht
- Die Messung ist auch bei kleinen Bohrern problemlos möglich

ÜBUNGEN

1. Begründen Sie, warum Werkzeugverschleiß prinzipiell nicht zu vermeiden ist und nennen Sie typische unvermeidbare Verschleißformen.
2. Für die Schruppbearbeitung gelten andere Kriterien für das Erreichen des Standzeitendes als für die Schlichtbearbeitung. Begründen Sie diese Unterschiede und führen Sie mögliche Kriterien an.
3. Diamantschneidstoffe besitzen eine sehr hohe Härte und würden sich anbieten, um gehärtete Stähle zu bearbeiten. Aus welchem Grund scheiden Diamantschneidstoffe für diese Bearbeitung aus?
4. Werkzeugüberwachungssysteme gewinnen gerade bei modernen Bearbeitungszentren an Bedeutung, obwohl diese Maschinen sehr gute Simulationen des Fertigungsprozesses ermöglichen. Begründen Sie diese Entwicklung.
5. Stellen Sie die prozessbegleitende und die Postprozessüberwachung von Werkzeugen bezüglich ihrer Vor- und Nachteile gegenüber.
6. Bei vielen Überwachungsprozessen wird das Hüllkurvenprinzip angewendet. Begründen Sie dieses Vorgehen.
7. Aktuelle Werkzeugüberwachungssysteme sind oft lernfähig. Was versteht man in diesem Zusammenhang unter „lernfähig" und welchen Vorteil bieten diese Systeme?

3 Standzeit

Die Standzeit *(tool life)* ist die Zeit, die eine Werkzeugschneide im Einsatz ist, bis die zulässige Verschleißgrenze erreicht wird. Am Standzeitende wird die Schneide gewechselt **bevor**

- die geforderte Oberflächengüte *(surface finish)* nicht mehr erreicht wird
- die Maßgenauigkeit *(accuracy grade)* nicht eingehalten wird
- ein unkontrollierter Spanfluss *(chip flow)* auftritt
- die Schnittkraft *(cutting force)* stark ansteigt
- die Schneide *(cutting edge)* bricht
- oder allgemein die Schneide nicht mehr ihre Funktion erfüllt.

Wichtig ist hier, zwischen **Schrupp-** und **Schlichtbearbeitung** zu unterscheiden.
Zur Beurteilung des Werkzeugverschleißes können die in Kap. 2.5 aufgeführten Verschleißkriterien verwendet werden.
Der Freiflächenverschleiß eignet sich besonders zur quantitativen Erfassung des Werkzeugverschleißes, da er anhand der Verschleißmarkenbreite V_B gut zu messen ist.
Über der Zeit aufgetragen zeigt der Freiflächenverschleiß zunächst einen langsamen Anstieg (Bild 1), nimmt dann aber rasch zu, da die Zerspanungsbedingungen *(chipping conditions)* durch den Verschleiß ungünstiger werden. Somit sorgt aufgetretener Verschleiß für weiteren und schnelleren Verschleiß.
Einen wesentlichen Einfluss auf den Schneidenverschleiß und damit auf die Standzeit hat die Schnittgeschwindigkeit v_c. Eine höhere Schnittgeschwindigkeit führt bei sonst gleichen Zerspanungsbedingungen stets zu einer geringeren Standzeit.

3.1 Standzeitberechnung nach Taylor

Werden die Standzeiten in einem doppeltlogarithmischen Diagramm in Abhängigkeit von den zugehörigen Schnittgeschwindigkeiten aufgetragen (Bild 2), erhält man eine Gerade. Dabei ist zu beachten, dass die Standzeit nicht im gleichen Maß fällt, wie die Schnittgeschwindigkeit steigt. Im Diagramm in Bild 2 sind die Standzeitgeraden für verschiedene Schneidstoffe dargestellt. Das Diagramm gilt für die Zerspanung von unlegiertem Baustahl bei einer Verschleißmarkenbreite von 0,2 mm unter Verwendung von Kühlschmierstoff.

Überlegen Sie!
Welche Standzeiten für eine Verschleißmarkenbreite von 0,2 mm werden erreicht, wenn Schneidplatten aus unbeschichtetem Hartmetall bei Schnittgeschwindigkeiten von 150 m/min und 300 m/min eingesetzt werden?

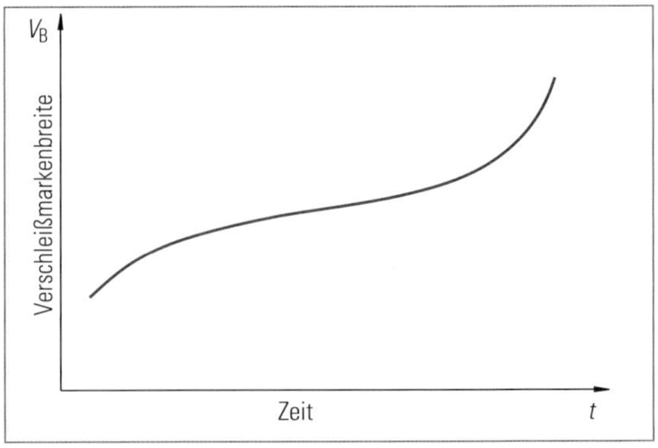

***1** Verschleißmarkenbreite in Abhängigkeit von der Eingriffszeit*

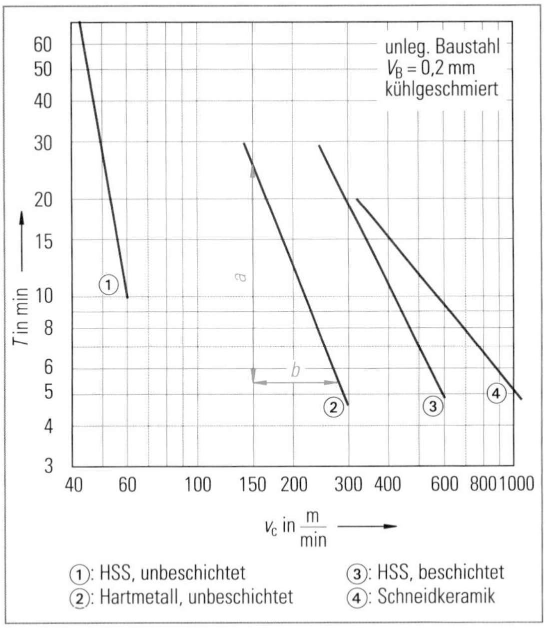

***2** Standzeiten in Abhängigkeit von der Schnittgeschwindigkeit*

Entscheidend ist das Verhältnis von *a* zu *b* der Geraden, denn dieses beschreibt, wie stark die Standzeit mit zunehmender Schnittgeschwindigkeit fällt. Dabei ist zu beachten, dass die Werte für *a* und *b* direkt als Strecken im Diagramm abgemessen werden.

Überlegen Sie!
Welche Schnittgeschwindigkeiten führen bei der Zerspanung von unlegiertem Baustahl bei den unterschiedlichen Schneidstoffen jeweils zu einer Standzeit von T = 15 Minuten?

3.2 Kostenoptimale Standzeit

Die in den üblichen Tabellenwerken empfohlenen Schnittgeschwindigkeiten beziehen sich immer auf eine Standzeit von 15 Minuten. Diese Standzeit ist aber lediglich als grober Richtwert zu verstehen, denn um eine kostenoptimale Zerspanung *(chipping at optimal costs)* zu erreichen, sind folgende Einflussgrößen zu berücksichtigen:

- Werkzeugkosten *(tool costs)* pro Schneide K_{WT}
- Maschinen- und Lohnkosten *(machine and labour costs)* pro Minute K_{ML}
- Werkzeugwechselzeit *(tool changing time)* t_W in Minuten

Die Maschinen- und Lohnkosten sind abhängig vom Auslastungsgrad und umfassen z. B.:

- Raumkosten *(occupancy costs)*
- Abschreibungen *(depreciation for wear and tear)*
- Versicherungskosten *(insurance costs)*
- Energiekosten *(energy costs)*
- Betriebs- und Hilfsstoffkosten *(operating and additive costs)*
- Instandhaltungskosten *(maintenance costs)*
- Gehälter *(salaries)*

Da mit zunehmender Schnittgeschwindigkeit der Werkzeugverschleiß zunimmt und dadurch die Standzeit abnimmt, steigen die Werkzeugkosten pro Werkstück. Der vorliegende höhere Werkzeugverschleiß führt nämlich zu häufigerem Werkzeugwechsel, der Kosten verursacht (Werkzeugkosten pro Schneide, Kosten durch die Werkzeugwechselzeit). Eine hohe Schnittgeschwindigkeit bei sonst gleichen Bedingungen bedeutet, dass die Fertigung rascher abläuft. Eine schnellere Fertigung reduziert deshalb die Maschinen- und Lohnkosten je Werkstück (Bild 1).

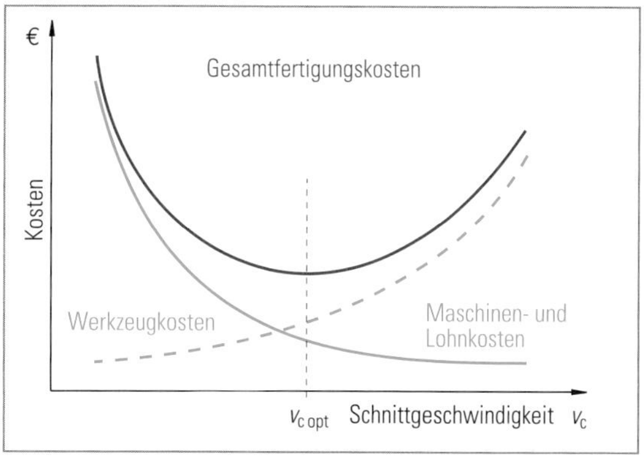

1 *Kostenoptimale Schnittgeschwindigkeit*

Berechnung der kostenoptimalen Standzeit:

$$T_{K\,opt} = \left(\frac{a}{b} - 1\right) \cdot \left(\frac{K_{WT}}{K_{ML}} + t_W\right)$$

$T_{K\,opt}$: kostenoptimale Standzeit in min

K_{WT}: Werkzeugkosten pro Schneide in €

K_{ML}: Maschinen- und Lohnkosten pro Minute in €

t_W: Werkzeugwechselzeit in min

a, b: aus Diagramm Seite 386 Bild 2)

Ist die kostenoptimale Standzeit berechnet, kann die dazugehörige kostenoptimale Schnittgeschwindigkeit aus dem Diagramm Seite 386 Bild 2 abgelesen werden.

Beispielrechnung

An einer CNC-Drehmaschine sind folgende Daten gegeben: $K_{WT} = 5{,}00\,€$, $K_{ML} = 2{,}00\,€$, $t_W = 5$ min.
Bestimmen Sie für Wendeschneidplatten aus unbeschichtetem Hartmetall die kostenoptimale Standzeit und die dazugehörige Schnittgeschwindigkeit.

Aus dem Diagramm von Seite 386 Bild 2 werden folgende Strecken ermittelt:
$a = 29$ mm
$b = 11{,}5$ mm

$$T_{K\,opt} = \left(\frac{a}{b} - 1\right) \cdot \left(\frac{K_{WT}}{K_{ML}} + t_W\right)$$

$$T_{K\,opt} = \left(\frac{29\,\text{mm}}{11{,}5\,\text{mm}} - 1\right) \cdot \left(\frac{5{,}00\,€ \cdot \text{min}}{2{,}00\,€} + 5\,\text{min}\right)$$

$$T_{K\,opt} = 1{,}522 \cdot 7{,}5\,\text{min}$$

$$\underline{\underline{T_{K\,opt} = 11{,}41\,\text{min}}}$$

Aus dem Diagramm wird eine Schnittgeschwindigkeit von $v_c \approx 220$ m/min abgelesen.

3.3 Zeitoptimale Standzeit

Sollen in möglichst kurzer Zeit viele Produkte gefertigt werden, müssen andere Schnittdaten gewählt werden, als bei einer kostenoptimierten Fertigung.
Die Maschinen- und Lohnkosten pro Minute werden nicht mehr berücksichtigt, da sie, wenn es z. B. um die Sicherstellung einer Lieferung geht, nicht mehr relevant sind.
Die Schnittgeschwindigkeiten liegen dadurch immer höher als bei einer kostenoptimierten Fertigung.
Um einen maximalen Produktionsausstoß *(production output)* zu erreichen, darf die Schnittgeschwindigkeit aber nicht bis zu einem technisch möglichen Maximum erhöht werden.
Solch hohe Schnittgeschwindigkeiten führen zu sehr hohem Werkzeugverschleiß und häufigem Werkzeugwechsel. Die Zeitverluste beim Werkzeugwechsel reduzieren den Produktionsausstoß.

Berechnung der zeitoptimalen Standzeit *(tool life at optimum time)*:

$$T_{Z\,opt} = \left(\frac{a}{b} - 1\right) \cdot t_W$$

$T_{Z\,opt}$: zeitoptimale Standzeit in min
t_W: Werkzeugwechselzeit in min
a, b: aus Diagramm

Beispielrechnung

Die Drehteile eines Getriebes werden an einer CNC-Drehmaschine gefertigt. Da es sich um die Fertigung einer Großserie handelt, sollen die Fertigungsdaten optimiert werden.

a) Führen Sie zunächst eine Optimierung der Standzeit bezüglich der Fertigungskosten und anschließend eine Optimierung bezüglich des maximalen Produktionsausstoßes durch. Geben Sie für beide Optimierungen auch die jeweils erforderlichen Schnittgeschwindigkeiten an.
Von der Arbeitsvorbereitung erhalten Sie folgende Daten: Werkzeugkosten je Schneidkante: $K_{WT} = 7{,}00$ €, Maschinen- Lohn- und sonstige Kosten pro Minute: $K_{ML} = 1{,}50$ €, Werkzeugwechselzeit: $t_W = 5$ min.
Vom Schneidplattenhersteller haben Sie das unten stehende Diagramm erhalten.

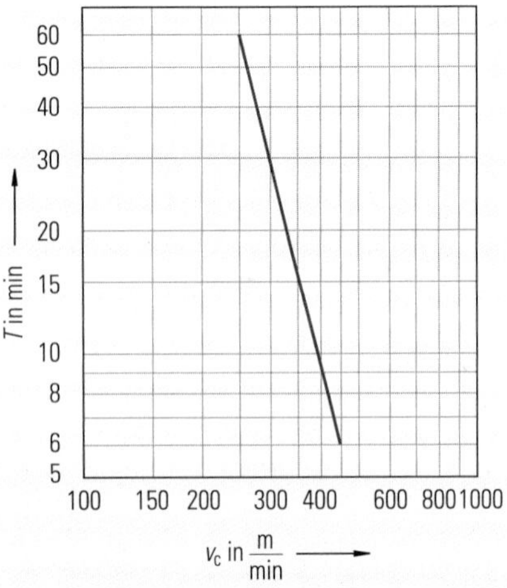

b) Die im Tabellenbuch empfohlenen Schnittdaten gelten immer für eine Standzeit von 15 min. Welche Folgerungen können Sie aus den Berechnungen für die in ihrem Betrieb vorhandenen Schneidplattenkosten und die Werkzeugwechselzeiten ziehen?

zu a)
Aus dem Diagramm ergibt sich:

$$T_{K\,opt} = \left(\frac{a}{b} - 1\right) \cdot \left(\frac{K_{WT}}{K_{ML}} + t_W\right)$$

$$T_{K\,opt} = \left(\frac{1}{0{,}25} - 1\right) \cdot \left(\frac{7{,}00\,€ \cdot \text{min}}{1{,}50\,€} + 5\,\text{min}\right)$$

$$\underline{\underline{T_{K\,opt} = 29\,\text{min}}}$$

Aus dem Diagramm kann eine Schnittgeschwindigkeit von 300 m/min abgelesen werden.

$$T_{Z\,opt} = \left(\frac{a}{b} - 1\right) \cdot t_W$$

$$T_{Z\,opt} = \left(\frac{1}{0{,}25} - 1\right) \cdot 5\,\text{min}$$

$$\underline{\underline{T_{Z\,opt} = 15\,\text{min}}}$$

Aus dem Diagramm kann eine Schnittgeschwindigkeit von $v_c \approx 370$ m/min abgelesen werden.

zu b)
Die hohe Standzeit und insbesondere die bei maximalem Produktionsausstoß fast den Tabellenwerten entsprechende Standzeit deuten darauf hin, dass die Kosten pro Schneidkante und die Wechselzeiten sehr hoch sind. Hier sollte nach Verbesserungen gesucht werden. Eine mögliche Verbesserung liegt bei der Wahl preiswerterer Schneidplatten. Da aber besonders die Werkzeugwechselzeit sehr hoch ist, liegt hier das größte Optimierungspotential. Wesentlich kürzere Werkzeugwechselzeiten werden erreicht, wenn im Werkzeugrevolver ein baugleiches zweites Werkzeug gespannt wird (Schwesterwerkzeug). Werden statt konventioneller Werkzeuge, bei denen die Schneidplatten ausgetauscht werden, modulare Werkzeugsysteme[1)] verwendet, reduziert dieses die Nebenzeiten ebenfalls.

ÜBUNGEN

1. Begründen Sie, warum die Maschinen- und Lohnkosten steigen, wenn der Auslastungsgrad einer Werkzeugmaschine abnimmt.

2. Um ein Produkt möglichst schnell zu fertigen, könnte die technisch realisierbare höchste Schnittgeschwindigkeit verwendet werden. Welche Gründe sprechen für die Wahl einer geringeren Schnittgeschwindigkeit?

3. In einem Unternehmen werden Drehteile aus dem gleichen Werkstoff an konventionellen und an CNC-Drehmaschinen gefertigt. An den Maschinen werden die gleichen unbeschichteten Wendeschneidplatten verwendet. Die Maschinen- und Lohnkosten betragen für die konventionellen Drehmaschinen 0,55 €/min und für die CNC-Drehmaschinen 1,35 €/min. Die Werkzeugwechselzeiten liegen bei

1) siehe Kap. 1.1

4 Minuten. Die Kosten je Schneidkante betragen 6,00 €. Bestimmen Sie für beide Maschinentypen die kostenoptimale und die zeitoptimale Standzeit sowie die entsprechenden Schnittgeschwindigkeiten mithilfe von Bild 2 auf Seite 386.

4. Begründen Sie, warum die kostenoptimale Standzeit erhöht werden muss, wenn die Werkzeugkosten steigen und die Maschinen- und Lohnkosten sinken.

5. Führen Sie Gründe an, die dazu führen, dass bei einer Fertigung weder die kostenoptimale Standzeit noch die zeitoptimale Standzeit berücksichtigt werden können, sondern mit wesentlich geringeren Schnittgeschwindigkeiten gearbeitet werden muss.

4 Leistung und Wirkungsgrad bei Zerspanungsprozessen

Schnittleistung

Die maßgebende Kraft bei Zerspanungsprozessen ist die Schnittkraft *(cutting force)* F_c, die, wie in Lernfeld 5 im Kap. 2.5.1 gezeigt, berechnet werden kann. Ihr gegenüber kann die Vorschubkraft *(feeding force)* vernachlässigt werden.
Somit ergibt sich für die Schnittleistung *(cutting capacity)*:

$$P_c = F_c \cdot v_c$$

P_c: Schnittleistung in W
F_c: Schnittkraft in N
v_c: Schnittgeschwindigkeit in m/s

Beispielrechnung

Während einer Zerspanung tritt an der Schneide eine Schnittkraft von 3 500 N auf. Die Schnittgeschwindigkeit beträgt 200 m/min.
Welche Schnittleistung ist mindestens erforderlich?

$$P_c = F_c \cdot v_c$$

$$P_c = 3500\,\mathrm{N} \cdot \frac{200\,\mathrm{m} \cdot \mathrm{min}}{\mathrm{min} \cdot 60\,\mathrm{s}}$$

$$P_c = 11666{,}7\,\mathrm{W}$$

$$\underline{\underline{P_c = 11{,}67\,\mathrm{kW}}}$$

Genauere Betrachtungen zur Schnittkraft

Die Schnittkraft wird überwiegend durch die Größe des Spanungsquerschnitts *(chipping profile)* und den zu zerspanenden Werkstoff *(material)* bestimmt.
Durch Versuche werden die benötigten Schnittkräfte pro mm² Spanungsquerschnitt (spezifische Schnittkraft k_c) ermittelt und für übliche Spanungsdicken h in Tabellen (Bild 1) dargestellt.
Die spezifische Schnittkraft sinkt mit zunehmender Spanungsdicke (höherem Vorschub), da bei konstantem Spanungsquerschnitt die Größe der Scherfläche abnimmt. Zusätzlich neigt der Werkstoff zu einem spröderen Verhalten und die Reibungskraft nimmt im Verhältnis zur Schnittkraft ab.
Der Hauptwert der spezifischen Schnittkraft wird für eine Spanungsdicke und eine Spanungsbreite von jeweils 1 mm in Versuchen ermittelt.

Beispiel:
Für den Vergütungsstahl C45E kann bei einer Spanungsdicke von 0,2 mm eine spezifische Schnittkraft von 2639 N/mm² der Tabelle entnommen werden. Bei einer Spanungsdicke von 0,5 mm liegt eine spezifische Schnittkraft von 2219 N/mm² vor. Vergleicht man die spezifischen Schnittkräfte mit entsprechenden Drücken, dann wird deutlich, wie hoch die Beanspruchungen der Schneidplatten sind. So entspricht eine spezifische Schnittkraft von 2639 N/mm² einem Druck von 26390 bar! Liegen andere als in den Tabellen dargestellte Spanungsdicken vor, muss die spezifische Schnittkraft berechnet werden. Dazu verwendet man den Hauptwert der spezifischen Schnittkraft $k_{c1.1}$ und die Werkstoffkonstante m_c.

Werkstoff	m_c	$k_{c1.1}$ in N/mm²	k_c 1) unkorrigiert in N/mm² abhängig von der Spanungsdicke h in mm									
			0,08	0,1	0,16	0,2	0,25	0,4	0,5	0,8	1,6	2,5
S235JR	0,34	1600	3800	3522	3002	2783	2579	2198	2038	1737	1372	1179
E295	0,27	1750	3461	3259	2870	2702	2544	2241	2110	1859	1541	1366
E335	0,17	1940	2980	2870	3649	2550	2456	2267	2183	2015	1791	1660
E360	0,3	1960	4181	3911	3396	3176	2971	2580	2413	2096	1702	1489
C15	0,28	1590	3225	3030	2656	2495	2344	2055	1931	1693	1394	1230
C35	0,29	1670	3266	3061	2671	2504	2347	2048	1920	1675	1370	1204
C45E	0,25	1765	3319	3139	2791	2639	2496	2219	2099	1866	1569	1404

1) Unkorrigierte Mittelwerte von k_c in N/mm² und Korrekturwerte (Auswahl), bestimmt für Außendrehen von Stahl mit Hartmetall im Trockenschnitt mit $\gamma_0 = +6°$ und $\lambda_0 = -4°$, bei Gusseisen mit $\gamma_0 = +2°$

1 *k_c-Werte*

$$k_{c\,\text{unkorrigiert}} = \frac{k_{c1.1}}{h^{m_c}}$$

$k_{c\,\text{unkorrigiert}}$: unkorrigierte spezifische Schnittkraft in N/mm²
$k_{c1.1}$: Hauptwert der spezifischen Schnittkraft
h: Spanungsdicke in mm
m_c: Werkstoffkonstante

Beispielrechnung

Für den Vergütungsstahl C45E kann bei einer Spanungsdicke von 0,32 mm keine spezifische Schnittkraft aus der Tabelle entnommen werden.
Die Werkstoffkonstante m_c beträgt laut Tabelle 0,25, der Hauptwert der spezifischen Schnittkraft $k_{c1.1}$ beträgt 1765 N/mm².

$$k_{c\,\text{unkorrigiert}} = \frac{k_{c1.1}}{h^{m_c}}$$

$$k_{c\,\text{unkorrigiert}} = \frac{1765\ \text{N}}{0{,}32^{0{,}25}\ \text{mm}^2}$$

$$k_{c\,\text{unkorrigiert}} = 2347\ \frac{\text{N}}{\text{mm}^2}$$

Weitere Einflussfaktoren sind Spanwinkel, Neigungswinkel, Schneidstoff, Fertigungsverfahren, Schnittgeschwindigkeit und Kühlschmierstoffeinsatz.
Diese Einflüsse können durch **Korrekturfaktoren** berücksichtigt werden.

$$k_c = k_{c\,\text{unkorrigiert}} \cdot c$$

$$c = c_1 \cdot c_2 \cdot c_3$$

$$F_c = A \cdot k_c$$

k_c: spezifische Schnittkraft in N/mm²
$k_{c\,\text{unkorrigiert}}$: unkorrigierte spezifische Schnittkraft in N/mm²
c_1, c_2, c_3: Korrekturfaktoren
F_c: Schnittkraft in N
A: Spanungsquerschnitt in mm²

4.1 Wirkungsgrad und Wirkungskette

Die an der Spindel zur Verfügung stehende **Nutzleistung** *(useful power)* P_{nutz} muss mindestens so groß wie die erforderliche **Schnittleistung** P_c sein.
Die **elektrische Leistung** P_{el}, die der Motor aufnimmt, wird auf dem Weg zur Spindel durch Umwandlungsverluste verringert, wie die folgende Wirkungskette *(functional chain)* zeigt.

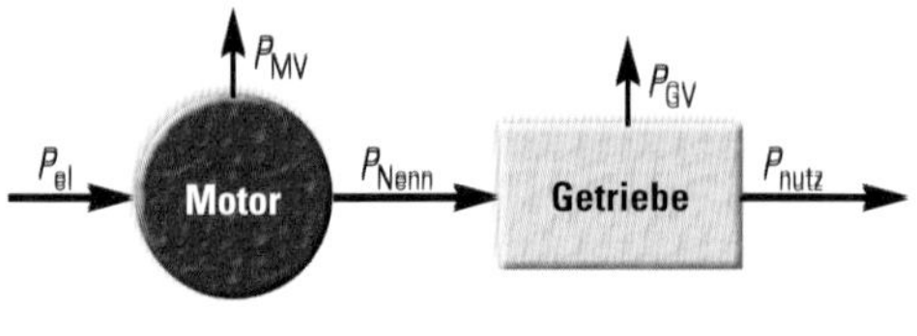

Diese Leistungsverluste treten im Motor und im Getriebe überwiegend durch Erwärmung auf und werden durch **Wirkungsgrade** η *(degrees of efficiency)* gekennzeichnet.

$$P_{Nutz} = P_{el} \cdot \eta_{el} \cdot \eta_{mech}$$

P_{nutz}: Nutzleistung (= P_c)
P_{Nenn}: Nennleistung des Motors (Typenschild)
P_{el}: vom Motor aufgenommene elektrische Leistung
P_{VM}: Motorverlustleistung
P_{VG}: Getriebeverlustleistung

Häufig werden die Wirkungsgrade zu einem **Gesamtwirkungsgrad** zusammengefasst:

$$\eta_{ges} = \eta_{el} \cdot \eta_{mech}$$

η_{ges}: Gesamtwirkungsgrad
η_{el}: elektrischer Wirkungsgrad des Motors
η_{mech}: mechanischer Wirkungsgrad des Getriebes

Beispielrechnung

Die Spindel einer Drehmaschine wird von einem Drehstromasynchronmotor angetrieben. Auf dem Typenschild des Motors ist eine Nennleistung von 25 kW angegeben. Welche Leistung P_{el} entnimmt der Motor dem Netz und welche Nutzleistung P_{nutz} liegt an der Spindel vor?
Der elektrische Wirkungsgrad η_{el} beträgt 0,85 und der mechanische Wirkungsgrad η_{mech} beträgt 0,8.

$$P_{el} = \frac{P_{Nenn}}{\eta_{el}}$$

$$P_{el} = \frac{25\ \text{kW}}{0{,}85}$$

$$P_{el} = 29{,}4\ \text{kW}$$

$$P_{nutz} = P_{Nenn} \cdot \eta_{el}$$

$$P_{nutz} = 25\ \text{kW} \cdot 0{,}8$$

$$P_{nutz} = 20\ \text{kW}$$

4.2 Schnittleistung und Schnittmoment beim Drehen

Ist beim Drehen nur eine Schneide im Eingriff, kann die Schnittleistung wie auf Seite 389 gezeigt berechnet werden. Sind mehrere Schneiden im Eingriff, werden die Schnittleistungen pro Schneide berechnet und anschließend addiert.
Das an der Spindel erforderliche Drehmoment je Schneide ergibt sich aus der Schnittkraft F_c und dem Werkstückradius.

$$M_c = F_c \cdot \frac{d}{2}$$

M_c: Drehmoment je Schneide in Nm
F_c: Schnittkraft in N
d: Werkstückdurchmesser

4.3 Schnittleistung und Schnittmoment beim Bohren

Beim Bohren ins Volle mit zwei Hauptschneiden muss berücksichtigt werden, dass die Schnittgeschwindigkeit v_c zur Bohrermitte hin abnimmt.

Die **Schnittleistung** wird deshalb mit der mittleren Schnittgeschwindigkeit $v_c/2$ berechnet. Die Schnittkraft F_c ist die sich aus den Schnittkräften der beiden Schneiden ergebende Gesamtschnittkraft.

$$P_c = F_c \cdot \frac{v_c}{2}$$

P_c: Schnittleistung in Nm/s = W
F_c: Schnittkraft in N
v_c: Schnittgeschwindigkeit in m/s

Zur Berechnung des **Schnittmoments** wird angenommen, dass die Schnittkraft an der Schneidenmitte angreift.

$$M_c = F_c \cdot \frac{d}{4}$$

M_c: Schnittmoment in Nm
F_c: Schnittkraft in N
d: Bohrerdurchmesser in mm

4.4 Schnittleistung und Schnittmoment beim Fräsen

Beim Fräsen verändert sich die Spanungsdicke während der Zerspanung. Dadurch ist keine konstante Schnittkraft F_c vorhanden und es kann nur eine **mittlere Schnittkraft** F_{cm} angegeben werden. Für die Schnittleistung wird basierend auf der mittleren Schnittkraft eine **mittlere Schnittleistung** berechnet.

$$P_{cm} = F_{cm} \cdot v_c$$

P_{cm}: Mittlere Schnittleistung in Nm/s = W
F_{cm}: Mittlere Schnittkraft in N
v_c: Schnittgeschwindigkeit in m/s

In der Praxis ist es oft nicht einfach, die mittlere Schnittkraft F_{cm} zu bestimmen. Mit der folgenden Formel kann die Zerspanungsfachkraft sehr schnell eine Abschätzung der erforderlichen Schnittleistung vornehmen.

Achtung! Die einzelnen Größen müssen in den hier vorgegebenen Einheiten eingegeben werden.

$$P_{cm} = \frac{a_p \cdot a_e \cdot v_f \cdot k_c}{60000}$$

P_{cm}: Mittlere Schnittleistung in kW
a_p: Schnitttiefe in mm
a_e: Arbeitseingriff in mm
v_f: Vorschubgeschwindigkeit in m/min
k_c: Spezifische Schnittkraft in N/mm² bezogen auf die mittlere Spanungsdicke h_m[1)]

Mit dieser einfachen Rechnung lässt sich leicht abschätzen, ob die zur Verfügung stehende Maschinenleistung ausreicht. Wenn dies nicht der Fall ist, bleibt bei den vorliegenden Bedingungen oft nur die Möglichkeit, die Schnitttiefe a_p zu reduzieren.

Beispielrechnung

Werkstoff:	C45E
Schnitttiefe a_p:	5 mm
Arbeitseingriff a_e:	60 mm
Vorschubgeschwindigkeit v_f:	1,7 m/min
Mittlere Spanungsdicke h_m:	0,5 mm

$$P_{cm} = \frac{a_p \cdot a_e \cdot v_f \cdot k_c}{60000}$$

$$P_{cm} = \frac{5\,\text{mm} \cdot 60\,\text{mm} \cdot 1{,}7\,\text{m} \cdot 2100\,\text{N}}{\text{min} \cdot \text{mm}^2 \cdot 60000}$$

$$\underline{\underline{P_{cm} = 18\,\text{kW}}}$$

Das an der Spindel erforderliche **Schnittmoment** M_c (Drehmoment) kann auf zwei Arten ermittelt werden:

- Bei bekannter **mittlerer Schnittkraft** F_{cm} ergibt sich M_c aus

$$M_c = F_{cm} \cdot \frac{d}{2}$$

M_c: Schnittmoment je Schneide in Nm
F_{cm}: Mittlere Schnittkraft in N
d: Fräserdurchmesser in mm

- Bei bekannter **mittlerer Schnittleistung** P_{cm} ergibt sich M_c aus[2)]

$$M_c = \frac{P_{cm}}{2 \cdot \pi \cdot n}$$

M_c: Schnittmoment in Nm
P_{cm}: Mittlere Schnittleistung in kW
n: Umdrehungsfrequenz

Beispielrechnung

Mittlere Schnittleistung P_{cm}:	18 kW
Umdrehungsfrequenz n:	1500/min

$$M_c = \frac{P_{cm}}{2 \cdot \pi \cdot n}$$

$$M_c = \frac{18\,\text{kW} \cdot \text{min} \cdot 1000\,\text{Nm} \cdot 60\,\text{s}}{2 \cdot \pi \cdot 1500 \cdot \text{s} \cdot 1\,\text{kW} \cdot 1\,\text{min}}$$

$$\underline{\underline{M_c = 114{,}6\,\text{Nm}}}$$

1) siehe Lernfeld 5 Kap. 3.5.2 2) siehe Lernfeld 5 Seite 166

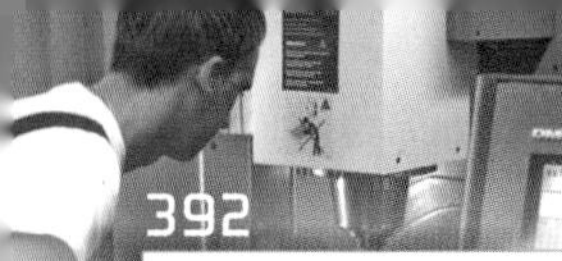

4.5 Maximale Zerspanungswerte

In der Regel liegen den Beschreibungen von Werkzeugmaschinen Diagramme bei, die die Leistungs- und Drehmomentkennlinien darstellen (Bilder 1 bis 3). Durch Berechnung der erforderlichen Leistung und Vergleich mit den Maschinenwerten kann überprüft werden, ob die Schnittdaten zu realisieren sind. Dabei ist zu beachten, dass in den Diagrammen Leistungs- und Drehmomentkennlinien für unterschiedliche Einschaltdauern (ED) dargestellt sind. Eine Einschaltdauer von 100 % bedeutet, dass die Leistung und das Drehmoment im Dauerbetrieb zur Verfügung stehen.

Den Kennlinien kann entnommen werden, dass das zur Verfügung stehende Drehmoment bei maximaler Maschinenleistung mit zunehmender Umdrehungsfrequenz abnimmt[1].

Die erforderlichen Nutzleistungen an der Spindel können durch Berechnung ermittelt werden oder graphischen Darstellungen (Seite 393 Bild 1) entnommen werden.

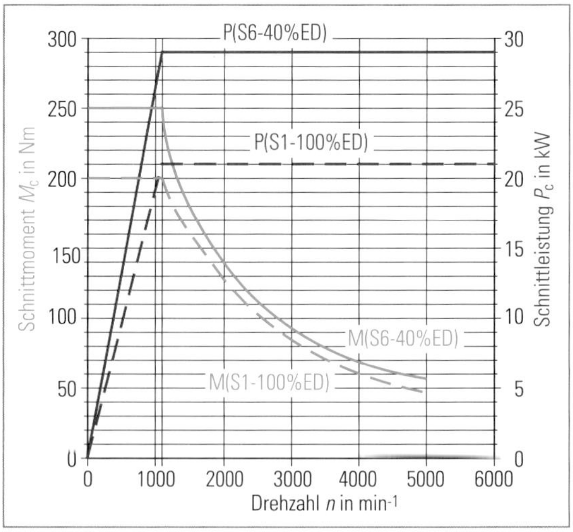

2 *Kennlinie Drehmaschine 2*

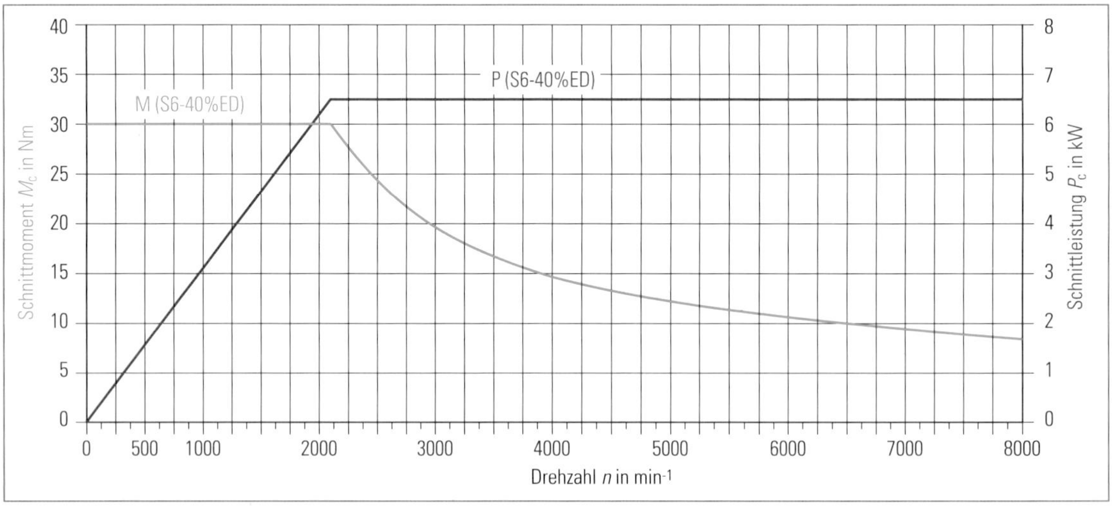

1 *Kennlinie Drehmaschine 1*

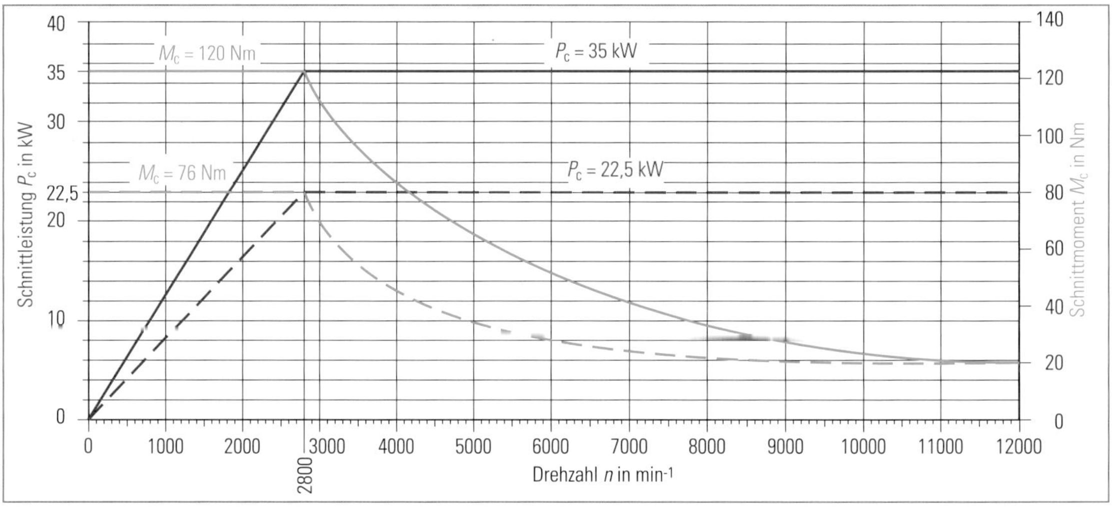

3 *Kennlinie Fräsmaschine*

1) die Herleitung dieses Zusammenhangs finden Sie im Lernfeld 5 auf Seite 166

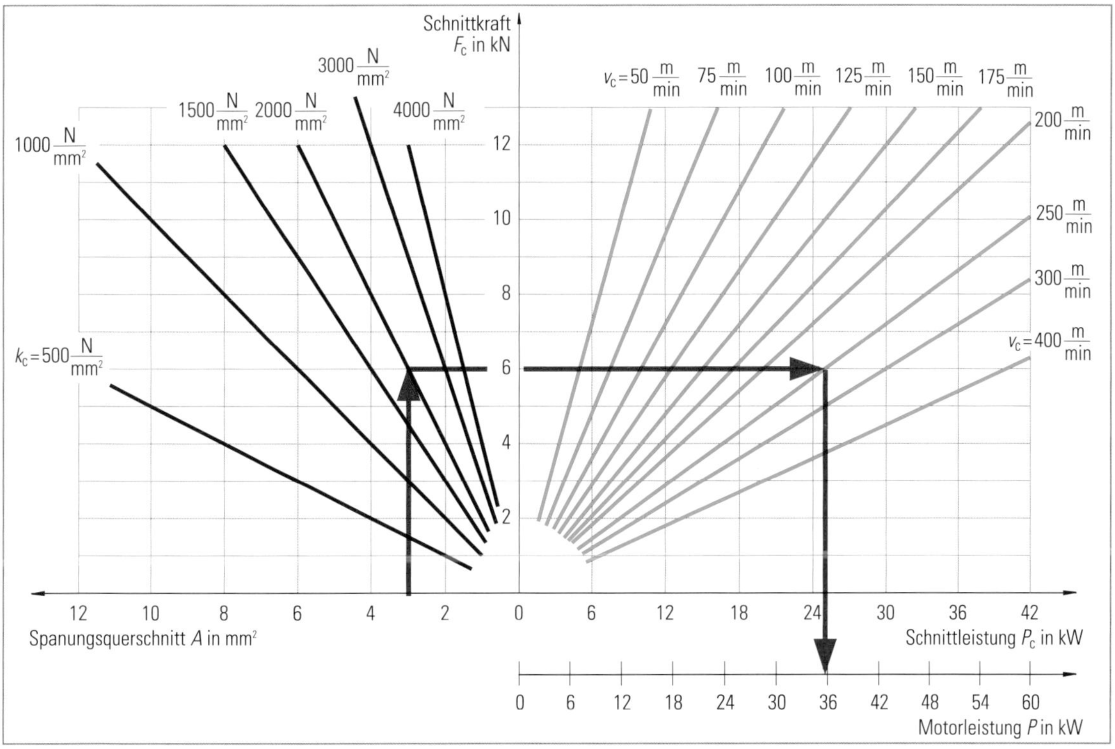

***1** Kennlinie Leistung*

ÜBUNGEN

1. *Eine Getriebewelle aus dem Vergütungsstahl 42CrMo4 wird bei der Schruppbearbeitung in einem Schnitt vom ∅60 mm auf den ∅50 mm abgedreht. Die Schnittgeschwindigkeit beträgt 200 m/min, der Vorschub 0,5 mm und der Einstellwinkel 60°.*

a) Bestimmen Sie das erforderliche Drehmoment und die erforderliche Leistung an der Hauptspindel durch Berechnung und mithilfe des Diagrammes (Bild 1).

b) Überprüfen Sie, an welcher Drehmaschine mit den in den Bildern 1 und 2 auf Seite 392 dargestellten Kennlinien die Schnittdaten umgesetzt werden können.

2. *Werkzeugmaschinen besitzen Vorrichtungen, die eine Beschädigung durch zu hohe Belastungen verhindern. Wie zeigt sich diese Begrenzung in den Kennlinien?*

3. *Im Diagramm zur Ermittlung der Motorleistung (Bild 1) ist bereits der Wirkungsgrad eingearbeitet. Bestimmen Sie diesen Wirkungsgrad und schätzen Sie ein, ob der Wirkungsgrad realistisch ist.*

4. *Bei der Bearbeitung einer Halterung aus C60 soll mit einem Messerkopf (∅100 mm, 12 Schneiden) ein 70 mm breiter Absatz gefräst werden. Die Schnitttiefe beträgt a_p = 2 mm, die Schnittgeschwindigkeit v_c = 200 m/min, der Korrekturfaktor c = 0,8, der Vorschub pro Zahn f_z = 0,1 mm.*

a) Berechnen Sie die notwendige Schnittleistung und das Schnittmoment.

b) Überprüfen Sie anhand Bild 3 Seite 392, ob die Fertigungsdaten bei einer Einschaltdauer von 100 % realisiert werden können und passen Sie gegebenenfalls die Schnittdaten an.

5. *Berechnen Sie die zur Fertigung einer Bohrung von ∅12 mm notwendige Schnittleistung und das erforderliche Schnittmoment. Das Werkstück besteht aus 42CrMo4, die Bohrung wird ohne Vorbohren mit einem Hartmetallbohrer gefertigt. Die Schnittdaten sind dem Tabellenbuch zu entnehmen, der Korrekturfaktor c beträgt 1,3.*

6. *Optimierungsberechnungen bei der Massenproduktion von Drehteilen aus dem Automatenstahl 9SMn28 haben ergeben, dass die kostengünstigste Schruppbearbeitung bei einer Schnittgeschwindigkeit von v_c = 200 m/min vorliegt.*

a) Bestimmen Sie für die in Bild 2 auf Seite 392 dargestellte Leistungskennlinie unter Verwendung von Bild 1 die maximal mögliche Schnitttiefe a_p sowie den maximal möglichen Vorschub f.

Beachten Sie dabei:

- *Die spezifische Schnittkraft k_c beträgt 1500 N/mm²,*
- $\frac{f}{a_p} = \frac{1}{10}$
- *Der Außendurchmesser der Drehteile beträgt 50 mm.*
- *Die bei 100 % Einschaltdauer gegebene Schnittleistung soll zu 85 % ausgenutzt werden.*

b) Überprüfen Sie, ob auch das vorhandene Drehmoment die gewählten Schnittdaten zulässt.

7. *Eine Druckgussform aus X37CrMoV5-1 wird mit einem Hartmetall bestückten Eckfräser von 63 mm Durchmesser bearbeitet.*

a) Wie groß ist die erforderliche Schnittleistung bei einer Schnittgeschwindigkeit von 200 m/min, wenn die spezifische Schnittkraft 2600 N/mm², die Vorschubgeschwindigkeit 800 mm/min, die Zustelltiefe 10 mm betragen und der Arbeitseingriff 80 % des Fräserdurchmessers entspricht?

b) Welches Drehmoment wird an der Frässpindel unter den gegebenen Bedingungen benötigt?

c) Ist die dargestellte Bearbeitung auf der Fräsmaschine, deren Kennlinien in Bild 3 auf Seite 393 dargestellt sind, möglich?

d) Wenn das nicht möglich ist, wie würden Sie die Schnittdaten bei gleichem Schneidstoff und Schneidenzahl optimieren, um ein möglichst großes Zeitspanvolumen zu erzielen?

8. *Das folgende Diagramm zeigt die Kennlinien für eine HSC-Fräsmaschine .*

a) Begründen Sie diese Aussage.

b) Welche Schnittleistung und welches Drehmoment stehen an der Spindel bei einer Umdrehungsfrequenz von 30000/min und 40 % Einschaltdauer an der Frässpindel zur Verfügung?

c) Welches Zeitspanvolumen kann unter den genannten Bedingungen bei einer spezifischen Schnittkraft von 2600 N/mm² erreicht werden?

d) Ist die HSC-Fräsmaschine eher für das Schruppen oder Schlichten geeignet?

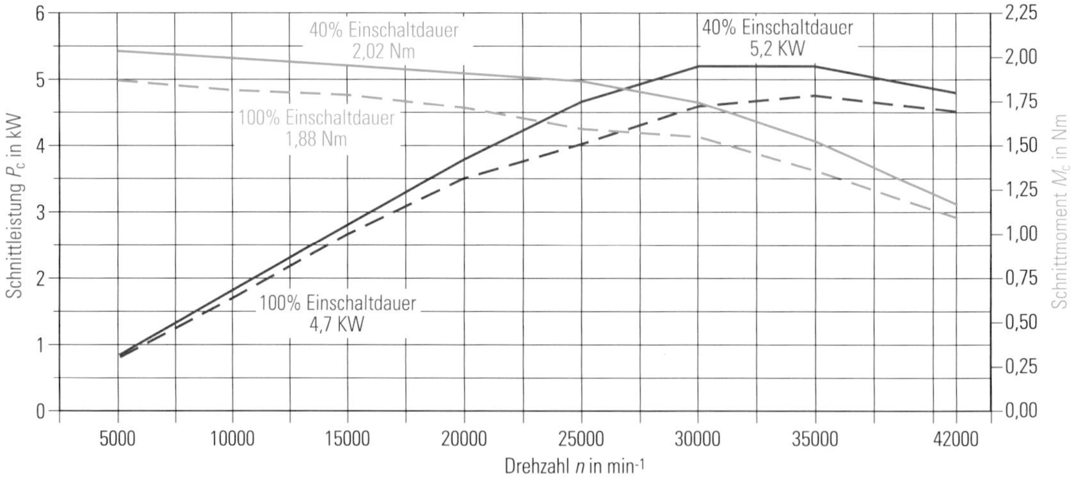

5 Wärmebehandlung und Zerspanbarkeit

Die Zerspanung *(chipping)* ist nie der erste Fertigungsschritt und oft nicht der letzte auf dem Weg zum fertigen Produkt. Als Rohteile werden in der Regel Halbzeuge verwendet (gezogene Profile, Gussteile). Nach und vor der Zerspanung erfahren sie oft Wärmebehandlungen *(heat treatments)* (Härten, Vergüten etc.), deren Einfluss auf die Zerspanbarkeit *(machinability)* hier näher betrachtet wird.

Der Zerspanungsprozess selbst kann auch das Gefüge und damit wichtige technologische Eigenschaften[1)] wie Härte, Festigkeit und Zähigkeit beeinflussen.

Um ein qualitativ hochwertiges Produkt zu fertigen, muss die Fachkraft deshalb die gesamte Prozesskette betrachten. Kenntnisse über Eigenschaften und Möglichkeiten der Veränderung des Werkstoffgefüges sind von besonderer Bedeutung, da sie grundlegend sind für die Wahl der Schneidstoffe, der Zerspanungsparameter und der Produktverwendung nach der Zerspanung.

5.1 Wahl von Schneidstoffen und Zerspanungsparametern

Für die Wahl des richtigen Schneidstoffs *(cutting material)* und der passenden Schnittdaten *(cutting data)* sind neben anderen Einflussgrößen vor allem die **Härte** *(hardness)* des zu zerspanenden Werkstoffes und seine **Zugfestigkeit** *(tensile strength)* entscheidend.

5.2 Gefügeveränderungen durch Glühen

Durch Glühen *(annealing)*, d. h. durch gezielt durchgeführtes Erwärmen (Seite 395 Bilder 1 und 2), lässt sich das Gefüge beeinflussen. Neben den mechanischen Eigenschaften kann dadurch die Zerspanbarkeit den Anforderungen angepasst werden.

1) siehe Lernfeld 5 Kap. 8.3

5.2.1 Spannungsarmglühen

In einem Werkstück entstehen durch ungleichmäßiges Abkühlen beim Gießen, Schweißen oder Schmieden innere Spannungen, die als **Eigenspannungen** *(internal stresses)* bezeichnet werden. Sie entstehen ebenfalls bei der Kaltumformung (Walzen, Ziehen). Diese Eigenspannungen führen zum Verzug der Werkstücke und können sogar Rissbildungen verursachen (Bild 3).

Bei gezogenem Material ist die Randschicht durch die Kaltumformung verfestigt und besitzt Druckeigenspannungen. Diese sind oftmals erwünscht, da das Werkstück dadurch eine höhere Festigkeit aufweist. Wird bei der Zerspanung aber die verfestigte Schicht einseitig entfernt, kann sich das Werkstück verziehen, da die gegenüberliegende Randschicht noch unter Druckspannungen steht.

Die Streckgrenze von Werkstoffen sinkt bei steigender Werkstücktemperatur (Warmstreckgrenze von Stahl bei 650 °C etwa 20...40 N/mm²). Dadurch können die Eigenspannungen durch plastische Verformungen innerhalb des Metalls bis auf den Wert der Warmstreckgrenze abgebaut werden. Beim Spannungsarmglühen *(process annealing)* muss sichergestellt werden, dass keine unerwünschten Gefügeänderungen durch zu hohe Temperaturen auftreten. Üblich sind bei Stahl deshalb Temperaturen zwischen 550°C und 650°C. Wichtig ist, dass das gesamte Werkstück die gleiche Temperatur erreicht und dann langsam im Ofen abgekühlt wird. Das Spannungsarmglühen von Aluminiumhalbzeugen ist prinzipiell möglich, dabei können aber wichtige Werkstoffeigenschaften wie Festigkeit und Korrosionsbeständigkeit beeinträchtigt werden. Wird die Maßhaltigkeit beim Zerspanen durch freigesetzte Eigenspannungen gefährdet, sollten eigenspannungsarme thermomechanisch behandelte Halbzeuge wie z. B. T7351, T6151 nach DIN EN 515 verwendet werden.

5.2.2 Normalglühen

Häufig liegen bei Werkstücken durch Warmformgebungen (z. B. Schmieden) grobkörnige unregelmäßige Gefüge vor (Seite 396 Bild 1), die die Festigkeit und Zähigkeit herabsetzen. Durch Normalglühen *(normalising)* wird ein gleichmäßiges feines Gefüge erzeugt. Die Festigkeit und Zähigkeit wird erhöht und eine gute Voraussetzung für weitere Wärmebehandlungen (Härten, Vergüten) geschaffen. In der Regel werden nur Stähle bis 1% C normalgeglüht. Bei Stählen mit höherem Kohlenstoffgehalt muss die Warmformgebung unterhalb von etwa 700 °C erfolgen, damit kein grobkörniges Gefüge auftritt (Bild 2).

Die Zerspanbarkeit des normalgeglühten Stahls wird je nach Kohlenstoffgehalt von dem überwiegenden Gefügeanteil bestimmt. Bei überwiegendem Ferritanteil tritt geringer Verschleiß auf, die Spanbildung ist aber schlecht. Bei einem hohen Perlitanteil ist der Verschleiß höher, die Spanbildung aber besser.

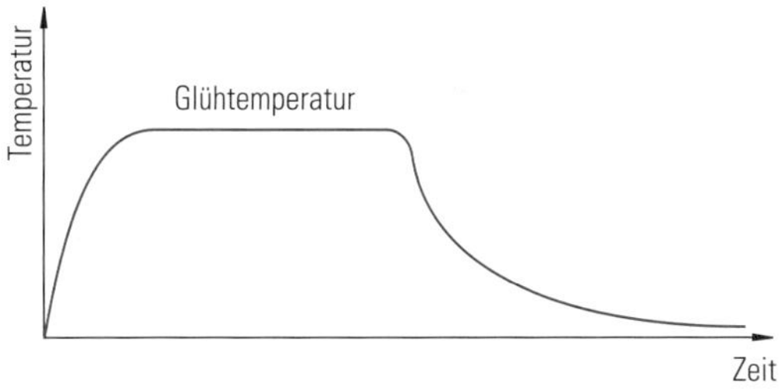

1 Temperatur-Zeit-Verlauf beim Glühen

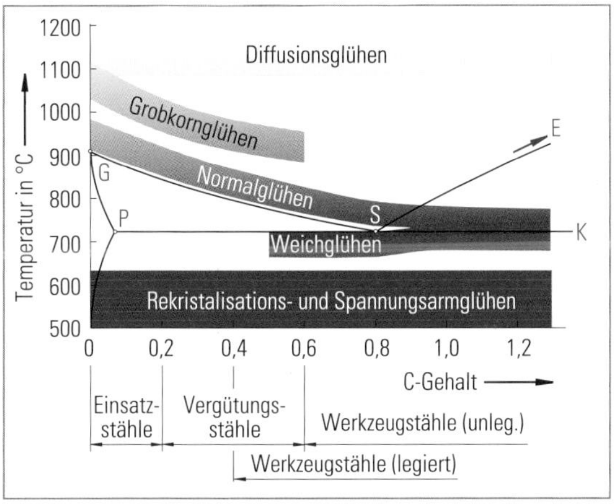

2 Glühverfahren und Glühbereiche

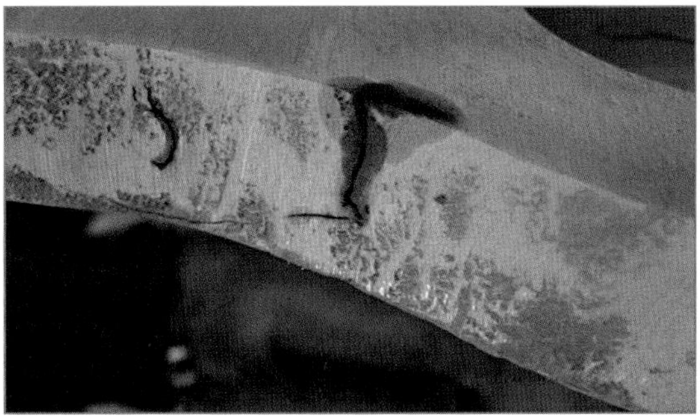

3 Durch Eigenspannungen verursachte Rissbildung in einem Bauteil, sichtbar gemacht durch einen Farbauftrag bei der Farbeindringprüfung

5.2.3 Weichglühen

Ziel des Weichglühens *(soft annealing)* ist es, die Bearbeitbarkeit von Stahl zu verbessern (Seite 396 Bild 2). Dieses betrifft sowohl die Zerspanung als auch die spanlose Umformung. Erreicht wird dies dadurch, dass die im weichen Ferrit eingelagerten Zementitlamellen in kugelförmigen Zementit umgewandelt werden. Die Werkzeugschneide muss die harten Zementitlamellen (bis 1100 HV) nicht mehr durchtrennen, was zu geringeren Schnittkräften und zu einem geringeren Werkzeugverschleiß führt.

1) siehe Lernfeld 5 Kap. 8.1 2) siehe Lernfeld 5 Kap. 8.3

Unlegierte Stähle mit einem Kohlenstoffgehalt unter 0,5 % werden nicht weichgeglüht, da sie sonst zum „Schmieren" neigen. Normalglühen führt hier zu besseren Ergebnissen.
Untereutektoide und eutektoide Stähle werden bei 700...720 °C, übereutektoide Stähle bei 740...780 °C weichgeglüht (Seite 395 Bild 2). Die Umwandlung von Ferrit in Austenit und umgekehrt begünstigt die Bildung von körnigem Perlit. Deshalb werden übereutektoide Stähle um die S-K-Linie pendelgeglüht.

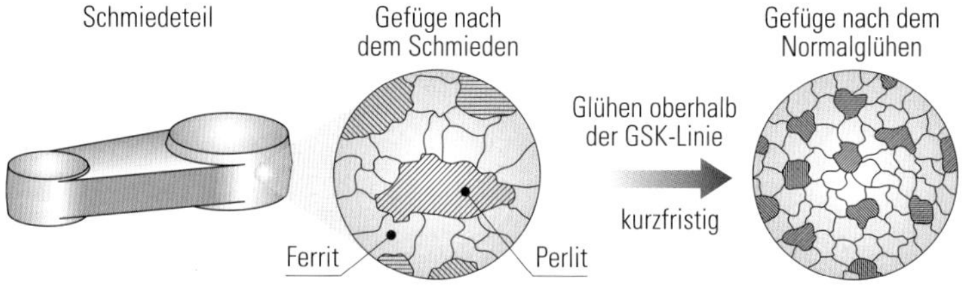

1 Normalglühen

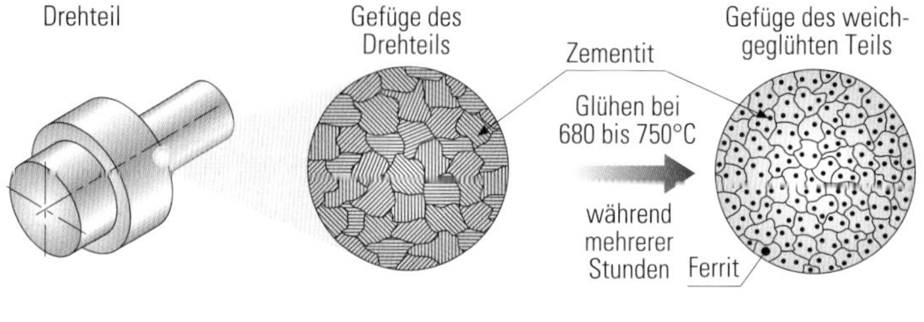

2 Weichglühen

5.2.4 Grobkornglühen

Bei der Zerspanung weicher unlegierter Stähle mit geringem Kohlenstoffgehalt sind die Schnittkräfte gering. Probleme bereitet aber die Spanbildung, da häufig lange Fließspäne auftreten.
Eine bessere Spanbildung mit kurzbrüchigen Scherspänen wird durch Grobkornglühen *(full annealing)* erreicht. Der Stahl wird einige Stunden 150°C oberhalb der G-S-Linie geglüht (Seite 395 Bild 2). Dabei entstehen grobe Austenitkristalle, die sich bei langsamem Abkühlen in ein ebenfalls grobkörniges Ferrit-Perlit-Gefüge umwandeln (Bild 3). Da sich die technologischen Eigenschaften wie z. B. die Zähigkeit dadurch verschlechtern, wird das Werkstück nach der Zerspanung wieder normalgeglüht. Bei Einsatz- und Vergütungsstählen wird das grobe Korn beim Einsetzen und Vergüten wieder beseitigt.

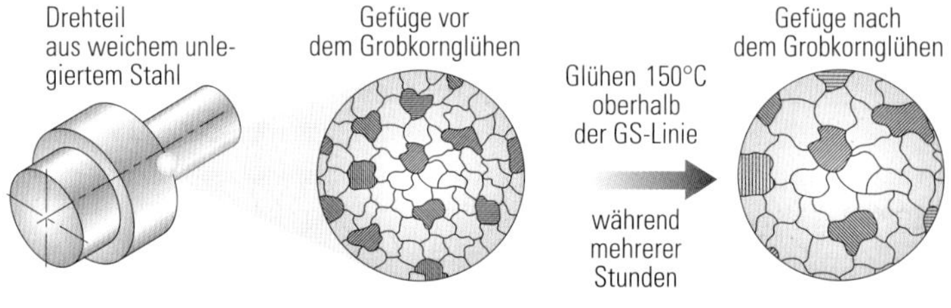

3 Grobkornglühen

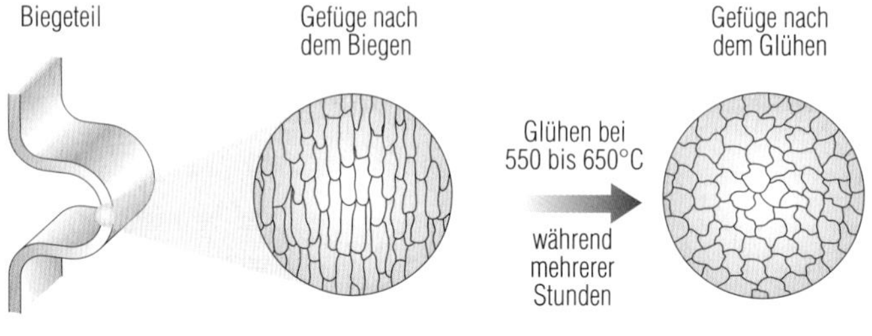

4 Rekristallisationsglühen

5.2.5 Rekristallisationsglühen

Nach einer Kaltumformung liegt ein verzerrtes und verfestigtes Gefüge vor (Bild 4). Um das Gefüge wieder in einen unverzerrten Zustand zu bringen, wird Stahl üblicherweise zwischen 500 und 700°C geglüht (Seite 395 Bild 2). Dabei findet keine Umwandlung des Kristallgitters statt. Ist bei einer Kaltumformung das Material an seiner Umformgrenze angelangt, muss ebenfalls durch eine Rekristallisation eine Kornneubildung vorgenommen werden. Bei der Rekristallisationsglühung *(recrystallisation annealing)* findet keine Neubildung der Gefügezusammensetzung statt, sondern es werden nur die Körner neu gebildet.

5.3 Härten

5 Zahnräder müssen hart und verschleißfest sein

Viele Bauteile im Maschinenbau müssen aufgrund ihrer Beanspruchungen eine hohe Härte und Verschleißfestigkeit besitzen (Bild 5). Insbesondere bei Stahl können diese Eigenschaften in hohem Maße beeinflusst werden. Im Vordergrund steht hier die Bauteilverwendung. Die hohe Härte hat aber auch einen großen Einfluss auf die Zerspanbarkeit. Umgekehrt kann die Zerspanung Einfluss auf die Härte von Bauteilen haben (Randzonenbeeinflussung[1)]).

1) siehe Lernfeld 9 Kap. 1.5.6

5.3.1 Härten von Stahl (Martensitbildung)

Wird Stahl auf eine Temperatur oberhalb der G-S-K-Linie geglüht, klappt das kubisch-raumzentrierte Gitter (Ferrit) in ein kubisch-flächenzentriertes Gitter (Austenit) um[1]. Der vorhandene Kohlenstoff kann im Austenit gelöst werden. Wird der Stahl rasch abgekühlt, klappt die Gitterstruktur wieder in das krz-Gitter um. Die C-Atome können das Gitter durch das rasche Abkühlen (Abschrecken) jedoch nicht verlassen. Deshalb bildet sich kein Ferrit, sondern ein verspanntes und verzerrtes **Martensitgefüge** (Bild 1). Martensit besitzt eine hohe Härte und ist sehr spröde.

MERKE

Da zur Bildung von Martensit mindestens ein Gehalt von 0,2 % C notwendig ist, sind nur Stähle auf diese Weise härtbar, die diese Bedingung erfüllen.

Während früher die Bearbeitung gehärteter Bauteile mit Härten *(hardnesses)* oberhalb von 50 HRC nur durch Schleifen möglich war, kann heute aufgrund besserer Prozesskenntnisse und der weiterentwickelten Schneidstoffe die Fertigbearbeitung im gehärteten Zustand durchgeführt werden[2]. Dadurch lassen sich Maß- und Formabweichungen infolge des Härtens *(hardening)* korrigieren und gleichzeitig gute Oberflächenqualitäten erzielen.

5.3.2 Anlassen

Nach dem Härten ist der Stahl durch innere Spannungen oft so spröde, dass Bruchgefahr besteht. Deshalb wird nach dem Härtevorgang grundsätzlich angelassen. Beim Anlassen *(tempering)* wandern einige das Gitter verzerrende C-Atome aus dem Martensit und die Spannungsspitzen werden abgemildert. Je länger der Anlassvorgang dauert und je höher die Anlasstemperatur ist, desto größer wird die Zähigkeit des Bauteils, d. h. aber auch, desto mehr wird die Härte wieder abgebaut.
Je nach Verwendung des Stahls werden unterschiedliche Anlasstemperaturen gewählt. Unlegierte Werkzeugstähle werden bei maximal 350 °C angelassen, legierte Stähle können bis zu Temperaturen von ca. 600 °C erwärmt werden. Die Fachkraft der Härterei richtet sich nach dem für jeden Stahl vorliegenden Härte-Anlasstemperatur-Diagramm (Bild 2).

MERKE

Beim Anlassen wird der Stahl auf eine Temperatur zwischen 200° C und 400 °C erwärmt, eine Zeit lang auf dieser Temperatur gehalten und dann langsam abgekühlt.

5.3.3 Vergüten

Vergüten *(hardening and tempering)* kombiniert das **Härten** mit dem **Anlassen bei höheren Temperaturen** zwischen 540 °C und 680 °C. Zuerst wird gehärtet wie oben beschrieben, dann folgt ein Anlassen bei hohen Temperaturen bis fast an die Umwandlungstemperatur von ca. 723 °C heran (Bild 3).

***1** Gefügeumwandlung zu Martensit beim schnellen Abkühlen*

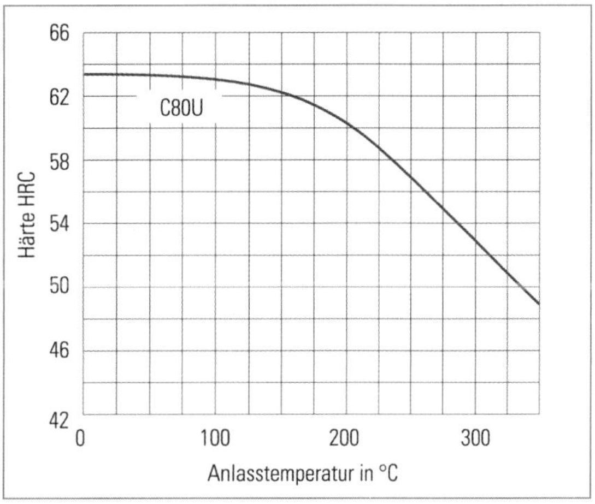

***2** Härte-Anlasstemperatur-Diagramm*

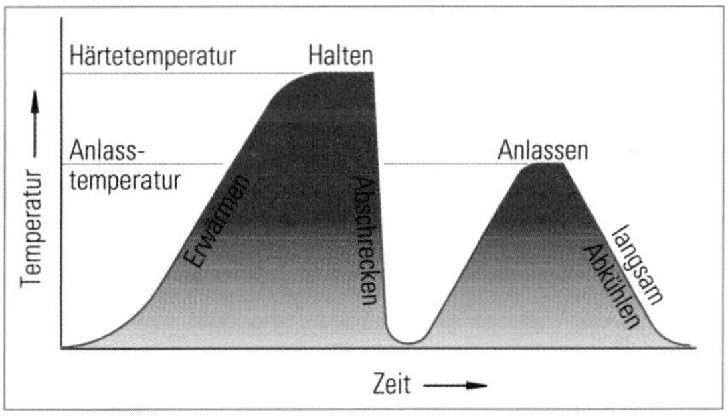

***3** Temperaturverlauf beim Vergüten*

Zur Verbesserung der Zerspanbarkeit vor dem Vergüten sollte auf niedrige Festigkeit und relativ geringe Zähigkeit wärmebehandelt werden. Weichgeglühte Vergütungsstähle mit einer Mischung aus lamellarem und körnigem Zementit sind auch bei höheren Schnittgeschwindigkeiten gut zerspanbar.
In vielen Fällen erfolgt das Vergüten zwischen der Schrupp- und der Schlicht- bzw. Feinbearbeitung. Beim Zerspanen von vergüteten Gefügen (überwiegend angelassener Martensit) wird ein stärkerer Verschleiß am Werkzeug hervorgerufen, als dies bei noch nicht vergüteten Gefügen der Fall ist. Eine deutliche Verbesserung der Zerspanbarkeit von Vergütungsstählen beim Drehen, Fräsen und Bohren erreicht man durch Zulegieren von geringen Massenanteilen Schwefel (0,05 bis 0,1 %).

1) siehe Lernfeld 5 Kap. 8.2.1.1.1 2) siehe Lernfeld 9 Kap. 6

5.3.4 Randschichthärten

Wenn eine harte, verschleißfeste Oberfläche sowie ein zäher Kern benötigt werden wie z. B. bei Lagerschalen, Führungsbahnen oder Zahnrädern, wird ausschließlich die Randzone gehärtet *(surface hardening)* (Bild 1).

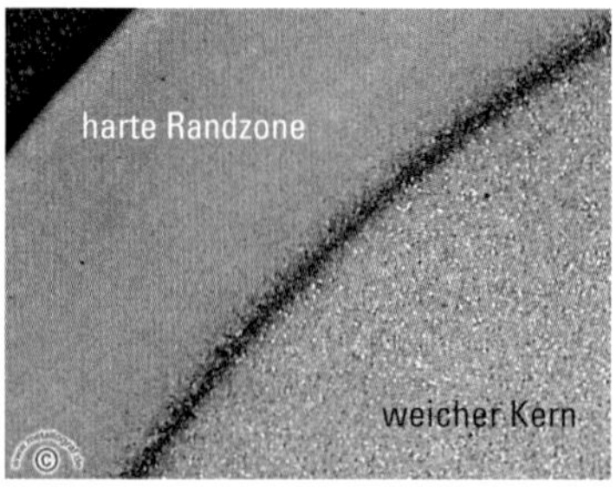

1 *Oberflächenhärtung an einer Lagerschale aus Wälzlagerstahl 100Cr6 Einhärttiefe: 2,25 mm*

5.3.4.1 Flamm-und Induktionshärten

Beim Flamm- und Induktionshärten *(flame and induction hardening)* wird die zu härtende Randschicht auf Härtetemperatur gebracht und nachfolgend abgeschreckt. Da im Inneren der Werkstücke keine Härtetemperatur erreicht wurde, erfolgt dort auch keine Härtung, d. h., der Kern bleibt weich und damit zäh wie der unbehandelte Werkstoff.

Die Erwärmung erfolgt beim **Flammhärten** durch einen Gasbrenner (Bild 2).

Beim **Induktionshärten** (Bild 3) wird eine Spule von hochfrequentem elektrischen Wechselstrom durchflossen. Dabei erwärmt sich das Werkstück von außen. Je langsamer das Werkstück verschoben wird und je niedriger die Frequenz des Stroms ist, desto tiefer reicht die gehärtete Randschicht. Das Abschrecken erfolgt je nach Stahlsorte in Wasser oder Öl. Zum Flamm- und Induktionshärten werden in erster Linie Vergütungsstähle genutzt.

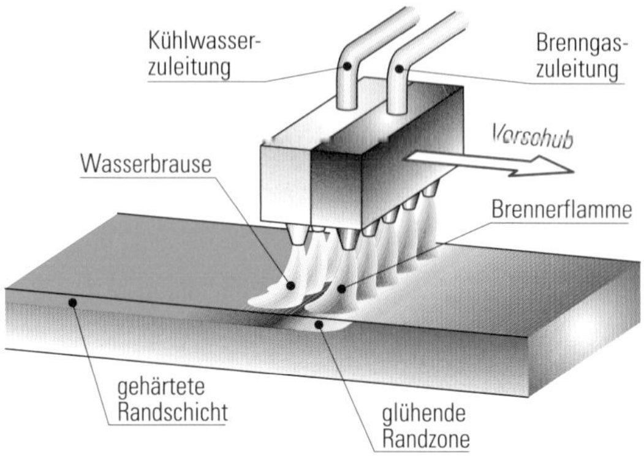

2 *Prinzip des Flammhärtens*

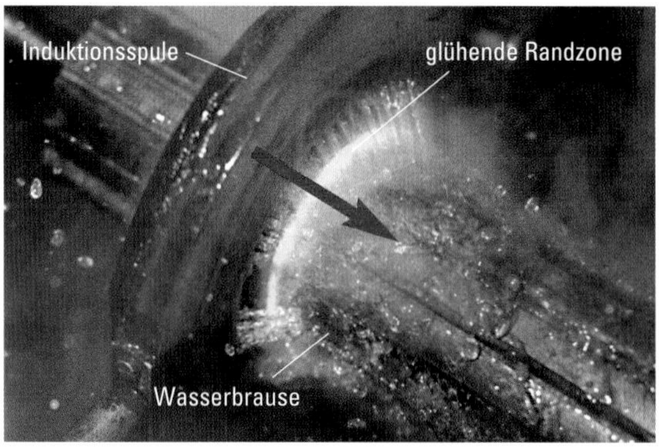

3 *Induktionshärten*

5.3.4.2 Einsatzhärten

Einsatzstähle besitzen einen Kohlenstoffgehalt unter 0,2 % und sind ohne weitere Behandlung nicht härtbar. Beim Einsatzhärten *(case hardening)* (Bild 4) wird die Randschicht deshalb mit Kohlenstoff angereichert (Kohlenstoff wird eingesetzt). Im Einsatzofen werden die Werkstücke mit Holzkohle, Grafit oder kohlenstoffreichem Gas im Austenitbereich geglüht. Dabei dringt durch Diffusion im Laufe der Zeit der Kohlenstoff in die Eisenkristalle ein. Die Randschicht ist nun härtbar.

Einsatzstähle werden fast ausschließlich vor der Einsatzbehandlung spanabhebend bearbeitet. Die für den Gebrauch des Einsatzstahls erwünschte Eigenschaft der relativ hohen Zähigkeit in nahezu allen Festigkeitsbereichen ist oft nachteilig für die Zerspanbarkeit. Es kommt zur Bildung von Aufbauschneiden und zu schlechten Oberflächengüten.

Der Werkzeugverschleiß ist dagegen gering, da das Gefüge der Einsatzstähle vorwiegend Ferrit und nur wenig Perlit enthält. Durch Glühen kann eine optimale Mischung aus Ferrit und Perlit eingestellt werden. In diesem Zustand kann ihnen eine ähnlich gute Zerspanbarkeit wie niedriggekohlten Automatenstählen zugeschrieben werden, sowohl den niedrigen Werkzeugverschleiß als auch die gute Spanbildung betreffend. Infolge des durch die Einsatzhärtung auftretenden Verzugs der Bauteile muss in manchen Fällen noch eine spanende Nachbearbeitung erfolgen.

4 *Anreichern mit Kohlenstoff*

5.3.4.3 Nitrierhärten

Beim Nitrierhärten *(nitriding)* wird Stickstoff den Stählen mit den Legierungselementen Al, Cr, Mo und V zugeführt. Stickstoff diffundiert aus einer Gasatmosphäre oder Salzbadschmelze in die Werkstückoberfläche ein und bildet mit den Legierungselementen chemische Verbindungen (Bild 1). Diese Verbindungen bewirken die Härtesteigerung. Da keine Gitterumwandlung stattfindet, ist der Härteverzug der Werkstücke sehr gering.

Die spanende Bearbeitung von Nitrierstählen erfolgt vor dem Nitrieren meist im vergüteten Zustand. Dieser für die nachfolgende Nitrierung günstige Gefügezustand weist eine ungünstige Zerspanbarkeit auf. Hohe Zerspankräfte führen zu starkem Werkzeugverschleiß und zu kürzeren Standzeiten. Findet die Zerspanung vor dem Vergüten statt, treten meist ungünstige lange Fließspäne auf.

Grundsätzlich sind aluminiumhaltige Nitrierstähle schwerer zu bearbeiten als aluminiumfreie wie z. B. 31CrMo12, der eine geringere Klebneigung aufweist. Günstig auf die Zerspanbarkeit wirkt sich das Zulegieren von Schwefel (34CrAlS5) aus.

5.3.4.4 Carbonitrieren

Das Carbonitrieren *(carbonitriding)* ist eine Kombination aus Einsatz- und Nitrierhärten. Neben Kohlenstoff wird gleichzeitig Stickstoff in die Randschicht eindiffundiert.

5.3.4.5 Laserstrahlhärten

Das Laserstrahlhärten *(laser beam hardening)* ist ein Verfahren zum Härten von Stählen und Eisengusswerkstoffen mit ausreichendem Kohlenstoffanteil. Es handelt sich um ein Umwandlungshärten (Martensitbildung). Der Laserstrahl erwärmt den Werkstoff örtlich sehr schnell auf 1100...1300 °C. Da nur ein kleiner Bereich erwärmt wird, erfolgt das Abschrecken durch die rasche Wärmeabfuhr an das umgebende kalte Material (Selbstabschreckung).

Das Laserstrahlhärten erfolgt **berührungslos** ohne zusätzliche Fremdstoffe und bei vergleichsweise hohen Geschwindigkeiten, sodass nur geringste oder technisch vernachlässigbare Verzüge entstehen. Häufige Einsatzgebiete des Laserstrahlhärtens sind der Werkzeugbau, der Fahrzeugbau sowie die Fördertechnik. Hier steht das lokale Härten von Bauteilbereichen zur Erhöhung des Verschleißschutzes im Vordergrund.

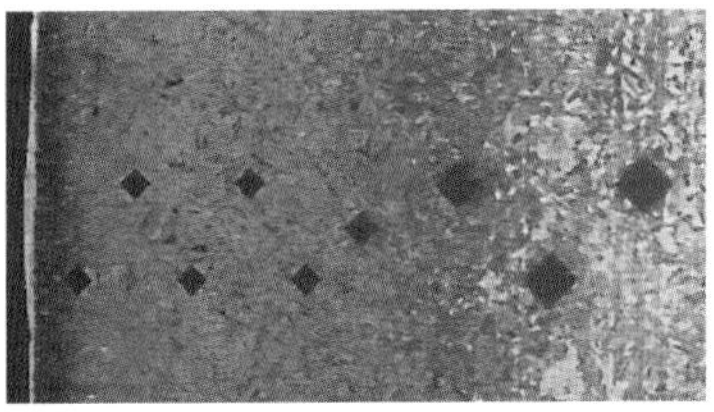

1 Nitrierschicht; die Eindrücke zeigen den Verlauf von Härteprüfungen nach Vickers (vgl. Seite 147)

Soll eine flächige Härtung erzeugt werden, werden beim Laserstrahlhärten parallele Härtespuren auf eine Oberfläche aufgebracht (Bild 2). Die Härtespuren weisen eine typische Breite im Bereich von Zentimetern auf.

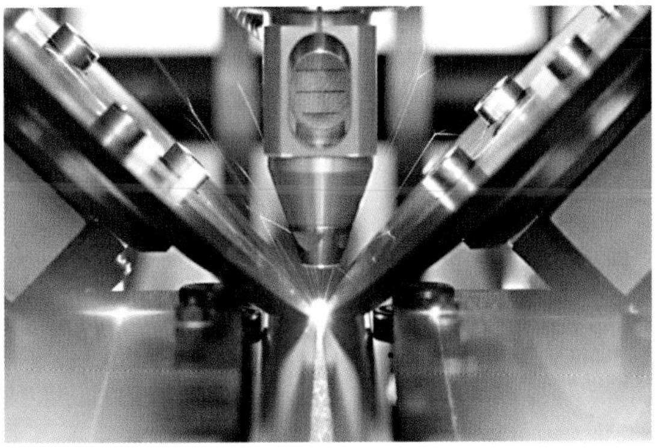

2 Laserstrahlhärten

Vorteile des Laserstrahlhärtens:

- Sehr geringer Verzug.
- Exakte Begrenzung der Behandlungszone.
- Kein Einsatz von Kühlmitteln oder Chemikalien nötig.
- Keine Begrenzung der Werkstückgröße.
- Der Verlauf des Laserstrahls kann vom Bediener genau bestimmt werden (Robotereinsatz). Die präzise Härtung kleiner und komplexer Geometrien wird dadurch ermöglicht.
- Durch die gleichmäßige Abkühlung entstehen wesentlich geringere Eigenspannungen. Ein nachträgliches Anlassen des Werkstücks ist oft nicht erforderlich.
- Die Zähigkeit des Grundwerkstoffs bleibt auch nach dem Härten erhalten.

ÜBUNGEN

1. Begründen Sie den Einsatz des Spannungsarmglühens und nennen Sie mögliche auftretende Probleme sowie deren Lösungen.
2. In der Praxis wird häufig der Begriff „Spannungsfreiglühen" verwendet. Erläutern Sie, warum hier der Begriff „Spannungsarmglühen" die treffendere Bezeichnung ist.
3. Ein Stahl mit 0,8 % Kohlenstoffgehalt soll weichgeglüht werden. Wählen Sie eine passende Glühtemperatur und begründen Sie, warum nach dem Weichglühen mit einer besseren Zerspanbarkeit zu rechnen ist.
4. Warum werden Stähle mit einem Kohlenstoffgehalt unter 0,5 % nicht weichgeglüht?
5. Ein unlegierter Stahl mit einem Kohlenstoffgehalt von 0,6 % wird aus dem Austenitbereich langsam bzw. rasch abgekühlt (abgeschreckt). Erläutern Sie jeweils die Vorgänge im Gefüge und benennen Sie das nach dem Abkühlen vorliegende Gefüge.
6. Erläutern Sie die Wärmebehandlung „Vergüten" und begründen Sie, warum die Schruppbearbeitung häufig vor

dem Vergüten und die Schlichtbearbeitung nach dem Vergüten erfolgt.

7. Nennen Sie Beispiele für randschichtgehärtete Bauteile und ihre typischen Einsatzgebiete.

8. Erstellen Sie eine Mindmap zu den Verfahren des Randschichthärtens mit den jeweiligen Vor- und Nachteilen.

9. Ein Bauteil aus C45 soll einsatzgehärtet werden, ein Bauteil aus 16MnCr5 soll induktionsgehärtet werden. Nehmen Sie Stellung zu diesen Vorhaben.

6 Maschinenkonzepte

6.1 Grundlegende Bauformen

6.1.1 Bohrmaschinen

Ständerbohrmaschinen *(box column drilling machines)* haben als tragende Einheit ein kastenförmiges Gestell und werden zur Bearbeitung von kleinen und mittleren Werkstücken verwendet. Am oberen Teil des Gestells befindet sich ein verfahrbarer Bohrschlitten, am unteren Teil der für die Aufnahme schwerer Werkstücke abgestützte Bohrtisch.

Zur Fertigung von hohen Stückzahlen oder sich häufig wiederholender Bohrbilder werden **Mehrspindelbohrmaschinen** *(multispindle drilling machines)* verwendet.

Statt eines einspindligen Bohrschlittens wird eine mehrspindlige Bohrglocke verwendet, sodass gleichzeitig mehrere Bohrungen gefertigt werden können.

Schwenkbohrmaschinen *(radial drilling machines)*, die auch als **Radial-** oder **Auslegerbohrmaschinen** bezeichnet werden, dienen zum Bohren großer Werkstücke.

Bei Wand-Schwenkbohrmaschinen ist der Ausleger an der Wand ortsfest oder an Führungsbahnen höhenverstellbar angebracht.

Revolverbohrmaschinen *(automatic turret head drilling machines)* sind ähnlich aufgebaut wie Ständerbohrmaschinen. Die Werkzeuge sind in einem Revolver untergebracht, zusätzlich kann noch ein Werkzeugwechsler vorhanden sein. Besitzt die Maschine einen Kreuztisch, sind auch leichte Fräsbearbeitungen möglich.

Zur Fertigung von Bohrungen mit Durchmessern in den Toleranzgraden IT 6 bis IT 4 verbunden mit engen Positionstoleranzen werden **Feinbohrmaschinen** *(precision drilling machines)* eingesetzt. Sie zeichnen sich durch eine hohe Steifigkeit, geringe Schwingungen und sehr gleichmäßige Bewegungen aus.

Beträgt die Tiefe einer Bohrung mehr als das 20-Fache des Bohrungsdurchmessers, kommen **Tiefbohrmaschinen** *(gun drilling machines)* zum Einsatz. Sie sind ähnlich wie Drehmaschinen aufgebaut und können mit einer waagerechten oder senkrechten Spindel ausgestattet sein. Bei der Fertigung ist die kontinuierliche Zufuhr von Kühlschmierstoff von besonderer Bedeutung.

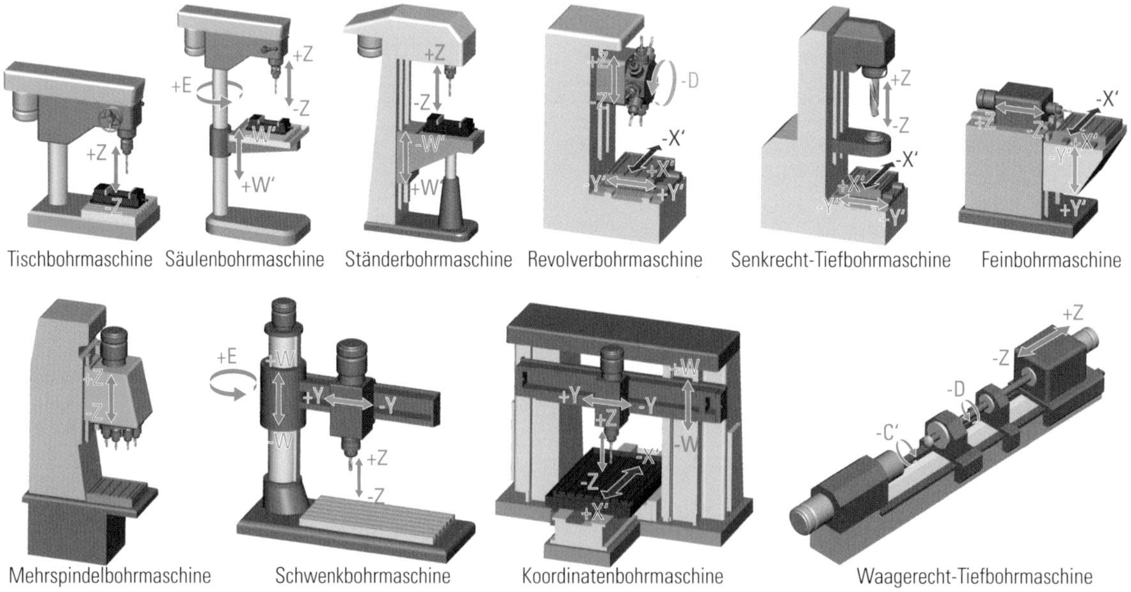

1 Bauformen von Bohrmaschinen

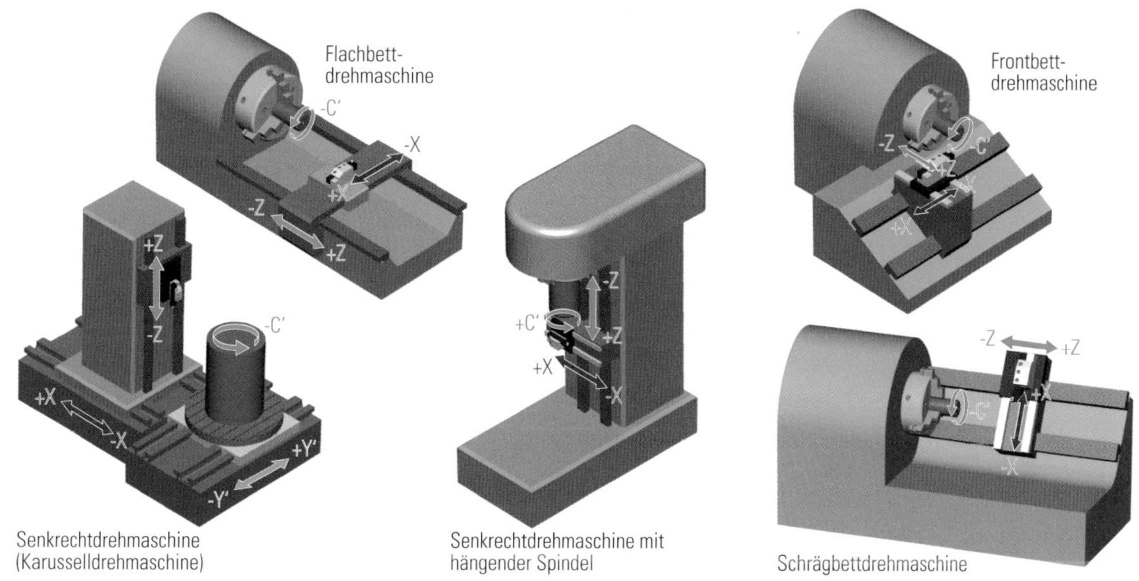

1 *Bauformen von Drehmaschinen*

6.1.2 Drehmaschinen

Drehmaschinen in **Flachbettausführung** *(flat-bed design)* werden heute hauptsächlich bei Großdrehmaschinen eingesetzt, da bei dieser Bauform das Spannen großer Werkstücke leichter fällt.

Die **Schrägbettbauweise** *(inclined-bed turning lathe)* ist bei konventionellen und bei CNC-Drehmaschinen üblicher Größen die bevorzugte Bauform. Bei der Schrägbettausführung fallen die heißen Späne und das Kühlschmiermittel aus dem Arbeitsraum. Die Gefahr eines Spänestaus und einer Wärmebelastung des Maschinenbetts ist deshalb gegenüber der Flachbettbauform nicht so groß.

Die Schrägbettbauform ermöglicht auch eine leichtere Zugänglichkeit für den Maschinenbediener.

Werden Bauteile mit einem großen Durchmesser aber relativ geringer Werkstücklänge bearbeitet, verwendet man **Senkrechtdrehmaschinen** *(vertical boring and turning mills)* in Ständerbauweise, die auch **Karusseldrehmaschinen** genannt werden.

Das schwere Werkstück wird auf einer Planscheibe gespannt. Die Maschinenspindel wird dadurch nicht auf Biegung beansprucht. Bei der Senkrechtdrehmaschine kann die Maschinenspindel auch hängend angeordnet werden. Dadurch wird eine sehr gute Späneabfuhr auch ohne Kühlschmierstoff gewährleistet. Diese Anordnung ist deshalb besonders für die Trockenbearbeitung geeignet.

Bei **Frontbettdrehmaschinen** *(front operated lathes)* ist das Futter sehr gut zugänglich. Sie eignen sich deshalb besonders für die Bearbeitung von kurzen Werkstücken mit einem automatisierten Werkstückwechsel.

6.1.3 Fräsmaschinen

Fräsmaschinen können mit einer **vertikalen** (Seite 402 Bild 1) oder einer **horizontalen Spindel** (Beite 402 Bild 2) ausgestattet sein.

Bei einer umschwenkbaren Arbeitsspindel spricht man von einer **Universalfräsmaschine** *(universal milling machine)*. Weiter unterscheidet man Konsol-, Bett- und Portalfräsmaschinen.

Bei **Konsolfräsmaschinen** *(knee type milling machines)* kann der Maschinentisch verfahren werden. Besitzt die Maschine eine schwenk- und drehbare Konsole, wird die Bearbeitung in mehreren Ebenen ohne Umspannen des Werkstücks ermöglicht.

Bettfräsmaschinen *(horizontal-bed type milling machines)* besitzen einen Maschinentisch, der auf dem starren Maschinenbett ruht. Eine Verfahrbewegung in der Höhe (Z-Achse) findet nur durch den Fräskopf statt. Diese Bauform eignet sich deshalb besonders für die Bearbeitung schwerer Werkstücke.

Bei den Bettbauformen unterscheidet man zwischen Kreuztischbauweise, Kreuzbettbauweise und Fahrständerbauweise.

Eine **Kreuztischbauweise** liegt vor, wenn der Maschinentisch zwei zueinander senkrechte Bewegungsrichtungen ausführen kann (x-Achse und y-Achse).

Da der Kreuztisch auf den breiten Führungsbahnen des Betts liegt, besitzt diese Bauform eine hohe Steifigkeit.

Als **Kreuzbettbauweise** bezeichnet man die Ausführungen, bei denen der Maschinentisch nur in einer Richtung verfahrbar ist (meist die x-Achse). Die zweite Achse (meist die y-Achse) wird durch das Verfahren des Werkzeugs realisiert.

Bei einer **Fahrständerfräsmaschine** kann der Maschinentisch nicht verfahren werden. Alle Vorschubbewegungen werden durch den Werkzeugträger ausgeführt.

Eine besonders stabile und für hohe Zerspanungsleistung bei großflächigen Werkstücken geeignete Bauform ist die **Portalbauweise** *(portal construction)*.

Anzahl der Achsen im Werkzeugträger		Fräsmaschinen-Bauformen mit vertikaler Spindel			
		Konsolbauweise	**Bettbauweise**	**Portalbauweise**	
	eins	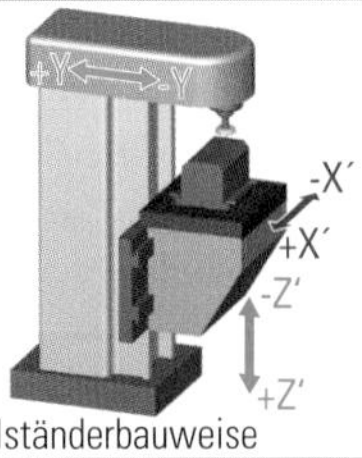 Konsolständerbauweise	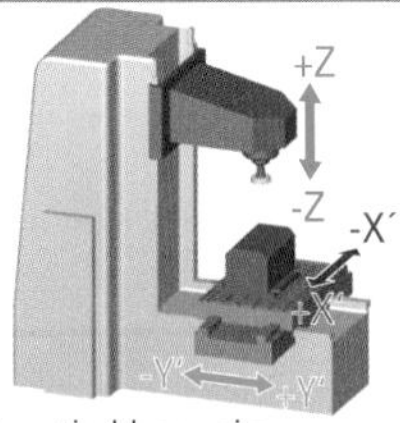 Kreuztischbauweise		
	zwei	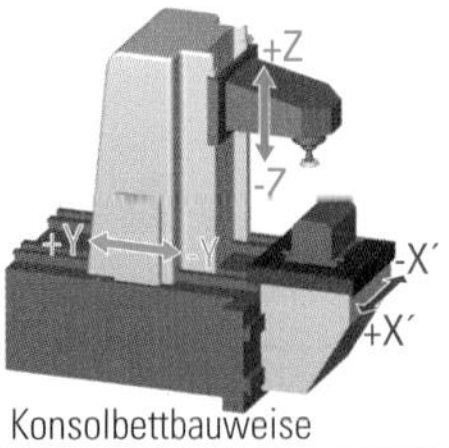 Konsolbettbauweise	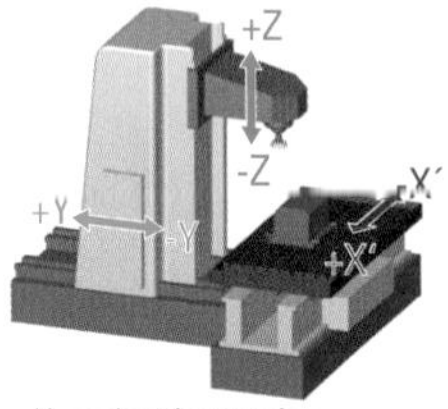 Kreuzbettbauweise	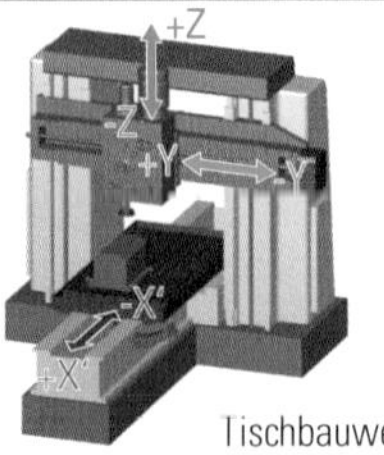 Tischbauweise	
	drei		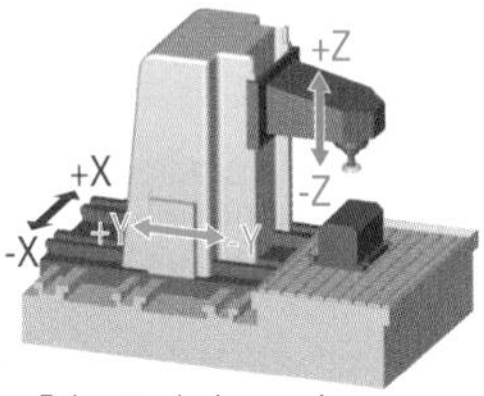 Fahrständerbauweise	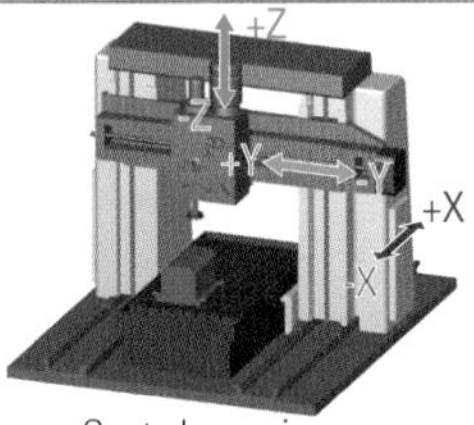 Gantrybauweise	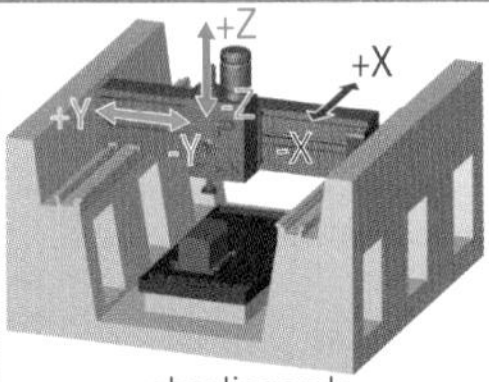 obenliegende Gantrybauweise

1 *Bauformen von Fräsmaschinen mit vertikaler Spindel*

Anzahl der Achsen im Werkzeugträger		Fräsmaschinen-Bauformen mit horizontaler Spindel		
		Konsolbauweise	**Bettbauweise**	
	eins	 Konsolständerbauweise	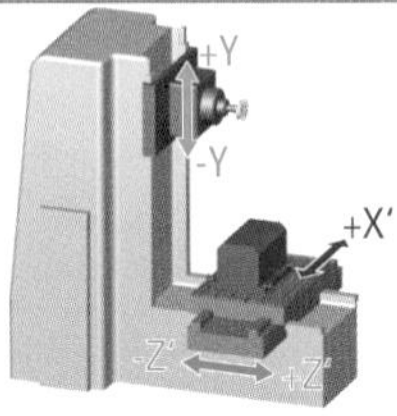 Kreuztischbauweise	
	zwei	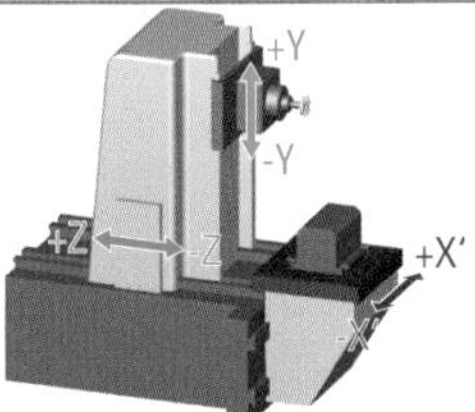 Konsolbettbauweise	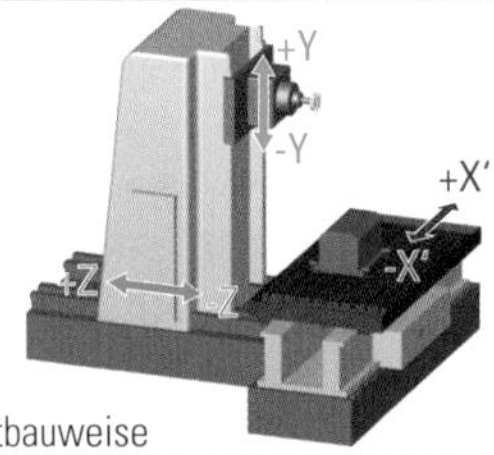 Kreuzbettbauweise	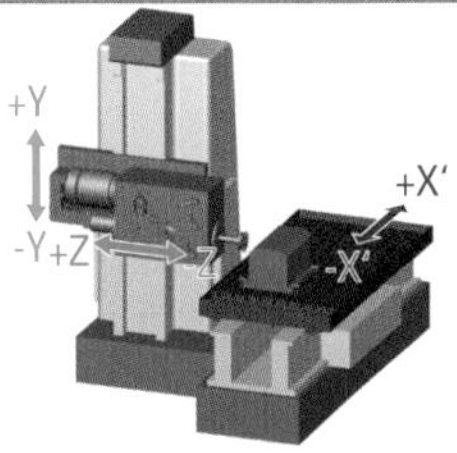
	drei		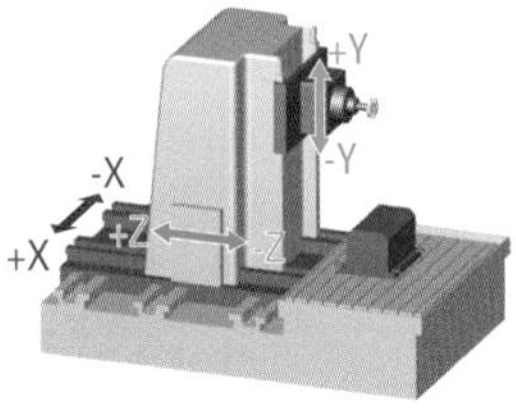 Fahrständerbauweise	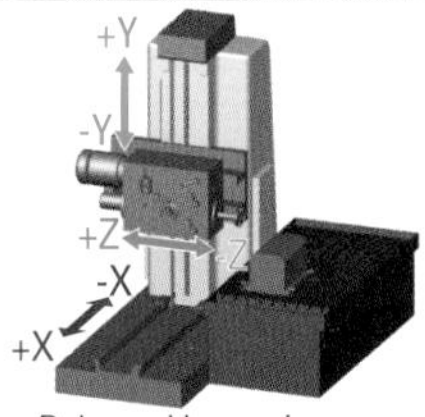 Bohrwerkbauweise

2 *Bauformen von Fräsmaschinen mit horizontaler Spindel*

Diese Bauform kann als Tischbauweise oder als Gantrybauweise ausgeführt werden. Bei der **Tischbauweise** werden alle Koordinatenbewegungen senkrecht zur Vorschubbewegung des Tischs vom Werkzeug ausgeführt.

Bei der **Gantrybauweise** *(gantry construction)* steht der Maschinentisch fest und das Maschinenportal wird in Längsrichtung verfahren. Der Vorteil besteht darin, dass die gesamte Maschine nur noch so lang sein muss, wie das längste zu bearbeitende Werkstück.

Bei der Portalbauweise mit verfahrbarem Maschinentisch benötigt man die doppelte Länge. Der Nachteil der Gantrybauweise besteht in der geringeren Steifigkeit durch das verfahrbare Portal.

6.2 Weiterentwicklungen

Moderne Werkzeugmaschinen müssen die Anforderungen der industriellen Zerspanung erfüllen. Diese sind gekennzeichnet durch die Verlagerung von Einzelprozessen in eine Maschine und durch eine hohe Flexibilität. Der Grund für diese Anforderungen liegt überwiegend in der Reduzierung der Fertigungszeiten, die bei ausgereizten Schnittgeschwindigkeiten und Vorschüben wesentlich durch die Rüstzeiten bestimmt werden.

403_1

403_2

Vorteile der Komplettbearbeitung:

- Erhöhte Genauigkeit wegen fehlender Umspannvorgänge
- Kürzere Bearbeitungszeit, da Handhabungsvorgänge entfallen
- Gratfreiere Teile, da nach Bohr und Fräsarbeiten die Grate durch erneutes Drehen entfernt werden können
- Kürzere Durchlaufzeiten

Gerade bei kleineren Losgrößen müssen die Werkzeugmaschinen einfach und schnell auf ein anderes Teil umgerüstet werden können. Die Bestückung mit neuen Werkzeugen und Werkstücken kann bei entsprechender Ausstattung hauptzeitparallel, d. h., während der Zerspanung erfolgen. Ein weiterer Trend in der Entwicklung von Werkzeugmaschinen ist ihr modularer Aufbau. Dadurch wird nur in die benötigten Baugruppen investiert und die Maschinen können optimal auf die jeweiligen Anforderungen abgestimmt werden.

Drehzentren *(machining centres)*

Bei modernen CNC-Drehmaschinen (Bild 1) sind alle Arbeitsspindeln als Motorspindeln ausgeführt. Ihre Drehfrequenzen sind unabhängig regelbar. Alle Werkzeuge sind in der X- und Z-Achse bahngesteuert. Zusätzlich können weitere Achsbewegungen durch C- und Y-Achsen vorhanden sein (Seite 404 Bild 1).

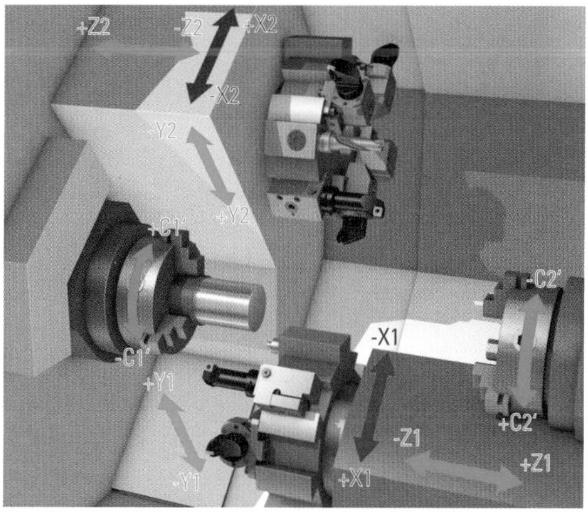

***2** Gegenspindel an einer Drehmaschine*

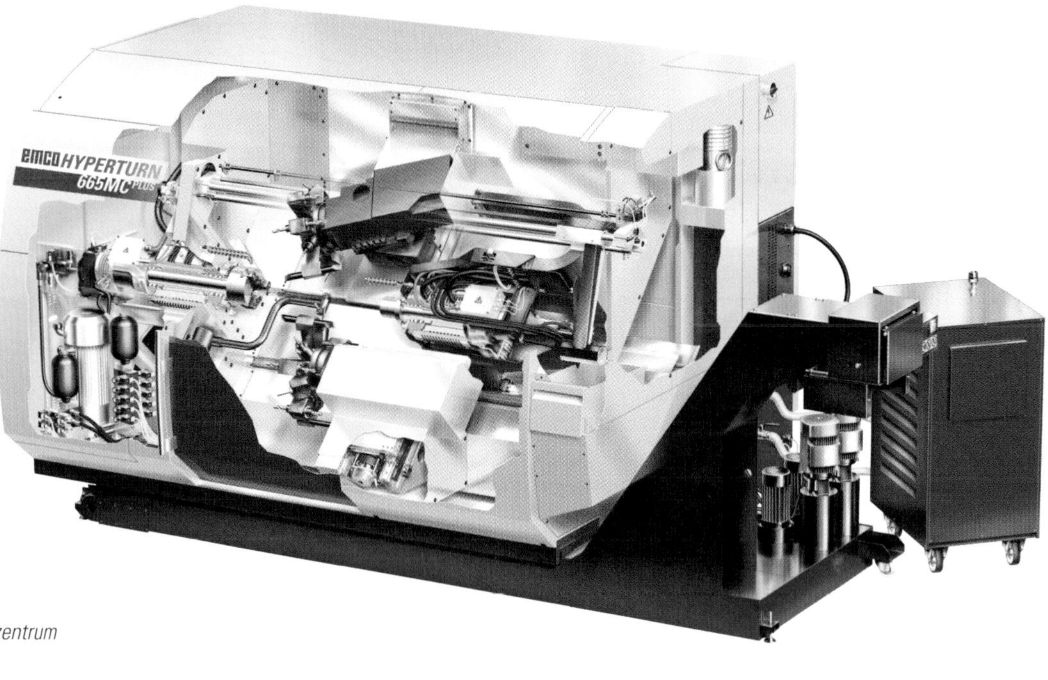

***1** Drehzentrum*

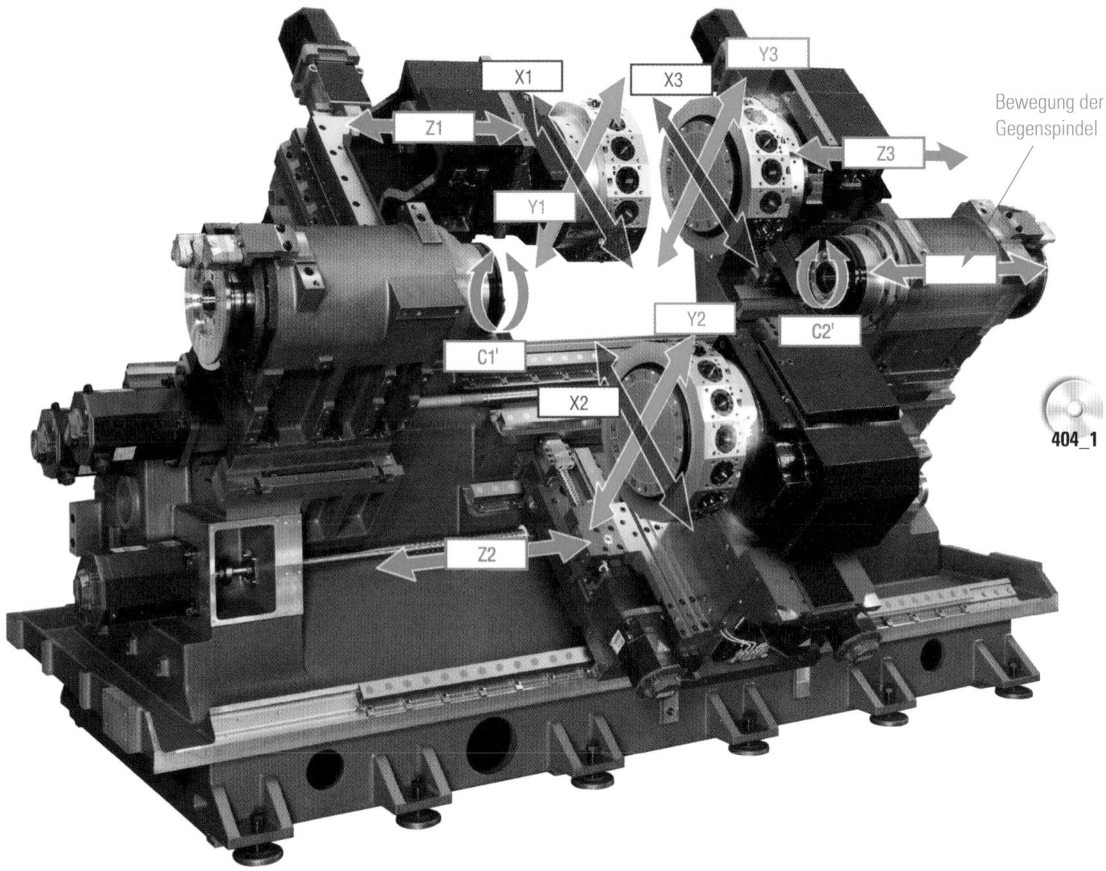

404_1

1 *Moderne CNC-Drehmaschine mit C- und Y-Achsen, 2 Spindeln und 3 Werkzeugrevolvern mit bis zu 48 angetriebenen Werkzeugen*

In Verbindung mit rotierenden Werkzeugen erlauben solche Maschinen eine Vielzahl an Bohr- und Fräsarbeiten. Ist eine Gegenspindel vorhanden, können die Teile vor dem Abstechen übernommen und die Rückseite bearbeitet werden (Seite 403 Bild 2).

Eine mögliche Ausbaustufe der Drehmaschinen besteht in einem **Front- oder Rückapparat**, der Werkzeuge zur Innenbearbeitung aufnimmt (Bild 2).

Besitzt die Drehmaschine eine **Führungsbuchse** in der Spindel, kann das Werkstück gezielt in Z-Richtung verfahren werden (Bild 3). Dadurch wird die wirksame Auskraglänge vom Futter bis zum Zerspanungsprozess gering gehalten und die Fertigungsgenauigkeit erhöht. Die höhere Steifigkeit erlaubt z. B. das gleichzeitige Schruppen und Schlichten des Werkstücks.

2 *Front- oder Rückapparat*

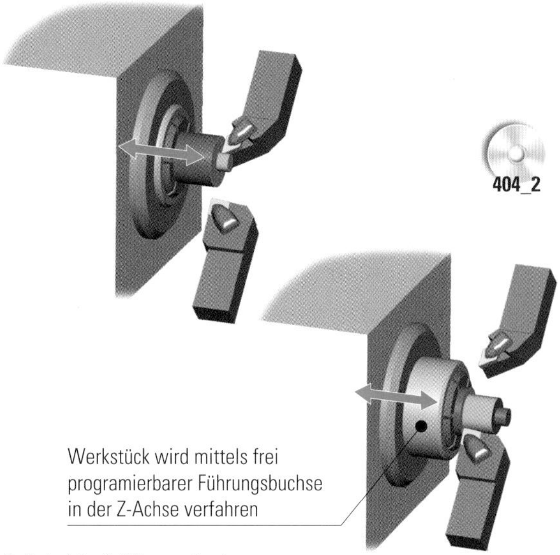

404_2

3 *Spindel mit Führungsbuchse*

Fräsmaschinen zur Mehrseiten- und 5-Achs-Simultanbearbeitung

Modifizierte Gantry-Bauweise (Bild 1):
Durch die Schwenkachsen A' und C' wird eine 5-Achs-Bearbeitung mit vergleichsweise geringen Verfahrwegen der Linearachsen X, Y und Z ermöglicht. Das Verfahren der Linearachsen ist unabhängig von der Masse des Werkstücks, dadurch können hohe Eilgänge und Vorschübe realisiert werden.

Monoblockmaschine (Bild 2) *(mono block machine)*
Das Gestell ist als kompakter Gusskörper aus einem Block gefertigt, an dem die Führungen befestigt sind. Dadurch werden konstante Zerspanungsbedingungen mit einem günstigen Spänefall und die Aufstellung ohne Fundament ermöglicht. Der NC-gesteuerte Schwenkfräskopf ist als B-Achse ausgeführt. In Verbindung mit dem NC-Rundtisch wird eine 5-Achs-Bearbeitung ermöglicht. Die große Werkstückmasse muss beim Schwenken nicht bewegt werden. Dadurch wird eine hohe Dynamik ermöglicht. Die Bauweise besitzt eine geringe Maschinenaufstellfläche im Verhältnis zum Arbeitsraum.

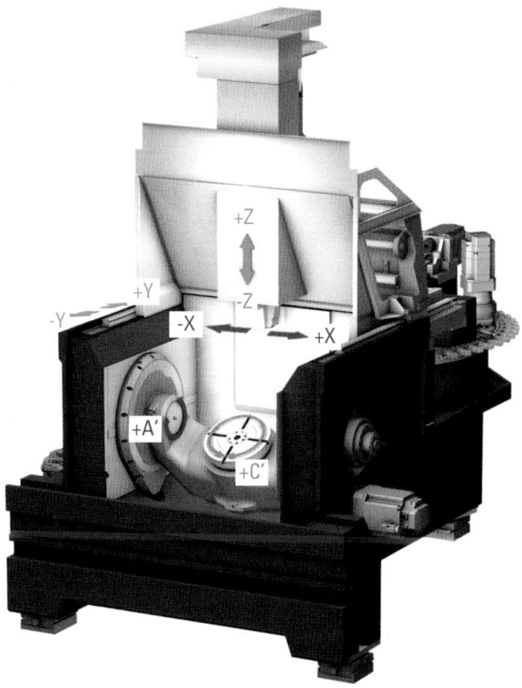

1 *Fräsmaschine zur Mehrseiten- und 5-Achs-Simultanbearbeitung*

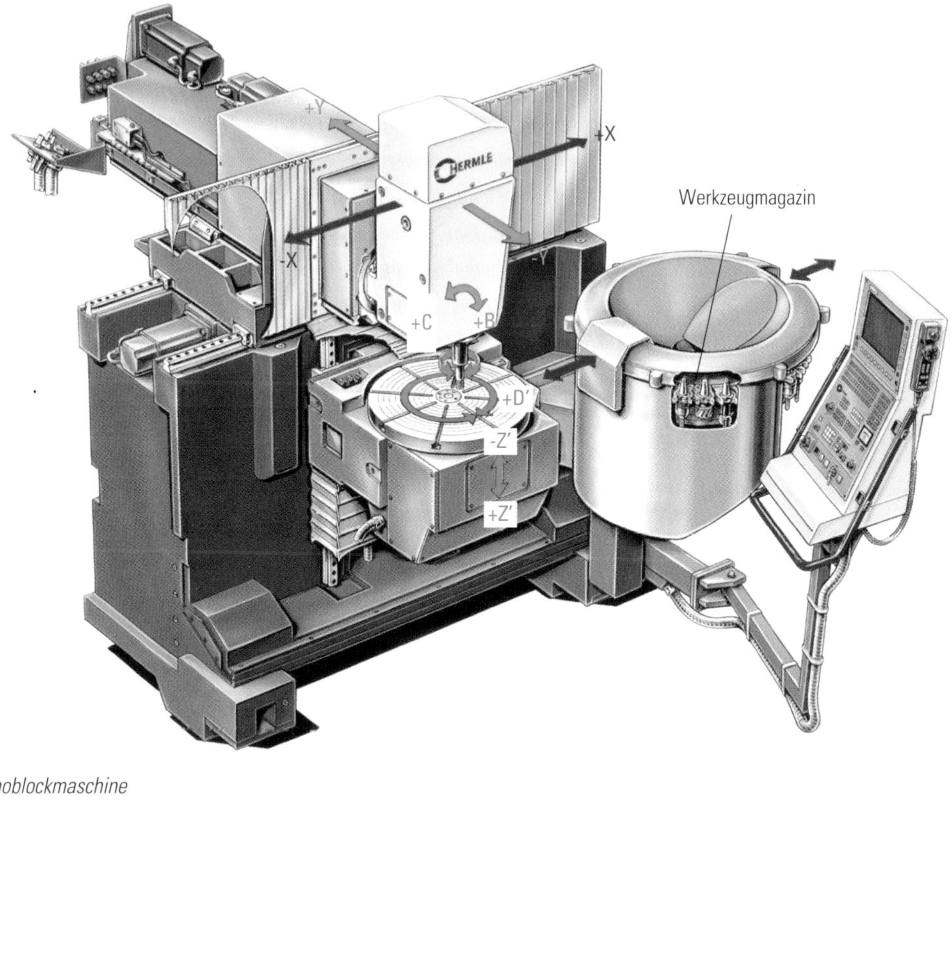

2 *Monoblockmaschine*

ÜBUNGEN

1. Erläutern Sie, für welche Einsatzgebiete eine Revolverbohrmaschine geeignet ist.
2. Skizzieren Sie den prinzipiellen Aufbau einer Wand-Schwenkbohrmaschine.
3. Aktuelle Drehmaschinen werden als Schrägbettmaschinen ausgeführt. Welche Vorteile besitzt diese Konstruktion gegenüber der früher üblichen Flachbettausführung?
4. Sollen Bohrungen in schwere Werkstücke mit großem Durchmesser aber relativ geringer Bauteillänge gefertigt werden, bietet sich der Einsatz von Karuselldrehmaschinen an. Skizzieren Sie den Aufbau einer solchen Maschine und führen Sie Gründe für ihren Einsatz an.
5. Bettfräsmaschinen können mit einem Kreuztisch, einem Kreuzbett oder einem Fahrständer ausgestattet sein. Erläutern Sie die wesentlichen Unterschiede dieser Bauweisen.
6. Portalfräsmaschinen eignen sich zur Bearbeitung großflächiger Werkstücke. Unterscheiden Sie zwei Bauformen und nennen Sie deren Vor- und Nachteile.

7 HPC

7.1 High Performance Cutting

Hochgeschwindigkeitsbearbeitung[1] (HSC, High Speed Cutting) steht für hochproduktive Zerspanungsprozesse beim **Schlichten**. Zunehmend tritt daneben der Begriff **High Performance Cutting** (HPC) für das **Schruppen** in den Vordergrund. Ausschlaggebend hierfür sind die Erfolge bei der Entwicklung und Anwendung der Trockenbearbeitung mit modernen Werkzeugtechnologien. High Performance Cutting hat die Zielsetzung, das **Zeitspanungsvolumen** *(removal rate)* beträchtlich, d. h., in einer Größenordnung von 200 % bis 500 % im Vergleich zur konventionellen Bearbeitung zu steigern.
Für das Zeitspanungsvolumen Q gilt bei der Fräsbearbeitung:

$$Q = a_p \cdot a_e \cdot v_f$$

Q: Zeitspanungsvolumen in mm^3/min
a_p: Schnitttiefe in mm
a_e: Arbeitseingriff in mm
v_f: Vorschubgeschwindigkeit in mm/min

Überlegen Sie!

Für die Schruppbearbeitung von EN-GJL 200 mit einem HPC-Schaftfräser mit dem Durchmesser D = 20 mm und 5 Schneiden gibt ein Werkzeughersteller folgende Maximalwerte an:
$v_c = 145\ m/min$
$f_z = 0{,}1\ mm$
$a_p = 1{,}5 \cdot D$
$c = 1$
Berechnen Sie für das Fräsen ins Volle
- *die benötigte Schnittleistung*
- *das Schnittmoment*
- *das Zeitspanungsvolumen*
- *die pro Minute zerspante Werkstückmasse*

Hohe Schnittgeschwindigkeiten und große Spanungsquerschnitte belasten die Werkzeuge extrem. Die HPC-Bearbeitung erfordert daher Werkzeuge, die hinsichtlich Werkstoff, Beschichtungssystem und Geometrie auf diese Belastung ausgelegt sind (Bild 1). Die hohen Spanungsquerschnitte führen zu hohen Zerspanungskräften und Schnittmomenten. Die Schnittgeschwindigkeiten sind gegenüber der HSC-Bearbeitung zwar reduziert, die großen Schnitttiefen führen aber zu hohen Schnittleistungen, die Werkzeugmaschinen mit leistungsstarken Antrieben voraussetzen.

1 HPC-Fräsen einer Nut mit einer Schnitttiefe von 2 · D

7.2 High Productive Cutting

406_1

Der Begriff HPC steht auch für **High Productive Cutting**, das darauf abzielt, die **Fertigungskosten zu reduzieren**. Durch das Ersetzen von konventionellen Prozessen durch **Zirkularprozesse**[2] lassen sich die Fertigungszeiten und damit die Fertigungskosten reduzieren. So kann z. B. beim Messerkopfstirnfräsen der Übergang von einer linearen Schnittführung, die zwei oder mehr Überläufe erfordert, auf einen Zirkularprozess die Hauptnutzungszeit beträchtlich verkürzen (Seite 407 Bild 1). Die Erhöhung von Schnittgeschwindigkeit und Vorschub pro Zahn führt zu einer weiteren Zeiteinsparung. Hinzu kommt, dass die Bearbeitung oft trocken erfolgen kann, da eine wesentlich bessere Spanabfuhr gewährleistet ist und die bei der Zerspanung auftretende Wärme durch die Späne abgeführt wird.
Auch bei der Innenbearbeitung stehen Zirkularprozesse im Wettbewerb mit Bohr- und Aufbohroperationen (Seite 407 Bild 2).

1) vgl. Lernfeld 5 Kap. 3.7.2 2) vgl. Lernfeld 9 Kap. 6.2.6

Bei Zirkularprozessen können verschiedene Geometrieelemente mit nur **einem** Werkzeug, d. h., mit geringen Werkzeugwechselzeiten erzeugt werden.

Formgebundene Werkzeuge bieten den Vorteil sehr kurzer Hauptnutzungszeiten, jedoch führt der nötige Werkzeugwechsel zu höheren Werkzeugwechselzeiten. Das gilt besonders dann, wenn an einem Bauteil viele verschiedene Formelemente den Einsatz zahlreicher Werkzeuge erfordern. Die notwendigen Werkzeugwechsel bestimmen dann überwiegend die Durchlaufzeit.

Die Entscheidung für ein Sonderwerkzeug oder Zirkularprozess wird von mehr als nur dem Zeitvergleich bestimmt. Welches die beste Vorgehensweise ist, muss daher im Einzelfall entschieden werden. Wird z. B. das Gewindebohren durch Gewindefräsen ersetzt, findet eine Entkopplung der Umfangsgeschwindigkeit des Werkzeugs vom Arbeitseingriff statt. Die Schnittgeschwindigkeit und der radiale Arbeitseingriff sind dann frei wählbar und können getrennt für die jeweilige Anwendung optimiert werden. Aus dem kontinuierlichen Kontakt zwischen Werkzeug und Werkstück beim Gewindebohren wird beim Gewindefräsen ein diskontinuierlicher Kontakt (Bild 3). Dies kommt einer Umstellung auf Trockenbearbeitung entgegen. Im Vergleich zum Gewindebohren bietet das Gewindefräsen vor allem bei Grundlochgewinden Vorteile bei der Spanabfuhr. Der Vergleich von Hauptzeiten und Drehmomenten beim Gewindebohren und Gewindefräsen in Vergütungsstahl spricht für das Gewindefräsen, da die hohe anwendbare Schnittgeschwindigkeit die Hauptnutzungszeit reduziert (Bild 4).

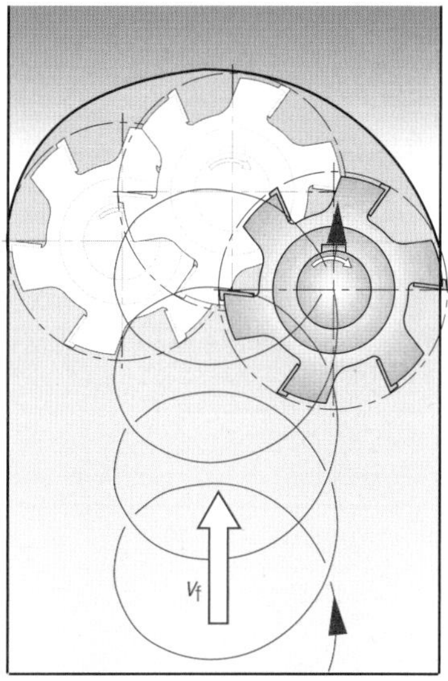

1 *Zirkularprozess bei der Trochoidbearbeitung*

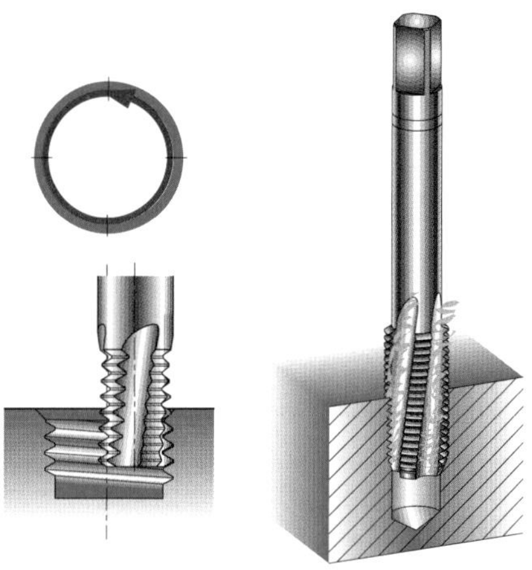

a) Zirkularprozess mit Gewindefräser für verschiedene Durchmesser

b) Gewindebohren mit Formwerkzeug für nur einen Durchmesser

2 *Vergleich von Zirkularprozess und formgebundenem Werkzeug*

407_1

3 *Zirkularprozess Gewindefräsen*

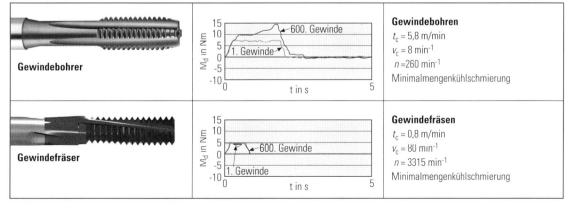

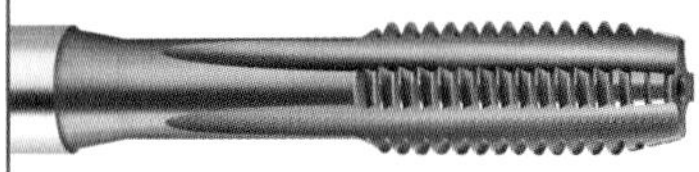 **Gewindebohrer**	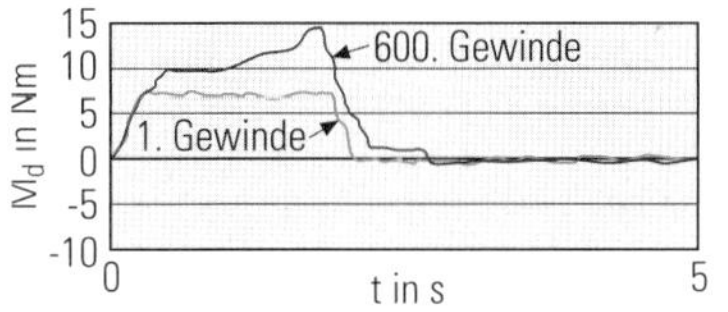	**Gewindebohren** t_c = 5,8 m/min v_c = 8 min^{-1} n =260 min^{-1} Minimalmengenkühlschmierung
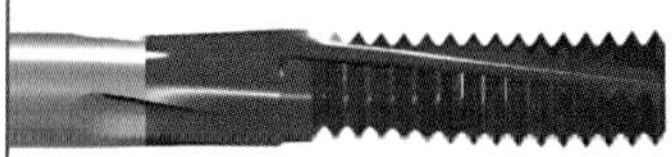 **Gewindefräser**	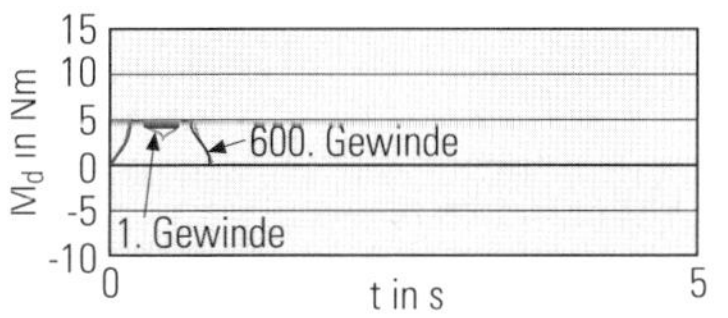	**Gewindefräsen** t_c = 0,8 m/min v_c = 80 min^{-1} n = 3315 min^{-1} Minimalmengenkühlschmierung

4 *Vergleich Gewindebohren – Gewindefräsen*

ÜBUNGEN

Projektaufgabe Getriebewelle

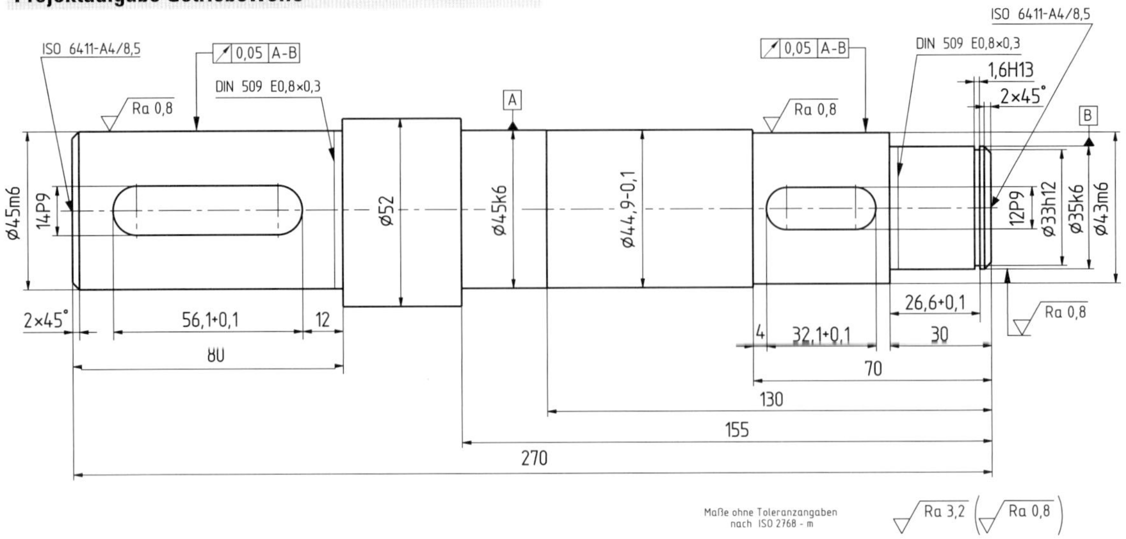

Die dargestellte Getriebewelle aus 34CrMo4 soll auf einer CNC-Drehmaschine unter Verwendung von unbeschichteten Hartmetall-Wendeschneidplatten gefertigt werden. Neben der Planung der notwendigen Arbeitsschritte soll hier eine Optimierung der Fertigung untersucht werden.

1. Für welche Wärmebehandlung ist der Stahl 34CrMo4 vorgesehen? Legen Sie Richtwerte für notwendige Temperaturen und Zeiten fest?

2. Ordnen Sie die Fertigungsschritte Schruppen, Schlichten und Wärmebehandeln zeitlich so an, dass eine optimale Zerspanbarkeit erreicht wird.

3. Legen Sie die optimale Reihenfolge der Werkzeuge im Revolver fest, der keine Richtungslogik besitzt.

4. Die Drehmaschine besitzt bei 100 % Einschaltdauer eine Leistung von 20 kW an der Spindel. Bestimmen Sie den maximal möglichen Vorschub für die Schruppbearbeitung vom Durchmesser ∅52 mm auf den Durchmesser ∅45,2 mm.
Der Einstellwinkel beträgt 90°. Die empfohlene Schnittgeschwindigkeit ist Tabellenwerken zu entnehmen.

5. Überprüfen Sie, ob das maximale Drehmoment an der Spindel von 170 Nm ausreicht, um die in Aufgabe 4 bestimmten Werte zu realisieren.

6. Bestimmen Sie mithilfe der Standzeitgeraden (Seite 386 Bild 2) die kostenoptimale Standzeit und dazugehörige Schnittgeschwindigkeit. Die Kosten je Schneidkante betragen 5,00 €, der Maschinenstundensatz liegt bei 72,00 €. Die Zeit zum Wechseln der Schneidplatte wird mit 4 Minuten angenommen.

7. Um kurzfristig die Zahl der gefertigten Getriebewellen zu erhöhen, muss die Fertigungszeit reduziert werden. Bestimmen Sie mithilfe der Standzeitgeraden (Seite 386 Bild 2) die zeitoptimale Standzeit und die entsprechende Schnittgeschwindigkeit.

8. Überprüfen Sie, ob die in den Aufgabe 6 und 7 bestimmten Schnittgeschwindigkeiten mit den in Aufgabe 4 getroffenen Entscheidungen an der Maschine zu realisieren sind. Beachten Sie dabei, dass die Drehmaschine bei einer Einschaltdauer von 40 % eine maximale Spindelleistung von 29 kW besitzt.

9. Legen Sie den Vorschub fest, damit bei der Schlichtbearbeitung die geforderte Oberflächengüte erreicht wird. Die Wendeschneidplatte hat einen Eckenradius von 0,4 mm.

10. Welche Möglichkeiten gibt es, die gleiche Oberflächengüte bei höherem Vorschub zu erreichen und damit auch die Bearbeitungszeit beim Schlichten zu reduzieren?

11. Nach der Fertigung vermessen Sie die mit ∅45k6 und ∅45m6 tolerierten Durchmesser. Beim Solldurchmesser ∅45k6 messen Sie ∅45,020 mm, beim Solldurchmesser ∅45m6 messen Sie ∅45,027 mm. Im CNC-Programm wurde die Toleranzmittenlage programmiert. Der Werkzeugkorrekturwert im Werkzeugspeicher beträgt 14,315 mm. Nennen Sie mögliche Ursachen für die aufgetretenen Maßabweichungen und nennen Sie geeignete Gegenmaßnahmen.

12. Langfristig soll die Ausstattung des Unternehmens um ein Drehzentrum mit Gegenspindel und Sternrevolver mit angetriebenen Werkzeugen erweitert werden. Führen Sie Vorteile an, die sich bei der Fertigung der Getriebewelle auf diesem Drehzentrum ergeben.

8 Types of Lathes and Milling Machines

Machines facilitate human work and increase the economy of production. Working machines are driven by motors and are used in production processes. In general there are different types of machine tools for cutting materials. The chipping process is determined by the nature of the tool and the working motion. All the components which hold and move the workpiece and the tool are mounted on the frame (bed, stand) of the machine. Depending upon the method of work of the machine, the workpiece or the tool undergoes rectilinear or rotary motion. The function and operation of some special lathes and milling machines are described in this unit.

Assignments:

1. Match the English and German terms and write the result into your exercise book.

facilitate	kreisförmige Bewegung
increase	Gestell
economy	Baugruppe
production	Arbeitsbewegung
working machines	Spanvorgang
machine tools	ausführen
chipping process	geradlinig
to determine	Werkzeugmaschinen
nature	Arbeitsmaschinen
working motion	Fertigung
component	Wirtschaftlichkeit
frame	erhöhen
stand	erleichtern
to undergo	bestimmen
rectilinear	Art
rotary motion	Rahmen

2. Please translate the text below the title by using the terms above.
3. How are working machines driven?
4. What is the purpose of working machines?
5. What factors determine the chipping process?
6. Where are all components mounted, which hold and move the workpieces?
7. Which different kinds of motion are undergone during different methods of work of the machine?
8. Report to your classmates on a type of working machine you have used recently.

8.1 Lathes

8.1.1 Flat-Bed Turning Lathes

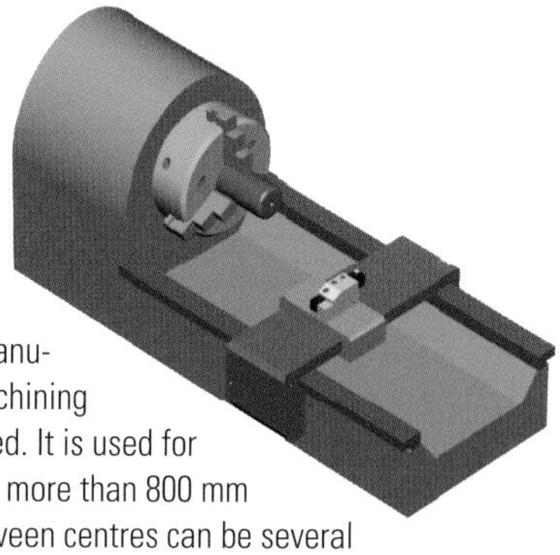

The bed and main spindle of flat-bed turning lathes are always arranged horizontally. Due to the stiffness of the bed design heavy workpieces can be manufactured and high machining forces can be absorbed. It is used for parts with a diameter more than 800 mm and the distance between centres can be several meters.

8.1.2 Inclined-Bed Turning Lathes

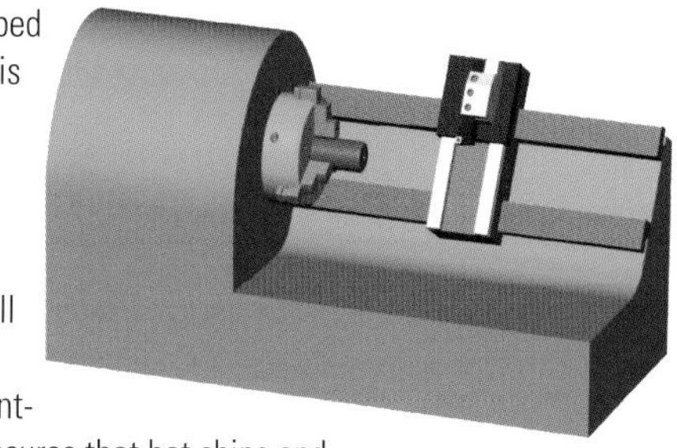

The inclined-bed turning lathe is the preferred design for conventional and CNC lathes of small to medium sizes. The slant-bed design ensures that hot chips and coolant fall into the working area. The risk of large volumes of chipping material and high thermal stresses on the machine bed are small in comparison with the flat-bed design. An inclined-bed design also allows easier access for the machine operator.

8.1.3 Vertical Boring and Turning Mills

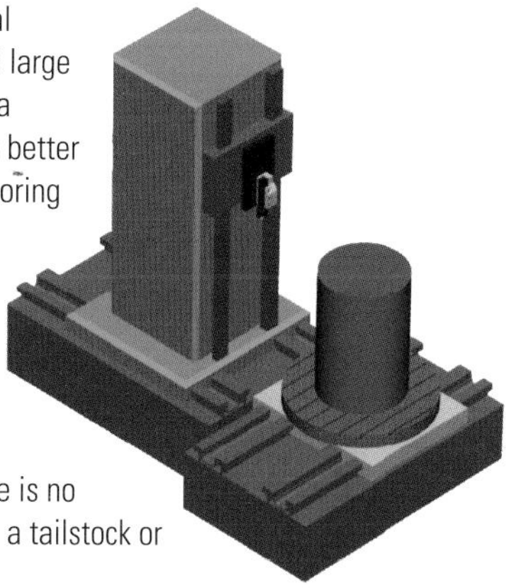

A lathe with a vertical spindle for heavy and large workpieces is called a vertical lathe but it is better known as a vertical boring and turning mill. The workpiece is clamped onto a horizontally rotating table. The length of the rotating parts is limited, because there is no facility for supporting a tailstock or steady rest.

Assignments:

1. Translate the texts below the different types of machines.
2. Why is the bed and main spindle of the flat bed turning machine arranged horizontally?
3. What is the synonym for an inclined-bed turning lathe?
4. Describe three advantages of the inclined-bed turning lathe.
5. When would an operator need to use a vertical boring and turning mill?
6. Also write down the synonym for this machine.
7. How is the workpiece clamped?
8. What are the disadvantages of a vertical boring and turning mill?

8.2 Milling Machines

In general milling machines can be equipped with a horizontal or vertical spindle. Also different types of construction are used such as column and knee type, horizontal-bed type and portal type.

8.2.1 Column-and-Knee Milling Machines

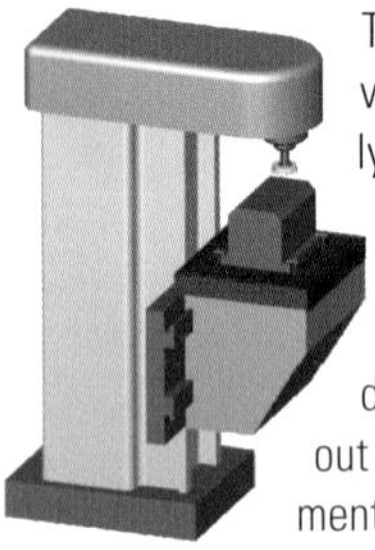

The figure shows a milling machine with a vertical spindle. These machines are mostly suitable for the single-piece production of small workpieces, but small or medium series production of up to 2000 pieces, using program devices, can be done also. The main movement is carried out by the tool and all the secondary movements by the workpiece. The frame carries all the components, such as the knee with the cross-slide, the table, the main motor with the main drive and milling spindle and the over arm with end supports. The knee can also move up and down on the frame.

8.2.2 Horizontal-Bed Type Milling Machines

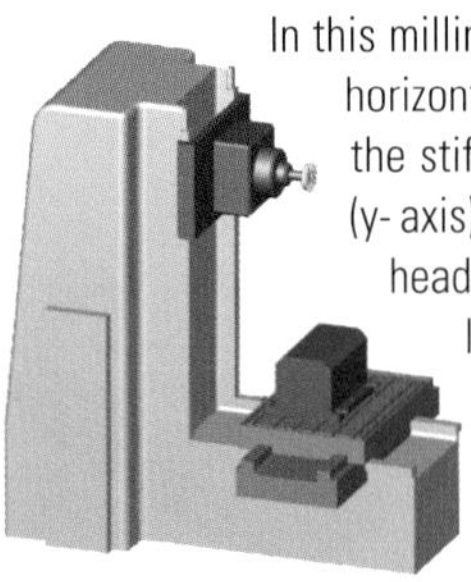

In this milling machine the spindle is arranged horizontally. The machine table is fixed on the stiff bed and movement in the height (y- axis) can only be done through the cutter head. This design is therefore particularly suitable for heavy workpieces. The picture shows a machine constructed with a cross table which can be moved in two directions (x-axis and z-axis) when mounted on the machine table. Because the cross table is fixed on the wide guideways of the bed, this design is characterized by high rigidity.

8.2.3 Portal Milling Machines

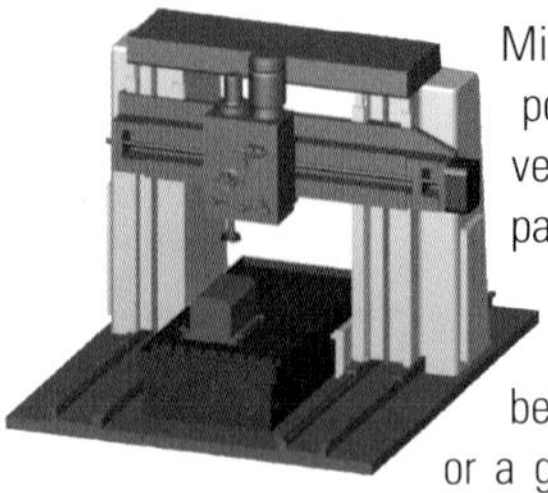

Milling machines designed as a portal construction always have a vertical spindle. Advantages are a particularly stable construction and high cutting performance for large workpieces. This design can be run as a bed-type construction or a gantry construction. In the bed-type construction all coordinate movements carried out by the tool are perpendicular to the feed movement of the table.

Assignments:

1. The sentences below fit to the text under the title 'Column-and-Knee Milling Machines', but the order is mixed. Find the correct range!
   a) Mit Programmsteuerung kann auch die Fertigung kleinerer und mittlerer Serien bis zu 2000 Stück erfolgen.
   b) Das Gestell trägt alle Bauteile wie Konsole mit Querschieber und Tisch, Hauptmotor mit Hauptgetriebe und Frässpindel, Gegenhalter mit Gegenlagern.
   c) Diese Maschinen sind überwiegend für die Einzelfertigung kleinerer Werkstücke geeignet.
   d) Das Werkzeug führt die Hauptbewegung, das Werkstück alle Nebenbewegungen aus.
   e) Die Konsole ist am Gestell senkrecht verstellbar.
   f) Die Abbildung stellt eine Fräsmaschine mit einer Vertikalspindel dar.
2. Translate the texts below the different types of milling machines by using your vocabulary lists.
3. In which direction can spindles be arranged in milling machines?
4. Compare column- and -knee milling machines, horizontal-bed type machines and portal milling machines and describe two advantages and disadvantages of each.
5. Describe the movements that can be done by a column-and- knee milling machine.
6. Which components are carried from the frame of this machine type?
7. What can you say about the bed of a horizontal-bed type machine?
8. Describe which parts are moved in the x, y and z axes of a bed-type construction.
9. Look at the portal milling machine and describe which components do which movements.
10. Which types of milling machine are used in your company?
11. Describe on which type of milling machine you have worked in the past and what kind of workpieces were manufactured.

8.3 Work With Words

In future you will come into the situation to talk, listen or read technical English. Very often it will happen that you either **do not understand** a word or **do not know the translation**.

In this case here is some help for you!!!

Below you will find a few possibilities to describe or explain a word you don't know or opposites[1] or use synonyms[2].
Write the results into your exercise book.

1. **Add as many examples** to the following terms as you can find for drilling machines or different types of tool wear.

drilling machines:	gun drilling machine precision drilling machine	*tool wear:*	crater wear notch wear

2. **Explain the two terms in the box:**
Use the words below to form correct sentences. Be careful the order is mixed!

milling machine:	using a milling cutter/used for milling,/is a machine tool/which is a type of machining/A milling machine/ as the cutting tool.	*tempering:*	by tempering/is generally/Hardness/ reduced/

3. **Find the opposites**[1]**:**

abrasive wear: *machine running time:*	*tool life:* *material efficiency:*

4. **Find synonyms**[2]:
You can find two synonyms to each term in the box below.

non-contact: *engine power:* capacity/contact-free/engine performance/contactless	*tool life:* *feed:* running life/infeed/heading/durability

5. In each group there is a word which is the **odd man**[3]. Which one is it?

a) inclined-bed tuning lathe, front operated lathe, machine centre, useful power
b) surface hardening, flame hardening, induction hardening, abrasive slurries, case hardening
c) process annealing, testing method, normalising, soft annealing, full annealing
d) universal milling machine, dry processing, knee type milling machine, horizontal bed-type milling machine

6. Please translate the information below. Use your English-German Vocabulary List if necessary.

Hardening is a heat treatment. When you harden a material it becomes stiff or firm.

1) *opposite:* Gegenteil   2) *synonyme:* Synonym, ähnliches Wort, Ergänzung   3) *odd man:* Außenseiter, überzähliges Wort, fünftes Rad am Wagen

Lernfeld 11: Planen und Organisieren rechnergestützter Fertigung

Rechnergestützte Fertigung bedeutet, dass Daten aus den Bereichen der Auftragsverwaltung, Konstruktion, Fertigung, Rechnungswesen usw. miteinander vernetzt werden und somit die Steuerung des gesamten Fertigungsablaufs ermöglichen.

Voraussetzung für diese Entwicklung war die rasante Entwicklung der Datenverarbeitungstechnik. Besondere Anforderungen werden hierbei an die Rechnerleistung gestellt, um immer größere Datenmengen mit den dazu erforderlichen Speicherkapazitäten in immer kürzerer Zeit zu verarbeiten und nutzbar zu machen. Dies wiederum erfordert eine entsprechende leistungsfähige Softwareumgebung.

In diesem Lernfeld bereiten Sie auftragsbezogen einen rechnergestützten Fertigungsprozess vor und berücksichtigen dabei die Anforderungen und Möglichkeiten der rechnergestützten Fertigung wie z. B. CAD-CAM, Produktdatenmanagement- und Produktionsplanungs- sowie Steuerungssysteme. Sie knüpfen dabei an Ihre bisher erworbenen Kenntnisse an – insbesondere an die im Lernfeld 8 behandelte CNC-Programmierung.

In diesem Lernfeld erstellen Sie CNC-Programme für Werkstücke mit komplexeren Geometrien und nutzen hierzu grafische Programmiersysteme und CAD-CAM-Systeme.

Sie planen die Belegung des Werkzeugmagazins der Maschine und bereiten den Werkzeugeinsatz vor. Hierbei ermitteln Sie für die Werkzeugvoreinstellung die Werkzeugkorrekturdaten und nutzen für Ihre Tätigkeit ein Tool-Managementsystem mit einer digitalen Werkzeugdatenbank.

1 Rechnereinsatz und Organisieren rechnergestützter Fertigung

Jedes Produkt besitzt einen Lebenszyklus, der mit dessen Planung beginnt und Entsorgung endet, die möglichst mit einer Wiederverwendung der Rohstoffe *(recycling)* verbunden sein soll. Im Bild 1 sind die verschiedenen Phasen im Lebenszyklus eines Kraftfahrzeugs dargestellt.

In allen Phasen des Lebenszyklus entstehen digitale Informationen, die zu verwalten sind und auf die ein gezielter Zugriff zu gewährleisten ist. Daher ist der Einsatz von Informations- und Kommunikationstechnik für Unternehmen ein unverzichtbares Hilfsmittel, um am Markt bestehen zu können. Steigendes Innovationstempo und fortlaufende Maßnahmen zur Steigerung der Produktivität fordern die Unternehmen zur Verbesserung ihrer Prozesse, zur weiteren Automatisierung ihrer Fertigung und zur weltweiten Kommunikation heraus.

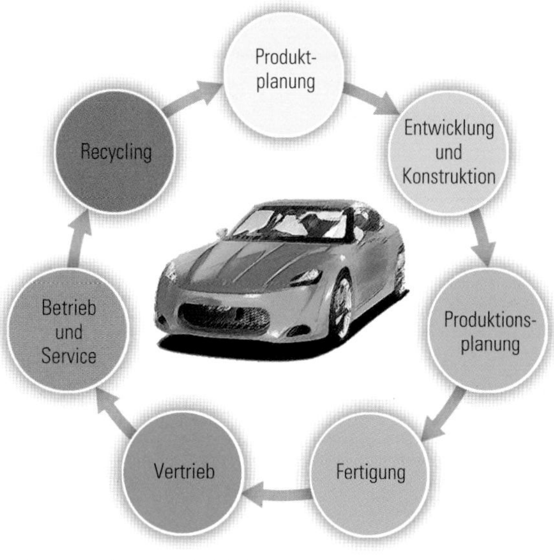

***1** Lebenszyklus eines Kraftfahrzeugs*

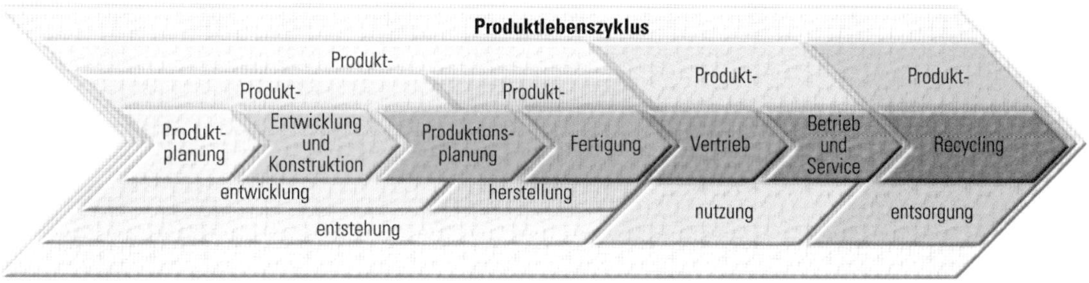

***2** Produktentstehung, -nutzung- und -entsorgung*

1.1 Produktentstehung im Produktlebenszyklus

Die Phase der **Produktentstehung** *(development of product)* (Bild 2) beinhaltet Planung und Herstellung des Produkts.

Während der **Produktnutzung** *(use of product)* sind der Vertrieb und der Service des Produktherstellers aber natürlich auch der Produktnutzer eingebunden.

Die **Produktentsorgung** *(disposal of product)* kann vom Produktnutzer gemeinsam mit dem Produkthersteller vorgenommen werden.

Die Fachkraft für die Zerspanung ist vorrangig in der **Fertigung** *(production)* und der damit verbundenen **Produktionsplanung** *(production planning)* tätig. Beide Bereiche sind nur zwei Bausteine innerhalb des Produktlebenszyklus, die nicht losgelöst vom Gesamtprozess gesehen werden dürfen. Denn sie bauen einerseits auf der Entwicklung und Konstruktion des Produkts auf. Andererseits sind sie die Grundlage für den Vertrieb, die Nutzung und den Service des Produkts.

1.2 Rechnergestützte Anwendungen während der Produktentstehung

Während aller Phasen der Produktentstehung werden Computer mit unterschiedlichsten Anwenderprogrammen genutzt, wobei die Anwender digitale Daten erstellen (Bild 3). Im Folgenden erfolgt eine kurze Vorstellung der verschiedenen rechnergestützten Anwendungen.

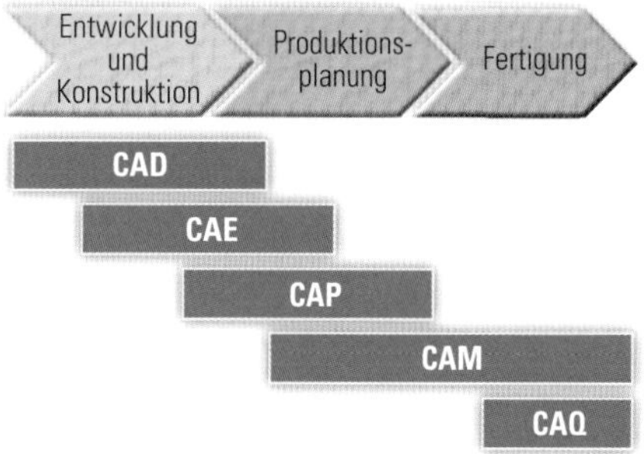

***3** Rechnergestützte Anwendungen während der Produktentstehung*

1.2.1 CAD

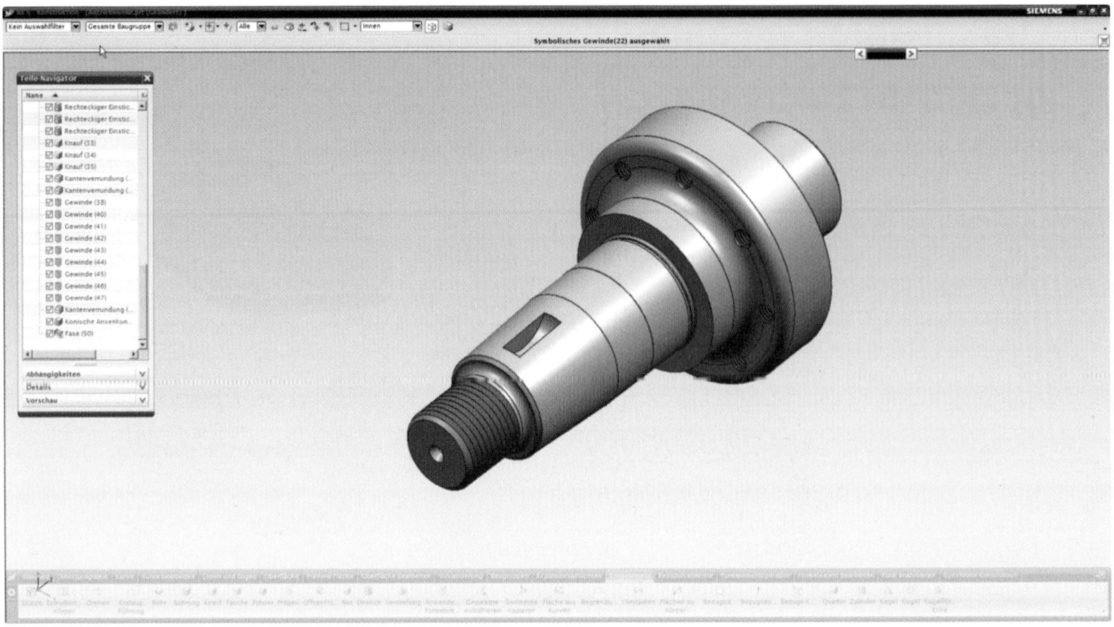

1 *CAD-Oberfläche*

Computer **A**ided **D**esign (CAD) steht für „rechnerunterstützte Konstruktion". Mit CAD-Programmen werden meist dreidimensionale Volumenmodelle erstellt. Bild 1 zeigt die Oberfläche eines CAD-Systems. Die dargestellte Antriebswelle[1)] ist aus mehreren geometrischen Grundkörpern aufgebaut, die schrittweise miteinander verknüpft werden (Bild 2). Dabei definiert der Anwender exakt die einzelnen Formelemente bzw. Objekte in ihren Abmessungen und Positionen. Am Ende der Konstruktion liegen digitale Daten vor, die die Kontur und das Volumen des Bauteils exakt beschreiben. Daraus lassen sich Bauteileigenschaften wie z. B. Oberfläche, Volumen, Masse, Schwerpunkt berechnen.

Der Anwender fügt Einzelteile zu Baugruppen (Bild 3) zusammen. Aufgrund der Anordnung der Einzelteile lassen sich mögliche Konstruktionsfehler erkennen. Aus den Einzelteilen und Baugruppen können z. B. Zeichnungen und Bilder abgeleitet werden.

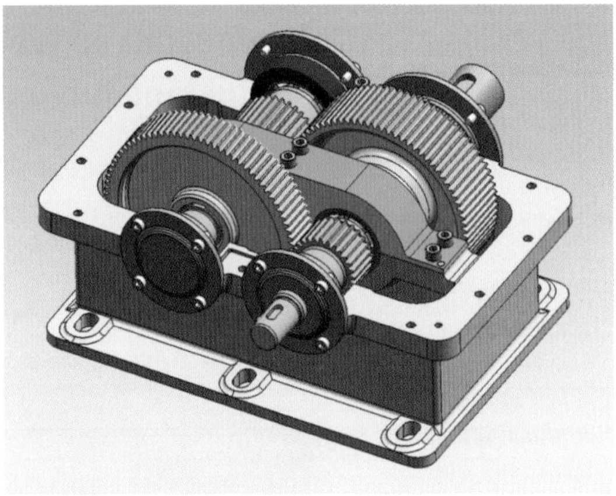

3 *Baugruppen im CAD-System*

MERKE

Die CAD-Daten sind die Basis in einer rechnergestützten Fertigung. Nur wenn sie präzise und auf dem aktuellen Stand sind, ist die spätere Funktion des Produkts gewährleistet.

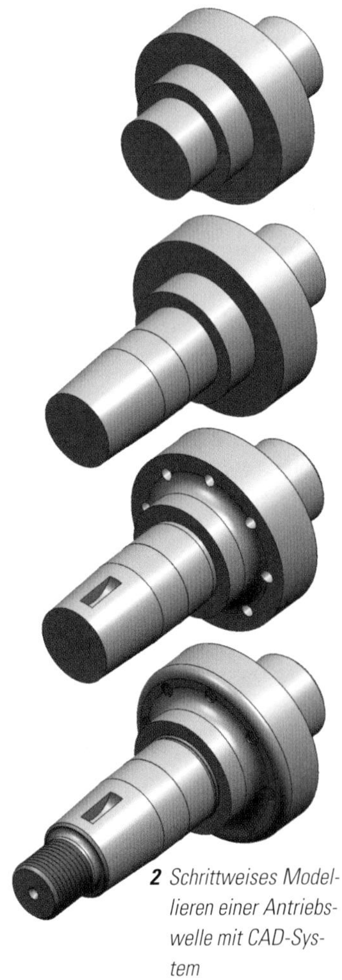

2 *Schrittweises Modellieren einer Antriebswelle mit CAD-System*

1) siehe Lernfeld 8 Kap. 3

1.2.2 CAE

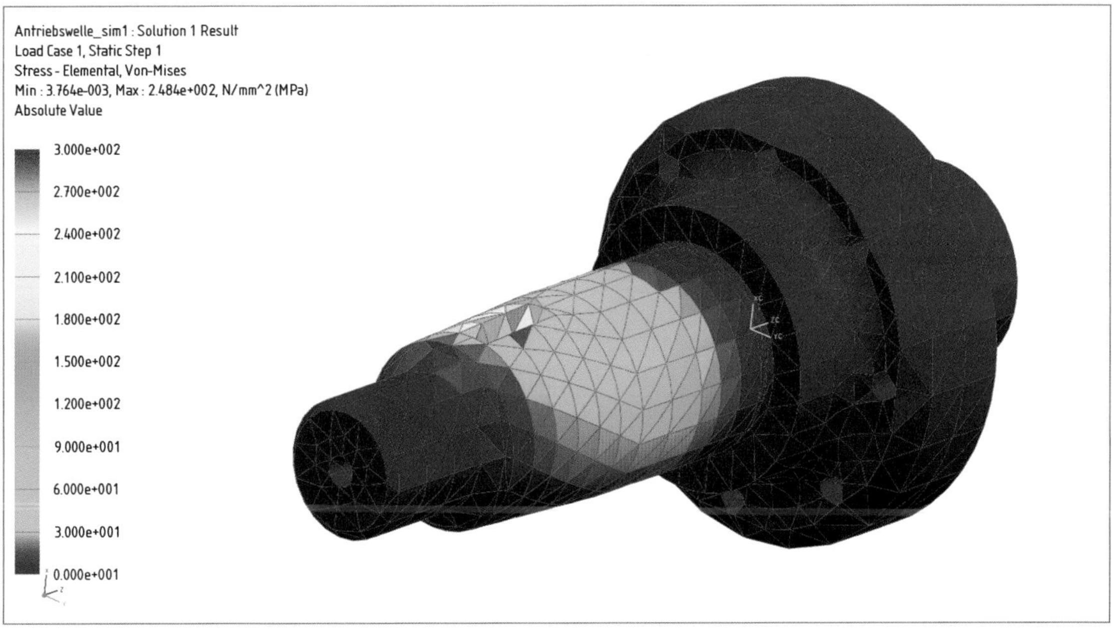

***1** Bestimmung der Torsionsspannungen in der Antriebswelle mithilfe der Finite-Elemente-Methode*

Computer **A**ided **E**ngineering (CAE) steht für „rechnergestützte Entwicklung". Mit entsprechender Software lassen sich die im CAD entwickelten Produkte auf zahlreiche Eigenschaften untersuchen. Die **Finite-Element-Methode** (FEM) erlaubt es beispielsweise, Spannungen in einem Bauteil vorauszubestimmen (Bild 1), die sich aufgrund der angenommenen Kräfte bzw. Momente ergeben.

Weitere rechnergestützte Anwendungen im CAE-Bereich sind z. B.:
- Simulation von Fertigungsprozessen
- Ein- und Ausbauuntersuchungen
- Kollisionsprüfungen
- Strömungssimulationen
- Akustikuntersuchungen
- Schwingungssimulationen
- Thermische Simulationen

Alle diese Untersuchungen liefern bei fachgerechter Anwendung gut brauchbare Ergebnisse, obwohl das Produkt bis zu diesem Zeitpunkt nur digital existiert. Aufgrund dieser Ergebnisse ist es möglich, die Produkte schon im virtuellen Zustand zu optimieren.

Später werden die Eigenschaften der realen Produkte geprüft. Weichen sie beachtlich von den vorausberechneten ab, fließt das in die Weiterentwicklung der rechnergestützten Anwendungen ein. Dadurch erfolgt eine ständige Optimierung der Software, wodurch deren Vorausberechnungen sich zunehmend der Realität annähern.

1.2.3 CAP

Computer **A**ided Process **P**lanning (CAP) steht für „rechnergestützte (Fertigungs)prozess-Planung". Die eingesetzten Programme nutzen die vorhandenen CAD-Daten zur
- Terminplanung
- Personalplanung für die Fertigung (z. B. Überstunden)
- Planung der Maschinenbelegung und deren Optimierung unter verschiedenen Bedingungen (z. B. Durchführung eines Eilauftrags)
- Planung von erforderlichen Fertigungsvorrichtungen und deren Bereitstellung
- Planung des Materialbedarfs, der Materialbereitstellung und des Materialflusses
- Bereitstellung von Norm- und Zukaufteilen

MERKE

Das Ziel von CAP besteht darin, Produktdurchlaufzeiten zu minimieren sowie Planungszeiten und -kosten durch die Rechnerunterstützung zu reduzieren.

1.2.4 CAM

Computer **A**ided **M**anufacturing (CAM) bedeutet „rechnerunterstützte Fertigung". Dazu gehören vorrangig das Erstellen von CNC-Programmen und die Computersteuerung von Produktionsanlagen sowie der unterstützenden Transport- und Lagersysteme.

Die Fachkraft erstellt mithilfe spezieller CAM-Software die Verfahrbewegungen für Werkzeugmaschinen. Dazu werden die CAD-Daten von Werkstück und Rohteil übernommen. Der Bediener plant die Bearbeitungsschritte und legt die technologischen Daten fest (Bild 1). Für das Schruppen der Antriebswelle klickt der Bediener die erste und letzte Fläche (rot) der zu schruppenden Kontur an und legt das Aufmaß fest.

Aufgrund der vom CAD-System gelieferten Werkstückgeometrie und den vom Anwender bestimmten technologischen Daten berechnet die Software die Werkzeugbewegungen, simuliert die Zerspanung (Bild 2) und erstellt die CNC-Programme. Die Fachkräfte richten die CNC-Maschinen ein, überwachen den Zerpanungsprozess und optimieren die CNC-Programme[1].

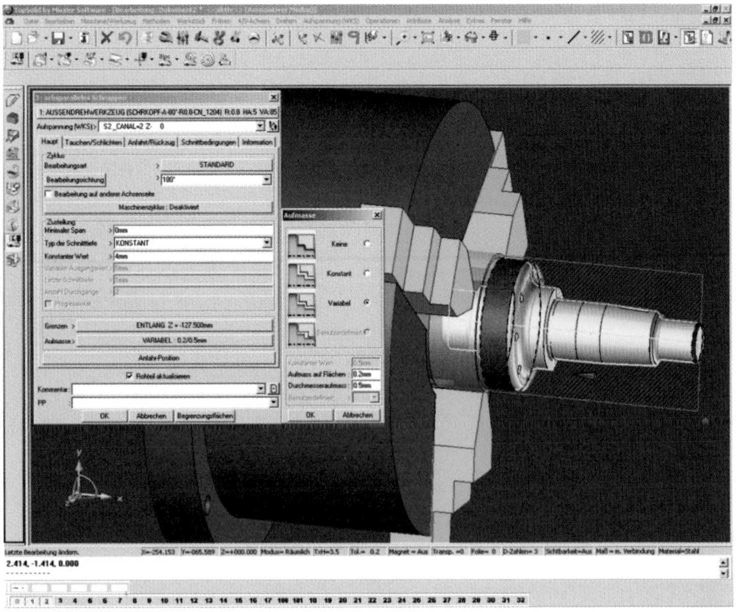

1 *Definition von Kontur und Aufmaß zum Schruppen*

1.2.5 CAQ

Computer **A**ided **Q**uality (CAQ) steht für „rechnerunterstützte Qualitätssicherung" und ist ein Element des Qualitätsmanagements[2]. CAQ-Systeme analysieren, dokumentieren und archivieren qualitätsrelevante Produkt- und Prozessdaten während der Fertigung. CAQ-Systeme können die gewonnenen Daten statistisch auswerten. Sie ermitteln z. B. die Prozessfähigkeit[3] von Produktionsprozessen, d. h., sie beurteilen, wie stabil und wie gut reproduzierbar der Produktionsprozess ist.

Die rechnergestützte Analyse, Dokumentation und Archivierung qualitätsrelevanter Daten ist für Unternehmen von sehr hoher Bedeutung. Die Verknüpfung solcher Daten mit der Reklamationsbearbeitung kann zu einer deutlichen Kostenreduzierung und Verbesserung der Produktqualität führen.

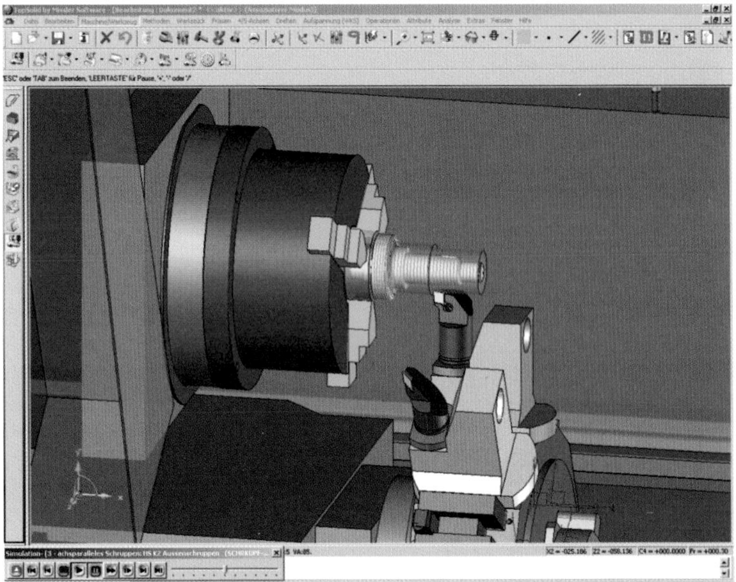

2 *Simulation während des Schruppens*

1.3 Produktdatenmanagement (PDM)

Das Produktdatenmanagement (**P**roduct **D**ata **M**anagement) ermöglicht die datenbankgestützte Verknüpfung aller technischen Daten, die bei der Fertigung eines bestimmten Produkts durch die beschriebenen rechnerunterstützten Verfahren (CAD, CAE, CAP, CAM und CAQ) entstehen (Seite 417 Bild 1).

PDM-Systeme sind Kommunikationssysteme, die die Daten aus den verschiedenen Bereichen zusammenfassen, aufbereiten und präsentieren. Das ist nur möglich, wenn sie alle Daten, die meist in unterschiedlichen Formaten vorliegen, verknüpfen können. PDM-Systeme sind somit Integrationsplattformen, die alle rechnergestützten Anwendungen während der Produktherstellung über Schnittstellen zu einem Gesamtsystem verbinden.

1) siehe Lernfeld 8 2) siehe Lernfeld 13 3) siehe Lernfeld 13 Kap. 4.2

Die zuständige Fachkraft muss auf technische Daten wie z. B. Konstruktionszeichnungen, Datenblätter, Stücklisten, CNC-Programme, Prüfprotokolle usw. zugreifen können, die sie in ihrem Bereich benötigt. Dabei muss es möglich sein, den jeweiligen Änderungsstand des Produkts zu berücksichtigen, welcher sich unmittelbar auf die Produktionsprozesse und spätere Reparaturen auswirken kann.

MERKE

Das Produktdatenmanagement-System verwaltet mithilfe von Datenbanken alle produktbezogenen Daten aus den unterschiedlichen Bereichen der Produktentstehung.

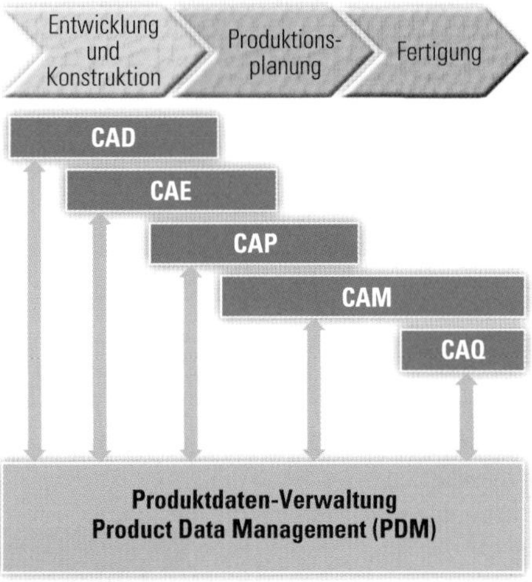

1 Produktdatenmanagement

1.4 Product Lifecycle Management (PLM)

Wird die Integration der Produktdaten über den Bereich der Fertigung ausgedehnt (Bild 2), handelt es sich um eine Produktlebenszyklus-Verwaltung (**Pro**duct **L**ifecycle **M**anagement (PLM). Über die PDM-Funktionen hinaus bieten PLM-Systeme die Verknüpfung von Daten, die vor und nach der Produktherstellung entstehen.

Um alle produktbezogenen Daten über den gesamten Produktlebenszyklus hinweg zu verwalten, werden neben den bislang beschriebenen noch die folgenden rechnergestützten Anwendungen eingesetzt:

- Customer-Relationship-Management (CRM)
- Supply Chain Management (SCM),
- Produktionsplanungs- und -steuerungssystem (PPS)

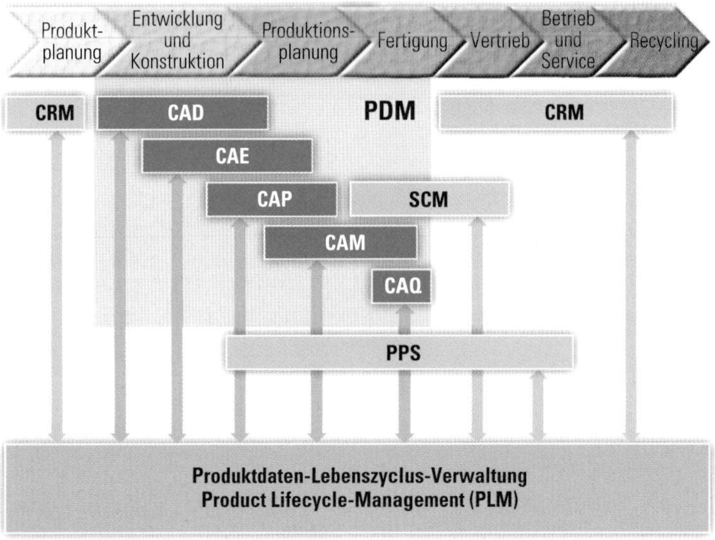

2 Product Lifecycle Management (PLM)

1.4.1 CRM

Customer **R**elationship **M**anagement (CRM) steht für Kundenbeziehungsmanagement bzw. Kundenpflege (Bild 3). Es dient zur konsequenten Kundenorientierung eines Unternehmens. Die Dokumentation und Verwaltung von Kundenbeziehungen und Kundenwünschen ist eine wichtige Grundlage für die Gestaltung längerfristiger Kundenbindung. Viele Unternehmen speichern sämtliche Daten von Kunden und dokumentieren alle Kundenkontakte in Datenbanken.

CRM erfasst die Bedürfnisse der Kunden

- während der Produktplanung, um die Kundenwünsche an das Produkt zu ermitteln
- während des Vertriebs, um die Abwicklung des Geschäfts mit dem Kunden zu definieren
- während des Betriebs, um den erforderlichen Service und die Beratung des Kunden zu gewährleisten

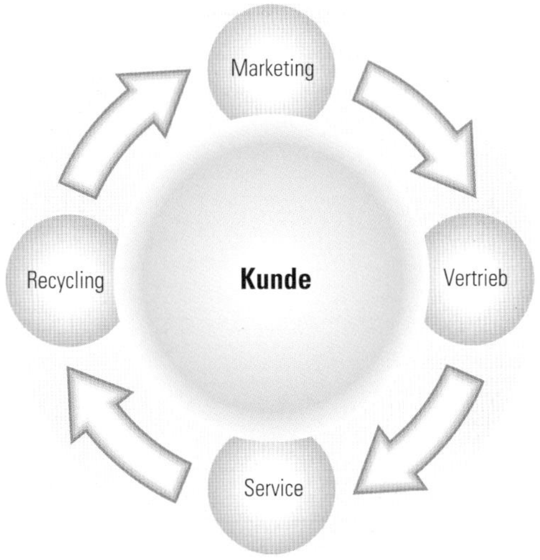

3 Customer Relationship Management (CRM)

- während der Entsorgung, um z. B. ein gemeinsames, fachgerechtes Recycling des Produkts zu ermöglichen

MERKE

CRM integriert und optimiert abteilungsübergreifend alle kundenbezogenen Prozesse in Marketing, Vertrieb, Kundendienst sowie Forschung und Entwicklung.

Die Kundendaten können im PLM-System integriert und aufbereitet werden, um im Unternehmen an jeder Stelle in der passenden Zusammenstellung zur Verfügung zu stehen.

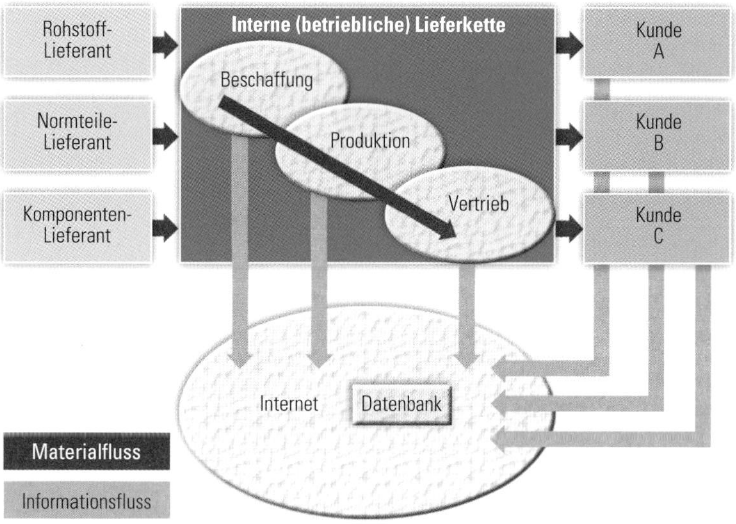

1 *Aufgaben des Supply-Chain-Management (SCM)*

1.4.2 SCM

Supply-**C**hain-**M**anagement (SCM) steht für **Lieferkettenmanagement** (Bild 1). Damit sind die Planung und die Koordination aller Aufgaben bei der Lieferantenwahl, Beschaffung der erforderlichen Produkte und Dienstleistungen sowie deren Transport und Bereitstellung gemeint. Insbesondere enthält es die Koordinierung und Zusammenarbeit der beteiligten Lieferanten, Händler, Logistikdienstleister und Kunden.
Unternehmen wollen Kosten senken, neue Produkte entwickeln und gleichzeitig den Kundenservice und die Lieferzeiten verkürzen. SCM ermöglicht die unternehmensübergreifende Zusammenarbeit und die damit verbundene gemeinschaftliche Planung, Ausführung und Koordination im gesamten Liefernetz. Es ermöglicht allen Beteiligten eine Sicht auf Bestands- und Bedarfsdaten.
Die Anwendung unterstützt z. B. den elektronischen Datenaustausch mit Rohstofflieferanten, Zulieferern und externen Teile- oder Komponentenherstellern (Bild 1). Auch kleineren Partnern ist die Zusammenarbeit möglich, weil lediglich ein Internetzugang, Webbrowser und die entsprechenden Zugangsberechtigungen erforderlich sind. Damit wird eine „**Just-in-time-Produktion**" unterstützt, bei der die Produkte zur genau richtigen Zeit beim Kunden eintreffen. Dadurch lassen sich die Lagerhaltung und die damit verbundenen Kosten verringern.
Neben den Material- und Informationsflüssen verwaltet das System auch die Finanzflüsse. Dabei laufen die Prozesse der Lieferantenabrechnungen ebenso automatisch ab wie die Buchung von Gut- und Lastschriften. Über den Zahlungs- oder Rechnungsstatus können sich die Beteiligten jederzeit informieren.

MERKE

SCM ermöglicht die Planung und Steuerung des Material-, Informations- und Finanzflusses über das Internet zwischen allen Beteiligten.

1.4.3 PPS

Produktions**p**lanungs- und **S**teuerungssystem (PPS) unterstützen den Anwender bei der Produktionsplanung und -steuerung und übernehmen die damit verbundene Datenverwaltung. Mithilfe von PPS-Systemen sollen die Durchlaufzeiten verkürzt, die geplanten Termine eingehalten, die Lagerbestände optimiert, sowie die Betriebsmittel wirtschaftlich genutzt werden.

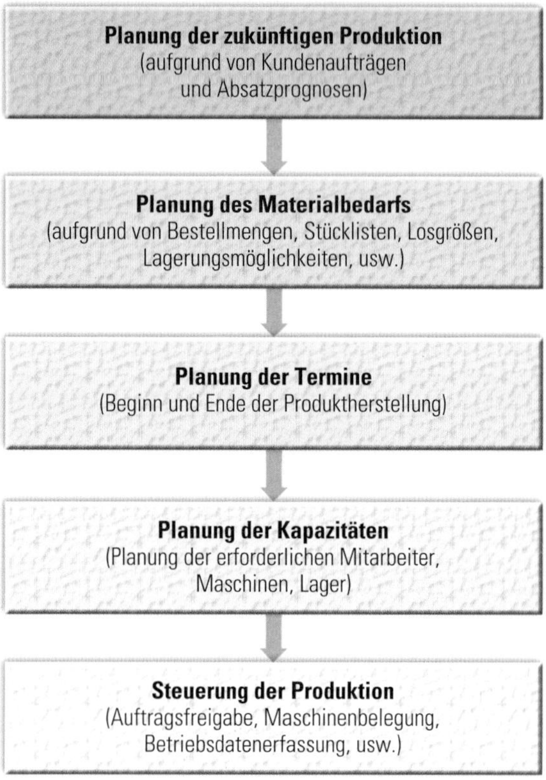

2 *Aufgaben des Produktplanungs- und -steuerungssystems*

Grundlage der **Produktionsplanung** *(production planning)* (Seite 418 Bild 2) sind die vorhandenen Kundenaufträge und die Absatzprognosen. Sie erfolgt in drei Schritten:

- Materialbedarfsplanung
- Terminplanung und
- Kapazitätsplanung

Die **Materialbedarfsplanung** *(material requirements planning)* bestimmt die erforderlichen Bestellmengen aufgrund der herzustellenden Produkte, deren Stücklisten sowie der vorhandenen Lagermöglichkeiten. Die **Terminplanung** *(time management)* ermittelt die Durchlaufzeiten mit den dazu gehörenden Start- und Endterminen für die Produktfertigung. Die **Kapazitätsplanung** *(capacity planning)* stimmt die benötigten Mitarbeiter, Maschinen usw. mit den vorhandenen ab. Sind die erforderlichen Kapazitäten z. B. größer als die vorhandenen, müssen entsprechende Schritte eingeleitet werden, um die Endtermine zu halten. Dazu zählen z. B. die Einstellung von Mitarbeitern oder die Vergabe von Fertigungsaufträgen an Fremdfirmen. Aufgabe der Termin- und Kapazitätsplanung ist die Planung der Reihenfolge von Aufträgen.

Wenn die Planung abgeschlossen ist, geht das PPS-System zur **Produktionssteuerung** *(production control)* (Bild 1) über, die aus Auftragsfreigabe und Auftragsüberwachung besteht. Die Auftragsfreigabe überprüft die Terminlage und veranlasst die Auftragsbearbeitung. Die Auftragsüberwachung begleitet die Produktion und hält Informationen über den Bearbeitungsstatus bereit, die dann in der weiteren Planung verwendet werden. Gleichzeitig werden die Betriebsdaten wie z. B. Maschinenbediener, Fertigungszeiten und -dauer für die Kostenberechnung erfasst.

MERKE

PPS-Systeme sind Softwaresysteme, die die Produktionsplanung und -steuerung ermöglichen und dabei die Betriebsdaten erfassen und dokumentieren.

Für ein Kraftfahrzeug stellt das **Product Lifecycle Management** aus den unterschiedlichen rechnergestützten Anwendungen die gewünschten produkt- und versionsspezifischen Daten zur Verfügung. Das sind beispielsweise:

- CAD-Daten mit dem Versionsstand des ausgelieferten Fahrzeugs
- Schwingungssimulationen für neu entwickelte Getriebe
- Chargennummern der verwendeten Werkstoffe
- Lieferanten der eingesetzten Normteile
- Prozessparameter für die Bearbeitung der Einzelteile
- Herstellungsdaten, -zeiten, -maschinen und -kosten sowie die bei der Herstellung der Einzelteile beteiligten Mitarbeiter
- Zulieferer von Einzelteilen und Anforderungen an deren Qualitätsmanagement
- Montagezeiten und -mitarbeiter
- Prüfprotokolle und -dokumentationen
- Kosten der Einzelteile und der Komponenten
- Verkäufer und Ansprechpartner beim Kunden

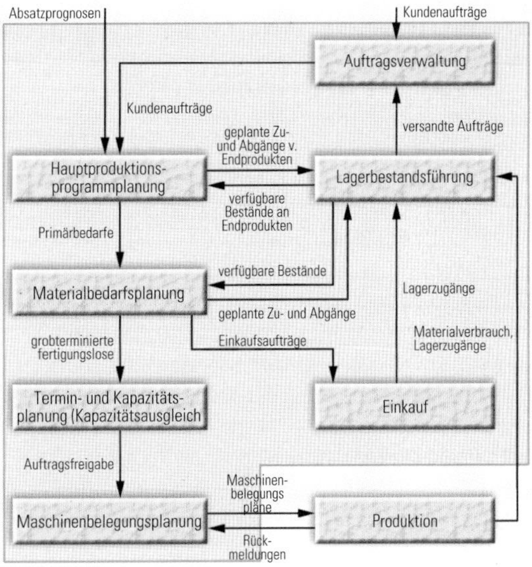

1 Architektur eines Produktplanungs- und -steuerungssystems

- Lieferungstermin und Spediteur
- Dokumentation über die Inbetriebnahme des Fahrzeugs
- Dokumentation der Wartungs- und Servicearbeiten
- und Vieles mehr

MERKE

Von den Anwendungsprogrammen der rechnergestützten Fertigung nutzen die Zerspanungsmechanikerinnen und -mechaniker vorrangig CAM- und CAQ-Systeme und sind während der Fertigung laufend in den Prozess der Produktionssteuerung (PPS) mit eingebunden.

ÜBUNGEN

1. Beschreiben Sie am Beispiel einer CNC-Maschine deren Lebenszyklus.
2. Welche rechnergestützten Anwendungen können während der Produktplanung eingesetzt werden?
3. Welche grundsätzlichen Aufgaben übernimmt ein CAM-System?
4. Beschreiben Sie die Ziele des Produktdatenmanagements.
5. Welche weiteren Bereiche erfasst das Product Lifecycle Management gegenüber dem Produktdatenmanagement?
6. Erläutern Sie die Begriffe CRM und SCM.
7. Beschreiben Sie die Aufgaben und Funktionen eines Produktionsplanungs- und Steuerungssystems.
8. Wie sind Sie in Ihrem Betrieb in das PPS-System eingebunden?

2 Komplettbearbeitung auf der Drehmaschine

Die Werkstücke mit komplexen Geometrien (Bild 1) lassen sich nicht nur durch Drehen herstellen. Sie müssen auch gefräst, außermittig gebohrt und mit Gewinden versehen werden. Das könnte bei der **Fließfertigung** *(flow production)* (Bild 2) nacheinander an verschiedenen Werkzeugmaschinen erfolgen. Das Rohteil wird dabei zunächst zur Drehmaschine transportiert. Dort ist es zu spannen, zu bearbeiten und auszuspannen. Wenn alle gleichen Werkstücke gedreht sind, werden sie zur Fräsmaschine transportiert. Dort ist das Werkstück auszurichten, zu spannen, zu bearbeiten und auszuspannen. Danach schließt sich der Transport der Werkstücke zur Bohrmaschine an. Dort ist das Werkstück auszurichten, zu spannen, zu bearbeiten und auszuspannen. Abschließend erfolgt der Transport der Fertigteile in das Fertigteillager.

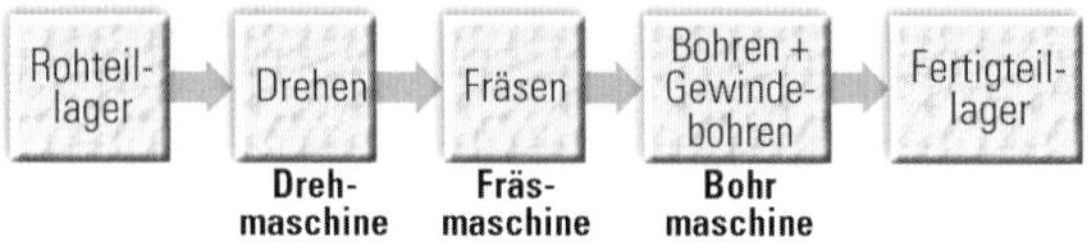

2 *Fertigungsschritte und -maschinen bei der Fließfertigung*

3 *Fertigungsschritte und -maschinen bei der Komplettbearbeitung*

1 *Drehteile mit komplexen Geometrien*

Bei der **Komplettbearbeitung** *(full-range processing)* (Bild 3) erfolgen alle erforderlichen Bearbeitungsoperationen an einem **Drehzentrum** *(turning centre)* (Bild 4). Nach dem Verlassen der Maschine sind die Werkstücke einbaufertig, d. h., es sind keine weiteren spanenden Bearbeitungen mehr erforderlich. Die Vielfalt der möglichen Bearbeitungen ist an Drehzentren fast unbegrenzt. Das ist nur möglich, wenn **angetriebene Werkzeuge** *(driven tools)* (Seite 421 Bild 1) zum Einsatz kommen und diese die erforderlichen Bewegungen durchführen können.

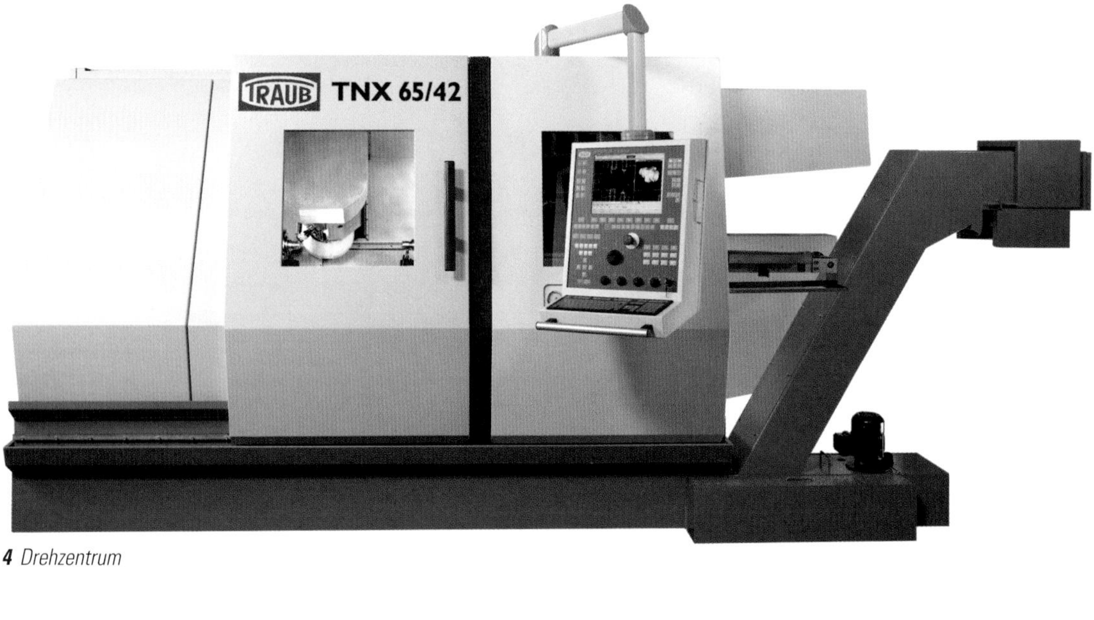

4 *Drehzentrum*

Angetriebene Werkzeugaufnahmen *(driven tool holders)* (Bild 2) können mithilfe verschiedener Spannsysteme Bohrer, Senker, Fräser, Gewindebohrer usw. aufnehmen. Die Werkzeugaufnahme (Bild 3) verfügt über eine Antriebsspindel, die über eine Kupplung mit einem Antrieb im Werkzeugrevolver verbunden ist. Durch die präzise Wälzlagerung werden Rundlaufgenauigkeiten < 3 µm erzielt. Die Kühlmittelzufuhr erfolgt über Kanäle durch das angetriebene Werkzeug.

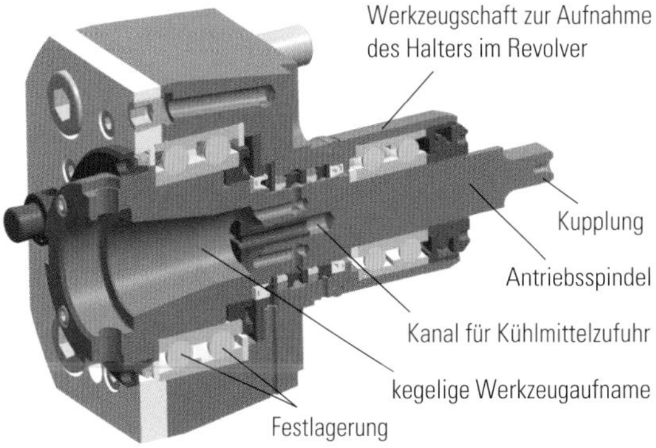

3 Werkzeugaufnahme für angetriebene Werkzeuge

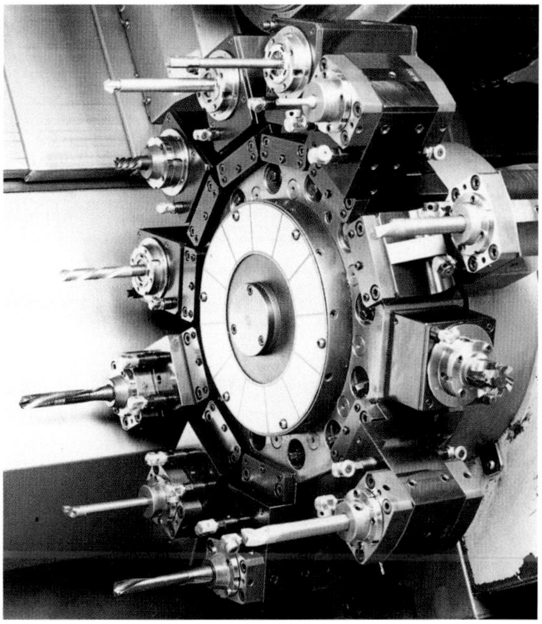

1 Werkzeugrevolver mit angetriebenen Werkzeugen

Die **Vorteile** der Komplettbearbeitung gegenüber der Fließfertigung sind:

- Größere Flexibilität
- Zeiten für das mehrmalige Ausrichten, Ein,- Um- und Ausspannen entfallen
- Zusätzliche Spannvorrichtungen sind nicht erforderlich
- Transport- und Lagerkosten reduzieren sich
- Kürzere Durchlaufzeiten
- Vereinfachung der Fertigungsplanung und -steuerung
- Die Genauigkeit der Bauteile ist höher, weil das mehrmalige Ausrichten und Spannen entfällt

MERKE

Bei der Komplettbearbeitung werden Werkstücke auf nur einer Maschine montagefertig zerspant, wodurch sich die Durchlaufzeiten verkürzen und die Genauigkeiten der Werkstücke erhöhen.

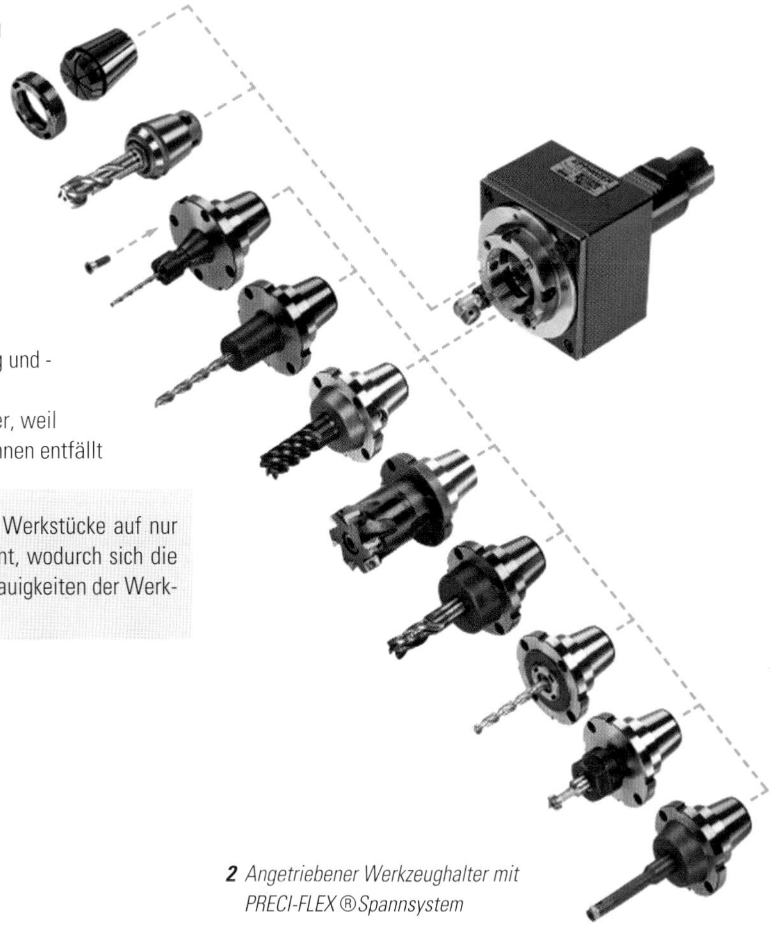

2 Angetriebener Werkzeughalter mit PRECI-FLEX® Spannsystem

2.1 Drehen mit einer Arbeitsspindel und drei bis vier gesteuerten Achsen

Neben den Linearachsen X und Z verfügen diese Drehmaschinen über die gesteuerte Drehachse C' (Bild 1) und angetriebene Werkzeuge. Die C'-Achse übernimmt zwei Aufgaben bei der Bearbeitung mit angetriebenen Werkzeugen:

- **Positionieren** (Bild 2) und
- **Interpolieren**, d. h., Bewegungen in Abhängigkeit von der X- und Z-Achse durchführen (Seite 423 Bild 1)

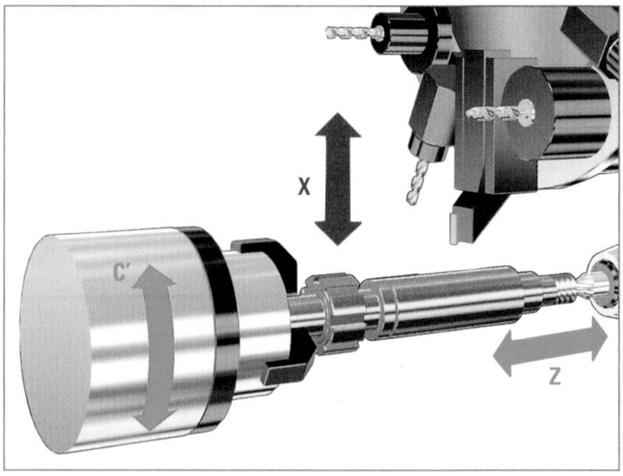

1 Bewegungen an einer Drehmaschine mit gesteuerter C'-Achse

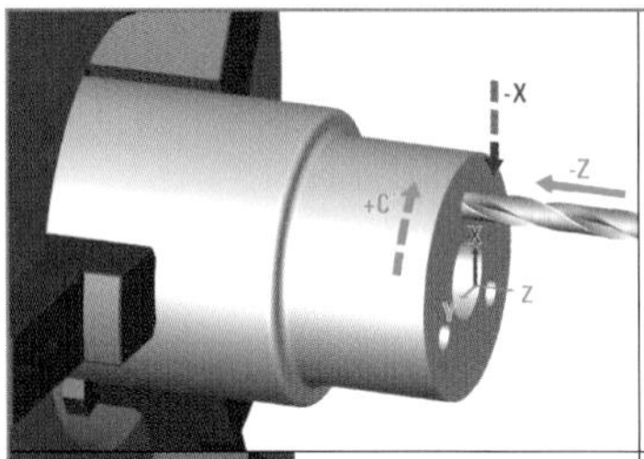

Bohren auf der Stirnfläche
- Das Werkzeug wird vor der zu bearbeitenden Stirnfläche meist im Eilgang mit entsprechendem Sicherheitsabstand in den Achsen C, X und Z positioniert
- Bearbeitung im Vorschub in der Z-Achse mit anschließendem Rückzug
- Wenn erforderlich: Drehung der C-Achse und nächste Bearbeitung

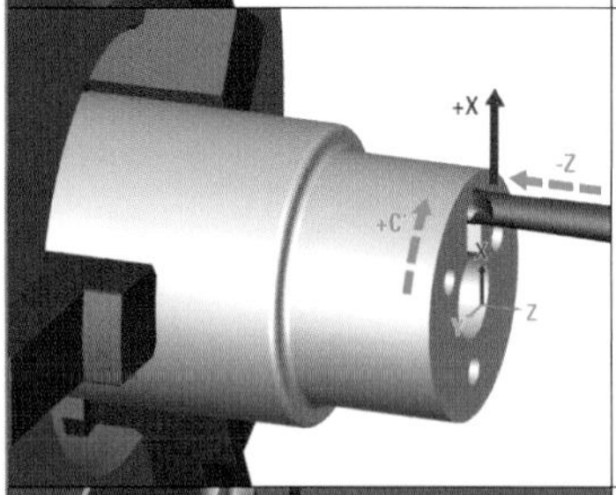

Radiales Nutfräsen auf der Stirnfläche
- Das Werkzeug wird meist vor der zu bearbeitenden Stirnfläche mit entsprechendem Sicherheitsabstand in den Achsen C, X und Z positioniert
- Vorschubbewegung in der Z-Achse bis auf Nuttiefe
- Vorschubbewegung in der X-Achse bis zum Ende der Nut mit anschließendem Rückzug
- Wenn erforderlich: Drehung der C-Achse und nächste Bearbeitung

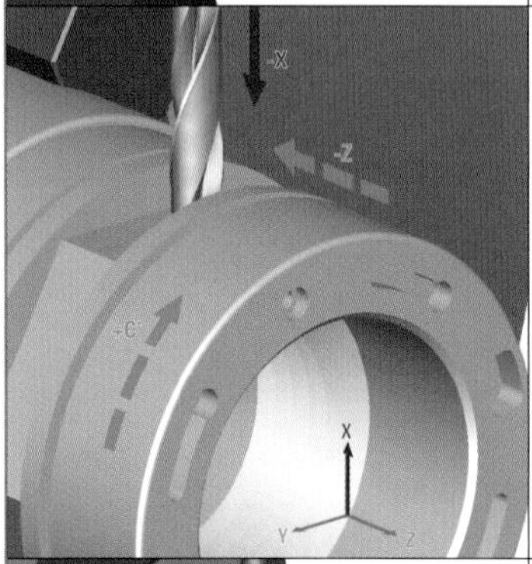

Radiales Bohren auf der Sehnenfläche
- Das Werkzeug wird vor der zu bearbeitenden Sehnenfläche mit entsprechendem Sicherheitsabstand in den Achsen C, X und Z positioniert
- Vorschubbewegung in der X-Achse bis auf Bohrtiefe
- Rückzug auf Sicherheitsabstand
- Wenn erforderlich: Drehung der C-Achse und nächste Bearbeitung

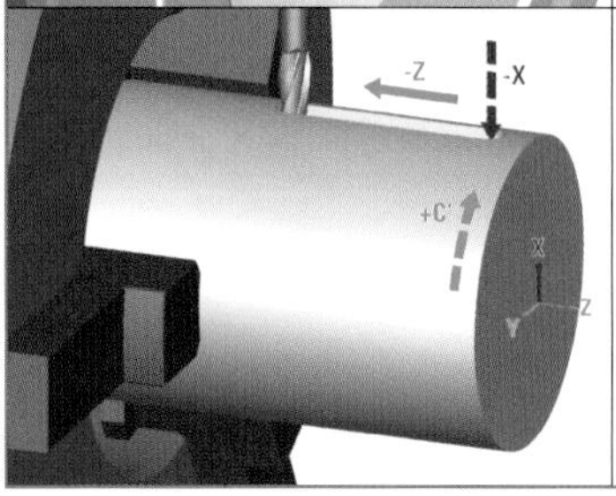

Achsparalleles Nutfräsen auf der Mantelfläche
- Das Werkzeug wird vor der zu bearbeitenden Mantelfläche mit entsprechendem Sicherheitsabstand in den Achsen C, X und Z positioniert
- Vorschubbewegung in der X-Achse bis auf Nuttiefe
- Vorschubbewegung in der Z-Achse
- Rückzug auf Sicherheitsabstand

2 Arbeitsbeispiele mit positionierter C-Achse

Nutfräsen auf der Stirnfläche
- Positionierung des Werkzeugs in den Achsen C, X und Z auf Sicherheitsabstand
- Zustellung bzw. Bearbeitung in der Z-Achse bis auf Nuttiefe
- Bearbeitung in der C-Achse bis zum Ende der Nut
- Rückzug auf Sicherheitsabstand

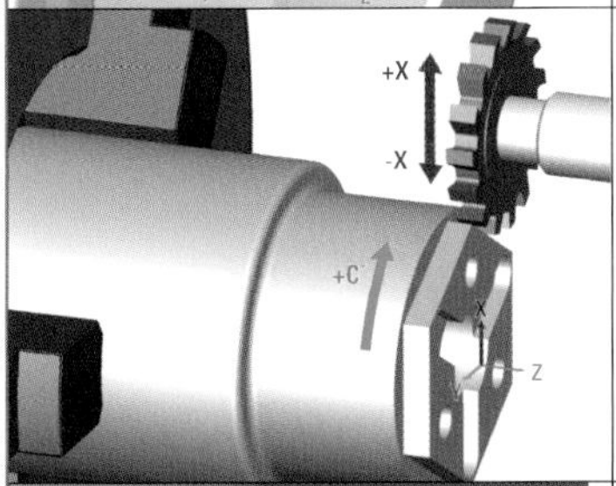

Fräsen von Außenkonturen
- Positionierung des Werkzeugs in den Achsen C und X mit Sicherheitsabstand sowie Z auf Frästiefe
- Außenkonturfräsen: Die Drehbewegung der Arbeitsspindel (C'-Achse) und die Linearbewegung der X-Achse sind so aufeinander abgestimmt, dass die gewünschte Fräskontur entsteht
- Abfahren von der Kontur

Fräsen von Innenkonturen auf der Stirnfläche
- Positionierung des Werkzeugs in den Achsen C und X und Z auf Sicherheitsabstand
- Bearbeitung in der Z-Achse bis auf Taschentiefe
- Innenkonturfräsen: die Drehbewegungen der Arbeitsspindel (C'-Achse) und die Linearbewegungen der X-Achse sind so aufeinander abgestimmt, dass die gewünschte Innenkontur entsteht
- Abfahren von der Kontur

***1** Arbeitsbeispiele mit interpolierender C-Achse*

2.1.1 Arbeitsplanung

Von der Verbindungsmuffe aus X2CrNiMo17-12-2 (Bild 2) sollen kurzfristig 20 Stück hergestellt werden. Als Rohmaterial steht eine gezogene Stange von 20 mm zur Verfügung, deren Durchmesser nicht mehr bearbeitet wird. Aufgrund der Zeichnung und dem zur Verfügung stehenden Rohmaterial erstellt die Zerspanungsfachkraft den auf den Seiten 424 und 425 dargestellten Arbeitsplan.

Die Werkzeuge werden den Revolverpositionen so zugeordnet, dass

- die Werkzeugwechselzeit beim Schwenken des Werkzeugsrevolvers möglichst gering ist und
- keine Kollisionen von nicht im Einsatz befindlichen Werkzeugen mit dem Werkstück oder dem Drehfutter entstehen

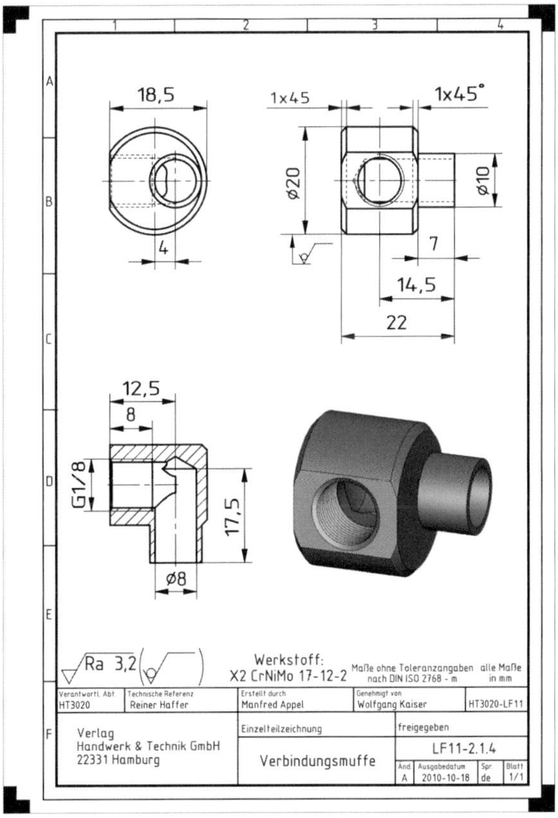

***2** Verbindungsmuffe*

Spannmittel: Dreibackenfutter mit weichen Backen (∅20)

	Werkzeuge		Bearbeitungsschritte
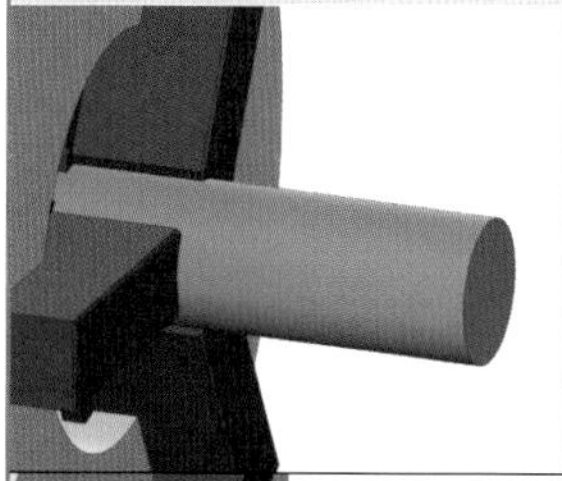		**Schruppdrehmeißel T1** R0,8 $\kappa = 95°$ $\varepsilon = 80°$ M30	**Querplandrehen der Stirnfläche** $v_c = 220$ m/min $f = 0{,}2$ mm
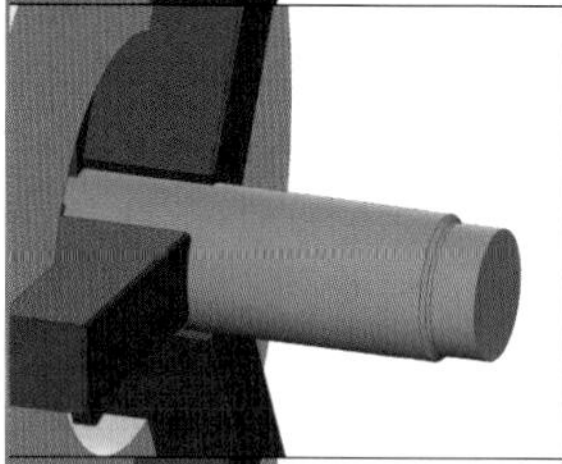		**Schruppdrehmeißel T1** R0,8 $\kappa = 95°$ $\varepsilon = 80°$ M25	**Längsrunddrehen** $v_c = 220$ m/min $f = 0{,}2$ mm
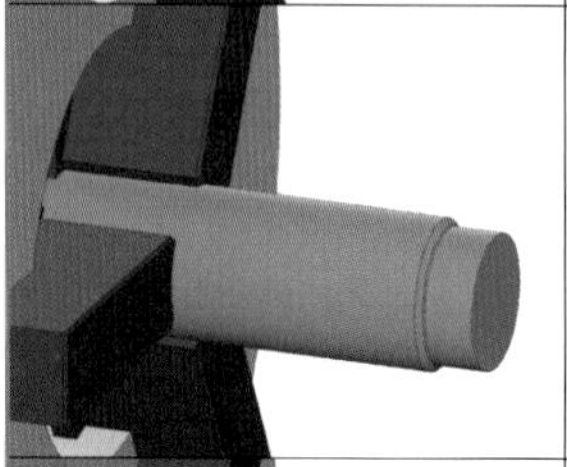		**Schlichtdrehmeißel T2** R0,4 $\kappa = 93°$ $\varepsilon = 55°$ M15	**Schlichten der geschruppten Kontur** $v_c = 250$ m/min $f = 0{,}15$ mm
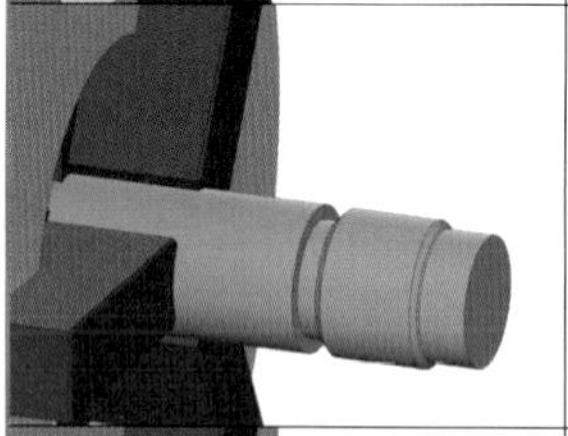		**Einstechmeißel T12** $b = 3$ mm M25	**Einstechen und Fasen** $v_c = 100$ m/min $f = 0{,}07$ mm
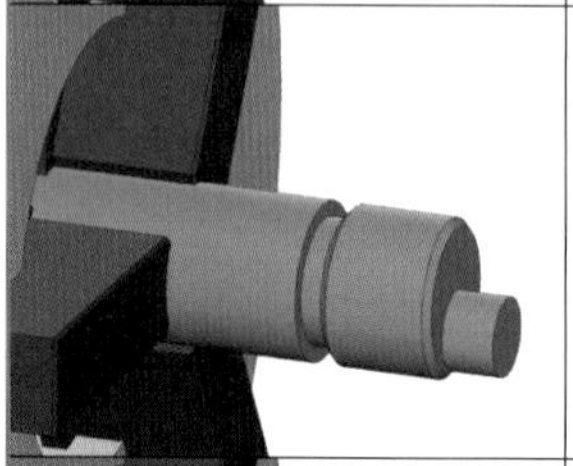		**Langlochfräser axial T4** $d = 14$ mm $z = 4$ Vollhartmetall	**Fräsen des Exzenters auf der Stirnfläche** $v_c = 70$ m/min $f_z = 0{,}1$ mm $n = 1600$/min $v_f = 640$ mm/min
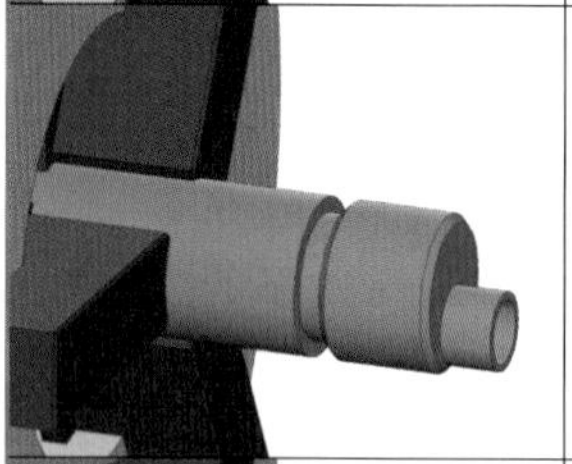		**Spiralbohrer axial T5** $d = 8$ mm Vollhartmetall	**Bohren auf der Stirnfläche** $v_c = 50$ m/min $f = 0{,}1$ mm $n = 2000$/min
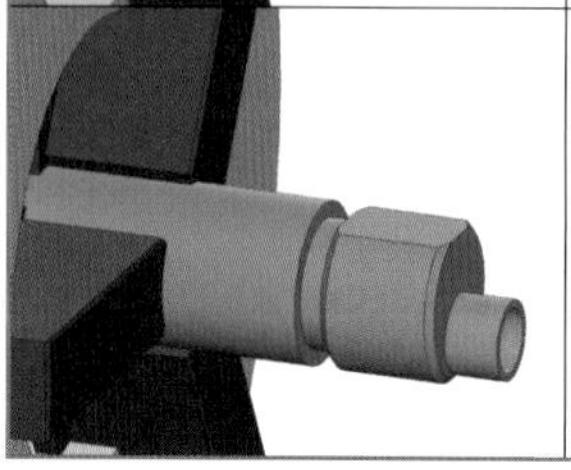		**Langlochfräser radial T7** $d = 16$ mm $z = 4$ Vollhartmetall	**Fräsen der Sehnenfläche** $v_c = 70$ m/min $f_z = 0{,}1$ mm $n = 1400$/min $v_f = 560$ mm/min

Spannmittel: Dreibackenfutter mit weichen Backen (∅20)

	Werkzeuge		Bearbeitungsschritte
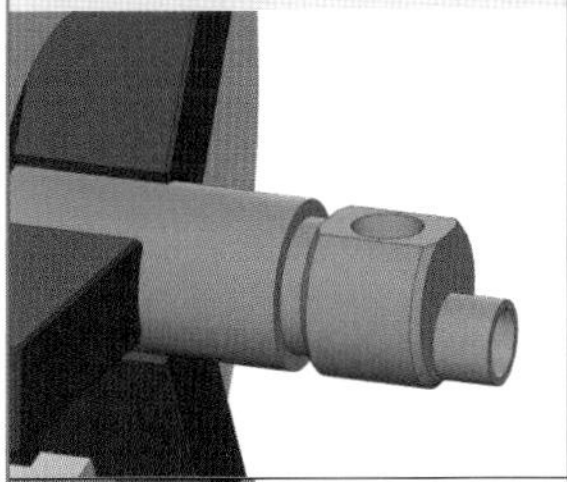		**Spiralbohrer radial** **T8** $d = 8{,}7$ mm Vollhartmetall	**Bohren auf Sehnenfläche** $v_c = 50$ m/min $f = 0{,}1$ mm $n = 1800$/min
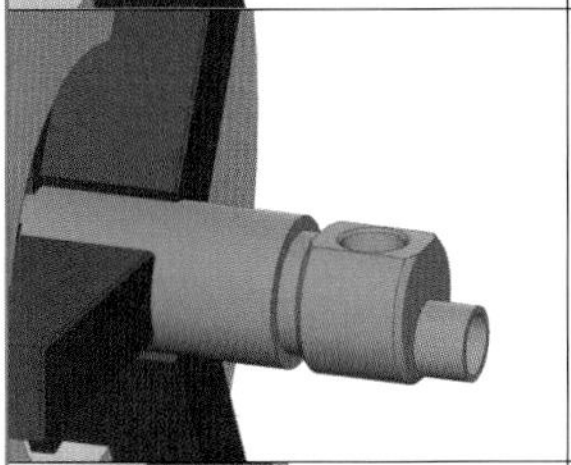		**90°-Senker radial** **T9** $d = 12$ mm Vollhartmetall	**Senken auf Sehnenfläche** $n = 1000$/min $f = 0{,}1$ mm
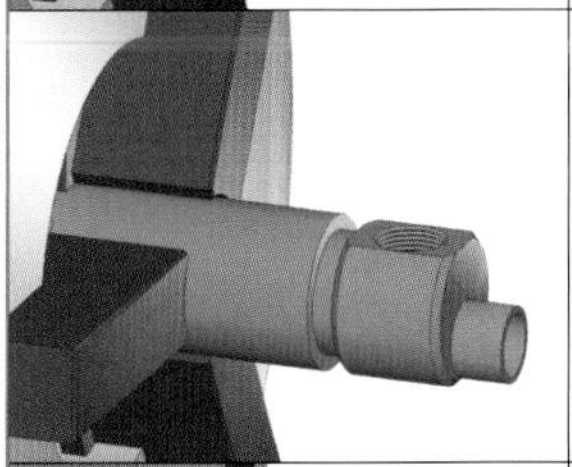		**Gewindebohrer radial** **T10** G1/8" HSS	**Gewindebohren auf Sehnenfläche** $n = 100$/min $f = 0{,}907$ mm
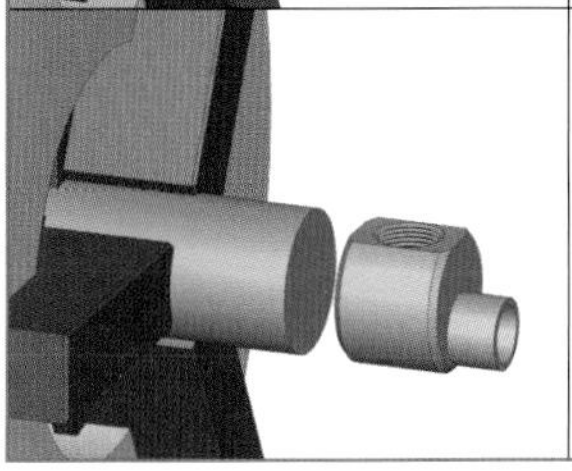		**Einstechmeißel** **T12** $b = 3$ mm M25	**Abstechen und Fase drehen** $v_c = 100$ m/min $f = 0{,}05$ mm

2.1.2 Manuelle Programmierung

2.1.2.1 Drehbearbeitung

Da die Bearbeitung mit den zur Verfügung stehenden Werkzeugen in verschiedenen Ebenen (Bild 1 und Seite 426 Bilder 1 und 2) erfolgen kann, ist zunächst die Bearbeitungsebene zu definieren. Die ersten vier Bearbeitungsoperationen des Beispiels vom Planen der Stirnfläche bis zum Fasen der Nut sind reine Drehbearbeitungen *(lathe operations)*.

MERKE

Die X-Z-Ebene wird mit G18 aktiviert.

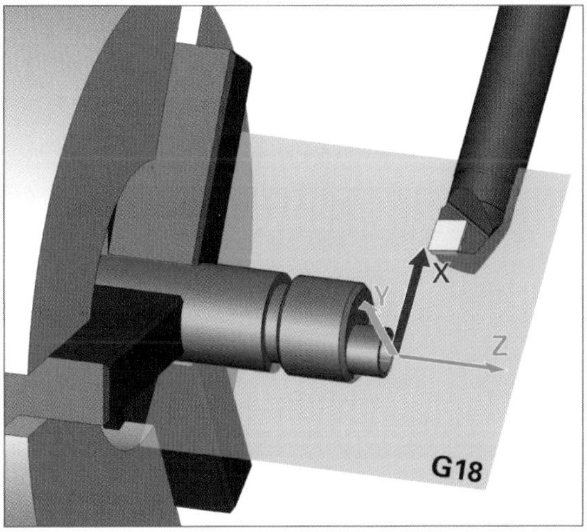

1 *X-Z-Ebene (G18)*

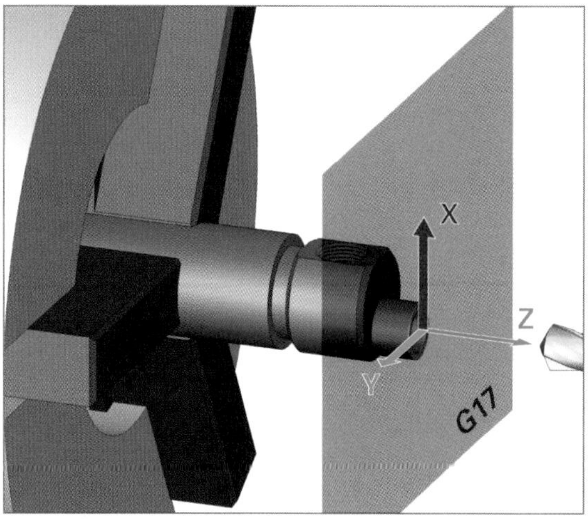

***1** X-Y-Fräs- und Bohrebene für außermittige Bearbeitung (G17)*

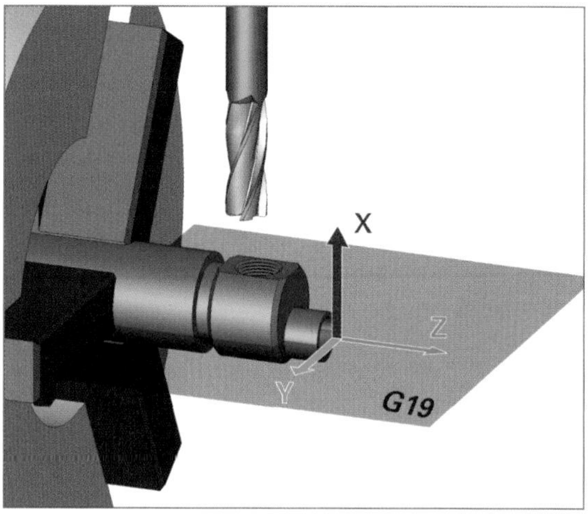

***2** Y-Z-Fräs- und Bohrebene am Drehmantelteil (G19)*

Unter Berücksichtigung des austenitischen, rostfreien Stahls X2CrNiMo 17-12-2 schreibt die Fachkraft folgenden Programmteil.

```
N10 G18
N20 G54 G90
N30 G59 Z59
N40 G14 H1

;SCHRUPPEN DER VORDEREN KONTUR
N50 T1 TC1 G95 G96 F0.2 S200 M4 M08
N60 G0 Z0.2 X24
N70 G1 X-1.6
N80 G0 X22 Z2
N90 G81 D2 H1 AZ0.5 AX0.2
N100 G0 X18 Z2
N110 G1 Z-7
N120 G1 X22 Z-9
N130 G80
N140 G14 H1

;SCHLICHTEN DER VORDEREN KONTUR
N150 T2 TC1 F0.15 S250 M4
N160 G0 X22 Z-9
N170 G1 X18 Z-7
N180 G1 Z0
N190 G1 X-1.6
N200 G14 H0
```

```
;EINSTECHEN UND FASEN
N210 T12 TC2 F0.07 S100 M4
N220 G0 X22 Z-22.2
N230 G1 X17
N240 G0 X22
N250 G0 Z-20
N260 G1 X17.5 Z-22.2
N270 G0 X22
N280 G14 H1
```

Überlegen Sie!

1. *Interpretieren Sie die Programmsätze N10 bis N280.*
2. *Aus welchem Grund wurde die vordere Kontur (N150 bis N200) auf diese Weise geschlichtet?*

2.1.2.2 Stirnflächenbearbeitung

Zum Fräsen des Exzenters auf der Stirnfläche ist die X-Y-Ebene als Bearbeitungsebene zu definieren.

MERKE

Die X-Y-Ebene wird mit G17 aktiviert.

Weiterhin wird beim Fräsen die Umdrehungsfrequenz in 1/min (G97) und Vorschubgeschwindigkeit in mm/min (G94) programmiert.

Da sowohl von der Hauptspindel als auch von den angetriebenen Werkzeugen die Umdrehungsfrequenzen zu programmieren sind, ist bei der Programmierung oft ein **Unterscheidungsmerkmal für beide Antriebe** erforderlich. Statt M3 bzw. M4 für die Arbeitsspindel erfolgt die Angabe der Drehrichtung für die Werkzeuge z. B. mit M23 bzw. M24[1]. Diese Schaltinformationen können bei den verschiedenen Steuerungen unterschiedlich sein. Bei der PAL-Steuerung ist das Unterscheidungs-

1) z. B. Heidenhain-Steuerung

merkmal die Ebenenanwahl. Nach der Aktivierung der Ebenen G17 bzw. G19 bestimmen M3 und M4 die Drehrichtungen der angetriebenen Werkzeuge.
In der X-Y-Ebene sind die Fräskonturen wie bei Fräsmaschinen zu programmieren, obwohl bei vielen Drehmaschinen keine Y-Achse vorhanden ist. Die X-Koordinaten sind dabei nicht mehr auf den Durchmesser bezogen. Die Steuerung führt eine **Koordinatentransformation** durch, wobei die programmierten kartesischen Koordinaten X und Y in die **Polarkoordinaten**[1] X (für Radius) und C (für Winkel) umgerechnet werden. Durch diese Interpolation von C- und X-Achse (siehe Bild 1 Seite 423) entsteht eine **virtuelle Y-Achse**, die programmiert werden kann.
Für das betrachtete Beispiel ergibt sich folgender Programmteil, bei dem mit G47 die Exzenterkontur im Viertelkreis an- und mit G48 abgefahren wird.

```
;EXZENTER AUF STIRNFLÄCHE SCHRUPPEN
N290 G17
N300 G94 G97
N310 T4 TC1 F640 S1600 M3
N320 G0 X40 Y0 Z0
N330 G47 G41 R10 XA9.2 YA0 ZI-3.4
N340 G2 X9.2 Y0 I-5.2 J0
N350 G48 G40 R10
N360 G23 N330 N350 H1

; EXZENTER AUF STIRNFLÄCHE SCHLICHTEN
N370 G0 X42 Y0 Z-7
N380 G47 G41 R10 XA9 YA0
N390 G2 X9 Y0 I-5 J0
N400 G48 G40 R10
N410 G14 H2
```

Überlegen Sie!

1. *Interpretieren Sie die Programmsätze N290 bis N410.*
2. *Wie könnte das Schruppen und Schlichten mithilfe von Unterprogrammen programmiert werden?*[2]

Ebenso stehen die Bohrzyklen wie bei Fräsmaschinen zur Verfügung, sodass sich für das Bohren der Exzenterbohrung der folgende Programmteil ergibt.

```
;BOHRUNG AUF STIRNFLÄCHE
N420 G95
N430 T5 TC1 F0.1 S2000 M3
N440 G82 ZA-19.9 D6 V2 DR2 DM2 DA8
N450 G79 X4 Y0 Z0
N460 G14 H2
```

2.1.2.3 Sehnen- und Mantelflächenbearbeitung

Zum Fräsen der Ebene auf der Sehnenfläche der Verbindungsmuffe ist die Y-Z-Ebene als Bearbeitungsebene zu definieren.

MERKE
Die Y-Z-Ebene wird mit G19 aktiviert.

Die C-Achse muss zunächst um 180° gedreht werden, bevor die Bearbeitung der Fläche erfolgen kann, weil die Sehnenfläche gegenüber dem Exzenter liegt. Im vorliegenden Fall ist der Fräserdurchmesser größer als die Breite der Sehnenfläche. Daher ist es ausreichend, wenn der Fräser zugestellt wird und nur eine axiale Vorschubbewegung erfolgt. Das folgende Programm beschreibt das Fräsen der Sehnenfläche.

```
;SEHNENFLÄCHE FRÄSEN
N470 G19 Y C180
N480 G94
N490 T7 TC1 F540 S1400 M3
N500 G0
N510 G0 X8.5 Z1
N520 G1 Z-16.5
N530 G0 X12
N540 G14 H1
```

Überlegen Sie!

Interpretieren Sie die Programmsätze N470 bis N540.

Zur Herstellung der Verbindungsmuffe sind abschließend noch folgende Arbeitsschritte durchzuführen:
- Bohren
- Senken
- Gewindebohren und
- Abstechen

Das Programm für das Bohren auf der Sehnenfläche könnte folgendermaßen aussehen:

```
;BOHRUNG AUF SEHNENFLÄCHE
N550 G95
N560 T8 TC1 F0.1 S1800 M3
N570 G83 XA-4 D4 V1
N580 G79 X8.5 X10 Z-14.5
N590 G14 H1
```

Überlegen Sie!

Schreiben Sie mithilfe Ihrer Programmieranleitung das Programm für die fehlenden Bearbeitungsoperationen.

Die Bilder 1 bis 12 auf Seite 428 zeigen alle Bearbeitungsschritte für die Verbindungsmuffe im Überblick.

1) siehe Lernfeld 8 Kap. 2.1.2 2) siehe Lernfeld 8 Kap. 4.2.8

1 *Spannen der Rohlingsstange*

2 *Eingerichteter Werkzeugrevolver*

3 *Planen der Stirnfläche*

4 *Schlichten der Kontur*

5 *Einstechen und Fasen*

6 *Fräsen des Exzenters*

7 *Außermittig Bohren*

8 *Fräsen der Sehnenfläche*

9 *Bohren der Sehnenfläche*

10 *Senken auf Sehnenfläche*

11 *Gewindebohren*

12 *Verbindungsmuffe nach dem Abstechen*

Reale Y-Achse

Drehteile mit außermittigen Querbohrungen oder Sehnenflächen mit ebenen rechtwinkligen Anschlagsflächen wie z. B. in Bild 1 lassen sich mit virtueller Y-Achse auf der Drehmaschine nicht mehr herstellen. Dazu ist eine reale Y-Achse erforderlich (Bild 2). In einem gewissen Bereich kann dabei der gesamte Werkzeugrevolver in der Y-Achse verfahren.

MERKE

Mit Drehmaschinen, die über die Linearachsen X, Y und Z sowie über die Drehachse C verfügen, kann ein großer Teil von komplexen Drehteilen mit Bohr- und Fräsoperationen hergestellt werden.

1 Drehteil, das auf Drehmaschine mit Y-Achse hergestellt wurde

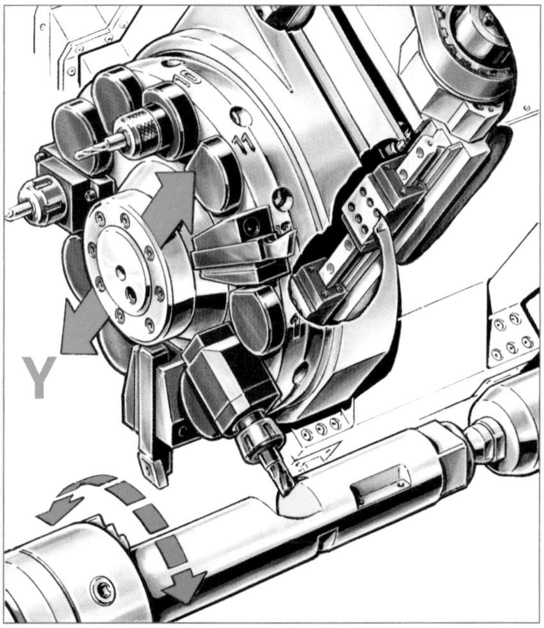

2 Y-Achse an Drehmaschine

2.1.3 Grafisch-interaktive Programmierung

Nach der Arbeitsplanung und der Werkzeugzuordnung erfolgt die grafisch-interaktive Programmierung durch die Zerspanungsfachkraft meist in folgenden Schritten, die im Dialog mit der Steuerung durchzuführen sind:

- Festlegen der Rohteilkontur
- Definieren der Dreh- und Fräskonturen sowie von Bohrungen und Gewindebohrungen
- Festlegen der Bearbeitungsstrategien für die zuvor definierten Konturen (z. B. Schruppzyklen, Schlichten usw.) und Eingabe der technologischen Parameter und Zusatzinformationen
- Simulation und erste Überprüfung des im Dialog entstandenen CNC-Programms
- Zerspanung des Drehteils
- Optimierung des Programms
- Archivierung des Programms

Die **Rohteilkontur** *(blank contour)* für die Verbindungsmuffe wird im Dialog mit 20 mm Durchmesser und 40 mm Länge angeben. Handelt es sich um komplexere Konturen, sind diese wie die Fertigkontur über Geometrieelemente zu definieren.

Die **Drehkontur** *(rotary contour)* besteht meist aus Geraden, Radien oder Gewinden, die aufgrund der Zeichnung im Dialog einzugeben sind. Die grafische Konturbeschreibung entsteht auf diese Weise schrittweise auf dem Bildschirm (Seite 430 Bild 1). Jedem Geometrieelement ist eine Nummer zugeordnet. So kann später über die Nummer bzw. mehrere Nummern auf ein Geometrieelement bzw. auf mehrere Elemente Bezug genommen werden. Bei der betrachteten Steuerung wird aufgrund der grafischen Beschreibung die Drehgeometrie automatisch in Form der nebenstehende G-Funktionen hinterlegt.

```
;DREHKONTUR AM FERTIGTEIL
N2 G0 X0 Z0
N3 G1 X18
N4 G1 Z-7
N5 G1 X20 B-1
N6 G1 Z-22 B-1
N7 G1 X17.5
N8 G1 X0
N9 G1 Z0
```

Überlegen Sie!

1. *Zeichnen Sie die Geometrieelemente der Drehkontur der Verbindungsmuffe auf kariertem Papier im Maßstab 5:1 und nummerieren Sie die einzelnen Elemente.*
2. *Welche Bedeutung haben die B-Wörter in den Sätzen N5 und N6?*

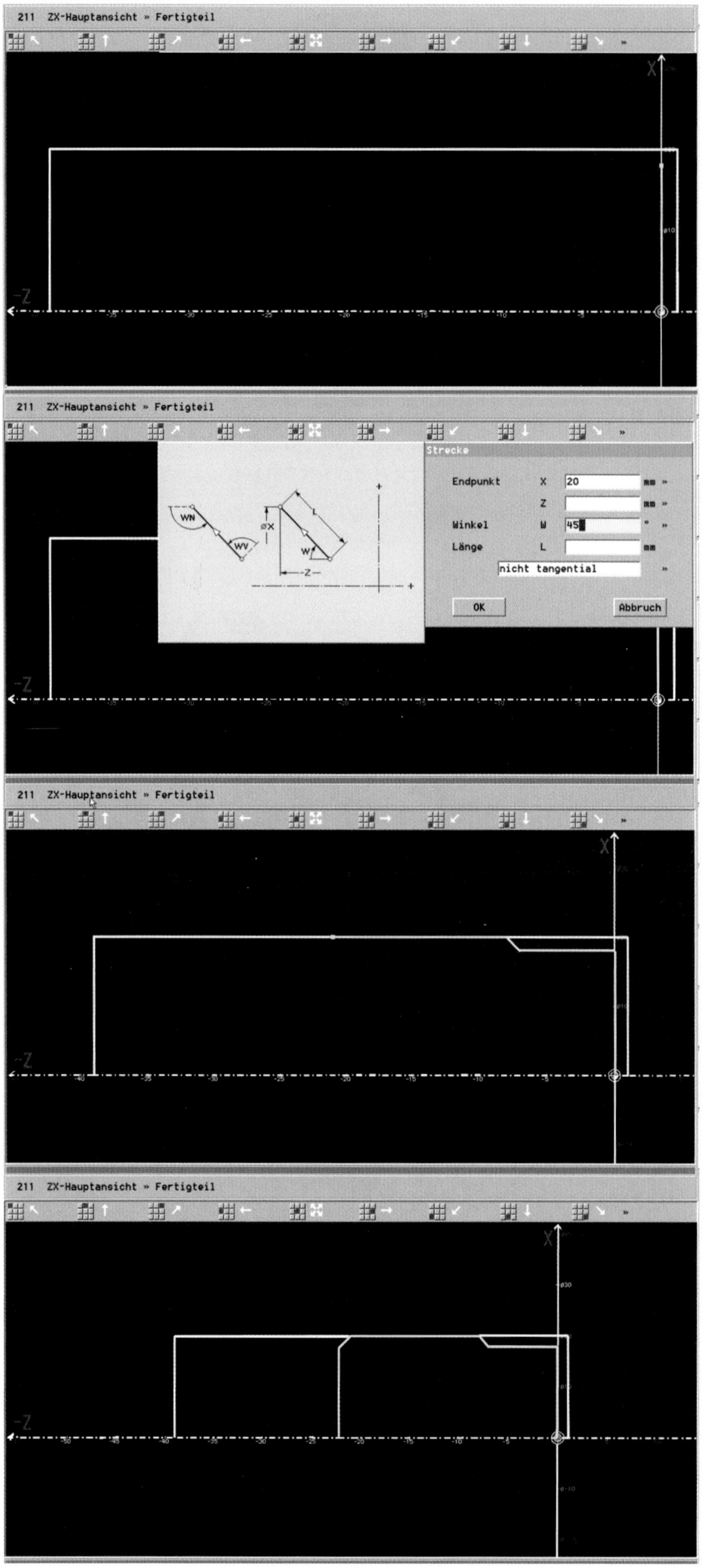

1 *Schrittweise grafische Beschreibung der Drehkontur*

Die Dialogeingabe für die Fräskontur auf der Stirnfläche ist auf Seite 431 Bild 1 dargestellt. Die Steuerung hinterlegt daraufhin automatisch folgende G-Funktion zur deren Beschreibung.

```
STIRN_Y Z0 C180
N16 G374 X4 Y0 R5 P-7 I20
[Fraesen Stirn]
```

In ähnlicher Weise werden die **Fräskontur** *(milling contour)* **der Sehnenfläche**, die **Bohrungen** *(drillings)* auf der Stirnfläche und auf der Sehnenfläche im Dialog definiert.

Nach der interaktiven, grafischen Definition des Fertigteils legt die Zerspanungsfachkraft die Reihenfolge fest, in der die Bearbeitung der einzelnen Konturen erfolgen soll. Wie bei der manuellen Programmierung muss sie die Werkzeuge aufrufen und die dafür erforderlichen **technologischen Daten** *(technological data)* programmieren.

Für die weitere Erstellung des CNC-Programms ist es nicht erforderlich, geometrische Konturinformationen einzugeben. Stattdessen wird Bezug auf die grafische Definition der Kontur genommen. Die Informationen über die Gewindebohrung werden beim Bohren, Senken und Gewindebohren genutzt. Aufgrund der Dialogeingaben berechnet die Software Zustellbewegungen, Anfahr- und Zwischenpunkte sowie alle erforderlichen Bewegungen und generiert daraus ein CNC-Programm.

Nach Abschluss aller Eingaben wird die Zerspanung simuliert und dabei überprüft. Nach der Zerspanung wird das Programm – sofern erforderlich – noch optimiert und anschließend archiviert.

MERKE

Die grafisch-interaktive Programmierung trennt die Konturbeschreibung von dem Festlegen der Bearbeitungsschritte. Die Zerspanungsfachkraft gibt die erforderlichen Daten im Dialog ein.

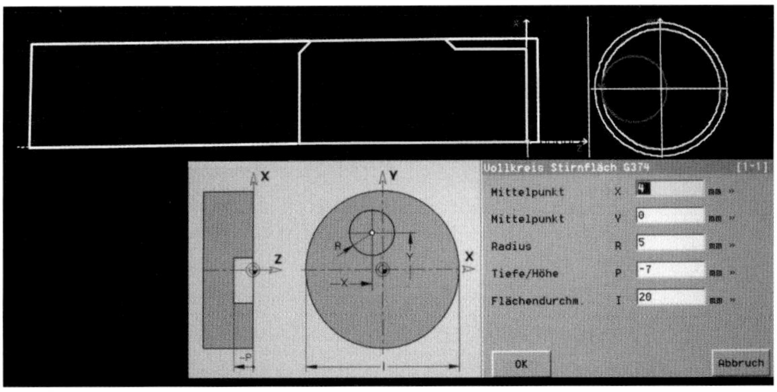

1 Grafische Beschreibung der Fräskontur an der Stirnseite

2.1.4 CAD-CAM-Programmierung

Am Beispiel der Verbindungsmuffe (Seite 423 Bild 2) wird im Folgenden dargestellt, wie mithilfe von CAD-CAM[1)] das für die Zerspanung notwendige Programm entsteht. Die Programmierung erfolgt dabei nicht an der Drehmaschine, sondern an einem externen Programmierplatz mit einer speziellen CAM-Software, oft in der Arbeitsvorbereitung (Bild 2).

Die Informationen über die **Werkstückkontur** *(workpiece contour)* erhält das CAM-System (Bild 3) durch die Übernahme von CAD-Daten. Somit müssen die zu bearbeitenden Flächen von der Fachkraft **nicht** neu definiert werden, wodurch eine Fehlermöglichkeit ausgeschlossen wird, die bei den bislang beschriebenen Programmiermethoden vorliegt.

Der **Rohling** kann ebenfalls als CAD-Datei übernommen oder bei zylindrischen oder rohrähnlichen Werkstücken einfach im System festgelegt werden.

1_1

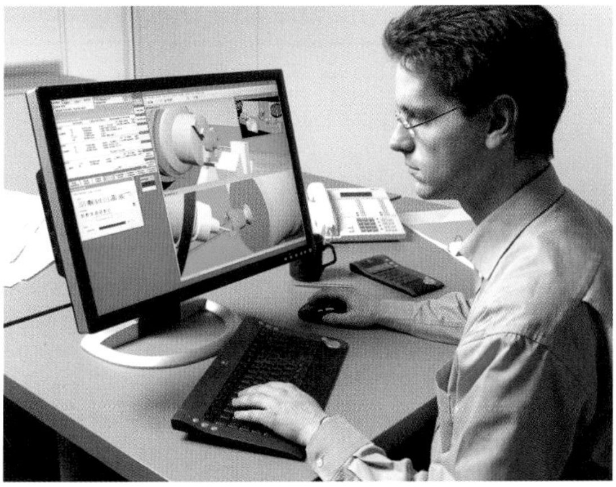

2 Externer CAM-Programmierplatz

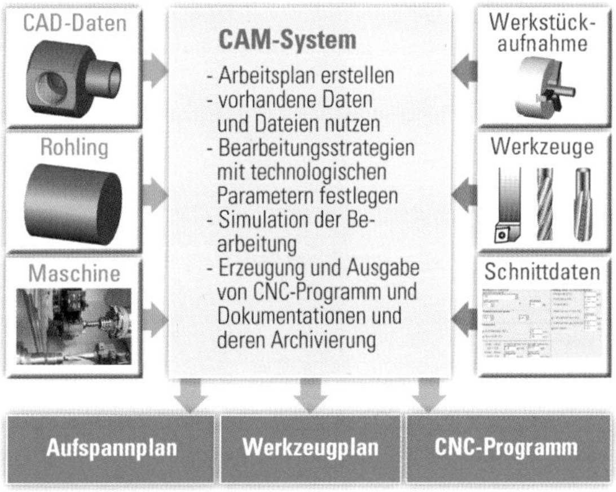

3 Funktion eines CAM-Systems

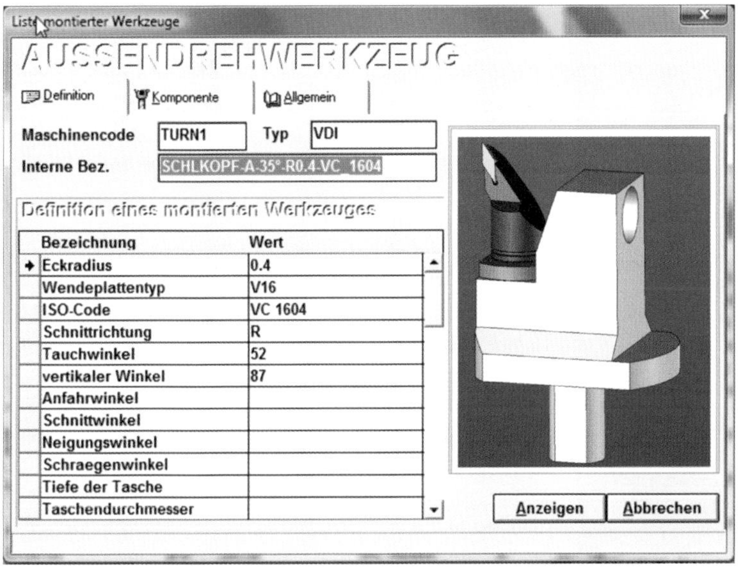

4 Definition eines Drehwerkzeugs in der Datenbank

Das Werkstück in seiner Form, Größe und herzustellender Anzahl ist maßgeblich für die einzusetzende **Werkzeugmaschine** *(machine tool)*. Diese verfügt aufgrund ihres Aufbaus über entsprechende **Spannmöglichkeiten** *(clamping feasibilities)* für Werkstück und Werkzeuge.

Die Zerspanungsfachkraft bestimmt die einzusetzenden Werkzeuge und die Schnittdaten für die Zerspanung. Bei der **Werkzeugauswahl** *(choice of tool)* wird oft auf **Werkzeugdatenbanken** *(data banks for tools)* (Bild 4) zurückgegriffen, in denen die vorhandenen Werkzeuge aufgeführt sind. In **Schnittwertdatenbanken** *(data banks for cutting data)* sind die technologischen Parameter wie z. B. Schnittgeschwindigkeit und Vorschub in Abhängigkeit vom Bearbeitungsverfahren und der Werkstoffpaa-

1) siehe Kap. 1.2.1 und Kap. 1.2.4

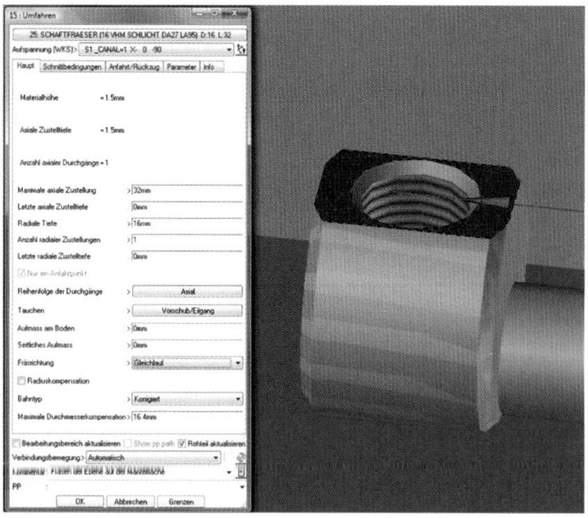

1 Definition für das Fräsen der Sehnenfläche

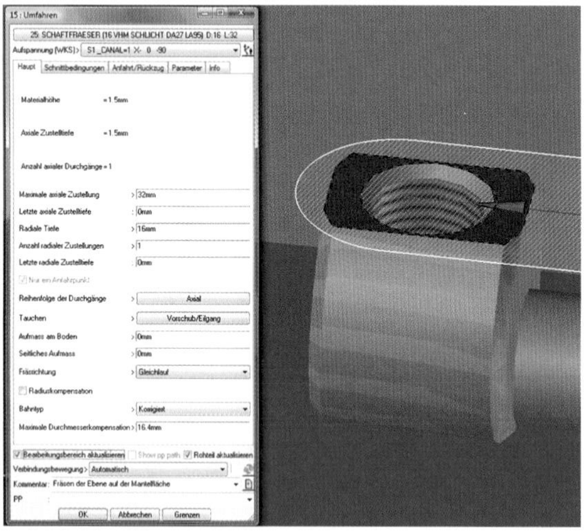

2 Definition für das Fräsen der Sehnenfläche

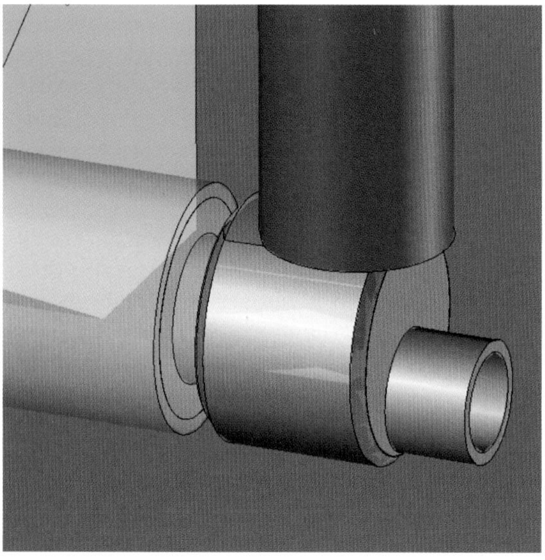

3 Vom Fräser abgefahrene Fläche

rung vom Werkzeug und Werkstück aufgeführt, auf die das CAM-System zugreifen kann.

Für das Fräsen der Sehnenfläche an der Verbindungsmuffe wird die zu bearbeitende Fläche identifiziert (Bild 1). Im dazugehörenden Fenster erfolgt die Auswahl des Werkzeugs und der technologischen Daten. Das CAM-System zeigt die Fläche an, die der Fräser abfährt (Bild 2). Mithilfe der Simulation (Bild 3) werden die Werkzeugbewegungen überprüft.

Im Hinblick auf die Erzeugung der CNC-Programme gibt es bei den CAM-Systemen zwei Varianten (Bild 4):

- maschinen- und steuerungsneutrale oder
- maschinen- und steuerungsspezifische Ausgabe der Verfahrbewegungen

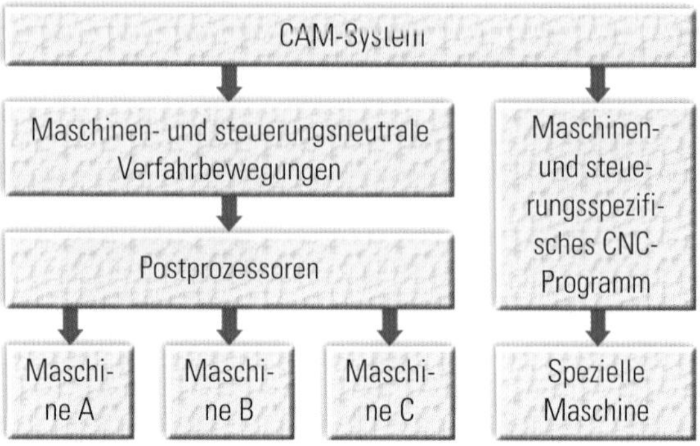

4 Generierung von CNC-Programmen mit und ohne Postprozessor

Bei der **maschinen- und steuerungsneutralen** Ausgabe sind die vom CAM-System generierten Verfahrbewegungen nicht auf eine bestimmte Maschine bzw. CNC-Steuerung bezogen. Sie liegen in einem allgemeinen Format vor. Um ein maschinen- und steuerungsspezifisches CNC-Programm zu erhalten, muss dieses Format übersetzt werden. Diese Aufgaben übernehmen **Postprozessoren** *(postprocessors)*. Vorteilhaft bei diesen CAM-Systemen ist, dass sie bei gleicher Softwareumgebung die CNC-Programme für verschiedene Maschinen und Steuerungen generieren können. Nachteilig ist, dass sie für jede Maschine einen eigenen Postprozessor benötigen und oft spezielle Möglichkeiten der einzelnen Maschinen nicht ausschöpfen.

Die **maschinen- und steuerungsspezifischen** CAM-Systeme werden meist von den Werkzeugmaschinenherstellern angeboten. Sie erzeugen direkt die CNC-Sätze für die spezielle Maschine. Vorteilhaft ist, dass die Fähigkeiten der speziellen Steuerung und Maschine voll ausgenutzt werden. und die Simulation die speziellen Maschinenbedingungen sehr realitätsgenau darstellt. Ihr Nachteil besteht darin, dass nur ein Maschinen- und Steuerungstyp unterstützt wird.

Die CNC-Programme werden über ein **lokales Netzwerk** oder andere **Schnittstellen** an die CNC-Maschinen übertragen oder von dort abgerufen und abgearbeitet. Die Fachkräfte an den CNC-Maschinen richten bei der CAD-CAM-Fertigung die Maschinen ein, überwachen den Zerspanungsprozess, optimieren die Programme und dokumentieren bzw. archivieren den aktuellen Datenstand. Sie erhalten Fertigungspläne und Anweisungen über das PDM-System direkt am Bildschirm. Sie können auch die Verfügbarkeit und Bereitstellung von Verbrauchsmaterialien über das **PPS-System** abrufen. Nach der erfolgten Fertigung und damit verbundener Zeiterfassung geben sie diese Information an das PPS-System weiter, das sie dann z. B. für die Kostenerfassung oder die rechnerunterstützte Qualitätssicherung (CAQ) bereitstellt.

2.2 Drehen mit mehreren Arbeitsspindeln

Abgestimmt auf die Werkstückgeometrie, den Automatisierungsgrad und die jeweils anfallenden Losgrößen bieten die Werkzeugmaschinenhersteller unterschiedliche Drehmaschinenkonzepte[1] an.

2.2.1 Gegenspindeldrehmaschine mit einem Werkzeugrevolver

Im Bild 1 ist der Grundaufbau einer Gegenspindeldrehmaschine *(opposed spindle lathe)* mit **einem** Werkzeugrevolver *(turret)* dargestellt. Gegenüber der Hauptspindel ist meist eine baugleiche Gegenspindel angeordnet. Der Zapfen (Bild 2) wurde auf einer solchen Drehmaschine gefertigt. Die dafür erforderlichen Bearbeitungsoperationen sind in den Bildern a bis o auf den Seiten 434 und 435 dargestellt.
Bei der Übernahme des Werkstücks von der Hauptspindel zur Gegenspindel führt die Steuerung folgende Aktionen aus:

- Öffnen des Gegenspindeldrehfutters
- Synchronisation der Umdrehungsfrequenzen und der Drehwinkel (C-Achsen) von Haupt- und Gegenspindel
- Vorfahren der Gegenspindel bis zu definiertem Übergabepunkt oder bis gegen eine Werkstückanschlagsfläche
- Schließen des Gegenspindeldrehfutters
- Öffnen des Hauptspindeldrehfutters
- Zurückfahren der Gegenspindel zum Ausgangspunkt

Nach der Werkstückübergabe aktiviert die Steuerung den definierten Werkstücknullpunkt für die Gegenspindel und startet die Bearbeitung.
Um mit einem Werkzeugrevolver die Werkstücke nacheinander in beiden Spindeln bearbeiten zu können, sind **Sternrevolver** *(star turret)* (Seite 434 Bild b) einzusetzen. Sie nehmen Drehwerkzeuge als auch angetriebene Werkzeuge am Umfang auf. Dadurch sind an jeder Spindel fast alle Dreh-, Fräs- und Bohrbearbeitungen möglich. **Trommelrevolver**[2] *(horizontal-axis turret)* nehmen die Werkzeuge an der **Stirnseite** *(front end)* auf und kommen meist bei Drehmaschinen mit nur einer Arbeitsspindel zum Einsatz.
Gegenspindeldrehmaschinen ermöglichen eine automatische und hochgenaue Längen- als auch Winkelübergabe des Werkstücks zwischen Haupt- und Gegenspindel. Dadurch ist gewährleistet, dass Bohrbilder und Fräsflächen, die in den verschiedenen Aufspannungen gefertigt wurden, exakt zueinander ausgerichtet sind.

1 *CNC-Gegenspindeldrehmaschine mit fünf gesteuerten Achsen*

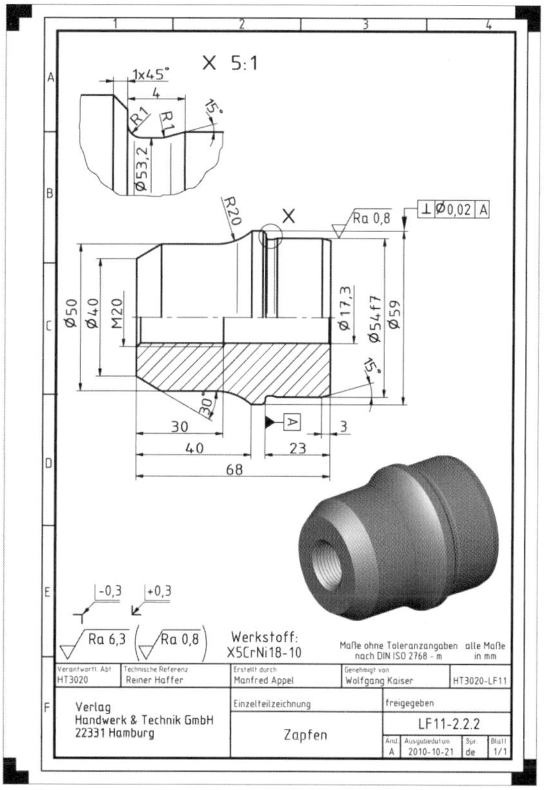

2 *Zapfen*

MERKE
Gegenspindeldrehmaschinen mit **einem** Werkzeugrevolver ermöglichen eine Komplettbearbeitung an allen Seiten des Werkstücks. Nachteilig ist, dass die Zerspanung immer nur an einer Spindel erfolgt.

1) siehe Lernfeld 10 Kap. 6.1.2 2) siehe Lernfeld 8 Kap. 3.5.1

a *Spannen des Rohlings in der Hauptspindel*

b *Eingerichteter Sternrevolver mit Werkzeugen für Haupt- und Gegenspindel*

c *Schruppen der ersten Konturseite*

d *Schlichten der ersten Kontur*

e *Bohren ∅17,5*

f *Fasen der Bohrung ∅17,5*

g *Vorfahren der Gegenspindel*

h *Übernahme des Werkstücks durch Gegenspindel*

i *Zurückfahren der Gegenspindel in Ausgangsposition*

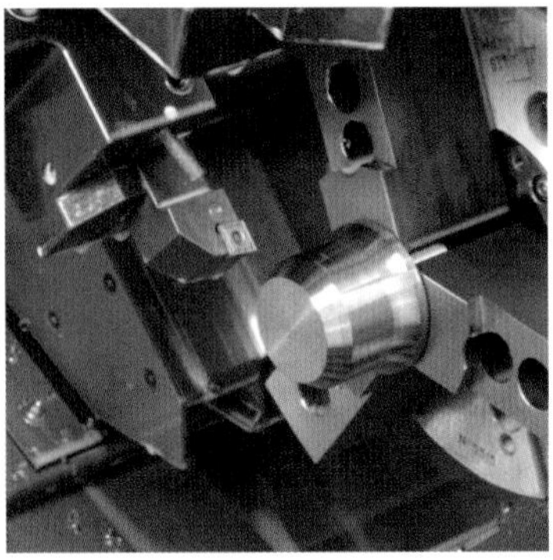

j *Schruppen der zweiten Konturseite*

k *Schlichten der zweiten Konturseite*

l *Bohren des Gewindekerndurchmessers*

m *Fasen der Gewindebohrung*

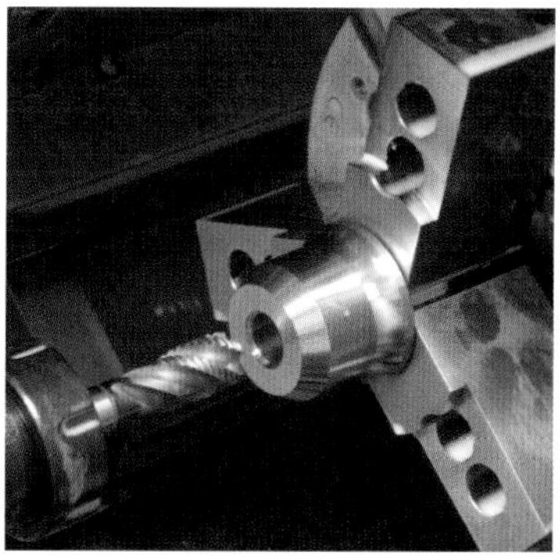

n *Gewindebohren*

o *Fertigteil*

2.2.2 Gegenspindeldrehmaschinen mit mehreren Werkzeugrevolvern

Gegenspindeldrehmaschinen können mit 2, 3 oder 4 Werkzeugrevolvern ausgerüstet sein. Bild 1 zeigt den schematischen Aufbau einer Gegenspindeldrehmaschine mit **drei Werkzeugrevolvern** *(turrets)*. Dabei sind alle Revolver sowohl an der Hauptspindel als auch an der Gegenspindel einsetzbar. Die Bearbeitung kann simultan, d. h. gleichzeitig an der Vorder- und Rückseite des Werkstücks erfolgen. Auf diese Weise können Werkstücke mit minimalen Stückzeiten hergestellt werden.

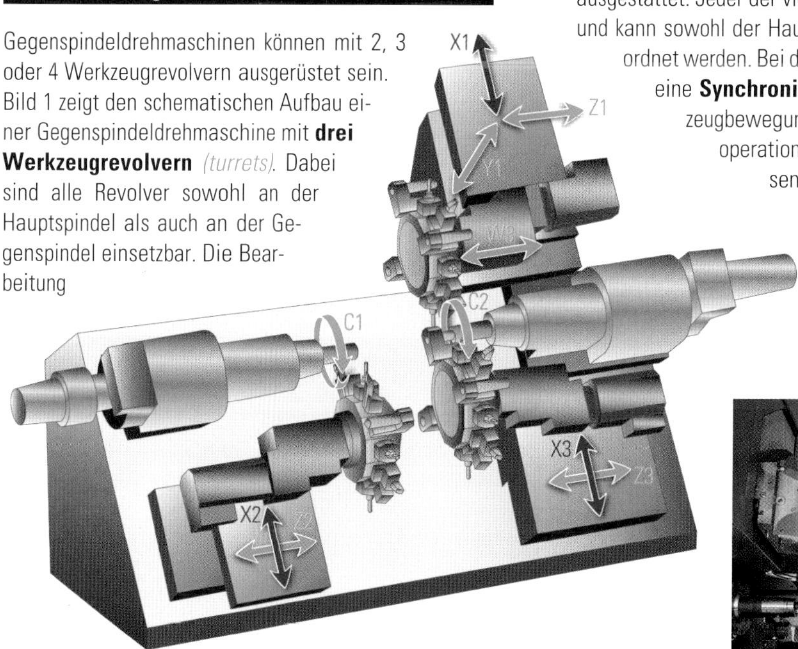

1 *Schematischer Aufbau einer Gegenspindeldrehmaschine mit drei Revolvern*

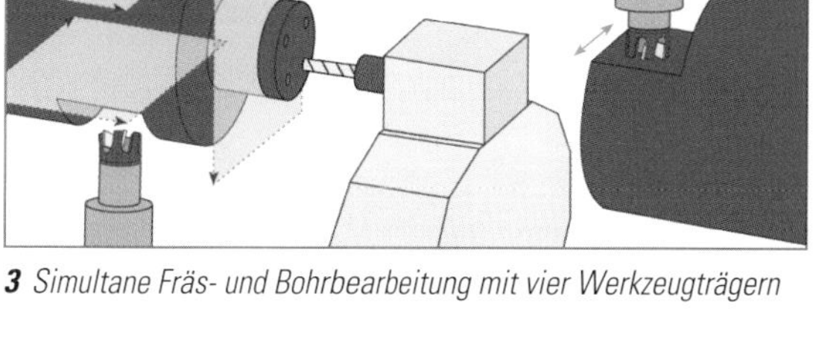

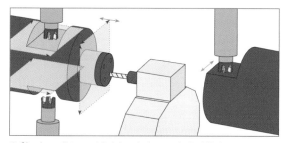

3 *Simultane Fräs- und Bohrbearbeitung mit vier Werkzeugträgern*

Mit **vier Revolvern** ist die Gegenspindeldrehmaschine in Bild 2 ausgestattet. Jeder der vier Revolver verfügt über eine Y-Achse und kann sowohl der Haupt- als auch der Gegenspindel zugeordnet werden. Bei der Planung der Fertigungsaufgaben ist eine **Synchronisierung** *(synchronisation)* der Werkzeugbewegungen erforderlich, damit Bearbeitungsoperationen, die zur gleichen Zeit erfolgen müssen (Bild 3), auch dann stattfinden. Durch den simultanen Einsatz von bis zu vier Werkzeugträgern ist die Maschine hochproduktiv. Sie eignet sich für komplexe Werkstückgeometrien bei unterschiedlichsten Losgrößen.

2 *Arbeitsraum einer Gegenspindeldrehmaschine mit vier Werkzeugrevolvern*

2.2.3 Drehfräszentrum mit B-Achse

Das im Bild 1 auf Seite 436 dargestellte Drehfräszentrum *(turning and milling centre)* verfügt über 13 gesteuerte Achsen *(axes)*. Allein die Fräseinheit verfügt über drei Linearachsen und die Drehachse B. Gemeinsam mit der C-Achse der Arbeitsspindel sind fünf Achsen beim Fräsen simultan ansteuerbar. Mit fünf Achsen lassen sich beliebige Fräskonturen herstellen.

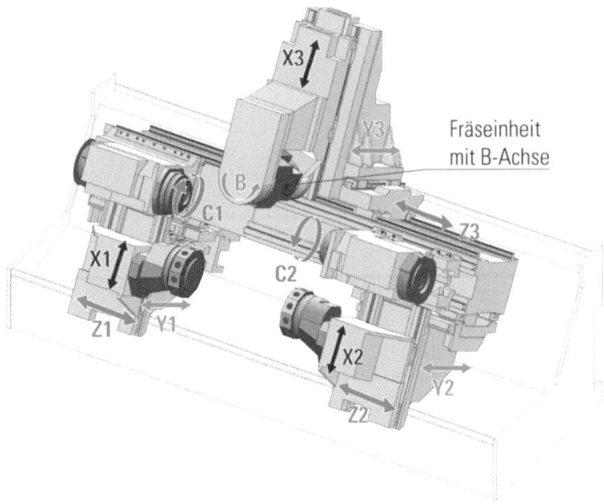

1 Schematische Darstellung eines Drehfräszentrums mit Haupt- und Gegenspindel, zwei Werkzeugrevolvern und einer Fräseinheit mit gesteuerter B-Achse

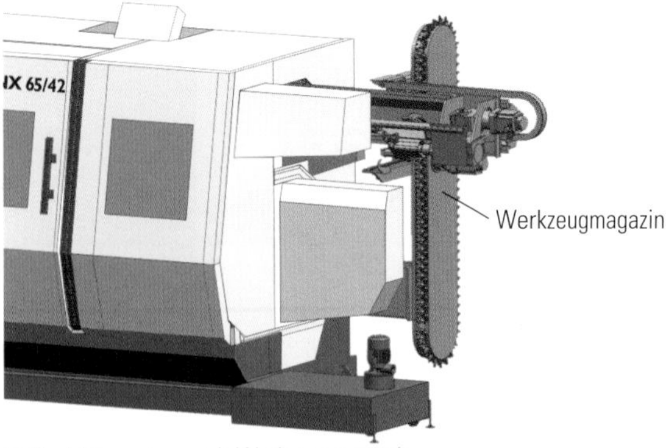

2 Drehfräszentrum mit Werkzeugmagazin

Aus dem Werkzeugkettenmagazin (Bild 2) mit über einhundert Werkzeugplätzen wird das benötigte Werkzeug für die Fräseinheit bereitgestellt. Der automatische Werkzeugwechsler mit Doppelgreifer[1)] tauscht das „alte" gegen das „neue" Werkzeug in sehr kurzer Zeit aus. Dadurch werden Span-zu-Span-Zeiten (Zeit vom Ende der vorhergehenden bis zum Anfang der folgenden Zerspanung) erreicht, die annähernd vergleichbar mit denen eines Werkzeugrevolvers sind.

Die Fräseinheit mit der B-Achse ermöglicht auch die Aufnahme von Drehwerkzeugen. Dazu wird die Frässpindel in die richtige Position gedreht und festgesetzt. Dann ist es möglich, durch Schwenken der B-Achse und Drehen der Arbeitsspindel das gleiche Drehwerkzeug für das Längsrund- und Querplandrehen an Haupt- und Gegenspindel (Bilder 3 und 4) zu nutzen, wofür ansonsten oft vier verschiedene Werkzeuge erforderlich sind.

Die Flexibilität wird noch wesentlich erhöht, wenn mehrere Werkzeuge auf einem Halter montiert sind (Bild 5), die jeweils nur in die Bearbeitungsebene zu schwenken sind. Mit der Kombination eines Schrupp-, Schlicht- und Stechwerkzeugs können wesentliche Teile der Dreh- und Stechbearbeitung auf Haupt- und Gegenspindel durchgeführt werden, ohne einen Werkzeugwechsel vornehmen zu müssen, wodurch die Bearbeitungszeit reduziert wird.

Während sich Dreh- und auch Bohrbearbeitungen (Bild 6) noch über grafische Programmierung an der Maschine realisieren lassen, erfolgt die Programmierung der 5-Achs-Fräsbearbeitung (Bild 1) und der simultanen Dreh-

3 Querplandrehen an Hauptspindel

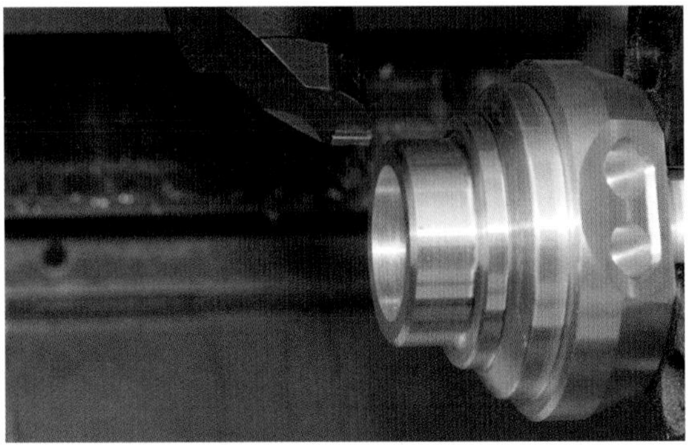

4 Längsrunddrehen an Gegenspindel mit dem gleichen Werkzeug

5 Mehrere Drehwerkzeuge auf einem Halter

6 Bohren von Löchern, die nicht parallel zu den Hauptachsen der Drehmaschine verlaufen

1) siehe Lernfeld 8 Kap. 4.2.2

bearbeitung mithilfe von CAM-Systemen (Bild 2). Mithilfe des CAM-Systems erfolgt die Abstimmung (Synchronisation) der Bearbeitungsabläufe an den Teilsystemen, damit es zu keinen Kollisionen kommt und die Bearbeitungsfolge in der geplanten Weise erfolgt.

437_1

Stirndrehfräsen

Zum Stirndrehfräsen *(face turn-milling)* (Bild 3) sind mindestens vier CNC-Achsen erforderlich, die Drehfräszentren oder Bearbeitungszentren zur Verfügung stellen. Es wird gegenüber dem Drehen bevorzugt eingesetzt, wenn

- asymmetrische, unwuchtige oder große Werkstücke vorliegen.
- die Bearbeitung nicht am ganzen Umfang erfolgt oder
- bei schwer zerspanbaren Werkstoffen durch den unterbrochen Schnitt der Spanbruch gewährleistet wird.

Über die Y-Achse wird der Fräser beim Stirndrehfräsen positioniert. Die exzentrische Abweichung von der Drehachse E_W kann zwischen Null und dem halben Fräserdurchmesser $D_C/2$ variieren (Bild 4). Beim Stirndrehfräsen ergibt sich keine exakte zylinderförmige Werkstückkontur. Wenn der **Fräser** *(milling cutter)* **auf Drehmitte** steht ($E_W = 0$), ergibt sich eine **konvexe Oberfläche** (Seite 438 Bild 1). Dabei schneidet die Wendeschneidplatte unten, wodurch hohe Axialkräfte auf den Fräser auftreten. Die entstehenden Profilberge an der Fräserunterseite führen zum „Nachschneiden“. Aus den genannten Gründen ist diese Position zu vermeiden.

1 Laufrad einer Pumpe nach dem Schruppen auf dem Drehfräszentrum

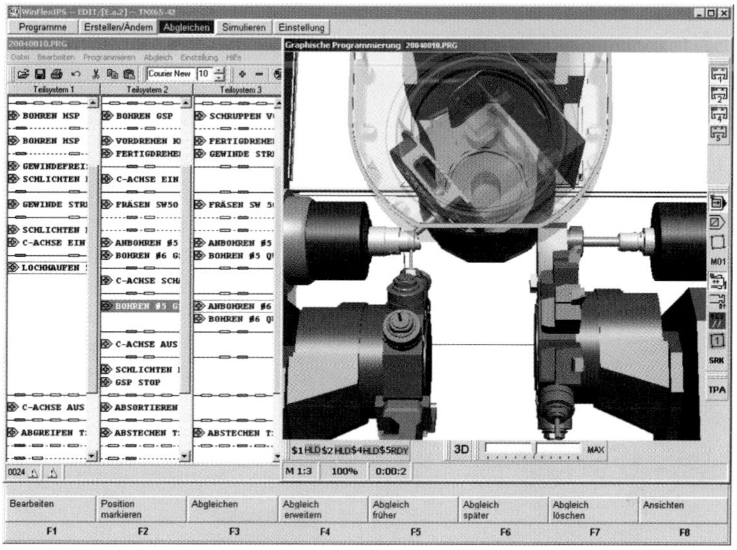

2 CAD-CAM-System für Drehfräszentrum

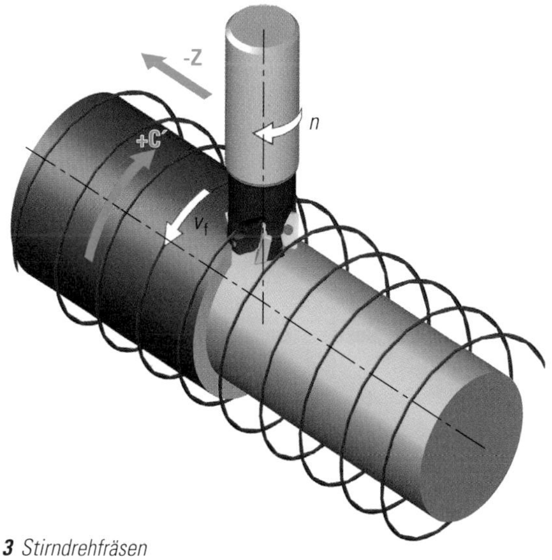

3 Stirndrehfräsen

Wenn der Fräser um den **halben Fräserdurchmesser exzentrisch** positioniert ist ($E_W = 50\% \cdot D_C$) ergibt sich eine **konkave Oberfläche** (Seite 438 Bild 2). Eine exzentrische Fräserposition verhindert jegliches Nachschneiden und reduziert damit die axialen Schnittkräfte. Daher sollte mit einer exzentrischen Positionierung gearbeitet werden, die an Drehmaschinen eine Y-Achse erfordert.

Die Profilabweichungen (x – R) sind nicht nur von der exzentrischen Positionierung, sondern auch vom Werkstückradius R und

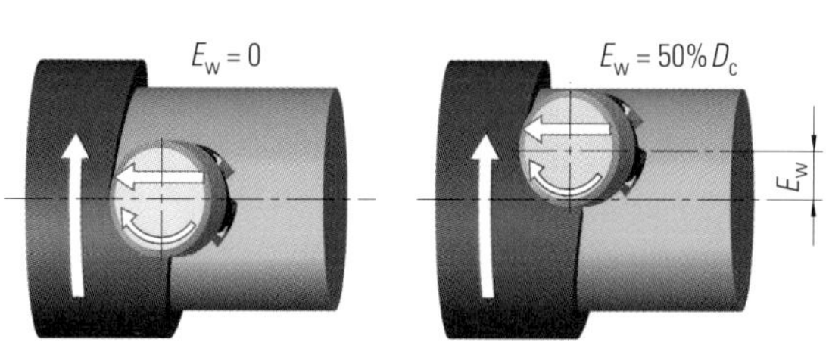

4 Extreme Fräserpositionen beim Stirndrehfräsen

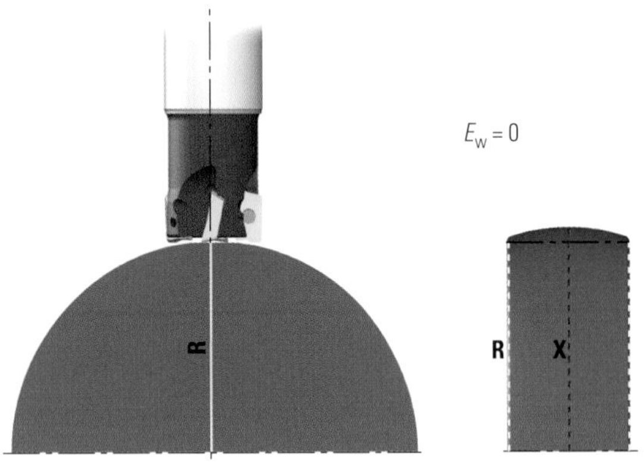

1 Konvexe Oberfläche bei $E_W = 0$

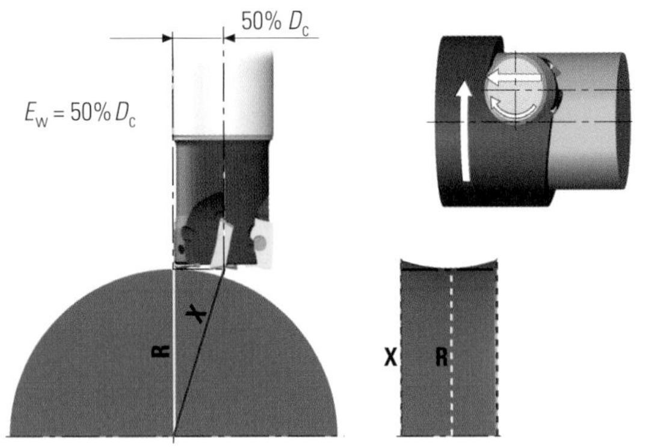

2 Konkave Oberfläche bei $E_W = 50\% \cdot D_C$

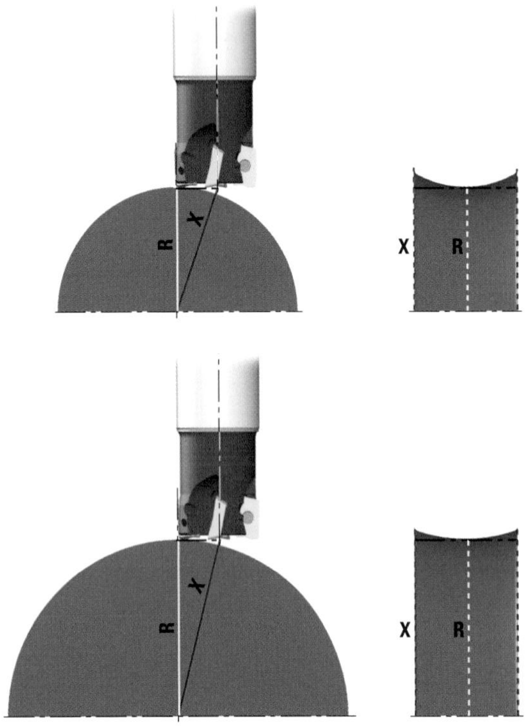

3 Einfluss des Werkstückdurchmessers auf die Profilabweichung

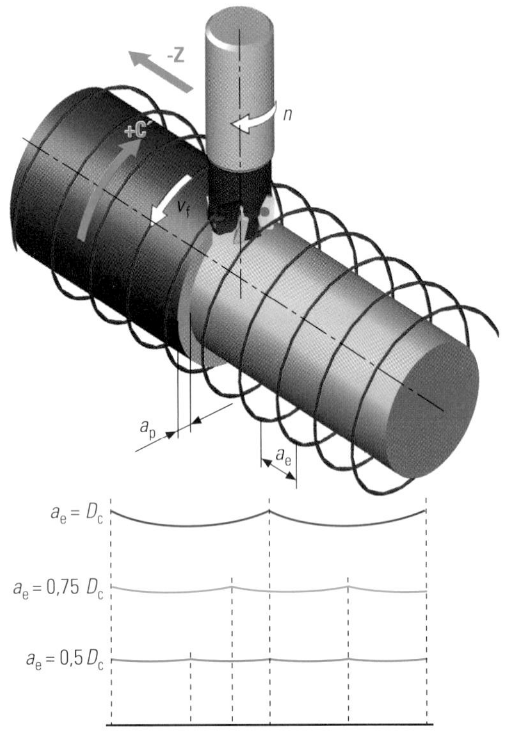

4 Einfluss des Arbeitseingriffs a_e auf die Profilabweichung

vom Fräserdurchmesser D_C abhängig (Bild 3). Die Profilabweichung vergrößert sich mit

- steigendem Fräserdurchmesser und
- abnehmendem Werkstückradius

Die Profilabweichungen werden weiterhin durch den Arbeitseingriff a_e beeinflusst (Bild 4).

Überlegen Sie!

Interpretieren Sie Bild 4 und stellen Sie dar, wie sich der Arbeitseingriff a_e auf die Profilabweichung auswirkt.

2.2.4 CNC-Drehautomaten

Drehteile (Seite 439 Bild 1) lassen sich in der **Massenfertigung** *(mass production)* wirtschaftlich mit CNC-Mehrspindeldrehautomaten *(multispindle automatic machines)* (Seite 439 Bild 2) herstellen. Bei der Mehrzahl der Maschinen werden Werkstoffstangen aus Stahl oder Messing mit einer Länge von drei bis vier Meter verarbeitet.

Die gesamte Bearbeitung des Werkstücks wird auf mehrere, meist sechs Spindelpositionen bzw. **Spindellagen** *(position of spindles)* verteilt. In jeder Lage erfolgt die Bearbeitung meist gleichzeitig mit zwei Werkzeugen, die auf verschiedenen Schlitten angeordnet sind

438_1

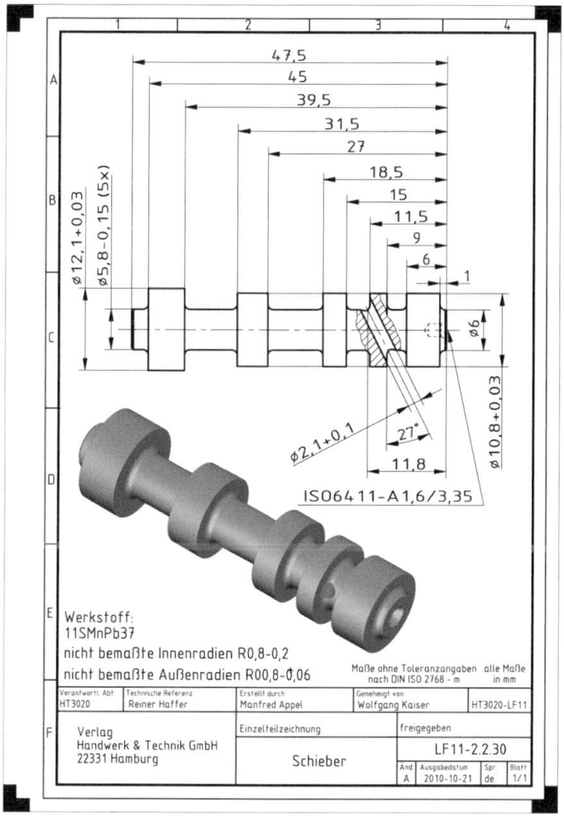

1 Auf CNC-Mehrspindeldrehautomat hergestelltes Drehteil aus 11SMnPb37

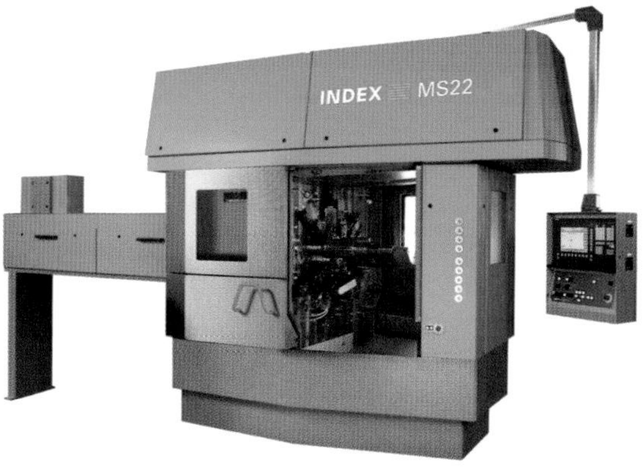

2 Mehrspindeldrehautomat

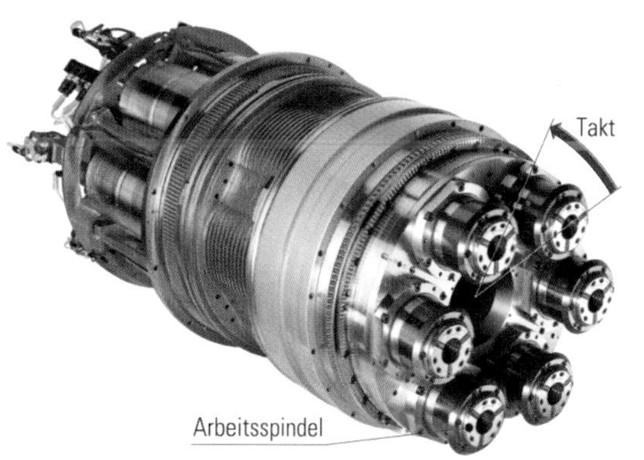

4 Spindeltrommel eines CNC-Mehrspindeldrehautomaten mit sechs Motorspindeln

(Bild 3). Beim betrachteten Drehteil (Bild 1) wird in der **Spindellage 1** die Stange vorgeschoben. Der Drehmeißel auf dem Schlitten 1.1 dreht die Außendurchmesser fertig. Gleichzeitig zentriert der Zentrierbohrer auf dem Schlitten 1.2 das Drehteil. Da das Werkstück in der gleichen Arbeitsspindel bleibt, müssen sich die Spindeln zu den verschiedenen Spindellagen bewegen. Diese Aufgabe übernimmt die **Spindeltrommel** (Bild 4) mit meist sechs Spindeln, die separat angetrieben werden. Dadurch lassen sich die Spindeln mit unterschiedlichen Umdrehungsfrequenzen betreiben, wodurch mit optimalen, oft konstanten

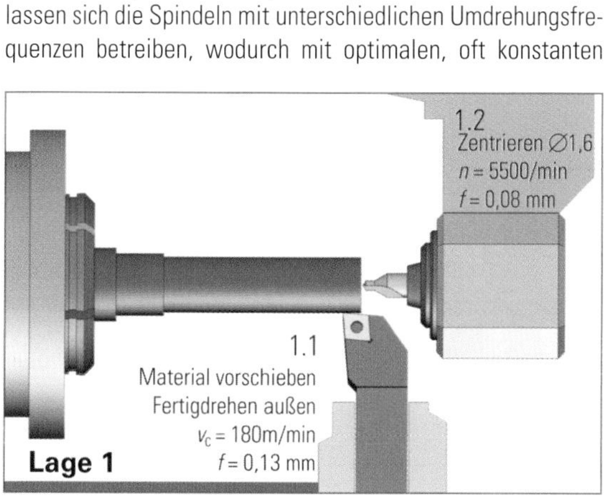

3 Arbeitsgänge an der Spindellage 1

Schnittgeschwindigkeiten an den verschiedenen Spindeln gearbeitet werden kann. Ist die Bearbeitung an allen Positionen abgeschlossen, taktet die Spindeltrommel und befördert das Werkstück zur nächsten Spindellage. Mit jedem Takt verlässt ein fertiges Werkstück die letzte Spindellage.

MERKE

Die Stückzeit *(floor-to-floor time)* ergibt sich aus der längsten Bearbeitungszeit an einer Spindellage.

Deshalb ist bei der Arbeitsplanung bzw. Programmierung darauf zu achten, dass die Bearbeitungen möglichst gleichmäßig auf die Spindelpositionen verteilt sind, d. h. möglichst minimale Bearbeitungszeiten erreicht werden. Die Bearbeitungszeit für das dargestellte Drehteil in Bild 1 beträgt acht Sekunden.

Die einzelne Spindellage verfügt über zwei **Kreuzschlitten** (Seite 440 Bild 1), von denen jeder ein Werkzeug aufnimmt. Der Kreuzschlitten hat mindestens eine gesteuerte X- und eine Z-Achse. Bei Bedarf stellen die Werkzeugmaschinenhersteller auch noch C- und Y-Achsen zur Verfügung (Seite 440 Bild 2).

Für das Drehteil (Bild 1) sind die Bearbeitungsgänge bei den Spindellagen zwei bis sechs und die dazu gehörenden technologischen Daten auf Seite 440 in den Bildern a bis e dargestellt.

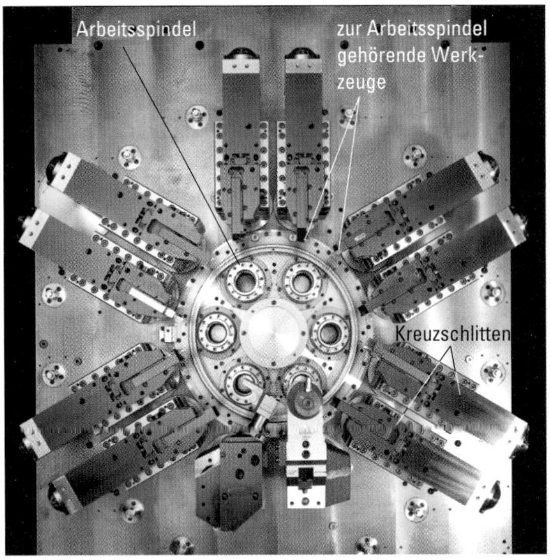

1 *Spindeltrommel mit Kreuzschlitten und Werkzeugen*

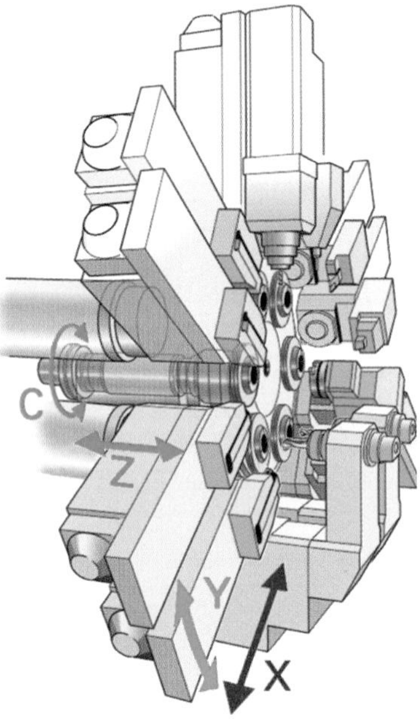

2 *Kreuzschlitten mit Werkzeugen für die Außen- und Innenbearbeitung*

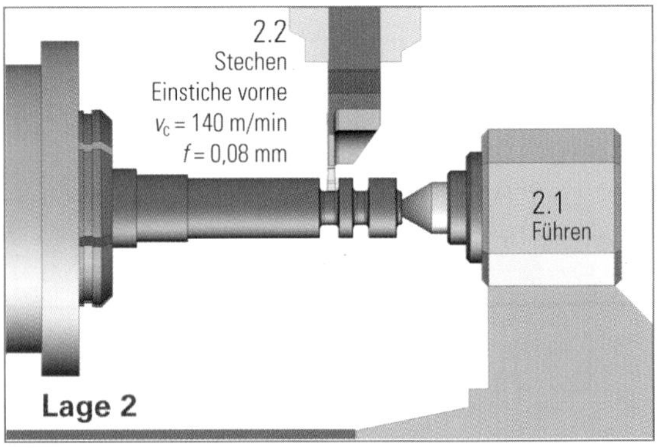

a *Stechen Einstiche vorne*

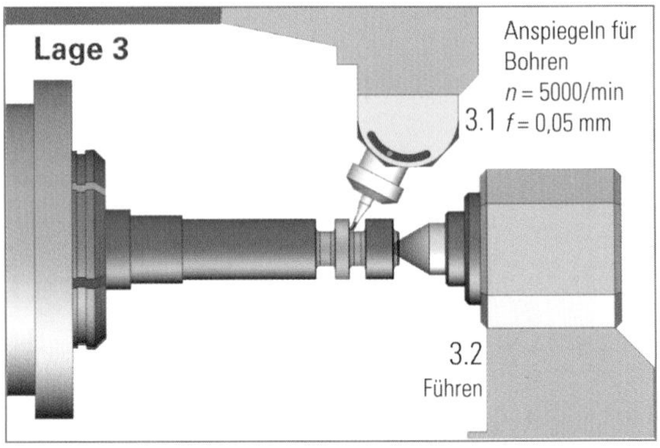

b *Anspiegeln für Bohren*

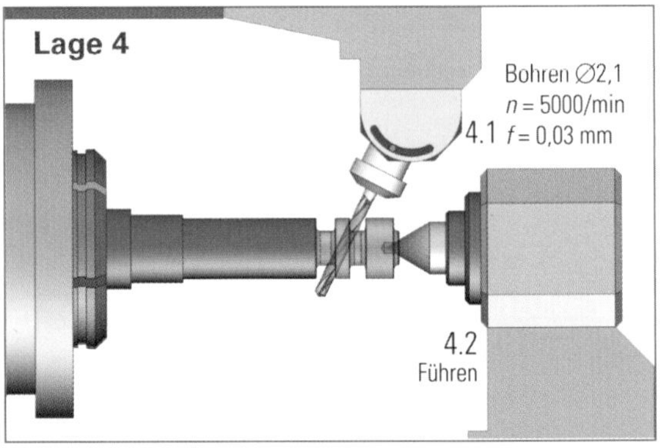

c *Bohren ∅2,1*

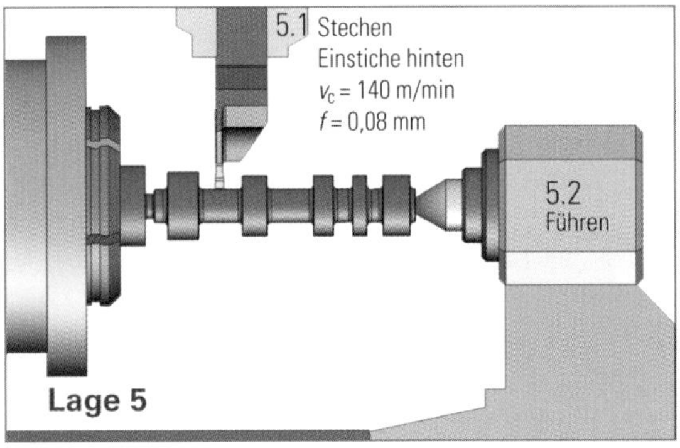

d *Stechen Einstiche hinten*

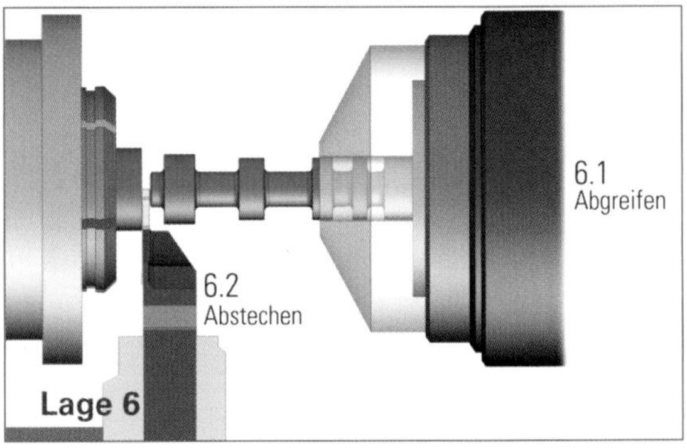

e *Abstechen*

In der **höchsten Ausbaustufe** hat der Mehrspindeldrehautomat eine **Gegenspindeltrommel** (Bild 1). Es stehen dabei sechs Haupt- und sechs Gegenspindeln zur Verfügung, sodass komplexe Rückseitenbearbeitungen auf den Gegenspindeln möglich sind. Dabei übernehmen die Gegenspindeln die Werkstücke aus den Hauptspindeln.

Bevor die CNC-Programme für den Mehrspindeldrehautomaten erstellt werden können, sind die Arbeitsgänge optimal auf die einzelnen Spindellagen und Werkzeugschlitten zu verteilen. Das verlangt viel Erfahrung und kann durch Rechnerunterstützung erleichtert werden. Wenn für das Drehteil (Bild 2) der Werkzeugfolgeplan (Bilder a bis i) erstellt und die technologischen Parameter festgelegt sind, kann mit der Programmierung begonnen werden.

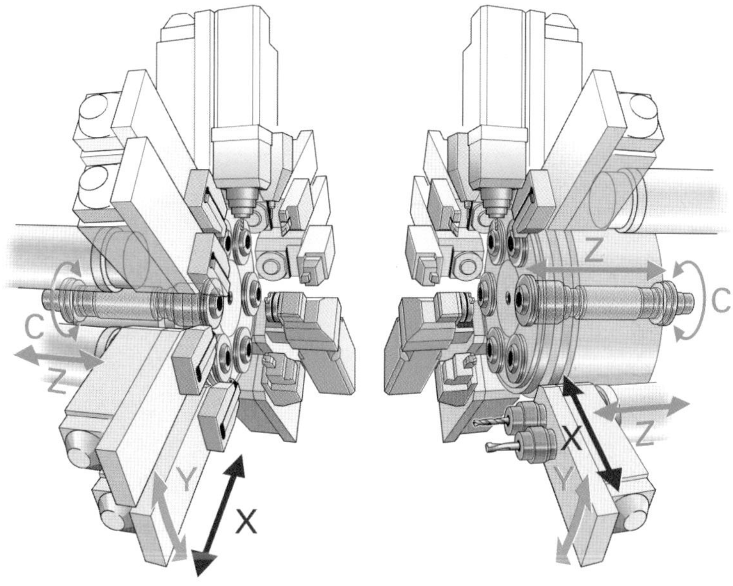

1 *CNC-Mehrspindeldrehautomat mit Gegenspindeltrommel*

Für jede Spindellage wird jeder Werkzeugträger einzeln programmiert, sodass prinzipiell kein wesentlicher Unterschied zur Programmierung von Einspindeldrehmaschinen besteht. Das Synchronisieren der Einzelprogramme übernimmt die Steuerung. Nach dem Testlauf beginnt wie bei jeder Serienfertigung die Optimierung. Wenn die geforderten Maße, Oberflächenqualitäten, Form- und Lagetoleranzen eingehalten sind, wird der Schwerpunkt der Optimierung auf die Verkürzung der Fertigungszeit verlagert. Die Fertigungszeit für das Werkstück in Bild 2 betrug 28 Sekunden.

Überlegen Sie!

Um welchen Prozentsatz verkürzt sich die Fertigungszeit für das letzte Werkstück, wenn die Taktzeit beim Optimieren um eine Sekunde gesenkt wird?

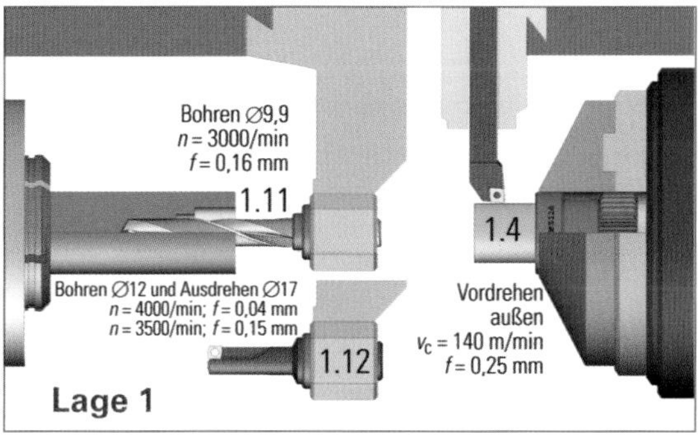

a

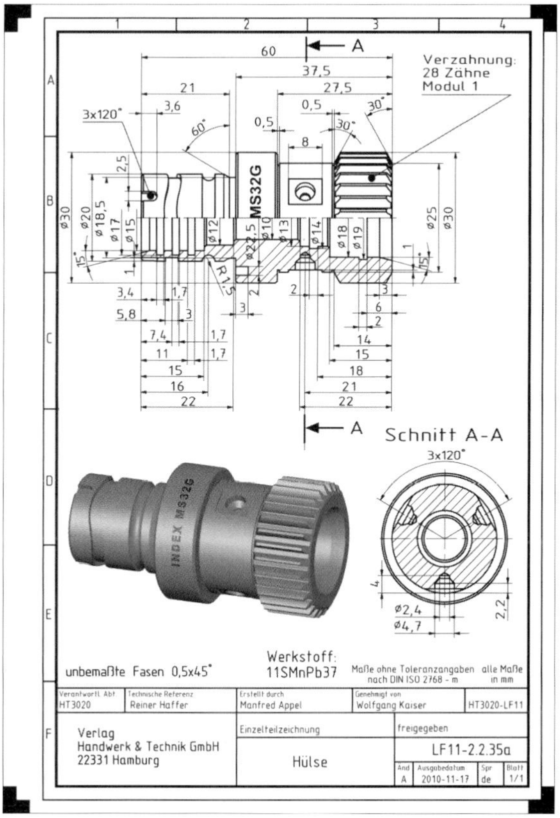

2 *Herzustellendes komplexes Drehfrästeil aus 11SMnPb37*

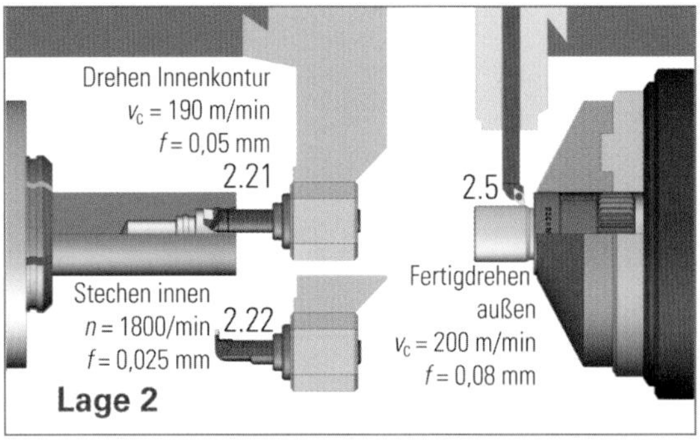
Drehen Innenkontur
v_c = 190 m/min
f = 0,05 mm
2.21
Stechen innen
n = 1800/min
f = 0,025 mm
2.22
2.5
Fertigdrehen außen
v_c = 200 m/min
f = 0,08 mm
Lage 2

b

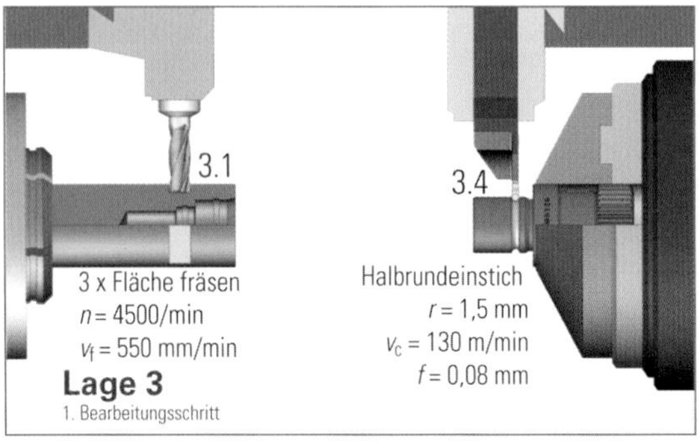
3.1
3 x Fläche fräsen
n = 4500/min
v_f = 550 mm/min
3.4
Halbrundeinstich
r = 1,5 mm
v_c = 130 m/min
f = 0,08 mm
Lage 3
1. Bearbeitungsschritt

c

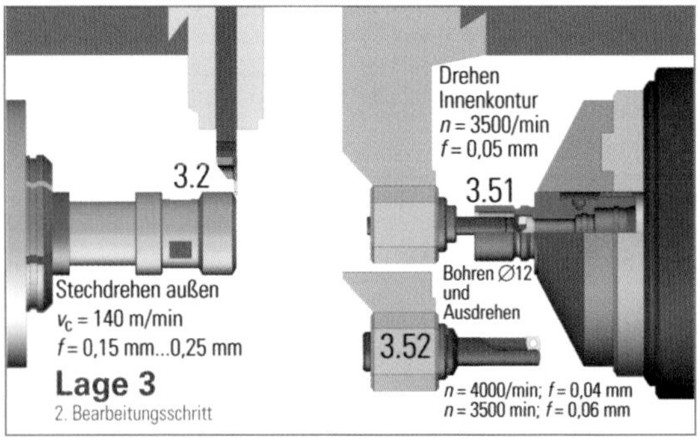
3.2
Stechdrehen außen
v_c = 140 m/min
f = 0,15 mm...0,25 mm
Drehen Innenkontur
n = 3500/min
f = 0,05 mm
3.51
Bohren Ø12 und Ausdrehen
3.52
n = 4000/min; f = 0,04 mm
n = 3500 min; f = 0,06 mm
Lage 3
2. Bearbeitungsschritt

d

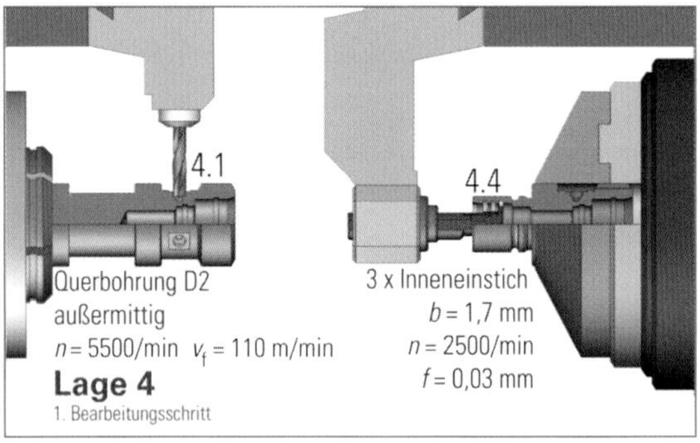
4.1
Querbohrung D2 außermittig
n = 5500/min v_f = 110 m/min
4.4
3 x Inneneinstich
b = 1,7 mm
n = 2500/min
f = 0,03 mm
Lage 4
1. Bearbeitungsschritt

e

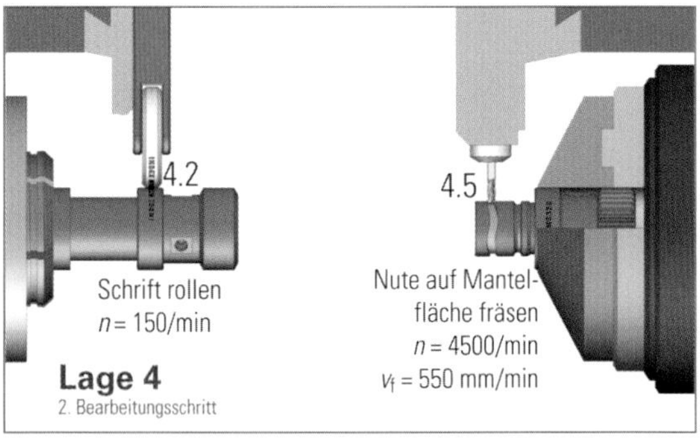
4.2
Schrift rollen
n = 150/min
4.5
Nute auf Mantelfläche fräsen
n = 4500/min
v_f = 550 mm/min
Lage 4
2. Bearbeitungsschritt

f

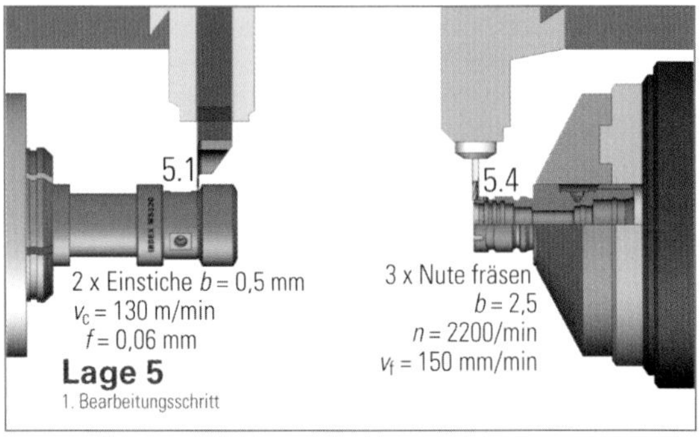
5.1
2 x Einstiche b = 0,5 mm
v_c = 130 m/min
f = 0,06 mm
5.4
3 x Nute fräsen
b = 2,5
n = 2200/min
v_f = 150 mm/min
Lage 5
1. Bearbeitungsschritt

g

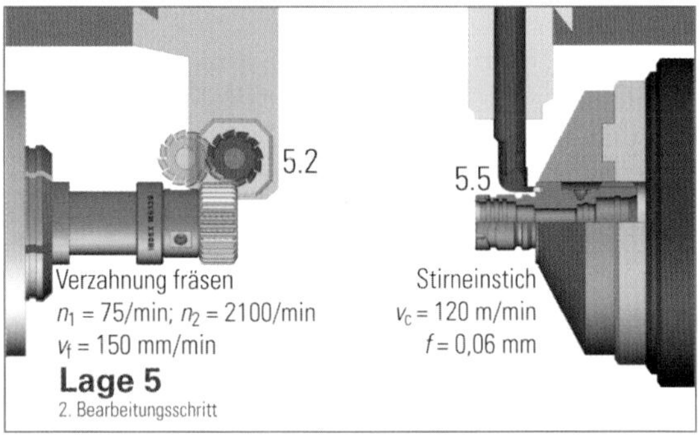
5.2
Verzahnung fräsen
n_1 = 75/min; n_2 = 2100/min
v_f = 150 mm/min
5.5
Stirneinstich
v_c = 120 m/min
f = 0,06 mm
Lage 5
2. Bearbeitungsschritt

h

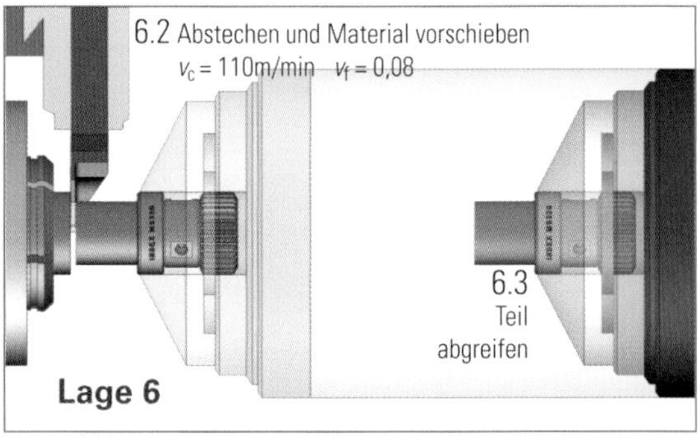
6.2 Abstechen und Material vorschieben
v_c = 110m/min v_f = 0,08
6.3
Teil abgreifen
Lage 6

i

ÜBUNGEN

1. Beschreiben Sie an einem Beispiel das Prinzip der Fließfertigung.
2. Was wir in der Fertigungstechnik unter Komplettbearbeitung verstanden?
3. Nennen Sie Vorteile, die die Komplettbearbeitung gegenüber der Fließfertigung besitzt.
4. Skizzieren Sie zwei Drehteile, die nur mithilfe von angetriebenen Werkzeugen auf einer Drehmaschine hergestellt werden können.
5. Eine Werkzeugaufnahme für angetriebene Werkzeuge besteht aus verschiedenen Bauteilen. Beschreiben Sie die Funktion von mindestens vier Bauteilen der Werkzeugaufnahme.
6. Welche prinzipiellen Aufgaben übernimmt die gesteuerte C-Achse bei einer Drehmaschine?
7. Skizzieren Sie ein Drehteil, bei dem die angetriebenen Werkzeuge im Positionierbetrieb eingesetzt werden.
8. Skizzieren Sie ein Drehteil, bei dem die angetriebenen Werkzeuge im Interpolationsbetrieb eingesetzt werden.
9. Wozu dienen die Befehle G17 und G19 beim der Komplettbearbeitung auf Drehmaschinen mit angetriebenen Werkzeugen?
10. Erstellen Sie einen Bearbeitungsplan für die Zentrieraufnahme (Bild unten).
11. Schreiben Sie das CNC-Programm für die Zentrieraufnahme.
12. Unterschieden Sie virtuelle und reale Y-Achse an Drehmaschinen.
13. Skizzieren Sie ein Drehteil, das nur mit einer realen Y-Achse an einer Drehmaschine hergestellt werden kann.
14. Welche Arbeitsschritte muss die Zerspanungsfachkraft bei der grafisch-interaktiven Programmierung eines Drehteils durchführen?
15. Beschreiben Sie stichpunktartig die Arbeitsschritte, die die Zerspanungsfachkraft bei der CAD-CAM-Programmierung eines Drehteils durchführt.
16. Welche Aufgaben hat eine Werkzeugdatenbank?
17. Welche Aufgaben übernehmen Postprozessoren bei der CAD-CAM-Programmierung?
18. Unterscheiden Sie maschinen- bzw. steuerungsspezifische von maschinen- bzw. steuerungsneutralen Postprozessoren.

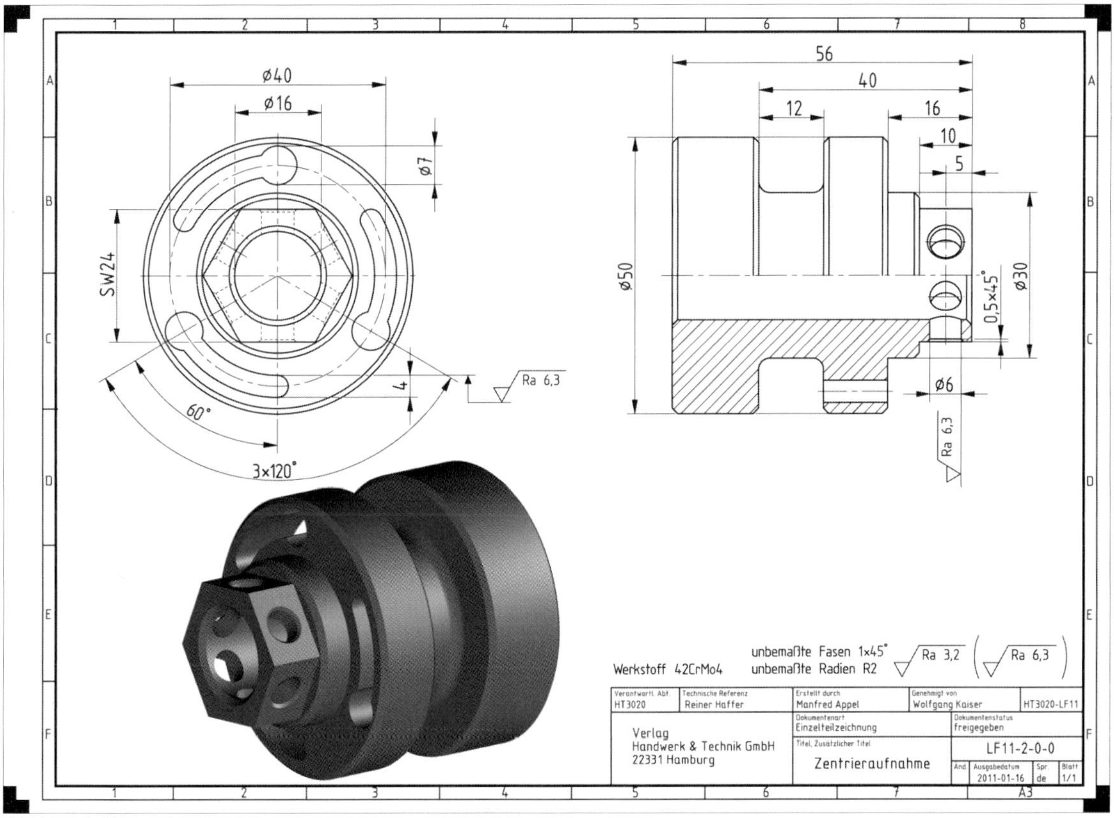

19. Was verstehen Sie unter dem Begriff „Gegenspindeldrehmaschine"?

20. Welche Schritte sind nötig, um ein Werkstück von der Haupt- in die Gegenspindel zu übergeben?

21. Unterscheiden Sie bei Drehmaschinen Trommel- und Sternwerkzeugrevolver.

22. Warum ist bei Gegenspindeldrehmaschinen ein Sternwerkzeugrevolver nötig?

23. Welche Vorteile bieten Gegenspindeldrehmaschinen mit mehreren Werkzeugrevolvern?

24. Welche Bedeutung hat die „Synchronisation" der Werkzeugrevolver bei Gegenspindeldrehmaschinen mit mehreren Werkzeugrevolvern?

25. Skizzieren Sie ein Drehteil, das nur auf einem Drehzentrum mit B-Achse hergestellt werden kann.

26. Warum sind Drehzentren mit Werkzeugmagazinen ausgestattet?

27. Welche Vorteile ergeben sich, wenn die B-Achse zum Drehen genutzt wird?

28. Unter welchen Bedingungen ist es sinnvoll, das Stirndrehfräsen einzusetzen?

29. Warum wird beim Stirndrehfräsen der Fräser exzentrisch positioniert?

30. Beim Stirndrehfräsen kommt es zu unerwünschten Profilabweichungen. Nennen Sie die Faktoren, die für die Profilabweichungen maßgebend sind und beschreiben Sie mit „je … desto" den Einfluss der Faktoren.

31. Unter welchen Bedingungen ist der Einsatz von CNC-Drehautomaten wirtschaftlich?

32. Wie erfolgt die Bearbeitung von Drehteilen auf CNC-Drehautomaten?

33. Welche Funktionen übernimmt ein Kreuzschlitten bei CNC-Drehautomaten?

34. Warum sind meist zwei Kreuzschlitten pro Spindellage vorhanden?

35. Über wie viele Spindellagen verfügen die meisten CNC-Drehautomaten?

36. Welche Vorteile besitzt der Mehrspindeldrehautomat mit Gegenspindel gegenüber einem ohne Gegenspindel?

37. Wie erfolgt die Werkstückübergabe von der Haupt- auf die Gegenspindel eines CNC-Drehautomaten?

3 5-Achs-Bearbeitung mit Fräsmaschinen

Fräsmaschinen mit fünf Achsen ermöglichen eine **weitgehende** bis **komplette Bearbeitung** des Werkstücks in **einer Aufspannung** *(clamping)*. Neben den drei Linearachsen X, Y und Z stehen weitere zwei der möglichen **drei Drehachsen** *(rotational axes)* A, B und C zur Verfügung. Für die Realisierung der beiden Rundachsen gibt es unterschiedliche Lösungen. Bild 1 und Bild 1 Seite 445 stellt gebräuchliche Bauweisen dar. Für besondere Anforderungen entwickeln die Hersteller von Werkzeugmaschinen immer wieder neue Kinematiklösungen[1].

An einer Fräsmaschine mit Vertikalspindel *(vertical spindle)* und

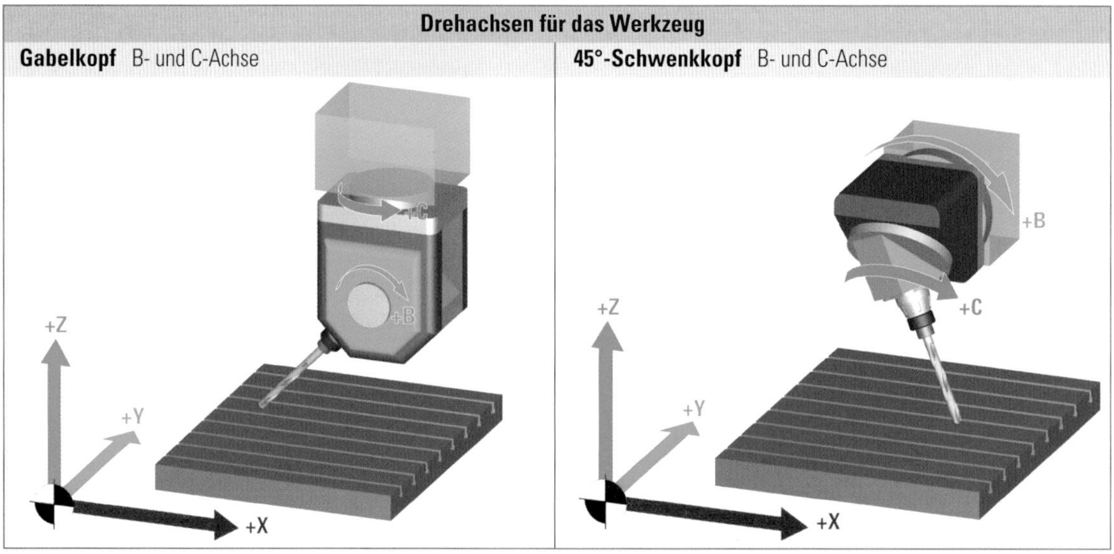

1 *Kinematische Ausführungen bei 5-Achs-Fräsmaschinen*

1) siehe Lernfeld 10 Kap. 6

Drehachsen für das Werkstück

Schwenk- und Drehtisch
A'- und C'-Achse

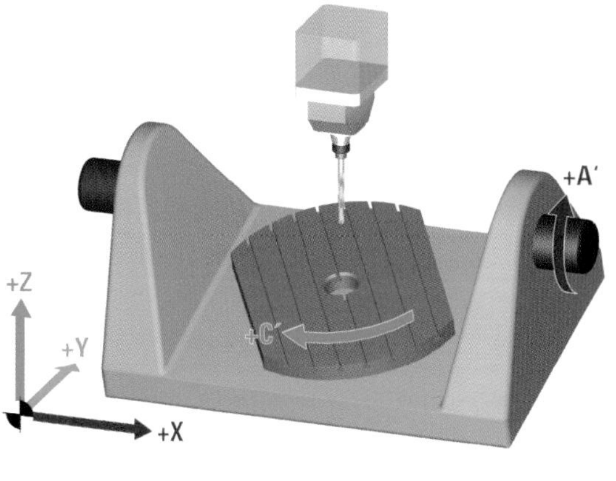

Schwenk- und Drehtisch
B'- und C'-Achse

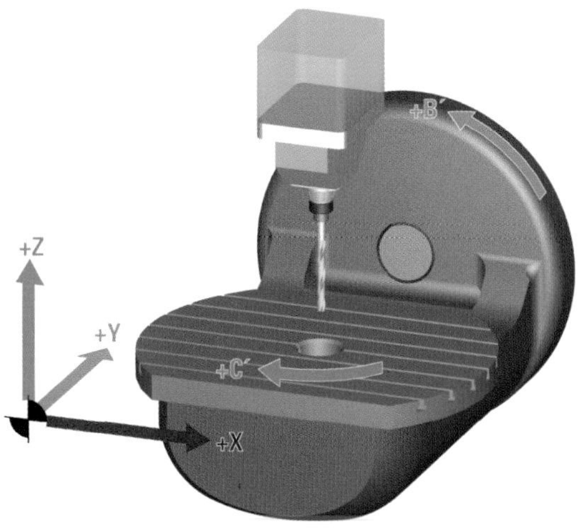

45°-Schwenkdrehtisch
A'- und C'-Achse

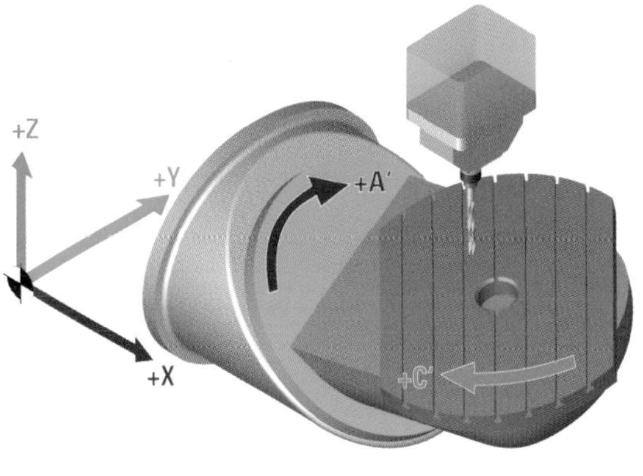

Eine Drehachse für das Werkzeug und eine für das Werkstück

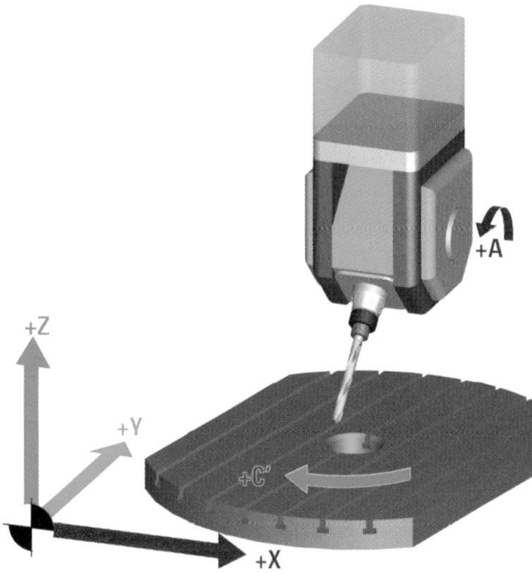

***1** Kinematische Ausführungen bei 5-Achs-Fräsmaschinen*

Schwenktisch *(swivel table)* mit den Schwenkachsen *(swivel axes)* B' und C' (Seite 446 Bild 1) ist die Fläche 1 in die Bearbeitungsebene *(machining plane)* zu schwenken. Die Schwenkbewegungen *(swivel motions)* werden im Beispiel vom Werkstück und nicht vom Werkzeug ausgeführt. Deshalb sind die Schwenkachsen mit B' bzw. C' statt mit B und C bezeichnet[1]. Die positiven Schwenkachsen des Werkstücktischs lassen sich mithilfe der Linken-Hand-Regel bestimmen (Bild 2).
Es wäre einfach möglich, die Fläche 1 einzuschwenken, wenn die Schwenkachse A' vorhanden wäre. Da dies aber nicht der Fall ist, übernehmen die Schwenkachsen B' und C' diese Aufgabe. Dazu schwenkt die Drehachse B' um +90° (Seite 446 Bild 1b) und die Drehachse C' um -90°. Danach liegt die Fläche 1 in der Bearbeitungsebene, auf der die Werkzeugachse senkrecht steht

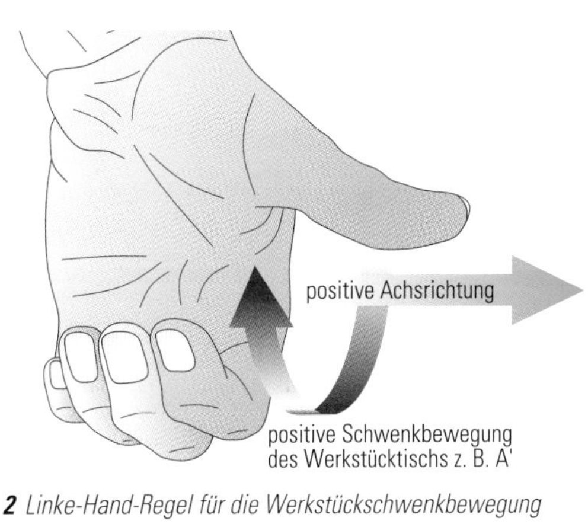

***2** Linke-Hand-Regel für die Werkstückschwenkbewegung*

1) siehe Lernfeld 8 Kap. 1.1

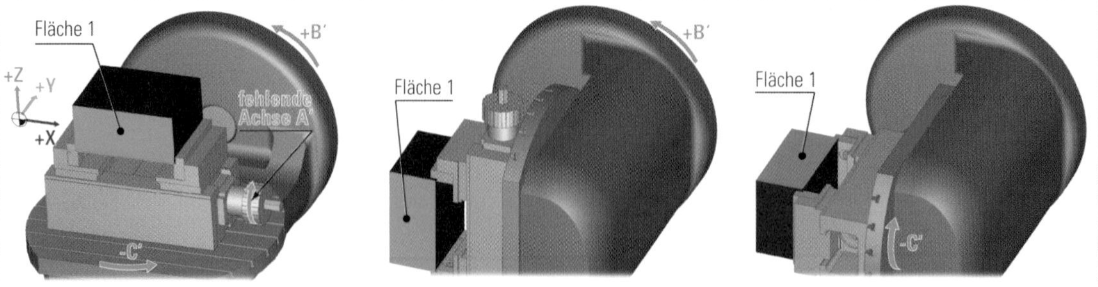

a) Ausgangssituation b) Nach Schwenken der Drehachse B' um 90° c) Nach Schwenken der Drehachse C' um 90° liegt die Fläche 1 in der Bearbeitungsebene

***1** Interpolation der fehlenden Drehachse durch die beiden vorhandenen Drehachsen*

(Bild 1c). Durch das Schwenken um die beiden vorhandenen Schwenkachsen wird die gleiche Wirkung erzielt als ob um die nicht vorhandene Schwenkachse A' geschwenkt würde.

MERKE

Durch Interpolation der beiden vorhandenen Drehachsen wird die fehlende dritte Drehachse kompensiert.

Beim 5-Achs-Fräsen *(5-axis milling)* werden zwei prinzipielle Strategien unterschieden:

- 5-Achs-Fräsen mit angestellten Werkzeugen im **Positionierbetrieb** *(positioning operation)*
- 5-Achs-Fräsen im **Simultanbetrieb** *(simultaneous operation)*

Beim **5-Achs-Fräsen mit angestellten Werkzeugen im Positionierbetrieb** (Bild 2) werden zunächst die Drehachsen bewegt, **ohne** dass das Werkzeug im Eingriff ist. Es wird meist so geschwenkt, dass die Werkzeugachse senkrecht zur Bearbeitungsebene steht. Die anschließende Zerspanung in der Schwenkebene erfolgt über die gesteuerten Linearachsen X, Y und Z. Dabei bewegen sich maximal die drei Linearachsen, während die beiden Drehachsen lediglich zum Positionieren der Bearbeitungsebene dienen. Deshalb wird dieses 5-Achs-Fräsen auch mit **3+2-Achs-Fräsen** bezeichnet.

Beim **5-Achs-Fräsen im Simultanbetrieb** (Bild 3) werden Dreh- und Linearachsen gleichzeitig während der Bearbeitung bewegt. Das Werkzeug wird während des Fräsens kontinuierlich zur Fläche ausgerichtet. Auf diese Weise erfolgt bei möglichst optimalen Zerspanungsbedingungen eine wirtschaftliche Bearbeitung komplizierter Flächen. Dazu ist die gleichzeitige Interpolation aller Dreh- und Linearachsen erforderlich, was leistungsfähige CNC-Steuerungen voraussetzt.

Überlegen Sie!

1. *An der Fräsmaschine mit Vertikalspindel und den Schwenkachsen A' und C' soll die Fläche 2 in die Bearbeitungsebene geschwenkt werden. Wie erfolgt das Einschwenken?*

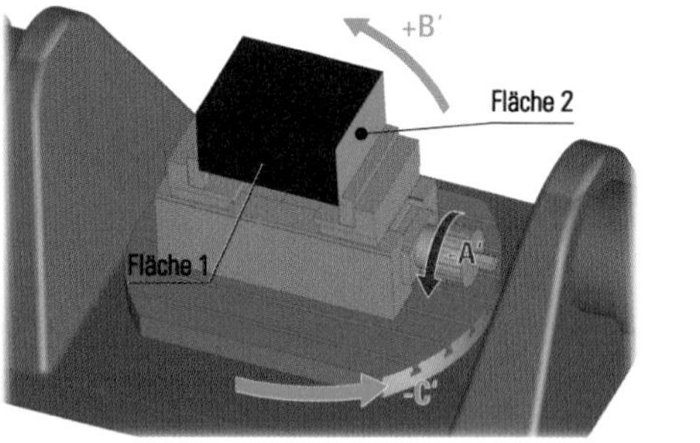

2. *Wie erfolgt das Schwenken des Tischs, wenn die Fläche 1 an der Fräsmaschine mit Vertikalspindel und den Schwenkachsen A' und C' eingeschwenkt werden soll?*
3. *Wie erfolgt das Schwenken des Tischs, wenn die Fläche 2 an der Fräsmaschine mit Vertikalspindel und den Schwenkachsen B' und C' eingeschwenkt werden soll?*

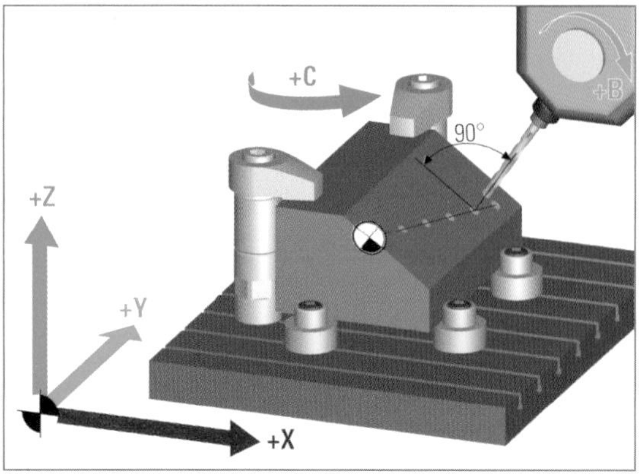

***2** 5-Achs-Fräsen mit angestelltem Werkzeug im Positionierbetrieb*

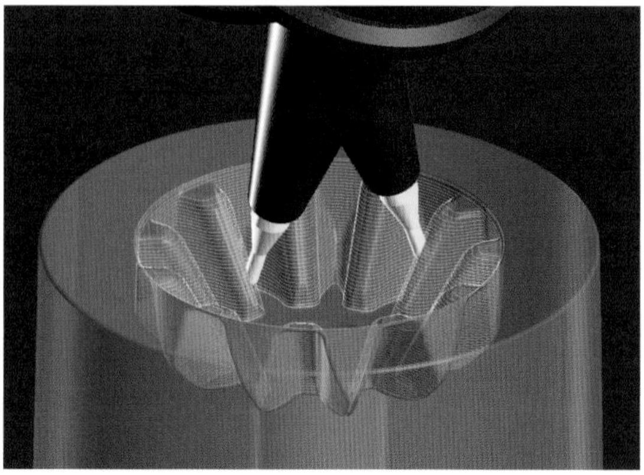

***3** 5-Achs-Fräsen im Simultanbetrieb*

3.1 Fräsen mit angestellten Werkzeugen im Positionierbetrieb

Über 90 % des 5-Achs-Fräsens erfolgt in Deutschland derzeit nach diesem Verfahren. Dadurch entstehen folgende Vorteile:

- **Keine Vorrichtungen erforderlich** (Bild a)
  - Kosten- und Zeitersparnis
  - Höhere Genauigkeit am Werkstück
- **Keine Sonderwerkzeuge nötig** (Bild b)
  - Weniger Werkzeuge
  - Geringere Werkzeugkosten
- **Bei gleichem Vorschub *f* größere Spanungsbreite *b* und geringere Spanungsdicke *h*** (Bild c)
  - Reduzierung der Schneidenbelastung
  - Steigerung der Vorschubgeschwindigkeit möglich
- **Vermeidung von Schnittgeschwindigkeiten $v_c = 0$** (Bild d)
  - Längere Werkzeugstandzeiten
  - Reduzierung von Werkzeugkosten
- **Bearbeitung der Oberfläche in einem Schnitt anstelle kleiner inkrementeller Schnitte** (Bild e)
  - Bessere Oberflächenqualitäten
  - Kürzere Bearbeitungszeiten
  - Weniger Nacharbeit
- **Reduzierung der Werkzeuglänge** (Bild f)
  - Geringere Werkzeugbeanspruchung
  - Bessere Oberflächenqualitäten
  - Höhere Maßhaltigkeit
  - Weniger Vibrationsneigung

447_1

	3-Achs-Fräsen	5-Achs-Fräsen mit angestelltem Werkzeug	Anwendungsbeispiel
a)	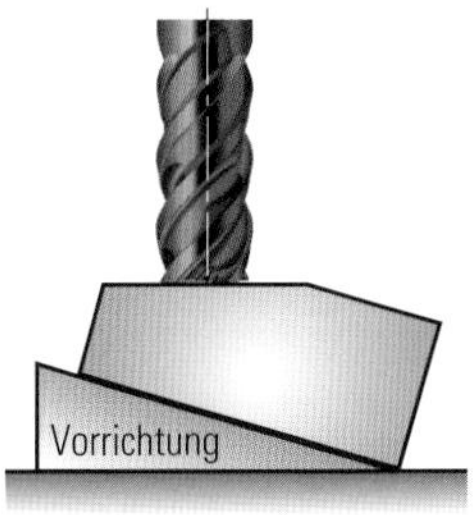	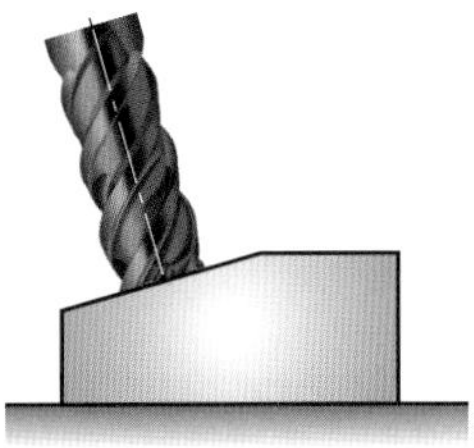	
b)	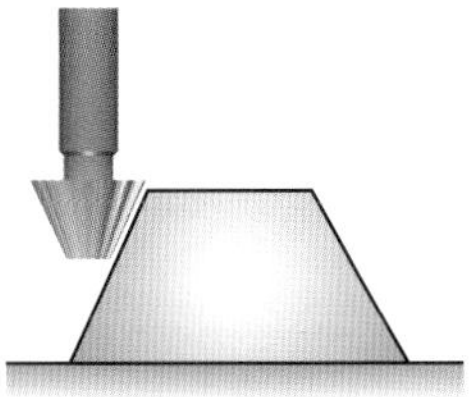	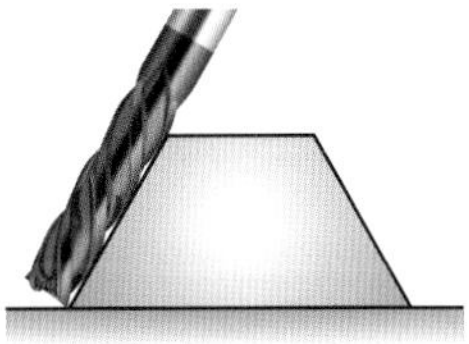	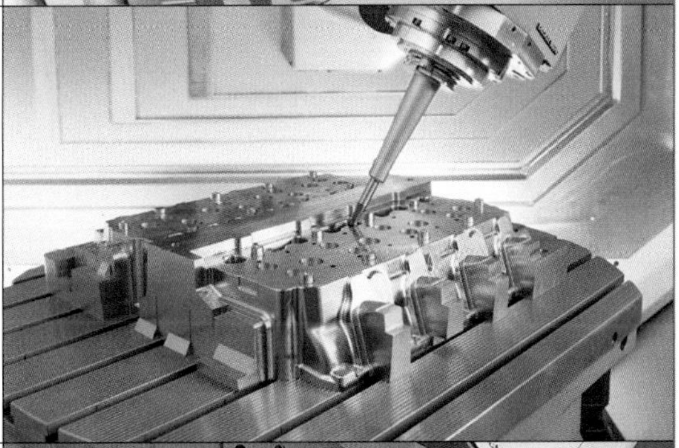
c)	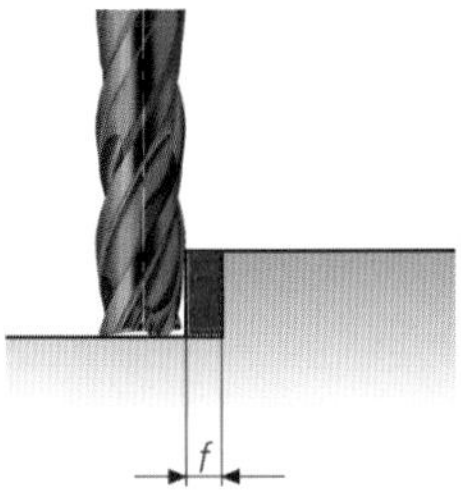	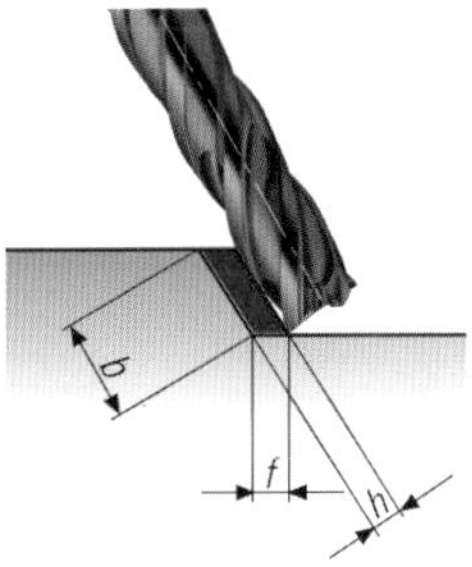	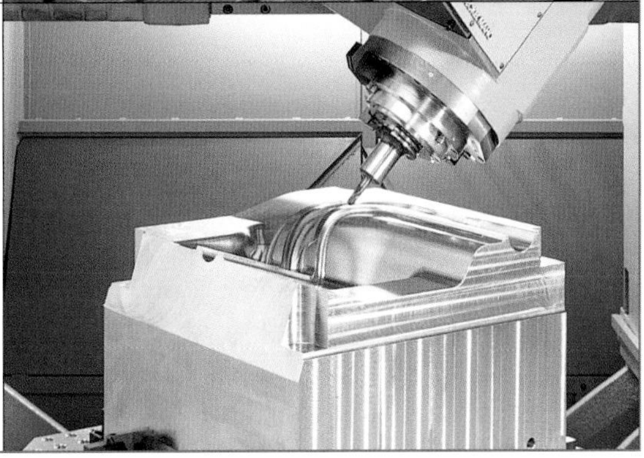

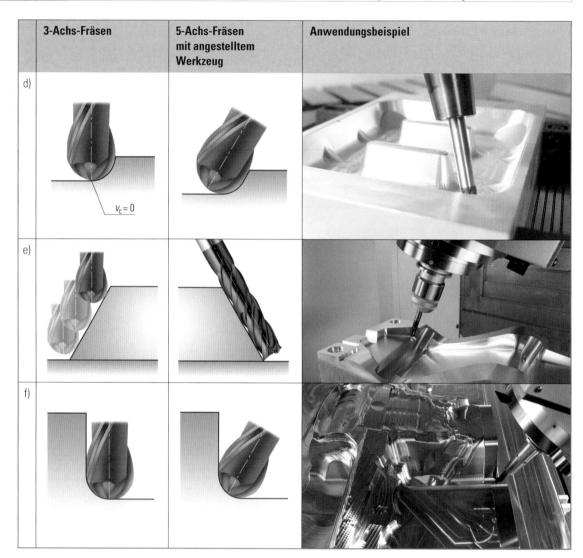

	3-Achs-Fräsen	5-Achs-Fräsen mit angestelltem Werkzeug	Anwendungsbeispiel
d)	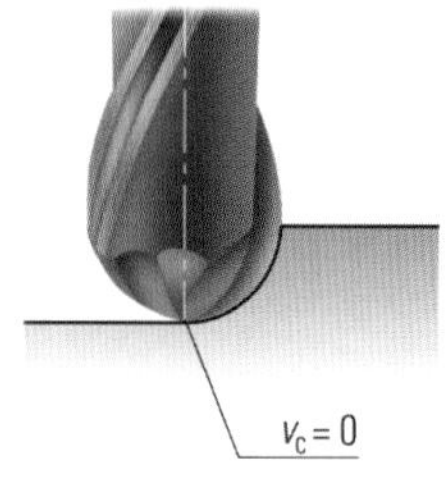	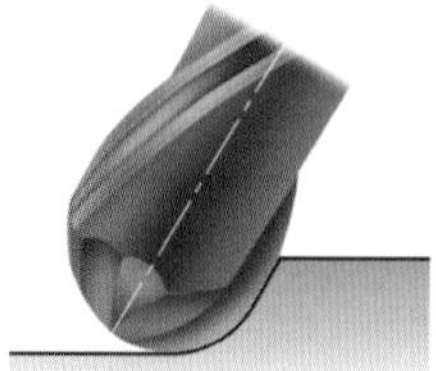	
e)	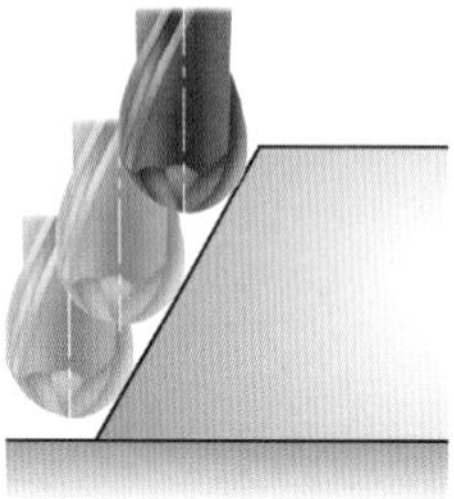	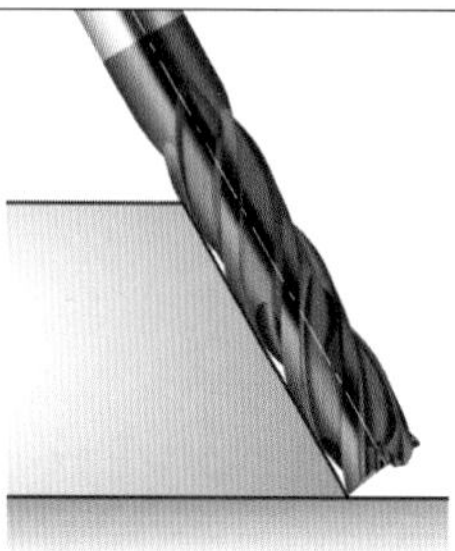	
f)	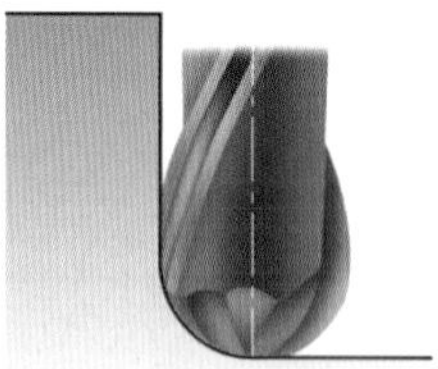	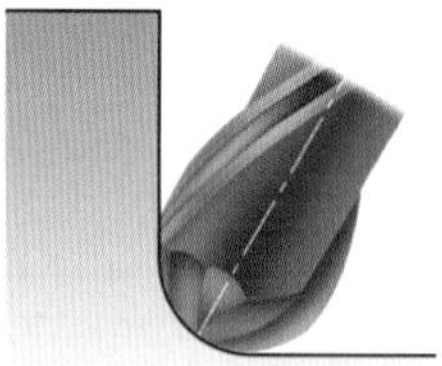	

3.1.1 Spannsysteme für das 5-Achs-Fräsen

Durch das 5-Achs-Fräsen mit angestellten Werkzeugen im Positionierbetrieb ist es möglich, fünf Seiten eines Werkstücks in einer Aufspannung zu bearbeiten. Daher sollten für eine Komplettbearbeitung des Frästeils zwei Aufspannungen genügen. Das ist schon bei der Größe des Rohlings zu berücksichtigen.

MERKE

Beim **3+2-Achs-Fräsen** wird das Werkstück bzw. das Werkzeug über die Drehachsen in eine günstige Bearbeitungsposition geschwenkt. Anschließend erfolgt bei dieser Anstellung die Zerspanung.

Schraubstock

Der Aluminiumrohling für die Getriebebox (Seite 449 Bild 1) hat die Maße X = 85 mm, Y = 125 mm und Z = 80 mm. In der Höhe (80 mm) erfolgte eine Zugabe von 20 mm, damit sich das Werkstück sicher im Schraubstock *(vice)* spannen lässt. So können die Seitenflächen (2 bis 5) problemlos bearbeitet werden, ohne dass eine besondere Kollisionsgefahr *(risk of collision)* zwischen Werkzeug und Schraubstockbacken besteht (Bild 1).
In der zweiten Aufspannung wird das für das Spannen benötigte aber zu viel vorhandene Material zerspant. Das lässt sich

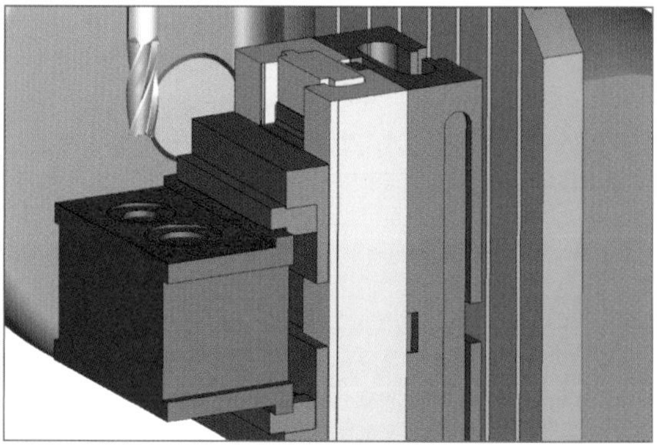

1 *Spannsituation bei der Bearbeitung einer Seitenfläche*

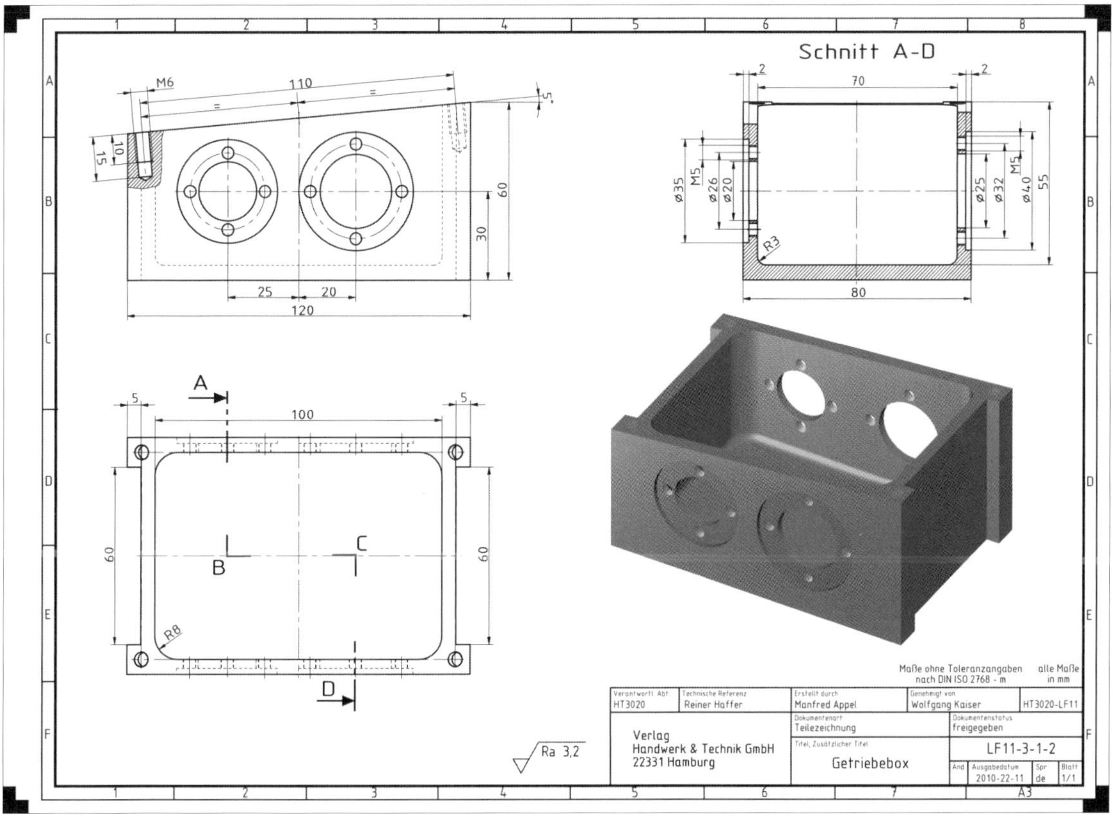

1 Getriebebox

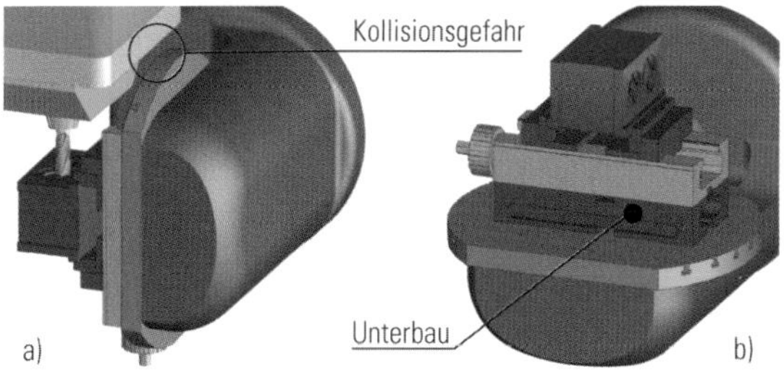

2 Unterbauen des Schraubstocks zur Kollisionsvermeidung

rechtfertigen, weil die zusätzlichen Materialkosten durch die kürzeren Fertigungszeiten bzw. -kosten mehr als ausgeglichen werden.

Bei einer 5-Seiten-Bearbeitung ist das Werkstück so zu spannen, dass beim Bearbeiten der Seitenflächen (Bild 2a) der Fräskopf **nicht** mit dem Frästisch kollidiert. Deshalb muss der Schraubstock entsprechend unterbaut werden (Bild 2b).

5-Achs-Spanner

9_1 5-Achs-Spanner *(5-axis-clamping fixtures)* (Bild 3) fixieren das Werkstück ebenfalls in dem benötigten Abstand vom Maschinentisch. Damit ist einerseits eine gute Zugänglichkeit gewährleistet. Andererseits können kurze Werkzeuge eingesetzt werden, die eine möglichst vibrationsfreie Zerspanung und gute Oberflächenqualitäten ermöglichen.

3 5-Achs-Spanner

Da sich die Spindel des Spanners unmittelbar unter der Werkstückauflage befindet (Bild 1), entstehen günstige Hebelverhältnisse für die Spannkraft. Dadurch erfolgt kein Aufweiten der Spannbacken unter Last und kein Verspannen des Maschinentischs.

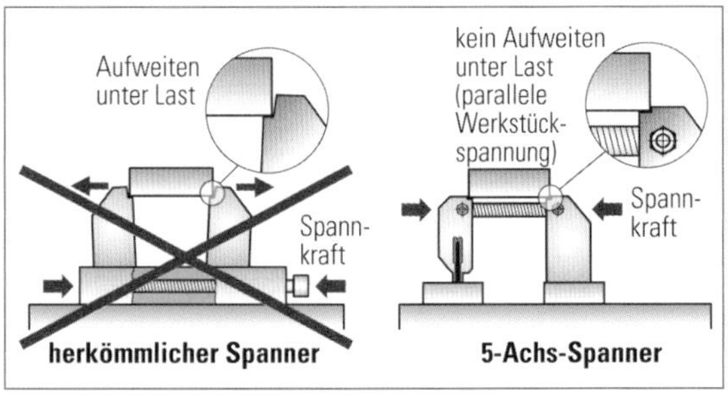

1 *Wirkweise des 5-Achs-Spanners*

Nullpunktspannsysteme

Mit Nullpunktspannsystemen *(quick-change pallet systems)* können gleiche Werkstücke **schnell und sicher** so gespannt werden, dass ihre Nullpunkte immer an der gleichen Stelle im Maschinenkoordinatensystem liegen. Gleichzeitig ist mit ihnen eine ungestörte Bearbeitung an fünf Seiten des Werkstücks in

2 *Spannen mit Nullpunktspannsystemen bei der 5-Seiten-Bearbeitung*

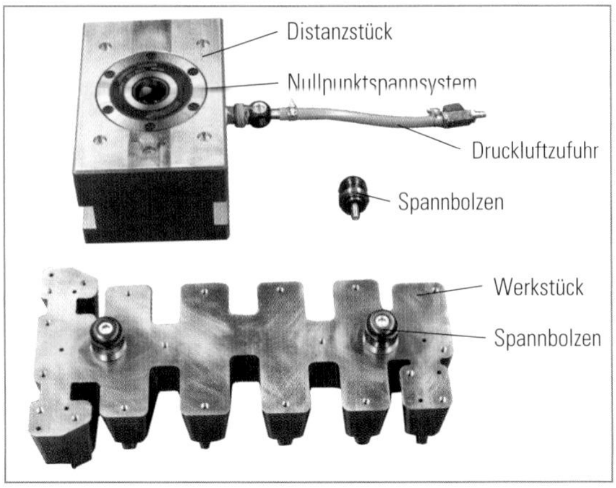

3 *Werkstück mit Spannbolzen und Distanzstück mit integriertem Nullpunktspannsystem*

450_1

einer Aufspannung möglich (Bild 2). Das Nullpunktspannsystem im Distanzstück nimmt einen **Spannbolzen** *(pulling bolt)* auf, der am Werkstück befestig ist (Bild 3). Die Befestigungsstellen müssen so gewählt werden, dass sie einerseits einen möglichst großen Abstand haben und andererseits die spätere Funktion des Bauteils nicht beeinträchtigen. Mithilfe von zwei Distanzstücken mit Nullpunktspannsystemen ist das Werkstück sicher und genau im Arbeitsraum der Maschine positioniert.

Vor dem Einfügen der Spannbolzen wird dem System Druckluft zugeführt. Dadurch bewegen sich die Spannschieber nach außen (Bild 4). Nach dem Zentrieren der Spannbolzen wird das Druckluftventil geöffnet und die Druckluft entweicht aus dem System. Parallel dazu bewirkt das Federpaket, dass sich die **Spannschieber** *(cocking slides)* nach innen bewegen, wodurch der Spannbolzen angezogen wird[1]. Die entstehende mechanische Verriegelung ist formschlüssig. Damit wird das an dem Spannbolzen befestigte Werkstück auf die Oberseite des Nullpunktspannsystems gepresst. Ein Spannbolzen kann Anzugskräfte von über 10 kN aufbringen.

Der Bund des gehärteten Spannbolzens ist über eine **enge Passung** *(fit)* mit dem Werkstück gefügt (Bild 5). Der Spannbolzen ist mit einer hochfesten Schraube – entweder von oben oder

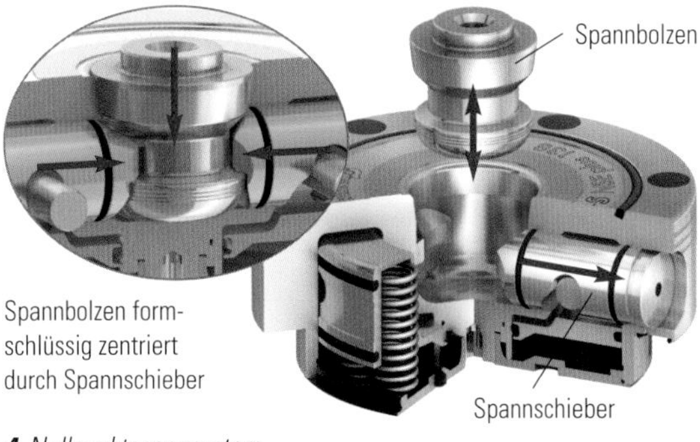

4 *Nullpunktspannsystem*

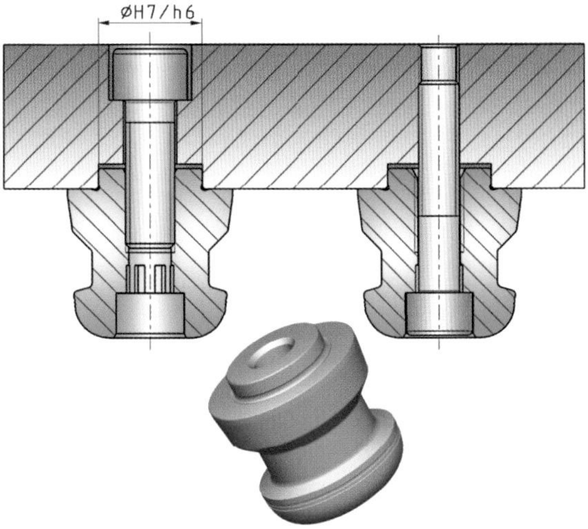

5 *Befestigung der Spannbolzen für Nullpunktspannsystem*

1) siehe Lernfeld 7 Kap. 5.1.1.4

von unten – am Werkstück befestigt. Durch diese stabile Befestigung kann ein Spannbolzen Querkräfte von über 70 kN aufnehmen. Dadurch ist eine sichere, vibrationsfreie Spannung des Werkstücks auch bei schnellen Schwenk- und Vorschubgeschwindigkeiten sowie bei großen Zerspankräften gewährleistet. Beim Spannen gleicher Werkstücke ist kein erneutes Ausrichten erforderlich, wodurch sich die Rüstzeiten wesentlich reduzieren. Die Wechselwiederholgenauigkeit beträgt dabei weniger als 5 µm.

Bei der Nutzung von Nullpunktspannsystemen sind folgende Wartungshinweise zu berücksichtigen:

- Die Anlage- bzw. Auflageflächen sauber halten.
- Blanke Stahlteile öfter ölen.
- Verhindern, dass Späne in die Schnittstelle von Spannbolzen und Spannsystem gelangen.
- Verhindern, dass die Schnittstelle mit Kühlemulsion vollläuft.

MERKE

Mit Nullpunktspannsystemen lassen sich Werkstücke präzise und schnell auf einen definierten Koordinatenpunkt der Maschine ausrichten und vibrationsrobust spannen.

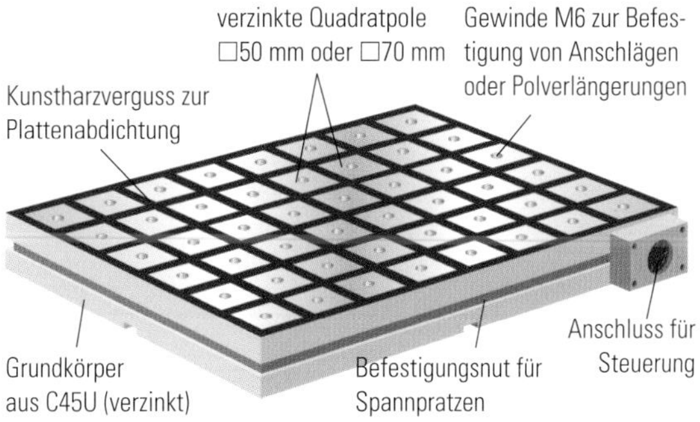

1 Magnetspannsystem

Magnetspannplatten

Ferromagnetische *(ferromagnetic)* **Werkstücke** wie z. B. Gusseisen und die meisten Stähle – jedoch keine austenitischen – lassen sich magnetisch spannen. Dazu dienen Magnetspannplatten *(magnet clamping plates)*, die aus magnetisierbaren Quadratpolen bestehen (Bild 1). Die magnetische Aufspannung macht eine unbehinderte 5-Seiten-Bearbeitung des Werkstücks möglich. Hierzu werden die Bauteile entweder direkt auf der Magnetspannplatte (Bild 1) oder – um kollisionsfreie 5-Achs-Bearbeitung zu gewährleisten – mittels **Polverlängerungen** *(pole extensions)* (Bild 2) positioniert . Ein kurzer Stromimpuls magnetisiert dann die Platte sowie die Polverlängerungen und spannt das Werkstück dauerhaft – auch nachdem der Strom wieder abgeschaltet wurde.

Bei 5-Achs-Fräsmaschinen ist es kein Problem, das magnetisch fixierte Werkstück über die Drehachsen parallel zu den Linearachsen auszurichten. Damit reduzieren sich die Rüstzeiten beachtlich.

Mittels **flexibler Polverlängerungen** lassen sich auch Bauteile mit unebenen Konturen problemlos unterfüttern und stabil spannen (Bild 3). Dünnwandige und empfindliche Werkstücke lassen sich auf diese Weise ebenfalls schonend und sicher spannen. Die flächige magnetische Spannung minimiert Vibrationen und schont die Werkzeugschneiden. Ein erneuter Stromimpuls entmagnetisiert die Platte und gibt das Werkstück wieder frei.

MERKE

Ferromagnetische Werkstücke lassen sich für das Fräsen mithilfe von Magnetspannplatten sicher und vibrationsarm spannen.

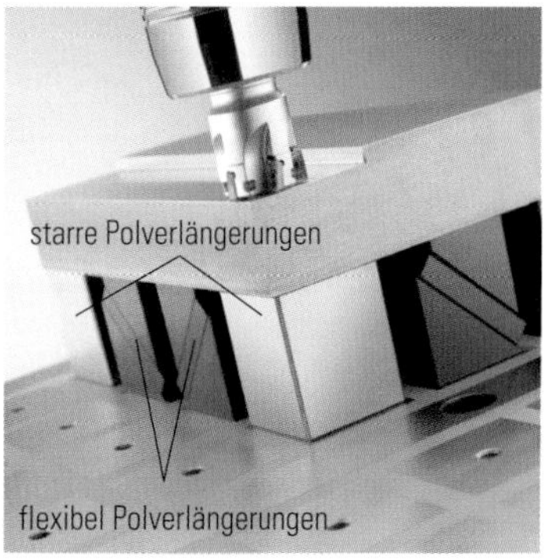

2 Magnetspannplatte mit Polverlängerung

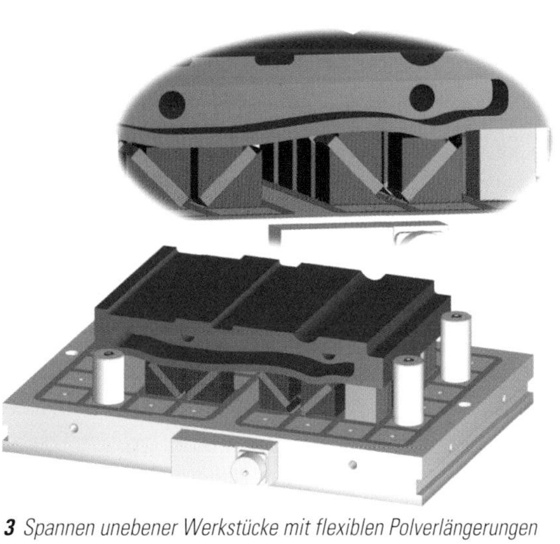

3 Spannen unebener Werkstücke mit flexiblen Polverlängerungen

3.1.2 Manuelle Programmierung

Bei der Manuellen Programmierung ist es sinnvoll, dass die Z-Achse senkrecht auf der angestellten Bearbeitungsfläche steht, damit das Programmieren der Fräsbahnen in der üblichen Weise erfolgen kann. Bei der **Programmierung** ist deshalb zunächst das **Werkstückkoordinatensystem** (WKS) *(workpiece coordinate system)* so zu **drehen**, dass dessen Z-Achse senkrecht zur Bearbeitungsfläche steht und zum Werkzeug hin gerichtet ist. Danach können für diese Anstellung die einzelnen Bearbeitungsschritte programmiert werden.

Beim **Programmablauf** führt die im Programm definierte Drehung des WKS z. B. zu einer **Schwenkbewegung** des Werkzeugtischs in die Bearbeitungsebene.

Dieser Unterschied zwischen dem **Drehen des WKS** und dem **Schwenken des Werkstücktischs** wird zunächst am Beispiel des Würfels (Bild 1) dargestellt. In der Ausgangssituation (Bild 1a und b) liegt das WKS auf der Mitte der „Sechs" der Würfelfläche. Die Z-Achse steht senkrecht auf der „Sechs".

Die Bearbeitungsschritte für die erste Aufspannung der Getriebebox sind im Bild 1 auf Seite 453 dargestellt.

Bei der **Programmierung** aller Seiten der Getriebebox wird das WKS für jede zu bearbeitende Fläche so gedreht, dass die **Z-Achse rechtwinklig** zur Bearbeitungsfläche steht. Bei der **Bearbeitung** führt das dazu, dass die Bearbeitungsfläche **rechtwinklig zur Spindelachse** einschwenkt.

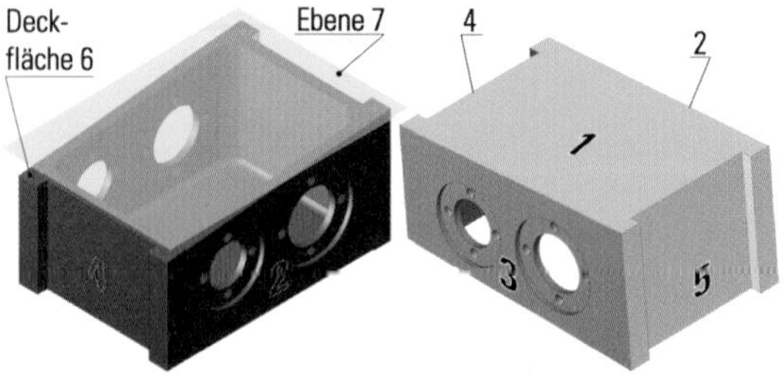

***2** Seiten- und Flächenbezeichnungen für die Getriebebox*

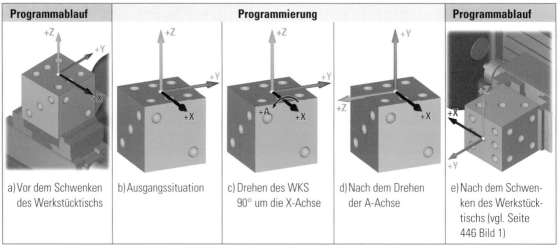

Programmablauf	Programmierung			Programmablauf
a) Vor dem Schwenken des Werkstücktischs	b) Ausgangssituation	c) Drehen des WKS 90° um die X-Achse	d) Nach dem Drehen der A-Achse	e) Nach dem Schwenken des Werkstücktischs (vgl. Seite 446 Bild 1)

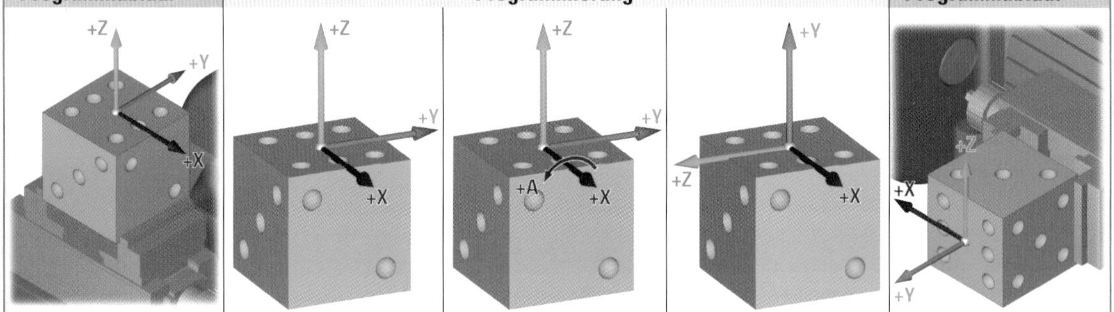

***1** Drehen des Werkzeugkoordinatensystems und Schwenken des Werkstücktischs*

- Um die „Drei" zu bearbeiten, muss beim **Programmieren** das **WKS** 90° um die X-Achse **gedreht** werden, d. h., die A-Achse wird um 90°gedreht (Bild 1c). Die positiven Drehrichtungen ergeben sich aufgrund der **Rechten-Hand-Regel**[1)]. Dadurch steht die Z-Achse senkrecht auf der „Drei" (Bild 1d).
- Beim **Programmablauf** schwenkt dann die Würfelfläche mit „Drei" in die Bearbeitungsebene (Bild 1e).

Allerdings ist die „Drei" mit der Position des WKS nicht günstig zu programmieren. Besser wäre es, wenn das WKS auf der Mitte in der Würfelfläche „Drei" liegen würde. Dazu ist zusätzlich noch eine Verschiebung des WKS erforderlich.

Am Beispiel der **Getriebebox** *(gear box)* (Seite 449 Bild 1) aus AlCuMg2 werden im Folgenden die Grundzüge der 5-Achs-Programmierung mit angestellten Werkzeugen im Positionierbetrieb dargestellt.

Im Bild 2 sind die Seiten und **Flächen der Getriebebox** bezeichnet, auf die im Weiteren Bezug genommen wird.

MERKE

Das Drehen des Werkstückkoordinatensystems erfolgt immer um den aktuellen Werkstücknullpunkt.

Im Folgenden wird das Drehen und Verschieben des WKS anhand der PAL-Steuerung beispielhaft beschrieben.

Schruppen und Schlichten der Bodenfläche (1)

Für das Schruppen und Schlichten der Bodenfläche 1 *(bottom area)* ist mit G17 die X-Y-Ebene als Standardebene und der Werkstücknullpunkt mit G54 auf der Mitte der Bodenfläche festgelegt (Seite 454 Bild 1a und Seite 455 Bild a). Danach kann die Programmierung der Bodenfläche mit den bekannten G-Funktionen, Zyklen, Unterprogramme bzw. über Parameter erfolgen. In Bild a auf Seite 455 ist für drei verschiedene Maschinentypen das Werkstück im Maschinenraum nach dem Bearbeiten der Bodenfläche dargestellt.

1) siehe Lernfeld 8 Kap. 1.1

453_1

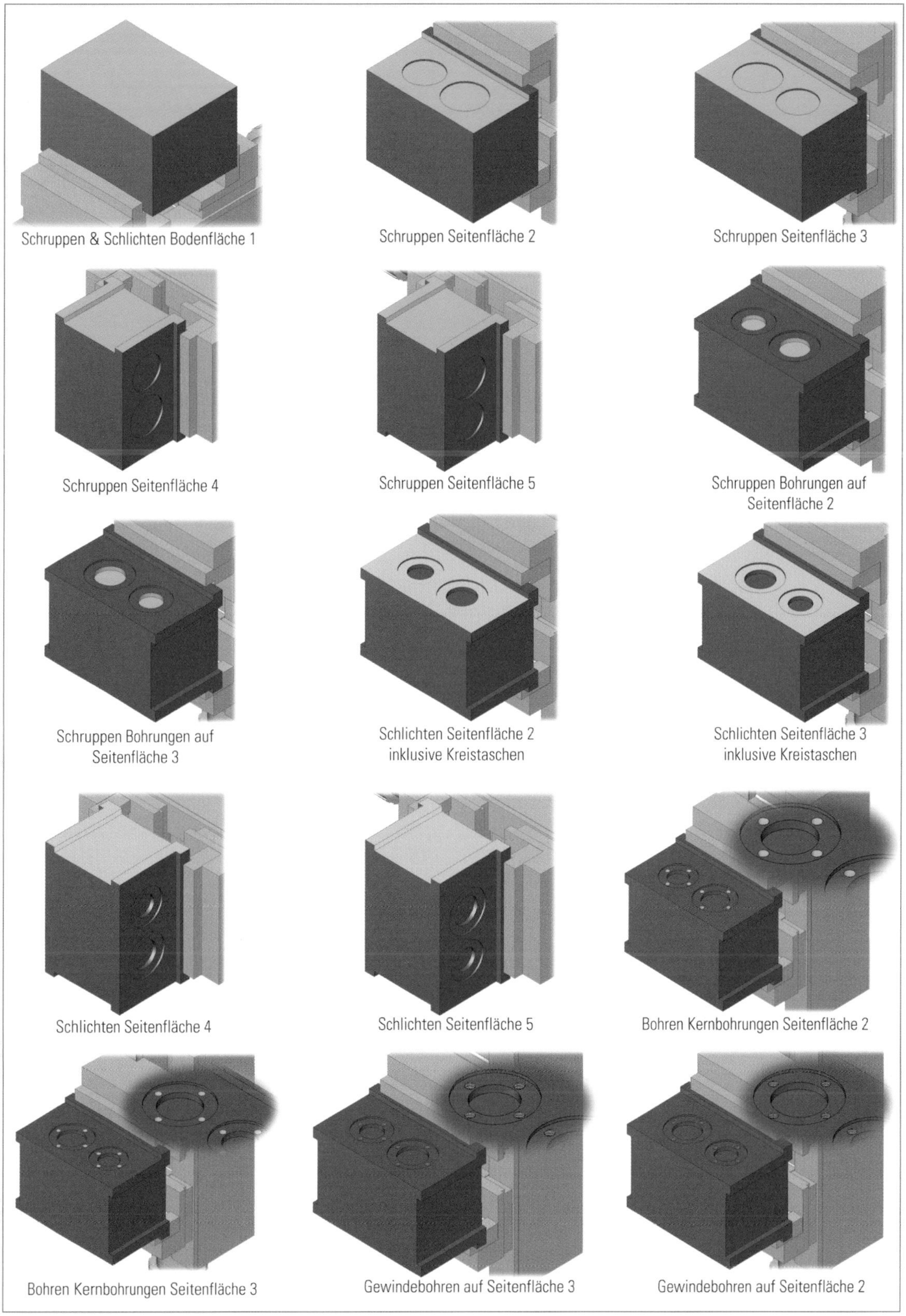

***1** Bearbeitungsschritte für die 1. Aufspannung der Getriebebox*

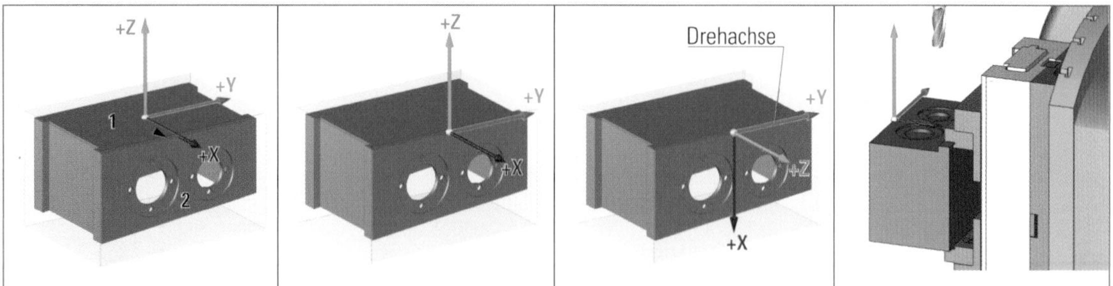

a) Ausgangssituation Blickrichtung auf Seitenfläche 2	b) Verschieben des WKS um X40	c) Drehen des WKS um 90° um die Y-Achse des Maschinenkoordinatensystems	d) Werkstückposition nach Schwenken des Werkstücktischs zur Seitenfläche 2
G54	G59 XA40	G17 BM90	

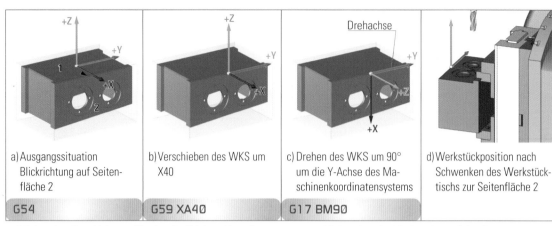

1 Schrittweises Verschieben und Drehen des Werkstückkoordinatensystems und Schwenken des Werkstücks zur Seitenfläche 2

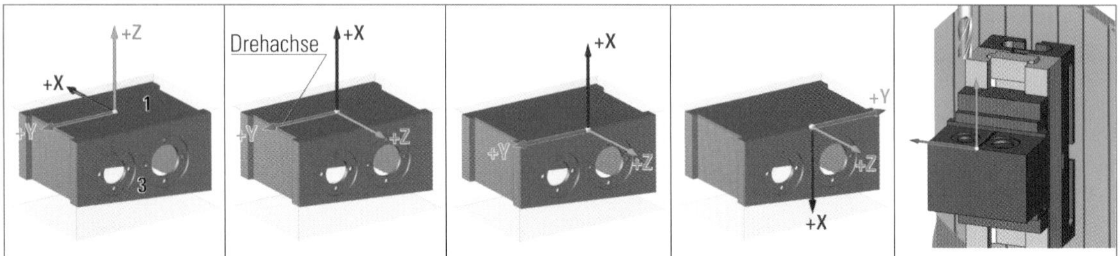

a) Ausgangssituation Blickrichtung auf Seitenfläche 3	b) Drehen des WKS um -90° um die Y-Achse des Maschinenkoordinatensystems	c) Inkrementales Verschieben des WKS um Z40	d) mit gleichzeitiger Drehung von 180° um die Zustellachse	e) Werkstückposition nach Schwenken des Werkstücks zur Seitenfläche 3
G54	G59 BM-90	G59 XA40 AR180		

2 Schrittweises Verschieben und Drehen des Werkstückkoordinatensystems und Schwenken des Werkstücks zur Seitenfläche 3

3.1.2.1 Absolute Drehungen des WKS

Schruppen der Seitenfläche (2)

Dazu wird zunächst das WKS von der Mitte der Bodenfläche 1 (Bild 1a) in X-Richtung um 40 mm verschoben (Bild 1b).

```
N120 G59 XA40
```

- XA40 – um X40
- G59 – inkrementale Nullpunktverschiebung

Damit liegt das WKS auf der gemeinsamen Kante von Bodenfläche 1 und Seitenfläche 2 *(side surface)*.
Anschließend erfolgt – bezogen auf die Standardebene G17 – eine absolute Drehung des WKS um 90° um die Y-Achse des Maschinenkoordinatensystems (Bild 1c).

```
N130 G17 BM90
```

- BM90 – absolute 90°-Drehung um Y-Achse des Maschinenkoordinatensystems → B-Achse
- G17 – bezogen auf die Ausgangsebene X-Y-Ebene (G17)

MERKE

Die positiven Drehrichtungen können mithilfe der Rechten-Hand-Regel1) bestimmt werden.

Bei der Bearbeitung bewirkt der letzte Programmsatz, dass die Seitenfläche 2 senkrecht zur Arbeitsspindel orientiert ist (Bild 1d). Danach kann die Programmierung der Seitenfläche 2 in der bekannten Weise erfolgen. Die Lage des Werkstücks im Maschinenraum nach dem Schruppen der Fläche 2 ist im Bild b auf Seite 455 für verschiedene Maschinenkinematiken dargestellt.

MERKE

Bei der Programmierung wird das WKS so **gedreht**, dass die Z-Achse senkrecht auf der Bearbeitungsebene steht. Beim Programmablauf führt das dazu, dass dann das Werkstück in die Bearbeitungsebene **geschwenkt** wird.

Schruppen der Seitenfläche (3)

Um das gleiche Programm für das Schruppen der Seitenfläche 3 nutzen zu können, muss das WKS an der gleichen Stelle wie bei der Seitenfläche 2 liegen. Dazu kann es über folgende Befehle gedreht und verschoben werden (Bild 2).

1) siehe Lernfeld 8 Kap. 1.1

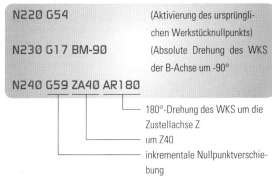

```
N220 G54                (Aktivierung des ursprünglichen Werkstücknullpunkts)
N230 G17 BM-90          (Absolute Drehung des WKS der B-Achse um -90°
N240 G59 ZA40 AR180
```

- AR180: 180°-Drehung des WKS um die Zustellachse Z
- ZA40: um Z40
- G59: inkrementale Nullpunktverschiebung

Danach kann die Programmierung der Seitenfläche 3 erfolgen (Bild c).

Überlegen Sie!

Wie müssen die Programmsätze N230 und N240 lauten, wenn zuerst die Verschiebung und dann die Drehung des WKS erfolgen soll?

Zur Vorbereitung der Programmierung der Seitenfläche 4 wurden die folgenden Sätze programmiert, sodass die im Bild d auf Seite 456 dargestellte Bearbeitung erfolgen kann.

Überlegen Sie!

1. *Interpretieren Sie die Programmsätze N330 bis 350.*

```
N330 G54
N340 G17 AM90
N350 G59 ZA60 AR-90
```

2. *Wie lauten die Programmsätze zum Verschieben und Drehen des WKS für die Seitenfläche 5 (Bild e)?*
3. *Legen Sie für die einzelnen Bearbeitungsschritte der ersten Aufspannung (Seite 453) der Getriebebox die Werkzeuge und technologischen Daten fest.*
4. *Erstellen Sie mithilfe Ihrer CNC-Simulation das CNC-Programm für die erste Aufspannung der Getriebebox.*

	Lage des Werkstückkoordinatensystems	**Schwenk-Drehtisch B- und C-Achse**	**Schwenk-Drehtisch A-und C-Achse**	**45°-Schwenk-Drehtisch B- und C-Achse**
a)		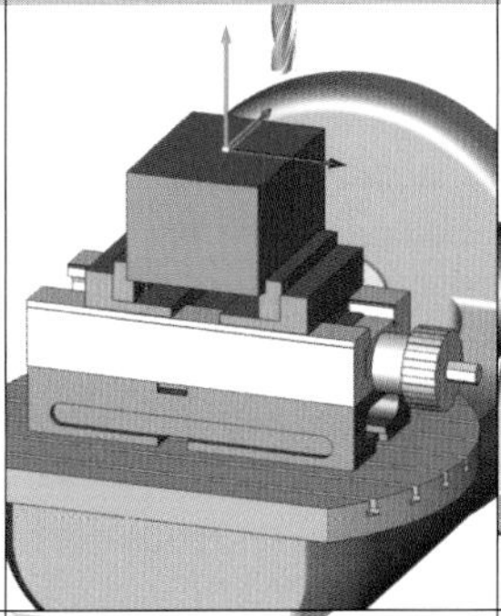	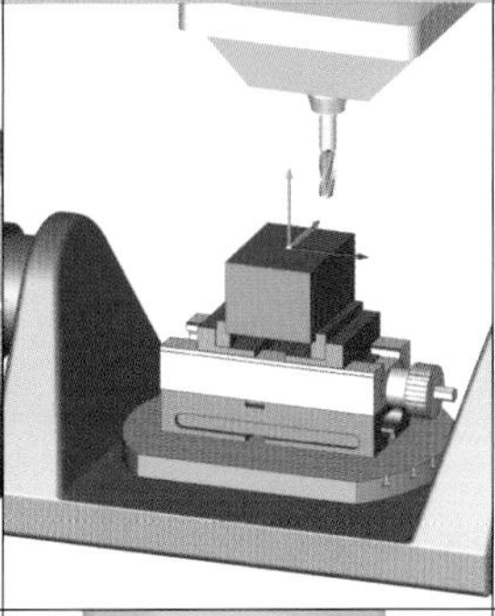	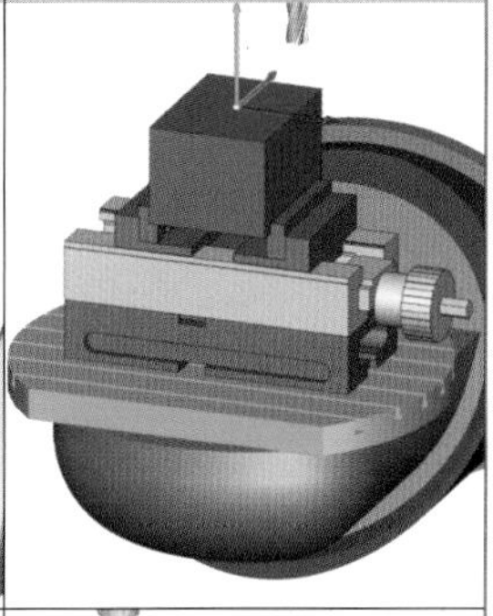
b)		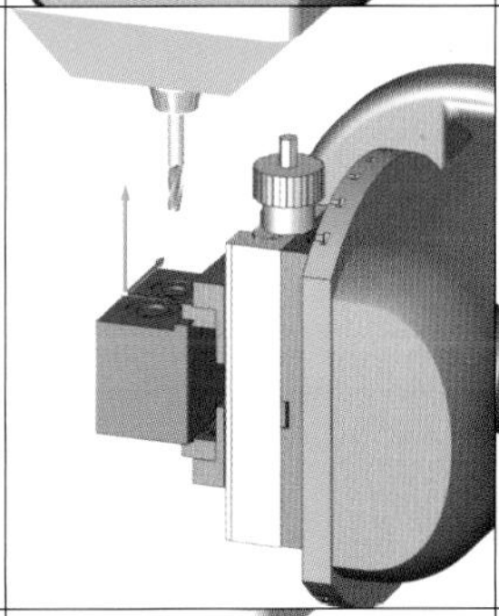	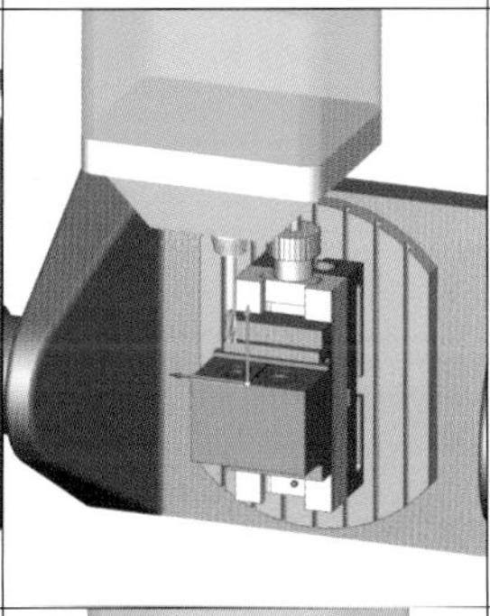	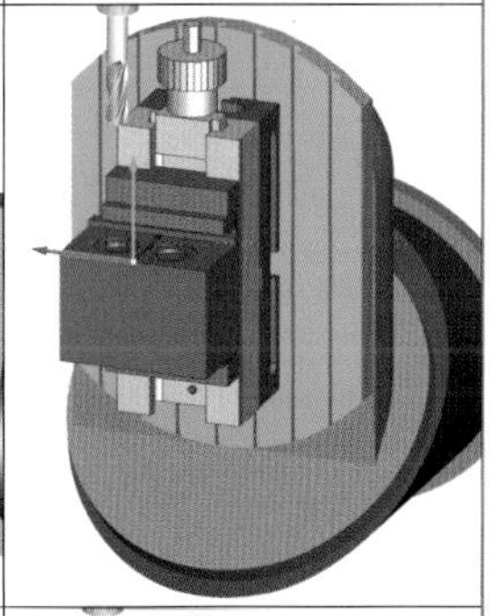
c)	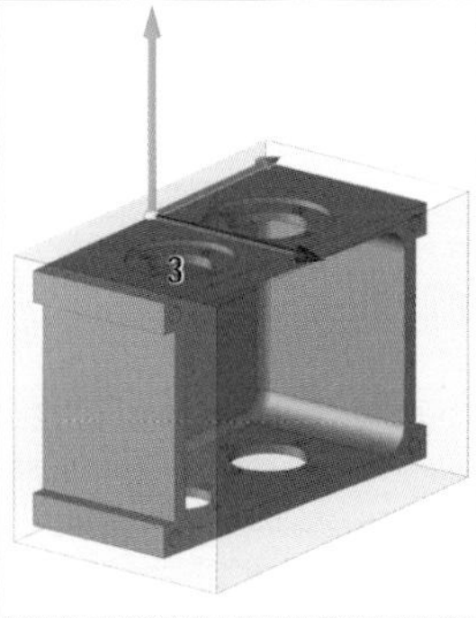	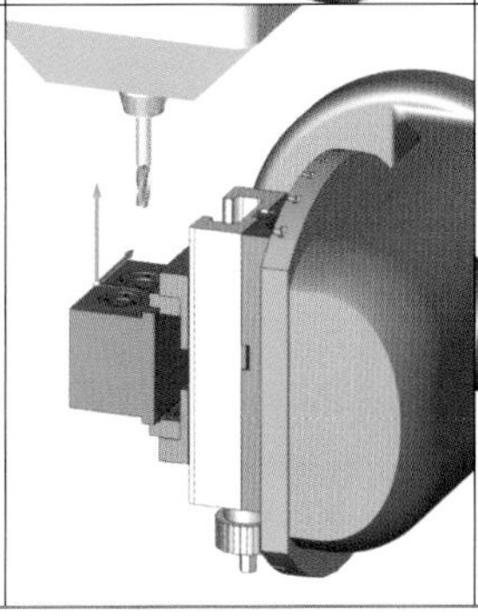	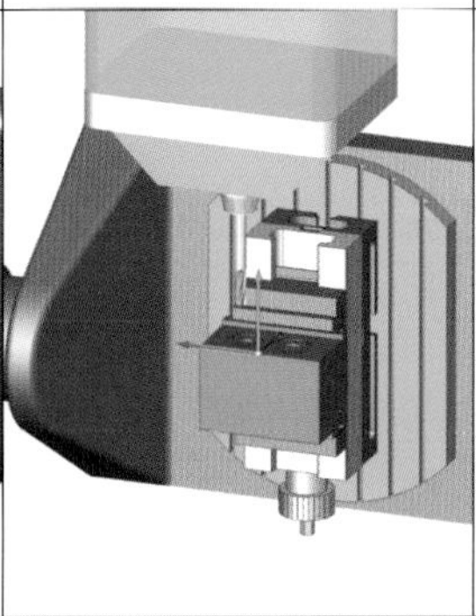	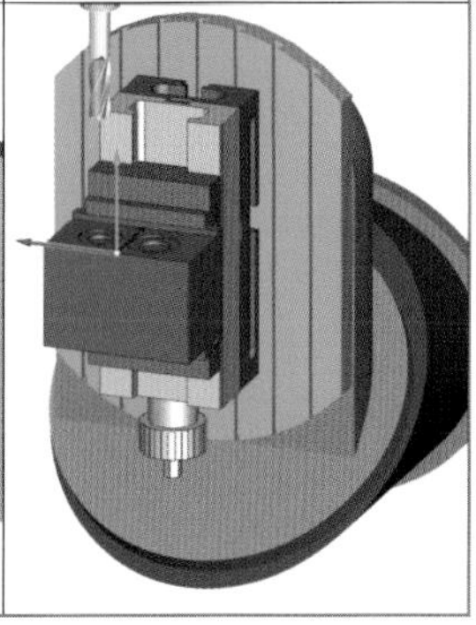

455_1

455_2

	Lage des Werkstückkoordinatensystems	Schwenk-Drehtisch B- und C-Achse	Schwenk-Drehtisch A-und C-Achse	45°-Schwenk-Drehtisch B- und C-Achse
d)	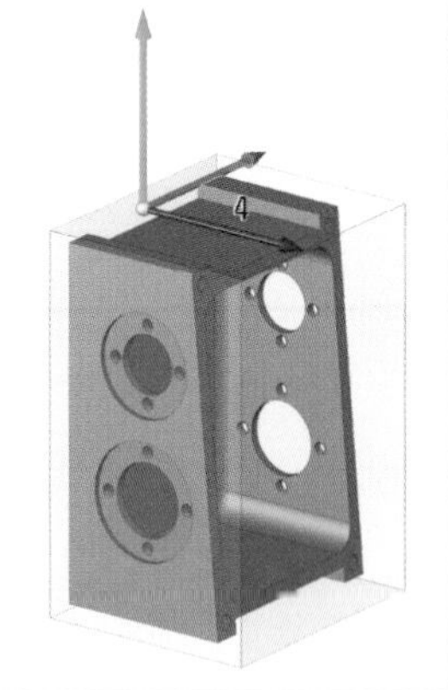	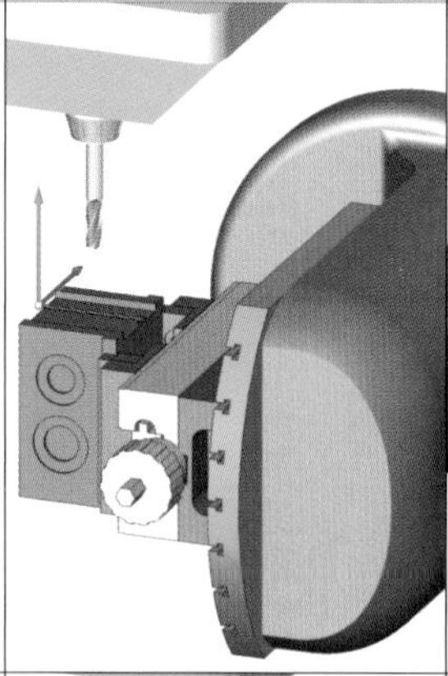	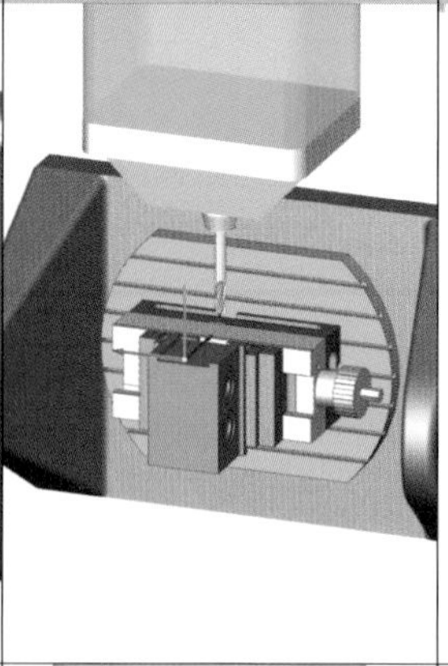	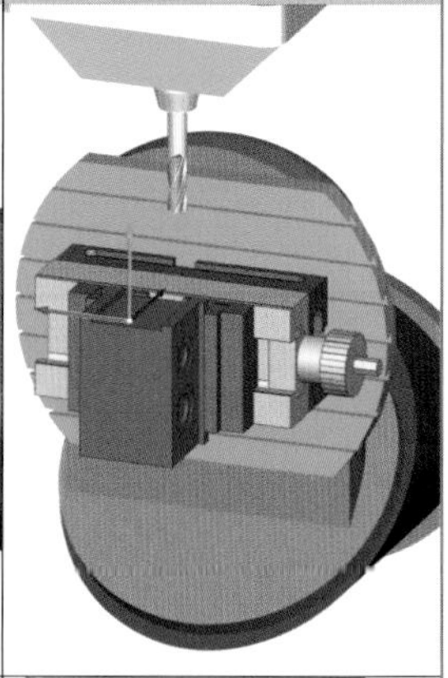
e)	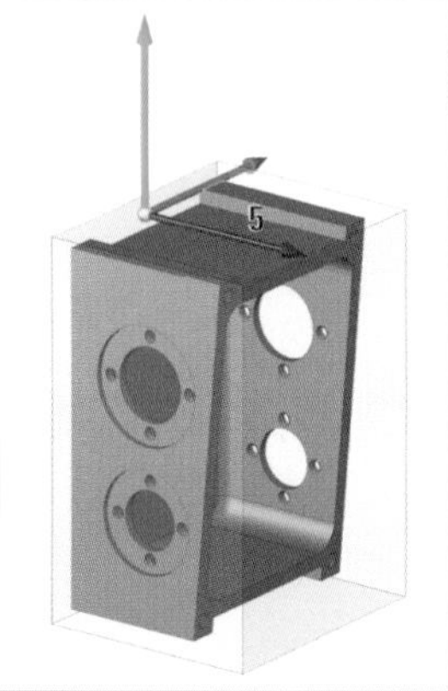	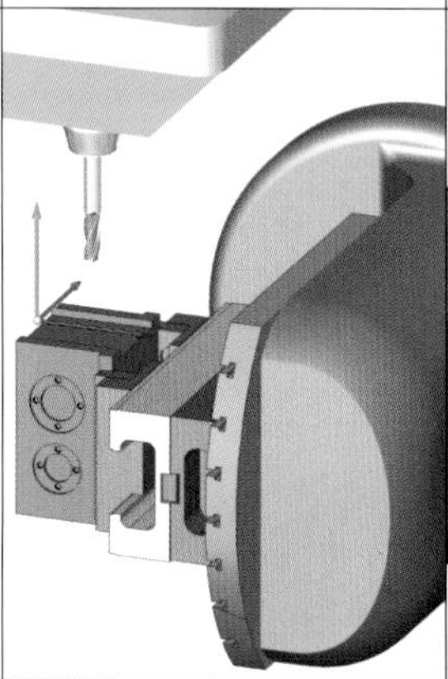	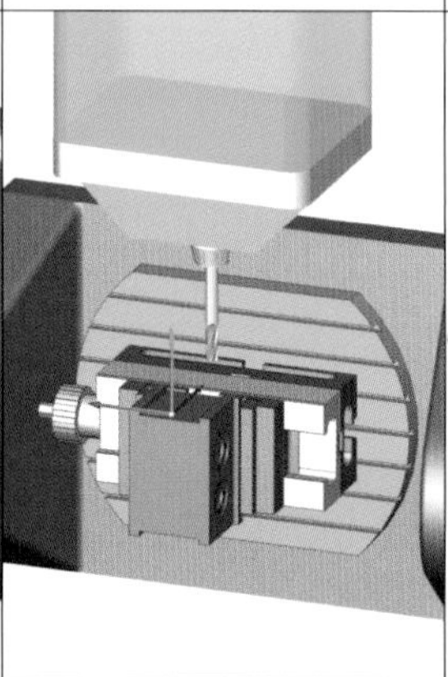	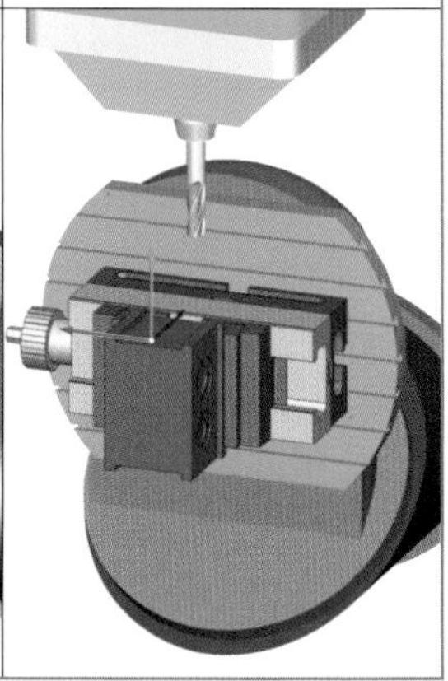

3.1.2.2 Relative Drehungen des WKS

Die Bearbeitungsschritte für die zweite Aufspannung der Getriebebox sind im Bild 1 dargestellt. Das Spannen erfolgt ebenfalls im Schraubstock, wobei das Werkstückkoordinatensystem mit G54, wie in Bild 1 auf Seite 454 dargestellt, festgelegt wurde.

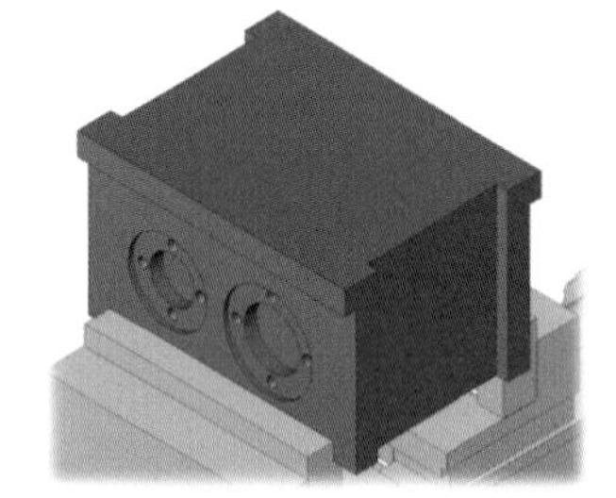

Getriebebox nach der ersten Aufspannung

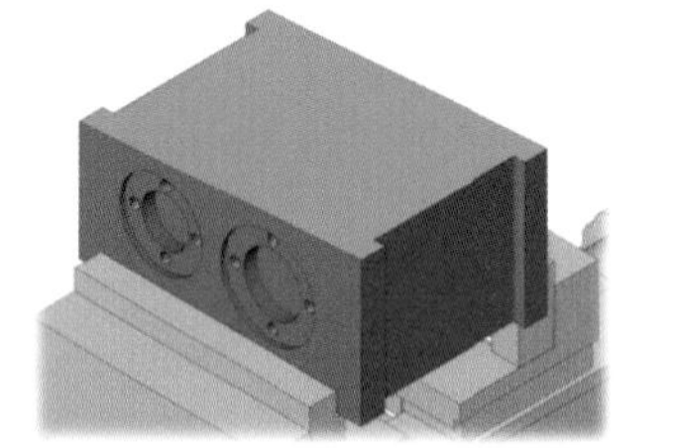

Schruppen und Schlichten der Deckfläche 6

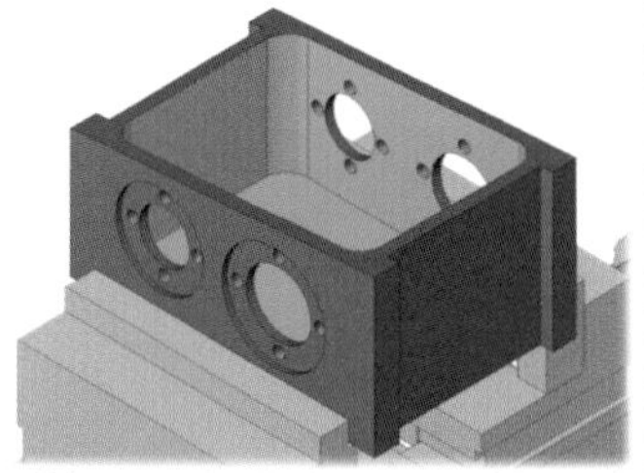

Schruppen der Rechtecktasche (Ebene 7)

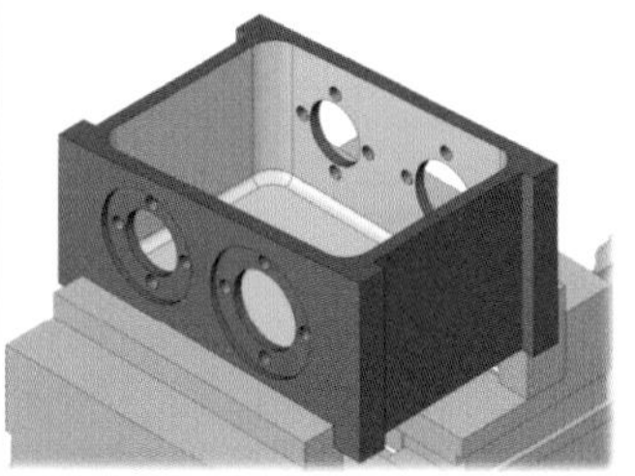

Schlichten der Rechtecktasche (Ebene 7)

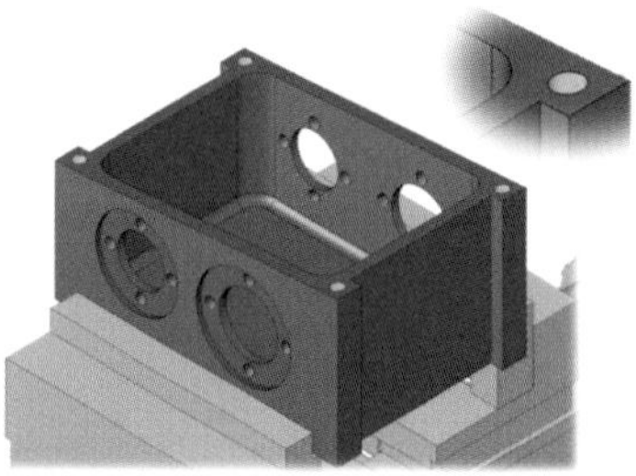

Bohren der Kernbohrungen Deckfläche 6

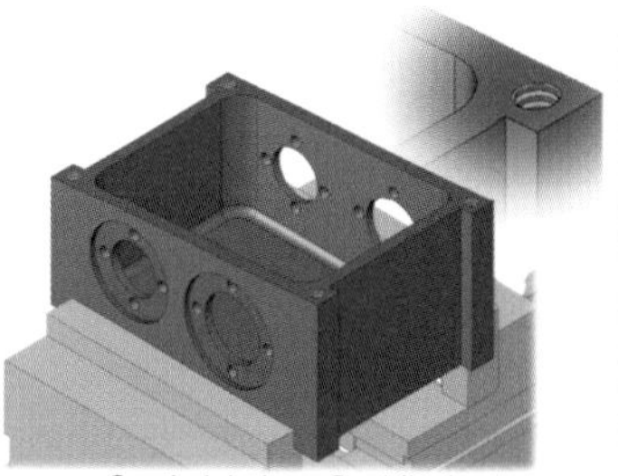

Gewindebohren Deckfläche 6

***1** Bearbeitungsplan für die 2. Aufspannung der Getriebebox*

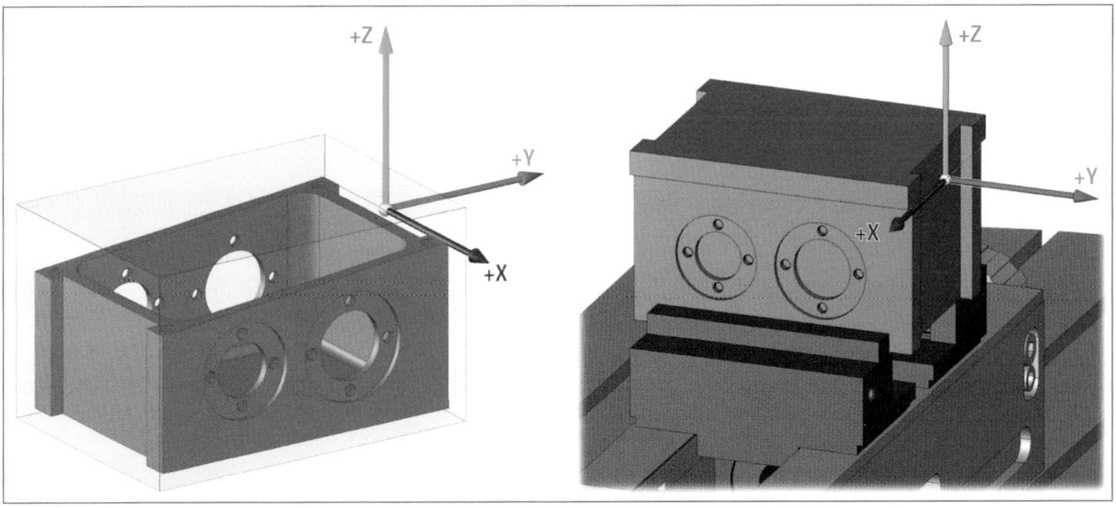

1 *Werkstückkoordinatensystem (G54) und zweite Aufspannung* ***ohne*** *Drehung des WKS*

Zum Schruppen und Schlichten der Deckfläche 6 ist das WKS um 5° um die X-Achse zu schwenken. Eine weitere Möglichkeit ist die **relative Drehung** des WKS – z. B. bezogen auf die X-Y-Ebene (G17).

N20 G17 AR5

- AR5: relative 5°-Drehung um X-Achse des aktuellen Koordinatensystems → A-Achse
- G17: bezogen auf die Ausgangsebene X-Y-Ebene (G17)

Diese erste relative Anweisung hat die gleiche Auswirkung wie die folgende absolute Drehung des WKS:

N20 G17 AM5

Soll nach Fertigstellung der Deckfläche das WKS für das Schruppen und Schlichten der Tasche wieder um 5° zurückgeschwenkt werden, ergeben sich jedoch Unterschiede zwischen relativer und absoluter Drehung.

- **Relative** Drehung des WKS

N60 G17 AR-5

- AR-5: **relative** -5°-Drehung um X-Achse → A-Achse
- G17: bezogen auf die Ausgangsebene X-Y-Ebene (G17)

- **Absolute** Drehung des WKS

N60 G17 AM0

- AM0: **absolute** Drehung der A-Achse um die X-Achse des Maschinenkoordinatensystems auf 0°
- G17: bezogen auf die Ausgangsebene X-Y-Ebene (G17)

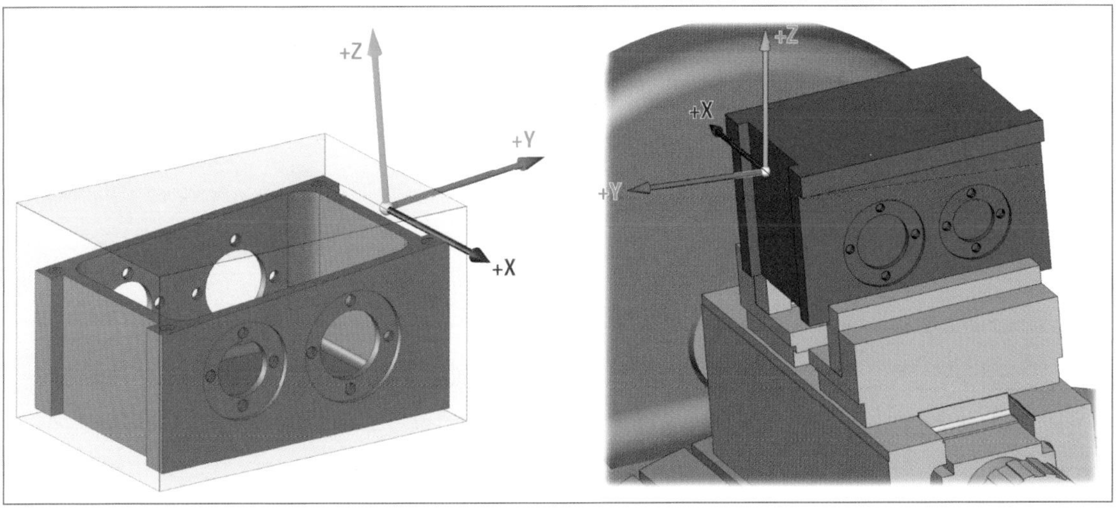

2 *Werkstückkoordinatensystem (G54) und zweite Aufspannung* ***nach*** *Drehung des WKS*

Relative Drehbewegungen beziehen sich auf die schon vorgenommenen Drehungen des WKS. Werden mehrere relative Drehungen programmiert, bei denen eine der ersten fehlerhaft ist, pflanzt sich dieser Fehler fort, sodass alle weiteren Drehungen fehlerhaft werden.

MERKE

Absolute Drehungen des WKS sind leichter zu programmieren und nachzuvollziehen.

Neben den genannten Befehlen zur Drehung des Werkstückkoordinatensystems stehen bei den verschiedenen CNC-Steuerungen noch weitere Möglichkeiten zur Verfügung. Diese sind den Bedienungsanleitungen zu entnehmen.

MERKE

Das 5-Achs-Fräsen mit angestellten Werkzeugen im Positionierbetrieb erfolgt in drei Schritten:

- WKS in die zu bearbeitende Ebene drehen.
- Bearbeitung wie gewohnt in der X-Y-Ebene programmieren.
- WKS wieder zurück drehen.

Überlegen Sie!

1. *Legen Sie für die einzelnen Bearbeitungsschritte der zweiten Aufspannung (Seite 456 Bild 1) der Getriebebox die Werkzeuge und technologischen Daten fest.*
2. *Erstellen Sie mithilfe Ihrer CNC-Simulation das CNC-Programm für die zweite Aufspannung der Getriebebox.*

3.1.3 CAD-CAM-Programmierung

Für das aus dem CAD-System übernommene Werkstück legt die Zerspanungsfachkraft im CAM-System das **WKS** fest. Wird im CAM-System die zu bearbeitende Fläche angewählt, weiß das System, welche Drehung das WKS vornehmen muss, damit das Werkzeug senkrecht zur angewählten Fläche steht. Das führt bei der späteren Bearbeitung des Werkstücks zu entsprechenden Schwenkbewegungen von Tisch oder Werkzeug.

Die Funktionsweise eines CAM-Systems wird im Folgenden am Beispiel der Tasche in der Getriebebox dargestellt. Die Zerspanung erfolgt dabei in mehreren Bearbeitungsschritten:

- Schruppen des überschüssigen, zum Spannen erforderlichen Materials und der Tasche (Bild 1)
- Schruppen des Restmaterials in den Taschenecken (Bild 2)
- Schlichten des Taschenbodens (Bild 3)
- Schlichten der Taschenwandung (Seite 459 Bild 1)

Da die Werkstückgeometrie bekannt ist, kann das CAM-System für jeden Bearbeitungsschritt die Werkzeugbewegungen erstellen, ohne dass die Zerspanfachkraft dafür Geometriepunkte angeben muss. Jedoch muss sie für jeden Bearbeitungsschritt

- die zu bearbeitenden Kontur festlegen
- das Werkzeug auswählen
- die An- und Abfahrbewegungen bestimmen
- die technologischen Daten definieren

Danach erzeugt das CAM-System die Verfahrwege.

Schruppen der Tasche *(recess)*

Die Werkzeugbewegungen können simuliert werden (Seite 459 Bild 2). Somit besitzt das CAM-System nach dem Schruppen die Information, wie viel Material noch abzunehmen ist, bis die Sollkontur erreicht ist. Das wird im Beispiel besonders dadurch deutlich, weil das Schruppen mit einem Fräser von 42 mm Durchmesser erfolgte, während der Taschenradius 8 mm beträgt.

Schruppen des Restmaterials *(residual material)*

Um auf den Taschenradien das gleiche Schlichtaufmaß von 0,15 mm zu erzielen, wie es bei den senkrechten Flächen vorliegt, muss eine **Restmaterialbearbeitung** in diesen Bereichen erfolgen. Dazu kommt ein Fräser mit 16 mm Durchmesser zum Einsatz. Da das CAM-System das Restmaterial kennt, kann es die Verfahrwege erzeugen (Bild 2), nachdem die Zerspanungsfachkraft die erforderlichen Eingaben vorgenommenen hat.

1 *Verfahrwege zum Schruppen des überschüssigen zum Spannen benötigten Teils und der Tasche*

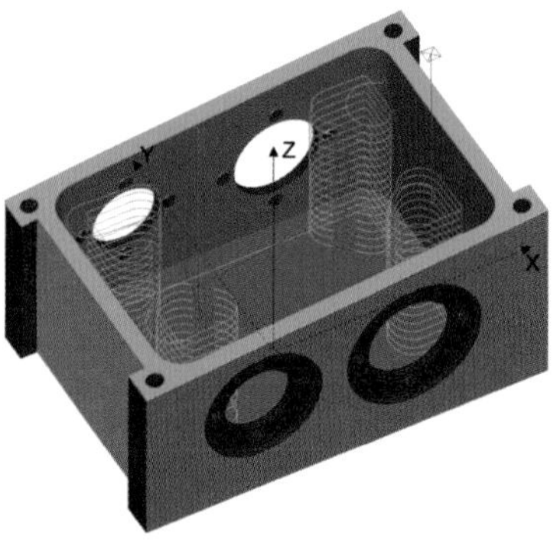

2 *Verfahrwege zum Schruppen des Restmaterials*

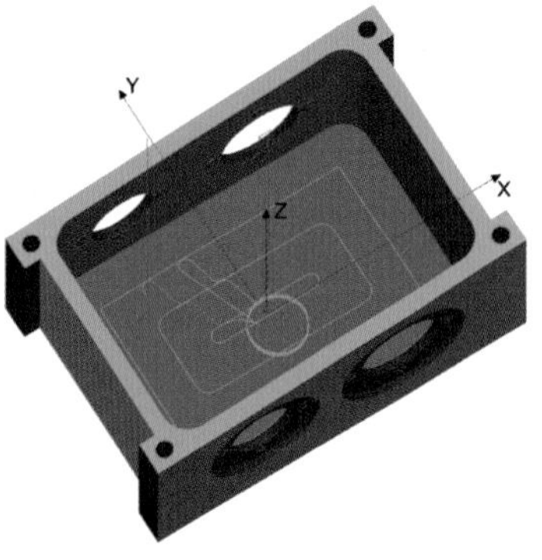

3 *Verfahrwege zum Schlichten der Bodenfläche*

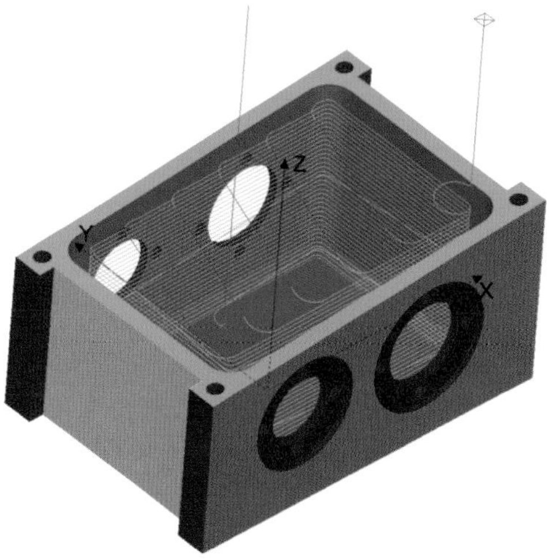

1 Verfahrwege zum Schlichten der Taschenwände

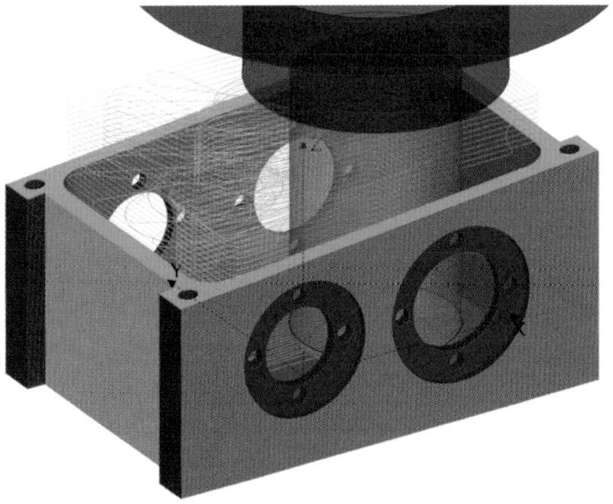

2 Simulation der Zerspanung

Schlichten des Taschenbodens *(bottom of recess)*
Zum Schlichten des Taschenbodens wird ein Fräser mit 20 mm Durchmesser gewählt. Die Verfahrwege und der geschlichtete Taschenboden sind auf Seite 458 in Bild 3 dargestellt.

Schlichten der Taschenwandung *(wall of recess)*
Die Taschenwandungen werden mit einem Fräser von 12 mm Durchmesser bearbeitet. Die Verfahrwege und die geschlichteten Wandungen sind in Bild 1 dargestellt.

Programme und Informationen für den Maschinenbediener
Nachdem alle Verfahrwege generiert sind, werden sie mithilfe eines Postprozessors[1)] in das steuerungsspezifische CNC-Format gewandelt. Über das Netzwerk kann die Datei von der CNC-Maschine abgerufen und abgearbeitet werden. Dem **Bearbeitungsplan** *(machining plan)* (Bild 3) kann die Zerspanungsfachkraft den Ablauf der Zerspanung, die benötigten CNC-Programme, die vorgesehenen Werkzeuge und die Zeiten für die Arbeitsschritte entnehmen. Zusätzlich können dem Maschinenbediener detaillierte Informationen zu jedem Bearbeitungsschritt zur Verfügung gestellt werden (Seite 460 Bild 1).

Projektname	I:\Haffer\Getriebebox\ Getriebebox_1.dca	Projektkürzel	GB1-
Programmierer	GS	Datum	Mittwoch, 17. November 2010
Projektverzeichnis	I:\Haffer\Getriebebox\		
Projektbemerkungen	Berufsschule Biedenkopf , Getriebebox 1		

HETEC

Op. Nr.	Name	Strategie	Wkzg-Nr.	Durchmesser	Eckenradius	Aufmaß	NC-Datei	Dauer
1	Wkzweg - Ebenenschruppen 16 [42x5, 0.15]	Wkzweg - Ebenenschruppen	1	42	5	0.15	GB1-25.h	00:18:02
2	Rest Wkzweg - Z-Konstant 8 [16x1, 0.15]	Wkzweg - Z-Konstant	1	16	1	0.15	GB1-26.h	00:03:44
3	Wkzweg - Ebene Bereiche 12 [20x2, 1,0]	Wkzweg - Ebene Bereiche	1	20	2	1 ; 0	GB1-27.h	00:01:10
4	Wkzweg - Z-Konstant 7 [12x0.1, 0]	Wkzweg - Z-Konstant	1	12	0.1	0	GB1-28.h	00:09:01
5	Wkzweg - Ebene Bereiche 11 [20x2, 0]	Wkzweg - Ebene Bereiche	1	20	2	0	GB1-29.h	00:01:30
6	Zyklus - Tiefbohren Werkzeugweg 11 [5, 16.502 tief]	Zyklus - Tiefbohren Toolpath	1	5	0	0	GB1-30.h	00:00:21
7	Zyklus - Gewindebohren - RG Werkzeugweg 12 [6, 14 tief]	Zyklus - Gewindebohren - RG Toolpath	1	6	0	0	GB1-31.h	00:00:18
							Gesamtdauer	00:34:07

Werkstückgröße		
	Min	Max
X	-60	60
Y	-40	40
Z	0	60

Bearbeitungsgrenzen		
	Min	Max
X	-50	50
Y	-64	55
Z	5	124

3 Bearbeitungsplan für die Getriebebox

1) siehe Kap. 2.1.4

HETEC | DEPOCAM v | Zyklus - Gewindebohren - RG Werkzeugweg 12 [6, 14 tief] | Mittwoch, 17. November 2010

Durchmesser	Eckenradius
6	0
Werkzeugname	Gewindebohrer[6, 90°x20]
Werkzeughalter	Nicht verfügbar
Werkzeugtyp	Schaftfräser
Werkzeugnummer	1
Strategie	Zyklus - Gewindebohren - RG Toolpath
Fräserlänge	20
Kegelwinkel	90
Aufmaß	0
Toleranz	0.02
Z-Sicherheitsebene	59
Horizontale Zustellung	0
Vertikale Zustellung	0
Drehzahl	7957
Kühlung	Aus
Eilgang	10000
Eintauchvorschub	448
Fräsvorschub	597
A Rotation	-5
B Rotation	0
C Rotation	90

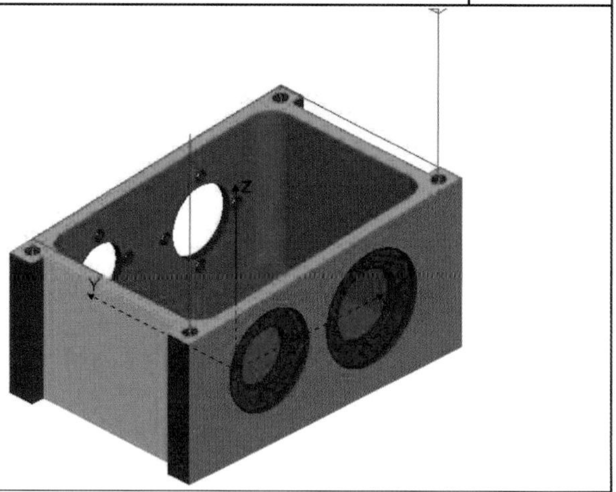

Bearbeitungsgrenzen	Min	Max		
X	-35	35	NC-Datei	I:\Haffer\Getriebebox\NC\GB1-31.h
Y	-64.646	50.228	Projektverzeichnis	I:\Haffer\Getriebebox\
Z	40.542	124.353	Projektbemerkungen	Berufsschule Biedenkopf , Getriebebox 1
			Werkzeugwegkommentar	

1 Details für das Gewindebohren auf der Deckfläche der Getriebebox

3.2 Fräsen anspruchsvoller Geometrien

Mithilfe des Modells aus X37CrMoV5 (Bild 2) wird die Hälfte einer Sandform hergestellt, in der ein Motorblock aus EN-GJL-250 abgegossen wird. Das Modell wird aus einem Stahlblock schrittweise gefräst.

3.2.1 Schruppen

Das **Schruppen** *(roughing)* erfolgt zunächst mit einer 3-D-Fräsmaschine, die über eine hohe Antriebsleistung verfügt, sodass ein hohes Zeitspanvolumen erreicht wird. Als Schruppwerkzeuge kommen mehrere unterschiedliche Torusfräser zum Einsatz, die mit runden Hartmetallschneidplatten bestückt sind (Seitc 461 Bild 1). Alle Fräsbahnen werden mit einem CAM-System generiert.

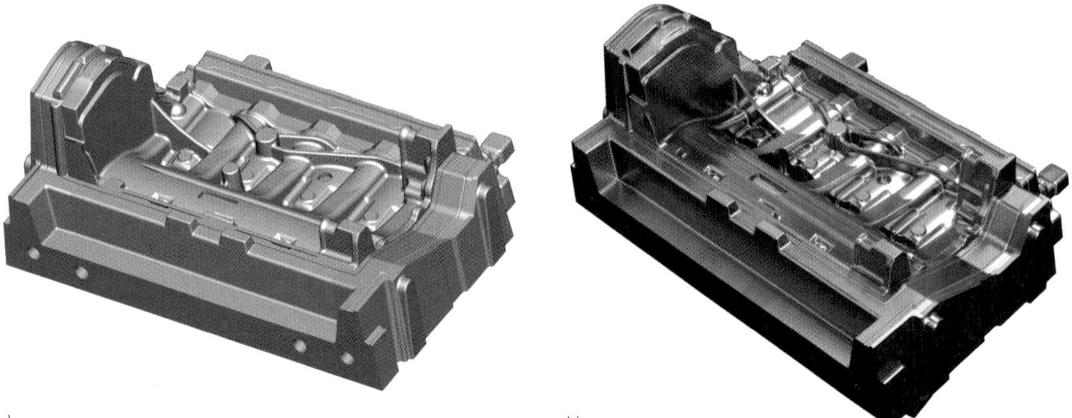

a) b)

2 Modell für Motorblock
a) CAD-Darstellung b) Fertig gefrästes Modell

Beim **Vorschruppen aus dem vollen Material** wird mit dem ersten Torusfräser, dessen Durchmesser 52 mm und Schneidplattenradius 6 mm betragen, Schicht um Schicht mit konstanter Schnitttiefe a_p = 1,5 mm abgetragen. Bei diesem Arbeitsschritt wird der größte Teil des „zu viel vorhandenen" Materials zerspant (Bild 2). Nach dem Vorschruppen ist die grobe Kontur des fertigen Werkstücks zu erkennen. Es ist ein grob gestuftes Werkstück entstanden, dessen minimales Aufmaß zur Fertigkontur 1 mm beträgt.

Das **Schruppen der Konturen** geschieht wieder mit konstanter Zustellung in der Z-Achse um 1 mm, wobei die vorhandenen stufenförmigen Flächen zu bearbeiten sind. Durch den gegenüber dem Vorschruppen auf 35 mm verringerten Fräserdurchmesser und Schneidplattenradius von 6 mm ist es möglich, die radienförmigen Übergänge der Werkstückflächen zu verkleinern (Bild 3). Durch das Schruppen findet eine weitere Annäherung an die Sollkontur statt, sodass nach diesem Arbeitsschritt ein minimales Aufmaß von 0,5 mm vorliegt.

1 *Verschiedene Torusfräser zum Schruppen des Modells*

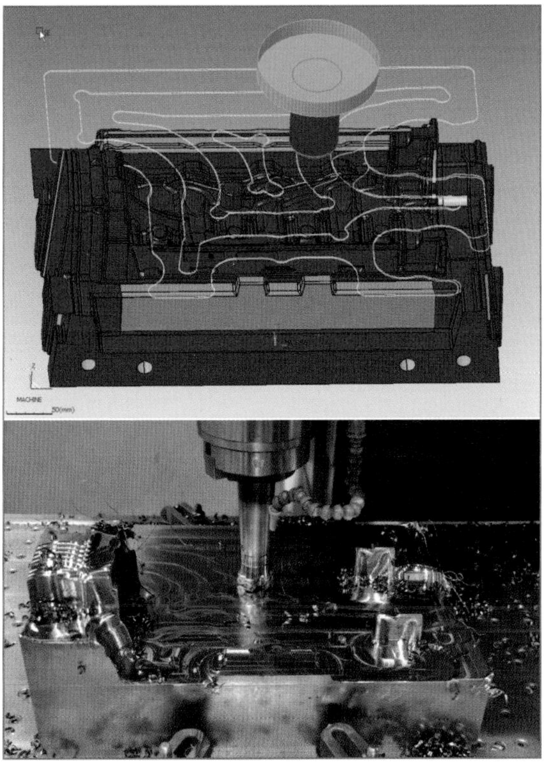

2 *Vorschruppen aus dem vollen Material*
oben: im CAM-System
unten: auf der 3-D-Fräsmaschine

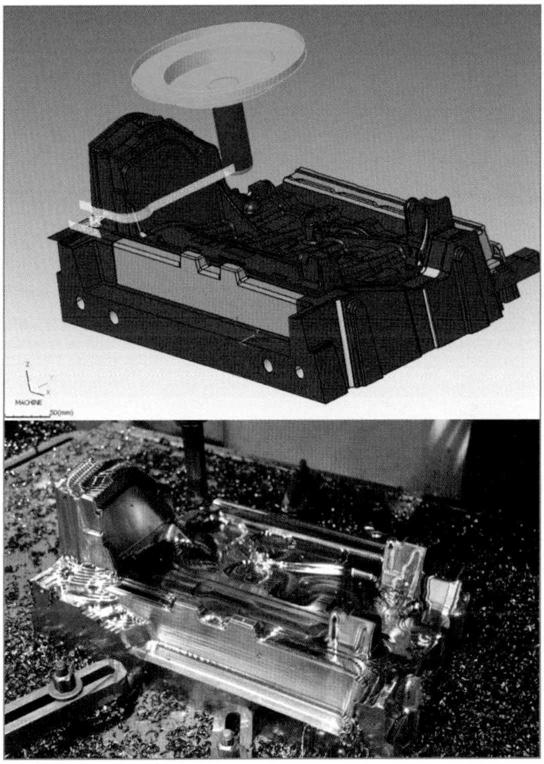

3 *Schruppen der Konturen*
oben: im CAM-System
unten: auf der 3-D-Fräsmaschine

Mit dem **Fertigschruppen der Kontur** wird mithilfe des 3-D-Fräsens ein möglichst gleichmäßiges Aufmaß von 0,2 mm zur Sollkontur angestrebt. Dazu werden der Fräserdurchmesser auf 16 mm und der Schneidplattenradius auf 4 mm weiter verkleinert. Das entstandene Werkstück (Seite 462 Bild 1) hat in vielen Bereichen ein gleichmäßiges Aufmaß. Jedoch gibt es immer noch Bereiche, in denen das Aufmaß größer als erwünscht ist. Das ist bei radienförmigen Übergängen von steilen Flächen der Fall, die kleiner als der Fräserradius sind. Ebenso gilt das bei flachen, nicht ebenen Flächen, bei denen die Stufen, die aufgrund der programmierten Schnitttiefe entstehen, noch zu erkennen sind. Im Bild 2 auf Seite 462 sind die Fräsbahnen vergrößert dargestellt.

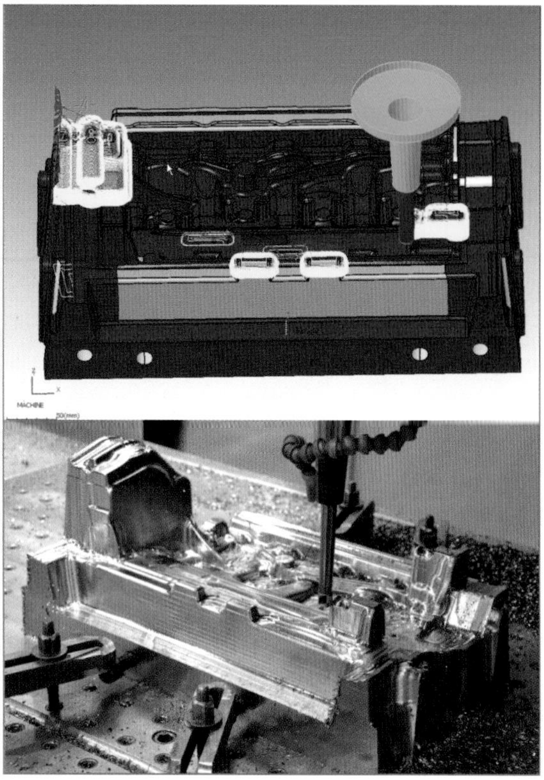

1 Feinschruppen der Konturen
oben: im CAM-System
unten: auf der 3-D-Fräsmaschine

MERKE

Beim **Schruppen** anspruchsvoller Geometrien wird mit jedem weiteren Schruppdurchgang

- der Fräserdurchmesser und der Schneiden- bzw. Schneidplattenradius verkleinert.
- die Schnitttiefe reduziert.
- das Aufmaß zur Fertigkontur verringert.

3.2.2 Schlichten

Das Schlichten *(finishing)* des Werkstücks erfolgt in mehreren Schritten auf einer 5-Achs-Fräsmaschine. Beim Fräsen der anspruchsvollen Geometrien mit z. B. hohen und steilen Wänden, wie sie bei dem Modell vorliegen, wäre eine 3-D-Bearbeitung nur mit weit ausgespannten Werkzeugen möglich. Da beim Schlichten die Sollkontur erreicht werden muss, sind möglichst kurze Fräser zu nutzen, damit die elastische Verformung des Fräsers nicht zu unzulässigen Maßabweichungen führt.

Das Fräsen der kritischen Bereiche erfordert die Aufteilung in einzelne Konturbereiche, die dann mit unterschiedlichen Frässtrategien bearbeitet werden. Die einzelnen Fräsbereiche benötigen viele verschiedene Werkzeuganstellungen, die mit einer 5-Achs-Bearbeitung kollisionssicher realisiert werden können. Je nach Werkstückgeometrie und vorhandenem Maschinentyp

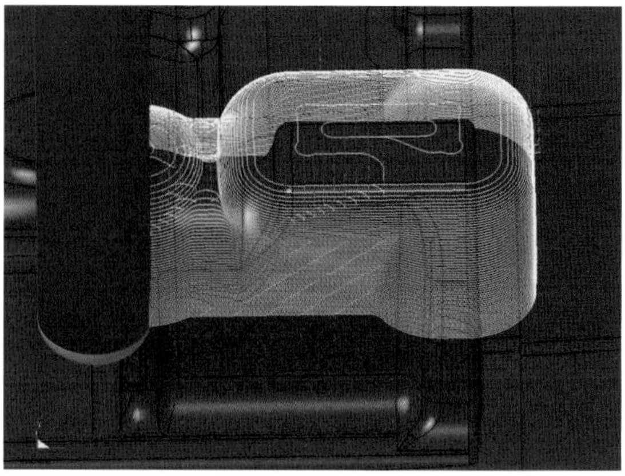

2 Fräsbahnen beim Feinschruppen

sowie Maschinenkinematik erfolgt das Schlichten von anspruchsvollen Geometrien auf zwei Arten:

- 5-Achs-Fräsen mit Festanstellung (3+2-Achsen)
- 5-Achs-Simultanfräsen

Mit dem **Vorschlichten** *(first-finishing)* soll beim Werkstück ein möglichst konstantes Aufmaß von 0,1 mm zur Sollkontur erzielt werden. Torus- oder Kugelfräser aus Vollhartmetall mit 10 mm, 8 mm und 6 mm Durchmesser und 50 mm Länge übernehmen diese Aufgabe z. B. für den im Bild 3 oben dargestellten

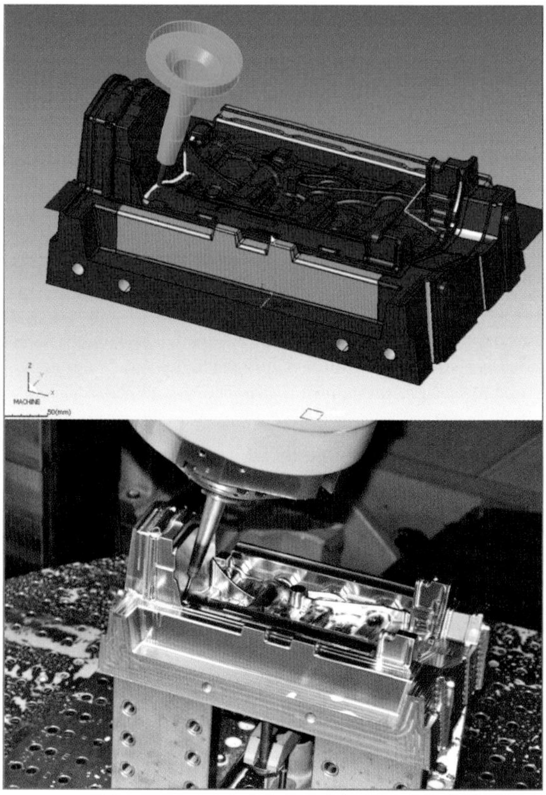

3 Vorschlichten für eine Anstellung
oben: im CAM-System
unten: auf der 5-Achs-Fräsmaschine

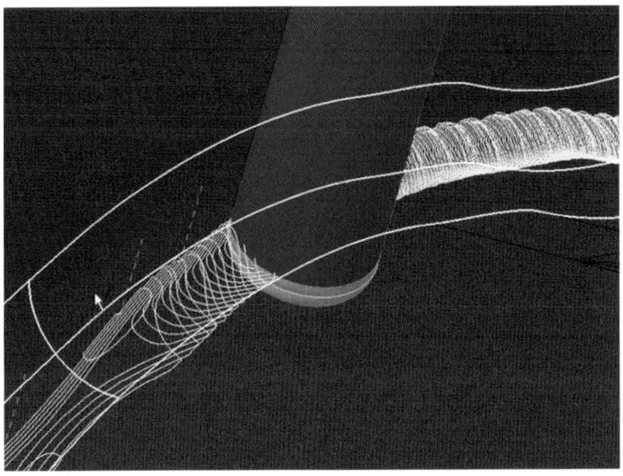

1 Fräsbahnen Vorschlichten

Bereich. Dazu wird eine entsprechend **günstige Anstellung** von Werkzeug und Werkstück vom CAM-System vorgeschlagen oder vom Programmierer festgelegt. Für diese Anstellung werden vom CAM-System die Fräsbahnen generiert (Bild 1), wobei für das spezielle Werkzeug und dessen Halter ein Kollisionstest erfolgt. Bild 3 unten auf Seite 462 zeigt die Bearbeitung des ausgewählten Bereichs in der entsprechenden Anstellung.

MERKE

Die 5-Achs-Festanstellung bringt gegenüber der 3-D-Programmierung folgende Vorteile:

- Bessere Oberflächen und bessere Flächenübergänge
- Kürzere Programmlaufzeiten
- Genauere Werkstückkonturen

Durch das **Fertigschlichten** wird in fast allen Bereichen die Sollkontur erreicht. Bei der Herstellung des Modells wird mit Kugelfräsern aus Vollhartmetall gearbeitet, deren Durchmesser 12 mm, 8 mm und 6 mm bei Längen von 50 mm betragen. Der im Bild 2 dargestellte Bereich wird z. B. durch **5-Achs-Simultanfräsen** *(5-axis-simultaneous milling)* hergestellt. Dabei legt der Programmierer unter anderem die Neigung des Fräsers zur Bearbeitungsfläche fest, aufgrund derer das CAM-System die Fräsbahnen berechnet und einen Kollisionstest durchführt. Der Abstand der Fräsbahnen beträgt meist nur wenige Zehntelmillimeter. Bei dem dargestellten Modell sind es 0,2 mm bis 0,1 mm. Das Bild 3 ist länger belichtet, sodass die Dynamik während der Simultanbearbeitung nachempfunden werden kann. Bei der abgebildeten B-C-Maschine ist zu erkennen, dass der Tisch eine Drehung um die C-Achse vollzieht, während sich gleichzeitig der Fräskopf um die C'-Achse dreht.

Mit der **Restbearbeitung** werden die Konturbereiche noch nachgearbeitet, für die der Fräserdurchmesser beim Fertigschlichten zu groß war, d. h., die Sollkontur noch nicht erreicht wurde. Je nach verbleibendem Bereich werden meist Kugelfräser mit entsprechenden kleinen Durchmessern gewählt.

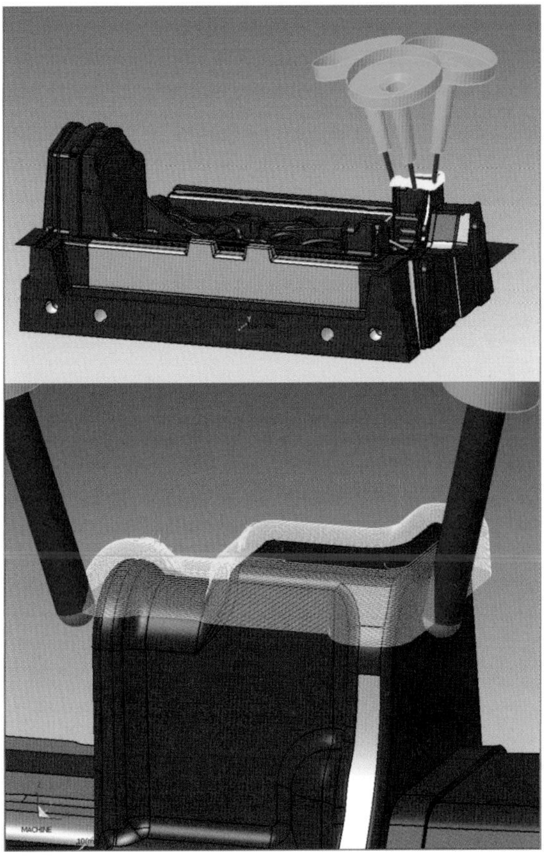

2 Fertigschlichten mit 5-Achs-Simultanbearbeitung

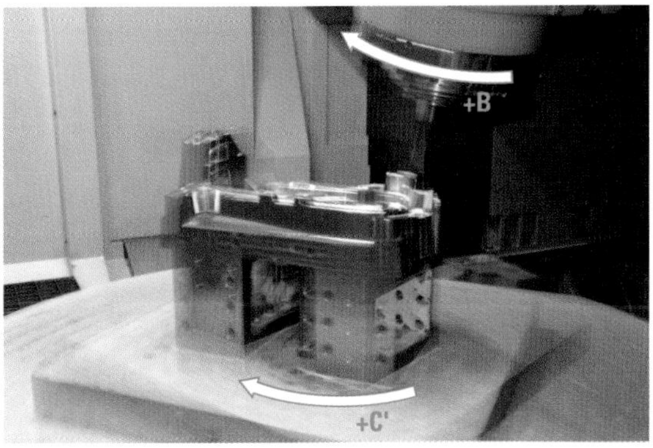

3 Fertigschlichten mit 5-Achs-Simultanbearbeitung

MERKE

Beim **Schlichten** anspruchsvoller Geometrien wird schrittweise die Sollkontur erreicht. Es geschieht meist in folgenden Schritten:

- Vorschlichten
- Fertigschlichten
- Restbearbeitung

464_1

3.3 5-Achs-Fräsen im Simultanbetrieb

464_2

Wenn die Werkstückoberfläche nicht in einzelne Bereiche unterteilt werden darf, d. h. durchgängig gefräste Oberflächen mit hoher Qualität gefordert sind, ist eine 5-Achs-Simultanbearbeitung notwendig. Diesem **Vorteil** der **gleichmäßigen Oberfläche** stehen allerdings auch **Nachteile** gegenüber:

- Die Orientierung der Werkzeugachse muss sich kontinuierlich ändern, wodurch die Gefahr besteht, die Maschine aufgrund der entstehenden Beschleunigungskräfte stark zu belasten.
- Längere Programmlaufzeiten entstehen, da die Drehachsen kontinuierlich arbeiten müssen.

Beim 5-Achs-Simultanfräsen ist daher darauf zu achten, die Maschinen so wenig wie möglich zu belasten. Deshalb sind extreme Achsbewegungen möglichst zu vermeiden, damit die Maschine auf Dauer nicht überlastet wird. Je nach Werkstückkontur und Frässtrategie ist eine bestimmte Maschinenkinematik besser oder schlechter für die Fräsaufgabe geeignet.

Für das 5-Achs-Simultanfräsen, bei dem die Fräserachse gegenüber der Z-Achse um einen Winkel geneigt ist (Bild 1), bieten die verschieden CAM-Systeme eine Vielzahl von Frässtrategien an. Im Dialog werden die Anwender bei der Eingabe der Prozessdaten geführt, bevor das CAM-System die Fräsbahnen berechnet und eine Kollisionsprüfung durchführt. Im Folgenden sind beispielhaft einige Frässtrategien aufgeführt.

3.3.1 Ebenenschlichten

Beim Ebenenschlichten *(smoothing of planes)* (Bild 2) verlaufen die Fräsbahnen hauptsächlich entlang der Kontur in einer Ebene, bevor die nächste Bahn eine Ebene tiefer abgearbeitet wird. Diese Strategie eignet sich zur Bearbeitung steiler Flächen mit ruckfreien Übergängen zwischen den Bearbeitungsebenen.

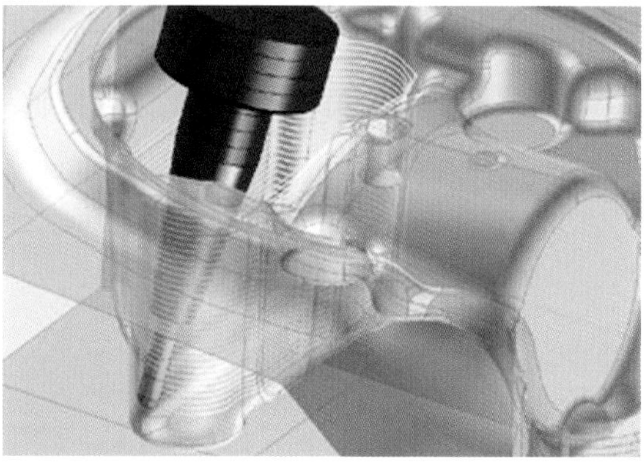

2 Ebenenschlichten steiler Wände

3.3.2 Profilschlichten

Beim Profilschlichten *(smoothing of profiles)* (Bild 3) verlaufen die Fräsbahnen rechtwinklig zu einer Kontur, wobei die Bahnen größtenteils geradlinig oder leicht gekrümmt verlaufen. Diese Strategie eignet sich zur flächenübergreifenden Bearbeitung meist ebener bzw. gering gekrümmter Flächen.

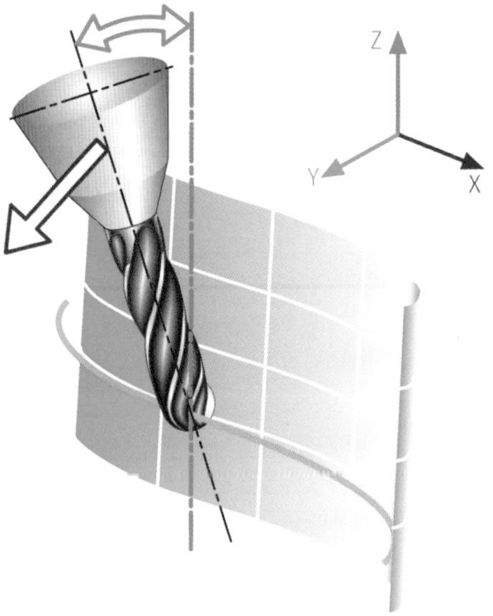

1 Neigung der Werkzeugachse gegenüber der Z-Achse

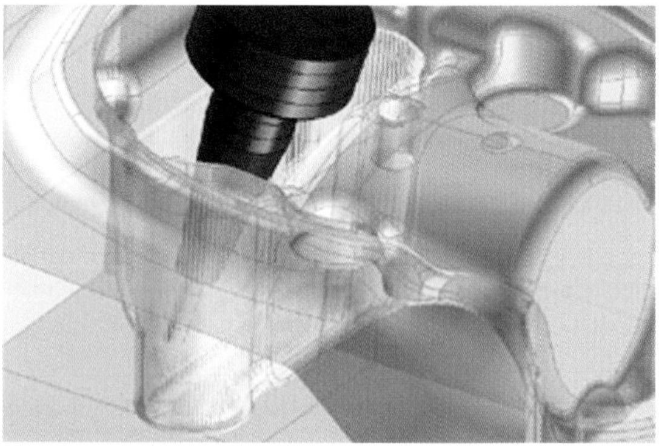

3 Profilschlichten steiler Wände

3.3.3 Äquidistantes Schlichten

Beim äquidistanten Schlichten *(equidisant smoothing)* (Bild 4) verlaufen die Fräsbahnen parallel zu den flächenbegrenzenden Konturen. Die Bearbeitung eignet sich für Bodenbereiche in Vertiefungen sowie für flach gekrümmte Flächenverbände.

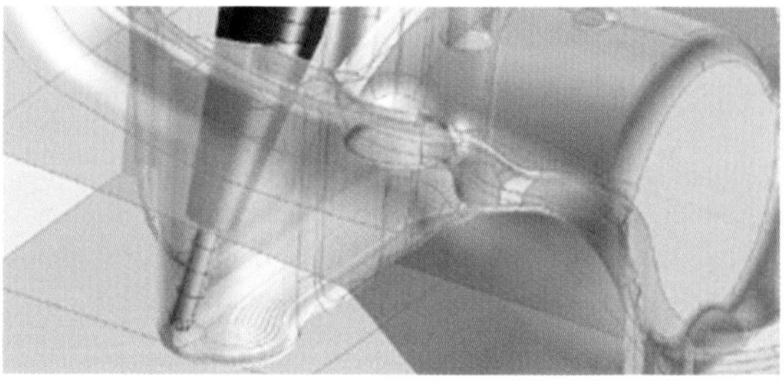

4 Äquidistantes Schlichten von ebenen oder leicht gekrümmten Flächen

3.3.4 Stirnen

Bei der stirnenden Bearbeitung (Bild 1) wird während des Fräsens die Werkzeugachse senkrecht zum aktuellen Berührungspunkt ausgerichtet. Beim Stirnen *(spot facing)* mit einem Torusfräser können relativ große Bahnabstände gewählt werden, wodurch sich die Bearbeitungszeit reduziert. Durch die automatische Anpassung des Werkzeug-Anstellwinkels bei konkaven Oberflächen werden hohe Oberflächenqualitäten erzielt. Dabei ist eine Bearbeitung über mehrere Flächen hinweg möglich.

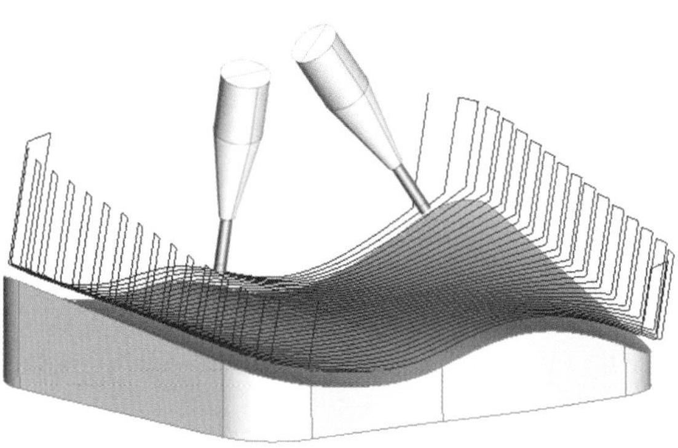

1 Stirnende Bearbeitung

3.3.5 Wälzfräsen

Beim Wälzfräsen (Bild 2) wird die Werkstückoberfläche mit dem Werkzeugumfang bearbeitet. Große Bahnabstände reduzieren die Bearbeitungszeit und verbessern die Werkstückoberfläche. Dabei wird das Werkzeug mit dem Umfang entlang einer Referenzkurve geführt. Durch mehrfache axiale und seitliche Zustellungen ist das Wälzfräsen auch zum Schruppen geeignet.

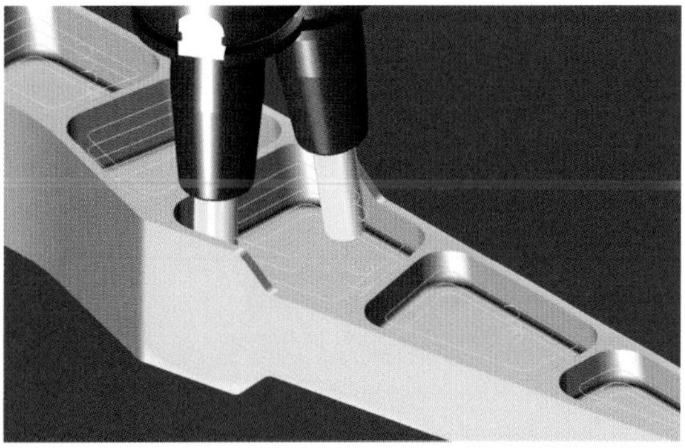

2 Wälzfräsen

3.4 Optische 3-D-Messtechnik

Anspruchsvollen Geometrien können mit taktilen 3-D-Messmaschinen[1)] nur recht zeitaufwändig geprüft werden. Mithilfe optischer Messtechnik lassen sich diese Geometrien relativ schnell erfassen und mit den Sollwerten vergleichen, die vom CAD-System zur Verfügung gestellt werden.

3.4.1 Laserscannen

Der handgeführte Laserscanner *(laser scanner)* (Bild 3) befindet sich an einem Messarm, der ständig während der Bewegung die absoluten Raumkoordinaten des Scanners ermittelt.
Da sich die den Laserstrahl erfassende Kamera (Seite 466 Bild 1) in einem definierten Abstand und Winkel zum Laser befindet, wird der geradlinige Laserstrahl von der Kamera als Linienprofil erfasst. Die Kamera und die dazugehörende Software ermitteln den relativen Abstand der gescannten Oberfläche.

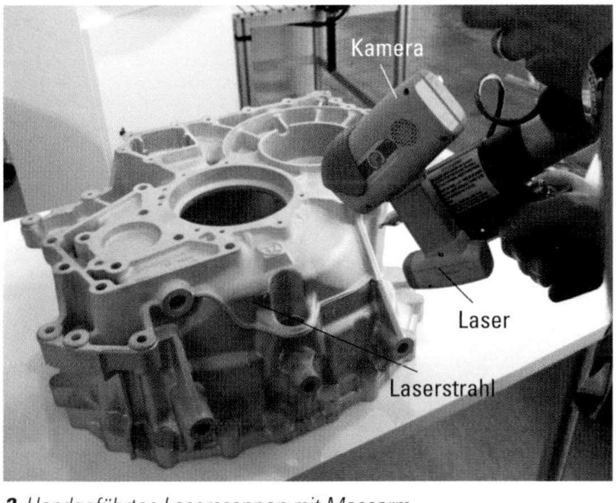

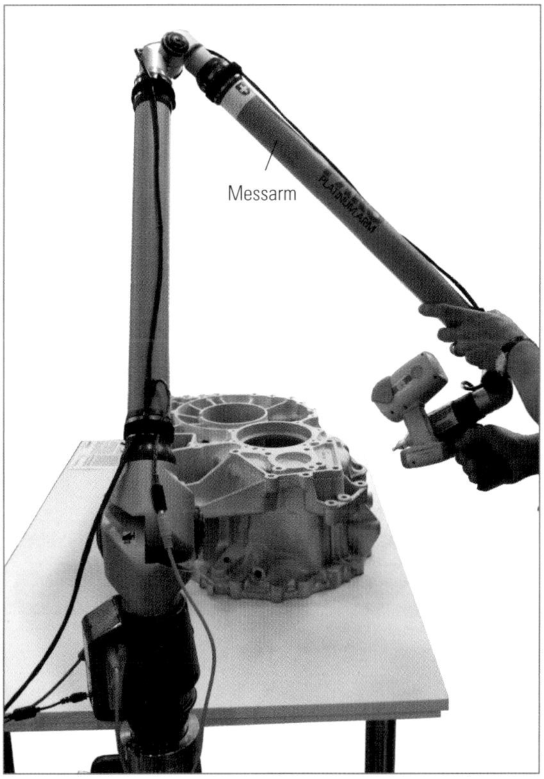

3 Handgeführtes Laserscannen mit Messarm

1) siehe Lernfeld 5 Kap. 7.6.3

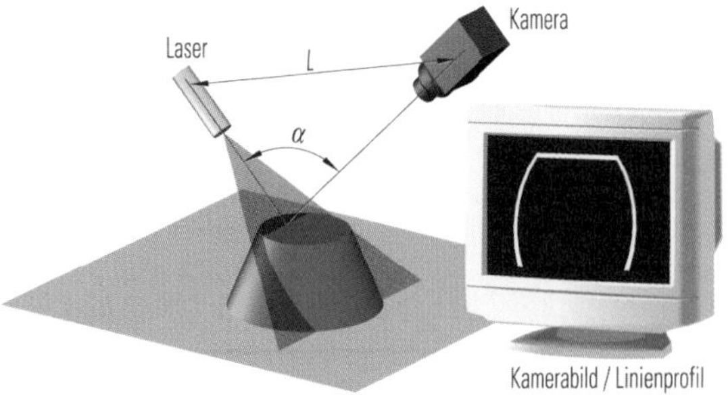

1 Prinzip des Laserscannens

Die Messarm- und Laserdaten ergeben zusammen die Scandaten in einem definierten Koordinatensystem. Bei den Scandaten handelt es sich zunächst um eine Vielzahl von definierten Punkten (**Punktewolke**), die die Oberfläche beschreiben. Im nächsten Schritt[1] werden mithilfe entsprechender Software aus der Punktewolke Flächen generiert, die mit den Sollflächen zu vergleichen sind (Bild 2).

3.4.2 Streifenprojektionsverfahren

466_1 Um anspruchsvollere Geometrien wie z. B. das Modell (Seite 460 Bild 2) hinreichend genau und schnell erfassen zu können, ist die Aufnahme möglichst vieler Objektpunkte mit geringem Abstand zueinander erforderlich. Die entstehende Punktewolke kann im Einzelfall aus mehreren Millionen Punkten bestehen.

MERKE

Das Streifenprojektionsverfahren *(method of projecting stripes)* gewährleistet eine hohe Genauigkeit der Punktewolke bei geringer Messzeit.

Für die Erfassung der Punktewolke wird zunächst ein Streifenmuster auf das Werkstück – in unserem Fall das Modell – projiziert (Bild 3) und unter einem bestimmten Winkel mithilfe von zwei Kameras erfasst. Im Gegensatz zum Laserscannen wird pro Aufnahme nicht eine Linie, sondern die gesamte Projektionsfläche aufgezeichnet. Der Projektor und die Kameras bilden eine fest miteinander verbundene und zueinander ausgerichtete Einheit, den 3-D-Digitalisierer (Seite 467 Bild 1).

Ein leistungsfähiger Rechner mit entsprechender Software berechnet innerhalb weniger Sekunden aus den Bildern die 3-D-Koordinaten von maximal so vielen Objektpunkten, wie die Kameras Pixel haben.

Zum Erfassen aller Werkstückflächen sind mehrere Einzelaufnahmen von unterschiedlichen Positionen notwendig. Die dabei jeweils berechneten Punktewolken (Seite 467 Bilder 2a und b) müssen anschließend zu einer einzigen Punktewolke zusammengefügt werden. Dieses erfolgt mithilfe von Referenzmarken, die auf das Modell geklebt wurden. Der Fortschritt der Digitalisierung kann am Rechner verfolgt werden (Seite 467 Bilder 2c).

Im nächsten Schritt erstellt die Software des Messrechners aus der Punktewolke dreieckige Einzelflächen. Dieser Umwandlungsprozess wird **Triangulation** oder **Polygonisierung** ge-

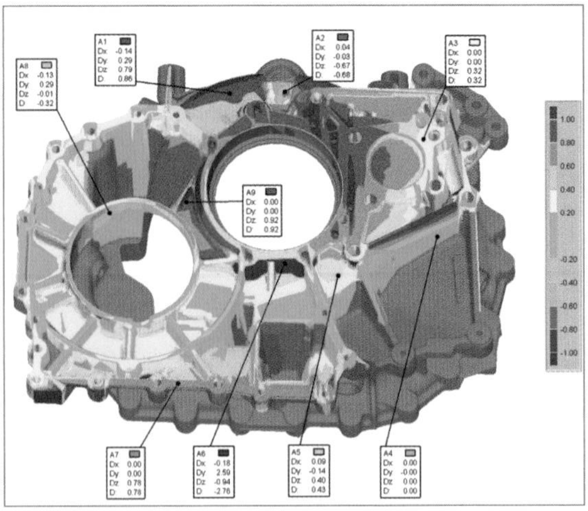

2 Soll-Istwertvergleich von CAD- und Messdaten

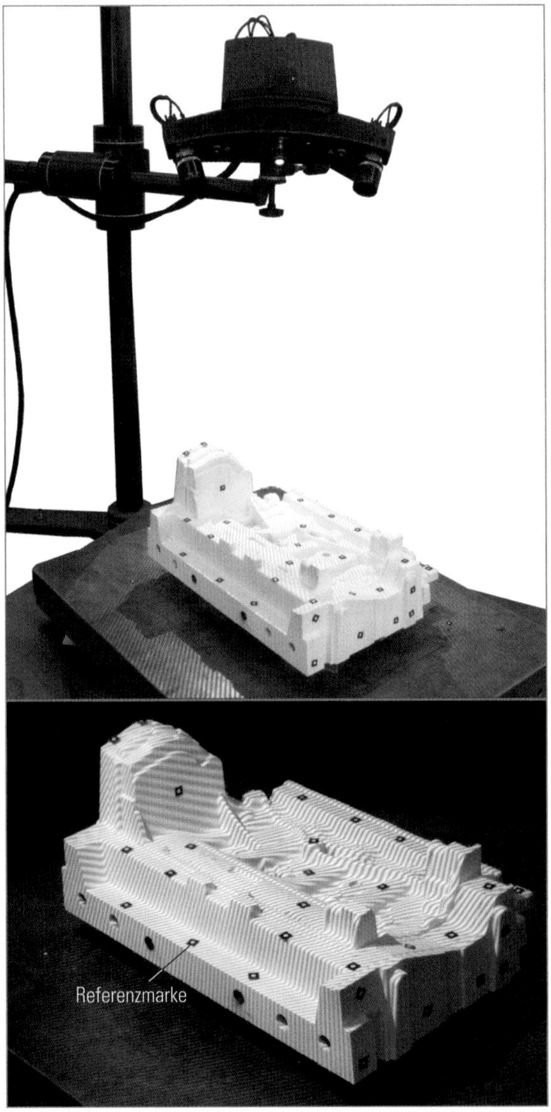

3 Streifenprojektion auf gefrästes Modell mit Referenzmarken

1) siehe Kap. 3.4.2

nannt. Mit zunehmender Objektkrümmung werden dabei die Dreiecksflächen kleiner (Bild 3). Es ist ein Flächenmodell des Werkstücks entstanden.

Abschließend kann das Flächenmodell mit den CAD-Daten verglichen werden. Dazu wird der CAD-Datensatz zum Flächenmodell hinzugeladen und ausgerichtet. Das Auswertungsprogramm bietet umfangreiche Funktionen zur Geometrieprüfung. Farblich wird z. B. dargestellt, ob die Istwerte innerhalb der gewählten Toleranz liegen (Bild 4a). Der Anwender kann auf diese Weise schnell erkennen, ob das Werkstück die gestellten Anforderungen erfüllt. An den vom Anwender festgelegten Stellen gibt die Software in kleinen Boxen den Maßunterschied zwischen Soll- und Istkontur an (Bild 4b).

1 *3-D-Digitalisierer*

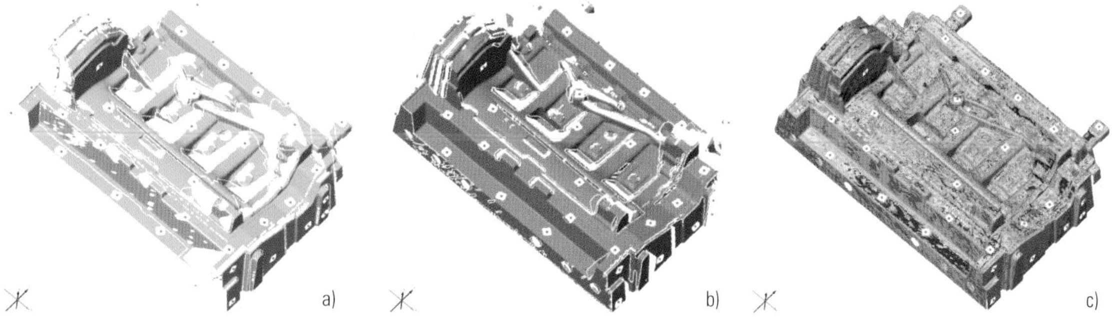

2 *Fortschritte beim Entstehen der gesamten Punktewolke*

MERKE

Das Streifenprojektionsverfahren besitzt folgende Vorteile:

- Schnelle flächenhafte Messung von komplexen Geometrien.
- Einfache Flächenauswertung.
- Verschiedene Objektgrößen prüfbar.

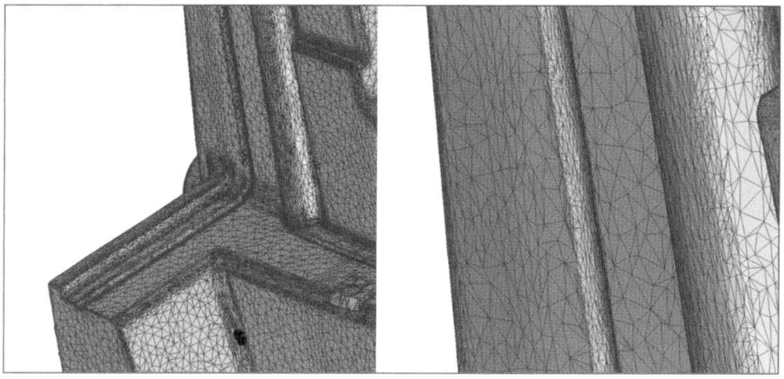

3 *Aus Dreiecksflächen unterschiedlicher Größe aufgebaute Oberfläche*

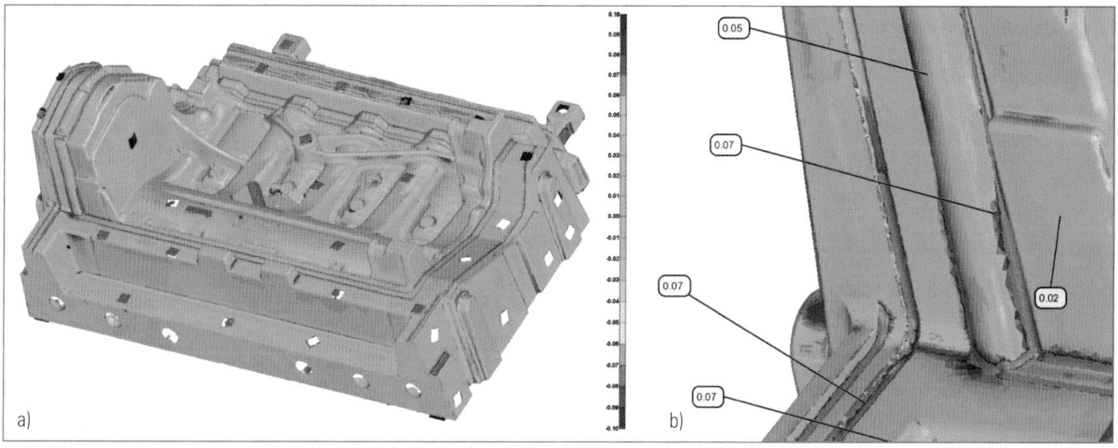

4 *Soll-Istwertvergleich von CAD- und Messdaten*

ÜBUNGEN

1. Wie viele Achsen benötigt eine Fräsmaschine mindestens, um ein Werkstück mit einer Aufspannung an fünf Seiten zu bearbeiten?
2. Beschreiben Sie, um welche Achsen die Achsen A', B' und C' schwenken.
3. Worin besteht der Unterschied zwischen C und C'?
4. Beschreiben Sie anhand der A'-Schwenkachse die Linke-Hand-Regel.
5. Bei einer Fräsmaschine mit den Schwenkachsen A' und C' soll die nicht vorhandene B'-Achse um -90° geschwenkt werden. Wie ist das möglich?
6. Was ist der wesentliche Unterschied beim 5-Achs-Fräsen zwischen angestellten Werkzeugen im Positionierbetrieb und Simultanbetrieb?
7. Nennen und begründen Sie mindestens fünf Vorteile des 5-Achs-Fräsens.
8. Warum muss das Werkstück beim 5-Achs-Fräsen meist einen deutlichen Abstand vom Frästisch besitzen.
9. Welche Vorteile ergeben sich durch die Verwendung von 5-Achs-Spannern?
10. Nennen Sie mindestens zwei Gründe für den Einsatz von Nullpunktspannsystemen.
11. Beschreiben Sie stichpunktartig das Spannen mit einem Nullpunktspannsystem.
12. Wie sind Nullpunktspannsysteme zu warten?
13. Welche Aufgaben erfüllen starre und flexible Polverlängerungen bei Magnetspannplatten?
14. Erstellen Sie einen Bearbeitungsplan für die Schubstangenführung (siehe Bild unten).
15. Erstellen Sie für die beiden Aufspannungen der Schubstangenführung das CNC-Programm für 3+2-Achs-Fräsen.
16. Warum ist es bei der CAD-CAM-Bearbeitung notwendig, dem Maschinenbediener Bearbeitungspläne an die Hand zu geben?
17. Aus welchen Gründen ist beim Fräsen anspruchsvoller Geometrien aus dem vollen Material meist eine 3-Achs-Bearbeitung der 5-Achs-Bearbeitung vorgeschaltet?
18. Wie verändern sich die Prozessparameter bei den ver-schiedenen Schruppstrategien?

zu Übungen 14 und 15

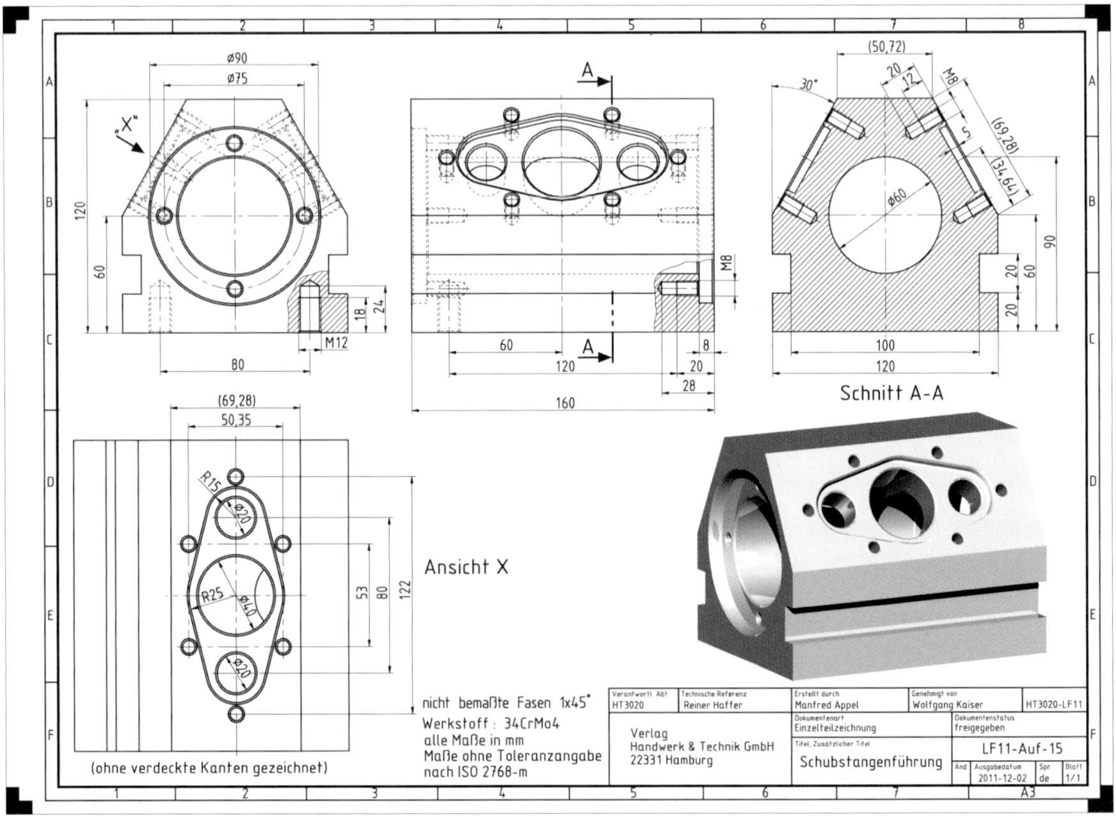

19. Warum ist es beim Schlichten anspruchsvoller Geometrien so wichtig, mit kurzen Fräsern zu arbeiten?

20. Unterscheiden Sie Vor- und Fertigschlichten.

21. Welche Vorteile besitzt eine 3+2-Achs-Bearbeitung gegenüber einer reinen 3-D-Programmierung?

22. Was wird unter dem Begriff „Restbearbeitung" verstanden und welche Fräserdurchmesser sind dabei zu wählen?

23. Welchen Vorteil hat eine 5-Achs-Simultanbearbeitung gegenüber dem Fräsen mit einer 5-Achs-Festanstellung?

24. Begründen Sie mögliche Nachteile einer 5-Achs-Simultanbearbeitung.

25. Unterscheiden Sie verschiedene Frässtrategien bei der 5-Achs-Simultanbearbeitung und geben Sie an, für welche Arbeiten sie geeignet sind.

26. Begründen Sie Vorteile der optischen Messverfahren gegenüber berührenden.

27. Wie werden die Messdaten beim Laserscannen ermittelt?

28. Was verstehen Sie unter dem Begriff „Punktewolke" und wodurch entsteht sie?

29. Welchen Vorteil hat das Streifenprojektionsverfahren gegenüber dem Laserscannen?

30. Warum sind beim Streifenprojektionsverfahren mehrere Aufnahmen nötig?

31. Wozu dienen beim Streifenprojektionsverfahren die Referenzmarken auf dem Werkstück?

32. Wozu dient die „Triangulation" beim Streifenprojektionsverfahren?

33. Wie werden die Unterschiede zwischen Soll- und Istwerten bei optischen Messverfahren ermittelt?

4 Flexible Fertigungszellen und -systeme

Die Auswahl des rechnergestützten Fertigungssystems (Bild 1) hängt ab von

- der vorhandenen Komplexität des Werkstücks
- der zu fertigenden jährlichen Stückzahl
- dem gewünschten Automatisierungsgrad und
- der benötigten Flexibilität des Systems

Flexible Fertigungszellen[1] *(flexible manufacturing cells)* basieren meist auf Bearbeitungszentren (Bild 2) für das jeweilige Fertigungsverfahren wie z. B. Drehen, Fräsen oder Schleifen. Sie ermöglichen oft eine Komplett- oder 5-Seiten-Bearbeitung des Werkstücks. Die Bearbeitungszentren werden ergänzt durch

- automatische Werkstückzufuhr aus einem Werkstückspeicher
- automatische Werkzeugüberwachung[2] und Werkzeugtausch bei Werkzeugverschleiß oder -bruch durch Ersatz- bzw. Schwesterwerkzeugen aus einem Werkzeugspeicher
- automatische Werkstückentnahme

MERKE

Um unproduktive Nebenzeiten zu minimieren, erfolgen bei Flexiblen Fertigungszellen Werkstück- und Werkzeugwechsel automatisiert.

Flexible Fertigungssysteme *(flexible manufacturing systems)* (Seite 470 Bild 1) bestehen aus mehreren Flexiblen Fertigungszellen, die über ein gemeinsames Werkstücktransportsystem und ein zentrales Steuerungs- und Informationssystem miteinander verbunden sind.

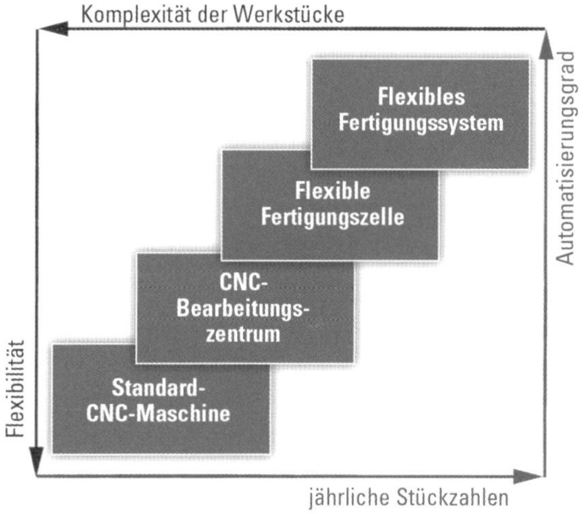

1 *Einsatzbereiche rechnergestützter Fertigungssysteme*

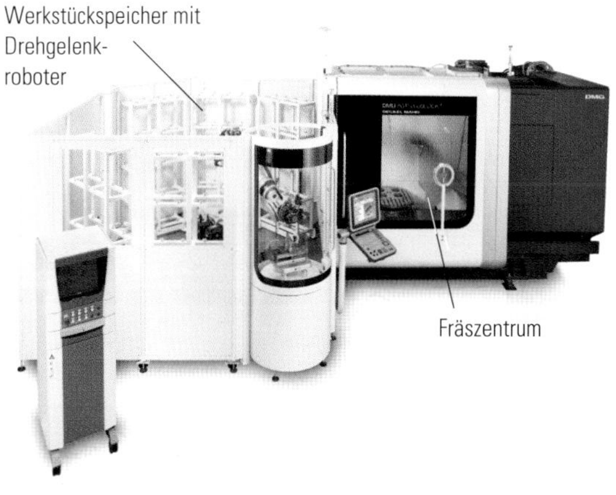

2 *Flexible Fertigungszelle zum Fräsen*

1) siehe Kap. 4.3 2) siehe Lernfeld 10 Kap. 2.6

MERKE

Flexible Fertigungssysteme sollen
- unterschiedliche Werkstücke
- mit wechselnden Losgrößen
- mit verschiedenen Bearbeitungsverfahren
- in beliebiger Reihenfolge
- vollautomatisch ohne manuelle Eingriffe
- wirtschaftlich fertigen

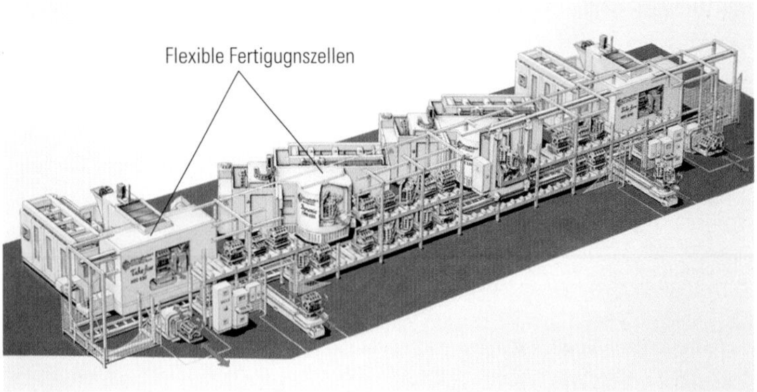

1 *Flexibles Fertigungssystem*

4.1 Flexible Fertigungszellen

Flexible Fertigungszellen ermöglichen die automatisierte Fertigung von verschiedenen Werkstücken mit unterschiedlichen Losgrößen.

4.1.1 Werkstückhandhabung

Werkstückhandhabung *(handling of workpieces)* ist das Bewegen des Werkstücks von einer zur anderen räumlichen Position, ohne dass eine Veränderung am Werkstück vorgenommen wird. Die automatisierte Handhabung der Werkstücke und deren Verwaltung geschieht meist mittels
- Handhabungsautomaten oder
- Industrierobotern

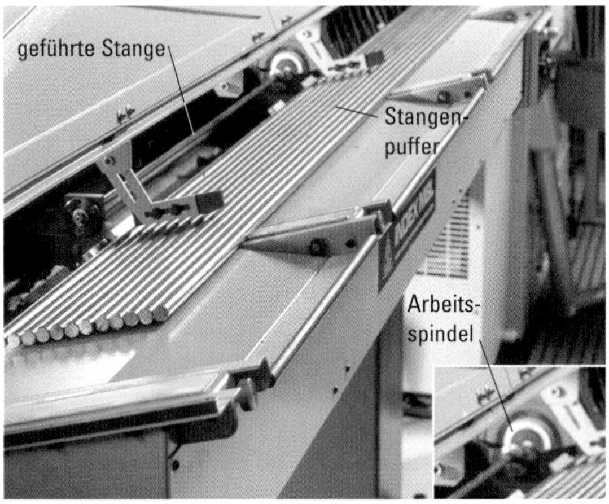

2 *Stangenlademagazin für Drehmaschine*

4.1.1.1 Drehzellen

Stangenzuführung

Wenn bei Drehmaschinen von der Stange gearbeitet wird, können die Stangen mithilfe eines **Stangenlademagazins** *(bar loading magazine)* (Bild 2) der Wirkstelle automatisiert zugeführt werden. Dazu ist es zunächst erforderlich, die Stangen dem Stangenpuffer zuzuführen. Anschließend wird eine Stange aus dem Puffer auf die Achse der Arbeitsspindel vereinzelt (Bilder 4 und 4a). Bei dem betrachteten Stangenlademagazin nimmt eine Scherengitterkonstruktion (Bild 4b) mit Wälzlagern und Kunststoffbuchsen die Stange auf. Die Kunststoffbuchsen sind auf den jeweiligen Stangendurchmesser angepasst und führen die Stange spielfrei.

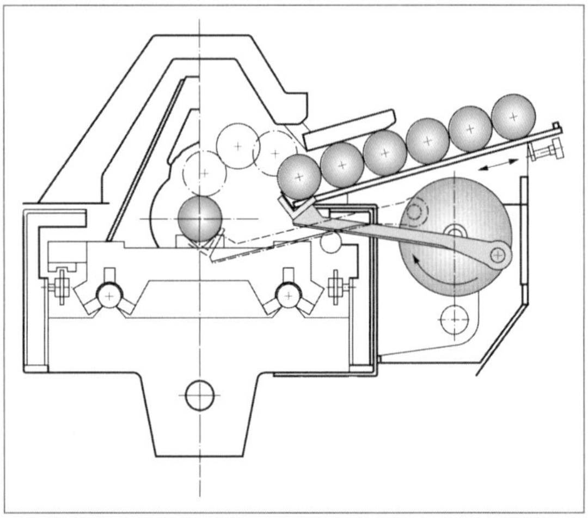

3 *Vereinzelung der Stangen im Stangenlademagazin*

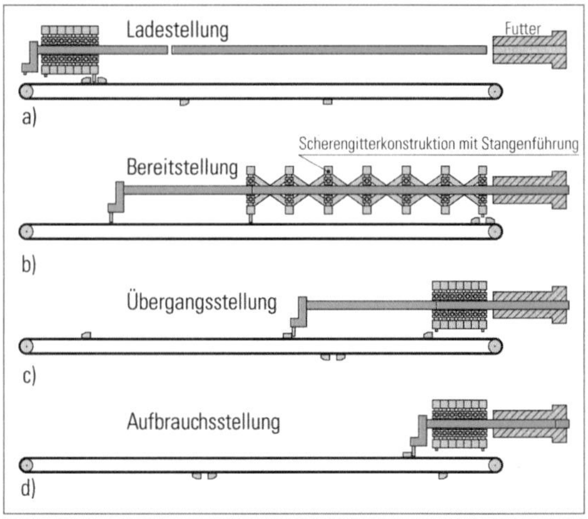

4 *Funktionsweise des Stangenlademagazins*

Nachdem das Werkstück von der Stange abgestochen wurde, öffnet das Drehfutter und das Stangenlademagazin schiebt die Stange um den programmierten Wert vor (Seite 470 Bild 4c). Das Drehfutter schließt und die Bearbeitung des neuen Werkstücks beginnt.

Das Magazin ermittelt automatisch die Länge der Ausgangsstange und registriert deren Abnahme während der Fertigung. Dadurch ist zu jedem Zeitpunkt die Länge der restlichen Stange bekannt und damit auch die Information, ob diese Länge für das nächste Werkstück ausreicht. Ist das nicht der Fall, wird die Reststange entladen und die nächste Stange geladen.

Durch das mehrfache Führen und Zentrieren der Stange in der Scherengitterkonstruktion wird erreicht, dass sich die Stange vibrationsarm dreht und die Geräuschentwicklung gering ist.

MERKE

Das Stangenlademagazin ist ein Handhabungsautomat.

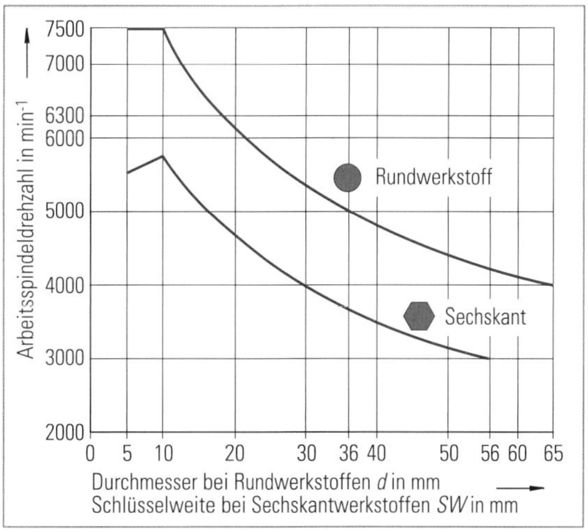

1 *Drehzahldiagramm für minimale Vibration und Geräuschentwicklung*

Überlegen Sie!

Interpretieren Sie das Diagramm (Bild 1) im Hinblick auf die zulässigen Umdrehungsfrequenzen für Rund- und Sechskantquerschnitte in Abhängigkeit von den Durchmessern bzw. Schlüsselweiten.

Handhabung von vorbereiteten Rohlingen

Werden die Drehteile z. B. aus abgesägten Stangenprofilen oder Schmiedeteilen hergestellt, erfolgt die Werkstückhandhabung meist mithilfe von **Industrierobotern**[1] *(industrial robots)* (Bild 2).

Dabei entnimmt der Industrieroboter aus dem Werkstückspeicher den vorbereiteten Rohling (Bild 3) und führt ihn der Hauptspindel zu. Danach entnimmt er der Gegenspindel (Bild 4) das fertige Werkstück und führt es zurück in den Werkstückspeicher.

Durch die Beladung der Maschine von oben ist für den Industrieroboter kein zu-

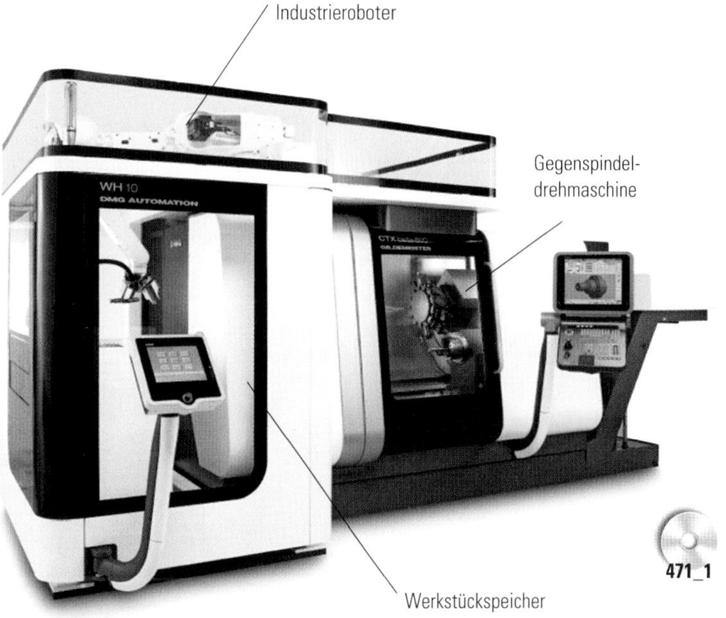

2 *Werkstückhandhabung mit Industrieroboter*

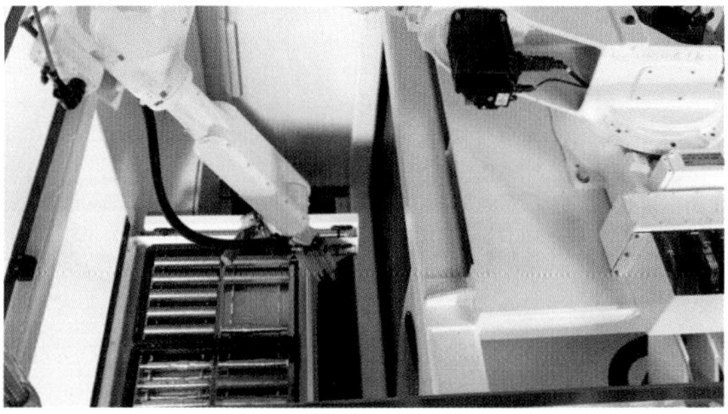

3 *Blick von oben in den Werkstückspeicher, aus dem der Roboter die Rohlinge entnimmt und in den er die Fertigteile zurücklegt*

4 *Blick in den Arbeitsraum der Gegenspindeldrehmaschine: Rohling wurde der Hauptspindel zugeführt, das Fertigteil der Gegenspindel entnommen*

1) siehe Kap. 5

sätzlicher Platzbedarf nötig. Gleichzeitig bleibt die sehr gute Zugänglichkeit des Maschinenarbeitsraums für Rüstvorgänge erhalten.
Eine weitere Möglichkeit zur Werkstückhandhabung ist ein **Portalroboter** *(gantry robot)* (Bild 1). Er nimmt ein Rohteil aus dem Werkstückmagazin auf und legt gleichzeitig ein Fertigteil ab. Dazu ist ein Doppelgreifer erforderlich. Der Portalroboter bringt das Rohteil vom Werkstückmagazin zur Bearbeitung in die Maschine, entnimmt das Fertigteil dem Drehfutter und setzt das Rohteil in das leere Drehfutter. Abschließend transportiert er das Fertigteil aus der Maschine und legt es im Werkstückmagazin ab.
Die Beladung der Maschine erfolgt von oben, entweder durch eine Ladeluke, oder die geöffnete Maschinentür. Dadurch bleibt die Werkzeugmaschine von vorne frei zugänglich, was Werkzeugwechsel, Bedienung und Qualitätskontrolle sehr erleichtert.

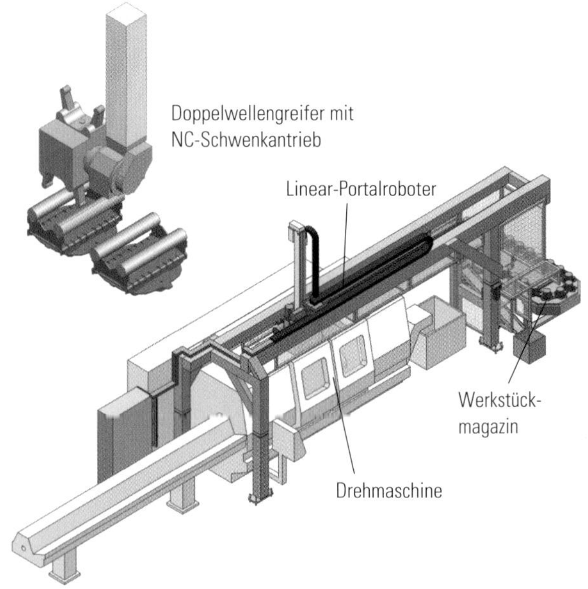

1 Portalroboter mit Doppelwellengreifer

4.1.1.2 Fräszellen

Handhabungsautomaten für Paletten

Werden Werkstücke auf Paletten gespannt (Seite 473 Bild 1) und automatisiert dem Bearbeitungsraum zugeführt, minimieren sich die Rüstzeiten. Dies steigert die Produktivität der Werkzeugmaschine.
Bei der Flexiblen Fräszelle (Bild 2) spannt die Zerspanungsfachkraft am **Rüstplatz** ❶ *(place for setting up)* das Werkstück auf die Palette.
Die bestückte Palette wird automatisiert dem **Palettenspeicher** ❷ *(magazine for pallets)* zugeführt. Der Palettenspeicher dient zur Bevorratung von Rohteil- und Fertigteilpaletten für den mannlosen Betrieb.
Der **Palettenwechsler** ❸ *(pallet exchanger)* übernimmt mit der einen Palettenaufnahme die Rohteilpalette aus dem Speicher. Nach der Drehung des Wechslers entnimmt die andere Palettenaufnahme die Fertigteilpalette aus dem Bearbeitungsraum. Nach einer weiteren Drehung setzt der Wechsler die Rohteilpalette im Arbeitsraum ab, bevor die Fertigteilpalette im Speicher abgelegt wird. Von dort kann sie automatisch zum Rüstplatz transportiert werden.
Das Positionieren der Paletten auf dem Maschinentisch erfolgt über ein Nullpunktspannsystem[1]. Die pneumatisch betätigten **Spannmodule** *(modules for clamping)* (Seite 473 Bild 2) sind entweder direkt im Maschinentisch integriert oder auf Vorrichtungsplatten montiert, die auf dem Maschinentisch fixiert sind. Auf diese Weise ist ein Werkstückwechsel innerhalb weniger Sekunden möglich. Die Wiederholgenauigkeit ist bei dieser Positionierungsmethode kleiner als fünf Mikrometer.

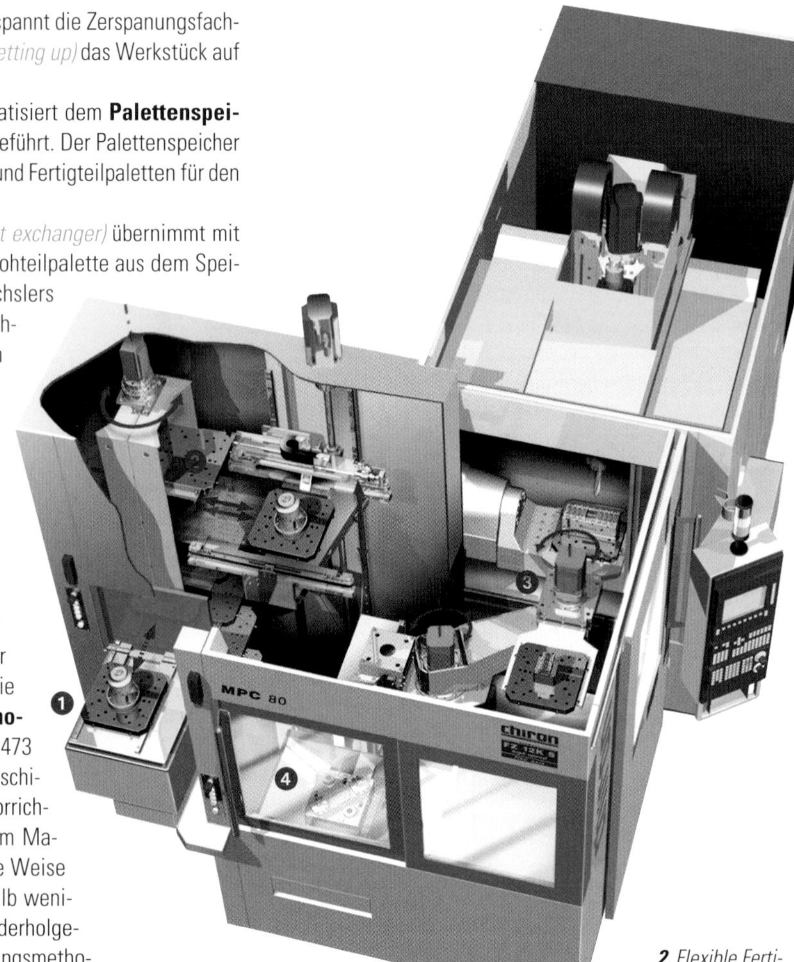

2 Flexible Fertigungszelle

1) siehe Kap. 3.1.1

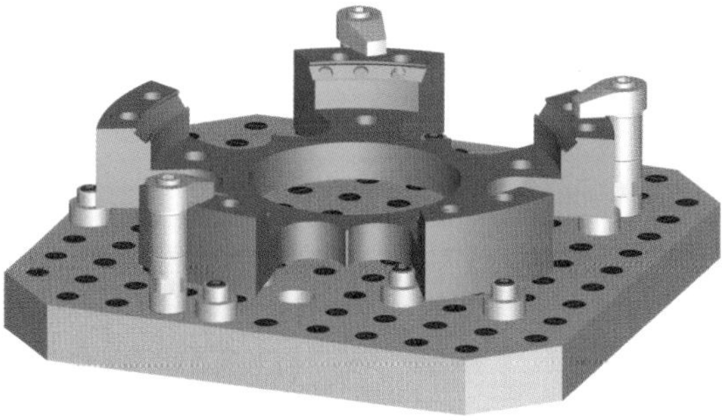

1 Werkstückpalette mit gespanntem Werkstück

2 Vierfach- Spannmodul

Bei Flexiblen Fertigungssystemen[1] geschieht das Rüsten der Paletten nicht an der Maschine sondern zentral. An der **Übergabestation** ❹ *(transfer station)* werden die Paletten mit den zu bearbeitenden Werkstücken vom externen Transportsystem übernommen . Nach erfolgter Bearbeitung können die Werkstücke dort automatisch gespült und von den Spänen befreit werden. Danach werden sie vom externen Transportsystem wieder übernommen und weitertransportiert.

MERKE

Durch die Verwendung von Werkstückpaletten werden bei Flexiblen Fräszellen die Nebenzeiten verkürzt und die Produktivität gesteigert.

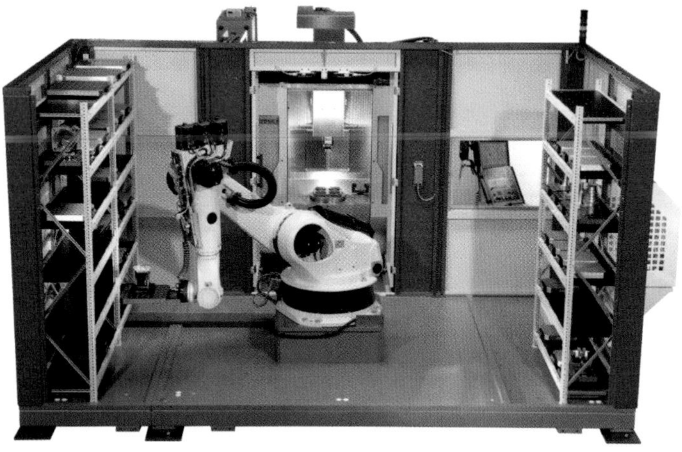

3 Blick in Palettenspeicher mit Drehgelenkroboter und Fräsmaschine im Hintergrund

Palettenhandhabung mit Industrierobotern

Zunehmend werden **Drehgelenkroboter**[2] *(robots with rotary joints)* zur Palettenhandhabung eingesetzt (Bild 3). Dabei ist die Werkstückwechselzeit meist etwas länger als mit Handhabungsautomaten. Andererseits sind sie jedoch flexibler auf neue Aufgabenstellungen umzuprogrammieren.

Bei der Flexiblen Fräszelle (Bild 4) übernimmt ein **Linearroboter**[3] *(linear robot)* die Handhabung der Werkstückpaletten. Vor der Entnahme der Fertigteilpalette positioniert der Drehtisch einen leeren Palettenplatz an die Übergabestation (Seite 474 Bild 1a). Der Linearroboter übernimmt vom Maschinentisch die vom Nullpunktspannsystem frei gegebene Fertigteilpalette (Seite 474 Bild 1b) und setzt sie auf der Übergabestation ab. Der Drehtisch positioniert die nächste Rohteilpalette auf die Übergabestation, von der der Linearroboter sie übernimmt und dem Nullpunktspannsystem zuführt. Nach dem Absetzen im Nullpunktspannsystem wird die Palette fest gespannt. Das geschieht durch Abschalten der Druckluft für das Nullpunktspannsystem.

4 Flexible Fräszelle mit Linearroboter

MERKE

Handhabungsautomaten und Industrieroboter übernehmen den Werkstücktransport bei Flexiblen Fertigungszellen.

1) siehe Kap. 4.3   2) siehe Kap. 5.1   3) siehe Kap. 5.1

1 Palettentransport mit Linearroboter
a) Nullpunktspannsystem und vom Linearroboter entnommene Werkstückpalette
b) Drehtisch-Palettenspeicher mit Linearroboter

474_1

4.1.2 Werkstückverwaltung

Bei Flexiblen Fertigungszellen ist es erforderlich, den verschiedenen Werkstücken bzw. Werkstückpaletten die entsprechenden CNC-Programme zuzuordnen. Ein Zellenrechner (Bild 2) übernimmt die Verwaltung der Werkstücke *(management of workpieces)*, die Koordination der Handhabungsaufgaben und die Kommunikation mit der Steuerung des Bearbeitungszentrums. Der Zellenrechner benötigt daher zunächst die Information, um welches Werkstück es sich handelt. Dazu gibt es prinzipiell zwei Möglichkeiten:

- manuelle Eingabe durch den Bediener und
- automatisches Lesen eines Datenträgers

Die **manuelle Eingabe** *(manual input)* erfolgt dadurch, dass die Zerspanfachkraft dem **Zellenrechner** *(cell computer)* (Seite 475 Bild 1) die Werkstück- bzw. Palettennummer und das dazugehörige CNC-Programm mitteilt.

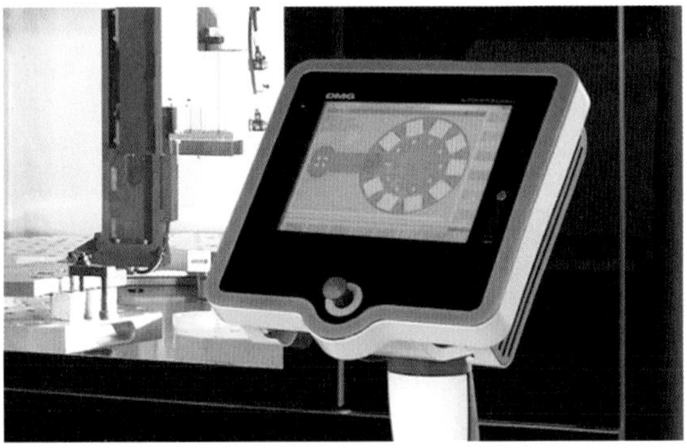

2 Display des Zellenrechners für einen Drehtisch-Palettenspeicher

Für das **automatische Erkennen** *(automatic recognition function)* der Werkstücknummer ist die Palette mit einer Codierung versehen. Das kann z. B. ein **Barcode**, ein **Data Matrix Code** oder

Barcode	Data Matrix Code	Transponder mit Microchip
9 0123456789		
zehnstellige Ziffer mit Prüfziffer lesbar	über 2000 Zeichen lesbar	ca. 1000 Zeichen les- und beschreibbar

3 Codierungen für Werkstücke und Werkstückpaletten

ein **Transponder mit Mikrochip** sein (Seite 474 Bild 3). Die auf der Codierung befindlichen Daten werden von einem entsprechenden Codeleser automatisch gelesen und zum Zellenrechner weitergeleitet. Nachdem der Zellenrechner die Aufforderung erhalten hat, die Palette in den Werkstückspeicher zu übernehmen, übernimmt das Handhabungssystem die Palette und legt sie auf einem Platz im Werkstücksspeicher ab (Bild 1). Das Handhabungssystem meldet dem Zellenrechner den Speicherplatz. Soll nun ein Werkstück bearbeitet werden, teilt der Zellenrechner dem Handhabungssystem den Platz im Werkstückspeicher mit, auf dem sich das zu bearbeitende Werkstück befindet. Das Handhabungssystem entnimmt dem Speicherplatz die Rohteilpalette und führt sie dem Maschinentisch zu. Die vorher ausgewechselte Fertigteilpalette wird vom Handhabungssystem auf einen Speicherplatz abgelegt, der dem Zellenrechner mitgeteilt wird. Alternativ dazu kann die Palette auch aus der Flexiblen Fertigungszelle geschleust werden, worüber der Zellenrechner auch informiert wird.

In der Datenbank des Zellenrechners werden z. B. der Maschinenbediener, die Zeit der Palettenauf- und -entnahme, die Bearbeitungszeiten, das CNC-Programm und die genutzten Werkzeuge sowie die Wartezeiten im Speicher und die genutzten Werkzeugspeicherpositionen festgehalten. Diese Daten können über ein Netzwerk vom übergeordneten Produktdatenmanagement[1)] übernommen und ausgewertet werden. Dadurch ist zu jedem Zeitpunkt zu erkennen, wie weit der Produktionsfortschritt eines jeden Werkstücks ist.

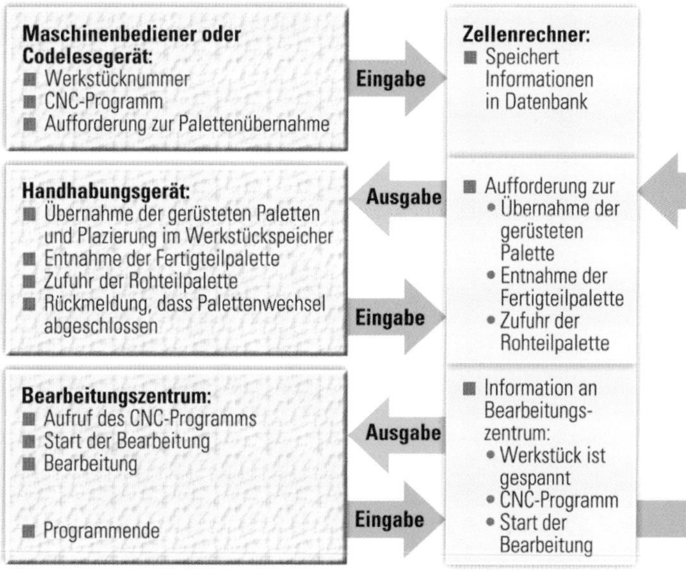

1 *Funktion des Zellenrechners im Hinblick auf die Werkstückhandhabung*

2 *Hintergrundwerkzeugmagazin mit Linearroboter für ca. 200 Werkzeuge*

MERKE

Der Zellenrechner koordiniert die Abläufe der automatisierten Teilsysteme der Flexiblen Fertigungszelle.

4.1.3 Werkzeughandhabung

Die Werkzeughandhabung *(handling of tools)* ist Bestandteil der CNC-Werkzeugmaschine[2)] bzw. des CNC-Bearbeitungszentrums[3)]. Da eine Flexible Fertigungszelle viele unterschiedliche Werkstücke in beliebigen Losgrößen bearbeiten kann, benötigt sie eine Vielzahl von Werkzeugen. Diese sind oft nicht alle im vorhandenen Werkzeugmagazin zu speichern. Abhilfe schafft in solchen Fällen ein **Hintergrundwerkzeugmagazin** (Bild 2), das eine Fülle weiterer Werkzeuge bereitstellt. Der **Linearroboter** *(linear robot)* wechselt die Werkzeuge während der Bearbeitung vom Hintergrundwerkzeugmagazin ins Hauptwerkzeugmagazin und umgekehrt.

Eine andere Möglichkeit zur Erhöhung der vorhandenen Werkzeugspeicherkapazität ist die Erweiterung mit einem Hintergrundwerkzeugmagazin, das für verschiedene Maschinetypen

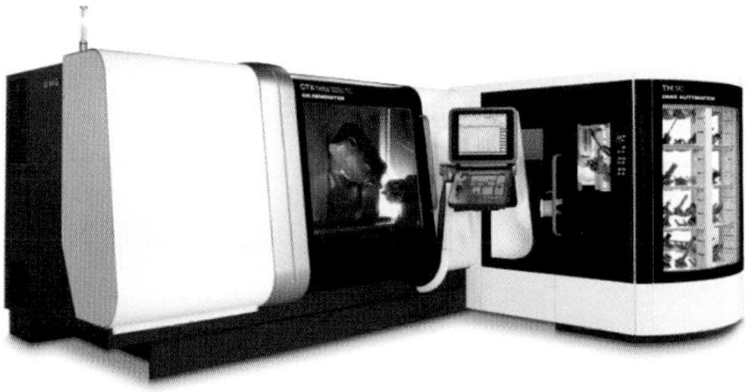
3 *Bearbeitungszentrum mit Hintergrundwerkzeugmagazin für verschiedene Maschinentypen*

1) siehe Kap. 1.3 2) siehe Lernfeld 8 Kap. 3.2, 3.5, 4.2, 4.4 3) siehe Kap. 2

geeignet ist (Seite 475 Bild 3). Hierbei übernimmt ein **Drehgelenkroboter** *(robot with rotary joints)* (Bild 2) den Werkzeugaustausch zwischen Hintergrund- und Hauptwerkzeugmagazin.

1 Werkzeughandhabung von bis zu 500 Werkzeugen mit Drehgelenkroboter im Hintergrundwerkzeugmagazin

476_1

4.1.4 Werkzeugverwaltung

Damit die für die Werkstückbearbeitung benötigten Werkzeuge zur richtigen Zeit dem Werkzeugmagazin zugeführt werden können, müssen einige Voraussetzungen erfüllt sein:

- Alle Elemente der Werkzeuge müssen in dem Betrieb vorhanden sein.
- Die Werkzeuge müssen zur Verfügung stehen, d. h., nicht an anderer Stelle eingesetzt sein.
- Die Lagerplätze der Werkzeuge müssen bekannt sein.
- Die Werkzeugkorrekturdaten müssen vorliegen.

Ist das nicht der Fall,

- werden Arbeitsabläufe wegen Werkzeugmangels unterbrochen
- muss der Maschinenbediener einen beachtlichen Teil seiner Arbeitszeit mit der Werkzeugsuche verbringen
- ist der Werkzeugbestand im Lager nicht richtig erfasst, werden die unproduktiven Maschinenstillstandszeiten zu hoch

Dies gilt für jede beliebige Werkzeugmaschine. Bei einer Flexiblen Fertigungszelle macht sich das – wegen hohen Investitionskosten – natürlich besonders bemerkbar. Deshalb ist bei Flexiblen Fertigungszellen die automatische Überwachung der Werkzeugmagazine von besonderer Bedeutung. Dazu gehört auch die Überprüfung, ob für die anstehenden Bearbeitungsaufträge die Werkzeuge verfügbar und die erforderlichen Werkzeugdaten vorhanden sind. Das macht deutlich, dass sich die Werkzeugverwaltung *(tool management)* nicht nur auf eine Maschine, sondern auf den gesamten Betrieb beziehen muss (Bild 2).

Ausgehend von der Teilzeichnung und dem Arbeitsplan werden die benötigten Werkzeuge festgelegt. Eine **Software für die Werkzeugverwaltung** greift über das PDM-System[1)] auf eine **zentrale Werkzeugdatenbank** *(data file for tools)* mit integrierter Lagerverwaltung zu. Sind Werkzeuge nicht vorhanden, werden sie bestellt und nach Eingang im Werkzeuglager in der Werkzeugdatenbank erfasst.

Nach der **Montage** *(mounting)* aller Werkzeugeinzelteile mit dem Werkzeughalter wird der montierte Zustand der Werkzeugdatenbank mitgeteilt. Dadurch ist gewährleistet, dass der Verbleib aller Teile im weiteren Fertigungsprozess nachvollziehbar bleibt.

Bevor die Werkzeuge an der Maschine gerüstet werden können, werden sie mithilfe der **Werkzeugvoreinstellung** *(pre-adjustment of tools)* gemessen, um die Werkzeugkorrekturdaten zu ermitteln[2)]. Dabei können die ermittelten Werkzeugdaten in der zentralen Werkzeugdatenbank gespeichert und später von der Werkzeugmaschine aufgerufen werden.

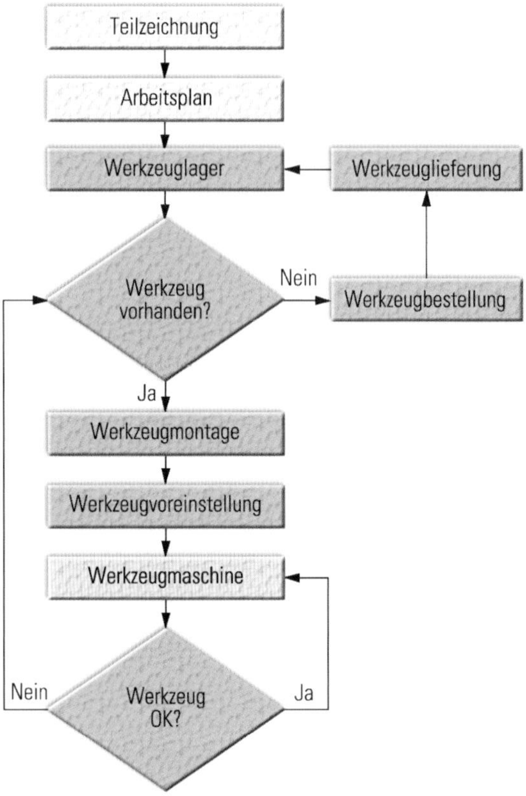

2 Schematische Darstellung der Werkzeugverwaltung

1) siehe Kap. 1.3 2) siehe Lernfeld 8 Kap. 3.5

Eine andere Möglichkeit besteht darin, alle relevanten Werkzeugdaten wie Ident-Nummern, Maße oder Standzeiten in einem **Transponder mit Mikrochip** *(transponder with microchip)* zu speichern (Bild 1).
Nach dem Start der Werkzeugvoreinstellung dreht die Werkzeugaufnahmespindel vollautomatisch auf die Chipposition im Werkzeughalter. Der Lesekopf fährt zum Transponder und die Informationen im Mikrochip werden gelesen. Nach dem automatischen Messen erfolgt das Speichern der gemessenen Daten. Der Informationsaustausch zwischen dem Schreib- bzw. Lesekopf und dem Datenträger erfolgt berührungslos und damit verschleißfrei. Daten und Energie, die der Datenträger benötigt, werden induktiv vom Schreib- bzw. Lesekopf übertragen. Daher benötigt der Datenträger keine Spannungsversorgung. Dieses System ist robust und absolut unempfindlich gegenüber äußeren Einflüssen wie z. B. Öl, Späne und Temperaturschwankungen.
Beim Rüsten der Flexiblen Fertigungszelle werden die Werkzeugkorrekturdaten entweder aus der zentralen Werkzeugdatenbank übernommen oder eine Leseeinrichtung liest sie vom Mikrochip auf der Werkzeugaufnahme (Bild 2).
Während der Bearbeitung erfolgt eine Bruchüberwachung der Werkzeuge[1]. Die Zeit, die jedes Werkzeug im Eingriff ist, kann erfasst und mit der vorgesehenen Standzeit verglichen werden. Beim Werkzeugbruch oder nach Erreichen der Standzeit wird das Werkzeug automatisch durch ein gleiches **Schwesterwerkzeug** ersetzt. Das genutzte Werkzeug wird dem Werkzeuglager wieder zugeführt. Dort ist dann die Entscheidung zu treffen, ob das Werkzeug noch genutzt werden kann, nachzuschleifen oder zu verschrotten ist.
Alle anfallenden Werkzeugdaten sind in der zentralen Werkzeugdatenbank gespeichert. Dadurch ist es auch möglich, den bearbeiteten Werkstücken die spezifischen Werkzeugkosten zuzuweisen. Die Software zur Werkzeugverwaltung sorgt dafür, dass die Mindestbestände an Werkzeugen nicht unterschritten werden. Automatisiert können die benötigten Werkzeuge bei den Lieferanten bestellt werden.
Werkzeugausgabeautomaten *(tool issue robots)* (Bild 3) halten vor Ort rund um die Uhr Werkzeuge bereit. Vor der Werkzeugentnahme muss sich die Zerspanungsfachkraft z. B. mithilfe einer Chipkarte anmelden, die Auftragsnummer eingeben und das benötigte Werkzeug auswählen. Die Werkzeugausgabeautomaten stehen mit der zentralen Werkzeugdatenbank in Verbindung, sodass die Verbindung zum PDM-System gewährleistet ist.

MERKE

Eine effektive Werkzeugverwaltung führt zu:
- Reduktion der Werkzeugvielfalt
- Verringerung des Lagerbestands
- Einsparungen beim Werkzeugverbrauch
- Senkung des Bereitstellungsaufwands
- Steigerung der Maschinennutzung

1 *Werkzeugcodierung durch Transponder mit Microchip*

2 *Werkzeugidentifikation*

3 *Werkzeugausgabeautomat*

1) siehe Lernfeld 10 Kap. 2.6

4.2 Flexible Fertigungssysteme

Flexible Fertigungssysteme *(flexible production systems)* umfassen meist weniger als zehn Bearbeitungszentren oder Flexible Fertigungszellen. Diese sind über ein gemeinsames **Werkstücktransportsystem** *(transport system for workpieces)* und ein **zentrales Steuerungs- und Informationssystem** *(control and information system)* miteinander verbunden. Die beteiligten Maschinen führen alle erforderlichen Bearbeitungen an den verschiedenen Werkstücken eines Teilespektrums durch, ohne dass ständige manuelle Eingriffe erforderlich sind. Die Fachkraft erfüllt in erster Linie überwachende und koordinierende Aufgaben.

Das Flexible Fertigungssystem besteht aus wichtigen **Untersystemen** *(subsystems)*, die nur gemeinsam ihre Aufgabe erfüllen können:

- Systeme für die Werkstückbearbeitung
- Systeme für den Werkstückfluss
- Systeme für den Werkzeugfluss
- Systeme zur Qualitätsüberwachung
- Systeme für den Informationsfluss

In Bearbeitungszentren und Flexiblen Fertigungszellen sind solche Systeme vorhanden bzw. teilweise vorhanden. Bei einem Flexiblen Fertigungssystem müssen diese Systeme vernetzt werden, damit ein **durchgängiger Material- und Informationsfluss** *(flow of material and information)* gewährleistet ist. Nötig sind dazu entsprechende

- Transportsysteme und
- Informationssysteme

4.2.1 Transportsysteme

Im Bild 1 ist schematisch ein Flexibles Fertigungssystem mit drei Flexiblen Fertigungszellen (FFZ 1 bis FFZ3) dargestellt. Für drei verschiedene Werkstücke (WS1 bis WS3) sind deren Transportwege zu den Bearbeitungssationen aufgezeigt. Gleichzeitig ist der Transport der Werkzeuge zu und von den Flexiblen Fertigungszellen zu erkennen.

Da sowohl die Werkstück- als auch die Werkzeughandhabung innerhalb einer Flexiblen Fertigungszelle beschrieben wurde , wird im Folgenden lediglich die Handhabung außerhalb der Flexiblen Fertigungszellen behandelt.

An einem zentralen Rüstplatz erfolgt die Montage der Werkstücke auf den Paletten, wozu Spannmittel und auch Vorrichtungen zum Einsatz kommen. Die gerüsteten Werkstückpaletten stehen danach zum Transport bereit. Die Werkstücke durchlaufen das Flexible Fertigungssystem und werden automatisch den erforderlichen Bearbeitungsstationen zugeführt.

Für die unterschiedlichen betrieblichen Anforderungen stehen entsprechende Transportsysteme *(transport systems)* zu Verfügung. Ihre Auswahl richtet sich vorrangig nach

- Anzahl der Bearbeitungsstationen
- Anordnung der Bearbeitungsstationen
- Größe der Werkstücke
- Gewicht der Werkstücke
- Spannmöglichkeiten der Werkstücke

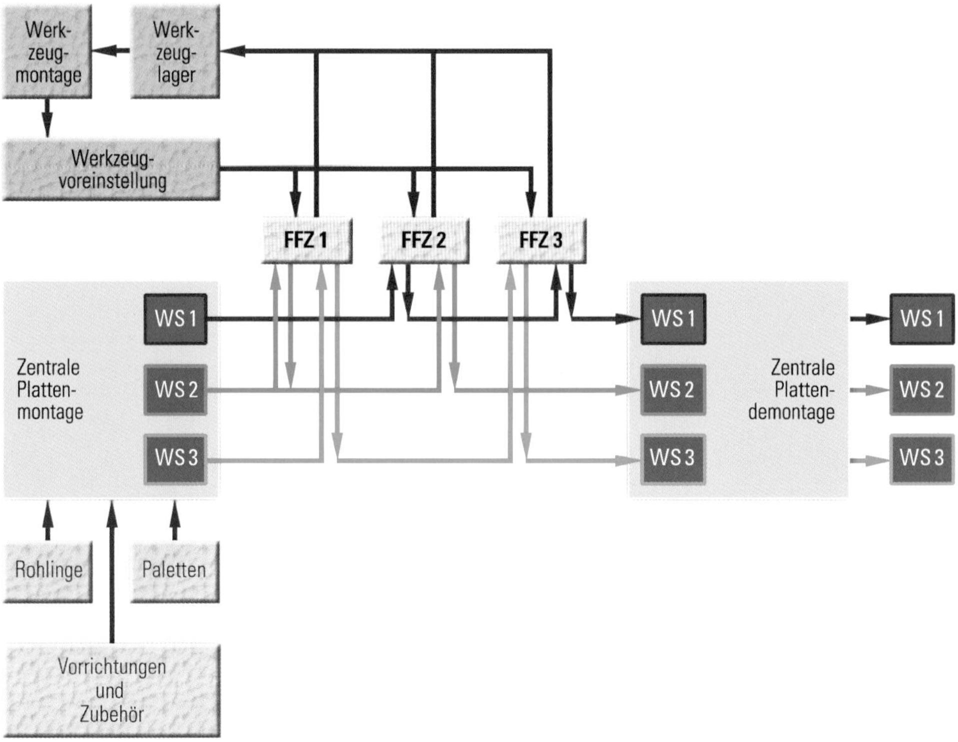

1 Schematische Darstellung der Transportsysteme eines Flexiblen Fertigungssystems

79_1

4.2.1.1 Roboter

Wie innerhalb einer flexiblen Fertigungszelle übernehmen Roboter *(robots)* auch die Werkstückhandhabung für mehrere Maschinen eines Flexiblen Fertigungssystems. Dabei ist es vorteilhaft, wenn die Bearbeitungsstationen in Reihe angeordnet sind. **Portalroboter** *(gantry robots)* (Bild 1) haben den Vorteil, dass die Maschinen immer noch gut zugänglich sind, weil die Handhabung der Werkstücke von oben erfolgt

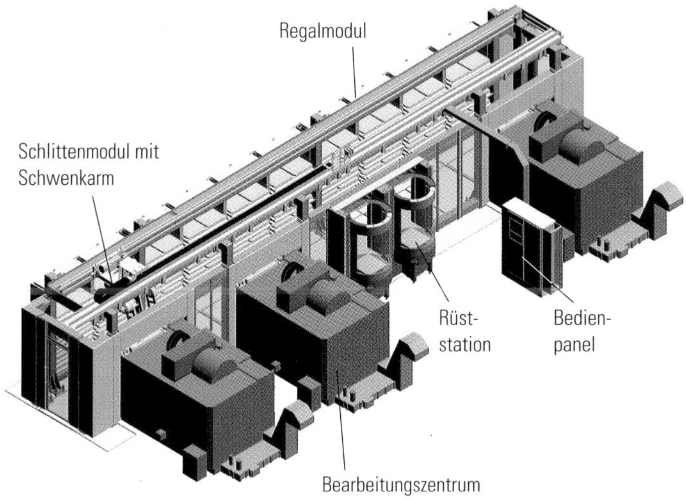

1 *Portalroboter handhabt die im Regal gespeicherten Werkstückpaletten für das gesamte Flexible Fertigungssystem*

Der **Drehgelenkroboter** *(robot with rotary joints)* verfährt auf einer bodenmontierten Lineareinheit (Bild 2). Es ist sowohl eine Werkstück- als auch eine Palettenhandhabung möglich.

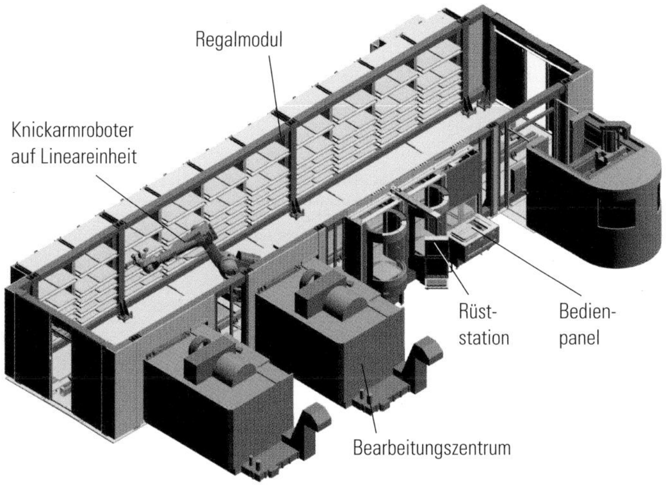

2 *Drehgelenkroboter auf fahrbarer Lineareinheit übernimmt die Werkstückhandhabung*

4.2.1.2 Rollen- und Gurtförderer

Mithilfe von Rollbahnen (Bild 3) oder Förderbändern (Bild 4) werden die Werkstücke den einzelnen Flexiblen Fertigungszellen zugeführt. Die Fördersysteme sind serienmäßig verfügbar. Die Gesamtstrecke wird aus einzelnen Bahnsegmenten zusammengesetzt. Die Belastbarkeit der Rollen- und Gurtförderer *(roll and belt conveyors)* reicht bis 750 kg pro Meter. Ihr Antrieb erfolgt elektrisch. Roboter oder integrierte Ladesysteme be- und entladen die einzelnen Bearbeitungszentren (Seite 480 Bild 1). Diese Art der Werkstückhandhabung kommt besonders dann zur Anwendung, wenn mehrere Maschinen über größere Distanzen zu verketten sind.

3 *Rollenförderer*

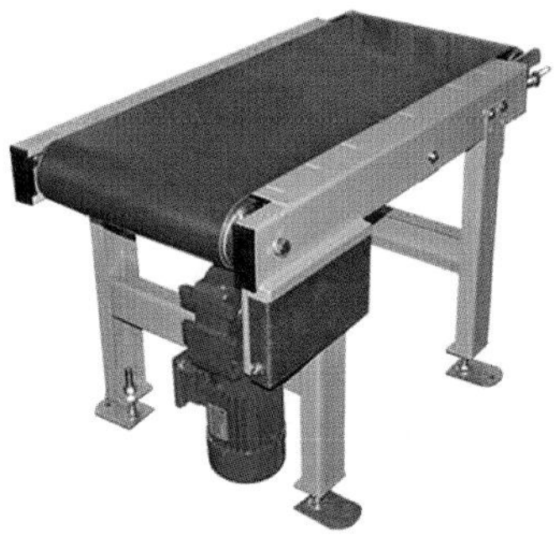

4 *Gurtförderer*

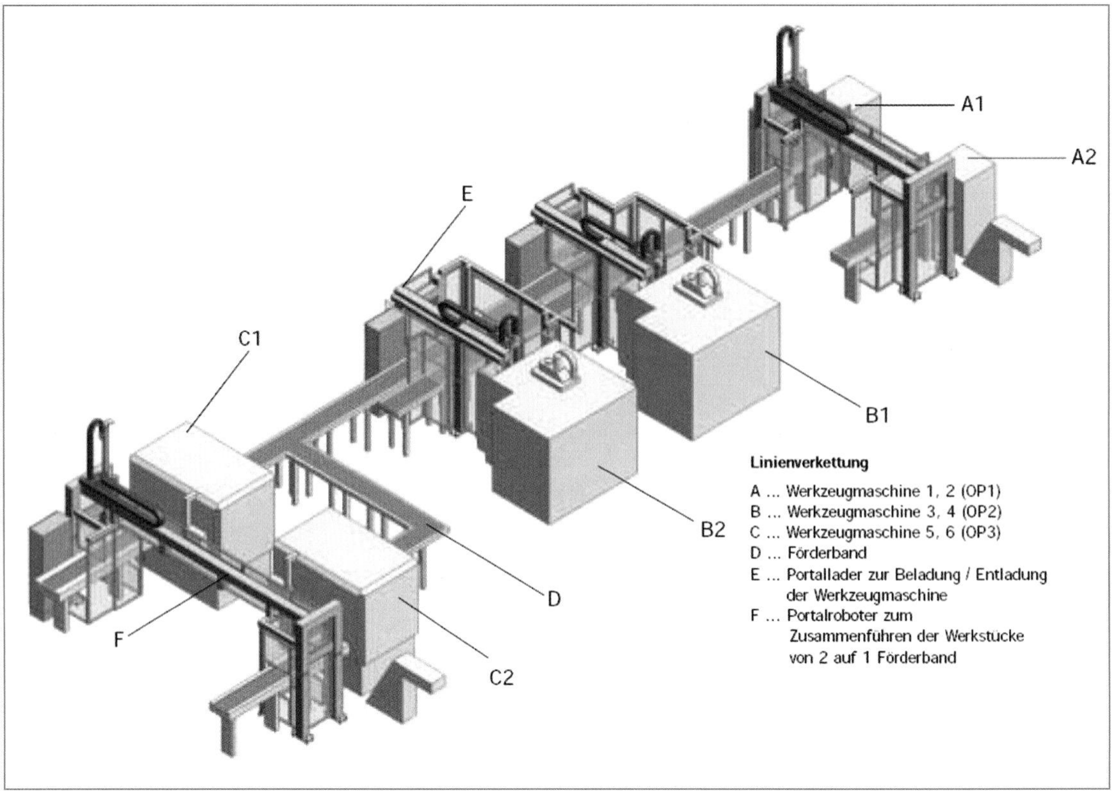

1 *Transportbänder übernehmen die Werkstückhandhabung zwischen den einzelnen Bearbeitungsstationen*

480_1
480_2
480_3

4.2.1.3 Fahrerlose Flurförderzeuge

Bei größeren Paletten oder schwereren Werkstücken haben sich fahrerlose Flurförderzeuge *(automated guided vehicles)* bewährt (Bild 2) Für die unterschiedlichen Transportanforderungen stehen entsprechende Fahrzeuge zur Verfügung (Seite 481 Bild 1). Die Flurförderzeuge werden automatisch geführt, wobei zwei wesentliche Prinzipien zu unterscheiden sind:

- **Führung entlang einer realen Leitlinie**, d. h., entlang von auf dem Boden angebrachten oder im Boden verlegten Leitlinien. Dazu zählen z. B. induktive, optische und magnetische Führung (Seite 481 Bild 2a,b,c).
- **Führung entlang einer virtuellen Leitlinie**, d. h., entlang programmierter Fahrwege, die sich auf softwaremäßig abgelegte Umweltmodelle beziehen, die der Fahrzeugrechner durch Abgleich mit der Realität erkennt. Dazu zählt z. B. die Lasernavigation (Seite 481 Bild 2d).

Die fahrerlosen Flurfahrzeuge benutzen bereits vorhandene Verkehrswege und können jeden beliebigen Punkt im Werkstattbereich erreichen. Auch entfernt liegende Material- und Werkzeuglager können mit fahrerllosen Flurfahrzeugen einfach in das Flexible Fertigungssystem eingebunden werden.

MERKE

Die Transport- und Handhabungssysteme gewährleisten den Material- bzw. **Stofffluss** *(flow of material)* in einem Flexiblen Fertigungssystem.

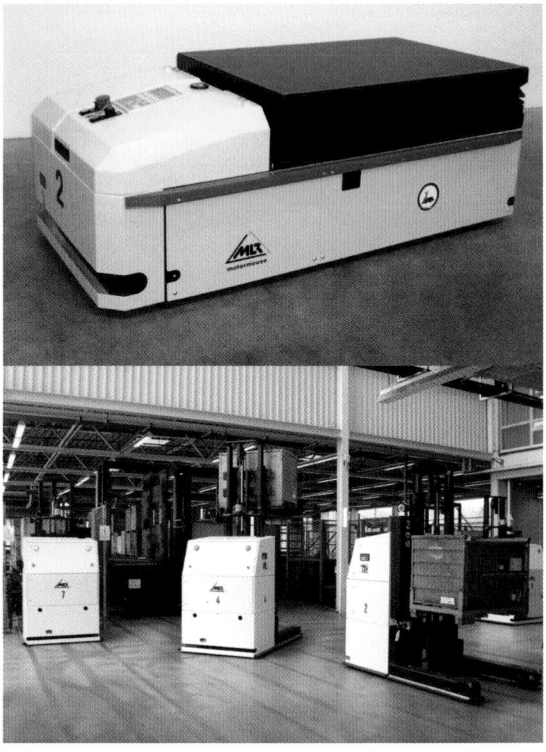

2 *Fahrerlose Flurförderzeuge*

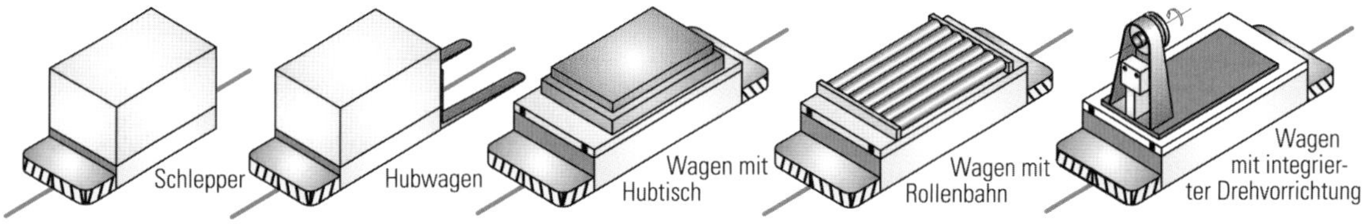

1 Ausführungsbeispiele für fahrerlose Flurförderzeuge

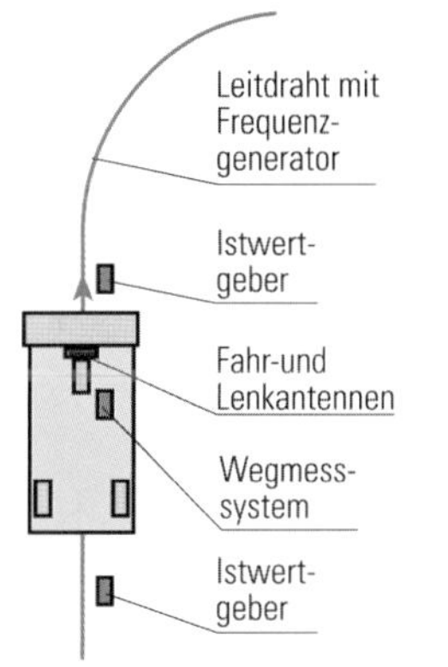

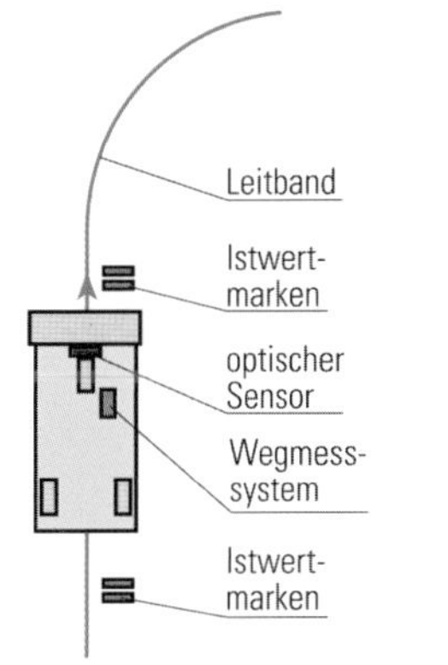

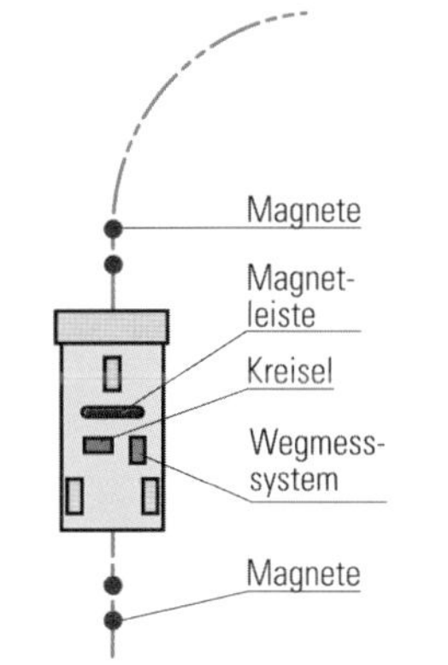

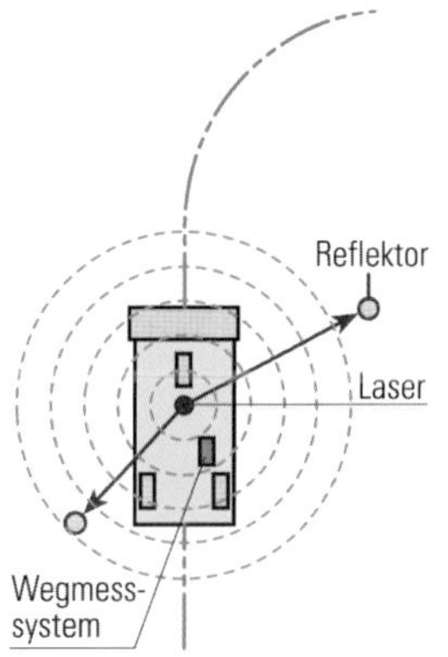

a) Induktivführung	b) Optische Spurführung	c) Magnetnavigation	d) Lasernavigation
Das herkömmliche Leitsystem mit induktiver Spurführung, bei dem ein Leitspurmodul die Auswertung der Antennensignale übernimmt.	Das optische Navigationssystem, bei dem ein auf dem Boden aufgeklebtes Leitband von einem optischen Sensor im Fahrzeug erkannt wird.	Das **leitdrahtlose** Magnetnavigationssystem, bestehend aus Wegmesssystem, Kreiselsteuerung und Sensorleiste zur Magnetreferenzierung. Der Fahrkurs ist programmiert.	Bei diesem **leitdrahtlosen** Lasernavigationssystem wird die Umgebung mittels Laserstrahl abgetastet. Der Fahrkurs ist programmiert.
■ Hohe Fahrgenauigkeit durch permanente Kurskorrektur ■ Günstigste Lösung bei der Führung von Staplern in Regalgängen ■ Kostengünstige Fahrzeuge durch einfache Navigationskomponenten ■ Unabhängig von Steigungen, Neigungen und Welligkeiten des Bodens ■ Unempfindlich gegen Licht, Wärme und Erschütterungen.	■ Einfachste und kostengünstigste Installation des Fahrkurses ohne Verletzung des Bodens ■ Keine Einschränkungen durch Kabelkanäle oder Stahlplatten ■ Sehr flexible Fahrkursveränderungen durch den Betreiber, keine Programmänderungen ■ Besonders geeignet für Bereiche mit häufigen Routenänderungen ■ Verschiedene Leitbänder, je nach Aufgabe und Umgebung ■ Unabhängig von Steigungen, Neigungen und Welligkeiten des Bodens ■ Unempfindlich gegen Erschütterungen und Magnetfelder	■ Minimale Bodeninstallationen in Form kleiner Referenzmagnete ■ Keine Einschränkungen durch Kabelkanäle, Gitterroste oder Stahlplatten ■ Sehr flexibel bei Fahrkursveränderungen durch Programmänderung und, wenn nötig, Setzen zusätzlicher Magnete ■ Gut geeignet für lange Fahrstrecken ■ Unabhängig von Steigungen, Neigungen und Welligkeiten des Bodens ■ Unempfindlich gegen Licht, Wärme, Erschütterungen und Staub ■ Gut geeignet für den Outdoor-Betrieb	■ Keinerlei Bodeninstallationen, daher besonders interessant für staubempfindliche Bereiche ■ Keine Einschränkungen durch Kabelkanäle, Gitterroste oder Stahlplatten ■ Äußerst flexibel bei Fahrkursveränderungen, nur Programmänderung ■ Hohe Fahrgenauigkeit durch permanente Kurskorrektur ■ Unempfindlich gegen Licht, Wärme, Erschütterungen und Magnetfelder ■ Geeignet für den Outdoor-Betrieb

2 Auswahl von Führungsmöglichkeiten für fahrerlose Flurförderzeuge

4.2.2 Informationssystem

In einem Flexiblen Fertigungssystem sind mehrere komplexe Bearbeitungs- und Handhabungssysteme sowie Systeme zur Qualitätssicherung über ein Informationssystem *(information system)* miteinander verkettet (Bild 1).

MERKE

Das Informationssystem sorgt für den Datenaustausch (**Informationsfluss** *(flow of information)*, der die Grundlage für die automatisierte Fertigung darstellt.

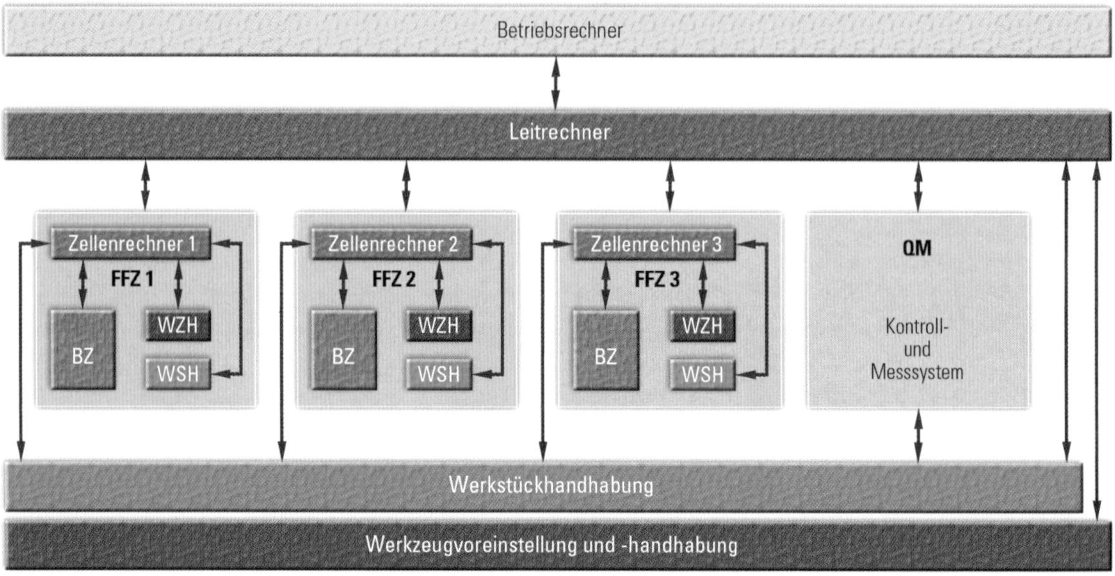

1 *Informationsfluss eines Flexiblen Fertigungssystems*

4.2.2.1 Ebenen des Informationssystems

Die Steuerung Flexibler Fertigungssysteme und die Integration dieser Anlagen in das betriebliche PDM- bzw. PLM-System stellen hohe Anforderungen an die Leit- und Steuerungssoftware. Aus diesem Grunde ist es sinnvoll, das Informationssystem in verschiedene Ebenen zu unterteilen (Bild 2).

Planungsebene *(planning level)*

In der Planungsebene werden die übergeordneten Aufgaben des Unternehmens definiert. Die wesentliche Aufgabe dieser Ebene ist die Führung des Unternehmens. Mit dieser mittel- bis langfristigen Planung sollen die gesteckten Unternehmensziele erreicht werden. Auf dieser Ebene sind CAD, CAE, PPS- und CRM-Systeme[1)] angesiedelt.

Ebene	System	Funktion
Planungsebene	Unternehmens- oder Betriebsrechner	Unternehmensführung
Leitebene	Fertigungsleitrechner	Verteilen und Zuweisen der Fertigungsaufträge
Führungsebene	Zellenrechner	Koordination von Handhabungs- und Bearbeitungsaufgaben
Steuerebene	Arbeitsmaschinensteuerung	Programmausführung
Aktor-Sensor Ebene	Sensoren und Aktoren	Erfassen und Verändern von Zuständen

2 *Ebenenmodell eines betrieblichen Informationssystems*

1) siehe Kap. 1.2.1, 1.2.2 und 1.4

Leitebene *(main level)*

Auf der Leitebene erfolgt die Koordination der Fertigung sowie die Steuerung und Überwachung der Auftragsbearbeitung. Dazu gehören Auftragsverwaltung mit Arbeitsplanung, Generierung der notwendigen Programme, Terminierung der Aufträge, Kapazitäten- und Ressourcenplanung. Auf dieser Ebene arbeiten CAP-, CAM- und CAQ-Systeme[1].

Der Leitrechner kommuniziert mit den Zellenrechnern, den Werkstück- und Werkzeughandhabungssystemen, den Mess- und Kontolleinrichtungen und dem übergeordneten Betriebsrechner. Er organisiert zellenübergreifend den Ablauf im Flexiblen Fertigungssystem.

Führungsebene *(management level)*

Auf der Führungsebene arbeitet der Zellenrechner. Er koordiniert den Ablauf innerhalb der Fertigungszelle[2], sorgt dafür, dass die erforderlichen Informationen (z. B. CNC-Programm und Werkzeugkorrekturdaten) zum richtigen Zeitpunkt (vor dem Start der Bearbeitung) am entsprechenden Ort (vorgesehenes Bearbeitungszentrum) vorliegen.

Steuerungsebene *(control level)*

Die Steuerungsebene übernimmt die Steuerung bzw. Regelung von CNC-Machinen, Robotern oder Handhabungsautomaten.

Aktor-Sensor-Ebene *(actuator sensor level)*

Auf dieser Ebene werden einerseits über Sensoren Zustände erfasst und andererseits über die Aktoren Veränderungen eingeleitet.

4.2.2.2 Kommunikationseinrichtungen des Informationssystems

Auf den einzelnen Ebenen werden die Informationen mit unterschiedlichen Kommunikationseinrichtungen ausgetauscht.

Auf der **Aktor-Sensor-Ebene** sind kurze Nachrichten (oft nur wenige Bit) in sehr kurzer Zeit zu übertragen. Als Kommunikationseinrichtung kommen **Feldbusse** oder Aktor-Sensor-Busse zum Einsatz.

Auf der **Steuerungsebene** sind die auszutauschenden Informationen (100 bis 500 Byte) und die Zeiten länger (im Zehntelsekundenbereich). Es werden **zelleninterne Netzwerke** (Ethernet) oder spezielle **Feldbus-Systeme** genutzt.

Auf den **Führungs-, Leit- und Planungsebenen** werden die Daten mittels **lokaler Netzwerke** oder auch über Internetlösungen übermittelt.

ÜBUNGEN

1. Wodurch unterscheidet sich eine Flexible Fertigungszelle von einem Bearbeitungszentrum?
2. Welche Aufgabe übernimmt das Stangenlademagazin bei einer Flexiblen Drehzelle und wie funktioniert es?
3. Wie arbeitet ein Portalroboter bei einer Flexiblen Fräszelle und welchen Vorteil hat er gegenüber einem Drehgelenkroboter?
4. Warum werden meist Paletten für die Aufnahme von Fräswerkstücken bei Flexiblen Fertigungszellen genutzt?
5. Wozu dienen Werkstückspeicher?
6. Welche Aufgaben übernimmt der Palettenwechsler und welchen Vorteil hat er gegenüber einem Roboter?
7. Welchen Vorteil hat ein Drehgelenkroboter bei der Palettenhandhabung gegenüber einem Palettenwechsler?
8. Welche Aufgaben übernimmt der Zellenrechner bei der Werkstückverwaltung einer Flexiblen Fertigungszelle?
9. Nennen Sie Codierungsmöglichkeiten für Werkzeuge und Werkstücke bzw. Werkstückpaletten.
10. Wann ist es nötig, bei Flexiblen Fertigungszellen Hintergrundwerkzeugmagazine einzusetzen?
11. Welche Voraussetzungen müssen erfüllt sein, damit das Werkzeug zum richtigen Zeitpunkt in das Werkzeugmagazin eingesetzt werden kann?
12. Warum ist es so wichtig, dass das Werkzeug zum benötigten Zeitpunkt vorhanden ist?
13. Beschreiben Sie die Schritte von der Festlegung des Werkzeugs bis zu seinem Einsatz.
14. Welche Aufgaben hat eine Werkzeugdatenbank?
15. Aus welchen Gründen werden Werkzeugausgabeautomaten eingesetzt?
16. Wodurch unterscheiden sich Flexible Fertigungssysteme von Flexiblen Fertigungszellen?
17. Welche Faktoren beeinflussen die Wahl des Transportsystems für Werkstücke bei Flexiblen Fertigungssystemen?
18. Unter welchen Bedingungen sind Rollen- und Gurtförderer besonders vorteilhaft als Transportsystem?
19. Wann ist der Einsatz von fahrerlosen Flurförderzeugen wirtschaftlich?
20. Unterscheiden Sie bei fahrerlosen Flurförderzeugen die Führung entlang einer realen Leitlinie gegenüber einer virtuellen Leitlinie.
21. Beschreiben Sie mithilfe einer Mindmap die verschiedenen Stoffflüsse bei einem Flexiblen Fertigungssystem und geben Sie dabei für den jeweiligen Stofffluss die beteiligten Untersysteme an.

1) siehe Kap. 1.2.3 bis 1.2.5   2) siehe Kap. 4.1.2

5 Industrieroboter

Bislang wurden Industrieroboter *(industrial robots)* als Teilsysteme von Flexiblen Fertigungszellen dargestellt. Im Folgenden werden sie im Hinblick auf ihre Kenngrößen, Aufbau und Programmierung näher betrachtet.

5.1 Industrierobotertypen

Grundsätzlich gibt es zwei mögliche Achsbewegungen *(motions of axes)* bei Robotern. Das sind:

- **drehende** (rotatorische) Bewegungen *(rotary motions)*
- **lineare** (translatorische) Bewegungen *(translational motions)*

In Abhängigkeit von der Konstruktion gibt es zwei Grundtypen mit **nur translatorischen** oder **nur rotatorischen** Achsen. Es gibt aber auch Typen, bei denen sowohl translatorische als auch rotatorische Achsen zu finden sind (Bild 1).

5.2 Kenngrößen von Industrierobotern

Das **Datenblatt** *(technical data sheet)* eines Industrieroboters (siehe Seite 485) gibt Auskunft über wichtige Kenngrößen *(characteristics)* und somit auch über seine Einsatzmöglichkeiten. In der Richtlinienreihe VDI 2861 werden technische Begriffe und Kenngrößen für Industrieroboter definiert. Man unterscheidet hier:

Typ	Mögliche Achsbewegungen	Arbeitsraum	Eigenschaften/ Anwendungen
Portalroboter 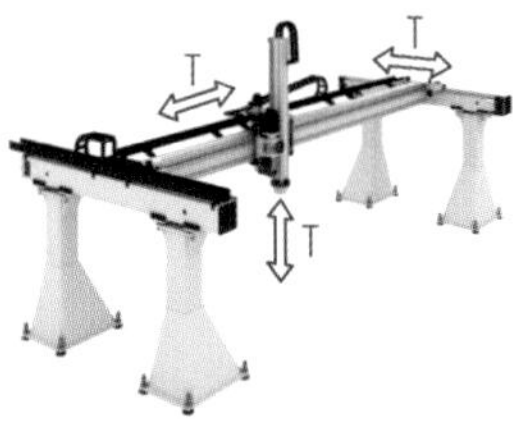	3 Linearachsen TTT T: translatorisch	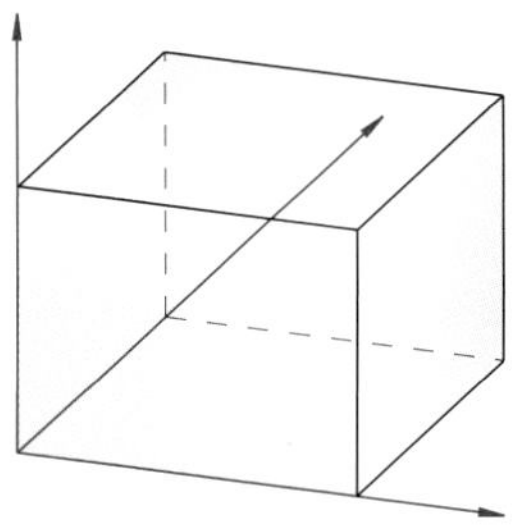	Einfache Konstruktion, einfach räumlich zu programmieren Einlegen von Werkzeugen und Werkstücken, Palettieren, Montage
Schwenkarmroboter 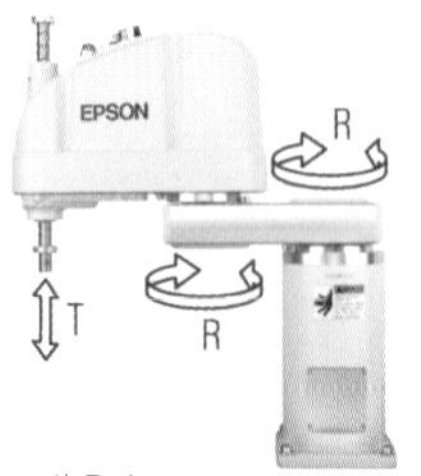 Scara[1]-Roboter	1 Linearachse 2 Drehachsen RRT[2] R: rotatorisch	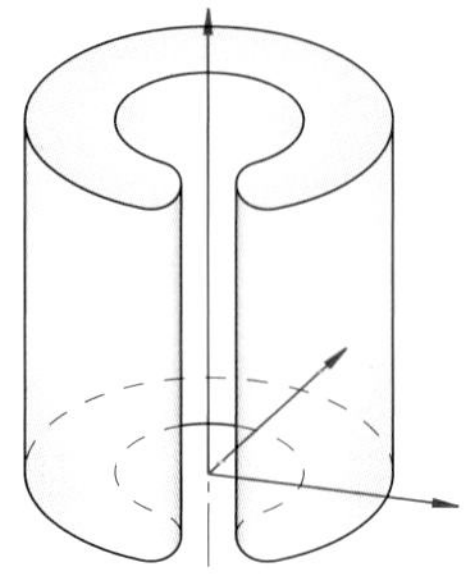	Stabile senkrechte, lineare Achse, deshalb ist diese auch die Hauptarbeitsrichtung wie z. B. zum Fügen. In den horizontalen, rotatorischen Achsen ist der Schwenkarmroboter nachgiebig. In der Fertigung zum Bohren, in der Montage, zum Prüfen.
Drehgelenkroboter 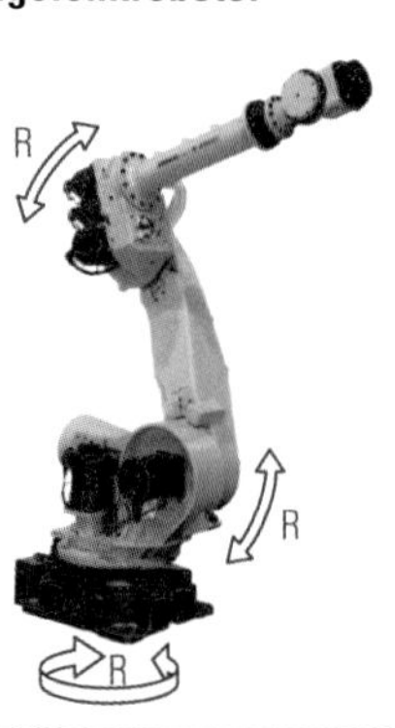	3 Drehachsen RRR	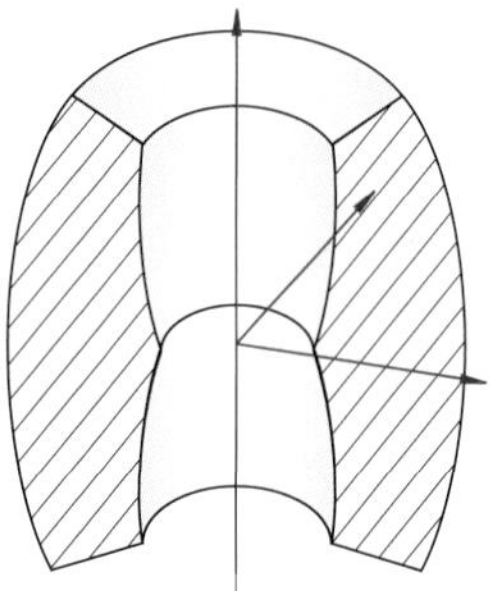	Wird auch als Knickarmroboter *(articulated robot)* bezeichnet. Sehr beweglich und deshalb vielseitig einsetzbar. Schweißen, Schneiden, Transportieren, Montieren, Lackieren, Bestücken von Platinen usw.

1 *Typen von Industrierobotern*

1) Scara: **S**elective **C**ompliance **A**ssembly **R**obot **A**rm

2) Die Bezeichnung der Achsen beginnt immer mit der ersten Bewegungsmöglichkeit des Roboters, die der Basis am nächsten ist. Die Basis gibt der Hersteller vor.

Typ / Type / Type:	RV30-16	RV30-26
Maximallast max. payload / charge maximale	16 kg	26 kg
Zusatzlast A3 additional load A3 / charge supplémentaire A3	20 kg	20 kg
Achsdaten / axis data / données axes	Geschwindigkeit / speed / vitesse	
Achse / axis / axe 1 (A1)	165 °/s	165 °/s
Achse / axis / axe 2 (A2)	165 °/s	165 °/s
Achse / axis / axe 3 (A3)	150 °/s	150 °/s
Achse / axis / axe 4 (A4)	450 °/s	300 °/s
Achse / axis / axe 5 (A5)	450 °/s	300 °/s
Achse / axis / axe 6 (A6)	500 °/s	400 °/s
Wiederholgenauigkeit / repeatability / répétabilité:	± 0,08 mm	± 0,08 mm
Gewicht Grundgerät (ohne Steuerung) weight of standard unit (without control cabinet) poids de l'unité de base (sans armoire)	360 kg	400 kg
Mittlere Leistungsaufnahme medium power consumption / puissance moyenne	1,7 kVA	2,3 kVA
Elektr. Anschlusswert connected load / puissance installée	2,7 kVA	3,7 kVA
Netzseitige Absicherung mains fusing / fusibles au réseau	max. 3x 25A Sicherung träge / fuse slow-blowing / fusible à action retardée	
Schutzart (EN 60529) A1 – A6 protective system (EN 60529) A1 – A6 type de protection (EN 60529) A1 – A6	IP65	IP65
Befestigungsart fastening / position	stehend / upright / debout hängend / suspended / suspendu	

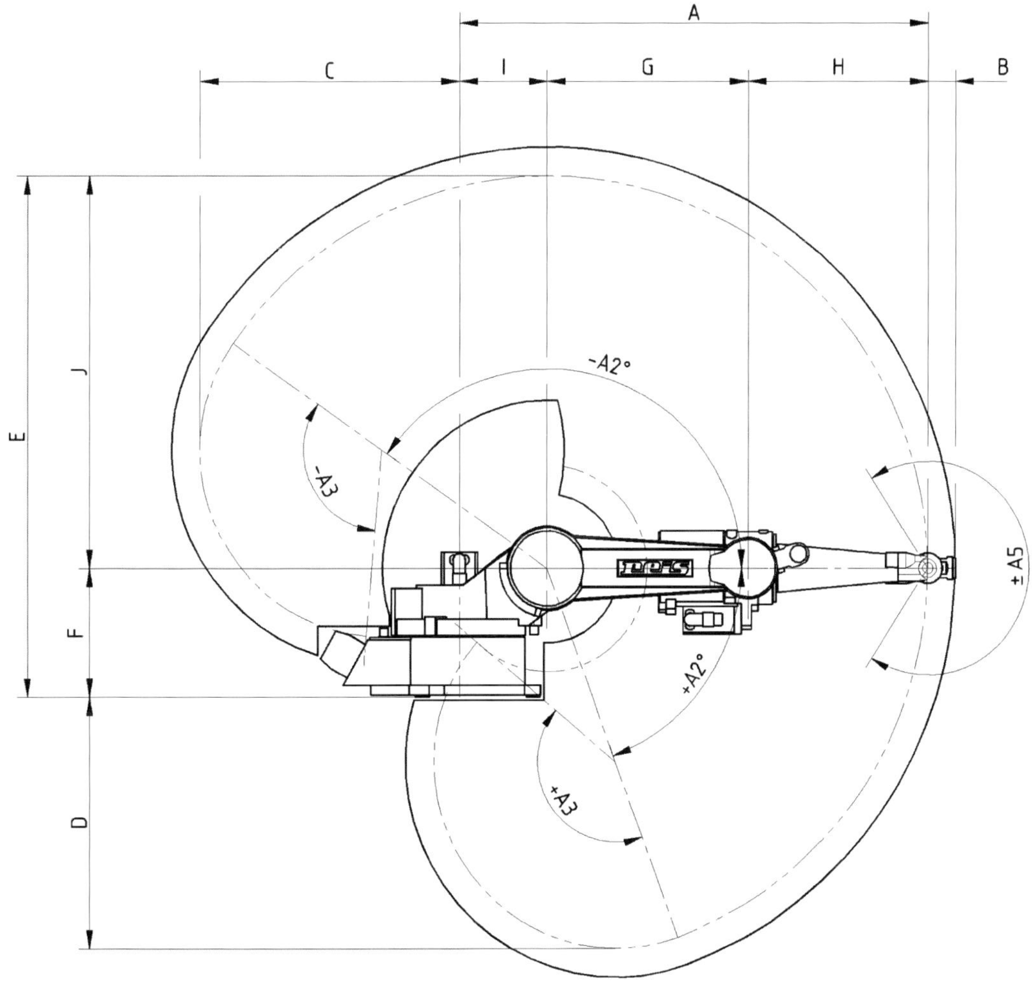

1 *Auszug aus dem Datenblatt eines Industrieroboters (1. Seite)*

Belastungskenngrößen *(load characteristics)*

- Die **Nennlast** *(nominal load)* gibt an, welche Masse der Roboter unter Einhaltung einer bestimmten Geschwindigkeit und Genauigkeit bewegen kann. Sie setzt sich aus der **Werkzeug-** und **Nutzlast** *(tool- and payload)* zusammen. Die Nutzlast ist die Masse des zu bewegenden Objekts (Bild 1).
- Bei der Angabe der **maximalen Nutzlast** (Nutzlast + Zusatzlast) bzw. der **Maximallast** (Nennlast + Zusatzlast) gibt es einschränkende Bedingungen z. B. bei den Geschwindigkeiten oder der Genauigkeit.
- Das **Nenndrehmoment** *(nominal torque)* ist das Produkt aus der **Nennlast** und dem **Nennabstand**. Den Nennabstand gibt der Hersteller vor.

Geometrische Kenngrößen *(geometrical characteristics)*

- Der **Arbeitsraum** *(working space)* (siehe Seite 465) ist der Raum, den ein Roboter mit seinem Handgelenkflansch erreichen kann. Dieser hängt ab von der **Lage** und der **Anzahl der Achsen**.
- Zu beachten ist, dass sich am Handgelenkflansch oft Werkzeuge befinden, für die ein **Werkzeugarbeitspunkt** (**TCP**: **T**ool **C**enter **P**oint) festgelegt ist. Der erreichbare Raum wird dadurch vergrößert; er wird als **Werkzeugarbeitsraum** bezeichnet. Der TCP liegt beispielsweise bei einem Schweißbrenner an dessen Spitze.

Kinematische Kenngrößen *(kinematic characteristics)*

- Bei den **Geschwindigkeiten** *(speeds)* werden die Maximalwerte bei Belastung mit der Nennlast angegeben. Für Translationsachsen *(translation axes)* wird die Geschwindigkeit in m/s und für Rotationsachsen *(rotation axes)* in Grad/s angegeben.
- Die **Beschleunigung** *(acceleration)* gibt die Geschwindigkeitsänderung je Zeiteinheit an. Sie wird mit m/s^2 oder Grad/s^2 angegeben.

Genauigkeitskenngrößen *(accuracy characteristics)*

- Die **Posioniergenauigkeit** *(positioning accuracy)* ist die Genauigkeit, mit der ein im Programm beschriebener Punkt angefahren werden kann.
- Die Genauigkeit, mit der der Industrieroboter einen Punkt wiederholt exakt anfahren kann, wird als **Wiederholgenauigkeit** *(repeat accuracy)* bezeichnet.
- Die **Bahnwiederholgenauigkeit** *(path repeat accuracy)* beschreibt, mit welcher maximal zulässigen Abweichung eine bestimmte Bahn wiederholt abgefahren wird.

MERKE

Der Robotertyp und die mechanischen Kenngrößen bestimmen die Einsatzmöglichkeiten eines Industrieroboters.

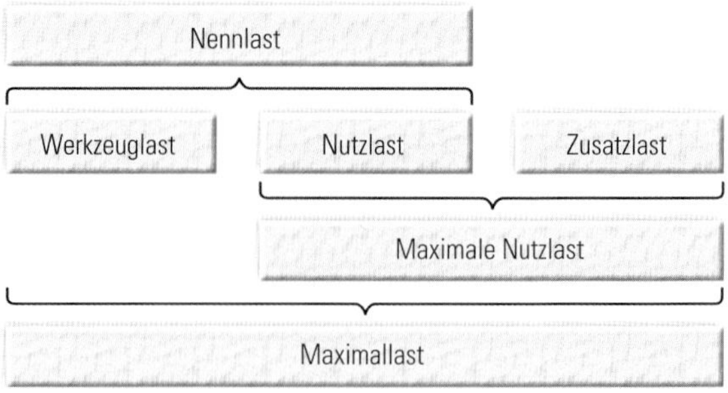

1 *Lastdefinitionen*

5.3 Bewegungen von Industrierobotern

Genau wie bei CNC-Maschinen sind die Bewegungen der Achsen in ihrer Lage und in ihrer Geschwindigkeit geregelt[1]. Jede Achse des Roboters ist mit einem eigenen Antrieb und dem entsprechenden Wegmesssystem ausgestattet. Beim Bewegen des Roboters ist eine Koordination der verschiedenen Achsen erforderlich, was als **Interpolation** bezeichnet wird.
Es gibt verschiedene Interpolationsarten. Wahlweise kann der Industrieroboter seinen Zielpunkt

- **punktgesteuert** *(point-to-point controlled)* oder
- **bahngesteuert** *(continuous-path controlled)*

anfahren.
Im **PTP-Betrieb** (Bild 2 links) erreicht der Roboter innerhalb der kürzesten Zeit seinen Zielpunkt. Der genaue Verlauf des Weges ist nicht vorhersehbar. Wenn sich bei Handhabungsaufgaben keine Hindernisse zwischen Anfangs- und Zielpunkt befinden, ist diese Betriebsart ausreichend.
Im **CP-Betrieb** (Bild 2 rechts) kann das Ziel entweder auf einer Geraden (Linearinterpolation) oder auf einer Kreisbahn (Zirkularinterpolation) angefahren werden, wobei die einzelnen Achsbewegungen genau aufeinander abgestimmt sein müssen.

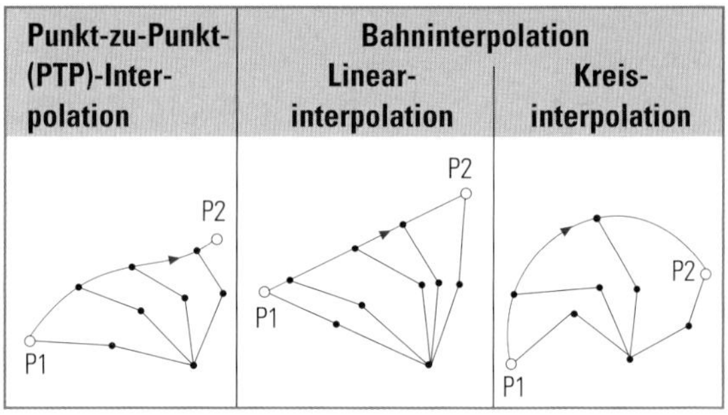

2 *Interpolationsarten*

Darüber hinaus gibt es noch die Möglichkeit, durch eine **Spline**[2]**-Interpolation** (Seite 487 Bild 1) mithilfe von programmierten Bahnstützpunkten, entsprechend der Biegelinie eines Drahtes, eine Bewegung auf einer durchgängigen Bahn zu definieren.

1) siehe Lernfeld 8 Kap. 1.5 2) Splines sind Kurven, die durch mathematische Funktionen höheren Grades beschrieben werden.

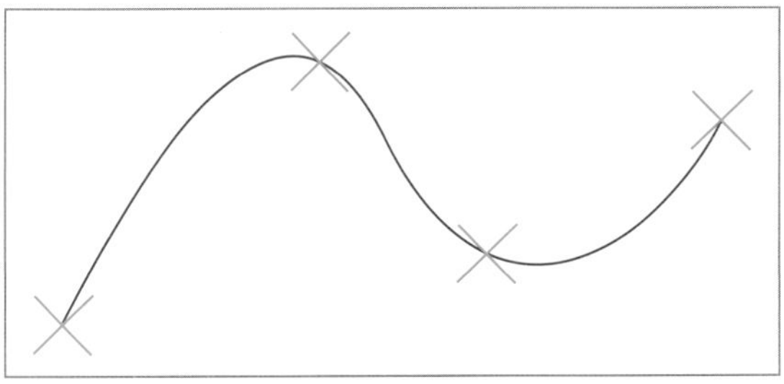

1 Beispiel für einen 2D-Spline
Die blauen Kreuze sind die Stützpunkte

Ähnlich wird beim **Überschleifen** (Bild 2) bei einer Aneinanderreihung von Linear-, Circular- oder Spline-Interpolationen eine weiche kontinuierliche Bewegung erreicht. Dabei werden die programmierten Eckpunkte der zusammengesetzten Bewegungen abgerundet.

5.4 Aufbau von Industrierobotern

5.4.1 Kinematik

Die Kinematik *(kinematics)* beschreibt die Bewegungsmöglichkeiten des Roboters. Dazu gehört u. a.:

Anzahl der Achsen

Der Knickarmroboter (Bild 3) besitzt insgesamt sechs Achsen. Die drei **Hauptachsen** (Körperachsen) *(principal axes)* 1 bis 3 übernehmen die **Positionierung**. Die drei Nebenachsen (Handachsen) *(wrists)* 4 bis 6 sind für die exakte Ausrichtung, die

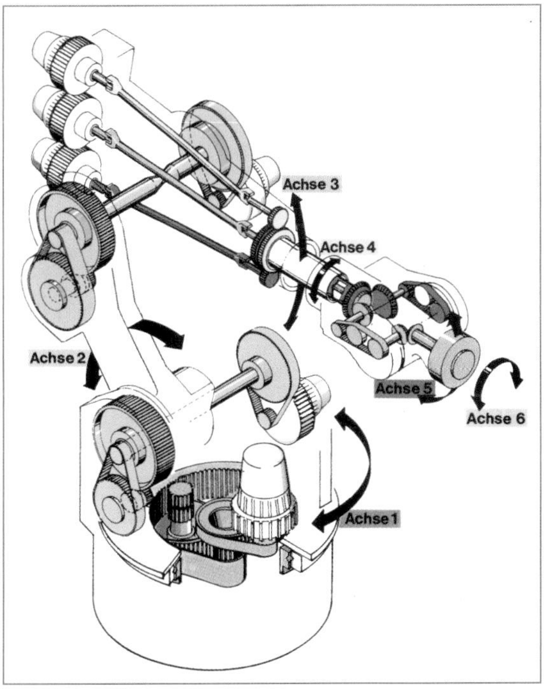

3 Bewegungsmöglichkeiten eines 6-Achsen-Knickarmroboters

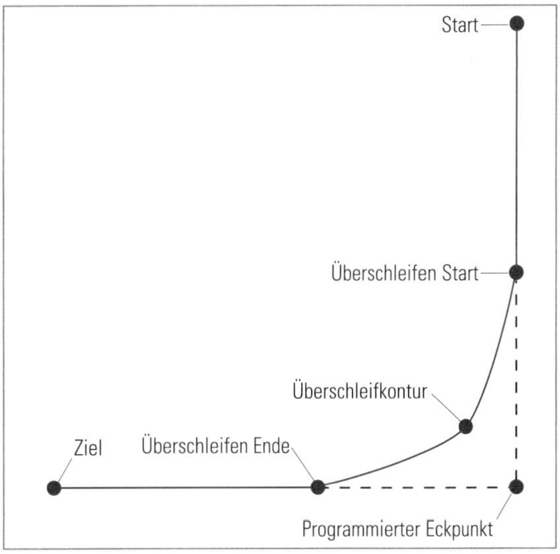

2 Überschleifen

Orientierung des Roboterwerkzeugs zuständig. Roboterwerkzeuge werden auch oft als **Effektoren** bezeichnet.

Freiheitsgrad

Der Freiheitsgrad *(degree of freedom)* des Industrieroboters (Bild 4) gibt an, wie viele **voneinander unabhängige** drehende und verschiebende Bewegungen in einem Bezugssystem *(frame of reference)* möglich sind. Am Beispiel des Greifers für Werkzeuge wird deutlich, dass in einem rechtwinkligen Bezugskoordinatensystem bei einer beliebigen Positionierung und Orientierung der Palette sechs Angaben nötig sind. So sind zum

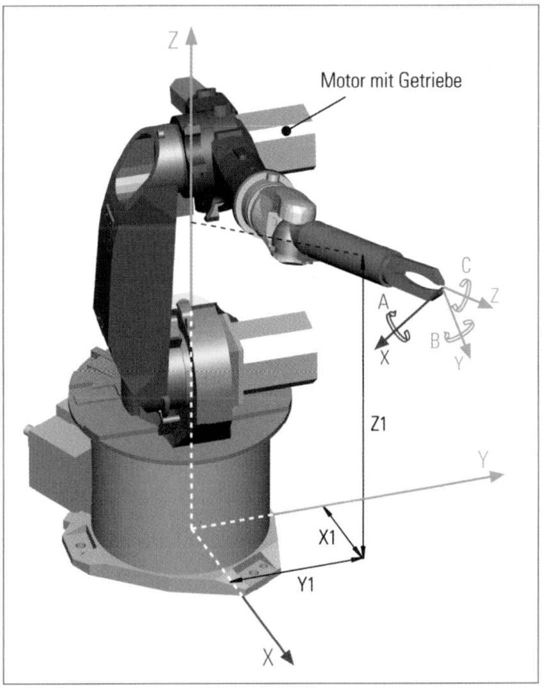

4 Freiheitsgrade eines 6-Achsen-Knickarmroboters

einen die drei **Verschiebungen** *(displacements)* in X, Y, Z und drei **Drehungen** *(rotations)* A, B, C anzugeben. Der Effektor hat dann sechs Freiheitsgrade $f = 6$. Um dies zu realisieren, ist ein Knickarmroboter (Seite 487 Bild 3) mit sechs Achsen notwendig. Das heißt aber nicht, dass die Anzahl der Freiheitsgrade identisch mit der Anzahl der Achsen ist.

Wenn z. B. ein **Scara-Roboter** (Seite 484 Bild 1 Mitte) mit einer zusätzlichen vierten Translationsachse ausgestattet ist, die eine Bewegung in dieselbe Richtung wie die erste ermöglicht, dann heißt das nicht, dass sich dadurch der Freiheitsgrad erhöht.

Weitere Kriterien, die die Kinematik des Industrieroboters (Seite 484 Bild 1) bestimmen sind:

- die Art der Achsbewegungen *(kind of axis movements)* (translatorisch, rotatorisch)
- die Anordnung der Achsen *(positioning of axes)* (vertikal, horizontal)
- die Form des Arbeitsraums *(working space)* (Kubus, Zylinder, Kugel usw.).

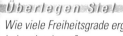

Überlegen Sie!

Wie viele Freiheitsgrade ergeben sich für die dargestellten Industrieroboter?

a)

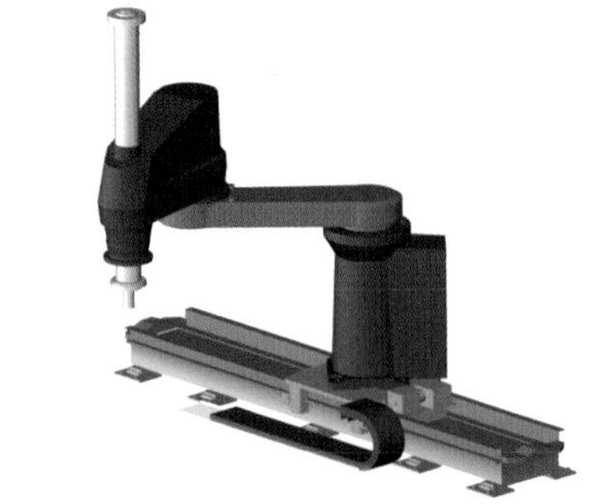

b)

5.4.2 Steuerung

Die **Robotersteuerung** *(robot control)* (Bild 1) entnimmt dem Programm die Bewegungsvorgaben und berechnet daraus die notwendigen Achsbewegungen, die Soll-Werte für die Position und die Geschwindigkeit. Die Bewegungssteuerung muss dazu zwischen Start- und Zielpunkt Zwischenwerte, sog. Interpolationswerte, berechnen. Ebenso muss sie die in einem kartesischen Koordinatensystem beschriebenen Punkte in entsprechende Achsbewegungen des Roboters umrechnen. Die Achsregelung (Bild 2) hat die Aufgabe, die Soll- mit den Ist-Werten der einzelnen Achsen zu vergleichen und die Servomotoren so anzusteuern, dass die gewünschte Bahn bzw. Bahngeschwindigkeit hinreichend genau eingehalten wird.

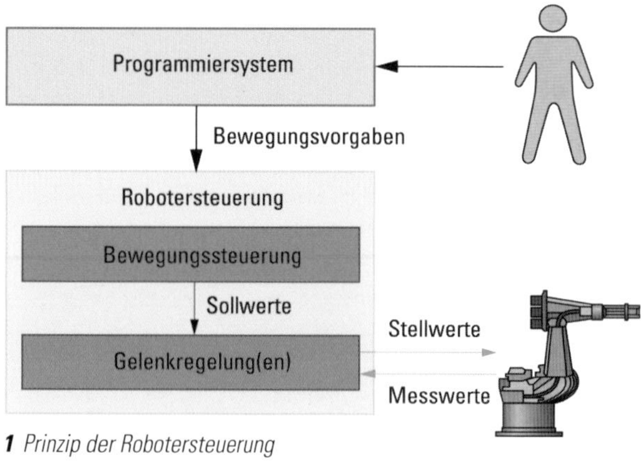

1 Prinzip der Robotersteuerung

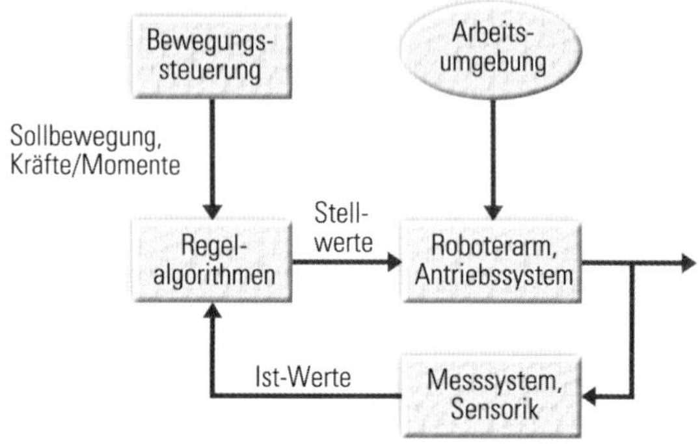

2 Grobstruktur einer Achsregelung

Die Steuerung verarbeitet die eingehenden digitalen Signale auch von übergeordneten Systemen und reagiert entsprechend darauf. So kann der Roboter z. B. eine Werkstückpalette erst vom Maschinentisch nehmen, wenn vom Zellenrechner[1)] die Information vorliegt, dass das Nullpunktspannsystem die Palette freigegeben hat.

Eine weitere Aufgabe der Steuerung ist die Kommunikation mit der Peripherie z. B. über Sensoren die z. B. die Codierung eines Werkzeugs oder einer Werkstückpalette lesen.

5.4.3 Antriebe

Der Antrieb *(drive)* einer Achse besteht meist aus einem **Elektromotor** und einem **Getriebe**.

Für **translatorische Bewegungen** *(translational motions)* kommen Antriebe mit **Zahnstange** *(gear rack)* und **Stirnrad**[2)] *(spur gear)* oder Kugelgewindetriebe[3)] *(ball screws)* in Frage.

Rotatorische Bewegungen *(rotary motions)* kommen meist durch Motor-Getriebe-Einheiten *(motor-gear units)* direkt an den

1) siehe Kap. 4.1.2 2) siehe Lernfeld 5 Kap. 9.2.3.5 3) siehe Lernfeld 8 Kap. 1.5.2.1

Gelenken (Seite 487 Bild 4) zustande. Können diese nicht direkt am Gelenk montiert werden, so sind zwischen Getriebe und Gelenk oft **Riementriebe** zwischengeschaltet (Seite 487 Bild 3). Sehr große Achsen werden über Zahnkränze angetrieben. Zur **Drehmomentwandlung** werden Getriebe wie z. B. Planetengetriebe, Kegelradgetriebe und **Harmonic-Drive-Getriebe**[1] verwendet, an die hinsichtlich Spielfreiheit, Steifigkeit, Schwingungsfreiheit usw. hohe Anforderungen gestellt werden.

5.4.4 Sensorik

Die Sensorik *(sensor system)* umfasst zunächst die **Messsysteme** *(measuring systems)*, die der Achsregelung Informationen über die aktuelle Position und Geschwindigkeit liefern. Diese Werte werden dann dazu verwendet, um einen Abgleich zwischen Soll- und Ist- Wert zu schaffen. Es werden die gleichen digitalen **Längen- und Winkelmesssysteme** wie bei den CNC-Maschinen[2] eingesetzt.
Darüber hinaus liefern **weitere Sensoren** *(sensors)* Informationen über die verschiedensten Zustände im eingesetzten übergeordneten System. In einer Flexiblen Fertigungszelle informieren sie die Steuerung z. B. darüber, welches Werkstück aus- bzw. einzuwechseln ist, zu welchem Zeitpunkt der Werkstückwechsel zu erfolgen hat, wo das Werkstück im Werkstückspeicher abgelegt bzw. abzulegen ist. Dabei identifizieren sie die codierten Werkstücke bzw. Werkstückpaletten.

5.4.5 Werkzeuge

Roboterwerkzeuge *(robot toolings)* können sowohl **Greifwerkzeuge** *(gripper tools)* als auch **Werkzeuge zur Fertigung** *(tools for manufacturing)* sein. Sie sind das Bindeglied zwischen Roboter und Werkstück. Die Roboterwerkzeuge werden an den standardisierten Handgelenkflanschen angebracht. Werden im Fertigungsprozess unterschiedliche Roboterwerkzeuge benötigt, können **automatische Werkzeugwechsel** durchgeführt werden.
Greifer *(grippers)* können unterteilt werden nach
- der **Anzahl der Greifobjekte** (einzel, zweifach, mehrfach ...) (Bild 1)
- dem **Greifmechanismus** (Bild 2) (Saug-, Magnet-, Finger-, Zangen-, Haftgreifer)
- der **Art des Greifens** (innen, außen)

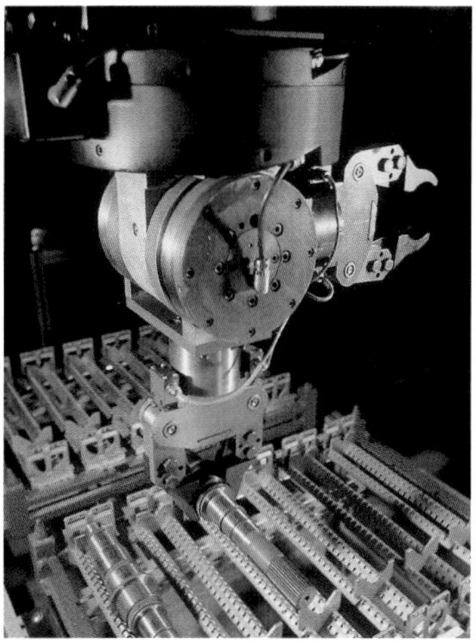

***1** Roboter mit zwei Greifwerkzeugen*

Zu den **Fertigungswerkzeugen** *(manufacturing tools)* gehören beispielsweise:

489_1

- Werkzeuge zum Materialabtrag wie z. B. zum Entgraten, Schleifen oder Fräsen von Schaumstoff, Kunststoff oder Holz (Bild 3)
- Werkzeuge zum Materialauftrag wie z. B. zum Lackieren, Klebstoffauftrag
- Werkzeuge zum Schweißen (Seite 490 Bild 1) und Schneiden wie z. B. zum Schutzgasschweißen oder Laserstrahlschneiden.

***3** Roboter zum Fräsen von Kunststoff*

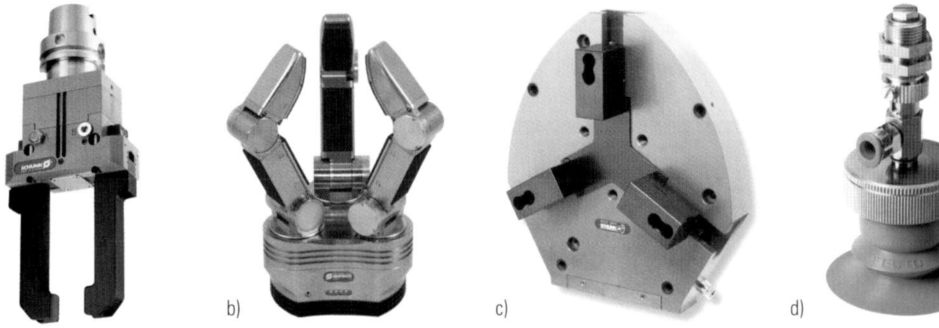

a) b) c) d)

***2** Greifer: a) Zwei-Finger-Greifer, b) Drei-Finger-Greifer, c) Backengreifer, d) Sauggreifer*

1) siehe Lernfeld 5 Kap. 9.2.3.5 2) siehe Lernfeld 8 Kap. 1.5.4

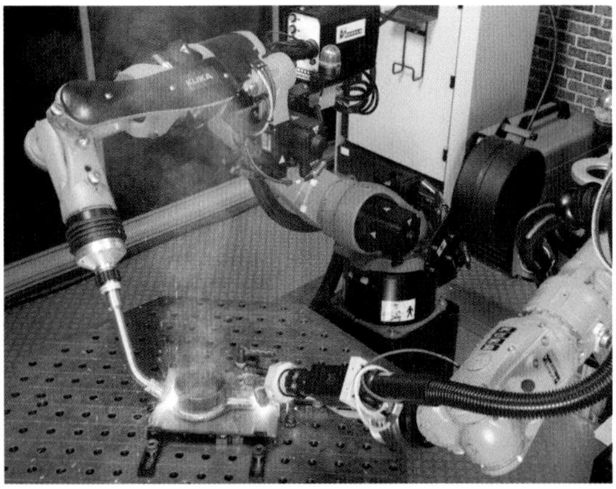

1 Roboter zum Schweißen

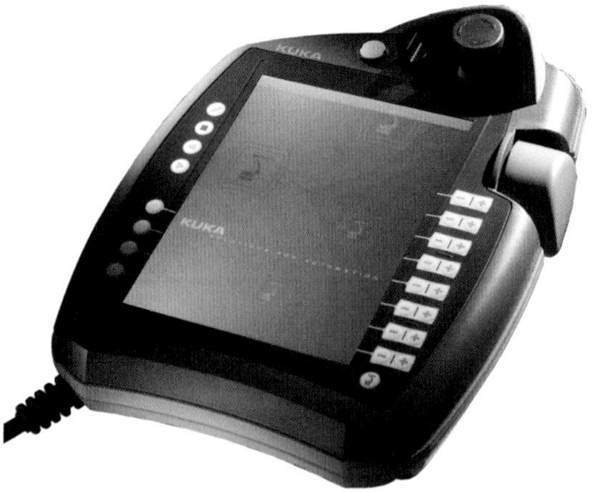

2 Programmier- und Bediengerät

MERKE

Ein Industrieroboter besteht im Wesentlichen aus der Robotermechanik, der Robotersteuerung und dem Programmiersystem.

5.5 Programmierung von Industrierobotern

Zur Programmierung *(programming)* der Roboter gibt es zwei unterschiedliche Möglichkeiten:

- **On-Line-Programmierung** *(on-line programming)* erfolgt direkt am Industrieroboter
- **Off-Line-Programmierung** *(off-line programming)* geschieht extern an einem PC-Arbeitsplatz

5.5.1 On-Line-Programmierung

490_1

Teach-In Programmierung *(teach-in programming)*

Mit dem Programmierhandgerät (Bild 2) werden die einzelnen Punkte aus Sicherheitsgründen im Schleichgang angefahren und gespeichert. Der Programmierer legt hier auch die Orientierung des Greifers bzw. Werkzeugs fest. Das Programm kann zusätzlich durch Informationen wie z. B. Geschwindigkeit, Form der Bahn zum nächsten Punkt – z. B. auf einer Geraden – oder durch weitere Ausgabesignale wie das Öffnen oder Schließen des Greifers ergänzt werden.

Im **Automatikbetrieb** fährt der Roboter die festgelegten Punkte nacheinander mit den programmierten Interpolationsarten (z. B. PTP oder CP) und Geschwindigkeiten ab. Das Werkstückhandling wird oft über diese Weise programmiert.

Play-Back-Programmierung *(play-back programming)*

Bei der Play-Back-Programmierung (engl. wiedergeben) (Bild 3) sind die Achsen des Roboters **frei beweglich**. Die Fachkraft führt den Roboter mit der Hand. In fest vorgegebenen Zeitintervallen werden die Bahnpunkte abgespeichert. Das Programm besteht aus vielen Raumpunkten.

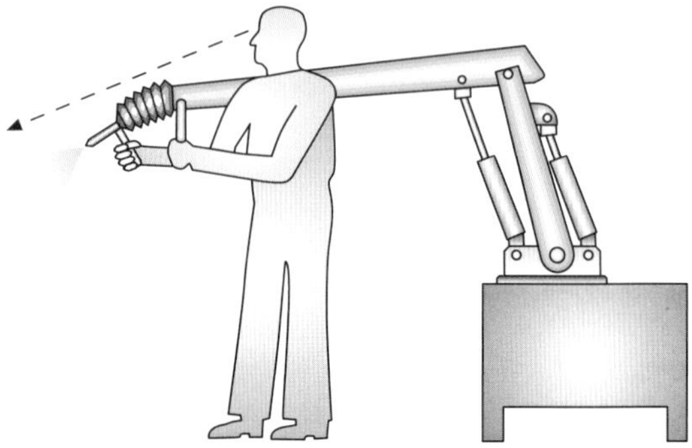

3 Übernahme der Bewegung bei der Play-Back-Programmierung

Die auf diese Weise gespeicherten Bewegungen werden dann im **Automatikbetrieb** beliebig oft durch den Industrieroboter abgefahren. Typische Anwendungen sind das Lackieren oder das Abfahren komplizierter Bahnen wie z. B. beim Schweißen.

5.5.2 Off-Line-Programmierung

490

Diese Art Programmierung wird meist grafisch durch Simulationsmodelle (Seite 491 Bild 1), durch Konstruktionszeichnungen und durch die Darstellung der Arbeitsumgebung des Roboters unterstützt. Das so erstellte Programm enthält Angaben über die Positionen, die mit einer bestimmten Geschwindigkeit auf einer festgelegten Bahn anzufahren sind. Die Off-Line-Programmierung bietet folgende Vorteile:

- Der Einsatz höherer Programmiersprachen und eine Einbindung von CAD-Systemen zur Simulation sind möglich.
- Programme können in der Simulation getestet werden, ohne größere Schäden anzurichten. Eine Kollisionskontrolle vor Ort ist aber trotzdem unumgänglich.
- Programmänderungen können einfach durchgeführt und dokumentiert werden.
- Da eine Programmierung ohne Roboter möglich ist, gibt es auch keine Ausfallzeiten. Dadurch ist diese Art der Programmierung wirtschaftlicher.

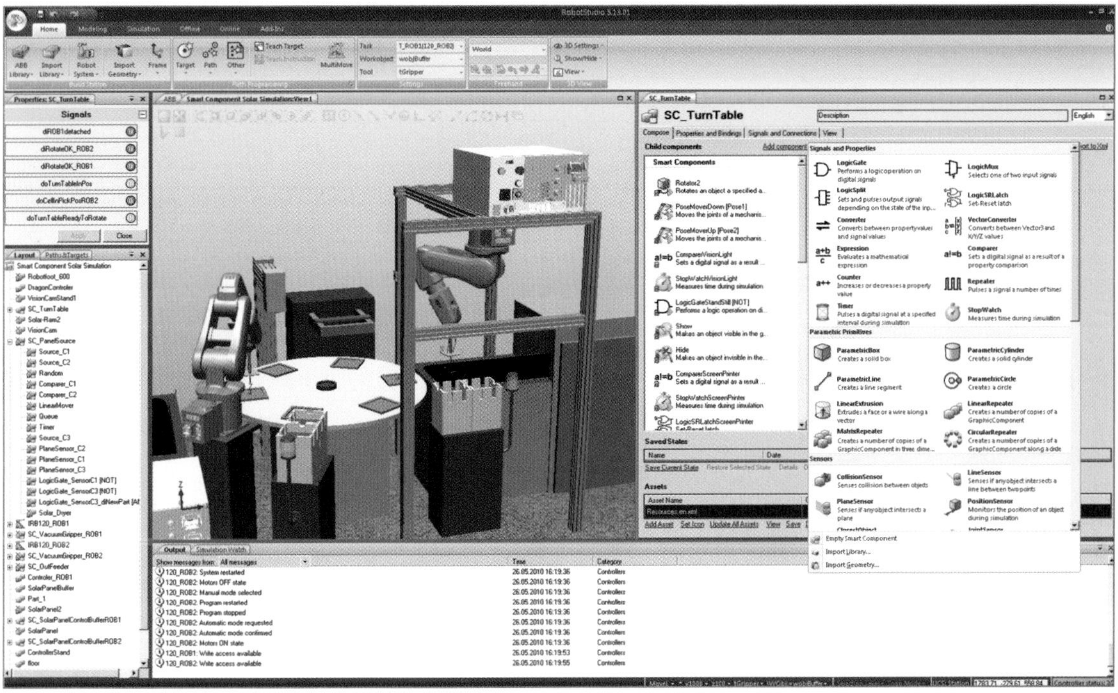

1 Off-Line-Programmierung und Robotersimulation

Die heute auf dem Markt erhältliche Software ermöglicht die Entwicklung kompletter automatisierter Systeme.

MERKE

Industrieroboter können direkt (On-Line) oder extern (Off-Line) programmiert werden.

- Die Teach-In Programmierung wendet das Prinzip „Anfahren und Speichern" an.
- Bei der Play-Back-Programmierung wird der Roboter von Hand geführt und die Bahnpunkte werden dabei abgespeichert.
- Bei der Offline-Programmierung erfolgt die Programmierung am PC-Arbeitsplatz.

Überlegen Sie!

1. *Nennen Sie die Unterschiede zwischen On-Line- und Off-Line-Programmierung.*
2. *Wie erfolgt die Teach-In-Programmierung?*
3. *In welchen Fällen ist die Play-Back-Programmierung sinnvoll?*
4. *Nennen Sie die Vorteile der Off-Line-Programmierung.*

5.6 Sicherheitsanforderungen

Die Gefahren, die von Industrierobotern *(industrial robots)* ausgehen, liegen vor allem in deren unvorhersehbaren Bewegungen mit großen Geschwindigkeiten, verbunden mit großen Kräften und Drehmomenten. Darüber hinaus können Verletzungen durch Abscheren und Quetschen sowie durch die verwendeten Roboterwerkzeuge wie z. B. durch Fräs- oder Schleifwerkzeuge entstehen. Der gesamte **Bewegungsraum** *(operating space)* ist somit auch **Gefahrenraum** *(risk area)*. Deshalb sind beim Bau, bei der Ausrüstung, bei der Programmierung und im Betrieb von Robotern die geforderten sicherheitstechnischen Standards zu beachten. Diese Anforderungen basieren auf den Inhalten der **Maschinenrichtlinie 42/EG des europäischen Parlaments und des Rates** *(machinery directive)*.

5.6.1 Sicherheit während des Betriebs

Die einfachste Möglichkeit, sich vor Gefahren zu schützen, ist eine **vollständige Abschirmung** *(shielding)* des Industrieroboters durch eine massive Umzäunung (Seite 492 Bild 1) aus einem Metallgitter oder Sicherheitsglas. Ein Öffnen von Zugangstüren oder die Unterbrechung von **Lichtvorhängen** *(light curtains)* (Bild 2) muss einen Stopp der Roboterbewegung aus-

2 Lichtvorhang

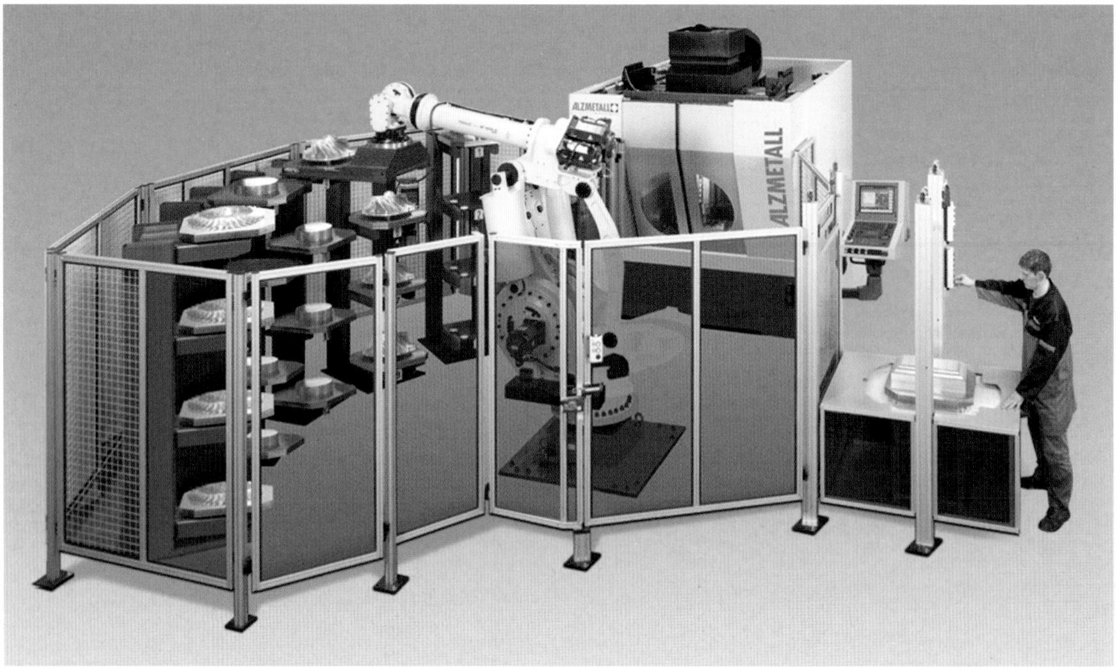

1 Abgeschirmte Roboterzelle mit Bearbeitungszentrum

lösen. Da der Arbeitsraum des Industrieroboters meist größer ist als der am Aufstellungsort verfügbare Raum, werden **Schutzräume** *(shelters)* (Bild 2) festgelegt, die z. B. vom Roboterwerkzeug nicht berührt werden dürfen.

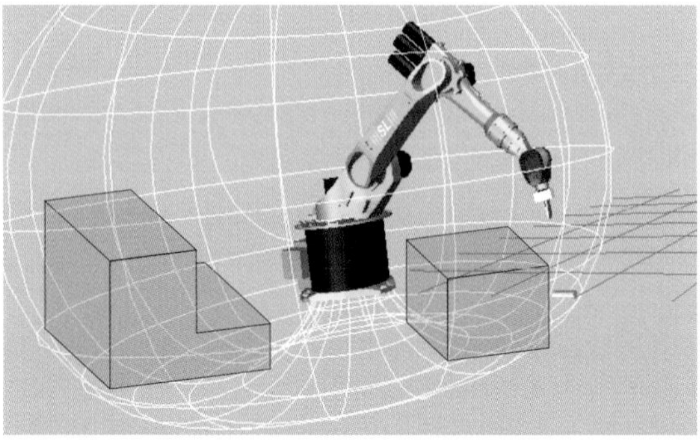

2 Schutzräume

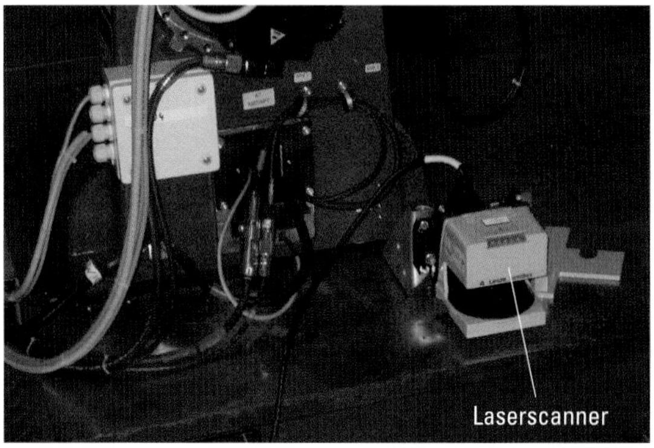

3 Laserscanner

Muss die Fachkraft mit dem Industrieroboter zusammenarbeiten, wie z. B. beim Rüsten der Werkstückpaletten (Bild 1), dann sind zwischen Roboter und Fachkraft bestimmte Mindestabstände einzuhalten. Diese Mindestabstände sind wieder durch programmierte Schutzräume festgelegt, die beim Übernahmevorgang aktiviert werden.

Zur Überwachung des Umfelds eines Industrieroboters werden auch **Laserscanner** *(laser scanner)* (Bild 3) eingesetzt. Der Vorteil des Laserscanners liegt darin, dass das Umfeld des Industrieroboters in **Zonen** (Bild 4) eingeteilt werden kann. Betritt eine Person eine Zone, die auf **keinen Fall** betreten werden darf, so wird der Roboter sofort angehalten. Es können aber auch Zonen im Gefahrenbereich des Roboters festgelegt werden, die während der Fertigung betreten werden müssen. In diesem Falle meldet sich der Bediener z. B. mittels Barcode am

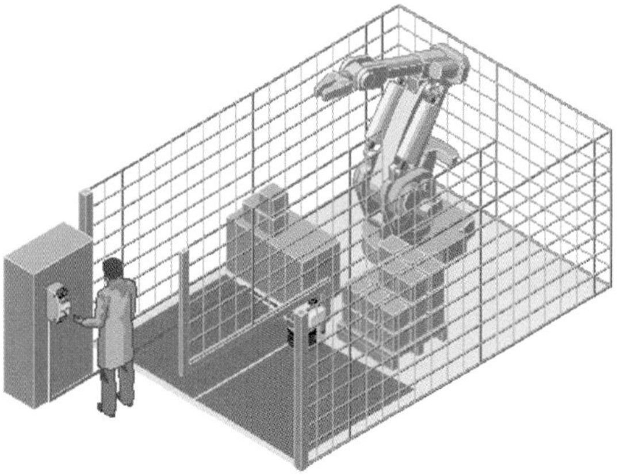

4 Einteilung des Gefahrenbereichs in Zonen

Laserscanner an, damit er die Zone betreten kann. Dann darf der Roboter während dieser Zeit keine Arbeiten in dieser Zone ausführen. In anderen Zonen kann er aber weiterarbeiten.
Trotz der genannten Sicherheitsmaßnahmen kann es zu gefährlichen Situationen während des Betriebs kommen. In solchen Situationen ist der **NOT-AUS-Schalter** *(emergency stop switch)* zu betätigen.
Weitere **Sicherheitseinrichtungen** *(safety systems)* sind:

- die Überwachung *(monitoring)* der Antriebe vor Überlastung *(overload)*
- Achsbegrenzungen *(limitation of axis)* durch mechanische und elektromechanische Achsbegrenzungseinrichtungen
- bei hydraulischen oder pneumatischen Antrieben die Überwachung des Drucks *(monitoring of pressure)*.

5.6.2 Sicherheit während der Programmierung

Während der Programmierung im Teach-In- und Play-Back-Verfahren befindet sich die Fachkraft im Schutzbereich des Roboters. Deshalb erfolgen alle Roboterbewegungen nur mit **reduzierter Geschwindigkeit** *(speed)* von maximal 250 mm/s. Die Bewegung muss stoppen, sobald der entsprechende Taster losgelassen wird. Das Programmierhandgerät *(teach pendant)* muss über eine dreistufige **Zustimmungseinrichtung** (Bild 1) verfügen. Eine Bewegung des Roboters ist nur dann möglich, wenn sich der Zustimmungsschalter in Mittelstellung befindet. Außerdem muss ein NOT-AUS-Schalter vorhanden sein.

1 *Zustimmungsschalter*

ÜBUNGEN

1. Bei den Industrierobotern werden drei Grundachsentypen unterschieden. Nennen Sie diese und geben Sie typische Anwendungsbeispiele an.
2. Geben Sie zu den Belastungskenngrößen, geometrischen, kinematischen Kenngrößen und den Genauigkeitskenngrößen jeweils zwei an und erläutern Sie diese.
3. Unterscheiden Sie drei Möglichkeiten, wie ein Industrieroboter seinen Zielpunkt anfahren kann.
4. Was passiert beim Überschleifen?
5. Welche Aufgaben übernimmt die Robotersteuerung?
6. Skizzieren Sie die Grobstruktur der Achsregelung eines Industrieroboters.
7. Welche Antriebe werden in Industrierobotern eingesetzt und welche Arten der Bewegung erzeugen diese?
8. Nennen Sie Robotersensoren und beschreiben Sie deren Aufgaben.
9. Wie können die Greifer eines Industrieroboters unterteilt werden? Nennen Sie Beispiele.
10. Erstellen Sie eine Mind-Map zum Thema Roboterprogrammierung.
11. Welchen Gefahren sind Mitarbeiter im Zusammenhang mit Industrierobotern ausgesetzt?
12. In Ihrem Betrieb wurde ein Industrieroboter angeschafft. Welche Sicherheitsaspekte müssen beachtet werden, um einen sicheren Betrieb zu gewährleisten?
13. Bei der Teach-In- bzw. Play-Back-Programmierung muss der Gefahrenraum des Roboters betreten werden. Wie wird der Programmierer vor schweren Unfällen geschützt?

6 CAM – Computer Aided Manufacturing

6.1 A PC-Programming System

The following pages include details taken from an original brochure of a CNC software manufacturer. This information would be useful to a cutting machine operator when working abroad to set up and operate a CNC program for a customer.

The example shown is that of an opposed spindle lathe with 4 turrets displayed as a 3-D model. Using this display the operator can carry out simulation and optimization of machining sequences for a workpiece on the PC before any actual machining takes place. Synchronization of the tool motions coordinates the various movements of the machine slides.

The advantage of this programming system is that the user works with a 3-D model and, additionally, all the operating elements of the real machine on the PC. It is exactly as if standing in front of the machine.

***1** Cutting machine operator while programming*

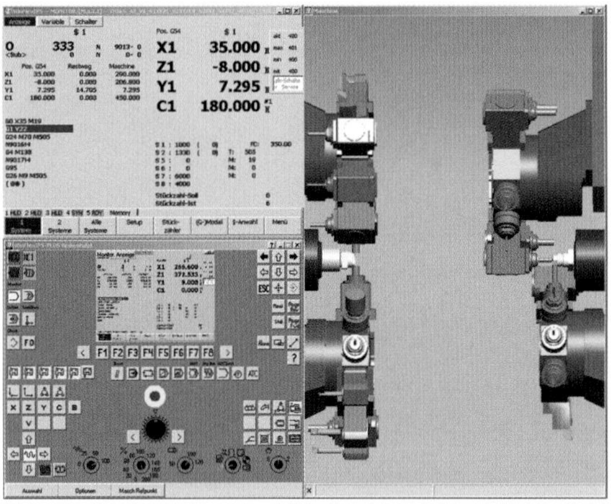

***2** Display showing the operating elements, the control panel and the 3-D model*

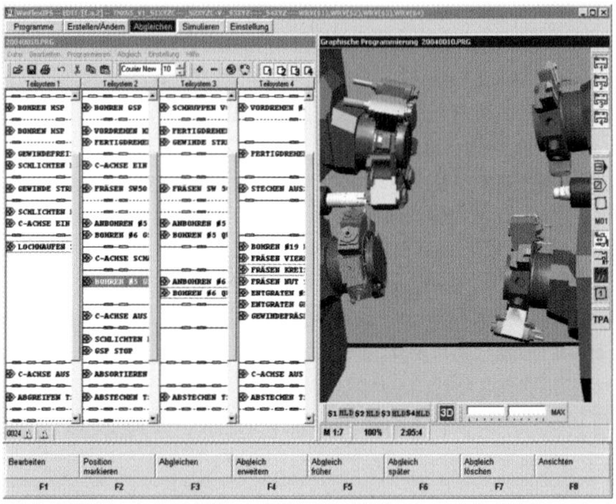

***3** Display showing the setup and automatic mode of the turrets*

Assignments:

1. Translate the two titles above the text.
2. Match the letters and the numbers and write the result in your exercise book.

a) cutting machine operator	1) zusätzlich
b) to set up	2) Optimierung
c) to operate	3) Programmierung
d) opposed spindle lathe	4) koordinieren
e) turret	5) durchführen
f) programming	6) Schlittenbewegung
g) simulation	7) Werkzeugbewegung
h) optimization	8) Bedienelement
i) to coordinate	9) Revolver
k) movements of the slide	10) Zerspaner
l) synchronization	11) Synchronisation
m) tool motion	12) Simulation
n) additionally	13) Gegenspindeldrehmaschine
o) operating element	14) einrichten

3. Translate the text by using the terms above. A dictionary or online word list may also be necessary.
4. Where can figures like this also be seen?
5. Why may it be useful to learn about PC programming systems?
6. Describe three advantages of this software.
7. Why is it necessary to synchronize the tool motions?
8. What is said about the 3-D model?
9. Describe in your own words your own experience concerning this field.

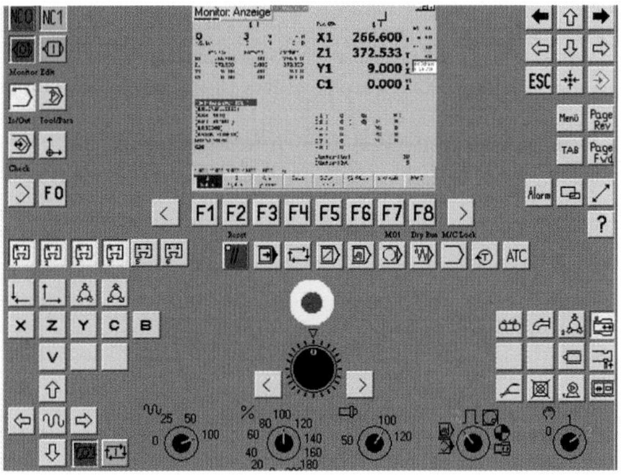

4 Control panel in accordance with the real machine

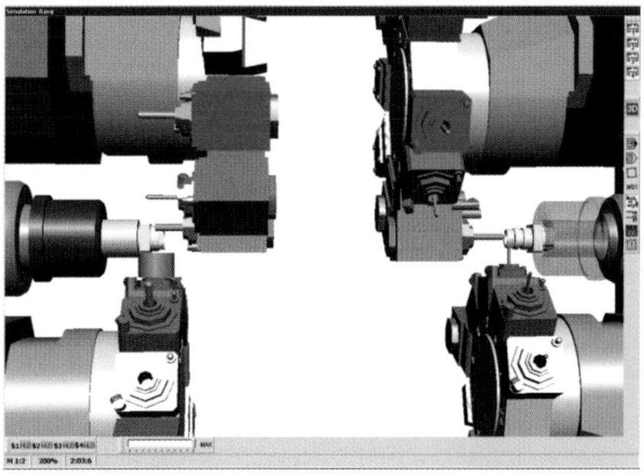

5 3-D model showing the setup and automatic mode of the turrets

6.2 Planning, Optimizing and Programming

Some advantages of a programming system like this are shown below:

A. Planning even before programming
- examination of the working area
- collision check
- setup planning in the 3-D model in accordance with the real machine

B. Reduction in setup times
- optimization of the setup process in manual and automatic operation for optimum setup specifications
- reduction of machine downtimes by shorter setup times thus increasing productivity

C. Programming
- fast and reliable programming as a result of optimized standard program elements
- simulation optionally in 2-D or 3-D on the basis of the NC program
- program optimization directly in the simulation model
- selection of the most favourable programming method by the user

Although PC programming systems like the one presented above are extremely highly developed and very helpful they are very expensive and can only be set up in High-Tech, CNC machines. Also training of users has to be done, which can also be expensive.

Assignments:

1. Find the correct range of the German translations.
   - Programmoptimierung direkt im Simulationsmodell
   - Optimierung des Rüstvorgangs im Hand- und Automatikbetrieb für optimale Rüstvorgaben
   - Kollisionsbetrachtung
   - Simulation wahlweise in 2-D oder 3-D auf Basis des NC Programms
   - Planung noch vor der Programmierung
   - Verkürzung von Rüstzeiten
   - Programmierung
   - Reduzierung der Maschinenstillstandszeiten durch kürzere Rüstzeiten und dadurch Erhöhung der Produktivität
   - Arbeitsraumuntersuchung
   - Schnelle und sichere Programmierung durch optimierte Standard-Programmbausteine
   - Auswahl der jeweils günstigsten Programmiermethode durch den Anwender
   - Einrichtungsplanung im 3-D Modell im Einrichtebetrieb entsprechend der realenMaschine
2. Create a mind map and add all the advantages of the PC programming system described. You also should add any others you can find.

3. Have you ever seen a PC Programming system like this in your company? If you have, please explain to your classmates where you saw it and what it was used for.
4. Programming systems like the one shown here don't only have advantages. Describe some disadvantages you can think of.

6.3 Work With Words

In future you will come into the situation to talk, listen or read technical English. Very often it will happen that you either **do not understand** a word or **do not know the translation**.

In this case here is some help for you !!!

Below you will find a few possibilities to describe or explain a word you don't know or opposites[1] or use synonyms[2].
Write the results into your exercise book.

1. Add as many examples to the following terms as you can find for abbreviations or product planning.

abbreviations:	CAD CAM	*product planning:*	time management capacity planning

2. Explain the two terms in the box:
Use the words below to form correct sentences. Be careful the order is mixed!

recycling:	you process them/that already have been used,/so hat they can be used again/If you recycle things/	*machine tool:*	A machine tool/shapes, or finishes metal/that cuts,/or other materials/ is a machine driven by power/

3. Find the opposites[1]**:**

rotary motion:		*on-line programming:*	
point-to point controlled:		*development of product:*	

4. Find synonyms[2]:
You can find two synonyms to each term in the box below.

workpiece contour:		*axes:*	
front end:		*mass production:*	
narrow side/milling contour/front edge/rotary contour,		spindles/moving band production/shafts/flow production	

5. In each group there is a word which is the **odd man**[3]. Which one is it?

a) emergency stop switch, robot toolings, tools for manufacturing, grippers

b) load characteristics, geometrical characteristics, risk area, kinematic characteristics, accuracy characteristics

c) main level, management level, control level, roughing, actor sensor level

d) gantry robot, manual input, robot with rotary joints, articulated robot,

6. Please translate the information below. Use your English-German Vocabulary List if necessary.

A robot is a machine which is programmed to automatically perform a number of mechanical tasks, especially dangerous or repetitive tasks in a factory.

1) *opposite:* Gegenteil 2) *synonym:* Synonym, ähnliches Wort, Ergänzung 3) *odd man:* Außenseiter, überzähliges Wort, fünftes Rad am Wagen

Lernfeld 12: Vorbereiten und Durchführen eines Einzelfertigungsauftrags

Als zukünftige Fachkraft für Zerspanungstechnik stehen Sie im 4. Jahr Ihrer Ausbildung und kurz vor Ihrer Abschlussprüfung. Im Rahmen Ihrer Ausbildung haben Sie bereits umfangreiche Kenntnisse und Fertigkeiten erworben.
Die wichtigsten Ansprechpartner im Unternehmen sind dabei Ihr Ausbilder bzw. Meister, von dem Sie auch die Fertigungsaufträge erhalten. Die Fertigung an der Werkzeugmaschine steht für Sie dabei sicher im Zentrum der betrieblichen Produktion. Zur Fertigung gehören wichtige Unterlagen wie Technische Zeichnungen, Arbeitspläne, Rüst- und Aufspannpläne etc.
Die Bereitstellung von qualitativ hochwertigen Produkten in einem Industrieunternehmen geht aber weit über die reine Fertigung hinaus.
Sie umfasst beispielsweise:

- die Konstruktion
- den Einkauf
- die Wareneingangsprüfung und Reklamationsabwicklung
- die Fertigung
- die Montage
- den Versand

Diese Prozesse müssen gezielt koordiniert werden, damit ein Unternehmen langfristig erfolgreich sein kann. Für eine Fachkraft ist es wichtig, Kenntnisse über diese Prozesse und den damit verbundenen Informationsfluss zu besitzen. Darüber hinaus kann die transparente Darstellung eines gesamten Produktionsprozesses Teil der Abschlussprüfung im Rahmen eines betrieblichen Auftrags sein.

Beispielhafte Gliederung eines betrieblichen Auftrags

Phase	Aufgaben	Teilaufgaben	Zeitplan in Stunden
Information und Auftragsplanung	Auftragsklärung Auftragsplanung	Auftragsumfang und Auftragsziel analysieren	Die angegebenen Zeiten beinhalten auch die Zeiten für die erforderlichen Dokumentationen
		Informationen beschaffen (z. B. Technische Unterlagen)	
		Informationen auswerten	
		Arbeitsschritte planen bzw. Arbeitsplan und Zeichnung aus betrieblichem System ausfassen	
		Zeitplanung erstellen/terminliche Vorgaben klären	
		Hilfs- und Prüfmittel auswählen und beschaffen	
		Werkzeug und Material auswählen und beschaffen	4 h
Auftragsdurchführung	Programmieren und Fertigen mit numerisch gesteuerten Werkzeugmaschinen	Programm erstellen/auswählen	
		Werkzeuge auswählen, spannen und einstellen	
		Dateieingabegeräte und Ausgabegeräte handhaben	
		Maschine rüsten	
		Fertigungsparameter in Abhängigkeit von Werkstoff, Schneidstoff, Werkstück und Werkzeug festlegen	
		Einrichtung für Hilfs- und Betriebsstoffe vorbereiten	
		Fertigungsprozess durchführen, überwachen und optimieren	
		Fertigung unter Berücksichtigung betrieblicher Qualitätssicherungssysteme/Vorschriften	
		Datensicherung unter Berücksichtigung betrieblicher Bestimmungen durchführen	12 h
Auftragskontrolle	Ergebnis feststellen Ändern/Erstellen	Betriebliche Begleitunterlagen ausfüllen	
		Übergabe an den Kunden	
		Arbeitszeit/Materialverbrauch dokumentieren	
		Prüfprotokoll ausfüllen	2 h

1 Information und Auftragsplanung

Das Unternehmen Chip-Cut stellt als Lohnfertiger mit insgesamt 30 Mitarbeitern überwiegend Bauteile für andere Unternehmen her. Die im Unternehmen ablaufenden Prozesse *(processes)* werden in diesem Lernfeld am Beispiel eines Auftrags zur Fertigung einer Spannvorrichtung für ein Frästeil dargestellt. Grundsätzlich gilt hier das Prinzip der vollständigen Handlung[1)].

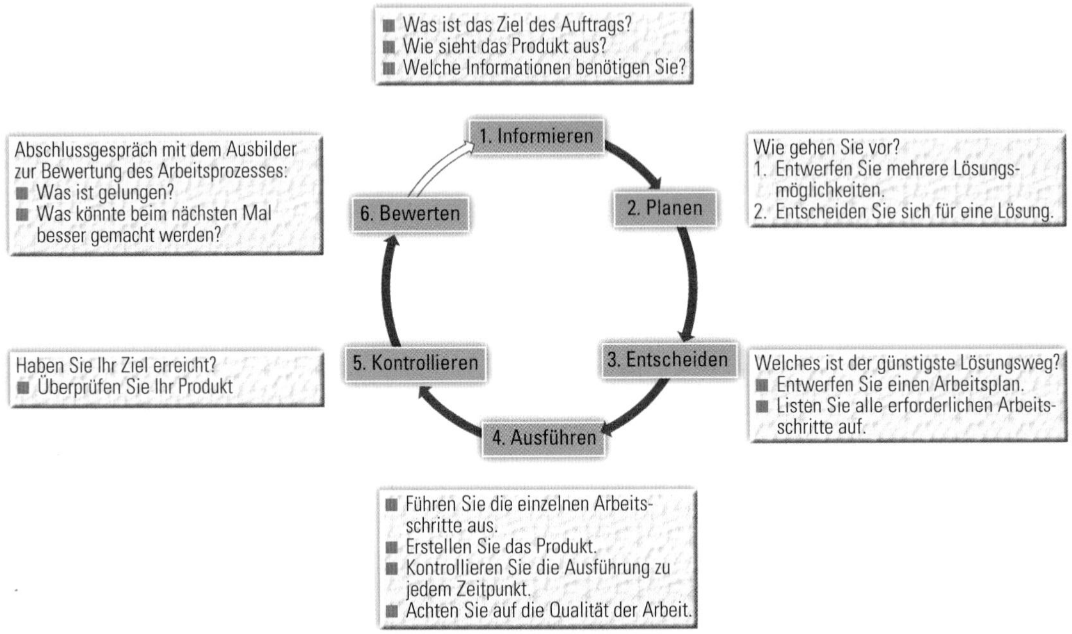

1 *Prinzip der vollständigen Handlung*

1.1 Auftragsklärung

Die Spannvorrichtung (Bild 2) dient bei der Fräsbearbeitung zur Aufnahme dünnwandiger Motordeckel eines Servomotors. Dieser treibt ein von der Firma E-Motion gefertigtes Getriebe an. Das Unternehmen E-Motion ist **Zulieferer** *(supplier)* für einen Betrieb, der Schweißroboter für die Automobilindustrie fertigt. Den **Auftrag** *(order)* zur Fertigung der Spannvorrichtung vergibt E-Motion an die Fa. Chip-Cut.
Die gesamte Prozesskette *(process chain)* bis zum Verbraucher *(customer)* (Käufer eines Pkws) besteht somit aus einer Vielzahl einzelner Glieder.

MERKE

Jedes Glied einer Fertigungsprozesskette muss zuverlässig arbeiten um die Bereitstellung eines hochwertigen Produkts sicherzustellen.

2 *Spannvorrichtung*

3 *Prozesskette*

1) siehe Lernfeld 5 Kap. 2.2

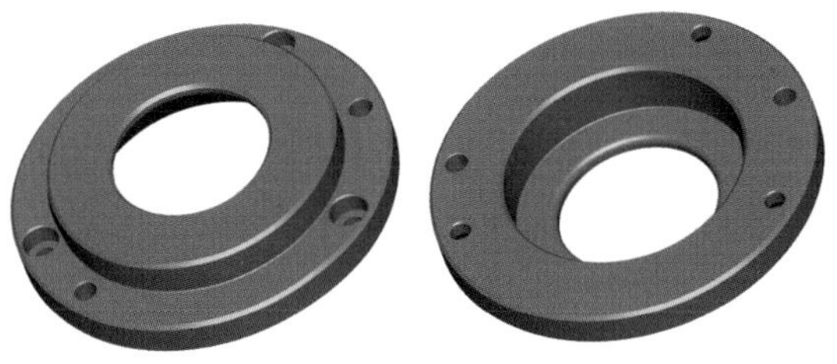

1 *Vorgedrehtes Bauteil*

Ein Mitarbeiter der Fa. Chip-Cut erhält von seinem zuständigen Teamleiter den Auftrag, ausgehend von dem **vorgedrehten Bauteil** (Bild 1) die noch ausstehenden Arbeiten durchzuführen. Für die Fertigung steht eine 5-Achs-Fräsmaschine zur Verfügung, das notwendige Programm liegt vor und wurde über eine CAD-CAM-Kopplung erstellt.

Die Erteilung des Auftrages an den Mitarbeiter bedeutet, dass die **Freigabe des Fertigungsauftrags** *(release of production order)* erfolgt ist, d. h., dass die benötigten Materialien, Kapazitäten und Fertigungsdaten verfügbar sind. Die Auftragsfreigabe liegt in der Regel bei einem Vorgesetzten des Mitarbeiters, also einem Teamleiter oder vorgesetzten Meister.

Dadurch ist sichergestellt, dass es nicht zu Überschneidungen an den Fertigungsmitteln kommt. Die Maschinenauslastung kann so zeitlich optimiert und der Produktionsausstoß unter Wahrung der Termine erhöht werden[1].

Die Bilder 2 bis 4 zeigen beispielhaft die Optimierung der Maschinenbelegung *(machine utilisation)* von vier Fertigungsaufträgen an vier Maschinen.

In einer gut organisieren Arbeitsorganisation wird neben der Planung der Maschinenbelegung jeweils für einen gewissen Zeitraum ein Zeitstrahl erstellt. Darin werden die Urlaubstage, die Feiertage und die mögliche Mehr- bzw. Minderarbeit der einzelnen Mitarbeiter berücksichtigt. Dadurch werden unnötige Belastungen für die Mitarbeiter vermieden.

Nach der Freigabe des Auftrags erfolgt die **Auftragsauslösung** *(activating of order)*. Diese umfasst

- die Analyse der Fertigungsaufgabe[2] *(analysis of abandonment of production)*
- die Erstellung von Fertigungsunterlagen *(preparation of engineering data)*
- die Bereitstellung des Materials *(provision of material)*

Liegen bereits alle Fertigungsunterlagen vor, ist eine grundlegende Analyse des Auftrags nicht mehr zwingend erforderlich. Eine Fachkraft für Zerspanungstechnik zeichnet sich aber gerade dadurch aus, dass sie auch vorhandene Fertigungsunterlagen kritisch hinterfragt und Verbesserungen vorschlägt bzw. vornimmt[3].

MERKE

Eine gründliche Planung des Einsatzes von Mitarbeitern und Produktionsmitteln optimiert nicht nur den Produktionsausstoß, sondern verringert auch Belastungsspitzen.

	Arbeitsvorgang 1		Arbeitsvorgang 2		Arbeitsvorgang 3		Arbeitsvorgang 4	
	Maschine	Std.	Maschine	Std.	Maschine	Std.	Maschine	Std.
Auftrag 1	M4	6	M1	6	M3	3	–	–
Auftrag 2	M2	6	M1	2	M4	4	–	–
Auftrag 3	M1	7	M4	2	M3	7	–	–
Auftrag 4	M3	10	M1	1	M2	3	M4	6

2 *Maschinenbelegung Vorgabe*

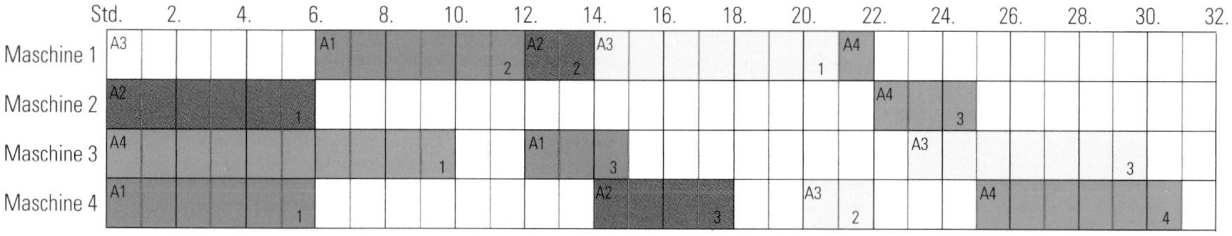

3 *Maschinenbelegung*

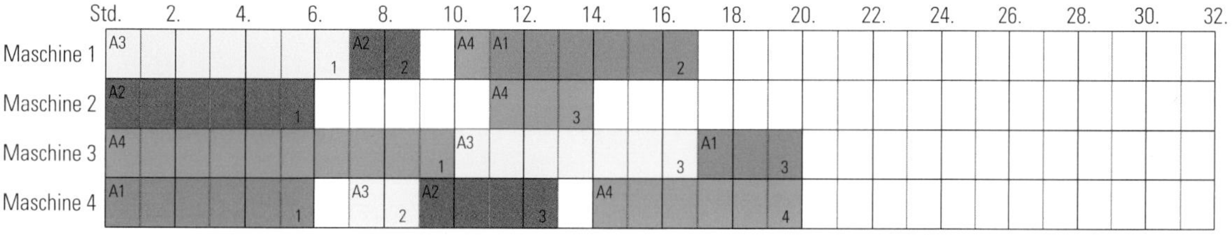

4 *Maschinenbelegung optimiert*

1) siehe Lernfeld 11 Kap. 1.4.3 2) siehe Lernfeld 5 Kap. 2.2 3) siehe Lernfeld 10

1.2 Auftragsumfang und Auftragsziel analysieren

Die notwendigen Fertigungsunterlagen (Werkstattpapiere) werden im Fall der Spannvorrichtung vom Teamleiter bereitgestellt oder der Mitarbeiter erhält sie direkt von der Arbeitsvorbereitung (AV).

Zu den **Fertigungsunterlagen** *(engineering data)* gehören:

- Der **Produktionsauftrag** *(production order)*, auch Laufkarte *(routeing card)*, Werkstatt- oder Arbeitsbegleitschein *(product specification sheet)* genannt (Bilder 1 und 2).
  Er ist aus dem Arbeitsplan *(operating chart)* abgeleitet und begleitet den Fertigungsauftrag *(production order)* bis zur Fertigstellung *(completion)* des Bauteils durch den Betrieb. Seine Daten, insbesondere Auftragsmenge und Termine, sind immer auf einen bestimmten Auftrag bezogen.
- Der **Materialentnahmeschein** *(material requisition card)*, auch Materialstückliste oder Ausfassliste zur Materialsteuerung und -bestellung (Seite 501 Bild 1).
- **Zeitvorgabe- und Lohnbelege** (Seite 501 Bild 2)
  Die vorgegebenen Zeiten für die Fertigung gelten für eine eingearbeitete Facharkraft. Entweder beruhen diese Zeiten auf Erfahrungen bei der Fertigung vergleichbarer Werkstücke oder die Zeitvorgaben *(time targets)* können auch z. B. durch eine REFA-Fachkraft erstellt werden, die diese Zeiten durch umfangreiche Untersuchungen ermittelt und festlegt. Benötigt der Facharbeiter wesentlich mehr Zeit für die Fertigung, ist dieser Mehrbedarf zu begründen.

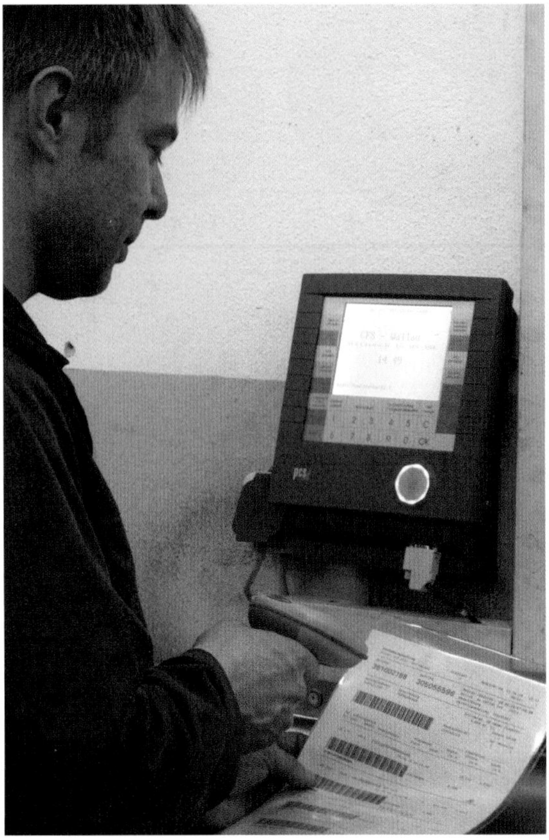

1 Scannen des Produktionsauftrags

Produktionsauftrag

Nr.: 127854

Unterauftrag: nein

Chip-Cut

Datum: 28.03.2011 Seite 1/4

Auftragsnr.: LA-80067339 **Charge:**

Endprodukt: **Chargenart:**

2801-01-02.11

Menge: 1,000 St
Starttermin: 4.4.2011
Endtermin: 5.4.2011
Lagerort: 40
Priorität: 1 Lagerauftrag
Prozess: 2801-01-02.11
Zeichnungsnummern: D 2801-01-02.11

Arbeitsfolgen:

RM-KZ: 0 ***Rückmeldung erforderlich***
Aktivität: 4424-R0001
Rüsten gemäß Vorgabe
Programm: **400**
Vorrichtungen: Harte Spannbacken
Ressourcen: 4424 Drehmaschine Weiler DZ 26 96
Soll-Rüstzeit (tr): 20, Min
Soll-Rüstzeit (te): 0, Min
Soll-Zeit (gesamt): 36,00 Min

Starttermin: 4.4.2011
Endtermin: 5.4.2011

001418840010

RM-KZ: 0 ***Rückmeldung erforderlich*** Starttermin: 4.4.2011

2 Auszug aus einem Produktionsauftrag

Sammelmaterialschein BC

Nr.: 127854

Chip-Cut

Datum: 28.03.2011 Seite 1/1

Auftragsnr.: LA-80067339	**Menge:** 1,000 St
Endprodukt:	Starttermin: 4.4.2011
	Endtermin: 5.4.2011
	Lagerort: 40
2801-01-02.11	Priorität: 1 Lagerauftrag
	Prozess: 2801-01-02.11

Teilnr.	Bezeichnung	Einzelmenge	Bedarfsmenge	Lagerort/Lagerplatz
8000-01-21.12	Rund ∅110 EN AW-7022	0,210 m	0,210	41

Chargeninfo: H801 0,210 m

8000-01-21.12+H801 *0*

1 *Auszug aus einem Materialschein*

Lohnschein

Nr.: 127854

Chip-Cut

Datum: 04.04.2011

Auftragsnr.: LA-80067339

2801-01-02.11

Starttermin: 4.4.2011
Endtermin: 5.4.2011

Kostenstelle: Fräserei
tr: 30, Min
te: 0, Min
tg: 48 Min
Menge: 1,000

Lohnscheine müssen am Folgetag der letzten Bearbeitung in der AV vorliegen!!!
Verspätete Lohnscheine können nicht für die Prämienabrechnung anerkannt werden.

Personalnummer: 85

Von MA auszufüllen!

Datum:	Anfangszeit: Endzeit:	gebrauchte Zeit [min]
4.4.2011	07:00 07:50	50

Summe benötigte Zeit: [min] 50

Von MA auszufüllen!

2 *Auszug aus einem Lohnschein*

Warenbegleitschein / Fertigmeldung

Nr.: 127854

Chip-Cut

00127854

Auftragsnr.: LA-80067339 **Charge:**

Teil: **Chargenart:**

2801-01-02.11

Zeichnungsnr:	D 2801-01-02.11
Kostenträger:	Fertigung
Starttermin:	4.4.2011
Endtermin:	5.4.2001
Lagerort:	40
Menge:	1,000 St

Chargen-Nr.: Anzahl Behälter: 1 Gewicht: (kg/Stück)

Vormat.-Charge	Charge	Gutmenge	Ausschuss	Prüfteile	Datum	Unterschrift
H.Sj	/	1	1		6.4.11	G.J.

Qualitätsprüfung

1 *Auszug aus einem Warenbegleitschein*

Mögliche Ursachen könnten z. B. sein, dass neue Werkzeuge verwendet werden, die erst noch zu vermessen sind. Wurde an der Fräsmaschine ein Bauteil aus Stahl gefertigt und die Maschine vor der Aluminiumzerspanung nicht gereinigt, begründet das auch einen erhöhten Zeitbedarf.

Die **Lohnscheine** *(wage slips)* werden im Unternehmen eingesammelt und haben je nach dem im Unternehmen eingeführten Entlohnungssystem unterschiedliche Bedeutungen.

Erhalten die Mitarbeiter eine **leistungsbezogene Entlohnung**, ergibt sich diese z. B. aus den geleisteten Arbeitsstunden. Bezahlt das Unternehmen ein **festes Monatsgehalt**, können auftretende Überstunden erfasst werden. Um flexibel auf unterschiedliche Nachfragen reagieren zu können, kann eine bestimmte Zahl von Mehr- oder Minderarbeitsstunden im Unternehmen vereinbart sein.

Treten z. B. durch Lohnbelege nachgewiesene Mehrstunden von bis zu 200 Stunden auf, werden diese, wenn möglich, durch Freizeit ausgeglichen. Erst bei einer Überschreitung von 200 Stunden Mehrarbeit erfolgt eine Bezahlung der Überstunden.

- evtl. **Terminkarte/Warenbegleitschein** für die Terminverfolgung (Bild 1)
- **Fertigungszeichnungen** (Bild 2 und Seite 503 Bild 1), **Rüst- und Aufspannpläne** (Seite 504 Bild 1) und **Arbeitspläne** (Seiten 505 und 506)

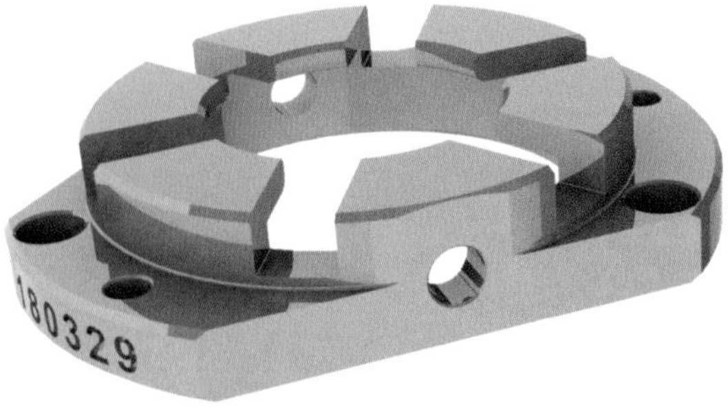

2 *3D-CAD-Zeichnung der Spannvorrichtung*

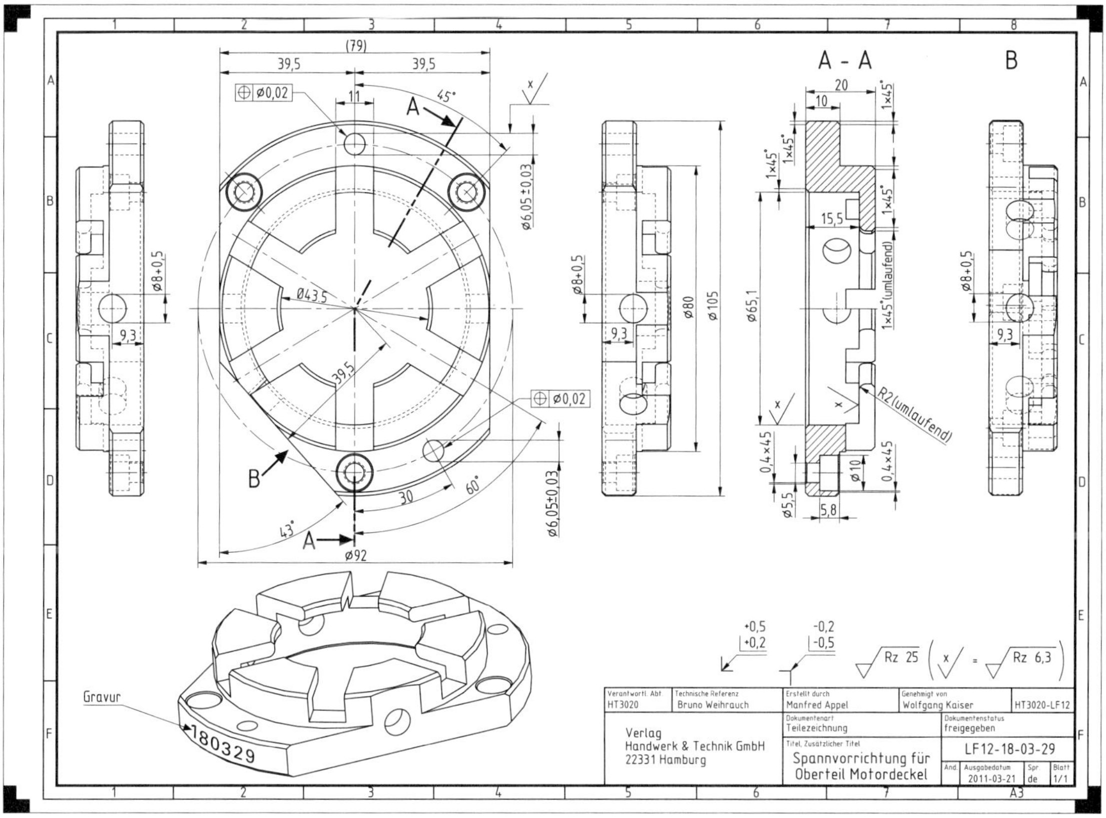

1 Fertigungszeichnung Spannvorrichtung

1.2.1 Zeichnungsanalyse

Werkstoff[1)]

Bei dem Werkstoff EN AW-AL 7022 [EN AW-244 ALZn5Mg3Cu] handelt es sich um eine Aluminiumknetlegierung von hoher Festigkeit.

Dem Datenblatt können folgende Werte entnommen werden:
Zugfestigkeit: R_m = 490 N/mm²
Dehngrenze: $R_{p0,2}$ = 420 N/mm²
Bruchdehnung: A = 5 %
Härte: 130 HB

Diese Aluminiumlegierung besitzt somit Festigkeitswerte, die an die Werte von einigen Baustählen heranreichen bzw. diese übertreffen. Für die Zerspanbarkeit ist diese Festigkeit und die Härte von 130 HB unproblematisch. Die Dehngrenze und die Zugfestigkeit liegen sehr dicht zusammen, was bedeutet, dass der Werkstoff bei plastischer Verformung kaum Kaltverfestigung zeigt. Dieses und besonders die geringe Bruchdehnung von 5 % deuten auf eine gute bis sehr gute Zerspanbarkeit insbesondere bezüglich der Spanbildung hin.

Aluminiumlegierungen neigen manchmal zur Aufbauschneidenbildung. Dieses ist bei der Wahl der Schnittdaten und der einzusetzenden Werkzeuge zu beachten.

Das als Stangenmaterial gelieferte Rohmaterial besitzt in der Randschicht Eigenspannungen. Für die Fräsbearbeitung spielt das aber keine Rolle, da diese Randschichten bereits bei der Drehbearbeitung entfernt wurden.

Toleranzen und Oberflächengüten

Die in der Zeichnung geforderten Toleranzen und Oberflächengüten sind problemlos zu erreichen. Die Herausforderungen liegen vielmehr in der Komplettbearbeitung (3+2-Achsen) und der sicheren Aufspannung des dünnwandigen Werkstücks.

1.2.2 Rüstplan

Um ein sicheres Spannen mit hoher Wiederholgenauigkeit zu gewährleisten, ist auf der Fräsmaschine ein **Nullpunktspannsystem**[2)] montiert. Hierauf wird eine Werkstückaufnahme gesetzt (Seite 504 Bilder 1 bis 5). Das Frästeil wird mit dieser Werkstückaufnahme verstiftet und verschraubt. Dadurch und durch die flächige Auflage auf der Werkstückaufnahme ist ein sicheres Spannen gewährleistet. Ein weiterer Vorteil dieser Spannmethode besteht in der guten Zugänglichkeit des Werkstücks, was bei der Mehrseitenbearbeitung in einer Aufspannung und der damit verbundenen Kollisionsgefahr sehr wichtig ist.

1) siehe Lernfeld 5 Kap. 0 und Lernfeld 10 Kap. 5 2) siehe Lernfeld 11 Kap. 3.1.1

SPV Verwendung für: (vgl. FOSS BTE2)	

	CAM	Maschine
Datum:	4.4.11	
Name:	J. Meier	

Bemerkungen:

Bezeichnung:	SPV-Oberteil
Typ / Baugröße	Motordeckel
TeileNr.:	180329
Zeichnungsnummer:	LF12-18-03-29
OP-Nr. / Anzahl	1 von 1

Teamcenter:	
ItemID:	LF121803-29A
Prog:	LF121803-29-00

Maschine:	Hermle C30U
Unterprogramm	
Laufzeit CAM:	
Laufzeit Maschine	

Rohteil:	Hz Drehteil
Programm-Nr. NPV	
NP / Antasten	SPV: WST:
X	Zentrum
Y	Zentrum
Z	Oberfläche
Preset-Nr.	1
Druckeinstellung IKZ	
Anzahl der Werkzeuge	6
Grundaufnahme	197898
Spannvorrichtung	180328
Lagerort SPV:	04 001 01

***1** Rüstplan*

***4** Werkstück mit Aufnahme*

***5** Aufnahme*

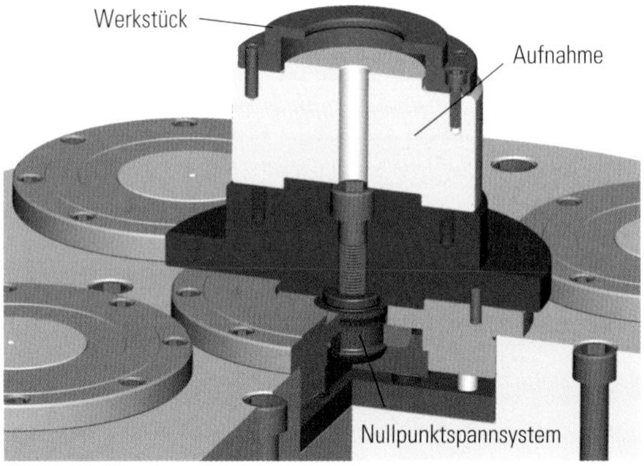

***2** Spannsituation im Schnitt*

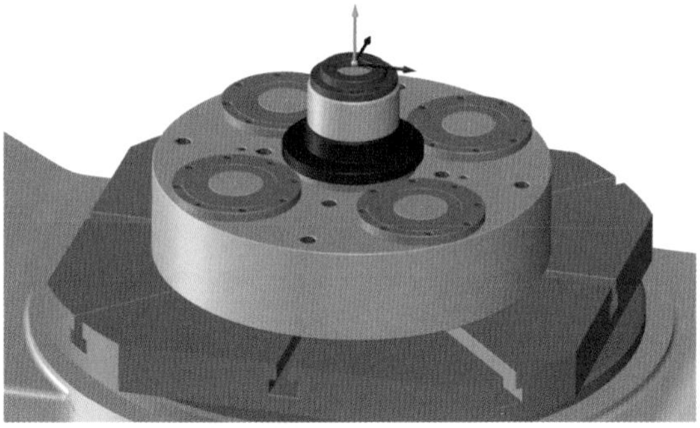

***3** Spannsituation*

Werkzeuge *(tools)*

Da die Fa. Chip-Cut eine große Bandbreite von Al-Legierungen zerspant, verwendet sie hierfür generell Schaftfräser mit einer titanfreien Schutzbeschichtung, die aus einem Zirkonium-Stickstoff-Oxidgemisch besteht. Diese macht die Oberfläche der Fräser extrem glatt und sehr gleitfähig und verhindert somit eine mögliche Aufbauschneidenbildung[1]. Die Aluminiumspäne haften nicht am Werkzeug und lassen sich sehr gut abtransportieren. Dies wird zusätzlich durch spezielle Spanraummulden sowie große polierte Spanräume unterstützt.

Arbeitsplan und CNC-Programm

Da das CNC-Programm mithilfe eines CAD-CAM-Systems generiert wird, erfolgt die Erstellung des Arbeitsplans *(operating chart)* interaktiv in dem CAM-System. Die Werkzeuge wurden extern optisch vermessen und sind in einer Werkzeugdatenbank auf dem Rechner abgelegt. Neben allen geometrischen Informationen stehen deshalb auch die erforderlichen Schnittdaten zur Verfügung. Beim Einsatz neuer Werkzeuge oder bei der Zerspanung neuer Werkstoffe können diese Daten entsprechenden Herstellerangaben entnommen werden. Eine Optimierung kann dann, wie in Lernfeld 10 behandelt, vorgenommen werden.

1) siehe Lernfeld 10 Kap. 2.3

Bei der Planung der einzelnen Arbeitsschritte ist zu beachten, dass ein Werkzeugwechsel mehr Zeit benötigt als das Schwenken des Werkstücks. Ist die Arbeitsplanung am CAM-System abgeschlossen und die Fertigung läuft in der Simulation fehlerfrei ab, überträgt ein Postprozessor das Programm in die jeweilige Maschinensprache.

Spannmittel: Nullpunktspannsystem		**Werkzeuge**	**Bearbeitungsschritte**
		**Schaftfräser** **T1** $d = 10$ mm $z = 3$ Vollhartmetall	**Nuten fräsen** $v_c = 480$ m/min $f_z = 0{,}02$ mm $n = 15270$/min $v_f = 1200$ mm/min
		**Schaftfräser** **T2** $d = 20$ mm $z = 5$ Vollhartmetall	**Außenkontur fräsen (schruppen)** $v_c = 1005$ m/min $f_z = 0{,}1$ mm $n = 16000$/min $v_f = 8500$ mm/min
		**Schaftfräser** **T3** $d = 16$ mm $z = 3$ Vollhartmetall	**Außenkontur fräsen (schlichten)** $v_c = 480$ m/min $f_z = 0{,}03$ mm $n = 9600$/min $v_f = 1000$ mm/min
		**Spiralbohrer axial** **T4** $d = 8{,}25$ mm Vollhartmetall	**Bohrungen fertigen** $v_c = 200$ m/min $f = 0{,}15$ mm $n = 7490$/min

Spannmittel: Nullpunktspannsystem	**Werkzeuge**		**Bearbeitungsschritte**
		**Entgrater** **T5** *d* = 10 mm Vollhartmetall	**Inseln entgraten** *f* = 0,1 mm *n* = 10000/min
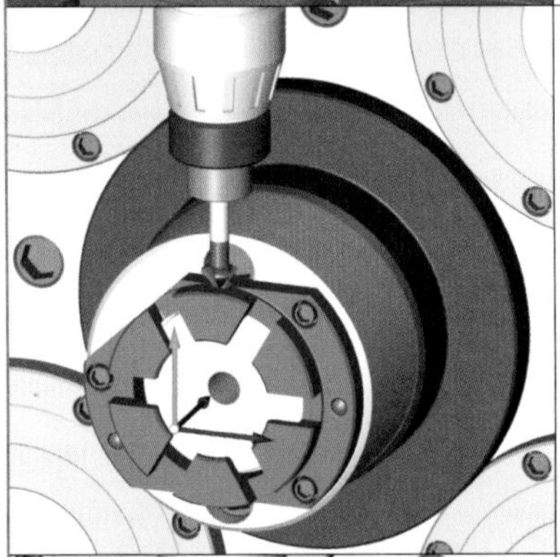		**90°-Senker** **T5** *d* = 10 mm Vollhartmetall	**Bohrungen entgraten** *f* = 0,1 mm *n* = 10000/min
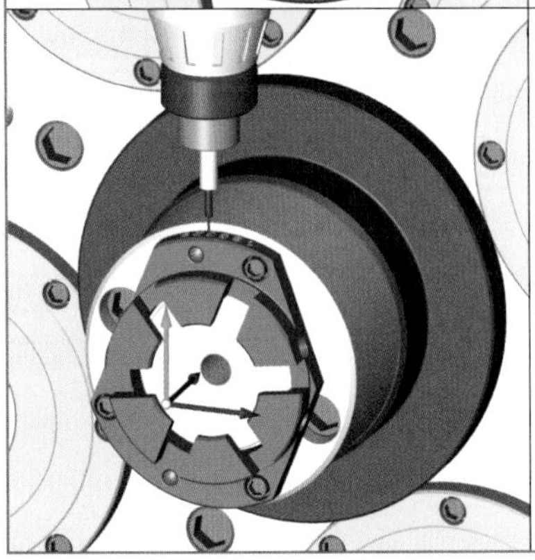		**Kugelkopffräser** **T6** *d* = 1,4 mm Vollhartmetall	**Gravieren** *f* = 0,01 mm *n* = 18000/min

Stellenwert der Dokumentation

Eine lückenlose Dokumentation *(documentation)* der Fertigungsplanung *(production scheduling)* ist für ein Unternehmen von großer Bedeutung. Lägen Unterlagen wie Rüst- und Arbeitspläne nicht vollständig vor, könnte z. B. ein krankheitsbedingter Ausfall eines Mitarbeiters zu einem Ausfall in der Produktion führen oder den Produktionsprozess zumindest behindern.

In modernen Industrieunternehmen sind alle Prozessabläufe digital erfasst und werden in einer Software abgebildet. Die oben aufgeführten Fertigungsunterlagen sind deshalb häufig mit Barcodes versehen, die mit einem Scanner eingelesen werden können. Dadurch wird eine schnelle und effektive Überwachung des Produktionsprozesses ermöglicht.

Die Unterlagen können an den Arbeitsplätzen aber auch in digitaler Form zur Verfügung gestellt werden, was bei vernetzten Rechnern und einer entsprechenden Software den Informationsfluss vereinfacht[1]. So kann z. B. der Lagerbestand stets aktualisiert werden.

MERKE

Für die Sicherstellung einer störungsfreien Produktion ist die lückenlose Dokumentation von Fertigungsprozessen erforderlich. Die Dokumentation ist ein entscheidendes Qualitätsmerkmal eines Unternehmens.

1) siehe Lernfeld 1 Kap. 1

2 Fertigung

1 *Nuten fräsen*

2 *Außenkontur schruppen*

3 *Außenkontur schlichten*

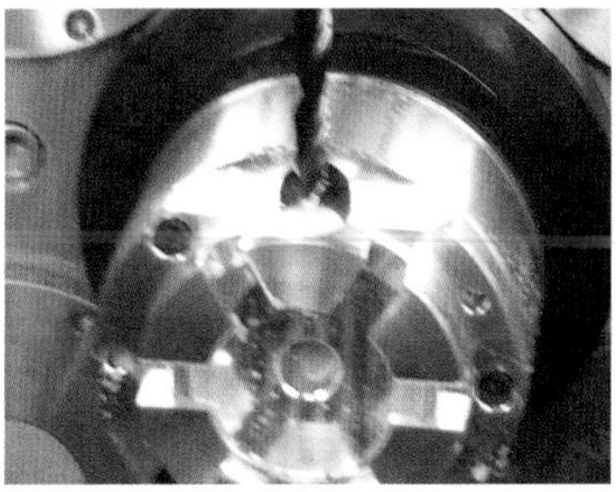

4 *Bohrungen fertigen*

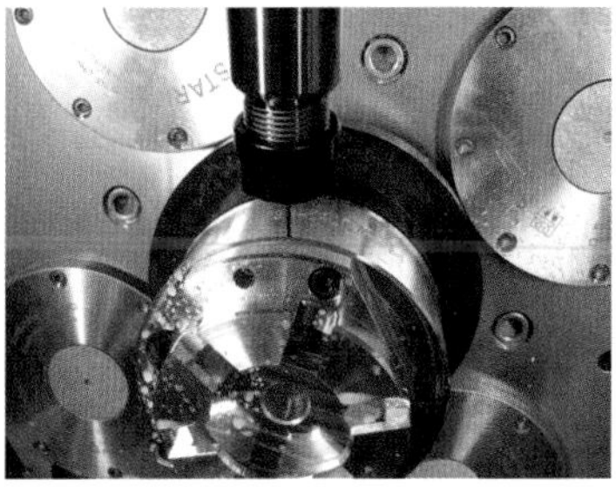

5 *Gravieren*

6 *Fertiges Werkstück*

3 Prüfen

Das Unternehmen Chip-Cut hat vom Kunden E-Motion einen **Prüfplan** *(quality control plan)* (Seite 508 Bild 2) erhalten, in dem alle zu prüfenden Merkmale angegeben sind (Bilder 7 bis 9 und Seite 508 Bild 1). Dieser Prüfplan wird ausgefüllt und mit dem Produkt versandt.

Die Fachkraft wählt die notwendigen Prüfmittel in der Regel selbstständig aus. Bei Prüfmaßen, die den Einsatz einer Koordinatenmessmaschine erfordern, sind spezielle Kenntnisse erforderlich. In diesem Fall erfolgt die Prüfung in der Qualitätssicherung durch besonders geschultes Personal.

Im Fall der Spannvorrichtung wird die Positionstoleranz der Bohrungen ∅6,05±0,03 an einer Koordinatenmessmaschine geprüft.

Dieses Vorgehen wird von der Arbeitsvorbereitung bzw. dem Teamleiter festgelegt. Die Prüfung aller anderen Prüfmerkmale erfolgt durch die Fachkraft.

Überlegen Sie!

Welche Prüfmittel sind notwendig, um die in der Zeichnung der Spannvorrichtung angegebenen Maße zu prüfen?

7 *Vermessung 1*

8 *Vermessung 2*

9 *Vermessung 3*

1 Vermessung 4

Prüfplan/Prüfprotokoll

e-motion

Eingangsprüfung	Endprüfung	Erstmusterprüfung
☐	☒ X	☐

Auftrags-Nr./Bestell-Nr.: 856301	**Teile-Nr.:** 180329	**Zeichnungs-Nr. mit A nd. stand:** LF-12-18-03-29
Bezeichnung: Spannvorrichtung Oberteil Motordeckel	**Werkstoff:** EN AW-7022	**Stückzahl:** 1
Lieferant: Chip-Cut		**Prüfer:** Weihrauch

Wenn nicht anders vereinbart, sind die Passmaße vom Lieferanten im Prüfprotokoll zu dokumentieren

Lfd. Nr.	Prüfmerkmal	Istmaß	gepr. Stück	Gut-Stück	Bemerkungen
1	Positionstoleranz ∅0,02	∅0,012			
2	Bohrungen ∅6,05±0,03	∅6,051			
3					
4					
5	alle offenen Maße	i. O.			
6					
7					
8					
9					
10					
11					
12					
13					
14					
15					
16					

Wir garantieren, dass die angelieferten Teile der oben genannten Zeichnung entsprechen und geprüft wurden.

Datum	Unterschrift Lieferant	Datum	Freigabe durch Prüfer E-Motion

2 Prüfprotokoll

4 Einlagerung und Versand

Da die Spannvorrichtung aus EN AW-AL 7022 besteht, ist kein besonderer Korrosionsschutz notwendig. Solche Bauteile werden häufig in Kunststofffolien verpackt und im Paket zum Schutz vor mechanischen Beschädigungen mit Kunststoffchips oder ähnlichen Materialien umgeben. Korrosionsanfällige Produkte werden gereinigt und häufig leicht eingeölt. Der Trend geht aber zum trockenen Einlagern, da der Kunde die Ölschicht häufig wieder entfernen muss und das Öl weitere Probleme bezüglich der Umweltbelastung etc. birgt. Werden die Produkte und die Zwischenprodukte trocken gelagert, darf kein direkter Hautkontakt stattfinden. Das Tragen von Arbeitshandschuhen ist dann grundsätzlich erforderlich.

Das fertige Produkt wird zu einem **Zwischenlager** *(intermediate storage facility)* transportiert, bevor es versendet wird. Transportieren bedeutet hier immer eine Bewegung innerhalb des Unternehmens. Zwischen- oder Pufferlager haben besonders bei Betrieben mit Einzel- bzw.- Werkstättenfertigung eine

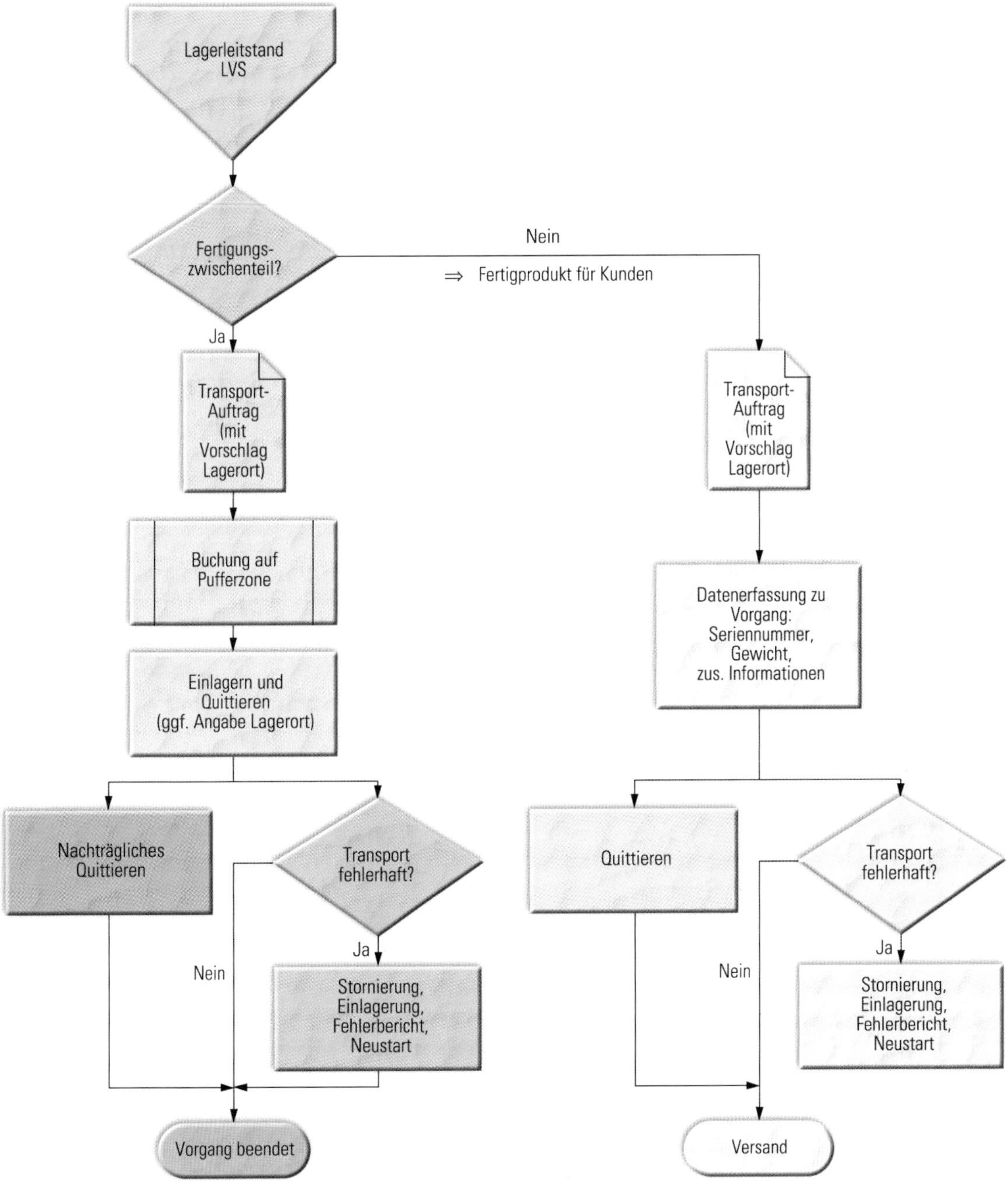

1 *Transport*

große Bedeutung. Zwischenlager dienen auch der Aufnahme von Teilen, die von Fertigungsstufe zu Fertigungsstufe zu verschiedenen Zeiten und Mengen übernommen werden. Im konkreten Fall der Spannvorrichtung wird diese z. B. in der Dreherei zunächst zwischengelagert und dann der Fräserei zugeführt. Regelrechte Fertigfabrikatelager *(storage for finished products)* kommen in der Einzelfertigung bzw. auftragsorientierten Fertigung, wie sie typisch für einen Lohnfertiger sind, kaum vor. Das Unternehmen E-Motion hingegen besitzt ein **Fertigteilelager** *(storage for finished parts)*, damit z. B. Ersatzteile schnell geliefert werden können. Der gesamte Transportvorgang (Seite 509 Bild 1) wird in beiden Unternehmen über ein EDV-System durch den Lagerleitstand überwacht und koordiniert.

5 Transport mit Hebezeugen

Sowohl in der Fertigung, Lagerwirtschaft als auch bei der Montage werden häufig Lasten mit Hebezeugen *(hoists)* bewegt bzw. positioniert (Bild 1).

Lastaufnahmeeinrichtungen

Der Fachausdruck Lastaufnahmeeinrichtung *(load suspension device)* ist der Oberbegriff für

- **Tragmittel** *(load-bearing medium)*
- **Lastaufnahmemittel** *(load-carring equipment)*
- **Anschlagmittel** *(sling)*

510_1
510_2
510_3
510_4

Kettenzug	Brückenkran (Laufkran)	Schwenkkran

Ketten- und Seilzüge werden im **Werkstattbereich** zum Heben geringer Lasten (2 ... 4 Tonnen) verwendet.	Brücken- bzw. Laufkrane dienen dem Materialtransport in **Werkshallen** und überspannen diese daher meist. Je nach Ausführung können sie Lasten bis ca. 100 t bewältigen.	Schwenkkrane werden meist bei der **Montage** zum Heben von Lasten bis ca. 10 t eingesetzt.
Hebebühne/Scherenhubtisch	**Portalkran**	**Manipulator**

Hebebühnen/Scherenhubtische werden in der Verlade- und Lagertechnik sowie bei der Fertigung, Montage und Instandhaltung verwendet. Sie heben Lasten bis ca. 2 t.	Portalkrane für den Handbetrieb finden Verwendung im Werkstattbereich bei der Fertigung und Montage. Sie heben Lasten bis zu 1 t.	Manipulatoren sind Handhabungsgeräte (Hebehilfen), die mit speziellen Greifmitteln bei der Montage in manchen Fällen unentbehrlich sind (vgl. Lernfeld 13). Je nach Ausführung heben sie Lasten bis zu 1 t.

1 *Hebezeuge für verschiedene Anwendungsgebiete*

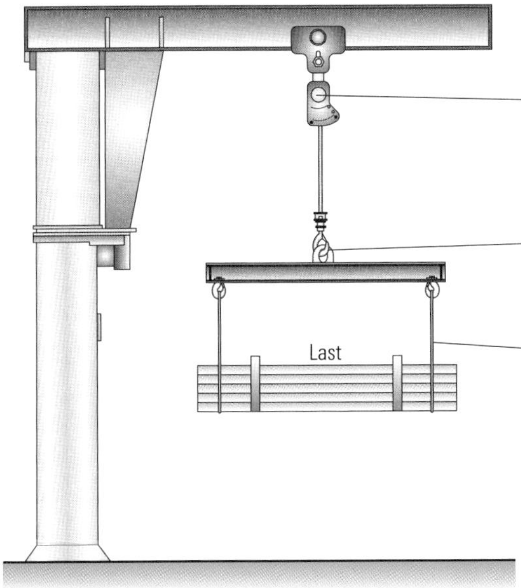

Hebezeuge wie z. B. Brückenkran oder Wandkran dienen zum Anheben von Lasten

Tragmittel wie z. B. Traversen und Kranhaken sind Einrichtungen, die **fest** mit dem Hebezeug **verbunden** sind.
Sie dienen zur Aufnahme von Anschlagmitteln oder direkt der jeweiligen Last.

Lastaufnahmemittel sind z. B. Kübel, Greifer, Lasthebemagnete, Traversen oder Zangen. Sie dienen zum Aufnehmen der Last und werden mit dem Tragmittel des Hebezeugs verbunden.

Anschlagmittel wie z. B. Ketten, Seile oder Bänder sind Einrichtungen, die eine Verbindung zwischen Tragmittel und Last bzw. zwischen Tragmittel und Lastaufnahmemittel herstellen.

Ein sicherer Transport von Lasten mit Hebezeugen ist nur dann gewährleistet, wenn die Fachkraft die für das Heben der Last geeigneten Lastaufnahme- und Anschlagmittel auswählt.
Die Lastaufnahme- und Anschlagmittel

- müssen für den jeweiligen Verwendungszweck geeignet sein,
- dürfen bei bestimmungsgemäßer Verwendung nicht über ihre Tragfähigkeit hinaus belastet werden und
- müssen sich in einem betriebssicheren Zustand befinden.

Die folgende Übersicht vergleicht die gebräuchlichsten Anschlagmittel bezüglich ihrer jeweiligen Einsatzgebiete.
Damit eine Last von einem Kran angehoben werden kann, müssen entsprechende Lastaufnahmeeinrichtungen verwendet werden. An diesen befestigt die Fachkraft die anzuhebende Last – die Last wird von ihr **angeschlagen** *(fastened)*.

Rundstahlkette

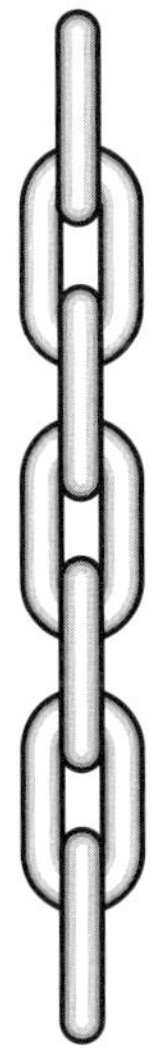

Vorteile

- robust
- langlebig
- unempfindlich gegen Kanten und raue Oberflächen
- hitzebeständig
- leicht und sicher längenverstellbar
- Baukasten: sehr variabel

Nachteile

- keine Eigensteifigkeit (Durchschieben)
- aufwendige Prüfung

Einsatzgebiete

Rauer Betrieb, wo es weniger auf die Oberfläche der Last ankommt.

Hebebänder und Rundschlingen
(Polyester oder Polyamid)

Vorteile

- hohe Tragfähigkeit bei geringem Eigengewicht
- leichte Handhabung, gut für Schnürgang
- Hebebänder eigensteif
- lastschonend, rutschhemmend

Nachteile

- nicht verkürzbar
- sehr empfindlich (raue Oberflächen, scharfe Kanten, Hitze)
- Hebeband für Schrägzug ungeeignet

Einsatzgebiete

Überall, wo leichte und Oberflächen schonende Anschlagmittel erforderlich sind, jedoch keine rauen Bedingungen herrschen.

Sicherheitseinrichtungen

Zusätzlich zur normalen Arbeitskleidung hat die Fachkraft zusätzliche **persönliche Schutzmaßnahmen** *(protective arrangments)* zu ergreifen (Bild 1).

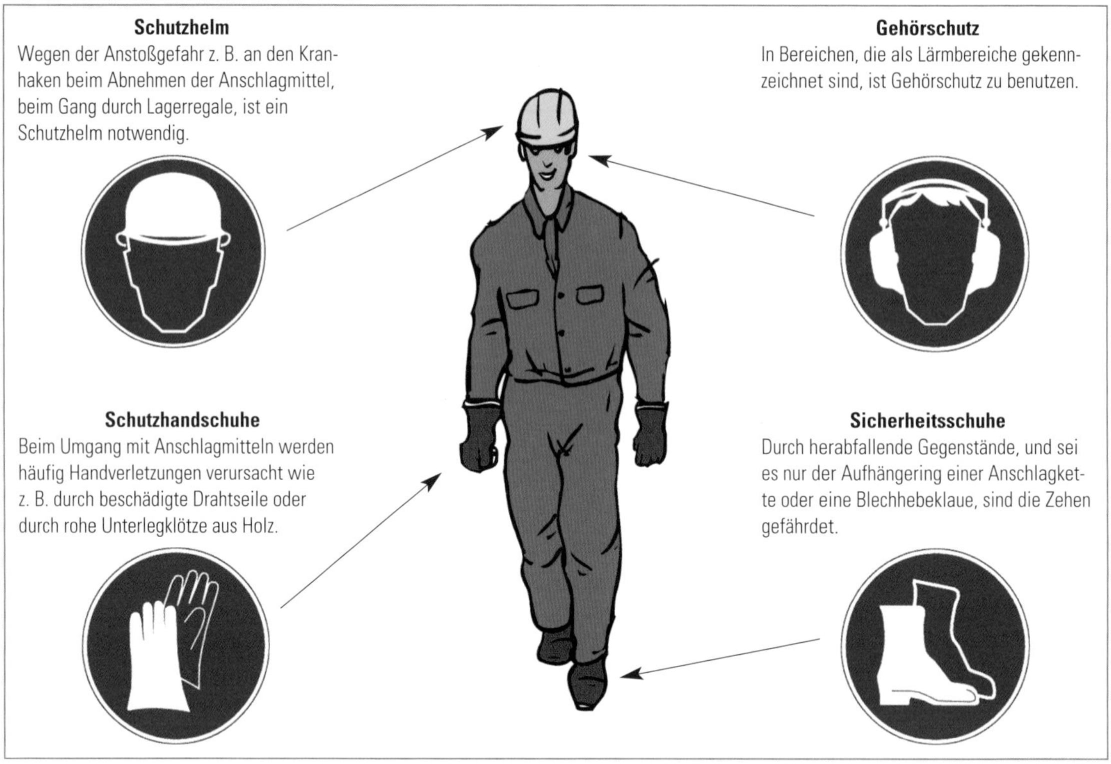
Schutzhelm
Wegen der Anstoßgefahr z. B. an den Kranhaken beim Abnehmen der Anschlagmittel, beim Gang durch Lagerregale, ist ein Schutzhelm notwendig.
Gehörschutz
In Bereichen, die als Lärmbereiche gekennzeichnet sind, ist Gehörschutz zu benutzen.
Schutzhandschuhe
Beim Umgang mit Anschlagmitteln werden häufig Handverletzungen verursacht wie z. B. durch beschädigte Drahtseile oder durch rohe Unterlegklötze aus Holz.
Sicherheitsschuhe
Durch herabfallende Gegenstände, und sei es nur der Aufhängering einer Anschlagkette oder eine Blechhebeklaue, sind die Zehen gefährdet.

1 *Persönliche Schutzausrüstung zusätzlich zur Arbeitskleidung*

ÜBUNGEN

1. Nennen sie Hebezeuge, die in Ihrem Ausbildungsbetrieb zu finden sind.
   Welche Lasten können damit jeweils maximal gehoben werden?
   Vergleichen Sie Ihre Ergebnisse innerhalb Ihrer Klasse.
2. Nennen Sie verschiedene
   a) Lastaufnahmemittel
   b) Anschlagmittel
3. Nennen Sie für folgende Anschlagmittel die geeigneten Einsatzgebiete:
   a) Rundstahlketten
   b) Hebebänder
4. Welches sind häufige Unfallursachen beim Heben von Lasten?
5. Welche persönlichen Schutzmaßnahmen sind von Ihnen im Zusammenhang mit dem Heben von Lasten zu ergreifen?

6 Wareneingang und Qualitätssicherung

Die gefertigte Spannvorrichtung wurde vom Lohnfertiger Firma Chip-Cut an das Unternehmen E-Motion versandt und ist dort eingetroffen. Die Spannvorrichtung wird mit einem **Wareneingangsschein** *(receiving slip)* versehen und zunächst in einem **Pufferlager** *(buffer storage)* zwischengelagert, bevor sie in der **Qualitätssicherung**[1)] *(quality control)* geprüft wird.

Wenn alle Prüfmaße innerhalb der geforderten Toleranzen liegen, wird das Bauteil freigegeben. Liegt ein Maß außerhalb der Toleranz, wird entweder eine Sonderfreigabe beantragt oder es muss ein **8D-Report** geschrieben werden und das Bauteil (alle Bauteile) werden an den Lohnfertiger zurückgeschickt.

Eine **Sonderfreigabe** muss in der Konstruktions- und Entwicklungsabteilung beantragt werden. Dort wird entschieden, ob eine Verwendung trotz eines fehlerhaften Maßes möglich ist.

Im Unternehmen E-Motion werden alle Prozesse digital erfasst und über eine Software gesteuert. Mithilfe dieser Software können Diagramme erstellt werden, die den Mitarbeitern die Vorgänge im Unternehmen transparent darstellen.

Wird ein fehlerhaftes Teil geliefert, hat dies nicht nur unmittelbar Auswirkungen auf die Produktion, sondern bewirkt auch einen erheblichen Verwaltungsaufwand, der wiederum mit Kosten für das Unternehmen verbunden ist.

Hier wird deutlich, wie hoch die Verantwortung der Fachkraft für Zerspanung als Selbstprüfer für das eigene Unternehmen ist.

MERKE

Die Auslieferung eines fehlerhaften Bauteils hat neben einer nicht erfüllten Funktion weitreichende Konsequenzen und muss unter allen Umständen vermieden werden.

8D-Report

Das Unternehmen E-Motion hat ein **Supply-Chain-Management**[2)] (SCM) eingeführt und arbeitet nach dem Prinzip des **kontinuierlichen Verbesserungsprozesses** (KVP) *(continuous improvement process)*.

Ein wichtiger Bestandteil ist hier der 8D-Report *(8D report)*. Dieser Bericht ist ein Dokument, das im Rahmen des Qualitätsmanagements bei einer **Reklamation** *(complaint)* zwischen Lieferant und Kunde ausgetauscht wird. **8D** steht dabei für die **acht** festgelegten **Disziplinen** (Prozessschritte) *(disciplines)*, die bei der Abarbeitung einer Reklamation erforderlich sind, um das zugrunde liegende Problem dauerhaft zu beheben.

Ein 8D-Report ist damit Teil des **Reklamationsmanagements** *(complaint management)* und dient der Qualitätssicherung *(quality assurance)* beim Lieferanten.

Wird vom Kunden ein 8D-Report verlangt, bedeutet das für den Lieferanten zwar einen erheblichen Arbeitsaufwand *(amount of work)*, zeigt aber auch, dass der Kunde an einer weiteren dauerhaften Zusammenarbeit interessiert ist.

Mit einem 8D-Report verlangt der Kunde, dass
- der Fehler dauerhaft behoben wird
- ein sorgfältiges Krisenmanagement mit transparenten Ergebnissen stattfindet

Ablauf eines 8D-Reports:

D1	Teamarbeit	Wer kümmert sich darum?
D2	Problembeschreibung	Was ist das Problem? Wiederholfehler? Was ist das Ziel?
D3	Schadensbegrenzung	Wie hoch ist das Risiko? Wie gewinnen wir Zeit?
D4	Ursachenerkennung	Was war falsch? Warum wurde das Problem nicht vermieden? Warum wurde das Problem nicht erkannt?
D5	Maßnahmen wählen	Wie können wir das ändern, verbessern? Wie können wir es umgehen? Wie können wir es wirkungsvoll beeinflussen?
D6	Maßnahmenumsetzung Wirksamkeitsprüfung	Wird das Ziel erreicht? Greifen die Maßnahmen?
D7	Wiederauftreten verhindern	Wie können wir den neuen Zustand/das Erreichte beibehalten? Wie können wir die weitere Wirksamkeit überwachen?
D8	Abschluss	Was lernen wir für die Zukunft? Wie können wir in anderen Prozessen/Produkten diesem vorbeugen?

Die 8D-Methode wird vor allem dann angewendet, wenn die Ursache eines Problems unbekannt ist oder belegt werden muss und die Lösung des Problems über die Kenntnisse einer Einzelperson hinausgeht. Meist ist in diesem Fall ein Team erforderlich, das sich aus Vertretern verschiedener Abteilungen zusammensetzt.

Da die Abarbeitung des 8D-Berichts wie ein kleines Projekt zu sehen ist, muss dieses im 8. Schritt verbindlich abgeschlossen werden. Das Team soll in diesem letzten Schritt auch eine entsprechende Anerkennung für die geleistete Arbeit erfahren.

1) siehe Lernfeld 13 2) siehe Lernfeld 11 Kap. 1.4.2

ÜBUNGEN

1. Der Lohnfertiger Chip-Cut verfügt über zwei baugleiche 5-Achs-Fräsmaschinen, von denen aber nur eine mit einem Nullpunktspannsystem ausgestattet ist. Diese Maschine steht aufgrund von Wartungsarbeiten nicht zur Verfügung. Mit welchen Spannmöglichkeiten könnte die Fertigung an der zweiten Maschine realisiert werden? Führen Sie auch die jeweiligen Vor- und Nachteile an.
2. Nach der Fräsbearbeitung vermessen Sie die Spannvorrichtung. Dabei stellen Sie fest, dass der Bohrungsdurchmesser 65,3 mm statt der geforderten 65,1 mm beträgt. Welche Entscheidungen sind zu treffen? Beschreiben Sie Ihr weiteres Vorgehen.
3. Sowohl die Spannvorrichtung als auch die Werkstückaufnahme des Nullpunktspannsystems sind mit Gravuren versehen.
   Begründen Sie dieses Vorgehen.
4. Die Fertigung der Vordrehkontur wird in der Dreherei durch eine Hilfskraft an einer CNC-Drehmaschine durchgeführt. Diese spannt lediglich die Rohteile, startet das Programm und entnimmt die gefertigten Teile.
   Sie sind als Selbstprüfer für die fehlerfreie Produktion der gesamten Spannvorrichtung verantwortlich.
   Was müssen Sie bezüglich des Rohteilzuschnitts und der Spannsituation an der CNC-Drehmaschine beachten? Welche Anweisungen sind der Hilfskraft zu geben?

7 Beurteilung der Prozessqualität

Ein Auftragsfertiger kann sich keine Unklarheiten oder wiederholt Mängel *(lacks)* in der Prozessqualität *(quality of processes)* erlauben.
Deshalb orientiert er sich an Kennzahlen und Zielen, deren Erreichen gemessen wird.
Dies betrifft besonders folgende Bereiche:

- die Konstruktion
- den Einkauf
- die Wareneingangsprüfung und
- Reklamationsabwicklung
- die Fertigung
- die Montage
- den Versand

Die Bewertung einzelner Prozesse ist insbesondere in der Fertigung selbstverständlich. So kann z. B. die Zerspanbarkeit anhand objektiver Kriterien beurteilt werden. Auch das nach der Fertigung erstellte Prüfprotokoll steht für einen objektiven Bewertungsvorgang. Über die Bewertung einzelner Prozesse hinaus ist aber die Bewertung ihrer Verzahnung von besonderer Bedeutung. Gute Leistungen in den einzelnen Bereichen kommen nämlich erst zum Tragen, wenn sie optimal eingebunden werden. So nutzt es wenig, wenn die Fertigungsqualität stimmt, aber der Versand die gefertigten Bauteile nicht fristgerecht verschickt.

MERKE

Nur wenn jemand klar verantwortlich ist und die Bedeutung dieser Verantwortung auch versteht und verinnerlicht, wird er sich auch dieser Verantwortung stellen.

Dieses gilt auch für die Fachkraft für Zerspanung. Die Qualität der zur Bereitstellung von Produkten erforderlichen Prozesse und ihrer Verzahnung kann beispielhaft anhand der folgenden Fragen überprüft werden.

- Liegen klare Verantwortlichkeiten vor?
- Gibt es eine festgelegte Frist für Fertigungsrückmeldungen bei Abweichungen gegenüber dem Arbeitsplan?
- Gibt es eine festgelegte Frist für Nacharbeiten oder Reparaturen?
- Werden Fehlerquoten systematisch erfasst?
- Werden die Produktionsaufträge termingerecht gestartet?
- Nehmen Vorgesetzte Verbesserungsvorschläge von Mitarbeitern an oder begründen eine Ablehnung in nachvollziehbarer Weise?
- Wird die eigene Liefertreue beurteilt und transparent dargestellt?
- Wird die Zulieferqualität beurteilt und transparent dargestellt?
- Liegt eine Auftragsausplanung vor die über einen Zeitraum von 6 Monaten hinausreicht?
- Werden Bestellungen rechtzeitig ausgelöst?
- Ist der aktuelle Lagerbestand bekannt und optimiert?
- Werden fehlende Auftragsbestätigungen angemahnt?
- Werden Lieferantenbewertungen vorgenommen?
- Werden Lieferverzüge rasch bemerkt?
- Sind die Mitarbeiter ausreichend qualifiziert?
- Gibt es eine systematische Mitarbeiterentwicklung
- Sind genügend freie Arbeitskapazitäten vorhanden?
- Werden überfällige Lieferungen sichtbar gemacht?
- Gibt es eine systematische Rückmeldung von der Fertigung zur Konstruktionsabteilung?

Überlegen Sie!

Gehen Sie die Leitfragen zur Prozessqualität für ein in Ihrem Unternehmen gefertigtes Produkt durch und präsentieren Sie das Ergebnis.

8 Eight Disciplines Problem Solving

More and more companies are introducing Supply Chain Management (SCM) and are working on the principle of a continuous improvement process (CIP). An important element in this connection is the 8D-report. This report is a document that is exchanged as part of quality management in any complaint procedure between supplier and customer. 8D stands for the eight established disciplines. These process steps are required for the processing of a complaint to resolve the base problem in future. An 8D report therefore is part of 'complaint management' and is used for the quality assurance of the supplier.

If a customer requires an 8D report, the supplier has to do a significant amount of work, but it shows that the customer is interested in a more lasting cooperation by insisting that the failure is corrected permanently and careful 'crisis management' takes place with transparent results. A cutting machine operator may be part of the team that has to solve the problem.

This method is mostly used when the cause of a problem is unknown or needs to be documented and its solution requires more knowledge than an individual person may have. Therefore, sometimes, a team from different departments is needed. The team as a whole should then be better and smarter than the quality sum of the individuals. Each discipline is supported by a checklist of assessment questions, such as "what is wrong with what", "what, when, where, how much". Because the execution of the 8D report can be seen as a large project, it must be completed in 8 distinct steps and be binding.

Recently, the 8D process has been employed significantly outside the auto industry. As part of CIP it is employed extensively within Food Manufacturing, High Tech and Health Care industries.

Flow of an 8D report:

- **D1** Use a Team
- **D2** Describe the Problem
- **D3** Implement and Verify Short-Term Corrective Actions
- **D4** Define and Verify Root Causes
- **D5** Verify Corrective Actions
- **D6** Implement Corrective Actions
- **D7** Prevent Recurrence
- **D8** Congratulate your Team

Assignments:

1. Match the English and German terms in the box below and write the result in your exercise book.

supply chain management	Fehler
continuous improvement process	Durchführung
customer complaint	Gesundheitsindustrie
supplier	dauerh. Zusammenarbeit
established discipline	etw. überschreiten
process steps	bezeichnenderweise
required	abschätzenden Fragen
complaint management	transparente Ergebnisse
quality assurance	Krisenmanagement
significant amount	Reklamation
lasting cooperation	absichern
failure	Lieferkettenmanagement
crisis management	Qualitätssicherung
transparent results	Reklamationsmanagement
exceed	festgelegte Disziplin
to support	Lieferant
assessment questions	erforderlich
execution	kontinuierlicher Vererbesserungsprozess
significantly	Prozessschritte
Health Care Industry	erhebl. Arbeitsaufwand

2. Translate the texts in teams and use the terms of ass. 1.

3. Which explanation fits to which part of the 8D report D1-D8. Find the correct order and write the result in a table as shown below.

D1	D2	D3	D4
H	X	X	X

A. Recognize the collective efforts of the team. It needs to be formally thanked by the company.
B. Identify all potential causes that could explain why the problem occurred.
C. Define and implement containment actions to isolate the problem from any customer.
D. Through pre-production programs quantitatively confirm that the selected corrective actions will resolve the problem for the customer.
E. Describe the problem in measurable terms.
F. Define and implement the best corrective actions needed.
G. Modify the management systems, operation systems, update training, improve practices and procedures to prevent recurrence of this and all similar problems.
H. Establish a team of people with product and process knowledge. The team must select a team leader.

Work With Words

In future you will come into the situation to talk, listen or read technical English. Very often it will happen that you either **do not understand** a word or **do not know the translation**.

In this case here is some help for you!!!

Below you will find a few possibilities to describe or explain a word you don't know or opposites[1] or use synonyms[2].
Write the results into your exercise book.

1. Add as many examples to the following terms as you can find for engineering data or load suspension devices.

engineering data:	time targets material requisition	*load suspension device:*	load bearing medium sling

2. Explain the two terms in the box:
Use the words below to form correct sentences. Be careful the order is mixed!

order:	is something/to do/An order/ by someone on authority/that you are told	*hoist:*	heavy things/is a machine/for lifting/A hoist

3. Find the opposites[1]**:**

completition: *lack:*	*analysis of abandonment of production:* *supplier:*

4. Find synonyms[2]:
You can find two synonyms to each term in the box below.

production order: *operating chart:* work plan/routeing card/process sheet/product specification sheet/	*documentation:* *process:* papers/action/proceedings/files/

5. In each group there is a word which is the **odd man**[3]. Which one is it?

a) receiving slip, buffer storage, discipline, quality control
b) 8D report, continuous improvement process, complaint management, wage slip
c) fastened, intermediate storage facility, storage for finished products, storage for finished parts
d) activation of order, analysis if abandonment of production, time target, provision of material

6. Please translate the information below. Use your English-German Vocabulary List if necessary.

An amount of work, quality, effort etc. is the extent or degree of it, especially when there is a lot of it.

1) *opposite:* Gegenteil 2) *synonym:* Synonym, ähnliches Wort, Ergänzung 3) *odd man:* Außenseiter, überzähliges Wort, fünftes Rad am Wagen

Lernfeld 13: Organisieren und Überwachen von Fertigungsprozessen in der Serienfertigung

Produkte aus der Serienfertigung müssen – wie andere Bauteile – die Anforderungen erfüllen, die während der Nutzungszeit an sie gestellt werden. Bei Maschinen und Geräten, die oft aus sehr vielen Einzelteilen bestehen, hängt die Qualität der Produkte auch von der Montage ab. Ein fachgerechter Zusammenbau hat deshalb in der Kette der Produktentstehung eine hohe Bedeutung.

Oft werden Serienteile auch als Auftragsarbeit ausgeführt, d. h., die Teile müssen an den Kunden ausgeliefert werden wie z. B. an Automobilhersteller. Viele Firmen arbeiten hier nach dem **J**ust-**i**n-**t**ime-Modell (JIT). Um Lagerhaltungskosten zu sparen, werden die Bauteile von den Zulieferbetrieben direkt an das Montageband geliefert und nach einer relativ kleinen zeitlichen Reserve verarbeitet. Eine Lieferverzögerung kann zum Stillstand der Montagebänder führen und erhebliche Kosten verursachen.

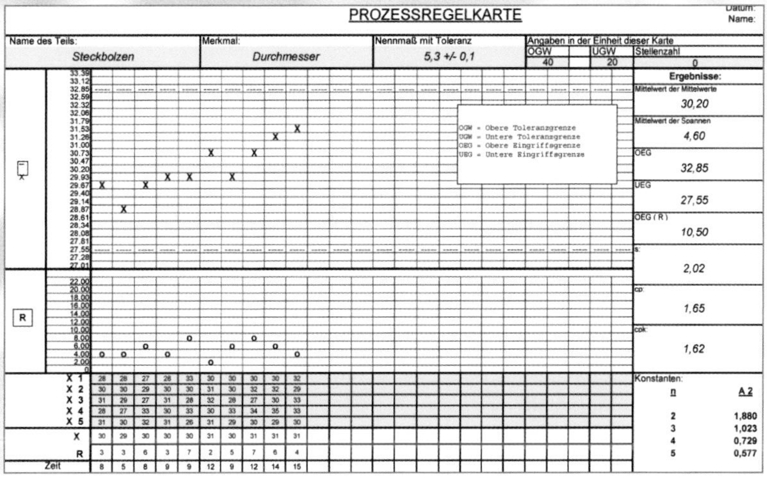

X 1	28	28	27	28	33	30	30	30	30	32
X 2	30	30	29	30	30	31	30	32	32	29
X 3	31	29	27	31	28	32	28	27	30	33
X 4	28	27	33	30	33	30	33	34	35	33
X 5	31	30	32	31	26	31	29	30	29	30
X	30	29	30	30	30	31	30	31	31	31
R	3	3	6	3	7	2	5	7	6	4
Zeit	8	5	8	9	9	12	9	12	14	15

Der Lieferbetrieb hat also verschiedene Erwartungen seines Kunden zu erfüllen:

- Die Toleranzen einzuhalten.
- Fehlerhafte Teile dürfen nicht zur Auslieferung kommen.
- Die Lieferung muss termingerecht erfolgen.
- Die Produktion ist kostengünstig zu gestalten.

Die **Qualität**, die ein Lieferant erreicht, hängt davon ab, wie erfolgreich er diese Erwartungen erfüllt.

Diese Situation erfordert von den Firmen ein ständiges Überdenken und Überprüfen ihrer Anstrengungen, die erreichte Qualität kostengünstig zu halten oder noch zu verbessern. Für diese Bestrebungen sind die **Qualitätssicherung** und die **Qualitätslenkung** von hoher Bedeutung.

Die **Qualitätssicherung** hat z. B. die Aufgabe, die notwendigen Qualitätsprüfungen zu organisieren.

Die **Qualitätslenkung** ist z. B. für die Überwachung des Produktionsprozesses sowie die Kontrolle der Maschinen, Werkzeuge und der Prüfmittel verantwortlich.

Weiterhin sind Strategien zur **Fehlervermeidung** wichtig. Je später ein Fehler entdeckt wird, desto größer sind die Kosten, die für seine Beseitigung anfallen.

Da eine 100-%-ige Zwischen- und Endprüfung der gefertigten Teile sehr zeit- und kostenintensiv ist, wird sie möglichst vermieden und nur dann angewandt, wenn dies z. B. aus Sicherheitsgründen unumgänglich ist.

Für eine permanente Qualitätskontrolle hat sich in der betrieblichen Praxis weitgehend die **Stichprobenprüfung** unter Einsatz von **statistischen Verfahren** durchgesetzt.

In diesem Lernfeld lernen Sie die Methoden der Qualitätssicherung und -kontrolle kennen. Sie überwachen den Fertigungsprozess, dokumentieren die Betriebs-, Fertigungs- und Prüfdaten und führen diese einer zentralen Auswertung zu und bereiten die Übergabe des Fertigungsauftrags an den nachfolgenden Produktionsbereich vor.

1 Qualität

1.1 Die Spannweite des Begriffs

Der Begriff Qualität *(quality)* wird oft subjektiv verwendet und hat dann unterschiedliche Bedeutungen. Oft wird darunter die Güte eines Produkts verstanden. Qualität schließt diesen Bereich ein, aber die Verwendung in diesem Sinn erfasst nicht seine volle Bedeutung.
Die Norm sieht den Begriff aus Sicht der Kundenwünsche, die neben der Güte auch andere Bereiche einschließen.
Nach **DIN EN ISO 9000**[1)] ist Qualität der „Grad, in dem ... **Merkmale** Anforderungen erfüllen". Merkmale *(characteristics)* lassen sich in verschiedene Klassen einteilen:

- **Physikalische Merkmale** *(physical characteristics)* wie z. B. mechanische oder elektrische Eigenschaften.
- **Funktionale Merkmale** *(functional characteristics)* wie z. B. Dauerbetrieb, Höchstgeschwindigkeit eines Fahrzeugs, Zuverlässigkeit, Sicherheitsstandards, Lebensdauer ...
- **Ergonomische Merkmale** *(ergonomic characteristics)* wie z. B. die Belastung des Menschen.
- **Verhaltensbezogene Merkmale** *(behavioural characteristics)* wie z. B. Ehrlichkeit, Wahrheitsliebe, Vertrauenswürdigkeit, Beratung.
- **Zeitbezogene Merkmale** *(temporal characteristics)* wie z. B. Pünktlichkeit, Verlässlichkeit.
- **Umweltbezogene Merkmale** *(environmental characteristics)* wie z. B. umweltverträgliche Produktion, umweltfreundliche Nutzung und Entsorgung bzw. Recycling.

MERKE

Je besser die Produkte den Anforderungen oder den Erwartungen der Kunden entsprechen, desto höher ist die Produktqualität.

1 Der Kunde ist König

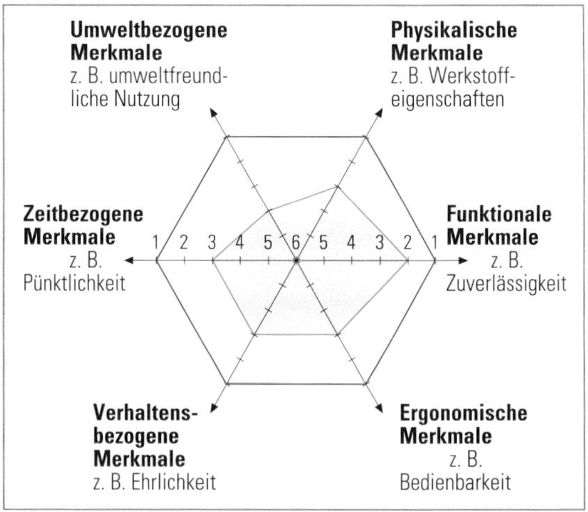

2 Beurteilung der Qualiät eines Produkts durch den Käufer (blaue Linie). Für die einzelnen Merkmale wurden Noten vergeben. Die rote Linie steht für eine ideale Beurteilung.

1.2 Die Bedeutung der Qualität für den Absatz

Produzenten wollen wissen, was ihre Kunden *(customers)* unter dem Begriff „Qualität" – bezogen auf ein bestimmtes Produkt – verstehen (Bild 2). Sie lassen deshalb z. B. Befragungen durchführen oder sprechen mit ihren Kunden. Gleichzeitig wollen sie wissen, welchen Preis die Kunden für angemessen halten.
Firmen, die sich am (internationalen) Markt behaupten wollen, müssen die „Anforderungen" der Kunden in dem finanziellen Rahmen erfüllen, den die Kunden vorgeben.
Ein Hersteller hat am Markt Vorteile, wenn er z. B.

- den Preis bei gleich bleibender Qualität senken kann oder
- bei gleich bleibendem Preis die Qualität steigert

Im Lebenszyklus eines Produkts[2)] wirken viele Faktoren auf die Qualität ein. Eine wichtige Phase, an der die Fachkräfte, aber auch Auszubildende, beteiligt sind, ist die Herstellungsphase. Viele Firmen konnten die Qualität ihrer Produkte in dieser Phase steigern, ohne dass sich dadurch die Kosten nach erhöhten.

1.3 Einflussfaktoren auf die Qualität während der Herstellphase

Die Mitarbeiter in der Produktion beeinflussen unmittelbar die Qualität ihrer Produkte. Faktoren, die im **Verantwortungsbereich jedes Mitarbeiters** liegen sind z. B.:

- Interesse an der Arbeit
- Bereitschaft zum Engagement
- Ermüdungszustand
- Ausbildungs- bzw. der Kenntnisstand
- Kenntnisse über die innerbetrieblichen Abläufe
- Kenntnisse über die Organisationsstruktur der Firma

1) DIN EN ISO 9000 : 2005-12 Qualitätsmanagementsysteme – Grundlagen und Begriffe 2) siehe Lernfeld 11 Kap. 1

Im **Verantwortungsbereich des Betriebs** liegen ebenfalls wichtige Einflussfaktoren wie z. B.:

- Arbeitsbedingungen (ergonomische Gestaltung des Arbeitsplatzes, Beseitigung von Unfallquellen u. a.)
- Aus- und Weiterbildung der Mitarbeiter (z. B. Fortbildungskurse organisieren)
- Organisationsstruktur (z. B. Arbeitsabläufe optimieren)
- Kommunikationsmöglichkeiten
- Entlohnung

Die Qualität wird nicht nur von den Mitarbeitern in der Produktion beeinflusst. Alle Mitarbeiter sind dafür verantwortlich. Ein kaufmännischer Angestellter im Einkauf, der z. B. die Bestellung von Zukaufteilen vergisst, beeinflusst damit zeitbezogene Merkmale. Die termingerechte Auslieferung einer Maschine kann dadurch verhindert werden. Außerdem steigen wahrscheinlich die Kosten.

Untersuchungen haben gezeigt, dass die Qualität nicht nur von der fachgerechten Ausführung der einzelnen Tätigkeiten und damit von den Mitarbeitern abhängt. Viele betriebliche Abläufe, die Organisationsstruktur, fachliche Zusammenhänge und andere Faktoren spielen eine Rolle. Auf diesem Feld hat es Fortschritte gegeben. Nachstehend werden einige Punkte aufgegriffen und besprochen. Um die Bandbreite der Möglichkeiten zu zeigen, sind am Anfang jeweils zwei unterschiedliche Standpunkte vorangestellt, die dann betrachtet werden.

1.3.1 Verbesserungsvorschläge

Standpunkt 1: Für Verbesserungen und Weiterentwicklungen *(further developments)* am Produkt und in der Fertigung sind die von der Firma beauftragten Mitarbeiter verantwortlich (Ingenieure, Techniker, Meister).

Standpunkt 2: Jeder Mitarbeiter kann und soll Verbesserungsvorschläge *(suggestions for improvement)* einbringen.

Beispiel: Ein Zerspanungsmechaniker findet im Internet Informationen über eine neu entwickelte Schneidplatte. Er vermutet, dass sie sich für ein Bearbeitungsproblem an bestimmten Drehteilen eignet, die er immer wieder in größeren Stückzahlen herzustellen hat. Auf seinen Vorschlag wird das Werkzeug mit Erfolg getestet. Die Einführung des neuen Werkzeugs führt zu einer Zeitersparnis und zu einer besseren Oberfläche am Werkstück. Dadurch sinkt die Ausschussquote.

Durch diese Verbesserung ist die Produktqualität gestiegen, gleichzeitig sind die Kosten gesenkt worden.

In vielen Firmen bringen Mitarbeiter aus unterschiedlichen Abteilungen Verbesserungsvorschläge ein. Wenn ein Vorschlag erfolgreich umgesetzt werden kann, erhält der Mitarbeiter meist eine Prämie, deren Höhe von der Kostenersparnis bzw. von der Bedeutung des Vorschlags abhängt.

Aus dem Vorschlagswesen ist eine wichtige Methode entstanden: der **k**ontinuierliche **V**erbesserungs-**P**rozess (KVP). Bild 1 zeigt die einzelnen Abschnitte, die bei der Umsetzung eines weitgreifenden Verbesserungsvorschlags erforderlich sind.

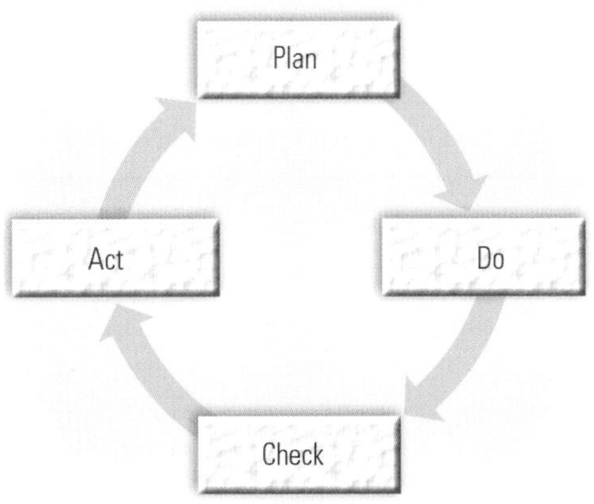

Plan: Eine Fachkraft erkennt z. B. einen betrieblichen Ablauf, der verbesserungsfähig ist. Sie gibt ihre Beobachtung und vielfach auch schon einen Verbesserungsvorschlag weiter. Daraufhin wird der Istzustand genau analysiert. Anhand dieser Analyse wird versucht, die Auswirkungen des Verbesserungsvorschlags abzuschätzen.

Do: In der zweiten Phase wird die Verbesserung meist unter provisorischen Bedingungen an einem einzelnen Arbeitsplatz getestet. Dabei besteht die Möglichkeit, den Vorschlag zu korrigieren bzw. zu optimieren.

Check: Der Prozessablauf und seine Resultate werden noch einmal sorgfältig überprüft.
Wenn das Ergebnis positiv ist, wird die Umsetzung beschlossen. Damit ist die Einführung freigegeben.

Act: In der letzten Phase erfolgt die Einführung in den betrieblichen Ablauf. Der Erfolg wird danach regelmäßig überprüft (Audits).
Eine Änderung kann mit einem erheblichen organisatorischen Aufwand verbunden sein (z. B. Änderung von Arbeitsplänen und CNC-Programmen, Schulungen usw.).

1 Umsetzung eines Verbesserungsvorschlags in vier Schritten

1.3.2 Ursachen für Fehler

Standpunkt 1: Für Fehler *(mistakes)* sind Mitarbeiter verantwortlich, oft ist es die menschliche Unvollkommenheit.

Standpunkt 2: Die Ursachen *(reasons)* für Fehler sind sehr vielseitig, deshalb müssen auch andere Fehlerquellen *(sources of defects)* in Betracht gezogen werden.

Wenn eine Fachkraft aus Unaufmerksamkeit ein falsches Maß in ein CNC-Programm eingibt, dann kann das zu Ausschussteilen oder zu einem Crash führen. Aus der menschlichen Unvollkommenheit entstehen unbestritten immer wieder Fehler. Es gibt allerdings auch andere Ursachen.

Beispiel: Ein Konstrukteur hat bei einem Gehäuse eine Lagetoleranz[1)] angegeben, die in der Fertigung nur sehr schwer einzuhalten ist. Immer wieder kommt es deshalb zu Ausschussteilen. Hier ist dringend ein Informationsrückfluss erforderlich. Der Konstrukteur kann unter Umständen ohne Probleme die Toleranz vergrößern, evtl. sind auch konstruktive Veränderungen erforderlich.
Wenn dieser Informationsaustausch nicht stattfindet, wird die Fehlerquelle bei einer schlechten betrieblichen Organisation nicht beseitigt.
Alternatives Beispiel: Ein Konstrukteur hat in einer Maschine zwei Lager so angeordnet, dass sie nur schwer zu montieren sind. Er konnte beim Konstruieren diese Schwierigkeit nicht erkennen. In der Montage führt dieser Nachteil zu Problemen: Die Arbeit dauert länger und es besteht die Gefahr, dass die Lager beschädigt werden.
Hier ist ein Informationsrückfluss von der Montage zur Konstruktion erforderlich. Der Konstrukteur muss diesen Sachverhalt kennen und nach Absprache mit anderen Stellen ändern. Wenn der Konstrukteur über diese Schwierigkeiten nicht informiert wird, besteht die Gefahr, dass er die ungünstige konstruktive Möglichkeit wiederholt.
Ein Austausch zwischen den Abteilungen Konstruktion, Fertigung und Montage kann entscheidend zur Lösung von Probleme beitragen. In vielen Betrieben ist aus dieser Rückkopplung die **Fehler-Möglichkeits- und Einflussanalyse**, abkürzt **FMEA**[2)], entstanden. Es ist ein Verfahren, mit dem Fehler möglichst frühzeitig erkannt und vermieden werden. Die **Fehlersuche** *(fault finding)* bezieht sich sowohl auf das **Produkt** *(product)* als auch auf den **Prozess** *(process)*.
Die Mitarbeiter des FMEA-Teams setzen sich aus unterschiedlichen Abteilungen zusammen. Neben den Erfahrungen, dem Wissen und Können der Fachkräfte und neben Versuchsergebnissen werden vor allem frühere Fehler und ihre Ursachen berücksichtigt.

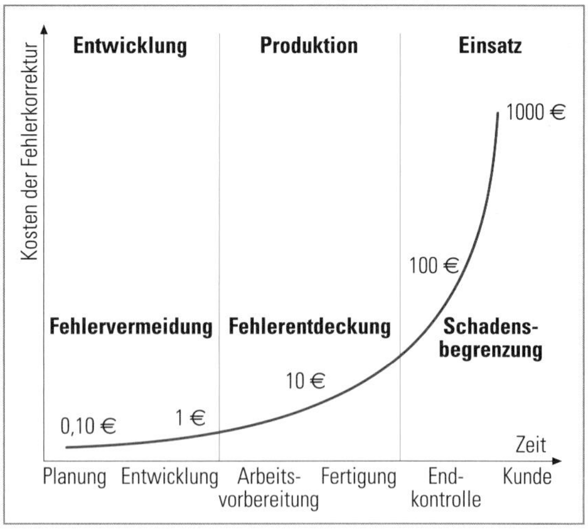

***1** Kostenentwicklung eines Fehlers*

Der Fehler hätte nach einigen Wochen zum Ausfall der Maschinen geführt. Die Reparaturkosten und die Kosten für die Maschinenausfallzeiten muss in diesem Fall die Herstellerfirma übernehmen.
Besonders schwerwiegend sind Fehler, die sich erst nach der Inbetriebnahme beim Kunden auswirken. In manchen Fällen sind dann Rückrufaktionen *(product recalls)* erforderlich.
Die Kosten *(costs)* (Bild 1) und der Imageverlust *(loss of reputation)* sind in diesen Fällen sehr hoch.
Das Beispiel zeigt, wie wichtig es ist, dass jeder Mitarbeiter die betrieblichen Abläufe überblickt. Dadurch werden Fehler, Sicherheitsmängel, Energieeinsparungsmöglichkeiten u. a. schneller gesehen und abgestellt.
Der oben beschriebene „Standpunkt 1" bezieht sich auf eine betriebliche Organisationsform, bei der die Mitarbeiter der Abteilung „Qualitätskontrolle" für die Produktqualität verantwortlich sind. Sie prüfen sowohl Einzelteile als auch Baueinheiten in der Montage und sie sind für die Endabnahme zuständig. Diese Organisationsform ist funktionsfähig, sie kann aber nicht die Bandbreite abdecken, die durch die Mitarbeit Aller erreicht wird.
Einen sehr hohen Stellenwert hat die Fehlersuche. Sie hat das Ziel, Fehlerquellen zu entdecken und nach Möglichkeit auszuschalten.

1.3.3 Verantwortung für Fehler

Standpunkt 1: Einzelne Mitarbeiter *(members of staff)* aus der Abteilung Qualitätssicherung *(quality assurance)* sind für die Fehlersuche und -behebung verantwortlich *(responsible)*.

Standpunkt 2: Jeder Mitarbeiter ist für seine Arbeit und seinen Arbeitsplatz und damit auch für seine Fehler verantwortlich (Selbstprüfer). Darüber hinaus ist es wichtig, dass er Fehler meldet, die er im betrieblichen Ablauf beobachtet.

Beispiel: Einem Auszubildenden fiel kurz vor der Auslieferung einer neuen Maschinenreihe auf, dass sich bei mehreren Maschinen an einer schwer zugänglichen Stelle Öl sammelte. Die Beobachtung des jungen Mannes war richtig. Ein Bauteil enthielt eine Bohrung mit einer falschen Bohrungstiefe. Dadurch entstand ein Leck. Eine Nacharbeit war noch möglich. Dieser Fehler war in der Endabnahme nicht entdeckt worden.

1.3.4 Toleranz und Qualität

Standpunkt 1: Das Istmaß darf innerhalb der Toleranz *(tolerance)* an jeder beliebigen Stelle liegen.

Standpunkt 2: Das ideale Istmaß liegt in der Toleranzmitte *(tolerance centre)*.

Nach Standpunkt 1 ist ein Werkstück „gut", wenn das Istmaß innerhalb der Toleranz liegt. Es ist gleichgültig, wo das Istmaß liegt, ob im mittleren Bereich, im Grenzbereich oder auf einer Toleranzgrenze.
In der Fertigung kann deshalb die Toleranz voll ausgeschöpft werden.

1) siehe Lernfeld 5 Kap. 7.6.2   2) FMEA: **F**ailure **M**ode and **E**ffects **A**nalysis

Beispiel:
Maß: 50 ± 0,2 mm; OGW [1] = 50,2 mm; UGW [2] = 49,8 mm
Danach ist ein Werkstück mit dem Istmaß 49,80 mm noch gut, ein Teil mit dem Maß 49,79 mm ist dagegen Ausschuss.
Es ist kaum vorstellbar, dass der geringe Maßunterschied von 0,01 mm eine Funktionsstörung verursacht.

Aus dem Beispiel folgt:
Die Toleranzgrenze trennt nicht unbedingt die beiden Bereiche „gute Qualität, d. h. funktionsfähig" und „schlechte Qualität d. h. nicht funktionsfähig", so wie es in Bild 1 dargestellt ist.

Schlussfolgerung:
Je weiter das Istmaß von der Toleranzmitte abweicht, desto größer ist der Qualitätsverlust.
Dieser Zusammenhang ist in Bild 2 dargestellt. Aus diesem Grund ist möglichst die Toleranzmitte anzustreben.

1.3.5 Ausschussquote

Standpunkt 1: Eine Null-Fehler-Produktion *(zero-defect production)* ist nicht möglich.
Standpunkt 2: Die Null-Fehler-Produktion (Bild 3b) ist das Ziel.
Im ersten Satz ist eine richtige Aussage formuliert – aber sie kann leicht zu einer falschen Konsequenz führen, nach dem Motto: „Warum soll ich (bzw. sollen wir) uns um ein Ziel bemühen, das doch nicht erreichbar ist?". Die Motivation, in dieser Richtung zu arbeiten, wird gedämpft.
In der zweiten Position ist das nicht Erreichbare – eben die Null-Fehler-Produktion – als Ziel formuliert. Es ist zwar nicht möglich, dieses Ziel zu realisieren, aber man kann versuchen, so nahe wie möglich an das Ideal heranzukommen. Damit entsteht ein ständiger Anreiz, nach Verbesserungen zu suchen. Die technische Entwicklung zeigt, dass beispielsweise durch die CNC-Technik, durch bessere Werkzeuge und vieles mehr die Ausschussquote *(reject rate)* deutlich gesenkt werden konnte.

1.4 Qualitätsmanagementsysteme

In Bild 4 ist das Beziehungsgeflecht zwischen den Kundenwünschen, der Produktentstehung und den Unternehmensabteilungen in Form eines Quaders dargestellt.
Um in diesen weitverzweigten Beziehungen hinsichtlich der Qualität die richtigen Entscheidungen zu treffen und die richtigen Maßnahmen durchzuführen, haben viele Unternehmen ein Qualitätsmanagementsystem (**QM**-System) *(quality management system)* eingeführt.
Das QM-System ist somit für alle Maßnahmen zuständig und verantwortlich, die die „Qualität" betreffen. In DIN EN ISO 9000 sind die Grundlagen für QM-Systeme festgelegt.
Die nachstehenden Ausführungen beziehen sich auf diese Norm.

MERKE
Die Verantwortung für das QM-System liegt bei der Geschäftsleitung.

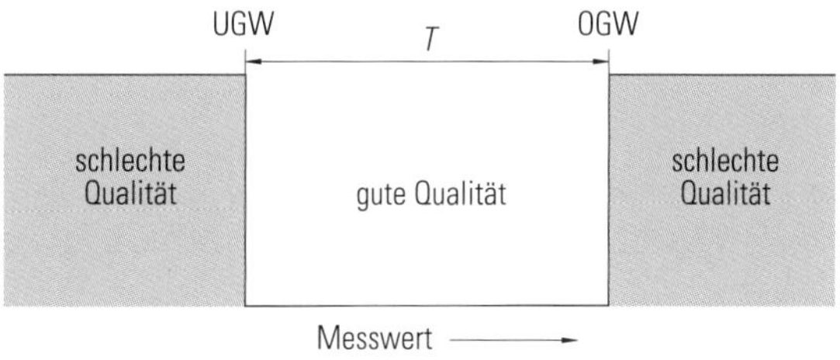

1 *Ungünstiges Gut-Ausschuss-Denken im Zusammenhang mit der Toleranz*

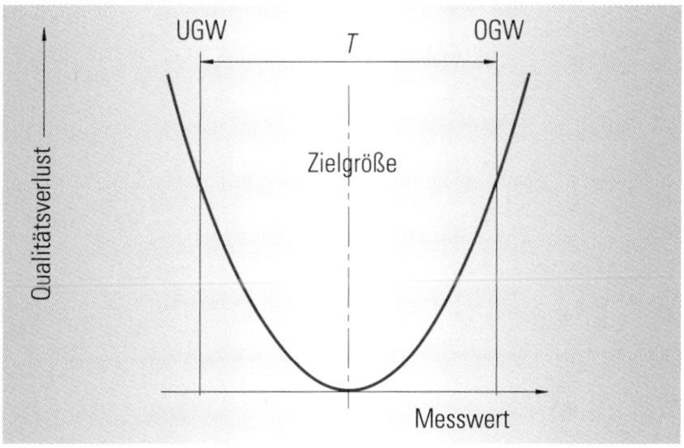

2 *Qualitätsverlust nach Taguchi [3] in Abhängigkeit vom Abstand des Istmaßes von der Toleranzmitte*

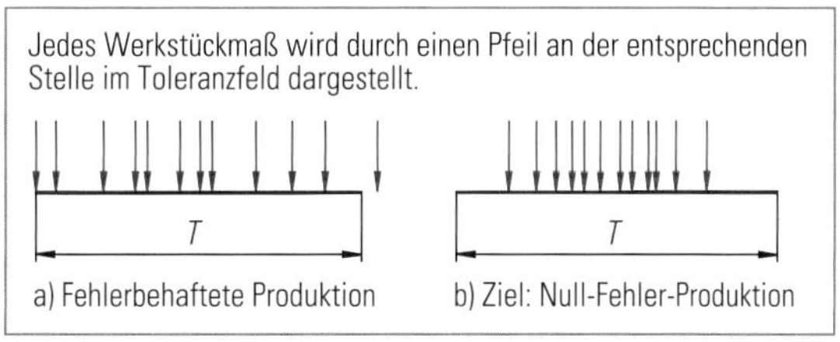

3 *Gegenüberstellung von Produktion mit Ausschuss und Null-Fehler-Produktion*

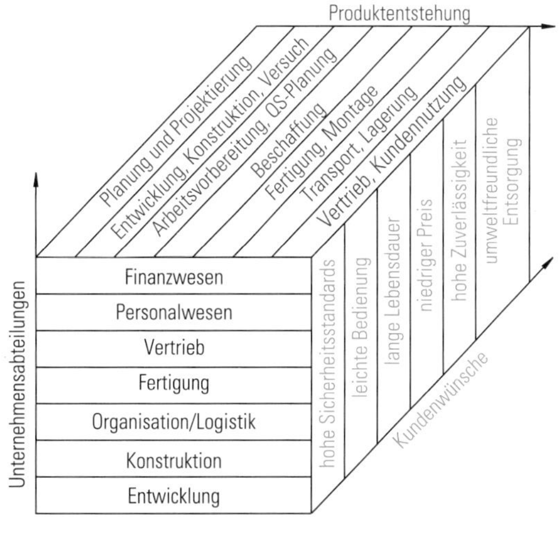

4 *Enge Verzahnung zwischen Unternehmensabteilungen, Produktentstehung und Kundenwünschen*

1) OGW: oberer Grenzwert 2) UGW: unterer Grenzwert 3) Taguchi Gen'ichi, japanischer Ingenieur, Statistiker und Experte für Qualitätsverbesserung (* 1924)

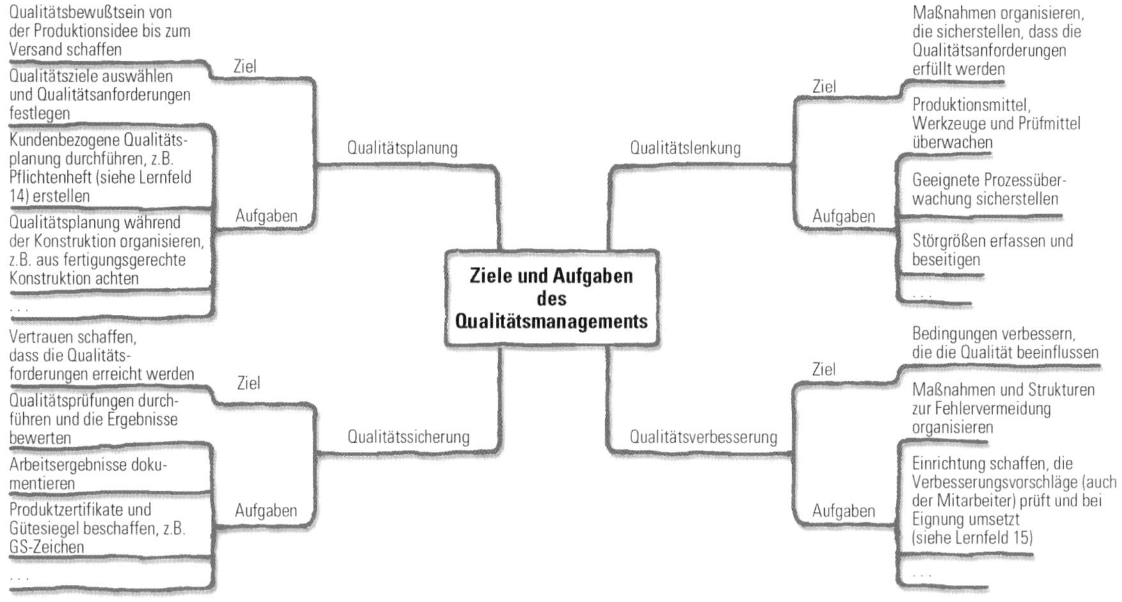

1 *Ziele und Aufgaben des Qualitätsmanagements*

In Bild 1 sind wichtige Ziele und Aufgaben des QM-Systems aufgeführt. Die hier genannten Aktivitäten richten sich nach „innen" wie z. B. auf die betrieblichen Abläufe, die maschinelle Ausstattung, die Schulung der Mitarbeiter, die Kontrollen und vieles mehr.

Es soll erreicht werden, dass die Produkte zuverlässig und dauerhaft mit der angestrebten Qualität hergestellt werden.

Die Abbildung zeigt, dass die Gesamtaufgabe in vier Bereiche aufgeteilt wird. Das QM-system hat die hier genannten „Ziele" in konkrete Maßnahmen umzusetzen. Dafür sind in den „Aufgaben" jeweils Beispiele aufgeführt. Die Umsetzung der „Ziele" ist betriebsabhängig und muss den jeweiligen Verhältnissen angepasst werden.

Für die genannten Aufgaben sind verbindlich Mitarbeiter festzulegen und bei Bedarf zu schulen.

Neben den in Abb. 1 dargestellten Aufgaben ist das Qualitätsmanagement für das Festlegen der Qualitätspolitik und für die daraus abgeleiteten Qualitätsziele verantwortlich.

In der **Qualitätspolitik** *(quality policy)* werden „die übergeordneten Absichten und die Ausrichtung der Firma" hinsichtlich der Qualität festgelegt. Hier können z. B. Ziele für den Umweltschutz formuliert, aber auch Bedürfnisse und Wünsche aller **Interessenspartner** des Unternehmens beschrieben werden. Als Interessenspartner des Unternehmens gelten:

- die Kunden
- die Lieferanten
- die Mitarbeiter
- die Eigentümer
- die Gesellschaft (Staat, Bürger, Institutionen)

Die **Qualitätsziele** *(quality goals)* leiten sich aus der Qualitätspolitik ab. Auf die „Interessenspartner" bezogen wird z. B. eine „zunehmende Zufriedenheit" dieser Gruppe angestrebt. Die Qualitätsziele gehen somit über die betriebliche Ebene hinaus. Konflikte mit den Interessenspartnern können das betriebliche Geschehen nachhaltig beeinflussen.

In regelmäßigen Untersuchungen – **Audits** *(audits)* genannt – wird ermittelt, ob die festgelegten Anforderungen des QM-Systems erfüllt sind. Führt eine unabhängige und dafür autorisier-

ZERTIFIKAT

Die ZDH-ZERT GmbH - Partner für Qualität in Handwerk und Mittelstand
bescheinigt, dass das Unternehmen

Firma Müller Maschinenbau GmbH

Erbacher Landstr. 45
75333 Winkel

in den Tätigkeitsbereichen:

Herstellung und Vertrieb von Sondermaschinen, Vorrichtungs- und Apparatebau, CNC-Teilefertigung

ein Qualitätsmanagementsystem eingeführt hat und anwendet.
Ein Audit von ZDH-ZERT hat den Nachweis erbracht,
dass dieses Qualitätsmanagementsystem die Forderungen der folgenden Norm erfüllt:

DIN EN ISO 9001

Qualitätsmanagementsysteme - Anforderungen (Ausgabe Dezember 2000)

Dieses Zertifikat ist gültig bis 25.06.2011.

Zertifikat-Registrier-Nr.: Q1 0108000

Bonn, den 01.07.2008

Vorsitzender des Lenkungsgremiums

Zertifizierungsstelle

akkreditiert bei:

TGA-ZM-05-94-00

ZDH ZERT

ZDH-ZERT GmbH, Ennemoserstr. 10, 53119 Bonn

2 *Zertifikat nach DIN EN ISO 9001*

1) DIN EN ISO 9001 : 2000-12 Qualitätsmanagementsysteme – Anforderungen

te Stelle die Audits mit positivem Ergebnis durch, ist die Firma nach **DIN ISO 9001**[1)] zertifiziert (Seite 522 Bild 2). Diese **Zertifizierung** *(certification)* ist für viele Kunden wichtig, weil damit sichergestellt ist, dass der Anbieter Produkte mit gleichbleibender hoher Qualität liefern kann.

In einem **QM-Handbuch** ist das QM-System zu dokumentieren.

Für die Sicherung und Steigerung der Produktqualität ist es wichtig, dass

- jede Abteilung in die Qualitätsüberlegungen einbezogen wird
- die Mitarbeiter die Verantwortung für ihre Arbeit übernehmen
- die einzelnen Abteilungen miteinander verzahnt sind wie z.B. die Konstruktion und die Montage.

Bezieht man die Kundenwünsche noch in die Betrachtung ein, dann liegt das oben betrachtete Beziehungsgeflecht zwischen der Produktentstehung, den Kundenwünschen und den Unternehmensabteilungen (Bild 1).

Dieser ganzheitliche Ansatz wird auch als **Total Quality Management (TQM)** bezeichnet.

Für die Umsetzung der Qualitätsbestrebungen auf der betrieblichen Ebene sind u.a. folgende Maßnahmen wichtig:

- Mehr Verantwortung auf die Mitarbeiter verlagern (besonders für die Qualität der eigenen Arbeit)
- Gruppen- oder Teamarbeit organisieren
- Mitarbeiter schulen

In Bild 2 ist die damit zusammenhängende Organisationsform dargestellt.

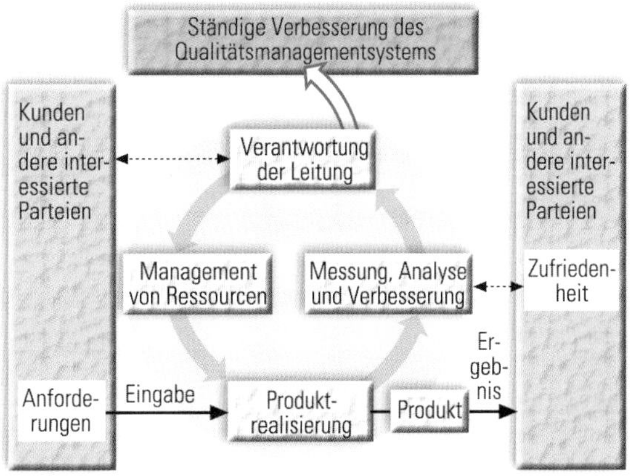

1 Prozessorientiertes Qualitätsmanagementsystem

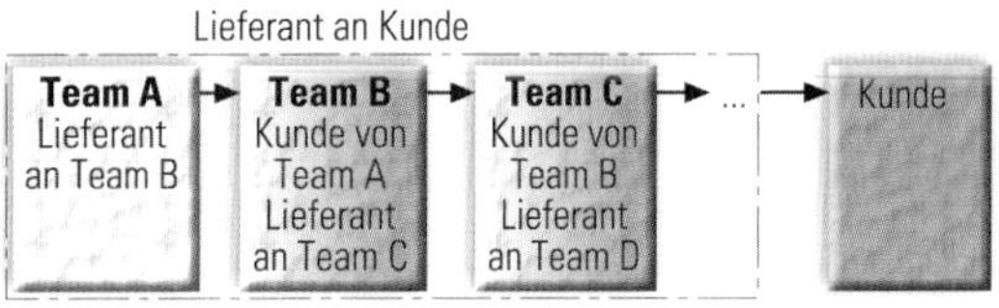

2 Beispiel einer betrieblichen Organisationsform mit internem Kunden-Lieferanten-Verhältnis

ÜBUNGEN

1. Wozu dienen Qualitätsmanagementsysteme?
2. Beschreiben Sie, wie ein Betrieb nach DIN EN ISO 9001 zertifiziert werden kann.
3. Nennen Sie mehrere Möglichkeiten, die Sie in Ihrem Betrieb haben, um die Qualität zu sichern oder zu verbessern.
4. Erläutern Sie die Methode Fehler-Möglichkeits- und Einfluss-Analyse.
5. Was wird unter der Methode „kontinuierlicher Verbesserungsprozess" verstanden?
6. Begründen Sie, weshalb eine große Abweichung von der Toleranzmitte zum Qualitätsverlust führt.
7. Beschreiben Sie Ihr Qualitätsverständnis.
8. Wie ist der Begriff „Qualität" in DIN EN ISO 9 000 festgelegt?
9. Nennen Sie Aspekte, die dazu führen, dass eine Firma ein Qualitätsmanagementsystem aufbaut?
10. Das Qualitätsmanagement ist in vier Bereichen tätig:
    a) Qualitätsplanung
    b) Qualitätslenkung
    c) Qualitätssicherung
    d) Qualitätsverbesserung
    Beschreiben Sie das jeweilige Ziel des Qualitätsmanagements in diesen Bereichen und nennen Sie jeweils zwei Aufgaben.
11. Warum kann die Qualität gesteigert werden, wenn
    a) Mitarbeiter die Verantwortung für die Qualität der eigenen Arbeit übernehmen?
    b) die Firma ihre Mitarbeiter besser schult?
12. Welchen Zusammenhang gibt es zwischen der Qualität eines Produkts, dem Preis und den Absatzchancen?
13. Nennen Sie je 5 Faktoren, die die Qualität beeinflussen
    a) aus dem Bereich der Mitarbeiter
    b) aus dem Verantwortungsbereich des Betriebes
14. Warum legen Firmen großen Wert auf die Verbesserungsvorschläge ihrer Mitarbeiter?
15. Fehlersuche und möglichst frühzeitige Fehlervermeidung sind wichtige Bestandteile der modernen Produktion. Trotzdem hat ein Fachmann den Satz geprägt: „Fehler sind Schätze." Wie kann dieser Satz gemeint sein?

2 Qualitätsmerkmale, Prüfmerkmale und Prozessqualität

2.1 Qualitätsmerkmale

Der Käufer einer Maschine erwartet eine störungsfreie Nutzung während einer bestimmten Betriebsstundenzahl oder sogar während der gesamten Lebensdauer.

Die Hersteller versuchen diese Erwartungen zu erfüllen.

Die angegebene Maximalforderung – störungsfreier Betrieb während der Nutzungsdauer – kann sich auch auf einzelne Baueinheiten wie z. B. ein Getriebe beziehen. Die einzelnen Bauteile wie z. B. die Kegelradwelle sind dann in der entsprechenden Qualität zu konstruieren und zu fertigen.

Für diese Aufgabe sind zunächst die Beanspruchungen zu untersuchen, denen das Bauteil ausgesetzt ist.

Am Beispiel der Kegelradwelle (Bild 1) und ihrer Lagerung werden nachfolgend zwei Beanspruchungsarten[1] betrachtet:

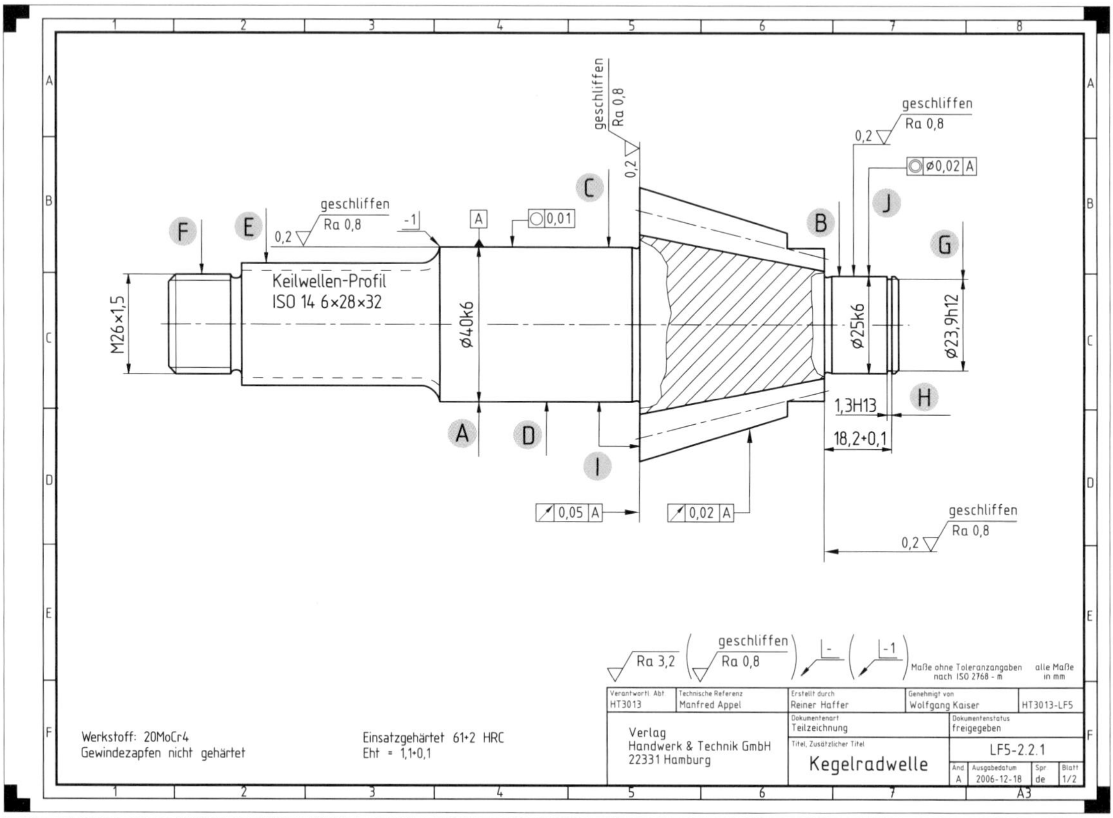

Prüfmerkmal	Kennzeichen	Messmittel	Prüfschärfe[1]	Dokumentation
Lagersitz ∅40k6	A	Feinzeigermessschraube	20	1/S[2]
Lagersitz ∅25k6	B	Feinzeigermessschraube	20	1/S
Formtoleranz	C	Messmaschine	1/S	1/S
Rautiefe	D	Rautiefenmessgerät	100	
Keilwellenprofil	E	Grenzlehrringe	40	
Außengewinde	F	Gewindegrenzlehrring	40	
Einstichdurchmesser	G	Messschieber	100	
Lagetoleranz	I	Messmaschine	1/S	1/S
Lagetoleranz	J	Messmaschine	1/S	1/S

1) Die Prüfschärfe gibt an, in welchen Abständen die Werkstücke zu kontrollieren sind, z. B. jedes 20. Teil oder 1 mal pro Schicht 2) 1/S: einmal pro Schicht

1 *Prüfplan für die Kegelradwelle*

1) siehe Lernfeld 6 Kap. 2.1

a) Zahnflanken

Beanspruchung: Beim Abwälzen der Zähne wird die Kraft von dem treibenden Rad auf das getriebene Rad übertragen. Dabei kommt es zu gleitender Reibung zwischen den Zahnflanken, die Verschleiß verursachen kann. An den Berührungsstellen der Zahnflanken liegt eine große Flächenpressung vor. Diese Beanspruchung erfolgt schwellend.
Schwellende Beanspruchungen belasten Werkstoffe wesentlich stärker als ruhende Beanspruchungen.

Forderung: Während der Lebensdauer darf trotzdem (nahezu) kein Verschleiß auftreten.

Einflussmöglichkeiten:
- Härte der Zähne
- Oberflächen der Zahnflanken
- Form der Zahnflanken und die Maße an den Zähnen.
- Rundlauftoleranzen

b) Wälzlager

Beanspruchung: Die Beanspruchung der Wälzlagerlaufflächen und der Wälzkörper ist ähnlich wie die Beanspruchung der Zahnflanken. Auch hier kommt es zu gleitender Reibung zwischen dem Wälzkörper und der Lauffläche und die große, sich ständig ändernde Flächenpressung beansprucht den Werkstoff ebenfalls.

Forderung: An den Laufflächen der Wälzlager und an den Wälzkörpern darf ebenfalls (nahezu) kein Verschleiß auftreten und es darf zu keinen plastischen Deformationen kommen.

Einflussmöglichkeiten:
Der störungsfreie Lauf der Wälzlager wird u. a. beeinflusst von
- der Passung mit dem Wellendurchmesser und
- der Rundheit des Wellendurchmessers

Der Lagerring kann (bei einem hohen Übermaß) stark aufgeweitet werden oder er wird – bei zu viel Spiel – nicht ausreichend unterstützt bzw. geführt. Durch hohe Rundheitsabweichungen wird er deformiert. Deshalb ist die Empfehlung des Wälzlagerherstellers umgesetzt worden, der dafür das Grundabmaß k und für den Toleranzgrad 6 vorsieht.
Für die Rundheit ist eine kleine Toleranz von 0,01 mm vorgegeben.
Für die Welle lassen sich weitere Anforderungen formulieren, die für das o. a. Ziel wichtig sind. Sie bestimmen wesentlich die **Produktqualität** *(product quality)*. Aus diesen Anforderungen leiten sich **Qualitätsmerkmale** *(quality characteristics)* ab.

MERKE
Qualitätsmerkmale sind Eigenschaften, die ein Bauteil, eine Baugruppe oder eine Maschine besitzen muss, um den Anforderungen oder den Erwartungen der Kunden zu genügen.

2.2 Prüfmerkmale

Die Qualitätsmerkmale sind sorgfältig zu überprüfen. Aus der Sicht der Prüftechnik sind es Prüfmerkmale *(inspection features)*, die zu erfassen, auszuwerten, darzustellen und zu dokumentieren sind.

MERKE
Ein Prüfmerkmal beschreibt, was geprüft werden soll und wie die Prüfung durchzuführen ist. Es enthält Vorgaben für die Prüfung und die Ergebniserfassung.

Ein Mitarbeiter, in manchen Fällen auch ein Team, das sich aus Mitarbeitern unterschiedlicher Abteilungen zusammensetzt (z. B. Konstruktion, Qualitätssicherung, Fertigung), legt die Prüfmerkmale fest.

2.2.1 Einteilung der Prüfmerkmale

Prüfmerkmale sind nicht nur Maße, Oberflächen oder Form- und Lagetoleranzen. Die Produktfarbe, die Werkstoffdichte, die Anzahl der Bohrungen und vieles mehr kann Prüfmerkmal sein. Es ist deshalb hilfreich, die Merkmale in Gruppen einzuteilen.

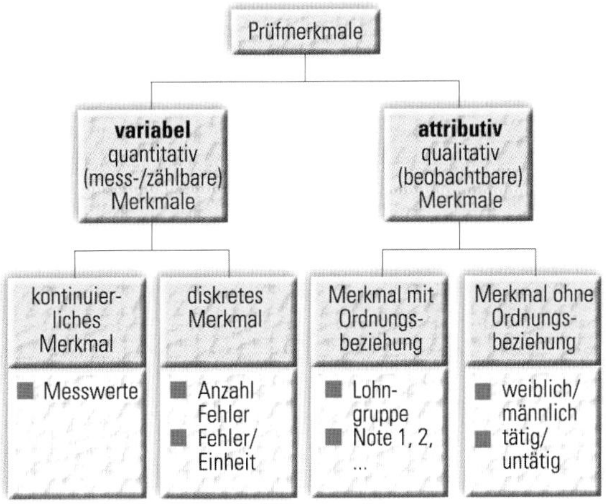

1 Einteilung der Prüfmerkmale

Am Beispiel der Prüfungen bei einer Schraubenproduktion soll die Einteilung dargestellt werden. Die Übersicht (Bild 1) zeigt die Einordnung der Begriffe.

2.2.1.1 Variable Merkmale *(variable characteristics)*

Kontinuierliche Merkmale

An den Schrauben sind verschiedene Längenmaße zu kontrollieren wie z. B. Gewindedurchmesser, Schaftdurchmesser, Länge. Das sind messbare Merkmale.
Kontinuierlich bedeutet, dass das Maß jeden beliebigen Wert innerhalb der Toleranz annehmen kann wie z. B. 40,012 mm.
Weitere Beispiele für kontinuierliche Merkmale sind die Härte von Werkstückoberflächen, die Masse von Werkstücken, die Streckgrenze, die Bruchdehnung usw.

Diskrete Merkmale

Ein Ergebnis der Kontrollen ist die Anzahl der fehlerhaften Schrauben, die pro Schicht (oder pro 1 000 000 Teilen) anfallen. In diesem Fall liegt ein ganzzahliges oder diskretes Merkmal vor. Weitere Beispiele sind z. B. die Anzahl der Bohrungen in einem Werkstück oder die Anzahl der Gussfehler bei Gehäusen.

2.2.1.2 Attributive Merkmale *(attributive characterisitics)*

Merkmale mit einer Ordnungsbeziehung

Das Gewinde kann mit einer Grenzlehrhülse überprüft werden. Das Ergebnis der Prüfung ist „Gut", „Nacharbeit" oder „Ausschuss".

Weitere Beispiele:

Beurteilungsskala wie z. B. „sehr gut" – „gut" – „ausreichend" – „mangelhaft"

Schwierigkeitsgrade wie z. B. „leicht" – „mittel" – „schwer" – „sehr schwer"

Merkmale ohne Ordnungsbeziehung

Bei Gewindestiften gibt es – bedingt durch unterschiedliche Einsatzgebiete – vier verschiedene Formen des unteren Endes (Bild 1). Diese Unterschiede stellen keine Rangordnung dar.

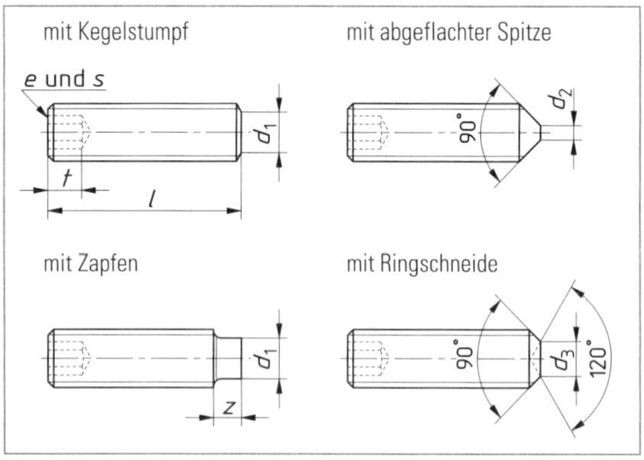

1 *Gewindestifte mit unterschiedlichen Gewindeenden*

Überlegen Sie!

Suchen Sie weitere Beispiele für die vier Gruppen der Prüfmerkmale.

2.2.2 Prüfmerkmale der Kegelradwelle

Für die Kegelradwelle sind wichtige Prüfmerkmale in dem Prüfplan *(quality control plan)* (Seite 524 Bild 1) aufgeführt. Verschiedene Maße sind von untergeordneter Bedeutung (z. B. Maße mit Allgemeintoleranzen). Sie sind deshalb in dieser Zusammenstellung nicht aufgeführt.

Der Prüfplan enthält folgende Angaben:

- Mess- und Prüfmittel
- Prüfschärfe d. h., der Abstand in dem Stichprobenkontrollen durchzuführen sind
- Anweisungen über die Dokumentation

Es ist wichtig, dass die Messergebnisse genau und zuverlässig sind, denn

- von dem Messergebnis hängt die Beurteilung „Gut", „Ausschuss" oder „Nacharbeit" ab
- nach dem Messergebnis wird entschieden, ob eine Werkzeugkorrektur erforderlich bzw. möglich ist
- eine statistische Auswertung (in der Serienfertigung) ist nur sinnvoll, wenn die Messwerte richtig erfasst werden.

Deshalb werden die Mess- und Prüfmittel nach bestimmten Regeln ausgesucht (Kap. 2.2.3) und vor dem Einsatz kontrolliert. Die nachstehende Betrachtung beschränkt sich auf den großen Lagersitz ∅40k6 der Ritzelwelle.

2.2.3 Messmittel bereitstellen

Die **Qualitätssicherung** *(quality assurance)* legt die Bedingungen fest, nach denen die **Messmittel** *(measuring equipment)* ausgewählt und getestet werden. Für das ausgewählte Beispiel sind

a) der kleinste Ablesewert des Messmittels festzulegen und
b) seine Funktionsfähigkeit nachzuweisen.

Zu a): Der kleinste Ablesewert des Messgeräts soll 5 % der Toleranz betragen.

Nach der 10:1-Regel soll der kleinste Ablesewert 10 % der Toleranz betragen. Diese Regel ist keine Norm, die eingehalten werden muss. Vielfach wird die Bedingung nicht erfüllt. Eine Firma kann diese Regel aber auch verschärfen, wie im vorliegenden Fall. Bei der Vorgabe mit 5 % ändert sich das Verhältnis von 10:1 in 20:1.

Beispiel

$T = 16\ \mu m$

5 % von 16 µm = 0,8 µm

gewählt: 1 µm

d. h., der kleinste Ablesewert des Messgerätes sollte 1 µm betragen.

Es wird eine Feinzeigermessschraube mit 0,001 mm Skalenteilungswert gewählt (Bild 2).

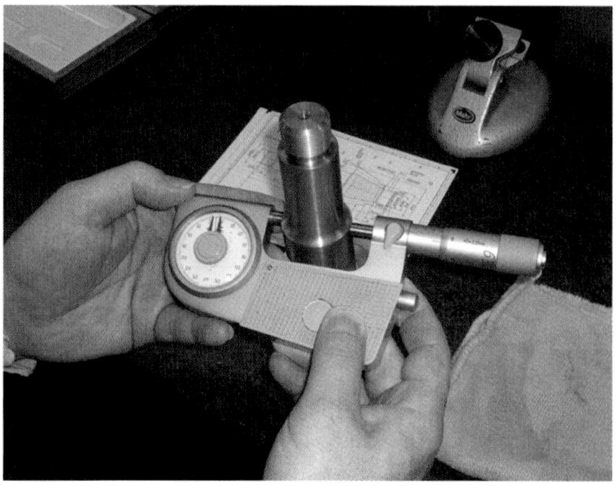

2 *Messen der Kegelradwelle am Lagersitz ∅40k6 mit Feinzeigermessschraube*

Zu b): Die Funktionsfähigkeit des Messmittels wird durch eine Testreihe nachgewiesen, bei der genaue Maßverkörperungen (z. B. Endmaße der Klasse 0) gemessen werden (Bild 1). Im vorliegenden Beispiel dürfen die Messwerte nicht mehr als 5 % der Werkstücktoleranz von der Maßverkörperung abweichen.

Beispiel

Endmaß: 40,0000 mm
Toleranz des Werkstücks: T = 16 µm
Geduldete Abweichung: 5 % von T,
d. h., nach jeder Seite 2,5 %
2,5 % von 16µm = 0,4 µm
Gewählt: 0,5 µm
Größter Messwert: 40 mm + 0,0005 mm = 40,0005 mm
Kleinster Messwert: 40 mm – 0,0005 mm = 39,9995 mm
Bei den Kontrollmessungen muss der Messwert in den angegebenen Grenzen liegen.

1 Überprüfung der Funktionsfähigkeit einer Feinzeigermessschraube durch Messen eines Endmaßes

MERKE

Bei Mess- und Prüfmitteln ist an den Berührungsflächen mit dem Werkstück und an den Führungsflächen mit leichtem Verschleiß zu rechnen. Die Mess- und Prüfmittel müssen deshalb regelmäßig überprüft werden.

Im Rahmen der Zertifizierung (Kap. 1.4) ist festgelegt, in welchem Abstand die Mess- und Prüfgeräte zu prüfen sind. Für diese Überwachung ist eine autorisierte Prüffirma vorgeschrieben. Innerhalb des Qualitätsmangements ist die „Qualitätsslenkung" für diesen Bereich verantwortlich.

Überlegen Sie!

Bei einer Toleranz von 20 µm soll der Ablesewert des Messgeräts 5 % betragen.

a) Welchen Genauigkeitswert muss das Messmittel haben?

b) Welches Messmittel würden Sie auswählen, wenn ein Außendurchmesser (ein Innendurchmesser) zu prüfen ist?

2.3 Prozessqualität

An die Fertigung werden hohe Ziele gestellt:

- Die Prüfmerkmale sind einzuhalten.
- Der Ausschussanteil soll sehr klein sein.
- Die Produktionskosten sollen niedrig sein.
- Die Termine sind einzuhalten.

Die Ziele stehen zum Teil im Widerspruch zueinander, wie z. B. „Prüfmerkmale sind einzuhalten" und „Produktionskosten sollen niedrig sein". In diesen Fällen sind Kompromisse zu suchen.

Wenn die vorgegebenen Ziele erreicht werden, spricht man von einer hohen **Prozessqualität** *(process quality)*. Um sie zu erreichen, sind folgende Voraussetzungen notwendig:

- Die Maschinen müssen die geforderte Genauigkeit *(accuracy)* ermöglichen, d. h., es müssen „fähige" Maschinen sein.
- Die Maschinen müssen leistungsfähig sein, d. h., eine wirtschaftliche Fertigung ermöglichen.
- Eine realistische und zuverlässige Terminplanung stellt sicher, dass die Teile oder Baueinheiten zum richtigen Zeitpunkt gefertigt werden.

Die Eignung einer der Maschine, für den geplanten Einsatz, die so genannte **Maschinenfähigkeit**, wird durch eine spezielle Prüfung festgestellt (Kapitel 4.1).

Diese Kontrolle am Beginn der Fertigung ist aber nicht ausreichend. Der Fertigungsprozess wird ständig überwacht, d. h., die **Prozessfähigkeit ist ständig nachzuweisen** (Kapitel 4.2).

Bei den genannten Prüfungen wird mit statistischen Methoden gearbeitet. Dafür sind die Grundlagen zunächst zu betrachten.

ÜBUNGEN

1. a) Welche Forderungen müssen erfüllt sein, damit in der Serienfertigung von einer hohen Prozessqualität gesprochen werden kann?
b) Welche Voraussetzungen sind dafür erforderlich?

2. a) Welche Angaben enthält ein Prüfplan?
b) Wer stellt in der Serienfertigung die Prüfpläne zusammen?

3. Informieren Sie sich im Internet über die Genauigkeitsklassen, in denen Endmaße hergestellt werden. Welche Einsatzbereiche gibt es für die einzelnen Genauigkeitsklassen?

4. a) Vergleichen Sie eine Bügelmessschraube mit einer Feinzeiger-Messchraube.
b) Warum ist die Feinzeiger-Messchraube für den vorgesehenen Einsatz besser geeignet als eine Bügelmesschraube?

3 Statistik in der Fertigungstechnik

Mit den statistischen Methoden ist es möglich,

- mit einer relativ kleinen Serie (z. B. 50 Teile) die Maschine zu beurteilen.
- eine Maschinenfähigkeitsprüfung durchzuführen.

Der Fertigungsprozess für eine Serie kann mit **Stichproben** *(random tests)* sehr gut überwacht werden. Auch hier liefert die Statistik Informationen, die die Grundlage für weitere Entscheidungen ist.

Die statistischen Aussagen sind umso genauer, je mehr Messwerte zur Verfügung stehen. Diese Bedingung ist typischerweise bei der Serienfertigung erfüllt.

Das Ergebnis der statistischen Auswertung sind grafische Darstellungen *(graphical representations)* und Kennzahlen, die im Weiteren erläutert werden.

3.1 Urwertliste

Zunächst werden zwei Messwertreihen mit dem Passmaß ∅40k6 mit je 50 Messwerten gegenübergestellt.

Die Messwerte sind – in der Reihenfolge ihrer Aufnahme – in den beiden Tabellen (Bilder 1 und 2) eingetragen. Diese Tabellen werden auch als Urwertlisten *(quality control charts)* bezeichnet.

- Die Proben der ersten Reihe sind an einer neuen CNC-Drehmaschine, gefertigt.
- Die Werte der zweiten Reihe stammen von einer Schleifmaschine.

Überlegen Sie!

1. Bestimmen Sie Höchstmaß und Mindestmaß des Maßes ∅40k6.

2. Bestimmen Sie die Toleranz und die Toleranzmitte des Maßes ∅40k6.

1	40,008	11	40,012	21	40,010	31	40,009	41	40,015
2	40,013	12	40,013	22	40,011	32	40,011	42	40,008
3	40,008	13	40,006	23	40,011	33	40,013	43	40,004
4	40,010	14	40,012	24	40,008	34	40,006	44	40,012
5	40,007	15	40,010	25	40,007	35	40,008	45	40,012
6	40,011	16	40,012	26	40,014	36	40,012	46	40,009
7	40,009	17	40,010	27	40,011	37	40,008	47	40,005
8	40,009	18	40,011	28	40,012	38	40,011	48	40,010
9	40,012	19	40,011	29	40,009	39	40,008	49	40,006
10	40,012	20	40,010	30	40,009	40	40,011	50	40,014

***1** Urwertliste neue CNC-Drehmaschine*

3.2 Histogramm

528_1

Die Zahlenkolonnen der Urwertlisten sind wenig aussagefähig. Deshalb sind grafische Darstellungsformen wie z. B. das Histogramm *(histogram)* entwickelt worden, die wesentlich anschaulicher sind (Bild 3).

1	40,009	11	40,010	21	40,011	31	40,011	41	40,012
2	40,010	12	40,011	22	40,009	32	40,009	42	40,009
3	40,012	13	40,011	23	40,011	33	40,010	43	40,009
4	40,008	14	40,009	24	40,010	34	40,009	44	40,011
5	40,012	15	40,008	25	40,008	35	40,010	45	40,010
6	40,011	16	40,008	26	40,011	36	40,011	46	40,009
7	40,013	17	40,012	27	40,009	37	40,010	47	40,008
8	40,010	18	40,008	28	40,012	38	40,010	48	40,011
9	40,013	19	40,009	29	40,011	39	40,012	49	40,010
10	40,009	20	40,008	30	40,007	40	40,010	50	40,010

***2** Urwertliste Schleifmaschine*

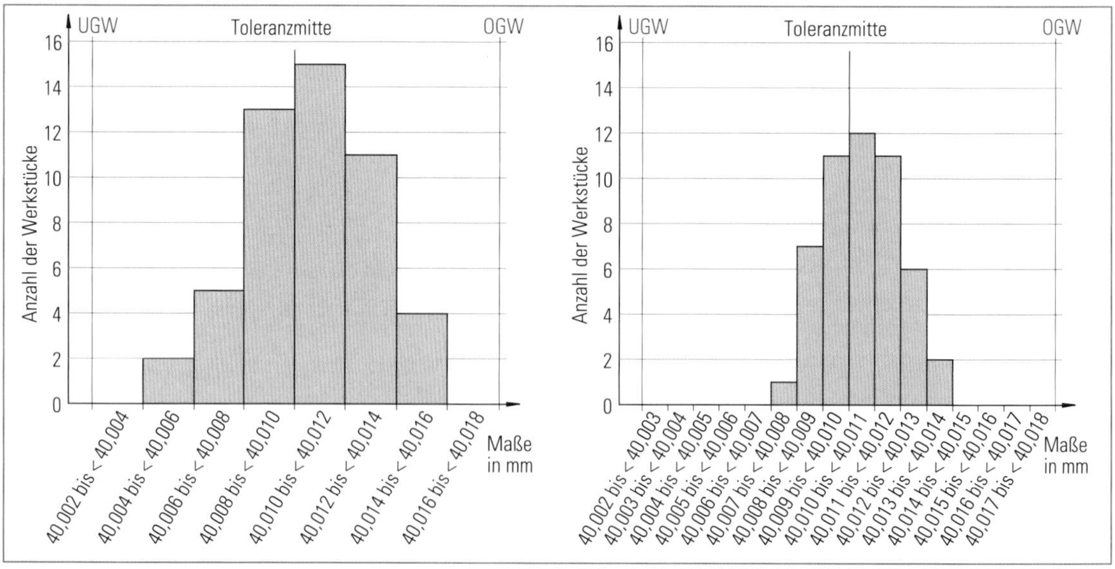

***3** Histogramme für die obigen Urwertlisten*

3.2.1 Aufbau eines Histogramms

- In einem Histogramm ist auf der waagrechten Achse das Toleranzfeld mit den angrenzenden Bereichen aufgetragen.
- Das Toleranzfeld wird in „Klassen" unterteilt. Für die Einteilung, d.h. für die Bildung der Klassenweite gibt es Regeln (Kap. 3.2.4).
- Die Messwerte der Urwertliste sind in die Klassen einzuordnen.
- Die Anzahl der Werkstücke wird in senkrechter Richtung aufgetragen. Dadurch entstehen die Balken.

3.2.2 Vergleich der beiden Histogramme

- Bei beiden Histogrammen sind die mittleren Balken am höchsten, d. h., die meisten Werkstücke liegen mit ihren Maßen im Bereich der Toleranzmitte von 40,010 mm. Das ist erwünscht.
- Die Balken werden nach außen deutlich kleiner, d. h., die Stückzahlen sind hier niedriger. In den Randbereichen gibt es keine Werkstücke.
- Beim Schleifen sind die Ergebnisse qualitativ besser, denn die Istmaße liegen in einem engeren Bereich von 40,007 mm bis 40,013 mm. Beim Drehen liegen die Grenzen bei 40,004 mm und 40,015 mm. Deshalb hat das Histogramm für das Schleifen eine kleinere Klassenweite, d. h., die Breite der Balken ist kleiner.

3.2.3 Verteilformen von Histogrammen

In Bild 1 sind Histogramme mit verschiedenen Verteilformen dargestellt. Die Besonderheiten und die damit zusammenhängenden Informationen sind jeweils angeführt.
Histogramme können von Hand gezeichnet werden. Einfacher und schneller erstellt allerdings ein Rechner diese Grafiken.

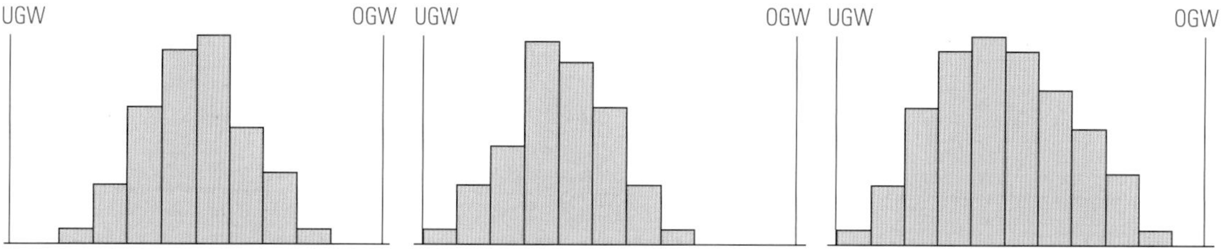

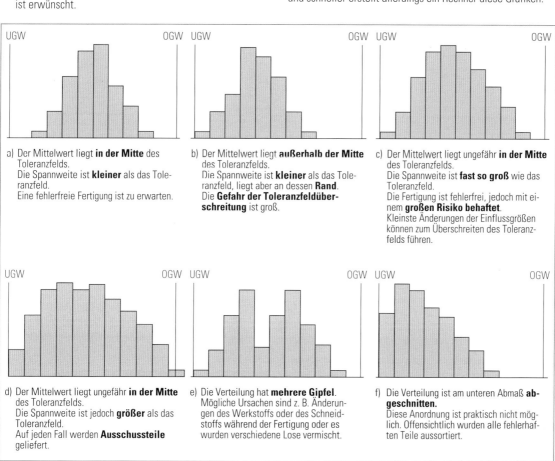

a) Der Mittelwert liegt **in der Mitte** des Toleranzfelds.
Die Spannweite ist **kleiner** als das Toleranzfeld.
Eine fehlerfreie Fertigung ist zu erwarten.

b) Der Mittelwert liegt **außerhalb der Mitte** des Toleranzfelds.
Die Spannweite ist **kleiner** als das Toleranzfeld, liegt aber an dessen **Rand**.
Die **Gefahr der Toleranzfeldüberschreitung** ist groß.

c) Der Mittelwert liegt ungefähr **in der Mitte** des Toleranzfelds.
Die Spannweite ist **fast so groß** wie das Toleranzfeld.
Die Fertigung ist fehlerfrei, jedoch mit einem **großen Risiko behaftet**.
Kleinste Änderungen der Einflussgrößen können zum Überschreiten des Toleranzfelds führen.

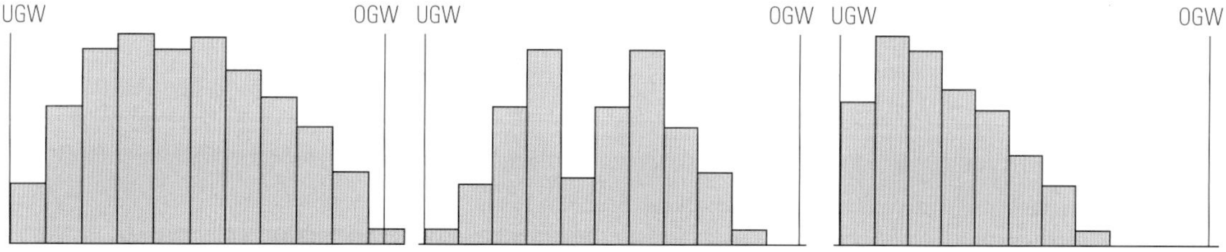

d) Der Mittelwert liegt ungefähr **in der Mitte** des Toleranzfelds.
Die Spannweite ist jedoch **größer** als das Toleranzfeld.
Auf jeden Fall werden **Ausschussteile** geliefert.

e) Die Verteilung hat **mehrere Gipfel**.
Mögliche Ursachen sind z. B. Änderungen des Werkstoffs oder des Schneidstoffs während der Fertigung oder es wurden verschiedene Lose vermischt.

f) Die Verteilung ist am unteren Abmaß **abgeschnitten.**
Diese Anordnung ist praktisch nicht möglich. Offensichtlich wurden alle fehlerhaften Teile aussortiert.

***1** Histogramme mit verschiedenen Verteilformen*

3.2.4 Zeichnen eines Histogramms

Das Beispiel, das im Folgenden zugrunde gelegt ist, bezieht sich auf die Urwertlisten der neuen Drehmaschine von Bild 1 Seite 528.

a) Messwerte ermitteln und in eine Urwertliste eintragen
Siehe Seite 528 Bild 1

b) Klassenweite *W* ermitteln

	1. Schritt Spannweite *R* berechnen	2. Schritt Klassenweite *W* berechnen
Ziel	**1. Schritt** Spannweite *R* berechnen	**2. Schritt** Klassenweite *W* berechnen
Erklärung	Die Spannweite *R* ist die Differenz zwischen dem größten Maß X_o und dem kleinsten Maß X_u	Die Klassenweite *W* entspricht der Breite der Balken (Bild 1)
Formel	$R = X_o - X_u$	$W = \frac{R}{\sqrt{n}}$ *n*: Anzahl der Messwerte
Beispiel	$X_o = 40{,}015$ mm $X_u = 40{,}004$ mm $R = X_o - X_u$ $R = 40{,}015$ mm $- 40{,}004$ mm $R = 0{,}011$ mm	$W = \frac{0{,}011 \text{ mm}}{\sqrt{50}}$ $W = 0{,}0015$ mm gewählt: $W = 0{,}002$ mm

c) Klassen bilden

- Die Klassen beginnen üblicherweise an der **unteren Toleranzgrenze**, d. h., bei UGW.
  UGW = 40,002 mm; *W* = 0,002 mm
  1. Klasse: 40,002 mm ... < 40,004 mm
  2. Klasse: 40,004 mm ... < 40,006 mm
- Es ist möglich, dass der letzte Balken im Histogramm über die obere Toleranzgrenze hinausgeht (Seite 529 Bild 1d). Das bedeutet nicht automatisch, dass Ausschuss vorliegt.
- Wenn Maße außerhalb der unteren Toleranzgrenze darzustellen sind, dann wird das Histogramm nach dieser Seite erweitert.

d) Häufigkeitstabelle erstellen

Klassen		Anzahl
40,002 mm...< 40,004 mm		0
40,004 mm...< 40,006 mm	II	2
40,006 mm...< 40,008 mm	卌	5
40,008 mm...< 40,010 mm	卌 卌 III	13
40,010 mm...< 40,012 mm	卌 卌 卌	15
40,012 mm...< 40,014 mm	卌 卌 I	11
40,014 mm...< 40,016 mm	IIII	4
40,016 mm ...< 40,018		0

e) Histogramm zeichnen

Das entsprechende Histogramm zeigt Bild 1.

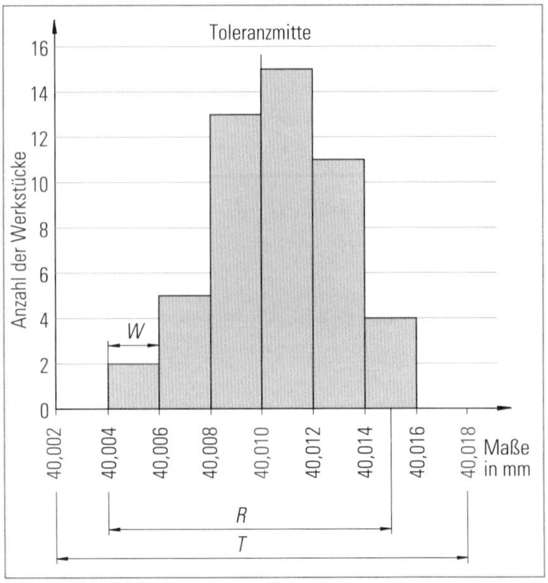

***1** Histogramm*

Ergebnisse

- Die meisten Werte (39) liegen im Bereich zwischen 40,008 mm und 40,014 mm. Das ist positiv, denn die Toleranzmitte 40,010 mm wird als Maß angestrebt. Jedoch sind die Werte nicht gleichmäßig zu beiden Seiten der Toleranzmitte verteilt.
- Die Ursache für die Verschiebung kann ein Einstellfehler sein. Die Fachkraft sollte die Toleranzmitte anstreben, damit bei zufälligen Abweichungen eine gleich große Reserve nach beiden Seiten vorhanden ist.

Überlegen Sie!

1. *Warum ist die Toleranzmitte als Sollmaß anzustreben?*
2. *Ermitteln Sie die Klassenweite W und die Anzahl der Werkstücke jeder Klasse für das Histogramm der Schleifmaschine in Bild 3 auf Seite 528.*

3.2.5 Vor- und Nachteile des Histogramms

Vorteile:

- Das Histogramm zeigt anschaulich die Verteilung der Werkstücke innerhalb des Toleranzfeldes.
- Die Verteilform lässt Rückschlüsse auf Probleme bei der Fertigung zu (Seite 529 Bild 1).

Nachteile:

- Aus dem Histogramm kann man nicht die Anzahl der Ausschussteile ablesen, wenn OGW nicht mit einer Klassengrenze zusammenfällt (Seite 529 Bild 1d).
- Das Histogramm gibt keine Auskunft über den prozentualen Ausschussanteil in der Serie.

3.3 Gaußkurve

3.3.1 Vom Histogramm zur Gaußkurve

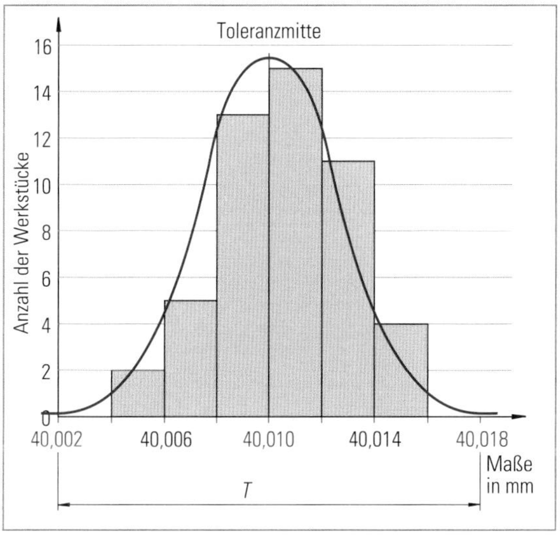

***1** Histogramm und Gaußkurve*

Die Histogramme in Bild 3 auf Seite 528 zeigen eine Verteilung *(distribution)*, die in ähnlicher Form in vielen Bereichen der Technik vorkommt. Der deutsche Mathematiker Johann C. F. Gauß hat dafür den Begriff **Normalverteilung** *(normal distribution)* geprägt. Er hat einen Grafen eingeführt, der – vereinfacht dargestellt – durch die obere Begrenzung der Balken verläuft. Gauß hat für diesen Grafen eine mathematische Formel entwickelt. Damit ist es möglich, die nach ihm benannte **Gaußkurve** *(Gaussian curve)* zu zeichnen und wichtige Kennwerte zu ermitteln.

Allerdings liegt bei der Fertigung nicht immer Normalverteilung vor. Bild 1 e) auf Seite 529 zeigt ein Histogramm mit einer mehrgipfligen Verteilung. In diesem Fall und in ähnlichen Fällen ist zu prüfen, ob die von Gauß entwickelten rechnerischen Möglichkeiten noch angewendet werden können. Die Prüfung kann mithilfe eines **Wahrscheinlichkeitsnetzes** *(probability grid)* durchgeführt werden.

3.3.2 Wahrscheinlichkeitsnetz

Bild 1 auf Seite 532 zeigt ein Wahrscheinlichkeitsnetz. Bei dieser grafischen Darstellung ist

- auf der waagrechten Achse das Toleranzfeld mit den angrenzenden Bereichen aufgetragen.
- auf der linken senkrechten Achse steht der prozentuale Anteil der Werkstückproben.
- auf der rechten senkrechten Achse steht die absolute Anzahl der Werkstückproben.

Der Maßstab der senkrechten Achsen (Wahrscheinlichkeitspapier) basiert auf einer umfangreichen mathematischen Formel. In Bild 1 auf Seite 532 ist dargestellt, wie das Wahrscheinlichkeitsnetz erstellt wird.

MERKE

Normalverteilung liegt vor, wenn sich die eingetragenen Punkte (annähernd) durch eine Gerade verbinden lassen.

Im vorliegenden Beispiel auf Seite 532 liegen die Punkte nicht genau auf der eingezeichneten Geraden, es gibt leichte Abweichungen, die stets vorkommen und zu erwarten sind. Die Messwerte gelten somit dennoch als **normalverteilt**.

Bei einer größeren Streuung *(variation)* der Messwerte (Bild 2) ist die Einordnung schwieriger. Es gibt keine eindeutige Grenze bzw. Regel, nach der die Entscheidung zu treffen ist. Somit bleibt es der subjektiven Beurteilung der Fachkraft überlassen. Dabei ist zu berücksichtigen, dass auch die Messwertreihen, die in Bild 2 dargestellt sind, nach dem Modell der Normalverteilung ausgewertet werden können. Die Ergebnisse der Auswertung sind dann allerdings ungenauer und weniger aussagefähig. Ein Statistikprogramm wählt in diesem Fall selbstständig ein anderes passenderes mathematisches Modell (Seite 523 Bild 1).

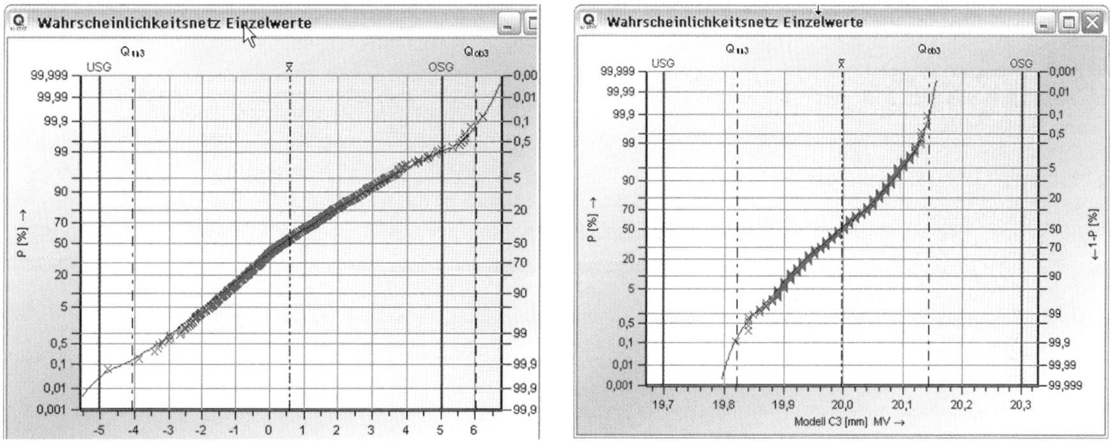

***2** Von einem Computerprogramm erstellte Wahrscheinlichkeitsnetze, bei denen die Messwerte deutlich von einer Geraden abweichen*

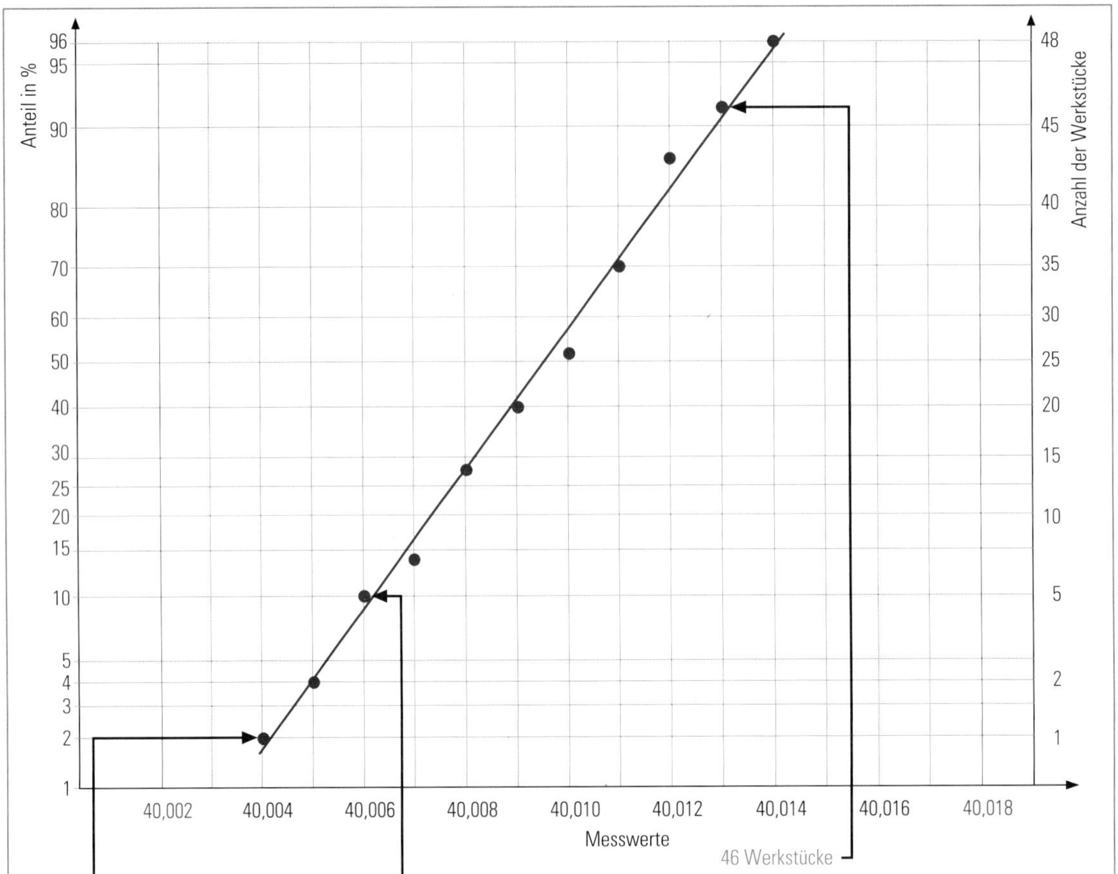

1 Werkstück; 5 Werkstücke (Nr. 1 bis 5)

1	40,004	11	40,008	21	40,010	31	40,011	41	40,012
2	40,005	12	40,008	22	40,010	32	40,011	42	40,012
3	40,006	13	40,008	23	40,010	33	40,011	43	40,012
4	40,006	14	40,008	24	40,010	34	40,011	44	40,013
5	40,006	15	40,009	25	40,010	35	40,011	45	40,013
6	40,007	16	40,009	26	40,010	36	40,012	46	40,013
7	40,007	17	40,009	27	40,011	37	40,012	47	40,014
8	40,008	18	40,009	28	40,011	38	40,012	48	40,014
9	40,008	19	40,009	29	40,011	39	40,012	49	40,015
10	40,008	20	40,009	30	40,011	40	40,012	50	40,015

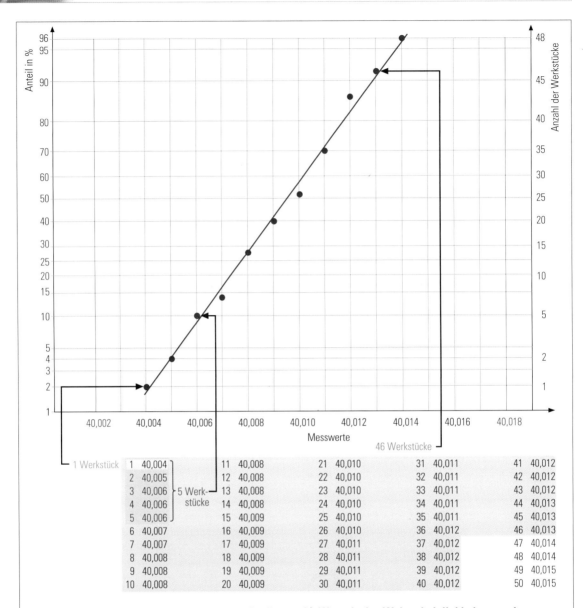

a) Eine Tabelle mit geordneten Messwerten aufstellen.
In der Tabelle sind die Messwerte der Größe nach zu ordnen. Es gibt Werkstücke, die gleich groß sind. Sieben Werkstücke haben z. B. das Maß 40,008 mm. Der Wert erscheint deshalb sieben mal (Nr. 8...Nr. 14).
Die Messwerte sind mit „1" beginnend fortlaufend zu nummerieren. Diese Nummern sind nicht nur Ordnungszahlen. Sie enthalten die Information, dass z. B. im Maßbereich zwischen 40,002 mm und 40,006 mm fünf Werkstücke liegen. Im Maßbereich zwischen 40,002 mm und 40,013 mm gibt es 46 Werkstücke.)

b) Werte in das Wahrscheinlichkeitsnetz eintragen.
Dargestellt wird dies am Beispiel des Messwerts 40,013 mm.
In der Tabelle ist der Messwert 40,013 mm zu suchen. Da er mehrfach vorkommt, ist die letzte Nummer mit diesem Wert maßgeblich. Es gibt 46 Messwerte im Bereich zwischen 40,002 mm und 40,013 mm. In das Wahrscheinlichkeitsnetz wird somit das Wertepaar 40,013 mm und 46 Werkstücke eingetragen. In gleicher Weise werden die anderen Punkte bestimmt.

c) Durch die Punkte eine Gerade zeichnen.
Dabei ist die Gerade so zu „vermitteln", dass die Punkte über und unter der Linie gleichmäßig verteilt sind.

1 *Wahrscheinlichkeitsnetz*

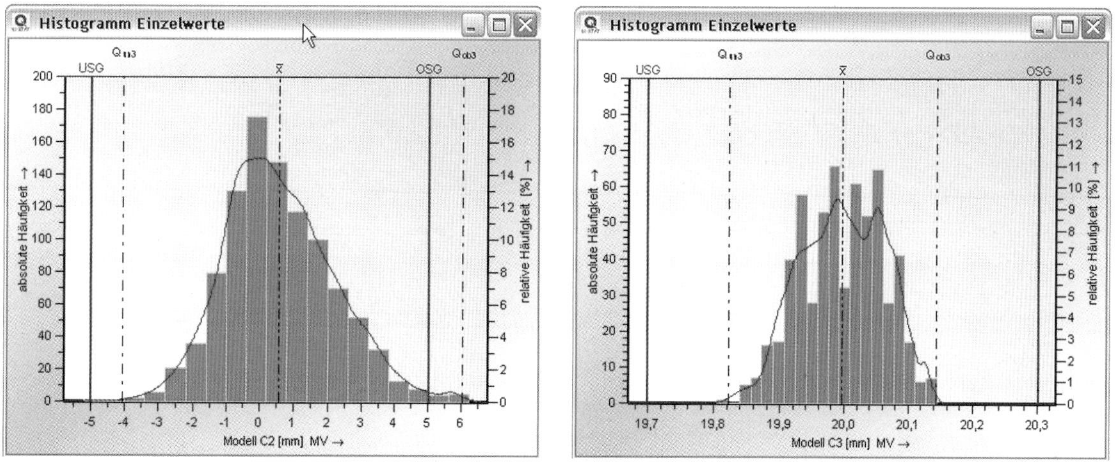

1 *Vom Computerprogramm erstellte mathematische Modelle zu den Wahrscheinlichkeitsnetzen von Bild 2 Seite 531*

3.3.3 Besonderheiten der Gaußkurve

Bei den Gaußkurven sind nicht nur die „Treppenstufen" eingeebnet, auch die Unterschiede zwischen der linken und der rechten Hälfte – die bei Histogrammen nahezu immer auftreten – sind geglättet.
Die Gaußkurve ist somit nicht das genaue Abbild der im Versuch hergestellten fünfzig Teile. Der Graf gibt vielmehr eine Prognose für eine hohe Stückzahl auf der Basis der im Versuch ermittelten Messwerte.
Mithilfe der Gaußkurve kann der zu erwartende Ausschussanteil ermittelt werden. Dafür gibt es geeignete Software. Im vorliegenden Beispiel ist mithilfe eines Programms der Ausschussanteil für das Drehen mit 0,15 % und für das Schleifen mit 0,005 % ermittelt worden. Allerdings sind diese Werte aufgrund der kleinen Stückzahl (50 Teile) noch nicht sehr zuverlässig.

3.3.4 Vergleich zwischen Histogramm und Gaußkurve

Im **Histogramm** *(histogram)* sind die Maße der Werkstücke aus der Versuchsreihe abgebildet. Die Darstellung bezieht sich somit auf die **produzierten Teile** *(manufactured parts)*. In begrenztem Umfang lassen sich daraus auch Schlüsse für die weitere Produktion ziehen.
Die **Gaußkurve** *(Gaussian curve)* ist eine Projektion in die Zukunft. Sie nutzt das Gesetz der **Normalverteilung**, um eine **Prognose** *(forecast)* für die **bevorstehende Produktion** *(impending production)* zu stellen. Die Zuverlässigkeit der Prognose hängt sehr stark von der Probenanzahl ab. Je größer der Probenumfang ist, desto verbindlicher ist die Aussage.

3.3.5 Kennzahlen der Gaußkurve

Standardabweichung *s* *(standard deviation)*
In Bild 2a ist die Gaußkurve vergleichsweise schmal und hoch, d. h., viele der ermittelten Maße liegen im mittleren Bereich. Die Streuung der Maße ist deshalb klein. In Bild 2b ist der Graf dagegen flacher und breiter, d. h., die Maße sind weiter verteilt. Die Streuung der Maße ist deshalb größer.
Diese Unterschiede gibt die Standardabweichung *s* an. Bei einer **kleinen Streuung** ist *s* **klein**, bei einer **breiten Streuung** ist *s* **größer**.

MERKE
Die Standardabweichung *s* ist ein Kennwert, der die Streuung der Messwerte angibt.

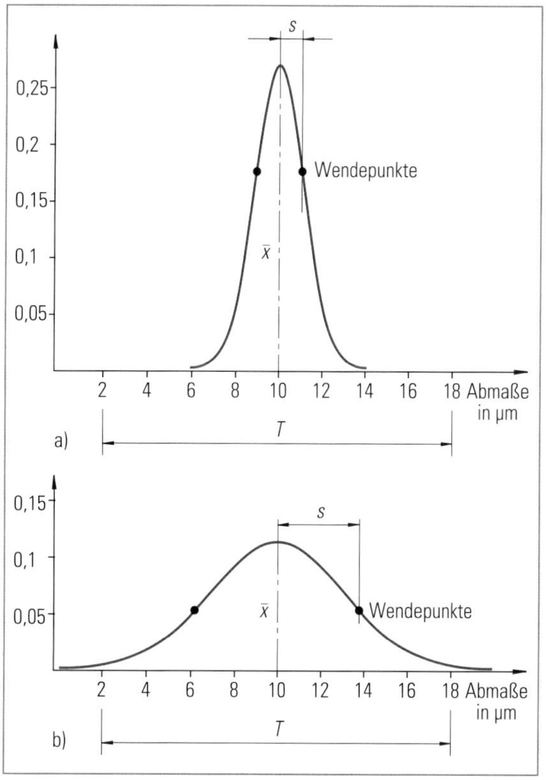

2 *Gaußkurven mit unterschiedlichen Standardabweichungen*
a) $s = 1{,}597\ \mu m$ *b)* $s = 3{,}719\ \mu m$

Die Standardabweichung lässt sich auch geometrisch beschreiben:
Die Gaußkurve hat auf jeder Seite eine Linkskrümmung und eine Rechtskrümmung. Im Abstand s vom Mittelwert liegt der Punkt der Kurve, bei dem die Linkskrümmung in eine Rechtskrümmung übergeht (Wendepunkt) (Seite 533 Bild 2).
Die Standardabweichung s kann rechnerisch ermittelt werden (siehe Tabellenbuch). Meistens erfolgt die Berechnung z. B. mit einem hierfür geeigneten Taschenrechner, einem Tabellenkalkulationsprogramm oder mit speziellen Programmen für die Qualitätssicherung.

Mittelwert $\bar{x}$ *(average value)*

In Bild 2 auf Seite 533 und Bild 1 ist jeweils der Mittelwert $\bar{x}$ für die dargestellten Gaußkurven eingezeichnet. Bei diesem Wert liegt jeweils der höchste Punkt der Gaußkurve. In Bild 2 auf Seite 533 liegt dieser Wert in beiden Fällen auf der Toleranzmitte, d. h., bei 10 µm. In Bild 1 liegt er bei 12 µm und damit ist er deutlich aus der Toleranzmitte verschoben. Das ist ungünstig, weil dadurch die Gefahr steigt, dass im oberen Bereich, d. h. rechts vom Mittelwert, Ausschussteile produziert werden. Die Gaußkurve reicht deutlich sichtbar über die obere Toleranzgrenze hinaus.

MERKE

Der Mittelwert ist das arithmetische Mittel[1] der Messwerte. Er gibt an, wo das Kurvenmaximum liegt. Der Mittelwert sollte mit dem Wert der Toleranzmitte übereinstimmen.

Kurvenmaximum

Im mittleren Bereich der Gaußkurve wurde ein Balken mit einer Breite von 1 µm eingezeichnet. Je größer der Anteil der Werkstücke in diesem Bereich ist, desto schmaler und höher wird die Gaußkurve und desto höher wird auch der Balken. Im Beispiel von Bild 2 liegen in diesem Bereich 15 % aller Werkstücke.

MERKE

Das Maximum der Gaußkurve entspricht der Prozentzahl der Werkstücke, die im Bereich von 1 µm um den Mittelwert der Gaußkurve liegen.

3.3.5 Anwendung der Gaußkurve in der Fertigung

Ausgang der folgenden Betrachtung ist die Fläche unterhalb der Gaußkurve. Sie wird in Prozent angegeben. Die gesamte Fläche unter der Kurve ist 100 %, das entspricht 100 % der Werkstücke.

- Die linke Hälfte der „Gaußfläche" in Bild 3 nimmt 50 % der Gesamtfläche ein. Auf die Fertigungstechnik bezogen heißt das, 50 % der Maße liegen unterhalb der Toleranzmitte.
- In Bild 4 ist eine Fläche mit der Breite T eingezeichnet. Nach Gauß lässt sich der Anteil dieser Fläche an der Gesamtfläche berechnen. Der prozentuale Anteil der Werkstücke in diesem Bereich entspricht dem Flächenanteil (die Berechnung übernimmt ein Computerprogramm).

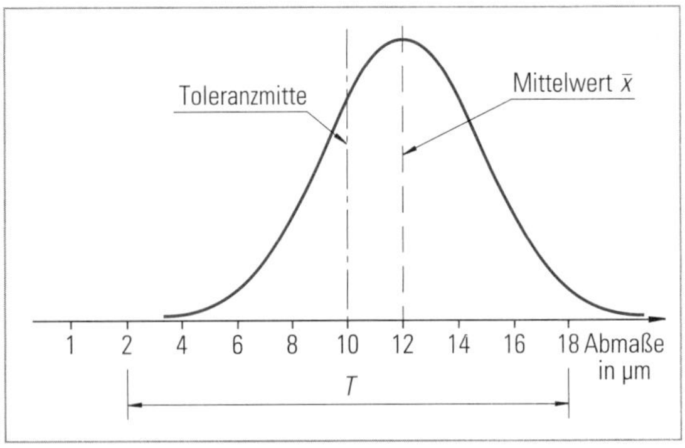

***1** Mittelwert der Gaußkurve aus der Toleranzmitte verschoben*

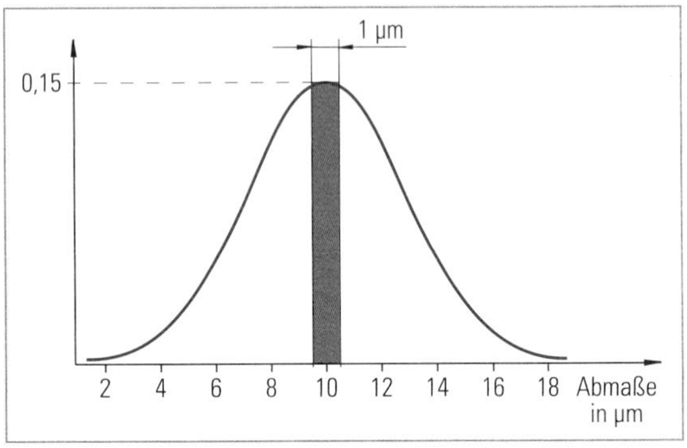

***2** Mittlerer Bereich der Gaußkurve*

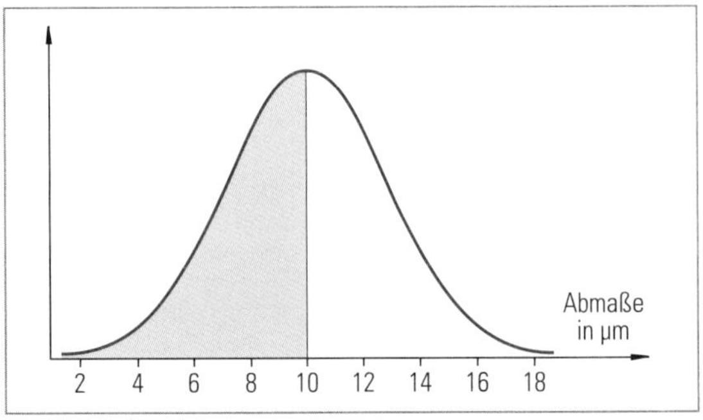

***3** Die linke Hälfte der Fläche unterhalb der Gaußkurve hat einen Anteil von 50 % der Gesamtfläche*

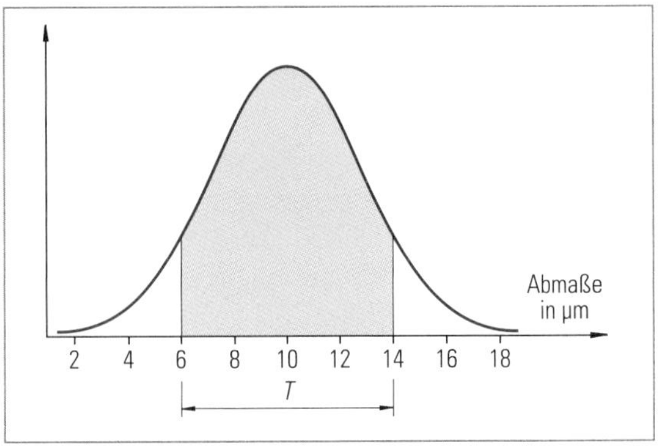

***4** Der Flächenanteil der markierten Fläche mit der Breite T lässt sich nach Gauß berechnen*

1) arithmetisches Mittel: Summe aller Messwerte geteilt durch die Anzahl der Messwerte

MERKE

Eine abgegrenzte Fläche unter einer Gaußkurve lässt sich berechnen. Bei dieser Berechnung wird ermittelt, welchen Anteil in Prozent diese Fläche in Bezug auf die gesamte Gaußfläche hat. Diese Prozentzahl entspricht dem Anteil der Werkstücke in diesem Bereich.
Für die Fertigung ist es interessant, für die Breite der Fläche die Toleranz zu wählen. Damit kann der Anteil der Werkstücke ermittelt werden, die gut sind.
Die beiden Flächen außerhalb des betrachteten Bereichs stehen für den Ausschussanteil.

In der Praxis hat sich daraus eine weitergehende Betrachtungsweise entwickelt, die mithilfe von Bild 1 erläutert wird. In dieser Abbildung sind Gaußkurven mit zwei unterschiedlichen Standardabweichungen s gegenübergestellt ($s_1 = 2$ µm; $s_2 = 4$ µm).
Im mittleren Bereich der Gaußkurven sind Flächen eingezeichnet, deren jeweilige Breite von s abhängt:

- In der ersten Reihe ist $b = 2 \cdot s$
- In der zweiten Reihe ist $b = 4 \cdot s$
- In der dritten Reihe ist $b = 6 \cdot s$

Obwohl die Breiten in einer Reihe nach dieser Festlegung unterschiedlich sind, gibt es eine wichtige Gemeinsamkeit: **Die Flächenanteile sind gleich**.

Bei der Gaußkurve $4 \cdot s = 16$ µm (Bild 1e) liegt ein Sonderfall vor: $4 \cdot s$ entspricht genau derToleranz T. Nach den Angaben in der rechten Spalte von Bild 1 hat die zugehörige Fläche einen Anteil von 95,44 % und damit sind 95,44 % der Werkstücke „gut". Die weißen Flächen stehen für den zu erwartenden Ausschussanteil von 4,66 %.
Dieser Ausschussanteil ist nach heutigen Maßstäben zu groß. Er muss deutlich niedriger sein wie z. B. < 0,3 %. Nach dem gegenwärtigen Stand der Technik ist das in vielen Fällen möglich und wird auch eingehalten.

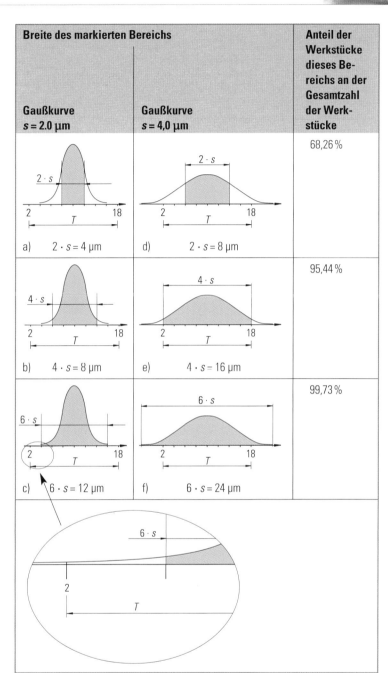

Breite des markierten Bereichs Gaußkurve $s = 2.0$ µm	 Gaußkurve $s = 4{,}0$ µm	Anteil der Werkstücke dieses Bereichs an der Gesamtzahl der Werkstücke
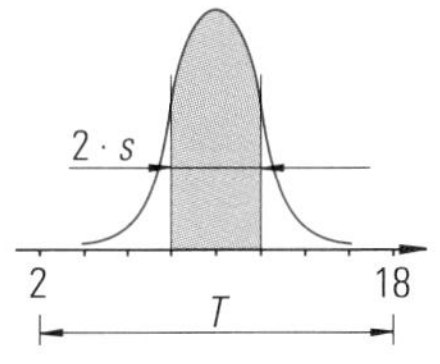 a) $2 \cdot s = 4$ µm	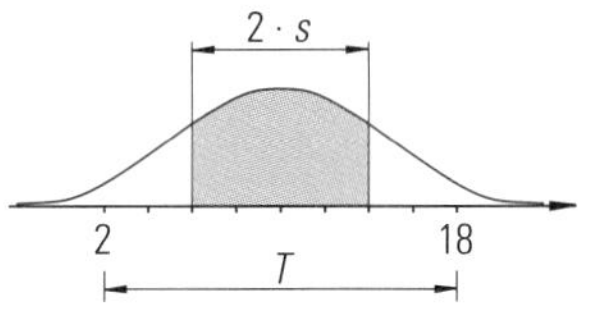 d) $2 \cdot s = 8$ µm	68,26 %
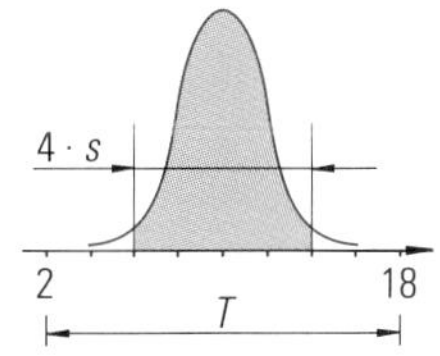 b) $4 \cdot s = 8$ µm	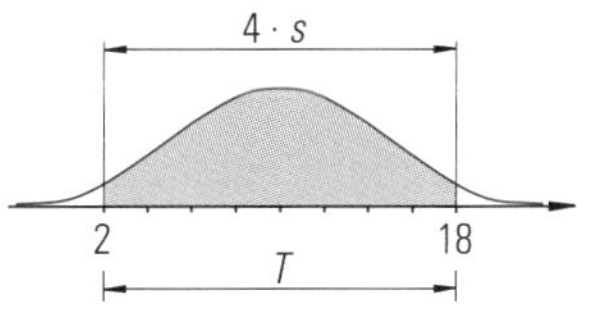 e) $4 \cdot s = 16$ µm	95,44 %
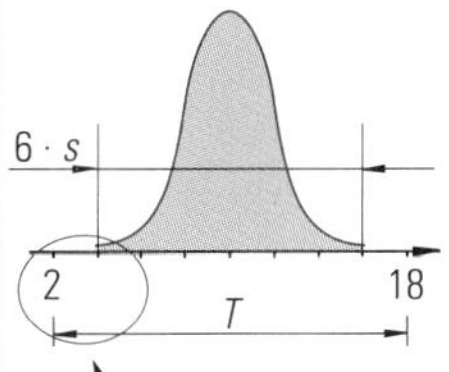 c) $6 \cdot s = 12$ µm	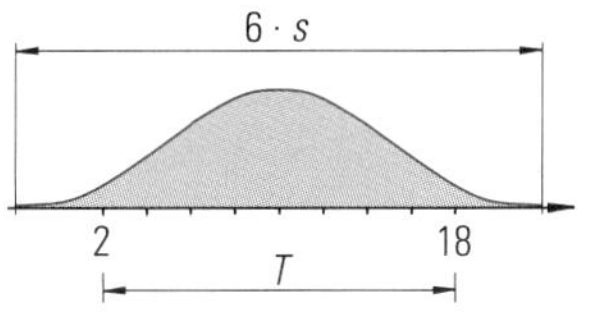 f) $6 \cdot s = 24$ µm	99,73 %

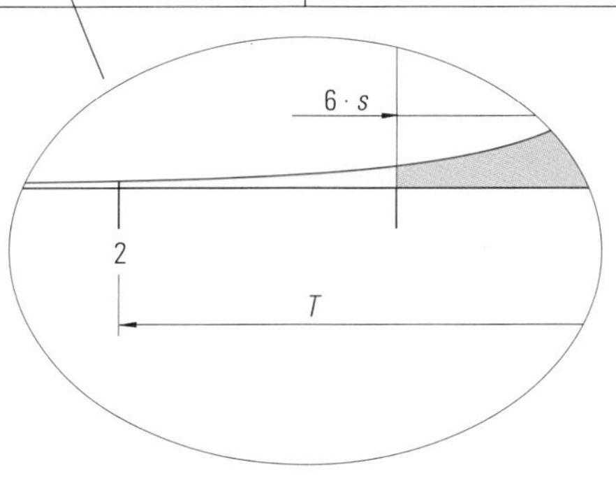

1 Flächen unter der Gaußkurve

MERKE

Folgende Zusammenhänge bestehen zwischen der Flächenbreite und dem Flächenanteil:

Flächenbreite	Flächenanteil bzw. Werkstückanteil
$b = 2 \cdot s$	68,26 %
$b = 4 \cdot s$	95,44 %
$b = 6 \cdot s$	99,73 %
$b = 8 \cdot s$	99,994 %

Diese Zuordnung ist von der Form des Grafen unabhängig

Die fachlichen Zusammenhänge dieser Forderung sind in Bild 1 näher ausgeführt.
Mit der Bedingung $T = 6 \cdot s$ lässt sich das für diesen Fall erforderliche Maß s berechnen:

$$s = \frac{T}{6}; \; s = \frac{16\ \mu m}{6}$$

$$\underline{\underline{s = 2{,}667\ \mu m}}$$

Es ist üblich, die Bedingung $T = 6 \cdot s$ als Quotient zu schreiben:

$$T = 6 \cdot s \Rightarrow \frac{T}{6 \cdot s} = 1 \Rightarrow \frac{16\ \mu m}{6 \cdot 2{,}667\ \mu m} = 1$$

MERKE

Der Quotient $\frac{T}{6 \cdot s}$ ist der Kennwert C_m *(specific value)* für die **Maschinenfähigkeit**[1] *(machine capability)*.
$C_m = 1$ bedeutet:
99,73 % der Werkstücke liegen im Toleranzbereich.
0,27 % der Teile sind Ausschuss.

$$C_m = \frac{T}{6 \cdot s}$$

$C_m = 1$ ist ein Sonderfall. Die beiden anderen Möglichkeiten $C_m > 1$ und $C_m < 1$ sind ebenfalls wichtig und deshalb sind sie zu betrachten:

a) $\boldsymbol{C_m > 1}$

Dieser Fall ist auf Seite 535 in Bild 1c dargestellt. Das Maß $6 \cdot s = 12\ \mu m$ ist hier deutlich kleiner als die Toleranz mit 16 µm.

Die Ausschnittvergrößerung zeigt den Vorteil, der damit verbunden ist. Die Gaußkurve hat am Ende des $6 \cdot s$-Bereichs die waagerechte Achse noch nicht erreicht. Deshalb entsteht bis zur Toleranzgrenze die gelb gezeichnete Fläche, die zum „Gutanteil" noch dazu kommt.

Bei dem betrachteten Beispiel ist $s = 2\ \mu m$ und $T = 16\ \mu m$. Deshalb gilt:

$T = 8 \cdot s$

Nach den o.a. Werten steigt der Gutanteil bei $8 \cdot s$ auf 99,994 %. Die technische Entwicklung geht in diese Richtung, d.h., man strebt in der Serienfertigung vielfach einen Ausschussanteil von 0,006 % (und weniger) an.

Überlegen Sie!

Produktionsziel: 1 000 000 Teile
Wie viele Ausschussteile gibt es bei $8 \cdot s$ weniger als bei $6 \cdot s$?

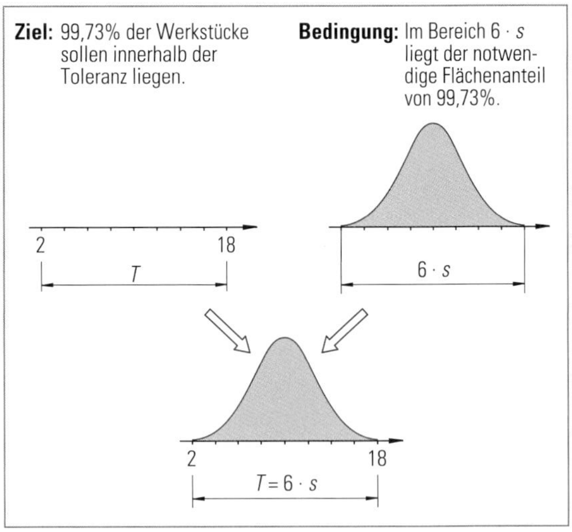
Ziel: 99,73% der Werkstücke sollen innerhalb der Toleranz liegen.
Bedingung: Im Bereich 6 · s liegt der notwendige Flächenanteil von 99,73%.
2
18
T
6 · s
2
18
T = 6 · s

1 Zusammenhang zwischen der Toleranz T und dem Bereich 6 · s

Beispiel

$s = 2\ \mu m$; $T = 16\ \mu m$

$$C_m = \frac{T}{6 \cdot s}$$

$$C_m = \frac{16\ \mu m}{6 \cdot 2\ \mu m}$$

$$\underline{\underline{C_m = 1{,}33}}$$

b) $\boldsymbol{C_m < 1}$

Ein Beispiel für diesen Fall ist auf Seite 535 in Bild 1f. Der $6 \cdot s$-Bereich geht hier deutlich über die Toleranzfeldbreite mit 16 µm hinaus.

Aus Bild 1e auf Seite 535 geht hervor, dass der „Gutanteil" für diese Gaußkurve bei 95,44 % liegt, der Ausschuss folglich bei 4,56 %.

Beispiel

$s = 4\ \mu m$; $T = 16\ \mu m$

$$C_m = \frac{T}{6 \cdot s}$$

$$C_m = \frac{16\ \mu m}{6 \cdot 4\ \mu m}$$

$$\underline{\underline{C_m = 0{,}667}}$$

MERKE

Der C_m-Wert gibt indirekt an, mit welchem Gutanteil, bzw. mit welcher Ausschussquote zu rechnen ist.

Überlegen Sie!

$T = 30\ m$; $s_1 = 1{,}2\ m$, $s_2 = 1{,}6\ m$; $s_3 = 2{,}4\ m$
Berechnen Sie C_m.
Welche fachlichen Bedingungen führen zu einem großen bzw. einem kleinen C_m-Wert?

1) siehe Kap. 4.1

ÜBUNGEN

1. a) Welche Informationen können Sie dem Histogramm entnehmen?
b) Welche Informationen liefert das Histogramm nicht?

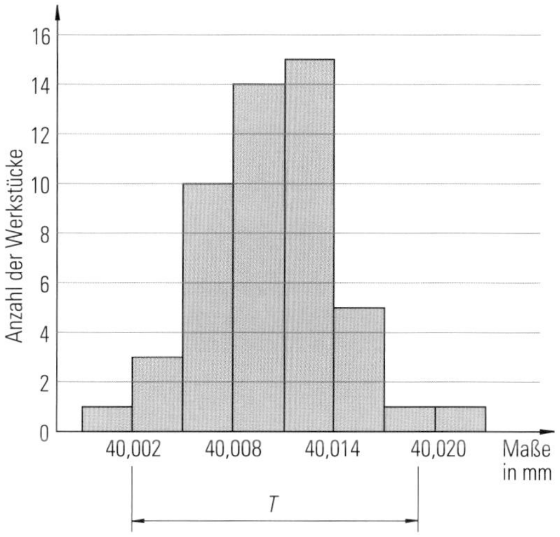

2. Beurteilen Sie die Histogramme unten auf dieser Seite.
a) Zeichnen Sie dafür zunächst ein Histogramm aus einer Serienfertigung mit einer hohen Prozessqualität. Vergleichen Sie Ihr Histogramm mit Bild 2 von Seite 533.
b) Vergleichen Sie Ihr unter a) gefundenes Histogramm mit den dargestellten Abbildungen. Interpretieren Sie die Abweichungen. Welche Ursachen können zu den Abweichungen geführt haben?

3. Welche Vor- und Nachteile hat das Histogramm?

4. Welcher Zusammenhang besteht zwischen den beiden Begriffen „$6 \cdot s$" und „der Ausschussanteil beträgt 0,27 %"?

5. Vergleichen Sie das Histogramm mit der Gaußkurve.

6. Prüfen Sie die folgenden Behauptungen und entscheiden Sie, ob sie richtig oder falsch sind. Begründen Sie Ihre Entscheidung.

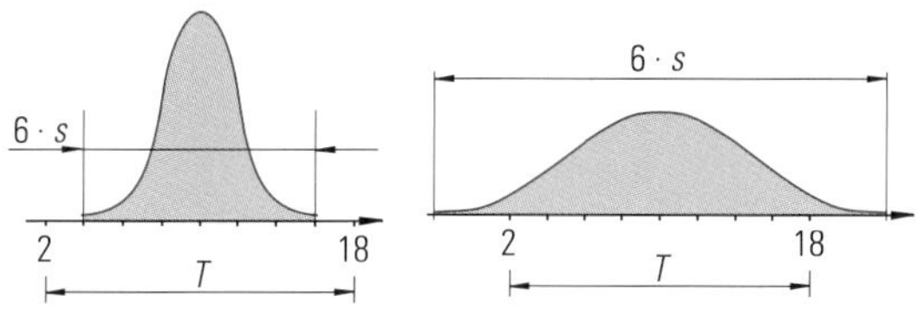

Behauptungen:
a) Eine „flache" Gaußkurve ist gut, weil die Werkstückmaße in diesem Fall breiter gestreut sein dürfen.
b) Eine hohe Gaußkurve hat eine hohe Standardabweichung *s*. Das ist unerwünscht.
c) Die Form der Gaußkurve wird von der Toleranz und der Standardabweichung *s* festgelegt.
d) Bei einer Breite von $6 \cdot s$ liegen 99,73 % der Gesamtfläche in diesem Abschnitt.
Entspricht diese Breite von $6 \cdot s$ der Toleranz, sind 99,73 % der Werkstücke gut.
e) Die Normalverteilung liegt nicht bei allen Fertigungsprozessen zugrunde.

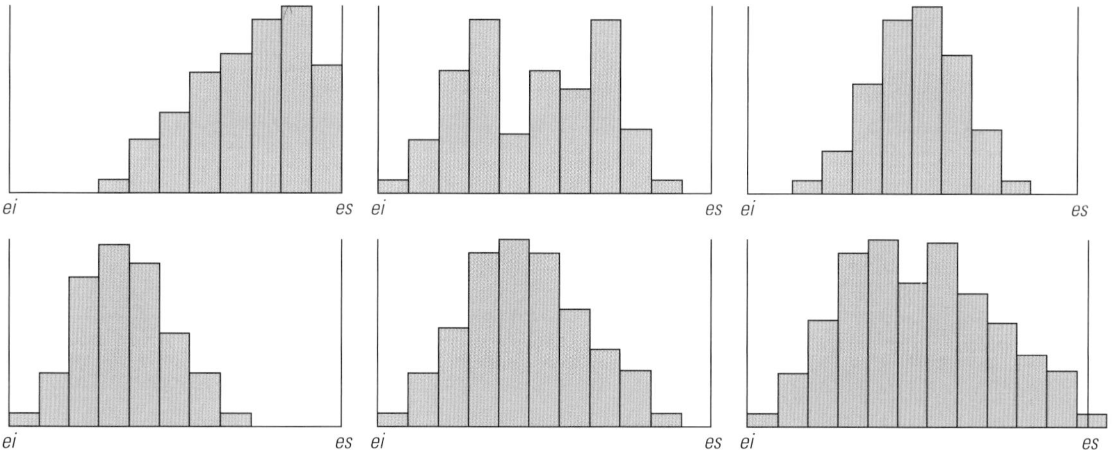

4 Grundlagen der Maschinen- und Prozessfähigkeit

Abweichungen aus statistischer Sicht

Bei einem **idealen Fertigungsprozess** *(manufacturing process)* – den es leider nicht gibt – hätten alle Werkstücke

- das **gleiche Maß** *(identical measure)* und
- alle Maße würden genau in der **Toleranzmitte** *(tolerance centre)* liegen

Dieser Fall ist annähernd in Bild 1a) dargestellt.

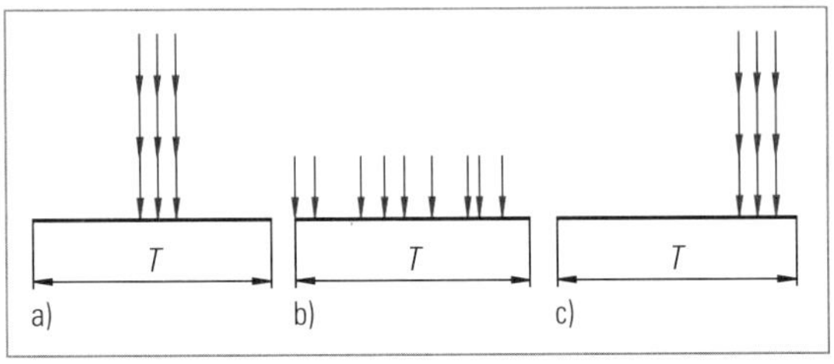

***1** Wertestrahl*

Die Ergebnisse eines wirklichen Fertigungsprozesses weichen von dem Ideal ab. Bei der **realen Fertigung** *(production)*

- **streuen** *(spread)* die Maße (Bild 1b)
- sind die Maße **aus der Mitte verschoben** *(scrolled)* (Bild 1c).

Je stärker diese Abweichungen ausgeprägt sind, desto größer ist die Gefahr, dass ein erhöhter Ausschussanteil produziert wird. Zumindest liegt ein Qualitätsverlust vor, weil viele Maße nicht im Bereich der Toleranzmitte liegen. Deshalb werden Grenzen festgelegt, die eine Maschine oder ein Prozess einhalten muss, um die Freigabe für die Produktion zu erhalten. Die Grenzen werden

a) durch Kennwerte angegeben und/oder
b) grafisch (s. o.) dargestellt.

Zur Ermittlung der Kennwerte sind Prüfungen vorgeschrieben. Die Bedingungen für diese Prüfungen sind teilweise durch werksinterne Vorschriften geregelt.

MERKE

Bei den Untersuchungen zur Maschinen- und Prozessfähigkeit wird meistens geprüft,
a) wie groß die Streuung der Maße ist (Bild 1b) und
b) wie weit die Maße aus der Mitte verschoben sind (Bild 1c).

Die Prozessfähigkeit wird in mehreren Stufen (vgl. Kap. 4.2) erreicht:

1. Maschinenfähigkeit
2. vorläufige Prozessfähigkeit
3. ständige Prozessfähigkeit

Die **M**aschinen**f**ähigkeits**u**ntersuchung **(MFU)** *(machine capability study)* ist notwendig:

- wenn der Kunde dies verlangt
- bei jeder neuen Maschine
- nach wesentlichen Änderungen oder Reparaturen oder
- bei Produktionsumstellungen wie im vorliegenden Fall, wenn noch keine Erfahrungen vorliegen

Die MFU ist nicht erforderlich, wenn an der Maschine vorher schon gleichartige Werkstücke gefertigt wurden.

4.1 Maschinenfähigkeit

4.1.1 Bedingungen bei der Maschinenfähigkeitsuntersuchung

Da es ausschließlich um die Maschine geht, sind alle Faktoren, die die Fertigung beeinflussen können, zu optimieren und konstant zu halten.

Beispiel	Einflussgrößen
Erfahrung des Maschinenbedieners	**M**ensch
Funktionsfähigkeit der Maschine	**M**aschine
Betriebstemperatur	**M**aschine
Umweltbedingungen (z. B. Temperatur) nicht verändern	**M**ilieu (Umwelt)
Material einer Charge	**M**aterial
Optimale Werkzeuge	**M**ethode
Gleiche Fertigungsbedingungen	**M**ethode

Für die Untersuchung sind mindestens 50 Teile herzustellen. Die Beurteilung der Maschinenfähigkeit *(machine capability)* stützt sich hauptsächlich auf zwei Kennwerte: C_m und C_{mk} (vgl. Kap. 4.1.2).

4.1.2 Berechnen der Maschinenfähigkeit

Die Maschine ist geeignet, wenn sie den vorgegebenen C_m-Wert erreicht.

MERKE

Für die Fähigkeitsuntersuchungen wird der C_m-Wert vom Qualitätsmanagement oder Kunden vorgegeben.

Bei dem Lagersitz ist C_m mit 1,8 **vorgegeben**. Der berechnete Wert muss in diesem Fall gleich oder größer 1,8 sein.

a) Berechnung der Maschinenfähigkeit für die Drehmaschine

Beispiel

Folgende Werte liegen vor:
$s = 2{,}519\ \mu m$; $T = 16\ \mu m$
Bedingung: $C_m \geq 1{,}8$

$$C_m = \frac{T}{6 \cdot s}$$

$$C_m = \frac{16\ \mu m}{6 \cdot 2{,}519\ \mu m}$$

$$\underline{\underline{C_m = 1{,}06 < 1{,}8}}$$

Die Bedingung für die Maschinenfähigkeit ist **nicht** erfüllt.

Dieser C_m-Wert ist bei der vorliegenden Toleranz ($T = 16$ m) für eine Drehmaschine ein guter Wert.
Allerdings ist ein C_m-Wert von 1,8 gefordert. Deshalb scheidet die Drehmaschine aus. Eine Fertigung wäre möglich, aber der Ausschussanteil ist zu groß (siehe Tabelle Bild 1).

b) Berechnung der Maschinenfähigkeit für die Schleifmaschine

Beispiel

1. Prüfung: C_m-Wert
$s = 1{,}436\ \mu m$; $T = 16\ \mu m$
Bedingung: $C_m \geq 1{,}8$

$$C_m = \frac{T}{6 \cdot s}$$

$$C_m = \frac{16\ \mu m}{6 \cdot 1{,}436\ \mu m}$$

$$\underline{\underline{C_m = 1{,}85 > 1{,}8}}$$

Die 1. Bedingung für die Maschinenfähigkeit ist erfüllt.

In der Tabelle Bild 1 sind die Ergebnisse der Drehmaschine und der Schleifmaschine gegenübergestellt. Zum Vergleich sind noch weitere C_m-Wert aufgeführt.

MERKE

Wenn die C_m-Bedingung erfüllt ist, spricht man von einer „fähigen Maschine" *(capable machine)*.
Fähig bedeutet, dass die Streuung der Messwerte sehr klein ist.

Überlegen Sie!

1. *Im folgenden Bild sind zwei Beispiele mit extrem unterschiedlicher Streuung dargestellt. Im Fall a) verteilen sich die Maße fast gleichmäßig über das Toleranzfeld, sie „streuen" also sehr stark.*
   Bei dem anderen Beispiel konzentrieren sich die Maße in der Toleranzmitte, sie „streuen" nur wenig.

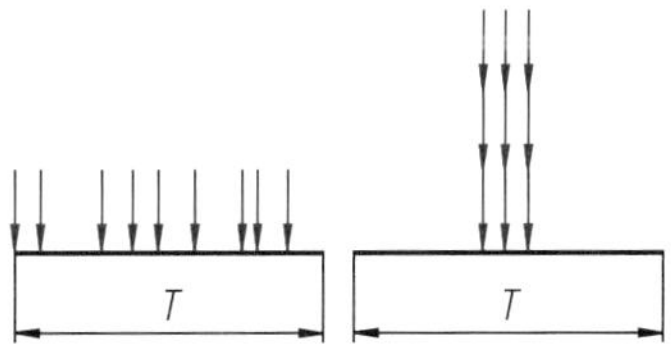

a) b)

Wie könnte a) ein Histogramm b) eine Gaußkurve für die beiden Beispiele aussehen?
2. *Was ist unter folgenden Begriffen zu verstehen? Standardabweichung s, Mittelwert, Maschinenfähigkeitskennwert C_m, ppm*
3. *In der Tabelle Bild 1sind in den einzelnen Zeilen verschiedene C_m-Werte angegeben. Wie verändern sich damit die Standardabweichung s und die ppm-Zahl?*

C_m Wert	**s in µm** $s = \frac{16\ \mu m}{6 \cdot C_m}$	**$T = C_m \cdot 6 \cdot s$**	**Ausschussquote in %**	**parts per million ppm**[1)]
Die C_m-Werte sind gesetzt. Sie werden in anderen Spalten weiter betrachtet	Die s-Werte sind erforderlich, um die C_m-Werte aus Spalte 1 zu errechnen.	($C_m \cdot 6$) wird zusammengefasst. Diese Zahlen sind in der Qualitätssicherung sehr geläufig.	Die Ausschussquote wird von einem PC-Programm berechnet	Ausschussteile bezogen auf 1 000 000 Werkstücke
$\frac{T}{6 \cdot s} = 1{,}0$	$s = 2{,}67\ \mu m$	$T = 1 \cdot 6 \cdot s$ $T =$ ⑥ $\cdot s$	0,27 %	2700
$\frac{T}{6 \cdot s} = 1{,}33$	$s = 2{,}00\ \mu m$	$T = 1{,}33 \cdot 6 \cdot s$ $T =$ ⑧ $\cdot s$	0,006 %	60
$\frac{T}{6 \cdot s} = 1{,}66$	$s = 1{,}60\ \mu m$	$T = 1{,}66 \cdot 6 \cdot s$ $T =$ ⑩ $\cdot s$	0,00016 %	2
$\frac{T}{6 \cdot s} = 1{,}84$	$s = 1{,}45\ \mu m$	$T = 1{,}84 \cdot 6 \cdot s$ $T =$ ⑪ $\cdot s$	0,000005 %	< 1 (Schleifmaschine)
$\frac{T}{6 \cdot s} = 1{,}06$	$s = 2{,}519\ \mu m$	$T = 6{,}36 \cdot s$	0,15	1500 (Drehmaschine)

1 *C_m-Werte und die zugehörigen Ausschussquoten*

1) ppm: engl. **p**arts **p**er **m**illion: Teile pro Million

Neben der Streuung ist noch eine **zweite Fehlerquelle** zu untersuchen: Die **Verschiebung des Mittelwertes aus der Toleranzmitte**.

Bild 1 zeigt, welche Folgen diese Verschiebung hat. An der kritischen Seite steigt der Ausschussanteil selbst dann, wenn ein guter C_m-Wert vorliegt. Es ist daher zu prüfen, welchen Wert der **kleinste Abstand** Δkrit von einem der beiden Grenzmaße zum Mittelwert hat.

Daher wird in einer 2. Prüfung die **kritische Maschinenfähigkeit** C_{mk}-Wert ermittelt.

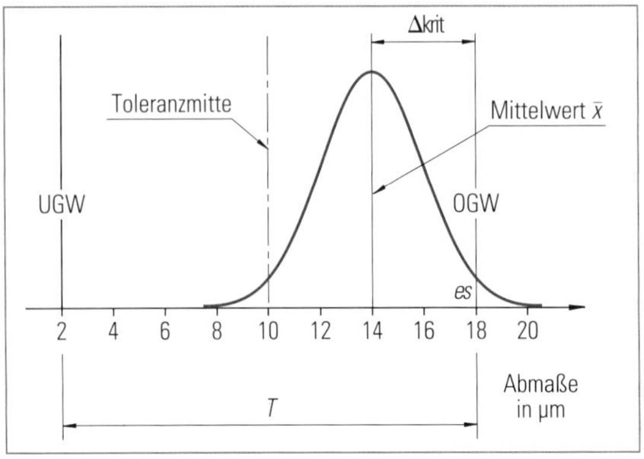

1 *Mittelwert $\bar{x}$ deutlich aus der Toleranzmitte verschoben*
*Dieses Bild dient lediglich der Veranschaulichung von Δkrit und bezieht sich **nicht** auf die hier dargestellte Maschinenfähigkeitsuntersuchung*

$$\Delta\text{krit} = es - \bar{x} \quad \text{oder} \quad \Delta\text{krit} = \bar{x} - ei$$

Beispiel

2. Prüfung: C_{mk}-Wert

$s = 1{,}436$ µm; $T = 16$ µm; $\bar{x} = 10{,}02$ µm

Bedingung: $C_{mk} \geq 1{,}75$

$\Delta\text{krit} = es - \bar{x}$

$\Delta\text{krit} = 18\ \mu\text{m} - 10{,}02\ \mu\text{m}$

$\underline{\Delta\text{krit} = 7{,}98\ \mu\text{m}}$

$$C_{mk} = \frac{\Delta\text{krit}}{3 \cdot s}$$

$$C_{mk} = \frac{7{,}98\ \mu\text{m}}{3 \cdot 1{,}436\ \mu\text{m}}$$

$$\underline{\underline{C_{mk} = 1{,}85 > 1{,}75}}$$

Die 2. Bedingung für die Maschinenfähigkeit ist erfüllt.

MERKE

Wenn die C_{mk}-Bedingung erfüllt ist, spricht man von einer „beherrschten Maschine" *(controlled machine)*.

Im vorliegenden Fall liegt $\bar{x}$ nahezu auf der Toleranzmitte. Dies bedeutet:

$$\Delta\text{krit} \approx \frac{T}{6}.$$

Die Schleifmaschine erfüllt beide Bedingungen und ist somit „fähig" und „beherrscht". Deshalb erfolgt die Freigabe zur nächsten Prüfung, zur vorläufigen Prozessfähigkeit.

Zur Berechnung der Maschinenfähigkeit muss die Standardabweichung s bekannt sein. Bei den oben betrachteten Beispielen war s gegeben. Wenn der Wert nicht bekannt ist, muss er rechnerisch oder grafisch ermittelt werden.

Deshalb wird im folgenden Abschnitt mithilfe des Wahrscheinlichkeitsnetzes *(probability grid)* eine grafische Auswertung vorgenommen, bei der auch s bestimmt wird.

Anschließend erfolgt eine rechnergestützte Auswertung.

4.1.3 Auswertung mit dem Wahrscheinlichkeitsnetz

Bei der Auswertung der Messwerte mithilfe des Wahrscheinlichkeitsnetzes (Seite 541 Bild 1) können aus der Grafik drei wichtige Kennwerte ermittelt werden:

a) die Standardabweichung s
b) der Ausschussanteil
c) der Mittelwert $\bar{x}$

Die Maschinenfähigkeitskennwerte C_m und C_{mk} können dagegen nicht aus der Grafik abgelesen werden. Sie sind bei dieser Auswertung mithilfe von s und $\bar{x}$ zu berechnen.

a) Standardabweichung *s* bestimmen

Bei einer Gaußkurve ist die markierte Fläche bei einer Breite von $2 \cdot s$ immer 68,26 % der Gesamtfläche (Kap.3.3.5).

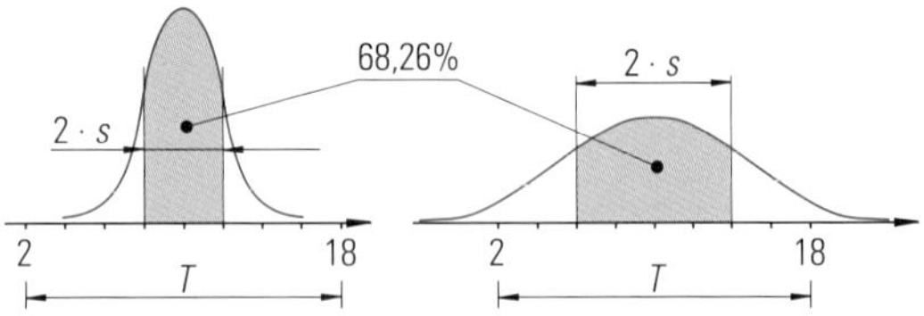

Über diesen Zusammenhang lässt sich im Wahrscheinlichkeitsnetz die Standardabweichung s bestimmen.

Dafür wird auf der senkrechten Achse der Prozentsatz 68,26 % abgetragen, d. h., von der 50 %-Linie nach oben $1 \cdot s$ und nach unten $1 \cdot s$.

Die Markierungen liegen somit bei folgenden Werten:

$$\text{oben: } 50\,\% + \frac{68{,}26\,\%}{2} = 84{,}13\,\%$$

$$\text{oben: } 50\,\% - \frac{68{,}26\,\%}{2} = 15{,}87\,\%$$

Der Zusammenhang ist in Bild 1 auf Seite 541 mit blauen Linien bzw blauer Schrift dargestellt.

b) Ausschussanteil ermitteln

Von den Schnittpunkten der (schrägen) Werkstückkennlinie mit den beiden Grenzlinien (UGW und OGW) wird jeweils eine waagrechte Linie an die senkrechte Achse gezeichnet (rote Linien)

An der linken Achse, d. h. bei UGW ist der Ausschussanteil 0,19 %, auf der rechten Seite liegt der Anteil bei 0,07 %.

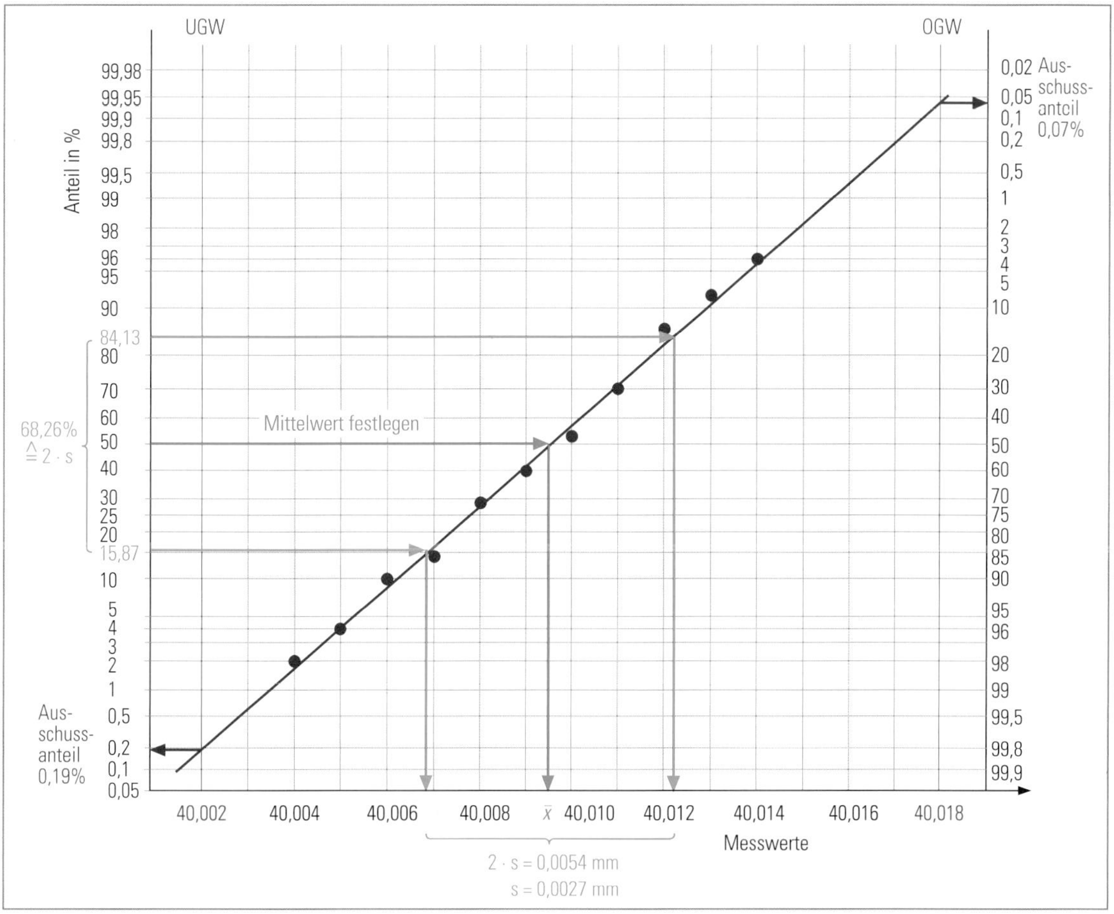

***1** Auswertung des Wahrscheinlichkeitsnetzes*

c) Mittelwert festlegen

Von der 50 %-Marke an der senkrechten Achse ist eine Linie an die Werkstückkennlinie zu zeichnen und nach unten zu verlängern (grüne Linien). Der Mittelwert $\bar{x}$ an der waagrechten Achse ist 40,0095 mm

d) Zusammenfassung

Folgende Ergebnisse liegen damit aus dem Wahrscheinlichkeitsnetz vor

Standardabweichung: s = 0,0027 mm
Ausschussanteile unterhalb UGW: 0,19 %
Ausschussanteile oberhalb OGW: 0,07 %
Summe der Ausschussanteile: <u>0,26 %</u>

Mittelwert $\bar{x}$: 40,0095 mm

Diese Werte sind mit den Ergebnissen der **rechnerunterstützten Auswertung** zu vergleichen:

Überlegen Sie!

1. Stellen Sie eine geordnete Urwertliste auf.

1	40,007	11	40,005	21	40,012	31	40,012	41	40,013
2	40,010	12	40,012	22	40,001	32	40,021	42	40,012
3	40,013	13	40,011	23	40,014	33	40,014	43	40,009
4	40,008	14	40,015	24	40,008	34	40,012	44	40,010
5	40,012	15	40,018	25	40,010	35	40,010	45	40,012
6	40,006	16	40,016	26	40,015	36	40,008	46	40,008
7	40,005	17	40,016	27	40,011	37	40,009	47	40,012
8	40,017	18	40,010	28	40,007	38	40,007	48	40,007
9	40,002	19	40,009	29	40,012	39	40,006	49	40,004
10	40,009	20	40,011	30	40,013	40	40,012	50	40,009

2. Tragen Sie die Werte in ein Wahrscheinlichkeitsnetz ein.

541_1

3. Ermitteln Sie die Ausschussquote, die Standardabweichung und den Mittelwert.

4. Überprüfen Sie Ihre Ergebnisse mit dem Statistik-Programm der CD. Dafür ist eine Excel-Datei mit den Messdaten der Messreihe hinterlegt. Diese Daten können Sie in das Statistikprogramm kopieren und dann auswerten.

541_2

4.1.4 Rechnergestützte Auswertung

Auf Drehmaschine gefertigte Teile

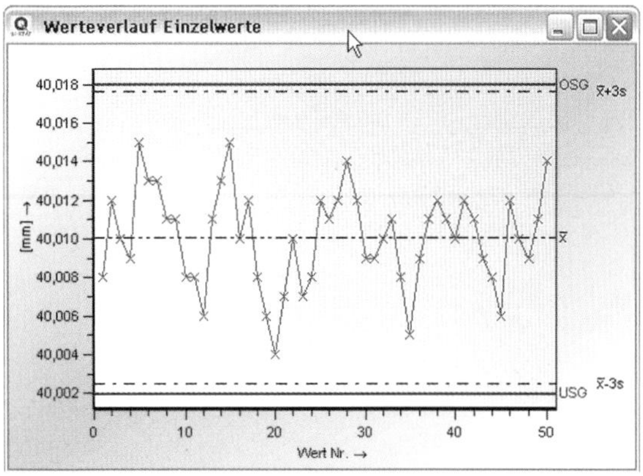

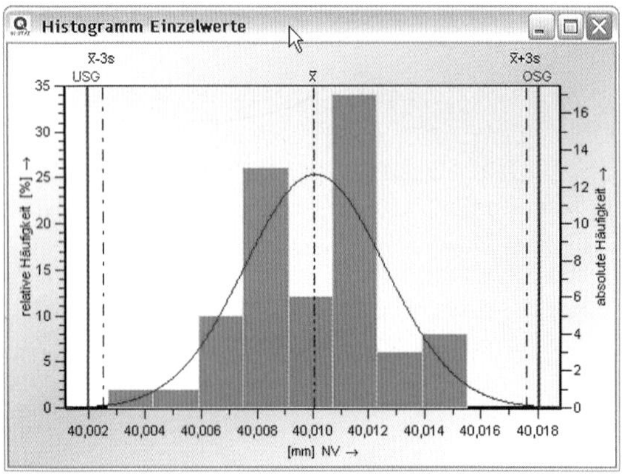

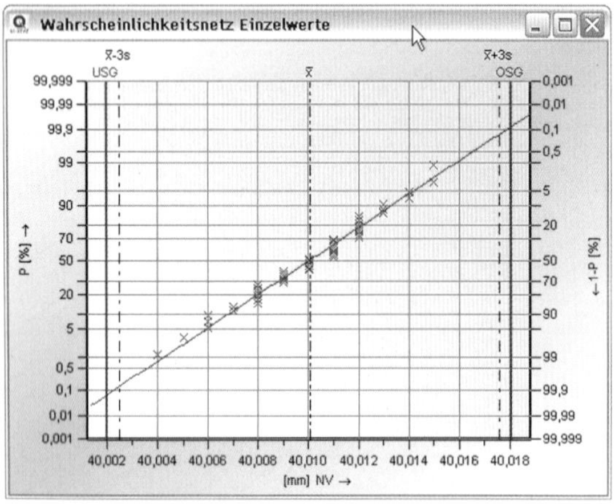

Form 1

Teilnr.		Teilebez.		Kegekradwelle	
Merkm.Nr.		Merkm.Bez.			
Zeichnungswerte		Gemessene Werte		Statistische Werte	
T_m	40,010			$\bar{x}$	40,01006
USG	40,002	x_{min}	40,004	$\bar{x}$-3s	40,00250
OSG	40,018	x_{max}	40,015	$\bar{x}$+3s	40,01762
T	0,016	R	0,011	6s	0,01511
		$n_{<T>}$	50	$p_{<T>}$	99,85040 %
		$n_{>OSG}$	0	$p_{>OSG}$	0,08093%
		$n_{<USG}$	0	$p_{<USG}$	0,06867%
		n_{eff}	50		
		n_{ges}	50		

Auf Schleifmaschine gefertigte Teile

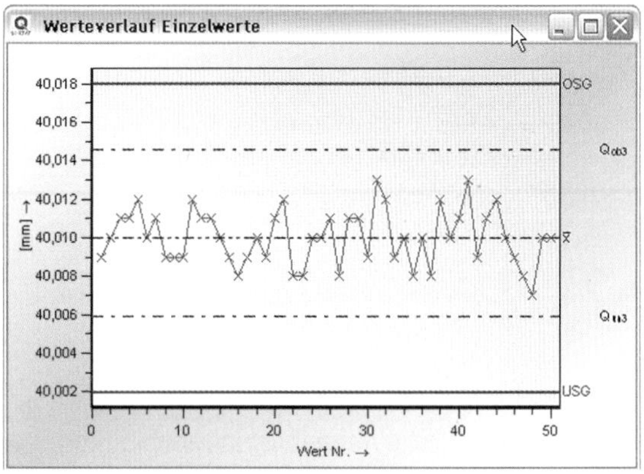

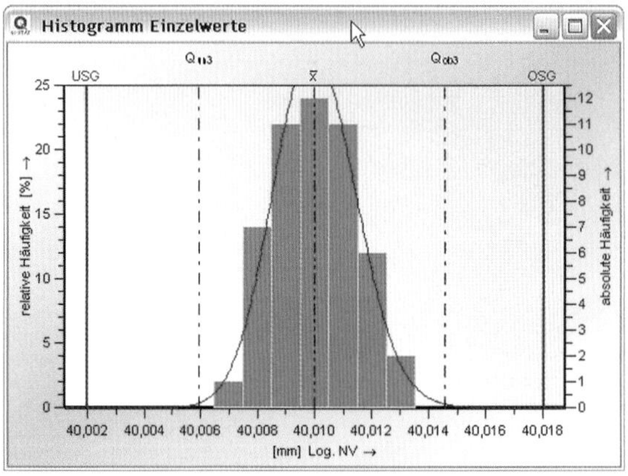

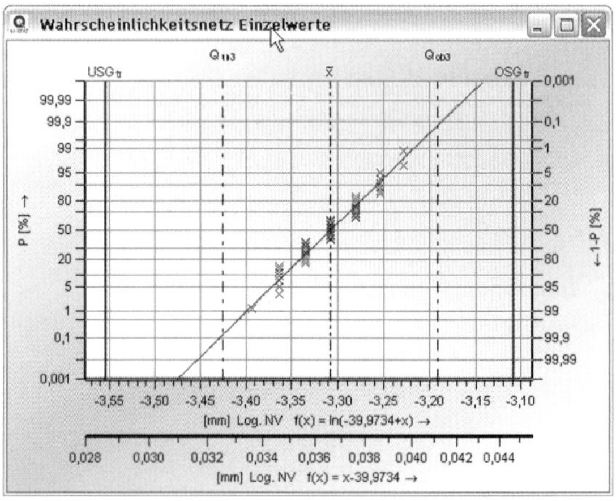

Form 1

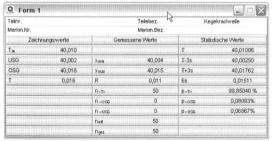

Teilnr.		Teilebez.		Kegelradwelle	
Merkm.Nr.		Merkm.Bez.			
Zeichnungswerte		Gemessene Werte		Statistische Werte	
T_m	40,010			$\bar{x}$	40,01002
USG	40,002	x_{min}	40,007	Q_{un3}	40,00593 [rt]
OSG	40,018	x_{max}	40,013	Q_{ob3}	40,01456 [rt]
T	0,016	R	0,006	Q_{ob3}-Q_{un3}	0,00862 [rt]
		$n_{<T>}$	50	$p_{<T>}$	99,99998 %
		$n_{>OSG}$	0	$p_{>OSG}$	0,00002%
		$n_{<USG}$	0	$p_{<USG}$	0,00000%
		n_{eff}	50		
		n_{ges}	50		

Auf Drehmaschine gefertigte Teile

Kennwerte Merkmale 1

Teilnr.		Teilebez.		Kegekradwelle	
Merkm.Nr.	Merkm.Bez.	$\bar{x}$	s	Index	Index
		40,01006	0,0025186	C_m = 1,06	C_{mk} = 1,05

Auf Schleifmaschine gefertigte Teile

Kennwerte Merkmale 1

Teilnr.		Teilebez.		Kegelradwelle	
Merkm.Nr.	Merkm.Bez.	$\bar{x}$	s	Index	Index
		40,01002	0,0014356	C_m = 1,86	C_{mk} = 1,76

Es zeigt sich, dass die rechnergestützte Auswertung in einigen Punkten von den vorherigen Ergebnissen abweicht. Es fällt z. B. auf, dass sich das Histgramm der Drehmaschine deutlich vom Histogramm der gleichen Maschine in Bild 3 auf Seite 528 unterscheidet. Dies liegt offensichtlich daran, dass die Software die Klassenweite *W* nach einer anderen Formel berechnet hat. Im Histogramm auf Seite 528 sind 6 Balken gegenüber 8 Balken der rechnergestützten Auswertung enthalten.
In der Tabelle sind die Werte aus dem Wahrscheinlichkeitsnetz und die der rechnergestützten Auswertung gegenübergestellt.

Kennwert	Wahrscheinlichkeitsnetz	Rechnergstützte Auswertung
Standardabweichung s	0,0027 mm	0,0025186 mm
Ausschuss unter UGW	0,19 %	0,06867 %
Ausschuss über OGW	0,07 %	0,08093 %
Ausschuss insgesamt	0,26 %	0,1496 %
Mittelwert $\bar{x}$	40,0095 mm	40,01 mm

Es gibt in allen Positionen Abweichungen. Sie sind darauf zurückzuführen, dass die Werte aus dem gezeichneten Diagramm nicht die Genauigkeit der rechnergestützten Auswertung erreichen kann.
Für eine erste Einschätzung sind die Werte aus dem Wahrscheinlichkeitsnetz trotzdem gut geeignet.

4.2 Prozessfähigkeit

4.2.1 Stufen zur Prozessfähigkeit

Die Prozessfähigkeit wird in mehreren Stufen *(steps)* erreicht. Es sind folgende Tests durchzuführen:

a) **Nachweis der Maschinenfähigkeit** *(evidence of machine capability)* (vgl. Kap. 4.1)
Eine Maschine wird unter optimalen Bedingungen auf ihre Qualitätsfähigkeit geprüft. Dabei wird festgestellt, ob sich die Maschine für die vorgesehene Aufgabe eignet.

b) **Vorläufige Prozessfähigkeit** *(provisional process capability)*. Bei der vorläufigen Prozessfähigkeit wird die Maschine oder die Anlage unter Produktionsbedingungen getestet.

c) **Ständige Prozessüberwachung** *(permanent process control)*. Wenn die Fertigung freigegeben wurde, ist der Prozess zu überwachen – die Prozessfähigkeit ist also ständig nachzuweisen.

Die geforderten Fähigkeitswerte sind bei der Maschinenfähigkeitsuntersuchung am größten (Tab. Bild 1), weil die Ferti-

Maschinenfähigkeitsuntersuchung (MFU) Vor dem Serienlauf	**Vorläufige Prozessfähigkeitsuntersuchung (PFU) Serie in der Testphase**	**Ständige Prozessfähigkeitsuntersuchung Serie**
Die MFU ist eine Kurzzeituntersuchung, in der die Qualitätsfähigkeit der Maschine festgestellt wird (C_m; C_{mk})	Bei der PFU wird die Qualitätsfähigkeit des Prozesses und die Prozessbeherrschung untersucht (P_p; P_{pk}; C_p; C_{pk})	
		Nach ca. 20 Produktionstagen: Überprüfung des Prozesses mit den vorliegenden Daten. Evtl. Korrekturen erforderlich (s. u.)
z. B.: $C_m > 1{,}8 \Rightarrow$ Maschine ist fähig $C_{mk} > 1{,}75 \Rightarrow$ Maschine ist beherrscht	z. B.: $P_p > 1{,}66 \Rightarrow$ Prozess ist fähig[1)] $P_{pk} > 1{,}66 \Rightarrow$ Prozess ist beherrscht[1)]	z. B.: $C_p > 1{,}33 \Rightarrow$ Prozess ist fähig[1)] $C_{pk} > 1{,}33 \Rightarrow$ Prozess ist beherrscht[1)]
Mindestumfang: 50 Teile in Folge fertigen	Mindestumfang: 25 Stichproben, je Probe mindestens $n = 5$ Teile ($n \geq 3$ Teile)	Regelmäßige Überprüfung von Stichproben mithilfe von Qualitätsregelkarten
Die 5M-Einflussgrößen konstant halten.	Fertigung unter Produktionsbedingungen, d. h., die Störgrößen können wirken.	

[1)] Die Prozessfähigkeit wird mit anderen Indizes angegeben:
P_p und P_{pk} : vorläufige Prozessfähigkeit bis zur endgültigen Übernahme
C_p und C_{pk}: Langzeitfähigkeit

1 *Vergleich von Maschinen- und Prozessfähigkeitsuntersuchung*

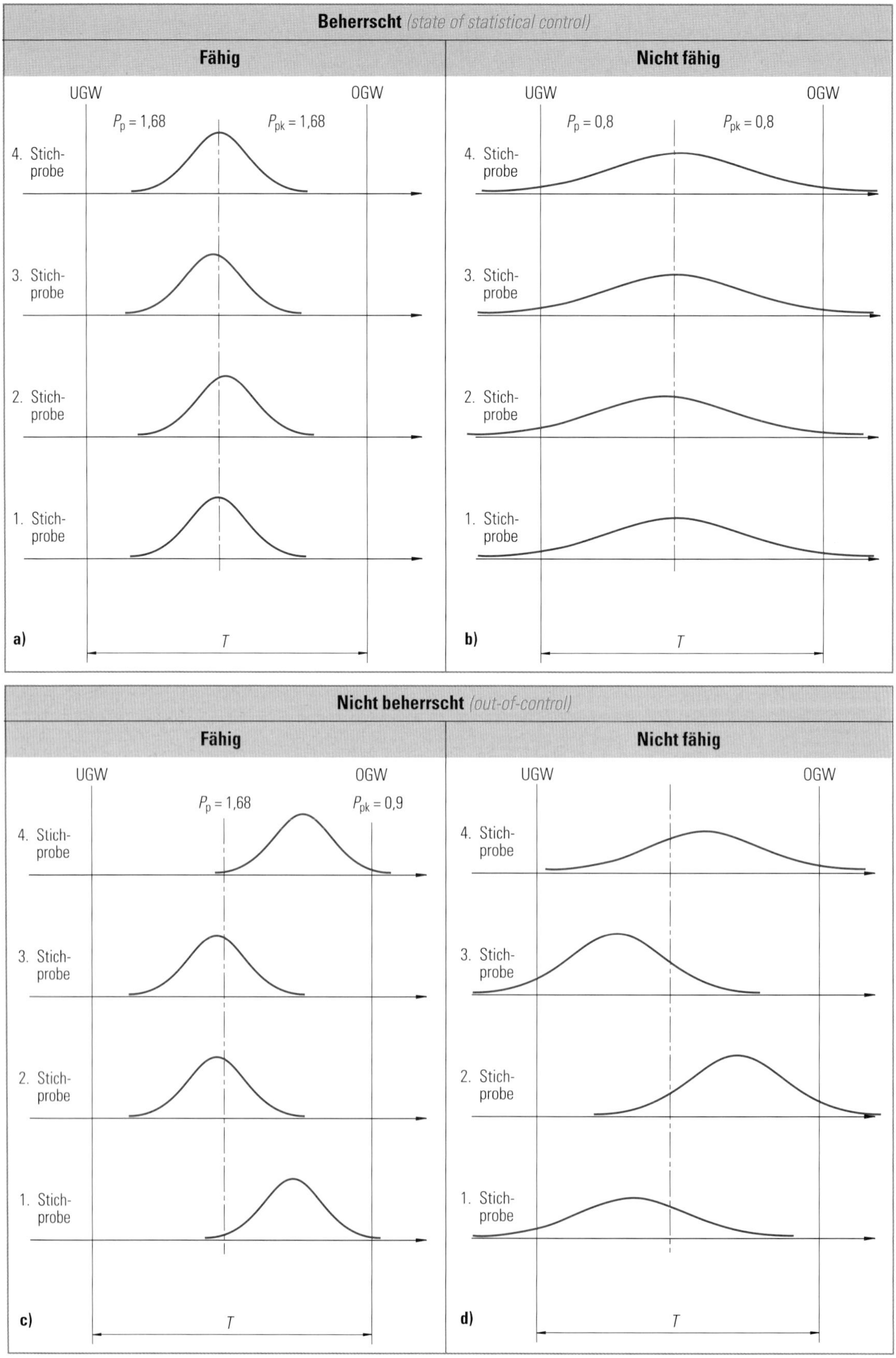
Beherrscht (state of statistical control)
Fähig
Nicht fähig
UGW
OGW
P_p = 1,68
P_{pk} = 1,68
P_p = 0,8
P_{pk} = 0,8
4. Stichprobe
3. Stichprobe
2. Stichprobe
1. Stichprobe
a)
b)
T
Nicht beherrscht (out-of-control)
Fähig
Nicht fähig
P_p = 1,68
P_{pk} = 0,9
c)
d)

gungsbedingungen optimiert sind und nur ein Prüfmerkmal getestet wird. Die Werte sind jedoch wegen der geringen Stückzahlen noch relativ unsicher.

Bei der vorläufigen Prozessfähigkeitsuntersuchung sind die Kennwerte P_p und P_{pk} kleiner. In der Serie sind die geforderten Kennwerte am kleinsten. Oft wird nur noch $C_p > 1{,}33$ gefordert. In Tab. Bild 1 auf Seite 543 sind die Prüfungen bis zur Prozessfähigkeit zusammengestellt.

4.2.2 Ziele der Prüfung

Bei der **vorläufigen Prozessfähigkeit** *(provisional process capability)* wird mithilfe regelmäßiger **Stichproben** *(random tests)* geprüft,

- wie die Maße streuen und
- wie sich der Mittelwert verändert.

Wenn die beiden Grenzwerte für die Prozessfähigkeit eingehalten werden, ist der Prozess „fähig" und „beherrscht".

Werden die Grenzwerte nicht eingehalten, spricht man von einem „nicht fähigen" bzw. einem „nicht beherrschten" Prozess. Auf dieser und der vorherigen Seite sind die verschiedenen Möglichkeiten gegenübergestellt, die sich mit diesen Begriffen bzw. Begriffspaaren ergeben.

In der Übersicht sind vier Möglichkeiten zusammengestellt, die sich durch die Begriffspaare ergeben. Dadurch soll noch einmal deutlich werden, welche Kombinationen möglich sind und mit welchen Fachbegriffen diese Varianten belegt sind.

Im Fall b) liegt z. B. die Kombination „beherrscht"/„nicht fähig" vor.

Beherrscht heißt: Bei allen Stichproben ist der Mittelwert $\bar{x}$ in der Toleranzmitte oder in der Nähe der Toleranzmitte.

Nicht fähig heißt: Die Fähigkeitswerte P_p und P_{pk} liegen deutlich unter 1,33, d. h., die Standardabweichung ist zu groß, es kommt zu einem erheblichen Ausschussanteil, der in den Abbildungen bei den Flächen außerhalb der Toleranz zu sehen ist.

Überlegen Sie!

1. *Erläutern Sie nach dem gegebenen Beispiel von Seite 544 die drei anderen Felder.*
2. *Wie beurteilen Sie die kritischen Fälle hinsichtlich ihrer Eignung bzw. der Möglichkeit, durch Verbesserungen in Serie gehen zu können?*

Es ist sinnvoll, den Prozess nicht nur mit den Fähigkeitskennwerten (P_p, P_{pk} bzw. C_p und C_{pk}) zu beurteilen, sondern auch grafische Darstellungen zu verwenden wie z. B. Histogramm, Gaußkurve, Urwertkarte, Qualitätsregelkarte und Wahrscheinlichkeitsnetz.

4.2.3 Urwertkarte

In die Urwertkarte *(original data chart)* (Bild 1) werden die Messwerte der Stichproben eingetragen. Die Karte zeigt Ausreißer, Trends und Ausschussteile.

4.2.4 Qualitätsregelkarte

MERKE

Mit Qualitätsregelkarten (QRK) *(control charts)* ist es möglich, die Prozessentwicklung aufzuzeichnen und zu beurteilen.

Zum Aufzeichnen und Beurteilen der Prozessentwicklung sind die Streuung und die Lage der Messwerte zu dokumentieren. Deshalb enthält eine Karte (Seite 546 Bild 1) zwei Bereiche, in denen diese Kennwerte getrennt angegeben werden.

Maßzahlen für die Lage sind z. B.:

- der Mittelwert $\bar{x}$
- der Median $\tilde{x}$

Der **Median** ist der mittlere Wert einer Zahlenreihe.

Maßzahlen für die Streuung sind z. B.:

- die Standardabweichung s
- die Spannweite R

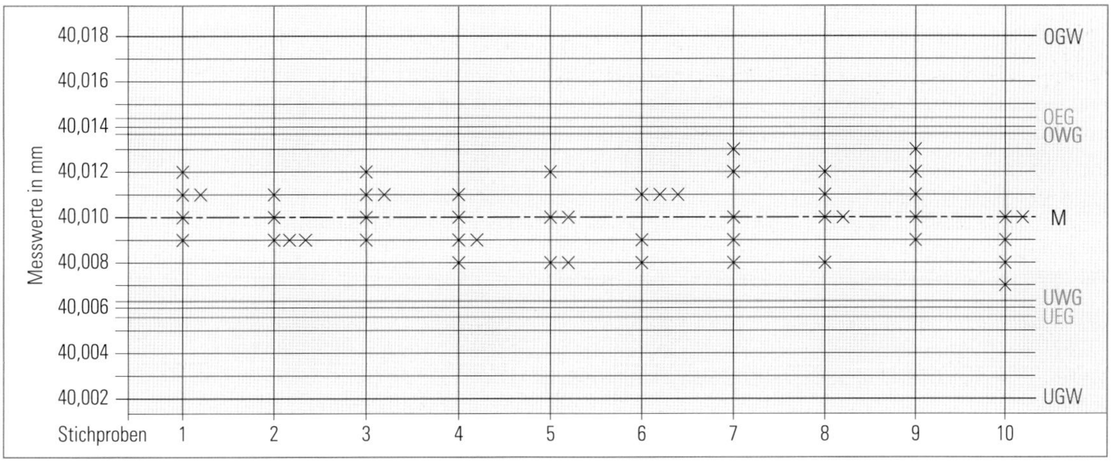

1 Urwertkarte

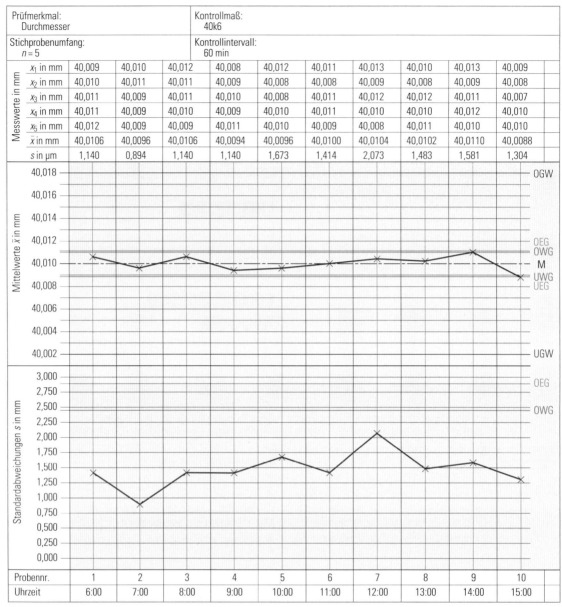

Prüfmerkmal: Durchmesser	Kontrollmaß: 40k6
Stichprobenumfang: $n = 5$	Kontrollintervall: 60 min

Messwerte in mm										
x_1 in mm	40,009	40,010	40,012	40,008	40,012	40,011	40,013	40,010	40,013	40,009
x_2 in mm	40,010	40,011	40,011	40,009	40,008	40,008	40,009	40,008	40,009	40,008
x_3 in mm	40,011	40,009	40,011	40,010	40,008	40,011	40,012	40,012	40,011	40,007
x_4 in mm	40,011	40,009	40,010	40,009	40,010	40,011	40,010	40,010	40,012	40,010
x_5 in mm	40,012	40,009	40,009	40,011	40,010	40,009	40,008	40,011	40,010	40,010
$\bar{x}$ in mm	40,0106	40,0096	40,0106	40,0094	40,0096	40,0100	40,0104	40,0102	40,0110	40,0088
s in µm	1,140	0,894	1,140	1,140	1,673	1,414	2,073	1,483	1,581	1,304

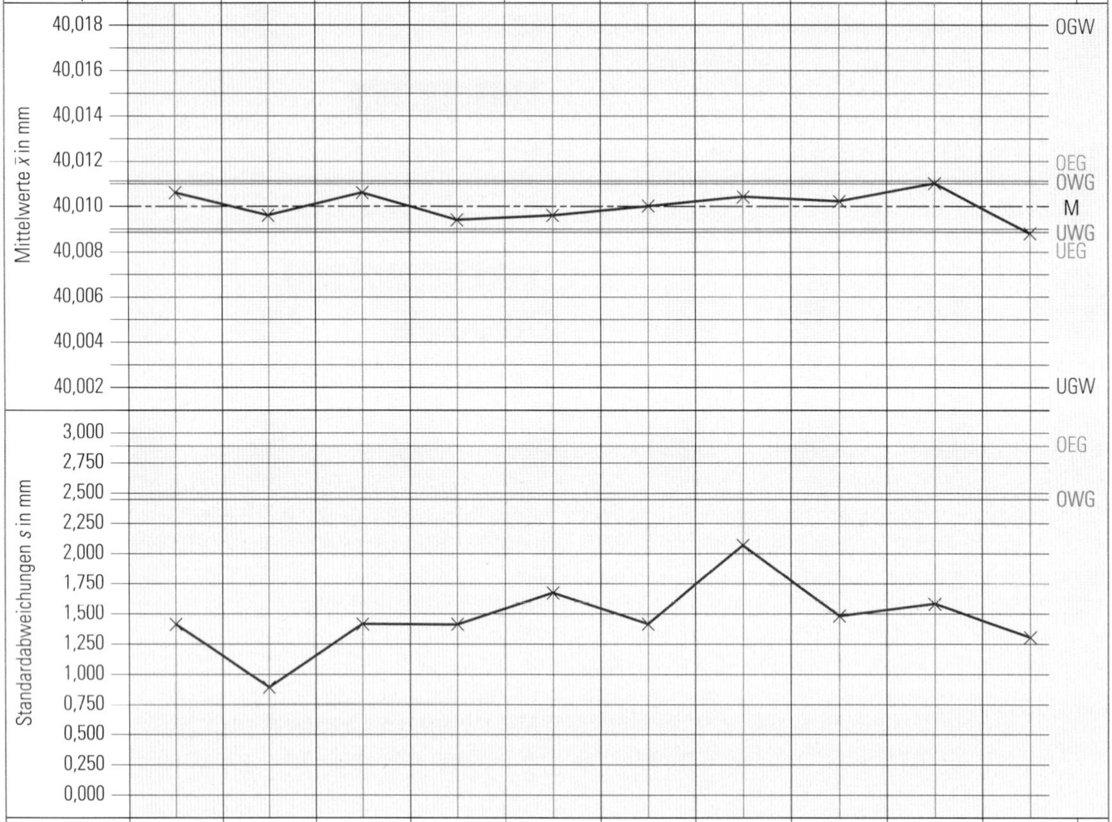

Probennr.	1	2	3	4	5	6	7	8	9	10
Uhrzeit	6:00	7:00	8:00	9:00	10:00	11:00	12:00	13:00	14:00	15:00

1 *Qualitätsregelkarte*

Wenn bei kontinuierlichen Merkmalen eine Normalverteilung vorliegt, wird die $\bar{x}/s$-Karte verwendet. Für die Auswahl der richtigen Qualitätsregelkarte gibt es Empfehlungen oder es liegen entsprechende Erfahrungen vor.

In Bild 1 ist eine $\bar{x}/s$-QRK dargestellt. In die Karte sind die Messwerte einer vorläufigen Prozessfähigkeitsuntersuchung und die **Eingriffsgrenzen** *(action limits)* (OEG und UEG) eingetragen. Durch die grafische Darstellung der beiden Kennwerte kann der Prozess beurteilt werden. Es fällt z. B. auf, wenn die Werte allmählich in eine Richtung driften oder wenn die Werte sehr stark springen.

Die Eingriffsgrenzen sind mit den Messwerten nach festgelegten Formeln (vgl. Tabellenbuch) berechnet worden. Meistens übernehmen Computerprogramme diese Aufgabe.

Bedeutung der Eingriffsgrenzen

- **Für die Fachkraft:** Nach dem Überschreiten eines Grenzwertes *(specification limit)* ist korrigierender Eingriff in den Prozess erforderlich.
- **Für die Qualitätskontrolle:** Die Qualitätskennzahlen (P_p, P_{pk}, C_p und C_{pk}) sind nur gültig, wenn der Prozess innerhalb der Eingriffsgrenzen abläuft und nur in diesem Fall ist eine weitergehende Überprüfung des Prozesses mit den sogenannten Stabilitätskriterien sinnvoll.

Über die **Stabilitätsregeln** *(stability standards)* können systematische Einflussgrößen ermittelt werden. In vielen Fällen können diese Einflüsse beseitigt bzw. verkleinert und dadurch die Prozessergebnisse verbessert werden.

Bei Stichproben bis $n \leq 5$ wird die untere Eingriffsgrenze für Standardabweichungen nicht berechnet.

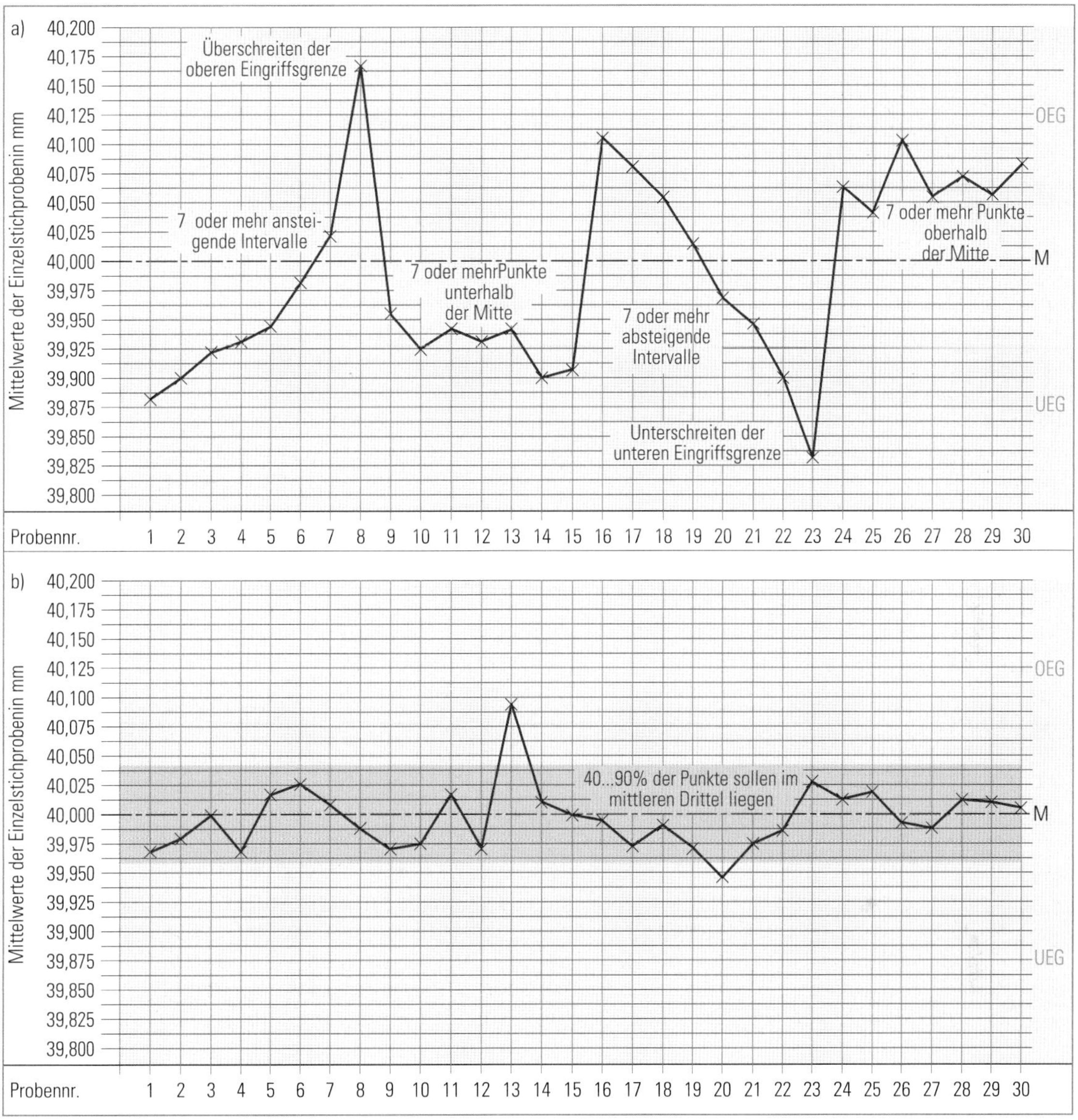

1 Shewhart-Karte[1]: a) Verletzung von Stabilitätsregeln; b) Middle Third

Im Einzelnen sind es folgende Regeln (Bild 1):

- **Run:** Sieben oder mehr aufeinander folgende Werte oberhalb bzw. unterhalb der Mittellinie. Der Prozess muss unterbrochen werden, da z. B. erheblicher Werkzeugverschleiß vorliegt, Kühlschmierstoff gewechselt wurde.
- **Trend steigend** oder **fallend:** Sieben oder mehr hintereinander folgende aufsteigende bzw. fallende Intervalle. Der Prozess muss unterbrochen werden. Die Ursachen müssen ermittelt werden.
- **Middle Third:** Weniger als 40 % oder mehr als 90 % von 25 hintereinanderliegenden Werten liegen im mittleren Drittel. Wenn das der Fall ist, können die Ursachen sein: fehlerhafte Messgeräte, Material aus einer anderen Charge, Mischen von Teilen, die z. B. auf unterschiedlichen Drehmaschinen vorgefertigt worden sind.

Diese Stabilitätsbedingungen gelten bei der Anwendung der Qualitätsregelkarte (Shewhart-Karte) (Bild 1) für die Überwa-

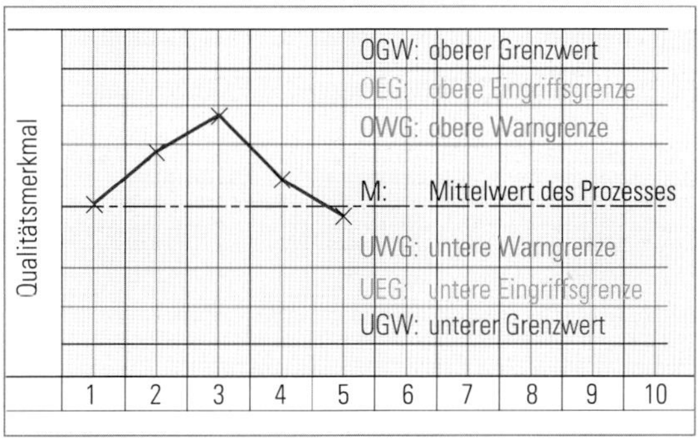

2 Qualitätsregelkarte mit Eingriffs- und Warngrenzen

1) Walter Andrew Shewhart, US-amerikanischer Physiker, Ingenieur und Statistiker, 1891 bis 1967

chung der Prozesslage $\bar{x}$ unabhängig von der Probenanzahl bei der Überwachung der Streuung erst ab $n > 24$.

Neben den Eingriffsgrenzen können auf der Karte noch die **Warngrenzen** *(warning limits)* eingetragen werden. Sie sind ebenfalls in einem Rechenverfahren zu ermitteln.

4.2.5 Fehlersammelkarte

Bei Baugruppen, Geräten, aber auch bei komplexen Einzelteilen sind oft mehrere voneinander unabhängige Merkmale zu überwachen. In vielen Fällen ist es vorteilhaft, die Daten zu sammeln. Dafür eignet sich eine Fehlersammelkarte *(inspection chart)* (Bild 1). Auch hier sind Stichproben zu entnehmen und zu prüfen. Die Ergebnisse sind in der Fehlersammelkarte festzuhalten.

Die Karte ist in einzelne Bereiche aufgeteilt:

Bereich A:

Links: Liste der Fehlerarten
- F1: z. B. Oberflächenfehler
- F2: z. B. Bohrung fehlt
- F3: z. B. Stutzen fehlt
- F4: z. B. Schrauben fehlen
- F5: z. B. Verbindungselement falsch angeschweißt

Mitte: Laufende Nummern der Stichproben mit Eintrag der Fehlerart und Anzahl.

Rechts: Anzahl der Fehler einer Fehlerart

Bereich B:

Bildliche Darstellung der Anzahl der Fehler je Stichprobe.

Bereich C:

Anzahl der Fehler, die in der Grafik aufgeführt sind. Die zeitlichen Abstände der Stichproben sowie der Stichprobenumfang werden von der Qualitätsplanung festgelegt.

Mit den gesammelten Daten kann für jede Fehlerart eine Qualitätsregelkarte *(control chart)* geführt werden. Für die Berechnung der Eingriffsgrenzen stehen Formeln zur Verfügung.

Die Fehlersammelkarte wird auch für Eingangskontrollen verwendet.

lfd. Nr. der Stichproben.

Fehlerart	1	2	3	4	5	6				Σx_i	
F1	1	2	1	0	1	0				5	
F2	2	1	0	0	2	2		A		7	
F3	0	0	0	1	0	0				1	
F4	2	3	3	2	3	1				14	
F5	0	0	0	1	1	0				2	

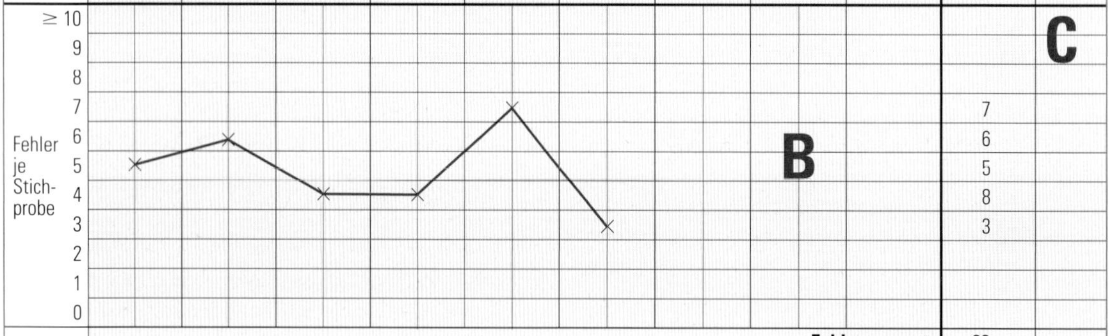

Fehler gesamt: 29

1 Schema einer Fehlersammelkarte

ÜBUNGEN

1. Wann ist die Maschinenfähigkeit nachzuweisen?

2. Nennen Sie die Bedingungen, die bei der Überprüfung der Maschinenfähigkeit einzuhalten sind.

3. Überprüfen Sie, ob in folgenden Fällen die geforderte Bedingung für die Maschinenfähigkeit gegeben ist:
a) $C_m = 1{,}333$; $T = 25\ \mu m$; $s = 3{,}5\ \mu m$
b) $C_m = 1{,}666$; $T = 30\ \mu m$; $s = 2{,}9\ \mu m$
c) $C_m = 1{,}666$; $T = 22\ \mu m$; $s = 2{,}15\ \mu m$

4. Welche Standardabweichung s darf unter folgenden Bedingungen nicht überschritten werden?
a) $C_m = 1{,}333$; $T = 35\ \mu m$
b) $C_m = 1{,}666$; $T = 16\ \mu m$
c) $C_m = 1{,}8$; $T = 13\ \mu m$

5. Erläutern Sie die Begriffe „fähige Maschine" und „beherrschte Maschine".

6. Nennen und beschreiben Sie die Stufen zur Prozessfähigkeit.

7. Auf Seite 544 sind vier Felder dargestellt, in denen folgende Kombinationen aufgeführt sind:
   - beherrscht/fähig
   - beherrscht/nicht fähig
   - nicht beherrscht/fähig und
   - nicht beherrscht/nicht fähig

   Mit diesen Begriffskombinationen wird der Fertigungsprozess beurteilt. Beschreiben Sie unter Einbeziehung der Grafen, welche Situation in den einzelnen Feldern vorliegt. Verwenden Sie dabei die Begriffe
   - „Der Prozess ist fähig" bzw. „Der Prozess ist nicht fähig" und „Der Prozess ist beherrscht" bzw. „Der Prozess ist nicht beherrscht".
   - „Der angestrebte P_p-Wert liegt vor" bzw. „Der angestrebte P_p-Wert liegt nicht vor" und „Der angestrebte P_{pk}-Wert ist erreicht" bzw. „Der angestrebte P_{pk}-Wert ist nicht erreicht".
8. Welche Messwerte sind in die Urwertkarte einzutragen? Welche Aussagen sind der Urwertkarte zu entnehmen?
9. Mit der Qualitätsregelkarte wird die Prozessentwicklung aufgezeichnet. Dabei stehen zwei Bereiche im Mittelpunkt der Beobachtung.
   Nennen Sie die Bereiche und geben Sie an,
   - mit welchen Kennwerten diese Bereiche erfasst werden können und
   - warum diese Bereiche für die Prozessqualität eine herausgehobene Bedeutung haben.
10. Welche Bedeutung haben die Eingriffsgrenzen
    a) für die Fachkraft?
    b) für die Qualitätskontrolle?
11. Mit den Stabilitätsregeln können systematische Einflussgrößen ermittelt werden. Dieser Begriff wird auch in der Messtechnik verwendet. Erläutern Sie ihn.
12. Überprüfen Sie die Werte in der Qualitätsregelkarte nach den Stabilitätskriterien.
    Liegt ein Run, ein Trend oder ein Middle Third vor?
    Werden die Eingriffsgrenzen über- oder unterschritten?

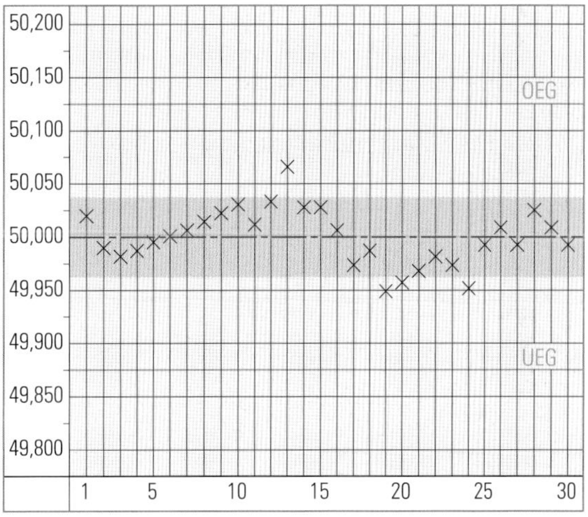

13. Wann ist es vorteilhaft, eine Fehlersammelkarte zu führen?

5 Prozessüberwachung

Für die Fachkraft ist das wichtigste Instrument zur Prozessüberwachung *(process control)* ist die Qualitätsregelkarte (Kap. 4.2.4). Die grafisch aufgezeichnete Prozessentwicklung zeigt der Fachkraft im Zusammenhang mit den Eingriffsgrenzen, wann ein Eingriff in den Prozess erforderlich ist.

Im Prüfplan ist angegeben, in welchen Abständen Stichproben zu nehmen und welche Merkmale zu messen und in der Qualitätsregelkarte zu dokumentieren sind. Die Werte können von Hand in die Karte eingetragen werden. Dazu sind z. B. der Mittelwert und die Standardabweichung zu berechnen.

Die Messwerte können aber auch direkt in den Rechner eingegeben werden. Im nächsten Abschnitt wird diese Möglichkeit besprochen.

5.1 Rechnergestützte Prozessüberwachung

Der betrachtete Wälzlagersitz ∅40k6 wird durch Schleifen fertig bearbeitet. Hierfür ist ein sehr hoher Maschinenfähigkeitswert von 1,8 für C_m bzw. 1,75 für C_{mk} vorgegeben, der mit einer guten Schleifmaschine auch zu erreichen ist (Kap 4.1.2).

Auf Seite 550 sind die Grafiken und Kennwerte einer Computerauswertung der Stichproben abgebildet.

a) Zunächst ist zu prüfen, ob bei beiden Karten die Eingriffsgrenzen erreicht oder überschritten wurden. Bei der $\bar{x}$-Karte liegt die 6. Probe im Bereich der unteren Eingriffsgrenze UEG. Mit der $\bar{x}$-Karte wird die Lage der Messwerte zur Toleranzmitte überprüft. Wenn die Werte eine Eingriffslinie erreichen, muss eine Korrektur vorgenommen werden. Dieser Fall liegt hier vor, deshalb hat die Fachkraft den Prozess neu eingestellt.
b) Für die Prozessüberwachung ist das Einhalten der Stabilitätsregeln wichtig (Kap. 4.2.4). Dieser Regeln können aber nur bei Normalverteilung angewendet werden. Das Computerprogramm prüft die Messwerte und wählt ein mathematisches Modell, das den Gegebenheiten am Besten ent-

Q-DAS®	Prozessanalyse		Seite 1 / 1
Werk	Abt./Kst./Prod.	Bearb.Name	Akt. Dat. 12/8/2010

Teilnr.	Teilebez. Kegelradwelle			Doku.pflicht nein
Masch.Bez.	Merkm.Bez.	Nennm. 40.000	0.018	OSG 40.018
Masch.Nr.	Merkm.Nr.	Einh. mm	0.002	USG 40.002
Merkm.Art variabel	Merkm.Klasse signifikant	Erfass.Art manuell		Nachkommst. 3
Fert.Art.Bez.	Prfm.Grp.	Prfm.Bez.		
Fertigungsart	Prfm.Nr.	Prfm.Aufl.		
Auswertung von	12/8/2010 6:52:13 PM	bis	12/8/2010 6:52:13 PM	
Bemerkung				

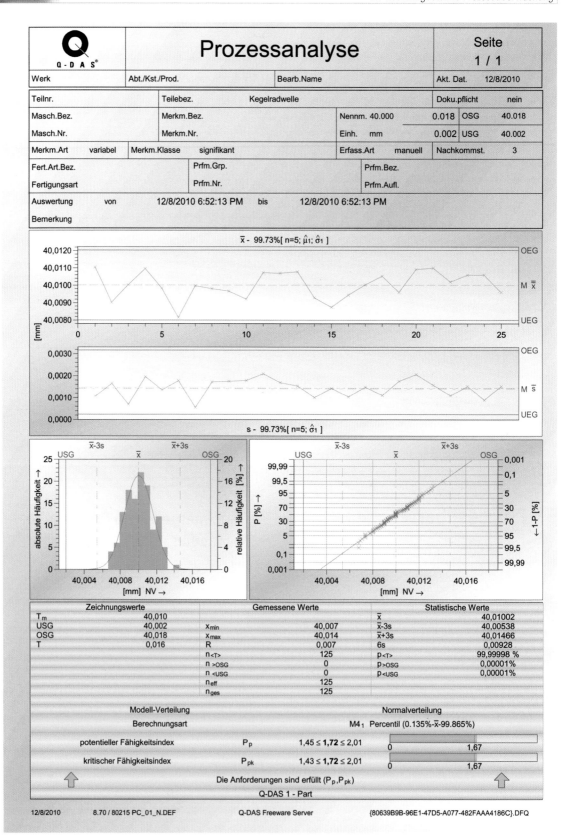

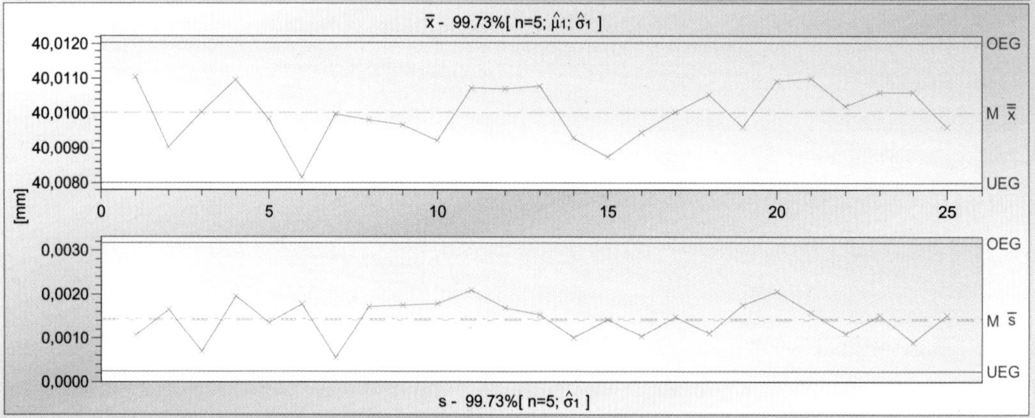

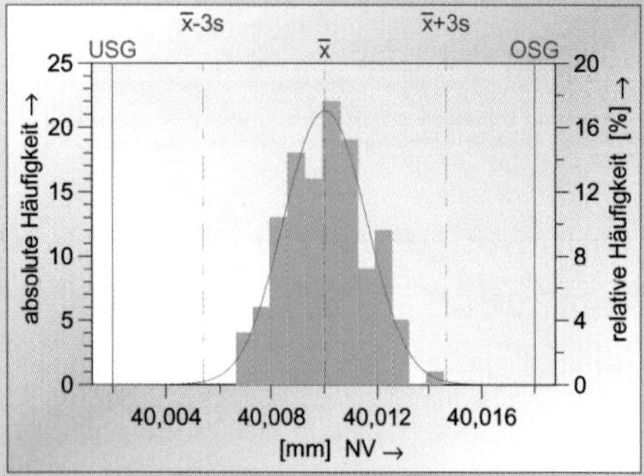

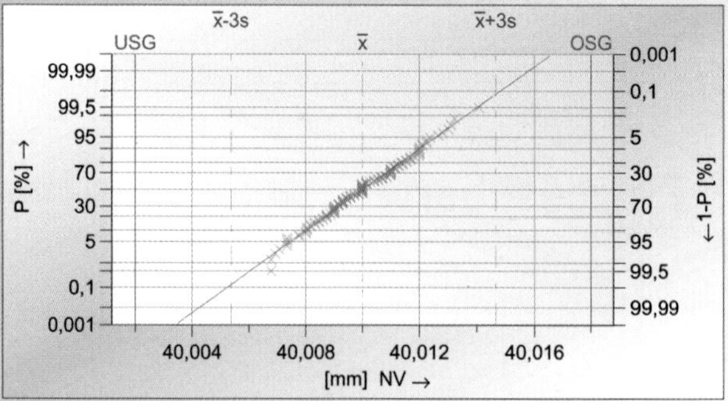

Zeichnungswerte		Gemessene Werte		Statistische Werte	
T_m	40,010			$\bar{x}$	40,01002
USG	40,002	x_{min}	40,007	$\bar{x}$-3s	40,00538
OSG	40,018	x_{max}	40,014	$\bar{x}$+3s	40,01466
T	0,016	R	0,007	6s	0,00928
		$n_{<T>}$	125	$p_{<T>}$	99,99998 %
		$n_{>OSG}$	0	$p_{>OSG}$	0,00001%
		$n_{<USG}$	0	$p_{<USG}$	0,00001%
		n_{eff}	125		
		n_{ges}	125		

Modell-Verteilung		Normalverteilung	
Berechnungsart		$M4_1$ Percentil (0.135%-x̄-99.865%)	
potentieller Fähigkeitsindex	P_p	1,45 ≤ **1,72** ≤ 2,01	0 – 1,67
kritischer Fähigkeitsindex	P_{pk}	1,43 ≤ **1,72** ≤ 2,01	0 – 1,67

Die Anforderungen sind erfüllt (P_p,P_{pk})

Q-DAS 1 - Part

12/8/2010 8.70 / 80215 PC_01_N.DEF Q-DAS Freeware Server {80639B9B-96E1-47D5-A077-482FAAA4186C}.DFQ spricht. In diesem Fall ist dies die Normalverteilung, folglich können die Stabilitätsregeln angewendet werden. Sie werden mithilfe der Qualitätsregelkarte überprüft.

Bei einem Run liegen 7 oder mehr Werte auf einer Seite der Mittellinie.

Ein Trend liegt vor, wenn 7 oder mehr hintereinander liegende Werte steigen oder fallen.

Mehr als 40 % und weniger als 90 % von 25 hintereinanderliegenden Werten müssen im mittleren Drittel liegen, sonst liegt ein Middle Third vor.

Die Überprüfung der Qualitätsregelkarte zeigt, dass keine Stabilitätsregel verletzt ist.

c) Für die Prozessprüfung sind die beiden „Fähigkeitszahlen" P_p und P_{pk} wichtig. Beide liegen im grünen Bereich, d. h., die geforderten Werte sind eingehalten.

Die Prozessprüfung hat keine Beanstandungen ergeben. Der Prozess ist fähig und beherrscht.

Überlegen Sie!

Die Eingriffsgrenzen liegen weit von den Toleranzgrenzen entfernt. Warum ist das notwendig, denn schließlich steht die gesamte Toleranzbreite für die Fertigung zur Verfügung?

5.2 Prozessmodelle

Aus der Praxis liegt die Erfahrung vor, dass es bei der Fertigung verschiedene Grundmuster oder **Verteilungsmodelle** *(distribution models)* gibt, die immer wieder vorkommen. Bei Problemlösungen ist es hilfreich, diese Muster zu kennen und die vorliegenden Erfahrungen zu nutzen.

Nachstehend werden einige Verteilungsmodelle vorgestellt. Dabei sind immer drei Abbildungen nebeneinander gestellt:

- Die Gaußkurven mehrerer Stichproben. Am Ende wird symbolisch die Summe gebildet.
- Der Werteverlauf der Einzelwerte
- Histogramm und Gaußkurve der Einzelwerte

Dadurch lassen sich wesentliche Grundzüge des Prozesses erkennen.

Die Prozessmodelle sind nach ihrer Struktur geordnet und gekennzeichnet[1]:

	Lage konstant	Lage nicht konstant
Streuung konstant	A	C
Streuung nicht konstant	B	D

Mit den Zahlen werden die Prozesse einer Gruppen ggf. weiter unterteilt, z. B. ist A1 ein Prozess mit konstanter Lage, konstanter Streuung und Normalverteilung.

Verteilungsmodell A1

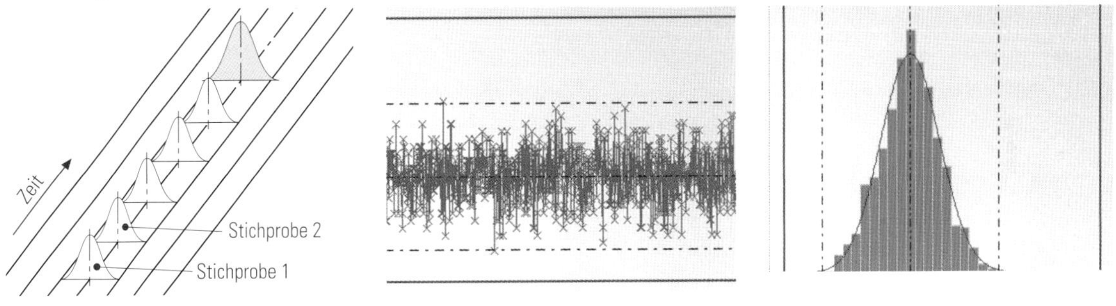

Der Idealfall der Normalverteilung.

Bei den einzelnen Stichproben liegt Normalverteilung vor und damit auch am Ende in der Summe.

Der Prozess ist so ideal aber selten, weil oftmals Störgrößen wirken.

Verteilungsmodell B

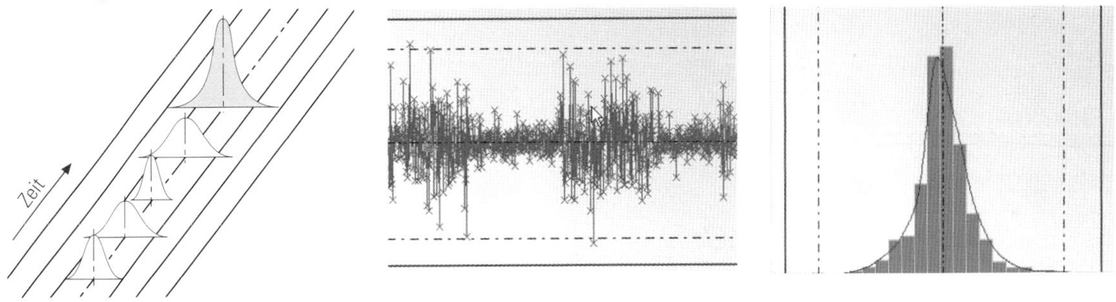

Der Prozess hält die Mittellage, aber die Streuung schwankt periodisch sehr stark.

Hier könnten Materialschwankungen die Ursache sein. Die Ursachenforschung kann sehr schwierig werden.

1) DIN ISO 21747:2007-03 Statistische Verfahren – Prozessleistungs- und Prozessfähigkeitskenngrößen für kontinuierliche Qualitätsmerkmale

Verteilungsmodell C3

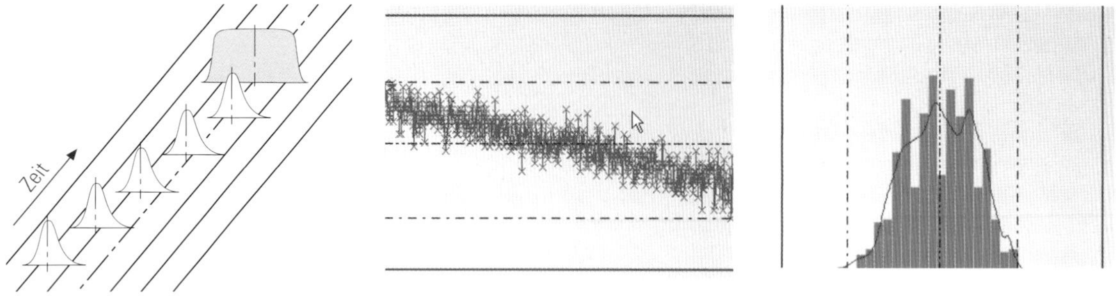

Dieser Prozess ist durch Verschleiß am Werkzeug trendbehaftet. Die Lage driftet mit fortschreitendem Verschleiß von der einen Eingriffsgrenze zur anderen.
Wenn der Prozess stabil ist, können die Eingriffsgrenzen eventuell erweitert werden. Besser wäre es, wenn der Prozess mehrmals neu eingestellt würde, um mehr Werkstücke im Bereich der Toleranzmitte zu erhalten.

Verteilungsmodell C4

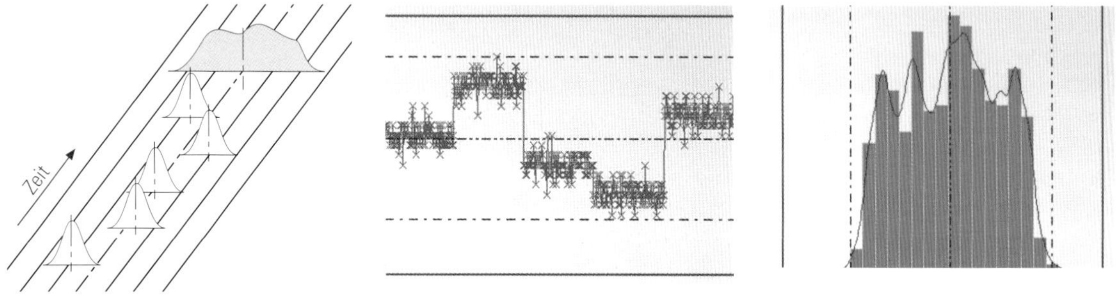

Bei dieser Bearbeitung bleibt die Streuung gleich, die Lage ändert sich periodisch sehr stark.
Ein typisches Beispiel sind feststehende Werkzeuge, die nach dem Wechsel nicht die gleiche Lage haben.

Verteilungsmodell D

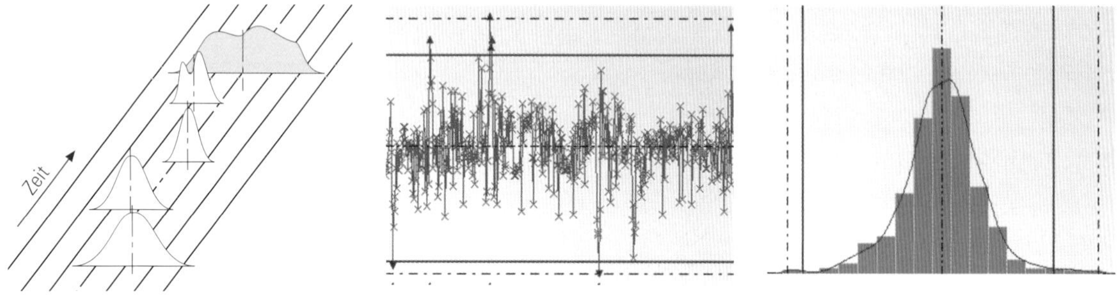

Bei diesem Modell ändern sich die Lage und die Streuung von Probe zu Probe. Die Einzelwerte zeigen, dass mehrere Ausschussteile gefertigt wurden.
Eine nicht prozessfähige Maschine und ungeeignete Werkzeuge spielen z. B. eine Rolle.

Überlegen Sie!

Beurteilen Sie die einzelnen Verteilungsmodelle mit den Begriffen „beherrscht" und „fähig".

5.3 Box Plot

Bei der Kegelradwelle sind zehn Merkmale angegeben, die zu beobachten sind. Für eine vergleichende Betrachtung eignet sich die **Box Plot Methode** *(Box Plot method)*.

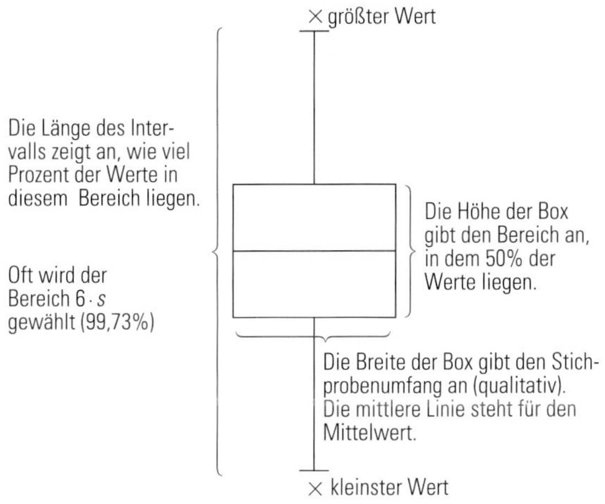
× größter Wert
Die Länge des Intervalls zeigt an, wie viel Prozent der Werte in diesem Bereich liegen.
Oft wird der Bereich 6 · s gewählt (99,73%)
Die Höhe der Box gibt den Bereich an, in dem 50% der Werte liegen.
Die Breite der Box gibt den Stichprobenumfang an (qualitativ). Die mittlere Linie steht für den Mittelwert.
× kleinster Wert

Merkm.-Nr.	n	N	T	UGW	X_u	OGW	X_o
1	500	20	0,25	19,000	19,850	20,150	20,180
2	100	40	0,25	39,900	39,950	40,150	40,180
3	875	30	0,30	29,900	29,940	30,200	30,140
4	500	50	0,26	49,870	49,930	50,130	50,090
5	600	25	0,4	24,800	24,820	25,200	25,140

1 *Statistische Kennwerte für den Box Plot*

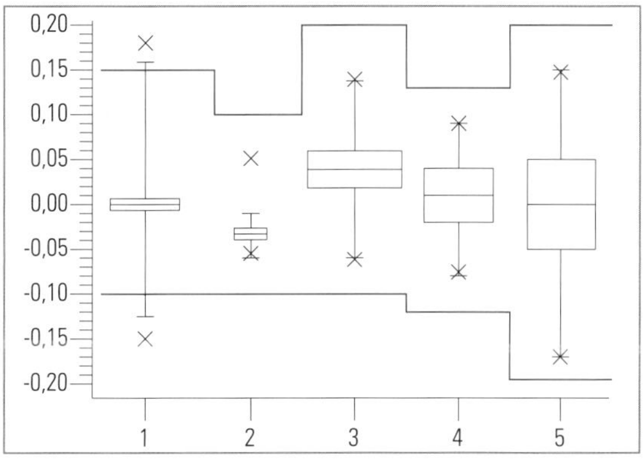
0,20
0,15
0,10
0,05
0,00
-0,05
-0,10
-0,15
-0,20
1
2
3
4
5

2 *Box-Plot mit den Kennwerten aus Tab. Bild 1*

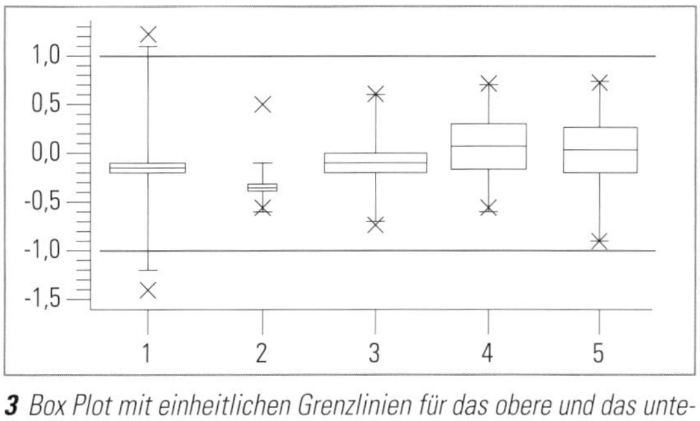
1,0
0,5
0,0
-0,5
-1,0
-1,5
1
2
3
4
5

3 *Box Plot mit einheitlichen Grenzlinien für das obere und das untere Abmaß*

Bild 2 zeigt, dass bei Merkmal 1 Werte außerhalb der Toleranzgrenzen liegen. Der Stichprobenumfang bei Merkmal 2 ist wesentlich geringer als bei den anderen Werten. Die Toleranzfelder der einzelnen Merkmale unterschiedlich groß. Deshalb verlaufen die Linienzüge für das obere und das untere Abmaß nicht waagrecht, sondern sind den Toleranzen angepasst. Das erschwert den Vergleich der einzelnen Merkmale.
Dieses Problem ist bei der Darstellung in Bild 3 gelöst. Die Toleranzfelder sind einheitlich auf den Bereich zwischen –1 und +1 umgelegt. Dieser Bereich ist – in Prozenten ausgedrückt – immer 100 %. Dadurch kann sowohl oben als auch unten eine durchgehende Linie für die Toleranzgrenzen gezeichnet werden.

5.4 100-%-Kontrolle

Die Firma Zweiloft liefert ihre Produkte an die Automobilindustrie. Die Firma Zweiloft hat eine **Ausschussquote** *(reject rate)* von 6 ppm (6 Ausschussteile bezogen auf 1 Million Werkstücke). Der Prozess ist stabil, d. h., es ist nicht zu erwarten, dass der Fehleranteil (erheblich) größer wird. Die Firma Zweiloft ist mit diesen Werten zufrieden, denn eine weitere Reduzierung der Ausschussquote ist mit den bestehenden Anlagen nicht möglich.
Ihre Kunden in der Autoindustrie haben keine Eingangskontrolle, d. h., alle angelieferten Teile werden auch eingebaut. Wenn das Montageband wegen der Ausschussteile gestoppt werden muss oder wenn Rückrufaktionen erforderlich sind oder Unfälle verursacht werden, haftet der Verursacher, also der Zulieferer. Die Ausschussteile können zu Schadenersatzforderungen führen, die weit höher sind als der Jahresgewinn. Das Problem lässt sich nur durch eine 100-%-Kontrolle *(check)* lösen.

Heute wird bei allen **sicherheitsrelevanten Komponenten** wie z. B. dem Bremssystem oder der Lenkung eine Kontrolle aller Teile durchgeführt. Schon wegen der Produkthaftung sind die Messergebnisse zu dokumentieren und zu archivieren.
In der **Luftfahrtindustrie** sind eine **Kontrolle aller Teile** und die **Dokumentationspflicht** *(documentation required)* gesetzlich vorgeschrieben.
Die 100-%-Kontrolle ist darüber hinaus sinnvoll bzw. notwendig, wenn

- die Teile nach der Montage nur noch mit hohen Kosten auszutauschen sind wie z. B. das Pleuel oder die Kurbelwelle.
- die Prozessfähigkeit sehr niedrig ist, d. h., wenn z. B. der C_{pk}-Wert < 1,33 ist.

Prozessüberwachung

5.5 Statistische Qualitätsregelung

Auf den Fertigungsprozess wirken ständig Störgrößen ein (Bild 1). Als Gegenmaßnahme wird der Prozess überwacht, d. h., in regelmäßigen Abständen werden Proben gemessen und die Messwerte statistisch ausgewertet. Das Ergebnis zeigt, ob ein korrigierender Eingriff erforderlich ist. Damit liegt ein **Regelkreis** vor, in dem der **Fertigungsprozess** die **Regelstrecke** ist und das zu fertigende **Maß** die **Regelgröße**. Der korrigierende Eingriff hat die Funktion des Reglers.

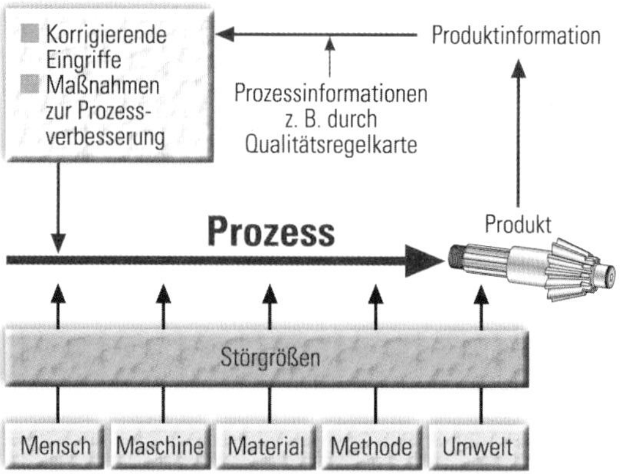

1 *Regelkreismodell einer statistischen Qualitätsregelung*

ÜBUNGEN

1. Erläutern Sie das Regelkreismodell der statistischen Qualitätsregelung.

2. Unter welchen Voraussetzungen wird die Darstellungsform „Box Plot" gewählt?

3. Geben Sie an, welche Informationen der Box Plot enthält. Die Zahlen kennzeichnen die Bereiche, in denen Sie eine Antwort geben müssen.

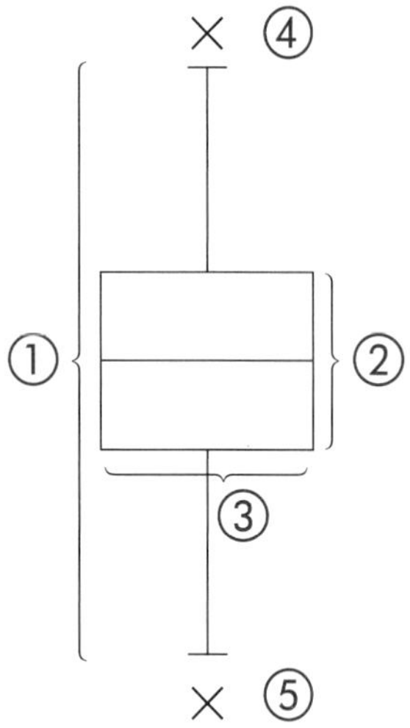

4. Wann kann mit erweiterten Eingriffsgrenzen gearbeitet werden?

5. Wann ist eine 100-%-Kontrolle sinnvoll bzw. notwendig?

Projektaufgabe:

Für den zweiten Lagersitz ∅25k6 an der Kegelradwelle (vgl. Seite 524) sind in der Urwerttabelle 50 Messwerte angegeben.

x_1	7	8	9	7	10	10	6	8	6	8
x_2	9	10	10	9	7	8	10	7	8	6
x_3	10	8	9	10	10	7	7	9	9	7
x_4	11	8	9	8	9	9	8	10	10	8
x_5	11	7	8	10	9	8	7	9	8	9
$\bar{x}$										
s										

1. Bestimmen Sie den Mittelwert.

2. Zeichnen Sie das Histogramm.

3. Berechnen Sie die Standardabweichung z. B. mithilfe eines Tabellenkalkulationsprogramms. Auch die meisten Taschenrechner verfügen über eine Funktion, mit der s ermittelt werden kann, ohne dass Sie Formeln verwenden müssen. Informieren Sie sich in Ihrer Bedienungsanleitung oder, wenn diese fehlt, informieren Sie sich mithilfe einer Suchmaschine im Internet.

4. Überprüfen Sie die Maschinenfähigkeit für $C_m = 1{,}75$.

5. Ermitteln Sie die Kennwerte P_p und P_{pk} für die vorläufige Prozessfähigkeit. Die beiden Werte dürfen 1,66 nicht unterschreiten.

6. Ermitteln Sie für jede Stichprobe $\bar{x}$ und s.

7. Übernehmen Sie die Urwertkarte und die Qualitätsregelkarte in Ihre Unterlagen und tragen Sie die entsprechenden Werte ein.

554_1

8. Beurteilen Sie die Qualitätsregelkarte nach den Stabilitätskriterien.

Aus der Fertigung liegen folgende Werte für 24 Stichproben vor:

Prüfmerkmal: Durchmesser	Kontrollmaß: 25k6
Stichprobenumfang: $n = 5$	Kontrollintervall: 60 min

Abmaße in µm	1	2	3	4	5	6	7	8	9	10	11	12	13	14	15	16	17	18	19	20	21	22	23	24
x_1	10	9	9	7	9	8	6	8	9	9	8	11	8	7	8	6	7	9	10	9	9	8	11	12
x_2	9	8	8	8	7	9	8	7	8	11	9	9	5	8	6	7	9	10	10	10	7	10	7	10
x_3	10	9	11	10	8	6	8	8	7	10	10	9	9	7	7	10	6	8	8	8	9	7	9	9
x_4	8	8	9	9	7	7	9	7	8	9	8	10	8	9	8	8	7	10	9	10	8	11	10	7
x_5	10	10	9	8	9	8	8	9	9	9	9	7	10	7	6	9	9	8	8	8	10	10	8	8
$\bar{x}$																								
s																								

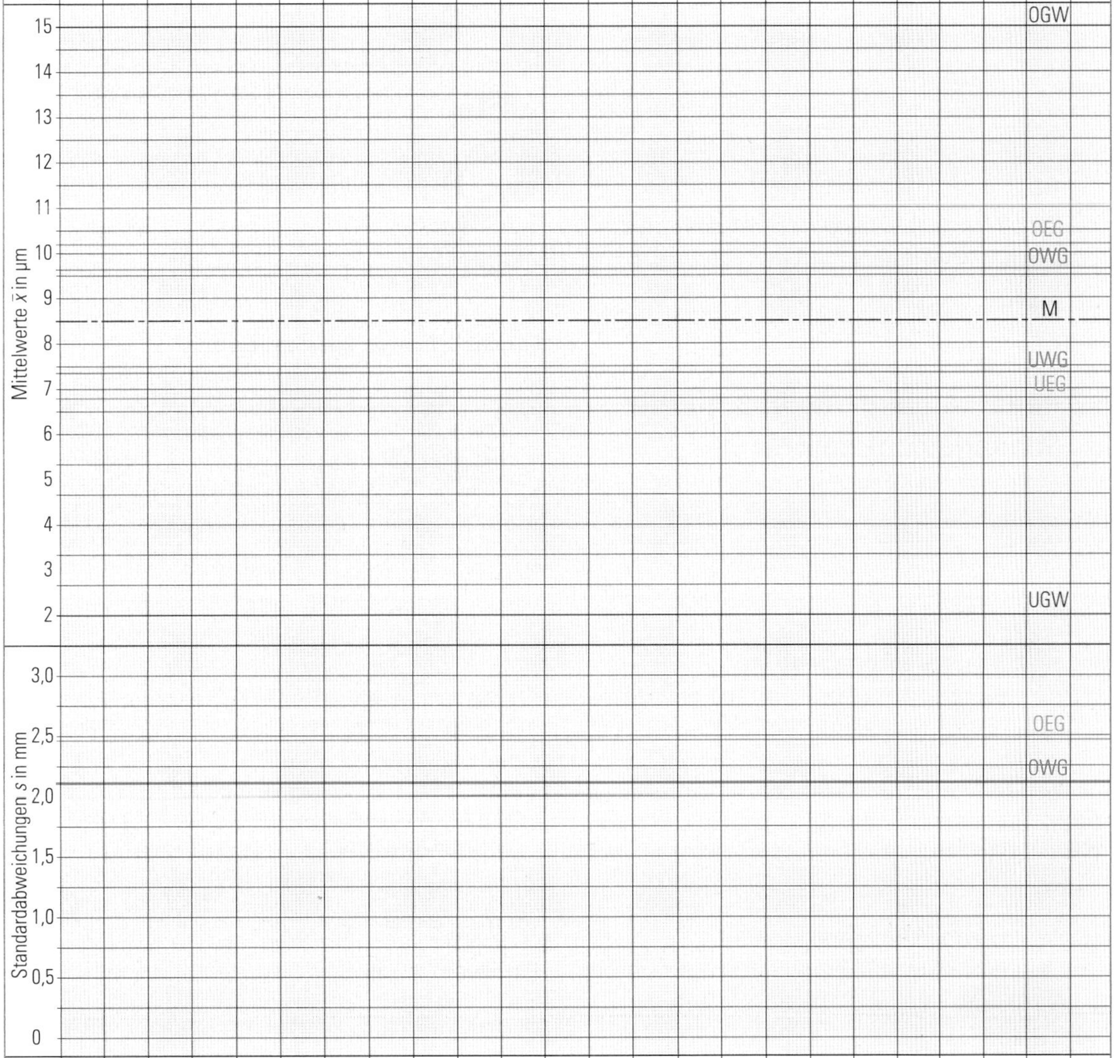

Pr. Nr.	1	2	3	4	5	6	7	8	9	10	11	12	13	14	15	16	17	18	19	20	21	22	23	24
Uhrzeit	6:00	7:00	8:00	9:00	10:00	11:00	12:00	13:00	14:00	15:00	16:00	17:00	18:00	19:00	20:00	21:00	22:00	23:00	0:00	1:00	2:00	3:00	4:00	5:00

6 Quality Management

6.1 Introduction

Quality management is a method of ensuring that all activities necessary to design, develop and implement a product or service are effective and efficient. It can be considered to have three main components: quality control, quality assurance and quality improvement. Quality management is focused not only on product quality, but also the means to achieve it.

Assignments:

1. Translate the text above by using your English-German vocabulary list.
2. Why is quality management important? Explain in your own words.
3. What are the main components of quality management?
4. What means have to be provided to achieve product quality? You also may look into the German texts on Lernfeld 11.
5. How is it possible to achieve more consistent quality?

6.2 Information given in a quality management centre

The elements below represent the aims and objectives of a quality management centre. These elements give some background information of the process of quality management in a large firm.

Element 1: Management Responsibility

Quality must be regarded as an overall management task, defined and utilized.

Element 2: Quality Management System

The procedures to be used must be described and kept up to date.
Defined procedures should be applied effectively, i.e.

- quality assurance manual
- quality plans
- procedures
- test plans and Procedures
- work procedures

Element 3: Financial Considerations of Quality Systems

Procedures for financial reporting and evaluation.

Element 4: Training

Define training requirements, carry out the training and document it.

Element 5: Product Safety

Determine safety aspects with the aim to increase product safety. The aim of the quality management system should be to prevent errors!

- product liability
- special recording of quality evidence
- product risks
- emergency plans

Element 6: Product Development

Ascertain quality of design in all phases of development.

- plan development
- check development results
- document development results
- document development experience

Element 7: Inspection and Testing

Verify the fulfilment and documentation of the inspection.

Element 8: Control of Inspection, Measuring and Test Equipment

Ascertain satisfactory capability of measuring equipment including inspection software.

Element 9: Handling, Storage, Packaging and Delivery

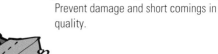

Prevent damage and short comings in quality.

Element 10: Maintenance

Quality in servicing, after sales and market feedback.

- operation and installation manuals
- product observation
- early warning systems in case of product failure
- service department

Element 11: Statistical Techniques

Use of correct statistical methods.

Assignments:

1. Have a look at the 11 titles written beside the terms 'Element' and match the English information with the German given below.
   - Produktentwicklung
   - Wartung
   - statistische Methoden
   - Schulung
   - Verantwortung der Leitung
   - Prüfmittelüberwachung
   - Handhabung, Lagerung, Verpackung und Versand
   - finanzielle Überlegungen zum QM System
   - Produktsicherheit
   - Qualitätsmanagement System
   - Prüfungen
2. Also, there are several sentences below the 11 titles. Match the German translations below with the sentences written in English.
   a) Qualität der Führungsaufgabe verstehen, festlegen und umsetzen.
   b) Beschädigungen und Beeinträchtigung der Qualität vermeiden.
   c) Nachweis der Erfüllung und Aufzeichnungen der Produktprüfung.
   d) Das Qualitätsmanagementsystem ist darauf auszurichten, Fehler zu vermeiden!
   e) Verfahren zur finanziellen Berichterstattung und Auswertung betreiben.
   f) Tauglichkeit aller Prüfmittel einschließlich Prüfsoftware sicherstellen.
   g) Anwendung statistischer Methoden.
   h) Sicherheitsaspekte ermitteln mit dem Ziel, die Produktsicherheit zu erhöhen.
   i) Anzuwendende Verfahren schriftlich festlegen und auf neuestem Stand halten.
   j) Entwurfsqualität in allen Entwicklungsphasen sicherstellen.
   k) Schulungsbedarf ermitteln, Schulungen durchführen und dokumentieren.
   l) Festgelegte Anweisungen wirksam ausführen wie z. B. Qualitätsmanagement-Handbuch.
   m) Wartungsqualität, Kundendienst, Bedarfsrückmeldung
3. Have a look at the Elements 2, 5, 6 and 10 and translate the terms given below the text by using your English-German vocabulary list.
4. Look at the red book on the left of element 2 and read the abbreviation. What does it stand for?
5. Personnel training must be carried out. Why?
6. Why is it important to prevent errors in production, assembly and maintenance?
7. Why are handling, storage, packaging and delivery essential in quality management?
8. Write down your opinions about the statement 'statistical techniques are important in quality management'.
9. Draw a mind-map and fill in all important information about quality management you can think of.

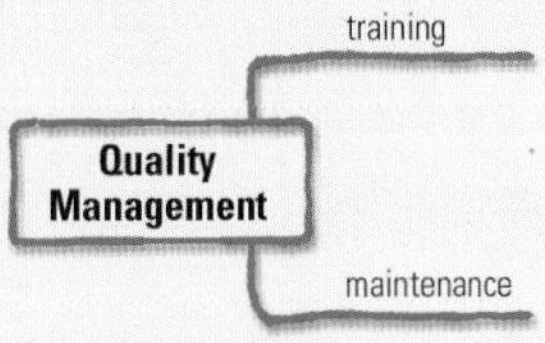

Work With Words

In future you may have to talk, listen or read technical English. Very often it will happen that you either **do not understand** a word or **do not know the translation**.

In this case here is some help for you!!!

Below you will find a few possibilities to describe or explain a word you don't know or use opposites[1] or synonyms[2]. Write the results into your exercise book.

1. **Add as many examples** to the following terms as you can find for characteristics and graphical representations.

   characteristics: physical characteristics, functional characteristics, ...

   graphical representations: histogram, original data chart, ...

2. **Explain the two terms in the box:**
   Use the words below to form correct sentences. Be careful the range is mixed!

   quality: of the same kind/and how good or bad it is/Quality is the standard of something/in relation to other things

   tolerance: a technical term in mathematics, statistics etc./is an acceptable degree/ A tolerance/of variation in a measurement, value, or calculation/

3. **Find the opposites**[1]**:**

   variable characteristic: ...

   provisional process capability: ...

4. **Find synonyms**[2]**:**
   You can find two synonyms to each term in the box below.

   process: ...
   measuring equipment: ...
   measurement equipment, action, proceeding, measuring device

   forecast: ...
   customer: ...
   measuring result, client, result of measurement, purchaser

5. In each group there is a word which is the **odd man**[3]. Which one is it?

   a) control chart, inspection chart, reject rate, original data chart
   b) evidence of machine capability, provisional process capability, mistake, permanent process control
   c) machine capability, capable machine, controlled machine, product quality
   d) certification, Gaussian curve, average value, standard deviation

6. Please translate the information below. Use your English-German Vocabulary List if necessary.

   A suggestion for improvement is the act of mentioning something which you or other people might do in a better way.

1) *opposite:* Gegenteil 2) *synonym:* Synonym, ähnliches Wort, Ergänzung 3) *odd man:* Außenseiter, überzähliges Wort, fünftes Rad am Wagen

Englisch-deutsche Vokabelliste

Aussprache der englischen Vokabeln:

- Benutzen Sie die Internetseite der technischen Universität München: http://dict.leo.org
- Klicken Sie auf das Lautsprechersymbol der englischen Vokabel. Sie werden dann durch einen Link mit dem Merriam-Webster Online Dictionary verbunden.
- Klicken Sie dort auf das rote Lautsprechersymbol 🔊 der Vokabel und die Aussprache ertönt.

In dieser Vokabelliste finden Sie fast alle Vokabeln, die im deutschen Text *blau-kursiv* abgedruckt sind. Ferner finden Sie eine Auswahl der wichtigsten englischen Vokabeln aus den englischen Seiten sowie den Seiten Work with Words. Diese Wortliste ersetzt kein Wörterbuch!

3D feeler	3D-Taster
5-axis clamping fixture	5-Achs-Spanner
5-axis-simultaneous machining	5-Achs-Simultanbearbeitung
5-axis-simultaneous milling	5-Achs-Simultanfräsen
8 D report	8D-Report
A	
abrasion	Verschleiß
abrasive	Schleifmittel
abrasive grain	Schleifkorn
abrasive slurry	Schleifschlamm
abrasive wear	Abrasionsverschleiß
absolute dimensioning	absolute Bemaßung
absolute measurement	absolute Maßangabe
absolute measuring system	Absolutmesssystem
acceleration	Beschleunigung
accessories	Zubehör
accuracy characteristic	Genauigkeitskenngröße
accuracy grade	Maßgenauigkeit
action limit	Eingriffsgrenze
activating of order	Auftragsauslösung
actual value display	Istwertanzeige
actuator sensor level	Aktor-Sensor-Ebene
adaptive control	Anpasssteuerung
additional information	Zusatzinformation
additional option	maschinenspezifische Zusatzfunktion
additional parameters	Hilfsparameter
additive costs	Hilfsstoffkosten
after sales	Kundendienst
air bearing spindle	luftgelagerte Spindel
air consumption	Luftverbrauch
air pressure	Luftdruck
alarm	Warnmeldung
alloyed steel	legierter Stahl
alloyed superrefined steel	legierter Edelstahl
aluminium	Aluminium
aluminum alloy	Aluminiumlegierung
amount of work	Arbeitsaufwand
amplitude	Amplitude
analysis of abandonment of production	Analyse der Fertigungsaufgabe
angle	Winkel
angularity	Winkeligkeit
annealing	Glühen
anvil	Amboss
application	Anwendungsfall
arranged mounting	angestellte Lagerung
articulated robot	Knickarmroboter
assessment question	abschätzende Frage
attachment	Anbaugerät
attitude measurement	Lagebestimmung
attributive characteristic	attributives Merkmal
audit	Audit
austenite	Austenit
austenite structure	Austenitgefüge
automated guided vehicle	Flurförderzeug
automatic recognition function	automatisches Erkennen
automatic turret head drilling machine	Revolverbohrmaschine
auxiliary component	Hilfsmittel
average peak-to-valley height	gemittelte Rautiefe
average roughness	arithmetischer Mittenrauwert
average smoothing depth	gemittelte Glättungstiefe
average value	Mittelwert
axial bearing	Axiallager
axial rolling bearing	Axialwälzlager
axis	Achse
B	
ball bearing	Kugellager
ball dia.	Kugeldurchmesser
ball screw	Kugelgewindetrieb
ball shaped anvil attachment	Kugelaufsatz
ball-shaped	kugelförmig
ball-thrust test	Kugeleindruckversuch
bar loading magazine	Stangenlademagazin
basic hole system	Einheitsbohrung
basic pitch diameter	Flankendurchmesser
bearing	Lager
bearing force	Lagerkraft
bearing material	Lagerwerkstoff
bearing shell	Lagerschale
behavioral characteristic	verhaltensbezogenes Merkmal
belt conveyor	Bandförderer
belt drive	Riementrieb

belt tension	Riemenspannung
bending strength	Biegefestigkeit
bending test	Biegeversuch
bevel gear	Kegelradgetriebe
blank contour	Rohteilkontur
boiling point	Siedepunkt
bonding material	Bindung
boring out	Aufbohren
bottom area	Bodenfläche
bottom of recess	Taschenboden
box column drilling machine	Ständerbohrmaschine
Box Plot method	Box Plot Methode
Brinell test	Härteprüfung nach Brinell
broaching	Räumen
buffer storage	Pufferlager
built-up edge	Aufbauschneide
built-up edge formation	Aufbauschneidenbildung
C	
cage	Käfig
calliper	Messtaster, Taster
capable machine	fähige Maschine
capacitive sensor	kapazitiver Sensor
capacitor	Kondensator
capacity planning	Kapazitätsplanung
carbide ball	Hartmetallkugel
carbon	Kohlenstoff
carbonitriding	Carbonitrieren
carrier machine	Trägermaschine
carry out (to)	folgen
cartesian coordinates	kartesische Koordinaten
case hardening	Einsatzhärten
case hardening steel	Einsatzstahl
cast iron	Gusseisen
cast steel	Stahlguss
casting	Gießen
cause of abrasion	Verschleißursache
cell computer	Zellenrechner
cemented carbide	Hartmetall
cementite	Zementit
central lubrication unit	Zentralschmieranlage, Zentralschmierung
centre bore	Zentrierbohrung
centre sleeve stroke	Pinolenhub
centreless external cylindrical grinding	spitzenloses Außenrundschleifen
ceramic metals	Cermets
cermets	Cermets
certification	Zertifizierung
chamfer	Fase
change	Wechsel
characteristic	Kenngröße, Merkmal
characteristic of material	Werkstoffkennwert
charge material	Einsatzstoff
charpy impact test	Kerbschlagbiegeversuch
chart speed	Vorschubgeschwindigkeit
check plan	Prüfplan
checking of programmes	Programmüberprüfung
chip	Span
chip conveying	Spantransport
chip flow	Spanfluss
chip formation	Spanbildung
chipping	Zerspanung
chipping at optimal costs	kostenoptimale Zerspanung
chipping condition	Zerspanungsbedingung
chipping process	Spanvorgang
chipping profile	Spanungsquerschnitt
choice of cutters	Fräserauswahl
choice of material	Werkstoffauswahl
choice of tool	Werkzeugauswahl
chuck	Spannfutter
circlip	Sicherungsring
circuit diagram	Schaltplan
circular arc	Kreisbogen
circular lubrication	Umlaufschmierung
circular run-out	einfacher Lauf
circular run-out lateral	Planlauf
circular run-out radial	Rundlauf
circular way	Rundführung
circulating lubricating oil	Umlaufschmieröl
clamping	Aufspannung, Spannung, Spannen
clamping element joint	Spannelementverbindung
clamping feasibility	Spannmöglichkeit
clamping length	Einspannlänge
clamping of work piece	Werkstück
cleaning	Reinigung
clearance	Spiel
clearance angle	Freiwinkel
clearance fit	Spielpassung
clockwise	Uhrzeigersinn
closed loop	Regelkreis
closed loop control	Regelung
clutch	schaltbare Kupplung
CNC lathe	CNC Drehmaschine
CNC-manufacturing	CNC-Fertigung
CNC-programme	CNC-Programm
coated	beschichtet
coating	Beschichtung
co-axiality	Koaxialität
cocking slide	Spannschieber
cold worked steel	Kaltarbeitsstahl
collet chuck	Spannzange
column-and-knee milling machine	horizontale Konsolfräsmaschine
combination logical control	kombinatorische Steuerung
compensative coupling	ausgleichende Kupplung
complaint	Reklamation
complaint management	Reklamationsmanagement
complete machining	Komplettbearbeitung
completion	Fertigstellung

component	Baugruppe, Bauteil
compression test	Druckversuch
compressive strength	Druckfestigkeit
Computer Aided Design	rechnerunterstützte Konstruktion
Computer Aided Engineering	rechnergestützte Entwicklung
Computer Aided Manufacturing	rechnergestützte Fertigung
Computer Aided Process Planning	rechnergestützte Fertigungsprozess-Planung
Computer Aided Quality	rechnerunterstützte Qualitätssicherung
Computer Integrated Manufacturing	computerintegrierte Fertigung
Computerized Numerical Control	computerunterstützt numerisch gesteuert
condensate separator	Kondensatabscheider
condition	Zustand
condition based maintenance	zustandsorientierte Instandhaltung
cone notch method	Kegel-Kimme-Verfahren
conical	kegelförmig
conical socket	Kegelhülse
consistency	Konsistenz
consistency class	Konsistenzklasse
consumption lubrication	Verbrauchsschmierung
contact pressure	Anpresskraft
contact stroke	Anpresshub
contact surface	Berührungsfläche
contactless	berührungslos
contactless testing	berührungslose Messung
continuous dimensioning	steigende Bemaßung
continuous improvement process	kontinuierlicher Verbesserungsprozess
continuous path control	Bahnsteuerung
continuous path controlled	bahngesteuert
continuously variable transmission	Drehmomentwandlung
contour	Kontur
contour grinding	Konturschleifen
contour point	Konturpunkt
control	Steuerung
control chart	Qualitätsregelkarte
control level	Steuerungsebene
control of inspection, measuring and test equipment	Prüfmittelüberwachung
control system	Steuerung, Steuerungssystem
control valve	Wegeventil
controlled machine	beherrschte Maschine
controller	Regler
controlling	Kontrollieren
coolant	Kühlschmierstoff

coolant jet	Kühlschmierstoffstrahl
coolant level	Kühlmittelschmierstand
coolant tray	Kühlmittelwanne
coolant unit	Kühler
cooling	Kühlung
cooling lubricant	Kühlschmiermittel
cooling lubricant	Kühlschmierung
coordinate axis	Koordinatenachse
coordinate measurement	Koordinaten-Messung
coordinate measuring machine	Koordinaten-Messmaschine
coordinate system	Koordinatensystem
copper	Kupfer
copper alloy	Kupferlegierung
correction of tool path	Werkzeugbahnkorrektur
corrective maintenance	Instandsetzung
costs	Kosten
coupling	Kupplung
crater wear	Kolkverschleiß
cross grinding	Querschleifen
cross slide	Planschlitten
crystal lattice	Kristallgitter
curved tooth coupling	Bogenzahnkupplung
customer	Kunde, Verbraucher
customer complaint	Reklamation
Customer Relationship Management	Kundenpflege
cutter diameter	Fräskopfdurchmesser
cutting capacity	Schnittleistung
cutting ceramics	Schneidkeramik
cutting data	Schnittdaten
cutting edge	Schneide
cutting edge breakage	Schneidenbruch
cutting edge radius	Schneidenradius
cutting edge wear	Schneidkante
cutting force	Schnittkraft, Zerspamkraft
cutting in	Einstechen
cutting machine operator	Zerspaner, Zerspanungsmechaniker
cutting material	Schneidstoff
cutting off	Abstechen
cutting parameter	Zerspanungsparameter
cutting speed	Schnittgeschwindigkeit
cycle call	Zyklusaufruf
cylinder	Zylinder
cylindrical diameter	zylindrischer Durchmesser
cylindrical grinding	Rundschleifen
cylindrical retainer	zylindrische Aufnahme
cylindrical turning	Runddrehen
D	
damage	Beschädigung
danger of accident	Unfallgefahr
data bank for cutting data	Schnittwertdatenbank
data bank for tools	Werkzeugdatenbank
data file for tools	Werkzeugdatenbank

dead centre	Körnerspitze
deciding	Entscheiden
definition of cycle	Zyklusdefinition
deformability	Verformbarkeit
deforming	Verformen
degree	Grad
degree of freedom	Freiheitsgrad
degree of efficiency	Wirkungsgrad
delivery	Versand
density	Dichte
deposition	Ablegen
depreciation for wear and tear	Abschreibung
depth of cut	Schnitttiefe
determine (to)	bestimmen
development of product	Produktentstehung
dial gauge	Messuhr
diffusion wear	Diffusionsverschleiß
dimension	Abmessung, Maß
dimension deviation	Maßabweichung
dimension for gear wheel	Zahnradmaß
dimension tolerance	Maßtoleranz
dimensional tolerance	Maßtoleranz
direct indexing	direktes Teilen
disc coupling	Scheibenkupplung
discharge air throttling	Abluftdrosselung
discipline	Disziplin
displacement	Verschiebung
display	Bildschirm
display accuracy	Anzeigegenauigkeit
disposal of product	Produktentsorgung
distribution	Verteilung
distribution model	Verteilungsmodell
documentation required	Dokumentationspflicht
documentation	Dokumentation
door pane and pane of the working area	Tür- und Arbeitsraumscheibe
double-disc lapping machine	Zweischeibenläppmaschine
dove tail way	Schwalbenschwanzführung
down and up cut milling	Gleich- und Gegenlauffräsen
downcut milling	Gleichlauffräsen
drag pointer	Schleppzeiger
dressing	Abrichten
dressing tool	Abrichtwerkzeug
drilled shank taper	Hohlschaftkegel
drilling	Bohren, Bohrung
drilling cycle	Bohrzyklus
drilling operation	Bohroperation
drive	Antrieb
drive capacity	Antriebsleistung
drive motor	Antriebsmotor
drive unit	Antriebselement
drive wattage	Antriebsleistung
driven tool	angetriebenes Werkzeug
driven tool holder	angetriebene Werkzeugaufnahme
driving spindle	Antriebsspindel
dry friction	Trockenreibung
dry machining	Trockenbearbeitung
dry processing	Trockenbearbeitung
ductile yield	Bruchdehnung
dynamic imbalance	dynamische Unwucht
dynamic-alternating loading	dynamisch wechselnde Belastung
dynamic-pulsating loading	dynamisch schwellende Belastung
E	
eccentricity	Exzentrizität
economy	Wirtschaftlichkeit
edge radius	Schneidenradius
effective diameter	Wirkdurchmesser
effective hardness	Wirkhärte
elastic cam coupling	elastische Nockenkupplung
elastic modulus	Elastizitätsmodul
elastic pin coupling	elastische Bolzenkupplung
elastomers	Elastoplaste
electric cable	elektrische Leitung
electrical field	elektrisches Feld
electrical resistance	elektrischer Widerstand
electromechanical drive	elektromechanischer Antrieb
emergency running property	Notlaufeigenschaft
emergency stop switch	NOT-AUS-Schalter
emergency-off button	NOT-AUS Taste
end block	Endmaß
end milling cutter	Schaftfräser
endurance	Standzeit
energy	Energie
energy costs	Energiekosten
energy efficiency	Energieeffizienz
engine power	Leistung
engineering data	Fertigungsunterlagen
envelope	Hüllkurve
environment	Umwelt
environment pollution	Umweltbelastung
environmental characteristic	umweltbezogenes Merkmal
epicyclic gear	Planetengetriebe
equidistant smoothing	äquidistantes Schlichten
ergonomic characteristic	ergonomisches Merkmal
error of measurement	Messfehler
error signal	Regeldifferenz
established discipline	festgelegte Disziplin
eutectic composition	Eutektoid
eutectic point	eutektoider Punkt
evaluation	Auswertung
event-driven sequential control	prozessabhängige Ablaufsteuerung

evidence of machine capability	Nachweis der Maschinenfähigkeit
exceed (to)	(etwas) überschreiten
executing	Ausführen
execution	Durchführung
expanding joint	Dehnverbindung
external broaching	Außenräumen
external cylindrical grinding	Außenrundschleifen
external limit gauge	Grenzrachenlehre
external measuring	externes Messen
external surface	Außenfläche
external thread	Außengewinde
extra stone guide for high bounds	Sondersteinführung für hohe Bunde
F	
face grinding	Seitenschleifen
face turn-milling	Stirndrehfräsen
faceplate	Planscheibe
facilitate (to)	erleichtern
failure caused maintenance	störungsbedingte Instandhaltung
fastened	angeschlagen
fastener	Verbindungselement
fatigue	Ermüdung
fatigue failure	Dauerbruch
fatigue fracture	Ermüdungsbruch
fault finding	Fehlersuche
feed	Vorschub
feed device	Vorschubgerät
feed drive	Vorschubantrieb
feed force	Vorschubkraft
feed motion	Vorschub, Vorschubbewegung
feed motor	Vorschubmotor
feed movement	Vorschubbewegung
feed rate	Vorschubbereich, Vorschubgeschwindigkeit
feed rod	Zugspindel
feed speed	Vorschubgeschwindigkeit
feed train	Vorschubgetriebe
feeding force	Vorschubkraft
ferromagnetic	ferromagnetisch
ferrous material	Eisenwerkstoff
figure	Abbildung
final inspection	Endkontrolle
financial consideration	finanzielle Überlegung
finish grinding	Feinschleifen, Fertigschleifen
finished part	Fertigteil
finished piece	Fertigungsstück
finishing	Schlichten
finishing machining	Schlichtbearbeitung
first-finishing	Vorschlichten
fit	Passung
fit system	Passungssystem
fixed bearing	Festlager
flame and induction hardening	Flamm- und Induktionshärten
flame hardening	Flammhärten
flank wear	Freiflächenverschleiß
flashpoint	Flammpunkt
flat belt drive	Flachriementrieb
flat way	Flachführung
flat-bed design	Flachbettausführung
flat-bed turning lathe	Flachbettdrehmaschine
flexible manufacturing cell	flexible Fertigungszelle
flexible manufacturing system	flexibles Fertigungssystem
flexible production system	flexibles Fertigungssystem
floating bearing	Loslager
floor-to-floor time	Stückzeit
flow control valve	Stromventil
flow of information	Informationsfluss
flow of material	Materialfluss, Stofffluss
flow production	Fließfertigung
flowing chip	Fließspan
fluid friction	Flüssigkeitsreibung
follower rest	mitlaufender Setzstock
force	Kraft
forecast	Prognose
form deviation	Formabweichung, Gestaltabweichung
form milling	Formfräsen
form of abrasion	Verschleißform
form testing instrument	Formprüfgerät
form turning	Formdrehen
four-jawed chuck	Vierbackenfutter
frame	Rahmen
frame of reference	Bezugssystem
free-cutting steel	Automatenstahl
frequency	Frequenz
frequency converter	Frequenzumrichter
frequency regulated three-phase motor	frequenzgesteuerter Drehstrommotor
friction	Reibkraft, Reibung
frictional force	Reibungskraft
front end	Stirnseite
front groove	Stirnnut
front operated lathe	Frontbettdrehmaschine
frontal area catch	Stirnseitenmitnehmer
full annealing	Grobkornglühen
full-range processing	Komplettbearbeitung
functional capability	Funktionsfähigkeit
functional chain	Wirkungskette
functional characteristic	funktionales Merkmal
further development	Weiterentwicklung
fusing	Verschweißen
G	
gantry construction	Gantrybauweise
gantry robot	Portalroboter
gauge	Lehre

gauging of a surface	Abtasten der Oberfläche
Gaussian curve	Gaußkurve
gear box	Getriebebox
gear drive	Zahnradgetriebe
gear grinding	Zahnradschleifen
gear motor	Getriebemotor
gear rack	Zahnstange
gear teeth	Verzahnung
gear transmission ratio	Übersetzungsverhältnis
gear wheel	Zahnrad
gear wheel drive	Zahnradtrieb
gearless drive	Direktantrieb
general step	allgemeiner Schritt
geometric function	G-Wort
geometrical characteristic	geometrische Kenngröße
geometrical information	geometrische Information
go screw ring gauge	Gutlehrring
grain size	Körnung
graphical representation	grafische Darstellung
graduated scale	Skale
grease nipple	Schmiernippel
grease paste	Schmierpaste
grease (to)	fetten
grinding	Schleifen
grinding machine	Schleifmaschine
grinding tool	Schleifscheibe
grinding wheel	Schleifscheibe
grinding wheel diameter	Schleifscheibendurchmesser
gripper	Greifer
gripper tool	Greifwerkzeug
groove milling	Nutenfräsen
grooving	Einkerbung, Nutendrehen
guideway	Führung, Schlittenführung
guiding device	Führung
gun drilling machine	Tiefbohrmaschine
H	
handling	Handhabung
handling of tools	Werkzeughandhabung
handling of workpieces	Werkstückhandhabung
hardening	Härten
hardening and tempering	Vergüten
hardness	Härte
hardness number	Härteangabe
hardness of ball indentation	Kugeleindruckhärte
hardness test	Härteprüfung
hardness test of plastics	Härteprüfung von Kunststoffen
hardwired programmed logic control	verbindungsprogrammierte Steuerung
harmonic-drive gear	Harmonic-Drive-Getriebe
hazardous waste	Sondermüll
headstock	Spindelstock
headstock gearing	Hauptgetriebe
Health Care Industry	Gesundheitsindustrie
heat strain	Wärmedehnung
heat treatment	Wärmebehandlung, Wärmebehandlungsverfahren
heat treatment process	Wärmebehandlungsverfahren
height of centres	Spitzenhöhe
helical gearing	Schrägverzahnung
high performance cutting	Hochleistungsfräsen, -zerspanung, -schruppen
high performance grinding	Hochleistungsschleifen
high productive cutting	Hochleistungszerspanung
high speed cutting	Hochgeschwindigkeitsbearbeitung
high speed steel	Schnellarbeitsstahl
high-speed grinding	Hochgeschwindigkeitsschleifen
high-speed steel	hochlegierter Werkzeugstahl
High-Speed-Cutting	Hochgeschwindigkeitsfräsen
histogram	Histogramm
H	
hob	Walzfräser
hob grinding	Wälzschleifen
hobbing	Wälzfräsen
hoist	Hebezeug
holding device	Spannteil
honing	Honen
honing band	Honband
honing stone	Honstein
honing tool	Honahle
horizontal-bed type milling machine	Bettfräsmaschine
horizontal face milling	Planfräsen
horizontal-axis turret	Trommelrevolver
hose	Schlauch
hot hardness	Warmhärte
hot worked steel	Warmarbeitsstahl
hydraulic actuaor	hydraulischer Aktor
hydraulic aggregate	Hydraulikagregat
hydraulic expansion toolholder	Hydro-Dehnspannfutter
hydraulic fluid	Hydrauliköl
hydrodynamic lubrication	hydrodynamische Schmierung
hypereutectoid	übereutektoid
hypoeutectoid	untereutektoid
I	
ID grinding attachment	Innenschleifeinrichtung
identical measure	gleiches Maß
imbalance	Unwucht
impact sound	Körperschall
impact test	Kerbschlagbiegeversuch
impact work	Kerbschlagarbeit
impending production	bevorstehende Produktion
improvement	Verbesserung
inclination angle	Neigungswinkel
inclined-bed engine	Schrägbettmaschine

inclined-bed turning lathe	Schrägbettbauweise bei Drehmaschinen
inclined-bed turning lathe	Senkrechtdrehmaschine
included angle	Eckenwinkel
increase (to)	erhöhen
incremental dimensioning	inkrementale Bemaßung
incremental measurement	inkrementale Maßangabe
indexable insert	Wendeschneidplatte
indexing head	Teilapparat
indirect indexing	indirektes Teilen
individual lubrication	Einzelschmierung
individual manufacturing	Einzelfertigung
induction hardening	Induktionshärten
inductive pickup for measuring data	induktiver Messwertaufnehmer
inductive sensor	inductiver Sensor
industrial robot	Industrieroboter
infeed	Arbeitseingriff, Zustelltiefe
infeed grinding	Einstechschleifen
infeed motion	Zustellbewegung
infeed movement	Zustellbewegung
information system	Informationssystem
informing	Informieren
infrared light	Infrarotlicht
initial step	Anfangsschritt
inner diameter	Innendurchmesser
inner groove	Innennut
inner ring	Innenring
insert size	Plattengröße
inspection	Inspektion, Prüfung
inspection and maintenance object	Inspektions- und Wartungsgegenstand
inspection and testing	Prüfung
inspection sheet	Prüfprotokoll
instruction	Angabe
instruction manual	Bedienungsanleitung
insulation	Isolierung
insurance costs	Versicherungskosten
intake air throttling	Zuluftdrosselung
interference fit	Übermaßpassung
intermediate measurement	Zwischenmessung
intermediate storage facility	Zwischenlager
internal broaching	Innenräumen
internal combustion engine	Verbrennungsmotor
internal cylindrical grinding	Innenrundschleifen
internal gearing	Innenverzahnung
internal measuring	internes Messen
internal stress	Eigenspannung
internal surface	Innenfläche
internal thread	Innengewinde
internal turning	Innendrehen
iron	Eisen
irregular profile	unregelmäßiges Profil
K	
key joint	Passfederverbindung
key-hub joint	Welle-Nabe-Verbindungen
kind of axis movement	Achsbewegung
kind of chip	Spanart
kind of control	Steuerungsart
kind of gear	Getriebeart
kind of lubricant	Schmierstoffart
kind of stressing	Beanspruchungsart
kind of structure	Gefügeart
kind of fit	Passungsart
kinematic characteristic	kinematische Kenngröße
kinematics	Kinematik
knee type milling machine	Konsolfräsmaschine
knurling	Rändeln
L	
labour costs	Lohnkosten
lack	Mangel
lapping	Läppen
lapping disc	Läppscheibe
lapping fluid	Läppflüssigkeit
laser light	Laserlicht
laser scanner	Laserscanner
laser technology	Lasertechnik
laserbeam hardening	Laserstrahlhärten
lasting cooperation	dauerhafte Zusammenarbeit
later axis	Querachse
lathe	Drehmaschine
lathe operation	Drehbearbeitung
lathe tool	Drehwerkzeug
lead screw	Leitspindel
left hand thread	Linksgewinde
lever	Hebel
light barrier	Lichtschranke
light curtain	Lichtvorhang
light gap testing with thread ridges	Lichtspaltprüfung mit Gewindekämmen
light-section procedure	Lichtschnittverfahren
limit gauge	Grenzlehre
limitation of axis	Achsbegrenzung
linear induction motor	Linearmotor
linear motor	Linearmotor
linear robot	Linearroboter
linear rolling bearing guideway	lineare Wälzlagerführung
liquid tightness	Dichtheit
load characteristic	Belastungskenngröße
load suspension device	Lastaufnahmeeinrichtung
load-bearing medium	Tragmittel
load-carrying equipment	Lastaufnahmemittel
locating bore	Aufnahmebohrung
lock box gear drive	Schlosskastengetriebe
longitudinal axis	Längsachse
longitudinal compression joint	Längspressverbindung
longitudinal grinding	Längsschleifen, Längsschleifverfahren

Englisch-deutsche Vokabelliste

long-stroke honing	Langhubhonen
loss of reputation	Imageverlust
lubricant	Schmierstoff
lubricating grease	Schmierfett
lubricating oil	Schmieröl
lubrication	Schmierung
lubrication nipple	Schmiernippel
lubrication technique	Schmierverfahren
M	
machinability	Zerspanbarkeit
machine	Arbeitsmaschine
machine and labour costs	Maschinen- und Lohnkosten
machine capability	Maschinenfähigkeit
machine capability study	Maschinenfähigkeits-untersuchung
machine costs	Maschinenkosten
machine downtime	Maschinenstillstandzeit
machine foundation	Maschinenbett
machine function	M-Wort
machine manufacturer	Hersteller
machine running time	Hauptnutzungszeit
machine table	Maschinentisch
machine tool	Werkzeugmaschine
machine tool location	Werkzeugmaschinenstandort
machine utilisation	Maschinenbelegung
machine zero point	Maschinennullpunkt
machinery directive	Maschinenrichtlinie
machining	Zerspanen
machining centre	Bearbeitungszentrum, Drehzentrum
machining cycle	Bearbeitungszyklus, Zerspanungsablauf
machining operation	Zerspanungsprozess
machining plan	Bearbeitungsplan
machining plane	Bearbeitungsebene
magazine for pallets	Palettenspeicher
magnesium	Magnesium
magnesium alloy	Magnesiumlegierung
magnetic clamping plate	Magnetspannplatte
magnetic field	Magnetfeld
magnetic switch	Magnetschalter
magnetic valve	Magnetventil
main drive	Hauptantrieb
main level	Leitebene
main service life	Hauptnutzungszeit
main spindle drive	Hauptantrieb
maintenance	Instandhaltung, Wartung
maintenance and service works	Wartungs- und Service-leistung
maintenance costs	Instandhaltungskosten
maintenance strategy	Instandhaltungsstrategie
maintenance survey	Wartungsübersicht
maintenance task	Instandhaltungsmaßnahme
major cutting edge	Hauptschneide
malfunction message	Störmeldung

management level	Führungsebene
management of workpieces	Verwaltung der Werkstücke
management responsibility	Verantwortung der Leitung
mandrel	Spanndorn
manometer	Manometer
manual input	manuelle Eingabe
manual programming	manuelle Programmierung
manufacturing centre	Fertigungszentrum
manufacturing process	Fertigungsprozess, Fertigungsverfahren
manufacturing tool	Fertigungswerkzeug
manufuctured part	produziertes Teil
market feedback	Bedarfsrückmeldung
mass production	Massenfertigung
material	Werkstoff
material cutting off	Material-Abtrennen
material depositing	Material-Auftragen
material efficiency	Materialeffizienz
material removal rate	Zeitspanungsvolumen
material requirements planning	Materialbedarfsplanung
material requisition card	Materialentnahmeschein
material testing	Werkstoffprüfung
mean roughness depth	gemittelte Rautiefe
mean roughness value	Mittenrauwert
measured quantity	Messgröße
measured value	Messwert
measurement of circularity	Rundheitsmessung
measurement proramming	Aufmaßprogrammierung
measuring	Messen
measuring accuracy	Messgenauigkeit
measuring equipment	Messmittel, Prüfmittel
measuring gauge	Maßlehre
measuring instrument	Messgerät
measuring microscope	Messmikroskop
measuring programme	Messprogramm
measuring projector	Messprojektor
measuring screw	Messschraube
measuring stand	Messständer
measuring system	Messsystem
measuring tool	Messwerkzeug
measuring unit	Messsystem
mechanical	mechanisch
mechanical strain	mechanische Beanspruchung
melting point	Schmelzpunkt
member of stuff	Mitarbeiter
meridional section procedure	Achsenschnittverfahren
method	Maßnahme
method of projecting stripes	Streifenprojektionsverfahren
method of testing	Prüfverfahren
micrometer	Bügel-Messschraube, Feinzeiger
micrometer with dial gauge	Feinzeiger-Messschraube
milling	Fräsen

milling contour	Fräskontur
milling cutter	Fräser
milling cutter centre path	Fräsermittelpunktbahn
milling cycle	Fräszyklus
milling machine	Fräsmaschine
milling method	Fräsverfahren
milling operation	Fräsoperation
milling spindle	Frässpindel
minimum quantity lubrication	Minimalmengen-Kühlschmierung
minor cutting edge	Nebenschneide
mistake	Fehler
mixed friction	Mischreibung
modular tool system	Werkzeugsystem
module	Modul
module for clamping	Spannmodul
monitor (to)	kontrollieren
monitoring	Überwachung
monitoring of pressure	Überwachung des Drucks
monitoring system	Überwachungssystem
mono block machine	Monoblockmaschine
motion of axis	Achsbewegung
motor	Motor
motor-gear unit	Motor-Getriebe-Einheit
mounting	Montage
mounting arrangement	Aufstellung
mounting orientation	Einbaulage
movable bearing	Loslager
movement cycle	Bewegungsablauf
movement of the slide	Schlittenbewegung
multispindle automatic machine	Mehrspindelautomat
multispindle drilling machine	Mehrspindelbohrmaschine
N	
nature	Art
next step	nächster Schritt
nitriding	Nitrierhärten
nitriding steel	Nitrierstahl
nitrite measurement	Nitritmessung
nominal load	Nennlast
nominal torque	Nenndrehmoment
non-contact	berührungslos
non-ferrous metal	Nichteisenmetall
non-positive locking clutch	kraftschlüssige Schaltkupplung
non-positive locking coupling	kraftschlüssige Kupplung
nonproductive time	Nebenzeit
non-return valve	Sperrventil
non-slip	schlupffrei
normal distribution	Normalverteilung
normalising	Normalglühen
not go ring gauge	Ausschusslehrring
notch	Kerbe
notch wear	Kerbverschleiß
notch-impact strength	Kerbschlagarbeit
O	
objective testing	objektives Prüfen
occupancy costs	Raumkosten
OD grinding spindle	Außen-Schleifspindel
off-line programming	Off-Line-Programmierung
oil level	Ölstand
Oldham coupling	Kreuzscheibenkupplung
one-way photoelectric relay	Einweglichtschranke
on-line programming	On-Line-Programmierung
online-diagnostic system	Online-Diagnosesystem
open loop control	Steuerung
operating and additive costs	Betriebs- und Hilfsstoffkosten
operating chart	Arbeitsplan
operating costs	Betriebskosten
operating element	Bedienelement
operating instruction	Bedienungsanleitung
operating space	Bewegungsraum
operating voltage	Betriebsspannung
operation	Betrieb
operator's guide	Bedienungsanleitung
opposed spindle lathe	Gegenspindeldrehmaschine
optical form and longitudinal testing	optische Form- und Längenprüfung
optimisation	Optimierung
optimisation of cutting data	Schnittdatenoptimierung
optoelectric sensor	optoelektrischer Sensor
opto-electronic measuring system	opto-elektronisches Messsystem
order	Auftrag
original data chart	Urwertkarte
out of control	nicht beherrscht
outer diameter	Außendurchmeser
outer groove	Außennut
outer ring	Außenring
overall management task	Führungsaufgabe
overload	Überlastung
P	
packaging	Verpackung
packing	Dichtung
pallet exchanger	Palettenwechsler
passive force	Passivkraft
path	Weg
path repeat accuracy	Bahnwiederholgenauigkeit
path-step diagram	Weg-Schritt- Diagramm
path-time diagram	Weg-Zeit Diagramm
payload	Nutzlast
peak-to-valley height	Rautiefe
pearlite	Perlit
pendulum	Pendelhammer
peripheral grinding	Umfangsschleifen
peripheral speed	Umfangsgeschwindigkeit
permanent magnet	Dauermagnet

permanent position coding	feste Platzcodierung
permanent process control	ständige Prozessüberwachung
photo-electronic material measure	photo-elektronische Maßverkörperung
physical characteristic	physikalisches Merkmal
pickup for measuring data	Messwertaufnehmer
pip	Butzen
pipe	Leitung
pipe wall	Rohrwandstärke
piston surface	Kolbenfläche
pitch	Steigung, Teilung
pitch diameter	Teilkreisdurchmesser
place for setting up	Rüstplatz
plain milling	Umfangsfräsen
plane spiral chuck	Planspiralfutter
plane-parallel lapping	Planparallelläppen
planning	Planen
planning level	Planungsebene
plant	Anlage
plastic	Kunststoff
plate cover	Lamellenabdeckung
plate drive	Schlosskastengetriebe
play-back programming	Play-Back-Programmierung
plug gauge	Messdorn
plunge grinding	Querschleifverfahren
plunge superfinishing	Einstechverfahren
pneumatic actuator	pneumatischer Aktor
pneumatic handling device	pneumatisches Handhabungsgerät
pneumatic lubricating device	Druckluftöler
pneumatic unit	Pneumatik, Pneumatik-Einheit
pneumatic gauging	pneumatisches Messen
point-to point control	Punktsteuerung
point-to-point controlled	punktgesteuert
polar coordinates	Polarkoordinaten
pole extension	Polverlängerung
polygon profile joint	Polygonprofilverbindung
portable	tragbar
portal construction	Portalbauweise
portal milling machine	Portalfräsmaschine
position	Lage
position closed loop	Lageregelkreis
position measuring system	Wegmesssystem
position of milling cutter	Positionierung des Fräsers
position of spindle	Spindellage
position of tool	Werkzeugposition
position tolerance	Ortstoleranz
positional tolerance	Lagetoleranz
positioning accuracy	Positioniergenauigkeit
positioning of axes	Anordnung der Achsen
positioning operation	Positionierbetrieb
positive locking	formschlüssig
positive locking clutch	formschlüssige Schaltkupplung
positive locking coupling	formschlüssige Kupplung
postprocess monitoring	Postprozess-Überwachung
postprocessor	Postprozessor
pour point	Pourpoint
power	Leistung
pre-adjustment of tools	Werkzeugvoreinstellung
precision drilling machine	Feinbohrmaschine
precision hard milling	Präzisions-Hartfräsen
precision hard turning	Präzisions-Hartdrehen
pre-finishing	Vorschlichten
preparation of engineering data	Erstellung von Fertigungsunterlagen
preparation of workpiece	Werkstückvorbereitung
press fit joint	Pressverbindung
pressure	Druck
pressure control valve	Druckbegrenzungsventil, Druckventil
preventive maintenance	vorbeugende Instandhaltung
principal axis	Hauptachse, Körperachse
principle of contingency	Zufallsprinzip
prism	Prisma
prism way	Prismenführung
probability grid	Wahrscheinlichkeitsnetz
process	Prozess
process annealing	Spannungsarmglühen
process chain	Prozesskette
process control	Prozessüberwachung
process monitoring	prozessbegleitende Überwachung
process of optimisation	Optimierungsprozess
process optimisation	Prozessoptimierung
process quality	Prozessqualität
process step	Prozessschritt
processing	Abwicklung
processing time	Fertigungszeit
product	Produkt
Product Data Management	Produktdatenmanagement
product development	Produktentwicklung
product quality	Produktqualität
product recall	Rückrufaktion
product safety	Produktsicherheit
product specification sheet	Arbeitsbegleitschein
production	Fertigung
production control	Produktionssteuerung
production costs	Fertigungskosten
production factor	Produktionsfaktor
production flexibility	Fertigungsflexibilität
production order	Fertigungsauftrag
production order	Produktionsauftrag
production output	Produktionsausstoß
production planning	Fertigungsplanung, Produktionsplanung
production scheduling	Fertigungsplanung

Product Lifecycle Management	Produktlebenszyklus-Verwaltung
profile diagram	Profildiagramm
profile gauge	Formlehre
profile grinding	Formschleifen, Profilschleifen
profile milling	Profilfräsen
profile projector	Profilprojektor
profile turning	Profildrehen
profile wheel	Profilscheibe
programming	Programmierung
programming of contours	Konturprogrammierung
programming system	Programmiersystem
progress planning	Arbeitsplanung
proparatory function	Wegbedingung
protection	Schutz
protective arrangment	Schutzmaßnahme
protective gas	Schutzgas
provision of material	Bereitstellung des Materials
provisional process capability	vorläufige Prozessfähigkeit
pull broach	Räumnadel
pulling bolt	Spannbolzen
pure iron	reines Eisen
Q	
quality	Qualität
quality assurance	Qualitätssicherung
quality characteristic	Qualitätsmerkmal
quality control	Qualitätskontrolle, Qualitätssicherung
quality control chart	Urwertliste
quality control plan	Prüfplan
quality evidence	Dokumentationspflicht
quality goal	Qualitätsziel
quality grinding	Qualitätsschleifen
quality improvement	Qualitätsverbesserung
quality in servicing	Wartungsqualität
quality management	Qualitätsmanagement
quality management system	Qualitätsmanagement System
quality of design	Entwurfsqualität
quality of process	Prozessqualität
quality policy	Qualitätspolitik
quick-change pallet system	Nullpunktspannsystem
R	
rack gear	Zahnstangengetriebe
radial bearing	Radiallager
radial drilling machine	Schwenkbohrmaschine
radial rolling bearing	Radialwälzlager
radii	Radien
radius	Radius
rake angle	Spanwinkel
random test	Stichprobe
range of grinding disc	Schleifscheibenauswahl
rapid feed	Eilgang
rapid traverse	Eilgang
rating switching distance	Nennschaltabstand
real power	Wirkleistung
reason	Ursache
receiving slip	Wareneingangsschein
recess	abgesetzte Partie, Einstich, Tasche
recrystallisation annealing	Rekristallisationsglühung
rectilinear	geradlinig
recycling	Wiederverwendung
reed contact	Reedkontakt
reference point	Referenzpunkt
reference point approach	Anfahren des Referenzpunkts
re-filling	Nachfüllen
reflection light scanner	Reflexions- Lichttaster
reflection photoelectric relay	Reflexionslichtschranke
regular profile	regelmäßiges Profil
reject rate	Ausschussquote
release of production order	Freigabe des Fertigungsauftrags
remote diagnostics	Ferndiagnose
removal rate	Zerspanungsvolumen
repeat accuracy	Wiederholgenauigkeit
repeating	Wiederholfunktion
reporting	Berichterstattung
residual material	Restmaterial
resistance	Widerstand
responsible	verantwortlich
rest	Setzstock
retaining ring	Sicherungsring
return valve	Rückschlagventil
right hand thread	Rechtsgewinde
rigid coupling	starre Kupplung
rigidity	Steifigkeit
rim speed	Umfangsgeschwindigkeit
ring gauge	Messring
rise per tooth	Spanungsdicke
risk area	Gefahrenraum
risk of collision	Kollisionsgefahr
robot	Roboter
robot control	Robotersteuerung
robot tooling	Roboterwerkzeug
robot with rotary joints	Drehgelenkroboter
Rockwell test	Härteprüfung nach Rockwell
roll conveyor	Rollenförderer
roller bearing	Rollenlager
roller bearing grease	Wälzlagerfett
rolling bearing	Wälzlager
rolling element	Wälzkörper
rolling way	Wälzführung
rotary contour	Drehkontur
rotary motion	Drehbewegung, kreisförmige Bewegung

rotation	Drehbewegung, Drehung
rotational axis	Drehachse
rotational freqency	Umdrehungsfrequenz
rotational speed	Umdrehungsfrequenz
rotary motion	rotatorische Bewegung
rough grinding	Schruppschleifen, Vorschleifen
rough working	Grobbearbeitung
roughing	Schruppen
roughing machining	Schruppbearbeitung
roughness	Rauheit
route card	Laufkarte
run production	Serienfertigung
S	
safety data sheet	Sicherheitsdatenblatt Sicherheitsbestimmung,
safety regulation	Sicherheitsvorschrift
safety system	Sicherheitseinrichtung
salary	Gehalt
screw milling	Schraubfräsen
screw pitch gauge	Gewindeschablone
screw thread micrometer	Gewindemessschraube
screw thread undercut	Gewindefreistich
screw turning	Schraubdrehen
scroll (to)	verschieben
sensor	Sensor
sensor system	Sensorik
serial production	Serienfertigung
service life	Standzeit
service life lubrication	Lebensdauerschmierung
service note	Wartungshinweis
servomotor	Servomotor
setting standard	Einstellmaß
setting-up time	Rüstzeit
setup planning	Einrichtungsplanung
setup process	Rüstvorgang
setup specification	Rüstvorgabe
shaft	Welle
shape	Form
shape of chip	Spanform
shape of tooth profile	Zahnflankenform
shear pin clutch	Abscherkupplung
shear test	Scherversuch
shearing	Abscherung
shearing strength	Scherfestigkeit
shell end mill	Walzenstirnfräser
shell end mill arbor	Aufsteckfräsdorn
shelter	Schutzraum
shielding	Abschirmung
short coming	Beinträchtigung
short-stroke honing	Kurzhubhonen
shoulder	Planschulter
shrink chuck	Schrumpffutter
shrink hole	Lunker
shrink joint	Schrumpfverbindung

side milling cutter	Scheibenfräser
side surface	Seitenfläche
sign of wear	Verschleißerscheinung
signal	Signal
signal processing	Signalverarbeitung
significant amount	erheblicher Arbeitsaufwand
silhouette procedure	Schattenbildverfahren
simultaneous operation	Simultanbetrieb
sine bar rule	Sinuslineal
single disc lapping machine	Einscheibenläppmaschine
single step	einzelner Schritt
skilled labour	Fachkraft
slide bearing	Gleitlager
slideway oil	Gleitbahnöl
sliding way	Gleitführung
sling	Anschlagmittel
slow cooling	langsames Abkühlen
smooth polishing	Glattwalzen
smoothing	Schlichten
smoothing depth	Glättungstiefe
smoothing of planes	Ebenenschlichten
smoothing of profiles	Profilschlichten
soft annealing	Weichglühen
solid cooling lubricant	Kühlschmierstoff
solid lubricant	Festschmierstoff
solvent concentration measurement	Konzentrationsmessung
source of defect	Fehlerquelle
space between teeth of milling cutter	Fräserteilung
sparking out	Ausfunken
specific value	Kennwert
specification	Beschreibung
specification for surface	Oberflächenangabe
specification limit	Grenzwert
specification plate	Leistungsschild
speed	Geschwindigkeit
speed closed loop	Geschwindigkeitsregelkreis
speed range	Drehzahlbereich
speed ratio	Geschwindigkeitsverhältnis
spindle	Spindel, Messspindel
spindle drive	Motorspindel
spindle passage	Spindeldurchlass
spindle speed	S-Wort
spindle torque	Spindeldrehmoment
spline shaft joint	Keilwellenverbindung
split coupling	Schalenkupplung
spot facing	Stirnen
spread (to)	streuen
spur gear	Stirnrad, Stirnradgetriebe
stability standard	Stabilitätsregel
stainless steel	nichtrostender Stahl
stand	Gestell, Halter
standard	Norm
standard deviation	Standardabweichung

standard test surface	Oberflächenvergleichsmuster
standard value	Richtwert
star turret	Sternrevolver
starting up	Inbetriebnahme
state of cutters	Schneidenzustand
state of statistical control	beherrscht
static	statisch
static balancing	statisches Auswuchten
static imbalance	statische Unwucht
static torque	Drehmoment
statistical technique	statistische Methode
steady rest	feststehender Setzstock
steel	Stahl
steep taper	Steilkegel
step	Stufe
step drill	Stufenbohren
step drilling	Stufenbohren
stock removal process	Zerspanvorgang
stock removal time	Zerspanzeit
stone guide	Steinführung
stop period	Stillstandszeit
stop	Anschlag
storage	Lagerung
storage for finished parts	Fertigteilelager
storage for finished products	Fertigfabrikatelager
stored programme control	speicherprogrammierbare Steuerung
straight line control	Streckensteuerung
straight way	Geradführung
strength	Festigkeit
strength property	Festigkeitswert
stress crack	Riss
stress peak	Spannungsspitze
strip chart recorder	Streifenschreiber
structure	Gefüge
stylus	Tastspitze
stylus-type system	Tastsystem
stylus-type testing	Tastschnittverfahren
subjective testing	subjectives Prüfen
subland twist drill	Stufenbohrer
subroutine	Unterprogramm
subroutine technology	Unterprogrammtechnik
subsystem	Untersystem
suggestion for improvement	Verbesserungsvorschlag
superfinish	Kurzhubhonen
superfinishing	Kurzhubhonen
superfinishing attachment	Finishgerät
super-refinded steel	Edelstahl
supplement (to)	ergänzen
supplier	Lieferant, Zulieferer
Supply-Chain Management	Lieferkettenmanagement
support	Auflager
support unit	Trageinheit
support (to)	absichern
surface	Oberfläche
surface deviation	Gestaltabweichung
surface finish	Oberflächenbeschaffenheit, Oberflächengüte
surface grinding	Planschleifen
surface hardening	Randschichthärten
surface lapping	Planläppen
surface measuring	Oberflächenmeßgerät
surface measuring system instrument	Oberflächenmesssystem
surface pressure	Flächenpressung
surface quality	Oberflächengüte
surface roughness	Rautiefe
surface symbol	Oberflächensymbol
switch symbol	Schaltsymbol
swivel axis	Schwenktisch
swivel motion	Schwenkbewegung
swivel range	Schwenkbereich
swivelling	schwenkbar
symbol	Symbol
synchronisation	Synchronisierung
synchronous belt	Zahnriemen
synchronous belt drive	Zahnriementrieb
system of tool monitoring	Werkzeugüberwachungs-system

T

tailstock	Reitstock
tape finishing attachment	Bandfinishgerät
tape width	Bandbreite
taper	Kegel
taper angle	Kegelwinkel
taper gauge	Kegellehre
taper gear tooth forming	Kegelverzahnung
taper mount	Aufnahmekonus
taper plug gauge	Kegellehrdorn
taper ratio	Kegelverjüngung
taper turning	Kegeldrehen
tapping	Gewindebohren
tapping cycle	Gewindebohrzyklus
teach pendant	Programmierhandgerät
teach-in programming	Teach-In Programmierung
technical data sheet	Datenblatt
technical specification	technische Daten
technological data	technologischen Daten
technological information	technologische Information
temperature	Temperatur
tempering	Anlassen
tempering steel	Vergütungsstahl
temporal characteristic	zeitbezogenes Merkmal
tensile strength	Zugfestigkeit
tensile test	Zugversuch
tensile yield strength	Streckgrenze
tension pulley	Spannrolle

tension-extension diagram	Spannungs-Dehnungs-Diagramm
test specimen	Probe
test workpiece	Prüfwerkstück
testing	Prüfen
testing method	Messmethode
testing of threads	Gewindeprüfung
testing operation	Prüfvorgang
testing technology	Prüftechnik
thermal conductivity	Wärmeleitfähigkeit
thermal linear expansion coefficient	thermischer Längenausdehnungskoeffizient
thermal load	thermische Belastung
thermal shock resistance	Temperaturwechselbeständigkeit
thermoplastics	Thermoplaste
thermosetting plastics	Duroplaste
thread angle	Flankenwinkel
thread cutting cycle	Gewindeschneidzyklus
thread external limit gauge	Gewinde-Grenzrachenlehre
thread gauge	Gewindelehrdorn
thread grinding	Gewindeschleifen
thread milling	Gewindefräsen
thread milling cutter	Gewindefräser
thread pin gauge	Gewinde-Prüfstift
thread ridge	Gewindekamm
thread ring gauge	Gewindelehrring
three-jawed chuck	Dreibackenfutter
three-phase induction motor	Drehstrom-Asynchronmotor
three-phase motor	Drehstrommotor
three-phase synchronous motor	Drehstrom-Synchronmotor
three-wire method	Dreidraht-Methode
throttle	Drossel
throttle check valve	Drosselrückschlagventil
throughfeed superfinishing	Durchlaufverfahren
throwaway insert	Wendeschneidplatte
time management	Terminplanung
time target	Zeitvorgabe
time-oriented sequential control	zeitgeführte Ablaufsteuerung
titanium	Titan
titanium alloy	Titanlegierung
undergo (to)	ausführen
tolerance	Toleranz
tolerance centre	Toleranzmitte
tolerance of circularity	Rundheitstoleranz
tolerance of form	Formtoleranz
tolerance of form and tolerance of position	Form- und Lagetoleranz
tolerance of position	Lagetoleranz
tolerance zone	Toleranzfeld
tool	Werkzeug
tool adjusting point	Werkzeugeinstellpunkt
tool and workpiece changer	Werkzeug- und Werkstückwechsler
tool change	Werkzeugwechsel
tool change time	Werkzeugwechselzeit
tool changing cycle	Werkzeugwechselzyklus
tool changing position	Werkzeugwechselposition
tool changing time	Werkzeugwechselzeit
tool costs	Werkzeugkosten
tool cutting edge angle	Einstellwinkel
tool drum	Werkzeugtrommel
tool for manufacturing	Werkzeug zur Fertigung
tool holder	Werkzeughalter
tool holder description	Beschreibung des Werkzeughalters
tool issue robot	Werkzeugausgabeautomat
tool life	Standzeit
tool life at optimum time	zeitoptimalen Standzeit
tool management	Werkzeugverwaltung
tool monitoring	Werkzeugüberwachung
tool plan	Werkzeugplan
tool steel	Werkzeugstahl
tool wear	Werkzeugverschleiß
toolchanger	Werkzeugwechsler
tool load	Werkzeuglast
tooth cutting	Zahnradfräsen
top slide	Oberschlitten
torque	Drehmoment
torque limiter	Drehmomentbegrenzer
torsionally flexible coupling	drehelastische Kupplung
torsionally stiff coupling	drehstarre Kupplung
total peak-to-valley height	maximale Rautiefe
toughness	Zähigkeit
training	Schulung
training requirement	Schulungsbedarf
transfer station	Übergabestation
transition chamfer	Übergangsfase
transition fit	Übergangspassung
transition radius	Übergangsradius
translation axis	Translationsachse
translational motion	lineare Bewegung translatorische Bewegung
transmission device	Übertragungsteil
transmitted light procedure	Durchlichtverfahren
transponder with microchip	Transponder mit Mikrochip
transport system	Transportsystem
transport system for workpieces	Werkstücktransportsystem
transverse compression joint	Querpressverbindung
transverse milling	Planfräsen
transverse turning	Plandrehen
triangulation	Auflichtverfahren
tribochemical reaction	tribochemische Reaktion
trybology	Tribologie
tub for tools	Becher für Werkzeug

turning	Drehen
turning and milling centre	Drehfräszentrum
turning centre	Drehzentrum
turning centres	Spitzen
turning machine	Drehmaschine
turret	Werkzeugrevolver
two-point measurement	Zweipunkt-Messung
U	
ultimate strain	Bruchdehnung
unalloyed steel	unlegierter Stahl
unalloyed structural steel	unlegierter Baustahl
undeformed chip width	Spanungsbreite
undercut	Freistich
unit weight	Gerätegewicht
universal hardness testing machine	Universalhärteprüfmaschine
universal milling machine	Universalfräsmaschine
universal testing machine	Universalprüfmaschine
upcut milling	Gegenlauffräsen
useful power	Nutzleistung
use of product	Produktnutzung
V	
variable characteristic	variables Merkmal
variable position coding	variable Platzcodierung
variation	Streuung
V-belt	Keilriemen
V-belt drive	Keilriementrieb
vee rod chuck	Keilstangenfutter
version	Ausführung
vertical boring and turning mill	Karusselldrehmaschine
vertical boring and turning mill	Senkrechtdrehmaschine
vertical face milling	Stirnfräsen
vertical spindle	Vertikalspindel
vibratory grinding	Gleitschleifen
vice	Schraubstock
vice jaw	Schraubstockbacke
Vickers test	Härteprüfung nach Vickers
viscosity	Viskosität
visual testing	Sichtprüfung
W	
wage slip	Lohnschein
wall of recess	Taschenwandung
warranty claim	Gewährleistungsanspruch
waste production	Ausschussproduktion
water immiscible cooling lubricant	nichtwassermischbarer Kühlschmierstoff
water miscible cooling lubricant	wassermischbarer Kühlstoff
waviness	Welligkeit
wear resistance	Verschleißfestigkeit
wearing stock	Abnutzungsvorrat
wedge angle	Keilwinkel
weight	Gewicht
wheel dressing	Abrichten der Schleifscheibe
wheel speed	Umfangsgeschwindigkeit der Schleifscheibe
wheelhead	Schleifspindelstock
wire rope hoist	Seilzug
wooden case	Holzkasten
work	Arbeit
work capacity	Arbeitsvermögen
work order	Arbeitsauftrag
work piece edge	Werkstückkante
work scheduling	Arbeitsplanung
work speed	Werkstückgeschwindigkeit
worked penetration	Walkpenetration
workhead	Werkstückspindelstock
working area	Arbeitsraum
working area lamp	Arbeitsraumlampe
working machine	Arbeitsmaschine
working motion	Arbeitsbewegung
working plan	Arbeitsplan
working range	Arbeitsbereich
working space	Arbeitsraum, Form des Arbeitsraums
working spindle	Arbeitsspindel
workpiece	Werkstück
workpiece clamping	Werkstückspannung
workpiece contour	Werkstückkontur
workpiece coordinate system	Werkstückkoordinaten-system
workpiece data	Werkstückdaten
workpiece zero reference point	Werkstücknullpunkt
workshop orientated programming	werkstattorientierte Programmierung
workspindle	Arbeitsspindel
worm drive	Schneckengetriebe
wrist	Handachse
X	
X-axis (longitudinal)	Längsachse, X-Achse
Y	
Y-axis (cross)	Querachse, Y-Achse
yield point	Streckgrenze
yield strength	Dehngrenze
Z	
Z-axis (vertical)	Vertikalachse, Z-Achse
zero point clamping system	Nullpunktspannsystem
zero shift	Nullpunktverschiebung
zero-defect production	Null-Fehler-Produktion

AC	Alternating Current (Wechselstrom)
AGW	Arbeitsplatzgrenzwerte
AK	Produktionsausfallkosten
ArbSchG	Arbeitsschutzgesetz
ASI	Aktor-Sensor-Interface
BGB	Bürgerliches Gesetzbuch
BGV	Berufsgenossenschaftliche Vorschrift
BVP	Barverkaufspreis
CAD	Computer Aided Design (rechnerunterstützte Konstruktion)
CAE	Computer Aided Engineering (rechnergestützte Entwicklung)
CAM	Computer Aided Manufacturing (rechnerunterstützte Fertigung)
CAN	Controller Area Network
CAP	Computer Aided Process Planning (rechnergestützte Fertigungsprozessplanung)
CAQ	Computer Aided Quality (rechnergestützte Qualitätssicherung)
CBN	Kubisches Bornitrid
CD	Compact Disc
CD-R	Compact Disc Recordable (beschreibbar)
CD-RW	Compact Disc Re-Writeable (wiederbeschreibbar)
CE	EG-Konformitätserklärung
CIM	Computer Integrated Manufacturing (computerintegrierte Fertigung)
CNC	Computerized Numerical Control (Computer unterstützt numerisch gesteuert)
CP	Continuous Path (stetige Bahn)
CPU	Central Processing Unit (Hauptprozessor)
CRM	Customer Relationship Management (Kundenbeziehungsmanagement)
DC	Direct Current (Gleichstrom)
DDC	Direct Digital Control
DIN	Deutsches Institut für Normung
DM	Monokristalliner Diamant
DVD	Digital Versatile Disc
EDV	Elektronische Datenverarbeitung und -übermittlung
EG	Europäische Gemeinschaft
EK	Ersatzteilbeschaffungskosten
EN	Europäische Norm
EVA	Eingabe – Verarbeitung – Ausgabe
Ex	Explosionsschutz
FBS	Funktionsbausteinsprache
FEM	Finite-Elemente-Methode
FGK	Fertigungsgemeinkosten
FI	Fehler-Strom
FK	Fertigungskosten
FLK	Fertigungslohnkosten
FMEA	Fehler-Möglichkeits- und Einfluss-Analyse
FUP	Funktionsplan
G	Gewinn
Grafcet	Graphe Fonctionnel de Commande Etapes/Transitions (Darstellung der Seuerungsfunkion mit Schritten und Weiterschaltbedingungen)
GS	Geprüfte Sicherheit
GSG	Gerätesicherheitsgesetz
GUV	Gesetzliche Unfallversicherung
HD	Hard Disk (Festplatte)
HK	Herstellkosten
HPC	High Performance Cutting/High Productive Cutting (Hochleistungsfräsen)
HSP	High Speed Cutting (Hochgeschwindigkeitsfräsen)
HTML	Hypertext Markup Language
http	Hypertext Transport Protocol
HVBG	Hauptverband der gewerblichen Berufsgenossenschaften
IP	International Protection
ISO	International Organization for Standardization
JIT	Just-In-Time
KOP	Kontaktplan
KVP	Kontinuierlicher Verbesserungsprozess
LH	Left Hand (Kennzeichnung für Linksgewinde)
LK	Lohnkosten
LON	Local Operating Network
LVP	Listenverkaufspreis
M	Mittelwert
MAG	Metall-Aktivgasschweißen
MEK	Materialeinzelkosten
MGK	Materialgemeinkosten
MFU	Maschinenfähigkeitsuntersuchung
MIG	Metall-Inertgasschweißen
MK	Materialkosten
MKD	Monokristalliner Diamant
MMKS	Minimalmengenkühlschmierung
MPI	Multi Point Interface
MSG	Metall-Schutzgasschweißen
MSS	Maschinenstundensatz
OB	Organisationsbaustein
OEG	Obere Eingriffsgrenze
OGW	Oberer Grenzwert
OWG	Obere Warngrenze
PC	Personal Computer
PD	Polykristalliner Diamant
PDM	Product Data Management (Produktdatenmanagement)
PELV	Protective Extra Low Voltage
PFU	Prozessfähigkeitsuntersuchung
PK	Personalkosten
PKD	Polykristalliner Diamant
PLM	Product Lifecycle Management (Produktlebenszyklusverwaltung)
ppm	parts per million
PPS	Produktionsplanungs- und -Seuerungssysem
PR	Provision
ProdHaftG	Produkthaftungsgesetz

PTP	Point to Point (Punkt-zu-Punkt-Bewegung)
QM	Qualitätsmanagement
QRK	Qualitätsregelkarte
RAL	Deutsches Institut für Gütesicherung und Kennzeichnung e. V. (ursprünglich Reichs-Ausschuss für Lieferbedingungen)
RAM	Random Access Memory (wahlfreier Zugriffsspeicher)
RCD	Residual Current Protective Device (Reststromschutzvorrichtung)
REFA	Verband für Arbeitsgestaltung, Betriebsorganisation und Unternehmensentwicklung (1924 gegründet als Reichsausschuss für Arbeitszeitermittlung)
ROM	Read Only Memory (Nur-Lese-Speicher)
SCM	Supply-Chain-Management (Lieferkettenmanagement)
SEK	Sondereinzelkosten
SELV	Safety Extra Low Voltage
SK	Selbstkosten
SPC	Statistical Process Control (statistische Prozessregelung)
SPS	Speicherprogrammierte Steuerung
T	Auftragszeit
TCP	Tool Center Point (Werkzeugarbeitspunkt)
TCP/IP	Transmission Control Protocol/Internet Protocol (Internetprotokoll)
TQM	Total Quality Management
UEG	Untere Eingriffsgrenze
UGW	Unterer Grenzwert
URL	Uniform Resource Locator
USB	Universal Serial Bus
UVV	Unfallverhütungsvorschrift
UWG	Untere Warngrenze
VDE	Verband der Elektrotechnik, Elektronik und Informationstechnik
VDI	Verein deutscher Ingenieure
VGA	Video Graphics Array (Grafikkartenstandard)
VPS	Verknüpfungsprogrammierte Steuerung
VVGK	Verwaltungs- und Vertriebsgemeinkosten
WIG	Wolfram-Inertgasschweißen
WOP	Werkstattorientierte Programmierung
WWW	World Wide Web
ZVP	Zielverkaufspreis

Formelzeichen

Längen, Flächen, Volumen

x, y, z	kartesische Koordinaten
ϱ, φ, z	Kreiszylinder-Koordinaten
α, β, γ	ebene Winkel
l	Länge
b	Breite
h	Höhe, Tiefe
d	Dicke
r	Radius
d, D	Durchmesser
s	Weglänge, Kurvenlänge
A, S	Flächeninhalt, Fläche, Oberfläche, Querschnittsfläche
V	Volumen

Raum und Zeit

t	Zeit
T	Periodendauer, Schwingungsdauer
f	Frequenz
ω	Kreisfrequenz
n	Umdrehungsfrequenz
i	Übersetzungsverhältnis
ω	Winkelgeschwindigkeit
v	Geschwindigkeit
a	Beschleunigung
g	Erdbeschleunigung
$\dot{V}$	Volumenstrom

Mechanik allgemein

m	Masse
ϱ	Dichte
F	Kraft
F_G	Gewichtskraft
F_H	Hangabtriebskraft
F_N	Normalkraft
F_R	Reibkraft
F_U	Umfangskraft
F_Z	Zugkraft
M	Drehmoment
M_b	Biegemoment
p	Druck, Flächenpressung
Δp	Druckdifferenz
p_{abs}	absoluter Druck
p_{amb}	umgebender Atmosphärendruck
p_e	effektiver Druck
σ	Normalspannung, Zug- oder Druckspannung
σ_B	Biegefestigkeit
σ_{dB}	Druckfestigkeit
σ_{dF}	Quetschgrenze
τ	Schubspannung
τ_{aB}	Abscherfestigkeit
ε, e	Dehnung, Extensometerdehnung
$e_{p0,2}$	0,2%-bleibende Dehnung
ε_d	Stauchung
A	Bruchdehnung
E	Elastizitätsmodul
σ, R_m	Zugfestigkeit
R_e	Streckgrenze
R_p	Dehngrenze
$R_{p0,2}$	0,2%-Dehngrenze
S_0	Anfangsquerschnitt
ν	Sicherheitsfaktor
μ	Reibungszahl
μ_0	Haftreibung
μ_G	Gleitreibung
μ_R	Rollreibung
W	Arbeit
E, W	Energie
E_p, W_p	potentielle Energie
E_k, W_k	kinetische Energie
P	Leistung
P_{ab}	abgegebene Leistung
P_{zu}	zugeführte Leistung
η	Wirkungsgrad

Fertigung

N	Nennmaß
T	Toleranz
es, ES	oberes Abmaß
ei, EI	unteres Abmaß
α	Freiwinkel
β	Keilwinkel
γ	Spanwinkel
ε	Eckenwinkel
κ	Einstellwinkel
λ	Neigungswinkel
R	Schneidenradius
a_p	Schnitttiefe
a_e	Arbeitseingriff
h	Spanungsdicke, Spanungshöhe
b	Spanungsbreite
f	Vorschub
f_Z	Vorschub pro Zahn
R_t	Rautiefe
A	(Spanungs)querschnitt
v_c	Schnittgeschwindigkeit
v_f	Vorschubgeschwindigkeit
v_{fa}	axiale Vorschubgeschwindigkeit
v_s	Umfangsgeschwindigkeit der Schleifscheibe
v_w	Werkstückgeschwindigkeit
F_c	Zerspankraft, Schnittkraft
k_c	spezifische Schnittkraft
c	Korrekturfaktor
P_c	Schnittleistung
M_c	Schnittmoment
$\dot{Q}$	Zeitspanungsvolumen
q	Geschwindigkeitsverhältnis
$T_{K\,opt}$	kostenoptimale Standzeit
$T_{Z\,opt}$	zeitoptimale Standzeit

Zahnradmaße

z	Zähnezahl
m	Modul
p	Teilung
d	Teilkreisdurchmesser
d_a	Kopfkreisdurchmesser
d_f	Fußkreisdurchmesser
a	Achsabstand
c	Kopfspiel
h	Zahnhöhe
h_a	Zahnkopfhöhe
h_f	Zahnfußhöhe
b	Zahnbreite
s	Zahndicke
l	Zahnlücke

Qualitätsmanagement – Statistik

R	Spannweite
W	Klassenweite
s	Standardabweichung
$\overline{x}$	Mittelwert
C_m	Maschinenfähigkeit
C_{mk}	kritische Maschinenfähigkeit
P_p	fähiger Prozess (vorläufig)
P_{pk}	beherrschter Prozess (vorläufig)
C_p	fähiger Prozess (langzeit)
C_{pk}	beherrschter Prozess (langzeit)

Elektrotechnik

U	elektrische Spannung
I	elektrische Stromstärke
R	elektrischer Widerstand, Wirkwiderstand
ϱ	spezifischer elektrischer Widerstand
P_{el}	elektrische Leistung

Temperatur und Wärme

T	thermodynamische Temperatur (Kelvin-Temperatur)
t, ϑ	Celsius-Temperatur
$\Delta T, \Delta\vartheta$	Temperaturdifferenz

Schnittgeschwindigkeit	$v_c = d \cdot \pi \cdot n$	v_c: Schnittgeschwindigkeit d: Durchmesser n: Umdrehungsfrequenz v_f: Vorschubgeschwindigkeit f: Vorschub pro Umdrehung f_z: Vorschub pro Zahn z: Anzahl der Zähne h_{max}: maximale Spanungsdicke κ: Einstellwinkel f_1: Korrekturfaktor beim Eckenfräsen
Umdrehungsfrequenz	$n = \frac{v_c}{d \cdot \pi}$	
Vorschubgeschwindigkeit	$v_f = f \cdot n$	
Vorschubgeschwindigkeit beim Fräsen	$v_f = f_z \cdot z \cdot n$ $v_f = \frac{h_{max}}{\sin\kappa} \cdot z \cdot n$	
Vorschubgeschwindigkeit beim Eckenfräsen	$v_f = f_1 \cdot h_{max} \cdot z \cdot n$	
Spanungsdicke	$h = \sin\kappa \cdot f$ $h = f_z \cdot \sin\kappa$	h: Spanungsdicke κ: Einstellwinkel f: Vorschub a_p: Schnitttiefe f_z: Vorschub pro Zahn b: Spanungsbreite A: Spanungsquerschnitt
Vorschub pro Zahn	$f_z = \frac{h}{\sin\kappa}$	
Spanungsbreite	$b = \frac{a_p}{\sin\kappa}$	
Spanungsquerschnitt	$A = f \cdot a_p$ $A = b \cdot h$	
Erreichbare Rautiefe	$R_t = \frac{f^2 \cdot 1000}{8 \cdot R}$	R_t: Rautiefe in µm f: Vorschub in mm R: Schneidenradius in mm
Erforderlicher Vorschub für vorgegebe Rautiefe	$f = \sqrt{\frac{R_t \cdot 8 \cdot R}{1000}}$	
Einstellwinkel beim Kegeldrehen	$\tan\frac{\alpha}{2} = \frac{D-d}{2 \cdot L}$ $\tan\frac{\alpha}{2} = \frac{C}{2}$	$\alpha/2$: Einstellwinkel D: großer Durchmesser d: kleiner Durchmesser L: Kegellänge C: Kegelverjüngung $C/2$: Neigungsverhältnis
Neigungsverhältnis beim Kegeldrehen	$\frac{C}{2} = \frac{D-d}{2 \cdot L}$	

Kurbelumdrehungen beim Teilen	$n_K = \frac{i}{T}$	n_K: Anzahl der Kurbelumdrehungen i: Übersetzungsverhältnis T: Teilung
Arbeit	$W = F \cdot s$	W: Arbeit F: Kraft m: Masse g: Erdbeschleunigung (9,81 m/s²) h: Hubhöhe F_u: Umfangskraft s: Weg P: Leistung t: Zeit v: Geschwindigkeit M: Drehmoment l: Länge das Hebelarms d: Durchmesser n: Umdrehungsfrequenz
Hubarbeit	$W = m \cdot g \cdot h$	
Leistung	$P = \frac{W}{t}$ $P = F \cdot v$ $P = 2 \cdot M \cdot \pi \cdot n$	
Drehmoment	$M = F \cdot l$ $M = F_u \cdot \frac{d}{2}$ $M = \frac{P}{2 \cdot \pi \cdot n}$	
Hebelgesetz	$\sum M_{links} = \sum M_{rechts}$	
Übersetzungsverhältnis	$i = \frac{M_2}{M_1}$ $i = \frac{d_2}{d_1}$ $i = \frac{n_1}{n_2}$ $i = \frac{z_2}{z_1}$	i: Übersetzungsverhältnis M: Drehmoment n: Umdrehungsfrequenz d: Durchmesser z: Zähnezahl
Mehrstufige Übersetzung	$i = i_1 \cdot i_2$ $i = \frac{d_2 \cdot d_4}{d_1 \cdot d_3}$ $i = \frac{z_2 \cdot z_4}{z_1 \cdot z_3}$	

Drehmomentwandlung

$$M_2 = M_1 \cdot i$$

M: Drehmoment
i: Übersetzungsverhältnis

Schnittkraft

$$F_c = A \cdot k_c$$

Spezifische Schnittkraft

$$k_c = k_{c\,unkorrigiert} \cdot c$$

Unkorrigierte spezifische Schnittkraft

$$k_{c\,unkorrigiert} = \frac{k_{c1.1}}{h^{m_c}}$$

Schnittleistung

$$P_c = P_{el} \cdot \eta_{el} \cdot \eta_{mech}$$

Wirkungsgrad

$$\eta = \frac{P_{ab}}{P_{zu}}$$

F_c: Schnittkraft
k_c: spezifische Schnittkraft
$k_{c1.1}$: Hauptwert der spezifischen Schnittkraft
A: Spanungsquerschnitt
h: Spanungsdicke
c: Korrekturfaktor
m_c: Werkstoffkonstante

Schnittleistung beim Bohren

$$P_c = F_c \frac{v_c}{2}$$

Schnittmoment beim Bohren

$$M_c = F_c \frac{d}{4}$$

Schnittleistung beim Fräsen

$$P_{cm} = F_{cm} \cdot v_c$$

$$P_{cm} = \frac{a_p \cdot a_e \cdot v_f \cdot k_c}{60\,000}$$

Schnittmoment beim Fräsen

$$M_c = F_{cm} \frac{d}{2}$$

$$M_c = \frac{P_{cm}}{2 \cdot \pi \cdot n}$$

P_c: Schnittleistung = Nutzleistung an der Spindel
P_{el}: vom Motor aufgenommene elektrische Leistung
η_{el}: elektrischer Wirkungsgrad des Motors
η_{mech}: mechanischer Wirkungsgrad des Getriebes
F_c: Schnittkraft
v_c: Schnittgeschwindigkeit
M_c: Schnittmoment
P_{cm}: mittlere Schnittleistung
F_{cm}: mittlere Schnittkraft

Schnittgeschwindigkeit beim Schleifen

$$v_c = v_s + v_w$$

$$v_c \approx v_s$$

Werkstückgeschwindigkeit beim Außenrundschleifen

$$v_w = d_w \cdot \pi \cdot n_w$$

Axiale Vorschubgeschwindigkeit beim Außenrundschleifen

$$v_{fa} = f \cdot n_w$$

v_c: Schnittgeschwindigkeit
v_s: Umfangsgeschwindigkeit der Schleifscheibe
v_w: Werkstückgeschwindigkeit

Werkstückgeschwindigkeit beim Planschleifen

$$v_w = v_{f\,Tisch}$$

Axiale Vorschubgeschwindigkeit beim Planschleifen

$$v_{fa} = f \cdot n_{Tisch}$$

Zeitspanungsvolumen beim Außenrundschleifen

$$\dot{Q} = d_w \cdot \pi \cdot a_e \cdot v_{fa}$$

Zeitspanungsvolumen beim Planschleifen

$$\dot{Q} = L \cdot a_e \cdot v_{fa}$$

d_w: Werkstückdurchmesser
n_w: Umdrehungsfrequenz des Werkstücks
n_{Tisch}: Hubzahl des Tischs
v_{fa}: axiale Vorschubgeschwindigkeit
f: Vorschub pro Umdrehung bzw. pro Hub
$\dot{Q}$: Zeitspanungsvolumen
a_e: Zustelltiefe

Geschwindigkeitsverhältnis

$$q = \frac{v_s}{v_w}$$

q: Geschwindigkeitsverhältnis
v_s: Umfangsgeschwindigkeit der Schleifscheibe
v_w: Werkstückgeschwindigkeit

Hauptnutzungszeit

$$t_h = \frac{L}{v_f}$$

Hauptnutzungszeit bei mehreren Schnitten

$$t_h = \frac{L \cdot i}{v_f}$$

Hauptnutzungszeit bei Bearbeitung mit konstanter Umdrehungsfrequenz

$$t_h = \frac{L \cdot i}{f \cdot n}$$

t_h: Hauptnutzungszeit
L: Arbeitsweg
v_f: Vorschubgeschwindigkeit
i: Anzahl der Schnitte
f: Vorschub
n: Umdrehungsfrequenz

Arbeitsweg beim Bohren und Gewindebohren

$$L = l_w + l_s + l_a + l_ü{}^{1)}$$

Arbeitsweg beim Senken

$$L = l_w + l_a{}^{1)}$$

Arbeitsweg beim Reiben

$$L = l_w + l_s + l_a + l_ü{}^{1)}$$

L: Arbeitsweg
l_w: Schnittweg
l_a: Anlaufweg
$l_ü$: Überlaufweg
l_s: Spitzenlänge
l_f: Fräserzugabe
d: Durchmesser
d_a: Außendurchmesser
d_i: Innendurchmesser

Arbeitsweg Quer-Plandrehen: Vollzylinder ohne Zapfen

$$L = \frac{d_a}{2} + l_a$$

1) ohne weitere Angabe: $l_a = l_ü = 2$ mm

Formeln

Arbeitsweg Quer-Plandrehen: Vollzylinder mit Zapfen

$$L = \frac{d_a - d_i}{2} + l_a$$

Arbeitsweg Quer-Plandrehen: Hohlzylinder

$$L = \frac{d_a - d_i}{2} + l_a + l_ü$$

Arbeitsweg Längs-Runddrehen: ohne Zapfen

$$L = l_W + l_a + l_ü$$

Arbeitsweg Längs-Runddrehen: mit Zapfen

$$L = l_W + l_a$$

Arbeitsweg Umfangs-Planfräsen (Walzenfräser)

$$L = l_W + l_a + l_ü + l_f$$

Fräserzugabe Umfangs-Planfräsen (Walzenfräser)

$$l_f = \sqrt{a_e \cdot (d - a_e)}$$

Arbeitsweg Stirn-Umfangs-Planfräsen (Scheiben-, Walzenstirnfräser)

Schruppen

$$L = l_W + l_a + l_ü + l_f$$

Schlichten

$$L = l_W + l_a + l_ü + 2 \cdot l_f$$

$$L \approx l_W + 3\ \text{mm} + d$$

Fräserzugabe Stirn-Umfangs-Planfräsen (Scheiben-, Walzenstirnfräser) beim Schlichten

$$l_f = \sqrt{a_e \cdot (d - a_e)}$$

Arbeitsweg Stirn-Planfräsen – außermittig (Walzenstirnfräser)

Schruppen

$$L = l_W + l_a + l_ü + \frac{d}{2} + l_f$$

Schlichten

$$L = l_W + l_a + l_ü + d$$

Fräserzugabe außermittig

$$l_f = \sqrt{\frac{d^2}{4} - \left(\frac{a_e}{2} + x\right)^2}$$

x: Maß für Außermittigkeit

Fräserzugabe mittig

$$l_f = \frac{1}{2}\sqrt{d^2 - a_e^2}$$

Arbeitsweg Nutenfräsen (Nutenfräser)

geschlossene Nut

$$L = l_W - d$$

einseitig offene Nut

$$L = l_W - \frac{d}{2} + l_f$$

Zahl der Zustellungen

$$L = \frac{t + l_a}{a_p}$$

Bohren, Senken, Reiben, Längs-Runddrehen mit konstanter Umdrehungsfrequenz

Hauptnutzungszeit

$$t_h = \frac{d \cdot \pi \cdot L \cdot i}{v_c \cdot f}$$

t_h: Hauptnutzungszeit
L: Arbeitsweg
d: Durchmesser
i: Anzahl der Schnitte
v_c: Schnittgeschwindigkeit
f: Vorschub

Quer-Plandrehen mit stufenlos einstellbarer Umdrehungsfrequenz

Hauptnutzungszeit

$$t_h = \frac{(d_a + d_i) \cdot \pi \cdot L \cdot i}{2 \cdot v_c \cdot f}$$

Fräsen mit konstanter Umdrehungsfrequenz

Hauptnutzungszeit

$$t_h = \frac{L}{n \cdot f_z \cdot z}$$

t_h: Hauptnutzungszeit
L: Arbeitsweg
n: Umdrehungsfrequenz
z: Anzahl der Zähne
f_z: Vorschub pro Zahn

Quer-Plandrehen mit konstanter Schnittgeschwindigkeit

Hauptnutzungszeit

$$t_h = \frac{d_e \cdot \pi \cdot L \cdot i}{v_c \cdot f}$$

Grenzdurchmesser

$$d_g = \frac{v_c}{\pi \cdot n_{max}}$$

Ersatzdurchmesser beim Drehen mit Zapfen

$$d_e = \frac{d_a - d_i}{2} + l_a$$

Ersatzdurchmesser beim Drehen von Hohlzylinder

$$d_e = \frac{d_a - d_i}{2} + l_a + l_ü$$

t_h: Hauptnutzungszeit
L: Arbeitsweg
d_e: Ersatzdurchmesser
d_g: Grenzdurchmesser
d_a: Außendurchmesser
d_i: Innendurchmesser
i: Anzahl der Schnitte
v_c: Schnittgeschwindigkeit
f: Vorschub
n_{max}: maximale Drehzahl

Kostenoptimale Standzeit

$$T_{K\,opt} = \left(\frac{a}{b} - 1\right) \cdot \left(\frac{K_{WT}}{K_{ML}} + t_W\right)$$

Zeitoptimale Standzeit

$$T_{Z\,opt} = \left(\frac{a}{b} - 1\right) \cdot t_W$$

$T_{K\,opt}$: kostenoptimale Standzeit in min
$T_{Z\,opt}$: zeitoptimale Standzeit in min
K_{WT}: Werkzeugkosten pro Schneide in €
K_{ML}: Maschinen- und Lohnkosten pro min in €
t_W: Werkzeugwechselzeit in min
a, b: Werte aus der Taylor-Geraden

Fertigungslohnkosten

$$FLK = T \cdot LK$$

Materialeinzelkosten

$$MEK = m \cdot \frac{K}{\text{kg}}$$

FLK: Fertigungslohnkosten in €
T: Auftragszeit in h
LK: Lohnkosten in €/h
MEK: Materialeinzelkosten in €
K: Kosten in €
m: Masse in kg

Maschinenstundensatz

$$MSS = \frac{K_A + K_Z + K_I + K_R + K_E}{T_N}$$

MSS: Maschinenstundensatz in €
K_A: kalkulatorische Abschreibung im Jahr in € pro Jahr
K_Z: kalkulatorische Zinsen im Jahr in € pro Jahr
K_I: Instandhaltungs- und Wartungskosten im Jahr in € pro Jahr
K_R: Raumkosten im Jahr in € pro Jahr
K_E: Energiekosten im Jahr in € pro Jahr
T_N: Nutzungszeit im Jahr in Stunden pro Jahr

Zuschlagskalkulation – Barverkaufspreis, netto

$$BVP = FLK + FGK + MEK + MGK + HK + VVGK + SK + G$$

BVP: Barverkaufspreis
FLK: Fertigungslohnkosten
FGK: Fertigungsgemeinkosten
MEK: Materialeinzelkosten
MGK: Materialgemeinkosten
HK: Herstellkosten
VVGK: Verwaltungs- und Vertriebsgemeinkosten
SK: Selbstkosten
G: Gewinn

Spannweite

$$R = X_o - X_u$$

Klassenweite

$$W = \frac{R}{\sqrt{n}}$$

R: Spannweite
X_o: Größtmaß
X_u: Kleinstmaß
W: Klassenweite
n: Anzahl der Messwerte

Maschinenfähigkeit

$$C_m = \frac{T}{6 \cdot s}$$

Kritische Maschinenfähigkeit

$$C_{mk} = \frac{\Delta\text{krit}}{3 \cdot s}$$

$$\Delta\text{krit} = es - \bar{x}$$

oder

$$\Delta\text{krit} = \bar{x} - ei$$

C_m: Kennwert für die Maschinenfähigkeit
T: Toleranzbereich
s: Standardabweichung
C_{mk}: Kennwert für die kritische Maschinenfähigkeit
es: oberes Abmaß
ei: unteres Abmaß
$\bar{x}$: Mittelwert

Flächenpressung

$$p = \frac{F_N}{A}$$

zulässige Flächenpressung

$$p = \frac{F_u}{A} \leq p_{zul}$$

p: Flächenpressung
F_N: Normalkraft
F_u: Umfangskraft
A: wirksame Fläche
p_{zul}: zulässige Flächenpressung

Spannung

$$R = \frac{F}{S_0}$$

$$\sigma = \frac{F}{S_0}$$

R: Spannung
σ: Spannung
F: Prüfkraft
S_0: Anfangsquerschnittsfläche

Elastizitätsmodul

$$E = \frac{R}{e}$$

$$E = \frac{R}{\varepsilon}$$

E: Elastizitätsmodul
R: Spannung
σ: Spannung
e: Dehnung
ε: Dehnung

Brinellhärte

$$\text{HBW} = 0{,}102 \cdot \frac{F \cdot 2}{D \cdot \pi \cdot (D^2 - \sqrt{D^2 - d^2})}$$

Vickershärte

$$\text{HV} = 0{,}189 \cdot \frac{F}{d^2}$$

Umrechnung von Härtewerten

$$\text{HBW} \approx 0{,}95\,\text{HV}$$

$$\text{HRC} \approx 116 - \frac{1500}{\sqrt{\text{HV}}}$$

HBW: Brinellhärte (mit Hartmetallkugel)
HV: Vickershärte
HRC: Rockwellhärte
F: Prüfkraft
D: Durchmesser der Prüfkugel
d: Mittelwert der Kugeleindruckdurchmesser (Brinell) bzw. Mittelwert der Pyramideneindruckdiagonalen (Vickers)